Technische Physik

Berufskolleg

VERLAG EUROPA-LEHRMITTEL · Nourney, Vollmer GmbH & Co. KG
Düsselberger Straße 23 · 42781 Haan-Gruiten

Europa-Nr.: 80611

Autoren des Buches „Technische Physik - Berufskolleg“

Drössler, Patrick
Schuster, Katharina
Vogel, Harald
Dr. Weidenhammer, Petra

Lektorat: Dillinger, Josef

Bildentwürfe: Die Autoren

Bildbearbeitung: Zeichenbüro des Verlags Europa-Lehrmittel, Ostfildern

1. Auflage 2022

Druck 5 4 3 2 1

Alle Drucke derselben Auflage sind parallel einsetzbar, da sie bis auf die Korrektur von Druckfehlern identisch sind.

ISBN 978-3-7585-8061-1

Satz: Satzherstellung Dr. Naake, 09212 Limbach-Oberfrohna
Umschlaggestaltung: braunwerbeagentur, Radevormwald
Umschlagfotos: © Revilo – stock.adobe.com und © Llepod – iStock
Druck: Plump Druck und Medien GmbH, 53619 Rheinbreitbach

Vorwort

Dieses Buch ist auf den Lehrplan des einjährigen Berufskollegs zum Erwerb der Fachhochschulreife (gewerbliche Richtung) von 2009 im Fach Technische Physik abgestimmt. Am Ende des Schuljahres absolvieren die SchülerInnen eine Abschlussprüfung. Die Prüfungsrelevanten Themen sind mit * gekennzeichnet.

BKFH		
HOT	Handlungsorientierte Themenbearbeitung	10 Std.
LPE 1*	Grundlagen der Mechanik (Kapitel 1, 2 und 3)	44 Std.
LPE 2*	Kreisbewegung (Kapitel 4)	10 Std.
LPE 3*	Impuls und Stoßprozesse (Kapitel 3)	10 Std.
LPE 4*	Elektrische und magnetische Felder (Kapitel 6, 7 und 8)	36 Std.
LPE 5*	Bewegung geladener Teilchen in magnetischen und elektrischen Feldern (Kapitel 7 und 8)	16 Std.
LPE 6*	Elektromagnetische Induktion (Kapitel 9)	18 Std.
LPE 7*	Mechanische Schwingungen (Kapitel 5)	10 Std.
LPE 8	Wahlthemen	56 Std.

Im Technischen Berufskolleg II schreiben die SchülerInnen dieselbe Prüfung in Technischer Physik, weshalb dieses Buch sich auch in dieser Schulart besonders gut eignet. Obwohl das Technische Berufskolleg II unabhängig vom ersten Jahr ist (Technisches Berufskolleg I), beziehen sich die Prüfungsinhalte auch auf den Lehrplan vom Technischen Berufskolleg I.

BK1T		
LPE 1	Technische Systeme	20 Std.
LPE 2*	Entwicklung und Behandlung physikalischer Modelle in der Mechanik	50 Std.
LPE 3*	Entwicklung und Behandlung physikalischer Modelle in der Elektrizitätslehre	20 Std.
LPE 4	Laborübungen	80 Std.

BK2T		
LPE 1*	Kreisbewegung	15 Std.
LPE 2*	Impuls und Stoßprozesse	15 Std.
LPE 3*	Elektrische und magnetische Felder	42 Std.
LPE 4*	Bewegung von Körpern in homogenen Kraftfeldern	25 Std.
LPE 5*	Elektromagnetische Induktion	25 Std.
LPE 6*	Mechanische Schwingungen	18 Std.
LPE 7	Wahlthemen	40 Std.

Arbeiten mit diesem Buch

Das Buch ist sowohl zum Selbststudium als auch zum Nachholen versäumten Unterrichts geeignet. Nutzen Sie die Anregungen zum eigenen Experimentieren – nur so wird die Physik lebendig.

Hervorhebungen

Formeln und wichtige Zusammenhänge im roten Rechteck

Beispiele und Beispielrechnungen im gelben Rechteck

Zusatzinformationen (nicht prüfungsrelevant) im grünen Rechteck

Simulationen

Um die Forderungen des **Handlungsorientierten Unterrichts (HOT)** zu erfüllen, sind u. a. **Interaktive Simulationen** zu finden, so dass sich die Lernkonzeption in Verbindung mit digitalen Medien im Unterricht umsetzen lässt. Die digitalen Inhalte sind auch zur Darstellung auf kleinen Displays (Smartphone, Tablet) geeignet.

Experimente

Das der Physik eigene Wechselspiel von Theorie und Experiment machen wir deutlich, indem wir verschiedene Versuchsstrategien und moderne Messwerterfassungssysteme beschreiben. Dabei haben wir die unterschiedliche Ausstattung der Schulen berücksichtigt, indem wir alternative Experimente anbieten.

Lernen mit Aufgaben

Sie finden typische Fragestellungen und durchgerechnete Aufgabenbeispiele im Lehrtext. Diese können als Leitfaden beim Lösen der Aufgaben am Ende jedes Kapitels dienen. Die Ergebnisse finden Sie im Lösungsteil am Ende des Buches. Viele Aufgaben sind bewusst offen formuliert, um der Kompetenzorientierung des LehrplanPLUS besser Rechnung zu tragen.

Lehrkräften bieten wir geeignete Unterrichtseinstiege und die Möglichkeit zur Binnendifferenzierung – ein schneller Blick in den Lösungsteil am Ende des Buches, und Sie haben ein Gefühl für die Schwierigkeit der Aufgaben.

Wir wünschen Ihnen viel Freude mit unserem Buch und interessieren uns für Ihre Meinung! Teilen Sie uns Verbesserungsvorschläge, Kritik – gerne auch Lob – mit.

lektorat@europa-lehrmittel.de

Die Autoren

Inhaltsverzeichnis

1 Beschreibung von Bewegungen

1.1 Grundlagen

1.1.1 Aufzeichnung von Bewegungen

Satellitennavigation

Ob Sie als Radfahrer mit der Länge Ihrer zurückliegenden Radtour prahlen, im Auto den Satz „Sie haben Ihr Ziel erreicht" hören oder als Jogger mit der App Ihre neue Laufstrecke ausmessen, die Prozedur ist immer die gleiche: Sie beginnen Ihre Bewegung im Punkt S (Start) und enden irgendwann im Punkt Z (Ziel).

Die bequemste Art, eine Bewegung aufzuzeichnen, nutzt das GPS (*Global Positioning System*[1]). Dabei wird mit Hilfe von mindestens vier Satelliten (drei für die Raumkoordinaten, einem für die Zeit) Ihr momentaner Standort ermittelt und die Route bis zum Ziel als Linie dargestellt (**Bild 1**).

Bild 1: GPS-Track auf dem Smartphone

Das GPS wäre nicht möglich gewesen ohne die Raumfahrt, diese wiederum nicht ohne die Physik – nur ein Beispiel von vielen, wie die Physik als „Wissenschaft von der Struktur und der Bewegung der unbelebten Materie" (so die Definition im Duden) unseren Alltag beeinflusst.

Stroboskopaufnahmen

Schnelle Vorgänge werden einprägsam als Stroboskopbild (**Bild 2**) dargestellt. Dabei beleuchten spezielle Blitzlampen mit fester Frequenz das sich bewegende Objekt in einem abgedunkelten Raum. Die Folge der Einzelbilder vermittelt den Eindruck von Bewegung.

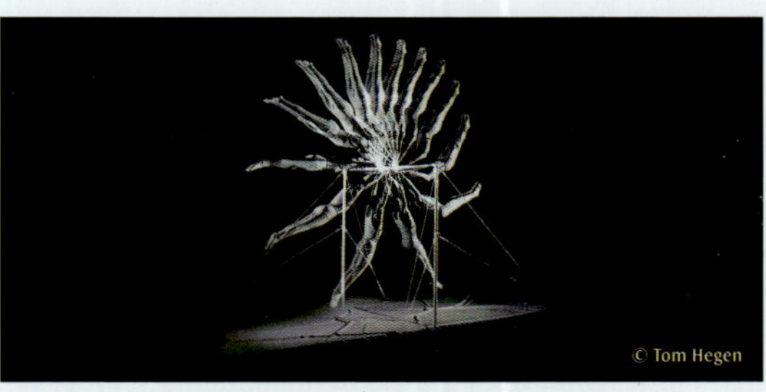

Bild 2: Stroboskopbild eines Turners am Hochreck

Videoanalyse

Spätestens bei der nächsten Fußballweltmeisterschaft rückt die Videoanalyse wieder ins öffentliche Bewusstsein, wenn Sportkommentatoren die Laufwege der Nationalspieler als gezackte Linien auf dem Spielfeld zeigen. Mit spezieller Software können die Positionsdaten einer Videosequenz ausgelesen werden. Dabei werden die Pixel auf dem Bildschirm in wahre Längen umgerechnet, wenn der Software die wahre Länge einer Referenzstrecke (z. B. bekannte Körpergröße, Breite eines Fensters, realer Maßstab) mitgeteilt wird (**Bild 3**).

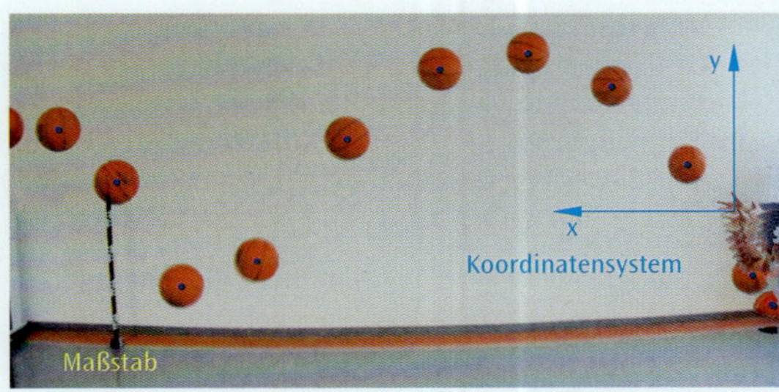

Bild 3: Videoanalyse am Beispiel eines geworfenen Basketballs (aufgenommen mit 6 fps)

Die Bildrate

Ein geflügeltes Wort bei der Videoanalyse ist die Bildrate (engl. *frame rate*). Darunter versteht man den zeitlichen Abstand zweier Einzelbilder einer Videosequenz.

Das menschliche Gehirn ist in der Lage, etwa 20 Bilder pro Sekunde noch als Einzelbilder getrennt wahrzunehmen. Filme werden daher (je nach Format) mit 25 fps oder 30 fps (*frames per second*; zu deutsch: Bilder pro Sekunde, BPS) aufgenommen und abgespielt.

Bild 4: Hochgeschwindigkeitsaufnahme beim Crashtest

[1] Das russische Pendant zum US-amerikanischen GPS nennt sich Glonass, das System *Galileo* der Europäischen Union befindet sich derzeit noch im Aufbau.

Hochgeschwindigkeitsaufnahmen

Bei der Analyse von Crashtests (**Bild 4**, vorherige Seite) werden Kameras mit extrem kurzer Belichtungszeit eingesetzt, um Hochgeschwindigkeitsaufnahmen mit bis zu 25 Millionen Bildern pro Sekunde zu machen. Derartige Kameras kommen auch bei der Fehlersuche in schnell ablaufenden Fertigungsprozessen (z. B. in der Verpackungsindustrie) zum Einsatz.

1.1.2 Geschwindigkeit

Geschwindigkeitsvektor

Bild 1 zeigt das Stroboskopbild eines schwingenden Pendels. In der Nähe der Umkehrpunkte ist das Pendel am langsamsten, in der Nähe des Nulldurchgangs am schnellsten.

Mit *Geschwindigkeit* ist in der Physik nicht nur das *Tempo* gemeint (gemessen in Kilometer pro Stunde oder Meter pro Sekunde), sondern auch die momentane Bewegungs*richtung* (**Bild 1**). Formelzeichen für die Geschwindigkeit ist der Buchstabe $\vec{v}$ (lat. *velocitas* oder engl. *velocity*). Der Pfeil über dem Formelzeichen weist auf den Richtungscharakter der Geschwindigkeit hin. In der Mathematik nennt man gerichtete Größen Vektoren. Auch die Kraft $\vec{F}$ ist ein Vektor. Mit Kräften befasst sich Abschnitt 2.1.

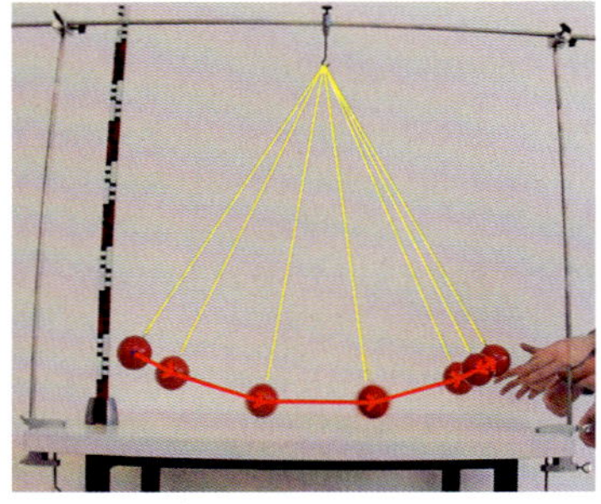

Bild 1: Geschwindigkeitsvektoren stellen Ortsänderungen dar

Rückwärtsinterpolation

Geschwindigkeit bedeutet Ortsänderung pro Zeiteinheit. Bei konstanter Bildrate der Stroboskopaufnahme verfährt man nach einer Zwei-Punkt-Methode (**Bild 2**):

Zwei Punkte A und B der Bahnkurve werden geradlinig verbunden (Ortsänderung; grüne Linie). Diese Verbindungslinie wird über den Punkt B hinaus verschoben, und man erhält die Geschwindigkeit $\vec{v}_B$ (roter Pfeil) im Punkt B der Bahn.

Zur Konstruktion von $\vec{v}_A$, muss der Bahnpunkt *vor* A bekannt sein. Man spricht daher von *Rückwärtsinterpolation*.

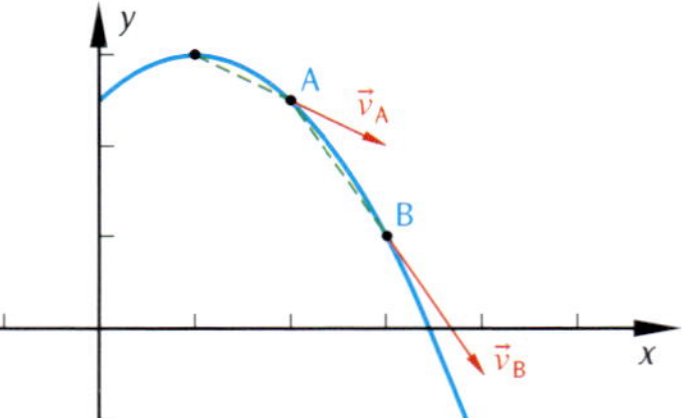

Bild 2: Konstruktion von $\vec{v}$ durch Rückwärtsinterpolation

Vorwärtsinterpolation

Die *Vorwärtsinterpolation* (**Bild 3**) ist zwar intuitiver, jedoch muss bei Konstruktion von $\vec{v}_A$ der auf A folgende Bahnpunkt bekannt sein. Vorwärtsinterpolation ist also nur möglich, wenn die Bahnkurve bereits bekannt ist – ein Nachteil, wenn Bahnkurven wie im Fall von Kurskorrekturen in der Raumfahrt aus zeitlich zurückliegenden Informationen berechnet werden müssen.

Man kann sich leicht klarmachen, dass es keinen Unterschied zwischen Vorwärts- und Rückwärtsinterpolation mehr gibt, wenn die einzelnen Punkte der Bahnkurve sehr dicht beieinander liegen.

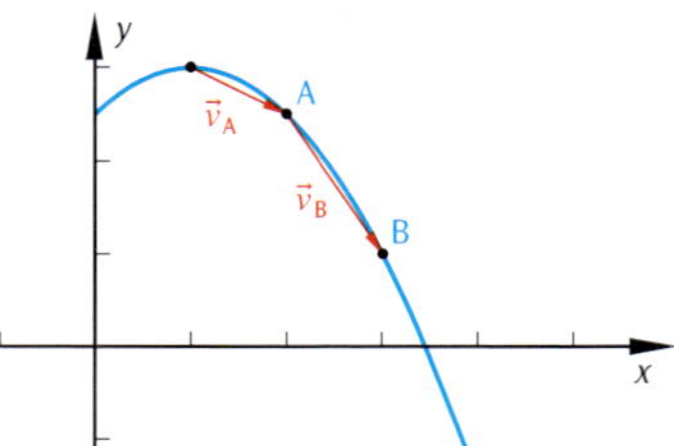

Bild 3: Intuitive Konstruktion von $\vec{v}$ durch Vorwärtsinterpolation

Tempomessung mit Stroboskopaufnahme

Die Länge der Geschwindigkeitspfeile ist ein Maß für das Tempo in den entsprechenden Punkten. Will man einen Wert angeben, dann muss die Bildrate bekannt sein.

Beispiel: Tempobestimmung

Bei einer Bildrate von 25 fps beträgt der zeitliche Abstand zweier Einzelbilder $\Delta t = \frac{1}{25}\,\text{s} = 0{,}040\,\text{s} = 40\,\text{ms}$ (Millisekunden), also entspricht einem Meter im Bild ein Tempo von

$$v = \frac{\text{Weg}}{\text{Zeit}} = \frac{1\,\text{m}}{0{,}040\,\text{s}} = 25\,\frac{\text{m}}{\text{s}}.$$

Bei der Angabe des Tempos lässt man den Pfeil über dem Formelzeichen $\vec{v}$ weg und spricht vom Betrag $v = |\vec{v}|$ der Geschwindigkeit.

Tempomessung ohne Stroboskopaufnahme

Auch ohne Stroboskopaufnahme lässt sich das Tempo v bestimmen. Hierfür steckt man mit dem Maßstab einfach eine bestimmte Strecke Δs ab und misst die Zeitspanne Δt, die zum Zurücklegen dieser Strecke benötigt wird.

Beispiel: Tempobestimmung

Legt ein 100-Meter-Läufer einen 10-Meter-Abschnitt in 3,45 s zurück, dann beträgt sein Tempo auf diesem Abschnitt

$$v = \frac{\Delta s}{\Delta t} = \frac{10\ \text{m}}{3{,}45\ \text{s}} = 2{,}9\ \frac{\text{m}}{\text{s}}.$$

Die Geschwindigkeit $\vec{v}$ ist ein Vektor, der in Richtung der Tangente an die Bahnkurve der Bewegung zeigt.

Bei geradliniger Bewegung gilt

$$v = \frac{\text{Weg}}{\text{Zeit}} = \frac{\Delta s}{\Delta t}.$$

Die Beziehung $v = \frac{\Delta s}{\Delta t}$ liefert nur einen *durchschnittlichen* Geschwindigkeitswert. Dieser nähert sich umso genauer dem *momentanen* Wert an, je kürzer das gemessene Zeitintervall Δt ist (siehe Abschnitt 1.3.1).

Typische Geschwindigkeiten

Tabelle 1 zeigt einige typische Geschwindigkeiten. Dabei stellt die Lichtgeschwindigkeit c im Vakuum die obere Grenze dar. Dies ist eine der Aussagen der Relativitätstheorie Albert Einsteins. Der seltsam anmutende Wert resultiert aus der Tatsache, dass die Lichtgeschwindigkeit lange als *Mess*wert galt. Mit der Konstruktion immer genauerer Uhren war man irgendwann in der Lage Zeiten genauer zu messen als Längen, und definiert seit 1983 die Einheit Meter aus dem bis dato genauesten Messwert für die Lichtgeschwindigkeit. Weitere Informationen zum Thema Einheiten finden Sie in Abschnitt 1.1.4.

Wie tückisch der Begriff der *Durchschnittsgeschwindigkeit* ist, zeigt folgendes Beispiel.

Tabelle 1: Einige typische Geschwindigkeiten

Fingernagel	0,2 bis 0,5 mm/Woche
Weinbergschnecke	ca. 3 $\frac{\text{m}}{\text{h}}$
Fußgänger	ca. 5 $\frac{\text{km}}{\text{h}}$
Weltklassesprinter	bis 12 $\frac{\text{m}}{\text{s}}$
Gepard	bis 110 $\frac{\text{km}}{\text{h}}$
Richtgeschwindigkeit auf deutschen Autobahnen	130 $\frac{\text{km}}{\text{h}}$
ICE 3 der deutschen Bahn	bis 300 $\frac{\text{km}}{\text{h}}$
Wanderfalke im Sturzflug	320 $\frac{\text{km}}{\text{h}}$
Verkehrsflugzeug	860 $\frac{\text{km}}{\text{h}}$
Schall in Luft (Mach 1)	ca. 340 $\frac{\text{m}}{\text{s}}$
Gewehrkugel	800 $\frac{\text{m}}{\text{s}}$
Schall in Wasser	1500 $\frac{\text{m}}{\text{s}}$
Licht im Vakuum	299 792 458 $\frac{\text{m}}{\text{s}}$

Beispiel: Durchschnittsgeschwindigkeit

Frau Müller fährt die erste Hälfte einer 600 km langen Strecke mit 100 $\frac{\text{km}}{\text{h}}$, die zweite Hälfte mit 150 $\frac{\text{km}}{\text{h}}$. Wie groß ist ihre Durchschnittsgeschwindigkeit?

Lösung:

Für die erste Hälfte (600 km : 2 = 300 km) der Strecke benötigt Frau Müller mit 100 $\frac{\text{km}}{\text{h}}$ genau 3 h, für die zweite Hälfte nur 2 h.

Insgesamt benötigt sie also 5 h für die 600 km lange Strecke, ihre Durchschnittsgeschwindigkeit beträgt demnach $\bar{v} = \frac{600\ \text{km}}{5\ \text{h}} = 120\ \frac{\text{km}}{\text{h}}$. Dies ist *nicht* das arithmetische Mittel (100 + 150) : 2 = 125, weil Frau Müller für die erste Hälfte der Strecke sehr viel länger braucht als für die zweite.

Selbst wenn Frau Müller auf der zweiten Streckenhälfte mit 200 $\frac{\text{km}}{\text{h}}$ unterwegs wäre, würde ihre Durchschnittsgeschwindigkeit nur auf $\bar{v} = \frac{600\ \text{km}}{3\ \text{h} + 1{,}5\ \text{h}} = 133\ \frac{\text{km}}{\text{h}}$ steigen – und nicht auf das arithmetische Mittel (150 $\frac{\text{km}}{\text{h}}$).

Umrechnen von Einheiten

Im Straßenverkehr ist die Angabe Kilometer pro Stunde (km/h) üblich, bei vielen anderen Bewegungsvorgängen sind Meter pro Sekunde (m/s) die günstigere Einheit. Wie wird umgerechnet?

Beispiel: Einheitenumrechnung

Umrechnung von $130\,\frac{\text{km}}{\text{h}}$ (Richtwert auf deutschen Autobahnen) in $\frac{\text{m}}{\text{s}}$.

Lösung:

$$130\,\frac{\text{km}}{\text{h}} = 130 \cdot \frac{1000\text{ m}}{3600\text{ s}} = 130 \cdot \frac{1}{3{,}6}\,\frac{\text{m}}{\text{s}}$$

$$= \frac{130}{3{,}6}\,\frac{\text{m}}{\text{s}} \approx 36{,}1\,\frac{\text{m}}{\text{s}}.$$

Eine Kurzfassung dieser sehr wichtigen Umrechnung steht im Kasten rechts. Bitte gut einprägen!

Regel: $\frac{\text{km}}{\text{h}} \xrightarrow{:3{,}6} \frac{\text{m}}{\text{s}}$, $\frac{\text{m}}{\text{s}} \xrightarrow{\cdot 3{,}6} \frac{\text{km}}{\text{h}}$

Beispiel: Tachometeruhr

Auf dem äußeren Rand der abgebildeten Armbanduhr (**Bild 1**) befindet sich eine Tachometer-Skala. Wie funktioniert dieser Tacho?

Lösung:

Beim Starten der Uhr läuft der große rote Zeiger. Man stoppt damit die Zeit, die man zum Zurücklegen der festen Strecke 1 km = 1000 m benötigt.

Wenn der Zeiger z. B. bei 30 s stehen bleibt, beträgt die Geschwindigkeit

$$v = \frac{1\text{ km}}{30\text{ s}} = \frac{1\text{ km}}{\frac{1}{2}\text{ min}} = 2\,\frac{\text{km}}{\text{min}} = 120\,\frac{\text{km}}{\text{h}}.$$

Dieser Wert ist identisch mit dem Aufdruck auf „6 Uhr“. Bei halber Zeit („3 Uhr“) wäre die Geschwindigkeit doppelt so groß ($240\,\frac{\text{km}}{\text{h}}$), bei doppelter Zeit („12 Uhr“) halb so groß ($60\,\frac{\text{km}}{\text{h}}$).

Bild 1: Armbanduhr mit Tachometer-Skala (goldene Skala am Außenrand)

Beispiel: Zeitersparnis

Zwei Familien fahren mit ihren Autos in den Urlaub. Auf der Autobahn sind sie mit durchschnittlich $120\,\frac{\text{km}}{\text{h}}$ bzw. $150\,\frac{\text{km}}{\text{h}}$ unterwegs. Wie lang ist die Strecke, wenn die schnellere Familie 5 min früher am Ziel ankommt?

Lösung:

Beide Familien fahren dieselbe Strecke s, aber mit unterschiedlichen Geschwindigkeiten $v_1 = 120\,\frac{\text{km}}{\text{h}}$ und $v_2 = 150\,\frac{\text{km}}{\text{h}}$. Dafür benötigen sie die Zeiten $t_1 = \frac{s}{v_1}$ und $t_2 = \frac{s}{v_2}$. Für die Zeitersparnis $t_1 - t_2$ muss gelten:

$$t_1 - t_2 = 5\text{ min} \quad\Leftrightarrow\quad \frac{s}{v_1} - \frac{s}{v_2} = 5\text{ min} \quad\Leftrightarrow\quad s \cdot \left(\frac{1}{v_1} - \frac{1}{v_2}\right) = 5\text{ min}$$

$$\Rightarrow s = \frac{5\text{ min}}{\frac{1}{v_1} - \frac{1}{v_2}} = \frac{(1/12)\text{ h}}{\frac{1}{120}\,\frac{\text{h}}{\text{km}} - \frac{1}{150}\,\frac{\text{h}}{\text{km}}} = 50\text{ km}.$$

Genauigkeit physikalischer Größen

Das Alter unserer Erde (**Bild 1**) wird auf 4,55 Milliarden Jahre geschätzt (ausgeschrieben: 4 550 000 000 Jahre). Niemand wird auf die Idee kommen, nächstes Jahr das Erdalter mit 4 550 000 001 Jahren anzugeben. Warum?

Ganz einfach: Die Angabe einer physikalischen Größe beinhaltet drei Informationen:

1. Zahlenwert (hier: 4,55 Mrd),
2. Genauigkeit (hier: ±0,005 Mrd),
3. Einheit (hier: Jahre; Abk. a für *annus*).

Die Unsicherheit bei der Altersangabe beträgt im Beispiel ±0,005 Mrd= ± 5 Mio Jahre. Es wird also noch eine Weile dauern, ehe das Erdalter mit 4,56 Mrd Jahren angegeben wird (vorbehaltlich neuer geologischer Erkenntnisse). Sehr große und sehr kleine Werte werden zudem als Gleitkommazahlen geschrieben, also $4{,}55 \cdot 10^9$ a, weil es im englischen Sprachraum keine *„milliard"* gibt, sondern die *„billion"* (1000 Millionen) folgt. Dies führt in der Presse manchmal zu Übersetzungsfehlern.

Bild 1: Unsere Erde

Gültige Ziffern

Bei einer zusammengesetzten physikalischen Größe wie der Geschwindigkeit dürfen bei Division der Werte für Weg und Zeit nicht einfach alle Stellen vom Taschenrechner abgeschrieben werden. Diese Genauigkeitsangabe wäre sinnlos. Man bedient sich vielmehr des Konzepts der gültigen Ziffern. Dabei handelt es sich um eine Vereinfachung der Fehlerrechnung, die im physikalischen Praktikum ausführlicher beschrieben wird. Gültige Ziffern (g. Z.) dürfen nicht mit Dezimalstellen (Dez) verwechselt werden (**Tabelle 1**). Mit gültigen Ziffern bezeichnet man vielmehr die Anzahl der Stellen *ohne* „führende Null(en)".

Identisch sind zwei Größen demnach nur dann, wenn sie neben dem Zahlenwert auch in der Anzahl gültiger Ziffern übereinstimmen, also 70 m ≠ 0,07 km, aber 70 m = 0,070 km. Nach dieser Regel sind in **Tabelle 1** nur die Werte in der ersten und letzten Zeile identisch.

Tabelle 1: Gültige Ziffern (g. Z.) und Dezimalen (Dez) im Vergleich

Angabe	g. Z.	Dez
70 m	2	0
70,0 m	3	1
0,07 km	1	2
0,070 km	2	3

Bei einer zusammengesetzten Rechnung (Produkt und Quotient) darf das Ergebnis nur mit so vielen gültigen Ziffern angegeben werden wie die am *ungenauesten* gemessene Größe.

Beispiel: Genauigkeit

Eine 100 m lange Strecke wird in 15,80 s zurückgelegt. Gesucht ist die durchschnittliche Geschwindigkeit.

Lösung:

Laut Taschenrechner ist

$$v = \frac{s}{t} = \frac{100\ \text{m}}{15{,}80\ \text{s}} = 6{,}329\,113\ \ldots\ \frac{\text{m}}{\text{s}}.$$

Die vielen Nachkommastellen sind natürlich Unsinn: Die ungenaueste Angabe hat drei gültige Ziffern (g. Z.). Deshalb darf das Ergebnis ebenfalls nur 3 g. Z. haben, also ist $v = 6{,}33\ \frac{\text{m}}{\text{s}}$. Eine noch genauere Messung der Zeit ist nicht sinnvoll, solange die Strecke nicht genauer vermessen wurde. Die Längen von Tartanbahnen sind bei Meisterschaften auf cm genau vermessen[1)], also lohnt es sich, Sprintzeiten auf 0,01 s genau anzugeben – natürlich nicht bei Handmessungen.

Kurzfassung:

$s = 100$ m (3 g. Z.)

$t = 15{,}80$ s (4 g. Z.)

$v = \frac{s}{t}$

$v = \frac{100\ \text{m}}{15{,}80\ \text{s}}$

$v = 6{,}33\ \frac{\text{m}}{\text{s}}$ (3 g. Z.)

1) Das sind 100,00 m, also fünf gültige Ziffern!

Bezugssysteme

Als Fußgänger sind Sie vielleicht mit 5 $\frac{\text{km}}{\text{h}}$ unterwegs. Künstlich schneller oder langsamer werden Sie, wenn Sie ein Laufband betreten.

Bewegung in Fahrtrichtung (Bild 1a)

Die Unterlage bewegt sich mit der Geschwindigkeit $\vec{v}_2$ nach vorne. Ein neben dem Laufband stehender Beobachter hat das Gefühl, Sie würden sich mit der Geschwindigkeit $v_{res} = v_1 + v_2$ (resultierende Geschwindigkeit) nach vorne bewegen. Ihre eigene Geschwindigkeit $\vec{v}_1$ wird dabei als Relativgeschwindigkeit (nämlich relativ zum Laufband) bezeichnet.

Bewegung gegen die Fahrtrichtung (Bild 1b)

Wenn Sie sich mit genau der Geschwindigkeit v_2 des Laufbandes entgegen der Fahrtrichtung bewegen, bleiben Sie – von außen betrachtet – scheinbar stehen, weil sich die resultierende Geschwindigkeit dann als Differenz $v_{res} = v_1 - v_2$ ergibt. Sie müssen also schneller sein als das Laufband, um vorwärts zu kommen. Sonst ist Ihre Geschwindigkeit „negativ“.

Ob und gegebenenfalls welche Art von Bewegung vorliegt, ist eine Frage des Bezugssystems: Zwei verschiedene Beobachter kommen nicht zwingend zur gleichen Beschreibung ein und desselben Vorgangs.

Umgangssprachlich würde man den Begriff Bezugssystem mit Standpunkt oder „Blickwinkel“ (im Sinne von *point of view*) übersetzen.

a) Gehen in Laufbandrichtung

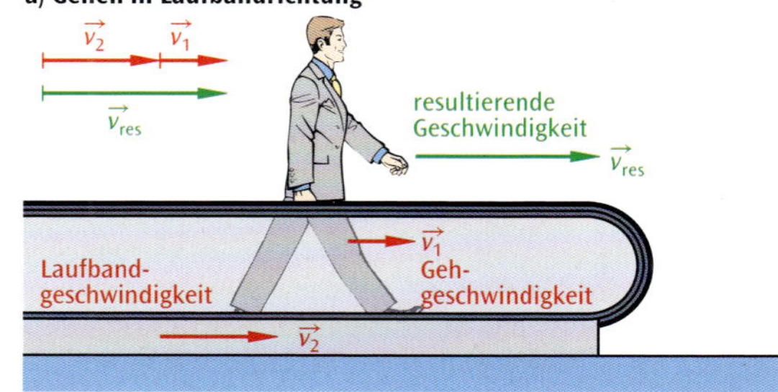

b) Gehen gegen die Laufbandrichtung

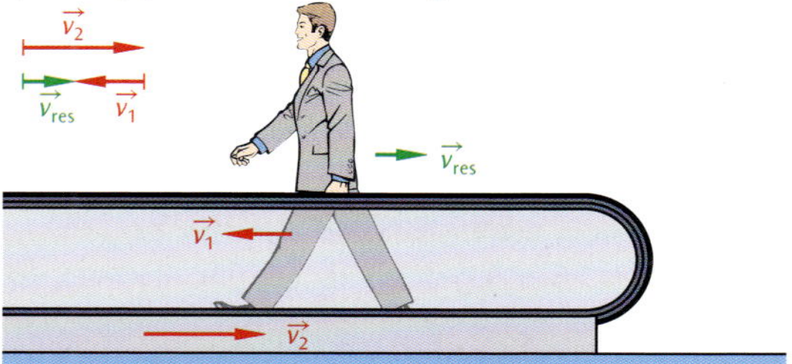

Bild 1: Bewegung auf dem Laufband: (a) *in* Fahrtrichtung; (b) *gegen* die Fahrtrichtung

Beispiel: Sie überholen mit 130 $\frac{\text{km}}{\text{h}}$ einen 90 $\frac{\text{km}}{\text{h}}$ schnellen LKW. Im „Bezugssystem LKW“ haben Sie dann eine Geschwindigkeit von 40 $\frac{\text{km}}{\text{h}}$. Oder Sie argumentieren: Im „Bezugssystem PKW“ (also in ihrem eigenen Bezugssystem) hat der LKW eine Geschwindigkeit von $-40\ \frac{\text{km}}{\text{h}}$, weil er auf Sie zukommt. Beide Formulierungen sind richtig.

1.1.3 Geschwindigkeitsänderung und Beschleunigung

Beschleunigung

Sobald sich die Geschwindigkeit ändert, spricht man von einer beschleunigten Bewegung. In der Physik hat die Beschleunigung eine etwas gewöhnungsbedürftige Einheit, die man am ehesten versteht, wenn man die Bewegung einer Tachonadel beobachtet (**Bild 2**): Beschleunigung bedeutet Geschwindigkeits*änderung* pro Zeiteinheit, mit Bezug zur Tachonadel in **Bild 2a** also

$$\frac{(190 - 90)\ \text{km/h}}{13\ \text{s}} = 7{,}7\ \frac{\text{km/h}}{\text{s}},$$

in **Bild 2**b

$$\frac{(50 - 0)\ \text{km/h}}{6{,}2\ \text{s}} = 8{,}1\ \frac{\text{km/h}}{\text{s}}.$$

Der untere Fahrer beschleunigt also tatsächlich mehr! Dass der obere Fahrer stärker aufs Gaspedal treten muss, um Fahr- und Luftwiderstand zu überwinden, steht auf einem anderen Blatt.

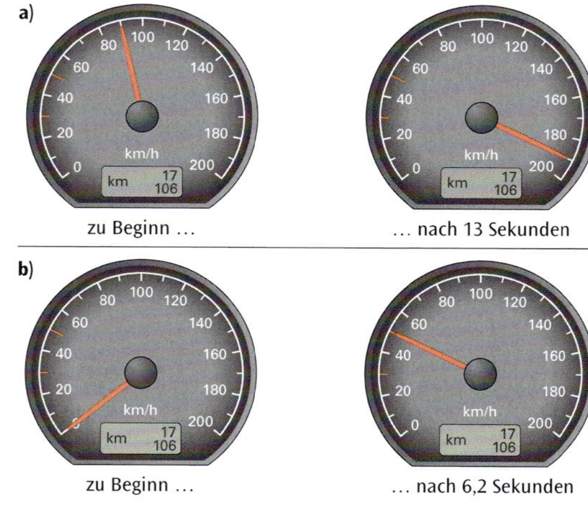

Bild 2: Wer beschleunigt mehr?

Definition der Beschleunigung

Bei einer geradlinigen Bewegung definiert man die Beschleunigung a (engl. *acceleration*, ursprünglich aus dem Lateinischen *accelerare*) als Quotient aus Geschwindigkeitsänderung und Zeitraum, in dem diese Änderung stattfindet (**Bild 1**).

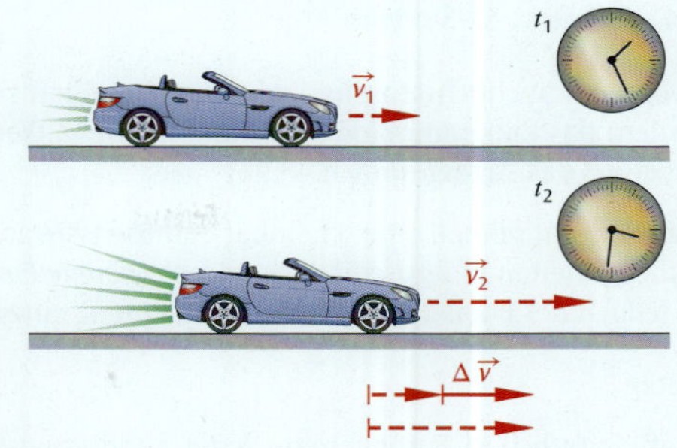

Bild 1: Zur Definition der Beschleunigung

Beschleunigung

$$a = \frac{\Delta v}{\Delta t} = \frac{v_2 - v_1}{t_2 - t_1}$$

SI-Einheit der Beschleunigung

$$[a] = \frac{1\,\frac{\text{m}}{\text{s}}}{1\,\text{s}} = 1\,\frac{\text{m}}{\text{s}^2}$$

Gesprochen als „Meter pro Sekunde-Quadrat“. Dabei wird nicht behauptet, dass es eine Quadratsekunde gibt, vielmehr gilt:

Eine Beschleunigung von $1\,\frac{\text{m}}{\text{s}^2}$ bedeutet, dass die Momentangeschwindigkeit sich um $1\,\frac{\text{m}}{\text{s}}$ in jeder Sekunde ändert.

Die beiden PKW in **Bild 2** auf der vorigen Seite erzielen im SI-System also die Beschleunigungen

$$a_1 = \frac{(100/3{,}6)\ \text{m/s}}{13\ \text{s}} = 2{,}1\,\frac{\text{m}}{\text{s}^2} \quad \text{bzw.} \quad a_2 = \frac{(50/3{,}6)\ \text{m/s}}{6{,}2\ \text{s}} = 2{,}2\,\frac{\text{m}}{\text{s}^2}.$$

Negative Beschleunigung

Aus der Definition $a = \frac{v_2 - v_1}{t_2 - t_1}$ der Beschleunigung folgt, dass a auch negativ sein kann. In diesem Fall spricht man von anstelle von Beschleunigung auch von Verzögerung. Der Bremsvorgang (**Bild 2**) ist ein Beispiel für eine verzögerte Bewegung.

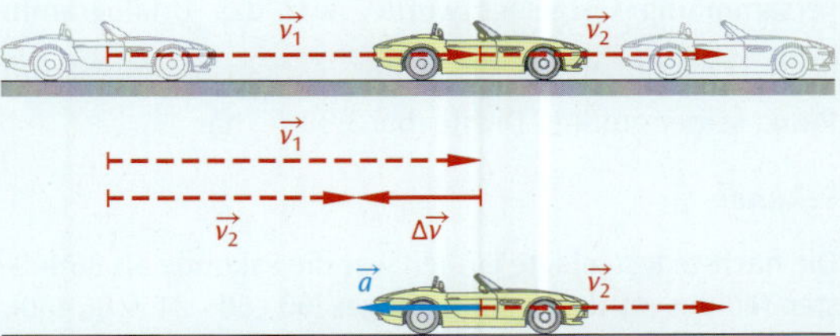

Bild 2: Fahrzeug beim Bremsen: die Beschleunigung ist rückwärts gerichtet und damit negativ

Beschleunigungsvektor

Im Allgemeinen ist eine Beschleunigung weder positiv noch negativ, sondern wie die Geschwindigkeit $\vec{v}$ als Vektor aufzufassen. Um den Vektor $\vec{a}$ konstruieren zu können, werden zwei Geschwindigkeitsvektoren und folglich mindestens drei Punkte benötigt (**Bild 3**): Im Bahnpunkt B werden sowohl die Geschwindigkeitsvektoren $\vec{v}_A$ (als Hilfslinie; schwarz gestrichelt) als auch $\vec{v}_B$ eingetragen. Daraus wird die Geschwindigkeitsdifferenz $\Delta\vec{v}$ konstruiert und schließlich parallel zum Punkt B verschoben. Das Ergebnis ist der Vektor $\vec{a}_B$ in **Bild 3**. Bei Vorliegen einer Stroboskopaufnahme verfährt man in analoger Weise mit weiteren Punkten der Bahnkurve.

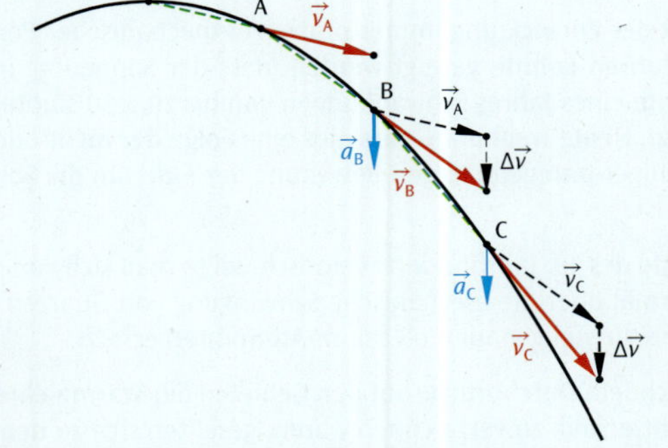

Bild 3: Beschleunigung $\vec{a}$ als Vektor (Erläuterungen im Text)

Die Beschleunigung $\vec{a}$ ist ein Vektor, dessen Richtung identisch mit der Geschwindigkeits*änderung* $\Delta\vec{v}$ ist. Bei geradliniger Bewegung gilt $a = \frac{\Delta v}{\Delta t}$ mit der Einheit $1\,\frac{\text{m}}{\text{s}^2}$.

In Kapitel 2 lernen Sie, dass jede Geschwindigkeitsänderung $\Delta\vec{v}$ und damit jede Beschleunigung $\vec{a}$ immer die Folge einer Krafteinwirkung ist. Mehr noch: Wenn alle auf einen Körper einwirkenden Kräfte bekannt sind, dann lässt sich die Bahnkurve konstruieren. Zu dieser Erkenntnis waren die Physiker schon vor 300 Jahren gelangt. Ohne sie wäre zum Beispiel die Raumfahrt unmöglich.

1.1.4 Exkurs: SI-System

Die wohl gebräuchlichsten physikalischen Einheiten sind der Meter[1)] und die Sekunde. Beim Einkaufen begegnet uns außerdem das Kilogramm (oder Gramm), beim Tanken der Liter. Im Hochsommer oder tiefsten Winter dominiert das Grad Celsius das Tagesgespräch.

So kommt recht schnell eine scheinbar endlose Liste an Einheiten zusammen. Um nicht den Überblick zu verlieren, teilt man die Einheiten in *Basiseinheiten* und *abgeleitete Einheiten* ein. So ist zum Beispiel der Meter (1 m) eine Basiseinheit, nicht jedoch der Liter, da er sich als dritte Potenz einer Länge schreiben lässt ($1\ \text{l} = 1\ \text{dm}^3 = 10^{-3}\ \text{m}^3$).

Urmeter

Im mittelalterlichen Europa hatte jedes Land, zuweilen jede Stadt, sein eigenes Einheitensystem. Erst die Franzosen bereiteten dem Treiben in den letzten Jahren des 18. Jahrhunderts ein Ende: Während der französischen Revolution beschloss die Nationalversammlung, eine vermeintlich unveränderliche Größe zur Definition der Länge heranzuziehen: den Erdumfang. Entlang des Meridians von Dünkirchen im Norden Frankreichs bis Rodez im Süden wurden zahllose Winkel gemessen und daraus ein Längennormal hergestellt, das genau dem 10-millionsten Teil der Länge eines Erdquadranten entsprechen sollte. Dieses Längennormal wurde als *Urmeter* (**Bild 1**) bezeichnet und war bis 1983 gültig.

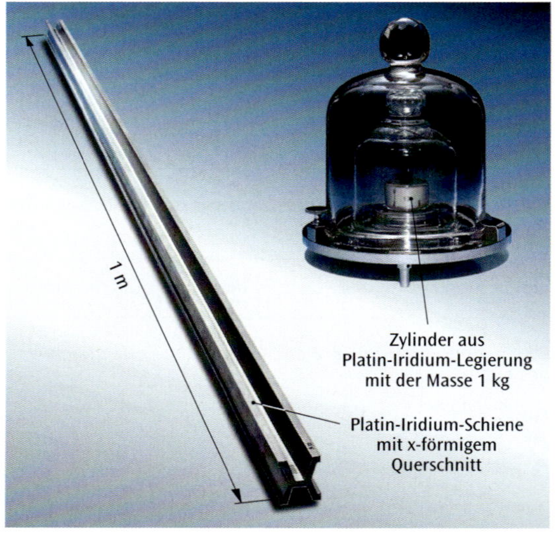

Bild 1: Kopien des Urmeters und des Urkilogramms

Urkilogramm

Die nächste Einheit, die von der französischen Nationalversammlung festgelegt wurde, war das Urkilogramm (**Bild 1**) als die Masse, die $1\ \text{dm}^3 = \frac{1}{1000}\ \text{m}^3$ Wasser am Punkt seiner größten Dichte (bei 3,98 °C) hat.

Sekunde

Die nächste festgelegte Einheit war die Sekunde als 86 400-ster Teil des mittleren Sonnentages ($60 \cdot 60 \cdot 24 = 86\,400$). Dieser Zeitraum ergibt sich aus dem Abstand zweier Sonnenhöchststände, die durch Schattenwurf festgestellt werden: Ein in den Boden gesteckter Stab wirft zum Zeitpunkt 12 Uhr den kürzesten Schatten (**Bild 2**).

Bild 2: Sonnenuhr

Mit der Entwicklung immer präziserer mechanischer Pendeluhren konnte gezeigt werden, dass der Sonnentag im Laufe eines Jahres Schwankungen von bis zu ±30 s unterliegt. Heute weiß man, dass dies eine Folge der mehr oder weniger unregelmäßigen Bewegung der Erde um die Sonne ist.

Mitte des 19. Jahrhunderts verabschiedete man sich von der astronomischen Definition der Sekunde und legte das Zeitnormal über die mechanische Schwingung von Quarzen fest. Diese Quarzuhren wurden Mitte der 1950-er Jahre durch die sehr viel genaueren Cäsium-Atomuhren ersetzt.

Nachdem Durchbrüche auf den Gebieten der Wärmelehre, des Elektromagnetismus, der physikalischen Chemie und der Lichttechnik zu verzeichnen waren, gesellten sich zu den mechanischen Einheiten (Meter, Kilogramm, Sekunde – kurz: MKS) vier weitere Einheiten, so dass man heute genau sieben Basiseinheiten (nicht mehr und nicht weniger!) zählt.

[1)] früher in der Fachsprache auch *das* Meter

Die sieben SI-Einheiten

Die im Mai 2019 eingeführte Neudefinition der bisherigen sieben SI-Basiseinheiten betrifft im Wesentlichen die Einheiten Kilogramm, Mol, Ampère und Kelvin, mit den definierenden Konstanten Plancksches Wirkungsquantum h, Avogadrokonstante N_A, Elementarladung e und Boltzmannkonstante k. Die anderen drei Basiseinheiten Sekunde, Meter und Candela wurden lediglich in der sprachlichen Formulierung angeglichen, was jedoch keine Auswirkung auf die Realisierung hat. Hier werden nur kurz die Grundlagen der Definition genannt.

Tabelle 1: Größen und Einheiten des SI

Größe	**Einheit**	**Abk.**
Länge	Meter	m
Masse	Kilogramm	kg
Zeit	Sekunde	s
Stromstärke	Ampere	A
Temperatur	Kelvin	K
Stoffmenge	Mol	mol
Lichtstärke	Candela	cd

Länge: Ein Meter (1 m) ist die Strecke, die das Licht im Vakuum innerhalb des 299 792 458-sten Teils einer Sekunde zurücklegt.

Masse: Das Gewichtsnormal (1 kg) basiert nun auf dem planckschen Wirkungsquantum, einer von Max Planck eingeführten Naturkonstanten, die in der Quantenphysik das stets gleich bleibende Verhältnis von Energie und Frequenz eines Lichtteilchens angibt.

Zeit: Eine Sekunde (1 s) leitet sich aus der Periodendauer einer bestimmten Strahlung ab, die bei Atomuhren genutzt wird.

Elektrische Stromstärke: Ein Ampere (1 A; nach André Marie Ampère) leitet sich aus der magnetischen Kraftwirkung des elektrischen Stromes ab.

Temperatur: Ein Kelvin (1 K; nach Lord Kelvin) leitet sich aus dem Drei-Phasen-Gleichgewicht (Tripelpunkt) des Wassers ab.

Stoffmenge: Ein Mol (1 mol) leitet sich aus der Teilchenzahl des häufigsten Kohlenstoff-Isotops ab.

Lichtstärke: Eine Candela (1 cd) leitet sich aus den Eigenschaften eines so genannten Schwarzen Strahlers ab.

Während die eine oder andere Definition auch für den Laien nachvollziehbar ist, erfordert das Verstehen der übrigen profunde physikalische Kenntnisse, von denen Sie einige erst im Laufe der 13. Jahrgangsstufe oder im Studium erwerben.

Das neue SI

Im Mai 2019 wurde das SI-System reformiert und durch das neue SI ersetzt: Die Idee bestand darin, die Naturkonstanten, die den Festlegungen der Einheiten zugrunde liegen, als exakte Werte zu definieren (**Bild 1** und Umschlagseite des Buches). Die Öffentlichkeit wird davon jedoch nicht viel mitbekommen, weil sich im Alltag nichts ändern wird.

Wenn Sie sich noch mehr für das SI-System interessieren, besuchen Sie den Web-Auftritt der Physikalisch-Technischen Bundesanstalt in Braunschweig. Sie hält zahlreiche kostenlose Infobroschüren bereit (https://www.ptb.de/cms/forschung-entwicklung/forschung-zum-neuen-si.html).

Bild 1: Konzept hinter dem neuen SI

1.2 Lineare gleichförmige Bewegung

1.2.1 Diagramme der gleichförmigen Bewegung

Ein ungleicher Wettkampf?!

Anna und Bernd tragen einen Wettkampf aus, bei dem sie beide zuerst laufen und anschließend Rad fahren müssen (**Bild 1**). Dabei muss jeder die Gesamtstrecke von 20 km bewältigen. Obwohl Anna sowohl die langsamere Läuferin (12 km/h bzw. 15 km/h) als auch Radfahrerin (18 km/h bzw. 24 km/h) ist, kommt sie bereits nach 70 min ins Ziel, wohingegen Bernd ganze 77 min benötigt.

Bild 1: Anna ist in beiden Disziplinen langsamer als Bernd und kommt trotzdem als Erste ins Ziel

Wie kann das sein?

Erklärung (Rechnung ist relativ aufwändig!):

Die Frage lässt sich mit Hilfe eines Diagramms leicht beantworten: Auf der Rechtswertachse wird die Zeit t, auf der Hochwertachse der Ort x aufgetragen. Wählt man den Startpunkt als Ursprung eines Koordinatensystems, dann liegt der Zielpunkt bei $x = 20$ km.

Anna benötigt nun 70 min, um die 20 km zurückzulegen („Ziel“ in **Bild 2**). Beim Laufen ist sie 12 km/h schnell, schafft also 12 km in 60 min (rote Pfeile). Mit Laufen allein würde sie die 20 km also nicht in 70 min bewältigen, deshalb muss sie irgendwann unterwegs aufs Rad steigen.

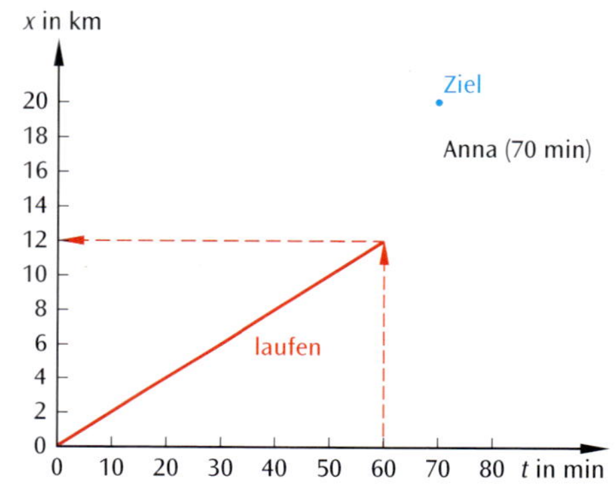

Bild 2: Annas Ortslinie beim Laufen (rot)

Rechnet man vom Zielpunkt zurück, dann radelt Anna mit 18 km/h ins Ziel, legt also bis dort 18 km in 60 min zurück (blaue Pfeile in **Bild 3**). Dort trifft die blaue Ortslinie auf die rote Ortslinie.

Daraus lässt sich folgern, dass Anna zuerst 10 min gelaufen und anschließend 60 min geradelt ist.

Eine Probe ergibt:

$$10\text{ min} \cdot 12\,\frac{\text{km}}{\text{h}} = 10\text{ min} \cdot \frac{12}{60}\,\frac{\text{km}}{\text{min}} = 2\text{ km};$$

$$60\text{ min} \cdot 18\,\frac{\text{km}}{\text{h}} = 1\text{ h} \cdot 18\,\frac{\text{km}}{\text{h}} = 18\text{ km}.$$

Die Summe beider Wegabschnitte beträgt exakt 2 km + 18 km = 20 km bei einer Summe der Zeitabschnitte von 10 min + 60 min = 70 min.

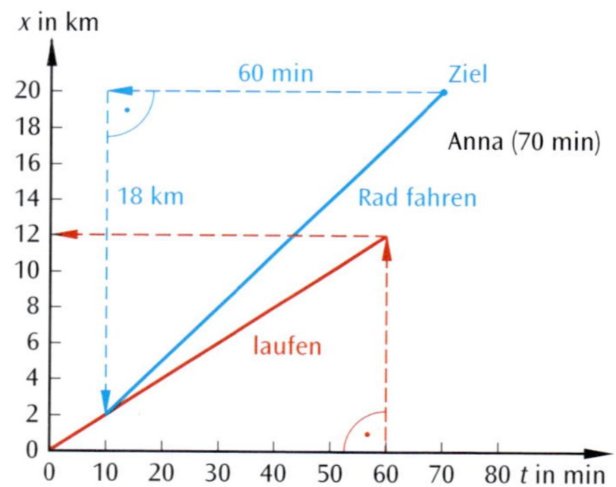

Bild 3: Annas Ortslinie beim Radfahren, zurückgerechnet vom Zielpunkt (blau)

Annas endgültige Ortslinie

Lässt man sämtliche Hilfslinien in **Bild 3** weg, dann erhält man Annas endgültige Ortslinie (**Bild 1**, folgende Seite):

Die Bewegungsabläufe „Laufen“ und „Rad fahren“ wurden hierbei jeder für sich als gleichförmig angenommen. Im Zeit-Ort-Diagramm entspricht dies zwei Geradenstücken. Die Steigung einer solchen Geraden ist ein Maß für die Geschwindigkeit der Bewegung (steilere Gerade für „Rad fahren“). Aus dem Mathematikunterricht ist bekannt, dass Steigung definiert wird als „Hochwert durch Rechtswert“, in Formeln $m = \frac{\Delta y}{\Delta x}$, wobei hier die Formelzeichen an die Achsen angepasst werden müssen, also muss es heißen $v = \frac{\Delta x}{\Delta t}$.

Ein Bild sagt mehr als tausend Worte ...

Bernds Bewegung lässt sich in analoger Weise im Zeit-Ort-Diagramm darstellen (**Bild 2**). Offenbar kommt er nur deswegen später ins Ziel, weil er die meiste Zeit (72 min) in seiner langsameren Disziplin unterwegs ist und lediglich 5 min radelt.

Hier die Probe:

$$72\ \text{min} \cdot 15\ \frac{\text{km}}{\text{h}} = 72\ \text{min} \cdot \frac{15}{60}\ \frac{\text{km}}{\text{min}} = 18\ \text{km};$$

$$5\ \text{min} \cdot 24\ \frac{\text{km}}{\text{h}} = 5\ \text{min} \cdot \frac{24}{60}\ \frac{\text{km}}{\text{min}} = 2\ \text{km}.$$

Das Diagramm besagt noch mehr: Wir können ablesen, wann Anna ihren Kontrahenten Bernd einholt, nämlich nach 20 min und fünf zurückgelegten Kilometern (vgl. **Bild 2**).

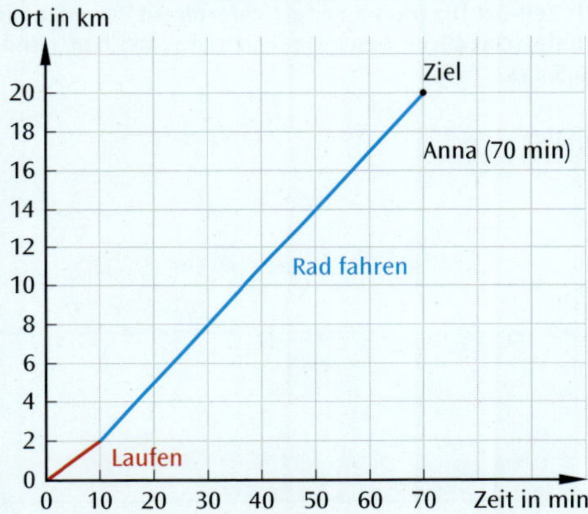

Bild 1: Annas endgültige Ortslinie

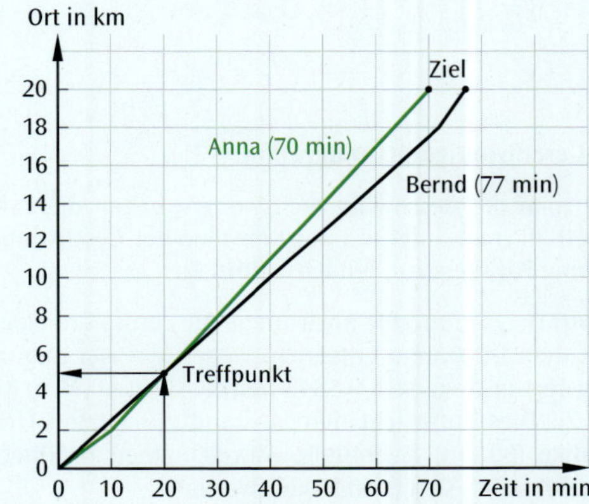

Bild 2: Ortslinien von Anna (grün) und Bernd (schwarz) im Vergleich

Experiment auf der Luftkissenfahrbahn

Eine gleichförmige Bewegung lässt sich auf der Luftkissenbahn realisieren (**Bild 3**): Aus kleinen Düsen auf der Fahrbahn strömt Luft aus. Auf diesem Luftpolster können sich Gleiter ohne nennenswerte Reibung bewegen. Entlang der Bahn sind in regelmäßigen Abständen Lichtschranken aufgestellt.

Zu Beginn des Experiments gibt ein Metallbolzen dem Gleiter einen Stoß. Gleichzeitig wird an eine elektronische Uhr ein Signal gegeben und die Zeitmessung beginnt. Die Zeitmessung endet, wenn der Gleiter die jeweilige Lichtschranke erreicht. Man spricht von *Laufzeitmessung*.

Rechnerische Auswertung

In **Tabelle 1** sind die Zeitwerte für einen Gleiter bei einem Lichtschrankenabstand von 15 cm gelistet (Spalten 1 und 2).

Spalte 3 enthält die Zeitdifferenz zur jeweils vorherigen Lichtschranke, Spalte 4 den Lichtschrankenabstand (jeweils 0,15 m). Auslassungen in der Tabelle bedeuten, dass keine Werte angegeben werden können.

Die letzte Spalte schließlich enthält den Quotienten $v = \frac{\Delta x}{\Delta t}$. Dieser beträgt konstant 1,0 $\frac{\text{m}}{\text{s}}$ und entspricht der Steigung im Zeit-Ort-Diagramm (**Bild 1** auf der folgenden Seite).

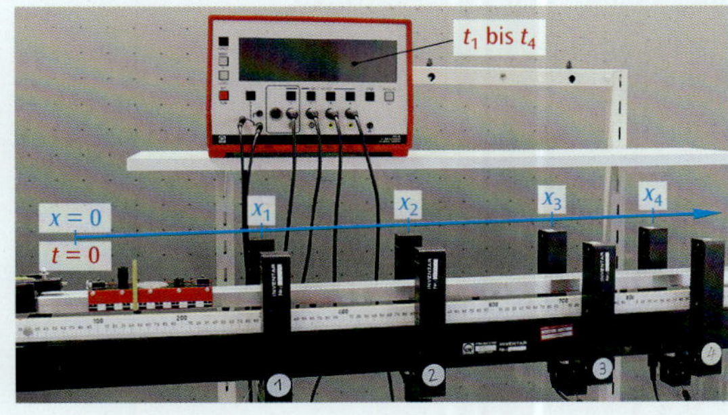

Bild 3: Versuchsanordnung zur Aufnahme der gleichförmigen Bewegung auf der Luftkissenbahn (Messung von Laufzeiten t_1 bis t_4 zu den Orten x_1 bis x_4)

Tabelle 1: Messwerte zum Versuch gemäß Bild 3

1	2	3	4	5
$\frac{t}{\text{s}}$	$\frac{x}{\text{m}}$	$\frac{\Delta t}{\text{s}}$	$\frac{\Delta x}{\text{m}}$	$\frac{\Delta x/\Delta t}{\text{m/s}}$
0,000	0,00	–	–	–
0,146	0,15	0,146	0,15	1,03
0,291	0,30	0,145	0,15	1,03
0,441	0,45	0,150	0,15	1,00
0,584	0,60	0,143	0,15	1,05

Zeit-Ort-Diagramm

Trägt man Ort und Zeit gegeneinander auf, dann ergibt sich in guter Näherung eine Gerade (**Bild 1**).

Die Steigung dieser Gerade ist ein Maß für die Geschwindigkeit des Gleiters: Ein schnellerer Gleiter „erzeugt" eine steilere Gerade, ein langsamerer eine flachere.

Um die Geschwindigkeit bei gleichförmiger Bewegung zu ermitteln, wählt man ein möglichst großes Steigungsdreieck (rote gestrichelte Linien in **Bild 1**) und achtet darauf, dass der Teiler eine Zahl ist, die nicht zu unendlichen Dezimalbrüchen führt, in **Bild 1** also z. B.

$$v = \frac{\Delta x}{\Delta t} = \frac{0{,}51\ \text{m}}{0{,}50\ \text{s}} = 1{,}0(2)\ \frac{\text{m}}{\text{s}}.$$

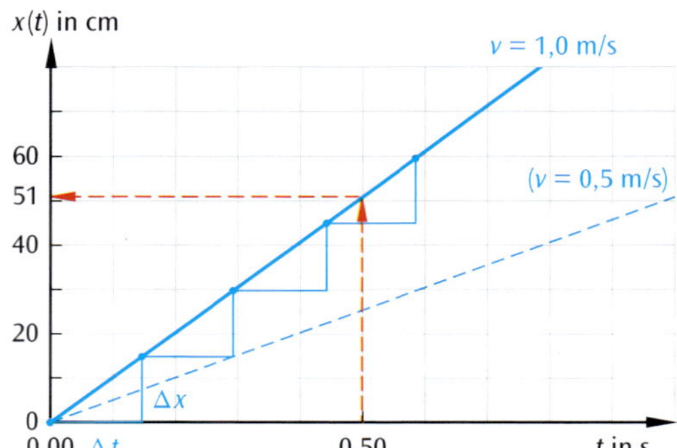

Bild 1: Zeit-Ort-Diagramm der gleichförmigen Bewegung für zwei unterschiedliche Geschwindigkeiten $v_1 = 1{,}0$ m/s und $v_2 = 0{,}5$ m/s

Zeit-Geschwindigkeits-Diagramm

Trägt man die Geschwindigkeitswerte *v* gegen die Zeit *t* auf, erhält man aufgrund der Konstanz der Geschwindigkeit eine Parallele zur Zeitachse (**Bild 2**).

Das *v*(*t*)-Diagramm gibt noch mehr Auskunft: Die Fläche unter dem Diagramm entspricht wegen $x = v \cdot t$ dem zurückgelegten Weg, nach 0,584 s beispielsweise 0,60 m (vgl. **Bild 2**). Dies entspricht dem Abstand zur letzten Lichtschranke (60 cm). Eventuelle Abweichungen resultieren aus gerundeten Geschwindigkeitswerten.

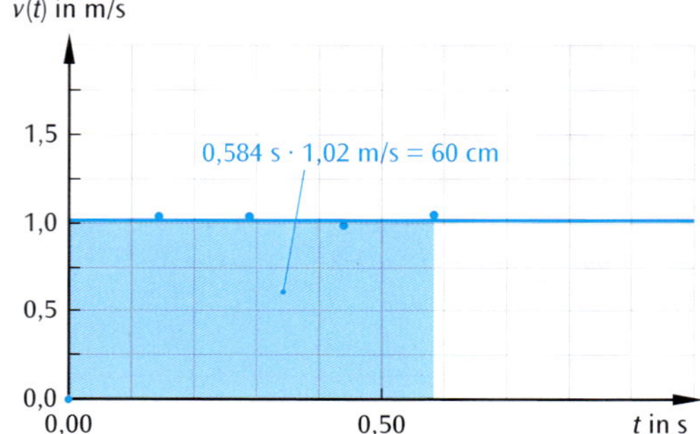

Bild 2: Zeit-Geschwindigkeits-Diagramm der gleichförmigen Bewegung (aus Tabelle 1 auf der vorigen Seite ermittelt)

Diagramme erzählen Geschichten

Die Eibsee-Seilbahn benötigt zehn Minuten für die Höhendifferenz von fast 2000 Metern. Sie verkehrt im 30-Minuten-Takt vom Eibsee zum Zugspitzgipfel.

Bild 3 zeigt stark vereinfacht das Zeit-Ort-Diagramm einer Gondel. Anfahrts- und Bremsphasen werden dabei nicht berücksichtigt.

Bei der Fahrt zum Gipfel („Hinfahrt") nehmen die Höhenwerte mit der Zeit zu. Auf dem Gipfel steigen Touristen aus und ein. In dieser Zeit nehmen die Höhenwerte nicht weiter zu. Bei der Talfahrt („Rückfahrt") nehmen die Höhenwerte wieder ab, bis die Talstation erreicht ist.

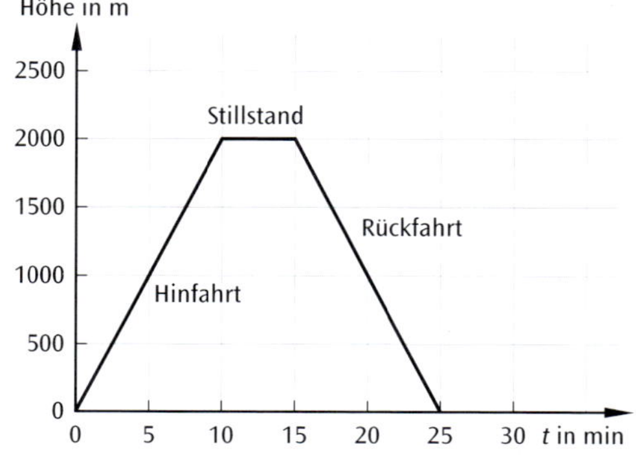

Bild 3: Zeit-Ort-Diagramm der Eibsee-Seilbahn (vereinfachte Darstellung)

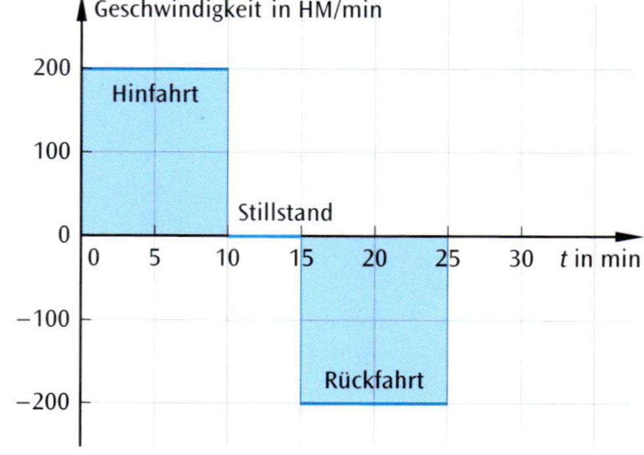

Bild 4: Geschwindigkeitsverlauf einer Gondel der Eibsee-Bahn in der Einheit „Höhenmeter pro Minute"

Negative Geschwindigkeiten

Auf der Hinfahrt ist die Steiggeschwindigkeit positiv, weil die Höhenwerte zunehmen. Der Stillstand der Gondel entspricht der Geschwindigkeit null. Es ist sinnvoll, auf der Rückfahrt von einer negativen Geschwindigkeit zu sprechen (**Bild 4**, vorherige Seite), weil die Bewegung in Gegenrichtung abläuft und die Höhenwerte abnehmen. Es gilt also

$$v_{\text{rauf}} = +\frac{2000\ \text{HM}}{10\ \text{min}} = +200\ \frac{\text{HM}}{\text{min}} \quad \text{und}$$

$$v_{\text{runter}} = -\frac{2000\ \text{HM}}{10\ \text{min}} = -200\ \frac{\text{HM}}{\text{min}}.$$

Unterscheide: „Ort" und „Weg"

Betrachtet man **Bild 4**, vorige Seite, dann sind die Flächen ober- und unterhalb der Zeitachse gleich groß. Sie entsprechen den zurückgelegten Höhen von jeweils 2000 m, in der Summe also 4000 m. Dies ist der zurückgelegte Weg s (Strecke) der Gondel.

Interessiert man sich hingegen für den Ort x der Gondel nach 25 min, dann ist die Fläche unterhalb der Zeitachse mit einem negativen Vorzeichen zu versehen. Die Flächen*bilanz* ergibt dann null – entsprechend der Tatsache, dass die Gondel nach 25 min zur Talstation zurückgekehrt ist.

kurz:

$s_{ges} = s_1 + s_2$
$= 2000\ \text{m} + 2000\ \text{m}$
$= 4000\ \text{m}$ (Weg)

$x_{ges} = x_1 + x_2$
$= 2000\ \text{m} + (-2000\ \text{m})$
$= 0\ \text{m}$ (Ort)

Gleichförmige Bewegung

- $x(t)$-Diagramm: Gerade mit Steigung $\neq 0$
  Steigung entspricht der Geschwindigkeit
  Positive Geschwindigkeit: Bewegung **in** Richtung der Koordinatenachse
  Negative Geschwindigkeit: Bewegung **entgegen** der Koordinatenachse
- $v(t)$-Diagramm: Gerade mit Steigung $= 0$
  Fläche entspricht dem zurückgelegten Weg
  „Negative" Fläche bedeutet „Rückwärtsfahrt"

1.2.2 Bewegungsgleichungen der gleichförmigen Bewegung

Rendezvous

Zwei Wanderer brechen von ihren 30 km entfernten Hütten zu einem Rendezvous auf (**Bild 1**). Der erste Wanderer ist mit 6 km/h gut zu Fuß, der andere lässt es mit 4km/h etwas ruhiger angehen. Wann und wo treffen sich die beiden?

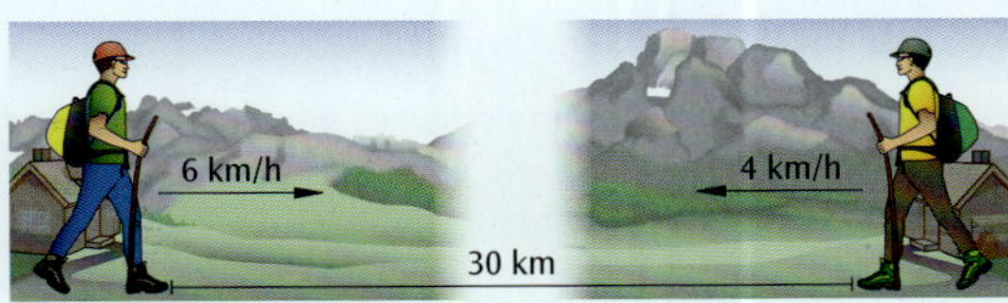

Bild 1: Wanderer auf dem Weg zum Treffpunkt

Lösung über die Relativgeschwindigkeit

Die Frage lässt sich mit Hilfe der Relativgeschwindigkeit $v_{rel} = v_1 - v_2 = 6\ \frac{\text{km}}{\text{h}} - \left(-4\ \frac{\text{km}}{\text{h}}\right) = 10\ \frac{\text{km}}{\text{h}}$ leicht beantworten, weil mit dieser Geschwindigkeit der Weg von 30 km in genau 3 h bewältigt wird. In diesen drei Stunden kommt der linke Wanderer $6\ \frac{\text{km}}{\text{h}} \cdot 3\ \text{h} = 18\ \text{km}$ weit, der rechte legt $4\ \frac{\text{km}}{\text{h}} \cdot 3\ \text{h} = 12\ \text{km}$ zurück. Der Treffpunkt befindet sich also 18 km von der linken Hütte entfernt.

Graphische Lösung (Bild 2)

Das Problem lässt sich zeichnerisch lösen durch Ablesen des Schnittpunkts der beiden Ortslinien.

Rechnerische Lösung

Wenn die Zahlenwerte nicht so einfach sind wie im vorliegenden Fall, wird der Schnittpunkt rechnerisch ermittelt. Man stellt dazu zwei Geradengleichungen auf und setzt diese gleich.

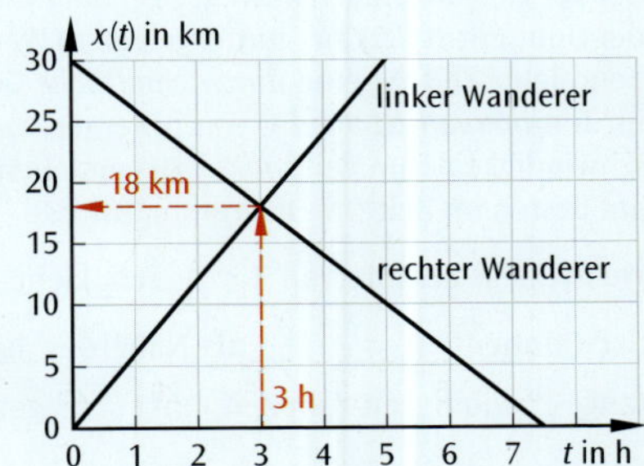

Bild 2: Beide Wanderer im Zeit-Ort-Diagramm

In **Bild 1** auf der vorigen Seite gilt $x_L(t) = +6\,\frac{\text{km}}{\text{h}} \cdot t$ für den linken Wanderer und $x_R(t) = 30\text{ km} - 4\,\frac{\text{km}}{\text{h}} \cdot t$ für den rechten. Gleichsetzen von $x_L(t)$ und $x_R(t)$ führt auf eine lineare Gleichung, die sich leicht lösen lässt:

$$x_L(t) = x_R(t) \Leftrightarrow +v_1 \cdot t = x_0 + v_2 \cdot t \Leftrightarrow (v_1 - v_2) \cdot t = x_0$$

$$\Rightarrow t = \frac{x_0}{v_1 - v_2} = \frac{30\text{ km}}{6\,\frac{\text{km}}{\text{h}} - \left(-4\,\frac{\text{km}}{\text{h}}\right)} = 3\text{ h (Zeit)} \quad \text{und} \quad x = 6\,\frac{\text{km}}{\text{h}} \cdot 3\text{ h} = 18\text{ km (Ort)}$$

Erinnerung: Geradengleichung in der Mathematik

In der Mathematik schreibt man $y = m \cdot x + t$ mit Steigung $m = \frac{\Delta y}{\Delta x}$ und y-Achsenabschnitt t (**Bild 1**).

In der Physik müssen die Buchstaben an das Problem angepasst werden:

Die Steigung entspricht der Geschwindigkeit v (positiver oder negativer Wert möglich), der y-Achsenabschnitt entspricht dem Ort $x_0 = x(0)$ zum Zeitpunkt $t = 0$ (Startposition).

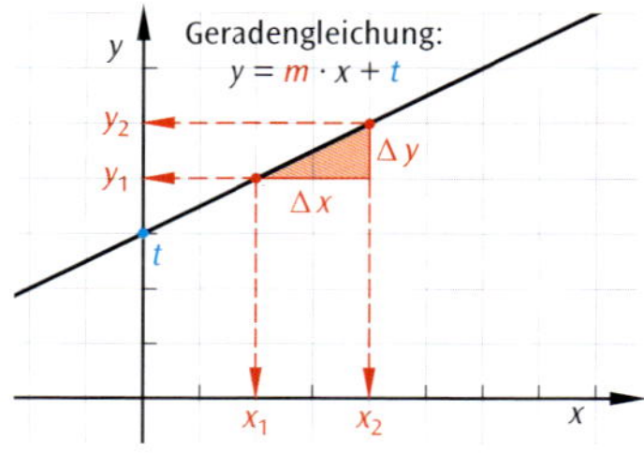

Bild 1: Geradengleichung

Bewegungsgleichung der gleichförmigen Bewegung

Zeit-Ort-Gesetz: $x(t) = x_0 + v \cdot t$.

Dabei bezeichnet $x_0 = x(0)$ den Ort zum Zeitpunkt $t = 0$ und $v = \frac{\Delta x}{\Delta t}$ die (konstante) Geschwindigkeit. Erinnerung: $v < 0$ oder $v > 0$ möglich.

1.3 Gleichmäßig beschleunigte Bewegung

1.3.1 Von der Durchschnitts- zur Momentangeschwindigkeit

Versuch mit dem Funkenschreiber

Ein Versuchswagen rollt eine schwach geneigte Fahrbahn hinunter (**Bild 2**). Er zieht ein Registrierband hinter sich her, auf das ein Funkenschreiber in regelmäßigen Zeitabständen (z. B. 10-mal pro Sekunde) eine Brandmarke setzt. Weil der Wagen hangabwärts rollt, nimmt seine Momentangeschwindigkeit zu.

Doch was versteht man eigentlich unter „Momentangeschwindigkeit"?

Bild 2: Funkenschreiber

Momentangeschwindigkeit als Näherungswert

Bei der gleichförmigen Bewegung haben wir gesehen, dass der Quotient $\Delta x/\Delta t$ aus zurückgelegtem Weg Δx und dafür benötigter Zeit Δt eine *durchschnittliche* Geschwindigkeit im Zeit*intervall* Δt angibt. Was unter der *momentanen* Geschwindigkeit zum Zeit*punkt* t zu verstehen ist, sieht man am besten im Zeit-Ort-Diagramm (**Bild 3**).

Wenn (!) das Zeitintervall $[t_1 ; t_2]$ „sehr klein" ist, dann kann der Quotient $\frac{\Delta x}{\Delta t} = \frac{x_2 - x_1}{t_2 - t_1}$ als Näherung für die Momentangeschwindigkeit zum Zeitpunkt t_2 aufgefasst werden.

Entsprechendes gilt für den Zeitpunkt t_3. Was in diesem Zusammenhang unter „sehr klein" zu verstehen ist, erkennt man unmittelbar im $x(t)$-Diagramm:

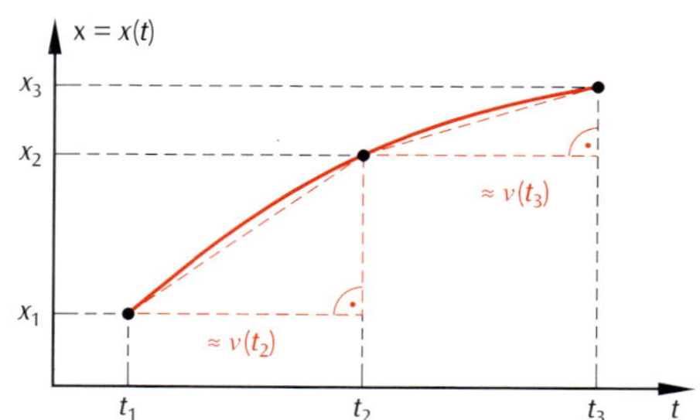

Bild 3: Näherungswerte für die Momentangeschwindigkeiten $v(t_2)$ und $v(t_3)$ ergeben sich aus den Steigungen von Sekanten (rote gestrichelte Linien)

Wenn (!) die Sekante (gestrichelte rote Linie in **Bild 3** auf der vorigen Seite) kaum von der Ortslinie (durchgezogene rote Linie) abweicht, dann gilt für die momentanen Geschwindigkeiten zu den Zeitpunkten t_2, t_3 usw. näherungsweise

$$v(t_2) \approx \frac{x_2 - x_1}{t_2 - t_1} = \frac{x(t_2) - x(t_1)}{t_2 - t_1}, \quad v(t_3) \approx \frac{x_3 - x_2}{t_3 - t_2} = \frac{x(t_3) - x(t_2)}{t_3 - t_2}, \quad \ldots$$

Momentangeschwindigkeit als mathematische Abstraktion

In der Mathematik wird die Verkürzung des Zeitintervalls als Grenzwert aufgefasst, und man schreibt[1)]

$$v(t) = \lim_{\Delta t \to 0} \left(\frac{\Delta x}{\Delta t} \right) = \lim_{\Delta t \to 0} \left(\frac{x(t) - x(t - \Delta t)}{\Delta t} \right)$$

für die momentane Geschwindigkeit zum Zeitpunkt t. Geometrisch ist damit die Tangentensteigung im $x(t)$-Diagramm zum Zeitpunkt t gemeint (gestrichelte blaue Linie in **Bild 1**). Man spricht von Rückwärtsinterpolation, weil zur Berechnung von $v(t)$ auf den rückwärtigen Ort $x(t - \Delta t)$ Bezug genommen wird.

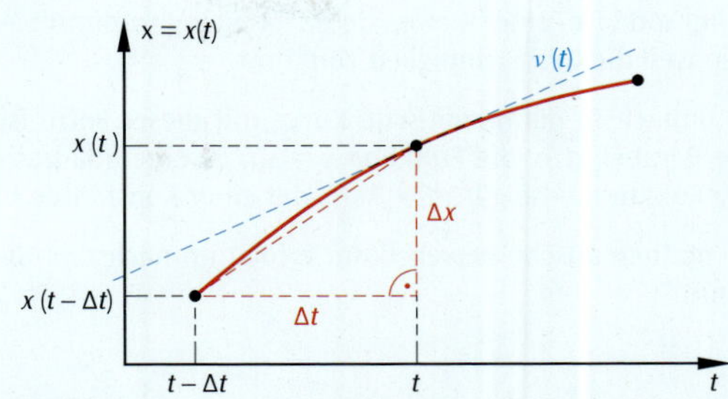

Bild 1: Momentane Geschwindigkeit zum Zeitpunkt t als Tangentensteigung (blaue Linie), mathematisch als Grenzwert der Sekantensteigung für $\Delta t \to 0$

Die durchschnittliche Geschwindigkeit nähert sich umso mehr der momentanen Geschwindigkeit an, je kürzer das betrachtete Zeitintervall Δt ist.

Als „kurz" gilt im Experiment mit dem Funkenschreiber das Zeitintervall $\Delta t = 0{,}10$ s.

Versuchsauswertung

So weit zur Theorie. Wir gehen über zur Praxis und kehren zum Experiment mit dem Funkenschreiber zurück. Das Zeit-Ort-Diagramm erhält man durch Abstandsmessung auf dem Registrierband (gemessen vom Startpunkt $x_0 = 0$ des Streifens, vgl. **Bild 2**). Wird der Funkenschreiber mit der Frequenz 10 Hz betrieben, liegt zwischen zwei Brandmarken das Zeitintervall $\Delta t = 0{,}10$ s.

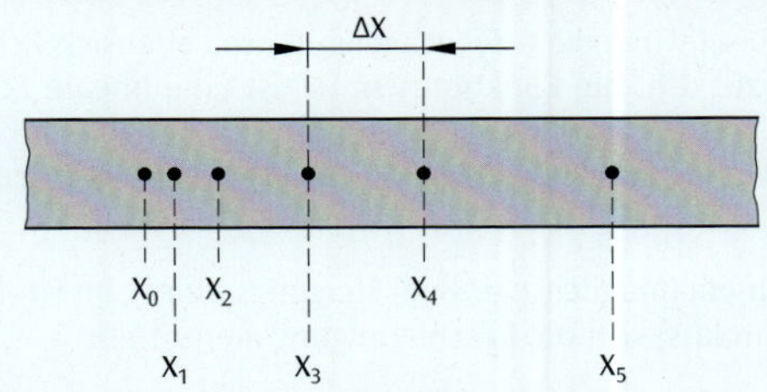

Bild 2: Positionsmarken auf dem Registrierband

Tabellarische Auswertung (Tabelle 1)

Mit einem Lineal und einem guten Auge können Abstände auf halbe Millimeter genau gemessen werden. In diesem Sinne sind die Werte in Spalten 2 und 3 der Tabelle zu verstehen.

Bei der Rückwärtsinterpolation gibt es zum Zeitpunkt $t = 0$ noch keine Ortsdifferenz Δx (Strich in Spalte 3), der Quotient $\Delta x/\Delta t$ ist demnach ebenfalls nicht definiert (Strich in Spalte 4). Die Werte in Spalte 4 werden als momentane Geschwindigkeiten $v(t)$ zum Zeitpunkt t aufgefasst.

Spalte 5 schließlich enthält die Geschwindigkeitsdifferenzen Δv. Diese Werte schwanken nur scheinbar, muss doch berücksichtigt werden, dass bei der Ortsmessung optimistischerweise von einer Genauigkeit von 0,5 mm ausgegangen wurde. Die Division durch 0,10 s entspricht der Multiplikation mit 10, also beträgt die Schwankung 0,5 cm pro Sekunde.

Tabelle 1: Messwerte zum Funkenschreiber-Versuch: Spalten 1 und 2 enthalten die Rohdaten; Rechenbeispiele zur Entstehung der Spalten 3, 4 und 5 (Rückwärtsinterpolation):

3,80 – 2,45 = 1,35 (cm)

$$\frac{1{,}90}{0{,}70 - 0{,}60} = 19{,}00 \text{ (cm/s)}$$

27,50 – 25,00 = 2,50 (cm/s)

1	2	3	4	5
$\frac{t}{\text{s}}$	$\frac{x}{\text{cm}}$	$\frac{\Delta x}{\text{cm}}$	$\frac{\Delta x/\Delta t}{\text{cm/s}}$	$\frac{\Delta v}{\text{cm/s}}$
0	0	–	–	–
0,10	0,15	0,15	1,50	–
0,20	0,60	0,45	4,50	3,00
0,30	1,35	0,65	7,50	3,00
0,40	2,45	1,10	11,00	3,50
0,50	3,80	1,35	13,50	2,50
0,60	5,45	1,65	16,50	3,00
0,70	7,35	1,90	19,00	2,50
0,80	9,55	2,20	22,00	3,00
0,90	12,05	2,50	25,00	3,00
1,00	14,80	2,75	27,50	2,50
1,10	17,85	3,05	30,50	3,00
1,20	21,20	3,35	33,50	3,00

[1)] lies: „Limes für Δt gegen null von ..."

Dividiert man schließlich noch die Geschwindigkeitsänderung Δv durch die Zeiteinheit $\Delta t = 0{,}10$ s, dann erhält man Werte um die $(25\ldots30)\,\frac{\text{cm}}{\text{s}^2}$, d. h. $a \approx (27{,}5 \pm 2{,}5)\,\frac{\text{m}}{\text{s}^2}$.

$x(t)$-Diagramm (Bild 1)

Offensichtlich ist das Zeit-Ort-Diagramm keine Gerade mehr, sondern eine Kurve, deren Steigung zunimmt – eben weil die Geschwindigkeit zunimmt.

Die einfachste mathematische Kurve mit dieser Form ist eine Parabel, d. h. die Funktion $x = x(t)$ ist eine quadratische Funktion. Also gilt $x(t) = k \cdot t^2$ mit einer Konstanten k.

Der mathematische Beweis dafür erfolgt im nächsten Abschnitt.

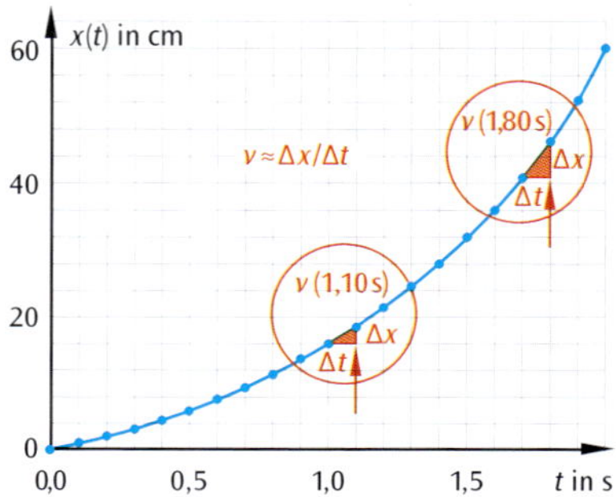

Bild 1: $x(t)$-Diagramm zum Versuch mit dem Funkenschreiber; die rot markierten Steigungsdreiecke zeigen exemplarisch, wie die momentanen Geschwindigkeiten zu den Zeitpunkten $t = 1{,}10$ s und $t = 1{,}80$ s ermittelt werden

$v(t)$-Diagramm (Bild 2)

Startet der Wagen aus der Ruhe heraus, so ist die Anfangsgeschwindigkeit $v_0 = 0$, d. h. das $v(t)$-Diagramm beginnt im Ursprung.

Die Geschwindigkeit des Wagens nimmt offensichtlich linear zu, d. h. die Funktion $v = v(t)$ ist eine lineare Funktion. Die Steigung im $v(t)$-Diagramm ist ein Maß für die Beschleunigung a des Wagens. Da die Steigung in jedem Punkt gleich ist, ist die Beschleunigung konstant.

Mit einem (möglichst großen) Steigungsdreieck im $v(t)$-Diagramm lässt sich die Beschleunigung a ermitteln:

$$a = \frac{\Delta v}{\Delta t} = \frac{58 \text{ cm/s}}{2{,}0 \text{ s}} = 29\,\frac{\text{cm}}{\text{s}^2},$$

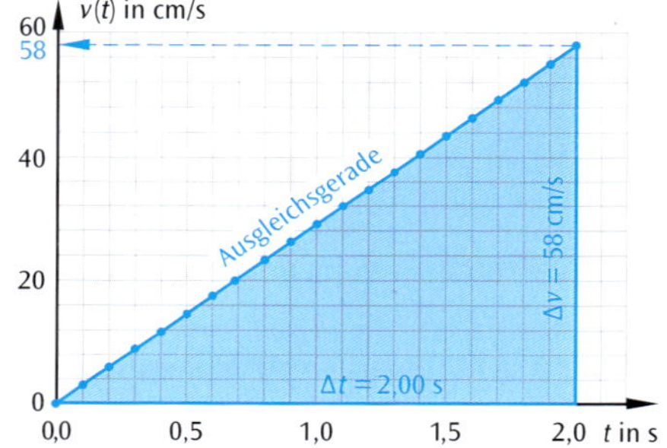

Bild 2: $v(t)$-Diagramm zum $x(t)$-Diagramm in Bild 1 (Messung von Sekantensteigungen)

d. h. die Momentangeschwindigkeit des Wagens nimmt in jeder Sekunde um $0{,}29\,\frac{\text{m}}{\text{s}}$ zu. Die Bewegung ist also nicht mehr gleichförmig. Weil jedoch die Geschwindigkeitswerte nicht willkürlich, sondern *gleichmäßig zunehmen*, ist die Bewegung des Wagens eine *gleichmäßig beschleunigte* Bewegung. Ursache der Beschleunigung ist eine Kraft – genauer gesagt die Hangabtriebskraft des Wagens (noch genauer: die Differenz aus Hangabtriebskraft und Reibungskraft).

Eine Bewegung, bei der die Geschwindigkeit gleichmäßig zunimmt, heißt **gleichmäßig beschleunigte Bewegung**. Bei einer solchen Bewegung ist

- das $x(t)$-Diagramm eine Parabel (**Bild 1**)
- und das $v(t)$-Diagramm eine Gerade (**Bild 2**),
- deren Steigung ein Maß für die Beschleunigung a ist.

1.3.2 Diagramme der beschleunigten Bewegung

Die experimentell ermittelten Diagramme $x(t)$ und $v(t)$ lassen sich auch theoretisch vorhersagen, wenn die Beschleunigung a bekannt ist. Dabei werden die beiden Fälle „Bewegung *ohne* Anfangsgeschwindigkeit“ ($v_0 = 0$) und „Bewegung *mit* Anfangsgeschwindigkeit“ ($v_0 \neq 0$) unterschieden.

In den nachfolgenden Zahlenbeispielen wird jeweils eine konstante Beschleunigung vorausgesetzt und daraus die Diagramme $v = v(t)$ und $x = x(t)$ entwickelt sowie die zugehörigen Funktionsgleichungen. Sie werden in der Physik als *Bewegungsgleichungen* bezeichnet.

Bewegung ohne Anfangsgeschwindigkeit ($v_0 = 0$)

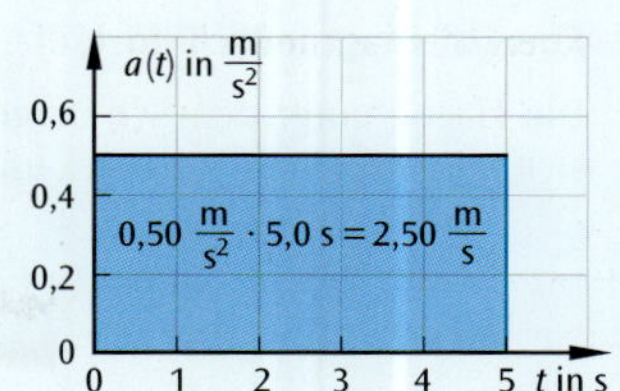

Bild 1: Zeit-Beschleunigungs-Diagramm bei a = const

- **Zeit-Beschleunigungs-Diagramm** (**Bild 1**)

  Wenn die Beschleunigung konstant ist, ist das $a(t)$-Diagramm eine horizontale Linie. Als Zahlenbeispiel in **Bild 1** wurde $a = 0{,}50\ \frac{\text{m}}{\text{s}^2}$ gewählt.

  Die Fläche unter dem $a(t)$-Diagramm entspricht der Momentangeschwindigkeit zum jeweiligen Zeitpunkt.

  In **Bild 1** sind das zum Beispiel $2{,}5\ \frac{\text{m}}{\text{s}}$ nach 5,0 s.

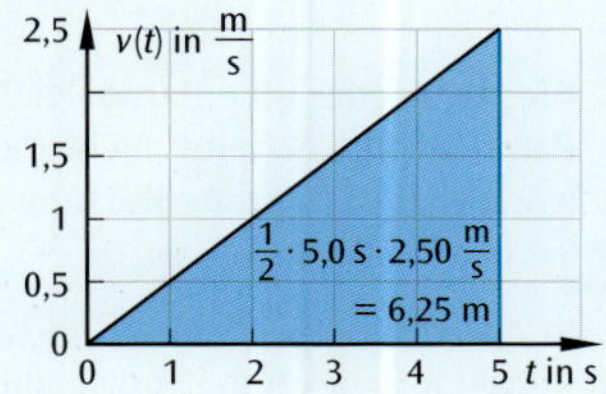

Bild 2: Zeit-Geschwindigkeits-Diagramm für $v_0 = 0$

- **Zeit-Geschwindigkeits-Diagramm** (**Bild 2**)

  Aus der Definition der Beschleunigung folgt, dass der Körper pro Sekunde um $0{,}50\ \frac{\text{m}}{\text{s}}$ schneller wird, d. h. nach 1 s hat er die Geschwindigkeit $0{,}50\ \frac{\text{m}}{\text{s}}$ erreicht, nach 2 s ist er $2 \cdot 0{,}50\ \frac{\text{m}}{\text{s}} = 1{,}0\ \frac{\text{m}}{\text{s}}$ schnell, nach 3 s erreicht er $1{,}50\ \frac{\text{m}}{\text{s}}$ usw.

  Dies erklärt den linearen Anstieg der Geschwindigkeit. Demnach gilt

  $$v(t) = 0{,}50\ \frac{\text{m}}{\text{s}^2} \cdot t \mathrel{\hat{=}} a \cdot t.$$

  Die Steigung im $v(t)$-Diagramm entspricht der Beschleunigung a:

  $$a = \frac{\Delta v}{\Delta t} = \frac{2{,}5\ \frac{\text{m}}{\text{s}}}{5{,}0\ \text{s}} = 0{,}50\ \frac{\text{m}}{\text{s}^2}.$$

  Die Fläche unter dem $v(t)$-Diagramm entspricht dem zurückgelegten Weg, in **Bild 2** wegen der Flächenformel für Dreiecke z. B. 6,25 m nach 5,0 s.

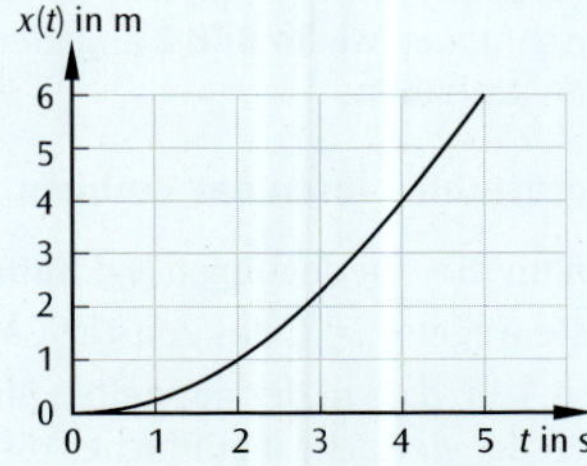

Bild 3: Zeit-Ort-Diagramm für $v_0 = 0$

- **Zeit-Ort-Diagramm** (**Bild 3**)

  Dieses Diagramm erhält man durch Berechnung der Dreiecksflächen in **Bild 2**. Die Flächenformel für Dreiecke liefert $x(t) = \frac{1}{2} \cdot t \cdot v(t)$ mit $v(t) = a \cdot t$.

  Daraus folgt $x(t) = \frac{1}{2} \cdot t \cdot a \cdot t = \frac{1}{2} \cdot a\,t^2$, also

  $$x(t) = \frac{1}{2} \cdot a \cdot t^2 = 0{,}25\ \frac{\text{m}}{\text{s}^2} \cdot t^2 \sim t^2.$$

  Dies ist in der Tat eine Parabelgleichung.

Bewegung mit Anfangsgeschwindigkeit ($v_0 \neq 0$)

Wir wählen als Zahlenbeispiel eine Anfangsgeschwindigkeit von $v_0 = 2{,}0\ \frac{\text{m}}{\text{s}}$ bei einer Beschleunigung von $a = 0{,}50\ \frac{\text{m}}{\text{s}^2}$ wie auf der Seite zuvor.

- **Zeit-Beschleunigungs-Diagramm**

  Dieses Diagramm ist identisch mit dem Diagramm bei Bewegung ohne Anfangsgeschwindigkeit (**Bild 1**).

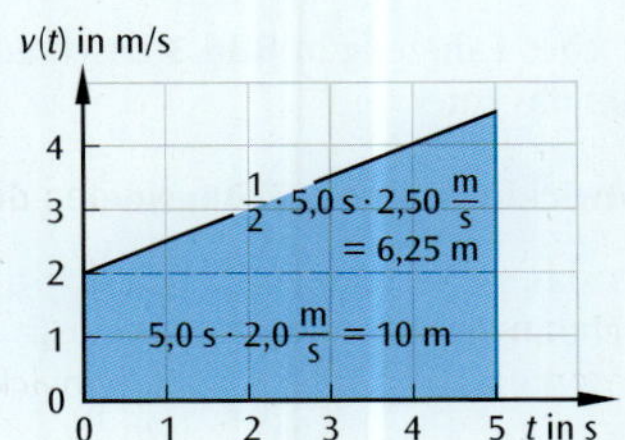

Bild 4: Zeit-Geschwindigkeits-Diagramm für $v_0 \neq 0$

- **Zeit-Geschwindigkeits-Diagramm** (**Bild 4**)

  Die Anfangsgeschwindigkeit beträgt $v_0 = 2{,}0\ \frac{\text{m}}{\text{s}}$, der Körper wird pro Sekunde um $0{,}50\ \frac{\text{m}}{\text{s}}$ schneller. Die Gerade in **Bild 2** ist also lediglich nach oben verschoben. Ihre Steigung ist die gleiche.

  Es gilt also

  $$v(t) = 2{,}0\ \frac{\text{m}}{\text{s}} + 0{,}50\ \frac{\text{m}}{\text{s}^2} \cdot t \mathrel{\hat{=}} v_0 + a \cdot t.$$

- **Zeit-Ort-Diagramm (Bild 1)**

Die Fläche unter dem $v(t)$-Diagramm (**Bild 4** auf der vorigen Seite) setzt sich nun aus einem Rechteck und einem Dreieck zusammen:

$$x(t) = A_{\square} + A_{\Delta} = t \cdot v_0 + \frac{1}{2} \cdot a \cdot t^2.$$

Der zweite Summand kann aus dem Fall „$v_0 = 0$" übernommen werden, so dass gilt:

$$x(t) = 2{,}0\,\frac{\text{m}}{\text{s}} \cdot t + 0{,}25\,\frac{\text{m}}{\text{s}^2} \cdot t^2.$$

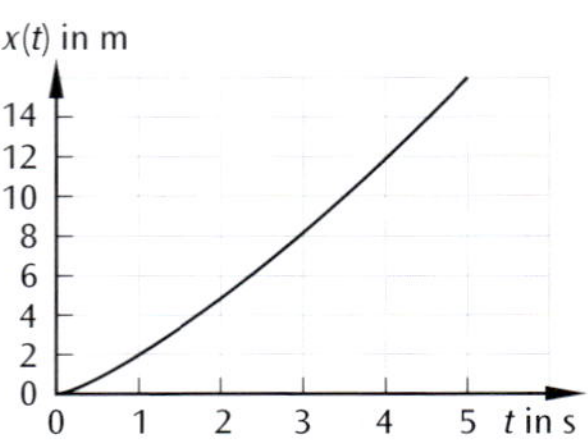

Bild 1: Zeit-Ort-Diagramm bei $v_0 \neq 0$

Dies ist wieder eine Parabelgleichung, jedoch hat die Parabel ihren Scheitel nicht mehr im Ursprung. Eine (vorläufige) Zusammenfassung der Ergebnisse finden Sie in **Tabelle 1**.

In Abschnitt 1.3.3 kommt noch eine zeit*un*abhängige Bewegungsgleichung hinzu, die z. B. hilfreich ist bei der Rekonstruktion von Verkehrsunfällen.

Tabelle 1: Zeitabhängige Bewegungsgleichungen bei a = const

Formel	Bedeutung
$a = \frac{\Delta v}{\Delta t}$	Beschleunigung (falls konstant) Steigung im $v(t)$-Diagramm
$v(t) = v_0 + a \cdot t$	Geschwindigkeit Steigung im $x(t)$-Diagramm Geschwindigkeitszuwachs: Fläche unter dem $a(t)$-Diagramm (Rechteck)
$x(t) = v_0 \cdot t + \frac{1}{2} a \cdot t^2$	Ort Fläche unter dem $v(t)$-Diagramm (Dreieck oder Trapez)

Bestätigung im Experiment

Die Luftkissenbahn wird ein wenig geneigt, so dass der Gleiter sich hangabwärts bewegt (**Bild 2**). Die Hangabtriebskraft sorgt dann für eine beschleunigte Bewegung.

Wie müssten die Lichtschranken angeordnet werden, damit die zeitlichen Abstände konstant sind?

Bei Vorliegen einer *gleichförmigen* Bewegung müssen die Lichtschranken wie in **Bild 2** angedeutet alle dieselben Abstände Δx haben.

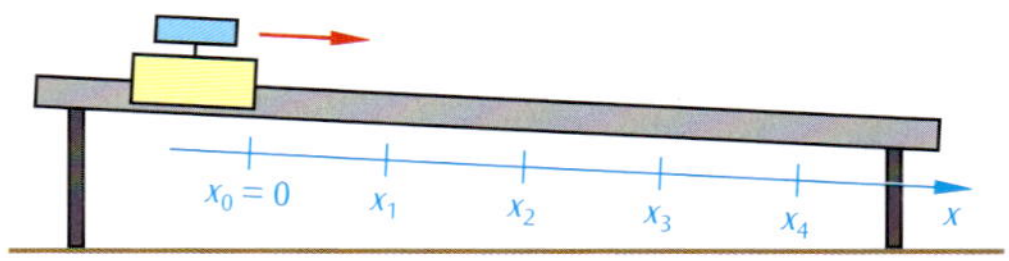

Bild 2: Geneigte Luftkissenbahn

Quadratzahlen lösen das Problem

Wenn unsere Überlegungen (vgl. **Tabelle 2**) stimmen, dann müsste wegen $v_0 = 0$ das Zeit-Ort-Gesetz $x(t) = \frac{1}{2} a \cdot t^2 \sim t^2$ gelten, d. h. dass in der doppelten (dreifachen, vierfachen, ...) Zeit der vierfache (neunfache, 16-fache, ...) Weg zurückgelegt wird. Dementsprechend müssten die Entfernungen der Lichtschranken 1 : 4 : 9 : 16 : ... betragen (vom Startpunkt der Bewegung aus gerechnet), damit die zeitlichen Abstände konstant sind.

Ergebnis (**Tabelle 2**, letzte Spalte): Wie man sieht, sind die zeitlichen Abstände zwischen den Lichtschranken im Rahmen der Messgenauigkeit tatsächlich konstant!

Tabelle 2: Anordnung der Lichtschranken und Messbeispiel zur Bestätigung der Proportionalität $x \sim t^2$

$\frac{x}{\text{cm}}$	$\frac{t}{\text{s}}$	$\frac{\Delta t}{\text{s}}$
0	0	–
5,0	0,463	0,463
20 = 4 · 5,0	0,922	0,459
45 = 9 · 5,0	1,386	0,464
80 = 16 · 5,0	1,842	0,456

1.3.3 Bewegungsgleichungen der beschleunigten Bewegung

Welches Fahrzeug in **Bild 3** beschleunigt mehr: das gelbe oder das rote?

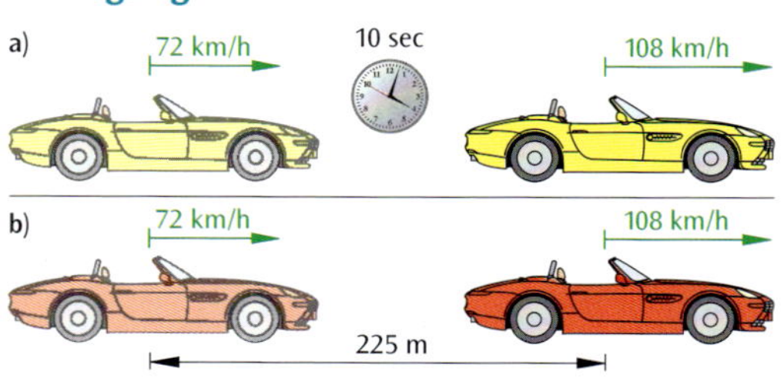

Bild 3: Wer beschleunigt stärker?

Entwicklung einer Lösungsidee

Für das gelbe Fahrzeug lässt sich die Beschleunigung a_1 leicht angeben:

$$a_1 = \frac{\Delta v}{\Delta t} = \frac{30\,\frac{\text{m}}{\text{s}} - 20\,\frac{\text{m}}{\text{s}}}{10\text{ s}} = 1{,}0\,\frac{\text{m}}{\text{s}^2}.$$

Für das rote Fahrzeug ist zwar die Beschleunigungsdauer nicht bekannt, aber man kann den Weg des gelben Wagens ausrechnen und mit den 225 m des roten Wagens vergleichen:

$$x_1(t) = v_0 \cdot t + \frac{1}{2} a_1 \cdot t^2$$

$$\Rightarrow x_1(10\ \text{s}) = 20\ \frac{\text{m}}{\text{s}} \cdot 10\ \text{s} + \frac{1}{2} \cdot 1{,}0\ \frac{\text{m}}{\text{s}^2} \cdot (10\ \text{s})^2 = 200\ \text{m} + 50\ \text{m} = 250\ \text{m}.$$

Das ist *mehr* als der Weg des roten Wagens (225 m), also beschleunigt der rote Wagen stärker.

Die durchgeführte Überlegung erlaubt leider nicht die Angabe des absoluten Beschleunigungswerts des roten Wagens. Das soll jetzt nachgeholt werden:

Aus den Diagrammen der gleichmäßig beschleunigten Bewegung wurden bereits die zeitabhängigen Bewegungsgleichungen abgeleitet (**Tabelle 1** auf der vorigen Seite). Was tun, wenn die „Zeit" nicht gegeben ist?

Es handelt sich dann um ein mathematisches Problem: Aus den beiden Gleichungen für $v(t)$ und $x(t)$ müssen zwei Unbekannte (a und t) ermittelt werden.

Man spricht von einem 2×2-Gleichungs*system*, das mathematisch mit dem Einsetzverfahren gelöst werden kann. Hierbei wird die Gleichung für $v(t)$ nach t aufgelöst (Schritt 1) und der entstandene Term in die Gleichung für $x(t)$ eingesetzt (Schritt 2):

1. $v(t) = v_0 + a \cdot t \Rightarrow t = \frac{v - v_0}{a}$

2. $x = v_0 \cdot t + \frac{1}{2} a \cdot t^2$ mit $t = \frac{v - v_0}{a}$:

$$x = v_0 \cdot \frac{v - v_0}{a} + \frac{1}{2} \cdot a \cdot \left(\frac{v - v_0}{a}\right)^2$$

$$x = \frac{v_0 \cdot (v - v_0)}{a} + \frac{a \cdot (v - v_0)^2}{2a^2} \quad | \cdot 2a \quad \text{(kürzen und bruchfrei stellen)}$$

$$2ax = 2 \cdot v_0 \cdot (v - v_0) + (v - v_0)^2 \quad | \text{ Binome auflösen}$$

$$2ax = 2v_0 v - 2v_0^2 + v^2 - 2v v_0 + v_0^2 \quad | \text{ Terme zusammenfassen}$$

$$2ax = v^2 - v_0^2$$

daraus folgt:

$$a = \frac{v^2 - v_0^2}{2x} = \frac{\left(30\ \frac{\text{m}}{\text{s}}\right)^2 - \left(20\ \frac{\text{m}}{\text{s}}\right)^2}{2 \cdot 225\ \text{m}} = \frac{500\ \frac{\text{m}^2}{\text{s}^2}}{450\ \text{m}} = 1{,}1\ \frac{\text{m}}{\text{s}^2}$$

Bewegungsgleichungen der gleichmäßig beschleunigten Bewegung

Beschleunigung (falls konstant):	$a = \frac{\Delta v}{\Delta t} = \text{const}$
Zeit-Geschwindigkeit-Gesetz:	$v(t) = v_0 + a \cdot t$
Zeit-Ort-Gesetz:	$x(t) = x_0 + v_0 \cdot t + \frac{1}{2} a \cdot t^2$
zeitunabhängige Bewegungsgleichung:	$v^2 - v_0^2 = 2a \cdot (x - x_0)$

Für die Beschreibung einer Bewegung „aus dem Stand" muss lediglich $v_0 = 0$ gesetzt werden.

Beispiel: Anhalteweg eines Autos

In der Fahrschule lernt man, dass der *Anhalteweg* x_A sich aus dem *Reaktionsweg* x_R und dem *Bremsweg* x_B zusammensetzt, also $x_A = x_R + x_B$ (**Bild 1**). Für beide Wege lernt man auch Faustformeln kennen, die hier physikalisch begründet werden.

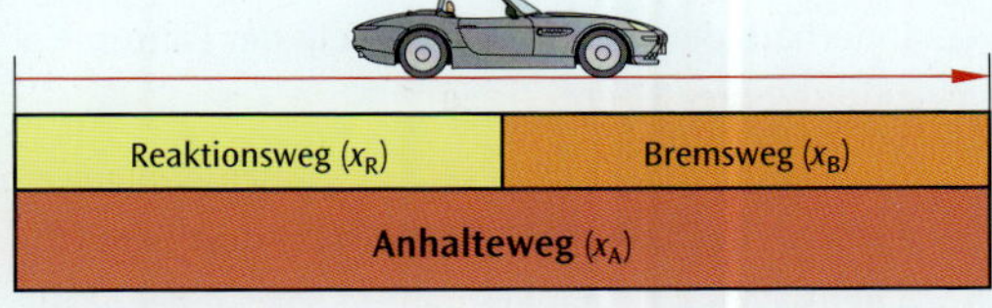

Bild 1: Anhalteweg als Summe aus Reaktions- und Bremsweg

Beispiel: Reaktionsweg

Der Reaktionsweg ist der Weg, den der Fahrer innerhalb der sog. „Schrecksekunde" (Reaktionszeit $\Delta t_R = 1{,}0$ s) zurücklegt. Darunter versteht man das Zeitintervall vom Wahrnehmen der Gefahr bis zum vollständigen Durchtreten des Bremspedals. Innerhalb dieser Zeit fährt das Auto gleichförmig weiter.

Zahlenbeispiel: Im Straßenverkehr ($v_0 = 50$ km/h) beträgt der Reaktionsweg

$$x_R = v_0 \cdot \Delta t_R = \frac{50}{3{,}6}\,\frac{\text{m}}{\text{s}} \cdot 1{,}0\ \text{s} \approx 14\ \text{m}.$$

Die Faustformel (Kasten) geht also vom Faktor $\frac{3}{10} = 0{,}3$ anstelle des Faktors $\frac{1}{3{,}6} \approx 0{,}28$ aus.

Faustformel Reaktionsweg:

$$\frac{\text{Geschw. in km/h}}{10} \cdot 3$$

Beispiel (50 km/h):

$$\frac{50}{10} \cdot 3 = 5 \cdot 3 = 15\ \text{(m)}$$

Beispiel: Bremsweg

Der Bremsweg entspricht der Entfernung bis zum vollständigen Abbau der Geschwindigkeit (also von $v_0 > 0$ auf $v = 0$). Die erzielbaren Verzögerungswerte sind durch die Straßenverhältnisse vorgegeben, genauer: durch die Reibungswerte zwischen Reifen und Untergrund. Mehr dazu in Abschnitt 2.7.

Setzt man $x_B = 13$ m Bremsweg bei $v_0 = 50$ km/h an (Kasten), dann ergibt sich eine Bremsverzögerung a von

$$\underbrace{v^2}_{=0} - v_0^2 = 2 \cdot a \cdot x_B$$

$$\Rightarrow \quad a = -\frac{v_0^2}{2x_B} = -\frac{(50/3{,}6)^2\ \text{m}^2/\text{s}^2}{2 \cdot 13\ \text{m}} = -7{,}4\,\frac{\text{m}}{\text{s}^2}$$

bei Gefahrenbremsung – optimale Straßenverhältnisse vorausgesetzt! Bei Normalbremsung hingegen ist die Bremsverzögerung nur halb so groß.

Faustformel Bremsweg:

$$\frac{\text{Geschw.}}{10} \cdot \frac{\text{Geschw.}}{10}$$

halber Wert bei Vollbremsung

Beispiel (50 km/h):

$$\frac{50}{10} \cdot \frac{50}{10} = 25\ \text{(m)}$$

ca. 13 m bei Vollbremsung

Wie wichtig das Einhalten der vorgeschriebenen Höchstgeschwindigkeit ist, zeigt die Antwort auf eine harmlose Frage:

Wie schnell ist der Tempo-50-Fahrer noch, wenn der Tempo-30-Fahrer bereits steht?

Beispiel: Tempo-50-Fahrer in der 30er Zone

Wir setzen für beide Fahrer einen Verzögerungswert von $7{,}0\,\frac{\text{m}}{\text{s}^2}$ an.

1. **Anhalteweg bei 30 km/h**

   Wir rechnen „physikalisch", also ohne „Faustformel":

$$x_A = x_R + x_B = v_0 \cdot \Delta t_R + \frac{\overbrace{v^2}^{=0} - v_0^2}{2 \cdot a}$$

$$= \frac{30}{3{,}6}\,\frac{\text{m}}{\text{s}} \cdot 1{,}0\text{s} + \frac{-(30/3{,}6)^2\ \text{m}^2/\text{s}^2}{2 \cdot \left(-7{,}0\,\frac{\text{m}}{\text{s}^2}\right)} = 13\ \text{m}$$

2. **Wie schnell ist der Tempo-50-Fahrer nach 13 m?**

   Innerhalb der Schrecksekunde legt der Fahrer

$$x_R = v_0 \cdot \Delta t_R = \frac{50}{3{,}6}\,\frac{\text{m}}{\text{s}} \cdot 1{,}0\ \text{s} = 14\ \text{m}$$

   zurück – der Tempo-30-Fahrer steht dort bereits!

Noch deutlicher wird das Ergebnis in Form einer Grafik (**Bild 1** auf der folgenden Seite): Der Tempo-30-Fahrer benötigt etwa 13 m zum Anhalten, wohingegen der Tempo-50-Fahrer ungebremst in die Menschenmenge fährt. Denken Sie bitte das nächste Mal daran, wenn Sie in einer Zone 30 unterwegs sind, nicht nur wenn Kinder in der Nähe sind!

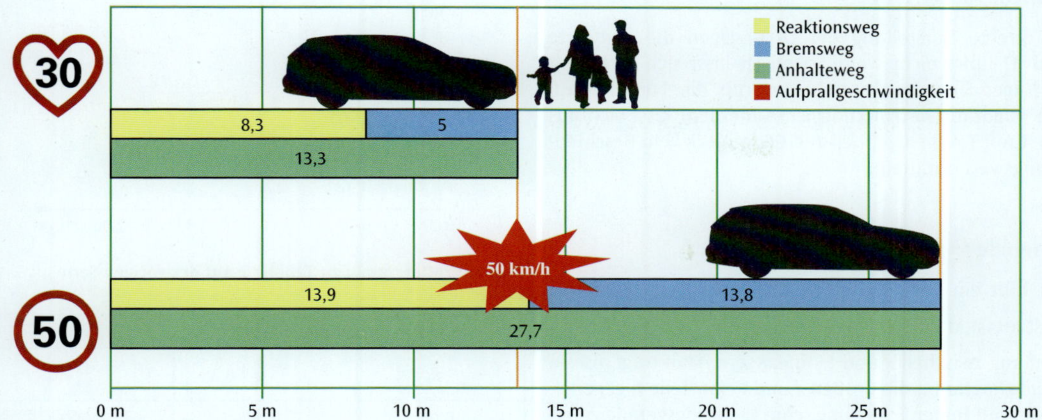

Bild 1: Mit 50 km/h durch eine Zone 30 ist extrem unverantwortlich!

1.3.4 Linearisierung von Messreihen

Experiment auf der Luftkissenbahn

Die Luftkissenbahn wird schwach geneigt und die Bewegung des Gleiters aufgezeichnet. Dazu werden in regelmäßigen Abständen Δx Lichtschranken montiert (**Bild 2**). Die Zeitmessung beginnt, wenn der Gleiter aus der Halterung ausgelöst wird und endet, wenn der Gleiter die jeweilige Lichtschranke erreicht hat (Laufzeitmessung).

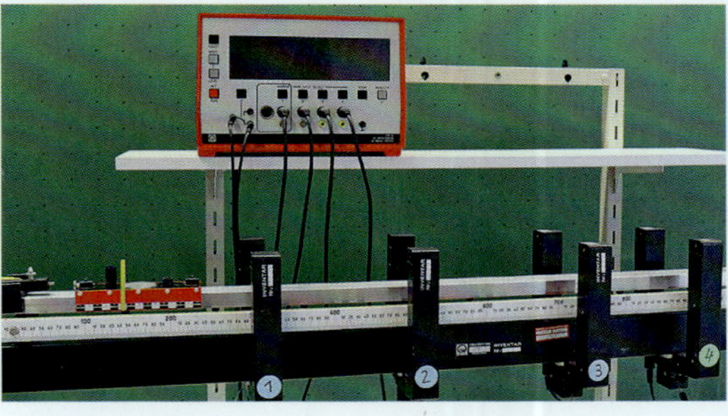

Bild 2: Laufzeitmessung auf der Luftkissenbahn

Fragen:

- Wie kann man nachweisen, dass die Messwerte (**Tabelle 1**) zu einer Bewegung mit konstanter Beschleunigung gehören?
- Wie lässt sich ggf. ein zuverlässiger Wert für die Beschleunigung angeben?

Sie lernen in diesem Abschnitt eine sehr wichtige Methode kennen, wie sich Messdaten auswerten lassen, die nicht proportional zueinander sind.

Tabelle 1: Messbeispiel: Laufzeiten in Bild 2

$\frac{x}{\text{m}}$	$\frac{t}{\text{s}}$
0,00	0,000
0,25	1,033
0,50	1,460
0,75	1,791
1,00	2,060

Rechnerische Auswertung

Falls (!) die Bewegung auf der Luftkissenbahn zu einer Bewegung mit konstanter Beschleunigung a gehört, dann müsste wegen $x = \frac{1}{2}at^2$ der Quotient $\frac{2x}{t^2}$ konstant sein. Die Messwerttabelle wird also einfach um eine zusätzliche Spalte erweitert (5. Spalte in **Tabelle 2**).

Ergebnis: Die Beschleunigung ist konstant und beträgt $a = 0{,}47\ \frac{\text{m}}{\text{s}^2}$.

Tabelle 2: Rechnerische Auswertung: Einfügen einer Spalte $\frac{2x}{t^2}$; der Versuch, die Beschleunigung über Geschwindigkeitsdifferenzen zu berechnen, schlägt wegen der großen Zeitabstände fehl (3. und 4. Spalte)

$\frac{x}{\text{m}}$	$\frac{t}{\text{s}}$	$\frac{\Delta x}{\Delta t} / \frac{\text{m}}{\text{s}}$	$\frac{\Delta v}{\Delta t} / \frac{\text{m}}{\text{s}^2}$	$\frac{2x}{t^2} / \frac{\text{m}}{\text{s}^2}$
0,00	0,000	–	–	–
0,25	1,033	0,242	–	0,47
0,50	1,460	0,585	0,80	0,47
0,75	1,791	0,755	0,51	0,47
1,00	2,060	0,929	0,65	0,47

Grafische Auswertung

Die direkte Darstellung der Orts- gegen die Zeitwerte (**Bild 1**) führt nicht weiter: Optisch lässt sich nicht mit 100%-iger Sicherheit entscheiden, ob die Funktion $x(t)$ eine quadratische Funktion ist. Außerdem lässt sich aus **Bild 1** mit Taschenrechner und Geodreieck kein Beschleunigungswert ermitteln.

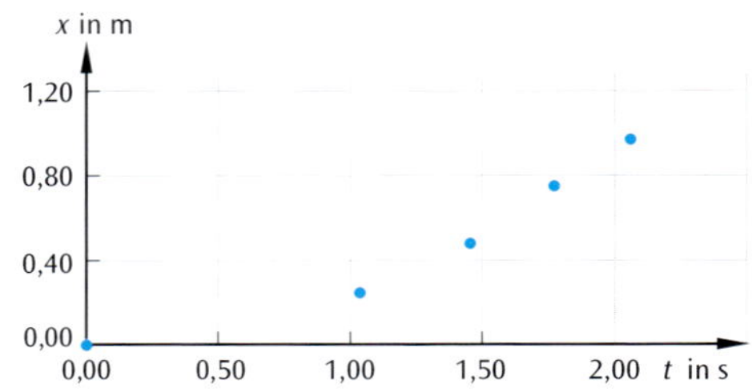

Bild 1: $x(t)$-Diagramm zu Tabelle 2 auf der vorigen Seite

Hilfsgröße t^2

Hier hilft ein Trick weiter: Wenn (!) die Beschleunigung konstant ist, dann müsste wegen $x = \frac{1}{2} a\,t^2 \sim t^2$ der Zusammenhang zwischen x und t^2 linear sein. Man trägt also in einem Diagramm die Größen x und t^2 (anstelle t) gegeneinander auf in der Erwartung, eine Ursprungsgerade zu erhalten. Dazu wird die Messwerttabelle um eine zusätzliche Spalte erweitert (vgl. **Tabelle 1**).

Tabelle 1: Hilfsspalte mit t^2-Werten

$\frac{x}{\text{m}}$	$\frac{t}{\text{s}}$	$\frac{t^2}{\text{s}^2}$
0,00	0,000	0,000
0,25	1,033	1,067
0,50	1,460	2,132
0,75	1,791	3,208
1,00	2,060	4,244

Ermittlung der Beschleunigung

Weil x gegen t^2 aufgetragen eine Ursprungsgerade ergibt (**Bild 2**), ist $x = k \cdot t^2$, wobei die Proportionalitätskonstante k sich aus der Steigung im x-t^2-Diagramm ergibt:

$$k = \frac{\Delta x}{\Delta(t^2)} = \frac{1{,}19\ \text{m}}{5{,}00\ \text{s}^2} = 0{,}238\ \frac{\text{m}}{\text{s}^2}.$$

Andererseits lieferte die Theorie zur gleichmäßig beschleunigten Bewegung die Gleichung $x = \frac{1}{2} a \cdot t^2$. Koeffizientenvergleich liefert

$k = \frac{1}{2} a$ und damit

$$a = 2 \cdot k = 2 \cdot 0{,}238\ \frac{\text{m}}{\text{s}^2} = 0{,}48\ \frac{\text{m}}{\text{s}^2}.$$

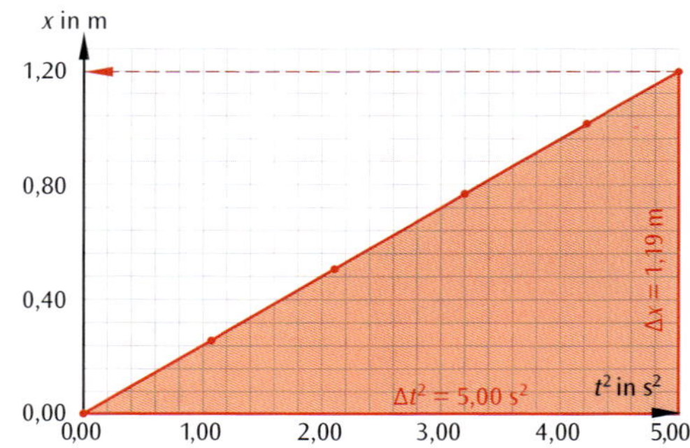

Bild 2: Linearisierung gemäß Tabelle 1

Dieser Wert stimmt gut mit dem aus der rechnerischen Auswertung (**Tabelle 2** auf der vorigen Seite) überein.

Bei der Methode der **Linearisierung** wird eine geeignete Hilfsgröße (hier t^2) eingeführt, die eine Messreihe in eine direkte Proportionalität verwandelt.

1.4 Fall- und Wurfbewegungen

1.4.1 Freier Fall

Schnellster Mensch der Welt

Der Jamaikaner Usain Bolt gilt mit seinen 9,58 Sekunden über 100 m seit 2009 als schnellster Mensch der Welt (Stand 2017). Dass es noch sehr viel schneller geht, bewies der österreichische Extremsportler Felix Baumgartner im Oktober 2012: Bei seinem Sprung aus 39 km Höhe durchbrach er die Schallmauer und erreichte dabei eine Spitzengeschwindigkeit von 1357,6 km/h. In diese Höhe hatte ihn zuvor ein Heliumballon gebracht, beim Sprung aus der Stratosphäre trug Baumgartner einen speziellen Druckanzug (**Bild 3**).

Bild 3: Space Jump: Fall aus großer Höhe

Wie lange hat der Sprung wohl gedauert?

Tabelle 1: Grenzgeschwindigkeiten v_∞ einiger Gegenstände im freien Fall; der Wert beim Menschen variiert mit der Körperhaltung	
Gegenstand	v_∞
Wassertropfen (∅ = 5mm)	$10\ \frac{m}{s}$
Wassertropfen (∅ = 2mm)	$6\ \frac{m}{s}$
Mensch	$200 \ldots 300\ \frac{km}{h}$
Baumgartner	$1357{,}6\ \frac{km}{h}$

Einfluss des Luftwiderstandes

Die Frage ist nicht leicht zu beantworten, weil bei einem Fall aus derart großer Höhe erheblicher Luftwiderstand auftritt. Dieser hängt – neben der Angriffsfläche der Luft und der Form des fallenden Körpers – sehr stark von der Geschwindigkeit ab (**Tabelle 1**). Wie Experimente im Windkanal zeigen, wächst der Luftwiderstand quadratisch mit der Geschwindigkeit. Die doppelte Geschwindigkeit führt also bereits zum vierfachen Luftwiderstand.

Grenzgeschwindigkeit v_∞

Während in der Anfangsphase einer Fallbewegung die Fallgeschwindigkeit schnell zunimmt, stellt sich relativ bald ein konstanter Wert ein, die sog. *Grenzgeschwindigkeit*. **Tabelle 1** zeigt einige Werte.

Beim Menschen wird die Grenzgeschwindigkeit nach etwa acht Sekunden erreicht (**Bild 1**). Baumgartner startete in einer Höhe, in der die Luft sehr dünn ist und folglich nur wenig Luftwiderstand auftritt. Dieser Umstand trug dazu bei, dass seine Geschwindigkeit immer weiter anwuchs, bis sie schließlich den sagenhaften Wert von fast 1400 km/h (Mach 1,25) erreichte!

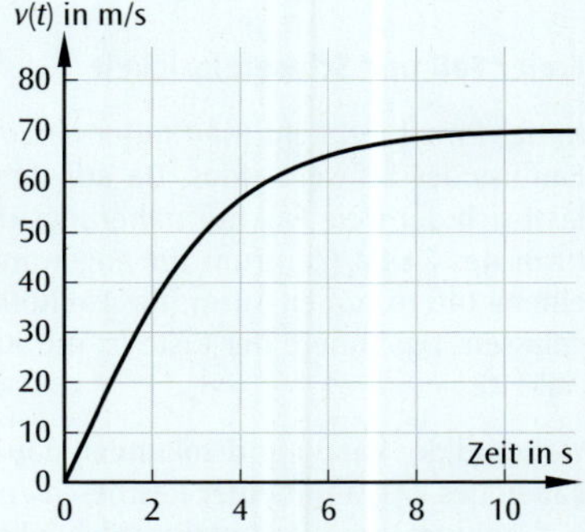

Bild 1: Geschwindigkeit eines Menschen im freien Fall

Experiment mit der Fallröhre

Die Erfahrung, dass unterschiedlich schwere Gegenstände unterschiedlich schnell fallen, ist lediglich eine Folge des Luftwiderstandes. Der Luftwiderstand lässt sich mit Labormitteln ausschalten: In einem Glasrohr befinden sich ein Bleigewicht und eine Feder (**Bild 2**). Das Glasrohr wird evakuiert und rasch um 180° gedreht. Dabei kann man beobachten, dass die Feder und das Bleigewicht gleich schnell fallen. Dies lässt den folgenden Schluss zu:

> Im Vakuum fallen alle Körper gleich schnell.

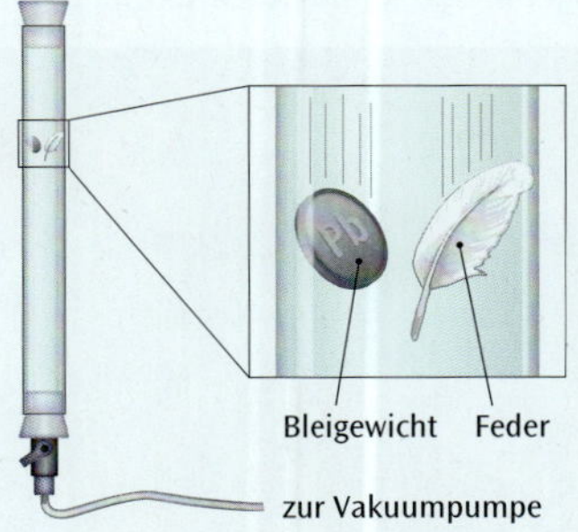

Bild 2: Fallröhre

Freier Fall auf dem Mond

Unter dem Suchbegriff „Galileo Galilei proven right" findet man auf YouTube das Video eines Astronauten auf dem Mond, der eine Feder und einen Hammer fallen lässt (**Bild 1**). Beide Gegenstände kommen gleichzeitig auf der Mondoberfläche auf. Außerdem erkennt man, dass die Fallbewegung auf dem Mond langsamer abläuft als auf der Erde – als Folge der geringeren Fallbeschleunigung auf dem Mond (ca. 1/6 von der der Erde).

Bild 1: Freier Fall auf dem Mond

Galileo Galilei[1)] (Bild 1)

Der Sprecher endet mit den Worten „Galilei was right“, in Anspielung auf den italienischen Physiker Galileo Galilei, der sich Anfang des 17. Jahrhunderts als Erster systematisch mit der Analyse von Fallbewegungen befasste. Angeblich hat er hierfür Münzen vom schiefen Turm von Pisa fallen lassen. Ob das wirklich stimmt, ist zweifelhaft. Fest steht, dass er den verlangsamten freien Fall als beschleunigte Bewegung auf der schiefen Ebene erkannt und experimentell untersucht hat. Man muss bedenken, dass es zu Galileis Lebzeiten keine genauen Uhren gab. Der Gelehrte behalf sich mit selbst gebauten Wasseruhren. Trotzdem musste er seine Arbeiten zum freien Fall relativ bald einstellen, da er den Einfluss des Luftwiderstandes nicht mathematisch fassen konnte.

Durchbrüche auf diesem Gebiet gab es erst ein halbes Jahrhundert später mit der Erfindung der Differentialrechnung durch Sir Isaac Newton und Gottfried Wilhelm Leibniz.

Bild 1: Galileo Galilei

Freier Fall und Schwerelosigkeit

In der Physik versteht man unter einem freien Fall die Bewegung unter dem Einfluss des Schwerefeldes. Da auf der Erde überall Luftwiderstand auftritt, lässt sich der freie Fall nur näherungsweise realisieren. Eine in Europa einzigartige Forschungseinrichtung ist der Fallturm des ZARM (Zentrum für angewandte Raumfahrttechnologie und Mikrogravitation) in Bremen: Hier werden in einem 146 m hohen Turm (die Fallhöhe beträgt 120 m) in einem Hochvakuum Kisten mit Versuchsaufbauten fallen gelassen. Das Innere der Kiste ist mit Kameras ausgestattet, so dass die fallenden Körper beobachtet werden können (**Bild 2**).

Während der knapp fünf Sekunden dauernden Fallbewegung herrscht im Inneren der Kiste Schwerelosigkeit – laut Angaben des ZARM mit einer Restbeschleunigung von unter einem Millionstel der Erdbeschleunigung. Der Fallturm wird u. a. genutzt, um die Funktionstüchtigkeit von Geräten für die Raumfahrt zu testen.

Übrigens: Die Beobachtung, dass der freie Fall und der schwerelose Zustand grundsätzlich nicht unterschieden werden können, veranlasste Anfang des 20. Jahrhunderts einen Angestellten eines Schweizer Patentamts zur Entwicklung der Allgemeinen Relativitätstheorie. Dabei handelt es sich um niemand Geringeren als Albert Einstein.

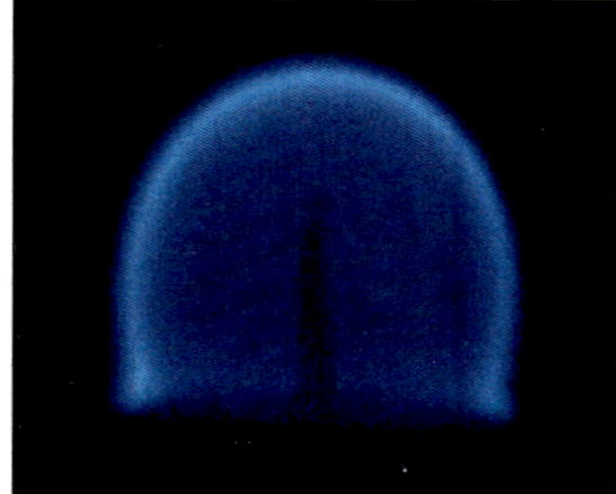

Bild 2: Kerzenflamme im freien Fall

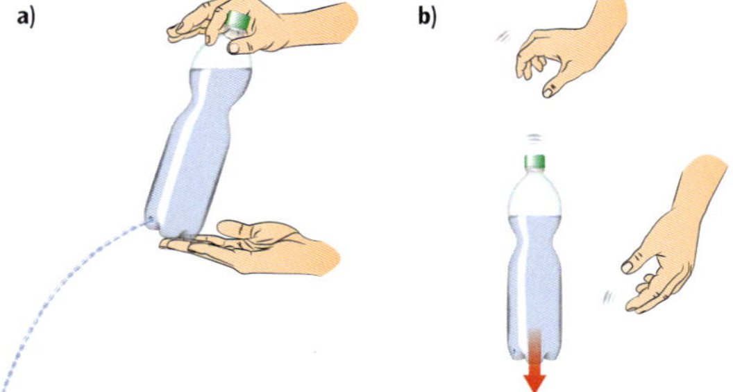

Bild 3: Links: aus einer durchbohrten PET-Flasche läuft Wasser aus; rechts: im freien Fall der Flasche versiegt das Wasser

Experimentieren Sie selbst!

Springen Sie von der Couch im Wohnzimmer – oder noch besser vom 10-m-Turm im Schwimmbad, und Sie sind (zumindest für kurze Zeit) schwerelos, bis der Fußboden (oder das Wasser) Ihren Fall bremst.

Wer Freude am Basteln hat, lässt eine durchbohrte Wasserflasche fallen (**Bild 3**): Wasser mit Lebensmittelfarbe einfärben und in die durchbohrte Flasche füllen. Während das Wasser unter dem Einfluss der Schwerkraft auf die Öffnung drückt und den typischen Parabelbogen erzeugt, ist es im freien Fall schwerelos – folglich läuft kein Wasser aus!

Anmerkung: Achten Sie darauf, dass der Deckel nicht zu fest verschraubt ist. Sonst führt die Abnahme des Luftdrucks im Inneren der Flasche dazu, dass das Wasser auch im Ruhezustand zu fließen aufhört.

[1)] Galileo Galilei (1564 bis 1642); ital. Physiker, Mathematiker und Astronom

Der Fall Baumgartner(s) – eine Schätzung

Eine grobe Abschätzung der Falldauer erhält man aus der Überlegung, dass Felix Baumgartner früher oder später aufgrund der Bremswirkung von Fallschirm und Atmosphäre mit einer konstanten Geschwindigkeit von $v_\infty \approx 300$ km/h zu Boden fällt. Für die Fallhöhe von $h = 39$ km würde er mit dieser Geschwindigkeit die Zeit t_F (Fallzeit) benötigen. Unter Annahme einer gleichförmigen Bewegung ergibt sich näherungsweise

$$v_\infty = \frac{h}{t_F} \;\Rightarrow\; t_F = \frac{h}{v_\infty} = \frac{39\text{ km}}{300\text{ km/h}} \approx 0{,}13\text{ h} \approx 8\text{ min}$$

Auf Baumgartners Homepage wird ein Wert von etwa viereinhalb Minuten für die 36 km bis zum Öffnen des Fallschirms angegeben. In der Anfangsphase des Sprungs wird also weit mehr Weg zurückgelegt als wir angenommen haben. Um diesen Weg sinnvoll abschätzen zu können, wird die Fallbeschleunigung benötigt.

Messung der Fallbeschleunigung

Experiment: Videoanalyse

Mit einem Maßstab, Handy- oder Digitalkamera und einem Fallkörper, für den der Luftwiderstand nicht allzu groß ist (z. B. Flummi oder Tennisball und geringe Fallhöhe), kann die Fallbeschleunigung ermittelt werden. Dazu wird die Fallbewegung gefilmt (**Bild 1**) und mit einer geeigneten Software Zeit- und Ortswerte ausgelesen.

Wie kann die Videoanalyse genutzt werden, um die Fallbeschleunigung zu ermitteln?

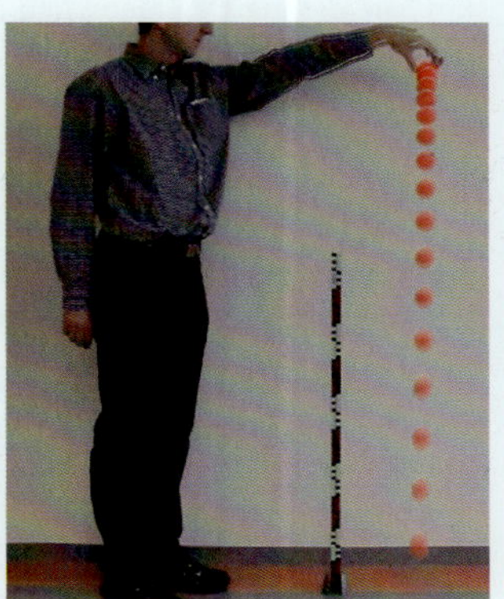

Bild 1: Fallender Flummi

Lösungsverfahren 1 (rechnerisch)

Die Beschleunigungswerte werden gemäß ihrer Definition aus Geschwindigkeitsdifferenzen in den jeweiligen Zeitabschnitten ($\Delta t = 0{,}08$ s) berechnet (Rückwärtsinterpolation).

Tabelle 1: Rechnerische Auswertung der Videoanalyse am Beispiel 12,5 fps; rückwärts interpoliert (vgl. auch Tabelle 1, S. 23)

$\frac{t}{\text{s}}$	$\frac{h(t)}{\text{m}}$	$v = \frac{\Delta h}{\Delta t}$ in $\frac{\text{m}}{\text{s}}$	$a = \frac{\Delta v}{\Delta t}$ in $\frac{\text{m}}{\text{s}^2}$
0,00	0,0000	–	–
0,08	0,0584	0,7300	–
0,16	0,1825	1,5513	10,2656
0,24	0,3723	2,3725	10,2656
0,32	0,6277	3,1925	10,2500
0,40	0,9489	4,0263	10,2813

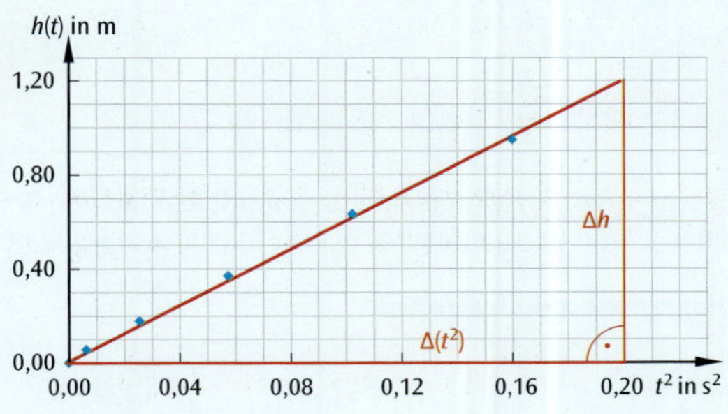

Bild 2: Auftragen der Werte *h* gegen t^2 aus Tabelle 1 ergibt eine Ursprungsgerade

Ergebnis (**Tabelle 1**): Die Beschleunigung im freien Fall ist konstant und beträgt $g \approx 10\,\frac{\text{m}}{\text{s}^2}$. Der Buchstabe *g* steht für die Fallbeschleunigung (engl. *gravity*).

Lösungsverfahren 2 (grafisch durch Linearisierung)

Auftragen der Fallhöhe *h* gegen die Quadrate t^2 der Fallzeiten liefert eine Ursprungsgerade (**Bild 2**). Daraus folgt $h = k \cdot t^2 \sim t^2$, und es liegt eine Bewegung mit konstanter Beschleunigung vor. Die Steigung in **Bild 2** beträgt

$$k = \frac{\Delta h}{\Delta(t^2)} = \frac{1{,}2\text{m}}{0{,}20\text{s}^2} = 6{,}0\,\frac{\text{m}}{\text{s}^2}.$$

Wegen $h = \underbrace{\frac{1}{2}g}_{=k} \cdot t^2$ gilt $g = 2 \cdot k = 12\,\frac{\text{m}}{\text{s}^2}$ für die Fallbeschleunigung in unserem Experiment.

Der Normwert der **Fallbeschleunigung** beträgt $g = 9{,}806\,65\ \frac{\text{m}}{\text{s}^2} \approx 9{,}81\ \frac{\text{m}}{\text{s}^2}$ für Mitteleuropa. Im freien Fall nimmt die Momentangeschwindigkeit eines Körpers demnach um ca. $10\ \frac{\text{m}}{\text{s}}$ bzw. $35\ \frac{\text{km}}{\text{h}}$ in jeder Sekunde zu.[1)]

[1)] es ist zwar $10\ \frac{\text{m}}{\text{s}} = 36\ \frac{\text{km}}{\text{h}}$, aber $9{,}81\ \frac{\text{m}}{\text{s}} \approx 35\ \frac{\text{km}}{\text{h}}$

Der g-Wert der Videoanalyse weicht hiervon ab, weil die Orts- und die Zeitauflösung der Aufnahme begrenzt ist. Bessere Werte liefern Versuche mit Lichtschranken, vgl. hierzu die Übungsaufgaben 1 und 2 (S. 51 und S. 52).

Da die Erde keine perfekte Kugelgestalt hat, sondern an den Polen etwas abgeplattet ist, weichen die Werte von g je nach geographischer Breite und Höhe über dem Meeresspiegel ein wenig voneinander ab. Hinzu kommt die inhomogene Massenverteilung der Erde. An den Polen ist $g \approx 9{,}83\ \frac{\text{m}}{\text{s}^2}$, am Äquator $g \approx 9{,}78\ \frac{\text{m}}{\text{s}^2}$. Dies entspricht der Tatsache, dass die Fallbeschleunigung mit zunehmender Entfernung vom Erdmittelpunkt abnimmt. Allerdings ist dieser Effekt nicht so stark wie die meisten Menschen meinen: In 400 km Höhe (Flughöhe der internationalen Raumstation ISS) beträgt die Fallbeschleunigung immer noch etwa 90 % der Fallbeschleunigung auf Meereshöhe!

Die Fallgesetze

Freier Fall als gleichförmig beschleunigte Bewegung

Das Experiment aus Abschnitt hat bestätigt, dass der freie Fall (ohne Luftwiderstand) eine gleichförmig beschleunigte Bewegung ist.

Unter Zugrundelegung des Koordinatensystems in **Bild 1** (Abwurfstelle im Koordinatenursprung, Achse nach unten positiv gerichtet) gelten die folgenden Fallgesetze:

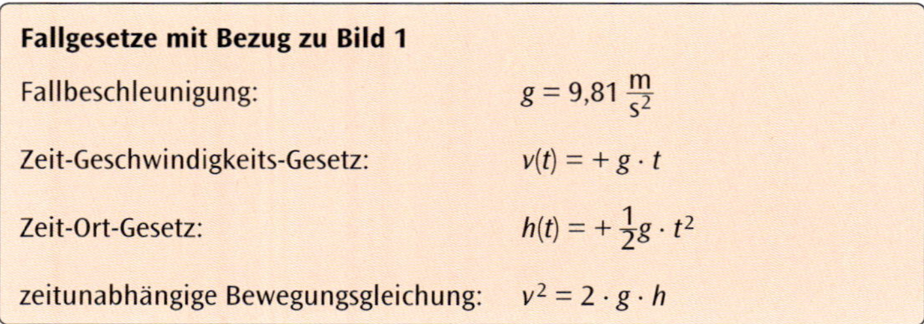

Fallgesetze mit Bezug zu Bild 1

Fallbeschleunigung:	$g = 9{,}81\ \frac{\text{m}}{\text{s}^2}$
Zeit-Geschwindigkeits-Gesetz:	$v(t) = +g \cdot t$
Zeit-Ort-Gesetz:	$h(t) = +\frac{1}{2}g \cdot t^2$
zeitunabhängige Bewegungsgleichung:	$v^2 = 2 \cdot g \cdot h$

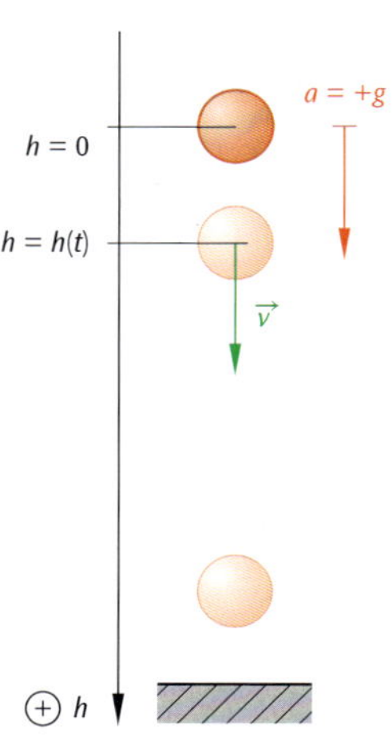

Bild 1: Freier Fall (schematisch)

Beachten Sie, dass die Fallgesetze unmittelbar aus den Bewegungsgleichungen auf S. 27 mit Beschleunigung $a = +g$ folgen, also keine neuen Formeln sind!

Diagramme zum freien Fall

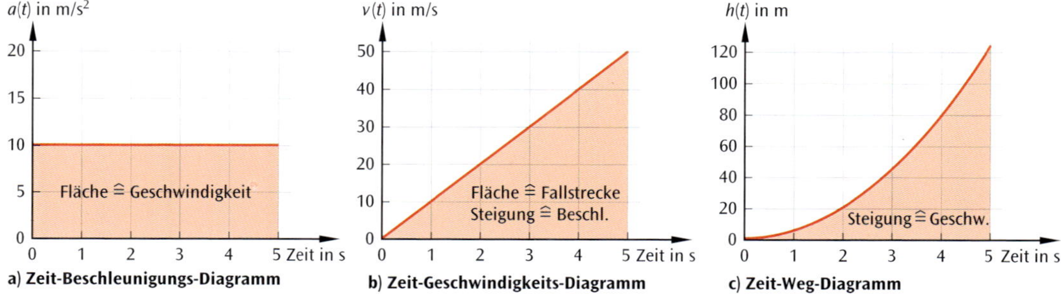

Bild 2: Diagramme zum freien Fall ohne Luftwiderstand

Zeit-Beschleunigungs-Diagramm (Bild 2a)

Im freien Fall ohne Luftwiderstand beträgt die Beschleunigung konstant $g = 9{,}81\ \frac{\text{m}}{\text{s}^2}$. Die Fläche unter dem Diagramm entspricht der Fallgeschwindigkeit zum jeweiligen Zeitpunkt.

Zeit-Geschwindigkeits-Diagramm (Bild 2b auf der vorigen Seite)

Wegen der Konstanz der Fallbeschleunigung g gilt, dass die Fallgeschwindigkeit linear zunimmt. Ist die Anfangsgeschwindigkeit $v_0 = 0$ (Fall), dann gilt demnach $v(t) = g \cdot t$. Ist die Anfangsgeschwindigkeit $v_0 \neq 0$, dann spricht man von Wurf. Dieser wird in den folgenden Abschnitten untersucht.

Die Fläche unter dem $v(t)$-Diagramm entspricht der Fallstrecke, die (konstante) Steigung der Fallbeschleunigung.

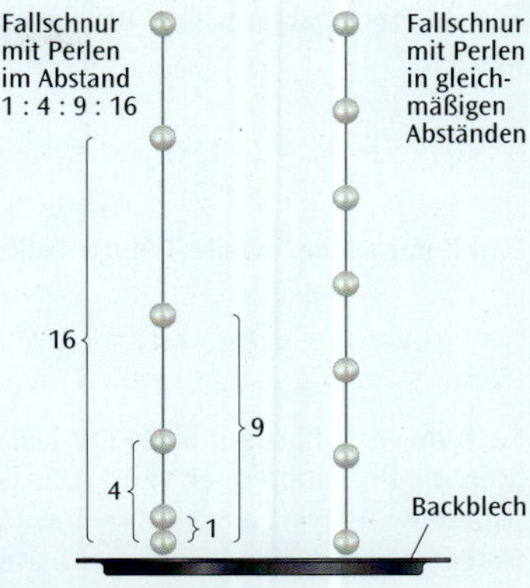

Bild 1: Fallschnur

Zeit-Ort-Diagramm (Bild 2c)

Wegen $h(t) \sim t^2$ ist das Zeit-Ort-Diagramm eine Parabel. Für Überschlagsrechnungen gilt näherungsweise

$$h(t) = \frac{1}{2} \cdot 9{,}81\,\frac{\text{m}}{\text{s}^2}\,t^2 \approx 5\,\frac{\text{m}}{\text{s}^2} \cdot t^2.$$

Die Fallschnur

Aus dem Zeit-Ort-Gesetz $h = 1/2 \cdot g \cdot t^2 \sim t^2$ folgt, dass nach der doppelten (dreifachen, ...) Fallzeit die vierfache (neunfache, ...) Fallstrecke zurückgelegt wird. Eine einfache experimentelle Überprüfung dieses Sachverhalts bietet die Fallschnur (**Bild 1**): Auf einer Schnur werden in Abständen von 1, 4, 9, 16, … Längeneinheiten (z. B. 1 LE ≙ 25 cm) Schraubenmuttern geknotet. Lässt man die Schnur aus großer Höhe fallen (z. B. im Treppenhaus – Vorsicht!), ertönen die Klacks in regelmäßigen Zeitabständen.

Messung von Reaktionszeiten

Lassen Sie einen Helfer ein Lineal senkrecht hoch in der Luft halten. Umfassen Sie das untere Ende des Lineals mit Daumen und Zeigefinger, so dass ein schmaler Spalt entsteht, durch den das Lineal fallen kann (**Bild 2**). Wenn der Helfer das Lineal plötzlich (d. h. ohne Vorwarnung) fallen lässt, versuchen Sie so schnell wie möglich das Lineal zwischen Daumen und Zeigefinger zu fangen! Die Fallstrecke des Lineals kann anschließend auf der Skala abgelesen werden, denn aus dem Fallgesetz $h = 1/2 \cdot g \cdot t^2$ folgt $t = \sqrt{2h/g}$ für Ihre Reaktionszeit. Mit eingesetzten Werten ergibt das

$$t = \sqrt{\frac{2}{9{,}81}} \cdot \sqrt{h} \approx 0{,}45 \cdot \sqrt{h} \quad \text{(falls } t \text{ in s und } h \text{ in m).}$$

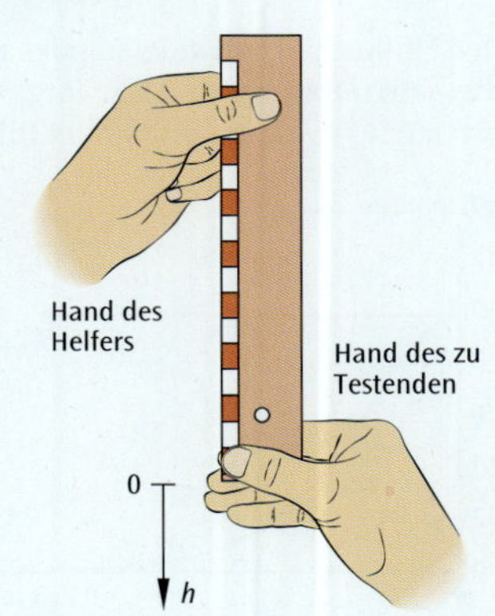

Bild 2: Messung von Reaktionszeiten mit dem Lineal

Der Fall Baumgartner(s) – eine bessere Schätzung

Nachdem Sie Ihre Kenntnisse über den freien Fall vertieft haben, sollen die Überlegungen zum Fall Baumgartner (S. 30) weitergeführt werden. Die Grenzgeschwindigkeit Baumgartners betrug knapp 1360 km/h, bevor er wieder auf 300 km/h abgebremst wurde, eher der Fallschirm sich öffnete. Wir treffen folgende Annahmen, die beide mehr oder weniger realistisch sind:

Annahme 1: Baumgartner beschleunigt von 0 auf $v_{\text{End}} = 1360$ km/h gleichförmig mit der Fallbeschleunigung. Hierfür würde er die Zeit t_1 benötigen:

$$v_{\text{End}} = g \cdot t_1 \quad \text{(Zeit-Geschwindigkeit-Gesetz)}$$

$$\Rightarrow t_1 = \frac{v_{\text{End}}}{g} = \frac{(1360/3{,}6)\ \text{m/s}}{9{,}81\,\frac{\text{m}}{\text{s}^2}} \approx 39\ \text{s}.$$

In dieser Zeit durchfällt er die Höhe h_1:

$$h_1 = \frac{1}{2} \cdot g \cdot t_1^2 = \frac{1}{2} \cdot 9{,}81\,\frac{\text{m}}{\text{s}^2} \cdot (39\ \text{s})^2 \approx 7{,}3\ \text{km} \quad \text{(Zeit-Ort-Gesetz).}$$

Annahme 2: Baumgartner wird in der zweiten Phase der Fallbewegung von $v_0 = 1360$ km/h auf $v = 300$ km/h gleichförmig abgebremst.

Da er bereits $h_1 = 7{,}3$ km Fallstrecke zurückgelegt hat, fehlen noch $h_2 = (36 - 7{,}3)$ km ≈ 27 km bis zum Öffnen des Fallschirms.[1]

Aus der zeitunabhängigen Bewegungsgleichung (siehe S. 27) kann die resultierende Beschleunigung a_2 berechnet werden:

$$v^2 - v_0^2 = 2 \cdot a_2 \cdot h_2 \Rightarrow a_2 = \frac{v^2 - v_0^2}{2 \cdot h_2} = \frac{(300/3{,}6)^2 - (1360/3{,}6)^2}{2 \cdot 27000} \frac{\mathrm{m^2/s^2}}{\mathrm{m}} \approx -2{,}5\,\frac{\mathrm{m}}{\mathrm{s^2}}.$$

Damit dauert der zweite Teil der Fallbewegung die Zeitspanne t_2, wobei

$$v = v_0 + a_2 \cdot t_2 \Rightarrow t_2 = \frac{v - v_0}{a_2} = \frac{(300/3{,}6) - (1360/3{,}6)}{-2{,}5} \frac{\mathrm{m/s}}{\mathrm{m/s^2}} = 118\ \mathrm{s} \approx 2\ \mathrm{min}.$$

Nach dieser Schätzung hätte der Fall Baumgartners etwa zwei Minuten gedauert – ein gutes Stück vom wahren Wert (viereinhalb Minuten) entfernt. Das ist nicht verwunderlich, da in den beiden Flugphasen jeweils ein konstanter Beschleunigungswert angenommen wurde, was ja nicht genau der Realität entspricht. Immerhin liegt der Mittelwert aus erster Schätzung (8 min, vgl. S. 30) und zweiter Schätzung (2 min) ziemlich nahe am tatsächlichen Wert.

Beispiel: Einfluss des Luftwiderstandes

Den Einfluss des Luftwiderstandes als Lösung einer Differenzialgleichung rechnerisch zu fassen ist Gegenstand des Mathematikunterrichts der 13. Jahrgangsstufe. Wir geben zumindest eine qualitative Beschreibung der Zusammenhänge $h = h(t)$, $v = v(t)$ und $a = a(t)$, in **Bild 1** am Beispiel eines Fallschirmspringers *vor* dem Öffnen des Schirms.

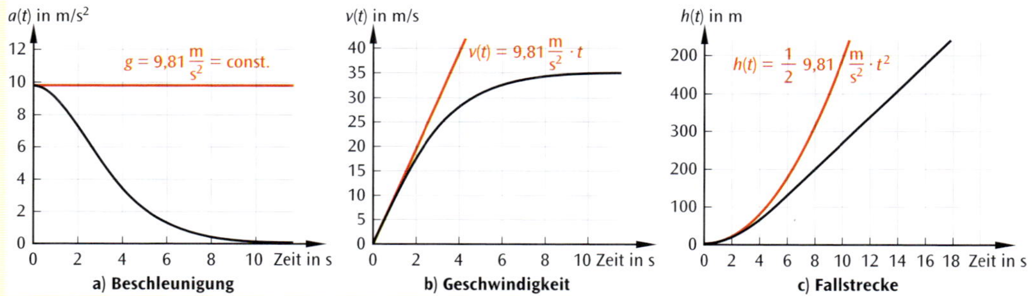

Bild 1: Freier Fall eines Fallschirmspringers vor dem Öffnen des Schirms (zum Vergleich in rot: ohne Berücksichtigung des Luftwiderstandes)

Beschleunigung (Bild 1a)

Zu Beginn der Fallbewegung beträgt die Fallbeschleunigung $a(0) = g = 9{,}81\,\frac{\mathrm{m}}{\mathrm{s^2}}$. Mit zunehmender Geschwindigkeit wird der Luftwiderstand immer größer. Nach einigen Sekunden ist der Luftwiderstand genauso groß wie die Gewichtskraft, und die Geschwindigkeit nimmt nicht weiter zu. Das heißt, dass die Beschleunigung $a(t)$ gegen null geht.

Geschwindigkeit (Bild 1b)

Für kleine Geschwindigkeiten ist $v(t)$ annähernd linear. Die anfängliche Steigung im $v(t)$-Diagramm beträgt etwa $g = 9{,}81\,\frac{\mathrm{m}}{\mathrm{s^2}}$. Nach einigen Sekunden Fallbewegung hat der Fallschirmspringer (bei noch ungeöffnetem Fallschirm) seine Höchstgeschwindigkeit erreicht, hier etwa $35\,\frac{\mathrm{m}}{\mathrm{s}} \approx 130\,\frac{\mathrm{km}}{\mathrm{h}}$. Ohne Luftwiderstand würde die Geschwindigkeit immer weiter zunehmen, theoretisch also unendlich groß werden.

Fallstrecke (Bild 1c)

Zu Beginn der Bewegung ist näherungsweise $h(t) \sim t^2$, d. h., die Fallstrecke nimmt quadratisch mit der Zeit zu. Bei Erreichen der Grenzgeschwindigkeit nimmt die Fallstrecke nur noch linear zu, da die beschleunigte Bewegung in eine gleichförmige Bewegung übergeht.

[1] Die Freifallhöhe betrug 3 km weniger als die Absprunghöhe, d. h. 3 km über dem Boden wurde der Schirm geöffnet.

1.4.2 Senkrechter Wurf

Fallturm von Bremen

Der Bremer Fallturm (**Bild 1**) ist mit seinen 146 m Höhe eine in Europa einzigartige Forschungseinrichtung. Während des 4,74 s dauernden Falls im Hochvakuum können Experimente in der Schwerelosigkeit durchgeführt werden. Auf der Homepage des ZARM (Zentrum für angewandte Raumfahrttechnologie und Mikrogravitation) steht der Zusatz: „Mit Hilfe eines Katapults kann die Experimentzeit noch auf das Doppelte gesteigert werden.“

Entwickeln Sie aus den vorliegenden Informationen ein Diagramm, das den zeitlichen Verlauf der Beschleunigung einer Experimentierkiste wiedergibt.

Nehmen Sie an, dass Beschleunigungs- und Bremsstrecke des Katapults jeweils 10 m betragen.

Das Problem besteht im Kern im senkrechten Wurf nach oben. Das Katapult muss die Kiste auf der kurzen Beschleunigungsstrecke (10 m) auf eine so hohe Geschwindigkeit bringen, dass die maximale Höhe (offensichtlich weniger als 146 m, da dies die Gesamthöhe des Turms ist) erreicht wird. Im obersten Punkt der Bahn fällt die Kiste dann frei herab, ehe sie auf einer Länge von 10 m in den Stand abgebremst wird.

Bild 1: Fallturm von Bremen

Experiment: Videoanalyse

Eine Stroboskop-Aufnahme des senkrechten Wurfs zeigt, dass Auf- und Abwärtsbewegung nicht voneinander unterschieden werden können (**Bild 2**). Beide Bewegungen laufen also symmetrisch zueinander ab, d. h. die Zeit bis zum Erreichen des höchsten Punktes (Steigzeit t_S) ist identisch mit der Zeit, die zum Durchfallen der maximalen Höhe benötigt wird (Fallzeit t_F). Die Stroboskop-Aufnahme weicht hiervon nur geringfügig ab, weil der Umkehrpunkt sowohl zeitlich als auch örtlich nicht exakt festgelegt werden kann.

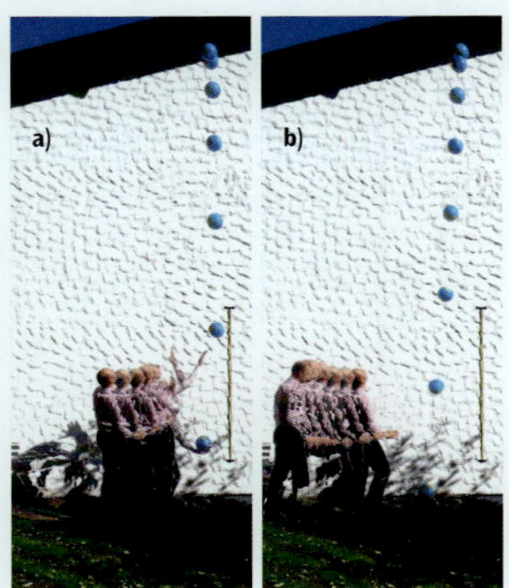

Bild 2: Stroboskopbilder eines senkrechten Wurfs bei 5 fps: a) Aufwärts-; b) Abwärtsbewegung

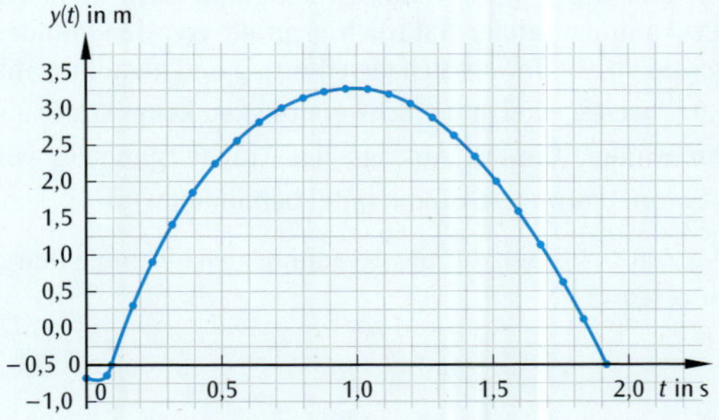

Bild 3: Zeit-Ort-Diagramm des senkrechten Wurfs (ermittelt durch Messung)

Diagramme des senkrechten Wurfs

Zeit-Ort-Diagramm

Das Zeit-Ort-Diagramm $y = y(t)$ besteht aus zwei Parabelästen (**Bild 3**). Den rechten Parabelast kennen Sie vom freien Fall. Die Parabel ist nach unten geöffnet, weil in **Bild 2** die *y*-Achse nach oben positiv gewählt wurde.

Am Scheitelpunkt der Parabel kann die Steigzeit t_S abgelesen werden.

Zeit-Geschwindigkeits-Diagramm

Nachdem der Ball die Hand des Werfers verlassen hat, nimmt seine Geschwindigkeit linear ab (**Bild 1**). Im Umkehrpunkt der Bewegung beträgt die Momentangeschwindigkeit $v = 0$ und nimmt weiter ab: Die Geschwindigkeit wird negativ, weil der Ball seine Bewegungsrichtung umkehrt. **Bild 1** kann entnommen werden, dass der Ball mit der selben Geschwindigkeit zurückkommt, mit der er abgeworfen wurde, nämlich ca. $\pm 7\,\frac{\text{m}}{\text{s}}$ (Abweichungen beim Werfen und Fangen ausgenommen).

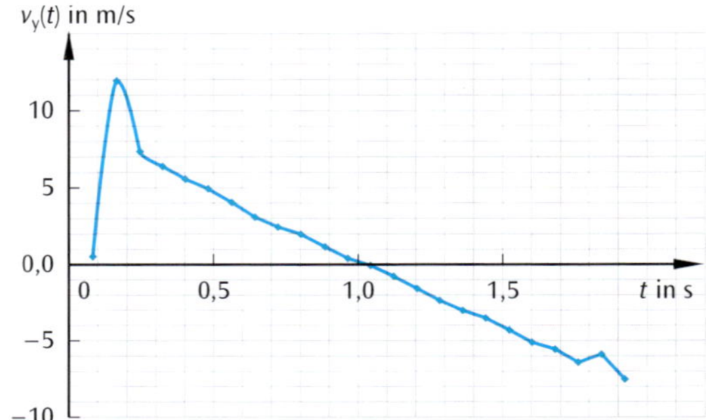

Bild 1: Zeit-Geschwindigkeitsdiagramm des senkrechten Wurfs (Messung von Sekantensteigungen in Bild 3, S. 37)

Zeit-Beschleunigungs-Diagramm

Beim Werfen und beim Fangen treten kurzzeitig Beschleunigungsspitzen auf (**Bild 2**). Im Zeitraum von etwa 0,3 s bis 1,7 s befindet sich der Ball in der Freiflugphase. In diesem Zeitraum wirkt auf den Ball eine konstante Beschleunigung von etwa $a \approx -10\,\frac{\text{m}}{\text{s}^2}$, also genau die Fallbeschleunigung. Das Vorzeichen resultiert aus der Wahl der Koordinatenachse (nach oben positiv gerichtet).

Beachten Sie, dass sowohl in der Auf- als auch in der Abwärtsbewegung als auch im Umkehrpunkt die Beschleunigung konstant $a = -g$ beträgt!

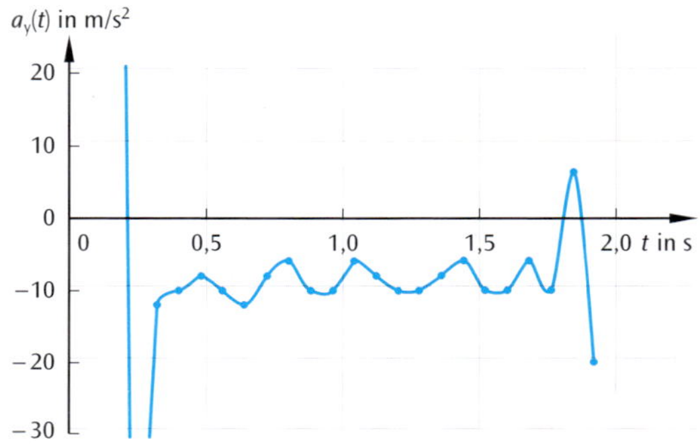

Bild 2: Zeit-Beschleunigungsdiagramm des senkrechten Wurfs (Messung der Geradensteigung in Bild 2)

Ein einfaches Zahlenbeispiel

... veranschaulicht die Mathematik, die hinter dem senkrechten Wurf steckt: Angenommen, ein Ball wird mit der Anfangsgeschwindigkeit $v_0 = 4{,}0\,\frac{\text{m}}{\text{s}}$ senkrecht nach oben abgeworfen. Das Problem kann dann in zwei Schritten gelöst werden:

Schritt 1: Betrachtung der Bewegung ohne Schwerkraft (z. B. an Bord der ISS)

Der Ball würde nach Verlassen der Hand nicht mehr zurückkommen (außer natürlich er prallt von den Wänden der ISS ab). Er bewegt sich gleichförmig und geradlinig mit $4{,}0\,\frac{\text{m}}{\text{s}}$ weiter, weil in der Schwerelosigkeit keine Kräfte auf ihn wirken. Dies ist Aussage des Trägheitsgesetzes von Newton, das im nächsten Kapitel behandelt wird.

Das Zeit-Ort-Gesetz für die geradlinig gleichförmige Bewegung lautet

$$y(t) = v_0 \cdot t = 4{,}0\,\frac{\text{m}}{\text{s}} \cdot t$$

Schritt 2: Betrachtung der Bewegung unter dem Einfluss der Schwerkraft (reale Situation auf der Erde)

Nun erfährt der Ball eine (negative) Beschleunigung von $a = -g \approx -10\,\frac{\text{m}}{\text{s}^2}$, d. h. seine Geschwindigkeit nimmt in jeder Sekunde um ca. $10\,\frac{\text{m}}{\text{s}}$ ab.

Da er mit $v_0 = 4{,}0\,\frac{\text{m}}{\text{s}}$ abgeworfen wurde, beträgt seine Geschwindigkeit nach einer Sekunde also $v(1\text{ s}) = 4{,}0\,\frac{\text{m}}{\text{s}} - 10\,\frac{\text{m}}{\text{s}} = -6{,}0\,\frac{\text{m}}{\text{s}}$. Daraus lässt sich folgern, dass der Ball seine Bewegungsrichtung umgekehrt hat ($v(1\text{ s}) < 0$) und sich *unterhalb* des Abwurfpunktes befinden würde ($|v(1\text{ s})| > v_0$).

Tabelle 1: Senkrechter Wurf mit $4{,}0\,\frac{\text{m}}{\text{s}}$ ohne Einfluss der Schwerkraft

$\frac{t}{\text{s}}$	$\frac{y(t)}{\text{m}}$
0,0	0,0
1,0	4,0
2,0	8,0
3,0	12
4,0	16

Tabelle 2: Senkrechter Wurf bei $v_0 = 4{,}0\,\frac{\text{m}}{\text{s}}$ unter dem Einfluss der Schwerkraft ($g \approx 10\,\frac{\text{m}}{\text{s}^2}$); rot: Umkehrpunkt

$\frac{t}{\text{s}}$	$\frac{v(t)}{\text{m/s}}$	$\frac{y(t)}{\text{m}}$
0,0	4,0	0,00
0,1	3,0	0,35
0,2	2,0	0,60
0,3	1,0	0,75
0,4	0,0	0,80
0,5	−1,0	0,75
0,6	−2,0	0,60
0,7	−3,0	0,35
0,8	−4,0	0,00

Es ist also sinnvoll, das Zeitintervall zu verkleinern, z. B. auf $\Delta t = 0{,}1$ s anstelle 1 s. Dann ergeben sich die Geschwindigkeits- und Ortswerte gemäß **Tabelle 2**, S. 38, denn:

Aus den Gesetzen der gleichförmig beschleunigten Bewegung (S. 27) folgt für unser Beispiel ($v_0 = 4{,}0\ \frac{\text{m}}{\text{s}}$):

$$v(t) \approx 4{,}0\ \frac{\text{m}}{\text{s}} - 10\ \frac{\text{m}}{\text{s}^2} \cdot t \quad \text{und} \quad y(t) \approx 4{,}0\ \frac{\text{m}}{\text{s}} \cdot t - 5{,}0\ \frac{\text{m}}{\text{s}^2} \cdot t^2.$$

Der senkrechte Wurf nach oben

Bei Wahl der Koordinatenachse nach oben positiv und der Abwurfstelle als Nullpunkt des Koordinatensystems (**Bild 1**) gelten für den senkrechten Wurf mit Anfangsgeschwindigkeit $v_0 > 0$ nach oben die folgenden Gleichungen.

Bewegungsgesetze des senkrechten Wurfs gemäß Bild 1

Fallbeschleunigung:	$g = 9{,}81\ \frac{\text{m}}{\text{s}^2}$
Beschleunigung beim senkrechten Wurf:	$a = -g$
Zeit-Geschwindigkeit-Gesetz:	$v(t) = v_0 - g \cdot t$
Zeit-Ort-Gesetz:	$y(t) = v_0 \cdot t - \frac{1}{2} \cdot g \cdot t^2$
zeitunabhängige Bewegungsgleichung:	$v^2 - v_0^2 = -2g \cdot y$

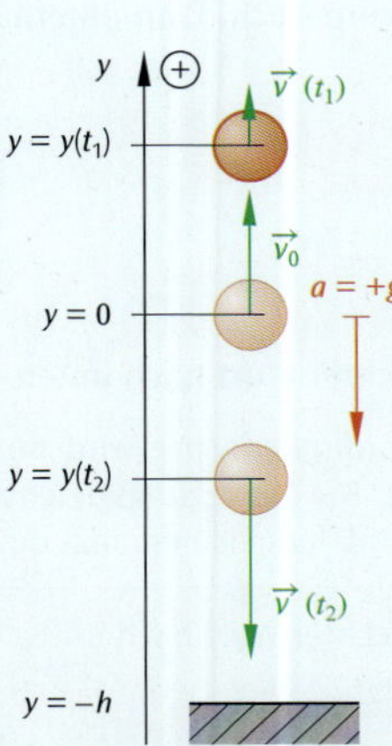

Bild 1: Senkrechter Wurf nach oben (schematisch)

Beachten Sie, dass die Gleichungen den Bewegungsgesetzen auf S. 27 mit $a = -g$ folgen.

Die Steigzeit t_S ist identisch mit der Fallzeit t_F. Sie kann aus der Bedingung $v(t_S) = 0$ berechnet werden, da die Momentangeschwindigkeit im Umkehrpunkt verschwindet:

Steigzeit:

$$v(t_S) = 0 \quad \Leftrightarrow \quad v_0 - g \cdot t_S = 0 \quad \Rightarrow \quad t_S = \frac{v_0}{g}$$

Die gesamte Flugzeit bis zurück zur Abwurfstelle beträgt aufgrund der Symmetrie der Bewegung das Doppelte der Steigzeit.

Diagramme des senkrechten Wurfs (theoretisch)

Zeit-Beschleunigungs-Diagramm

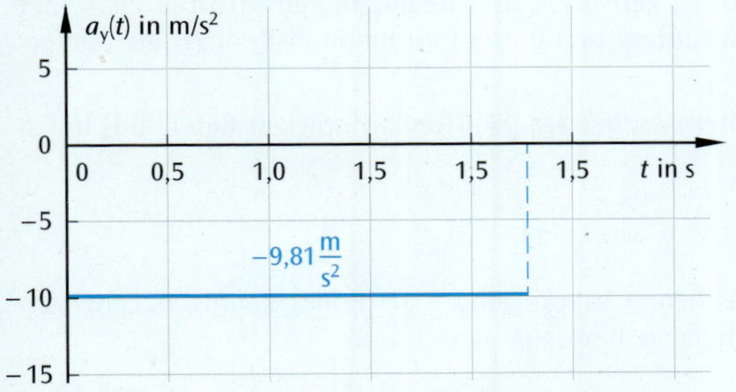

Bild 2: $a = a(t)$ beim senkrechten Wurf nach oben (idealisiert)

Die Beschleunigung ist konstant $a = -g = -9{,}81\ \frac{\text{m}}{\text{s}^2}$. Das $a(t)$-Diagramm ist eine horizontale Linie (**Bild 2**).

Die Fläche entspricht der Geschwindigkeit, die vom Anfangswert v_0 *subtrahiert* werden muss.

Zeit-Geschwindigkeits-Diagramm

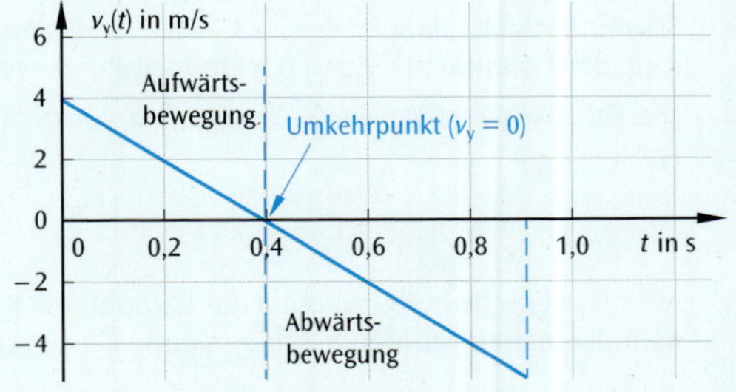

Bild 3: $v = v(t)$ beim senkrechten Wurf nach oben für $v_0 = 4{,}0\ \frac{\text{m}}{\text{s}}$ (idealisiert)

Die Geschwindigkeit nimmt gleichmäßig ab (**Bild 3**).

Im Gegensatz zum Bremsvorgang beim PKW sind auch negative Geschwindigkeitswerte möglich. Der Ball wird ja auch nach Erreichen des Umkehrpunktes weiter negativ (nach unten) beschleunigt, d. h. das Tempo $|v|$ nimmt wieder zu.

Zeit-Ort-Diagramm

Das Zeit-Ort-Diagramm kann aus dem Zeit-Ort-Gesetz berechnet werden. Es handelt sich dabei um eine nach unten geöffnete Parabel (**Bild 1**).

Negative Ortswerte sind ebenfalls möglich. Der Gegenstand würde sich dann unterhalb der Abwurfstelle befinden.

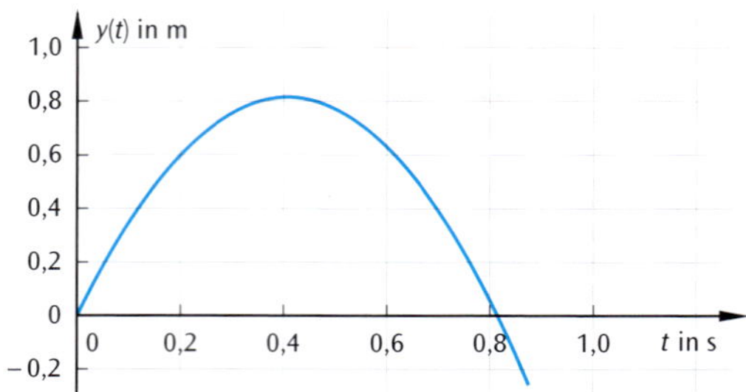

Bild 1: $y = y(t)$ beim senkrechten Wurf nach oben für $v_0 = 4{,}0\ \frac{\text{m}}{\text{s}}$

Senkrechter Wurf nach unten

Die Koordinatenachse wird nun sinnvollerweise nach unten positiv gewählt (**Bild 2**). Die Bewegungsgleichungen sind dann die gleichen wie die für den freien Fall, lediglich ergänzt um die Anfangsgeschwindigkeit $v_0 > 0$.

Senkrechter Wurf nach unten (**Bild 2**)	
Fallbeschleunigung:	$a = +g$
Zeit-Geschwindigkeit-Gesetz:	$v(t) = v_0 - g \cdot t$
Zeit-Ort-Gesetz:	$y(t) = v_0 \cdot t + \frac{1}{2} g \cdot t^2$
zeitunabhängige Bewegungsgleichung:	$v^2 - v_0^2 = 2 \cdot g \cdot h$

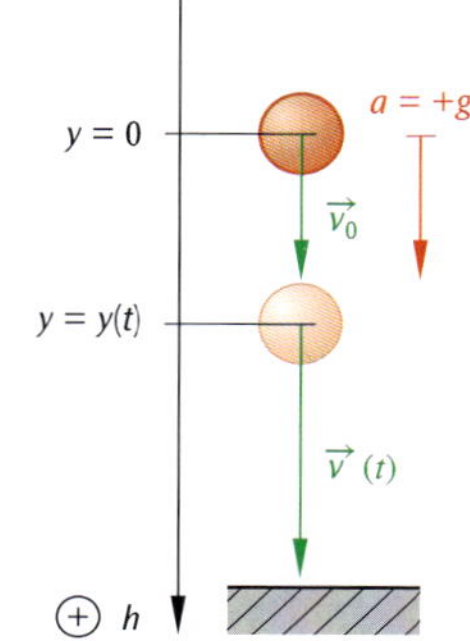

Bild 2: Senkrechter Wurf nach unten (schematisch)

Beispiel: Fallturm (S. 37)

1. Aufgrund der Symmetrie der Wurfbewegung legen die 4,74 s = t_F die Fallzeit und damit die Fallhöhe h fest (Zeit-Ort-Gesetz des freien Falls):

   $$h = \frac{1}{2} g \cdot t_F^2 = \frac{1}{2} \cdot 9{,}81\ \frac{\text{m}}{\text{s}^2} \cdot (4{,}74\ \text{s})^2 = 110\ \text{m}.$$

   Dieser Wert ist tatsächlich kleiner als die Gesamthöhe des Turms (146 m), weil ja noch das Katapult untergebracht werden muss. Während der doppelten Fallzeit $2 \cdot t_F$ ist die Kiste schwerelos, da auch in der Aufwärtsbewegung (nach Verlassen des Katapults) eine nach unten gerichtete Beschleunigung auftritt. Die Phase der Schwerelosigkeit dauert also $2 \cdot 4{,}74\ \text{s} \approx 9{,}5\ \text{s}$. Vor dem Hintergrund dieser Information ist der Zusatz „Steigerung der Experimentzeit auf das Doppelte“ zu verstehen.
2. Die Fallgeschwindigkeit v_{End} unmittelbar vor dem Abbremsen beträgt (Zeit-Geschwindigkeit-Gesetz des freien Falls)

   $$v_{End} = g \cdot t_F = 9{,}81\ \frac{\text{m}}{\text{s}^2} \cdot 4{,}74\ \text{s} = 46{,}5\ \frac{\text{m}}{\text{s}}.$$
3. Auf diese Geschwindigkeit muss das Katapult die Kiste auf einer Strecke von $x = 10$ m beschleunigen. Unter Annahme einer konstanten Beschleunigung gilt (zeitunabhängige Bewegungsgleichung)

   $$v_{End}^2 = 2 \cdot a \cdot x \Rightarrow a = \frac{v_{End}^2}{2 \cdot x} = \frac{46{,}5^2\ \text{m}^2/\text{s}^2}{2 \cdot 10\ \text{m}} = 108\ \frac{\text{m}}{\text{s}^2} \approx 11 \cdot g.$$

   Dieser hohe Beschleunigungswert resultiert aus der kurzen Beschleunigungsstrecke.
4. Wie lange dieser Beschleunigungsvorgang dauert, ergibt sich aus der Definition der Beschleunigung:

   $$a = \frac{\Delta v}{\Delta t} \Rightarrow \Delta t = \frac{\Delta v}{a} = \frac{46{,}5\ \frac{\text{m}}{\text{s}}}{108\ \frac{\text{m}}{\text{s}^2}} = 0{,}43\ \text{s}.$$

Zeit-Beschleunigungs-Diagramm

Während der $\Delta t_1 = 0{,}43$ s dauernden Beschleunigungsphase wirken ca. $a_1 = +11g$ auf die Kiste (**Bild 1**). Nach Verlassen des Katapults befindet sich die Kiste im schwerelosen Zustand, erfährt also eine Beschleunigung von $a_2 = -g$, und zwar während der gesamten Phase des senkrechten Wurfs, also während der Dauer von $\Delta t_2 = 2 \cdot 4{,}74$ s $\approx 9{,}5$ s! Erst dann wird die Kiste durch die Auffangvorrichtung gebremst. Dabei wirkt eine Beschleunigung von ca. $a_3 = +11g$ (entgegen der momentanen Bewegungsrichtung!) während der Dauer von $\Delta t_3 = 0{,}43$ s.

Die Gesamtdauer des Vorgangs beträgt etwa 10,3 s.

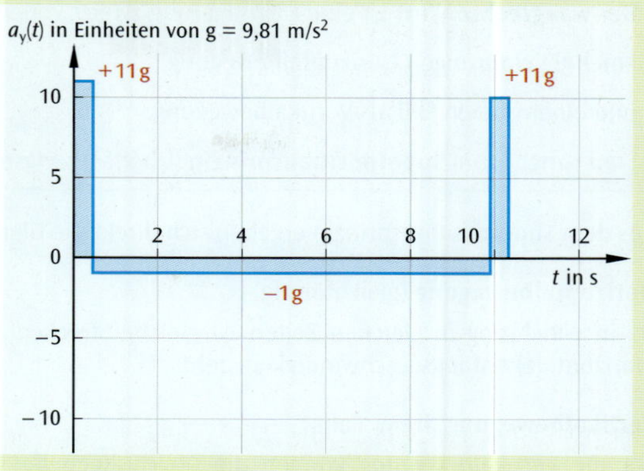

Bild 1: Zeitlicher Verlauf der Beschleunigung im Fallturm (idealisiert)

1.4.3 Waagrechter Wurf

Pfeilschuss

Ein Bogenschütze schießt einen Pfeil waagrecht aus 1,60 m Höhe ab. Der Pfeil bleibt unter einem Winkel von 10° im Boden stecken (**Bild 2**).

Lassen die vorliegenden Informationen Rückschlüsse auf Reichweite und Abschussgeschwindigkeit des Pfeils zu?

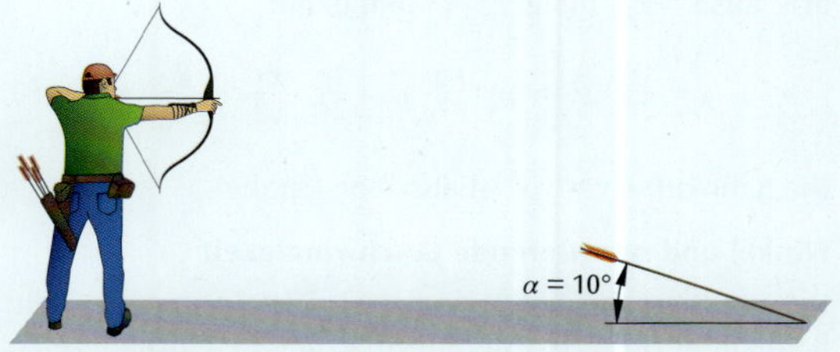

Bild 2: Pfeilschuss

Betrachten Sie **Bild 2** einmal genauer, und Ihnen wird auffallen, dass die Abstände nicht stimmig sind: der Pfeil müsste viel steiler im Boden stecken oder der Schütze viel weiter weg stehen! Dem Gefühl nach würde man die eingangs gestellte Frage also mit Ja beantworten.

Der Pfeilschuss entspricht in guter Näherung einem waagrechten Wurf. Es handelt sich dabei um eine zweidimensionale Bewegung, für deren mathematische Beschreibung eine einzige Achse nicht mehr ausreicht. Es wird ein zweidimensionales Koordinatensystem (x- *und* y-Achse) benötigt.

Versuch mit dem Wurfgerät

Im Labor kann ein Wurfgerät (**Bild 3**) eingesetzt werden, um den Gesetzen des waagrechten Wurfs näher zu kommen: In einer Metallhülse befindet sich eine starke Feder. Zwei Kugeln mit Bohrung werden auf einen Bolzen aufgesteckt, die linke Kugel staucht zugleich die Feder.

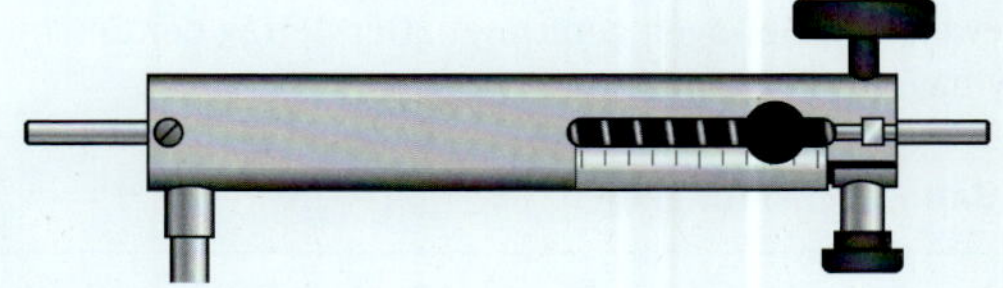

Bild 3: Wurfgerät

Wird die Arretierung gelöst, entspannt sich die Feder, und der Bolzen beschleunigt die linke Kugel. Gleichzeitig fällt die rechte Kugel frei herab.

Versuchsergebnisse

Beide Kugeln befinden sich zu jedem Zeitpunkt auf gleicher Höhe (**Bild 4**), ihre Fallzeiten sind also identisch. Außerdem fällt auf, dass die Horizontalbewegung gleichförmig ist, weil die in x-Richtung gemessenen Abstände Δx der roten Kugel konstant sind. Abweichungen hiervon ergeben sich nur beim Abwurf der Kugel (hohe Beschleunigungswerte beim Entspannen der Feder).

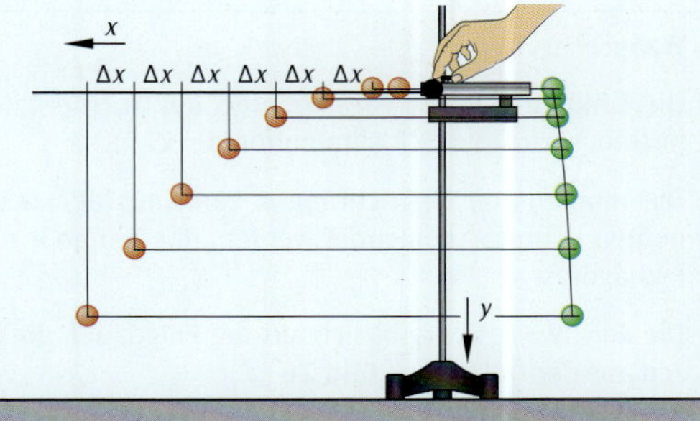

Bild 4: Waagrechter Wurf und freier Fall im Vergleich

Der **waagrechte Wurf** ist eine Überlagerung zweier voneinander unabhängiger Bewegungen, nämlich

einer gleichförmigen Horizontalbewegung

und einem freien Fall als Vertikalbewegung.

Man spricht vom **Superpositionsprinzip** (Überlagerungsprinzip).

Aus dem Superpositionsprinzip ergeben sich direkt die Gleichungen des waagrechten Wurfs.

Horizontalbewegung (gleichförmig)

Da in x-Richtung in gleichen Zeiten Δt gleiche Strecken Δx zurückgelegt werden, gilt $x(t) = v_0 \cdot t$, wobei v_0 für die (horizontale) Anfangsgeschwindigkeit steht.

Vertikalbewegung (freier Fall)

Für die Vertikalbewegung können die Gleichungen des freien Falls herangezogen werden.

Bewegungsgleichungen des waagrechten Wurfs

Die Bewegungsgleichungen des waagrechten Wurfs folgen unmittelbar aus dem Superpositionsprinzip. Die Verknüpfung beider Bewegungen (horizontal und vertikal) ist über die gemeinsame Variable Zeit t (Elimination der Zeit) möglich: aus $x = v_0 \cdot t$ folgt $t = \frac{x}{v_0}$ und damit

$$y = \frac{1}{2}g \cdot t^2 = \frac{1}{2}g \cdot \left(\frac{x}{v_0}\right)^2 = \frac{1}{2}g \cdot \frac{x^2}{v_0^2} = \frac{g}{2\,v_0^2} \cdot x^2 \sim x^2.$$

Die Bahnkurve $y = y(x)$ ist also eine Parabel.

Gesetze des waagrechten Wurfs

v_0 Betrag der Abwurfgeschwindigkeit

horizontal (gleichförmig)	vertikal (freier Fall)
$x(t) = v_0 \cdot t$	$y(t) = \frac{1}{2} \cdot g \cdot t^2$
$v_x = v_0 = \text{const} = \frac{\Delta x}{\Delta t}$	$v_y(t) = g \cdot t$
$a_x = 0$	$a_y = g$
Bahngleichung: $y = \frac{g}{2\,v_0^2} \cdot x^2$	

Winkel und resultierende Geschwindigkeit

Die resultierende Geschwindigkeit $\vec{v}$ ist Tangente an die Bahnkurve (**Bild 1**). Die Steigung des Geschwindigkeitspfeils und damit der Auftreffwinkel α am Boden ist durch den Quotienten aus Vertikal- und Horizontalkomponente bestimmt:

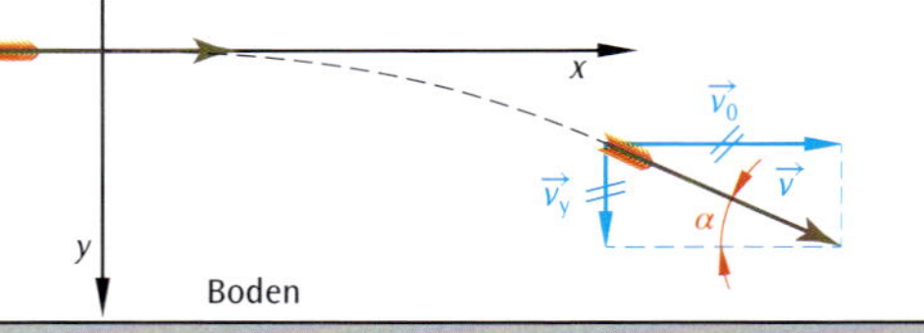

Bild 1: Geschwindigkeitsvektoren beim waagrechten Wurf

Auftreffwinkel: $\tan(\alpha) = \frac{\text{Gegenkathete}}{\text{Ankathete}} = \frac{v_y}{v_0}$

(jeweils mit Beträgen gerechnet). Der Betrag der Geschwindigkeit $\vec{v}$ (das momentane „Tempo“) kann mit dem Satz des Pythagoras berechnet werden:

Bahngeschwindigkeit: $v = |\vec{v}| = \sqrt{(v_x)^2 + (v_y)^2} = \sqrt{v_0^2 + (g \cdot t)^2}$.

Reale Bahnkurven (sog. ballistische Bahnen) ergeben sich unter Berücksichtigung des Luftwiderstandes, der hier vernachlässigt wurde.

Waagrechter Wurf:

Die Bahnkurve $y = y(x)$ des waagrechten Wurfs erhält man aus dem Superpositionsprinzip durch Elimination der Zeit.

Die momentane Flugrichtung α kann aus den Geschwindigkeitskomponenten v_x und v_y berechnet werden, das Tempo $v = v_{Res}$ mit dem Satz des Pythagoras.

Die Reichweite x_R ergibt sich aus der Flugdauer, die identisch mit der Fallzeit aus der Höhe h ist (**Bild 2**).

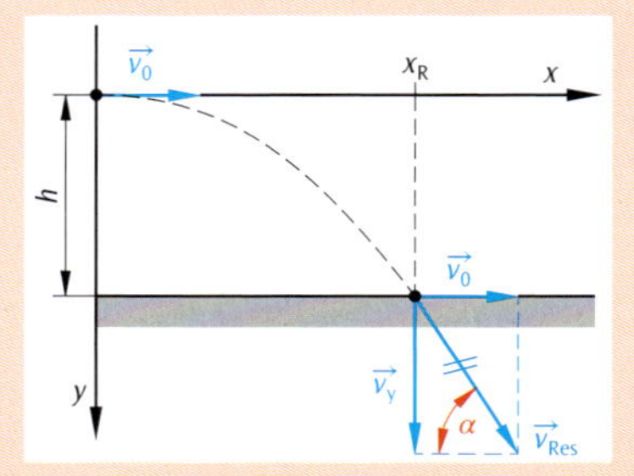

Bild 2: Waagrechter Wurf (schematisch)

Beispiel: Pfeilschuss-Problem (S. 41)

1. Die Abschusshöhe $h = 1{,}60$ m legt die Fallzeit t_F fest (freier Fall):

$$h = \frac{1}{2} g \cdot t_F^2 \Rightarrow t_F = \sqrt{\frac{2h}{g}}.$$

2. Die Fallzeit t_F legt die Vertikalkomponente v_y der Geschwindigkeit an der Auftreffstelle fest (freier Fall):

$$v_y = g \cdot t_F = g \cdot \sqrt{\frac{2h}{g}} = \sqrt{g^2 \cdot \frac{2h}{g}} = \sqrt{2 \cdot g \cdot h}.$$

Diese Beziehung folgt auch aus der zeitunabhängigen Bewegungsgleichung:

$$v_y^2 = 2 \cdot g \cdot h \Rightarrow v_y = \sqrt{2 \cdot g \cdot h}.$$

3. Mit dem Auftreffwinkel $\alpha = 10°$ kann daraus die Horizontalgeschwindigkeit $v_x = v_0$ berechnet werden, die sich bekanntlich während des gesamten Fluges nicht ändert:

$$\tan(\alpha) = \frac{v_y}{v_0} \Rightarrow v_0 = \frac{v_y}{\tan(\alpha)} = \frac{\sqrt{2 \cdot g \cdot h}}{\tan(\alpha)};$$

$$v_0 = \frac{\sqrt{2 \cdot 9{,}81 \, \frac{\text{m}}{\text{s}^2} \cdot 1{,}60 \text{ m}}}{\tan(10°)} = 32 \, \frac{\text{m}}{\text{s}} \approx 115 \, \frac{\text{km}}{\text{h}}.$$

Beachten Sie bei der Berechnung des Zahlenwertes das Gradmaß (Einstellung „DEG“ im Taschenrechner)!

4. Da die Abschussgeschwindigkeit v_0 bekannt ist, kann die Reichweite x_R aus der Flugdauer t_F berechnet werden (gleichförmige Bewegung):

$$v_0 = \frac{x_R}{t_F} \Rightarrow x_R = v_0 \cdot t_F = \frac{\sqrt{2 \cdot g \cdot h}}{\tan(\alpha)} \cdot \sqrt{\frac{2h}{g}} = \frac{2 \cdot h}{\tan(\alpha)} = \frac{2 \cdot 1{,}60 \text{ m}}{\tan(10°)} = 18 \text{ m}.$$

Die Reichweite x_R ist für $\alpha = 10°$ also etwa 11-mal so groß wie die Abschusshöhe $h = 1{,}60$ m. Das Bild mit dem Schützen (**Bild 2**, S. 41) ist demnach tatsächlich nicht besonders realistisch geraten. Unser Gefühl hat uns also nicht getäuscht.

1.4.4 Schiefer Wurf

Immer schneller, immer höher, immer weiter ...

Der US-Amerikaner Mike Powell hält seit 1991 mit 8,95 m den Weltrekord im Weitsprung (Stand 2017) und übertraf damit den alten Rekord seines Landsmanns Bob Beamon aus dem Jahr 1968 um 5 cm.

Doch wie weit kann ein Mensch überhaupt springen?

– Von der ganz banalen Antwort „8,95 m“ einmal abgesehen ...

Bild 1: Trainingsparameter beim Weitsprung (vereinfacht)

Physikalische Annäherung an eine Lösung (Bild 1)

Wir nähern uns einer Antwort physikalisch an. Gute Weitspringer sind gute Sprinter und umgekehrt. Offenbar hängt die Sprungweite also von der Anlaufgeschwindigkeit ab. Den Sprint-Weltrekord über 100 m hält derzeit (2017) Usain Bolt mit 9,58 s, Sportexperten trauen ihm fantastische Sprungweiten zu. Der zweite Parameter, der eine Rolle spielt, ist der Absprungwinkel.

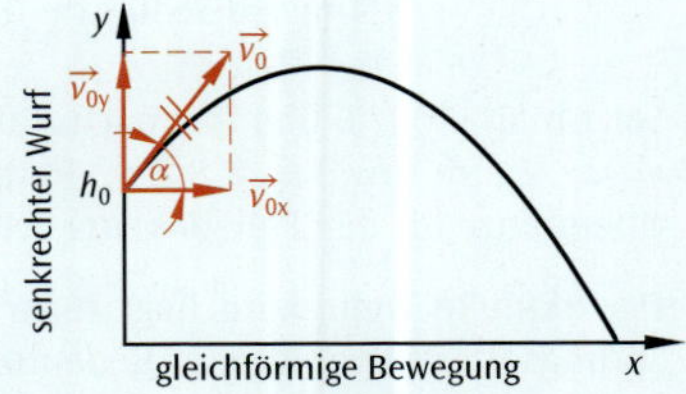

Bild 2: Schiefer Wurf (schematisch) als Überlagerung von gleichförmiger Bewegung und senkrechtem Wurf

Bei der Analyse der Bewegung muss der Körperschwerpunkt verfolgt werden. Physikalisch wird also nicht vom Boden abgesprungen. Bei normaler Körperhaltung liegt der Schwerpunkt etwa in Hüfthöhe. Im Leistungssport gibt es verschiedene Sprungtechniken, bei denen durch geschickte Verlagerung des Körperschwerpunktes die Sprungweiten noch gesteigert werden können. Darauf gehen wir hier nicht ein.

Beim Weitsprung handelt es sich um einem schiefen Wurf (schematisch in **Bild 2** auf der vorigen Seite dargestellt). Im Gegensatz zum waagrechten Wurf muss neben dem Betrag der Abfluggeschwindigkeit $\vec{v}_0$ auch noch die Richtung (Winkel α gegen die Horizontale) angegeben werden. Das Superpositionsprinzip besagt:

Beim **schiefen Wurf** ist die Horizontalbewegung gleichförmig, die Vertikalbewegung dagegen ein senkrechter Wurf.

Gleichungen

Wenn die Geschwindigkeitsvektoren beim Absprung den Nullpunkt eines Koordinatensystem s festlegen, dann gelten nach dem Superpositionsprinzip die nebenstehenden Koordinatengleichungen. Dabei gilt $a_y = -y$, da die y-Achse nach oben gerichtet ist.

Gesetze des schiefen Wurfs

v_0 ist der Betrag der Abwurfgeschwindigkeit

horizontal (gleichförmig)	vertikal (senkrechter Wurf)
$x(t) = v_{0x} \cdot t$	$y(t) = h_0 + v_{0y} \cdot t - \frac{1}{2} \cdot g \cdot t^2$ h_0: Absprungstelle
$v_x(t) = v_{0x} = \text{const}$	$v_y(t) = v_{0y} - g \cdot t$
$a_x(t) = 0$	$a_y(t) = -g = \text{const}$
Komponenten der Geschwindigkeit:	
$v_{0x} = v_0 \cdot \cos(\alpha)$	$v_{0y} = v_0 \cdot \sin(\alpha)$
$\tan(\alpha) = \frac{\sin(\alpha)}{\cos(\alpha)} = \frac{v_{0y}}{v_{0x}}$	
Steigzeit: $t_S = \frac{v_{0y}}{g}$	
Fallzeit: $t_F = \sqrt{\frac{2 \cdot (h_0 + h_S)}{g}}$	
Steighöhe: $h_S = \frac{v_{0y}^2}{2 \cdot g}$	

Bahnkurve

Wie beim waagrechten Wurf ergibt sich die Gleichung $y = y(x)$ der Bahnkurve durch Elimination der Zeit in den Koordinatengleichungen:

$$\left.\begin{aligned} x(t) &= v_{0x} \cdot t \quad \text{bzw.} \quad t = \frac{x}{v_{0x}} \\ y(t) &= h_0 + v_{0y} \cdot t - \frac{1}{2} \cdot g \cdot t^2 \end{aligned}\right\}$$

$$\Rightarrow y = h_0 + v_{0y} \cdot \left(\frac{x}{v_{0x}}\right) - \frac{1}{2} \cdot g \cdot \left(\frac{x}{v_{0x}}\right)^2$$

Eine weitere Umformung ergibt:

$$y(x) = h_0 + \tan(\alpha) \cdot x - \frac{g}{2 v_0^2 \cos^2(\alpha)} \cdot x^2,$$

also eine Parabelgleichung. Das Nachzeichnen der Parabel ist etwas aufwändiger als beim waagrechten Wurf.

Beispiel: Weitsprung

Bei Sportlern gemessene Anlaufgeschwindigkeiten betragen etwa $v_{0x} \approx 9\ \frac{\text{m}}{\text{s}}$ (an die 10 $\frac{\text{m}}{\text{s}}$ vom Hundertmeterlauf kommen sie nicht ganz heran, weil sie sonst keine Reserven mehr für den Absprung haben) bei einem Absprungwinkel von $\alpha \approx 20°$. Bei einer Schwerpunkthöhe von $h_0 \approx 1{,}1$ m erhält man dann wegen $v_{0x} = v_0 \cdot \cos(\alpha)$ die Bahngleichung

$$y(x) = 1{,}1\ \text{m} + \tan(20°) \cdot x - \frac{9{,}81\ \frac{\text{m}}{\text{s}^2}}{2 \cdot (9\ \text{m/s})^2} \cdot x^2$$

$$\approx 1{,}1\ \text{m} + 0{,}3640 \cdot x - 0{,}060\,56\ \frac{1}{\text{m}} \cdot x^2$$

$$y(x) = 0 \quad \Leftrightarrow \quad x_1 \approx -2{,}2\ \text{m}, \quad x_2 \approx 8{,}2\ \text{m}$$

Setzt man $y(x) = 0$ und löst nach x auf, dann liefert die Lösungsformel für quadratische Gleichungen die Lösungen $x_1 \approx -2{,}2$ m sowie $x_2 \approx 8{,}2$ m. Physikalisch sinnvoll ist nur die zweite (positive) Lösung. Dies ist die theoretische Obergrenze für den Fall, dass der Schwerpunkt nach Abstoß in 1,10 m Höhe auf dem Boden ($y = 0$) aufkommt.

Der aktuelle Weltrekord liegt sogar über dem berechneten Wert! Der Einfluss der Körperhaltung während des Sprungs ist also von großer Bedeutung. Carl Lewis' 8,95-Meter-Sprung ist damit vielleicht sogar ein Rekord für die Ewigkeit ...

Der optimale Winkel

Wenn (!) die Abwurfstelle auf gleicher Höhe wie die Auftreffstelle liegt (also $h_0 = 0$), dann lässt sich bei vorgegebener Abwurfgeschwindigkeit v_0 mit wenig mathematischem Aufwand derjenige Winkel α_{opt} berechnen, für den die Wurfweite am größten wird. Dazu rechnet man die (positive) Nullstelle der Bahnkurve aus:

$$0 = \tan(\alpha) \cdot x - \frac{g}{2 v_0^2 \cos^2(\alpha)} \cdot x^2$$

$$0 = x \cdot \left(\tan(\alpha) - \frac{g}{2 v_0^2 \cos^2(\alpha)} \cdot x \right)$$

$$\Rightarrow x_1 = 0; \quad x_2 = \frac{\tan(\alpha) \cdot \cos^2(\alpha) \cdot 2 v_0^2}{g}$$

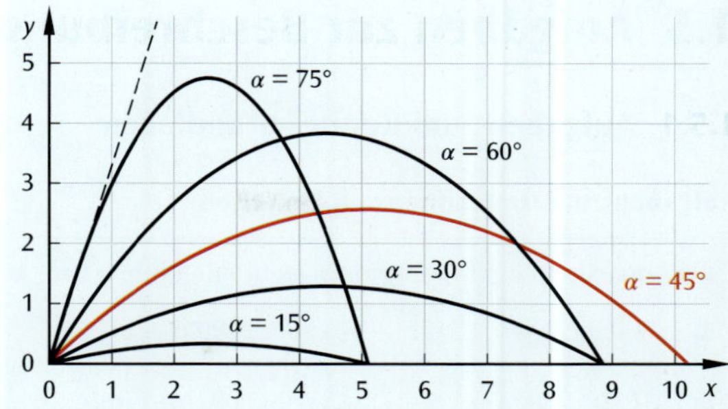

Bild 1: Der optimale Abwurfwinkel beträgt 45° (falls Abwurf- und Zielpunkt auf gleicher Höhe liegen)

Die erste Nullstelle entspricht der Abwurfstelle, also beträgt die Wurfweite

$$x_W = x_2 = \frac{2 v_0^2}{g} \cdot \underbrace{\tan(\alpha)}_{=\frac{\sin(\alpha)}{\cos(\alpha)}} \cdot \cos^2(\alpha) = \frac{2 v_0^2}{g} \cdot \sin(\alpha) \cdot \cos(\alpha) = \frac{v_0^2}{g} \cdot \underbrace{2 \cdot \sin(\alpha) \cdot \cos(\alpha)}_{= \sin(2\alpha)} = \frac{v_0^2}{g} \cdot \sin(2\alpha).$$

Unabhängig von der Abwurfgeschwindigkeit v_0 gilt also, dass die Wurfweite genau dann maximal wird, wenn $\sin(2\alpha) = 1$ wird. Dies ist der Fall für $2 \cdot \alpha = 90°$ und damit $\alpha_{opt} = 45°$.

Liegen Abwurf- und Zielstelle eines schiefen Wurfs auf gleicher Höhe, dann führt der Abwurfwinkel $\alpha = 45°$ zur größten Reichweite $x_{max} = \frac{v_0^2}{g}$.

Der Affenschuss

Stellen Sie sich einen Affen vor, den der Großwildjäger mit einem Betäubungspfeil vom Baum holen will. Der Affe jedoch ist nicht dumm und lässt sich in genau dem Moment vom Baum fallen, als der Pfeil den Lauf des Gewehrs verlässt.

In der Schule wird natürlich nicht auf Affen geschossen, sondern das Experiment mit einem Dartpfeil und einer Zielscheibe nachgestellt (**Bild 1**): Mit dem Pfeil wird ein Gummiband gespannt. Dabei rastet eine Arretierung ein, die die Zielscheibe hält. Beim Loslassen des Pfeils entspannt sich der Gummi, die Arretierung löst sich und die Zielscheibe fällt frei herab.

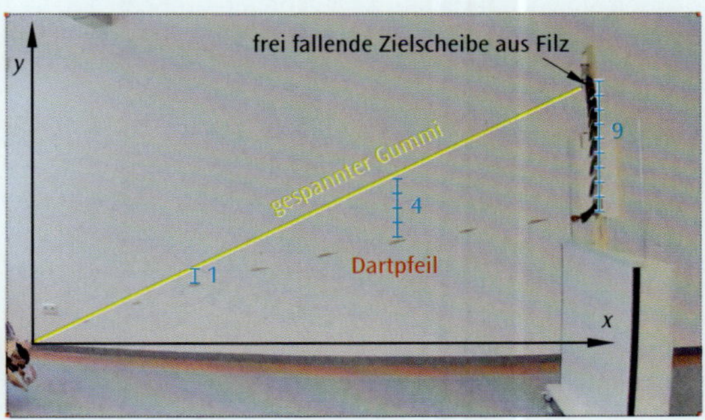

Bild 1: Freier Fall und schiefer Wurf im Vergleich (bei 10 fps)

Egal unter welchem Winkel und bei welcher Spannung des Gummis (d.h. Anfangsgeschwindigkeit) auf die Zielscheibe geworfen wird, der Pfeil trifft *immer* die Zielscheibe. Warum?

Erklärung: Der gespannte Gummi (gelbe Linie in **Bild 1**) gibt die Flugbahn vor, wenn *keine* Erdanziehung wirken würde. Es dauert drei Zeiteinheiten (hier $3 \cdot \frac{1}{10}$ s), bis der Pfeil sein Ziel erreicht. Dabei erfolgt die Bewegung in x-Richtung gleichförmig (gleiche *horizontale* Abstände Δx des Pfeils), die Bewegung in y-Richtung weicht von der gelben Linie wegen der Fallgesetze um $y \sim t^2$ nach unten ab, d. h. nach einer Zeiteinheit (ZE) um eine Längeneinheit (LE), nach zwei ZE um vier LE, nach drei ZE um neun LE usw. (blaue Stege in **Bild 1**).

Mit anderen Worten: Die Zielscheibe fällt genauso schnell herab wie der Dartpfeil, und genau das ist Aussage des Superpositionsprinzips!

Man könnte einwenden, dass die Argumentation nur zufällig richtig ist, weil der Abstand zwischen Start- und Zielpunkt in genau drei gleiche Abschnitte unterteilt wurde. **Bild 2** zeigt, dass dem *nicht* so ist: an jedem Ort x gilt für die y-Position des Dartpfeils – genauso wie für die Zielscheibe

$$y(x) = -\frac{1}{2} \cdot g \cdot t^2 + v_{0y} \cdot t$$

Bild 2: Superpositionsprinzip beim schiefen Wurf (schematisch)

1.5 Aufgaben zur Beschreibung von Bewegungen

1.5.1 Aufgaben zum Kapitel Grundlagen

Aufgaben zum Umrechnen von Einheiten

Rechnen Sie in die in Klammern stehende Einheit um. Achten Sie auch auf die Einhaltung gültiger Ziffern.

1. 800 µg (g)
2. 16 g (kg)
3. 3,90 h (min)
4. $242 \cdot 10^3$ s (d)
5. 186 km² (m²)
6. 150 cm³ (Liter)
7. 1,00 a (s)
8. 180 d (a)
9. 60 µm (m)
10. 1000 m³ (km³)
11. 2000 cm² (m²)
12. $9{,}0 \cdot 10^{-5}$ kg (g)
13. 0,020 A (mA)
14. 20 µg (kg)
15. $(20\ \text{mm})^2 \cdot 20\ \text{cm}$ (m³)
16. $7{,}41 \cdot 10^{-10}$ m (nm)
17. $\frac{4}{3} \cdot (6370\ \text{km})^3 \cdot \pi$ (m³)
18. $\frac{100\ \text{m}}{9{,}53\ \text{s}}$ $\left(\frac{\text{km}}{\text{h}}\right)$
19. $299\,792\,458\ \frac{\text{m}}{\text{s}} \cdot 8{,}3\ \text{min}$ (km)
20. $\frac{42{,}195\ \text{km}}{2\ \text{h}\ 3\ \text{min}\ 38\ \text{s}}$ $\left(\frac{\text{m}}{\text{s}}\right)$

Aufgaben zum Auflösen von Formeln

Lösen Sie nach der (den) angegebenen Größe(n) auf.

1. $v = \frac{s}{t}$ nach s und t
2. $D = \frac{F}{s}$ nach F und s
3. $A = r^2\pi$ nach r
4. $E = \frac{1}{2} \cdot m v^2$ nach v
5. $h = \frac{1}{2} g \cdot t^2$ nach t
6. $v^2 - v_0^2 = 2 \cdot a \cdot s$ nach v und a
7. $m \cdot g \cdot h = \frac{1}{2} \cdot m \cdot v^2$ nach v
8. $m \cdot g \cdot \sin(\alpha) = \mu \cdot m \cdot g \cdot \cos(\alpha)$ nach α
9. $V = \frac{4}{3} r^3\pi$ nach r
10. $\frac{T_1^2}{a_1^3} = \frac{T_2^2}{a_2^3}$ nach T_2 und a_2

Aufgaben zu Geschwindigkeit und Beschleunigung

1. **Einheitenumrechnung**

   (a) **Miles per hour (mph)**

   In vielen englischsprachigen Ländern werden Geschwindigkeiten in Meilen pro Stunde (mph) angegeben. Dabei beträgt die (Land-)Meile 1 mile ≈ 1,609 km.[1)]

   (b) **Knoten (kn)**

   In See- und Luftfahrt ist die Einheit Knoten (kn) üblich. Dabei entspricht 1 kn einer Seemeile (1 sm = 1,852 km) pro Stunde.[2)]

   Rechnen Sie 1 mph und 1 kn jeweils in km/h und m/s um.

2. **Tachometeruhr**

   Berechnen Sie auf ganze Grad genau, wo auf der Tachometeruhr (**Bild 1**, S. 12) der Aufdruck „130" stehen müsste.

[1)] Die (Land-)Meile ist ein nicht metrisches Maß mit 1 mile = 1760 yd (Yard); 1 yd = 3 ft (Fuß, engl. foot); 1 ft = 12 in (Zoll, engl. inch); 1 in = 1″ = 2,54 cm.

[2)] Die Seemeile ist definiert als diejenige Bogenlänge auf der Erdoberfläche, die zu einem Mittelpunktswinkel von einer Bogenminute $1' = \left(\frac{1}{60}\right)^\circ$ gehört.

3. **Auto**

   Ein Auto benötigt 11,5 min für eine 18,4 km lange Strecke.

   (a) Berechnen Sie die durchschnittliche Geschwindigkeit.

   (b) Welchen Weg legt das Auto innerhalb von vier Minuten zurück?

   (c) In welcher Zeit wird eine 20 km lange Strecke zurückgelegt?

4. **Flugzeug**

   Ein Airbus A 380 mit einer durchschnittlichen Reisegeschwindigkeit von 945 $\frac{\text{km}}{\text{h}}$ verkehrt auf der 6500 km langen Strecke von München nach New York.

   (a) Berechnen Sie die voraussichtliche Flugdauer.

   (b) Die tatsächliche Flugdauer betrug 7:15 h. Berechnen Sie die Windgeschwindigkeit (reinen Gegenwind vorausgesetzt).

   (c) Wie lange würde der Rückflug bei gleichen Windverhältnissen dauern?

5. **Bewegung der Erde**

   Die Erde benötigt ein Jahr (ca. 365,25 Tage) für ihren Umlauf um die Sonne. Gleichzeitig rotiert die Erde innerhalb eines Tages um ihre eigene Achse. Berechnen Sie

   (a) die Bahngeschwindigkeit der Erde um die Sonne,

   (b) die Geschwindigkeit eines Ortes auf dem Äquator bei seiner Rotation um die Erdachse,

   (c) die Zeit, die das Licht der Sonne zu uns benötigt.

   Daten: Entfernung zwischen Erde und Sonne: ca. 150 Mio km; Erdumfang: ca. 40 000 km; Lichtgeschwindigkeit: ca. 300 000 $\frac{\text{km}}{\text{s}}$

6. **Pace**[1)]

   Im Laufsport werden keine Geschwindigkeiten angegeben, sondern die Laufleistung (Pace) als Zeit, die zum Zurücklegen eines Kilometers benötigt wird. Eine Pace von 5:20 min bedeutet zum Beispiel, dass der Läufer für einen Kilometer 5 min 20 s benötigt.

   (a) Rechnen Sie o. g. Pace in km/h und m/s um. In welcher Zeit würde der Läufer ein 10-km-Rennen absolvieren?

   (b) Berechnen Sie die Pace des aktuellen Weltrekordhalters im Marathon.

   (c) Zwei Läufer mit einer Pace von 5:00 min/km bzw. 5:20 min/km treten auf der 400-m-Tartanbahn gegeneinander an. Wann und wo wird der langsamere Läufer erstmals vom schnelleren überrundet?

7. **100-Meter-Sprint**

   Bei der Leichtathletik-Weltmeisterschaft 2009 in Berlin stellte Usain Bolt mit 9,58 s über 100 m einen neuen Weltrekord auf und war damit 0,13 s besser als Tyson Gay (**Tabelle 1**).

   Tabelle 1: Durchgangszeiten der beiden Spitzenläufer auf den 20-m-Abschnitten (RZ = Reaktionszeit) bei der Leichtathletik-Weltmeisterschaft 2009

Platz	Läufer	RZ	20 m	40 m	60 m	80 m	100 m
1	Usain Bolt	0,146	2,89	4,64	6,31	7,92	9,58
2	Tyson Gay	0,144	2,92	4,70	6,39	8,02	9,71

   (a) Berechnen Sie die durchschnittlichen Geschwindigkeiten und Beschleunigungen beider Läufer auf den 20-m-Abschnitten. Gehen Sie auch auf die Reaktionszeiten ein.

   (b) Die Medien sprechen von einer Spitzengeschwindigkeit Usain Bolts von 44,72 $\frac{\text{km}}{\text{h}}$. Nehmen Sie begründet Stellung zu diesem Wert.

[1)] lies: pe:s (engl.)

8. **Beschleunigung**

Berechnen Sie die Beschleunigungswerte bei folgenden Vorgängen:

(a) Ein PKW beschleunigt von 0 auf 100 km/h in 9,8 Sekunden.

(b) Ein LKW bremst aus 90 km/h innerhalb von 4,0 Sekunden in den Stand.

(c) Ein Flummi prallt mit 20 $\frac{m}{s}$ gegen eine Wand und wird ideal reflektiert. Die Kontaktdauer mit der Wand beträgt etwa 40 ms. Diskutieren Sie die Brauchbarkeit dieses Beschleunigungswertes.

9. **Beschleunigungsvektor**

Bild 1 zeigt idealisiert die Stroboskopaufnahme eines Körpers.

(a) Übertragen Sie **Bild 1** in Ihr Heft und bestimmen Sie durch Konstruktion die Geschwindigkeitsvektoren $\vec{v}_A$, $\vec{v}_B$ und $\vec{v}_C$ und daraus die Beschleunigungsvektoren $\vec{a}_A$ und $\vec{a}_B$.

(b) Ermitteln Sie die Beträge der Vektoren unter Berücksichtigung der Bildrate und des Gitterabstandes.

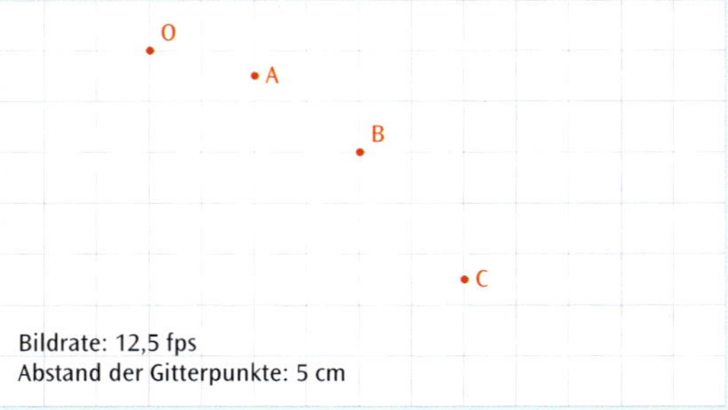

Bild 1: Zu Aufgabe 9

1.5.2 Aufgaben zur gleichförmigen Bewegung

1. **Autobahnfahrt**

Auf der Autobahn fahren ein LKW mit 72 km/h und ein PKW mit 108 km/h. Der LKW hat einen Vorsprung von 500 m.

(a) Schreiben Sie die Bewegungsgleichungen $x_L = x_L(t)$ und $x_P = x_P(t)$ mit eingesetzten Werten auf.

(b) Berechnen Sie, wann beide Fahrzeuge auf gleicher Höhe sind.

(c) Wann hat der PKW einen Vorsprung von 1000 m, und welchen Weg haben beide bis dahin zurückgelegt?

2. **Bootsfahrt**

Ein Ruderboot fährt mit 4,5 km/h vom Ufer eines Sees los. Zeitgleich startet vom 2000 m entfernten gegenüberliegenden Ufer ein Boot mit 2,7 km/h. Beide Boote halten direkt aufeinander zu. Wann und wo haben die Boote einen Abstand von 50 m?

3. ***x*(*t*)-Diagramm**

(a) Gegeben ist das Diagramm einer geradlinigen Bewegung (**Bild 2**). Beschreiben Sie den Ablauf der Bewegung mit Worten. Gebrauchen Sie zwei bis drei Sätze.

(b) Zeichnen Sie das zugehörige $v(t)$-Diagramm.

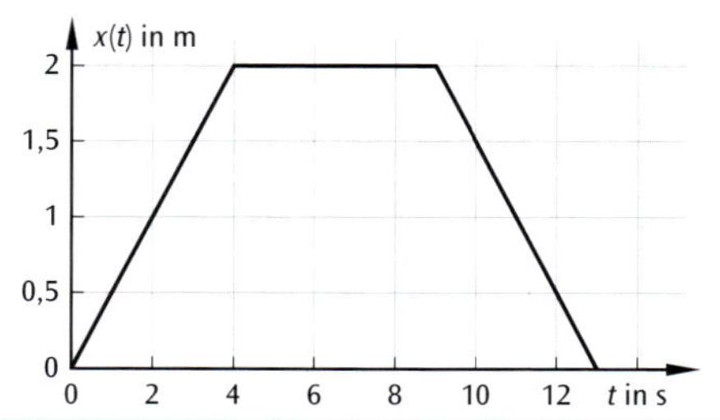

Bild 2: Zu Aufgabe 3

4. **$v(t)$-Diagramm**

(a) Berechnen Sie den insgesamt nach 70 s zurückgelegten Weg für die geradlinige Bewegung, die im Diagramm in **Bild 1** dargestellt ist, sowie die Entfernung zwischen Start- und Zielpunkt.

(b) Zeichnen Sie das zugehörige $x(t)$-Diagramm, wenn sich das Fahrzeug für $t = 0$ am Ort $x_0 =$ 40 m befindet.

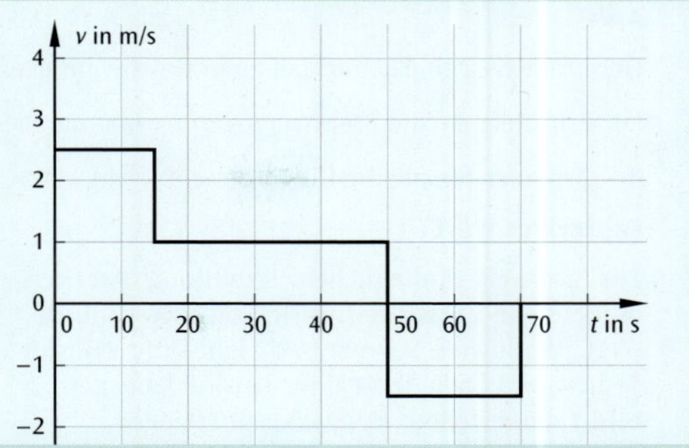

Bild 1: Zu Aufgabe 4

5. **Überholmanöver**

Auf der Autobahn fahren ein LKW mit 90 km/h und ein PKW mit 126 km/h. Im „halben Tacho" Abstand setzt der PKW zum Überholen an und wechselt im „halben Tacho" vor dem LKW wieder auf die rechte Spur. Die Fahrzeuglängen betragen 5 m bzw. 17 m.

Info: „Halber Tacho" ist ein Begriff aus dem Straßenverkehr und bezeichnet den Sicherheitsabstand zum Vordermann (oder zur Hinterfrau): Der PKW muss demzufolge *vor* dem Überholen 63 m Abstand halten, *nach* dem Überholen 45 m. Beim Überholmanöver selbst spielen auch die Fahrzeuglängen eine Rolle.

(a) Berechnen Sie die Dauer des Überholvorgangs und den Weg, den der PKW dabei insgesamt zurückgelegt hat.

(b) Stellen Sie die Bewegung beider Verkehrsteilnehmer in einem gemeinsamen Zeit-Ort-Diagramm dar.

(c) Sind Sie nicht auf der Autobahn unterwegs, sondern auf der Landstraße, dann ist das Tempo i. d. R. auf 100 km/h begrenzt. Schätzen Sie mit physikalischen Methoden ab, wie weit die Straße bei Gegenverkehr für vorschriftsmäßiges Überholen mindestens einsehbar sein muss.

1.5.3 Aufgaben zur gleichmäßig beschleunigten Bewegung

Aufgaben mit Schwerpunkt auf Diagrammen

1. **$v(t)$-Diagramm**

Bild 2 zeigt das Zeit-Geschwindigkeitsdiagramm einer linearen Bewegung. Ermitteln Sie daraus die Diagramme $a = a(t)$ und $x = x(t)$.

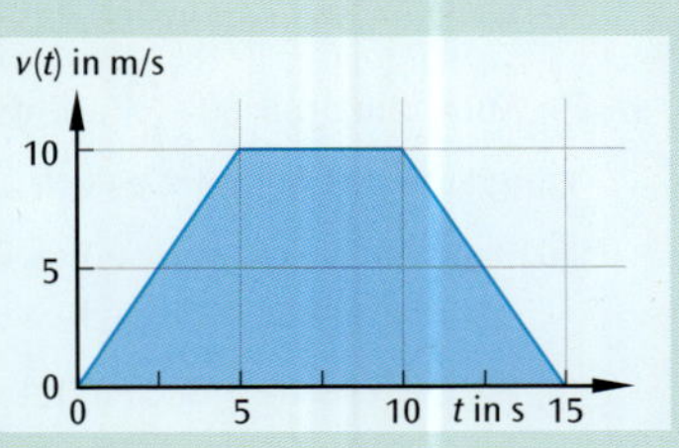

Bild 2: Zu Aufgabe 1

2. **$a(t)$-Diagramm**

Gegeben ist das $a(t)$-Diagramm einer geradlinigen Bewegung (**Bild 3**).

(a) Beschreiben Sie mit Worten den Ablauf der Bewegung im Hinblick auf die Geschwindigkeit.

(b) Zeichnen Sie das $v(t)$-Diagramm, wenn die Anfangsgeschwindigkeit $5{,}0\ \frac{\text{m}}{\text{s}}$ beträgt.

(c) Ermitteln Sie das Zeit-Ort-Gesetz $x = x(t)$ mit eingesetzten Zahlenwerten (drei Gleichungen).

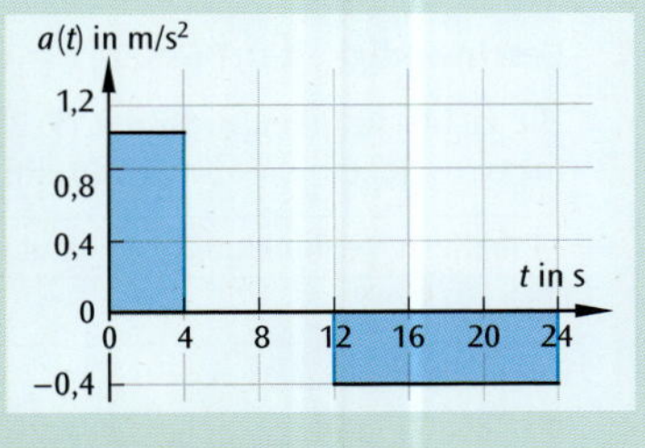

Bild 3: Zu Aufgabe 2

3. **Auto**

Der Bremsweg eines Autos bei einer Geschwindigkeit von 108 $\frac{\text{km}}{\text{h}}$ beträgt 60 m.

(a) Ermitteln Sie die Bremsverzögerung und die Bremsdauer.

(b) Zeichnen Sie die die Diagramme $x = x(t)$, $v = v(t)$ und $a = a(t)$.

4. **Fahrzyklus WLTC**

Zur weltweit einheitlichen Ermittlung der Verbrauchs- und Schadstoffwerte von PKWs soll der WLTC (Worldwide Harmonized Light-Duty Vehicles Test Cycle) dienen. Das Fahrzeug wird dabei dem in **Bild 1** dargestellten Fahrzyklus unterzogen.

(a) Geben Sie Maximalgeschwindigkeit und -beschleunigung an.

(b) Beschreiben Sie, wie die rote Kurve aus der blauen hervorgeht.

(c) Beschreiben Sie, wie Sie mit den vorliegenden Informationen die Länge der Teststrecke ermitteln können.

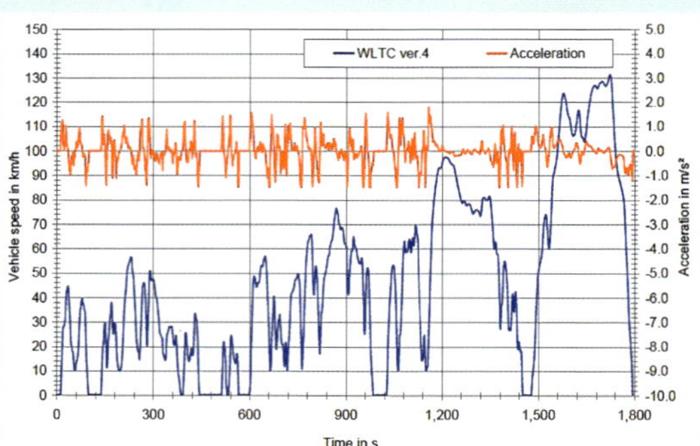

Bild 1: Fahrzyklus WLTC nach Vorgaben der UNECE (United Nations Economic Commission for Europe)

Einhol- und Begegnungsaufgaben

1. Auf dem Gehweg neben einer Landstraße ist ein Jogger mit 7,2 $\frac{\text{km}}{\text{h}}$ unterwegs. 200 m hinter dem Jogger startet ein Auto mit $a = 1{,}5\ \frac{\text{m}}{\text{s}^2}$ in die gleiche Richtung.

(a) Wann und wo wird der Jogger vom Auto eingeholt (grafische *und* rechnerische Lösung!)?

(b) Welche Geschwindigkeit haben beide zum Zeitpunkt des Überholens?

2. Zwei 200 m voneinander entfernt startende Autos beschleunigen mit 1,5 $\frac{\text{m}}{\text{s}^2}$ bzw. 2,0 $\frac{\text{m}}{\text{s}^2}$ aufeinander zu. Berechnen Sie,

(a) wann und wo sich beide treffen,

(b) wie schnell beide Autos beim Zusammentreffen sind,

(c) welche Geschwindigkeit das eine Auto am Startpunkt des anderen hat.

3. Ein Auto fährt mit 60 $\frac{\text{km}}{\text{h}}$ auf den Beschleunigungsstreifen einer Autobahn auf. Am Beginn des Beschleunigungsstreifens befindet es sich auf gleicher Höhe mit einem LKW, der mit konstant 90 $\frac{\text{km}}{\text{h}}$ fährt.

(a) Berechnen Sie, welche Beschleunigung erforderlich ist, damit das Auto sich auf dem 170 m langen Beschleunigungsstreifen im Sicherheitsabstand („halber Tacho“ des LKW) vor dem LKW einfädeln kann.

(b) Welche Geschwindigkeit hat das Auto dann?

Aufgaben zur Linearisierung

1. **Geschwindigkeit-Ort-Gesetz $v = v(x)$**

Die Lichtschranken in **Bild 2** (S. 29) werden so geschaltet, dass sie Verdunklungszeiten anstelle von Laufzeiten messen. Bei einer Fähnchenbreite des Gleiters von 20 mm wird die Messreihe gemäß **Tabelle 1** aufgenommen.

Tabelle 1: Verdunklungszeiten auf der Luftkissenbahn (Fähnchenbreite 20 mm)

Ort x in m	0,00	0,25	0,50	0,75	1,00
Verdunklungszeit Δt in s	—	0,050	0,037	0,030	0,025

Zeigen Sie mit Hilfe einer geeigneten grafischen Auswertung, dass eine gleichförmig beschleunigte Bewegung vorliegt, und bestimmen Sie damit einen möglichst genauen Wert für die Beschleunigung.

2. **Leistung einer Windkraftanlage**

Die Leistung P einer Windkraftanlage hängt sehr stark von der Windgeschwindigkeit v ab. Einige Leistungswerte sind **Tabelle 1** zu entnehmen.

Tabelle 1: Leistung einer Windkraftanlage

v in $\frac{m}{s}$	0,0	1,0	2,0	3,0	4,0	5,0	6,0
P in kW (Kilowatt)	0,0	0,4	3,0	10	25	45	80

Zeigen Sie durch Linearisierung (grafisch), dass $P \sim v^3$ gilt, und schreiben Sie die Proportionalität als Gleichung mit eingesetzten Werten.

1.5.4 Aufgaben zu Fall und Wurfbewegungen

Aufgaben zum freien Fall

1. **Messung der Fallbeschleunigung aus Laufzeiten**

Im Labor kann ein Fallgerät (**Bild 1**) zur Messung der Fallbeschleunigung verwendet werden: Wird die Stromversorgung des Elektromagneten unterbrochen, fällt eine Stahlkugel frei herab. Gleichzeitig startet eine elektronische Uhr die Zeitmessung. Die Uhr stoppt, wenn die Kugel auf die Kontaktplatte trifft (Laufzeit: t).

Das Experiment wird mit verschiedenen Fallstrecken h wiederholt. Die Fallstrecke wird von der Unterkante der Kugel bis zur Kontaktplatte gemessen.

(a) Bestimmen Sie durch Linearisierung (grafisch *und* rechnerisch) der vorliegenden Messreihe (**Tabelle 1**) den Betrag der Fallbeschleunigung.

(b) Nennen Sie zwei Gründe, warum dieses Experiment stets einen etwas zu niedrigen Wert für die Fallbeschleunigung liefert.

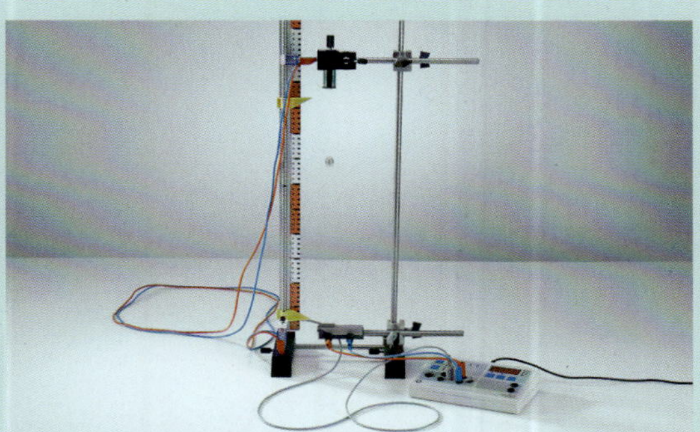

Bild 1: g-Bestimmung mit dem Fallgerät

Tabelle 1: Fallzeit t abhängig von der Fallhöhe h

$\frac{h}{cm}$	$\frac{t}{ms}$
70	378
60	352
50	321
40	288
30	249
20	205

2. **Messung der Fallbeschleunigung aus Verdunklungszeiten**

Eine Lichtschranke am Ende der Fallstrecke misst die Verdunklungszeit. Das ist diejenige Zeit, die die Stahlkugel benötigt, um mit ihrem vollen Durchmesser die Lichtschranke zu passieren (**Bild 1**).

Das Experiment wird mit verschiedenen Fallstrecken h wiederholt und jeweils die Verdunklungszeit Δt gemessen.

(a) Bestimmen Sie durch geeignete Linearisierung der Messreihe (**Tabelle 1**) den Betrag der Fallbeschleunigung.

(b) Diskutieren Sie den Einfluss von Messunsicherheiten sowie den Einfluss des Kugeldurchmessers auf das Versuchsergebnis.

(c) Berechnen Sie die zu erwartende Verdunklungszeit am Ende einer 1,00 m langen Fallstrecke für $g = 9{,}81\ \frac{\text{m}}{\text{s}^2}$.

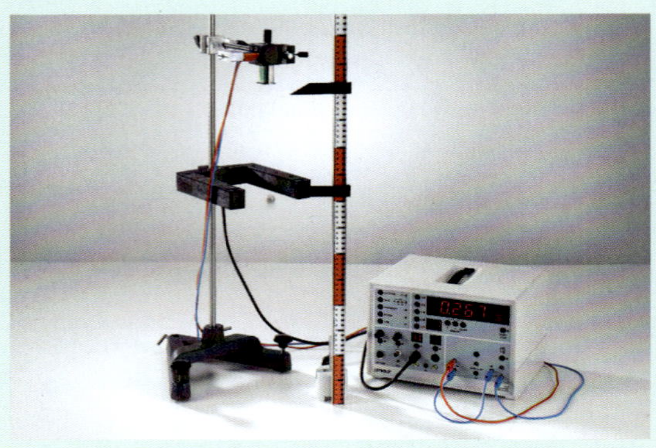

Bild 1: *g*-Bestimmung aus Verdunklungszeiten

Tabelle 1: Verdunklungszeit Δt abhängig von der Fallhöhe h (Kugeldurchmesser 40 mm)

$\frac{h}{\text{cm}}$	$\frac{\Delta t}{\text{ms}}$
60	10,73
50	11,80
40	13,36
30	16,09
20	19,24

3. **Fallgesetze**

Schreiben Sie die Fallgesetze gemäß S. 34 mit Bezug zum vorliegenden Koordinatensystem (**Bild 2**) mit eingesetzen Zahlenwerten.

Beachten Sie die Orientierung der *y*-Achse!

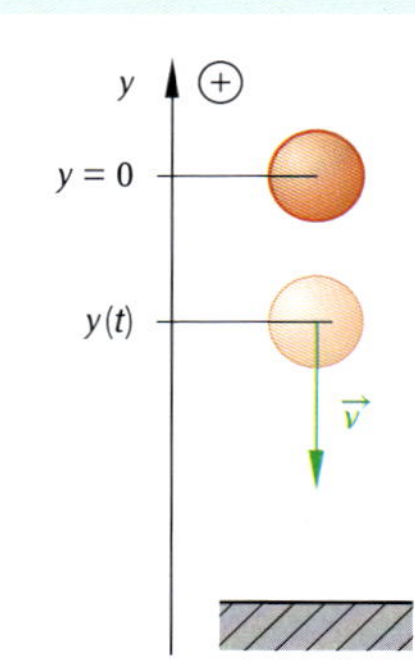

Bild 2: Zu Aufgabe 3

4. **Fallschnur**

Berechnen Sie, in welchen Abständen die Muttern befestigt werden müssen, wenn die Fallschnur (**Bild 1**, S. 35) bei fünf Muttern (die unterste mitgezählt) genau 10 m lang sein soll.

5. **Stein**

Ein Stein befindet sich im freien Fall. Berechnen Sie

(a) die Fallstrecke am Ende der ersten Sekunde,

(b) die Fallstrecke innerhalb der nächsten Sekunde,

(c) die Geschwindigkeiten am Ende der jeweiligen Sekunde.

6. **Dachsprung**

(a) Berechnen Sie Fallzeit und Geschwindigkeit bei einem Sprung vom Garagendach (2,5 m).

(b) Begründen Sie *ohne Rechnung*, wie sich diese Werte bei doppelter Fallhöhe ändern.

7. **Verkehrsunfälle**

Viele Menschen unterschätzen Geschwindigkeiten im Straßenverkehr. Hierzu ein Beispiel: Angenommen, ein PKW prallt mit 50 km/h gegen ein festes Hindernis (Mauer, Baum, LKW).

(a) Welcher Fallhöhe entspricht das?

(b) Begründen Sie *ohne Rechnung*, wie sich dieser Wert bei doppelter Geschwindigkeit ändert.

8. **Fallbeschleunigung auf dem Mond**

   Sie beträgt nur etwa ein Sechstel der Fallbeschleunigung auf der Erde.

   (a) Wie lange dauert der freie Fall eines aus Brusthöhe (1,4 m) fallen gelassenen Hammers auf dem Mond?

   (b) Um welchen Faktor ändert sich der Wert beim gleichen Vorgang auf der Erde? Begründung ohne weitere Rechnung!

9. **Reichsburg von Kyffhausen**

   Der Brunnen der Reichsburg in Kyffhausen im Harz ist mit 176 m der tiefste Burgbrunnen der Welt. Angenommen, man ließe einen Stein in diesen Brunnen fallen. Wie lange würde es dauern, bis man den Aufschlag *hört*?

Aufgaben zum senkrechten Wurf

1. **Stroboskopbild**

   (a) Zeichnen Sie das Stroboskop-Bild eines mit $v_0 = 4{,}0\ \frac{\text{m}}{\text{s}}$ senkrecht nach oben geworfenen Balls (Zeitschritt: $\Delta t = 0{,}10$ s, Näherung: $g \approx 10\ \frac{\text{m}}{\text{s}^2}$). Tipp: Getrennte Darstellung der Auf- und der Abwärtsbewegung.

   (b) Tragen Sie mit unterschiedlichen Farben Vektoren für die momentanen Geschwindigkeiten und Beschleunigungen ein.

2. **Basketball**

   Ein Basketball wird senkrecht nach oben bis knapp unter die 12 m hohe Decke der Turnhalle geworfen.

   (a) Berechnen Sie die Flugdauer (vom Verlassen des Werfers bis zum Aufkommen am Boden), wenn der Ball in 2,5 m Höhe die Hände des Werfers verlässt.

   (b) Angenommen, der Ball wird so stark abgeworfen, dass er mit $4{,}0\ \frac{\text{m}}{\text{s}}$ von der Decke abprallt. Wie lange wäre er dann insgesamt unterwegs? Treffen Sie sinnvolle Annahmen!

3. **Vergleich zweier Würfe**

   Zwei Bälle werden mit jeweils $6{,}0\ \frac{\text{m}}{\text{s}}$ senkrecht nach oben geworfen, allerdings in einem zeitlichen Abstand von einer halben Sekunde.

   (a) Berechnen Sie, wann sich die Bälle auf gleicher Höhe befinden.

   (b) Welche Geschwindigkeiten (Betrag und Richtung) haben die Bälle dann?

4. ***g*-Bestimmung mit dem senkrechten Wurf**

   Diskutieren Sie die Brauchbarkeit des senkrechten Wurfs zur Bestimmung der Fallbeschleunigung.

Aufgaben zum waagrechten Wurf

1. **Hüpfball**[1)]

   Bild 1 zeigt die Bewegung eines Balls, der bei vernachlässigbarem Luftwiderstand vom Boden zurückspringt. Zeichnen Sie Pfeile für die momentanen Geschwindigkeiten und Beschleunigungen in den Punkten P, Q und R der Bahn ein. Begründen Sie Ihre Entscheidung!

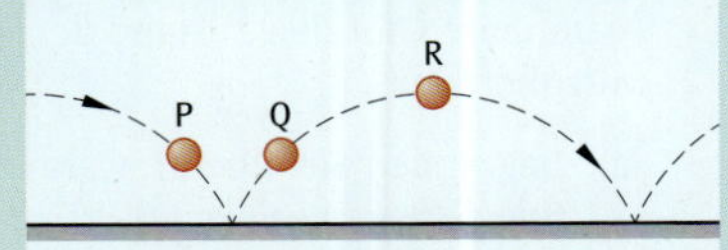

Bild 1: Zu Aufgabe 1

[1)] aus der TIMSS-Studie (Third International Mathematics and Science Studies), internationaler Vergleichstest

2. **Stroboskop-Aufnahme**

   Bild 1 zeigt idealisiert das Stroboskop-Bild eines waagrechten Wurfs.

   (a) Ermitteln Sie die Bildrate der Aufnahme und den Betrag der Abwurfgeschwindigkeit.

   (b) Schreiben Sie die Bewegungsgleichungen $x = x(t)$ und $y = y(t)$ mit eingesetzten Zahlenwerten. Beachten Sie die Orientierung der y-Achse!

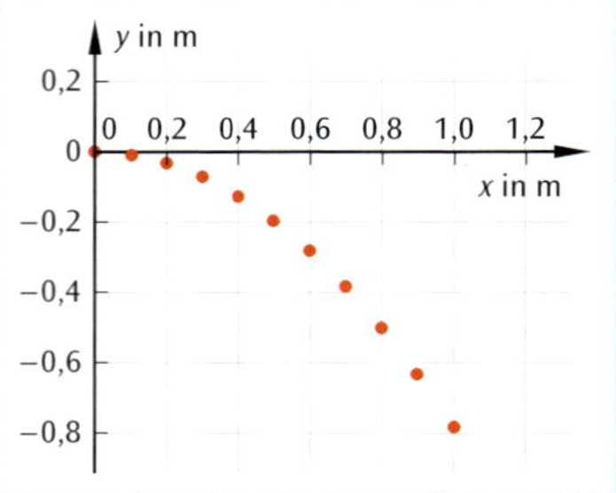

Bild 1: Zu Aufgabe 2

3. **Wasserrutsche**

   Ein Kind verlässt eine Wasserrutsche horizontal und kommt 80 cm tiefer auf der Wasseroberfläche auf.

   (a) Mit welcher Geschwindigkeit verließ es die Rutsche, wenn es 1,5 m weit kommt?

   (b) Mit welcher Geschwindigkeit (Betrag und Richtung) trifft das Kind auf die Wasseroberfläche?

4. **Diagramme**

   Zeichnen Sie die Diagramme $x(t)$, $y(t)$, $v_x(t)$, $v_y(t)$, $a_x(t)$ und $a_y(t)$ für einen waagrechten Wurf aus 1,25 m Höhe bei einer Anfangsgeschwindigkeit von $2{,}0\,\frac{\text{m}}{\text{s}}$. Verwenden Sie $g \approx 10\,\frac{\text{m}}{\text{s}^2}$ und versuchen Sie, ohne Taschenrechner auszukommen!

5. **Zielübung**

   Ein Radfahrer (18 km/h) möchte vom fahrenden Rad aus seinen Müll in einem Abfalleimer (Ringdurchmesser 50 cm, Ringhöhe 80 cm) entsorgen. Hierfür lässt er den Müll aus 1,50 m Höhe über dem Boden fallen. Prüfen Sie, ob der Mülleimer getroffen wird, wenn der Radfahrer 1,20 m vom vorderen Rand des Eimers entfernt den Müll fallen lässt.

6. **Wasserstrahl**

   Aus einem waagrecht gehaltenen Schlauch (Innendurchmesser $\varnothing = 15$ mm) treten pro Minute 15 Liter Wasser aus.

   (a) Berechnen Sie, wie weit das Wasser spritzt, wenn der Schlauch in 1,25 m Höhe gehalten wird (Teilergebnis: $v_0 = 1{,}4\,\frac{\text{m}}{\text{s}}$).

   (b) Angenommen, die Öffnung des Schlauchs wird mit dem Daumen auf den halben Durchmesser verkleinert. Wie weit spritzt das Wasser dann?

Aufgaben zum schiefen Wurf

1. **Parabelflug**

   Der Parabelflug (**Bild 2**) ist Teil des Trainings, um Astronauten auf den Zustand der Schwerelosigkeit vorzubereiten.

   (a) Begründen Sie, warum während des Parabelflugs Schwerelosigkeit herrscht.

   (b) Begründen Sie, ob es weitere Flugbahnen gibt, entlang derer ebenfalls 0g wirken.

2. **Bahnkurve**

   Sie werden in einer mündlichen Prüfung gefragt, wie man die Bahngleichung und den optimalen Abwurfwinkel beim schiefen Wurf herleitet. Legen Sie in Stichpunkten Ihre Gedankengänge dar.

   Beschränken Sie sich auf den „Fall Abwurf- und Landepunkt auf gleicher Höhe".

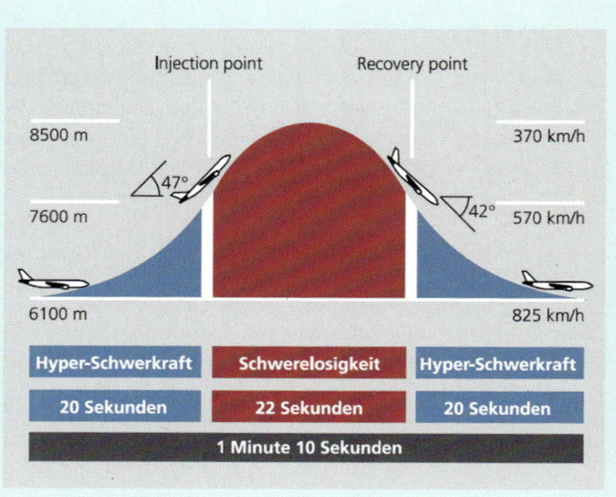

Bild 2: Parabelflug

3. **Hammerwerfen**

   Bei einem Hammerwurf lässt der Athlet den Hammer aus einer Höhe von 1,5 m unter einem Winkel von 44° gegen die Horizontale los.

   (a) Berechnen Sie die erforderliche Abwurfgeschwindigkeit für einen 75-Meter-Wurf.

   (b) Berechnen Sie den Weitengewinn bei einer Steigerung der Abwurfgeschwindigkeit von 5 % (bei gleichem Abwurfwinkel).

   (c) Nehmen Sie begründet Stellung zu der Behauptung, dass die Abwurfhöhe praktisch keinen Einfluss auf die Wurfweite hat.

4. **Weitsprung**

   Berechnen Sie die maximale Flughöhe bei dem Weitsprung aus dem Lehrtext ($h_0 \approx 1{,}1$ m, $\alpha \approx 20°$, $v_{0x} \approx 9\ \frac{m}{s}$).

5. **Kugelstoßen**

   Recherchieren Sie den aktuellen Weltrekord im Kugelstoßen und berechnen Sie, wie lange die Kugel bei diesem Stoß in der Luft war.

   Hinweis: typische Abwurfwinkel betragen etwa 40°, Abwurfhöhen 2,2 m bis 2,4 m

2 Dynamik, Newton'sche Gesetze

2.1 Kräfte und ihre Wirkung

Mit welchen Kräften hatten Sie heute schon zu tun?

Die Gewichtskraft zieht alle Körper aufgrund ihrer Masse in Richtung Erdmittelpunkt. Um aufrecht zu stehen, müssen wir der Gewichtskraft also etwas entgegensetzen – die Kraft unserer Skelettmuskeln.

Muskelkraft kann auch zur Beschleunigung eingesetzt werden: sie bringt uns vorwärts, versetzt beim Werfen einen Ball in Bewegung, treibt ein Fahrrad an oder dämpft einen Aufprall.

Gewichtskraft (Schwerkraft)

Die Gewichtskraft wird mit der Formel $F_G = m \cdot g$ berechnet. Auf eine Tafel Schokolade (Masse: 100 g) wirkt in Mitteleuropa eine Gewichtskraft von

$F_G = 0,981 \text{ N} \approx 1 \text{ N}$.

Die Einheit N der Kraft steht für „Newton" – den Mann, der im 17. Jahrhundert die heute noch gültige Vorstellung von der physikalischen Größe Kraft entwickelt und mathematisch formuliert hat. Der Ortsfaktor g gibt an, wie groß die Gewichtskraft ist, die an einem bestimmten Ort auf einen Körper der Masse $m = 1$ kg wirkt.

Ortsfaktor in Mitteleuropa: $g = 9,81 \ \frac{\text{N}}{\text{kg}}$.

Beispiel: Muskelkraft

Für die Muskelkraft lässt sich kein so einfaches Kraftgesetz angeben wie für die Gewichtskraft.

Bis sich die Wirkung der Muskelkraft beobachten lässt, muss eine Vielzahl biochemischer Vorgänge ablaufen. Jede Muskelfaser besteht aus zahlreichen Fibrillen, die sich verkürzen, wenn sich die darin befindlichen Aktin- und Myosin-Fäden gegeneinander bewegen (**Bild 1**). Die erforderliche Energie wird durch den Abbau des Moleküls ATP (Adenosintriphosphat) erzeugt.

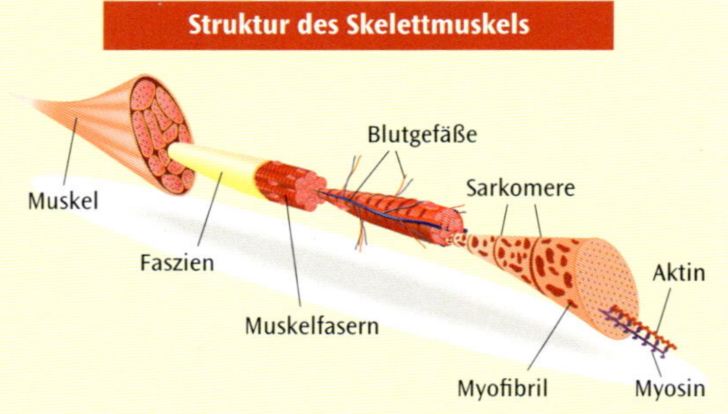

Bild 1: Aufbau eines menschlichen Skelettmuskels

Wenn sich z. B. im Bizepsmuskel viele Fibrillen verkürzen, verkürzt sich der gesamte Muskel und verursacht durch Kraftübertragung über eine Sehne auf den Unterarmknochen eine Beugung des Arms. Die physikalischen Kräfte, die hierfür zwischen den Biomolekülen wirken, sind elektrostatischer Natur.

Kräfte und ihre Wirkung im Sport

Profihandballer beschleunigen den ca. 450 g schweren Spielball auf bis zu 120 km/h.

Wie viel Arm- und Rumpfmuskeltraining ist erforderlich, um diese Geschwindigkeit zu erreichen? Welchen Einfluss hat die Wurftechnik, also z. B. die Wirkungsdauer der beschleunigenden Muskelkraft, auf den Betrag der Abwurfgeschwindigkeit? In welche Richtung muss die Kraft wirken, damit der Ball sein Ziel erreicht?

Die letzte Frage lässt sich direkt aus der Erfahrung beantworten: Wenn er nicht angeschnitten (also in Rotation versetzt wird), bewegt sich der Ball zunächst in die Richtung, in die er geworfen wird, also in Richtung der beschleunigenden Kraft (Pfeil in **Bild 2**). Und: je mehr Muskelkraft der Werfer einsetzen kann, desto schneller wird der Spielball.

Bild 2: Muskelkraft beschleunigt den Spielball

Hat der Ball die Wurfhand verlassen, fliegt er nicht in Wurfrichtung weiter, sondern wird durch die Wirkung der Schwerkraft mit der Fallbeschleunigung nach unten (in Richtung Erdmittelpunkt) beschleunigt.

Dennoch bewegt sich der Ball nicht in diese Richtung. Die horizontale Komponente seiner Geschwindigkeit wird von der Schwerkraft nicht beeinflusst – der Ball ist „träge“ und beharrt in der waagrechten Bewegung

Ohne Luftwiderstand ergibt sich die bekannte parabelförmige Bahnkurve (**Bild 1**) aus der Überlagerung von gleichförmiger und beschleunigter Bewegung, die Sie aus Abschnitt 1.4 kennen.

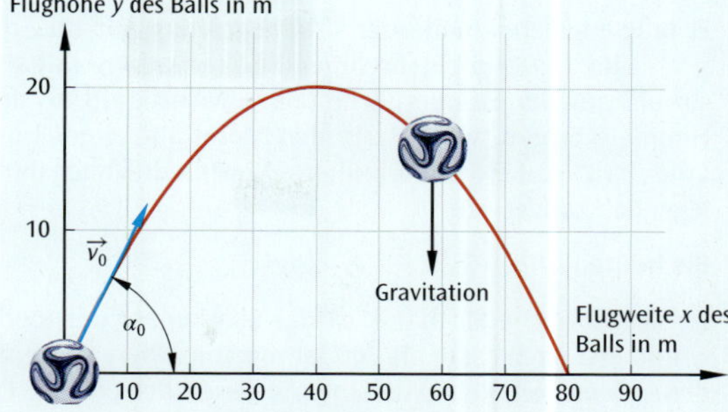

Bild 1: Flugbahn eines Fußballs (Quelle: Prof. Metin Tolan)

Experimentieren Sie selbst

Werfen Sie einen oder mehrere Bälle senkrecht nach oben (**Bild 2**).

Versuchen Sie durch Variation der Abwurfgeschwindigkeit unterschiedliche Wurfhöhen zu erreichen – der Zusammenhang dieser beiden Größen wurde bereits in Kapitel 4 beschrieben.

Beschreiben Sie nun die Wirkung der Schwerkraft auf den Ball

- während der Aufwärtsbewegung,
- während der Abwärtsbewegung des Balls.

Überlegen und beobachten Sie, was sich daran ändert, wenn der Ball nicht genau senkrecht nach oben geworfen wird, sondern schräg.

Bild 2: Senkrechter Wurf

Die Geschichte der Dynamik

Der Begriff „Dynamik“ kommt aus dem Griechischen (δυναμη = Kraft) und bezeichnet in der Physik das Teilgebiet der Mechanik, das sich mit der Wirkung von Kräften befasst.

Der Kraftbegriff in der Antike

Der griechische Philosoph Aristoteles (384 – 322 v. Chr.) formulierte die damals gültige Vorstellung von der Kraft. Die zentrale Aussage lautete: „Ein Körper bewegt sich nur bei ständiger Krafteinwirkung.“ Die daraus entstehende Frage, warum sich ein Stein nach dem Abwurf auch in horizontaler Richtung weiterbewegt, konnte nicht befriedigend geklärt werden. Eine weitere Aussage war: „Schwerere Körper fallen schneller“.

6. bis 14. Jahrhundert

Die Impetustheorie löste zumindest das erste Problem: Beim Abwurf wird dem Stein eine immaterielle Kraft „aufgeprägt“, die für die weitere Bewegung verantwortlich ist. Die Kraft (Impetus, lat. für Vorwärtsdrängen, Schwung) wird als Eigenschaft jedes sich bewegenden Körpers betrachtet und verbraucht sich z. B. durch Reibung in einem Medium. An dem Ort, an dem der Impetus durch die Luftreibung aufgebraucht ist, würde der Stein senkrecht zu Boden fallen.

Bild 3: Sir Isaac Newton[1)]

Das 17. Jahrhundert: Galilei und Newton

Die wesentliche Neuerung in Newtons (**Bild 3**) Kraftkonzept war die Beschreibung der Kraft als Ursache einer Bewegungs*änderung* und nicht als Ursache der Bewegung selbst.

1) Isaak Newton (1643–1727); engl. Naturphilosoph, Mathematiker und Physiker

Er prägte unseren modernen Kraftbegriff im Jahr 1687 durch sein Werk „Philosphiae Naturalis Principia Mathematica“ (**Bild 1**). Darin beschreibt er die Gravitationskraft als universell wirkende Kraft zwischen Massen. Sie wirkt also sowohl auf der Erdoberfläche (als Gewichtskraft) als auch zwischen den Himmelskörpern, wo sie z. B. den Mond auf seiner Umlaufbahn um die Erde „hält“. Außerdem formulierte Newton drei nach ihm benannte grundlegende Kraftgesetze.

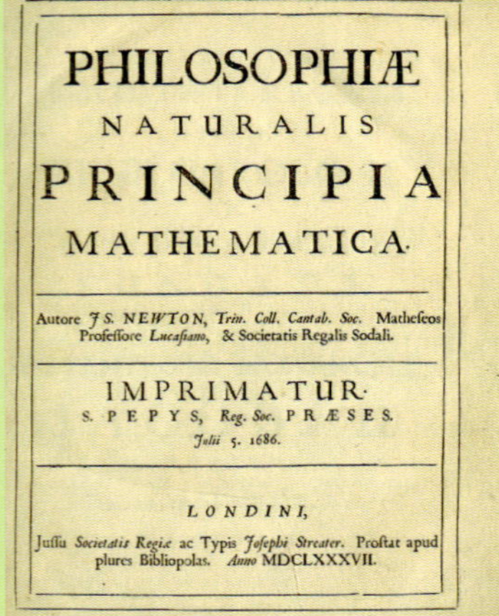

PHILOSOPHIÆ

NATURALIS

PRINCIPIA

MATHEMATICA.

Autore *J S. NEWTON*, *Trin. Coll. Cantab. Soc.* Matheseos Professore *Lucasiano*, & Societatis Regalis Sodali.

IMPRIMATUR.

S. PEPYS, *Reg. Soc.* PRÆSES.

Julii 5. 1686.

LONDINI,

Jussu *Societatis Regiæ* ac Typis *Josephi Streater*. Prostat apud plures Bibliopolas. *Anno* MDCLXXXVII.

Bild 1: Newtons Hauptwerk: Die mathematischen Prinzipien der Naturphilosophie

Bis heute gültig

Die Newton'sche Mechanik ist das Fundament der modernen Physik. Sie wurde erst nach mehr als 200 Jahren von Albert Einstein (1879–1955) mit der Allgemeinen Relativitätstheorie wesentlich erweitert.

Galilei und Newton gelten als die Begründer der modernen Physik, weil ihre – damals neuartige – Vorgehensweise bis heute Gültigkeit besitzt. Beide versuchten, Beobachtungen der Natur mit Hilfe abstrakter und zunächst vereinfachender Modelle zu beschreiben und sich so der Wahrheit anzunähern. Auf diese Weise konnte Galilei einige Konzepte von Aristoteles widerlegen und beispielsweise zeigen, dass im Vakuum alle Körper gleich schnell fallen (Abschnitt 2.3).

Newton beschränkte sich in seinen „Principia“ nicht darauf, Kräfte qualitativ (ihrer Art nach) zu beschreiben, sondern er formulierte quantitativ (der Größe nach), wie sich der Bewegungszustand eines massiven Körpers durch die Einwirkung einer Kraft verändert. Seine Gesetze liefern praktische Formeln für die Berechnung der Beschleunigung und Geschwindigkeit, wenn die wirkende Kraft bekannt ist. Umgekehrt kann die Kraft aus den Bewegungsgrößen ermittelt werden.

2.2 Newtons 1. Gesetz – Das Beharrungsprinzip

Beharren in einem Bewegungszustand

Warum halten Sie sich im Bus fest, wenn dieser anfährt oder bremst?

Klar: Damit Sie nicht umfallen!

Denn: Sie beharren in Ihrem Bewegungszustand – der Ruhe bzw. der gleichförmigen Bewegung, während der Bus unter Ihnen beschleunigt oder bremst.

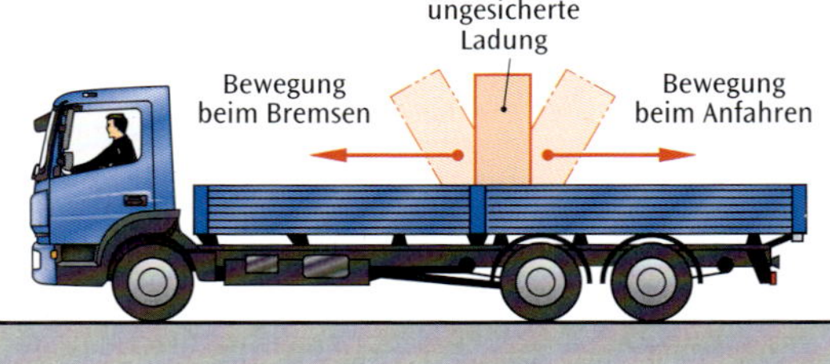

Bild 2: Trägheit beim Anfahren und Bremsen

Dasselbe geschieht mit unzureichend gesicherter Ladung auf der Ladefläche eines LKW (**Bild 2**). Beim Anfahren ruht die Ladung, während der LKW darunter wegfährt. Beim Bremsen bewegt sich die Ladung mit konstanter Geschwindigkeit weiter, während der LKW verlangsamt. Dies ist eine Folge der Trägheit der Ladung – die beim Anfahren bzw. Bremsen nicht mit dem LKW beschleunigt wird.

2.2.1 Trägheitssatz

Newton formulierte dazu sein erstes Gesetz:

1. Newton'sches Gesetz:

Ein Körper verbleibt im Zustand der Ruhe oder der gleichförmig geradlinigen Bewegung, sofern er nicht durch einwirkende Kräfte zur Änderung seines Zustands gezwungen wird.

Dieses Gesetz wird in der Physik auch als Beharrungsprinzip, Trägheitssatz oder Trägheit der Massen bezeichnet.

Es enthält bereits Newtons Erkenntnis, dass eine einwirkende Kraft den Bewegungszustand verändert. Für die Aufrechterhaltung einer gleichförmigen Bewegung ist demnach keine Kraft erforderlich.

Newton hat diesen Zusammenhang als **Axiom** formuliert. Ein **Axiom** ist ein grundlegender Satz, mit dem alle übrigen Gesetze eines Wissensgebietes bewiesen werden können. In diesem Sinne gründet sich die gesamte klassische (oder: Newton'sche) Mechanik auf die drei Newton'schen Gesetze.

In der heute üblichen Formelsprache lautet das erste Newton'sche Gesetz:

$$\vec{F}_{\text{res}} = 0 \Leftrightarrow \vec{v} = \text{konstant},$$

wobei $\vec{F}_{\text{res}}$ die resultierende Kraft[1)] ist, die auf den Körper einwirkt.

Ein konstanter Geschwindigkeitsvektor $\vec{v}$ bedeutet, dass die Änderung $\Delta\vec{v}$ desselben null ist. Daraus ergibt sich eine weitere Formulierung des ersten Gesetzes von Newton:

$$\vec{F}_{\text{res}} = 0 \Leftrightarrow \Delta\vec{v} = 0$$

Die Erkenntnis, dass sich ein Körper mit konstanter Geschwindigkeit weiter bewegt, wenn keine Kräfte auf ihn wirken, war zu Newtons Zeiten bemerkenswert. Vor ihm hatten sich bereits der italienische Physiker Galileo Galilei (1564–1642) sowie der französische Naturphilosoph René Descartes (1596–1650) damit beschäftigt. Newton war jedoch der Erste, der das Beharrungsprinzip allgemein formuliert hat.

Auch heute scheint es nicht immer intuitiv einsehbar, dass Bewegung an sich nicht das dauerhafte Wirken einer beschleunigenden Kraft erfordert. Ist jedoch ein Körper erst einmal auf eine bestimmte Geschwindigkeit beschleunigt worden, so wird er diese ohne Krafteinwirkung, z. B. durch Reibung, beibehalten. Newton erkannte, dass es sich auch bei der Reibung um eine Kraft handelt. Obwohl diese allgegenwärtig ist und er daher keine vergleichenden Experimente ganz ohne Krafteinwirkung durchführen konnte, gelang es ihm, das Beharrungsprinzip als grundlegendes Prinzip zu erkennen und zu formulieren.

Experimentieren Sie selbst

Ziehen Sie die Karte waagrecht unter der Münze weg und beobachten Sie, wohin sich die Münze bewegt (**Bild 1a–c**).

Bild 1: a) Die Münze ruht, b) Die Karte wird bewegt, c) Die Münze fällt ins Glas

Sie finden sie im Glas – und nicht daneben oder auf der Karte. Die Münze hat sich also in horizontaler Richtung nicht mit der Karte mitbewegt, sondern ist in ihrem Bewegungszustand (der Ruhe) verharrt. Durch die Schwerkraft wurde sie senkrecht nach unten beschleunigt.

Das gleiche Phänomen zeigt sich in der Aufnahme eines platzenden wassergefüllten Ballons (**Bild 2**). Die Gummihaut des Ballons hat sich bereits zusammengezogen, aber das Wasser beharrt noch in seiner ursprünglichen Form, bevor es durch die Gewichtskraft beschleunigt wird und nach unten fällt.

Bild 2: Platzender Ballon

Bewegung ohne Kraft

Für die Fallschirmspringer in **Bild 1** auf der folgenden Seite, die mit konstanter Grenzgeschwindigkeit nach unten fallen, bedeutet das: Auf sie wirkt in der Summe keine Kraft, die ihren Bewegungszustand verändern würde. Der Gewichtskraft $\vec{F}_G$ (grüner Pfeil) muss also eine gleich große Kraft entgegenwirken: die Luftreibung $\vec{F}_{LR}$ (roter Pfeil).

[1)] Diese ergibt sich als vektorielle Summe aller auf den Körper wirkenden Kräfte

Man sagt: auf den Körper wirkt keine resultierende Kraft $\vec{F}_{res}$, kurz: die Resultierende ist null. In der Vektorschreibweise bedeutet dies:

$$\vec{F}_{res} = \vec{F}_G + \vec{F}_{LR} = 0.$$

Achtung: Für die Beträge gilt jedoch:

$$F_{res} = F_G - F_{LR} = 0.$$

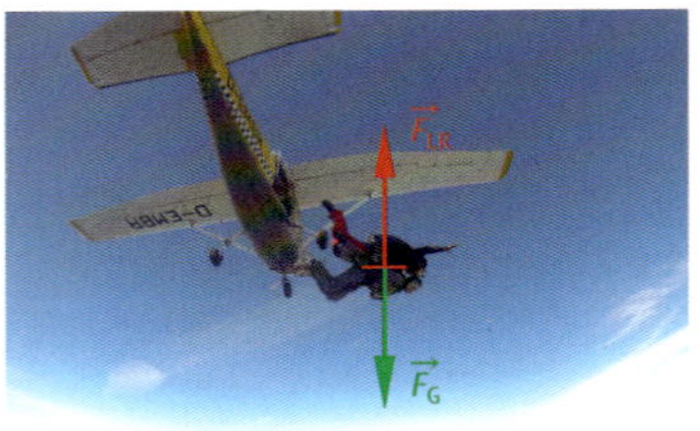

Bild 1: Die Fallschirmspringer fallen ohne Krafteinwirkung

2.2.2 Bezugssysteme

Die Antwort auf die Frage, ob ein Körper ruht oder sich mit konstanter Geschwindigkeit bewegt, ist abhängig vom Bezugssystem, wie bereits in Abschnitt 1.1.2 dargestellt wurde.

Bezugssysteme, die sich mit konstanter Geschwindigkeit $\vec{v}$ (gleichförmig) relativ zueinander bewegen, heißen Inertialsysteme (engl./lat.: inertia = Trägheit). In Inertialsystemen gelten alle physikalischen Gesetze in unveränderter Form.

Praktisch bedeutet dies, dass man durch Experimente nicht unterscheiden kann, ob man sich in einem ruhenden oder bewegten Inertialsystem befindet. Anders ausgedrückt: der Zustand der „Ruhe" und der der gleichförmigen Bewegung sind physikalisch gleichartig. Eisenbahn- oder U-Bahn-Züge fahren häufig mit so geringer Beschleunigung an, dass man das Gefühl hat, der Bahnhof oder der Zug am Nachbargleis würde sich bewegen (**Bild 2**).

Bild 2: Steht oder fährt der Zug?

Anders liegen die Dinge in Bezugssystemen, die sich nicht gleichförmig, sondern beschleunigt gegeneinander bewegen. In ihnen werden sogenannte Scheinkräfte oder Trägheitskräfte beobachtet. Wenn Sie auf Inline-Skates im anfahrenden Bus in Fahrtrichtung stünden, würden Sie wegrollen – aus diesem Grund ist das verboten! Sie würden beschleunigt – aber nur relativ zum Bus. Der Beobachter an der Haltestelle könnte keine Kraft messen, für ihn blieben Sie einfach stehen.

Die wohl bekannteste Scheinkraft ist die Zentrifugalkraft oder Fliehkraft, die in rotierenden Bezugssystemen auftritt (und ausführlich in der 12. Jgst. behandelt wird).

Sie ist z. B. bei der Kurvenfahrt im Auto oder im Kettenkarussell als nach außen gerichtete Kraft erfahrbar. Im ortsfesten Bezugssystem wird sie jedoch nicht beobachtet, weil sie dort nicht existiert! Die auf dem Autodach vergessene Brieftasche bewegt sich in der Kurve gemäß dem Beharrungsprinzip geradlinig weiter. Die glühenden Metallspäne beim Flexen fliegen tangential zur rotierenden Trennscheibe weg (rechts oben in **Bild 3**) – und nicht radial nach außen!

Die physikalischen Gesetze gelten also nicht mehr unabhängig vom (beschleunigten) Bezugssystem in derselben Form.

Bild 3: Späne beim flexen

2.3 Newtons 2. Gesetz – Die Newton'sche Bewegungsgleichung

Das Beharrungsprinzip gilt für alle Bewegungsvorgänge, die kräftefrei ablaufen und damit gleichförmig, d. h. mit konstanter Geschwindigkeit. Entsprechend lässt sich folgern: wenn die Geschwindigkeit verändert werden soll, muss eine Kraft wirken.

Beschleunigende Kräfte

Die Geschwindigkeit eines Körpers, der auf der Erde frei fällt, wächst proportional zur Fallzeit pro Sekunde um $9{,}81\ \text{m} \cdot \text{s}^{-1}$ (vgl. Abschnitt 1.4.3).

Ursache dieser Beschleunigung ist die Gewichtskraft $\vec{F}_G$.

Im Sport wird mit Muskelkraft der Sportler selbst oder ein Sportgerät beschleunigt. Im Training werden Stärke und Wirkungsdauer der Kraft ermittelt, die erforderlich sind, um z. B. einen Ball auf eine bestimmte Geschwindigkeit zu bringen. Größere Kräfte und längere Wirkungsdauern führen zu größeren Endgeschwindigkeiten.

Bei Kraftfahrzeugen erzeugen „starke" Motoren mit „hoher Leistung" große Zugkräfte, die das Fahrzeug stark beschleunigen – meist wird die Zeit angegeben, in der eine bestimmte Geschwindigkeit erreicht wird: „von 0 auf 100 in 2,5 Sekunden".

2.3.1 Grundgesetz der Mechanik

In seinem zweiten Gesetz beschreibt Newton quantitativ den Zusammenhang zwischen Kraft und Beschleunigung:

Die Änderung der Bewegung ist der Einwirkung der bewegenden Kraft proportional und geschieht nach der Richtung derjenigen geraden Linie, nach welcher jene Kraft wirkt.

„Änderung der Bewegung" bedeutet – in der Sprache der Zeit – die Änderung der Geschwindigkeit $\Delta\vec{v}$ eines Körpers der Masse m, die in einer bestimmten Zeit Δt zu beobachten ist. Mit anderen Worten: dessen Beschleunigung $\vec{a}$. Man kann also auch sagen:

2. Newton'sches Gesetz:

Die Beschleunigung ist nach Betrag und Richtung proportional zur verursachenden Kraft. Je größer die Masse des Körpers, desto kleiner wird die Beschleunigung.

In Formelschreibweise:

$$\vec{F} = m \cdot \vec{a}.$$

Einfluss der Masse

Die Handballerin zu Beginn von Kapitel 2 beschleunigt den Ball beim Abwurf durch Muskelkraft. Je mehr Kraft sie einsetzt, desto höher ist die Abwurfgeschwindigkeit. Die Beschleunigung erfolgt dabei immer in Richtung der Kraft. Wirft sie anstelle des 450 g schweren Handballs einen mehrere Kilogramm schweren Medizinball, so wird sie bei gleichem Einsatz an Muskelkraft nur eine geringere Abwurfgeschwindigkeit erzielen und in der Folge eine geringere Wurfweite. Wirft sie dagegen einen nur 2,7 Gramm schweren Tischtennisball mit derselben Kraft ab, so wird sich eine wesentlich größere Wurfweite ergeben – wenn auch der Luftwiderstand einen deutlich größeren Einfluss auf die Flugbahn hat.

Aus der Erfahrung ist also festzuhalten: Die Beschleunigung bei konstanter Kraft ist umso größer, je kleiner die Masse des beschleunigten Körpers ist.

Dies ist auch der Grund für den Einsatz von Leichtbaumaterialien bei Fahrrädern, Autos und Flugzeugen: dieselbe Antriebskraft führt zu höheren Beschleunigungswerten – oder umgekehrt kann dieselbe Beschleunigung mit geringerem Krafteinsatz erreicht werden.

Bedeutung des 2. Newton'schen Gesetzes

Die Beziehung $\vec{F} = m \cdot \vec{a}$ stellt einen Zusammenhang her zwischen der Beschleunigung eines Körpers und der Kraft, die diese verursacht.

Damit kann jedem Bewegungsvorgang eine Kraft als Ursache zugeordnet werden. Wenn also die Beschleunigung eines Körpers bekannt (gemessen) ist, kann daraus die Kraft ermittelt werden. Umgekehrt kann man anhand der Kraft, die auf einen Körper wirkt, dessen Bewegungsablauf vorhersagen.

Das 2. Newton'sche Gesetz wird auch als **Newton'sche Bewegungsgleichung** oder **Grundgesetz der Mechanik** bezeichnet.

2.3.2 Experimenteller Nachweis

Der von Newton in seinem 2. Gesetz formulierte Zusammenhang zwischen Kraft, Masse und Beschleunigung soll experimentell bestätigt werden.

Dazu wird ein Gleiter der Masse M auf einer Luftkissenbahn beschleunigt (vgl. Abschnitt 1.3.4). Dies geschieht durch die Gewichtskraft $\vec{F}_G$, die auf die angehängten Massestücke wirkt (**Bild 1** auf der folgenden Seite). Faden und Umlenkrolle sind nahezu masse- sowie reibungslos.

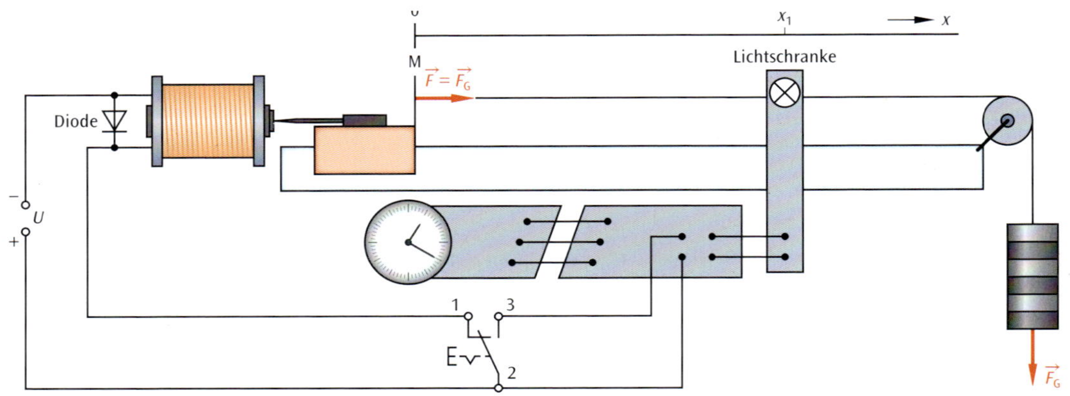

Bild 1: Ein Gleiter wird nahezu reibungsfrei auf der Luftkissenbahn beschleunigt

Der Gleiter wird zunächst von einem Elektromagneten in seiner Ruheposition gehalten. Er trägt einen schmalen Zeiger, der die an der Luftkissenfahrbahn angebrachten Lichtschranken unterbrechen kann, so dass exakte Zeitmessungen möglich sind.

Beim Umlegen des Schalters wird die Zeitmessung gestartet und gleichzeitig der Gleiter ausgelöst. Beim Passieren der Lichtschranke im Abstand $x = 100$ cm wird sie gestoppt. Aus der Laufzeit t ergibt sich die Beschleunigung zu

$$x = \frac{1}{2} a t^2 \Rightarrow a = \frac{2x}{t^2}.$$

Versuch 1: Zusammenhang zwischen Kraft und Beschleunigung

Zunächst wird die beschleunigende Kraft $\vec{F}_G$ variiert und die resultierende Beschleunigung gemessen. Dabei ist zu beachten, dass die gesamte beschleunigte Masse aus dem Gleiter und den angehängten Massestücken besteht und $m = M + m_{\text{Gewicht}}$ beträgt. Nicht benötigte Massestücke werden einfach auf den Gleiter gelegt.

Für die Beschleunigungsstrecke wird $x = 100$ cm gewählt, die konstante Masse beträgt $m = 105$ g.

Tabelle 1: Beschleunigung des Gleiters durch Anhängen unterschiedlicher Massestücke

F in mN	$2{,}0 \cdot 9{,}81$	$3{,}0 \cdot 9{,}81$	$4{,}0 \cdot 9{,}81$	$5{,}0 \cdot 9{,}81$	$6{,}0 \cdot 9{,}81$
t in s	3,276	2,671	2,324	2,071	1,896
a in $10^{-2}\ \frac{\text{m}}{\text{s}^2}$	18,6	28,0	37,0	46,6	55,6
$\frac{a}{F}$ in $\frac{1}{\text{kg}}$	9,50	9,53	9,44	9,51	9,45

Rechnerische Auswertung: Direkte Proportionalität

Der Quotient $\frac{a}{F}$ ist im Rahmen der Messgenauigkeit konstant (letzte Zeile in **Tabelle 1**):

$$a \sim F.$$

In Worten: Die Beschleunigung ist **direkt proportional** zur beschleunigenden Kraft F.

Grafische Auswertung: Direkte Proportionalität

Auftragen der Messwerte in einem $a(F)$-Diagramm liefert eine Ursprungsgerade (**Bild 2**).

Damit ist die Beschleunigung bei konstanter Masse m **direkt proportional** zur beschleunigenden Kraft:

$$a \sim F.$$

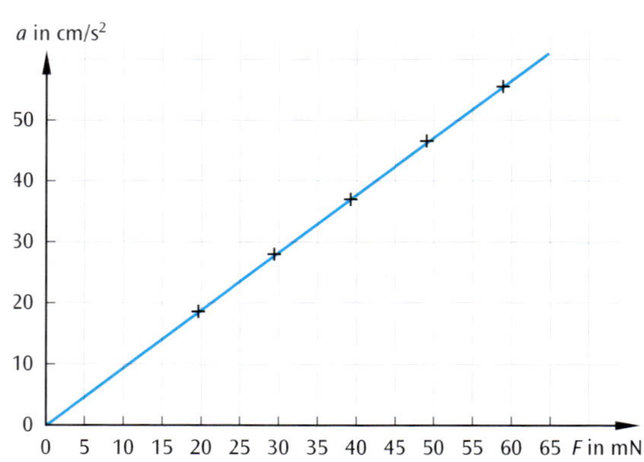

Bild 2: Direkte Proportionalität

Wenn die Einheit der Kraft als bekannt angenommen wird, ergibt sich aus der Steigung der Geraden $\frac{\Delta a}{\Delta F} = 9,5\ \frac{1}{\text{kg}} = \frac{1}{m}$ die beschleunigte Masse m zu 0,105 kg.

Versuch 2: Zusammenhang zwischen Masse und Beschleunigung

Die Beschleunigung einer variierenden Masse m bei konstanter beschleunigender Kraft soll noch separat untersucht werden.

Dazu wird die Masse M des Gleiters durch Auflegen weiterer Gewichtsstücke verändert.

Als beschleunigende Kraft wird $F_G = 59$ mN und für die Beschleunigungsstrecke erneut $x = 100$ cm gewählt.

Tabelle 1: Beschleunigung eines Gleiters mit variabler Masse

m in kg	0,106	0,206	0,306	0,406
t in s	1,951	2,684	3,256	3,742
a in $10^{-2}\ \frac{\text{m}}{\text{s}^2}$	52,5	27,8	18,9	14,3
$m \cdot a$ in $\frac{\text{kg} \cdot \text{m}}{\text{s}^{-2}}$	55,7	57,2	57,7	58,0

Wie erwartet nimmt mit zunehmender beschleunigter Masse m die Beschleunigung a ab und es ergeben sich die Werte in **Tabelle 1**.

Rechnerische Auswertung: Indirekte Proportionalität

Das Produkt $m \cdot a$ ist im Rahmen der Messgenauigkeit konstant (letzte Zeile in **Tabelle 1**). Daraus folgt

$$a \sim \frac{1}{m}.$$

In Worten: die Beschleunigung ist **indirekt proportional** zu beschleunigten Masse .

Grafische Auswertung: Indirekte Proportionalität

Beim Auftragen in einem $a(m)$-Diagramm ergibt sich eine Hyperbel (**Bild 1**).

Die funktionale Abhängigkeit $a(m)$ ist ohne numerische Anpassung an die Messpunkte nicht zu erkennen.

Er wird jedoch sofort deutlich, wenn man die Messwerte aus **Tabelle 1** in veränderter Form aufträgt: in einem $a(1/m)$-Diagramm (**Bild 2**).

Man erkennt jetzt leicht, dass die Messwerte im Rahmen der Messgenauigkeit auf einer Ursprungsgerade liegen. Damit folgt

$$a \sim \frac{1}{m}.$$

Die Steigung der Geraden in **Bild 2** ergibt sich aus der Anpassung an die Messwerte zu

$$\frac{\Delta a}{\Delta \frac{1}{m}} = 57 \text{ mN},$$

was im Rahmen der Messgenauigkeit dem Betrag der beschleunigenden Kraft entspricht.

Beide Versuchsreihen zusammengenommen führen zu dem Zusammenhang

$$a \sim \frac{F}{m}.$$

Umgeformt gilt für die beschleunigende Kraft

$$F \sim m \cdot a.$$

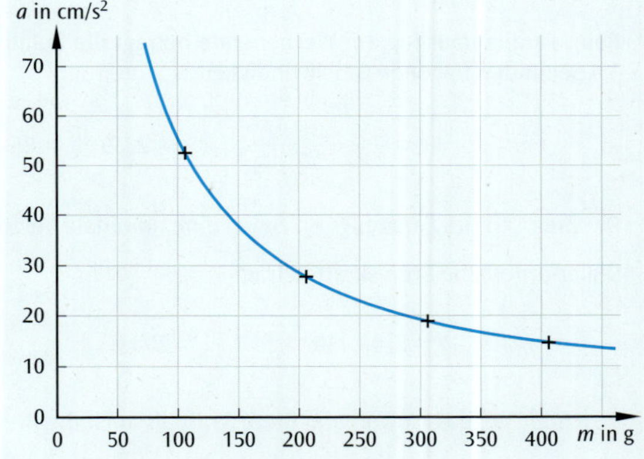

Bild 1: Indirekte Proportionalität

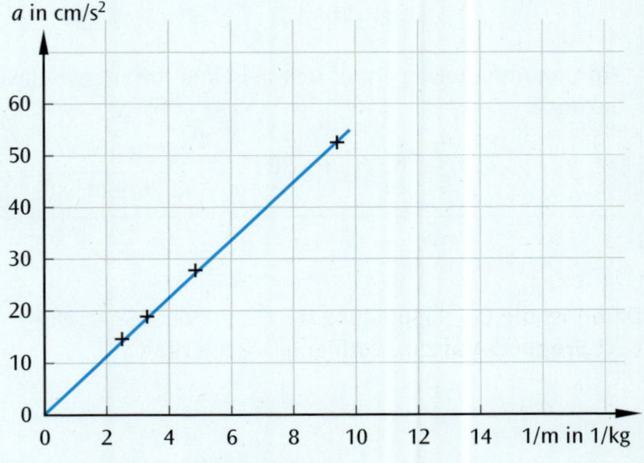

Bild 2: Direkte Proportionalität zum Kehrwert

Für die Definition der Krafteinheit wird die Proportionalitätskonstante gleich eins gesetzt und es ergibt sich das zweite Newton'sche Gesetz

$$F = m \cdot a$$

und daraus die Definitionsgleichung für die Einheit „Newton":

$$[F] = 1\ \mathrm{N} = 1\ \frac{\mathrm{kg} \cdot \mathrm{m}}{\mathrm{s}^2}.$$

In Worten: 1 N ist die Kraft, die einen Körper der Masse 1 kg mit 1 $\mathrm{m/s^2}$ beschleunigt, d. h. aus der Ruhe heraus innerhalb 1 s auf die Momentangeschwindigkeit 1 m/s bringt.

Beispiel: 2. Newton'sches Gesetz

Ein Elektrofahrzeug mit einem Leergewicht von 2,44 t beschleunigt in 3,4 Sekunden auf 100 Stundenkilometer (Herstellerangaben).

Umgangssprachlich wird das „Gewicht" eines Körpers als Synonym für seine Masse verwendet und in kg angegeben.

Die erforderliche Zugkraft beträgt damit durchschnittlich

$$F = m \cdot a = m \cdot \frac{\Delta v}{\Delta t} = 2{,}44 \cdot 10^3\ \mathrm{kg} \cdot \frac{(100/3{,}6)\ \frac{\mathrm{m}}{\mathrm{s}}}{3{,}4\ \mathrm{s}} = 20\ \mathrm{kN}.$$

Beim Familienausflug am Wochenende beträgt die Zuladung 400 kg. Bei gleicher Zugkraft ergibt sich damit nach 3,4 Sekunden folgende Geschwindigkeit:

$$v = \frac{F}{m} \cdot \Delta t = \frac{20 \cdot 10^3\ \mathrm{N}}{2{,}84 \cdot 10^3\ \mathrm{kg}} \cdot 3{,}4\ \mathrm{s} = 23{,}9\ \frac{\mathrm{m}}{\mathrm{s}} = 86\ \frac{\mathrm{km}}{\mathrm{h}}.$$

Die Bremsen des Fahrzeugs erzeugen eine nominale Verzögerung von ca. 8 $\mathrm{m/s^2}$.

Die erforderliche Bremskraft beträgt

$$F = m \cdot a = 2{,}44 \cdot 10^3\ \mathrm{kg} \cdot 8\ \frac{\mathrm{m}}{\mathrm{s}^2} = 20\ \mathrm{kN}.$$

Beachten Sie, dass sowohl die Bremskraft als auch die Bremsbeschleunigung gegen die Fahrtrichtung wirken!

Bei einer Zuladung von 400 kg beträgt die Bremsbeschleunigung unter der Annahme, dass die Bremskraft konstant ist:

$$a = \frac{F}{m_1} = \frac{19\,520\ \mathrm{N}}{2{,}84 \cdot 10^3\ \mathrm{kg}} = 6{,}9\ \frac{\mathrm{m}}{\mathrm{s}^2}.$$

Für den Anhalteweg ergibt sich bei einer Anfangsgeschwindigkeit von 100 km/h und einer Reaktionszeit von einer Sekunde

$$x = v \cdot t_R + \frac{v^2}{2a} = 27{,}8\ \frac{\mathrm{m}}{\mathrm{s}} \cdot 1\ \mathrm{s} + \frac{(27{,}8\ \mathrm{m})^2 \cdot \mathrm{s}^2}{2 \cdot 6{,}9\ \mathrm{m} \cdot \mathrm{s}^2} = (27{,}8 + 55{,}9)\ \mathrm{m} = 83{,}8\ \mathrm{m} \quad \text{(vgl. Abschnitt 1.3.3).}$$

2.3.3 Träge und schwere Masse

Träge und schwere Masse, Fallbeschleunigung und Ortsfaktor

Die Masse eines Körpers, der von einer Kraft $\vec{F}$ beschleunigt wird, heißt auch „träge" Masse. Die „Trägheit" des Körpers wird durch die Kraft $\vec{F} = m_{\text{träge}} \cdot \vec{a}$ überwunden und sein Bewegungszustand verändert sich (**Bild 1a**).

Die Gravitation und auf der Erde die Schwerkraft $\vec{F}_G = m_{\text{schwer}} \cdot \vec{g}$ wirken auf die sogenannte „schwere" Masse (**Bild 1b**).

Bild 1: a) Die träge Masse wird beschleunigt, b) Die Gewichtskraft wirkt auf die schwere Masse

Im freien Fall wird ein Körper mit der Fallbeschleunigung $\vec{g}$ beschleunigt, weil die Gewichtskraft $\vec{F}_G$ auf ihn wirkt. Nach allem, was wir bisher wissen, gilt also:

$$\vec{F} = \vec{F}_G$$
$$m_{\text{träge}} \cdot a_{\text{Fall}} = m_{\text{schwer}} \cdot g.$$

Messungen der Fallbeschleunigung zeigen, dass diese beim freien Fall im Vakuum gleich dem Ortsfaktor ist: $a_{\text{Fall}} = g$. Daraus folgt, dass träge und schwere Masse gleich sind und es sich dabei um ein und dieselbe Größe handelt, die offenbar zwei Aspekte besitzt: „Trägheit" und „Schwere".

Bei diesem sogenannten **Äquivalenzprinzip** handelt es sich um eine sehr grundlegende Aussage. Die „träge" Masse gibt an, wie stark ein Körper bei Krafteinwirkung beschleunigt wird. Die „schwere" Masse ist ein Maß für die Stärke der Gravitationskraft. Dass es sich dabei um ein und dieselbe Masse handelt, ist nicht von vornherein klar und daher Gegenstand aufwändiger experimenteller Untersuchungen. Alle Präzisionsexperimente haben bisher jedoch die Gleichheit bestätigt – bei einer derzeitigen (Stand 2017) relativen Genauigkeit von 10^{-13}. Albert Einstein gründete bereits ab 1907 seine Theorie der Gravitation auf das Äquivalenzprinzip: die Allgemeine Relativitätstheorie.

Alle Körper fallen gleich schnell

Diese Erkenntnis, die bereits aus der Kinematik bekannt ist, folgt direkt aus dem zweiten Newton'schen Gesetz. Galileo Galilei hat dies schon vor Newton formuliert – und dessen Gesetz implizit dafür verwendet:

Angenommen, Aristoteles hatte recht. Dann fallen eine Münze und ein Taschentuch aufgrund ihrer unterschiedlichen Massen auch unterschiedlich schnell: die Münze fällt schneller als das Taschentuch.

Nun verbindet man die beiden Gegenstände (**Bild 2**) und lässt sie wieder fallen. Aristoteles' Theorie besagt dann:

1. Die Münze beschleunigt das Taschentuch, beide zusammen fallen also schneller als das Taschentuch allein.
2. Das Taschentuch verlangsamt den Fall der Münze, beide zusammen fallen also langsamer als die Münze allein.
3. Da beide Körper zusammen schwerer sind als die Münze allein, fallen sie schneller als die Münze.

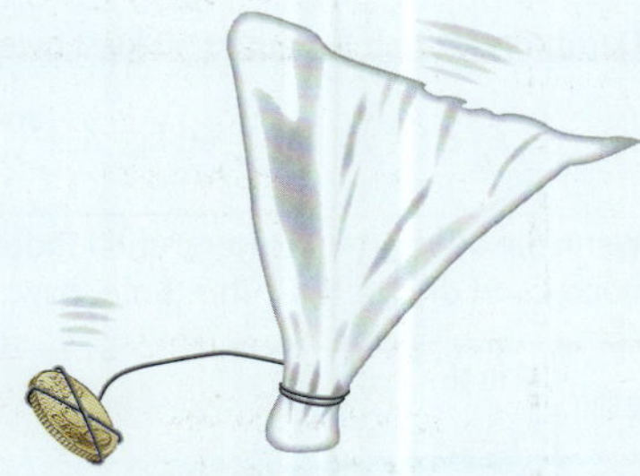

Bild 2: Galileis Gedankenexperiment zur Fallgeschwindigkeit

Die Folgerungen 2. und 3. widersprechen sich. Das bedeutet, dass Aristoteles' Annahme falsch war und alle Körper unabhängig von ihrer Masse unter dem ausschließlichen Einfluss der Gewichtskraft gleich schnell fallen.

2.4 Geschwindigkeitsänderung und Kraftstoß

Einen Sportler interessiert nicht der Wert der Beschleunigung $\vec{a}$ eines Wurfobjekts, sondern dessen Abwurfgeschwindigkeit $\vec{v}_0$ (sowie die daraus resultierende Wurfweite). Diese ist gleich der Geschwindigkeitsänderung $\Delta\vec{v}$, die durch die Muskelkraft beim Abwurf aus der Ruhe heraus erzielt wurde und hängt mit der Beschleunigung über deren Definition zusammen:

$$\vec{a} = \frac{\Delta\vec{v}}{\Delta t}.$$

Die Einwirkdauer Δt der Kraft $\vec{F}$ und die damit einhergehende Geschwindigkeitsänderung $\Delta\vec{v}$ ist für Sportler zwar eine trainingsrelevante Größe, aber dem Erreichen einer möglichst großen Abwurfgeschwindigkeit untergeordnet.

Dies wird in der folgenden Formulierung der Newton'schen Bewegungsgleichung deutlich:

Kraftstoß: $$\vec{F} = m \cdot \frac{\Delta\vec{v}}{\Delta t} \quad \Rightarrow \quad \vec{F} \cdot \Delta t = m \cdot \Delta\vec{v}.$$

Die erreichte Geschwindigkeitsänderung $\Delta\vec{v}$ ist der Kraft $\vec{F}$ und auch deren Wirkungsdauer Δt proportional.

Die Größe $\vec{F} \cdot \Delta t$ wird als **Kraftstoß** bezeichnet. Das 2. Newton'sche Gesetz lässt sich damit auch wie folgt lesen:

Je größer der Kraftstoß, desto größer die Geschwindigkeitsänderung $\Delta\vec{v}$. Oder umgekehrt: Jede Geschwindigkeitsänderung $\Delta\vec{v}$ erfordert einen Kraftstoß.

Beispiel

Beim Landen nach einem Sprung erfährt ein Körper der Masse m die Geschwindigkeitsänderung $\Delta\vec{v} = -\vec{v}$, er wird zum Stillstand gebracht. Der dazu erforderliche Kraftstoß $\vec{F} \cdot \Delta t = m \cdot \Delta\vec{v}$ ist bei derselben Landegeschwindigkeit immer gleich, egal wie der Landevorgang selbst gestaltet wird: langsam oder schnell, mit gestreckten oder gebeugten Knien, auf einer Matte oder hartem Boden. Die Landegeschwindigkeit hängt dabei von Absprunghöhe und -winkel ab, wie im Kapitel zum schiefen Wurf gezeigt wurde.

Experimentieren Sie selbst

Achtung: Verletzungsgefahr!

Sie können den Kraftstoß bei jedem Sprung von einer Mauer, der untersten Treppenstufe oder einem Sportgerät – wie in **Bild 1** gezeigt – spüren. Beim freien Fall aus 1 m Höhe, z. B. beim Sprung von einem Kasten, beträgt die Landegeschwindigkeit 4,4 m/s.

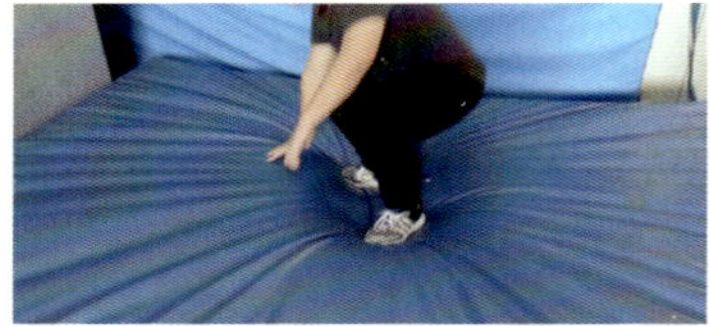

Bild 1: Landung mit federnden Knien auf der Weichbodenmatte

Damit ergibt sich für einen 60 kg schwerer Sportler ein Kraftstoß von

$$F \cdot \Delta t = m \cdot \Delta v = 60 \text{ kg} \cdot 4,4 \frac{\text{m}}{\text{s}} \approx 260 \text{ N} \cdot \text{s}.$$

Wenn Sie auf hartem Untergrund landen, erfährt Ihr Körper eine höhere Kraft, die Einwirkdauer ist jedoch kürzer. Dennoch kann die Kraft für Ihre Knie- bzw. Hüftgelenke zu hoch sein und zu Verletzungen führen.

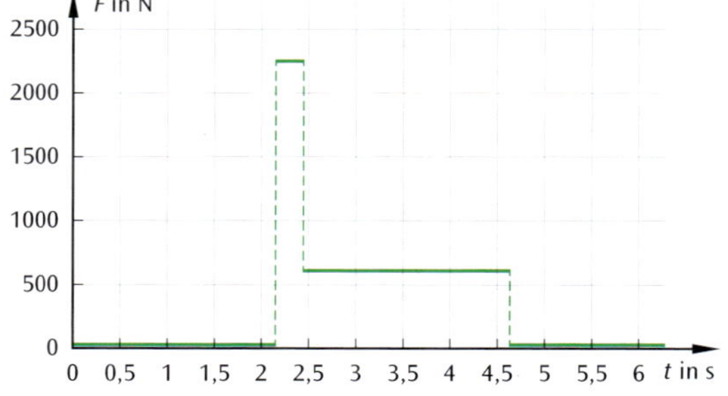

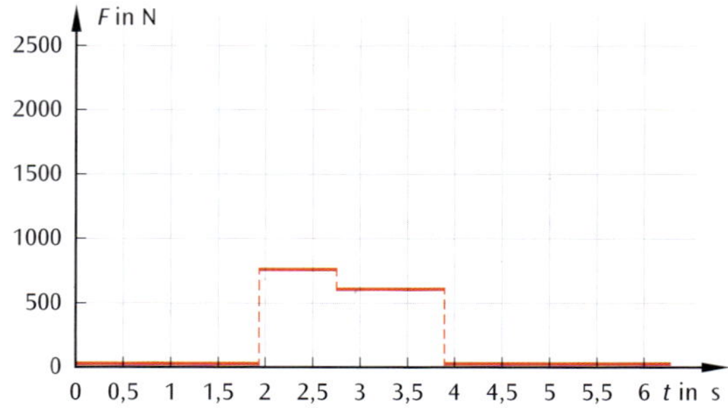

Bild 2: a) Kraftverlauf bei Landung mit durchgestreckten Knien, b) Kraftverlauf bei Landung mit federnden Knien und/oder auf der Weichbodenmatte (Kraftverlauf jeweils idealisiert)

Den Kraftstoß messen

Bild 2 auf der vorigen Seite zeigt den Kraftverlauf beim Sprung auf eine Kraftmessplatte mit gestreckten bzw. federnden Knien. Während der Landung wird die höchste Kraft registriert. Danach steht der Springer noch eine Zeitlang auf der Kraftmessplatte, die seine Gewichtskraft misst. Vor der Landung und nach dem Verlassen der Kraftmessplatte zeigt diese den Wert null an.

Man kann aus den Diagrammen in **Bild 2** auf der vorigen Seite berechnen, dass die Flächeninhalte unter der Kurve- und damit die Beträge der jeweiligenn Kraftstöße – bei beiden Landevarianten gleich groß sind:

$$F_{\text{gestreckt}} \cdot \Delta t_{\text{gestreckt}} = 2250\ \text{N} \cdot 0,3\ \text{s} = 675\ \text{N} \cdot \text{s}$$
$$F_{\text{federnd}} \cdot \Delta t_{\text{federnd}} = 750\ \text{N} \cdot 0,9\ \text{s} = 675\ \text{N} \cdot \text{s}.$$

Beispiel: Kraftstöße im Sport

Kraftstoß beim Weitsprung

Instinktiv „federt“ man daher einen Sprung „ab“, indem man beim Landen Knie und Hüfte beugt und in die Hocke geht. Die Kraft auf die Gelenke wird dadurch geringer – und ihre Wirkungsdauer verlängert.

Durch geeignete Vorkehrungen (z. B. Matten oder Sand) wird beim Sport die Kraft auf die Gelenke des Sportlers weiter verringert.

Beim Weitsprung betragen Absprung- und Landegeschwindigkeit bis zu $v = 10\ \frac{\text{m}}{\text{s}}$. Dies entspricht einem freien Fall aus 5 m Höhe! Der Kraftstoß beim Landen ergibt sich damit zu

$$F \cdot \Delta t = m \cdot \Delta v = 60\ \text{kg} \cdot 10\ \frac{\text{m}}{\text{s}} \approx 600\ \text{N} \cdot \text{s}.$$

Bild 1: Die Verdrängung des Sands verlängert den Bremsvorgang

Bei Landung in einer Sandgrube (**Bild 1**) wird der Abbremsvorgang erheblich verlängert und die Kraft reduziert.

Kraftstoß beim Laufen

Langstreckenläufer (**Bild 2**) erfahren bei einer Pace von 5:00 min/km bei jedem Schritt einen Kraftstoß von mindestens

$$F \cdot \Delta t = m \cdot \Delta v = 60\ \text{kg} \cdot \frac{1000\ \text{m}}{5 \cdot 60\ \text{s}} \approx 200\ \text{N} \cdot \text{s}.$$

Eine geeignete Dämpfung im Schuh sorgt dabei für eine Reduzierung der auf die Gelenke wirkenden Kraft.

Bild 2: Die Dämpfung im Laufschuh reduziert die Kraft auf die Gelenke

Kraftstoß beim Handball

Bei der Beschleunigung eines Handballs (450 g) auf 120 km/h tritt ein Kraftstoß vom Betrag

$$F \cdot \Delta t = m \cdot \Delta v = 0,450\ \text{kg} \cdot \frac{120\ \text{m}}{3,6\ \text{s}} = 15,0\ \frac{\text{kg} \cdot \text{m}}{\text{s}} = 15,0\ \text{N} \cdot \text{s}$$

auf.

Auch die Größe $m \cdot \Delta\vec{v}$ auf der anderen Seite der Newton'schen Bewegungsgleichung hat eine physikalische Bedeutung: Newton hat sie als „Bewegungsgröße“ bezeichnet – vereint sie doch die (träge) Masse eines Körpers mit dessen Geschwindigkeit. Heute hat sich für das Produkt die Bezeichnung „Impuls“ durchgesetzt. Das Besondere am Impuls: in einem abgeschlossenen System bleibt er immer konstant. Man sagt: der Gesamtimpuls ist eine Erhaltungsgröße. Mehr dazu in Abschnitt 2.8.

2.5 Newtons 3. Gesetz – Das Wechselwirkungsprinzip

Experimentieren Sie selbst

Stellen Sie sich mit einer Partnerin auf zwei Skateboards gegenüber (**Bild 1**). Nehmen Sie jeweils ein Ende eines Seils in die Hände und ziehen Sie kurz am Seil, und zwar:

- zuerst beide gleichzeitig,
- danach nur einer von Ihnen.

Schätzen Sie ab, wie schnell Sie sich danach jeweils bewegen.

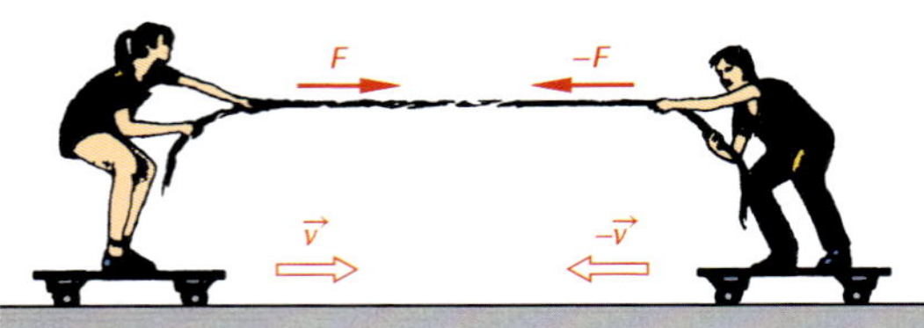

Bild 1: Auf beide Körper wirken Kräfte

Die Geschwindigkeiten können Sie besser abschätzen, wenn Sie Markierungen auf dem Boden anbringen (Achten Sie dabei darauf, den Boden nicht zu beschädigen). Beide Partner werden beschleunigt, das heißt, dass auch dann auf beide eine beschleunigende Kraft wirkt, auch wenn nur einer am Seil zieht.

2.5.1 „actio gleich reactio"

3. Newton'sches Gesetz

Übt Körper A auf einen anderen Körper B eine Kraft aus (actio), so wirkt eine gleich große, aber entgegengerichtete Kraft von Körper B auf Körper A (reactio).

Das 3. Newton'sche Gesetz wird auch als Wechselwirkungsprinzip (verkürzt: „Actio gleich Reactio") bezeichnet. Es stellt fest, dass Kräfte immer paarweise auftreten. Dabei wirken sie auf verschiedene Körper und sind entgegengerichtet und gleich groß:

$$\vec{F}_A = -\vec{F}_B .$$

Bild 2 verdeutlicht dies für anziehende Kräfte wie z. B. die Gravitation (a) sowie für abstoßende Kräfte, z. B. elektrostatische Abstoßung gleichnamig geladener Körper (b).

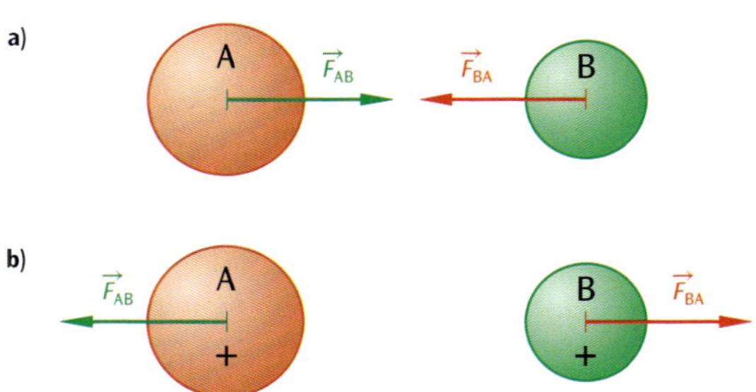

Bild 2: Actio und Reactio sind gleich groß und entgegengesetzt gerichtet

Während Sie sitzen oder stehen, üben Sie mit Ihrem Körper die Gewichtskraft $\vec{F}_G$ auf Ihre Unterlage (Stuhl, Boden) aus. Die gleich große, entgegengesetzt gerichtete elastische Unterlagenkraft (Details in Kapitel 6) wirkt auf Sie und verhindert, dass Sie in den Stuhl oder im Boden versinken.

Auf welchen Körper wirkt die Gegenkraft beim freien Fall? Nicht nur der fallende Körper wird beschleunigt, sondern auch die Erde und es gilt:

$$m \cdot \vec{g} = -M_{\text{Erde}} \cdot \vec{a}_{\text{Erde}} .$$

Die Beschleunigungen der beiden Körper verhalten sich dabei umgekehrt wie die Massen:

$$\frac{a_{\text{Erde}}}{g} = \frac{m}{M_{\text{Erde}}} .$$

Für die Beschleunigung der Erde ergibt sich aufgrund der sehr großen Erdmasse (10^{24} kg) ein sehr kleiner Wert: die Erde wird also von einem fallenden Körper nicht wirklich beschleunigt und von ihrer Bahn abgebracht.

2.5.2 Kraft und Gegenkraft

Tabelle 1 gibt eine Übersicht über die Wirkungen von Kräften und ihren jeweiligen Gegenkräften.

Tabelle 1: Kräfte und ihre Gegenkräfte

Situation	Kraft (Actio)	Gegenkraft (Reactio)
freier Fall	Gewichtskraft beschleunigt den fallenden Körper	Gravitation beschleunigt auch die Erde
Körper ruht auf einer Unterlage	Gewichtskraft	elastische Unterlagenkraft

Reifen rollt (analog: Mensch geht)	Reifen (analog: Fuß) übt eine Kraft nach hinten auf den Straßenbelag aus	Straße übt die entgegengerichtete Reibungskraft auf den Reifen aus
Aussteigen aus einem Boot	Person (z. B. Angler) wird beschleunigt	Boot wird in entgegengesetzte Richtung beschleunigt
Propeller (analog: Ruder)	Propeller beschleunigt die Luft nach hinten	Luft beschleunigt den Propeller nach vorne
Rakete startet, (analog: Düsentriebwerk)	Treibgas wird beschleunigt	Rakete wird in Gegenrichtung beschleunigt (Rückstoß)
Luftballonrakete	Luft wird durch den sich zusammenziehenden Gummiballon in Richtung der Öffnung beschleunigt	Gummiballon erfährt einen Rückstoß in die entgegengesetzte Richtung.
Baron Münchhausen, der im Sumpf feststeckt (**Bild 1**)	zieht mit der Hand am Haar (übt aber keine Kraft auf den Sumpf aus!) das Haar zieht an der Hand und auf Münchhausens Körper wirkt keine resultierende Kraft	**Bild 1: Reiter im Sumpf**

Experimentieren Sie selbst: Wie schwer ist ein Finger?

Für eine verletzungsfreie Messung stellen Sie eine mit Wasser gefüllte Schüssel auf eine Waage. Tarieren Sie die Waage. Tauchen Sie dann den Finger ins Wasser und Sie können an der Waage das Gewicht des Fingers (genauer: seine Masse) ablesen (**Bild 2**). Achten Sie dabei darauf, dass kein Wasser überläuft und Sie nicht den Boden des Gefäßes berühren.

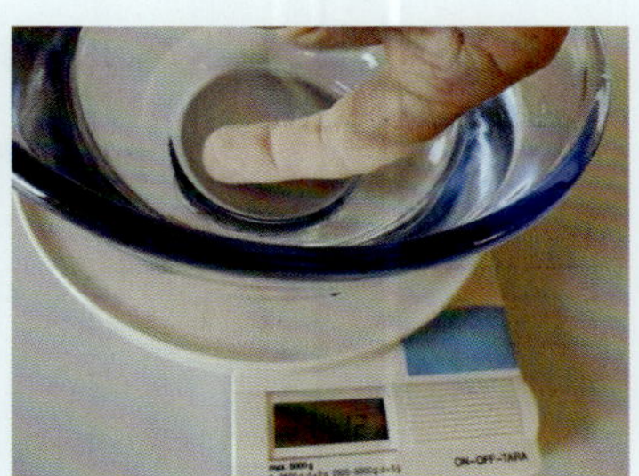

Bild 2: Einen Finger wiegen

Dass dies tatsächlich die Masse Ihres Fingers ist (bzw. des Teils, der ins Wasser eingetaucht ist), zeigt folgende Überlegung:

Auf den Finger wirkt eine Auftriebskraft in Höhe der Gewichtskraft des verdrängten Wassers. Da der menschliche Körper eine mittlere Dichte von $1{,}06\ \mathrm{g/dm^3}$ und damit die des Wassers hat, ist die Auftriebskraft nahezu identisch mit der Gewichtskraft des eingetauchten Fingers. Nach dem 3. Newton'schen Gesetz wirkt eine gleich große Gegenkraft auf einen anderen Körper – hier die Waage, die die entsprechende Masse anzeigt.

2.5.3 Gegenkraft und Kräftegleichgewicht

Die Gegenkraft ist nicht zu verwechseln mit einer möglichen gleich großen, entgegengerichteten Kraft, die am **selben** Körper angreift.

Dies soll am Beispiel eines Fallschirmspringers demonstriert werden, der mit konstanter Geschwindigkeit zu Boden „schwebt".

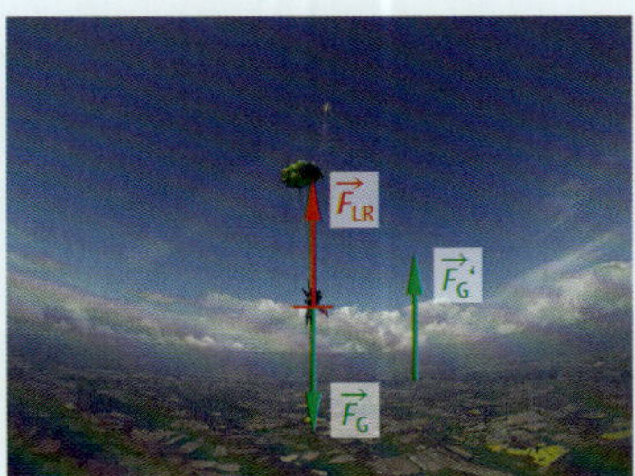

Bild 3: Kräftegleichgewicht und Gegenkräfte

Nach Newtons erstem Gesetz herrscht aufgrund der konstanten Geschwindigkeit ein Kräftegleichgewicht zwischen Gewichtskraft und Luftreibung:

$$\vec{F}_G = -\vec{F}_{LR}.$$

Beide Kräfte wirken auf den Fallschirmspringer (**Bild 3**).

Die Gegenkraft $\vec{F}'_G = -\vec{F}_G$ wirkt auf die Erde. Die Gegenkraft zur Luftreibung $\vec{F}'_{LR} = -\vec{F}_{LR}$ wirkt auf die vom Fallschirm verdrängte Luft.

Beispiel: Raketenstart

Beim Start einer Rakete wird Gas erhitzt und mit einer Geschwindigkeit von bis zu 4 km $\cdot$ s^{-1} relativ zur Rakete nach hinten ausgestoßen (**Bild 1** auf der folgenden Seite). Durch den Rückstoß hebt die Rakete von der Erdoberfläche ab – sie stößt sich aber nicht von der Erde ab, denn der Raketenstart funktioniert auch im Weltall! Eine chemische Reaktion erzeugt die Kraft, mit der das Gas beschleunigt wird. Die Gegenkraft wirkt auf die Rakete und beschleunigt diese.

Soll die Rakete einen Satelliten in eine Umlaufbahn um die Erde transportieren, dann muss sie mindestens auf die sogenannte erste kosmische Geschwindigkeit (7,91 km $\cdot$ s^{-1}) beschleunigt werden.

Bild 1: Die Rakete wird durch die Gegenkraft der auf die Gase wirkenden Kraft beschleunigt

Mit Hilfe des 3. Newton'schen Gesetzes soll abgeschätzt werden, ob dies gelingen kann, wenn die durch den Ausstoß von Treibgasen erzeugte Schubkraft 34 MN (Meganewton) beträgt.

Aufgrund des Wechselwirkungssatzes gilt für die resultierende Kraft auf die Rakete:

$$F_{\text{res}} = F_{\text{Schub}}.$$

Auf der Erdoberfläche gilt $F_{\text{res}} = F_{\text{Schub}} - F_{\text{G}}$, da zum Abheben die Gewichtskraft der Rakete überwunden werden muss.

Für die Abschätzung genügt es also zu überprüfen, ob F_{Schub} ausreichend groß ist, um die Rakete auf die erste kosmische Geschwindigkeit zu beschleunigen. Die dafür erforderliche Kraft berechnet sich nach der Newton'schen Bewegungsgleichung zu

$$F = m_{\text{Rakete}} \cdot \frac{\Delta v_{\text{Rakete}}}{\Delta t} = \frac{2900\ \text{t} \cdot 7{,}9\ \text{km}}{150\ \text{s}^2} = 153\ \text{MN}.$$

Dieser Wert ist deutlich größer als die 34 MN, die die Triebwerke zur Verfügung stellen. Die erste kosmische Geschwindigkeit kann also von dieser Rakete selbst bei einem Start außerhalb des Schwerefelds der Erde nicht erreicht werden.

2.6 Arbeiten mit Kräften

2.6.1 Kraft als Vektor

In diesem Abschnitt soll auf die Richtungseigenschaft der Kraft näher eingegangen werden: Jede Kraft besitzt neben einem bestimmten Wert (Betrag) auch einen Angriffspunkt und eine Richtung.

Der QR-Code führt zu einer Simulation mit der die auftretenden Kräfte auf der schiefen Ebene durch Änderung der Größen simuliert werden können.

An der Newton'schen Bewegungsgleichung und aus den vorangegangenen Überlegungen ist direkt zu sehen, dass es sich bei der Kraft $\vec{F}$ ebenso wie bei Geschwindigkeitsänderung $\Delta\vec{v}$ und Beschleunigung $\vec{a}$ um gerichtete Größen handelt, die als Vektor dargestellt wird. Der Kraftpfeil greift dabei an dem Körper an, auf den die Kraft wirkt (**Bild 2**).

Die Richtung eines Kraftpfeils wird auch als **Wirkungslinie** der Kraft bezeichnet.

Wenn mehrere Kräfte gleichzeitig auf einen Körper oder Teil eines Körpers wirken, werden die Kraftpfeile jeweils im selben Punkt beginnend eingezeichnet. Meist wird der Massenschwerpunkt gewählt. Sie werden vektoriell, d. h. nach Betrag und Richtung, zur gesamten auf den Körper wirkenden Kraft addiert. Der Ergebnisvektor wird auch **resultierende Kraft** $\vec{F}_{\text{res}}$ oder einfach $\vec{F}$ genannt.

Im Beispiel der Rakete in **Bild 2** addieren sich Gewichtskraft $\vec{F}_{\text{G}}$ (grüner Pfeil) und Schubkraft $\vec{F}_{\text{Schub}}$ (roter Pfeil) zur resultierenden Kraft (gelber Pfeil), die die Rakete beschleunigt:

$$\vec{F}_{\text{res}} = \vec{F}_{\text{G}} + \vec{F}_{\text{Schub}} \quad \text{(Achtung: vektoriell!).}$$

Bild 2: Resultierende Kraft

Wie jeder Vektor kann auch der Kraftvektor in seine Komponenten, z. B. bezüglich eines vorgegebenen Koordinatensystems, zerlegt werden.

Ein solches liegt an der geneigten Ebene vor. **Bild 1** zeigt einen Metallzylinder auf einer um 30° geneigten Ebene. Die beiden Kraftmesser parallel und senkrecht zur geneigten Ebene halten den Zylinder. Auf die gelb-weiß gestreifte Unterlage wirkt keine Kraft, sie kann genauso gut entfernt werden!

Die Federkräfte der beiden Kraftmesser kompensieren also die Gewichtskraft auf den Zylinder.

Bild 2 zeigt die entsprechende Zerlegung der Gewichtskraft $\vec{F}_G$ in Komponenten parallel ($\vec{F}_H$) und senkrecht ($\vec{F}_N$) zur geneigten Ebene.

Die Normalkraft $\vec{F}_N$ wird vom Kraftmesser 1 aufgebracht, die Hangabtriebskraft $\vec{F}_H$ vom Kraftmesser 2.

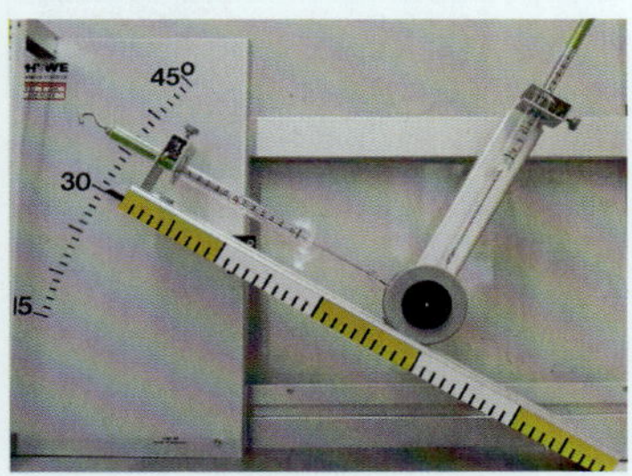

Bild 1: Der schwarz-graue Zylinder wird von den beiden Federn gehalten

Bild 2: Zerlegung der Gewichtskraft

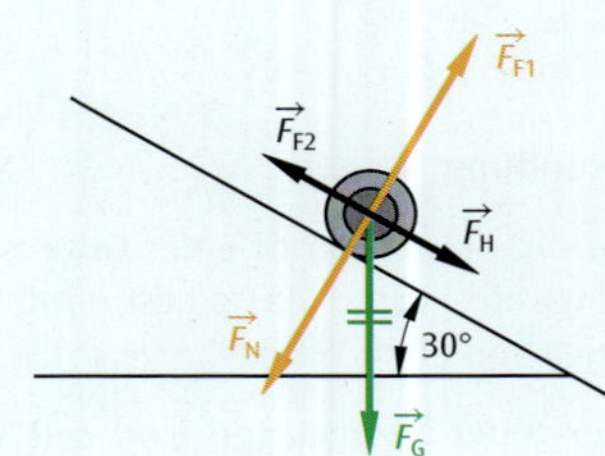

Bild 3: Vollständiger Kräfteplan

Bild 3 zeigt den vollständigen Kräfteplan, in dem die Kraftmesser durch Kraftpfeile ersetzt wurden. Alle Kräfte, die an dem Zylinder angreifen, addieren sich zum Nullvektor: $\vec{F}_{res} = 0$. Daraus folgt mit dem 1. Newton'schen Gesetz: er ruht (oder würde sich gleichförmig bewegen).

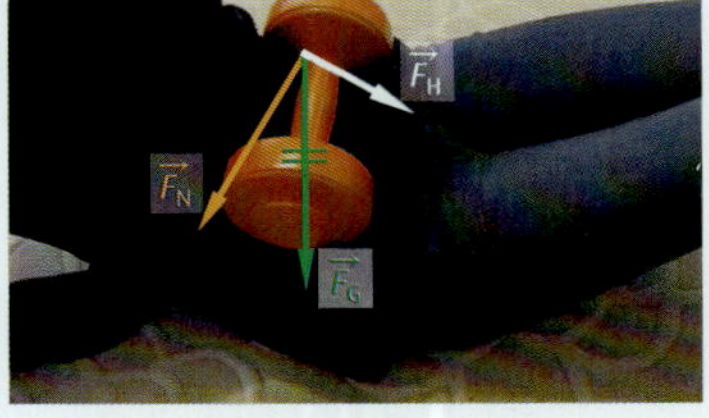

Bild 4: Die Normalkomponente spüren

Experimentieren Sie selbst

Erspüren Sie die Normalkomponente der Gewichtskraft: Legen Sie sich flach auf den Boden und einen Medizinball (Hantel, schwerem Kochtopf, ...) auf den Bauch. Wie schwer fühlt er sich an? Bringen Sie den Oberkörper in eine leicht schräge Position (**Bild 4**) – wird das Gewicht auf Ihren Bauchmuskeln schwerer oder leichter? Erhöhen Sie den Neigungswinkel. Halten Sie das Gewicht fest, damit es nicht durch die Hangabtriebskraft nach unten rutscht.

2.6.2 Messung von Kräften

Zur Messung von Kräften kommen zwei unterschiedliche Vorgehensweisen in Betracht: eine direkte – statische – Messung oder (etwas aufwändiger) die Ermittlung aus der resultierenden Beschleunigung.

Direkte Kraftmessung

Für die direkte Messung von Kräften wird im einfachsten Fall eine gleich große Gegenkraft erzeugt, so dass die resultierende Gesamtkraft null wird und der Körper in Ruhe bleibt. Eines der einfachsten Messgeräte ist ein Kraftmesser (Federwaage), der eine elastische Schraubenfeder bekannter Federhärte D enthält (**Bild 5**). Wenn die Kraft $\vec{F}$ auf die Feder wirkt, wird diese um die Länge Δs gedehnt. Je größer die Federhärte, desto geringer ist die Dehnung bei gleicher Kraft. Für den Betrag der Kraft gilt im einfachsten Fall nach dem Gesetz von Hooke[1)]

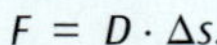

$$F = D \cdot \Delta s.$$

Die Kraft ist also proportional zur Dehnung und kann bequem an einer Skala abgelesen werden (**Bild 6**).

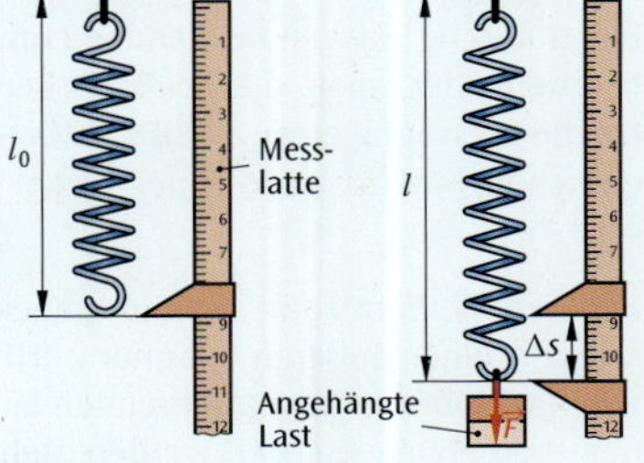

Bild 5: Dehnung einer Feder bei Wirken einer Kraft

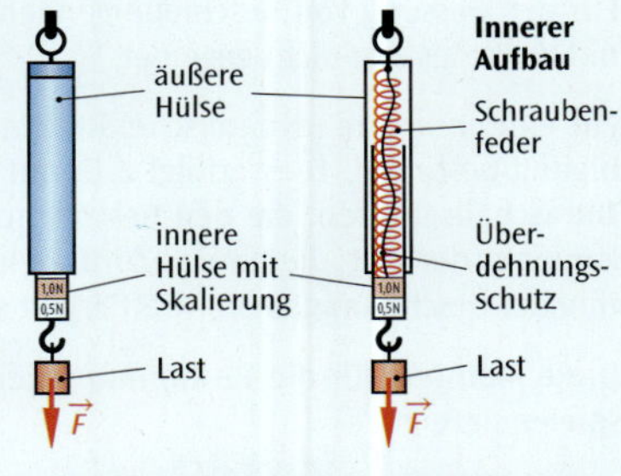

Bild 6: Aufbau eines Federkraftmessers

1) Robert Hooke, englischer Universalgelehrter, 1635–1703

Dieser lineare Zusammenhang gilt in guter Näherung für die meisten zylindrischen Schraubendruck- und -zugfedern. Variationen von Drahtdurchmesser und/oder Windungsabstand können zu progressiven bzw. degressiven Kennlinien führen (**Bild 1**).

Wenn die Kraft elektronisch ausgelesen und verarbeitet werden soll, werden häufig Dehnungsmessstreifen verwendet, beispielsweise in Waagen. Dabei handelt es sich um einen auf ein Trägermaterial aufgeklebten (wenige Mikrometer) dünnen Draht, der bei Dehnung bzw. Stauchung seinen elektrischen Widerstand verändert. Diese Änderung kann gemessen und in die entsprechende Kraft umgerechnet werden.

Federkraft F
harte Feder
progressiv
linear
degressiv
weiche Feder
Federweg s

Bild 1: Kraft-Dehnungs-Kurven

Anwendung: Waage

Wird die Gewichtskraft eines Gegenstandes mit einem Kraftmesser gemessen und daraus dessen Masse bestimmt, so spricht man im allgemeinen Sprachgebrauch von einer Waage.

Feder- oder Sackwaagen sind seit vielen Jahrhunderten im Gebrauch, um durch Messung der Gewichtskraft Massen zu bestimmen. Sie sind besonders praktisch für lose Güter, deren Preis sich nach ihrem Gewicht berechnet, wie z. B. Getreide, Mehl oder Gepäckstücke (**Bild 2**).

Bild 2: (Ruck-)Sackwaage

Personen-, Küchen- oder Briefwaagen finden sich nach wie vor in jedem Haushalt und verwenden anstelle der Zug- eine Druckfeder.

Die Auslenkung Δs der Feder wird mit Hilfe der Federkonstanten D und des Ortsfaktors g in die Masse des gewogenen Körpers umgerechnet und als solche angezeigt.

$$m \cdot g = D \cdot \Delta s \Rightarrow m = \frac{D}{g} \cdot \Delta s.$$

Dies gelingt in einfachen analogen Waagen durch geeignete Einteilung der Skala – ein an der Feder befestigter Zeiger zeigt die entsprechende Masse an – ansonsten entsprechen 10 N näherungsweise 1 kg.

Elektronische Waagen verwenden entweder einen Dehnungsmessstreifen (siehe oben) oder einen piezoelektrischen Kristall, der bei Verformung eine elektrische Spannung erzeugt (**Bild 3**). Diese Spannung kann sogar einige Kilovolt erreichen, was in Piezo-Feuerzeugen zur Entzündung des Gases ausgenutzt wird.

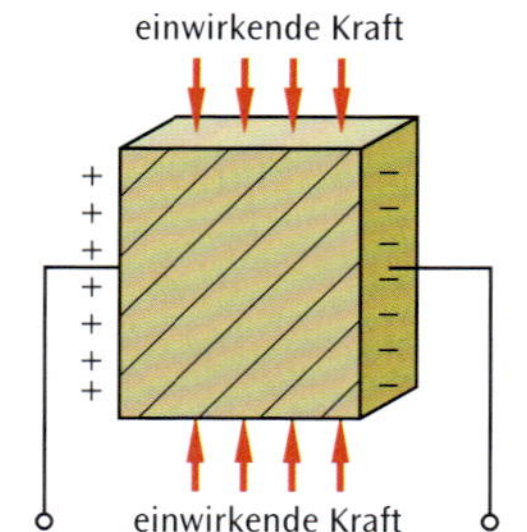

Bild 3: Piezoelement

Ein Piezoelement kann auch in umgekehrter Richtung betrieben werden: bei Anlegen einer äußeren Spannung tritt eine Verformung auf. Damit können z. B. für Proben in hochauflösenden Mikroskopen Positionsänderungen im Nanometerbereich realisiert werden (siehe folgenden Info-Kasten).

Indirekte Kraftmessung

Für die Messung von beschleunigenden Kräften sind statische Messverfahren mit Kraftmessern nicht geeignet.

Für eine indirekte (dynamische) Kraftmessung wird der Betrag der Beschleunigung bestimmt. Dies erfolgt z. B. mit Hilfe geeigneter Lichtschranken oder Ultraschallsensoren, die den Geschwindigkeitsverlauf aufzeichnen. Alternativ kann aus der Zeit, die für das Zurücklegen einer Strecke benötigt wird, die Beschleunigung berechnet werden. Der Betrag der beschleunigenden Kraft ergibt sich dann mit der (trägen) Masse m des Körpers zu $F = m \cdot a$.

Diese Methode für die Bestimmung der resultierenden Kraft wird im folgenden Abschnitt 2.7 an verschiedenen Beispielen gezeigt.

Technische Weiterentwicklung der direkten Kraftmessung: Rasterkraftmikroskop (Atomic Force Microscope AFM, 1985)

Ein Rasterkraftmikroskop erzeugt ein ortsaufgelöstes Bild der Kraft zwischen einer Sonde und der Oberfläche eines Körpers.

Dabei können sehr kleine Kräfte (unterhalb 1 µN) gemessen und Rückschlüsse über die atomare Zusammensetzung der Grenzflächen gezogen werden.

Die Sonde besteht aus einer Silizium-Spitze, deren Durchmesser an der Basis ungefähr 10 µm beträgt (**Bild 1**). Diese wird in einem Stück zusammen mit der Blattfeder (engl.: Cantilever) von einigen Hundert µm Länge aus Silizium geätzt. Dabei ergeben sich Federkonstanten im Bereich von 0,01 bis 100 $\frac{\text{N}}{\text{m}}$.

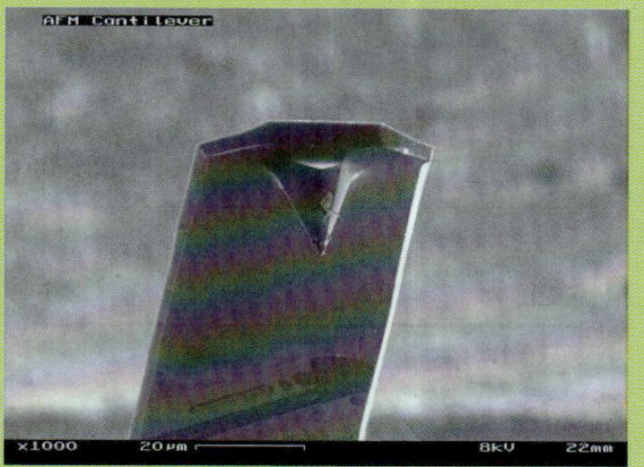

Bild 1: Elektronen-mikroskopisches Bild einer AFM-Spitze am Cantilever

Bild 2 zeigt die AFM-Aufnahme einer Kunststofffaser, die mit ca. 2 nm^4 dicken elektrisch leitfähigen Graphen[1)]-Plättchen belegt ist (dunkel dargestellt). Die Breite des Bildausschnitts beträgt ca. 0,35 µm.

In der 3D-Ansicht ist die Krümmung der Faser zu erkennen. Die Haftung der AFM-Spitze auf den Graphen-Plättchen ist geringer als auf der blanken Kunststofffaser. Daraus entsteht der Bildkontrast und das Graphen erscheint dunkel.

Damit das ortsaufgelöste Bild von den Kräften an der untersuchten Oberfläche entstehen kann, wird die Probe in der *xy*-Ebene so verschoben, dass ein Abschnitt von einigen Quadratmikrometern abgerastert wird.

Die Auslenkung der Federn wird an jedem Bildpunkt mikrometergenau über die Position eines auf der Federrückseite reflektierten Lichtzeigers detektiert (**Bild 3**).

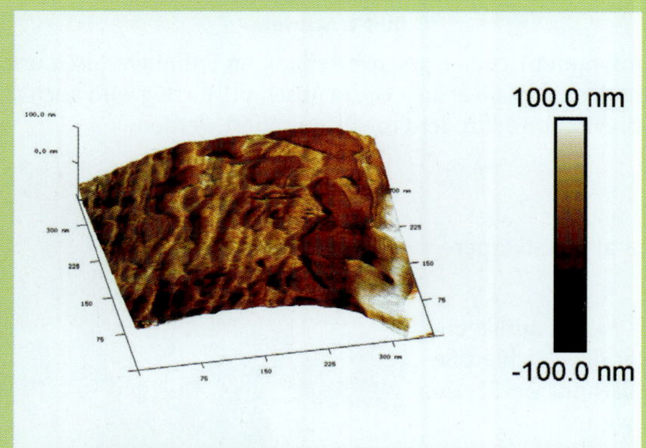

Bild 2: Darstellung der Haftkräfte auf der Oberfläche einer Kunststofffaser (Quelle: Leibniz-Institut für Polymerforschung Dresden)

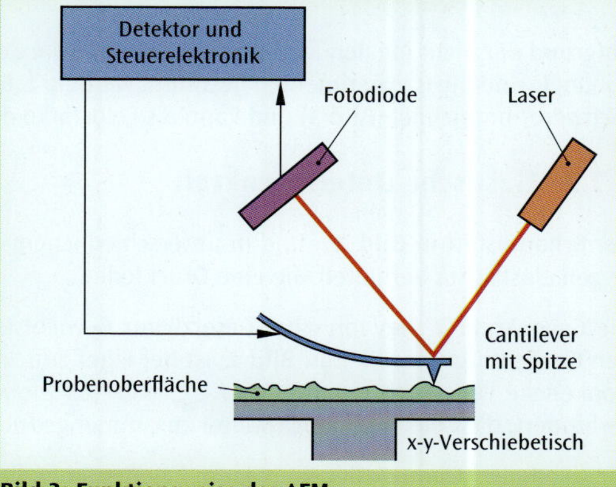

Bild 3: Funktionsweise des AFM

[1)] Graphen ist eine leitfähige Kohlenstoffmodifikation

2.7 Anwendungen der Kraftgesetze

Woher kommt die Kraft, die einen fallenden Körper beschleunigt? Die ihn bremst? Warum versinkt dieses Buch in Badeschaum, aber nicht im Tisch? Welche Kräfte halten unsere Materie zusammen?

2.7.1 Gewichtskraft und Gravitation

Freier Fall im Vakuum

Ein Körper, der auf der Erde losgelassen wird, fällt nach unten. Er wird aus der Ruhe beschleunigt – weil nach dem 2. Newton'schen Gesetz eine Kraft wirkt, die nach unten gerichtet ist.

Lässt man im Vakuum einen Hammer und eine Feder gleichzeitig fallen, so stellt man fest, dass beide auch gleichzeitig auf dem Boden aufkommen. Sie erfahren dieselbe Beschleunigung. Dies gilt nicht nur auf dem Mond, wie in Abschnitt 1.4.1 gezeigt, sondern auch auf der Erde.

Die beschleunigende Kraft heißt Schwerkraft oder Gewichtskraft und ist eine spezielle Erscheinungsform der Gravitation oder Gravitationskraft. Diese wirkt zwischen allen Massen und wurde ebenfalls von Newton erstmals beschrieben. Für den Betrag der – immer anziehenden – Gravitationskraft zwischen zwei Massen M und m, deren Schwerpunkte sich im Abstand r befinden, gilt:

Newton'sches Grundgesetz:

$$F_{\text{Grav}} = G \cdot \frac{M \cdot m}{r^2}.$$

Dabei ist $G = 6,674 \cdot 10^{-11}\ \text{m}^3 \cdot \text{kg}^{-1} \cdot \text{s}^{-2}$ die universelle Gravitationskonstante.

An der Erdoberfläche gilt mit dem Erdradius R_E und der Masse der Erde M_E für den Betrag der Gewichtskraft, der auf einen Körper der Masse m wirkt:

$$F_G = G \cdot \frac{M_E}{R_E^2} \cdot m = m \cdot g.$$

Der Ortsfaktor g ergibt sich also aus der Gravitationskraft zu

$$g = G \cdot \frac{M_E}{R_E^2}.$$

Bild 1: Schwere

Aufgrund der nicht idealen Kugelform der Erde sowie der unsymmetrischen Massenverteilung im Erdinneren ist g ortsabhängig und muss experimentell bestimmt werden, z. B. durch einen Fallversuch wie in Abschnitt 1.4.1. g wird auch als „Schwere" bezeichnet (**Bild 1**) und kann als Feldstärke des Gravitationsfelds der Erde interpretiert werden.

2.7.2 Elastische Unterlagenkraft

Der Schaumstoff in **Bild 2** – und in unterschiedlichem Maß alle Festkörper – zeigen elastisches Verhalten wie eine Druckfeder.

Die Gegenkraft (3. Newton'sches Gesetz!) zur Gewichtskraft $\vec{F}_G$ des aufliegenden Gewichts (grüner Pfeil in **Bild 2**) ist bei einer Druckfeder die gleich große Hooke'sche Federkraft des Betrags $F_{\text{Feder}} = D \cdot \Delta s$ (siehe Abschnitt 2.6.2). Sie verhindert, dass die Feder noch weiter zusammengedrückt wird.

Die „Federkraft" im Falle eines komplizierter aufgebauten Festkörpers bezeichnet man auch als elastische Unterlagenkraft $\vec{F}_U$ (blauer Pfeil in **Bild 2**).

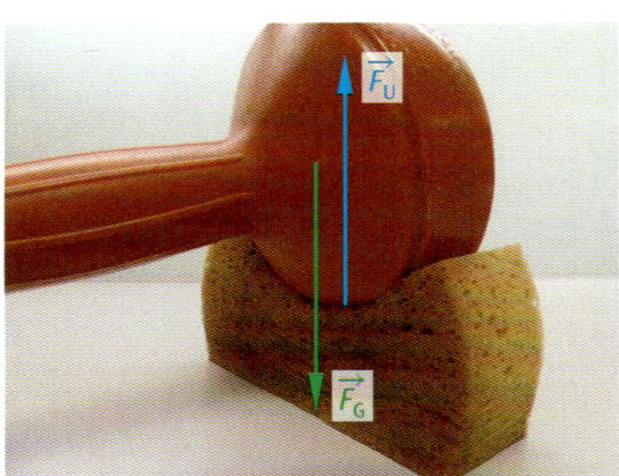

Bild 2: Gewichtskraft und Unterlagenkraft im Gleichgewicht

Im unbelasteten Zustand addieren sich die Kräfte zwischen den Molekülen zu null und der Festkörper ist in Ruhe und unverformt (**Bild 3**). Bei Belastung wird zu den zwischenmolekularen Kräften die Gewichtskraft des Gewichts addiert. Es entsteht eine neue Gleichgewichtslage, in der Gewicht und Festkörper in Ruhe sind, also wieder keine resultierende Kraft wirkt (**Bild 2**).

Bild 3: Die elastische Unterlagenkraft macht die Verformung rückgängig

Festkörper und Flüssigkeiten

„Fest" ist einer der drei bekannten Aggregatzustände, in denen ein Stoff vorliegen kann.

Eis z. B. kann je nach Umgebungsbedingungen auch flüssig (Wasser) oder gasförmig sein (Wasserdampf). Ein vierter Aggregatzustand ist das Plasma, in dem bei extem hohen Temperaturen und Drücken alle chemischen Bindungen aufgebrochen werden und sogar Atomkerne und Elektronen getrennt voneinander vorliegen.

Im festen Aggregatzustand sind die Kräfte zwischen den Atomen bzw. Molekülen eines Körpers so stark, dass man erhebliche Kräfte aufwenden muss, um dessen Gestalt zu verändern. In der Praxis geschieht dies häufig unter Zuhilfenahme eines geeigneten Werkzeugs wie z. B. Messer, Säge, Hammer, Presslufthammer etc. Dabei handelt es sich um **plastische** Verformungen, weil der Körper nach dem Wegfallen der auf ihn wirkenden Kraft nicht wieder in seine ursprüngliche Form zurückkehrt.

In Flüssigkeiten hingegen herrschen geringere Kräfte. Schon die Gewichtskraft, die auf einen flüssigen „Körper" selbst wirkt, führt zu einer Gestaltänderung (**Bild 1**).

Bild 1: Plastische Verformung einer Flüssigkeit (hier: Nagellack)

2.7.3 Reibungskräfte

Experimentieren Sie selbst

Bild 2: Papier in unterschiedlicher Form fällt unterschiedlich schnell

Lassen Sie gleichzeitig einen (Tennis-)Ball und eine Feder aus derselben Höhe fallen. Oder nehmen Sie ein Blatt Papier – und ein zerknülltes Blatt Papier (**Bild 2**). Beschreiben Sie, was Sie beobachten! Vergleichen Sie die Beschleunigungen der beiden Körper.

Sie werden feststellen, dass die Körper nicht gleich schnell fallen. Neben der Gewichtskraft muss auf die Feder (oder das unzerknüllte Blatt Papier) also eine weitere Kraft entgegen der Bewegungsrichtung wirken, die die nach unten gerichtete Erdbeschleunigung verringert.

Richtung der Reibungskräfte

Ursache der Reibung sind die zwischenmolekularen Kräfte, die zwischen zwei Körpern wirken – hier zwischen dem Papier und der umgebenden Luft. Bewegen sich die Körper relativ zueinander, müssen diese Kräfte überwunden werden.

Die Reibungskraft wirkt immer entgegen der Bewegungsrichtung.

Luftreibung

Die Luftreibung ist umso größer, je dichter die Luft ist, d. h. je höher der Luftdruck. Zudem zeigt sich experimentell, dass die Reibungskraft in einem Medium wie Luft (aber auch in anderen Gasen sowie Flüssigkeiten) von der Geschwindigkeit abhängt, mit der sich der Körper bewegt. Bei „kleinen" Geschwindigkeiten ist die Reibungskraft proportional zur Fallgeschwindigkeit: $F_{\text{Luft}} \sim v$.

Dieser Zusammenhang wurde von dem irischen Mathematiker und Physiker George Gabriel Stokes (1819–1903) untersucht. Für die Luftreibung einer Kugel mit dem Radius r, die sich mit der Geschwindigkeit v durch ein Medium der Viskosität (Zähigkeit) η bewegt, fand er die nach ihm benannte Beziehung:

Stoke'sche Reibung:

$$F_{\text{Luft, Stokes}} = 6\pi \cdot \eta \cdot r \cdot v$$

„Kleine" Geschwindigkeit v bedeutet hier: der Körper erzeugt bei seiner Bewegung keine Verwirbelung des umgebenden Mediums.

Bei größeren Geschwindigkeiten treten an der Oberfläche des sich bewegenden Körpers Luftwirbel auf, die sich ablösen und dadurch den Luftwiderstand erhöhen. **Bild 1** zeigt rechts die Wirbel hinter einer Kugel, die sich nach links durch eine Flüssigkeit bewegt. In diesem Fall gilt der von Isaac Newton gefundene Zusammenhang $F_{\text{Luft}} \sim v^2$. Mit der Dichte ρ der Luft, der Querschnittsfläche A sowie dem sogenannten Luftwiderstandsbeiwert c_W ergibt sich die Formel.

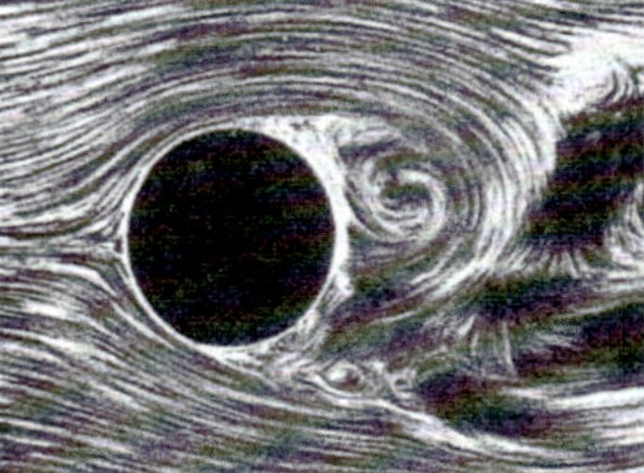

Bild 1: Newton-Reibung (Quelle: Prof. Metin Tolan)

Newton Reibung:

$$F_{\text{Luft, Newton}} = \frac{1}{2} \cdot \rho \cdot A \cdot c_W \cdot v^2$$

Der Luftwiderstandsbeiwert c_W ist ein Maß für die Stromlinienförmigkeit des sich durch die Luft bewegenden Körpers.

Beispiel: Speedskifahrer

Bei einem Skifahrer variiert die Querschnittsfläche etwa zwischen $A = 0,3\,\text{m}^2$ und $A = 0,6\,\text{m}^2$. Der Luftwiderstandsbeiwert beträgt bei einem Durchschnittsfahrer $c_W \geq 0,5$, bei einem Speedski-Fahrer aufgrund der stromlinienförmig optimierten Ausrüstung (**Bild 2**) nur noch $c_W \approx 0,2$.

Dabei können Geschwindigkeiten von über 250 km/h erreicht werden.

Bild 2: Speedski-Fahrer

Gleitreibung

Reibung tritt nicht nur bei der Bewegung fester Körper in Gasen oder Flüssigkeiten auf, sondern auch zwischen festen Körpern.

Genutzt wird diese z. B. beim Bremsen (Inline-Skates, Fahrrad, Auto): die Bremsbacken, die häufig aus elastischem Gummimaterial gefertigt sind, werden in Kontakt mit einer Bremsscheibe oder Felge aus Metall gebracht, manchmal auch direkt mit der Fahrbahn.

Die Bremswirkung ist dabei umso größer, desto „stärker" die Bremse gedrückt (oder der Hebel gezogen) wird. Wird dieser Zusammenhang genauer untersucht, stellt sich heraus, dass für einen weiten Geschwindigkeitsbereich gilt: der Betrag der (Gleit-)Reibungskraft F_{gleit} ist proportional zur Unterlagskraft F_U, die senkrecht zur Grenzfläche auf diese ausgeübt wird:

$$F_{\text{gleit}} \sim F_U .$$

Der Proportionalitätsfaktor zwischen F_{gleit} und F_U heißt (Gleit-)Reibungszahl und wird mit dem kleinen Buchstaben f bezeichnet. Hierfür wird manchmal auch der griechische Buchstabe μ (sprich: mü) verwendet.

$$F_{\text{gleit}} = f_{\text{gleit}} \cdot F_U .$$

Sie ist ein Maß für die „Stärke" der Reibung zwischen zwei Festkörpern. Es handelt sich um eine Material- und keine Naturkonstante, so dass sie für jede Materialkombination experimentell bestimmt werden muss.

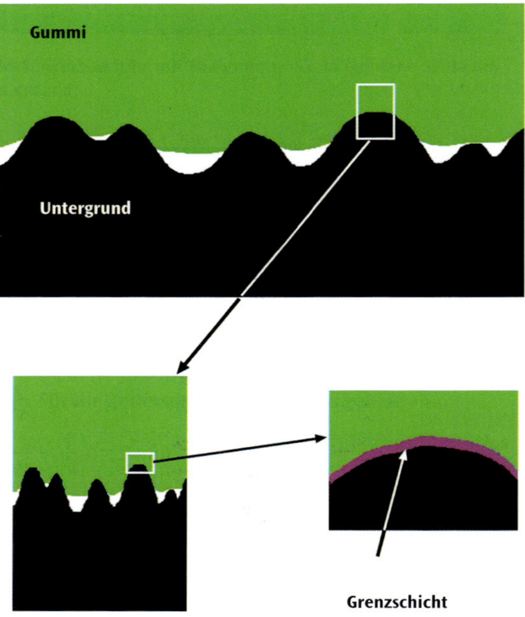

Bild 3: Kontaktfläche zwischen Gummi und Untergrund in mehrfacher Vergrößerung (Quelle: FZ Jülich)

Meist erhält man Werte, die deutlich kleiner als 1 sind, für spezielle Gummimischungen werden auch Werte über 1 erreicht.

Neben der chemischen Zusammensetzung der Grenzflächen hängt die Reibungszahl f von deren Rauheit ab: mikroskopische Erhebungen müssen überwunden werden, was eine erhöhte Kraft erfordert.

Bild 3 auf der vorigen Seite zeigt schematisch die Grenzfläche zwischen (Reifen-)Gummi und einem Untergrund, z. B. Asphalt. Der Gummi verformt sich unter der Normalkraft senkrecht zur Grenzfläche und passt sich der Rauheit des Untergrunds zumindest teilweise an – weicher Gummi bremst „besser“ als harter.

Auch sehr dünne Grenzschichten zwischen den Körpern beeinflussen die Reibung. Dies kann dramatische Auswirkungen haben: Denken Sie nur an einen Öl- oder Wasserfilm auf der Straße!

Ganz bewusst wird hingegen eine Grenzschicht aufgebracht, wenn Lager geschmiert werden, um die Reibung zwischen Metalloberflächen zu verringern.

Tabelle 1: Gleit- und Haftreibungszahlen für verschiedene Materialkombinationen

Materialkombination	Gleitreibungszahl f_{gleit}	Haftreibungszahl f_{haft}
Stahl–Stahl, trocken	0,12	0,15
Stahl–Stahl, geschmiert	0,05	0,10–0,12
Bremsbelag–Stahl		0,55
Gummi–Asphalt, trocken	0,50–0,60	0,70–0,80
Autoreifen–Eis	0,05	0,10
Schlittschuh–Eis	0,01	0,03

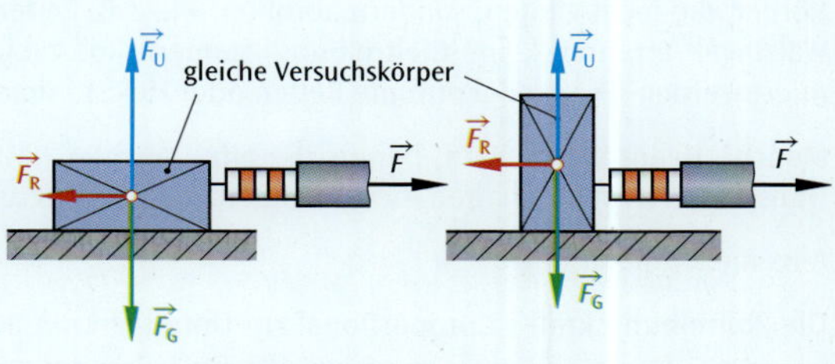

Bild 1: Reibung und Auflagefläche

Experimentieren Sie selbst

Messen Sie mit einer Federwaage den Betrag der Kraft F, die benötigt wird, um einen quaderförmigen Körper *gleichförmig* über eine Unterlage zu ziehen. Stellen Sie denselben Körper anschließend hochkant und wiederholen Sie den Versuch (**Bild 1**). Die Unterlagskraft F_U ist in beiden Fällen gleich groß. Was stellen Sie fest?

Die Gleitreibungskraft ist unabhängig von der Kontaktfläche

Bei verringerter Grenzfläche A führt eine konstante Unterlagskraft F_U zu einem höheren Druck F_U/A, also einer stärkeren Verformung und „Verhakung“ der Kontaktflächen. Dass diese auf einer geringeren Fläche erfolgt, kompensiert offenbar den Effekt des erhöhten Drucks.

Bauen Sie ein Wälzlager

Schieben Sie dieses Buch gleichförmig geradlinig über den Tisch. Vergleichen Sie die erforderliche Kraft – die Gleitreibungskraft! – mit der Kraft, die erforderlich ist, wenn Sie einige Bleistifte oder andere Rundhölzer unterlegen (**Bild 2**).

Bild 2: Einfaches Wälzlager

Haftreibung

Sie hat dieselben Ursachen wie die Gleitreibung, wird aber bei ruhenden Körpern beobachtet, die in Bewegung versetzt werden. Hierbei müssen die zwischenmolekularen Kräfte zwischen den beiden Körpern überwunden werden. Die dafür erforderliche Kraft bezeichnet man als maximale Haftreibungskraft.

Diese ist ebenfalls proportional zur Unterlagskraft, die senkrecht von der Grenzfläche wirkt. Der Proportionalitätsfaktor heißt Haftreibungszahl f_{haft} und ist im Allgemeinen größer als die zugehörige Gleitreibungszahl f_{gleit} (**Tabelle 1**).

Maximale Haftreibungskraft:

$$F_{haft,\,max} = f_{haft} \cdot F_U$$

Beispiel: Was hält den Gecko an der Decke?

Auch wenn sich ein Körper nicht bewegt, kann Reibung eine wichtige Rolle spielen. Dafür gibt es in der Natur zahlreiche Beispiele. Bei Insekten übersteigt die Haftreibungskraft an vielen Materialien deren Gewichtskraft, so dass sie problemlos an Wänden und Decken laufen können. Dies gilt sogar für den Gecko (**Bild 1**), der bis zu 600 g wiegt!

Dessen Extremitäten weisen Milliarden feinster Härchen (Spatulae) auf, die einige Hundert Nanometer lang sind und so auf vielen, auch rauen, Oberflächen sehr guten Kontakt gewährleisten. Durch anziehende elektromagnetische Van-Der-Waals-Kräfte entstehen sehr viele „Bindungen" zwischen Gecko- und Wandmolekülen.

Bild 1: Ein Gecko „hängt" an einer Glasscheibe

Rollreibung

Körper, die nicht gleiten, sondern abrollen, wie z. B. Reifen auf der Straße oder Ihr Buch auf dem oben beschriebenen Wälzlager, erfahren keine Gleitreibung, sondern Rollreibung. Diese ist umso größer, je stärker die Materialien deformiert werden. Prall aufgepumpte Reifen oder Holzstämme auf hartem Untergrund erfahren eine geringe Rollreibung.

Manche Historiker meinen, bereits die alten Ägypter hätten die Steine für den Pyramidenbau auf hölzernen Rollen transportiert. Andere halten diese Schlussfolgerung aufgrund der Quellenlage für nicht gerechtfertigt.

Allgemein gilt:

Die Rollreibungskraft ist proportional zur Unterlagskraft auf die Grenzfläche:

Rollreibungskraft:

$$F_{Roll} = f_{Roll} \cdot F_U.$$

Für nicht verformbare Körper ist sie immer kleiner als die Gleitreibungskraft, was sich in der Größe der Rollreibungszahl f_{Roll} ausdrückt. Dann gilt für alle Materialkombinationen:

$$f_{Roll} < f_{gleit} < f_{haft}$$

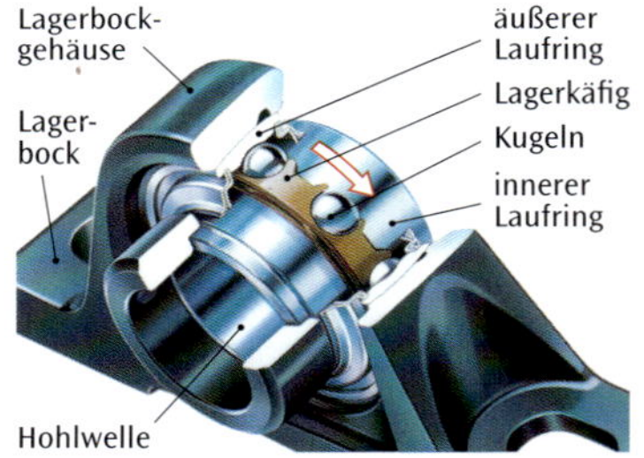

Bild 2: Getriebewelle mit Kugellagern

In vielen technischen Anwendungen, in denen Reibungsverluste unerwünscht sind, werden daher Wälz- oder Kugellager anstelle von Gleitlagern eingesetzt (**Bild 2**).

Bei nur schwach aufgepumpten Reifen wird ein Teil der für die Beschleunigung aufgewendeten Kraft dafür eingesetzt, den Reifen zu verformen. In dem Fall spielen neben den Grenzflächeneigenschaften auch die Verformungseigenschaften des Reifens eine wichtige Rolle und müssen berücksichtigt werden.

Wann kann Reibung vernachlässigt werden?

Immer wenn sie verglichen mit den anderen Kräften, die auf einen Körper wirken, klein ist. Das muss für jede Situation untersucht werden.

Im Allgemeinen ist dies der Fall, wenn

- die Reibungskraft selbst sehr klein ist. Dies kann verschiedene Gründe haben:
  - niedriger Luftwiderstandsbeiwert und/oder geringe Querschnittsfläche des Körpers durch aerodynamische Formgebung
  - geringe Geschwindigkeit bei der Bewegung durch ein Gas oder eine Flüssigkeit
  - niedrige Reibungszahl, z. B. durch Verwendung eines geeigneten Schmiermittels
- andere wirkende Kräfte sehr groß sind, z. B.
  - die Gewichtskraft auf einen fallender Körper mit sehr großer Masse
  - sehr hohe Zugkräfte

Wann muss Reibung berücksichtigt werden?

Wenn sie die vorherrschende Kraft ist, z. B. bei Bremsvorgängen, oder dieselbe Größenordnung besitzt wie die anderen wirkenden Kräfte. Dies wird in den Aufgabenbeispielen näher beleuchtet.

2.7.4 Die vier Grundkräfte und ihre Erscheinungsformen

Alle physikalischen Kräfte beruhen auf vier grundlegenden Arten der Wechselwirkung: die Gravitation, die elektromagnetische Wechselwirkung und die starken sowie die schwachen Kernkräfte. Die Stärke aller vier Wechselwirkungen nimmt mit zunehmender Entfernung der wechselwirkenden Körper ab.

Gravitation – die Allgegenwärtige

Die Gravitation(skraft) wurde bereits in 2.7.1 behandelt. Sie wirkt zwischen allen Körpern, die eine Masse besitzen und ist immer anziehend. Ihre Reichweite ist unbegrenzt.

Elektromagnetische Wechselwirkung – die Vielfältige

Sie tritt auf zwischen Körpern, die eine elektrische Ladung oder ein magnetisches Moment besitzen. Sie ist für nicht sehr schwere Körper stärker als die Gravitationskraft und kann anziehend oder abstoßend sein. Ihre Erscheinungsformen sind vielfältig.

Eigenschaften wie Dichte, Viskosität, Wärmekapazität, Temperatur oder Elastizität sind ein Resultat der elektromagnetischen Kräfte, die im Innern einer festen, flüssigen oder gasförmigen Substanz wirken. **Federkraft** (2.6.2) und **elastische Unterlagenkraft** (2.7.3) sind also von ihrer Natur her elektromagnetische Kräfte.

Bei chemischen Reaktionen gruppieren sich Atome oder Moleküle neu und die Kräfteverhältnisse im Festkörper verändern sich. Dies führt in Skelettmuskeln zu Längenänderungen und ist die Grundlage der **Muskelkraft** (2.1).

Bringt man zwei Festkörper in engen Kontakt, so treten auch deren oberflächennahe Moleküle miteinander in – elektromagnetische – Wechselwirkung. Diese ist meist anziehend und wird makroskopisch als **Reibung** (2.7.3) wahrgenommen.

Erscheinungsformen

In der physikalischen Fachsprache wird nicht immer präzise zwischen der Natur und der Wirkung einer Kraft unterschieden. Die Wirkung hängt immer von der konkreten Situation ab. Zum Beispiel kann die Schwerkraft als anziehende Kraft wahrgenommen werden – wenn ein Körper auf die Erde zu fällt – oder als Bremskraft, wenn ein Ball nach oben geworfen wird und sein Tempo abnimmt. Diese Wahrnehmung ist auch abhängig vom Bezugssystem, in dem der physikalische Vorgang betrachtet wird, die Natur der Kraft jedoch nicht.

In der Alltagssprache finden sich auch „Kräfte“, die keine Erscheinungsformen der vier physikalischen Grundkräfte darstellen (**Tabelle 1**).

Tabelle 1: Überblick über Natur und Erscheinungsformen von Kräften

Natur der Kraft	Wirkung der Kraft	Nicht-physikalische Kraft
Schwerkraft	abstoßende Kraft	Überzeugungskraft
Gewichtskraft	anziehende Kraft	Willenskraft
Gravitation(skraft)	resultierende Kraft	Schaffenskraft
elektrische Kraft	Antriebskraft	Waschkraft
magnetische Kraft	Zugkraft	Leuchtkraft
Muskelkraft	Gegenkraft	
Reibungskraft	Normalkraft	
Federkraft	Hangabtriebskraft	
elastische Unterlagenkraft	beschleunigende Kraft	
Kernkraft	Bremskraft	
	Zentripetalkraft	
	Scheinkraft	

2.7.5 Kräfte wirken zusammen: Kräftepläne

Die grafische Darstellung aller Kräfte, die auf einen Körper wirken, wird als Kräfteplan bezeichnet. Dieser ist ein wichtiges Hilfsmittel, um die Gesamtkraft (resultierende Kraft) zu ermitteln. Im vorigen Kapitel wurden bereits einige Kräftepläne für ruhende oder gleichförmig bewegte Körper gezeigt. Im Folgenden werden die Wirkungen der resultierenden Kraft auf den Bewegungszustand des Körpers betrachtet und daraus Beschleunigungen, Geschwindigkeiten und Ortskoordinaten berechnet.

Aufzug

Eine Fahrt im Free Fall Tower (**Bild 1**) verschafft dem Fahrgast Erlebnisse von Trägheit, „Leichtigkeit" und „Schwere": Die Trägheit z. B. des Magens ist direkt zu spüren, wenn dieser seinen Bewegungszustand beibehält, während der Rest des Körpers bereits beschleunigt wird.

Zudem wird man in den Sitz gedrückt – oder hebt (fast) daraus ab. Um Letzteres zu verhindern, sind Sicherungsbügel installiert (**Bild 2**).

Ein normaler Gebäudeaufzug verschafft einem im Prinzip dasselbe Erlebnis – nur in abgeschwächter Form. Der Grund sind die unterschiedlichen Beschleunigungswerte: Der Gebäudeaufzug beschleunigt und bremst mit $|a| \approx 1\ \text{m} \cdot \text{s}^{-2}$. Im Free Fall Tower erfährt man eine Fallbeschleunigung von bis zu $9{,}8\ \text{m} \cdot \text{s}^{-2}$ und eine Bremsbeschleunigung, deren Betrag deutlich höher sein kann.

Um wieviel schwerer oder leichter fühlt man sich im Aufzug und woher kommt das?

Bild 1: Free Fall Tower

Bild 2: Sicherungsbügel

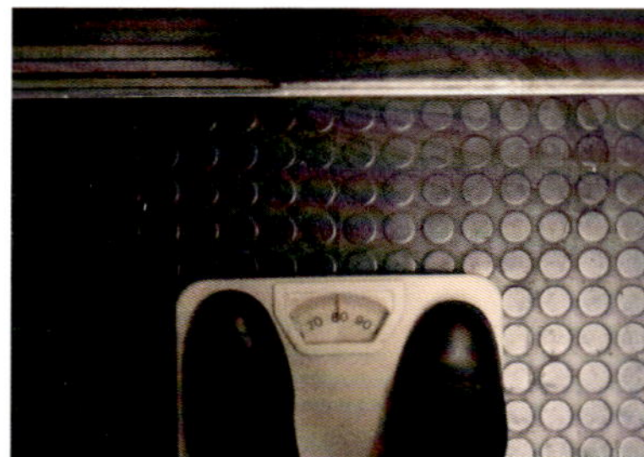

Bild 3: Waage im Aufzug

Experimentieren Sie selbst

Die Kraft, die man selbst auf den Untergrund ausübt, lässt sich in einem Gebäudeaufzug leicht mit Hilfe einer Personenwaage messen (**Bild 3**). Überprüfen Sie bei einer elektronischen Waage, ob diese auch funktioniert, während sie beschleunigt wird oder ob dies durch einen eingebauten Beschleunigungssensor verhindert wird. Anstelle der Personenwaage kann auch eine Kraftmessplatte mit Datenerfassungssystem verwendet werden, um die Kraft in Abhängigkeit der Zeit aufzuzeichnen.

Beobachten Sie, wie sich die angezeigte Masse verändert, während der Aufzug aufwärts bzw. abwärts fährt.

In welchen Phasen der Aufzugfahrt fühlen Sie sich auch „leichter" bzw. „schwerer"?

Inertialsystem oder nicht?

Da Waagen so kalibriert sind, dass sie die Masse des gewogenen Körpers anzeigen und nicht die Gewichtskraft, muss für die Bestimmung der jeweiligen Kraft F_{res}, die auf die Waage wirkt, der Wert für die angezeigte Masse m_{res} mit der Fallbeschleunigung multipliziert werden: $F_{res} = m_{res} \cdot g$.

In Ruhe zeigt die Personenwaage eine Masse von 80 kg an. Dies entspricht der Gewichtskraft $F_G = m \cdot g = 785$ N. Der Aufzug übt auf den Fahrgast eine gleich große Gegenkraft aus, die elastische Unterlagenkraft. (Andernfalls würde der Fahrgast im Boden versinken.)

Messungen, die im Aufzug gemacht werden, finden in dessen bewegtem Bezugssystem statt. Solange dieser sich mit konstanter Geschwindigkeit bewegt, handelt es sich um ein Inertialsystem und alle physikalischen Gesetze gelten in unveränderter Form (siehe 2.2). Speziell haben die Kräfte, die auf den Fahrgast wirken, im Aufzug denselben Betrag und dieselbe Richtung wie im ruhenden Bezugssystem des Gebäudes. Beide Bezugssysteme können mit Hilfe von physikalischen Messungen nicht unterschieden werden. Die Waage zeigt tatsächlich denselben Wert an wie in Ruhe (**Bild 1**, Phase II) – solange der Aufzug nicht beschleunigt.

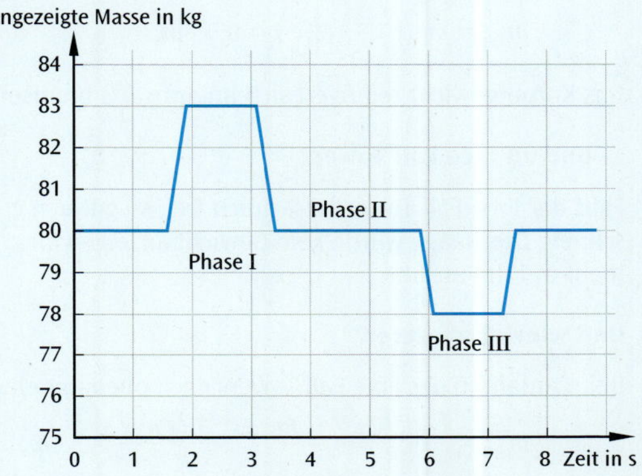

Bild 1: Anzeige der Personenwaage während einer Aufzugfahrt (schematisch)

Der vorige Absatz ist eine etwas ausführlichere Formulierung des 1. Newton'schen Gesetzes – des Trägheitssatzes.

Das 2. Newton'sche Gesetz kann man auch so formulieren:

Beim Anfahren und Abbremsen ist der Aufzug kein Intertialsystem mehr, da er beschleunigt wird. Die physikalischen Gesetze haben nicht mehr dieselbe Form wie im Ruhesystem. Speziell werden im beschleunigten Aufzug Trägheitskräfte gemessen, die im ruhenden Bezugssystem nicht vorhanden sind: die Waage zeigt andere Werte an (**Bild 1**, Phasen I und III).

Kräfte im beschleunigten Aufzug

Beim Anfahren aufwärts (bzw. beim Abbremsen abwärts) mit der Beschleunigung a übt der Aufzug zusätzlich zur elastischen Unterlagenkraft F_e eine weitere nach oben gerichtete Kraft vom Betrag $F = m \cdot a$ auf den Fahrgast aus – der sich nun „schwerer" fühlt! Mit dieser Kraft F wird der Fahrgast beschleunigt (bzw. abgebremst). Die gleich große Gegenkraft F' greift nach dem 3. Newton'schen Gesetz am Fahrgast an und ist nach unten gerichtet. Sie erhöht die Gewichtskraft F_G, die auf die Waage wirkt. **Bild 2** zeigt jeweils die einzelnen Kräfte sowie deren Resultierende F_{res}, die auf den Aufzug sowie den Fahrgast wirken.

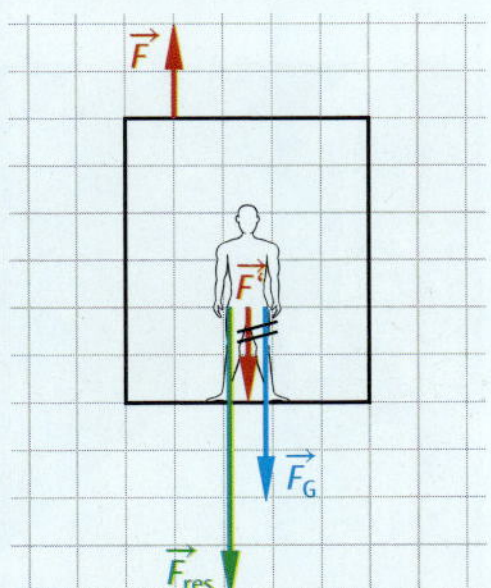

Bild 2: Kräfte im Aufzug beim Anfahren nach oben (ohne elastische Unterlagenkraft)

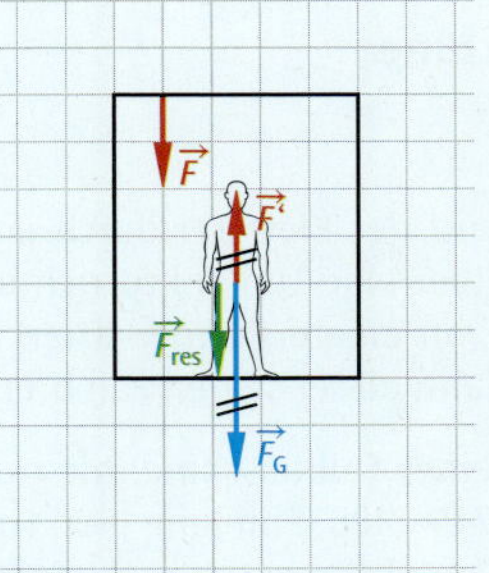

Bild 3: Kräfte beim Abbremsen in der Aufwärtsbewegung (ohne elastische Unterlagenkraft)

Beim Abbremsen aufwärts (bzw. beim Anfahren abwärts) wirkt auf den Aufzug eine nach unten gerichtete beschleunigende Kraft vom Betrag $F = m \cdot a$. Deren Gegenkraft F' addiert sich mit der Gewichtskraft zu $F_{res} = F_G - m \cdot a$, d. h., der Fahrgast fühlt sich „leichter". **Bild 3** zeigt für diese Situation die einzelnen sowie die resultierende Kraft.

Damit ist mit Hilfe der Newton'schen Gesetze die Frage beantwortet, warum man sich in einem Aufzug „schwerer" oder „leichter" fühlt. Den Betrag der scheinbaren Gewichtsabnahme kann man mit der mitfahrenden Waage messen – oder ausrechnen, wenn der Betrag der Beschleunigung a des Aufzugs bekannt ist.

Beispiel: Wieviel leichter ist man im Aufzug?

Wenn ein Aufzug beim Aufwärtsfahren abbremst (bzw. beim Abwärtsfahren anfährt), so ergibt sich aus der resultierenden Kraft, die der Fahrgast auf die Waage ausübt,

$$F_{res} = F_G - m \cdot a,$$

eine scheinbare Masse von

$$m_{res} = \frac{F_{res}}{g} = \frac{F_G - m \cdot a}{g} = \frac{m \cdot (g - a)}{g} = m \cdot \left(1 - \frac{a}{g}\right).$$

Mit einer Beschleunigung von $a = 1\ \text{m} \cdot \text{s}^{-2}$ im Gebäudeaufzug folgt

$$m_{res} = m \cdot \left(1 - \frac{1}{9{,}81}\right) = 0{,}9 \cdot m.$$

Das Körpergewicht reduziert sich im aufwärts bremsenden Aufzug also scheinbar um 10 %.

... und im Free Fall Tower?

Fällt der Free Fall Tower tatsächlich frei, so gilt $a = g$. Aufzug, Haltebügel, Fahrgäste und Waagen fallen alle gleich schnell. Die Waage würde kein Gewicht anzeigen ($m_{res} = 0$). Der Fahrgast wäre schwerelos, da der Boden keine Kraft mehr auf ihn ausübt.

Und wieviel schwerer?

Beim Anfahren des Free Fall Towers nach oben mit einer maximalen Beschleunigung von $a = 4 \cdot g$ ergibt sich analog

$$m_{res} = \frac{F_G + m \cdot a}{g} = \frac{m \cdot g + 4 \cdot m \cdot g}{g} = 5 \cdot m.$$

Man fühlt sich also fünfmal so schwer wie in Ruhe ...

Die Beschleunigung des Aufzugs wiegen

Die Beschleunigung des Aufzugs kann durch Messen der „scheinbaren" Masse m_{res} bestimmt werden:

Wenn die Waage für einen Fahrgast der Masse $m = 80$ kg in einem Gebäudeaufzug $m_{res} = 77$ kg anzeigt, ergibt sich dessen Beschleunigung zu

$$a = \frac{F_{res} - F_G}{m} = \frac{m_{res} - m}{m} \cdot g = \frac{3\ \text{kg}}{80\ \text{kg}} \cdot g = -0{,}038 \cdot g = 0{,}37\ \frac{\text{m}}{\text{s}^2}.$$

Das Minuszeichen bedeutet, dass die Beschleunigung entgegen der Bewegungsrichtung erfolgt.

Atwood'sche Fallmaschine

Gebremster Fall

Beim Top-Rope-Klettern wird der Kletterer durch ein Seil („rope") gesichert, das oben am Fels („top") über eine Umlenkvorrichtung läuft (im einfachsten Fall eine Öse) und unten von einem Partner fixiert wird (**Bild 1**). Sollte der Kletterer ins Seil stürzen, kann dieser seinen Fall bremsen.

Dies ist auch das Prinzip einer Fallmaschine, die der britische Physiker und Erfinder George Atwood (1745–1807) im Jahr 1784 vorgeführt hat.

Um die Fallbeschleunigung in einem Fallversuch direkt zu messen, benötigt man eine Videoanalyse oder eine Uhr mit einer Zeitauflösung von Hundertstel Sekunden (Abschnitt 1.4.2). Beides stand im 18. Jh. noch nicht zur Verfügung. Atwood verband stattdessen zwei Massestücke mit einem Faden, der über eine Umlenkrolle geführt wurde.

Der freie Fall des einen Massestücks der Masse M wird damit durch ein zweites gebremst. Dadurch konnte er die Fallzeiten so verlängern, dass sie mit den Uhren seiner Zeit gut zu messen waren.

Bild 1: Sicherung beim Top-Rope-Klettern

Messung der Beschleunigung

Zwei Gewichte mit den Massen M und M + m hängen an den Enden eines dünnen Fadens, der über eine leichtgängige Umlenkrolle läuft (**Bild 1**).

Vor Versuchsbeginn sind die Gewichte durch eine Halterung in der Ruheposition fixiert.

Sobald sie losgelassen werden, setzt sich die gesamte Anordnung in Bewegung: das schwerere Massestück bewegt sich nach unten, das leichtere nach oben. Die dabei auftretende Beschleunigung wird gemessen.Dazu bestimmt man die Fallhöhe h sowie die Fallzeit t und berechnet mit Hilfe der Bewegungsgleichung für die beschleunigte Bewegung ohne Anfangsgeschwindigkeit die Beschleunigung:

$$h = \frac{1}{2} \cdot a \cdot t^2 \Rightarrow a = \frac{2 \cdot h}{t^2}.$$

Alternative Möglchkeiten zur Messung von Beschleunigungen wurden in Abschnitt 1.4.4 aufgezeigt.

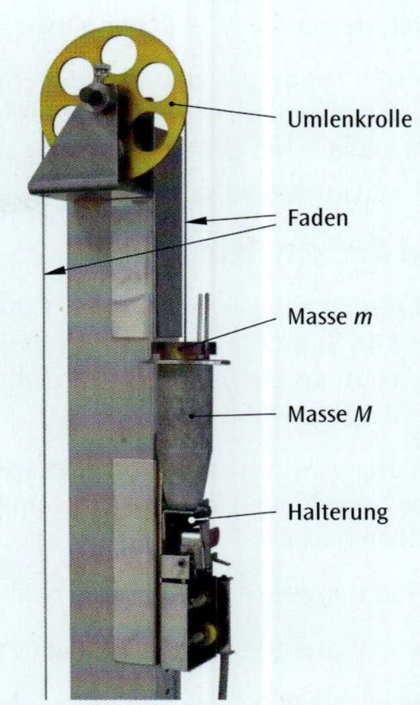

Bild 1: Atwood'sche Fallmaschine (das Gegengewicht hängt am linken Fadenende)

Kräfteplan

Auf das schwerere Massestück wirkt die Gewichtskraft $F_{G2} = (M + m) \cdot g$ nach unten. Die Gewichtskraft $F_{G1} = M \cdot g$ auf das leichtere Massestück wirkt infolge der Umlenkung nach oben. Die resultierende Kraft entspricht also dem Gewicht der kleinen Zusatzmasse:

Atwood'sche Fallmaschine:

$$F_{res} = (M + m) \cdot g - M \cdot g = m \cdot g \quad \textbf{(Bild 2)}$$

F_{res} beschleunigt beide Massestücke[1]. Mit dem 2. Newton'schen Gesetz gilt dann:

$$F_{res} = (2 \cdot M + m) \cdot a$$

[1] sowie Faden und Umlenkrolle, deren Massen im Vergleich mit M und m sehr klein sind

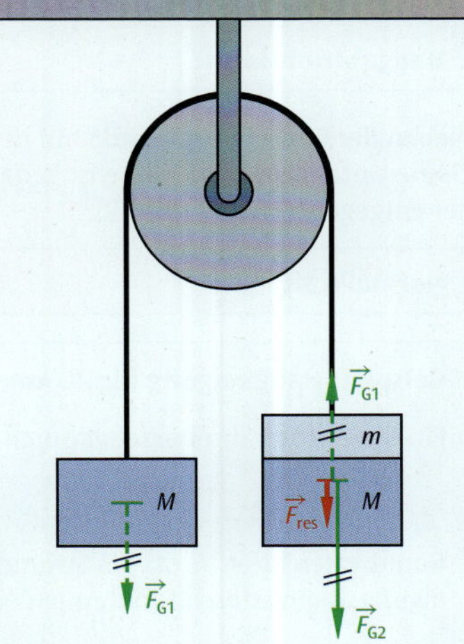

Bild 2: Kräfteplan

Daraus folgt:

$$(2 \cdot M + m) \cdot a = m \cdot g \Rightarrow g = \frac{2 \cdot M + m}{m} \cdot a = \left(2 \cdot \frac{M}{m} + 1\right) \cdot a$$

Beispiel: Atwood'sche Fallmaschine

Führt man den Versuch mit Massestücken der Masse $M = 0{,}200$ kg sowie $m = 0{,}010$ kg durch, misst man für eine Fallhöhe von $h = 0{,}75$ m eine Fallzeit von $t = 2{,}5$ s.

Für den Betrag der Beschleunigung ergibt sich dann

$$a = \frac{2 \cdot 0{,}75\ \text{m}}{(2{,}5\ \text{s})^2} = 0{,}24\ \frac{\text{m}}{\text{s}^2}.$$

Die Fallbeschleunigung beträgt damit

$$g = \left(\frac{2 \cdot 0{,}200\ \text{kg}}{0{,}010\ \text{kg}} + 1\right) \cdot 0{,}24\ \frac{\text{m}}{\text{s}^2} = 9{,}84\ \frac{\text{m}}{\text{s}^2} = 10\ \frac{\text{m}}{\text{s}^2},$$

in guter Übereinstimmung mit den Experimenten zum freien Fall.

Gleichförmige Bewegung

Werden beide Massestücke mit der gleichen Masse M (also $m = 0$) gewählt, dann befindet sich die Atwoodsche Fallmaschine im Kräftegleichgewicht. Werden die beiden Massestücke durch einen Kraftstoß auf eine Anfangsgeschwindigkeit beschleunigt, so bewegen sie sich kräftefrei mit dieser konstanten Geschwindigkeit weiter.

Zwei Kletterer mit gleicher Masse

Für den Sonderfall, dass beide Kletterer gleich schwer sind, gilt: Fällt der obere Kletterer ins Seil, dann würden sich beide Kletterer gleichförmig weiter bewegen[1]. Die gute Nachricht dabei: der gefallene Kletterer wird nicht weiter beschleunigt – wie es ohne Sicherung passieren würde. Allerdings würde der Sicherungspartner nach oben gezogen. Dies gilt es natürlich zu verhindern, z. B. durch Selbstsicherung an der Felswand.

Auf der geneigten Ebene

Fährt man auf Skiern, Schlitten, Fahrrad oder Skirollern einen Abhang hinunter (**Bild 1**), ist dies meist ein Vergnügen, weil Beschleunigung und Geschwindigkeit ohne eigenes Zutun, d. h. ohne die Ausübung von (anstrengender) Antriebskraft erlebt werden.

Bild 1: Skirollern bergab

Der Hang ist „zu steil", wenn Beschleunigung oder Geschwindigkeit als „zu groß" empfunden werden – in dem Fall ist es gut, geeignete Bremstechniken zu beherrschen.

Ist der Hang eher „flach", muss man „anschieben" oder „treten", um überhaupt vorwärts zu kommen.

Wie steil muss der Hang sein, damit man angenehm hinunter rollen oder gleiten kann?

Ein gleichmäßig geneigter „Hang" wird in Physik und Technik als schiefe oder geneigte Ebene bezeichnet. Auf der geneigten Ebene erfolgt die Beschleunigung hangabwärts durch die Gewichtskraft, deren Vektor in Richtung Erdmittelpunkt zeigt. Entlang der geneigten Ebene kann nur die Hangabtriebs-Komponente $\vec{F}_H$ der Gewichtskraft für die Beschleunigung wirksam werden, siehe Abschnitt 2.6. Deren Betrag ergibt sich mit Hilfe der Winkelbeziehungen im rechtwinkligen Dreieck (**Bild 2**).

Hangabtriebskraft:	$F_H = F_G \cdot \sin\alpha.$

Neben der Gewichtskraft wirkt auf den Körper auf der schiefen Ebene die elastische Unterlagenkraft. Diese ist genauso groß wie die Normalkraft F_N und dieser entgegengerichtet (**Bild 2**).

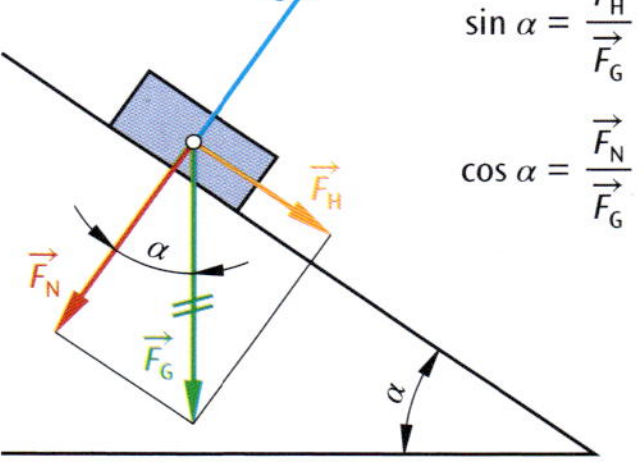

Bild 2: Kräfte an der geneigten Ebene

Normalkraft:	$F_N = F_G \cdot \cos\alpha.$

Beispiel: Hangneigung für 20 km/h

Ein Freizeitradfahrer erzeugt durch eigenen Antrieb eine Beschleunigung von

$$a = \frac{\Delta v}{\Delta t} \approx 1 \text{ m} \cdot \text{s}^{-2}.$$

Damit erreicht er in ca. 5,5 Sekunden aus der Ruhe eine Endgeschwindigkeit von 20 km/h. Wenn diese Beschleunigung alleine durch Hinabrollen einer geneigten Ebene erreicht werden soll, ergibt sich für den Neigungswinkel:

$$m \cdot a = F_H = m \cdot g \cdot \sin\alpha \;\Rightarrow\; \sin\alpha = \frac{a}{g} = 0,10 \;\Rightarrow\; \alpha = 6°.$$

Da bremsende Reibungskräfte für diese Abschätzung vernachlässigt wurden, muss der Neigungswinkel in der Realität höher sein, um die angestrebte Endgeschwindigkeit zu erreichen.

Neigungswinkel und Steigung

Die Steigung einer geneigten Ebene ist gleich dem Tangens des Neigungswinkels, wie man sich leicht anhand der Winkelbeziehungen im rechtwinkligen Dreieck veranschaulicht (**Bild 3**).

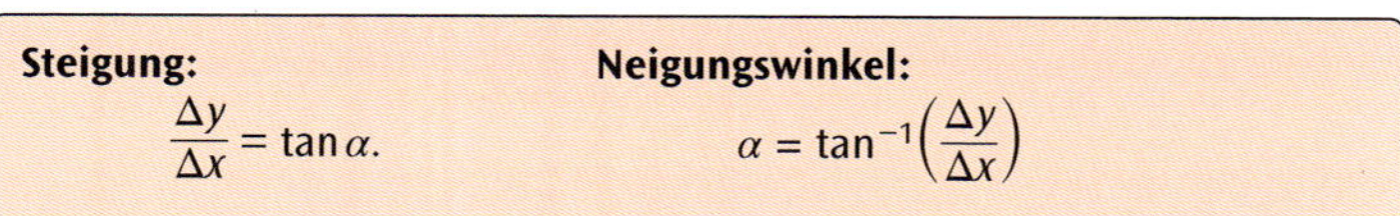

Steigung:	**Neigungswinkel:**
$\frac{\Delta y}{\Delta x} = \tan\alpha.$	$\alpha = \tan^{-1}\left(\frac{\Delta y}{\Delta x}\right)$

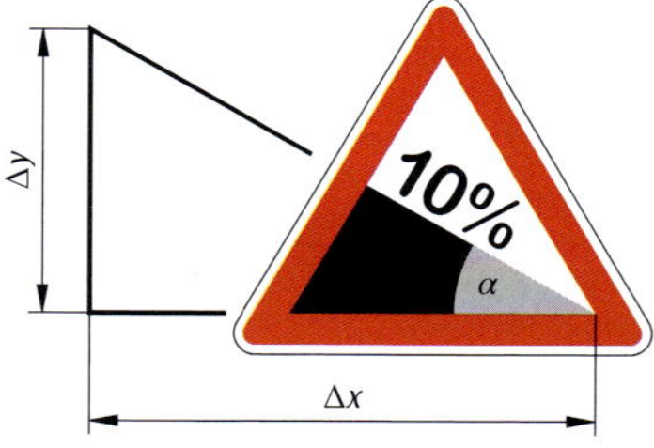

Bild 3: Neigungswinkel und Steigung

[1] In der Praxis kommt diese Bewegung infolge der Reibung schnell zum Stillstand.

Beispiel:

Ein Neigungswinkel von 6° entspricht also einer Steigung von $\tan 6° = 0,10 = 10\,\%$.

Straßensteigungen werden dabei gewöhnlich in Prozent angegeben:

10 % Steigung bedeuten, dass auf einer horizontalen Distanz Δx von 100 m ein Höhenunterschied Δy von 10 m überwunden wird (**Bild 3** auf der vorigen Seite).

Experimentieren Sie selbst

Probieren Sie in einem Skatepark oder auf einer geeigneten Straße ohne Autoverkehr aus, welche Geschwindigkeit Sie erreichen, wenn Sie aus der Ruhe heraus ohne Antrieb den Hang hinabrollen.

Mit der Hangabtriebskraft als beschleunigender Kraft ergibt sich für die Beschleunigung $a = g \cdot \sin\alpha$ und für die Geschwindigkeit nach der Zeit t:

$$v(t) = a \cdot t = g \cdot \sin\alpha \cdot t.$$

Messen oder schätzen Sie die Neigung der Ebene (**Bild 1**). Benutzen Sie ein Fahrrad mit Tachometer, ein Navi oder eine App auf Ihrem Smartphone zur Beschleunigungs- oder Geschwindigkeitsmessung.

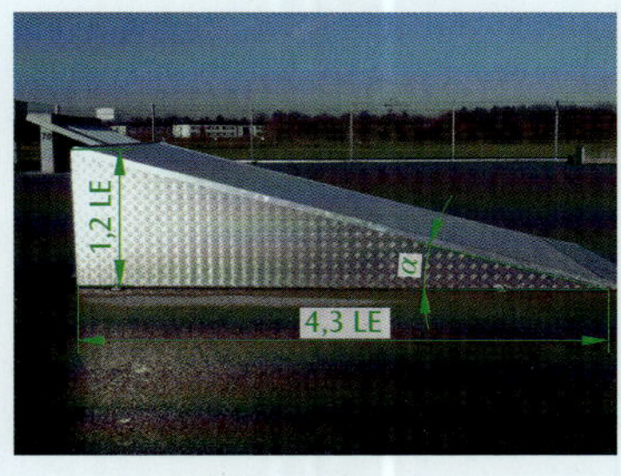

Bild 1: Die Steigung der geneigten Ebene beträgt $\tan\alpha = \frac{1,2}{4,3} = 28\,\%$.

Vergleichen Sie dann Ihren gemessenen Wert mit dem aus der Theorie berechneten!

Auch auf der geneigten Ebene sind es die Reibungskräfte, die die Beschleunigung begrenzen. Gleit- und Luftreibung wirken der Bewegungsrichtung entgegen, reduzieren also die resultierende beschleunigende Kraft in Hangabwärtsrichtung (**Bild 2**).

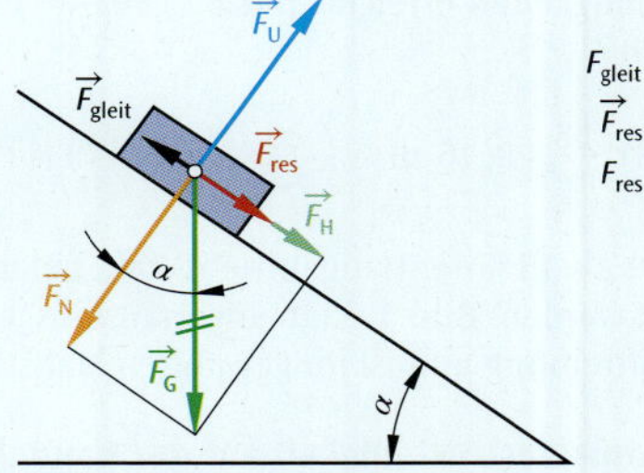

$$F_{gleit} = f_{gleit} \cdot F_u$$
$$\vec{F}_{res} = \vec{F}_H + \vec{F}_{gleit}$$
$$F_{res} = F_H - F_{gleit}$$

Bild 2: Geneigte Ebene mit Reibung

Für deren Betrag ergibt sich

$$F_{res} = F_H - F_{gleit} - F_{LR}$$

und eingesetzt

$$F_{res} = m \cdot g \cdot \sin\alpha - f_{gleit} \cdot m \cdot g \cdot \cos\alpha - F_{LR}.$$

Die Beschleunigung beträgt (Newton'sche Grundgleichung!)

$$F_{res} = m \cdot a \Rightarrow a = \frac{F_{res}}{m} = g \cdot \sin\alpha - f_{gleit} \cdot g \cdot \cos\alpha - \frac{F_{LR}}{m}.$$

Beispiel: Welchen Einfluss hat die Luftreibung auf der geneigten Ebene?

Das hängt von der Geschwindigkeit ab, mit der sich der Körper bewegt.

Das steilste Teilstück der Garmischer Kandahar-Skiabfahrt hat einen Neigungswinkel von 40°. Der Betrag der Gewichtskraft, die auf den Skifahrer samt Ausrüstung wirkt, beträgt bei einer mittleren Masse von $m = 80$ kg

$$F_G = m \cdot g = 80\text{ kg} \cdot 9,81\ \frac{\text{N}}{\text{kg}} = 0,78\text{ N}.$$

Gleitreibung im Vergleich zur Hangabtriebskraft

Der Betrag der Hangabtriebskomponente der Gewichtskraft lässt sich aus dem Kräfteparallelogramm bestimmen zu

$$F_H = F_G \cdot \sin\alpha = 785\text{ N} \cdot \sin 40° = 504,5\text{ N} = 0,50\text{ kN}.$$

Der Reibungskoeffizient zwischen bestens präparierten Rennskiern und optimal aufbereiteter Schneeunterlage beträgt etwa $f_{gleit} = 0,01$. Damit ergibt sich für den Betrag der Gleitreibungskraft

$$F_{gleit} = f_{gleit} \cdot F_U = f_{gleit} \cdot F_G \cdot \cos\alpha = 0,01 \cdot 785\text{ N} \cdot \cos 40° = 6,0\text{ N}.$$

Die Gleitreibungskraft auf der Kandahar-Abfahrt beträgt also nur etwas mehr als 1 % der Hangabtriebskraft. Daher kann sie vernachlässigt werden.

Luftreibung im Vergleich zur Gleitreibung

Die Luftreibung hängt ab von der Dichte ϱ der Luft, dem Widerstandsbeiwert c_W sowie der angeströmten Fläche A. Sie wächst außerdem mit dem Quadrat der Geschwindigkeit:

$$F_{LR} = \varrho \cdot c_W \cdot A \cdot v^2.$$

Für einen Skirennläufer unter optimalen Bedingungen gilt $c_W \cdot A \approx 0{,}16\ \text{m}^2$. Die Dichte der Luft beträgt ca. $\varrho = 1\ \text{kg} \cdot \text{m}^{-3}$.

Damit ergibt sich für die Geschwindigkeit, bei der die Luftreibungskraft genauso groß ist wie die Gleitreibungskraft:

$$F_{LR} = F_{gleit} \Rightarrow v = \sqrt{\frac{2 \cdot F_{gleit}}{c_W \cdot A \cdot \rho}}$$

$$v = \sqrt{\frac{2 \cdot 6{,}0\ \text{N} \cdot \text{m}^3}{0{,}16\ \text{m}^2 \cdot 1\ \text{kg}}} = 8{,}7\ \frac{\text{m}}{\text{s}} = 31\ \frac{\text{km}}{\text{h}}.$$

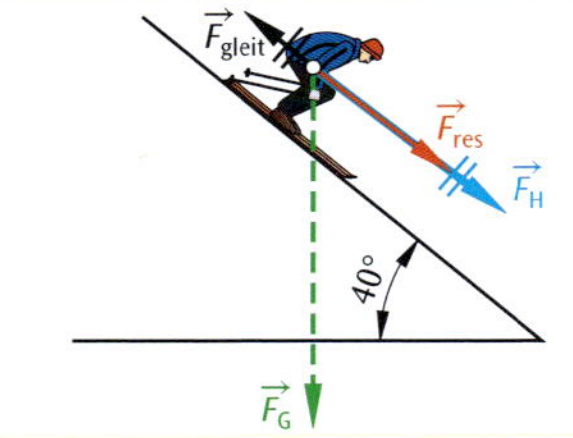

Bild 1: Maßstabsgetreuer Kräfteplan für den Skifahrer auf der Kandahar-Abfahrt

Auf der Kandahar-Skiabfahrt werden von den Rennfahrern deutlich höhere Geschwindigkeiten erreicht: mit $v = 80\ \frac{\text{km}}{\text{h}}$ ergibt sich eine Luftreibungskraft von

$$F_{LR} = 1\ \frac{\text{kg}}{\text{m}^3} \cdot 0{,}16\ \text{m}^2 \cdot \left(\frac{80}{3{,}6}\ \frac{\text{m}}{\text{s}}\right)^2 = 79\ \text{N}.$$

Dies sind mehr als 15 % der Hangabtriebskraft. Bei derart hohen Geschwindigkeiten darf die Luftreibung nicht mehr vernachlässigt werden. **Bild 1** zeigt eine maßstabsgetreue Darstellung von F_H und F_{LR}. Die Gleitreibungskraft beträgt ca. 8 % der Luftreibung und ist im gewählten Maßstab nicht mehr zu erkennen.

Absolute Maximalgeschwindigkeit auf der Kandahar

Wie schnell kann ein Skifahrer unter dem Einfluss von Hangabtriebs- und Reibungskräften überhaupt werden? Der Skifahrer wird – gemäß dem Beharrungsprinzip – nicht weiter beschleunigt, wenn die Reibungskräfte gleich groß wie die Hangabtriebskraft sind und Kräftegleichgewicht herrscht:

$$F_{LR} + F_{gleit} = F_H \Rightarrow v = \sqrt{\frac{2 \cdot (F_H - F_R)}{c_W \cdot A \cdot \rho}} = \sqrt{\frac{2 \cdot (504{,}5 - 6{,}0)\ \text{N} \cdot \text{m}^2}{0{,}16\ \text{m}^2 \cdot 1\ \text{kg}}} = 79\ \frac{\text{m}}{\text{s}} = 284\ \frac{\text{km}}{\text{h}}.$$

Der (inoffizielle) Weltrekord im Geschwindigkeitsfahren liegt – Stand 2017 – nur 10 % niedriger als unsere Abschätzung: bei 255 km/h.

Bestimmung der Gleitreibungszahl

Geschwindigkeitsmessungen an der geneigten Ebene sind eine geeignete Methode, Gleitreibungszahlen zu bestimmen (wenn die Geschwindigkeit nicht zu hoch ist, so dass die Luftreibung keine nenneswerte Rolle spielt).

Für die Messung werden z. B. Lichtschranken entlang einer geneigten Ebene mit konstantem Gefälle aufgestellt, die eine Zeit- sowie Geschwindigkeitsmessung ermöglichen – siehe Abschnitt 1.3.2. Aus dem Geschwindigkeitszuwachs Δv wird die Beschleunigung $a = \frac{\Delta v}{\Delta t}$ bestimmt. Bei konstanter Beschleunigung gilt für die beschleunigende Kraft

$$F = m \cdot a = m \cdot g \cdot \sin\alpha - f_{gleit} \cdot m \cdot g \cdot \cos\alpha.$$

Auflösen nach der Gleitreibungszahl μ ergibt

$$f_{gleit} = \frac{g \cdot \sin\alpha - a}{g \cdot \cos\alpha} = \tan\alpha = \frac{a}{g \cdot \cos\alpha}.$$

Bei einer gemessenen Beschleunigung von $a = 2,2\ \mathrm{m \cdot s^{-2}}$ und einer Hangneigung von $\alpha = 15°$ (entsprechend einer Steigung von 27 %) ergibt sich für die Gleitreibungszahl ein Wert von $f_{\text{gleit}} = 0,04$.

Vor einem Skirennen werden häufig vergleichende Geschwindigkeitsmessungen durchgeführt: zwei Skifahrer gleiten nebeneinander aus der Ruhe denselben Hang hinunter und berühren sich dabei. So stellen sie fest, welches Paar Ski bei der aktuellen Schneelage die höhere Beschleunigung erfährt.

Bild 1: Schrägaufzug

Wie stark muss man aufwärts ziehen?

Bergaufbewegungen kennen Sportler wie Langläufer und Fahrradfahrer aus eigener Erfahrung – je steiler der „Hang", desto mehr Antriebskraft ist erforderlich, um der Hangabtriebskraft entgegen zu wirken. Dasselbe gilt für die Zugkraft bei einem Schrägaufzug, der z. B. auf Baustellen genutzt wird (**Bild 1**).

Bild 2 zeigt die Veränderung des Betrags der Hangabtriebskraft F_H in Abhängigkeit vom Neigungswinkel α.

Dargestellt ist der Quotient F_H / F_G, der maximal den Wert 1 erreichen kann.

Die Steigung der $F_H(\alpha)$-Kurve nimmt zwischen 0 und 90 Grad kontinuierlich ab. Für Winkel nahe der Senkrechten ist also die erforderliche Zugkraft nahezu unabhängig von α. Für kleine Winkel dagegen hängt die Zugkraft in erheblichem Maß von α ab – eine Veränderung um wenige Grad kann darüber entscheiden, ob eine Last mit der zur Verfügung stehenden Motor- oder Muskelkraft hinaufgezogen werden kann oder nicht.

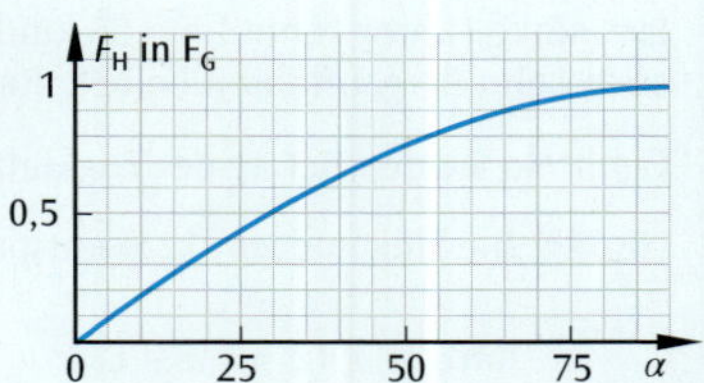

Bild 2: Die Hangabtriebskraft steigt nicht linear mit dem Neigungswinkel α

Die Zugkraft wird vektoriell zu den anderen Kräften an der geneigten Ebene addiert. Wenn die Zugkraft in Bergaufrichtung denselben Betrag hat wie die Hangabtriebskraft (**Bild 3**), dann ist die resultierende Kraft $\vec{F}_{\text{res}}$ null und der Körper wird nicht beschleunigt. Je nachdem, in welchem Bewegungszustand er sich befindet, bleibt er in Ruhe oder bewegt sich mit konstanter Geschwindigkeit – bergauf oder bergab.

Ist der Betrag der Zugkraft größer oder kleiner als der Betrag von $\vec{F}_H$, so wird der Körper mit $\vec{F}_{\text{res}} = \vec{F}_H + \vec{F}_{\text{Zug}}$ beschleunigt. Für den Betrag von $\vec{F}_{\text{res}}$ gilt dabei: $F_{\text{res}} = |F_H - F_{\text{Zug}}|$.

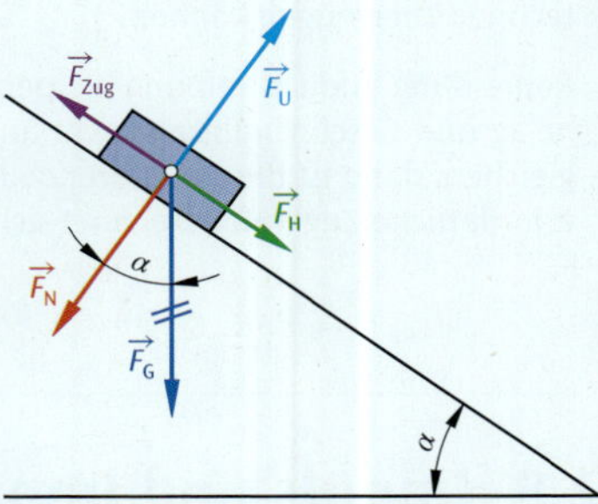

Bild 3: Der Körper bewegt sich mit konstanter Geschwindigkeit, $F_{\text{res}} = 0$

Beispiel: Schiefe Ebene

1. Ohne Antrieb bergauf

Ein Skateboarder will eine 1,5 Meter lange Rampe hinauffahren, die einen Neigungswinkel von 32° aufweist. Ermitteln Sie, ob die Rampe lang genug ist, wenn er am Fuß der Rampe mit 15 km/h anfährt und nicht aktiv bremsen kann.

Lösung: Gleitreibung und Luftreibung werden zunächst vernachlässigt.

Die Hangabtriebskraft wirkt bei der Bergaufbewegung bremsend, für die Bremsbeschleunigung gilt

$$a_H = g \cdot \sin\alpha = 9,81\ \frac{\mathrm{m}}{\mathrm{s}^2} \cdot \sin 32° = 5,20\ \frac{\mathrm{m}}{\mathrm{s}^2}.$$

Der Bremsweg ergibt sich damit zu

$$v_0^2 = 2 \cdot a_H \cdot s \Rightarrow s = \frac{v_0^2}{2 \cdot a_H} = \frac{15^2\ \mathrm{m}^2 \cdot \mathrm{s}^2}{3,6^2\ \mathrm{s}^2 \cdot 2 \cdot 5,20\ \mathrm{m}} = 1,67\ \mathrm{m}.$$

Die Rampe ist also zu kurz – jedenfalls bei Vernachlässigung der Reibung. Kann diese den Skateboarder noch retten?

Bei der relativ geringen Geschwindigkeit spielt Luftreibung keine nennenswerte Rolle. Unter Berücksichtigung der Gleitreibung bzw. hier der Rollreibung mit $f_{\text{gleit}} = 0,02$ ergibt sich

$$a_{\text{H}} = g \cdot \sin\alpha + f_{\text{gleit}} \cdot g \cdot \cos\alpha = 9,81\ \frac{\text{m}}{\text{s}^2} \cdot (\sin 32° + 0,02 \cdot \cos 32°) = 5,36\ \frac{\text{m}}{\text{s}^2}.$$

und

$$s = \frac{v_0^2}{2 \cdot a} = \frac{15^2\ \text{m}^2 \cdot \text{s}^2}{3,6^2\ \text{s}^2 \cdot 2 \cdot 5,36\ \text{m}} = 1,62\ \text{m}.$$

Die Rampe ist also definitiv zu kurz, als dass unser Skaterboarder bis zum Stillstand abgebremst werden könnte.

2. Mit Antrieb geht‘s leichter

Ein E-Bike-Fahrer kommt mit 25 km/h aus der Ebene an eine 12 %-ige Steigung. Er will diese Geschwindigkeit gerne auch beim Bergauffahren beibehalten.

Ermitteln Sie den Betrag der Zugkraft, die der Motor an der Steigung zusätzlich aufbringen muss.

Lösung: Die Steigung von 12 % entspricht einem Neigungswinkel von 6,8°:

$$\tan\alpha = 0,12 \;\Rightarrow\; \alpha = 6,8°.$$

Für derart kleine Winkel (und allgemein für $\alpha < 10°$) kann die Näherung $\sin\alpha \approx \tan\alpha$ verwendet werden; die beiden Zahlenwerte unterscheiden sich erst in der 3. Nachkommastelle, wovon Sie sich durch Eintippen in den Taschenrechner überzeugen können.

Rollreibung und Luftreibung bleiben beim Übergang aus der Ebene in die Steigung konstant, wenn sich Fahrbahnbelag und Geschwindigkeit nicht ändern. Die zusätzliche Motorkraft muss also genau die Hangabtriebskraft ausgleichen, dann ist die resultierende Kraft null und der E-Biker bewegt sich mit konstanter Geschwindigkeit fort. Die erforderliche Zugkraft berechnet sich daher wie folgt:

$$F_{\text{Zug}} = F_{\text{H}} = m \cdot g \cdot \sin\alpha = 100\ \text{kg} \cdot 9,81\ \frac{\text{m}}{\text{s}^2} \cdot 0,12 = 0,12\ \text{kN}.$$

2.8 Impuls und Impulserhaltung

Experimentieren Sie selbst

Ein aufgeblasener Luftballon fliegt davon, wenn er nicht zugebunden wird – und zwar entgegen der Richtung, in die die Luft ausströmt. Befestigt man den Ballon auf einem Spielzeugauto mit der Öffnung nach links, so bewegt sich das Auto nach rechts (**Bild 1**).

Kann ein Astronaut auf Weltraumspaziergang (**Bild 2**) denselben Mechanismus nutzen, um zu seinem Raumschiff zurückzukommen, wenn seine Sicherungsleine gerissen ist?

Wenn er keinen gefüllten Luftballon dabei hat, könnte er stattdessen sein Werkzeug (z. B. einen Akkuschrauber) wegwerfen. Die Kraft, mit der er das Werkzeug beschleunigt, verursacht nach dem 3. Newton‘schen Gesetz (Wechselwirkungssatz) eine gleich große Gegenkraft auf den anderen Körper – hier auf den Astronauten!

Bild 1: Luftballonauto

Bild 2: Weltraumspaziergang

2.8.1 Der Impuls als vektorielle Bewegungsgröße

Kraft und Gegenkraft sind nicht nur entgegengesetzt gleich groß, sondern sie wirken auch jeweils über denselben Zeitraum Δt: Der Astronaut wird beschleunigt, solange der Vorgang des Wegwerfens andauert. Für die entsprechenden Kraftstöße $\vec{F} \cdot \Delta t$ gilt also:

$$\vec{F}_1 \cdot \Delta t = -\vec{F}_2 \cdot \Delta t.$$

Aufgrund des 2. Newton'schen Gesetzes $\vec{F} \cdot \Delta t = m \cdot \Delta \vec{v}$ sind damit auch die Produkte aus Masse und Geschwindigkeitsänderung gegengleich:

$$m_1 \cdot \Delta \vec{v}_1 = -m_2 \cdot \Delta \vec{v}_2.$$

Beispiel:

Auf welche Abwurfgeschwindigkeit muss der Akkuschrauber mindestens beschleunigt werden, wenn der Astronaut schon 20 m vom Raumfahrzeug entfernt ist und sein Sauerstoffvorrat noch für 6 Minuten ausreicht?

Lösung:

Da beide Körper aus der Ruhe beschleunigt werden, gilt mit $\Delta \vec{v}_1 = \vec{v}_1$:

$m_1 \cdot \vec{v}_1 = -m_2 \cdot \vec{v}_2$ und für die Beträge $m_1 \cdot v_1 = m_2 \cdot v_2$ (**Bild 1**).

Bild 1: Drittes Newton'sches Gesetz

Der Astronaut besitzt inklusive Ausrüstung eine Masse von 150 kg. Diese muss mindestens auf eine Geschwindigkeit vom Betrag

$$v_2 = \frac{20\ \text{m}}{360\ \text{s}} = 0{,}056\ \frac{\text{m}}{\text{s}}$$

beschleunigt werden.

Die Masse des Akkuschraubers wird auf 500 g geschätzt. Damit ergibt sich für den Betrag der erforderlichen Abwurfgeschwindigkeit

$$m_2 \cdot v_2 = m_1 \cdot v_1 \Rightarrow v_1 = \frac{m_2}{m_1} \cdot v_2 = \frac{150\ \text{kg}}{0{,}50\ \text{kg}} \cdot 0{,}056\ \frac{\text{m}}{\text{s}} = 17\ \frac{\text{m}}{\text{s}} \approx 60\ \frac{\text{km}}{\text{h}}.$$

Handballspieler der Weltklasse erreichen mit dem etwa gleich schweren Handball Abwurfgeschwindigkeiten von bis zu 120 km/h. Da Astronauten sehr sportlich sein müssen, sollten sie auch ohne Anlauf eine Abwurfgeschwindigkeit von 60 km/h erreichen.

Das Produkt $m \cdot \Delta \vec{v}$ wurde von Newton als Änderung der „Größe der Bewegung" $m \cdot \vec{v}$ beschrieben. Heute bezeichnet man diese als

Impuls:

$\vec{p} = m \cdot \vec{v}$ Einheit: $[p] = \text{kg} \cdot \frac{\text{m}}{\text{s}} = \text{kg} \cdot \frac{\text{m}}{\text{s}^2} \cdot \text{s} = \text{N} \cdot \text{s}.$

Anschaulich kann man den Impuls als „Schwung" oder „Wucht" begreifen. Der englische Ausdruck „to gain momentum" bedeutet wörtlich übersetzt „Impuls gewinnen" - oder besser „in Gang kommen" oder „Fahrt aufnehmen".

Der Impulsvektor zeigt wie der Geschwindigkeitsvektor immer in die momentane Bewegungsrichtung und hat den Betrag $p = m \cdot v$.

Wegen $\vec{F} \cdot \Delta t = m \cdot \Delta \vec{v}$ ist der Impuls $m \cdot v$ eines Körpers identisch mit dem Kraftstoß, der erforderlich ist, um diesen Körper aus der Ruhe auf die Geschwindigkeit $\vec{v}$ zu beschleunigen.

Ein ruhender Körper hat weder Geschwindigkeit ($\vec{v} = 0$) noch Impuls ($\vec{p} = 0$).

2.8.2 Der Impuls als Erhaltungsgröße

Das 2. Newton'sche Gesetz lässt sich mit Hilfe des Impulses formulieren:

Kraftstoß und Impuls:

$$\vec{F} \cdot \Delta t = \Delta \vec{p} \quad \text{oder} \quad \vec{F} = \frac{\Delta \vec{p}}{\Delta t}.$$

Eine Kraft $\vec{F}$ bewirkt in der Zeit Δt eine Impulsänderung $\Delta \vec{p}$ eines Körpers.

Wird der Zeitraum Δt sehr klein, so geht die obige Gleichung in ihre differenzielle Form über:

$$\vec{F} = \frac{d\vec{p}}{dt} = \dot{\vec{p}}.$$

Die beschleunigende Kraft kann als zeitliche Ableitung des Impulses ausgedrückt werden. Hier wird deutlich, dass der Impuls für die Dynamik dieselbe zentrale Rolle spielt wie die Ortskoordinate für die Kinematik. Die Gleichungen $\dot{\vec{x}} = \vec{v}$, $\ddot{\vec{x}} = \vec{a}$ und $\dot{\vec{p}} = \vec{F}$ bilden das Grundgerüst der theoretischen Mechanik.

Das **3. Newton'sche Gesetz** lautet damit

$$\vec{F}_1 = -\vec{F}_2 \quad \Leftrightarrow \quad \frac{\Delta\vec{p}_1}{\Delta t} = -\frac{\Delta\vec{p}_2}{\Delta t} \quad \Leftrightarrow \quad \Delta\vec{p}_1 + \Delta\vec{p}_2 = 0 \quad \Rightarrow \quad \Delta\vec{p}_{ges} = 0.$$

Oder in Worten: Die Summe aller Impulsänderungen in einem abgeschlossenen System ist null.

Beispiel: Fortsetzung Astronaut im Weltall

Für unseren Astronauten bedeutet dies: Der Gesamtimpuls des Systems „Astronaut und Akkuschrauber" beträgt zunächst null, weil beide vor dem Werfen ruhen:

$$\vec{p}_{ges} = \vec{p}_1 + \vec{p}_2 = 0 + 0 = 0.$$

Nachdem der Astronaut den Akkuschrauber weggeworfen hat, muss der Gesamtimpuls unverändert sein und die Impulsvektoren der beiden Körper addieren sich zu null, also

$$\vec{p}'_{ges} = \vec{p}'_1 + \vec{p}'_2 = m_1 \cdot \vec{v}_1 + m_2 \cdot \vec{v}_2 = 0.$$

Bild 1 zeigt die entgegengesetzt gerichteten Impulsvektoren $\vec{p}'_1$ und $\vec{p}'_2$ nach dem Abwurf.

Bild 1: Impulserhaltung beim Rückstoß

Der Gesamtimpuls bleibt in einem abgeschlossenen System erhalten bzw. der Gesamtimpuls ist in einem abgeschlossenen System eine Erhaltungsgröße.

Versuch: Der Gesamtimpuls ist null

Die Erhaltung des Gesamtimpulses lässt sich leicht auf der Luftkissenfahrbahn experimentell nachweisen. Dazu werden zwei Luftkissengleiter mit Druckfedern versehen und mit einem Gummiband gekoppelt (**Bild 2**). Die Massen der beiden Gleiter betragen $m_1 = 99{,}5$ g und $m_2 = 99{,}0$ g.

Das Gummiband wird durchgeschnitten. Die Gleiter werden durch die Federkraft in entgegengesetzte Richtungen beschleunigt (**Bild 2**).

Die Geschwindigkeit der Gleiter wird jeweils durch die Verdunkelungszeit einer Lichtschranke gemessen. Die Breite der Zeiger beträgt jeweils $b = 5{,}0$ mm. Die Lichtschranken werden außerhalb der Beschleunigungsstrecken aufgestellt, so dass die Geschwindigkeiten konstant (d. h. die Federn vollkommen entspannt) sind.

Die gemessenen Verdunkelungszeiten Δt sowie die daraus ermittelten Geschwindigkeiten v und die Impulsbeträge p für beide Gleiter sind in **Tabelle 1** aufgelistet.

Bild 2: Gekoppelte Gleiter vor dem Rückstoß

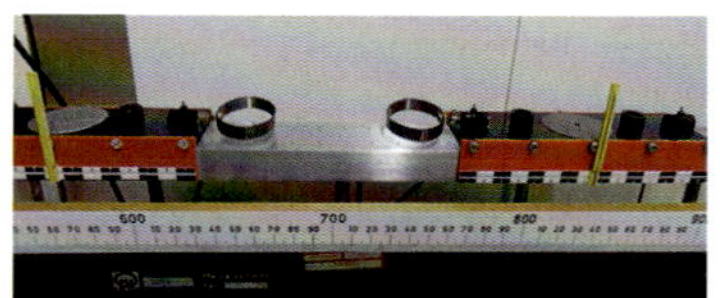

Bild 3: Gleiter nach Aufheben der Kopplung

Tabelle 1: Geschwindigkeiten der Gleiter nach dem Rückstoß

	Gleiter 1	Gleiter 2
Δt in 10^{-3} s	11,57	11,24
v in $\text{m} \cdot \text{s}^{-1}$	0,432	0,445
p in $\text{N} \cdot \text{s}$	0,043	0,044

Ergebnis:

Die Impulsbeträge der beiden Gleiter 1 und 2 sind im Rahmen der Messgenauigkeit gleich.

Eine Variation dieses Versuchs besteht darin, die Gleiter nicht mit dem Gummiband zu koppeln, sondern zwei Gleiter mit jeweils denselben Impulsbeträgen aufeinander zu fahren zu lassen (indem sie z. B. beide mit der gleichen Federkraft beschleunigt werden). In diesem Fall ergibt der Gesamtimpuls vor dem Stoß $\vec{p}_{ges} = \vec{p}_1 + \vec{p}_2 = 0$ ebenfalls null.

Beispiel: Impulserhaltung bei Kernzerfällen

In den Jahren nach 1910 wurde der Beta-Zerfall von Atomkernen untersucht, bei dem aufgrund von Neutronenüberschuss ein schnelles Elektron emittiert (= ausgesendet) wird. Der Satz von der Impulserhaltung würde voraussagen, dass sich in einem Bezugssystem, in dem der zerfallende Kern ruht, der Impuls des Elektrons und der Impuls des Restkerns zu null addieren (**Bild 1**). Dies ist jedoch nicht der Fall. Die Experimente zur Messung der Impulse wurden immer genauer, doch der Fehlbetrag blieb bestehen.

Wolfgang Pauli zog nicht die Impulserhaltung in Zweifel, sondern schlussfolgerte im Jahr 1930, dass beim Beta-Zerfall ein weiteres elektrisch neutrales Teilchen entstehen muss, das bis dahin noch nicht beobachtet worden war (**Bild 2**). Sein Kollege Enrico Fermi gab diesem den Namen „Neutrino" – „kleines Neutron". Es wurde jedoch erst im Jahr 1956 in Los Alamos entdeckt und ist nach heutigem (2017) Wissensstand – wie das Elektron – eines von 18 (inkl. 2 W-Bosonen und Higgs-Boson) elementaren Teilchen, aus denen Materie besteht.

Impulsdiagramm nach dem Zerfall eines ruhenden Kerns in zwei Teilchen. $\vec{p}'_1$ und $\vec{p}'_2$ sind betragsgleich und einander entgegengerichtet.

Mögliches Impulsdiagramm nach dem Zerfall in drei Teilchen. $\vec{p}'_2$ und $\vec{p}'_3$ können variieren, addieren sich aber immer mit $\vec{p}'_1$ zu null.

Bild 1: Zwei Teilchen

Bild 2: Drei Teilchen

Die Erhaltung des Gesamtimpulses wurde in zahlreichen sehr unterschiedlichen Experimenten bestätigt. Sie stellt neben der Erhaltung der Energie eines der zentralen Prinzipien der modernen Physik dar. Abschnitt 3.6 enthält dazu zahlreiche Beispiele.

2.8.3 Stoßvorgänge

Als „Stoß" bezeichnet man gewöhnlich

- die Wechselwirkung zwischen zwei oder mehreren Körpern,
- von denen sich mindestens einer bewegt und
- bei der ein Impulsübertrag stattfindet.

Beispiele für Stoßvorgänge:

Ein Glas zerschellt auf den Fliesen, ein Ball trifft die Torlatte, ein Fahrzeug fährt auf ein anderes auf, die Kugel wirft die Kegel um, Fußball oder Billardkugel werden angestoßen.

Experimentieren Sie selbst

Legen Sie einen leichten auf einen schweren Ball (z. B. einen Tennisball auf einen Basketball) und lassen Sie die Bälle gleichzeitig fallen (**Bild 3**). Achten Sie darauf, dass sich die Bälle während ihres Falls möglichst genau übereinander befinden – und dass sich keine empfindlichen Gegenstände in der Nähe befinden.

Bild 3: Stoß zwischen Basketball und Tennisball

Was beobachten Sie nach dem Auftreffen auf dem Boden? Wie erklären Sie sich das Verhalten des leichten Balls?

Der Gesamtimpuls ist nicht null

Beispiel: Billard

Der Anstoß im Billard ist eine Abfolge von zwei Stößen:

Beim ersten stößt der Queue[1] die ruhende weiße Kugel (**Bild 1** auf der folgenden Seite) und setzt sie durch den Kraftstoß ($\vec{F} \cdot \Delta t$) in Bewegung ($m_1 \cdot \Delta \vec{v}_1$). Beim zweiten Stoß prallt die weiße Kugel auf die rote Kugel im Vordergrund.

[1] sprich: „köh", Spielstock im Billard

Bild 2 bis **Bild 4** zeigen die zugehörigen Impulsvektoren. Der Queue befindet sich nach dem Anstoß in Ruhe: der Impuls wird vollständig auf die weiße Kugel übertragen.

Die weiße Kugel wiederum überträgt einen Teil ihres Impulses auf die rote Kugel im Vordergrund. Nach diesem Stoß bewegen sich beide Kugeln – mit konstantem Gesamtimpuls (**Bild 4**).

Bild 1: Stöße beim Billard

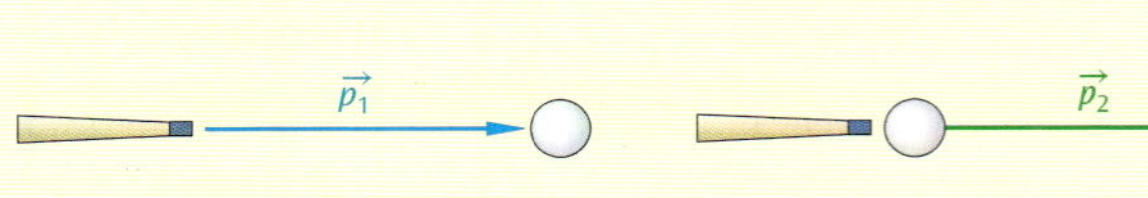

Bild 2: Impulsvektor des Queue

Bild 3: Impulsvektor der weißen Kugel nach dem Anstoß

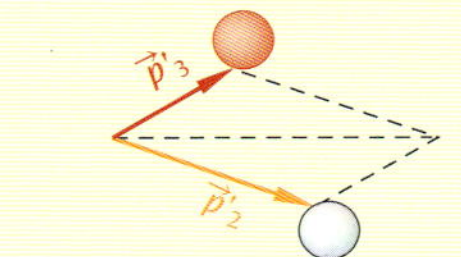

Bild 4: Impulsvektoren der beiden Kugeln nach dem Stoß der weißen mit der roten Kugel

Beispiel: Stoßvorgänge in der Quantenphysik

Bild 5 zeigt das Impulsmodell des quantenmechanischen Compton-Effekts: Ein Photon (die kleinste Energieportion des Lichts) stößt auf ein zunächst ruhendes, sehr schwach gebundenes Elektron und versetzt dieses in Bewegung. Das Photon selbst wird aus seiner ursprünglichen Bewegungsrichtung abgelenkt und bewegt sich mit geringerem Impuls $\vec{p}'_{\text{Photon}}$ weiter.

Da sich Photonen nur mit Lichtgeschwindigkeit bewegen können, ändert sich bei einer Impulsänderung nicht die Geschwindigkeit des Photons, sondern die Frequenz des Lichts, bei sichtbarem Licht also dessen Farbe.

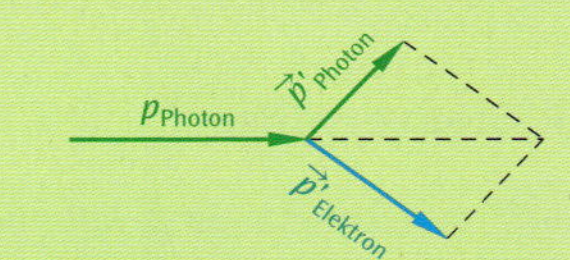

Bild 5: Compton-Effekt

Versuch: vollständig elastischer und unelastischer Stoß

Die Erhaltung des Gesamtimpulses bei Stoßvorgängen lässt sich auf der Luftkisssenfahrbahn bestätigen.

Beide Luftkissengleiter werden in entgegengesetzte Richtungen in Bewegung versetzt. Ihre Massen und Geschwindigkeitsbeträge werden mit einer Waage bzw. durch die Verdunkelungszeit einer Lichtschranke gemessen. Nach dem Stoß werden wieder die Geschwindigkeitsbeträge gemessen sowie die jeweiligen Bewegungsrichtungen notiert.

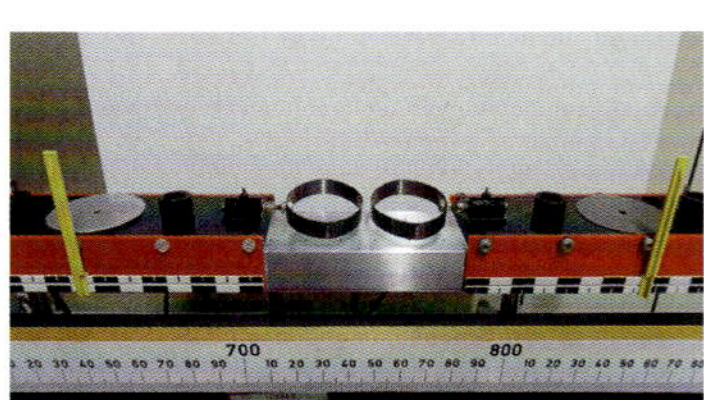

Bild 6: Elastischer Stoß

Es werden zwei unterschiedliche Stoßprozesse untersucht:

1. Die beiden Stoßpartner sind mit Federn versehen, die sich während des Stoßes elastisch verformen und wieder entspannen (**Bild 6**). Man spricht von einem **vollkommen elastischen** oder **vollelastischen** Stoß.

   Die Massen der Gleiter betragen 106 g (Gleiter 1) bzw. 105 g (Gleiter 2).

2. Die Gleiter werden so präpariert, dass sie sich nach dem Stoß nicht trennen können, sondern gemeinsam mit derselben Geschwindigkeit weiterbewegen (**Bild 7**): ein vollständig unelastischer Stoß.

   Die Massen der Gleiter betragen 107 g (Gleiter 1) bzw. 108 g (Gleiter 2).

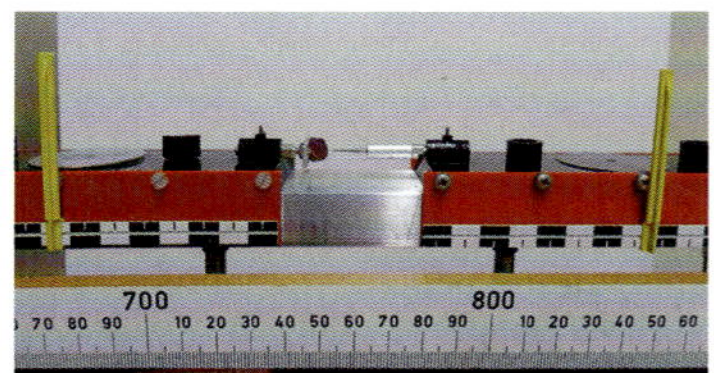

Bild 7: Unelastischer Stoß

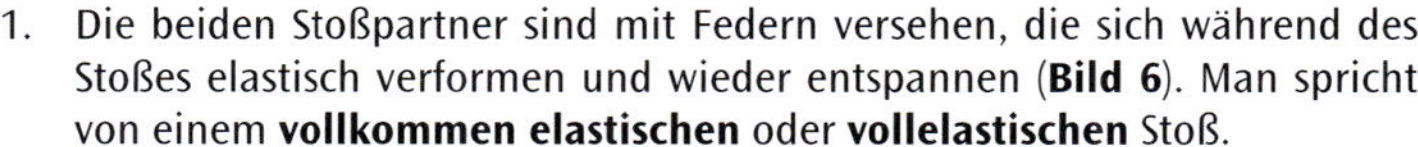

Die Breite der Zeiger zur Unterbrechung der Lichtschranken beträgt jeweils d = 5,0 mm.

Die **Tabellen 1** bzw. **2** auf der folgenden Seite zeigen die gemessenen Verdunkelungszeiten Δt der Lichtschranken und die daraus ermittelten Beträge der Geschwindigkeiten v sowie der Impulse p.

Vollkommen elastischer Stoß

Tabelle 1: Impulse der Gleiter beim vollelastischen Stoß

	vor dem elastischen Stoß		nach dem elastischen Stoß	
	Gleiter 1	Gleiter 2	Gleiter 1	Gleiter 2
Δt in 10^{-3} s	12,51	48,86	47,17	12,56
v in $\text{m} \cdot \text{s}^{-1}$	0,400	0,102	0,106	0,398
p in $\text{N} \cdot \text{s}$	0,0424 $\vec{p}_1$	0,0107 $\vec{p}_2$	0,0112 $\vec{p}'_1$	0,0418 $\vec{p}'_2$
p_{ges}	0,0307 $\vec{p}_{ges}$		0,0306 $\vec{p}'_{ges}$	

Der Gesamtimpuls vor dem Stoß beträgt $p_{ges} = p_1 - p_2$, da sich beide Gleiter in entgegengesetzte Richtungen bewegen. Nach dem Stoß erhält man im Rahmen der Messgenauigkeit denselben Wert für $p'_{ges} = p'_1 - p'_2$.

Vollkommen unelastischer Stoß

Tabelle 2: Impulse der Gleiter beim vollkommen unelastischen Stoß

	vor dem vollkommen unelastischen Stoß		nach dem vollkommen unelastischen Stoß
	Gleiter 1	Gleiter 2	Gleiter 1 und Gleiter 2
Δt in 10^{-3} s	13,28	45,31	38,16
v in $\text{m} \cdot \text{s}^{-1}$	0,377	0,110	0,131
p in $\text{N} \cdot \text{s}$	0,0404 $\vec{p}_1$	0,0119 $\vec{p}_2$	0,0281 $\vec{p}'_{ges}$
p_{ges}	0,0285 $\vec{p}_{ges}$		0,0281

Der Gesamtimpuls vor dem Stoß beträgt auch in diesem Versuch wieder $p_{ges} = p_1 - p_2$. Nach dem Stoß erhält man denselben Wert für p'_{ges} der verbundenen Gleiter.

Elastischer Stoß für einen Spezialfall: nur ein Stoßpartner ändert seine Bewegungsrichtung

Auf der Luftkissenfahrbahn lässt sich gut ausprobieren, unter welchen Umständen nur der Gleiter 1 seine Bewegungsrichtung nach dem Stoß mit Gleiter 2 ändert. Wenn man die Massen und die Geschwindigkeiten vor dem Stoß variiert, findet man zwei Situationen, deren Impulsdiagramme in **Tabelle 3** dargestellt sind:

- Gleiter 1 und 2 bewegen sich vor dem Stoß in verschiedene Richtungen
- Gleiter 1 und 2 bewegen sich vor dem Stoß in dieselbe Richtung. Gleiter 1 wird am langsameren und deutlich schwereren Gleiter 2 „reflektiert".

Tabelle 3: Beispiele, in denen nur ein Stoßpartner seine Bewegungsrichtung ändert

	vor dem Stoß	nach dem Stoß
Gleiter 2 bewegt sich vor dem Stoß in entgegengesetzte Richtung und hat einen hohen Impuls	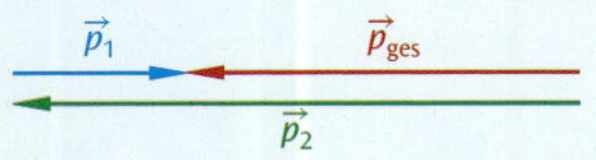 $\vec{p}_1$ $\vec{p}_{ges}$ $\vec{p}_2$	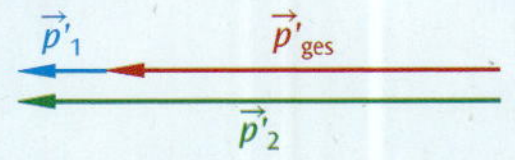 $\vec{p}'_1$ $\vec{p}'_{ges}$ $\vec{p}'_2$
Gleiter 2 bewegt sich vor dem Stoß mit geringerer Geschwindigkeit in dieselbe Richtung, hat aber einen hohen Impuls (d. h. $m_2 > m_1$).	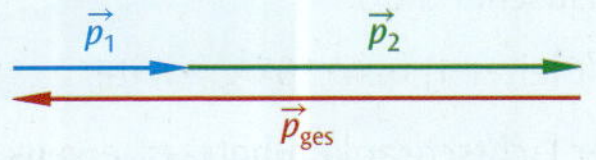 $\vec{p}_1$ $\vec{p}_2$ $\vec{p}_{ges}$	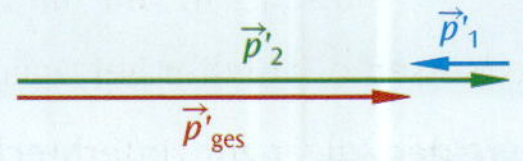 $\vec{p}'_2$ $\vec{p}'_1$ $\vec{p}'_{ges}$

Beispiel: Elastischer Stoß

Eine ganz ähnliche Situation liegt vor, wenn sich der Basketball nach dem Aufprall auf den Boden wieder nach oben bewegt und mit dem Tennisball stößt, der sich zu diesem Zeitpunkt noch nach unten bewegt (**Bild 1**).

Der (schwere) Basketball behält seine Bewegungsrichtung bei. Aufgrund seiner geringeren Masse fliegt der Tennisball mit einer hohen Anfangsgeschwindigkeit nach oben weg.

Bei einem Fall aus einem Meter Höhe kann der Tennisball nach dem Stoß bis zu 7 Meter hoch springen – siehe auch Abschnitt 3.6!

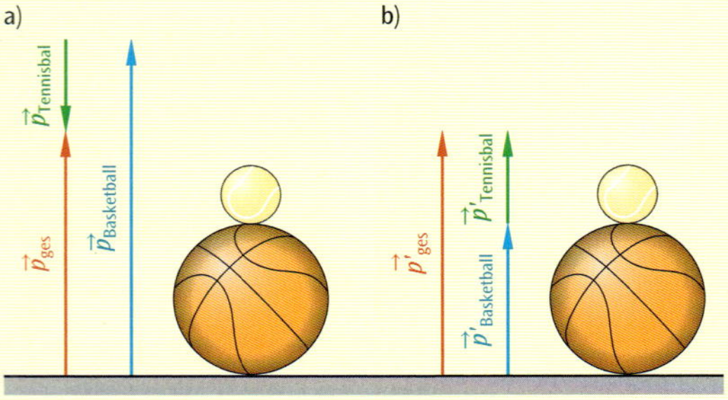

Bild 1: a) Bälle vor dem Stoß, b) Bälle nach dem Stoß (nicht maßstäblich)

Stoß gegen eine feste Wand oder auf den Boden

Bevor der Basketball an den Tennisball stößt, wechselwirkt er mit dem Boden (**Bild 2**) und kehrt dabei seine eigene Bewegungsrichtung um (**Bild 2b**). Es findet also ein Impulsübertrag an den Boden statt.

Der Geschwindigkeitsbetrag des Balls ändert sich bei dem Stoß nicht (Nachweis: unter idealen Bedingungen erreicht er wieder seine Ausgangshöhe), für die Impulse gilt also:

$$\vec{p}_1 = -\vec{p}'_1 .$$

Die Impulsänderung beträgt damit

$$\Delta \vec{p}_1 = \vec{p}_{\text{nachher}} - \vec{p}_{\text{vorher}} = -\vec{p}_1 - \vec{p}'_1 = -2 \cdot \vec{p}'_1 .$$

Der Boden erhält also bei dem Stoß einen Impuls vom Betrag

$$\Delta p_2 = p'_2 = 2 \cdot p_1 .$$

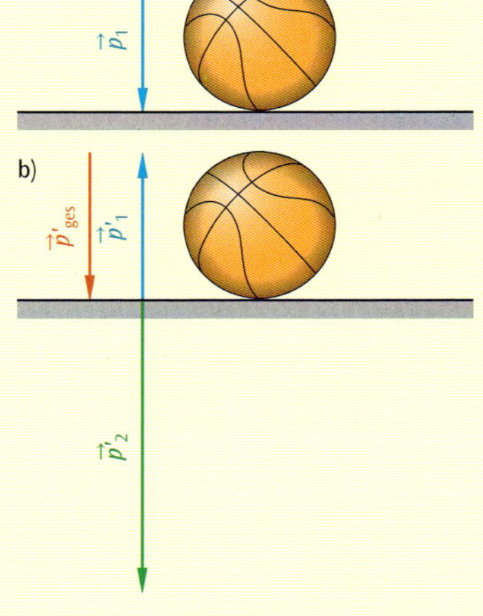

Bild 2: Reflexion am Boden

Die Impulsaufnahme des Bodens ist also doppelt so groß wie der Impulsbetrag des Basketballs!

Fällt der ca. 600 g schwere Basketball aus einem Meter Höhe, so muss der Boden den Impuls

$$\Delta p_2 = 2 \cdot m_1 \cdot v_1 = 2 \cdot m_1 \cdot \sqrt{2 \cdot g \cdot h} = 5{,}3 \text{ N} \cdot \text{s}$$

aufnehmen.

Daraus folgt ein Kraftstoß $\vec{F}_2 \cdot \Delta t = \Delta \vec{p}_2 = \vec{p}'_2$, der auf den Boden wirkt und diesen – aufgrund der hohen Masse – geringfügig beschleunigt oder beschädigt, falls zwischenmolekulare Bindungskräfte aufgebrochen werden. Letzteres wird vor allem beim Fallen von schweren und/oder schnellen Gegenständen mit hohem Impulsbetrag $m \cdot v$ beobachtet.

Bild 3: Mondkrater

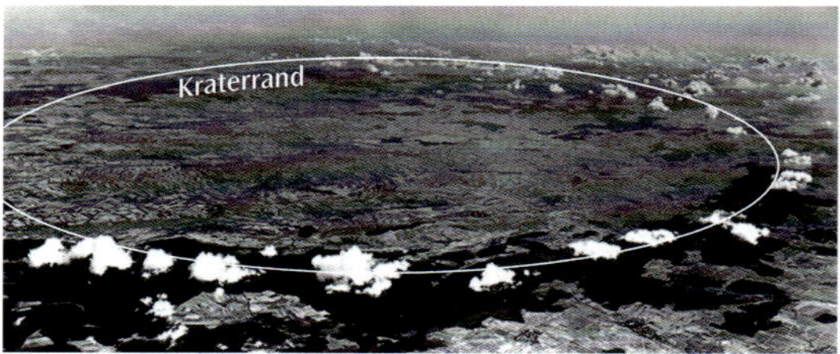

Bild 4: Der Einschlagkrater des Nördlinger Ries (Luftbild Albrecht Brugger, Stuttgart, freigegeben vom Innenministerium Baden-Württemberg Nr. 2/14605 und 14607. Alle Rechte bei der Stadt Nördlingen. Montage der beiden Bildhälften: Verein Rieser Kulturtage)

Bei Meteoriten handelt es sich um Himmelskörper, die meist aus dem Sonnensystem stammen. Wenn sie auf einen anderen Himmelskörper treffen, entstehen charakteristische kreisförmige Einschlagkrater, wie z. B. auf dem Mond (**Bild 3** auf der vorigen Seite). Auf der Erde sind Meteoriteneinschläge viel seltener, weil kleinere Meteoriten beim Eintritt in die Erdatmosphäre durch die Reibungskräfte gebremst werden. Sie werden dabei so heiß, dass sie meist schon vor dem Erreichen der Erdoberfläche vollständig verglühen.

Nur sehr massereiche Großmeteoriten erreichen die Erdoberfläche – so wie vor ca. 15 Millionen Jahren, als durch einen Einschlag das Nördlinger Ries im südlichen Bayern entstand. Der heute noch sichtbare Krater hat einen Durchmesser von 24 km und eine Tiefe von etwa 100 m. In **Bild 4** auf der vorigen Seite wird der kreisförmige Kraterrand durch Wolken betont, die aufgrund der besonderen Thermik dort entstehen.

Beispiel: Unelastischer Stoß

Impulserhaltung im Straßenverkehr

Bild 1 zeigt das Ergebnis eines vollkommen unelastischen Stoßes mit einer Wand, der zum vollständigen Abbremsen des Testwagens geführt hat.

Bei einem Unfall in einer Zone 30 wird für das Auto eine Geschwindigkeit vor dem Stoß von

$$v_1 = 30\ \frac{\text{km}}{\text{h}} = 8,3\ \frac{\text{m}}{\text{s}}$$

Bild 1: Unelastischer Stoß beim Aufprall auf eine Mauer

angenommen. Die Masse eines Mittelklassewagens beträgt $m_1 \approx 1,5$ t. Damit ergibt sich beim Stoß mit einer Mauer (oder einem Baum) eine Impulsänderung des Autos von

$$|\Delta p_1| = m_1 \cdot v_1 = 1,5 \cdot 10^3\ \text{kg} \cdot 8,3\ \frac{\text{m}}{\text{s}} = 12 \cdot 10^3\ \text{N} \cdot \text{s}.$$

Der Impuls der Mauer ändert sich um denselben Betrag, da der Gesamtimpuls erhalten bleibt.

Wenn der Stoß eine Zehntelsekunde dauert, wirkt auf die Mauer eine mittlere Kraft von

$$\vec{F}_2 = \frac{|\Delta p_1|}{\Delta t} = \frac{12 \cdot 10^3\ \text{N} \cdot \text{s}}{0,1\ \text{s}} = 120 \cdot 10^3\ \text{N} = 120\ \text{kN}.$$

Dies entspricht der Gewichtskraft eines 12 Tonnen schweren LKWs!

Auswirkungen auf die Fahrzeuginsassen

Die Impulsänderung beim Aufprall wird durch die Sicherheitsgurte auf die Insassen des Fahrzeugs übertragen. Durch deren Elastizität sowie die Verformung eines Airbags wird die Wechselwirkungsdauer Δt verlängert, was wegen $\Delta p = F \cdot \Delta t$ die Kraft verringert, die auf die Personen wirkt.

Wenn der Stoßpartner eines Autos nicht fest betoniert (oder verwurzelt) ist, sondern ein stehendes Auto mit etwa gleicher Masse, kann sich der Stoßprozess in unterschiedlicher Weise gestalten.

Es gilt: $m_1 \approx m_2 \approx m$ und $v_2 = 0$.

Der Gesamtimpuls vor dem Stoß beträgt

$$p_{\text{ges}} = p_1 = m \cdot v_1 .$$

Nach dem Stoß gilt $p'_{\text{ges}} = p_{\text{ges}} = p'_1 + p'_2 = m \cdot u_1 + m \cdot u_2$, wobei u die Geschwindigkeiten nach dem Stoß bezeichnet. Damit ergibt sich

$$m \cdot v_1 = m \cdot (u_1 + u_2) \Rightarrow v_1 = m \cdot u_1 + m \cdot u_2 .$$

Die ursprüngliche Geschwindigkeit v_1 teilt sich bei gleich schweren Stoßpartnern also nach dem Stoß auf beide auf.

Bild 2: Unelastischer Stoß zwischen zwei PKWs

Falls im stehenden PKW durch Handbremse oder Getriebe die Räder blockiert sind, wird es zu Verformungen an beiden Fahrzeugen kommen (**Bild 2**). Zusätzlich wird der stehende PKW beschleunigt und mit der Geschwindigkeit u_2 nach vorne geschoben.

Wenn sich beide PKWs beim Aufprall ineinander verkeilen, bewegen sie sich danach mit derselben Geschwindigkeit $u_1 = u_2 = u$, und es folgt:

$$v_1 = 2 \cdot u \quad \text{oder} \quad u = 0{,}5 \cdot v_1.$$

Fährt ein PKW mit $v_1 = 50$ km/h auf ein an einer roten Ampel stehendes Auto auf, so bewegen sich beide gemeinsam mit einer Geschwindigkeit von $u = 25$ km/h in die Kreuzung hinein, ehe sie durch die Reibung abgebremst werden.

Beispiel: Vollkommen elastischer Stoß

Sind die Räder des stehenden PKW nicht blockiert, so kann dieser beim Aufprall nach vorn geschoben werden, ohne dass es bei den Stoßpartnern zu Verformungen kommt. In manchen europäischen Ländern ist es daher üblich, ohne Handbremse zu parken!

Wenn beide PKWs dieselbe Masse haben, bleibt der stoßende PKW stehen und der gestoßene PKW wird auf die Geschwindigkeit $u_2 = v_1$ beschleunigt. Beim Auffahrunfall an der Ampel bedeutet das, dass er mit $u_2 = 50$ km/h in die Kreuzung hineingestoßen wird.

Zentraler und nicht-zentraler Stoß

Ein Frontalzusammenstoß endet meist mit dem Totalschaden beider Fahrzeuge und oft tödlichen Verletzungen der Insassen (**Bild 1**).

Bewegen sich beide PKWs auf einer Linie, so spricht man von einem zentralen Stoß (**Bild 2a**). In diesem Fall ist der Gesamtimpuls $\vec{p}_{ges} = \vec{p}_1 + \vec{p}_2 = m \cdot \vec{v}_1 - m \cdot \vec{v}_2$ gleich null, wenn die Fahrzeuge gleich schwer und gleich schnell sind. PKWs sind so konstruiert, dass sie eine „Knautschzone" besitzen, die bei einem Aufprall zusammengedrückt wird, wodurch die Wechselwirkungszeit Δt verlängert wird. Damit werden die auf Fahrzeug und Insassen wirkenden Kräfte $F = \Delta p / \Delta t$ geringer.

Bild 1: Nicht-zentraler Stoß mit Totalschaden

Bild 2: a) zentraler Stoß, b) nicht-zentraler Stoß (Impulse nach dem Stoß sind rot)

Bei einem Frontalzusammenstoß bedeutet dies, dass der Stoß weitgehend unelastisch erfolgt: die Fahrzeuge kommen beide zum Stillstand ($\vec{p}'_{ges} = \vec{p}_{ges} = 0$).

Berühren sich die Fahrzeuge beim Zusammenstoß nur, so spricht man von einem nicht-zentralen Stoß (**Bild 2b** auf der vorigen Seite). In diesem Fall werden beide PKWs von ihrer ursprünglichen Fahrtrichtung abgelenkt.

2.8.4 Raketenphysik

Beispiel: Saturn V Rakete der Apollo 11 Mission

Welche Geschwindigkeit hatte die Saturn V Rakete, die die Apollo 11 Mission zum Mond brachte? Die Startmasse betrug 2900 t und in den 2,5 Minuten nach dem Start wurden 2000 Tonnen Gas mit einer Geschwindigkeit von 2,5 km/s relativ zur Rakete ausgestoßen.

Relativgeschwindigkeit

Wenn sich die Rakete mit der Geschwindigkeit $\vec{v}$ bewegt, gilt für die Geschwindigkeit des Gases entsprechend: $\vec{v}_{Gas} = \vec{v} + \vec{v}_{rel}$ (**Bild 3**).

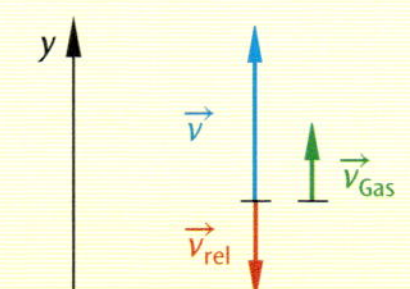

Bild 3: Geschwindigkeiten beim Raketenstart

Da es sich um eine geradlinige (lineare) Bewegung handelt, wird die Orientierung der Geschwindigkeit durch das Vorzeichen wiedergegeben: zum Beispiel positiv bei Bewegungen nach oben und negativ bei Bewegungen nach unten.

Beispiel: Eine Rakete bewegt sich mit $v = +3,5\ \text{km} \cdot \text{s}^{-1}$ relativ zu einem ortsfesten Bezugssystem. Die Gase strömen mit einer Geschwindigkeit $v_{rel} = -2,5\ \text{km} \cdot \text{s}^{-1}$ relativ zur Rakete aus.

Für die Gasgeschwindigkeit im ortsfesten Bezugssystem ergibt sich

$$v_{Gas} = v + v_{rel} = (3,5 - 2,5)\ \text{km} \cdot \text{s}^{-1} = 1,0\ \text{km} \cdot \text{s}^{-1}.$$

Raketenstart

Durch chemische Reaktionen wird der mitgeführte Treibstoff gasförmig, mit der Kraft $\vec{F}_{Gas}$ beschleunigt und nach hinten ausgestoßen (**Bild 1**). Die Impuls-änderung des Treibstoffs führt zu einer Impulsänderung der anfangs ruhenden Rakete - und diese wird beschleunigt.

Für die Schubkraft gilt nach dem Wechselwirkungsgesetz:

$$\vec{F}_{Schub} = -\vec{F}_{Gas}.$$

Mit Hilfe der Newton'schen Bewegungsgleichung ergibt sich

$$m_{Rakete} \cdot \frac{\Delta v}{\Delta t} = m_{Gas} \cdot \frac{\Delta v_{Gas}}{\Delta t} = m_{Gas} \cdot \left(\frac{\Delta(v + v_{rel})}{\Delta t}\right).$$

Damit folgt für die Endgeschwindigkeit $v = \Delta v$ der Rakete:

$$v = \frac{m_{Gas} \cdot v_{rel}}{m_{Rakete} - m_{Gas}}.$$

Bild 1: Raketenstart in der Schwerelosigkeit

Erwartungsgemäß gibt diese Formel wieder, dass eine hohe Gasmasse m_{Gas} sowie eine hohe Austrittsgeschwindigkeit v_{rel} zu einer hohen Raketengeschwindigkeit v führen. Die Rakete wird ebenfalls schneller, wenn die Differenz $m_{Rakete} - m_{Gas}$ klein ist – also die Masse, die übrig bleibt, nachdem die gesamte Gasmenge ausgestoßen wurde. Diese entspricht der Masse der Rakete samt Besatzung und Nutzlast.

Für die Geschwindigkeit einer Saturn V ergibt sich mit den obigen Zahlenwerten

$$v = \frac{2000\ \text{t} \cdot 2,5\ \text{km}}{(2900 - 2000)\ \text{t} \cdot \text{s}} = 5,6\ \frac{\text{km}}{\text{s}}.$$

Raketenstart auf der Erde

Auf der Erde hebt die Rakete dann ab, wenn die Schubkraft die Gewichtskraft überwinden kann:

$$F_{Schub} > F_G \quad \text{(Abhebebedingung)}.$$

Für die beschleunigende Kraft F ergibt sich demnach

$$F = F_{Schub} - F_G.$$

Einsetzen ergibt

$$m_{Rakete} \cdot \frac{v}{\Delta t} = m_{Gas} \cdot \frac{v_{Gas}}{\Delta t} - m_{Rakete} \cdot g = m_{Gas} \cdot \frac{v + v_{rel}}{\Delta t} - m_{Rakete} \cdot g.$$

Daraus folgt für die Endgeschwindigkeit der Rakete

$$v = \frac{m_{Gas} \cdot v_{rel} - m_{Rakete} \cdot g \cdot \Delta t}{m_{Rakete} - m_{Gas}} = \frac{2000\ \text{t} \cdot 2,5\ \text{km} \cdot \text{s}^{-1} - 2900\ \text{t} \cdot 9,81 \cdot 10^{-3}\ \text{km} \cdot \text{s}^{-2} \cdot 150\ \text{s}}{(2900 - 2000)\ \text{t}} = 0,81\ \frac{\text{km}}{\text{s}}.$$

In Wirklichkeit war die Rakete schneller

Die tatsächlich von der beschriebenen Saturn V Rakete auf dem Weg zur ersten Mondlandung erreichte Geschwindigkeit nach Ende der ersten Beschleunigungsphase war viel größer:

$$v = 2,4\ \text{km} \cdot \text{s}^{-1}.$$

Warum liefert die obige Abschätzung einen zu kleinen Wert für die Endgeschwindigkeit der Rakete? Eine Berücksichtigung des Luftwiderstands würde den oben berechneten Wert noch weiter verringern – vor allem in den ersten Sekunden in der dichten Erdatmosphäre wird dadurch die Beschleunigung erheblich reduziert.

Dagegen nimmt die Gravitation mit steigender Höhe ab. Der Ortsfaktor g beträgt in 400 km Höhe ca. $8,7\ \mathrm{N} \cdot \mathrm{kg}^{-1}$. Mit dieser Verringerung allein lässt sich die hohe Geschwindigkeit von 2,4 km/s nicht erklären.

Der Hauptgrund: durch das ausströmende Gas verringert sich die Masse der Rakete nach dem Start kontinuierlich. Dadurch steigen die Beschleunigung und damit auch die Endgeschwindigkeit der Rakete erheblich an.

Die Raketengleichung: eine Annäherung zum Nachrechnen

Um den Einfluss des Masseverlustes während der Antriebsphase zu untersuchen, wird zunächst wieder der Raketenstart ohne Einfluss von Schwerkräften betrachtet.

1. Schritt: Rakete und Gas sind in Ruhe ($v_0 = 0$). Durch den Ausstoß einer Gasportion der Masse Δm mit der Geschwindigkeit v_{rel} wird die Rakete der Anfangsmasse m auf v_1 beschleunigt (**Bild 1**).

Die Impulse $p_0 = 0$ der Rakete zu Beginn bzw. p_1 nach dem 1. Schritt unterscheiden sich um den Impuls p_{Gas} des ausgestoßenen Gases:

$$\vec{p}_0 = \vec{p}_1 + \vec{p}_{Gas}.$$

Einsetzen der jeweiligen Massen und Geschwindigkeiten ergibt

$$0 = (m - \Delta m) \cdot v_1 + \Delta m \cdot (v_1 + v_{rel})$$

$$0 = m \cdot v_1 - \Delta m \cdot v_1 + \Delta m \cdot v_1 + \Delta m \cdot v_{rel}$$

$$v_1 = -\frac{\Delta m}{m} \cdot v_{rel}.$$

Beachten Sie: wegen $v_{rel} < 0$ ist die Geschwindigkeit $v_1 > 0$.

Tabelle 1 zeigt die Daten der Saturn V Rakete, die der Beispielrechnung zugrunde liegen.

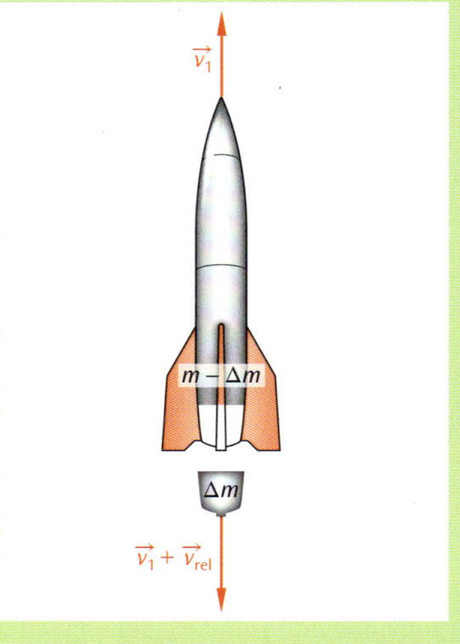

Bild 1: Erster Beschleunigungsschritt

Tabelle 1: Daten für die Näherungsrechnung

	Saturn V
Anfangsmasse der Rakete	2900 t
Endmasse der Rakete	900 t
Schubkraft	34 MN
Massenabnahme pro Schritt	1 t
Ausstoßgeschwindigkeit der Gase	–2,5 km/s
Zahl der Rechenschritte	2000

2. Schritt: Die nächste Gasportion der Masse Δm wird mit der Geschwindigkeit v_{rel} ausgestoßen. Die Rakete verliert erneut die Masse Δm und wird von der Geschwindigkeit v_1 auf v_2 beschleunigt:

$$\vec{p}_1 = \vec{p}_2 + \vec{p}_{Gas}$$

$$\Rightarrow (m - \Delta m) \cdot v_1 = (m - 2 \cdot \Delta m) \cdot v_2 + \Delta m \cdot (v_2 + v_{rel})$$

$$\Rightarrow v_2 = v_1 - \frac{\Delta m}{m - \Delta m} \cdot v_{rel}.$$

Der Geschwindigkeitszuwachs ist positiv, weil die Relativgeschwindigkeit des ausgestoßenen Gases negativ ist!

3. Schritt: Dieselben Überlegungen wie in Schritt 2 führen zur Geschwindigkeit

$$v_3 = v_2 - \frac{\Delta m}{m - 2 \cdot \Delta m} \cdot v_{rel}.$$

***N* + 1-ter Schritt:** Nach dem Ausstoß von $N + 1$ Gasportionen der Masse Δm ergibt sich die Geschwindigkeit der Rakete zu

$$v_{N+1} = v_N - \frac{\Delta m}{m - N \cdot \Delta m} \cdot v_{rel}.$$

Diese Geschwindigkeit lässt sich mit Hilfe eines Tabellenkalkulationsprogramms ermitteln, indem die Geschwindigkeiten v nach jedem Schritt der Reihe nach berechnen werden (**Tabelle 1** auf der folgenden Seite).

Die Raketengleichung

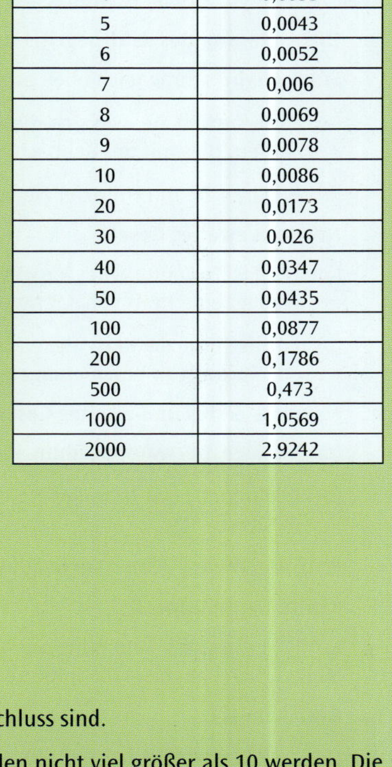

Tabelle 1: Iterative Berechnung der Raketengeschwindigkeit

Schritt	v in km/s
0	0
1	0,0009
2	0,0017
3	0,0026
4	0,0035
5	0,0043
6	0,0052
7	0,006
8	0,0069
9	0,0078
10	0,0086
20	0,0173
30	0,026
40	0,0347
50	0,0435
100	0,0877
200	0,1786
500	0,473
1000	1,0569
2000	2,9242

Der russische Mathematik- und Physiklehrer Konstantin Ziolkowski widmete sich in seiner Freizeit der Raketenforschung und entwickelte 1903 die nach ihm benannte Raketengleichung. Diese erlaubt es, mit Hilfe der Integralrechnung die maximale Endgeschwindigkeit einer Rakete beim Start von der Erdoberfläche zu berechnen.

Für die zeitliche Änderung des Gesamtimpulses von Rakete und Gas gilt im Schwerpunktsystem:

$$\dot{\vec{p}}_{\text{ges}} = \dot{\vec{p}}_{\text{Rakete}} + \dot{\vec{p}}_{\text{Gas}} = 0.$$

Entsprechend gilt für die Beträge:

$$\dot{p}_{\text{Rakete}} - \dot{p}_{\text{Gas}} = m \cdot \dot{v} + \dot{m} \cdot v - \dot{m} \cdot v_{\text{Gas}} = 0.$$

Einsetzen der Relativgeschwindigkeit des Gases und Auflösen nach $\dot{v}$ ergibt

$$\dot{v} = \frac{\dot{m}}{m} \cdot v_{\text{rel}}.$$

$\dot{v}$ bzw. $\dot{m}$ bezeichnet jeweilige zeitliche Änderung der Geschwindigkeit bzw. Masse der Rakete während der Beschleunigungsphase.

Um die Geschwindigkeit v zum Zeitpunkt des Brennschlusses zu erhalten, muss über die Zeit von $t = 0$ bis zur Brennschlusszeit $t = t_B$ integriert werden:

$$\int_0^{t_B} \dot{v}\,\mathrm{d}t = -v_{\text{rel}} \cdot \int_0^{t_B} \frac{\dot{m}}{m}\,\mathrm{d}t.$$

Daraus ergibt sich mit $\int \frac{\dot{m}}{m}\,\mathrm{d}t = \ln m$ die Endgeschwindigkeit der Rakete

$$v(t_B) = -v_{\text{rel}} \cdot (\ln(m_B) - \ln(m_0)) = v_{\text{rel}} \cdot \ln\left(\frac{m_0}{m_B}\right),$$

wobei m_0 und m_B die jeweiligen Massen der Rakete beim Start bzw. Brennschluss sind.

Das Verhältnis von Startmasse zu Nutzlast m_0 / m_B kann aus Stabilitätsgründen nicht viel größer als 10 werden. Die maximale Ausstoßgeschwindigkeit der Gase beträgt $v_{\text{rel}} = 4$ km/s. Damit beträgt die obere Grenze für die Endgeschwindigkeit einer Rakete $v(t_B) \approx 9{,}2$ km/s.

Beim Start von der Erdoberfläche reduziert sich die erreichbare Endgeschwindigkeit durch die Gewichtskraft auf:

Raketengleichung: $v(t_B) = v_{\text{rel}} \cdot \ln\left(\frac{m_0}{m_B}\right) - g \cdot t_B.$

Bild 1 illustriert die Raketengleichung für die oben diskutierte Saturn V-Rakete. Die blaue Kurve zeigt den Geschwindigkeitsverlauf bis zum Brennschluss nach 2,5 min beim Start in der Schwerelosigkeit, die rote den Verlauf beim Start auf der Erde.

Die maximal erreichbare Geschwindigkeit ist nicht ausreichend, um das Schwerefeld der Erde zu verlassen, da die Fluchtgeschwindigkeit der Erde (2. kosmische Geschwindigkeit) $v_2 = 11{,}2$ km/s beträgt.

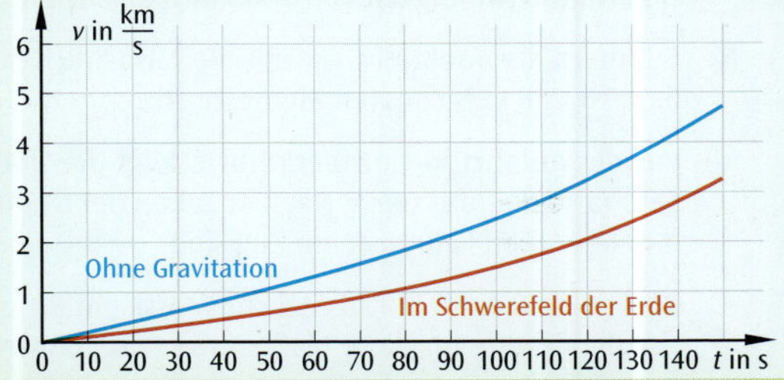

Bild 1: Geschwindigkeit der Saturn V

Um trotzdem zum Mond fliegen zu können, werden mehrere Beschleunigungsphasen aneinader gereiht: die jeweils geleerten Treibstoffbehälter werden abgeworfen, wodurch in der nächsten Stufe eine geringere Anfangsmasse m_0 beschleunigt werden muss.

2.9 Aufgaben zur Dynamik und den Newton'schen Gesetzen

2.9.1 Aufgaben zu den Newton'schen Gesetzen

1. **Umgangssprache und Fachsprache**
   (a) Finden Sie mit Hilfe eines Wörterbuchs heraus, welche Bedeutungen der Begriff „Dynamik" besitzt.
   (b) Eine Schlankheitskur wirbt mit dem Spruch „Gewicht effektiv schneller abbauen". Übersetzen Sie in korrekte physikalische Fachsprache.
2. **Die Änderung des Kraftbegriffs durch Newton**
   Ein Ball wird schräg nach oben abgeworfen.
   (a) Untersuchen Sie, wie sich dieser nach den Lehren der Impetustheorie bewegen würde. Beurteilen Sie, inwiefern dies mit der Beobachtung übereinstimmt.
   (b) Erklären Sie mit Hilfe der Newton'schen Gesetze, wie die beobachtete parabelförmige Bahnkurve entsteht.
3. **Newtons zweites Gesetz**
   (a) Der Elektromotor eines ferngesteuerten Spielzeugautos (das ungefähr so schwer ist wie 5 Tafeln Schokolade) erzeugt eine Kraft von 3,5 N. Ermitteln Sie die maximale Beschleunigung des Fahrzeugs.
   (b) Ermitteln Sie die Kraft, die erforderlich ist, um ein 3,5 Tonnen schweres Luftkissenfahrzeug in drei Sekunden auf 50 km/h zu beschleunigen.
4. **Newtons erstes und zweites Gesetz im Straßenverkehr**
   (a) Erklären Sie, warum Ladung immer gut gesichert werden muss.
   (b) Erklären Sie mit Hilfe der Newton'schen Gesetze, wozu Sicherheitsgurte, Airbags und Kopfstützen im Auto dienen.
   (c) Sie geraten in einer Kurve auf Glatteis. Beschreiben Sie die Auswirkungen des Beharrungsprinzips.
5. **Kräfte beim Aufprall**
   Ein 1,5 t schweres Auto fährt mit 100 km/h gegen einen Brückenpfeiler und kommt nach 0,15 Sekunden zum Stehen. Berechnen Sie die mittlere Kraft, die dabei wirkt und vergleichen Sie diese mit der Gewichtskraft.
6. **Kräfte im ICE**
   Der zwölfteilige ICE4 hat ein Leergewicht von 670 Tonnen und 830 Sitzplätze. Er erreicht bei einer maximalen Beschleunigung von $0,53\ \text{m} \cdot \text{s}^{-2}$ eine Höchstgeschwindigkeit von 250 km/h.
   (a) Berechnen Sie die Zugkraft, die der Elektromotor dafür mindestens aufbringen muss.
   (b) Der ICE fährt nach einem Halt wieder an. Ermitteln Sie die Fahrtdauer, nach der der ICE frühestens seine Höchstgeschwindigkeit von 250 km/h erreichen kann.
   (c) Erläutern Sie qualitativ, warum die tatsächlichen Werte für Zugkraft und Fahrtdauer größer sind als die in 6a) bzw. 6b) berechneten Mindestwerte.
   (d) Vor der Abfahrt in Nürnberg Hbf erfolgt die Durchsage, dass der Zug nicht abfahren könne, weil zu viele Fahrgäste an Bord seien. Nach Angaben der DB bedeutet dies, dass er zu mehr als 200 % ausgelastet ist, also mehr als 1660 Fahrgäste im Zug sind.

   Beurteilen Sie, ob die zusätzliche Masse ein Problem beim Beschleunigen und Bremsen darstellt bzw. welche die Gründe für diese Maßnahme sein könnten.

7. **Kraftstoß im Handball**

Ein 450 g schwerer Handball wird auf 120 km/h beschleunigt.

(a) Ermitteln Sie den erforderlichen Kraftstoß.

(b) Schätzen Sie die Dauer des Beschleunigungsvorgangs ab und ermitteln Sie die mittlere beschleunigende Kraft.

Geben Sie an, welche Trainingsmaßnahmen der Handballer ergreifen kann, um die Abwurfgeschwindigkeit weiter zu erhöhen.

8. **Kraftstoß beim Turnen**

Eine 50 kg schwere Turnerin landet nach dem Abgang vom Schwebebalken aus einer maximalen Höhe von 2,15 m auf der Weichbodenmatte.

(a) Berechnen Sie, wie groß der Kraftstoß mindestens ist.

(b) Erklären Sie physikalisch, warum beim Turnen Weichbodenmatten verwendet werden.

9. **Sprunganalyse beim Turnen**

Ein Nachwuchsturner kommt nach einem Sprung von einem Gerät auf einer Kraftmessplatte auf. Es ergibt sich der in **Bild 1** dargestellte Kraftverlauf.

Ermitteln Sie aus dem Diagramm das Körpergewicht des Turners, seine Landegeschwindigkeit und die maximal erreichte Sprunghöhe.

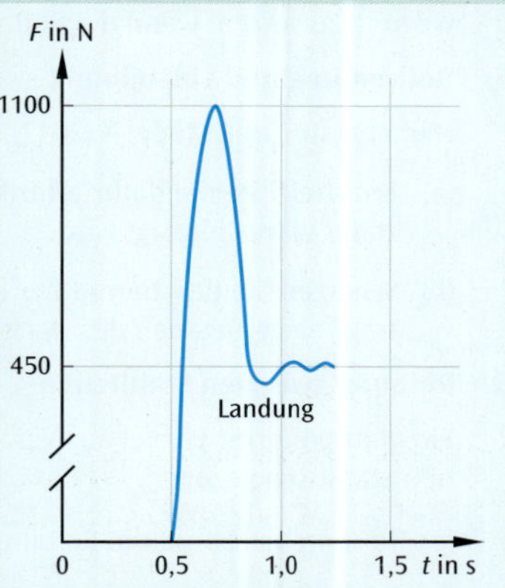

Bild 1: Kräfte beim Landen

10. **Kräfte auf den Regenschirm**

Bei einem heftigen Platzregen bewegen sich die Regentropfen mit einer Geschwindigkeit von ca. 30 Stundenkilometern senkrecht nach unten. Auf Ihren Schirm prasselt pro Minute eine Regenmenge von bis zu 1,1 kg ein.

(a) Berechnen Sie die Höhe, nach der ein frei fallender Körper diese Geschwindigkeit erreichen würde.

(b) Ermitteln Sie den Betrag des Luftwiderstands, der auf einen Regentropfen mit 5 mm Durchmesser wirkt.

(c) Der Schirm wird durch den Regen nach unten gedrückt. Berechnen Sie den Betrag der wirkenden Kraft.

11. **Kraftvektoren an der geneigten Ebene**

Die Gewichtskraft eines Körpers auf einer geneigten Ebene wird üblicherweise in ihre Komponenten parallel und senkrecht zur Oberfläche zerlegt (vgl. S. 71).

(a) Erklären Sie, welche Wirkung die beiden Kraftkomponenten jeweils haben.

(b) Ermitteln Sie die Steigung einer geneigten Ebene (in %), für die die beiden Komponenten der Gewichtskraft genau gleich groß sind.

(c) Skispringer kommen bei der Landung auf einem abschüssigen Aufsprunghang (**Bild 2**, Neigung ca. 30°) auf. Erklären Sie, warum das für die Gelenke der Springer schonender ist als eine Landung in der Ebene.

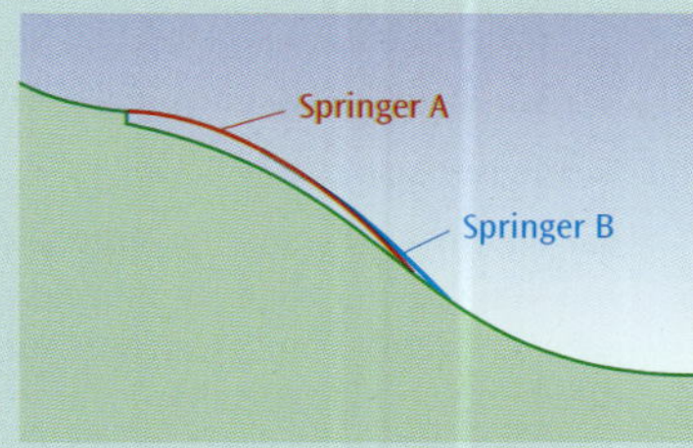

Bild 2: Landung beim Skispringen

12. **Bestimmung der Federkonstante**

Beschreiben Sie ein Experiment, mit dem Sie die Federkonstante einer Slack Line (**Bild 3**) messen können.

Bild 3: Slack Line

2.9.2 Aufgaben zu verschiedenen Kräften

1. **Natur und Wirkung von Kräften**

   Ein Schlitten gleitet einen Hang (geneigte Ebene) hinunter.

   (a) Listen Sie auf, welche Kräfte dabei auf ihn wirken. Unterscheiden Sie Natur und Wirkung der Kräfte!

   (b) Nennen Sie die Kräfte, die zu seiner Beschleunigung beitragen.

2. **Ein Leben ohne Reibung**

   Überlegen Sie, was sich in Ihrem Alltag ändern würde, wenn es keine Haftreibung und/oder keine Gleitreibung gäbe. Was wäre einfacher, was komplizierter?

3. **Bestimmung der Gleitreibungszahl**

   Beschreiben Sie einen Handversuch zur Messung der Gleitreibungszahl f zwischen einem Buch und der Tischoberfläche.

4. **Haftreibung**

   Berechnen Sie die Zugkraft, die die Lok eines 300 t schweren Zuges aufbringen muss, um die Waggons in Bewegung zu setzen, wenn die Rollreibungszahl 0,002 beträgt.

5. **Rollreibung und Luftreibung**

   Der stärkste Tesla Model X (2017) wiegt 2,5 t und beschleunigt von 0 auf 100 in 3,1 s.

   (a) Ermitteln Sie die dafür erforderliche Zugkraft, wenn die Rollreibungszahl 0,080 beträgt und der Luftwiderstand vernachlässigt wird.

   (b) Schätzen Sie den Betrag der Luftwiderstandskraft für verschiedene Geschwindigkeiten ab. Der c_W-Wert beträgt nach Angaben des Herstellers 0,24, Höhe bzw. Breite des Fahrzeugs 1,68 m bzw. 2,27 m.

6. **Reibung zwischen Stahlteilen**

   Ein glatt polierter Würfel aus V2A-Stahl (Dichte $7{,}9\ \mathrm{kg \cdot dm^{-3}}$) mit der Kantenlänge 15 cm wird über einen ebenen Stahltisch gezogen.

   (a) Recherchieren Sie die Reibungszahlen für diese Materialkombination.

   (b) Ermitteln Sie die notwendige Kraft, um den Würfel in Bewegung zu setzen.

   (c) Bestimmen Sie den Kraftaufwand, der nötig ist, um den Bewegungszustand des Würfels zu erhalten.

   (d) Geben Sie mindestens zwei Möglichkeiten an, wie dieser Kraftaufwand weiter reduziert werden kann und schätzen Sie ab, um wieviel.

7. **Schrägaufzug**

   Bei einem Schrägaufzug (**Bild 1**) hat der Versuchswagen eine Masse von 400 g. Berechnen Sie den Betrag der Kraft F, mit der am Seilende gezogen werden muss, um den Aufzug mit konstanter Geschwindigkeit die Rampe hinaufzuziehen,

   (a) unter Vernachlässigung von Reibungskräften.

   (b) wenn Rollreibung zwischen Rädern und Unterlage ($f_{Roll} = 0{,}05$) auftritt.

   (c) Bestimmen Sie die entsprechenden Werte für einen Neigungswinkel von 30°.

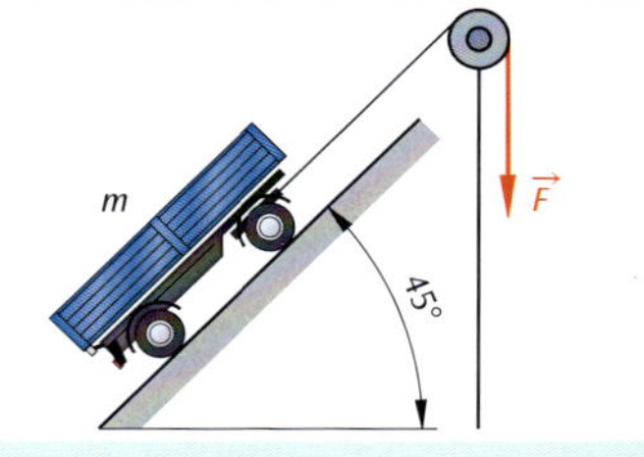

Bild 1: Schrägaufzug

8. **Kräfte beim Absprung**

Bild 1 zeigt den Verlauf der elastischen Unterlagenkraft bei zwei Absprüngen eines Sportlers vom Boden (durchgezogene bzw. gestrichtelte Linie). Nach 500 ms ist der Vorgang abgeschlossen und der Sportler hat keinen Bodenkontakt mehr.

(a) Beschreiben Sie den charakteristischen Verlauf der Unterlagenkraft beim Absprung.

(b) Ermitteln Sie aus der Grafik das Körpergewicht des Sportlers.

(c) Finden Sie heraus, welcher der beiden Sprünge auf hartem Untergrund und welcher auf Sand ausgeführt wurde.

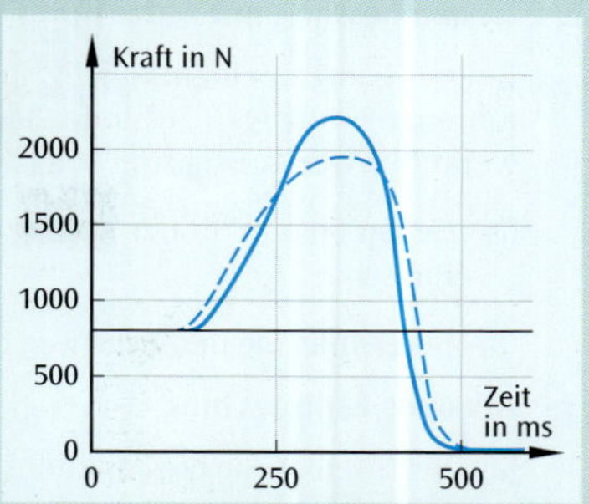

Bild 1: Elastische Unterlagenkraft beim Absprung vom Boden

9. **Kräfte im Atomkern**

Atomkerne bestehen aus positiv geladenen Protonen sowie elektrisch neutralen Neutronen. Die elektrische Kraft (Coulomb-Kraft) wirkt nur zwischen geladenen Körpern. Sind diese gleichnamig geladen, ist sie abstoßend. Erklären Sie, warum es dennoch stabile Atomkerne gibt.

10. **Kräfte beim Curling**

(a) Erstellen Sie eine Skizze, die die Vektoren der Momentangeschwindigkeit, der mittleren Beschleunigung sowie der mittleren Reibungskraft des Steins (**Bild 2**) enthält.

(b) Berechnen Sie die Beträge der Beschleunigung a, der Anfangsgeschwindigkeit v_0, sowie der Reibungskraft F_R, wenn der 18 kg schwere Stein vier Sekunden nach dem Abstoß in 20 m Entfernung zum Stillstand kommt.

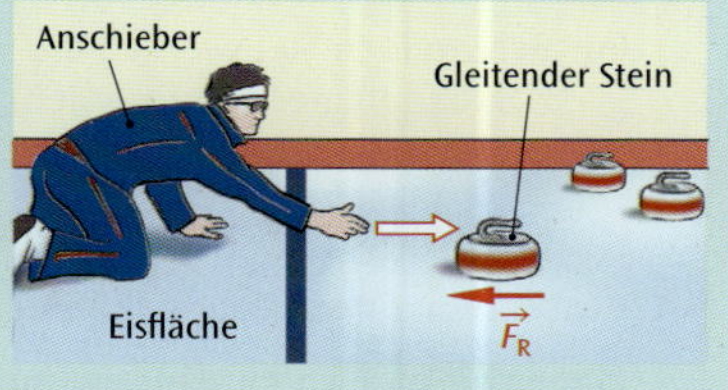

Bild 2: Curling

2.9.3 Aufgaben zu den Anwendungen der Newton'schen Gesetze

Strategie für die Lösung von Bewegungsaufgaben mit Kräfteplänen

Mit Hilfe des zweiten Newton'schen Gesetzes ist es möglich, die Bewegung eines Körpers in der Zukunft vorauszusagen, wenn folgende Informationen vorliegen:

- Ort und Geschwindigkeit des Körpers
- alle Kräfte, die auf den Körper wirken
- und natürlich die Masse des Körpers

Aus den wirkenden Kräften lässt sich durch vektorielle Addition die resultierende Kraft ermitteln:
$\vec{F}_{res} = \vec{F}_1 + \vec{F}_2 + \vec{F}_3 + \ldots$
Daraus ergibt sich die Beschleunigung $\vec{a} = \frac{\vec{F}_{res}}{m}$.

Mit Hilfe der Bewegungsgleichungen für die beschleunigte Bewegung (Abschnitt 1.3.3) können nun Ort und Geschwindigkeit des Körpers in der Zukunft ermittelt werden.

Auch die Umkehrung gilt: Wenn Beschleunigung und Masse bekannt sind, kann die resultierende Kraft ermittelt werden.

1. **Der Aufzug bremst ab**

Erstellen Sie einen Kräfteplan für das Abbremsen des Aufzugs und erläutern Sie, warum man sich leichter oder schwerer fühlt.

2. **Höhenmessung mit Aufzug und Waage**

   Bei der Fahrt in einem Aufzug steht ein 60 kg schwerer Fahrgast auf einer Waage. Diese zeigt nach dem Anfahren des Aufzugs 3 Sekunden lang 65 kg, danach 8 Sekunden lang 60 kg und dann 3 Sekunden lang 55 kg an, woraufhin der Aufzug zum Stillstand kommt.

   (a) Geben Sie an, ob der Aufzug aufwärts oder abwärts fährt und beschreiben Sie die Bewegung in den drei Phasen.

   (b) Berechnen Sie den Fahrtweg des Aufzugs.

3. **Atwoods Fallmaschine**

   (a) Beschreiben Sie die Funktionsweise der Atwood'schen Fallmaschine anhand einer geeigneten Skizze. Gehen Sie insbesondere auf die Bewegungen der beiden Massestücke ein, nachdem diese aus der Ruhe losgelassen wurden.

   (b) Tim behauptet, dass sich die Beschleunigung der beiden Massestücke verdoppelt, wenn daran jeweils ein Körper der Masse $m = 500$ g angehängt wird.

   Erklären Sie Tim, wo sein Fehler liegt.

   (c) Erstellen Sie einen Kräfteplan, der alle relevanten Kräfte enthält und geben Sie den Betrag der resultierenden Kraft an (abhängig von den beiden Massen).

   (d) Beschreiben Sie, wie sich die Bewegung verändert, wenn beide Massestücke gleich schwer sind. Dies kann z. B. dadurch erreicht werden, dass die Zusatzmasse m während des Falls durch eine geeignete Vorrichtung entfernt wird.

   (e) Nennen Sie praktische Einsatzmöglichkeiten von Atwoods Apparatur.

4. **Bestimmung der Fallbeschleunigung**

   Planen Sie ein Experiment, um mit der Atwood'schen Fallmaschine die Fallbeschleunigung g zu messen.

   (a) Beschreiben Sie alle Messgeräte, die Sie dazu benötigen.

   (b) Diskutieren Sie systematische Fehler Ihres Experiments und beschreiben Sie Möglichkeiten, wie diese reduziert werden können.

   (c) Bei einer Messung ergeben sich folgende Werte: $M = 500$ g, $m = 50$ g, $h = 30{,}0$ cm, $t = 1{,}2$ s. Ermitteln Sie daraus den Betrag der Fallbeschleunigung g.

   (d) Geben Sie an, wie der Massenunterschied zwischen den beiden Massestücken qualitativ verändert werden muss, damit eine größere Fallzeit t gemessen werden kann.

   (e) Diskutieren Sie Vor- und Nachteile der Atwood'schen Methode zur Messung von g im Vergleich zum „klassischen" Fallversuch (vgl. Abschnitt 1.4).

5. **Kräfte auf der geneigten Ebene**

   Eine 15 kg schwere Holzkiste bewegt sich auf einer Rampe mit dem Neigungswinkel 12°.

   (a) Berechnen Sie ihre Beschleunigung und Geschwindigkeit, wenn sie sich aus der Ruhe ohne Reibung 5,5 m hangabwärts bewegen würde.

   (b) Berechnen Sie Beschleunigung und Geschwindigkeit bei einer Gleitreibungszahl von 0,2.

   (c) Ermitteln Sie die Kraft, mit der man die Kiste bremsen muss, damit sie diese Geschwindigkeit beibehält und nicht weiter beschleunigt wird.

6. **Bremsen beim Bergabfahren mit Anhänger**

Ein PKW (1,5 t) fährt gleichförmig mit 80 km/h auf einer Strecke mit 10 % Gefälle.

(a) Berechnen Sie die erforderliche Bremskraft.

(b) Bei der nächsten Fahrt auf derselben Strecke ist der PKW mit einem ungebremsten Anhänger (600 kg) unterwegs. Berechnen Sie die jetzt notwendige Bremskraft.

(c) Der PKW mit Anhänger fährt weiterhin 80 und muss auf ebener Strecke eine Notbremsung machen. Die Bremsen bewirken eine maximale Bremsverzögerung von $8,0\ \mathrm{m} \cdot \mathrm{s}^{-2}$. Berechnen Sie den Bremsweg

(1) für den PKW ohne Anhänger,

(2) für den PKW mit ungebremstem Anhänger,

(3) für den PKW mit gebremstem Anhänger.

7. **Schrägaufzug**

Ein Schrägaufzug (2,04 t, voll besetzt) bewegt sich auf einer geneigten Ebene mit einem Neigungswinkel von 22° und überwindet dabei einen Höhenunterschied von 62 Metern. Vollbesetzt hat er eine Masse von 2,04 Tonnen. Zunächst fährt er antriebslos und ohne zu bremsen bergab.

(a) Ermitteln Sie die Beschleunigung des Aufzugs, wenn keine Reibung herrschen würde. Berechnen Sie auch die Geschwindigkeit nach 50 Metern Fahrstrecke.

(b) Berechnen Sie den Wert, auf den sich die Geschwindigkeit nach 50 Metern reduziert, wenn die Reibungszahl 0,05 beträgt.

8. **Bestimmung der Gleitreibungszahl an der geneigten Ebene**

Ein Hersteller von Skiwachs möchte auf einem Testhang mit 40% Neigung die Gleitreibungszahlen seiner Produkte auf Schnee unterschiedlicher Temperatur und Beschaffenheit (Altschnee, Neuschnee, Kunstschnee) ermitteln. Er hat für diesen Zweck zwei kniehoch angebrachte Lichtschranken mit angeschlossenem Präzisionszeitmesser angeschafft.

(a) Erläutern Sie den Aufbau eines möglichen Experiments.

(b) Geben Sie an, wie aus den gemessenen Zeiten die Beschleunigung ermittelt wird.

(c) Mit dem neuesten Wachsprodukt ergibt sich eine Beschleunigung von $3,6\ \mathrm{m} \cdot \mathrm{s}^{-2}$. Ermitteln Sie die zugehörige Reibungszahl (Kräfteplan!). Luftreibung braucht aufgrund der geringen Geschwindigkeiten nicht berücksichtigt werden.

9. **Notfallspur**

Bei längeren Gefällstrecken werden Notfallspuren eingerichtet, um ein Fahrzeug beim Versagen der Bremsen zum Stehen zu bringen. Eine Notfallspur am Brennerpass führt mit einer durchschnittlichen Steigung von 32,5% bergauf.

(a) Ein LKW fährt mit einer Geschwindigkeit von 54 km/h auf die Notfallspur. Berechnen Sie die Länge der Strecke, die er ohne Reibung bergauf zurücklegen würde, bis er zum Stillstand kommt und die Handbremse ziehen kann.

(b) Tatsächlich kommt der LKW aufgrund der Reibung mit dem Untergrund bereits nach 12 m zum Stehen. Berechnen Sie den Reibungskoeffizienten.

(c) Nennen Sie mindestens zwei Möglichkeiten, um eine möglichst hohe Reibungszahl auf der Notfallspur zu erreichen.

10. **Standseilbahn**

Die Kabine einer Standseilbahn hat vollbesetzt eine Masse von 1,4 t und soll auf einer Rampe mit 60 % Steigung hangaufwärts so anfahren, dass sie bei konstanter Beschleunigung 10 s ihre Endgeschwindigkeit von 20 km/h erreicht.

(a) Berechnen Sie die erforderliche Zugkraft, wenn die Reibungszahl 0,002 beträgt.

Am anderen Ende des Seils hängt die andere Kabine (2), die sich zur gleichen Zeit an der Bergstation befindet (**Bild 1**).

(b) Ermitteln Sie den Anteil der Zugkraft, der zusätzlich von einem Motor aufgebracht werden muss. (Die Masse des Seils kann zunächst vernachlässigt werden.)

(c) Bei längeren Standseilbahnen ist die Masse des Seils viel größer als die Masse der Kabinen. In dem Fall wird die Bahn möglichst so ausgeführt, dass sie zur Bergstation hin steiler wird. Begründen Sie dies physikalisch.

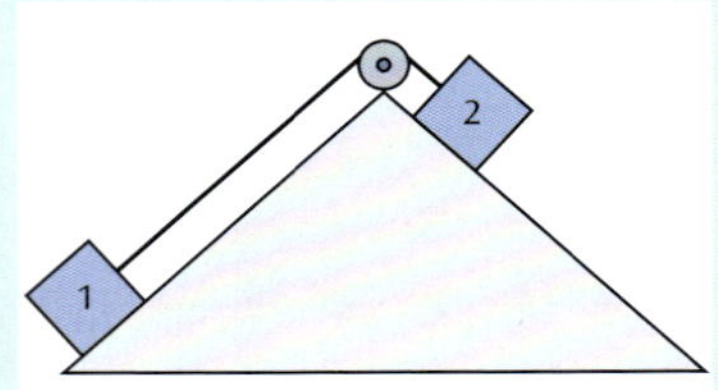

Bild 1: Standseilbahn

11. **Haft- und Rollreibung eines Spielzeugs**

Ein Luftballonauto fährt über einen ebenen und glatten Tisch (**Bild 2**). Luisa möchte wissen, wie schnell es fährt und mit welcher Geschwindigkeit die Luft aus dem Ballon ausströmt. Der Luftballon wird auf einen Durchmesser von 20 cm aufgeblasen und das Auto losgelassen. Es beschleunigt aus dem Stand innerhalb von 3 s auf seine Maximalgeschwindigkeit und kommt dann nach weiteren 5 s zum Stillstand.

Bild 2: Luftballonauto

(a) Für die Bestimmung der Haftreibungszahl wird der Tisch an einer Seite angehoben und damit geneigt, bis das Auto ins Rollen kommt. Dies geschieht bei einem Neigungswinkel von 10°. Bestimmen Sie f_{haft}.

(b) Die Rollreibungszahl f_{Roll} wird abgeschätzt, indem das Auto an einen Kraftmesser gehängt und mit konstanter Geschwindigkeit über den Tisch gezogen wird. Der Kraftmesser zeigt 0,020 N an. Berechnen Sie f_{Roll}.

(c) Berechnen Sie die Maximalgeschwindigkeit des Luftballonautos.

(d) Berechnen Sie die gesamte Antriebskraft, die der Luftballon zur Verfügung stellt. Treffen Sie eine Abschätzung, mit welcher mittleren Geschwindigkeit die Luft aus dem Ballon ausgeströmt ist.

2.9.4 Aufgaben zum Impuls und zur Impulserhaltung

1. **Dauer eines Stoßes**

Die Dauer Δt eines Stoßes zweier Metallkugeln kann man messen, indem man die Ladungsmenge bestimmt, die durch den dann geschlossenen Kontakt fließt (**Bild 1**).

(a) Beschreiben Sie den Versuch.

(b) Bei Anlegen einer Spannung von 50 V wird mit einem elektrischen Widerstand von 575 kΩ die Ladungsmenge $1{,}3 \cdot 10^{-8}$ A · s gemessen. Bestimmen Sie daraus die Stoßdauer.

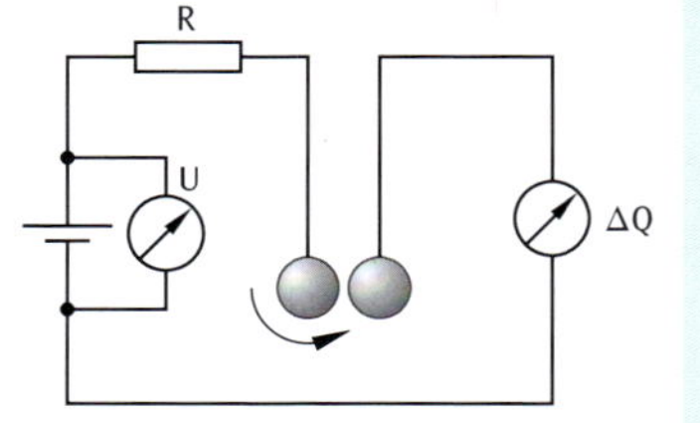

Bild 1: Versuch zur Messung der Stoßdauer

2. **Erhaltung des Gesamtimpulses**

Ein Fußball zertrümmert eine Glasscheibe (**Bild 2**). Erklären Sie, wie sich dabei der Gesamtimpuls des Systems Fußball und Glasscheibe verhält.

3. **Impulserhaltung beim Fußball**

Berechnen Sie den Betrag des Impulses, den ein Fußballtorwart beim Halten eines Elfmeters aufnehmen muss. Weltklassespieler beschleunigen den mindestens 410 g schweren Fußball auf bis zu 120 km/h.

Bild 2: Ein Fußball zertrümmert eine Glasscheibe

4. **Impulserhaltung beim Billard**

Beim Billardspiel stößt eine Kugel eine andere (die ruht) derart, dass sie sich unter einem Winkel von

- 30°
- 45° (**Bild 1**)
- 60°

zu ihrer ursprünglichen Richtung weiterbewegt.

(a) Konstruieren Sie jeweils das Diagramm für die Impulsvektoren beider Kugeln, wenn deren Bewegungsrichtungen nach dem Stoß einen rechten Winkel einschließen.

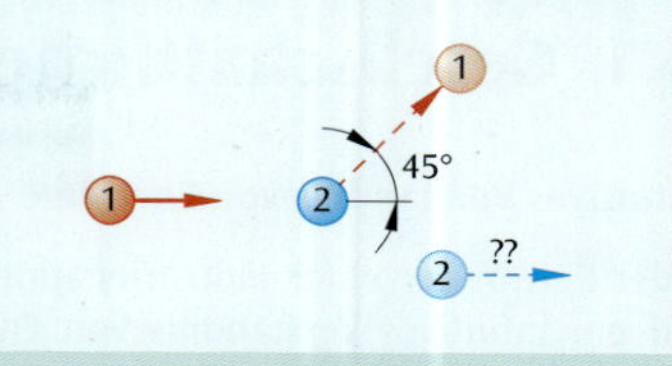

Bild 1: Wohin bewegt sich Kugel 2?

(b) Geben Sie an, um wie viel Prozent sich dabei jeweils der Geschwindigkeitsbetrag der stoßenden Kugel reduziert.

5. **Stöße auf der Luftkissenfahrbahn**

Auf der Luftkissenfahrbahn werden verschiedene Stoßversuche durchgeführt. Die Fahrzeuge bewegen sich nach dem Stoß jeweils gemeinsam weiter. Die Gleiter wiegen 104 g bzw. 101 g. Berechnen Sie Geschwindigkeiten $\vec{u}$ (Betrag und Richtung) der beiden Gleiter nach dem Stoß für folgende Situationen:

(a) Beide Gleiter fahren mit jeweils $1,5$ m/s aufeinander zu.

(b) Der erste Gleiter fährt mit $1,5$ m/s auf den zweiten Gleiter ($0,65$ m/s) auf.

(c) Die Gleiter fahren mit $1,5$ m/s (Gleiter 1) bzw. $0,65$ m/s (Gleiter 2) aufeinander zu.

6. **Kugeln stoßen**

Eine 4 kg schwere Kugel der Masse stößt gerade und zentral auf eine 10 kg schwere ruhende Kugel, an der sie kleben bleibt. Beide Kugeln bewegen sich mit einer Geschwindigkeit von $6,0$ m/s weiter.

Berechnen Sie die Geschwindigkeit der stoßenden Kugel.

7. **Wiegen mit dem Impuls (Nach TIMSS/III-Germany, 1999)**

Ein leerer Eisenbahnwaggon der Masse 10 t prallt mit einer Geschwindigkeit von 3 m/s auf einen identischen, stehenden Waggon, der mit Weizen befüllt ist. Während des Zusammenstoßes koppeln die beiden Wagen an und bewegen sich dann gemeinsam mit der Geschwindigkeit 0,6 m/s weiter. Berechnen Sie die Masse des Weizens.

8. **Ballwurf an eine bewegte Wand**

Ein Tennisball wird senkrecht an die Rückwand eines LKW geworfen, der sich mit konstanter Geschwindigkeit bewegt. Der Ball ist dabei doppelt so schnell wie der LKW. Skizzieren Sie die qualitativen Impulsdiagramme für den Stoß, wenn sich der LKW

(a) vom Werfer weg bewegt

(b) auf den Werfer zu bewegt

und geben Sie jeweils an, wie sich der Impulsbetrag des LKW verändert.

9. **Nicht-zentraler Stoß im Straßenverkehr**

Zwei PKWs mit annähernd gleicher Masse fahren mit jeweils 50 Stundenkilometer von Westen bzw. Süden in eine rechtwinklige Straßenkreuzung ein, stoßen vollkommen unelastisch aufeinander und verkeilen sich.

(a) Konstruieren Sie den Impulsvektor des PKW-Schrotts nach dem Stoß!

(b) Wie verändert sich dieser, wenn ein PKW eine doppelt so große Masse besitzt wie der andere (z. B. SUV und Kleinwagen)?

3 Arbeit und Energie

3.1 Gesellschaftliche Bedeutung der Energie

Intuitives Verständnis von Energie

Jeder Einwohner einer Industrienation erwirbt von klein auf ein intuitives Verständnis von Energie (**Bild 1**) und einigen ihrer Erscheinungsformen: Praktisch täglich kommen wir über die Medien mit Begriffen wie Sonnenenergie, Kernenergie, elektrische Energie oder Wärmeenergie in Berührung.

Dass Energieformen ineinander umgewandelt werden können, ist eine Erfahrungstatsache, denn jeder Mensch nimmt Energie über die Nahrung auf und wandelt sie um in Wärmeenergie oder Bewegungsenergie (manche Menschen mehr als andere) – um nur zwei Beispiele zu nennen.

Bild 1: Energieversorgung eines Einfamilienhauses

Jedem Kind kann plausibel gemacht werden, dass die Bewegungsenergie des Windes in elektrische Energie umgewandelt werden kann. Das Windrad fungiert dabei als Energie*wandler*.

Woher die uns Menschen zur Verfügung stehende Energie letztlich kommt, scheint ebenfalls klar: von unserer Sonne. Denkt man noch globaler, dann ist auch die Theorie vom Urknall einleuchtend, der zufolge ein „Big Bang" dem Universum eine gewisse Menge an Energie mitgegeben hat.

Wie die folgenden Abschnitte zeigen werden, ist die SI-Einheit der Energie das Joule (J). Im Alltag gebräuchlicher sind die Kilowattstunde und die Kilokalorie:

Elektrische Energie

Elektrische Energie wird in Kilowattstunden (kWh) angegeben. Dabei gilt 1 kW · h = 3,6 MioJ. Für den einstündigen Betrieb eines elektrischen Gerätes mit einer Leistungsaufnahme von 1 kW (z. B. ein Staubsauger[1]) wird eine elektrische Energie von 1 kW · h benötigt. Energielabels (**Bild 2**) helfen, den Energieverbrauch elektrischer Geräte einzuschätzen.

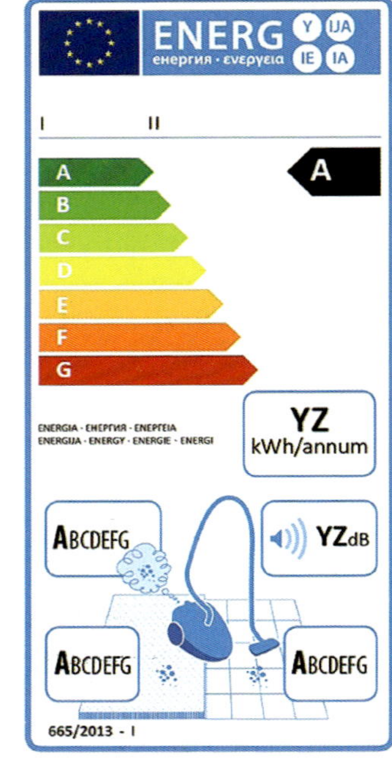

Bild 2: Energielabel eines Haushaltsgerätes

Wärmeenergie

Eine alte Einheit der Wärmeenergie ist die Kalorie (cal), die heute noch (z. B. bei der Ernährung) gebräuchlich ist. Dabei gilt: 1 cal ist die Energie, die nötig ist, um 1 g Wasser um 1 °C zu erwärmen. Vielleicht wissen Sie noch aus der Mittelstufe, dass 1 cal $\approx$ 4,2 J ist. Wenn im Volksmund von „Kalorien" die Rede ist, ist die physikalische Einheit Kilokalorie (kcal) gemeint. Nüsse sind z. B. gute Energielieferanten, da sie pro 100 g einen Brennwert von etwa 600 kcal haben. Der gefürchtete Zucker hat zwar „nur" 400 kcal pro 100 g, hält jedoch nicht lange satt. Natürlich gibt es noch andere Gründe, die gegen übermäßigen Verzehr von Zucker sprechen.

Da gerade von Essen die Rede ist:

Beispiel: Wie hoch war der Energiehunger der Menschheit 2014?

Die internationale Energiebehörde IEA (*International Energy Agency*) publiziert regelmäßig Daten zum weltweiten Energiebedarf. Für das Jahr 2014 wurde ein Gesamtenergiebedarf von 13 700 Mtoe ermittelt (**Bild 1**, folgende Seite). Die englische Abkürzung Mtoe steht für *Megatonne of oil equivalent* (zu deutsch: Megatonnen Öleinheiten).

[1] ab September 2017 tritt eine EU-Bestimmung für die Begrenzung auf 900 Watt in Kraft

In SI-Einheiten gilt 1 toe = 41,868 GJ (Gigajoule) und damit für den Weltenergiebedarf im Jahr 2014:

$$
\begin{aligned}
13\,700\ \text{Mtoe} &= 13\,700 \cdot 10^6\ \text{toe} \\
&= 13\,700 \cdot 10^6 \cdot 41{,}868 \cdot 10^9\ \text{J} \\
&\approx 6 \cdot 10^{20}\ \text{J}.
\end{aligned}
$$

Mit dieser ungeheuren Energiemenge lässt sich schwer etwas anfangen, wenn man nicht weiß, was ein Joule überhaupt ist. Eine Vorstellung von Energieeinheiten bekommt man über mechanische Vorgänge, die sich im Labor leicht nachstellen lassen und die in den nächsten Abschnitten behandelt werden.

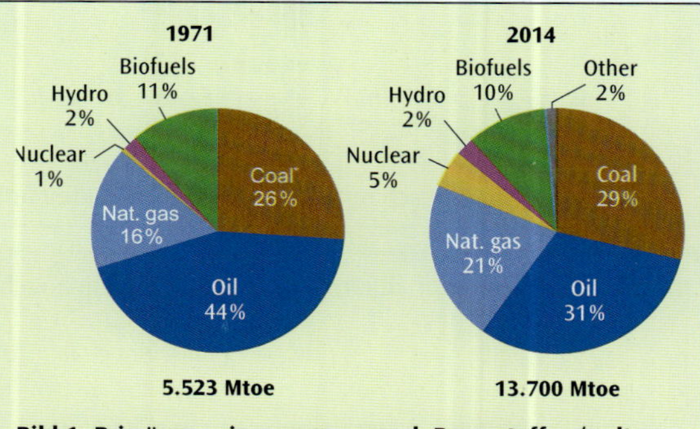

Bild 1: Primärenergieversorgung nach Brennstoffen (weltweit); Quelle: IAE

3.2 Formen mechanischer Arbeit

Aus der Mittelstufe kennen Sie den Begriff der physikalischen Arbeit W (für *work*) als Produkt aus wirkender Kraft F und Wegstrecke s (**Bild 2**):

Mechanische Arbeit:

$$W = F \cdot s \qquad [W] = 1\ \text{N} \cdot \text{m} = 1\ \text{J},$$

wobei die Einheit 1 J (Joule) auf den englischen Physiker James Prescott Joule (1818 bis 1889) zurückgeht.

Die Mittelstufen-Definition setzt voraus, dass die Kraft *in* Wegrichtung wirkt und längs des Weges *konstant* ist.

a) Hubarbeit

b) Reibungsarbeit

Bild 2: Zwei Alltagsbeispiele physikalischer Arbeit

So wird beispielsweise beim Tragen einer Aktentasche *keine* Arbeit im physikalischen Sinne verrichtet, solange der Schwerpunkt der Tasche nicht angehoben wird.

Die Definition der Arbeit aus der Mittelstufe wird im Folgenden auf *nicht-konstante Kräfte* und solche Kräfte ausgeweitet, die *nicht* in Wegrichtung wirken.

3.2.1 Hubarbeit

Wie Sie aus der Mittelstufe wissen, werden Kraftwandler eingesetzt, um den Kraftaufwand beim Heben von Lasten zu reduzieren. Einfache Kraftwandler sind der Flaschenzug oder die schiefe Ebene. Die Goldene Regel der Mechanik besagt: „Was an Kraft gespart, muss an Weg zugelegt werden." Hubarbeit ist demnach unabhängig davon, ob direkt gehoben wird oder beispielsweise über die schiefe Ebene, wie die nachfolgenden Überlegungen zeigen.

Beispiel: Direktes Anheben (Bild 3a)

Hierbei wird gegen die Gewichtskraft $\vec{F}_G$ gearbeitet. Die Zugkraft muss also mindestens so groß wie die Gewichtskraft sein. Ist die Zugkraft größer, dann wird die Masse beschleunigt. Damit kann der Kraftaufwand gegen Ende der Bewegung reduziert werden und die Masse mit der Geschwindigkeit $v = 0$ am Zielort (Höhe h) abgesetzt werden. Beim Heben wird also die Arbeit $W = F_G \cdot h = m \cdot g \cdot h$ verrichtet.

Anheben über schiefe Ebene (Bild 3b)

Der Kraftaufwand reduziert sich auf die Hangabtriebskraft $\vec{F}_H$, der Weg ist jedoch länger (Schräge der Länge s).

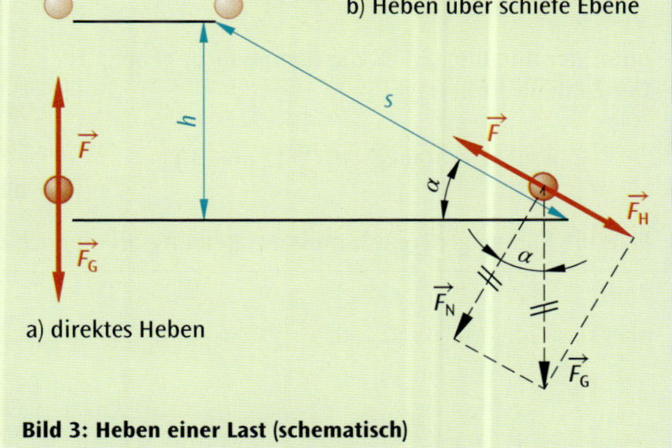

Bild 3: Heben einer Last (schematisch)

Also gilt

$$W = F_{\mathrm{H}} \cdot s = \underbrace{F_{\mathrm{G}} \cdot \sin(\alpha)}_{F_{\mathrm{H}}} \cdot \underbrace{\frac{h}{\sin(\alpha)}}_{s} = F_{\mathrm{G}} \cdot h = m \cdot g \cdot h.$$

Der Ausdruck ist identisch mit der Arbeit beim direkten Anheben!

Die **Hubarbeit** ist *nicht* abhängig vom Weg, auf dem angehoben wurde. Relevant ist nur die Höhendifferenz h:

$$W_{\mathrm{H}} = F_{\mathrm{G}} \cdot h = m \cdot g \cdot h \quad \text{(Index „H" für Hubarbeit).}$$

Achtung: Dies gilt nur, wenn Reibung vernachlässigt werden kann!

3.2.2 Reibungsarbeit

Auch wenn es Situationen gibt, in denen Reibung erwünscht ist (**Bild 1**), im Zusammenhang mit physikalischer Arbeit ist Reibung fast immer ein unerwünschter Nebeneffekt, weil sie Bewegungen hemmt: Wenn Sie beim Fahrradfahren zu treten aufhören, rollen Sie infolge der Reibung aus. – Um die Bewegung aufrecht zu erhalten, muss Reibungsarbeit W_{R} gegen die Reibungskraft F_{R} verrichtet werden.

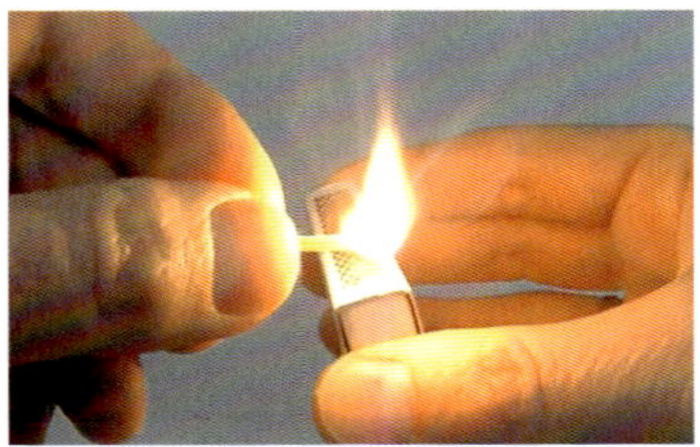

Bild 1: Reibung erwünscht

Wegen des Reibungsgesetzes (Proportionalität zwischen Reibungs- und Normalkraft) gilt für die

Reibungsarbeit:

$$W_{\mathrm{R}} = F_{\mathrm{R}} \cdot s = \underbrace{f_{\mathrm{R}} \cdot F_{\mathrm{U}}}_{=F_{\mathrm{R}}} \cdot s,$$

wobei s für die zurückgelegte Wegstrecke steht.

Als Reibungskraft kommt nur Gleit- oder Rollreibung in Frage, weil bei der Haftreibung kein Weg zurückgelegt wird!

Beispiel: Ruderboot

Ein 100 kg schweres Ruderboot wird über eine 2 m lange Rampe ans Ufer gezogen (**Bild 2**). Welche Arbeit wird verrichtet?

Lösung: Wir nehmen eine Reibungszahl von $f_{\mathrm{R}} \approx 0{,}5$ an und erhalten

$$W_{\mathrm{R}} = f_{\mathrm{R}} \cdot F_{\mathrm{u}} \cdot s = f_{\mathrm{R}} \cdot m \cdot g \cdot s$$

unter der Annahme, dass die Rampe *nicht* geneigt ist. Der Zahlenwert beträgt

$$W_{\mathrm{R}} \approx 0{,}5 \cdot 100\ \mathrm{kg} \cdot 10\ \frac{\mathrm{m}}{\mathrm{s}^2} \cdot 2\ \mathrm{m} \approx 1\ \mathrm{kJ}.$$

Bild 2: Reibung unerwünscht

Falls die Rampe geneigt ist, muss zur Reibungsarbeit noch Hubarbeit addiert werden.

3.2.3 Beschleunigungsarbeit

Um Bestzeiten laufen zu können, genügt es beim Sprint nicht, sich mit einer möglichst großen Kraft vom Startblock abzudrücken: Sobald der Startblock verlassen wird, muss der Sprinter gegen die Trägheit der Masse Arbeit verrichten (**Bild 1**), um möglichst schnell Tempo zu gewinnen.

Bild 1: In der Beschleunigungsphase beim Sprint muss gegen die Trägheit gearbeitet werden

Nach Newtons Grundgleichung ist zum Beschleunigen die Kraft $F = m \cdot a$ nötig. Unter Annahme konstanter Kraft gilt damit für die Beschleunigungsarbeit

$$W_B = F \cdot s = m \cdot a \cdot s.$$

Für gewöhnlich ist nicht die Beschleunigung bekannt, sondern die Endgeschwindigkeit v. Aus der zeitunabhängigen Bewegungsgleichung $v^2 = 2 \cdot a \cdot s$ folgt $s = \frac{v^2}{2 \cdot a}$ und damit

$$W_B = m \cdot \frac{v^2}{2 \cdot s} \cdot s = \frac{1}{2} \cdot m \cdot v^2.$$

Falls die Bewegung *mit* Anfangsgeschwindigkeit v_0 erfolgt, dann gilt

$$W_B = \frac{1}{2} \cdot m \cdot v^2 - \frac{1}{2} \cdot m \cdot v_0^2.$$

Aus diesem Term kann noch die halbe Masse ausgeklammert werden, sodass gilt:

Beschleunigungsarbeit: Wird die Masse m von der Geschwindigkeit $\vec{v}_0$ auf die Geschwindigkeit $\vec{v}$ beschleunigt, dann ist hierzu die Arbeit

$$W_B = \frac{1}{2} \cdot m \cdot (v^2 - v_0^2) \quad \text{(„B“ für Beschleunigungsarbeit)}$$

nötig. Achtung: *nicht* $\frac{1}{2} \cdot m \cdot (v - v_0)^2$!

Bei Bremsvorgängen ist die Beschleunigungsarbeit negativ, da Arbeit von der Reibungskraft verrichtet wird, die entgegen der Bewegungsrichtung wirkt.

Beispiel: Raketenstart

Eine Rakete mit 350 t Startgewicht wird mit einer Beschleunigung von $2{,}5\ \frac{\text{m}}{\text{s}^2}$ 100 m hoch in den Himmel geschossen. Welche Arbeit müssen die Triebwerke verrichten?

Lösung: Die gesamte Arbeit W_{ges} setzt sich zusammen aus Hubarbeit W_H und Beschleunigungsarbeit W_B:

$$W_{ges} = W_H + W_B = m \cdot g \cdot h + m \cdot a \cdot h = m \cdot (g + a) \cdot h$$
$$= 350 \cdot 10^3\ \text{kg} \cdot 12{,}5\ \frac{\text{m}}{\text{s}^2} \cdot 100\ \text{m} \approx 0{,}4\ \text{GJ} \quad \text{(Gigajoule)}.$$

Massenverlust durch Treibstoffausstoß und Luftwiderstand wurden hierbei vernachlässigt.

Alternativ hätte man aus der zeitunabhängigen Bewegungsgleichung die Geschwindigkeit in 100 m Höhe und dann die Beschleunigungsarbeit über $W_B = \frac{1}{2} \cdot m \cdot v^2$ berechnen können. Der Rechenaufwand hierbei ist etwa derselbe.

3.2.4 Spannarbeit

Nicht konstante Kräfte

Das Spannen eines Expanders (**Bild 1**) ist ein Beispiel dafür, dass die Kraft längs des Weges *nicht* konstant ist. Damit kann *nicht* $W = F \cdot s$ gerechnet werden: Ein Expander oder auch ein Bungeeseil sind elastisch, und der Kraftaufwand wird mit zunehmender Dehnungsstrecke immer größer. Das Gleiche gilt für die Stoßdämpfer von Autos.

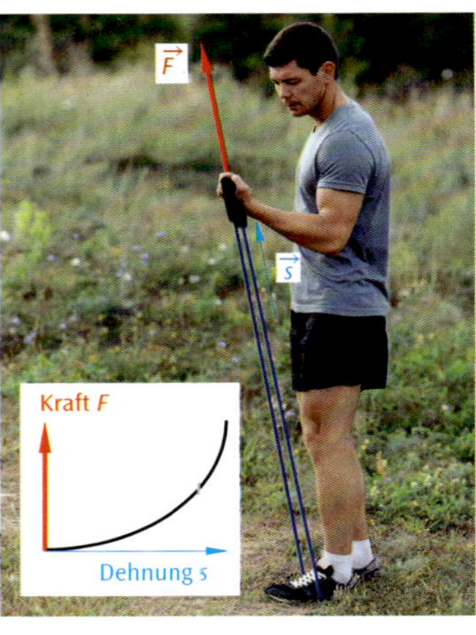

Bild 1: Zum Spannen des Expanders ist eine dehnungsabhängige Kraft erforderlich

Hooke'sches Gesetz[1)]

Für kleine (!) Dehnungen oder Stauchungen verhalten sich Expander oder Stoßdämpfer wie eine belastete Schraubenfeder (**Bild 2**). Das Hooke'sche Gesetz besagt, dass die dehnende Kraft F proportional zur Dehnung s ist. Für diesen Fall ist das Kraft-Dehnungs-Diagramm (Kennlinie) eine Gerade. Ihre Steigung ist ein Maß für die Federhärte D.

Federkraft:

$$F = D \cdot s \quad \text{mit} \quad D = \frac{F}{s} = \text{const.} \quad \text{(Federhärte);} \quad [D] = 1\,\frac{\text{N}}{\text{m}}.$$

Im Elastizitätsbereich ist die Kraft proportional zur Dehnung.

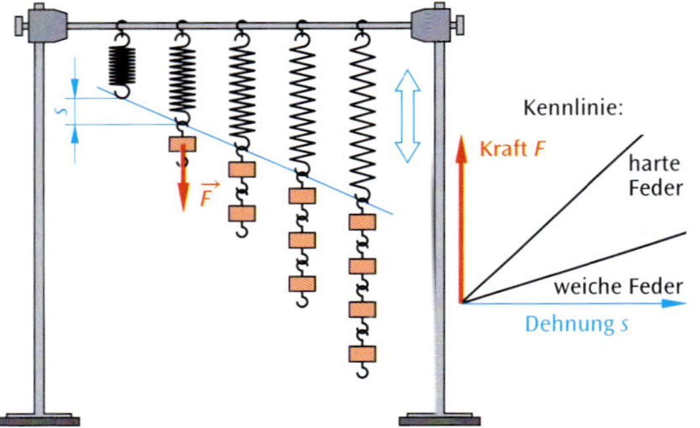

Bild 2: Versuchsanordnung zur Bestätigung des Hooke'schen Gesetzes (schematisch)

Fläche unter dem *F*(*s*)-Diagramm

Da die Kraft längs des Weges (Dehnungsstrecke s) nicht konstant ist, muss die Fläche unter dem $F(s)$-Diagramm betrachtet werden, um die Spannarbeit zu berechnen (**Bild 3**). Ist die Feder *nicht* vorgedehnt, dann gilt

$$W_{Sp} = \frac{1}{2} \cdot s \cdot F \quad \text{(Dreiecksfläche)}$$
$$= \frac{1}{2} \cdot s \cdot D \cdot s$$
$$= \frac{1}{2} \cdot D \cdot s^2.$$

Beispiel: Spannarbeit

In **Bild 3** ist

$$D = \frac{15\,\text{N}}{5\,\text{cm}} = 3\,\frac{\text{N}}{\text{cm}} = 300\,\frac{\text{N}}{\text{m}}$$

(braunes Dreieck), damit gilt für $s = 5$ cm:

$$W_1 = \frac{1}{2} \cdot 300\,\frac{\text{N}}{\text{m}} \cdot (0{,}05\,\text{m})^2$$
$$= 0{,}375\,\text{N} \cdot \text{m} = 375\,\text{mJ}.$$

Um die Feder um weitere 5 cm zu dehnen, muss die blaue Fläche W_2 berechnet werden. Sie entspricht der Differenz aus der großen Dreiecksfläche (Grundlinie $s_2 = 10$ cm und Höhe $F_2 = 30$ N) und der kleinen Dreiecksfläche W_1:

$$W_2 = \underbrace{\frac{1}{2} \cdot D \cdot s_2^2}_{\text{großes Dreieck}} - \underbrace{\frac{1}{2} \cdot D \cdot s_1^2}_{\text{kleines Dreieck}}.$$

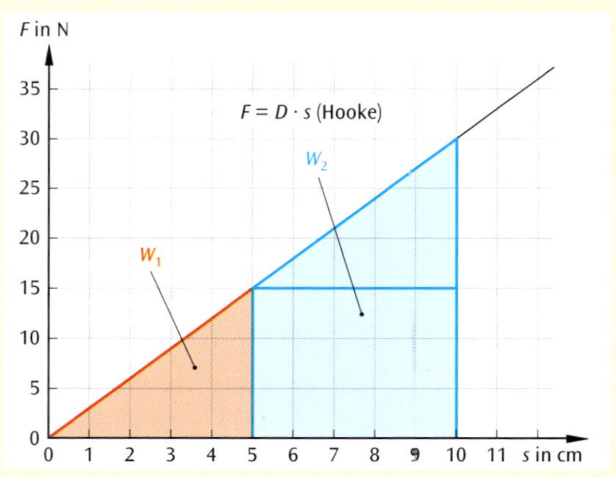

Bild 3: Kennlinie einer Schraubenfeder mit Zahlenwerten

[1)] vgl. auch Abschnitt 2.7 und physikalisches Praktikum

Spannarbeit: Wird eine Feder der Härte D von s_{Anf} auf die Strecke s_{End} gespannt, dann ist hierfür die Arbeit

$$W_{\text{Sp}} = \frac{1}{2} \cdot D \cdot (s_{\text{End}}^2 - s_{\text{Anf}}^2) \quad \text{(„Sp" für Spannarbeit)}$$

erforderlich. Achtung: *nicht* $\frac{1}{2} \cdot D \cdot (s_{\text{End}} - s_{\text{Anf}})^2$!

Beispiel:

In **Bild 3**, vorige Seite, gilt für die Spannarbeit beim Dehnen von 5 cm auf 10 cm:

$$W_{\text{Sp}} = \frac{1}{2} \cdot 300\,\frac{\text{N}}{\text{m}} \cdot [(0{,}10\text{ m})^2 - (0{,}05\text{ m})^2] = 1{,}125\,\frac{\text{N}}{\text{m}} \cdot \text{m}^2 = 1{,}125\text{ N} \cdot \text{m} \approx 1{,}1\text{ J}.$$

Im diesem Beispiel hätte man auch einfach $3 \cdot W_1$ rechnen können, denn:

Argument 1 (rechnerisch): Die Feder wurde doppelt so stark gedehnt; dies entspricht wegen $W \sim s^2$ dem $2^2 = 4$-fachen Arbeitsaufwand; zu W_1 kommt also das Dreifache hinzu.

Argument 2 (graphisch): Das große Dreieck $W_1 + W_2$ in **Bild 3**, vorige Seite, setzt sich aus vier braunen Dreiecken (W_1) zusammen.

3.3 Allgemeine Definition der Arbeit

Hubarbeit, Reibungsarbeit, Beschleunigungsarbeit und Spannarbeit haben eines gemeinsam: Die Kraft wirkt stets in Wegrichtung. Doch bereits bei **Bild 3**, S. 109, hat sich gezeigt, dass auf der schiefen Ebene gegen den Hangabtrieb gearbeitet werden muss (denn $\vec{F}_\text{H}$ ist parallel zur Wegrichtung).

Dies entspricht der Zerlegung der (Zug-)Kraft $\vec{F}$ in eine Komponente $\vec{F}_\perp$ senkrecht und eine Komponente $\vec{F}_\parallel$ parallel zur Bewegungsrichtung (**Bild 1**). Die Komponente senkrecht zur Bewegungsrichtung verrichtet keine Arbeit (solange der Schlitten dabei *nicht* angehoben wird[1]). Nur die parallele Komponente verrichtet Arbeit:

Komponente in Wegrichtung:

$$W = F_\parallel \cdot s = \underbrace{F \cdot \cos(\alpha)}_{=F_\parallel} \cdot s$$
$$= F \cdot s \cdot \cos(\alpha).$$

Eine Kraft, die senkrecht zur Wegrichtung wirkt, verrichtet keine Arbeit!

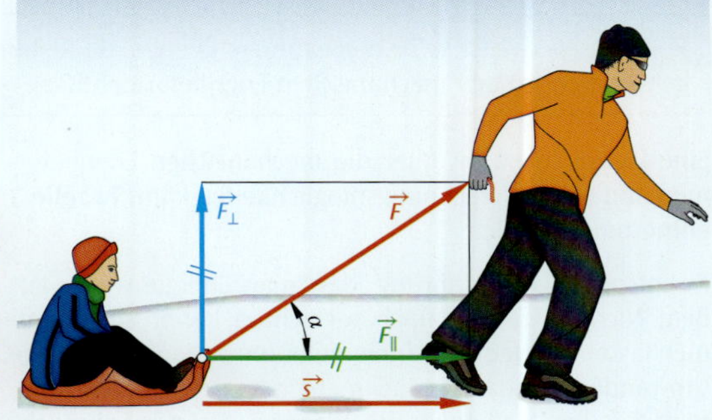

Bild 1: Nur die Kraftkomponente parallel zur Bewegungsrichtung verrichtet Arbeit

Die Fläche unter dem $F(s)$-Diagramm (**Bild 3**, S. 112) wird in der Mathematik als Integral (Symbol: $\int$) bezeichnet[2].

Integralschreibweise:

$$W = \int_{s_1}^{s_2} F(s)\,\text{d}s$$

Die Buchstaben s_1 und s_2 stehen symbolisch für den Anfangs- und den Endzustand.

[1] um herauszufinden, ob der Schlitten angehoben wird, wird das Hebelgesetz benötigt

[2] lies: „Integral von s_1 bis s_2 über F von s mal ds"

3.4 Mechanische Energie

Im letzten Abschnitt wurden drei Formen mechanischer Arbeit näher betrachtet. Wird an einem Körper Arbeit verrichtet, dann sagt man, sein Energiezustand habe sich erhöht. Die drei mechanischen Energieformen mit jeweils einem Beispiel sowie typischen Sprechweisen werden kurz vorgestellt.

Potentielle Energie (der Erdanziehung)

- Synonyme: Höhenenergie, Lageenergie
- Sie erhöht sich bei Zufuhr von Hubarbeit.
- Beispiel: Sie steigen aufs Drei-Meter-Brett. Während Sie Hubarbeit verrichten, steigt ihre potentielle Energie an. Sie können Ihre potentielle Energie in Bewegungsenergie umwandeln, wenn Sie sich vom Brett fallen lassen.
- Potentielle Energie bezieht sich auf einen *Zustand* (Höhe h), Hubarbeit auf einen *Prozess*, der zu diesem Zustand führt (Hochsteigen über die Leiter).

Kinetische Energie

- Synonym: Bewegungsenergie
- Sie erhöht sich bei Zufuhr von Beschleunigungsarbeit.
- Beispiel: Sie drücken das Gaspedals Ihres Autos voll durch. Während der Motor Beschleunigungsarbeit verrichtet, wird das Auto schneller, und seine (und Ihre) kinetische Energie steigt an. Sie können die kinetische Energie in Wärme umwandeln, wenn Sie die Bremse betätigen[1)].

Spannenergie

- Synonym: potentielle Energie der Feder (oder der Elastizität)
- Sie erhöht sich bei Zufuhr von Spannarbeit.
- Beispiel: Sie spannen einen Bogen. Während Sie Spannarbeit verrichten, steigt die potentielle Energie des Bogens an. Sie können die potentielle Energie *des Bogens* in kinetische Energie *des Pfeils* umwandeln, wenn Sie die Sehne des Bogens loslassen.

Reibungs*energie* ist *keine* mechanische Energie, da Reibungsarbeit in Wärmeenergie umgewandelt wird, und diese gehört nicht zu den mechanischen Energieformen!

Eine kleine Übersicht über die mechanischen Energieformen und deren Berechnungsmöglichkeiten kann **Tabelle 1** entnommen werden.

Es entspricht der Erfahrung, dass man Energie weder aus dem Nichts erzeugen noch vernichten kann. Energieformen lassen sich lediglich ineinander umwandeln. Derartige Umwandlungsprozesse sind mehr oder weniger effizient, so dass in den Medien oft die Rede von „Energieverbrauch" ist. Beim Kochen beispielsweise wird elektrische Energie in Wärme umgewandelt. Die entstehende Wärme geht an die Umgebung „verloren" (zumindest im Sommer, da sie im Winter noch als Beitrag zur Raumheizung Verwendung findet).

Tabelle 1: Die mechanischen Energieformen

Lageenergie	$E_{pot} = m \cdot g \cdot h$
Einheit:	$\mathrm{kg} \cdot \frac{\mathrm{m}}{\mathrm{s}^2} \cdot \mathrm{m} = \mathrm{N} \cdot \mathrm{m} = \mathrm{J}$
kinetische Energie	$E_{kin} = \frac{1}{2} \cdot m \cdot v^2$
Einheit:	$\mathrm{kg} \cdot \left(\frac{\mathrm{m}}{\mathrm{s}}\right)^2 = \mathrm{kg} \cdot \frac{\mathrm{m}}{\mathrm{s}^2} \cdot \mathrm{m} = \mathrm{N} \cdot \mathrm{m} = \mathrm{J}$
Spannenergie	$E_{Sp} = \frac{1}{2} \cdot D \cdot s^2$
Einheit:	$\frac{\mathrm{N}}{\mathrm{m}} \cdot \mathrm{m}^2 = \mathrm{N} \cdot \mathrm{m} = \mathrm{J}$

Energieerhaltungssatz (kurz EES):

Energie ist die Fähigkeit, Arbeit zu verrichten oder Wärme abzugeben. Eine Erfahrungstatsache ist der Satz von der Energieerhaltung: In einem abgeschlossenen physikalischen System bleibt die Summe aller Energien an jedem Ort zu jedem Zeitpunkt erhalten, also

$$E_{ges,A} = E_{ges,B} = E_{ges,C} = \ldots,$$

wobei die Indizes A, B, C, ... für die Energiezustände stehen. Das Verrichten von Arbeit führt zu einer Änderung des Energiezustandes.

[1)] Bei hohen Geschwindigkeiten genügt es, den Fuß einfach vom Gas zu nehmen und der Luftreibung und der Reibung im Getriebe die Bremsarbeit zu überlassen.

Beispiel: Fadenpendel (Bild 1)

Wird das Pendel ausgelenkt, muss Hubarbeit verrichtet werden. Dadurch erhöht sich die potentielle Energie der Pendelmasse (Zustand A).

Lässt man das Pendel los, dann nimmt die potentielle Energie ab. Gleichzeitig nimmt die kinetische Energie zu. Die kinetische Energie ist maximal beim Durchgang durch die Ruhelage (Zustand B).

Die kinetische Energie nimmt auf Kosten der potentiellen Energie ab, bis das Pendel den Umkehrpunkt erreicht (Zustand C).

Dazwischen kann ein Zustand Z beliebig gewählt werden. Dort verteilt sich die Gesamtenergie E_{ges} auf die beiden Energieformen E_{pot} und E_{kin} auf.

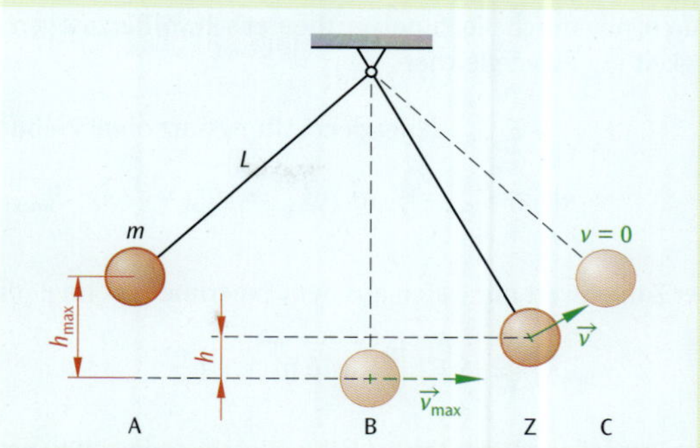

Bild 1: Vier Energiezustände (A, B, Z, C) beim Fadenpendel

Eine Übersicht über die Energieumwandlungen beim Fadenpendel gibt **Tabelle 1**. Nach dem Energieerhaltungssatz gilt demnach

$$\underbrace{m \cdot g \cdot h_{max}}_{E_{ges,A}} = \underbrace{\frac{1}{2} \cdot m \cdot v_{max}^2}_{E_{ges,B/C}} = \underbrace{m \cdot g \cdot h + \frac{1}{2} \cdot m \cdot v^2}_{E_{ges,Z}}.$$

Tabelle 1: Energieumwandlungen bei Fadenpendel (mit Bezug zu Bild 1)

Zustand	E_{pot}	E_{kin}	E_{ges}
A	$m \cdot g \cdot h_{max}$	0	$m \cdot g \cdot h_{max}$
B	0	$\frac{1}{2}m \cdot v_{max}^2$	$\frac{1}{2}m \cdot v_{max}^2$
Z	$m \cdot g \cdot h$	$\frac{1}{2}m \cdot v^2$	$m \cdot g \cdot h + \frac{1}{2}m \cdot v^2$
C	$m \cdot g \cdot h_{max}$	0	$m \cdot g \cdot h_{max}$

Daraus folgt insbesondere $m \cdot g \cdot h_{max} = \frac{1}{2} \cdot m \cdot v_{max}^2$ und daraus $v_{max} = \sqrt{2 \cdot g \cdot h_{max}}$.

Das heißt: Das Tempo des Pendels beim Durchgang durch die Ruhelage ist das gleiche wie beim freien Fall aus der Höhe h_{max}. Dies ist einleuchtend, weil die Kraft im Faden keine Arbeit verrichtet, da sie senkrecht zur Schwingungsrichtung wirkt.

Bestätigung im Experiment (Bild 2)

Bei einer Hubhöhe von h_{max} = 10 cm (Pendelmasse m = 100 g) wurde von einer Lichtschranke die Verdunklungszeit Δt = 54 ms beim Durchgang durch die Ruhelage gemessen (Kugeldurchmesser d = 75 mm). Wir prüfen die Gültigkeit des Energieerhaltungssatzes.

Die maximale potentielle Energie beträgt

$$E_{pot,max} = m \cdot g \cdot h$$
$$= 0{,}100 \text{ kg} \cdot 9{,}81 \frac{\text{m}}{\text{s}^2} \cdot 0{,}10 \text{ m}$$
$$= 98 \text{ mJ} \quad \text{(Millijoule)},$$

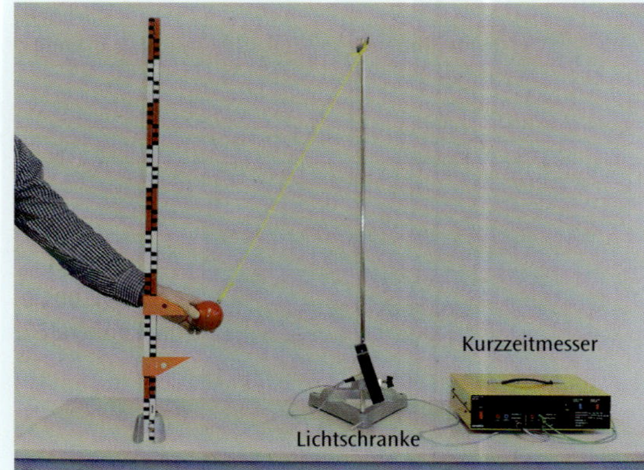

Bild 2: Experimentelle Bestätigung des Energieerhaltungssatzes beim Fadenpendel

die maximale kinetische Energie hingegen

$$E_{kin,max} = \frac{1}{2} \cdot m \cdot \left(\frac{d}{\Delta t}\right)^2 = \frac{1}{2} \cdot 0{,}100 \text{ kg} \cdot \left(\frac{75}{54} \frac{\text{mm}}{\text{ms}}\right)^2 = 96 \text{ mJ}.$$

Der (geringe) Unterschied beider Werte erklärt sich durch Luftreibung und Reibung an der Pendelaufhängung. Das Gewicht des Fadens dürfte eine untergeordnete Rolle spielen.

Eine andere Möglichkeit, den Energieerhaltungssatz zu überprüfen, besteht darin, die Geschwindigkeit v_{theor} beim Durchgang durch die Ruhelage theoretisch vorherzusagen und sie mit der von der Lichtschranke gemessenen Geschwindigkeit v_{exp} zu vergleichen:

$$E_{ges,A} = E_{ges,B} \quad \text{(Energieerhaltungssatz ohne Reibung)}$$

$$\Rightarrow m \cdot g \cdot h_{max} = \frac{1}{2} \cdot m \cdot v_{max}^2 \Rightarrow v_{max} = \sqrt{2 \cdot g \cdot h_{max}}.$$

Der Zahlenwert mit Daten aus dem Experiment beträgt (die Kugelmasse wird nicht mehr benötigt!):

$$v_{theor} = \sqrt{2 \cdot 9{,}81\,\frac{\text{m}}{\text{s}^2} \cdot 0{,}10\,\text{m}} = 1{,}4\,\frac{\text{m}}{\text{s}}.$$

Der Vergleich mit der tatsächlichen Geschwindigkeit beim Durchgang durch die Ruhelage liefert:

$$v_{exp} = \frac{d}{\Delta t} = \frac{75}{54}\,\frac{\text{mm}}{\text{ms}} = 1{,}4\,\frac{\text{m}}{\text{s}} = v_{theor}.$$

Im Rahmen der Messgenauigkeit sind die Werte sogar identisch.

Energieerhaltungssatz in Form von Diagrammen

Der Inhalt des Energieerhaltungssatz es lässt sich auch in Diagrammen darstellen. Am Beispiel des Fadenpendels gilt, dass bei Vernachlässigung von Reibung die gesamte mechanische Energie erhalten bleibt (blaue Linie in **Bild 1**).

Energie abhängig von der Höhe

Auf dem Weg von Zustand B nach Zustand C in **Bild 1**, S. 115, nimmt die potentielle Energie zu, die kinetische dagegen ab. Wegen $E_{pot} \sim h$ nimmt die potentielle Energie sogar linear zu (rote Linie in **Bild 1**).

Da die Gesamtenergie konstant ist, ist auch der Verlauf der kinetischen Energie linear (grüne Linie in **Bild 1**). Die punktweise Addition von roter und grüner Linie liefert stets 100%. – Auf halber maximaler Höhe ist die Energieverteilung daher 50 : 50.

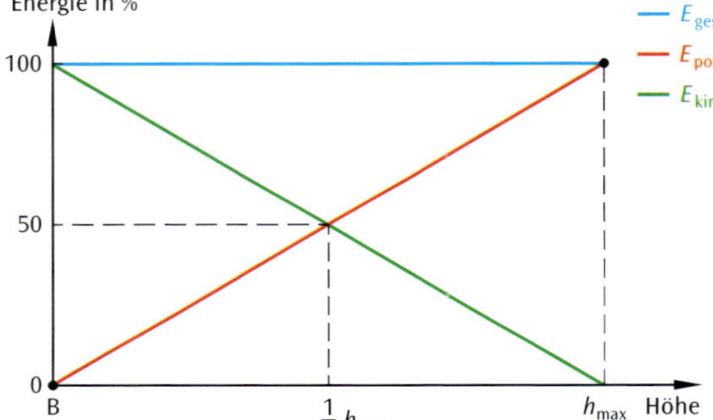

Bild 1: Energieverteilung beim Fadenpendel abhängig von der Höhe der Pendelmasse über der Ruhelage; die Punkte B und C markieren die Energiezustände in Bild 1

Energie abhängig von der Geschwindigkeit

Da die kinetische Energie wegen $E_{kin} \sim v^2$ quadratisch mit der Geschwindigkeit ansteigt, ist das $E_{kin}(v)$-Diagramm eine Parabel (**Bild 2**). Das heißt, dass bei halber Maximalgeschwindigkeit erst $\frac{1}{4}$ (oder 25 %) der maximalen kinetischen Energie aufgenommen wurde – die restlichen $\frac{3}{4}$ stecken in der potentiellen Energie.

Auf halber Höhe sind potentielle und kinetische Energie gleich, und die Geschwindigkeit beträgt das $\sqrt{\frac{1}{2}}$-Fache der Maximalgeschwindigkeit. Eingabe der Wurzel in den Taschenrechner[1)] liefert den äquivalenten Ausdruck $\frac{1}{\sqrt{2}}$ oder ca. 0,71, d. h., dass auf halber maximaler Höhe die Geschwindigkeit bereits 71 % der Maximalgeschwindigkeit beträgt (Schnittpunkt von grüner und roter Parabel in **Bild 2**).

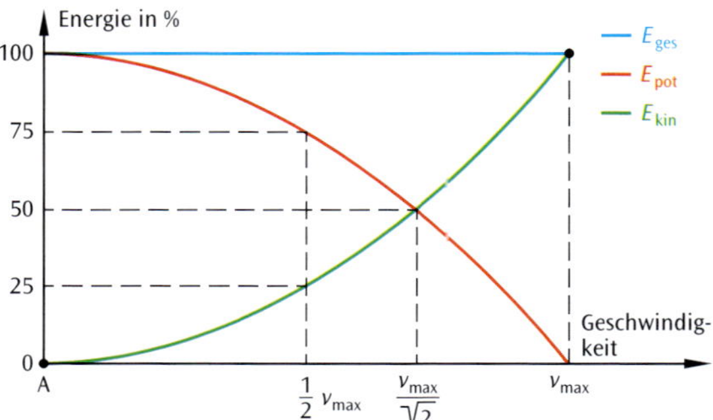

Bild 2: Energieverteilung beim Fadenpendel abhängig von der Geschwindigkeit der Pendelmasse; Energiezustände A und B gemäß Bild 1

[1)] die mathematische Methode nennt sich teilweises Radizieren: $\sqrt{\frac{1}{2}} = \frac{\sqrt{1}}{\sqrt{2}} = \frac{1}{\sqrt{2}}$ oder $\frac{\sqrt{2}}{2}$

Beispiel: Kinderrutsche (Bild 1)

Mit welcher Geschwindigkeit kommt das Kind unten an?

Lösung: Die potentielle Energie des Kindes „oben“ und seine kinetische Energie unten unterscheiden sich um den Wert der Reibungsarbeit, die in Wärme umgewandelt wird. Also gilt:

Höhe = 3 m
$f_{gleit} = 0{,}5$
$\alpha = 30°$

Bild 1: Rutschen unter Einfluss der Reibung

$$E_{pot,oben} - E_{kin,unten} = W_{Reib}$$

$$\Rightarrow m \cdot g \cdot h - \frac{1}{2} \cdot m \cdot v^2 = F_R \cdot s \quad \text{mit} \quad F_R = f_{gleit} \cdot \underbrace{m \cdot g \cdot \cos(\alpha)}_{F_N} \quad \text{und} \quad s = \frac{h}{\sin(\alpha)}$$

$$\Rightarrow m \cdot g \cdot h - \frac{1}{2} \cdot m \cdot v^2 = f_{gleit} \cdot m \cdot g \cdot h \cdot \frac{\cos(\alpha)}{\sin(\alpha)}$$

und daraus

$$v = \sqrt{2 \cdot g \cdot h - 2 \cdot f_{gleit} \cdot g \cdot h \cdot \frac{1}{\tan(\alpha)}} = \sqrt{2 \cdot g \cdot h \cdot \left(1 - \frac{f_{gleit}}{\tan(\alpha)}\right)}$$

$$v = \sqrt{2 \cdot 9{,}81\,\frac{\text{m}}{\text{s}^2} \cdot 3\,\text{m} \cdot \left(1 - \frac{0{,}5}{\tan(30°)}\right)} = 2{,}8\,\frac{\text{m}}{\text{s}} \approx 10\,\frac{\text{km}}{\text{h}}.$$

Eine Lösungsalternative wäre die zeit*un*abhängige Bewegungsgleichung in Verbindung mit der Newton’schen Grundgleichung gewesen.

Beispiel: Fahrwiderstand

Der Fahrwiderstand eines Autos setzt sich im Wesentlichen zusammen aus dem Rollwiderstand und dem Luftwiderstand. Wie Sie aus dem Kapitel über Kräfte wissen, hängt der Rollwiderstand praktisch nicht von der Geschwindigkeit ab, während der Luftwiderstand quadratisch mit der Geschwindigkeit ansteigt.

Für das Elektrofahrzeug BMW i3 werden die technischen Daten gemäß **Tabelle 1** angenommen[1)].

Tabelle 1: Technische Daten des BMW i3

Weight (Unladen)	1195 kg
Top Speed	150 km/h
Acceleration 0…100 km/h	7,2 s
cd Value/Frontal Area	0,29/2,38 m²
Energy Consumption	12,9 kW · h/100 km
Battery Capacity	18,8 kW · h

Der Rollreibungskoeffizient ist schwer zu beziffern, wir nehmen $f_{Roll} \approx 0{,}015$ an und erhalten die Fahrwiderstände gemäß Diagramm in **Bild 2**.

1. Bestätigen Sie den Kurvenverlauf, wenn der Fahrer mit 75 kg angenommen wurde.
2. Bestimmen Sie den Energieverbrauch des Fahrzeugs, wenn zwei Stunden lang mit konstant 80 km/h gefahren wird.
3. Schätzen Sie den Energiebedarf beim Beschleunigen von 0 auf 100 km/h in 7,2 s ab.

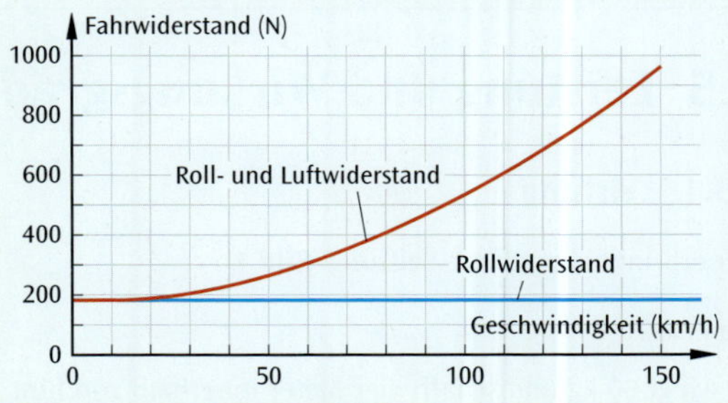

Bild 2: Fahrwiderstände beim BMW i3

1) Quelle: Herstellerangaben und http://www.alle-autos-in.de/bmw/bmw_i3__ktc6128.shtml; cd ist die englische Abkürzung für den Luftwiderstandsbeiwert (c_W-Wert)

Lösung

1. Der Rollreibungswiderstand berechnet sich aus dem Reibungsgesetz zu

$$F_{\text{Roll}} = f_{\text{Roll}} \cdot m \cdot g = 0{,}015 \cdot \underbrace{(1195\text{ kg} + 75\text{ kg})}_{\text{Fahrzeug + Fahrer}} \cdot 9{,}81\,\frac{\text{m}}{\text{s}^2} \approx 0{,}19\text{ kN}.$$

Der Wert bestätigt die blaue Linie in **Bild 2**, vorige Seite.

Der Luftwiderstand hängt gemäß $F_{\text{Luft}} = \frac{1}{2} \cdot \rho \cdot c_{\text{W}} \cdot A \cdot v^2$ von der Geschwindigkeit ab. Mit Werten gilt

$$F_{\text{Luft}} = \frac{1}{2} \cdot 1{,}3\,\frac{\text{kg}}{\text{m}^3} \cdot 0{,}29 \cdot 2{,}38\text{ m}^2 \cdot \left(\frac{v}{3{,}6}\right)^2 = 0{,}0346 \cdot v^2,$$

wenn die Geschwindigkeit v in km/h eingesetzt wird. Für $v = 80$ (km/h) erhält man daraus den Wert

$$F_{\text{Luft}} = 0{,}0346 \cdot 80^2\text{ N} \approx 0{,}2\text{ kN}.$$

Addition des Rollwiderstandes ergibt $F_{\text{gesamt}} \approx 0{,}4$ kN, also etwa den gleichen Wert wie bei der roten Linie in **Bild 2**, vorige Seite.

Durch Einsetzen weiterer Geschwindigkeitswerte lassen sich die Rechenwerte mit der roten Linie (zumindest ungefähr) zur Deckung bringen.

2. Innerhalb der zwei Stunden legt das Fahrzeug $s = 160$ km zurück. Weil ein Gesamtwiderstand von etwa $F = 0{,}4$ kN wirkt (**Bild 2**, vorige Seite), muss der Motor die Arbeit

$$W = F \cdot s = 400\text{ N} \cdot 160 \cdot 10^3\text{ m} = 64 \cdot 10^6\text{ J} = \frac{64}{3{,}6}\text{ kW} \cdot \text{h} = 18\text{ kW} \cdot \text{h}$$

verrichten. Damit ist die in der Batterie gespeicherte Energie auch schon fast „aufgebraucht" (vgl. **Tabelle 1**, vorige Seite) – und das auf ebener Strecke. Dies zeigt, wie wichtig die Minimierung der Reibungsverluste ist!

3. Wie eine Einheitenbetrachtung zeigt, ergibt die Fläche unter dem $F(v)$-Diagramm (**Bild 2**, vorige Seite) multipliziert mit der Zeit einen Energiewert. Kästchenzählen ergibt ungefähr $2 \cdot 10 + 14 = 34$. Umrechnung in SI-Einheiten und Multiplikation mit der Zeit liefert den Energiebedarf

$$W = 34 \cdot \underbrace{10\,\frac{\text{km}}{\text{h}} \cdot 100\text{ N}}_{\triangleq\text{ 1 Kästchen}} \cdot 7{,}2\text{ s} = 34 \cdot \frac{10}{3{,}6}\,\frac{\text{m}}{\text{s}} \cdot 720\text{ N} \cdot \text{s} = 68\text{ kJ} \approx 19\text{ W} \cdot \text{h} \quad \text{(Wattstunden).}$$

3.5 Leistung und Wirkungsgrad

3.5.1 Leistung

Wer erbringt die größere Leistung (**Bild 1**):

Die Frau?

Sie wiegt 60 kg und schafft vier Meter innerhalb von fünf Sekunden.

Der Mann?

Er wiegt 80 kg und schafft fünf Meter in acht Sekunden.

Um die Frage zu beantworten, genügt es nicht, nur die Arbeit W (hier: Hubarbeit) zu berechnen. Denn wer die gleiche Arbeit in kürzerer Zeit verrichtet, erbringt die größere Leistung. Leistung bedeutet Arbeit pro Zeiteinheit, Formelzeichen der Leistung ist der Buchstabe P (engl. *power*), die Einheit das Watt[1].

Bild 1: „Hoch"-Leistung beim Klettern

[1] nach James Watt (1736 bis 1819), schottischer Erfinder, u. a. der Dampfmaschine

Mechanische Leistung:

$$P = \frac{\text{Arbeit}}{\text{Zeit}} = \frac{\Delta W}{\Delta t}; \qquad [P] = 1\,\frac{\text{J}}{\text{s}} = 1\text{ W}.$$

Beispiel: Bild 1 auf der vorigen Seite

Demnach beträgt die Leistung P_F der Frau:

$$P_F = \frac{W_H}{\Delta t} = \frac{m \cdot g \cdot h}{\Delta t} = \frac{60\text{ kg} \cdot 9{,}81\,\frac{\text{m}}{\text{s}^2} \cdot 4\text{ m}}{5\text{ s}} = 470{,}88\,\frac{\text{N} \cdot \text{m}}{\text{s}} \approx 0{,}47\text{ kW},$$

die Leistung P_M des Mannes:

$$P_M = \frac{80\text{ kg} \cdot 9{,}81\,\frac{\text{m}}{\text{s}^2} \cdot 5\text{ m}}{8\text{ s}} \approx 0{,}49\text{ kW}.$$

Beide erbringen also etwa die gleiche Leistung. Dauerhaft kann ein erwachsener Mensch etwa 100 W leisten. Kurzzeitige Spitzenleistungen sind deutlich höher!

Eine Umformung der Leistungseinheit Watt ergibt

$$1\text{ W} = 1\,\frac{\text{J}}{\text{s}} = 1\,\frac{\text{N} \cdot \text{m}}{\text{s}} = 1\text{ N} \cdot 1\,\frac{\text{m}}{\text{s}}.$$

Dies kann als Produkt aus wirkender Kraft und Geschwindigkeit gedeutet werden, also $P = \frac{W}{t} = F \cdot \frac{s}{t} = F \cdot v$. Diese Beziehung gilt auch für veränderliche Geschwindigkeiten. In diesem Fall meint $P = P(t)$ die momentane Leistung.

Leistung ist neben „Arbeit durch Zeit" auch „Kraft mal Geschwindigkeit", also

$$P = \begin{cases} \frac{\Delta W}{\Delta t} & \text{(mittlere Leistung)} \\ F \cdot v(t) & \text{(momentane Leistung)} \end{cases}.$$

Für die Einheit Watt gilt $1\text{ W} = 1\,\frac{\text{J}}{\text{s}} = 1\text{ N} \cdot 1\,\frac{\text{m}}{\text{s}}$.

Damit erklärt sich, dass eine Kilowattstunde (vgl. Abschnitt 3.1) eine Energie- und *keine* Leistungseinheit ist, denn

$$1\text{ kW} \cdot \text{h} = 1\text{ kW} \cdot 1\text{ h} = 1000\text{ W} \cdot 3600\text{ s} = 3\,600\,000\,\underbrace{\text{W} \cdot \text{s}}_{=\text{J}} = 3{,}6 \cdot 10^6\text{ J}.$$

Beispiel: Kran

Ein Kran soll eine Last von 200 kg in 40 m Höhe heben (**Bild 1**). Der Vorgang dauert insgesamt 24 Sekunden. Beim Anfahren wird die Maximalgeschwindigkeit von $2\,\frac{\text{m}}{\text{s}}$ innerhalb von 4 s erreicht, beim Bremsen innerhalb der gleichen Zeit abgebaut.

Entwickeln Sie ein Diagramm, das die zeitliche Abhängigkeit der Motorleistung zeigt, und berechnen Sie die durchschnittliche Leistung (Näherung: $g \approx 10\,\frac{\text{m}}{\text{s}^2}$).

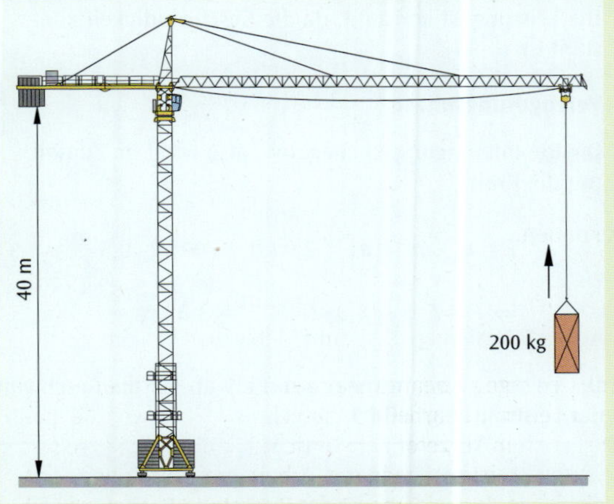

Bild 1: Kran beim Heben einer Last

Lösung

Die *durchschnittliche* Leistung $\overline{P}$ entspricht der *gesamten* verrichteten Arbeit W_{ges} (Hubarbeit) geteilt durch die *gesamte* Dauer t_{ges} des Hubvorgangs, also

$$\overline{P} = \frac{W_{ges}}{t_{ges}} = \frac{m \cdot g \cdot h}{t_{ges}} \approx \frac{200\text{ kg} \cdot 10\,\frac{\text{m}}{\text{s}^2} \cdot 40\text{ m}}{24\text{ s}} = 3{,}3\text{ kW}.$$

Um die *momentane* Leistung $P(t) = F \cdot v(t)$ zu berechnen, müssen die Zugkraft im Seil und die momentane Geschwindigkeit berücksichtigt werden.

Aus $m = 200$ kg folgt $F_G \approx 2{,}0$ kN. Die Kraft F im Zugseil ist in der Beschleunigungsphase um die Trägheitskraft größer, in der Verzögerungsphase um die Trägheitskraft kleiner als die Gewichtskraft:

Beschleunigungsphase

Während der anfänglichen Beschleunigungsphase wirkt im Zugseil die Summe aus F_G und der Trägheitskraft $F_{tr} = m \cdot a$.

Die Beschleunigung beträgt $a = \frac{\Delta v}{\Delta t} = \frac{2\text{ m/s}}{4\text{ s}} = 0{,}5\,\frac{\text{m}}{\text{s}^2}$, also gilt

$$F = F_G + m \cdot a = 2{,}0\text{ kN} + 200\text{ kg} \cdot 0{,}5\,\frac{\text{m}}{\text{s}^2} = 2{,}1\text{ kN}$$

$$\Rightarrow P = F \cdot v = 2{,}1\text{ kN} \cdot 2\,\frac{\text{m}}{\text{s}} = 4{,}2\text{ kW}.$$

In der Beschleunigungsphase (**Bild 1**) steigt die Leistung wegen $v \sim t$ linear von 0 kW auf 4,2 kW innerhalb von 4 s an (die Kraft beträgt konstant 2,1 kN).

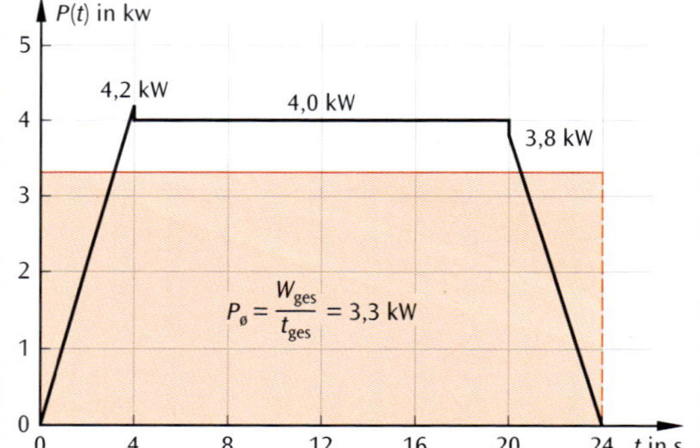

Bild 1: Zeitabhängige Leistung des Krans im Aufgabenbeispiel (rot: durchschnittliche Leistung)

Gleichförmige Bewegung nach oben

Die Dauer dieses Abschnitts beträgt $24\text{ s} - 2 \cdot 4\text{ s} = 16\text{ s}$, die wirkende Kraft im Zugseil ist nur die Gewichtskraft:

$$F = F_G = 2{,}0\text{ kN}$$

$$\Rightarrow P = F \cdot v = 2{,}0\text{ kN} \cdot 2\,\frac{\text{m}}{\text{s}} = 4{,}0\text{ kW}.$$

Die Leistung ist konstant, da die Geschwindigkeit konstant ist.

Verzögerungsphase

Die Beschleunigung ist „negativ", also wirkt im Zugseil nur die Kraft

$$F = F_G - m \cdot |a| = 2{,}0\text{ kN} - 200\text{ kg} \cdot 0{,}5\,\frac{\text{m}}{\text{s}^2} = 1{,}9\text{ kN}$$

$$\Rightarrow P = F \cdot v = 1{,}9\text{ kN} \cdot 4\,\frac{\text{m}}{\text{s}} = 3{,}8\text{ kW}.$$

Die Leistung nimmt linear auf 0 kW ab, da die Geschwindigkeit gleichmäßig abnimmt. Die zeitliche Abhängigkeit der Leistung zeigt **Bild 1**.

3.5.2 Wirkungsgrad

In unserer hochtechnisierten Gesellschaft kommt der Energieversorgung eine immer größer werdende Bedeutung zu. Bei wachsendem Hunger nach Energie steigt der Bedarf an Maschinen und elektrischen Geräten, die mit möglichst wenig Verlust arbeiten.

Die Effizienz einer Maschine (allgemein: eines Energiewandlers) wird als Wirkungsgrad bezeichnet und in Prozent angegeben. Die theoretische Grenze liegt bei 100 %, sie kann allerdings technisch nicht realisiert werden. Ähnlich wie die Alchemisten versuchten, Gold herzustellen, mühen sich auch heute noch „Erfinder" ab (**Bild 1**), Konstruktionen für Maschinen vorzuschlagen, die – einmal angestoßen – für immer Energie produzieren.

Bild 1: Auch „Einsteins trinkende Ente" ist kein Perpetuum Mobile, da die Energiegewinnung zum Erliegen kommt, wenn das System geschlossen wird (durch Abdecken des Vogels und des Bechers mit einer Glasglocke).

Physiker können darüber nur lächeln. Auch Patentämter nehmen keine Anträge mehr an, in denen der Bau eines solchen *Perpetuum Mobile* beschrieben wird, also einer Maschine, die ewig laufen und ohne Energiezufuhr dauernd Arbeit verrichten soll.

Eine Elektroheizung hat einen Wirkungsgrad von 100 %, aber nur, wenn man von der Steckdose und nicht vom Energieversorger aus rechnet.

Der Wirkungsgrad von (großen) Elektromotoren liegt mit über 95 % ebenfalls sehr hoch, die Solarzelle rangiert relativ weit unten (zwischen 15 % und 25 %, Tendenz steigend).

Bild 2 illustriert den Begriff des Wirkungsgrades. Er definiert sich aus dem Verhältnis aus abgegebener und aufgenommener Leistung (oder Energie).

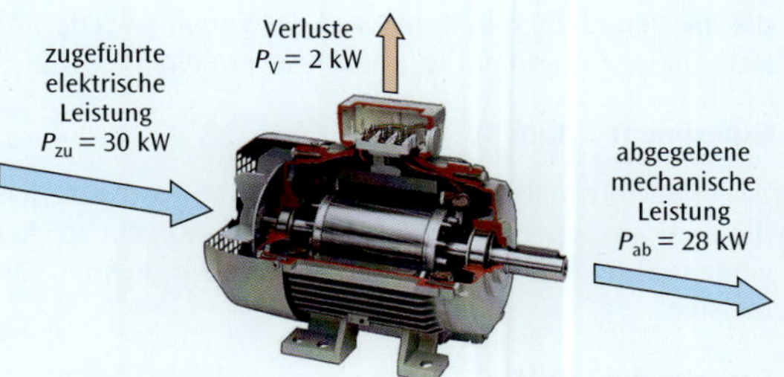

Bild 2: Zum Begriff Wirkungsgrad

Der **Wirkungsgrad** η (griech. *eta*) ist definiert als „Output" (abgegebene Leistung P_{ab} bzw. Energie E_{ab}) geteilt durch „Input" (aufgenommene Leistung P_{auf} bzw. Energie E_{auf}), in Formeln

$$\eta = \frac{P_{ab}}{P_{auf}} = \frac{E_{ab}}{E_{auf}}.$$

Interpretation: $\eta = 1 \triangleq 100\ \%$, $\eta = 0{,}90 \triangleq 90\ \%$, …

Beispiel: Wirkungsgrad (Bild 2):

$$\eta = \frac{P_{ab}}{P_{auf}} = \frac{28\ \text{kW}}{30\ \text{kW}} = 0{,}933\ldots = 93\ \%,$$

d. h., bei diesem Bauteil können 93 % der aufgenommenen Leistung (oder Energie) tatsächlich genutzt werden.

Der Gesamtwirkungsgrad der Energieerzeugung wird in den Industrieländern mit weniger als 40 % beziffert, d.h., auf dem Weg von der Primärenergieerzeugung (Kohle, Gas, Öl, Wind, Wasser, ...) bis hin zum Verbraucher (Haushalte, Industrie) gehen grob zwei Drittel an Energie „verloren" (überwiegend in Form von Prozesswärme).

Die oben beschriebene Art, Wirkungsgrade anzugeben, berücksichtigt nicht die Wertigkeit von Energie: Mechanische und auch elektrische Energie sind „hochwertige" Energieformen, da sie sich nahezu vollständig in Wärme umwandeln lassen – umgekehrt lässt sich Wärme nicht vollständig in elektrische oder mechanische Energie zurück verwandeln. Dies verbieten die Hauptsätze der Thermodynamik. Wärmeenergie ist also eine minderwertige Energieform. Mehr zum Thema Wertigkeit von Energie erfahren Sie im Technologieunterricht.

3.6 Energie- und Impulserhaltungssatz

3.6.1 Die Stoßgesetze

In diesem Abschnitt können Sie Ihre physikalischen Kenntnisse vertiefen und erhalten einen Einblick in die kombinierte Anwendung der Erhaltungssätze (von Energie und Impuls). Wir beginnen mit einem Experiment, das Sie mit Sicherheit kennen.

Newton-Wiege (engl. *Newton's Cradle*)

Den Versuchsaufbau hat jeder schon gesehen, ziert er doch zahlreiche Schreibtische: fünf identische Metallkugeln, fein säuberlich bifilar[1] aufgehängt, die Mittelpunkte auf einer Linie (**Bild 1**).

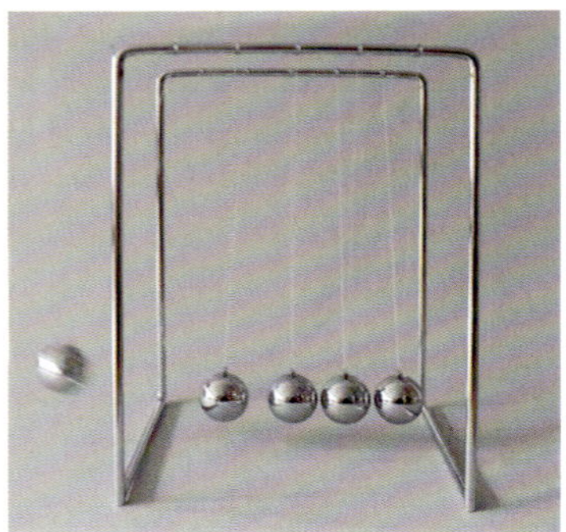

Bild 1: Newton-Wiege

Experiment 1 (Bild 2)

Die linke Kugel wird ausgelenkt und losgelassen. Nach dem Stoß mit den übrigen hebt sich nur die rechte Kugel, die übrigen bleiben in Ruhe, und der Vorgang wiederholt sich. Dieses Experiment ist unter Kennern ein alter Hut.

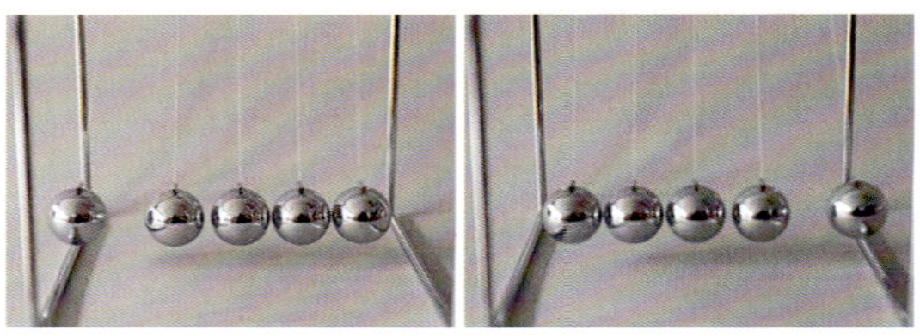

Bild 2: Eine Kugel kommt, eine geht

Experiment 2 (Bild 3)

Zwei Kugeln von links werden ausgelenkt und losgelassen, die zwei am weitesten rechts hängenden Kugeln spicken gemeinsam weg. Auch dieses Experiment kennen die meisten.

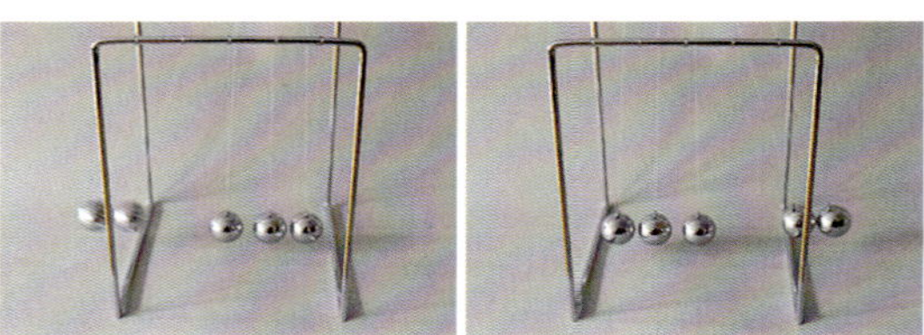

Bild 3: Zwei Kugeln kommen, zwei gehen

Experiment 3 (Bild 4)

Nun wird es interessanter: Drei Kugeln von links werden angehoben und stoßen die verbleibenden zwei Kugeln. Was wird passieren? Führt man das Experiment durch, dann spicken drei Kugeln nach rechts weg.

Selbst wer die Experimente vorher noch nie durchgeführt hat, wird wahrscheinlich den Ausgang der beiden ersten Experimente intuitiv richtig vorhersagen. – Beim dritten Experiment jedoch tippen viele daneben.

Wir werden sehen, dass die Versuchsausgänge im Einklang mit dem Impuls- *und* dem Energieerhaltungssatz stehen.

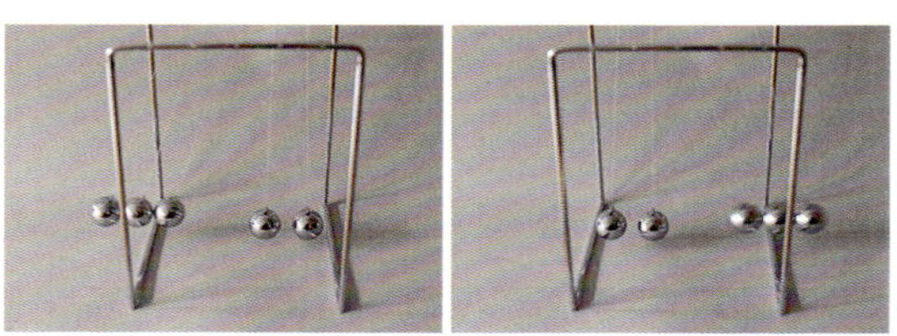

Bild 4: Drei Kugeln kommen, drei gehen

Impuls- und Energiebilanzen

Da die Kugeln gleiche Massen haben, können wir abkürzend schreiben $m_1 = m_2 = \ldots = m_5 = m$ (Nummerierung z. B. von links nach rechts).

Experiment 1 (Bild 5)

Kugel 1 trifft mit der Geschwindigkeit $\vec{v}$ auf die restlichen, Kugel 5 spickt mit derselben Geschwindigkeit $\vec{v}$ nach rechts weg.

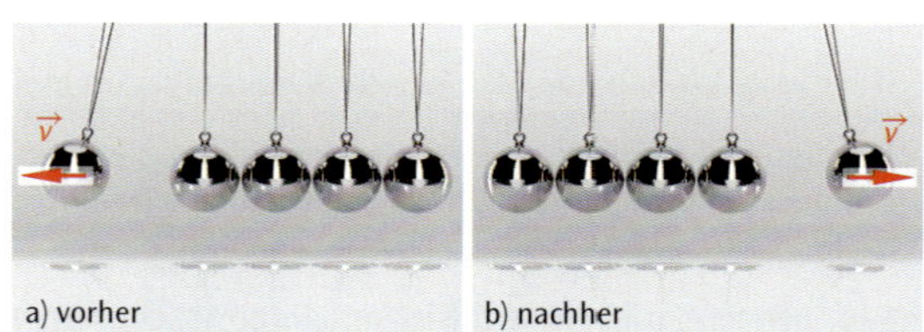

Bild 5: Eine Kugel kommt, eine geht

Impulsbilanz: $\underbrace{m \cdot v}_{p_{\text{vor}}} = \underbrace{m \cdot v}_{p_{\text{nach}}}$, (**Energiebilanz:** $\underbrace{\frac{1}{2} \cdot m \cdot v^2}_{E_{\text{vor}}} = \underbrace{\frac{1}{2} \cdot m \cdot v^2}_{E_{\text{nach}}}$)

[1] bi: lat. für „zwei“, *filum*: lat. für „Faden“; also an zwei Fäden aufgehängt, damit keine Querschwingungen auftreten

Was wie eine mathematische Spielerei anmutet (Identitäten auf beiden Seiten der Gleichungen), lässt sich physikalisch auch so interpretieren:

Beim Stoß der Kugeln wirken nur innere Kräfte[1], also ist der gesamte Impuls unmittelbar *vor* dem Stoß identisch mit dem gesamten Impuls unmittelbar *nach* dem Stoß.

Bei hochwertigen Newton-Wiegen tritt praktisch keine Reibung auf, also bleibt auch die mechanische Energie erhalten.

Hypothetisches Ergebnis

Ohne den Versuch durchzuführen, könnte man auch auf den Gedanken kommen, dass beim Stoß der einen linken Kugel zwei Kugeln von rechts jeweils mit der halben Geschwindigkeit $\frac{v}{2}$ wegspicken (**Bild 1**). Der Impulserhaltungssatz wäre damit erfüllt:

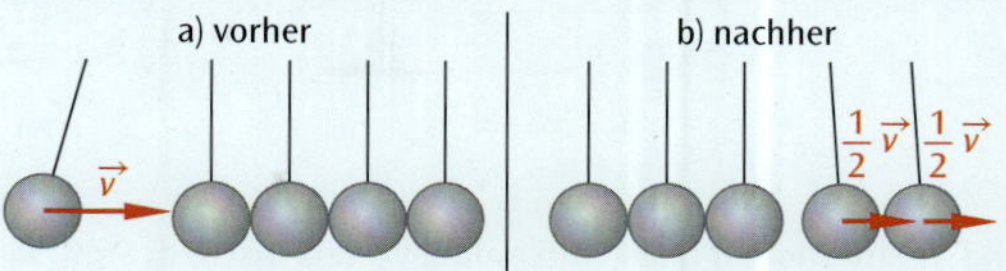

Bild 1: Eine Kugel kommt, zwei gehen: Verletzung des Energieerhaltungssatzes!

$$\underbrace{m \cdot v}_{p_{\text{vor}}} = \underbrace{m \cdot \frac{v}{2} + m \cdot \frac{v}{2}}_{p_{\text{nach}}}.$$

Eine Energiebilanz ergäbe jedoch

$$\underbrace{\frac{1}{2} \cdot m \cdot v^2}_{E_{\text{vor}}} = \underbrace{\frac{1}{2} \cdot m \cdot \left(\frac{v}{2}\right)^2 + \frac{1}{2} \cdot m \cdot \left(\frac{v}{2}\right)^2}_{E_{\text{nach}}} \overset{\cdot \frac{2}{m}}{\Leftrightarrow} v^2 = \frac{v^2}{4} + \frac{v^2}{4} \quad \lightning,$$

also wäre der Energieerhaltungssatz verletzt.

Die beobachteten Versuchsergebnisse bei der Newton-Wiege stellen eine Möglichkeit dar, sowohl den Impuls- als auch den Energieerhaltungssatz (für mechanische Energien) zu erfüllen[2].

Stöße, bei denen keine kinetische Energie verloren geht, nennt man vollkommen **elastisch**. Maximaler Verlust kinetischer Energie hingegen tritt beim vollkommen **unelastischen** Stoß auf. Hier bewegen sich beide Stoßpartner nach dem Stoß gemeinsam weiter.

Die Experimente mit der Newton-Wiege entsprechen dem Sonderfall, dass einer der Stoßpartner vor dem Stoß ruht. Die allgemeine Situation liegt vor, wenn zwei Massen m_1 und m_2 (nicht unbedingt gleich) mit unterschiedlichen Geschwindigkeiten $\vec{v}_1$ und $\vec{v}_2$ stoßen.

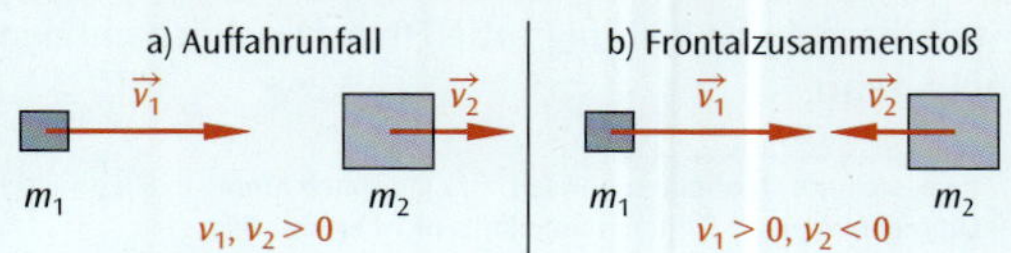

Bild 2: Zentraler Stoß zweier Massen

Zentraler unelastischer Stoß

Diesen Fall kennen Sie bereits aus Abschnitt 2.8.1. Hinsichtlich der Bewegungsrichtung *vor* dem Stoß können die Fälle „Auffahrunfall“ (gleiche Vorzeichen von v_1 und v_2, vgl. **Bild 2a**) und „Frontalzusammenstoß“ (unterschiedliche Vorzeichen von v_1 und v_2, vgl. **Bild 2b**) unterschieden werden.

Der vollkommen unelastische Stoß zeichnet sich dadurch aus, dass sich beide Stoßpartner *nach* dem Stoß mit derselben Geschwindigkeit $\vec{u}$ gemeinsam weiter bewegen. Bei der Wechselwirkung geht mechanische Energie verloren, in **Bild 1**, nächste Seite, angedeutet durch plastische Verformung.

Der Impulserhaltungssatz liefert

$$\underbrace{m_1 \cdot v_1 + m_2 \cdot v_2}_{p_{\text{vor}}} = \underbrace{(m_1 + m_2) \cdot u}_{p_{\text{nach}}} \quad \Rightarrow \quad u = \frac{m_1 \cdot v_1 + m_2 \cdot v_2}{m_1 + m_2}.$$

Die Bewegungsrichtung ist durch das Vorzeichen von $\vec{u}$ festgelegt (**Bild 1** auf der folgenden Seite), dieses wiederum durch die Vorzeichen von $\vec{v}_1$ und $\vec{v}_2$ (vgl. **Bild 2**).

[1] die Schwerkraft als einzige äußere Kraft wird durch den Faden kompensiert

[2] Es wird nicht behauptet, dass die beobachteten Versuchsergebnisse die **einzige** Möglichkeit darstellen, vgl. hierzu Aufgabe 1 auf S. 129. Eine genaue Analyse des Verhaltens der Kugelkette muss die Stoßwelle (Schallwelle) berücksichtigen, die sich beim Aufeinandertreffen zweier gekrümmter Oberflächen bildet. Dies hat bereits 1882 der deutsche Physiker Heinrich Hertz herausgefunden.

Der relative Energieverlust beträgt

$$\frac{\Delta E}{E_{vor}} = \frac{E_{vor} - E_{nach}}{E_{vor}} = 1 - \frac{E_{nach}}{E_{vor}} = 1 - \frac{\frac{1}{2} \cdot (m_1 + m_2) \cdot u^2}{\frac{1}{2} \cdot m_1 \cdot v_1^2 + \frac{1}{2} \cdot m_2 \cdot v_2^2} = 1 - \frac{(m_1 + m_2) \cdot u^2}{m_1 \cdot v_1^2 + m_2 \cdot v_2^2}.$$

a) $u > 0$ $\vec{u}$ $m_1 + m_2$

b) $u < 0$ $\vec{u}$ $m_1 + m_2$

c) $u = 0$ $m_1 + m_2$

Bild 1: Situationen nach vollkommen unelastischem Stoß: a) m_1 behält seine Richtung bei; b) m_2 behält seine Richtung bei; c) Stillstand

Beispiel: Frontalzusammenstoß von PKW (1,5 t bei 100 km/h) und LKW (7,5 t bei 80 km/h). Wie viel Prozent der kinetischen Energie gehen beim Stoß verloren?

Lösung: Typische Stoßzeiten bei Verkehrsunfällen liegen im Bereich von nicht einmal 0,1 s. Deswegen kann man davon ausgehen, dass in der Stoßphase praktisch keine Wechselwirkung mit der Umgebung stattfindet. Mit $m_1 = 1{,}5$ t, $v_1 = +\,100\ \frac{\text{km}}{\text{h}}$, $m_2 = 5 \cdot m_1$ und $v_2 = -\,80\ \frac{\text{km}}{\text{h}}$ (!) gilt zunächst für die Geschwindigkeit $\vec{u}$ unmittelbar *nach* dem Stoß[1]:

$$u = \frac{1 \cdot 100 + 5 \cdot (-\,80)}{1 + 5}\ \frac{\text{km}}{\text{h}} = \frac{-300}{6}\ \frac{\text{km}}{\text{h}} = -\,50\ \frac{\text{km}}{\text{h}},$$

also liegt (zumindest was die Symbolik angeht) die Situation in **Bild 2b**, vorige Seite (vor dem Stoß) und **Bild 2b**, vorige Seite (nach dem Stoß) vor.

Der relative Energieverlust beträgt[2]

$$\frac{\Delta E}{E_{vor}} = 1 - \frac{E_{nach}}{E_{vor}} = 1 - \frac{(1 + 5) \cdot (-\,50)^2}{1 \cdot (100)^2 + 5 \cdot (-\,80)^2} = \frac{39}{44} \approx 89\ \%$$

und geht in plastische Verformung der Knautschzonen über. Die verbleibenden 11 % werden nach Beendigung der Stoßphase durch Reibungsarbeit (hauptsächlich mit dem Straßenbelag, daher die sichtbaren Bremsspuren trotz ABS) aufgezehrt.

[1] da es sich um Quotienten handelt, ist eine Umrechnung in SI-Einheiten nicht notwendig (und auch nicht zweckmäßig)
[2] Umrechnung in SI-Einheiten ebenfalls nicht erforderlich

Die Geschwindigkeit $\vec{u}$ nach einem **vollkommen unelastischen Stoß** beträgt (Bezeichnungen gemäß **Bild 2** auf der vorigen Seite)

$$u = \frac{m_1 \cdot v_1 + m_2 \cdot v_2}{m_1 + m_2} \quad \text{(Vorzeichen von } \vec{v}_1 \text{ und } \vec{v}_2 \text{ beachten!),}$$

der relative Verlust kinetischer Energie ist der Quotient $\frac{\Delta E}{E_{vor}} \cdot 100\ \%$. Er beträgt im Extremfall 100 %, und zwar dann, wenn beide Stoßpartner zum Stillstand kommen (**Bild 1c**)!

Vollkommen elastischer Stoß

Bei vollkommen elastischen Stößen geht keine kinetische Energie verloren. Ein frisch gekaufter Flummi verhält sich elastisch, ebenso ein gut aufgepumpter Ball. Autoscooter stoßen mehr oder weniger elastisch (**Bild 2**), sogar die Stahlkugeln der Newton-Wiege (S. 122) verhalten sich elastisch, obwohl sie praktisch starr sind.

Bei der Situation *vor* dem Stoß können wie beim unelastischen Stoß die Fälle „Auffahren“ (**Bild 2a** auf der vorigen Seite) und „Frontalzusammenstoß“ (**Bild 2b** auf der vorigen Seite) unterschieden werden.

Bild 2: Stöße von Autoscootern sind zum Glück eher elastisch als unelastisch

Beim *elastischen* Stoß bewegen sich beide Stoßpartner nach dem Stoß in der Regel mit *unterschiedlichen* Geschwindigkeiten $\vec{u}_1$ und $\vec{u}_2$ weiter (**Bild 1**).

Impulsbilanz: $\underbrace{m_1 \cdot v_1 + m_2 \cdot v_2}_{=p_{vor}} = \underbrace{m_1 \cdot u_1 + m_2 \cdot u_2}_{p_{nach}}$

Energiebilanz: $\underbrace{\frac{1}{2} \cdot m_1 \cdot v_1^2 + \frac{1}{2} \cdot m_2 \cdot v_2^2}_{E_{vor}} = \underbrace{\frac{1}{2} \cdot m_1 \cdot u_1^2 + \frac{1}{2} \cdot m_2 \cdot u_2^2}_{E_{nach}}$

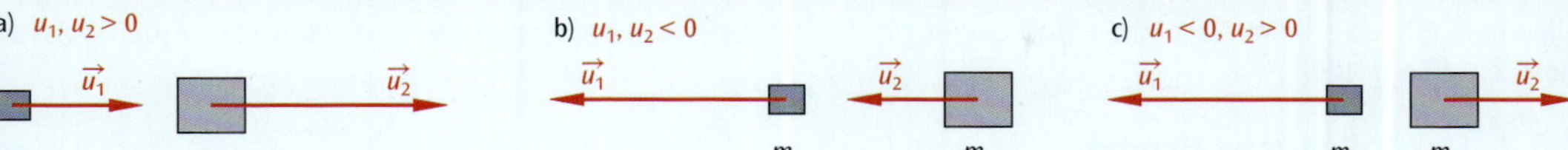

Bild 1: Situationen nach elastischem Stoß: a) und b) beide Stoßpartner bewegen sich in gleiche Richtung; c) beide bewegen sich in unterschiedliche Richtungen

Um die Geschwindigkeiten $\vec{u}_1$ und $\vec{u}_2$ nach einem elastischen Stoß zu ermitteln, ist etwas mathematischer Aufwand nötig, da ein 2 × 2-Gleichungssystem gelöst werden muss. Wir geben die Lösung ohne Beweis an. Sie kann auch in einer Formelsammlung nachgeschlagen werden.

Die Geschwindigkeiten $\vec{u}_1$ und $\vec{u}_2$ nach einem **vollkommen elastischen Stoß** betragen (Bezeichnungen gemäß **Bild 1**)

$$u_1 = 2 \cdot \frac{m_1 \cdot v_1 + m_2 \cdot v_2}{m_1 + m_2} - v_1 \quad \text{und} \quad u_2 = 2 \cdot \frac{m_1 \cdot v_1 + m_2 \cdot v_2}{m_1 + m_2} - v_2.$$

Der relative Energieverlust ist damit gleich null, die Richtungen von $\vec{u}_1$ und $\vec{u}_2$ ergeben sich aus den Vorzeichen!

Beispiel: Autoscooter

Andrea (50 kg) fährt mit ihrem Autoscooter (Leergewicht 200 kg) mit 3 $\frac{m}{s}$ direkt auf Bernds Scooter (200 kg + 75 kg) zu. Berechnen Sie die Geschwindigkeiten beider Scooter unmittelbar nach dem Zusammenstoß,

1. wenn Bernd mit 2 $\frac{m}{s}$ vor Andrea her fährt,
2. wenn Bernd mit 2 $\frac{m}{s}$ frontal mit Andrea zusammenstößt.

Lösung: In der ersten Aufgabe gilt $v_2 = +2\ \frac{m}{s}$ bei $v_1 = +3\ \frac{m}{s}$, in der zweiten Aufgabe jedoch $v_2 = -2\ \frac{m}{s}$ bei $v_1 = +3\ \frac{m}{s}$ (entgegengesetzte Bewegungsrichtungen werden durch Vorzeichen gekennzeichnet).

1. $m_1 = 250$ kg und $v_1 = +3\ \frac{m}{s}$ sowie $m_2 = 275$ kg und $v_2 = +2\ \frac{m}{s}$

   Damit ergibt sich Andreas Tempo nach dem Stoß zu

$$u_1 = \frac{250 \cdot 3 + 275 \cdot \overbrace{(2 \cdot 2 - 3)}^{2 \cdot v_2 - v_1}}{250 + 275}\ \frac{m}{s} = \frac{750 + 275}{525}\ \frac{m}{s} = \frac{41}{21}\ \frac{m}{s} \approx 2\ \frac{m}{s},$$

   Bernds Tempo zu

$$u_2 = \frac{275 \cdot 2 + 250 \cdot \overbrace{(2 \cdot 3 - 2)}^{2 \cdot v_1 - v_2}}{250 + 275}\ \frac{m}{s} = \frac{550 + 1000}{525}\ \frac{m}{s} = \frac{62}{21}\ \frac{m}{s} \approx 3\ \frac{m}{s}.$$

   Das heißt, Andrea und Bernd haben ihre Geschwindigkeiten nur ausgetauscht (zumindest fast), da $u_1 \approx v_2$ und $u_2 \approx v_1$.

2. $m_1 = 250$ kg und $v_1 = +3\ \frac{m}{s}$ sowie $m_2 = 275$ kg und $v_2 = -2\ \frac{m}{s}$

   Unter Beachtung aller Vorzeichen gilt nun für Andreas Scooter:

$$u_1 = \frac{250 \cdot 3 + 275 \cdot \overbrace{(2 \cdot (-2) - 3)}^{2 \cdot v_2 - v_1}}{250 + 275}\ \frac{m}{s} = \frac{750 - 1925}{525}\ \frac{m}{s} = -\frac{47}{21}\ \frac{m}{s} \approx -2\ \frac{m}{s},$$

für Bernds Scooter dagegen

$$u_2 = \frac{275 \cdot (-2) + 250 \cdot \overbrace{(2 \cdot 3 - (-2))}^{2 \cdot v_1 - v_2}}{250 + 275}\,\frac{\text{m}}{\text{s}} = \frac{-550 + 2000}{525}\,\frac{\text{m}}{\text{s}} = \frac{58}{21}\,\frac{\text{m}}{\text{s}} \approx 3\,\frac{\text{m}}{\text{s}}.$$

Beide Scooter haben also ihre Bewegungsrichtungen umgekehrt (Fall c) in **Bild 1** auf der vorigen Seite). Erneut gilt $u_1 \approx v_2$ und $u_2 \approx v_1$, also Austausch der Geschwindigkeiten.

Allgemein gilt, dass beim elastischen Stoß zweier *gleicher Massen* die Geschwindigkeiten ausgetauscht werden (vgl. Aufgabe 2 auf Seite 129).

3.6.2 Das ballistische Pendel

Beim ballistischen Pendel handelt es sich um eine Anordnung zur Messung von Geschossgeschwindigkeiten.

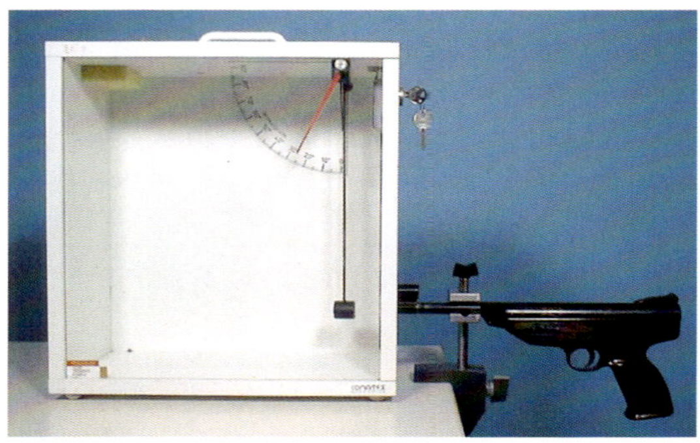

Bild 1: Ballistisches Pendel

Versuchsdurchführung

Mit einer Luftpistole wird ein mit Plastilin[1] gefüllter Pendelkörper beschossen. Dabei wird das Pendel in Bewegung versetzt. Der Maximalausschlag des Pendels kann auf einer Winkelskala abgelesen werden (**Bild 1**).

Versuchsauswertung

Das Projektil (Masse m, Geschwindigkeit $\vec{v}$) stößt unelastisch mit dem ruhenden Pendelkörper der Masse $M \gg m$ (**Bild 2a**).

Unmittelbar nach dem Eindringen in das Plastilin bewegt sich das Pendel (Masse $M + m \approx M$, Länge L) mit der Geschwindigkeit $\vec{u}$ weiter (**Bild 2b**).

Mit dieser Geschwindigkeit erreicht das Pendel die Hubhöhe h und markiert dabei den Auslenkwinkel φ (**Bild 2c**).

Messgrößen: m und M durch Wiegen, L mit einem Maßstab und φ durch Ablesen auf der Winkelskala.

- Impulserhaltung (**Bild 2 a → b**):

$$p_{\text{ges,a}} = p_{\text{ges,b}}$$
$$m \cdot v = (m + M) \cdot u$$
wegen $m \ll M$ folgt
$$m \cdot v \approx M \cdot u$$
$$v \approx \frac{M}{m} \cdot u \qquad (1)$$

- Energieerhaltung (**Bild 2 b → c**):

$$E_{\text{ges,b}} = E_{\text{ges,c}}$$
$$\frac{1}{2} \cdot (m + M) \cdot u^2 = (m + M) \cdot g \cdot h$$
$$u = \sqrt{2 \cdot g \cdot h} \qquad (2)$$

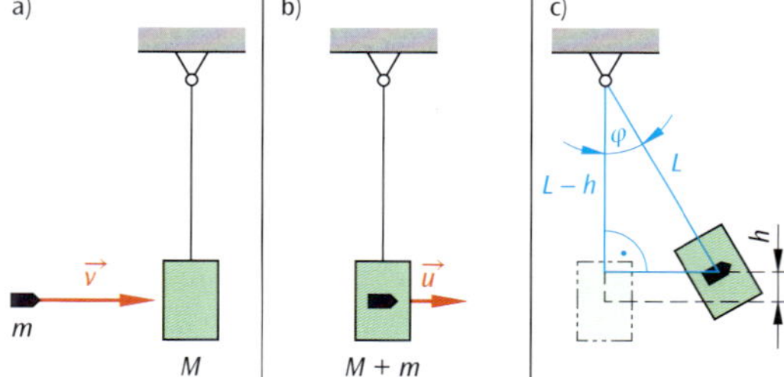

Bild 2: Überlegungen zur Bestimmung der Geschossgeschwindigkeit mit dem ballistischen Pendel

- Höhe h (**Bild 2c**):

$$\cos\varphi = \frac{L - h}{L}$$
$$h = L \cdot (1 - \cos\varphi) \qquad (3)$$

Setzt man Gleichung (3) und (2) in (1) ein, dann erhält man für die Geschossgeschwindigkeit

$$v \approx \frac{M}{m} \cdot \sqrt{2 \cdot g \cdot L \cdot (1 - \cos\varphi)}$$

Falls die Mündungsenergie des Geschosses (kinetische Energie) unter 7,5 Joule liegt, ist in Deutschland keine behördliche Erlaubnis für den Besitz der Luftpistole erforderlich. Andernfalls ist eine Waffenbesitzkarte zu beantragen.

[1] nicht härtende Knetmasse

3.7 Aufgaben zu Kapitel 3

3.7.1 Aufgaben zu Arbeit und Energie

1. **Schlitten ziehen**

   Ein Schlitten soll mit einer Kraft von 100 N bei $\alpha = 30°$ und $m = 20$ kg bewegt werden (**Bild 1**; $g \approx 10 \frac{\text{m}}{\text{s}^2}$).

   (a) Prüfen Sie, ob die Zugkraft ausreicht, den Schlitten in Bewegung zu setzen.

   (b) Berechnen Sie die Beträge der Beschleunigungs- und der Reibungsarbeit, die der Vater auf einer Strecke von 10 m verrichten muss.

   (c) Berechnen Sie die Geschwindigkeit am Ende der Beschleunigungsstrecke.

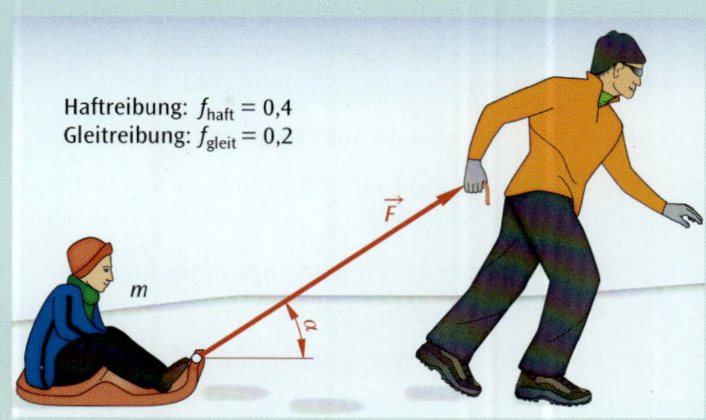

Bild 1: Zu Aufgabe 1

2. **Schnelles Pendel**

   Wie müsste ein 100 $\frac{\text{km}}{\text{h}}$ schnelles Pendel aussehen?

   Diskutieren Sie auch die Realisierbarkeit eines solchen Pendels. Sie können sich von einem Film aus der Sendereihe „Achtung Experiment!"[1] des SWR inspirieren lassen.

3. **Stabhochsprung**

   Schätzen Sie mit physikalischen Methoden ab, ob der Weltrekord im Stabhochsprung[2] (6,14 m) noch wesentlich verbessert werden kann. Treffen Sie geeignete Annahmen!

4. **Compoundbogen**

   Bei Compoundbögen kann der Schütze mit wenig Kraftaufwand große Kräfte auf die Sehne des Bogens übertragen. Wegen der speziellen Konstruktion des Bogens ist die Kraft-Dehnungs-Kurve (engl. *Force-Draw-Curve*, Abk. FDC) nicht linear (**Bild 2**).

   (a) Deuten Sie die Fläche unter dem Diagramm und beschreiben Sie eine Möglichkeit, die FDC eines Compoundbogens aufzuzeichnen.

   (b) Schätzen Sie mit Hilfe der FDC ab, welche Abschussgeschwindigkeit für einen 10 g schweren Pfeil bei einem Wirkungsgrad des Bogens von 60 % zu erwarten ist.

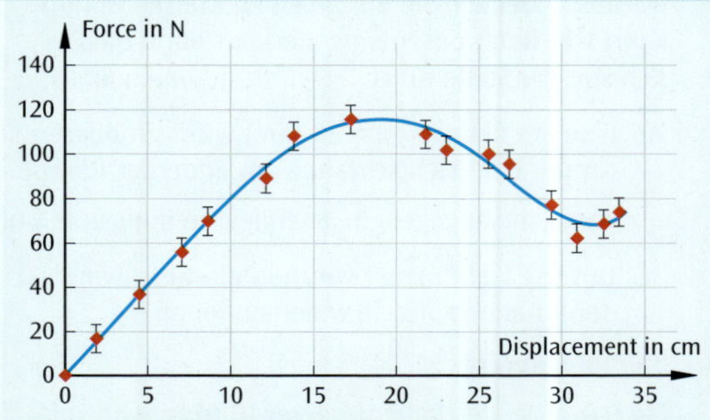

Bild 2: FDC eines Compoundbogens

5. **Flummi**

   Ein Flummi wird aus der Höhe h auf den Boden fallen gelassen.

   (a) In welcher Höhe hat er die halbe Maximalgeschwindigkeit erreicht?

   (b) Welche Geschwindigkeit hat der Flummi auf halber Höhe?

   (c) Beim Zurückspringen vom Boden verliert der Flummi 10 % seiner kinetischen Energie. Wie viel Prozent seiner Geschwindigkeit büßt er ein?

[1] YouTube: Suchbegriff „achtung experiment das schnelle pendel"
[2] Renaud Lavillenie (F), 2014 – Stand 2017

6. **Notweg**

An manchen Straßen gibt es Notwege, auf die ein LKW-Fahrer ausweichen kann, falls sein Fahrzeug außer Kontrolle gerät (z. B. infolge defekter Bremsen). Dabei handelt es sich um eine Kieswanne und/oder Steilstrecke, auf die der Fahrer seinen LKW lenken kann, um auszurollen (**Bild 1**).

Berechnen Sie für einen außer Kontrolle geratenen LKW bei 130 $\frac{\text{km}}{\text{h}}$ und einer Reibungszahl von 0,7 (Luftreifen auf Schotter):

(a) Die erforderliche Mindestlänge eines nicht geneigten Notweges,

(b) für einen 25 %-igen Anstieg die erforderliche Länge des Notweges.

Bild 1: Notweg am Zirler Berg in Tirol (AT)

7. **Rollende Kugel**

So sehr man sich auch abmüht, Reibungsverluste auf der schiefen Ebene auszugleichen, immer scheint für eine hangabwärts rollende Kugel der Energieerhaltungssatz verletzt zu sein. Der Grund liegt darin, dass sich der Energieinhalt einer rollenden Kugel zu $\frac{2}{7}$ aus der Rotation (Drehung) und zu $\frac{5}{7}$ aus der Translation (Vorwärtsbewegung) zusammensetzt (**Bild 2**). Die Rotation für sich genommen ist in Bezug auf das Vorwärtskommen wertlos. – Denken Sie nur an einen Kreisel: In ihm kann viel Rotationsenergie stecken, ohne dass er sich von der Stelle rührt.

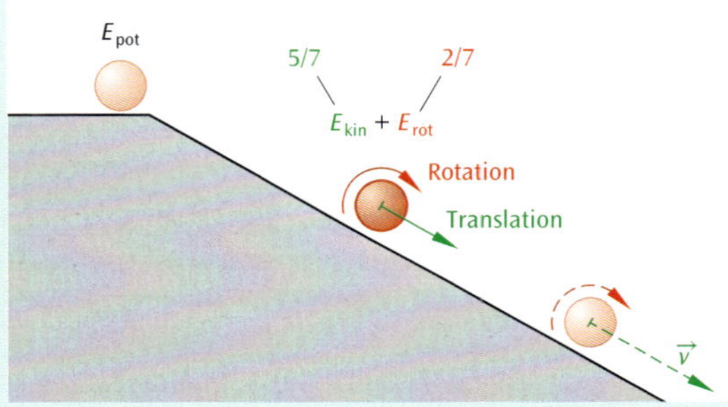

Bild 2: Rollende Kugel auf der schiefen Ebene

(a) Eine Stahlkugel (∅ = 20 mm) wird am oberen Ende einer 40 cm hohen Rampe losgelassen und rollt herunter. Eine Lichtschranke am Ende der Rampe registriert eine Verdunklungszeit von 8,4 ms. Können Sie damit die angegebene Energieverteilung von $\frac{5}{7}$ und $\frac{2}{7}$ bestätigen?

(b) Um wie viel Prozent weichen die Geschwindigkeiten am Ende der Rampe mit und ohne Berücksichtigung der Rotationsenergie voneinander ab?

8. **Ballenförderer**

Ein 9,0 m langer Ballenförderer (**Bild 3**) wird mit einem 1,6-kW-Elek-tromotor angetrieben. Dabei befördert er bei einem Anstellwinkel von 30° acht Ballen zu je 20 kg gleichzeitig bei einer Geschwindigkeit des Förderbandes von 1,6 m pro Sekunde.

(a) Berechnen Sie den Wirkungsgrad des Motors.

(b) Wie viele Ballen könnten bei einem Wirkungsgrad von 100 % gleichzeitig transportiert werden?

(c) Berechnen Sie den Energieverbrauch der Maschine pro Jahr (in kW · h), wenn sie an 40 Arbeitstagen im 8-Stunden-Betrieb unter Volllast läuft.

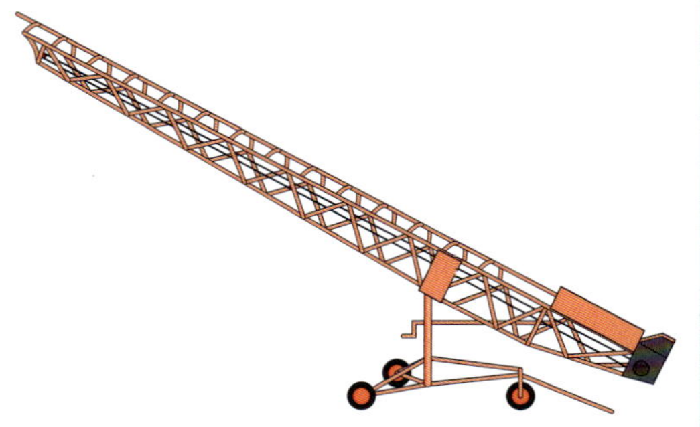

Bild 3: Ballenförderer in der Landwirtschaft

3.7.2 Aufgaben zu Energie- und Impulserhaltung

1. **Newton-Wiege**

   (a) Zeigen Sie, dass der Ausgang des Experiments 2 auf Seite 122 im Einklang mit dem Impuls- und dem Energieerhaltungssatz steht.

   (b) Zeigen Sie, dass der Ausgang „zwei Kugeln mit jeweils v kommen, eine Kugel mit $2 \cdot v$ geht" einen der Erhaltungssätze verletzt.

   (c) Prüfen Sie, ob beim Experiment „eine Kugel kommt mit $+v$" der Versuchsausgang „diese Kugel geht mit $-\frac{2}{7} \cdot v$ weg, die beiden rechten Kugeln gehen mit $+\frac{3}{7} \cdot v$ bzw. $+\frac{6}{7} \cdot v$ weg" im Einklang mit den Erhaltungssätzen steht.

2. **Stoß gleicher Massen**

   Zwei gleiche Massen stoßen zentral mit gleichem Tempo aus entgegengesetzten Richtungen zusammen. Berechnen Sie die Geschwindigkeiten beider Stoßpartner (Betrag und Richtung!) sowie den relativen Verlust kinetischer Energie, wenn der Stoß

   (a) vollkommen unelastisch,

   (b) vollkommen elastisch ist.

   Veranschaulichen Sie die Situation vor und nach dem Stoß mit Hilfe von Pfeilen!

3. **Stoß ungleicher Massen**

   Bearbeiten Sie die vorhergehende Aufgabe für den Fall, dass die eine Masse doppelt so groß ist wie die andere. Veranschaulichen Sie die Situation vor und nach dem Stoß wieder mit Pfeilen!

4. **Stoß auf der Luftkissenbahn**

   Beim Stoß zweier Gleiter auf der Luftkissenbahn wurde das $v(t)$-Diagramm in **Bild 1** aufgenommen.

   (a) Berechnen Sie, in welchem Verhältnis die Massen der Gleiter stehen, falls der Stoß elastisch war.

   (b) Berechnen Sie die während des Stoßes wirkenden Kräfte auf die Gleiter für $m_2 = 100$ g.

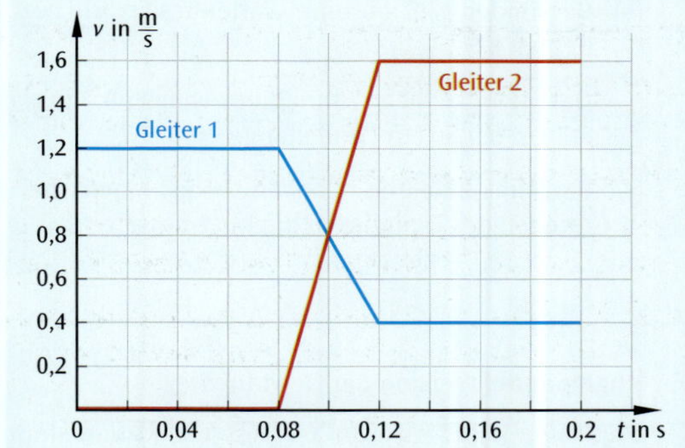

Bild 1: $v(t)$-Diagramm

5. **Ball auf LKW**

   Ein Junge wirft einen Flummi mit $10\ \frac{\text{m}}{\text{s}}$ gegen einen LKW ($5\ \frac{\text{m}}{\text{s}}$). Mit welcher Geschwindigkeit prallt der Flummi ab, wenn

   (a) der LKW sich auf den Jungen zu bewegt,

   (b) der LKW sich vom Jungen entfernt?

   (c) Wie ändern sich die Werte, wenn Knetmasse anstelle des Flummis geworfen wird[1]?

6. **Güterwaggon**

   Ein Güterwaggon (25 t) rollt ein um 0,5 % geneigtes Gleis hinunter. Nach 50 m stößt er mit einem weiteren Güterwaggon (18 t) zusammen, so dass die Kupplung einrastet.

   (a) Mit welcher Geschwindigkeit stößt der erste Waggon an den zweiten?

   (Rollreibung von Stahl auf Stahl: $f_{\text{Roll}} = 0{,}003$)

   (b) Mit welcher Geschwindigkeit rollen beide weiter?

   (c) Wie viel Prozent der mechanischen Energie gehen beim Stoß verloren?

[1] Man könnte auch fragen, was mit Insekten passiert, wenn sie gegen die Windschutzscheibe klatschen ...

7. **„Hoch-Sprung“** (vgl. auch Abschnitt 2.8.1)

Ein Basket- und ein Tennisball (Massenverhältnis ca. 10 : 1) werden wie in **Bild 1** angedeutet direkt übereinander gehalten und gleichzeitig aus 1,5 m Höhe fallen gelassen.

Berechnen Sie, wie hoch der Tennisball vom Basketball wegspringt, wenn sich beide Bälle vollkommen elastisch verhalten und die Abmessungen vernachlässigt werden.

Bild 1: Tennisball und Basketball

8. **Ballistisches Pendel**

In einer einfachen Version des in Abschnitt 3.6.2 beschriebenen Versuchs wird eine kleine Holzkiste mit Knetmasse befüllt und bifilar an einem Stativ aufgehängt. Anstelle des Winkels wird die seitliche Auslenkung Δx gemessen, nachdem das Pendel einen Papierreiter verschoben hat (**Bild 2**). Für weitere Formelzeichen siehe Seite 126.

(a) Leiten Sie die Beziehung $v \approx \frac{M}{m} \cdot \Delta x \cdot \sqrt{\frac{g}{L}}$ für die Mündungsgeschwindigkeit des Diabolos[1)] her.

(b) Begründen Sie, ob eine Waffenbesitzkarte (vgl. Seite 126) erforderlich ist.

Daten: $M = 248$ g; 20 Diabolos wiegen 9,2 g; seitliche Auslenkung 7,7 cm bei 80 cm Pendellänge

(c) Berechnen Sie den relativen Verlust kinetischer Energie beim Eindringen des Diabolos in die Knetmasse.

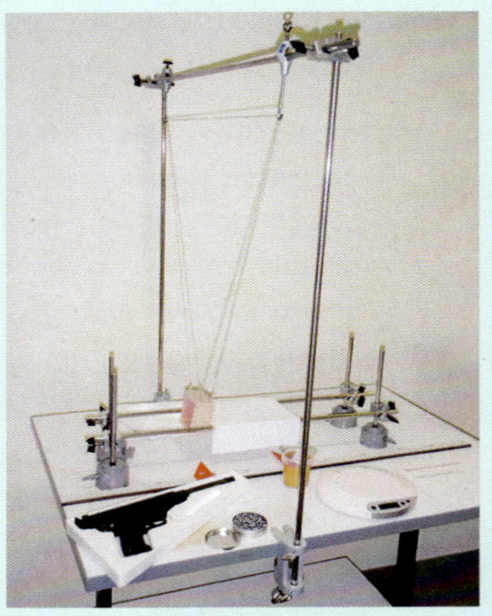

Bild 2: Einfache Version des ballistischen Pendels

9. **Kugelpendel** (Version der Newton-Wiege)

Die kleine Kugel wird um 60° ausgelenkt und stößt elastisch mit der großen Kugel (**Bild 3**, beides Stahlkugeln).

(a) Begründen Sie, ob die Kugeldurchmesser in der Abbildung richtig dargestellt sind.

(b) Berechnen Sie, wie weit die große Masse schwingt (Angabe als Winkel).

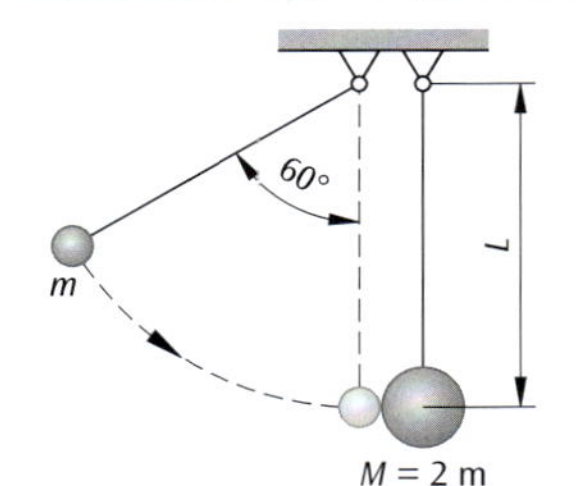

Bild 3: Kugelpendel

[1)] Als Diabolo wird das Projektil aus einer Luftpistole oder einem Luftgewehr bezeichnet.

4 Kreisbewegung

Auch wenn man ohne technische Hilfsmittel den Himmel betrachtet, kann man erkennen, dass sich Sterne um einen festen Punkt drehen (einen der beiden Himmelspole). Dies wurde bereits in den frühen Kulturen im vorderen Orient beobachtet. Damals ging man davon aus, dass sich Sonne, Mond, alle Fixsterne und die Planeten um die Erde drehen.

Nikolaus Kopernikus erklärte 1543, dass sich die Planeten um die Sonne bewegen. Dieses Thema wird im Abschnitt 4.4 ausführlicher behandelt.

Zunächst soll jedoch auf die Erfahrungen mit Kreisbewegungen im täglichen Leben eingegangen werden. Die zahllosen Beispiele lassen sich in zwei Bereiche gliedern:

Bild 1: Der südliche Sternenhimmel in La Silla (Chile)

1. Kreisbewegungen, die von außen beobachtet werden, also von einem ruhenden Beobachter. Sie werden in einem ruhenden Bezugssystem beschrieben.

2. Kreisbewegungen, die der Beobachter miterlebt. Alles dreht sich um den Beobachter – es liegt ein beschleunigtes Bezugssystem vor (dazu später).

Bild 2: Funkenspur bei einer Schleifscheibe

Bild 3: Im Kettenkarussell

Zunächst wird versucht, die Bewegung in einem ruhenden Bezugssystem zu beschreiben, d.h. persönliche Erfahrungen wie die „Fliehkraft" treten in den Hintergrund bzw. spielen gar keine Rolle.

4.1 Grundlagen der Kreisbewegung

Bild 4: Drehende Rotoren

Bild 5: Looping bei der Achterbahn

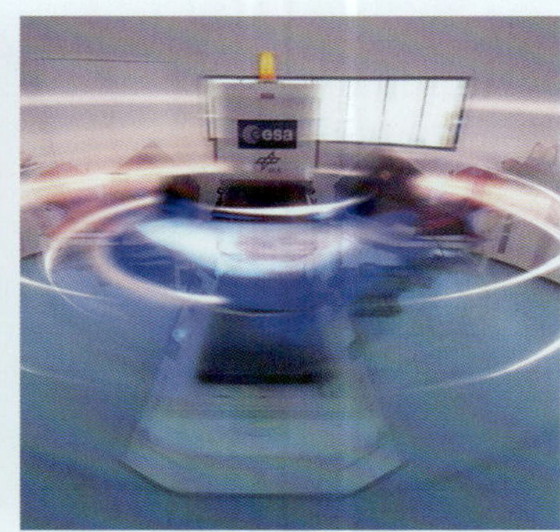

Bild 6: Zentrifuge für Astronauten

Manche Kreisbewegungen sind so „schnell“, dass man die einzelnen Umläufe gar nicht mehr wahrnimmt, man kann sich dabei höchstens die „Drehzahl“ vorstellen, z. B. 3800 U/min. Andere sind so langsam, dass man sich am ehesten mit der Umlaufsdauer ein Bild machen kann.

Umlaufsdauer T

Zeit, die ein Körper für einen Umlauf braucht. $[T] = 1\text{ s}$.

Beispiel:

Die Umlaufdauer des Stundenzeigers einer Uhr beträgt 12 h = 720 min,

die eines Minutenenzeigers 60 min und

die eines Sekundenzeigers 1 min = 60 s.

Bild 1: Ziffernblatt der Uhr von Big Ben

Diese eigenartige Umrechnung in 60er-Schritten ist ein Erbe der frühen Babylonier, die ihre Rechnungen auf einem System von 60 Ziffern aufbauten, dem Sexagesimalsystem. Es ist etwas komplizierter als das heute weit verbreitete Dezimalsystem – bei der Zeitangabe (**Bild 1**) und bei der Winkelangabe ist es derzeit noch vorhanden.

So wie man eine **geradlinige Bewegung** als **gleichförmig** bezeichnet, wenn in gleichen Zeitabschnitten Δt gleiche Wegabschnitte Δs bzw. Δx zurückgelegt werden, wird auch eine Kreisbewegung bezeichnet:

Eine **Kreisbewegung** heißt **gleichförmig**, wenn in gleichen Zeitabschnitten Δt gleiche Winkel $\Delta\varphi$ überstrichen werden.

Dabei ist der Quotient $\frac{\Delta\varphi}{\Delta t}$ konstant.

Das Problem dabei ist die Angabe des Winkels: Welche Einheit wird verwendet?

1. Gradmaß

Der Vollwinkel wird in 360 gleich große Teile aufgeteilt.

Ein solcher Teil wird als 1 **Grad** bezeichnet und mit dem Einheitenzeichen ° gekennzeichnet.

In der Geometrie und bei vielen Anwendungen im täglichen Leben wird das Gradmaß verwendet (z.B. im Navi, bei Ortszuweisungen).

2. Gon (früher Neugrad)

Der Vollwinkel wird in 400 gleich große Teile aufgeteilt.

Ein solcher Teil wird als 1 **Gon** bezeichnet und mit der Einheit gon gekennzeichnet.

Das Gon findet Verwendung im Vermessungswesen und in der Robotik und Automatisierungstechnik.

3. Radiant (Bogenmaß)

Der Radiant ist ein Winkelmaß, bei dem der Winkel durch die Länge des entsprechenden Kreisbogens im Einheitskreis angegeben wird. Die Einheit ist **rad**, das als dimensionslos betrachtet wird.

In vielen Berechnungen der Physik und der Mathematik ist das Bogenmaß das zweckmäßigste Winkelmaß, beispielsweise bei der Winkelgeschwindigkeit und im Argument der Sinus- und Kosinus-Funktionen.

Für den Winkel im Bogenmaß und dessen Umrechnungsformeln gilt (**Bild 2**):

Winkel im Bogenmaß:

$$\varphi = \frac{b}{r}$$

$$[\varphi] = 1\text{ rad} = 1\,\frac{\text{m}}{\text{m}}$$

Diese Einheit kann bei Rechnungen einfach durch 1 ersetzt werden, d. h. 1 rad = 1.

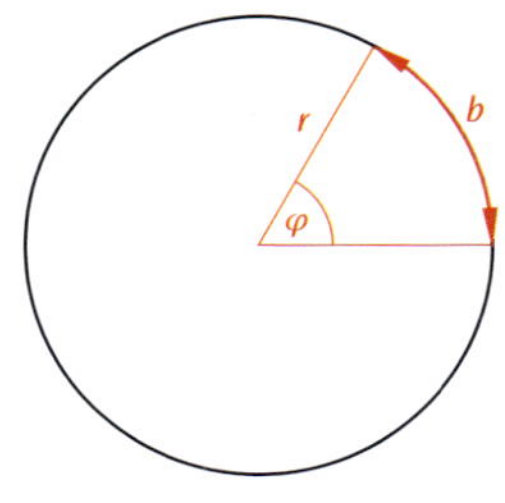

Bild 2: Bogenmaß

Der Vollkreis hat das Winkelmaß 2π, dem rechten Winkel entspricht $\pi/2$.

$$1\text{ rad} = \frac{360°}{2\pi} \approx 57{,}295\,779\,51°$$

$$1° = \frac{2\pi}{360}\text{ rad} \approx 0{,}017\,453\,293\text{ rad}$$

Nun kann man das Verhältnis aus dem überstrichenen Winkel $\Delta\varphi$ und der Zeitspanne Δt definieren (**Bild 1**):

Winkelgeschwindigkeit:

$$\omega = \frac{\Delta\varphi}{\Delta t} \qquad [\omega] = \frac{[\varphi]}{[t]} = 1\,\frac{\text{rad}}{\text{s}} = \frac{1}{\text{s}}$$

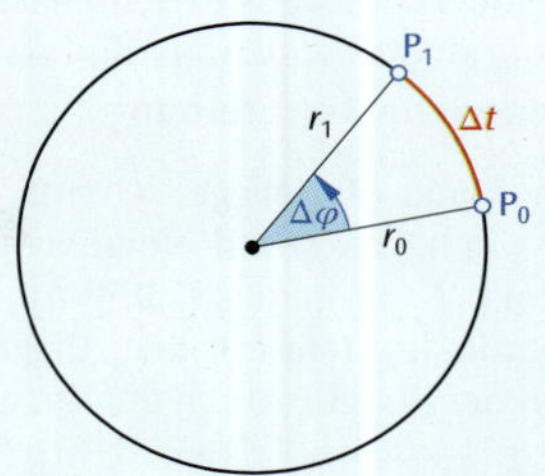

Bild 1: Zur Definition der Winkelgeschwindigkeit

Bei einer gleichförmigen Kreisbewegung ist die Winkelgeschwindigkeit ω konstant.

Eine weitere wichtige Größe, die fest mit der Umlaufsdauer T zusammenhängt, ist die Frequenz f, oft im Alltagsleben mit Drehzahl bezeichnet (**Bild 2**).

Frequenz f:

Anzahl n der Umläufe in einer Zeitspanne Δt

$$f = \frac{n}{\Delta t} = \frac{1}{T} \qquad [f] = \frac{1}{[t]} = \frac{1}{\text{s}} = 1\ \text{Hz}$$

Bild 2: Drehzahlmesser

Die Einheit 1 Hz („Hertz“) wird **nur** für die Frequenz verwendet und ist benannt nach H. **Hertz**[1)].

Wenn ein Auto einen Verkehrskreisel mit konstantem Tempo 30 km/h durchfährt, so kann man sich einerseits die Geschwindigkeit vorstellen, aber andererseits sagt das wenig über die Kreisbewegung aus – es hängt ja auch davon ab, wie „groß“ der Kreis ist, d.h. man braucht dazu die Information über den Durchmesser oder Radius. Eine Abschätzung aus dem Foto (**Bild 3**) liefert:

Der mittlere Durchmesser der Fahrspur ist ca. 6-mal so groß wie die Länge des weißen Transporters (ohne Anhänger) also 6 mal 5 m, das entspricht einem Radius von 15 m. Das ergibt einen Fahrweg von

$$\Delta s = 2\pi \cdot r = 2\pi \cdot 15\ \text{m} = 94\ \text{m}.$$

Bild 3: Kreisverkehr

Bei einer gleichförmigen Kreisbewegung ist v konstant also

$$v = \frac{\Delta s}{\Delta t} \Rightarrow \Delta t = \frac{\Delta s}{v} = \frac{2\pi \cdot 15\ \text{m}}{\frac{30}{3{,}6}\ \frac{\text{m}}{\text{s}}} = 11{,}31\ \text{s} \approx 11\ \text{s} = T.$$

Allgemein kann man zeigen:

$$v = \frac{\Delta s}{\Delta t} = \frac{2\pi \cdot r}{T} = r \cdot \frac{2\pi}{T} = r \cdot \omega.$$

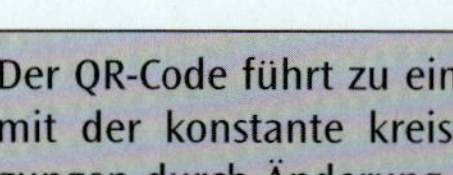

Der QR-Code führt zu einer Simula-tion mit der konstante kreisförmge Bewegungen durch Änderung der Größen simuliert werden können.

Für den Betrag der Bahngeschwindigkeit v gilt:

Bahngeschwindigkeit:

$$v = \frac{2\pi \cdot r}{T} = r \cdot \omega \qquad [v] = [r] \cdot [\omega] = 1\ \text{m} \cdot \frac{1}{\text{s}} = 1\ \frac{\text{m}}{\text{s}}$$

Tabelle 1: Grundgrößen der Kreisbewegung

Umlaufdauer T	Frequenz f	Winkelgeschwindigkeit ω	Bahngeschwindigkeit v
$T = \frac{1}{f}$	$f = \frac{n}{\Delta t} = \frac{1}{T}$	$\omega = \frac{2\pi}{T} = 2\pi \cdot f$	$v = \frac{2\pi \cdot r}{T} = r \cdot \omega$

[1)] Heinrich Hertz (1857–1894), deutscher Physiker

4.2 Gesetzmäßigkeiten der Kreisbewegung

Vektorielle Beschreibung

Ein Punkt P bewegt sich mit konstanter Winkelgeschwindigkeit ω auf einer Kreisbahn um den Mittelpunkt M mit Radius r (**Bild 1**). In einem kartesischen Koordinatsystem mit dem Ursprung im Punkt M lässt sich der Punkt P durch den Ortsvektor $\vec{r}$ beschreiben:

Ortsvektor $\vec{r}$

$$\vec{r} = \begin{pmatrix} r \cdot \cos(\varphi) \\ r \cdot \sin(\varphi) \end{pmatrix} = r \cdot \begin{pmatrix} \cos(\varphi) \\ \sin(\varphi) \end{pmatrix}$$

Mit $\varphi = \omega \cdot t$ folgt

$$\vec{r}(t) = r \cdot \underbrace{\begin{pmatrix} \cos(\omega \cdot t) \\ \sin(\omega \cdot t) \end{pmatrix}}_{\text{Einheitsvektor } \vec{e}_1}.$$

Wenn die Bewegung in der x_1-x_2-Ebene abläuft, braucht man die x_3-Komponente nicht.

Diese Aufspaltung in die Komponenten ist auch für das nachfolgende **Kapitel 2 (Harmonische Schwingungen)** notwendig.

Da sich die Lage des Punktes P im Koordinatensystem ständig ändert, liegt eine Bewegung vor, aber eben keine lineare (geradlinige). Um einen Zusammenhang zur Bahngeschwindigkeit $\vec{v}$ und zur Beschleunigung $\vec{a}$ zu bekommen, kann man einerseits Überlegungen an der Grafik durchführen, andererseits kann man nun in der 12. Jahrgangsstufe auf Kenntnisse der Differenzialrechnung zugreifen.

Wenn sich der Ortsvektor $\vec{r}_1$ in einer kleinen Zeitspanne Δt zum Ortsvektor $\vec{r}_2$ ändert, so ist die Ortsänderung $\Delta\vec{r}$ maßgebend.

Für die Geschwindigkeit $\vec{v}$ gilt:

$$\vec{v} = \frac{\Delta\vec{r}}{\Delta t}.$$

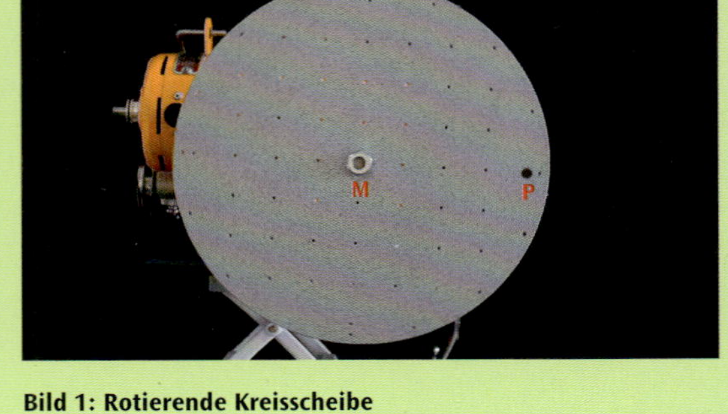

Bild 1: Rotierende Kreisscheibe

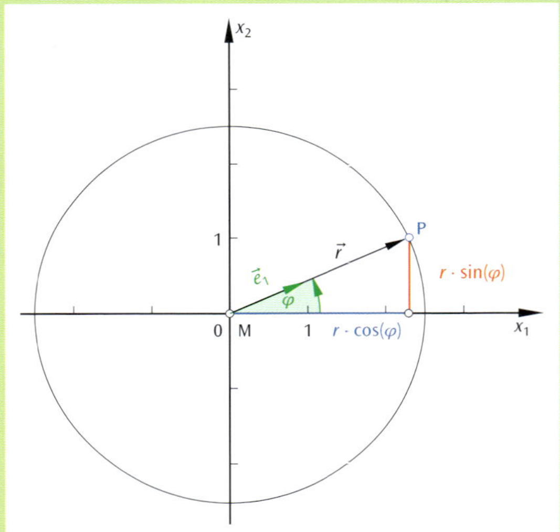

Bild 2: Ortsvektor im Koordinatensystem

Die beiden Vektorpfeile sind wichtig, denn sie besagen, dass die Richtung der Geschwindigkeit die Richtung der Ortsänderung ist. Also ist $\vec{v}$ parallel zu $\Delta\vec{r}$.

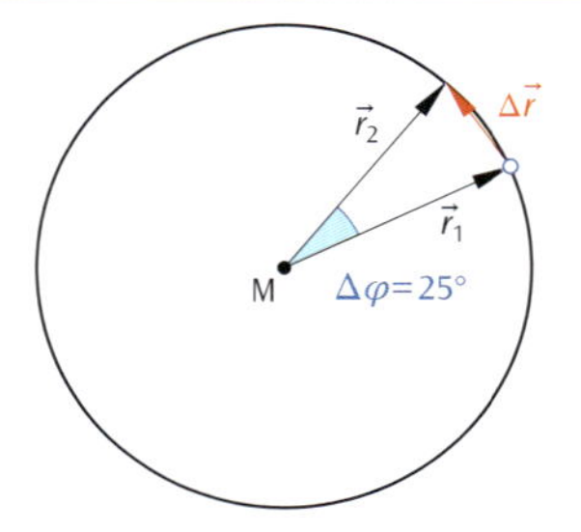

Bild 3: Ortsänderung

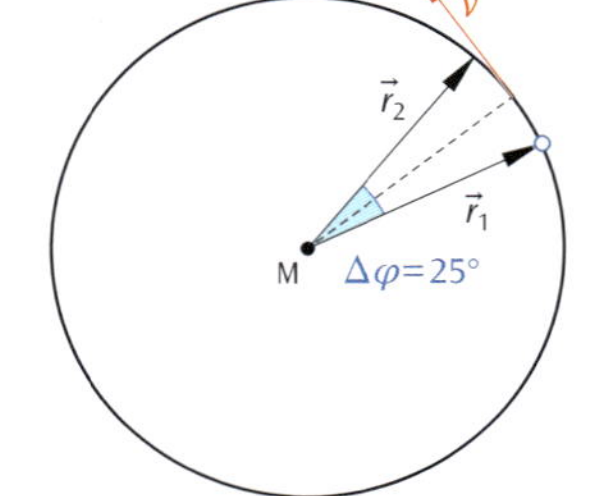

Bild 4: Geschwindigkeit in Δt

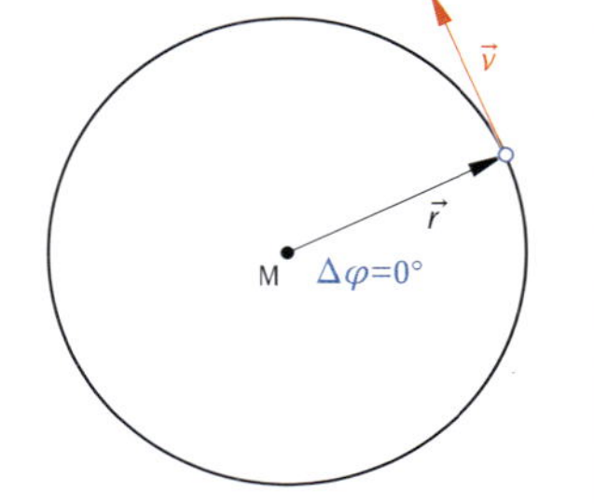

Bild 5: Geschwindigkeit in dt

Wenn man die Zeitspanne Δt kleiner werden lässt, dann wird auch Δr kleiner, aber das Verhältnis der beiden bleibt nahezu gleich und ergibt letztendlich den Betrag der Geschwindigkeit

$$v = \frac{\Delta r}{\Delta t} = \frac{r \cdot \Delta\varphi}{\Delta t} = r \cdot \frac{\Delta\varphi}{\Delta t} = r \cdot \omega.$$

Dabei nähert sich die Kreissehne Δr der Bogenlänge $r \cdot \Delta\varphi$ an.

Zusammenfassung:

Der Ortsvektor $\vec{r}$ verläuft radial, d. h. vom Mittelpunkt M weg. Der Vektor der Bahngeschwindigkeit $\vec{v}$ verläuft tangential.

$$\vec{r}(t) = r \cdot \underbrace{\begin{pmatrix} \cos(\omega \cdot t) \\ \sin(\omega \cdot t) \end{pmatrix}}_{\text{Einheitsvektor } \vec{e}_1} \Rightarrow \vec{v}(t) = \frac{d\vec{r}}{dt} = \dot{\vec{r}} = r \cdot \begin{pmatrix} -[\sin(\omega \cdot t)] \cdot \omega \\ [\cos(\omega \cdot t)] \cdot \omega \end{pmatrix} = r \cdot \omega \cdot \underbrace{\begin{pmatrix} -\sin(\omega \cdot t) \\ \cos(\omega \cdot t) \end{pmatrix}}_{\text{Einheitsvektor } \vec{e}_2}$$

$\vec{v}(t) \perp \vec{r}(t)$, da $\vec{e}_2 \perp \vec{e}_1$.

Auch wenn bei konstanter Winkelgeschwindigkeit ω der Betrag der Bahngeschwindigkeit $v = r \cdot \omega$ konstant ist, so ändert sich die Bahngeschwindigkeit $\vec{v}$ trotzdem, weil sich die Richtung des Vektors $\vec{v}$ ändert.

Wenn sich der Geschwindigkeitsvektor $\vec{v}_1$ in einer kleinen Zeitspanne Δt zum Geschwindigkeitsvektor $\vec{v}_2$ ändert, so ist die Geschwindigkeitsänderung $\Delta\vec{v}$ maßgebend (**Bild 1** und **Bild 2**).

Für die Beschleunigung $\vec{a}$ gilt $\vec{a} = \frac{\Delta\vec{v}}{\Delta t}$.

Die beiden Vektorpfeile sind wichtig, denn sie besagen, dass die Richtung der Beschleunigung die Richtung der Geschwindigkeitsänderung ist. Also ist $\vec{a}$ parallel zu $\Delta\vec{v}$.

Wenn man die Zeitspanne Δt kleiner werden lässt, dann wird auch Δv kleiner, aber das Verhältnis der beiden bleibt nahezu gleich und ergibt letztendlich den Betrag der Beschleunigung

$$a = \frac{\Delta v}{\Delta t} = \frac{v}{r} \cdot \frac{\Delta r}{\Delta t} = \frac{v}{r} \cdot v = \frac{v^2}{r} = \frac{(r \cdot \omega)^2}{r} = r \cdot \omega^2$$

Dabei wurde die Eigenschaft ähnlicher Dreiecke verwendet (**Bild 2**):

$$\frac{\Delta v}{v} = \frac{\Delta r}{r}$$

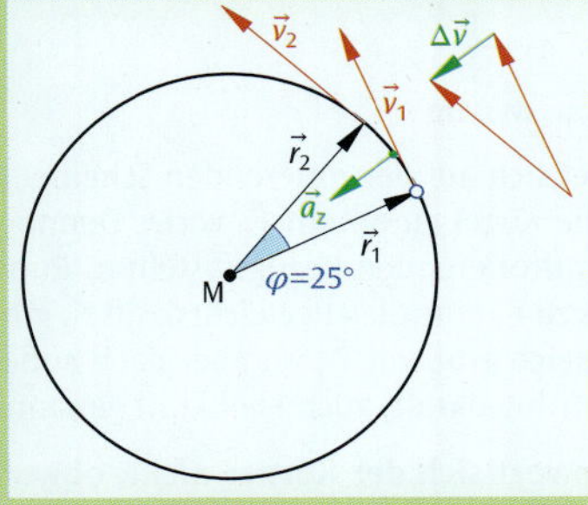

Bild 1: Geschwindigkeitsänderung Δv

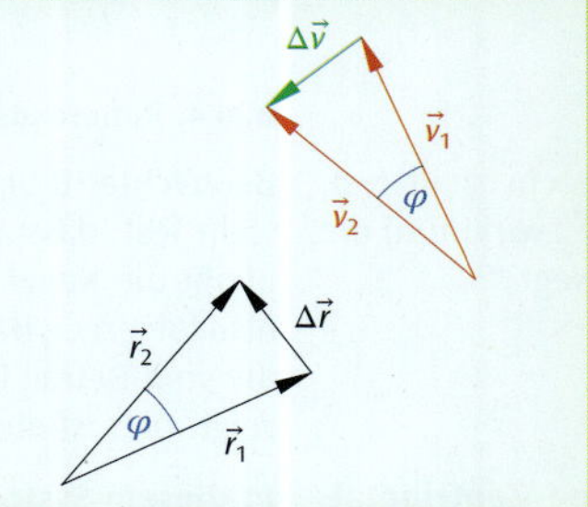

Bild 2: Ähnliche Dreiecke

Zentripetalbeschleunigung $\vec{a}_z$

$$\vec{a}_z(t) = \frac{d\vec{v}}{dt} = \dot{\vec{v}} = r \cdot \omega \cdot \begin{pmatrix} -[\cos(\omega \cdot t)] \cdot \omega \\ -[\sin(\omega \cdot t)] \cdot \omega \end{pmatrix} = r \cdot \omega^2 \cdot \begin{pmatrix} -\cos(\omega \cdot t) \\ -\sin(\omega \cdot t) \end{pmatrix} = -r \cdot \omega^2 \cdot \underbrace{\begin{pmatrix} \cos(\omega \cdot t) \\ \sin(\omega \cdot t) \end{pmatrix}}_{\text{Einheitsvektor } \vec{e}_1}, \quad \vec{a}_z(t) \perp \vec{v}(t),$$

da $\vec{e}_1 \perp \vec{e}_2$

Da der Einheitsvektor $\begin{pmatrix} -\cos(\omega \cdot t) \\ -\sin(\omega \cdot t) \end{pmatrix}$ genau entgegengesetzt zum Ortvektor $\vec{r}$ gerichtet ist – also nicht radial vom Mittelpunkt weg, sondern zum Mittelpunkt M hin – bezeichnet man ihn als zentripetal, das bedeutet „den Mittelpunkt suchend".

Jede Kreisbewegung ist eine beschleunigte Bewegung, auch wenn die Winkelgeschwindigkeit ω dabei konstant bleibt.

Zentripetalbeschleunigung:

$$a_z = r \cdot \omega^2$$

Der Vektor $\vec{a}_z$ zeigt zum Kreismittelpunkt.

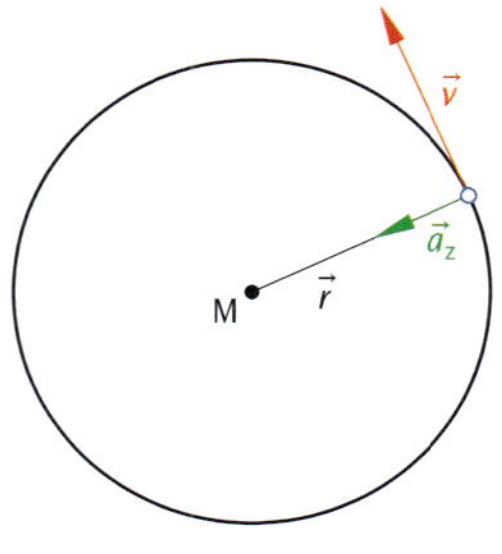

Bild 1: Zentripetalbeschleunigung a_z

Wenn die Winkelgeschwindigkeit sich ändert, dann braucht man eine neue Größe, nämlich die Winkelbeschleunigung, was zu neuen Formeln führen würde. Dies ist aber nicht Gegenstand dieses Buchs.

Das zweite Newton'sche Gesetz besagt, dass eine einzige an einem Körper angreifende Kraft diesen beschleunigt, bzw. für eine beschleunigte Bewegung dieses Körpers eine Kraft erforderlich ist. Das bedeutet:

Ein Körper kann sich nur dann auf einer Kreisbahn bewegen, wenn ständig eine Kraft an ihm angreift und ihn auf diese Bahn zwingt. Diese Kraft besitzt dieselbe Richtung wie die Beschleunigung, also zum Mittelpunkt hin (**Bild 2**).

Zentripetalkraft:

$$F_z = m \cdot a_z = m \cdot r \cdot \omega^2 = m \cdot \frac{v^2}{r}$$

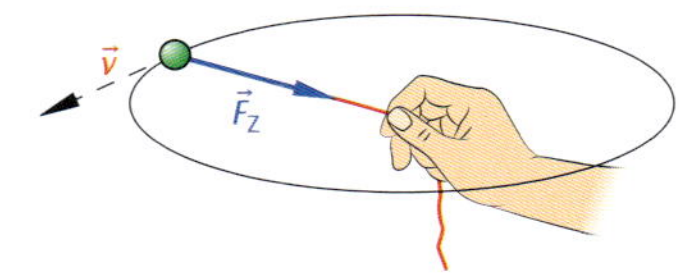

Bild 2: Kugel auf einer Kreisbahn

Zum Schluss dieses Abschnitts die Frage: „Wie ist das mit der Fliehkraft – gibt es sie wirklich?" Dazu muss man erst einmal ausholen und über Bezugssysteme reden (**Bilder 3** und **4**).

Ruhendes Bezugssystem

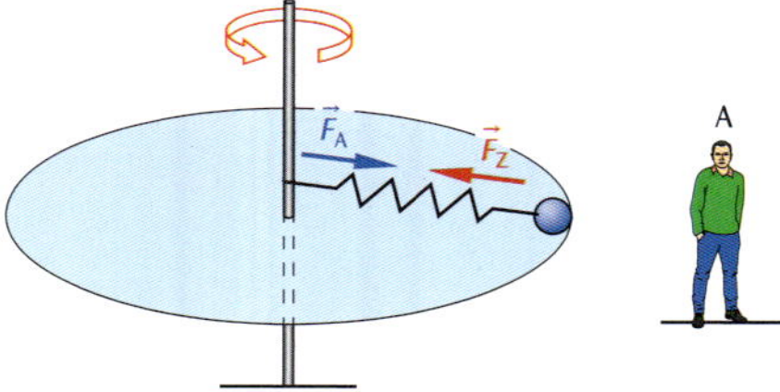

Bild 3: Ruhendes Bezugssystem

Ein ruhender Beobachter A im Laborsystem stellt fest, dass auf die Kugel eine Zentripetalkraft $\vec{F}_z$ wirkt und die Kugel sich daher auf einer Kreisbahn bewegt.

Auf den rotierenden Körper muss eine Zentripetalkraft $\vec{F}_z$ wirken, damit er eine Kreisbahn durchlaufen kann.

Rotierendes Bezugssystem

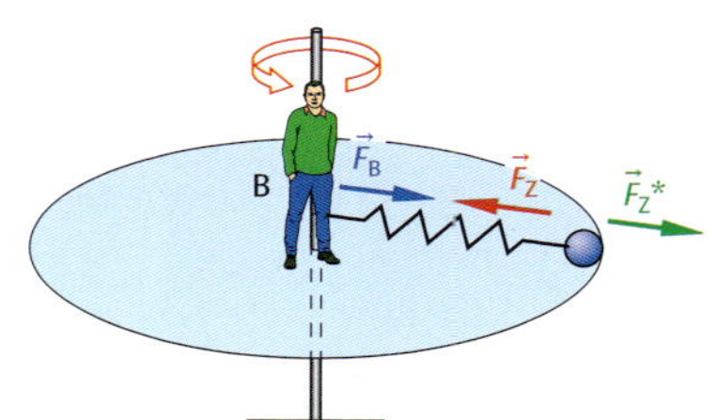

Bild 4: Rotierendes Bezugssystem

Beobachter B befindet sich auf der rotierenden Scheibe. Er stellt fest, dass auf die Kugel eine Kraft $\vec{F}_z$ wirkt. Dennoch bleibt die Kugel im mitrotierenden Bezugssystem in Ruhe. Also folgert er, dass es zu $\vec{F}_z$ eine Gleichgewichtskraft $\vec{F}_z^*$ gibt, die vom Betrag her gleich groß wie $\vec{F}_z$ ist, aber nach außen zeigt. Dies ist die Zentrifugalkraft, auch Fliehkraft genannt.

In diesem System bewegt sich der Körper nicht, obwohl die Zentripetalkraft $\vec{F}_z$ wirkt. Diese muss sich daher mit der Zentrifugalkraft $\vec{F}_z^*$ im Gleichgewicht befinden.

Die **Zentrifugalkraft** $\vec{F}_z^*$ ist eine Scheinkraft, es gibt keine Wechselwirkung nach dem 3. Newton'schen Gesetz.

Ein vergleichbares Beispiel ist ein U-Bahnwagen im Tunnel. Eine Überwachungskamera zeichnet auf, dass die Passagiere plötzlich nach vorne gestoßen werden. Da aber niemand stößt, scheint diese Kraft keine Ursache zu haben – eine Scheinkraft. Die Fahrgäste bewegen sich auf Grund des Trägheitsgesetzes (1. Newton'sches Gesetz) weiter nach vorne, während der Wagen abgebremst wird.

4.3 Kurvenfahrten

Wenn ein Auto eine Kurve durchfährt (**Bild 1**), ist dies nur dadurch möglich, dass eine zur Innenseite der Kurve gerichtete Kraft wirkt, die als Zentripetalkraft bezeichnet wird.

Zentripetalkraft:

$$F_z = m \cdot \frac{v^2}{r}$$

F_z hängt ab von der Masse m des Fahrzeugs, dessen Geschwindigkeit v und dem Kurvenradius r.

Sie ergibt sich aus der Summe der Seitenkräfte, die zwischen Reifen und Fahrbahn entstehen (Haftreibung) und auf das Fahrzeug einwirken.

Wird bei ebener Straße die erforderliche Zentripetalkraft durch die Reibungskraft aufgebracht wird, dann gilt für die **maximale Geschwindigkeit**:

$$F_z = F_{haft}$$

$$m \cdot \frac{v^2}{r} = f_{haft} \cdot m \cdot g$$

$$v_{max} = \sqrt{f_{haft} \cdot r \cdot g}$$

Wie bereits bekannt gilt für die Haftreibung:

$$F_{haft} = f_{haft} \cdot F_U = f_{haft} \cdot m \cdot g$$

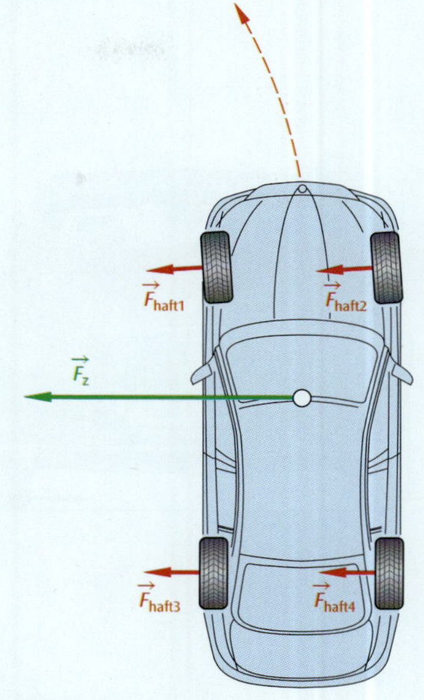

Bild 1: Auto bei der Kurvenfahrt

Fehlt diese Kraft (z. B. bei Glatteis), so bewegt sich das Auto geradlinig weiter, wird also aus der Kurve getragen.

Ein anderes Beispiel ist das Teufelsrad, eine Attraktion auf Volksfesten. Besucher können sich auf eine Drehscheibe begeben und versuchen, sich dort sitzend oder liegend zu halten (**Bild 2**), während sich die Scheibe zunehmend schneller dreht.

Der sicherste Platz ist in der Mitte, da dort der Abstand zur Drehachse Null ist und daher keine Zentripetalkraft wirken muss. Für jeden anderen Platz muss die Zentripetalkraft aufgebracht werden: entweder durch Halten oder durch die Haftreibung.

Bild 2: Teufelsrad

So einfach wie das Fahren mit dem Fahrrad ist, so kompliziert ist die physikalische Betrachtung. Eine Kurve wird nicht direkt durch ein Drehen des Lenkers in die gewünschte Richtung eingeleitet. Das Lenken des Fahrrads oder Motorrads bewirkt eine Kippbewegung, das Kippen des Fahrrads bewirkt eine Lenkerdrehung.

Ein anderer Weg zur Kurvenfahrt besteht darin, durch eine Neigung der Fahrbahn oder des Fahrzeugs zumindest einen Anteil der benötigten Zentripetalkraft zu bewirken.

Beim Bau von Verkehrswegen wird zwischen einer Geraden und einem Kreisbogen als verbindendes Element ein Übergangsbogen verwendet, der an jeder Stelle einen zunehmenden oder abnehmenden Krümmungsradius aufweist. Dadurch wird die Kurve allmählich enger oder weiter, was zur Folge hat, dass das Lenkrad nicht an einer Stelle ruckartig eingeschlagen werden muss, sondern langsam von der Mittelposition in die maximale Auslenkung bewegt wird.

Ebene Kurvenfahrt (Bild 1)

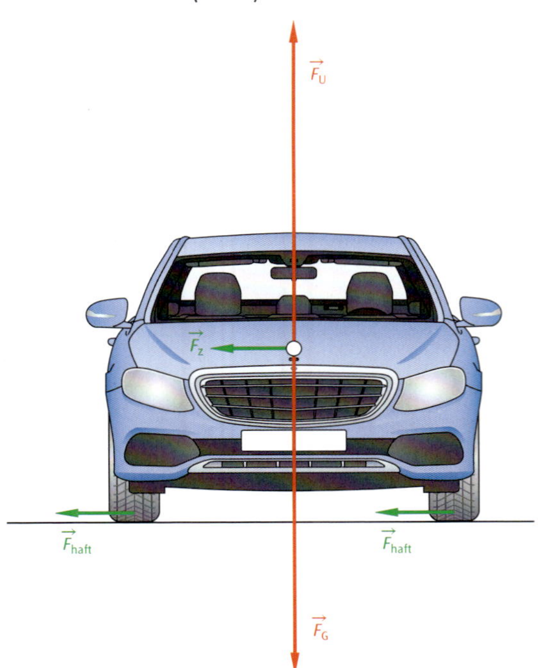

Bild 1: Auto in der ebenen Kurve

Die Zentripetalkraft ist die Summe aller Seitenkräfte, also aller seitlichen Haftreibungskräfte.

$$\vec{F}_z = \sum \vec{F}_{haft}$$

$$m \cdot \frac{v^2}{r} = f_{haft} \cdot m \cdot g$$

$$v_{max} = \sqrt{f_{haft} \cdot r \cdot g}$$

Achtung: Die Normalkraft (Kraft, die das Fahrzeug auf die Straße ausübt) ist vom Problem abhängig. Bei der Kurvenfahrt ist sie größer als bei der schiefen Ebene – „das Fahrzeug wird in die Kurve gepresst“.

Geneigte Kurvenfahrt (Bild 2)

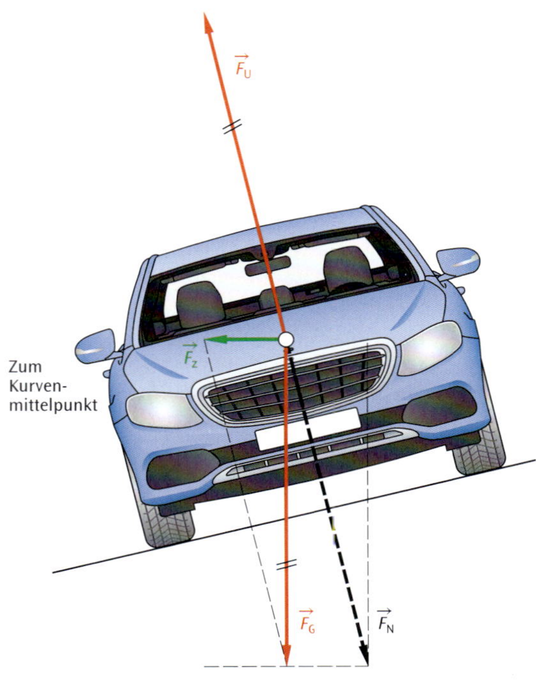

Bild 2: Auto in der geneigten Kurve

Die Zentripetalkraft ist die Vektorsumme aus Gewichtskraft und Unterlagskraft.

$$\vec{F}_z = \vec{F}_G + \vec{F}_U$$

$$\tan\alpha = \frac{F_z}{F_G} = \frac{m \cdot v^2}{r \cdot m \cdot g} = \frac{v^2}{r \cdot g}$$

$$v_{opt} = \sqrt{\tan\alpha \cdot r \cdot g}$$

Bei dieser optimalen Geschwindigkeit treten keine seitlichen Reibungskräfte auf, das Fahrzeug kann ohne Lenken die Kurve durchfahren.

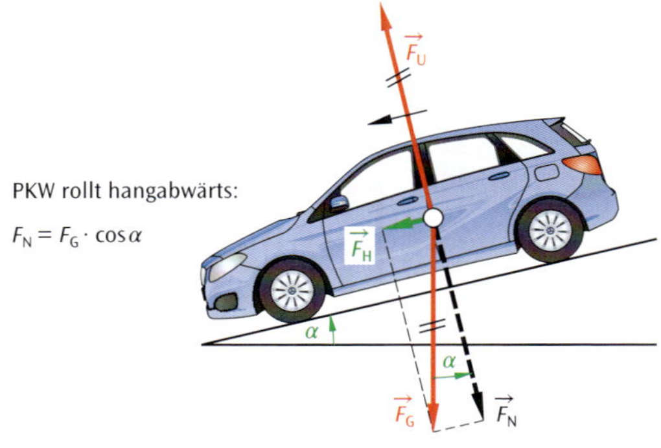

Bild 3: Kräfteplan

fährt in Kurve:

$F_G = F_N \cdot \cos\alpha$

$F_N = F_G \cdot \frac{1}{\cos\alpha}$

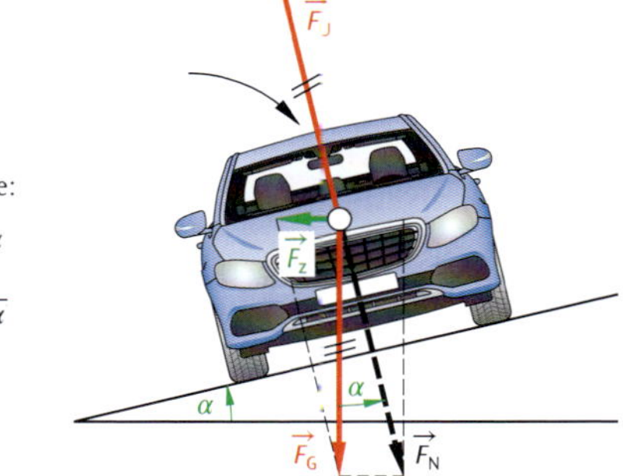

Bild 4: Kräfteplan

In vielen Fällen werden diese beiden Kräfte kombiniert, wie die folgenden Beispiele zeigen.

Flugzeug in der Kurve

Durch Neigen des Flugzeugs (**Bild 1**) mit dem Querruder und dem Seitenleitwerk wirkt die Auftriebskraft schräg nach oben – zusammen mit der Gewichtskraft entsteht die Zentripetalkraft F_Z (**Bild 2**).

Bild 1: Flugzeug im Kurvenflug

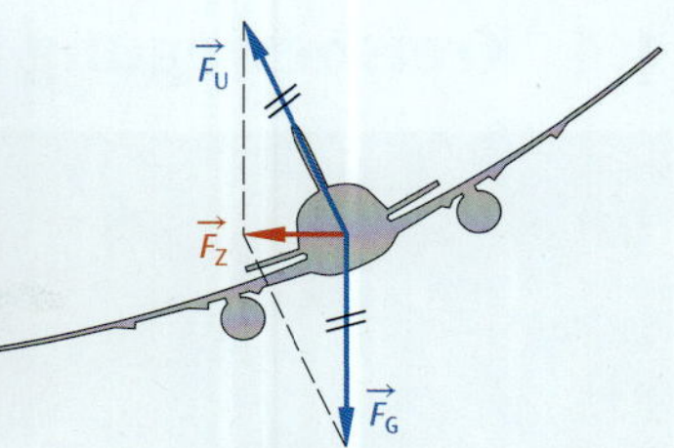

Bild 2: Flugzeug Kräfteplan

Neigetechnik bei der Eisenbahn

Durch die Kurvenerhöhung und die konisch zulaufenden Räder erreicht man eine Schrägstellung (**Bild 3** und **Bild 4**), die durch passive oder aktive Neigetechnik verstärkt wird. Kurven können dann mit höherer Geschwindigkeit durchfahren werden.

Bild 3: Pendolino in der Kurve

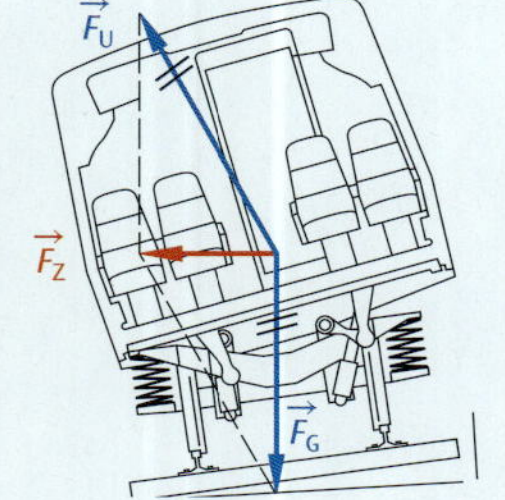

Bild 4: Pendolino Kräfteplan

Bob oder Rodel in der Kurve

Durch die Steuerung des Bobs in die günstigste Position der Kurvenerhöhung kann der Bob ohne (bremsende) Seitenkräfte die Kurve optimal durchfahren (**Bild 5** und **Bild 6**).

Bild 5: Bob in der Kurve

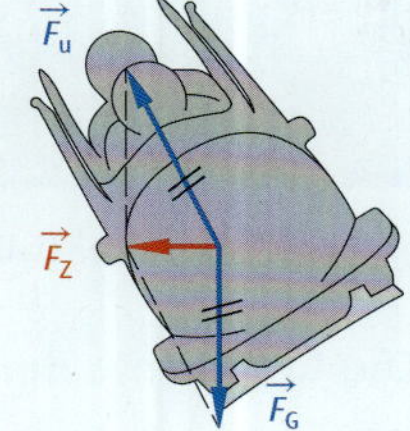

Bild 6: Bob Kräfteplan

Kettenkarussell

Durch die Trägheit wird der Sitz aus Sicht der mitfahrenden Person nach außen gedrängt (Fliehkraft). Durch die Schrägstellung der Aufhängung ergibt sich mit der Gewichtskraft die Zentripetalkraft (**Bild 7** und **Bild 8**).

Bild 7: Kettenkarussell

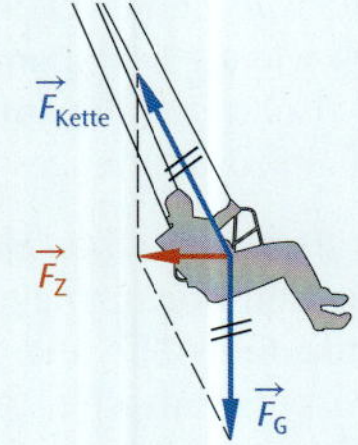

Bild 8: Karussell Kräfteplan

Motorradfahrer

Die Schräglage (**Bild 9** und **Bild 10**) ist vom Kurvenradius und von der Geschwindigkeit abhängig. Sie ist umso größer, je höher die Geschwindigkeit und je enger die Kurve ist. Die Haftreibung setzt der Schräglage Grenzen, die Folge ist ein Wegrutschen.

Bild 9: Motorrad in der Kurve

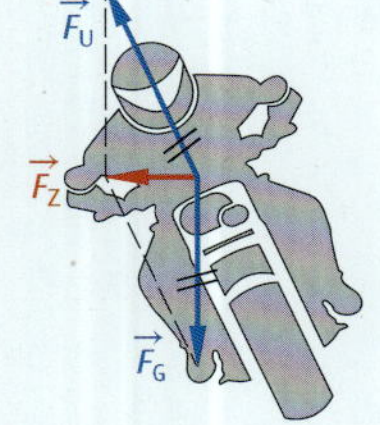

Bild 10: Motorrad Kräfteplan

4.4 Kreisbewegung am Himmel, Gravitation

Bild 1: Der Kupfermond über Dallas (USA) – Mondfinsternis

4.4.1 Die Geschichte der Bewegung von Himmelskörpern

In der Antike herrschte Jahrhunderte lang die Vorstellung, dass sich Sonne, Mond, alle Fixsterne und die Planeten um die Erde bewegen, man nannte diese Betrachtungsweise **geozentrisches Weltbild** (die Erde ist im Zentrum). Grundidee war die Bewegung auf Kugeloberflächen, also Kreisbahnen, und wenn das nicht ganz der Beobachtung entsprach wie die Schleifen bei der Marsbahn, benutzte man bereits ab dem 4. Jahrhundert v. Chr. die Epizyklen-Theorie, also Kreise, die auf Kreisen abrollten – nicht gerade einfach zu verstehen, aber aus einfachen (perfekten) Kreisbahnen zusammengesetzt (**Bild 1** auf der folgenden Seite).

Claudius **Ptolemäus** war ein griechischer Gelehrter, der in Alexandria in der römischen Provinz Ägypten lebte. Insbesondere seine drei Werke zur Astronomie, Geografie und Astrologie galten in Europa bis zur frühen Neuzeit als wissenschaftliche Standardwerke und wichtige Datensammlungen.

Sein Werk Almagest blieb bis zum Ende des Mittelalters das Standardwerk der Astronomie im europäischen Raum. Es enthielt neben einem ausführlichen Sternenkatalog eine detaillierte Ausarbeitung des geozentrischen Weltbilds, das später nach ihm ptolemäisches Weltbild genannt wurde:

Bild 2: Ptolemäus

[1] Claudius Ptolemäus (ca. 100–160), griech. Astronom

Die Erde befindet sich fest im Mittelpunkt des Weltalls (**Bild 2**).

Alle anderen Himmelskörper (Sonne, Mond, die fünf damals bekannten Planeten und der Sternenhimmel) bewegen sich auf als vollkommen angesehenen Kreisbahnen, genauer betrachtet auf den Epizyklen.

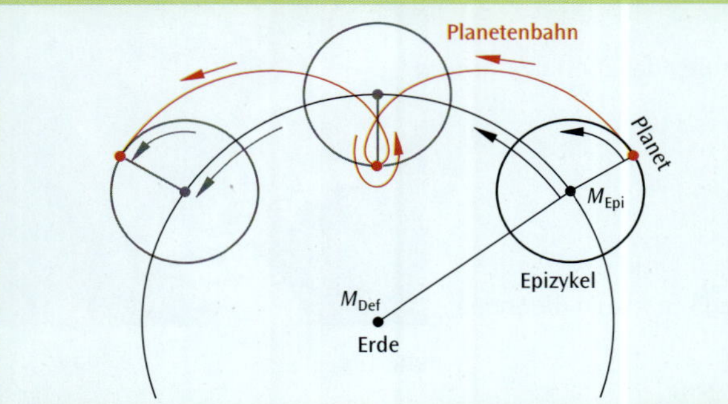

Bild 1: Epizyklen

Bild 2: Geozentrisches Weltbild

Der umfassend gebildete preußisch-polnische Domherr Nikolaus **Kopernikus**[1)] (**Bild 3**) stellte im Rahmen seiner astronomischen Forschungen fest, dass sich die Planetenbahnen wesentlich einfacher berechnen lassen, wenn man annimmt, dass nicht die Erde, sondern die Sonne in deren Mittelpunkt steht (**Bild 4**).

Kurz vor seinem Tod 1453 veröffentlichte er seine Erkenntnisse als **heliozentrisches Weltbild** (die Sonne steht im Mittelpunkt):

Die Erde dreht sich täglich einmal um ihre Achse.

Die Sonne ruht im Mittelpunkt des Weltalls und wird von der Erde in einem Jahr umkreist.

Die Erde, die vom Mond umkreist wird, ist ein Planet unter vielen.

Heute weiß man, dass die Sonne zwar das Zentrum unseres Planetensystems (auch: Sonnensystems) darstellt, aber nicht das Zentrum des Universums.

Bild 3: Kopernikus

Die Grundlagen für die allgemeine Akzeptanz des heliozentrischen Weltbildes von Kopernikus lieferte ausgerechnet ein Mann, der alles daran setzte, dieses zu widerlegen: Der dänische Astronom Tycho **Brahe**[2)] verfügte über die besten Beobachtungsinstrumente seiner Zeit. Er sammelte zwischen 1576 und 1597 in seinen Observatorien auf der heute schwedischen Insel Hven eine unfassbare Menge an sehr präzisen Daten über die Standorte der Planeten und zahlreicher Fixsterne – die mit bloßem Auge zu erkennen waren, denn ein Teleskop gab es zu jener Zeit noch nicht. Das von ihm entwickelte Weltbild konnte sich nicht durchsetzen und wurde von seinen eigenen Beobachtungsdaten widerlegt.

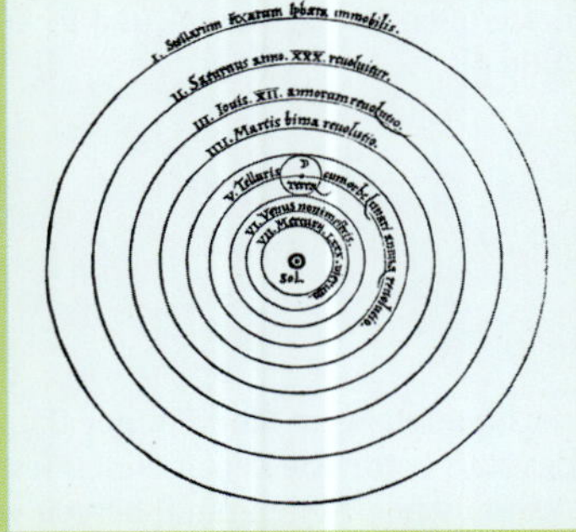

Bild 4: Heliozentrisches Weltbild nach Kopernikus (Terra = Erde, Sol = Sonne)

[1)] Nikolaus Kopernikus (1473–1543), deutsch-polnischer Domherr und Astronom

[2)] Tycho Brahe (1546–1601), dänischer Astronom und Astrologe

Das Verdienst, Brahes Beobachtungsdaten analysiert und zur Grundlage eines tragfähigen Modells gemacht zu haben, gebührt Johannes **Kepler**[1] (**Bild 1**), der zeitweise als Brahes Assistent tätig war.

Ausgehend vom heliozentrischen Weltbild von Nikolaus Kopernikus erkannte er, dass sich die Planeten nicht auf Kreis-, sondern auf Ellipsenbahnen um die Sonne bewegen.

Er formulierte 3 Gesetze, dabei wird die Sonne als ruhendes Zentralgestirn angesehen, um das sich die Planeten bewegen:

Bild 1: Kepler

1. Kepler'sches Gesetz

Planeten bewegen sich auf Ellipsen, in deren einem Brennpunkt die Sonne steht (**Bild 2**).

Die Bahnen der Planeten in unserem Sonnensystem sind annähernd Kreise: kleine Halbachse b und große Halbachse a der Bahnellipsen unterscheiden sich um höchstens 2 % (für Merkur), für die Erde nur um 0,01 %.

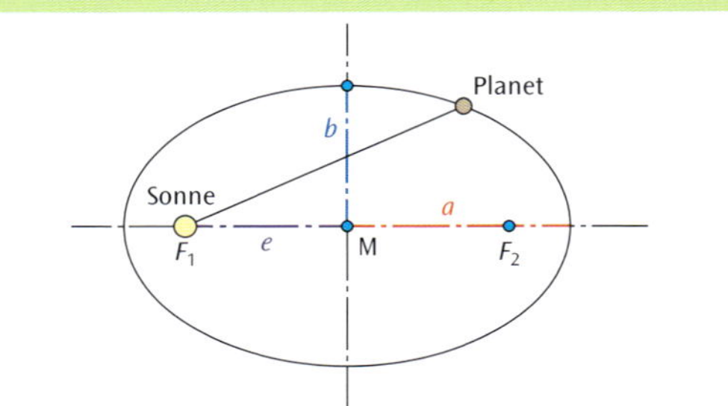

Bild 2: 1. Kepler'sches Gesetz

2. Kepler'sches Gesetz

Ein Planet bewegt sich so um die Sonne, dass in gleichen Zeitabschnitten Δt von der Verbindungslinie Sonne-Planet die gleichen Flächen ΔA überstrichen werden (**Bild 3**).

Im sonnennächsten Punkt (Perihel) ist die Geschwindigkeit des Planeten am größten, im sonnenfernsten Punkt (Aphel) ist sie am geringsten.

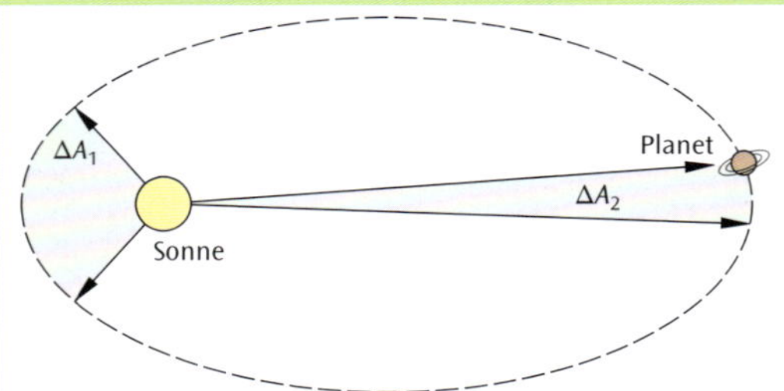

Bild 3: 2. Kepler'sches Gesetz (Flächensatz)

3. Kepler'sches Gesetz

Die Quadrate der Umlaufzeiten T_1 und T_2 zweier Planeten P_1 und P_2 verhalten sich wie die dritten Potenzen der großen Halbachsen a_1 und a_2 ihrer Ellipsenbahnen (**Bild 4**).

$$\frac{T_1^2}{T_2^2} = \frac{a_1^3}{a_2^3} \quad \Rightarrow$$

$$\frac{T_1^2}{a_1^3} = \frac{T_2^2}{a_2^3} = \ldots = C_{\text{Sonne}} \quad \text{ist konstant.}$$

Nach jahrelangem Studium der Daten zur Umlaufbahn des Mars entdeckte Kepler dieses Gesetz. Er fand es ohne theoretischen Hintergrund, beseelt von dem Gedanken, dass es eine musikalische Harmonie enthülle, die der Schöpfer im Sonnensystem verewige.

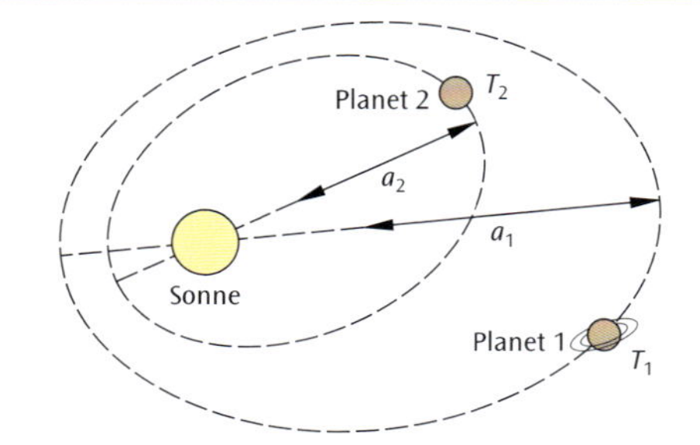

Bild 4: 3. Kepler'sches Gesetz

[1] Johannes Kepler (1571–1630), deutscher Mathematiker und Astronom

4.4.2 Newton'sches Gravitationsgesetz

Die Ursache für diese Bewegung der Planeten um die Sonne zu ergründen, blieb dem Mathematiker und Naturphilosophen (heute Physiker genannt) Isaac **Newton**[1] (**Bild 1**) vorbehalten.

Er erkannte, dass die Gewichtskraft, die auf der Erde Objekte zu Boden (also in Richtung des Schwerpunkts der Erde) fallen lässt, auch den Mond auf seiner Bahn hält. Zusammen mit dem 2. und 3. Kepler'schen Gesetz entwickelte er daraus eines der grundlegenden Gesetze der klassischen Physik:

Newton'sches Gravitationsgesetz (1687)

Zwei Körper mit den Massen M und m mit dem Mittelpunktsabstand r ziehen sich gegenseitig mit der Schwer- oder Gravitationskraft F_{Grav} an (**Bild 2**).

$$F_{Grav} = G \cdot \frac{M \cdot m}{r^2}$$

Bild 1: Newton

Zur Zeit Newtons konnte man das Gesetz nur in der Form

$$F_{Grav} \sim M \cdot m \cdot \frac{1}{r^2}$$

angeben, da die Proportionalitätskonstante G noch nicht bekannt war.

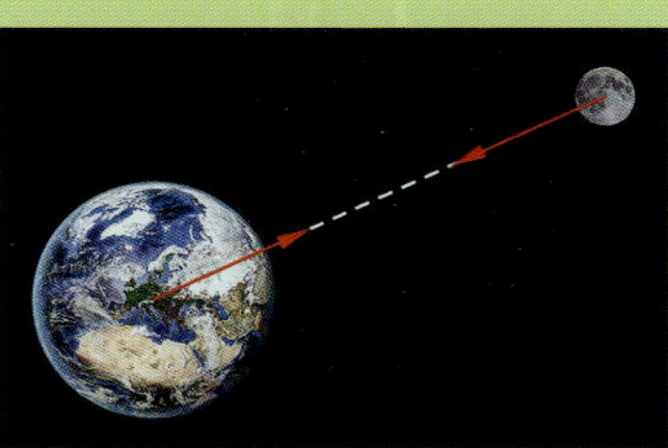

Bild 2: Newton'sches Gravitations-Gesetz

Die gegenseitige Massenanziehung zwischen zwei „irdischen" Körpern ist so klein, dass sie mit den damaligen Messmethoden nicht messbar war.

Erst 1798, also über 100 Jahre nach der Veröffentlichung des Gravitationsgesetzes, hatte Henry **Cavendish**[2] mit einer Torsionsdrehwaage sehr genaue Messungen der Gravitationskraft zwischen kugelförmigen Massen (1,46 kg bzw. 316 kg) durchgeführt.

Mit seinen Daten ergibt sich für G in den heute gültigen Einheiten der Wert $G_{Cavendish} = 6{,}7 \cdot 10^{-11} \frac{m^3}{kg \cdot s^2}$.

Mit modernen Präzisionsmessungen durchgeführt gilt für den heute gültigen Wert:

Gravitationskonstante

$$G = 6{,}674\,08 \cdot 10^{-11} \frac{m^3}{kg \cdot s^2}$$

Im Gegensatz zum Ortsfaktor g ist G eine universelle Konstante, die überall im Universum denselben Wert hat. Im Vergleich mit anderen Naturkonstanten ist die universelle Gravitationskonstante G nur sehr ungenau bekannt (z. B. bei der Boltzmann-Konstante k, dem Planck'schen Wirkungsquantum h, der Lichtgeschwindigkeit c, ... sind mindestens 8 Stellen bekannt). Da es sich bei der Gravitation um eine sehr schwache Wechselwirkung handelt, die aber eine unendliche Reichweite besitzt, können große Massen selbst in mittlerer Entfernung die Messung von G verfälschen.

Im geozentrischen Weltbild ging man von Kreisbahnen der Planeten aus. Das Problem der Rückläufigkeit des Planeten Mars versuchte man mit Epizyklen (Kreise, die auf Kreisen abrollen) zu erklären.

Auch das heliozentrische Weltbild änderte an dem Verständnis der Bahnform nichts.

[1] Sir Isaac Newton (1643–1727), englischer Naturphilosoph
[2] Henry Cavendish (1731–1810), britischer Naturwissenschaftler

Erst Johannes Kepler erkannte 1609, dass Planeten sich auf Ellipsenbahnen bewegen, die sich kaum von Kreisbahnen unterscheiden. Aber das Problem ist noch viel subtiler: Sein Versuch, die Bahnen der Himmelskörper vorhersagbar zu machen, basierte auf bestimmten Vereinfachungen: Er betrachtete nur einen Planeten und die viel schwerere Sonne als Zentralkörper – ein sogenanntes Zweikörperproblem.

Tatsächlich wirken auf den Planeten auch die Anziehungskräfte der anderen Planeten und Monde und führen zu Bahnstörungen, d. h. zu minimalen Abweichungen von der Ellipsenbahn – man spricht nun von einem Mehrkörperproblem. Auch mit großem mathematischen Aufwand ist das Problem nur in Sonderfällen analytisch zu lösen.

Im Jahr 1846 beobachtete man, dass die Bewegung des Planeten Uranus um die Sonne Störungen zeigte und nicht den Keplerschen Gesetzen entsprach. Astronomen vermuteten daher, dass es einen weiteren Planeten jenseits des Uranus geben müsse, der durch seine Gravitationskraft die Bewegung des Uranus störe. Der französische Mathematiker Urbain Le Verrier berechnete die Position, an der sich der unbekannte Planet befinden müsste, den dann der deutsche Astronom Johann Gottfried Galle am Fernrohr entdeckte. Dieser zuerst theoretisch und danach optisch entdeckte „neue“ Planet erhielt den Namen Neptun.

Das war der Triumph der Himmelsmechanik.

4.5 Aufgaben zur Kreisbewegung

4.5.1 Aufgaben zu den Grundlagen der Kreisbewegung

1. **Uhr**

   Bei einer Uhr (**Bild 1**) haben die einzelnen Zeiger folgende Längen:

   Stundenzeiger: 1,1 cm
   Minutenzeiger: 1,7 cm
   Sekundenzeiger: 0,5 cm

   (a) Geben Sie die Umlaufsdauer aller Zeiger in Sekunden an.

   (b) Berechnen Sie die Frequenz aller Zeiger.

   (c) Berechnen Sie die Winkelgeschwindigkeit aller Zeiger.

   (d) Berechnen Sie die Bahngeschwindigkeit der Spitzen aller Zeiger.

Bild 1: Zeigeruhr

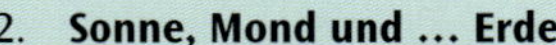

2. **Sonne, Mond und ... Erde**

   Die Bewegung der Erde um die Sonne, bzw. des Mondes um die Erde (**Bild 2**) kann in guter Näherung als Kreisbewegung betrachtet werden.

   (a) Berechnen Sie die Winkelgeschwindigkeit von Erde und Mond bei deren Umlauf sowie bei deren Eigenrotation.

   (b) Berechnen Sie die Bahngeschwindigkeit von Erde und Mond.

   Hinweis: Entnehmen Sie die benötigten Daten Ihrer Formelsammlung.

Bild 2: System Sonne–Erde–Mond

3. **Fahrrad**

   Ein Sportfahrrad mit 28″-Reifen (**Bild 3**) wird mit einer konstanten Geschwindigkeit von 25 km/h geradlinig bewegt.

   (a) Berechnen Sie die Frequenz der sich drehenden Räder.

   (b) Berechnen Sie die Umlaufsdauer der Räder.

   (c) Berechnen Sie die Winkelgeschwindigkeit der Räder.

   Hinweis: 1″ (engl. Zoll) entspricht 2,54 cm.

Bild 3: 28″ Durchmesser

4. **Stroboskop**

   Die abgebildete Scheibe (**Bild 4**) wird auf die Achse eines Elektromotors gesetzt, der sich mit einer Frequenz von 16 2/3 Hz dreht, und mit einem Stroboskop-Blitzgerät bei einer Frequenz von 100 Hz beleuchtet. Die Scheibe dreht sich dabei im Uhrzeigersinn.

   (a) Beschreiben Sie, was man beobachten kann.

   (b) Geben Sie die scheinbare Drehrichtung und die scheinbare Winkelgeschwindigkeit der einzelnen Punktringe an.

   In Kinofilmen kann man manchmal widersprüchliche Szenen sehen:

   – Bei einem Western drehen sich die Speichen eines Wagenrades rückläufig, obwohl die Postkutsche vorwärts fährt.
   – Beim Anlaufen der Motoren eines Propellerflugzeuges (**Bild 5**) wechselt scheinbar die Drehrichtung der Propeller.

   (c) Geben Sie für die widersprüchlichen Erscheinungen eine plausible Erklärung.

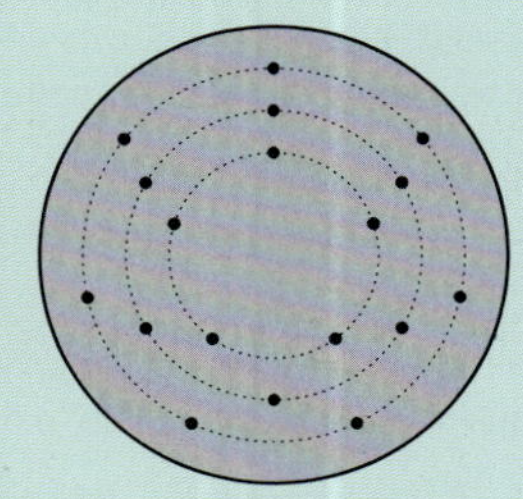

Bild 4: Kreisscheibe mit Punkten

Bild 5: Propellermaschine DC-3

5. **Hubschrauber**

Ein Rettungshubschrauber vom Typ BK 117 (**Bild 1**) besitzt einen Hauptrotor mit 11,00 m Durchmesser. Die Höchstgeschwindigkeit des Helikopters beträgt 259 km/h, die maximale Drehzahl wird mit 383 U/min angegeben.

(a) Berechnen Sie die Blattspitzengeschwindigkeit (ein Fachausdruck, der den Geschwindigkeitsbetrag der Spitzen einen Rotorblattes bezeichnet) beim Start.

(b) Berechnen Sie die maximale Blattspitzengeschwindigkeit eines vorlaufenden Blattes bei Höchstgeschwindigkeit des Helikopters und zeigen Sie, dass diese Geschwindigkeit der Rotorspitzen unterhalb der Schallgeschwindigkeit liegt.

Bild 1: Helikopter BK 117

4.5.2 Aufgaben zu den Gesetzmäßigkeiten der Kreisbewegung

1. **Vorsicht – eine Zentrifuiiiii**

Eine bei medizinischen Laboruntersuchungen verwendete Ultrazentrifuge (Schleuder, **Bild 2**) dreht sich mit $60 \cdot 10^3$ Umdrehungen pro Minute.

(a) Berechnen Sie den Betrag der Bahngeschwindigkeit eines mitgeführten Teilchens, das einen Abstand von 40 mm zur Drehachse besitzt.

(b) Berechnen Sie den Betrag der dabei auftretenden Zentripetalbeschleunigung und vergleichen Sie diesen Wert mit der Fallbeschleunigung.

Bild 2: Ultrazentrifuge

2. **Flugzeug in der Kurve**

Wenn Flugzeuge enge Kurven durchfliegen (**Bild 3**), sind den Kurvenradien wegen der auftretenden Zentripetalbeschleunigung Grenzen gesetzt. Fluggäste einer Passagiermaschine sollen keiner größeren Beschleunigung als der doppelten Fallbeschleunigung ausgesetzt werden.

(a) Berechnen Sie den Mindestkurvenradius, wenn das Flugzeug im Landeanflug eine Geschwindigkeit von 420 km/h besitzt.

Ein Militärflugzeug durchfliegt in Bodennähe mit Mach 1,1 eine Kurve mit 2,0 km Radius. (Die Mach[1)]-Zahl gibt das Verhältnis der Geschwindigkeit v zur Schallgeschwindigkeit c an)

(b) Berechnen Sie die auftretende Zentripetalbeschleunigung und geben Sie diesen Wert als Vielfaches von g an.

(c) Wie werden die Jetpiloten (**Bild 4**) dabei unterstützt?

Bild 3: Verkehrsflugzeug in der Kurve

Bild 4: Jetpilot

1) Ernst Mach (1838–1916), österreichischer Physiker und Philosoph

3. **Warum die S-Bahn in den Kurven quietscht**

Ein Pkw durchfährt eine 90°-Kurve mit einer konstanten Geschwindigkeit von 50 km/h, wobei die Kurve näherungsweise als Kreisbogen mit 120 m Länge betrachtet werden kann (**Bild 1**). Die Spurweite des Fahrzeugs beträgt 1,70 m, die Reifen haben einen Durchmesser von 62 cm.

(a) Berechnen Sie die Zeit, die der Pkw für diese Kurve braucht.

(b) Berechnen Sie die Winkelgeschwindigkeit und die Zentripetalbeschleunigung des Pkws bei seiner Kreisbewegung.

(c) Berechnen Sie den Weg, den die Hinterräder dabei zurücklegen.

(d) Berechnen Sie die Winkelgeschwindigkeit der Hinterräder bei ihrer eigenen Drehung.

(e) Warum „quietscht" eine S-Bahn in der Kurve und ein Auto normalerweise nicht?

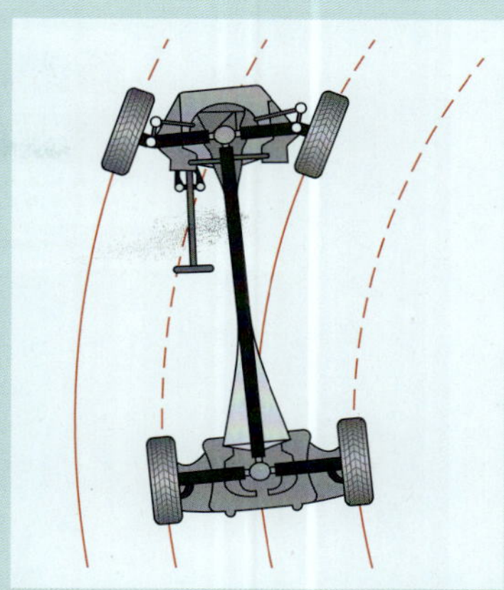

Bild 1: Fahrzeug in der Kurve

4. **Lagebestimmung des Beschleunigungssensors**

Jedes Smartphone enthält Beschleunigungssensoren – wieso eigentlich und wo sind diese?

Um die Position der Sensoren zu ermitteln, legt man das Smartphone rutschfest auf einen Plattenspieler (**Bild 2**), so dass die Längsachse zur Dreh-achse zeigt. Mit einer geeigneten App (z. B. PhyPhox) kann man die Beschleunigung messen und die Daten übertragen.

(a) Bei 33 1/3 Umdrehungen pro Minute zeigt das Smartphone einen Beschleunigungswert von 0,90 m/s². Bestimmen Sie damit den Abstand des Sensors zur Drehachse.

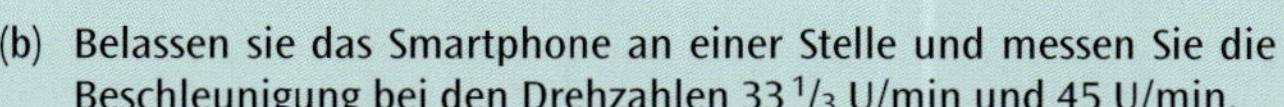

(b) Belassen sie das Smartphone an einer Stelle und messen Sie die Beschleunigung bei den Drehzahlen 33 1/3 U/min und 45 U/min.

Zeigen Sie allgemein, dass sich die Werte dafür um den Faktor 1,82 unterscheiden sollten und überprüfen Sie dies mit Ihren Messwerten aus dem nebenstehenden Diagramm (**Bild 3**).

Bild 2: Plattenspieler mit Smartphone

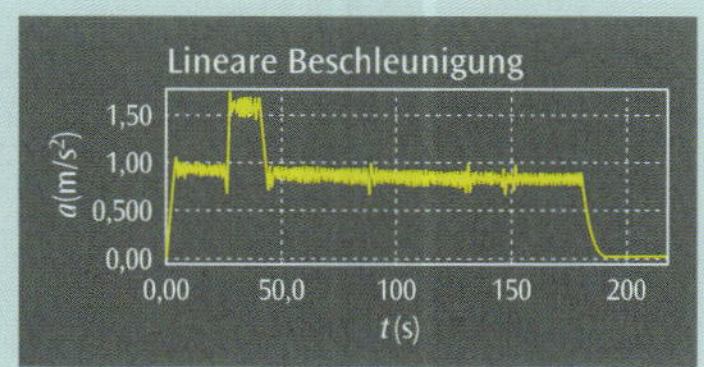

Bild 3: Zentripetalbeschleunigung

5. **Messversuch Zentripetalkraft**

Mit einem Messversuch (**Bild 4** und **Bild 1** auf der folgenden Seite) kann man die Formel

$$F_z = m \cdot r \cdot \omega^2 = m \cdot r \cdot (2\pi \cdot f)^2$$
$$= 4\pi^2 \cdot m \cdot r \cdot f^2 = 4\pi^2 \cdot m \cdot r \cdot \frac{1}{T^2}$$

überprüfen.

Drei Versuchsreihen müssen aufgestellt werden, um die Abhängigkeit der Zentripetalkraft F_Z von

- der rotierenden Masse m,
- dem Abstand r der Masse zum Mittelpunkt und
- der Frequenz f bzw. der Umlaufsdauer T zu ermitteln.

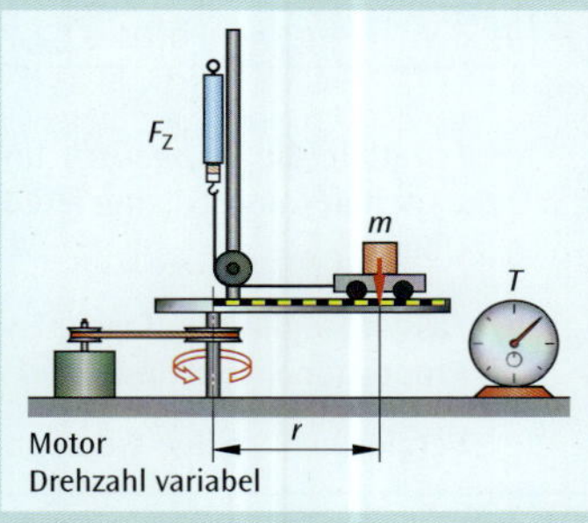

Bild 4: Schematischer Versuchsaufbau

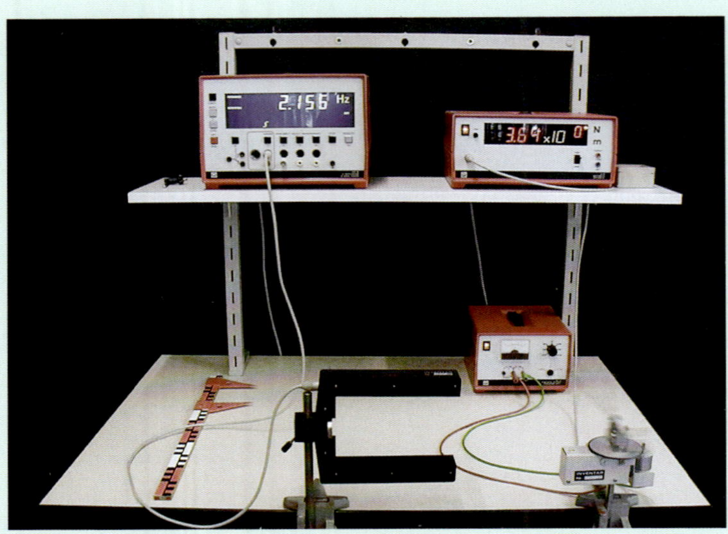

Bild 1: Versuchsaufbau

(1) Masse m und Zentripetalkraft F_z

m in g	50,1	75,5	100,1
F_Z in N	1,28	1,93	2,56

Dabei müssen der Abstand r der Masse vom Mittelpunkt und die Frequenz f konstant bleiben.

(a) Ermitteln Sie *grafisch* den Zusammenhang zwischen m und F_Z.

(2) Abstand r und Zentripetalkraft F_z

r in cm	10,0	15,0	20,0	25,0
F_Z in N	0,64	0,96	1,28	1,60

Dabei müssen die Masse m und die Frequenz f konstant bleiben.

(b) Ermitteln Sie *rechnerisch* den Zusammenhang zwischen r und F_Z!

(3) Frequenz f und Zentripetalkraft F_z

f in Hz	1,2	1,8	2,5	3,6
F_Z in N	0,57	1,28	2,47	5,13

Dabei müssen die Masse m und der Abstand r der Masse vom Mittelpunkt konstant bleiben.

$m = 50{,}1$ g

$r = 20{,}0$ cm

(c) Ermitteln Sie *rechnerisch* und *grafisch* den Zusammenhang zwischen f und F_Z (eine Metode würde ausreichen, aber zum Üben ...).

(d) Fassen Sie die drei Ergebnisse zusammen und ermitteln Sie aus den Messwerten der 3. Versuchsreihe die Proportionalitätskonstante k.

(e) Vergleichen Sie den Wert von k mit dem theoretischen Wert.

4.5.3 Aufgaben zu Kurvenfahrten

1. **Vorsicht – winterliche Fahrbahn**

Das österreichische Verkehrsministerium weist in seiner Internetseite auf die Daten in **Bild 1** hin.

(a) Ermitteln Sie aus diesen Daten die Haftreibungszahlen auf Schnee für Sommer- und Winterreifen.

(b) Nun nochmal mit Berücksichtigung der „Schrecksekunde“ – eine kleine Wiederholung der Kinematik.

(c) Untersuchen Sie, ob das Auto mit Winterreifen eine Kurve mit 100 m Radius noch sicher durchfahren kann.

(d) Berechnen Sie, mit welchem Tempo diese Kurve mit den Sommerreifen noch durchfahren werden könnte.

Bild 1: Bremswege

2. **Fahrt eines Rennrodels**

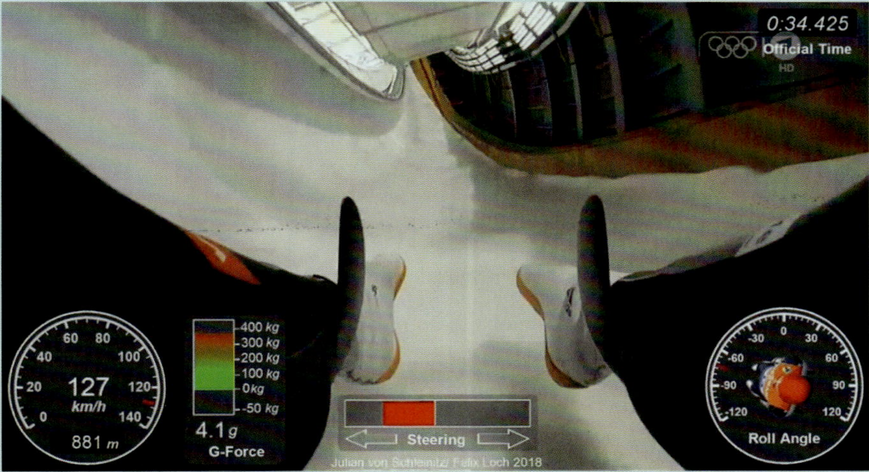

Bild 2: Screenshot ARD Sportschau: Fahrt eines Rennrodels durch den Olympiakurs von Pyeongchang

Die Trainingsfahrt von Felix Loch im Olympiakurs von Pyeongchang wurde mit einer Helmkamera aufgenommen, während Sensoren andere Daten aufzeichneten (**Bild 2**). Die Messwerte wurden dann in das Videomaterial montiert.

„Enorme Kräfte und Geschwindigkeiten beim Rennrodeln“ – unter diesem Titel wurde das Video im Fernsehen gesendet.

(a) Entnehmen Sie die Messwerte aus dem Foto.

(b) Berechnen Sie die Durchschnittsgeschwindigkeit bis zu diesem Zeitpunkt.

(c) Ermitteln Sie damit den Bahnradius.

(d) Berechnen Sie den Neigungswinkel α aus der Geschwindigkeit und dem ermittelten Bahnradius.

(e) Überprüfen Sie die Glaubwürdigkeit der Ergebnisse durch Vergleich mit dem angegebenen Wert des Neigungswinkels.

3. **Fahrrad in der Steilkurve**

Eine Radrennbahn (**Bild 1**) besteht im Prinzip aus zwei Geraden und zwei 180°-Kurven. Das Verhältnis der beiden geometrischen Elemente sollte in einem ausgewogenen Verhältnis stehen, ist jedoch nicht vorgeschrieben.

Das Glenmore Velodrome in Calgary (CAN) weist bei einer Rundenlänge von 400 m zwei gerade Strecken mit je 100 m Länge auf.

(a) Berechnen Sie den Kurvenradius.

(b) Ermitteln Sie aus dem Bild den Neigungswinkel und vergleichen Sie diesen Wert mit dem offiziellen Wert des Stadions.

(c) Erstellen Sie einen Kräfteplan für einen Rennfahrer und leiten Sie daraus folgende Beziehung her:

$$\tan\alpha = \frac{v^2}{r \cdot g}$$

(d) Berechnen Sie die Geschwindigkeit der Fahrer.

Bild 1: Fahrrad in der Steilkurve

4.5.4 Aufgaben zur Kreisbewegung am Himmel

(nicht prüfungsrelevant)

1. **Erste kosmische Geschwindigkeit**

Die erste kosmische Geschwindigkeit ist diejenige Geschwindigkeit, die ein Körper haben müsste, wenn er sich auf einer Kreisbahn im Abstand R_{Erde} vom Erdmittelpunkt befände (**Bild 2**). Natürlich ist eine Kreisbewegung direkt an der Erdoberfläche aufgrund der Erhebungen und der Luftreibung real nicht möglich. Es handelt sich um die Geschwindigkeit, bei der ein waagerecht weggeworfener Stein gerade nicht mehr auf die Erde fällt.

(a) Berechnen Sie die erste kosmische Geschwindigkeit für die Erde.

(b) Berechnen Sie die zugehörige Umlaufszeit.

(c) Begründen Sie, dass dies die kürzest mögliche Umlaufszeit (ohne zusätzlichen Antrieb) um die Erde ist.

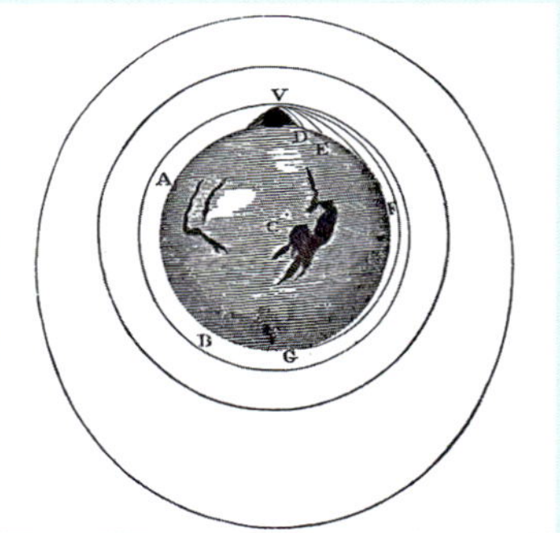

Bild 2: Skizze von Newton

2. **Sputnik 1 – ISS**

Sputnik – Begleiter (der Erde), war der erste künstliche Erdsatellit (**Bild 3**). Mit ihm startete die Sowjetunion am 4. Oktober 1957 das Zeitalter der Raumfahrt. In der Zeit des „kalten Krieges" in den Jahren nach dem 2. Weltkrieg überraschte sie die westliche Welt mit dem Start eines die Erde umkreisenden künstlichen Himmelskörpers, die man fortan als Satelliten bezeichnete.

Heute umrunden Tausende auf Kreis- oder Ellipsenbahnen die Erde, aber nur ein geringer Teil davon sind aktiv genutzte Satelliten, den überwiegenden Rest kann man als Weltraumschrott bezeichnen, der für die anderen Satelliten und für die internationale Raumstation ISS (**Bild 1** auf der folgenden Seite) eine ernsthafte Gefahr darstellt.

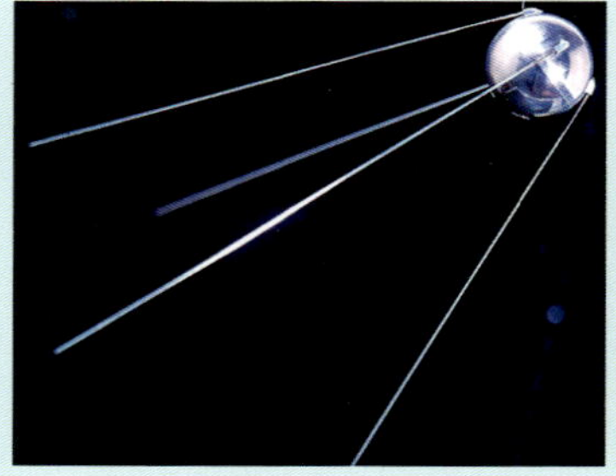

Bild 3: Sputnik 1

So schreibt Wikipedia (Feb. 2018):

„Seit 1998 befindet sich die ISS im Bau. Zurzeit ist sie das größte künstliche Objekt im Erdorbit. Sie kreist in rund 400 km Höhe mit einer Bahnneigung von 51,6° in östlicher Richtung binnen etwa 92 min einmal um die Erde [...]. Seit dem 2. November 2000 ist die ISS dauerhaft von Astronauten bewohnt."

(a) Überprüfen Sie durch Rechnung, ob die Umlaufsdauer zur Bahnhöhe „passt".

(b) Berechnen Sie die Bahngeschwindigkeit der ISS.

(c) Berechnen Sie die Kraft, mit der ein 85 kg schwerer Astronaut von der Erde angezogen wird, und geben Sie das Ergebnis in Prozent der Gewichtskraft auf der Erde an.

(d) Wie kommt es, dass sich ein Astronaut (**Bild 2**) auf der ISS schwerelos fühlt?

Bild 1: Internationale Raumstation ISS

Bild 2: Astronauten auf der ISS

3. **Synchron- oder geostationäre Satelliten**

(a) In welcher Höhe über dem Äquator muss ein Wettersatellit (**Bild 3**) stehen, wenn er immer denselben Ausschnitt der Erdoberfläche beobachten soll?

(b) Welche Bahngeschwindigkeit hat ein solcher Satellit?

(c) Welche Kreisbahnen sind für Erdsatelliten überhaupt möglich?

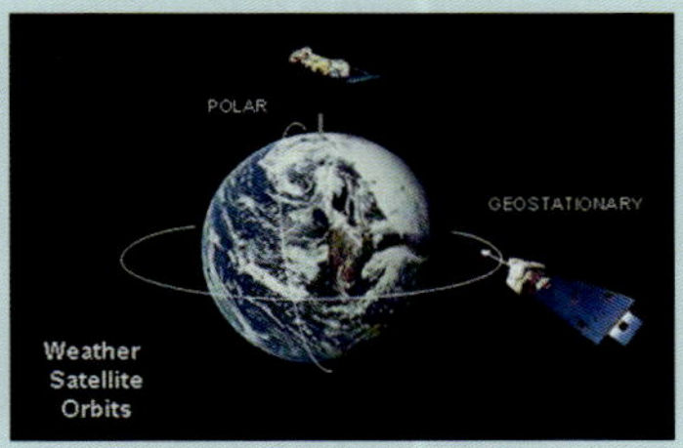

Bild 3: Synchronsatellit

4. **APOLLO 11 (Bild 1)**

Im Jahr 1969 fand durch die APOLLO-11-Mission die erste bemannte Mondlandung statt. In der Endphase des Anflugs zum Mond schwenkte die Raumkapsel zusammen mit der Mondlandefähre EAGLE (Gesamtmasse 43 t) in eine nahezu kreisförmige Mondumlaufbahn in 110 km Höhe ein.

(a) Begründen Sie, warum die Umlaufdauer der Raumkapsel nicht mit dem 3. Kepler'schen Gesetz berechnet werden kann.

(b) Ermitteln Sie – ausgehend von einem Kraftansatz – die Umlaufsdauer der APOLLO-Kapsel.

(c) Berechnen Sie deren Bahngeschwindigkeit.

Nach dem Abkoppeln setzt die Mondfähre zur Landung an. Dabei wurde die 15,1 t schwere Mondfähre EAGLE kurz vor der Landung durch ein Bremstriebwerk in einen Schwebezustand versetzt.

(d) Berechnen Sie mit dem Newton'schen Gravitationsgesetz die notwendige Schubkraft.

(e) Berechnen Sie die Fallbeschleunigung auf der Mondoberfläche.

(f) „Auf dem Mond wiegt ein Astronaut nur noch ein Sechstel."

Kommentieren Sie diese Aussage aus physikalischer Sicht.

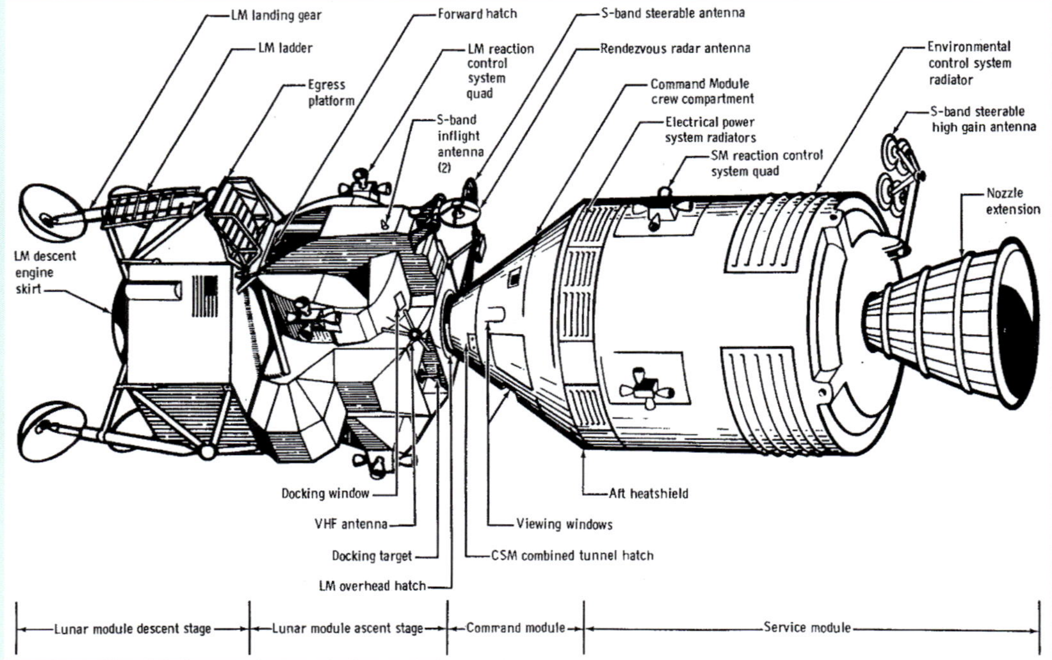

Bild 1: APOLLO 11

5. **Masse der Sonne**

Berechnen Sie die Masse der Sonne aus den Bahndaten der umlaufenden Erde.

5 Mechanische Schwingungen

Unter „Schwingung“ versteht man in der Physik die periodische Änderung von Zustandsgrößen. Bei einem bewegten Körper bedeutet das, dass dessen Position, Geschwindigkeit und Beschleunigung nach einer festen Zeit – der Periodendauer – wieder jeweils dieselben Werte annehmen. Ein Beispiel für eine mechanische Schwingung ist ein Kind auf der Schaukel (**Bild 1**).

Bild 1: Schaukel

Von der Schwingung zur Welle

In diesem Kapitel werden zunächst die **Schwingungen einzelner Massenpunkte** beschrieben. Wird ein schwingendes System (= Oszillator) mit einem weiteren verbunden, bezeichnet man das als **Kopplung** – und es kann **Resonanz** auftreten. Sind mehrere schwingungsfähige Körper miteinander gekoppelt, so kann sich die **Schwingungsenergie** räumlich ausbreiten und es entsteht eine **Welle**. Wellen werden im folgenden Abschnitt behandelt.

Warum schwingt eine Schaukel?

Wenn die Schaukel ausgelenkt wird, beschleunigt die Gewichtskraft sie wieder nach unten. Den tiefsten Punkt durchquert sie mit der höchsten Geschwindigkeit und bewegt sich mit diesem „Schwung“ – bzw. der kinetischen Energie – auf der anderen Seite wieder nach oben. Am höchsten Punkt dreht sich die Bewegung um und die Gravitationskraft beschleunigt sie erneut nach unten. Man nennt den höchstem Punkt deswegen auch den Umkehrpunkt.

5.1 Beispiele und Beschreibung schwingungsfähiger Systeme

Die Schaukel wird von der Schwerkraft wieder zurück zum tiefsten Punkt getrieben. Bei anderen Schwingungen wirken auch Unterlagen- bzw. Haltekräfte (die elektromagnetischer Natur sind) sowie Federkraft oder Auftrieb als rücktreibende Kräfte, die eine Schwingung aufrecht erhalten. Im folgenden Abschnitt werden dafür einige Beispiele gezeigt.

5.1.1 Rücktreibende Kräfte

Schwerkraft

Das Fadenpendel besteht – idealisiert – aus einem Massepunkt, der an einem masselosen, reibungsfrei aufgehängten Faden befestigt ist (**Bild 2**). Das Hemmungspendel (**Bild 3**) ist eine Variante des Fadenpendels, bei dem sich die Länge des Fadens während der Schwingung verändert. Die rücktreibende Kraft ergibt sich bei beiden als Vektorsumme von Gewichtskraft $\vec{F}_G$ und Haltekraft $\vec{F}_F$ des Fadens.

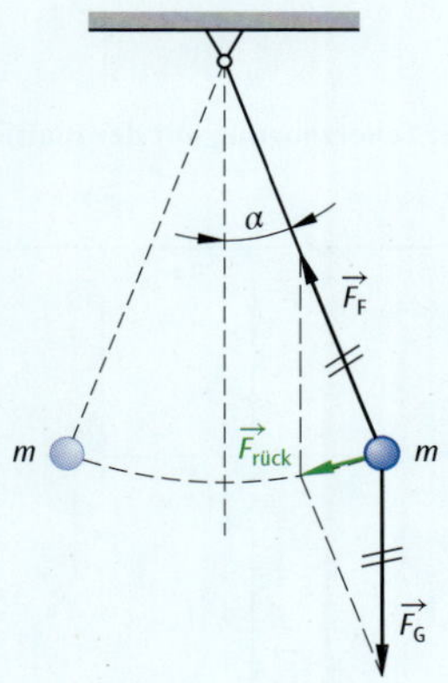

Bild 2: Fadenpendel

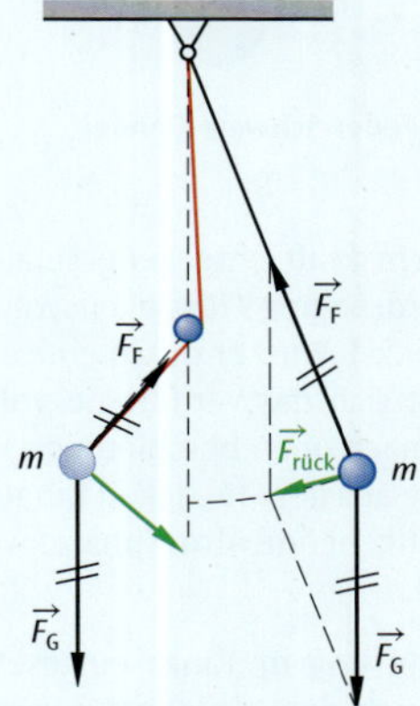

Bild 3: Hemmungspendel

Eine Flüssigkeit in einem U-Rohr gerät in Schwingung, weil auf den überstehenden Teil der Flüssigkeitsäule die Schwerkraft ohne Gegenkraft von der anderen Rohrseite wirkt (**Bild 1**).

Bei einer Kugel in einer V-förmig gebogenen Rinne (**Bild 2**) addieren sich Schwerkraft $\vec{F}_G$ und elastische Unterlagskraft $\vec{F}_U$ zur rücktreibenden Kraft $\vec{F}_{rück} = \vec{F}_H$.

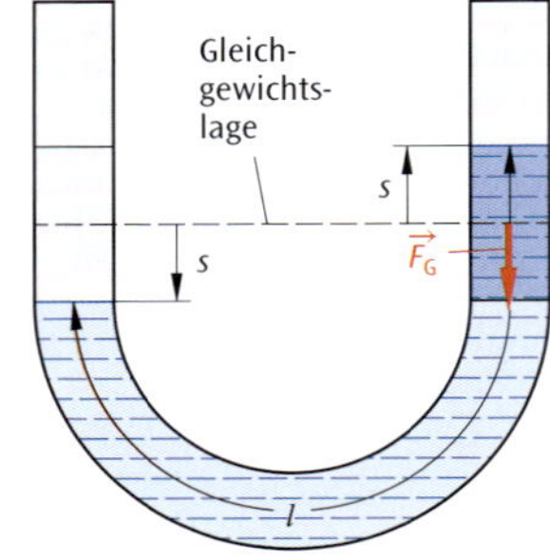

Bild 1: Flüssigkeit im U-Rohr

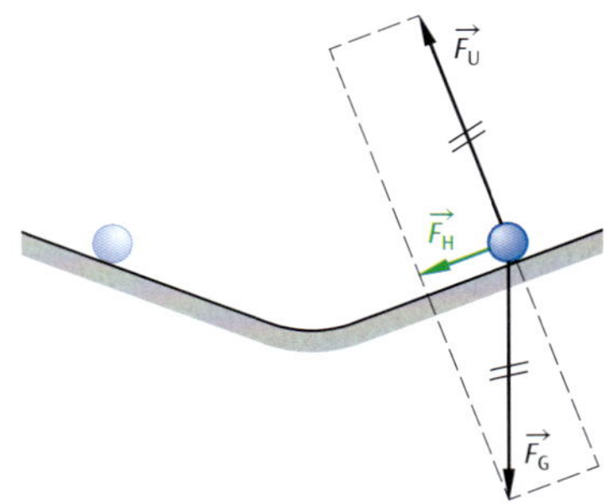

Bild 2: Kugel in einer V-förmigen Rinne

Hangabtriebskraft

Auf einer geneigten Ebene wirkt nur die Kraftkomponente parallel zur Ebene beschleunigend – die Hangabtriebskraft $\vec{F}_H$.

Diese ist konstant, egal auf welcher Höhe man sich befindet (**Bild 2**). In einer halbkreisförmigen Halfpipe ist die Hangabtriebskraft nicht konstant, sondern abhängig von der Höhe bzw. Auslenkung aus der Ruhelage (**Bild 3**). Die elastische Unterlagenkraft kompensiert im Umkehrpunkt (rechts in **Bild 3**) genau die Normalkomponente $\vec{F}_N$ der Gewichtskraft $\vec{F}_G$.

Bewegt sich der Skater (links in **Bild 3**), so bringt diese Kraft zusätzlich auch noch die Zentripetalkraft $\vec{F}_Z$ für die Beschleunigung auf die Kreisbahn auf.

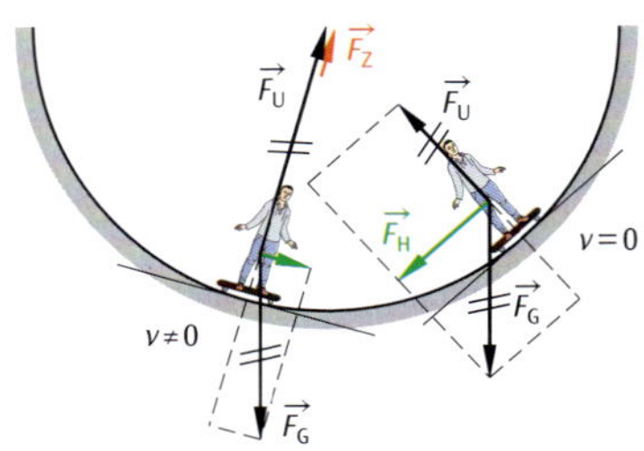

Bild 3: Skater in der Halfpipe

Federkraft

Schraubenfedern lassen sich ebenfalls gut in Schwingungen versetzen. Beim vertikalen Feder-Schwere-Pendel (**Bild 4**) überwiegt bei der rücktreibenden Kraft – je nach Auslenkungsrichtung – die Federkraft bzw. die Gewichtskraft.

Auch Blattfedern können in Schwingungen versetzt werden und z. B. Schall erzeugen (**Bild 5**).

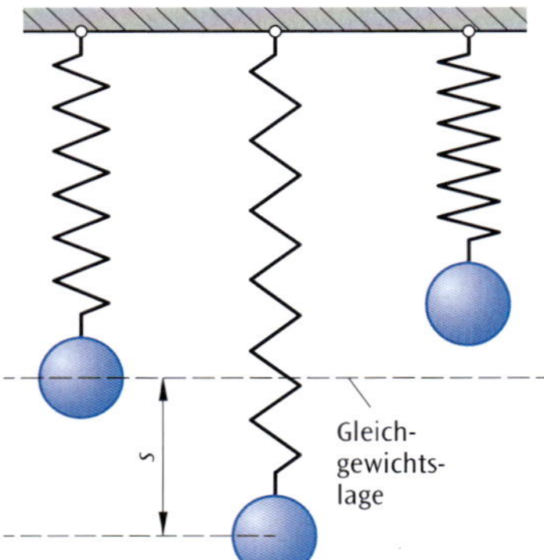

Bild 4: Feder-Schwere-Pendel

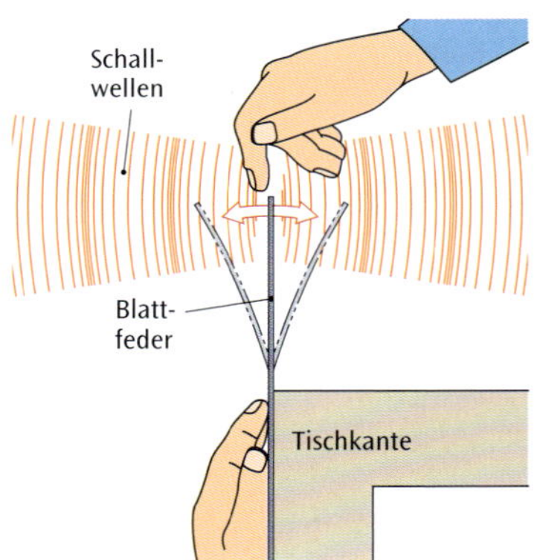

Bild 5: Tonerzeugung mit der Blattfeder

Auftrieb

Ein Schwimmkörper erfährt eine seiner Gewichtskraft entgegengesetzte Auftriebskraft, die gleich der Gewichtskraft des verdrängten Flüssigkeitsvolumens ist - und schwimmt an der Oberfläche (**Bild 6** links). Wird er durch eine äußere Kraft eingetaucht (**Bild 6** Mitte), so vergrößert sich das verdrängte Volumen und damit die Auftriebskraft. Der Körper wird nach oben beschleunigt. Wegen der Trägheit bewegt er sich über seine Ruhelage aus der Flüssigkeit hinaus und erfährt dort eine höhere Schwerkraft als die umgebende Atmosphäre, was ihn wieder nach unten beschleunigt (**Bild 6** rechts).

Solche Tauchpendel werden zur Füllstandsmessung in Tanks eingesetzt. In Wellenkraftwerken wird die Hubarbeit, die durch den Wellengang verrichtet wird, in elektrische Energie umgewandelt.

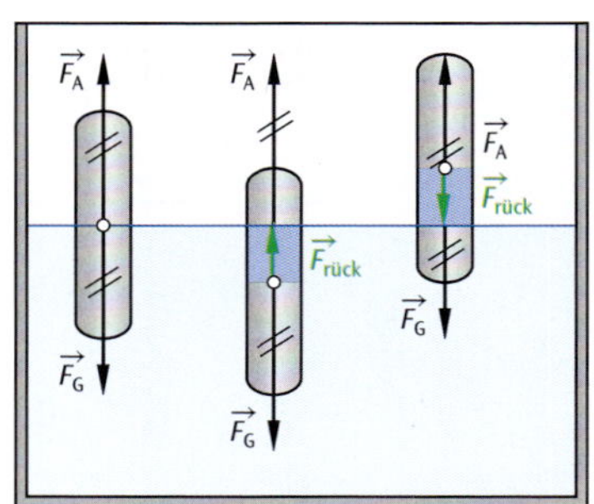

Bild 6: Tauchpendel

Warum bleibt der Oszillator nicht in der Ruhelage stehen?

Die rücktreibende Kraft wirkt – wie der Name sagt – „zurück" in Richtung der Ruhelage. Erreicht das schwingende System die Ruhelage, so wirkt keine Kraft mehr in Bewegungsrichtung, wie man sich anhand der Kräftepläne dieses Abschnitts leicht klarmachen kann. Die Masse bewegt sich – gemäß Newtons erstem Gesetz (dem Trägheitsprinzip) – mit konstanter Geschwindigkeit weiter. Die Trägheit der Masse hält also die Schwingung aufrecht!

Sobald die Ruhelage durchlaufen ist, wächst die rücktreibende Kraft auf den schwingenden Körper wieder an, so dass dieser abgebremst wird und schließlich seine Bewegungsrichtung wieder umkehrt.

5.1.2 Kenngrößen einer Schwingung

Die **Periodendauer *T*** einer Schwingung wurde bereits erwähnt. Die maximale Auslenkung (Elongation) eines Oszillators aus seiner Ruhelage wird als **Amplitude $\hat{s}$** bezeichnet.

In der Zeit T durchläuft ein ungedämpft – also verlustfrei – schwingender Körper alle möglichen Positionen und kehrt an seinen Ausgangsort zurück. Nach Verstreichen der Zeiten $2T$, $3T$, $4T$ usw. hat der Körper jeweils wieder dieselben Orts- und auch Geschwindigkeitskoordinaten.

Die Anzahl n der (vollständigen) Schwingungen, die in einer bestimmten Zeit t erfolgen, bezeichnet man als **Frequenz *f*** der Schwingung.

Frequenz:

$$f = \frac{n}{t} = \frac{1}{T}$$

Wie auch bei der Kreisbewegung wird die **Winkelfrequenz** oder **Kreisfrequenz** zur Beschreibung von Schwingungen verwendet.

Kreisfrequenz:

$$\omega = 2\pi \cdot f = \frac{2\pi}{T}$$

5.1.3 Äquivalenz zur Kreisbewegung

Schwingung und Kreisbewegung sind beide periodische Bewegungen.

Bild 1 zeigt die Schattenbilder einer Federschwingung (links) sowie einer Kreisbewegung (rechts). Beide Schattenbilder bewegen sich synchron in vertikaler Richtung, wenn

- die Amplitude $\hat{s}$ der Schwingung gleich dem Radius r der Kreisbewegung ist und
- die Frequenzen der beiden Bewegungen übereinstimmen.

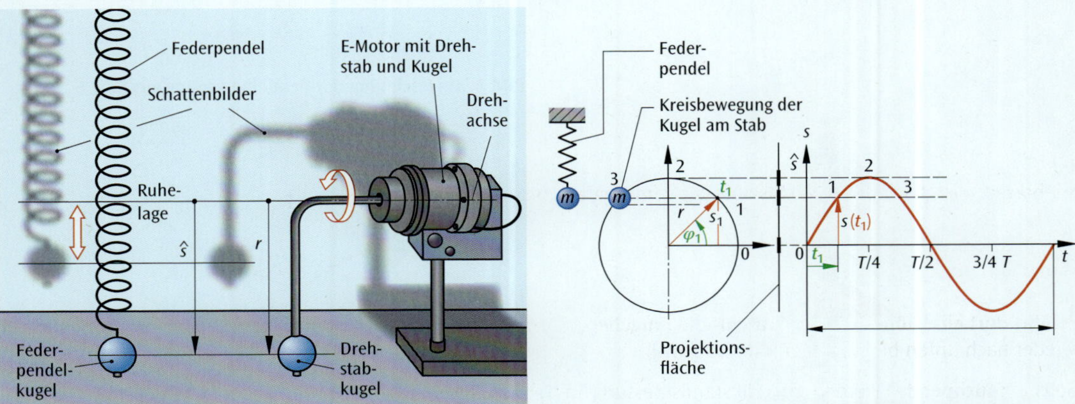

Bild 1: Die Schattenbilder von Schwingung und Kreisbewegung bewegen sich synchron.

Bild 2: Äquivalenz von Kreisbewegung und Schwingung

Für die y-Koordinaten der beiden Systeme ergibt sich derselbe zeitliche Verlauf (rechts in **Bild 2**),

Zeit-Weg-Gesetz:

$$y(t) = r \cdot \sin(\varphi(t))$$

Mathematisch handelt es sich um die Abwicklung der Sinuskurve aus dem Zeigerdiagramm (**Bild 2** auf der vorigen Seite links) in ein Liniendiagramm (**Bild 2** auf der vorigen Seite rechts).

Den Drehwinkel $\varphi(t)$ bezeichnet man als Phasenwinkel oder Phase. Diese gibt die Position (Ort und Geschwindigkeit) im Ablauf der Schwingung an.

Bei Schwingungen wird die Auslenkung auch mit dem Symbol $s(t)$ bezeichnet, vor allem wenn sie nicht in Richtung einer der Achsen eines kartesischen Koordinatensystems erfolgt.

Tabelle 1 fasst die Bedeutungen der äquivalenten (= gleichwertigen) Größen für Kreisbewegung und harmonische Schwingung zusammen.

Tabelle 1: Beschreibende Größen für Schwingung und Kreisbewegung

Größe	**Einheit**	**Schwingung**	**Kreisbewegung**
$\varphi(t) = \omega \cdot t$	rad	Phase(nwinkel)	Drehwinkel
$y(t) = \hat{y} \cdot \sin(\omega t)$ $s(t) = \hat{s} \cdot \sin(\omega t)$	m	Elongation (in y-Richtung) Elongation (allgemein)	y-Koordinate
$y_{max}, \hat{y}, \hat{s}, r$	m	Amplitude	Radius
T	s	Periodendauer	Umlaufdauer
$f = \frac{n}{t} = \frac{1}{T}$	$\frac{1}{s}$ = Hz	Frequenz	Frequenz
$\omega = \frac{\Delta\varphi}{\Delta t} = \frac{2\pi}{T} = 2\pi \cdot f$	$\frac{rad}{s} = \frac{1}{s}$	Kreisfrequenz	Winkelgeschwindigkeit

5.1.4 Die Bewegungsgleichung eines Oszillators

Wird ein Feder-Schwere-Pendel mit angehängtem Massestück aus der Ruhelage ausgelenkt (**Bild 1**), so vollführt es eine Schwingung in vertikaler Richtung: Die Auslenkung (Elongation) $s(t)$ aus der Ruhelage verändert sich periodisch mit der Zeit.

Die roten Punkte in **Bild 2** geben den zeitlichen Verlauf der Position des Massestücks wieder. Der Nullpunkt der

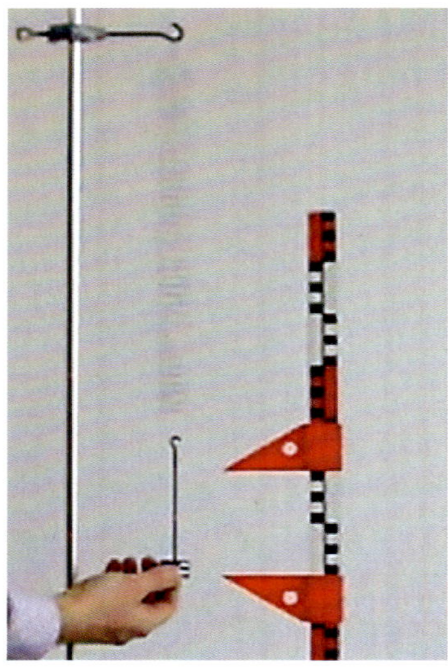

Bild 1: Feder-Schwere-Pendel

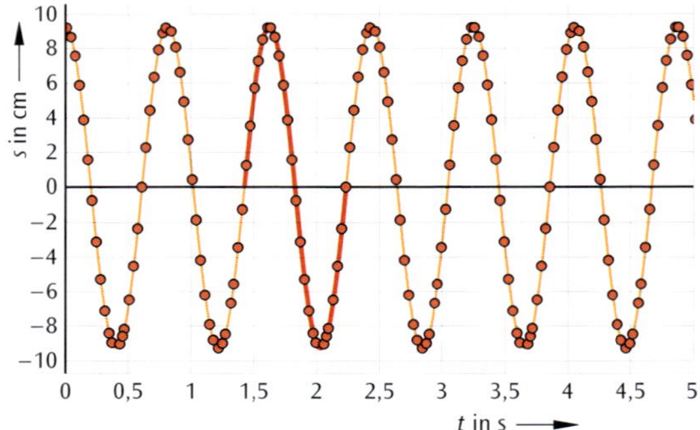

Bild 2: Aufzeichnung der Pendelbewegung aus Bild 1

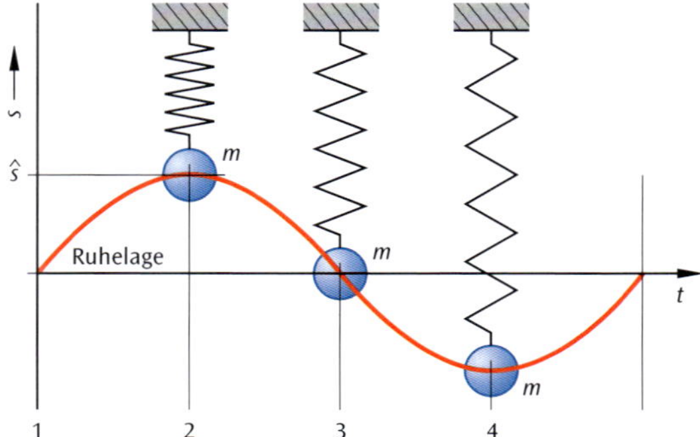

Bild 3: Lage des Pendelkörpers während einer Schwingungsperiode

Zeitachse – die sogenannte Anfangsbedingung – ist dabei willkürlich gewählt: Die Zeitmessung beginnt im oberen Umkehrpunkt des Pendels (Position 2 in **Bild 3** auf der vorigen Seite). Die durchgezogene gelbe Kurve ist das Schaubild der Kosinus-Funktion.

Beispiel: Bewegungsgleichungen

Das Schaubild in **Bild 3** auf der vorigen Seite zeigt die Kosinus-Kurve mit der Amplitude $\hat{s} = 9{,}3$ cm und der Periodendauer $T = 0{,}815$ s. Der Beginn der Zeitmessung entspricht der Position 2 in **Bild 3** auf der vorigen Seite.

Position 2: $s(t) = 9{,}3\ \text{cm} \cdot \cos\left(\frac{2\pi}{0{,}815\ \text{s}} \cdot t\right)$

Weitere sinnvolle Möglichkeiten, die Zeitmessung zu starten, sind die Positionen 1, 3 oder 4.

Position 1: $s(t) = 9{,}3\ \text{cm} \cdot \sin\left(\frac{2\pi}{0{,}815\ \text{s}} \cdot t\right)$

Position 3: $s(t) = -9{,}3\ \text{cm} \cdot \sin\left(\frac{2\pi}{0{,}815\ \text{s}} \cdot t\right)$

Position 4: $s(t) = -9{,}3\ \text{cm} \cdot \cos\left(\frac{2\pi}{0{,}815\ \text{s}} \cdot t\right)$

5.2 Harmonische Schwingungen

Im vorigen Abschnitt war bei der Analogie zur Kreisbewegung schon von „harmonischen“ Schwingungen die Rede, ohne den Begriff zu definieren. Dies soll hier nachgeholt werden.

Die Kraft, die den schwingenden Körper in Richtung seiner Ruhelage beschleunigt, heißt **rücktreibende Kraft** (siehe auch die Beispiele zu Beginn des Kapitels).

Bei einer **harmonischen Schwingung** ist die rücktreibende Kraft immer proportional zur Auslenkung $s(t)$ des Körpers aus der Ruhelage – es ergibt sich ein **lineares Kraftgesetz**:

$$F_{\text{rück}}(t) \sim s(t) \quad \Rightarrow \quad F_{\text{rück}}(t) = -D \cdot s(t)$$

Die Proportionalitätskonstante D bezeichnet man als **Richtgröße**. Sie charakterisiert das schwingende System. Beim Federpendel ist die Richtgröße nichts anderes als die bekannte Federhärte (bzw. Federkonstante).

Das Minuszeichen kommt daher, dass die rücktreibende Kraft der momentanen Auslenkung $s(t)$ entgegengerichtet ist.

Aus dem linearen Kraftgesetz folgt ein sinusförmiger Verlauf der Auslenkung $s(t)$, wie er bereits im vorigen Abschnitt für die Kreisbewegung und das Feder-Schwere-Pendel beobachtet wurde.

Von einer **anharmonischen Schwingung** spricht man, wenn ein anderes Kraftgesetz herrscht, z. B. für eine Kugel in einer V-förmigen Rinne. Dort ist die Hangabtriebskraft überall gleich, also nicht proportional zur Auslenkung aus der Ruhelage.

Fadenpendel oder Skater in der Halfpipe vollführen nur für kleine Auslenkwinkel unter ca. 10° näherungsweise harmonische Schwingungen. Dies wird in den folgenden Abschnitten näher untersucht.

5.2.1 Lineares Kraftgesetz beim Feder-Schwere-Pendel

Die rücktreibenden Kräfte beim Feder-Schwere-Pendel sind für verschiedene Phasenwinkel in **Bild 1** auf der folgenden Seite dargestellt.

In der Ruhelage (Position 1) ist die Feder von der angehängten Masse um die Länge s_0 gedehnt.

Für die Feder gilt das Hooke'sche Gesetz, wonach die Federkraft proportional zur Auslenkung ist. Die Gewichtskraft der Masse wird von der Federkraft kompensiert:

$$\vec{F}_{\text{G}} = -\vec{F}_{\text{F0}} \quad \Rightarrow \quad F_{\text{G}} = F_{\text{F0}} \quad \Rightarrow \quad F_{\text{rück}} = 0$$

Nun wird die Feder nach unten ausgelenkt und losgelassen. Die Kraft, die das Pendel in die Ruhelage (nach oben) zurücktreibt, ist die Federkraft. Am unteren Umkehrpunkt (Position 1) gilt:

$$\vec{F}_{\text{rück}} = \vec{F}_{F1} + \vec{F}_G \quad \Rightarrow \quad F_{\text{rück}} = F_{F1} - F_G > 0$$

Die y-Koordinate des Pendels ist negativ ($s(t) < 0$), die rücktreibende Kraft ist nach oben gerichtet und wird positiv gerechnet.

Oberhalb der Ruhelage ist die Federkraft kleiner als die Gewichtskraft, die rücktreibende Kraft ist also nach unten gerichtet. Im oberen Umkehrpunkt (Position 2) ergibt sich

$$\vec{F}_{\text{rück}} = \vec{F}_{F2} + \vec{F}_G \quad \Rightarrow \quad F_{\text{rück}} = F_{F2} - F_G < 0$$

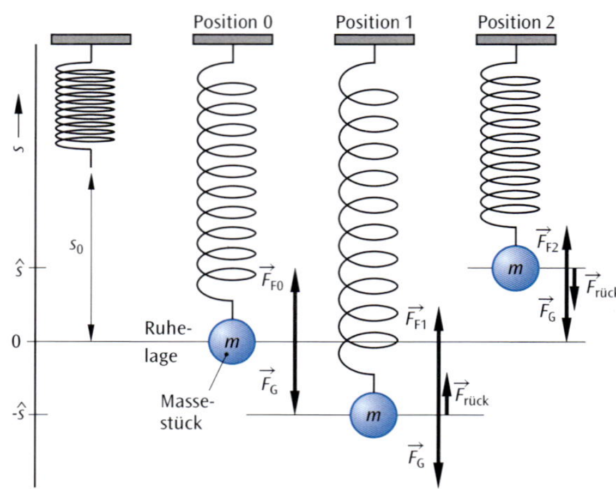

Bild 1: Kräfte beim Feder-Schwere-Pendel

Allgemein gilt für alle Auslenkungen (nach oben wie nach unten):

$$F_{\text{rück}} = -D \cdot s(t)$$

und damit zu allen Zeiten

$$F_{\text{rück}} \sim s(t)$$

Die Proportionalitätskonstante, die Richtgröße D, ist beim Federpendel identisch mit der Federkonstanten!

Die Masse der Feder wurde bei diesen Überlegungen gegenüber der angehängten Masse m vernachlässigt.

Horizontales Federpendel

Beim horizontalen Federpendel handelt es sich um ein reines Federpendel (**Bild 2**), bei dem die Gewichtskraft F_G nicht zur rücktreibenden Kraft beiträgt. Es ergibt sich wie beim Feder-Schwere-Pendel: $F_{\text{rück}} = -D \cdot s(t)$, wobei $s(t)$ die momentane horizontale Auslenkung aus der Ruhelage ist.

Der Einfluss von Reibungskräften wird im Aufgabenteil thematisiert.

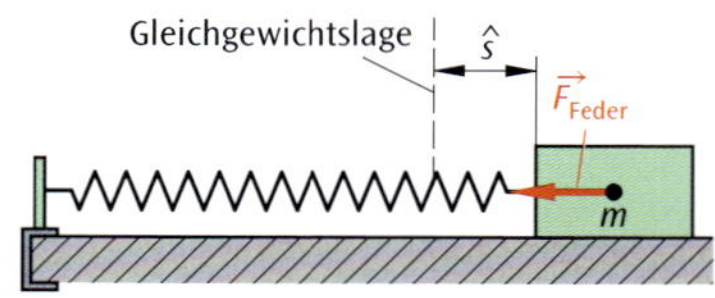

Bild 2: Waagrecht schwingendes Federpendel

5.2.2 Die Differenzialgleichung der harmonischen Schwingung

Mithilfe der rücktreibenden Kraft lassen sich die Bewegungsgleichungen für ein schwingendes System aufstellen. Diese erlauben die Berechnung von Auslenkung, Momentangeschwindigkeit und Beschleunigung zu jedem beliebigen Zeitpunkt.

Nach dem 2. Gesetz von Newton gilt:

$$F_{\text{rück}}(t) = m \cdot a(t) = m \cdot \ddot{s}(t)$$

wobei $\ddot{s}(t)$ die zweite Ableitung der Ortskoordinate nach der Zeit ist – also die Beschleunigung.

Damit ergibt sich für die rücktreibende Kraft die folgende Differenzialgleichung.

Differenzialgleichung harmonische Schwingung:

$$m \cdot \ddot{s}(t) = -D \cdot s(t)$$

Mathematischer Zusammenhang zwischen Weg, Geschwindigkeit und Beschleunigung

Die Geschwindigkeit ist definiert als die zeitliche Änderung der Ortskoordinate, mathematisch gesprochen also die Ableitung nach der Zeit:

$$v(t) = \lim_{\Delta t \to 0} \frac{\Delta s}{\Delta t} = \dot{s}(t)$$

Die Beschleunigung ist definiert als die Änderung der Geschwindigkeit:

$$a(t) = \lim_{\Delta t \to 0} \frac{\Delta v}{\Delta t} = \dot{v}(t) = \ddot{s}(t)$$

Was versteht man unter einer Differenzialgleichung?

Eine Differenzialgleichung ist eine Gleichung, die neben einer Funktion (z. B. $s(t)$) eine oder mehrere ihrer Ableitungsfunktionen enthält.

Für die Lösung einer Differenzialgleichung – also das Bestimmen der Funktionsgleichung $s(t)$ – gibt es keine allgemein gültigen Regeln. Es existieren jedoch eine Reihe von Strategien.

Um die Funktion $s(t)$ zu finden, die die Differenzialgleichung der harmonischen Schwingung erfüllt, wird diese nach $\ddot{s}(t)$ aufgelöst:

$$\ddot{s}(t) = -\frac{D}{m} \cdot s(t)$$

Gesucht wird also eine Funktion für die momentane Auslenkung $s(t)$, deren zweite Ableitung wieder die Funktion ergibt – bis auf das Vorzeichen und die Konstante D/m.

Aus dem Mathematikunterricht ist eine solche Funktion bekannt: die allgemeine Sinusfunktion

$$s(t) = \hat{s} \cdot \sin(\omega \cdot t + \varphi_0)$$

Dabei sind $\hat{s}$ die Amplitude, $\omega = 2\pi f$ die Kreisfrequenz und φ 0 der Phasenwinkel der Schwingung zum Zeitpunkt $t = 0$.

Beispiele für verschiedene Anfangsbedingungen:

Der Phasenwinkel φ_0 legt im Prinzip den Beginn der Zeitmessung fest, wie in Abschnitt 5.1.4 am Beispiel des Feder-Schwere-Pendels gezeigt wurde.

Bei Beginn der Zeitmessung im Nulldurchgang erhält man $\varphi_0 = 0$ und $s(t) = \hat{s} \cdot \sin(\omega \cdot t)$. Der zeitliche Verlauf der Auslenkung gehorcht einer Sinuskurve.

Startet man die Zeitmessung eine Viertelperiode ($T/4$) später im oberen Umkehrpunkt der Schwingung ($\varphi_0 = \pi/2$), so verschiebt sich die Sinuskurve nach links und es ergibt sich eine Cosinuskurve:

$s(t) = \hat{s} \cdot \sin(\omega \cdot t + \pi/2) = \hat{s} \cdot \cos(\omega \cdot t)$.

Lösung der Differenzialgleichung

Mit den Ableitungsregeln ergibt sich für die momentane Geschwindigkeit bzw. Beschleunigung des Oszillators:

$$v(t) = \dot{s}(t) = A \cdot \omega \cdot \cos(\omega \cdot t + \varphi_0)$$

$$a(t) = \dot{v}(t) = \ddot{s}(t) = -A \cdot \omega^2 \cdot \sin(\omega \cdot t + \varphi_0) = -\omega^2 \cdot s(t)$$

Mit Einsetzen in die Gleichung

$$-\omega^2 \cdot s(t) = -\frac{D}{m} \cdot s(t)$$

ergibt sich für die Kreisfrequenz und Periodendauer folgender Zusammenhang.

Kreisfrequenz:

$$\omega^2 = \frac{D}{m}$$

Periodendauer:

$$T = 2\pi \cdot \sqrt{\frac{m}{D}}$$

Beispiel: Bestimmung der Federhärte aus der Schwingungsdauer

Die Schwingungsdauer einer Schraubenfeder (**Bild 1**) wird durch deren Federkonstante sowie die angehängte Masse festgelegt. Kennt man die Masse, so lässt sich durch Messung der Schwingungsdauer die Federkonstante bestimmen:

$$D = m \cdot \left(\frac{2\pi}{T}\right)^2.$$

Massen und Zeiten können relativ genau gemessen und die Zeitmessung über mehrere Schwingungsperioden gemittelt werden.

Da die Bewegung der Feder aufgrund der Federkraft beobachtet wird, bezeichnet man diese Messung als „dynamisch". Im Gegensatz dazu handelt es sich bei der Bestimmung Federkonstante mithilfe des Hooke'schen Gesetzes $D = \frac{F}{s}$ um eine „statische" Messung. Die Messwerte werden dann bei ruhender Feder aufgenommen.

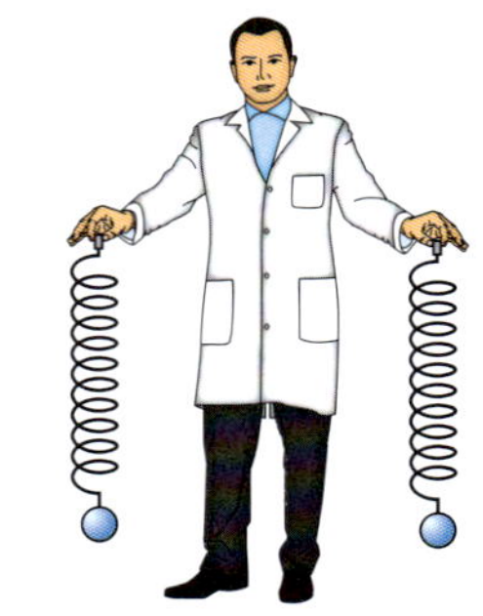

Bild 1: Dynamische Bestimmung der Federkonstanten

Um die Messgenauigkeit zu erhöhen, kann der Versuch mit mehreren angehängte Massen durchgeführt werden. Dann wird die Federkonstante durch grafische Auswertung aus der Geradensteigung im m-T^2-Diagramm ermittelt (siehe Aufgabenteil).

5.2.3 Das Fadenpendel

Experimentieren Sie selbst

Beschaffen Sie sich ein einfaches Fadenpendel, indem Sie z. B. einen Faden an Ihrem Radiergummi befestigen (**Bild 2**).

Versetzen Sie das Pendel in Schwingung.

Lenken Sie Ihr Fadenpendel um ca. 10° aus und lassen Sie es los. Wie groß sind die maximalen Auslenkungen bei anderen ähnlichen Pendeln, die Sie kennen?

Überlegen Sie, welche Eigenschaften Ihres Fadenpendels die Schwingungsdauer verändern könnten und testen Sie Ihre Hypothesen.

Wie lang muss der Faden sein, damit eine Sekunde für eine halbe Schwingungsperiode benötigt wird (Sekundenpendel)?

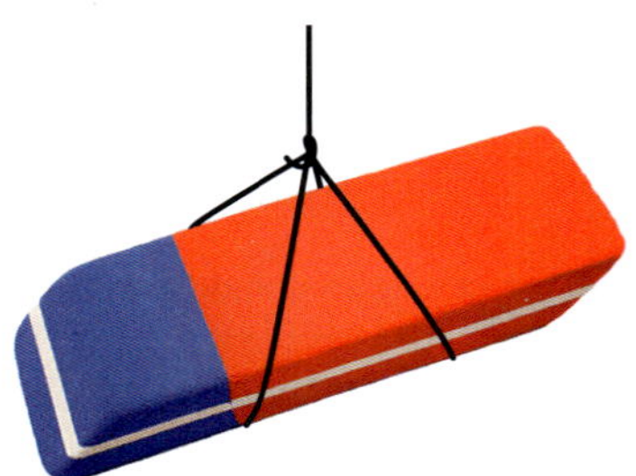

Bild 2: Einfaches Fadenpendel

Richtgröße des Fadenpendels

Die charakteristische Richtgröße D eines schwingenden Systems folgt aus der Betrachtung der rücktreibenden Kraft:

$$F_{\text{rück}}(t) = -D \cdot s(t)$$

Beim ausgelenkten Fadenpendel (**Bild 3**) setzt diese sich zusammen aus der Gewichtskraft $\vec{F}_G$ sowie der während der Bewegung auf den Faden wirkenden Kraft $\vec{F}_F(t)$:

$$\vec{F}_{\text{rück}}(t) = \vec{F}_G + \vec{F}_F(t)$$

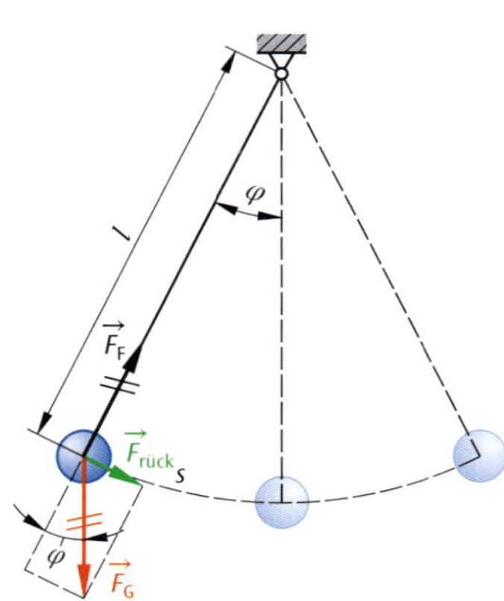

Bild 3: Rücktreibende Kraft am Fadenpendel

In Abhängigkeit des momentanen Auslenkwinkels $\alpha(t)$ gilt:

$$\sin\alpha(t) = \frac{F_{\text{rück}}(t)}{F_G}$$

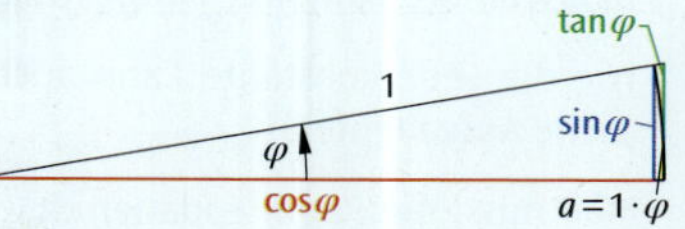

Bild 1: Für kleine Winkel α gilt $\sin\alpha \approx \alpha \approx \tan\alpha$

Für kleine Auslenkungen $\alpha \leqslant 10°$ gilt für α im Bogenmaß die Kleinwinkelnäherung $\sin\alpha \approx \alpha$ (**Bild 1**) und es folgt

$$F_{\text{rück}}(t) = F_G \cdot \alpha(t)$$

Außerdem kann $\alpha(t)$ durch die zugehörige Bogenlänge $s(t)$ des Kreises mit dem Radius $r = l$ ausgedrückt werden:

$$\alpha(t) = \frac{s(t)}{l}$$

Damit ergibt sich für die rücktreibende Kraft – entgegengesetzt zur Auslenkung $s(t)$:

$$F_{\text{rück}}(t) = -m \cdot g \cdot \frac{s(t)}{l} = -\frac{m \cdot g}{l} \cdot s(t) = -D \cdot s(t)$$

Für kleine Auslenkungen gilt also $F_{\text{rück}}(t) \sim s(t)$ und das Fadenpendel vollführt eine harmonische Schwingung. Für größere Auslenkungen ist die obige Herleitung mit zu großen Fehlern behaftet und man kann nicht mehr von einer harmonischen Schwingung sprechen.

Die Richtgröße des Fadenpendels

$$D = \frac{m \cdot g}{l}$$

enthält die folgenden charakteristischen Größen: die Masse m, den Ortsfaktor g sowie die Pendellänge l.

Periodendauer eines harmonisch schwingenden Fadenpendels:

$$T = 2\pi \cdot \sqrt{\frac{l}{g}}$$

Periode und Frequenz eines Fadenpendels hängen also nur von dessen Länge und dem Ortsfaktor ab. Amplitude oder Masse spielen keine Rolle!

Beispiel: Wie lang ist das Pendel einer Pendeluhr?

Pendeluhren (**Bild 2**) nutzen die konstante Periodendauer eines Fadenpendels, um die Zeit zu messen. In der Uhrmacherei hat sich das „Sekundenpendel" durchgesetzt, das für eine Halbschwingung genau eine Sekunde benötigt. Die Periodendauer beträgt also zwei Sekunden.

Aus $T = 2\pi \cdot \sqrt{\frac{l}{g}}$ folgt für die Pendellänge l:

$$l = g \cdot \frac{T^2}{(2\pi)^2}$$

Für den Standort München ergibt sich

$$l = 9{,}81\,\frac{\text{m}}{\text{s}^2} \cdot \frac{(2{,}00\text{ s})^2}{(2\pi)^2} = 99{,}4\text{ cm}$$

Vergleichen Sie dieses Ergebnis mit dem Wert, den Sie mit Ihrem Radiergummipendel experimentell gefunden haben!

Auf dem Mond ist ein Sekundenpendel nur ca. ein Sechstel so lang, da der Ortsfaktor dort 1,62 m/s^2 beträgt:

$$l = 1{,}62\,\frac{\text{m}}{\text{s}^2} \cdot \frac{(2{,}00\text{ s})^2}{(2\pi)^2} = 16{,}4\text{ cm}$$

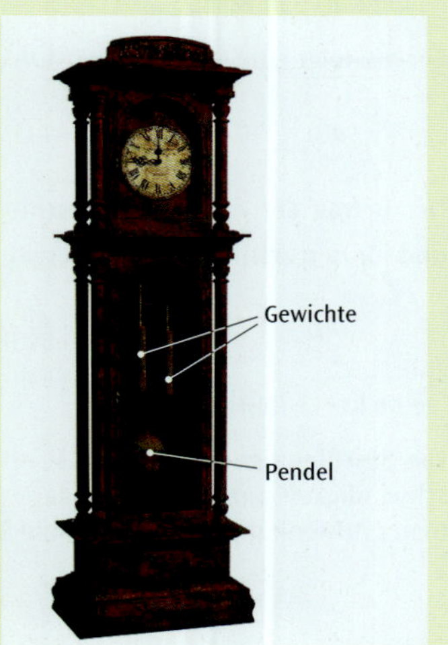

Bild 2: Pendeluhr mit Sekundenpendel

Beispiel: Messung der Fallbeschleunigung

Wie die Federkonstante kann auch die Fallbeschleunigung g mit einer dynamischen Messung bestimmt werden (siehe Aufgabenteil):

Man misst die Periodendauer eines Fadenpendels bekannter Länge l bei nicht zu großer Auslenkung ($\alpha_{max} < 10°$) und erhält g aus

$$T = 2\pi \cdot \sqrt{\frac{l}{g}} \quad \Rightarrow \quad g = \frac{(2\pi)^2}{T^2} \cdot l$$

5.2.4 Bewegungsgleichungen und Diagramme der harmonischen Schwingung

Die Videoanalyse von Schwingungen erlaubt die Darstellung des zeitlichen Verlaufs der Ortskoordinate $s(t)$, sowie auch der Geschwindigkeit $v(t) = \dot{s}(t)$ und der Beschleunigung $a(t) = \ddot{s}(t)$.

Beispiel:

Wenn die Auslenkung $s(t)$ einer Kosinusfunktion gehorcht (**Bild 1**), bedeutet das, dass die Momentangeschwindigkeit $v(t)$ zum Zeitpunkt $t = 0$ null ist. $v(t)$ wird maximal, wenn sich $s(t)$ am schnellsten ändert, also im Durchgang des Oszillators durch die Ruhelage. Damit ergibt sich für $v(t)$ eine Minus-Sinus-Funktion (**Bild 2**), wie auch aus der zeitlichen Ableitung von

$$s(t) = 9,3 \text{ cm} \cdot \cos\left(\frac{2\pi}{0,815 \text{ s}} \cdot t\right)$$

(gelbe Kurve in **Bild 1**a) folgt:

$$v(t) = \dot{s}(t) = -9,3 \text{ cm} \cdot \frac{2\pi}{0,815 \text{ s}} \cdot \sin\left(\frac{2\pi}{0,815 \text{ s}} \cdot t\right)$$

Ausmultipliziert ergibt sich mit dem Betrag der Maximalgeschwindigkeit $\hat{v} = \hat{s} \cdot \omega = 72 \frac{\text{cm}}{\text{s}}$

$$v(t) = -72 \frac{\text{cm}}{\text{s}} \sin\left(\frac{2\pi}{0,815 \text{ s}} \cdot t\right)$$

(gelbe Kurve in **Bild 2**).

Für $a(t)$ folgt eine Minus-Cosinusfunktion:

$$a(t) = \dot{v}(t) = \ddot{s}(t) = -9,3 \text{ cm} \cdot \left(\frac{2\pi}{0,815 \text{ s}}\right)^2 \cdot \cos\left(\frac{2\pi}{0,815 \text{ s}} \cdot t\right)$$

Der Betrag der maximalen Beschleunigung beträgt $\hat{a} = \hat{s} \cdot \omega^2 = 550 \frac{\text{cm}}{\text{s}^2}$ und für den zeitlichen Verlauf ergibt sich

$$a(t) = -550 \frac{\text{cm}}{\text{s}^2} \cdot \cos\left(\frac{2\pi}{0,815 \text{ s}} \cdot t\right)$$

(gelbe Kurve in **Bild 3**).

Die Beschleunigung $a(t)$ (**Bild 3**) ist dann am größten, wenn sich die Geschwindigkeit am stärksten ändert. Dies ist der Fall in den Punkten maximaler Auslenkung, da sich dort die Bewegungsrichtung umkehrt.

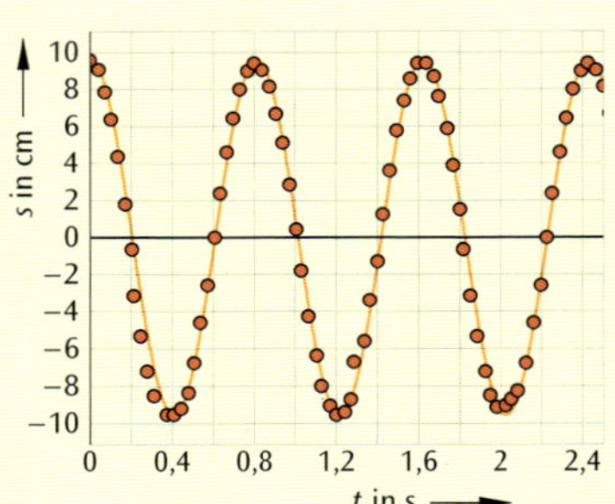

Bild 1: Auslenkung

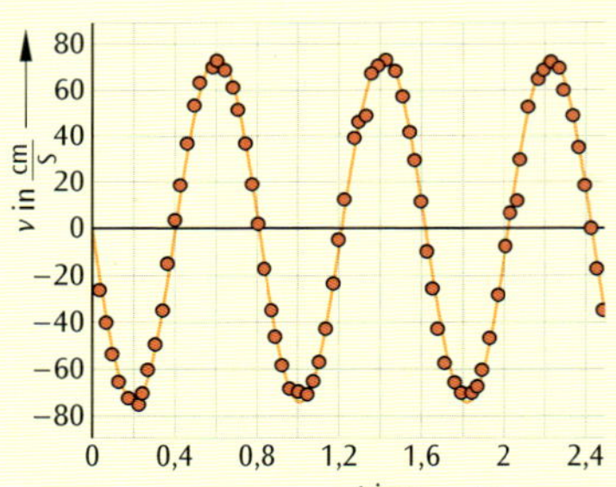

Bild 2: Geschwindigkeit

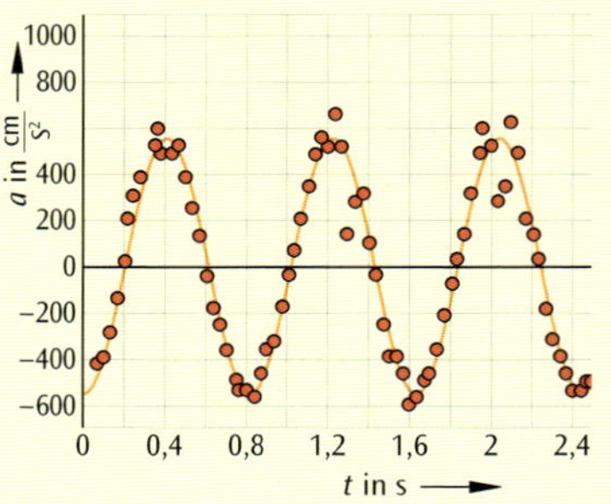

Bild 3: Beschleunigung eines Federpendels

Wenn der Betrag der Auslenkung eines Oszillators maximal ist, ist seine Geschwindigkeit gleich null – er befindet sich in einem der Umkehrpunkte. Da sich dort die Bewegungsrichtung ändert, hat die Beschleunigung ein Extremum!

An den Nullstellen der Auslenkung passiert der Oszillator seine Ruhelage – mit maximalem Tempo. Seine Beschleunigung in Bewegungsrichtung ist null, weil keine rücktreibenden Kräfte wirken.

Tabelle 1 fasst die Bewegungsgleichungen und -diagramme nochmals zusammen und stellt die Phasenlage von Auslenkung, Momentangeschwindigkeit und Beschleunigung dar (**Bild 1**).

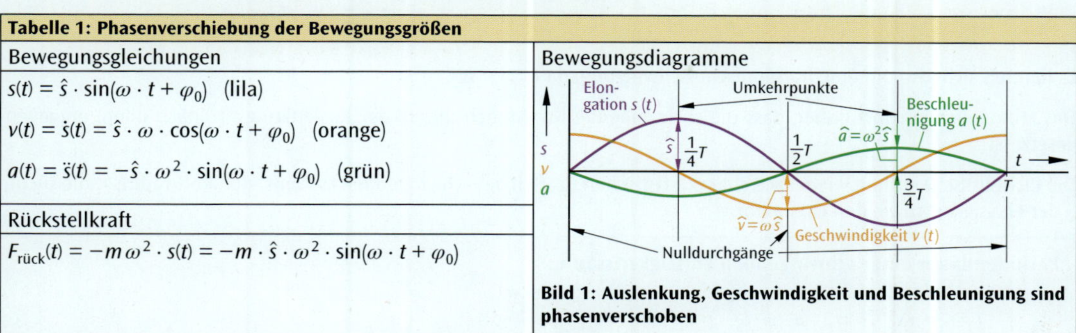

Tabelle 1: Phasenverschiebung der Bewegungsgrößen

Bewegungsgleichungen	Bewegungsdiagramme
$s(t) = \hat{s} \cdot \sin(\omega \cdot t + \varphi_0)$ (lila) $v(t) = \dot{s}(t) = \hat{s} \cdot \omega \cdot \cos(\omega \cdot t + \varphi_0)$ (orange) $a(t) = \ddot{s}(t) = -\hat{s} \cdot \omega^2 \cdot \sin(\omega \cdot t + \varphi_0)$ (grün)	(Diagramm, Bild 1)
Rückstellkraft	
$F_{\text{rück}}(t) = -m\,\omega^2 \cdot s(t) = -m \cdot \hat{s} \cdot \omega^2 \cdot \sin(\omega \cdot t + \varphi_0)$	**Bild 1: Auslenkung, Geschwindigkeit und Beschleunigung sind phasenverschoben**

Beispiel: Wie schnell wird das Feder-Schwere-Pendel?

Für ein Feder-Schwere-Pendel wurde mittels Videoanalyse die folgende Bewegungsgleichung gefunden:

$$s(t) = 8{,}0\ \text{cm} \cdot \sin\left(1{,}8\ \frac{1}{\text{s}} \cdot t\right).$$

Daraus lässt sich die maximale Geschwindigkeit beim Durchgang durch die Ruhelage berechnen:

$$\hat{v} = \hat{s} \cdot \omega = 8{,}0\ \text{cm} \cdot 1{,}8\ \frac{1}{\text{s}} = 14\ \frac{\text{cm}}{\text{s}}.$$

Für die Momentangeschwindigkeit ergibt sich die folgende Bewegungsgleichung:

$$v(t) = 14\ \frac{\text{cm}}{\text{s}} \cdot \cos\left(1{,}8\ \frac{1}{\text{s}} \cdot t\right).$$

Beispiel: Schnelles Fadenpendel

Riesenschaukeln in Vergnügungsparks erreichen Maximalgeschwindigkeiten von bis zu $\hat{v} = 120\ \frac{\text{km}}{\text{h}}$. Ein harmonisch schwingendes Fadenpendel müsste 3,7 km lang sein, um genauso schnell zu werden.

Die Beschleunigung in den Umkehrpunkten beträgt in diesem Fall für das Fadenpendel

$$\hat{a} = \hat{s} \cdot \omega^2 = \hat{v} \cdot \omega = \hat{v} \cdot \sqrt{\frac{D}{m}} = \hat{v} \cdot \sqrt{\frac{g}{l}} = \frac{120}{3{,}6}\ \frac{\text{m}}{\text{s}} \cdot \sqrt{\frac{9{,}81\ \text{m}}{3{,}7 \cdot 10^3\ \text{m} \cdot \text{s}^2}} = 1{,}7\ \frac{\text{m}}{\text{s}^2} = 0{,}17 \cdot g.$$

Dieser Wert von weniger als einem Fünftel der Erdbeschleunigung verspricht keinen Nervenkitzel. Die Periodendauer eines solch langen Fadenpendels beträgt zwei Minuten und somit vergeht eine halbe Minute (eine Viertel Periodendauer!), um von „null auf 120“ zu beschleunigen.

Schwingende Flüssigkeitssäule im U-Rohr

Lenkt man eine zylindrische Flüssigkeitssäule der Länge l in einem U-Rohr aus der Ruhelage aus (**Bild 2**), so wird sie wieder in ihre Ruhelage zurückbeschleunigt.

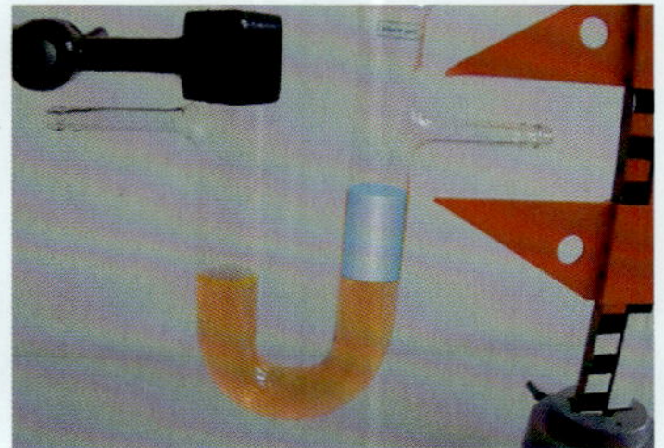

Bild 2: Ausgelenkte Flüssigkeitssäule im U-Rohr

Ursache ist die Gewichtskraft, die auf das – sich zeitlich verändernde – überstehende Flüssigkeitsvolumen (im **Bild 2** blau eingefärbt) der Masse $m(t)$ wirkt:

$$F_{\text{rück}}(t) = F_G(t) = m(t) \cdot g$$

Mit $m(t) = \varrho \cdot V(t)$ ergibt sich aus der Dichte ϱ der Flüssigkeit sowie dem überstehenden zylinderförmigen Volumen $V(t)$ mit der Grundfläche $G = \pi \cdot r^2$ sowie der Höhe $h = 2 \cdot s(t)$:

$$m(t) = \varrho \cdot (\pi \cdot r^2) \cdot 2 \cdot s(t)$$

Damit folgt

$$F_{\text{rück}}(t) = -\varrho \cdot (\pi \cdot r^2) \cdot 2 \cdot s(t) \cdot g = -2\pi r^2 \varrho \cdot g \cdot s(t) = -D \cdot s(t) \quad \text{mit} \quad D = 2 \cdot \pi \cdot r^2 \cdot \varrho \cdot g$$

Es handelt sich also um eine harmonische Schwingung, da $F_{\text{rück}} \sim s(t)$.

Das Minuszeichen rührt daher, dass die rücktreibende Kraft (nach unten) der Auslenkung $s(t)$ (nach oben) entgegengesetzt ist.

Die Richtgröße D enthält wieder die charakteristischen Größen des schwingenden Systems: den Rohrradius r, die Dichte ϱ der Flüssigkeit sowie den Ortsfaktor g.

Periodendauer einer schwingenden Flüssigkeitssäule:

$$T = 2 \cdot \pi \cdot \sqrt{\frac{m}{D}} = 2 \cdot \pi \cdot \sqrt{\frac{\varrho \cdot V}{D}} = 2 \cdot \pi \cdot \sqrt{\frac{\varrho \cdot l \cdot \pi \cdot r^2}{2 \cdot \pi \cdot r^2 \cdot \varrho \cdot g}} = 2 \cdot \pi \cdot \sqrt{\frac{l}{2 \cdot g}}$$

Beachten Sie: Die Schwingungsdauer hängt nicht von der Art der Flüssigkeit oder der Dicke des Rohrs ab!

Beispiel: U-Rohr als Schlingertank

Kritische Schwingungsdauern der Rollbewegung eines Frachtschiffs liegen – je nach dessen Beladung – zwischen 9 und 13 Sekunden.

Die erforderliche Mindestlänge eines U-Rohr-förmigen Schwingungstilgers beträgt dann

$$l = \frac{g \cdot T^2}{2\pi^2} = \frac{9{,}81 \text{ m} \cdot (13 \text{ s})^2}{2 \cdot \pi^2 \text{s}^2} = 83{,}99 \text{ m} = 84 \text{ m}.$$

5.2.5 Energie der harmonischen Schwingung

Fragen Sie ein Kind auf der Schaukel nach seiner Energie, wird es vielleicht antworten: „Oben bin ich hoch und unten bin ich schnell."

Falls das Kind schon Physikunterricht hat, sagt es vielleicht: „In den Umkehrpunkten (**Bild 1**, Positionen 1 und 3) habe ich potenzielle Energie und beim Durchgang durch die Ruhelage (Position 2) kinetische Energie."

Aus der Erfahrung beim freien Fall erwarten wir, dass beim Schaukeln eine periodische Umwandlung der beiden Energieformen stattfindet.

Die potenzielle Energie in den höchsten Punkten wird umso größer, je größer die Amplitude der Schwingung ist.

Zudem wird laufend ein Teil der Energie in Reibung (an der Aufhängung sowie Luftreibung) überführt und damit der Schaukelbewegung entzogen.

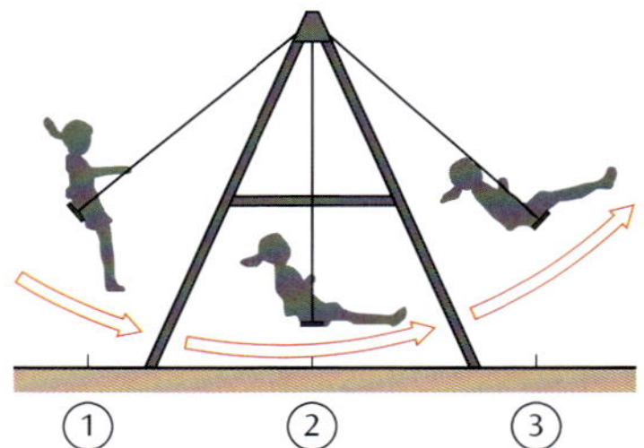

Bild 1: Energieumwandlung beim Schaukeln

Für den Betrag der Energie des Oszillators wird sicher die Richtgröße D eine Rolle spielen – die ja angibt, wie groß die rücktreibende Kraft ist, die zum Erreichen des höchsten Punkts aufgebracht werden muss.

Wir erwarten also:

- je größer Amplitude und Richtgröße der Schwingung, desto größer wird deren potenzielle Energie.
- die Gesamtenergie der Schwingung ist – abgesehen von Reibungsverlusten – konstant.

Gesamtenergie einer harmonischen Schwingung

Zu einem beliebigen Zeitpunkt besitzt der schwingende Körper sowohl potenzielle als auch kinetische Energie – wenn er sich nicht gerade an einem der beiden Umkehrpunkte oder beim Durchgang durch die Ruhelage befindet. Für die gesamte Energie gilt also unter Vernachlässigung der Reibung

$$E_{ges} = E_{pot}(t) + E_{kin}(t) = \text{konstant}$$

Potenzielle Energie erhält der Körper, indem Arbeit gegen die rücktreibende Kraft $F_{rück}(t)$ verrichtet wird. Dabei kann es sich um Hubarbeit (z. B. Fadenpendel, U-Rohr, ...) oder Spannarbeit (z. B. Federpendel) handeln.

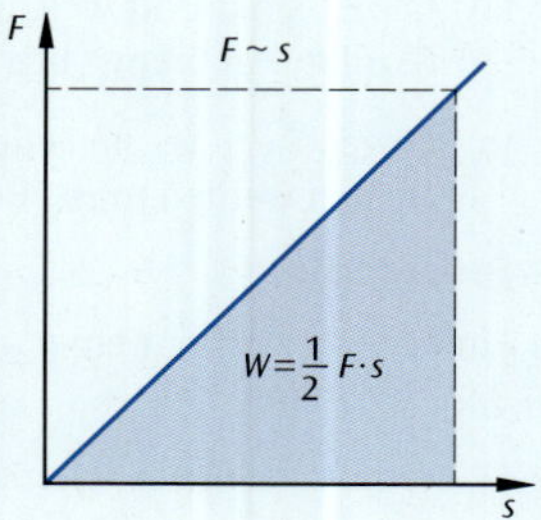

Bild 1: Lineares Kraftgesetz

Da $F(t) = -F_{rück}(t) = D \cdot s(t)$, ergibt sich die verrichtete Arbeit und damit die potenzielle Energie zu einem beliebigen Zeitpunkt t aus der Dreiecksfläche unter der $F(s)$-Kurve (**Bild 1**) zu

$$E_{pot}(t) = \frac{1}{2} \cdot F(t) \cdot s(t) = \frac{1}{2} \cdot (D \cdot s(t)) \cdot s(t) = \frac{1}{2} \cdot D \cdot s\ (t)^2$$

Die kinetische Energie zu einem beliebigen Zeitpunkt t beträgt

$$E_{kin}(t) = \frac{1}{2} \cdot m \cdot v^2(t)$$

Für die Gesamtenergie folgt

$$E_{ges} = E_{pot}(t) + E_{kin}(t) = \frac{1}{2} \cdot (D \cdot s^2(t) + m \cdot v^2(t))$$

Einsetzen der Bewegungsgleichungen aus dem vorigen Abschnitt ergibt

$$E_{ges} = \frac{1}{2} \cdot D \cdot \hat{s}^2 \sin^2(\omega t + \varphi_0) + \frac{1}{2} \cdot m \cdot \hat{s}^2 \omega^2 \cdot \cos^2(\omega t + \varphi_0)$$

Ausklammern von $\hat{s}^2$ und $D = m \cdot \omega^2$:

$$E_{ges} = \frac{1}{2} \cdot D \cdot \hat{s}^2 (\sin^2(\omega t + \varphi_0) + \cos^2(\omega t + \varphi_0))$$

Mit $\sin^2(\alpha) + \cos^2(\alpha) = 1$ (Pythagoras für Winkel) folgt

Gesamtenergie: $E_{ges} = \frac{1}{2} \cdot D \cdot \hat{s}^2$

Potenzielle und kinetische Energien eines schwingenden Systems addieren sich also zu jedem beliebigen Zeitpunkt zu einer konstanten Gesamtenergie, deren Wert sich mit der Zeit nicht ändert (**Bild 2**). Diese Gesamtenergie hängt nur von der Richtgröße D und der Amplitude $\hat{s}$ ab.

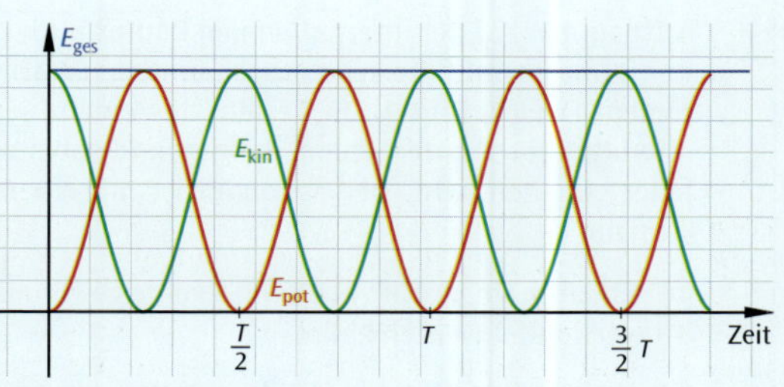

Bild 2: Potenzielle (rot) und kinetische (grün) Energie addieren sich zu jedem Zeitpunkt zur konstanten Gesamtenergie (blau)

Beispiel: Gesamtenergie Fadenpendel

Ein Fadenpendel der Masse 30 g wird um 11,5 cm aus der Ruhelage ausgelenkt und nimmt dabei eine Gesamtenergie von 2,9 mJ auf.

Die Periodendauer der harmonischen Schwingung nach dem Loslassen des Pendels ergibt sich aus

$$E_{ges} = \frac{1}{2} \cdot D \cdot \hat{s}^2 = \frac{1}{2} \cdot m \cdot \left(\frac{2 \cdot \pi}{T}\right)^2 \cdot \hat{s}^2 \text{ zu}$$

$$T = \sqrt{\frac{2 \cdot m}{E_{ges}}} \cdot \pi \cdot \hat{s} = \sqrt{\frac{2 \cdot 0,030\text{ kg}}{0,0029\text{ J}}} \cdot \pi \cdot 0,115\text{ m} = 1,64\text{ s}.$$

Auch die Länge des Fadenpendels kann berechnet werden (falls man sie nicht einfach messen kann):

$$E_{ges} = \frac{1}{2} \cdot D \cdot \hat{s}^2 = \frac{1}{2} \cdot \frac{m \cdot g}{l} \cdot \hat{s}^2 \Rightarrow l = \frac{1}{2} \cdot \frac{m \cdot g}{E_{ges}} \cdot \hat{s}^2 = 67,1\text{ cm}$$

5.3 Aufgaben zu harmonischen Schwingungen

1. **Rücktreibende Kraft und lineares Kraftgesetz**

   (a) Geben Sie an, in welchem Zeitintervall während einer Schwingungsperiode die rücktreibende Kraft den Oszillator abbremst bzw. schneller werden lässt.

   (b) Zeigen Sie, dass ein Federpendel keine harmonische Schwingung mehr ausführt, wenn die Reibung berücksichtigt werden muss. Betrachten Sie ein Feder-Schwere-Pendel oder ein horizontales Federpendel.

2. **Federpendel**

   Ein Federpendel mit einer angehängten Masse von 180 kg benötigt für das Durchlaufen von 25 Schwingungen 9,95 Sekunden.

   (a) Ermitteln Sie die Federkonstante.

   (b) Geben Sie an, wie sich die Schwingungsdauer verändert, wenn die Masse auf ein Fünftel reduziert wird.

3. **Dynamische Bestimmung der Federkonstanten**

   An einer Schraubenfeder werden nacheinander verschiedene Massestücke befestigt. Sie wird in harmonische Schwingungen versetzt.

   (a) Mithilfe eines Videoanalysesystems wird jeweils die Schwingungsdauer bestimmt. Man erhält folgende Wertetabelle:

m in g	50	100	200	500	700
T in s	0,31	0,44	0,63	0,99	1,18

   Ermitteln Sie durch rechnerische oder grafische Auswertung den Wert der Federkonstanten D.

   (b) Nennen Sie weitere Möglichkeiten, um die Schwingungsdauer zu messen.

4. **Waage auf der ISS**

   Astronauten auf der Internationalen Raumstation (ISS) bestimmen ihre Körpermasse mithilfe eines sogenannten BMMD (Body Mass Measurement Device, **Bild 1**). Es besteht aus einem Gestell, das sich quasi reibungsfrei auf einer Schiene bewegt und dabei von einer Schraubenfeder gehalten wird. Der Astronaut ist mit einem Gurt darin festgeschnallt.

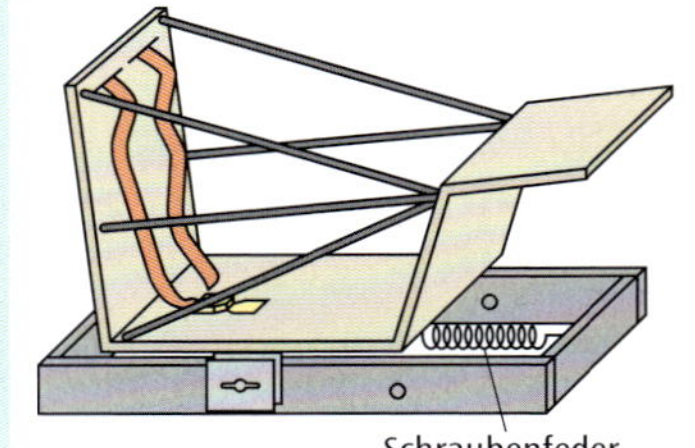

Bild 1: Zu Aufgabe 4

   (a) Erklären Sie, warum auf der ISS keine gewöhnliche Personenwaage verwendet werden kann.

   (b) Beschreiben Sie, wie mit dem BMMD die Masse des Astronauten bestimmt werden kann. Gehen Sie auch darauf ein, warum der Astronaut festgeschnallt wird und ob die Orientierung des Geräts relativ zur Erde für die Messung eine Rolle spielt.

   (c) Schätzen Sie mithilfe geeigneter Annahmen für die beteiligten Massen ab, welche Federkonstante die Schraubenfeder haben muss, wenn die Schwingungsdauer des Geräts ca. eine halbe Sekunde betragen soll.

5. **Sekundenpendel**

   Auf einer Internetseite findet sich die Aussage, die Länge eines Sekundenpendels auf der Erde betrage „je nach geografischer Breite des Standorts zwischen 99,1 und 99,6 cm".

   (a) Ermitteln Sie daraus die maximale sowie die minimale Fallbeschleunigung auf der Erde.

   (b) Begründen Sie, welches Sekundenpendel am Äquator und welches an einem der Pole steht.

6. **Nachweis der Erdrotation**

Ein Fadenpendel schwingt immer in derselben Ebene, auch wenn die Aufhängung bewegt wird. Insbesondere ändert sich die Schwingungsebene eines Pendels nicht, während die Erde sich weiterdreht.

Der französische Physiker Léon Foucault demonstrierte im Jahr 1851 nach Vorversuchen mit kleineren Pendeln die Rotation der Erde sehr eindrucksvoll im Pariser Panthéon.

Die Kugel hat einen Durchmesser von 17 cm und eine Masse von 28 kg. Der Faden ist 67 m lang.

Bild 1: Das Foucault-Pendel im Pariser Panthéon

Im Originalversuch wurde die Bahn des Pendels mittels einer unten an der Kugel angebrachten Spitze in ein Sandbett „geschrieben". Heute kann man an einer Skala (**Bild 1**) die Bewegung der Erde relativ zur Pendelebene ablesen.

(a) Ermitteln Sie, wie weit das Pendel maximal ausgelenkt werden darf, so dass die entstehende Schwingung noch als harmonisch betrachtet werden kann.

(b) In einer Stunde dreht sich die Erde in Paris (50. Breitengrad) um 11,5° relativ zur Pendelebene. Berechnen Sie die Anzahl der Schwingungen, die das Pendel in dieser Zeit ausführt.

7. **Schnelles Fadenpendel**

Bestätigen Sie, dass aus einer Maximalgeschwindigkeit von 120 Stundenkilometern für ein harmonisches Fadenpendel eine Pendellänge von 3,7 Kilometern sowie eine Periodendauer von 2 Minuten folgen.

8. **Pendellänge**

Auf einem Spielplatz gibt es zwei Schaukeln mit unterschiedlichen Seillängen: 3,00 m für größere bzw. 2,50 m für kleinere Kinder (**Bild 2**).

(a) Begründen Sie, ob es möglich ist, mit beiden Schaukeln gleichphasig zu schaukeln.

(b) Beide Schaukeln werden zur gleichen Zeit nach hinten ausgelenkt und losgelassen. Berechnen Sie, wann beide Kinder erstmals wieder gleichauf sind.

Bild 2: Zu Aufgabe 8

9. **Schwingende Lasten**

Die Laufkatze eines Krans (**Bild 3**) transportiert an einem 10 m langen Tragseil eine Last von 800 kg mit einer konstanten Geschwindigkeit von 1,0 m/s.

Aufgrund eines technischen Defekts bleibt die Laufkatze abrupt stehen.

(a) Erklären Sie, warum die Last eine Schwingung ausführt und berechnen Sie den maximalen Auslenkwinkel.

(b) Berechnen Sie die maximale Kraft im Tragseil.

(c) Ermitteln Sie die Frequenz der Schwingung.

Bild 3: Zu Aufgabe 9

10. **Wellenkraftwerk**

Für die Entwicklung eines neuen Wellenkraftwerks wird eine 30 kg schwere Boje mit einem Beschleunigungssensor ausgestattet, der den zeitlichen Verlauf der Beschleunigung in vertikaler Richtung aufzeichnet (**Bild 1**).

(a) Ermitteln Sie mithilfe des Diagramms die maximale Geschwindigkeit der Boje sowie ihre Schwingungsenergie.

(b) Überlegen Sie, wie die Schwingungsenergie einer Boje genutzt werden könnte.

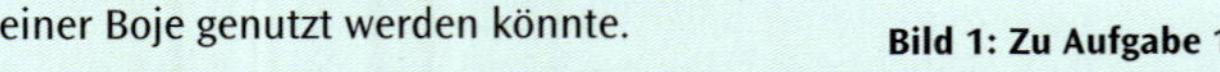

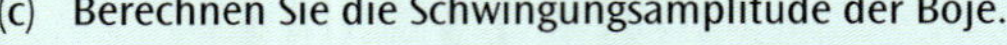

Bild 1: Zu Aufgabe 10

(c) Berechnen Sie die Schwingungsamplitude der Boje.

(d) Schätzen Sie ab, wieviele Bojen mindestens erforderlich sind, um eine Leistung von 300 kW zu erzeugen.

11. **Bungee-Jumping**

Sie filmen den Bungee-Sprung (**Bild 2**) Ihres 1,90 Meter großen Freunds (der 80 kg wiegt). Sie stellen fest, dass er nach dem Sprung ins Seil harmonische Schwingungen mit einer Periodendauer von 3,75 Sekunden und einer Amplitude von zunächst 8,0 Metern ausführt.

Bestimmen Sie die Federkonstante des Seils. Nehmen Sie dabei an, dass die Masse des Seils viel kleiner als 80 kg ist.

Bild 2: Zu Aufgabe 11

(a) Ermitteln Sie die maximale Geschwindigkeit in Stundenkilometern, die Ihr Freund bei seiner Schwingung erreicht.

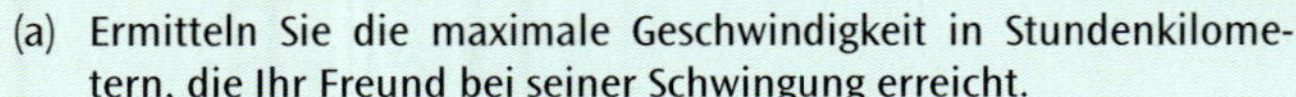

(b) Im oberen Umkehrpunkt der Schwingung fällt Ihrem Freund sein Handy aus der Tasche. Beurteilen Sie, ob er eine Chance hat, es während seiner Abwärtsbewegung wieder aufzufangen.

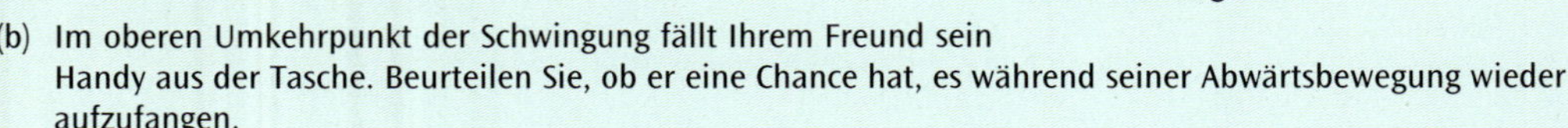

(c) Nach einer gewissen Zeit ist die Amplitude der Schwingung auf Null gesunken. Erklären Sie, welche Energieformen vom Absprung bis zum Stillstand der Schwingung eine Rolle spielen.

12. **Stoßdämpfer**

Ein vollbesetzter Pkw (Masse 1,9 t) fährt in der Zone 30 viel zu schnell über eine Temposchwelle (**Bild 3**).

Dabei geben die vier Stoßdämpfer um jeweils 90 mm nach. Der Pkw schwingt in vertikaler Richtung mit einer Periodendauer von 0,80 Sekunden.

Bild 3: Temposchwelle zur Verkehrsberuhigung

(a) Berechnen Sie die Federkonstante einer Stoßdämpferfeder.

(b) Ermitteln Sie die maximale sowie die minimale Beschleunigung, die in senkrechter Richtung auf den Pkw wirkt.

(c) Der Pkw fährt weiter auf einer Straße, auf der Temposchwellen im Abstand von 15 Metern verlegt sind. Untersuchen Sie, welche Geschwindigkeiten der Fahrer vermeiden sollte, damit es nicht zu einer Resonanzkatastrophe kommen kann.

6 Elektrizitätslehre

6.1 Grundlagen

6.1.1 Ladung und Stromstärke

Materie besteht aus kleinsten Teilchen, den Atomen. Nach dem Rutherfordschen[1] Atommodell besteht ein Atom aus einem Atomkern und einer Atomhülle. Im Atomkern befinden sich positiv geladene Protonen und gleich viele ungeladene Neutronen. Die Atomhülle besteht aus negativ geladenen Elektronen. Im Jahr 1910 fand Milikan[2] heraus, dass jedes Elektron die gleiche negative Ladung $-e$ trägt.

Dabei ist e die kleinste, frei auftretende Elementarladung in der Natur mit $e = 1{,}6022 \cdot 10^{-19}$ C (Cloulomb[3]). Elektronen und Protonen besitzen die gleiche Ladung mit entgegengesetztem Vorzeichen. Ist die Anzahl der Elektronen und die Anzahl der Protonen gleich groß, dann ist das Atom nach außen hin elektrisch ungeladen, also neutral.

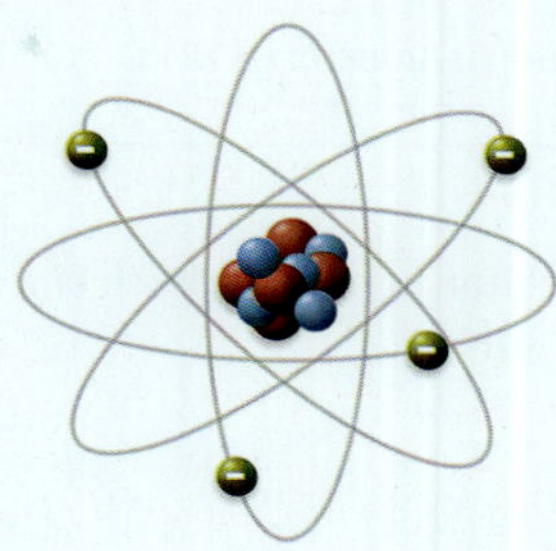

Bild 1: Aufbau eines Atoms

Die elektrische Ladung als physikalische Größe gibt die Anzahl der nach außen wirksamen Ladungen eines Körpers an. Negativ geladene Körper haben einen Elektronenüberschuss, das heißt die Anzahl der Elektronen ist größer als die der Protonen, positiv geladene Körper dagegen einen Elektronenmangel. **Tabelle 1** zeigt die Ladungen einiger atomarer Teilchen.

Die **Ladungsmenge** trägt das Formelzeichen Q, ihre Einheit ist 1 Amperesekunde (1 As) bzw. 1 Coulomb (1 C).

$$Q = N \cdot e$$

N Anzahl der Elementarladungen
e Elementarladung

Beispiel:

Aus wie vielen Elektronen besteht die Ladung $Q = -1$ C?

Lösung:

$$Q = N \cdot e \quad \Leftrightarrow \quad N = \frac{Q}{e}$$

$$N = \frac{-1\ \text{C}}{-1{,}6022 \cdot 10^{-19}\ \text{C}} = 6{,}242 \cdot 10^{18}$$

Tabelle 1: Ladungen ausgewählter Teilchen

Teilchen	Symbol	Ladung
Proton	p	$+1e$
Neutron	n	0
Elektron	e^-	$-1e$
Positron	e^+	$+1e$
Wasserstoffatom	H	0
α-Teilchen	He^{++}	$+2e$

Ampere als SI-Basiseinheit

Bewegen sich in einem Körper geladene Teilchen (meist sind es die Elektronen), so spricht man von einem Stromfluss. In einem Leiter sind die Elektronen frei beweglich. Bewegt sich ein einzelnes Elektron pro Sekunde durch einen Draht, dann fließt ein Strom der Stärke $I = 1{,}6022 \cdot 10^{-19}$ A (Ampere). Bei 10^{19} (zehn Trillionen) Elektronen pro Sekunde beträgt die Stromstärke ca. 1,6 A.

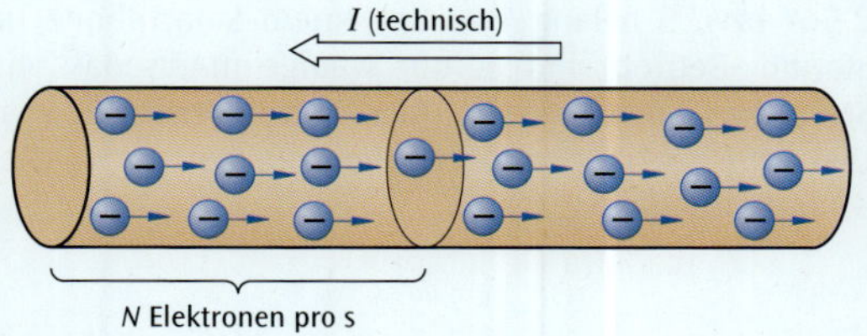

Bild 2: Definition Ampere

1) Ernest Rutherford (1871–1937), englischer Physiker
2) Robert Andrews Millikan (1868–1953), amerikanischer Physiker, Nobelpreis 1923
3) Charles August de Coulomb (1736–1806), französischer Physiker

Seit Mai 2019 wird die Einheit Ampere[1] vom Internationalen Büro für Maß und Gewicht (CIPM) über die Anzahl an Elektronen, die pro Sekunde durch einen Leiter fließen, definiert (**Bild 2** auf der vorherigen Seite). Die vorherige Definition über die magnetische Wirkung des elektrischen Stromes (vgl. Abschnitt ???) wurde damit abgelöst und an den derzeit genausten Messwert für die Elementarladung angepasst.

Die **elektrische Stromstärke** I ist die durch einen Leiterquerschnitt bewegte Ladung Q pro Zeit t.

$$I = \frac{Q}{t}$$

Sie hat die Einheit Ampere: $[I] = 1\,\frac{\mathrm{C}}{\mathrm{s}} = 1\,\frac{\mathrm{As}}{\mathrm{s}} = 1\,\mathrm{A}$.

Beispiel:

Wie viele Elektronen müssen durch einen Leiterquerschnitt pro Sekunde fließen, um einen Strom der Stärke 1 A hervorzurufen?

Lösung:

$$I = \frac{Q}{t} = \frac{N \cdot e}{t} \quad \Leftrightarrow \quad N = \frac{I \cdot t}{e} = \frac{1\,\mathrm{A} \cdot 1\,\mathrm{s}}{1{,}6022 \cdot 10^{-19}\,\mathrm{As}} \approx 6{,}24 \cdot 10^{18}$$

Da 1 A eine große Stromstärke ist, ist dementsprechend 1 C eine große Ladungsmenge. Mit Einheitenvorsätzen (**Tabelle 1**) können sehr große oder kleine Stromstärken übersichtlicher gestaltet werden.

Beispiel: $0{,}001\,\mathrm{A} = 1 \cdot 10^{-3}\,\mathrm{A} = 1\,\mathrm{mA}$.

Tabelle 1: Einheitenvorsätze

Name	Abkürzung	Zehnerpotenz
Milli	m	10^{-3}
Mikro	µ	10^{-6}
Nano	n	10^{-9}
Pico	p	10^{-12}

Powerbank

Eine Powerbank ist ein mobiler Akku, der beispielsweise zum Aufladen eines Smartphones verwendet wird (**Bild 1**). Diese unterscheiden sich in der Größe der Ladungsmenge. Irrtümlicher Weise wird hier die Bezeichnung „Capacity" (Kapazität) verwendet, die physikalisch nicht korrekt ist, aber im Alltag oft verwendet wird, z. B. „Capacity 5000 mAh". Damit ist eine Ladungsmenge von 5000 mAh (Miliamperestunden) gemeint, weshalb der Begriff „Charge" (Ladung) anstelle von „Capacity" korrekter wäre.

Eine Powerbank mit der Ladungsmenge von 5000 mAh ist in der Lage eine Stunde lang einen Strom von 5000 mA = 5 A fließen zu lassen. Oder auch 2 h lang 2,5 A bzw. 5 h lang 1 A. Bei einem Smartphone im Standby-Betrieb sind es nur wenige mA, sodass ein Stromfluss auch mehrere Tage aufrechterhalten werden kann. Es hängt also vom Verbraucher ab, welcher Strom tatsächlich fließt.

Bild 1: Powerbank beim Laden eines Smartphones

Tabelle 2: Beispiele elektr. Stromstärken

Betriebsmittel	Stromstärke
Taschenrechner	100 µA
60-W-Glühbirne	260 mA
Bügeleisen	4,35 A
Straßenbahnmotor	300 A
Elektroschmelzofen	100 kA
Blitz	10 bis 100 kA

[1] André Marie Ampère (1775–1836), französischer Physiker

6.1.2 Elektrische Spannung

Unterschiedliche Ladungen üben eine anziehende Kraftwirkung aufeinander aus. Zum Trennen von Ladungen muss also Arbeit verrichtet werden.

Versuch: Zwei parallele, nahestehende Platten werden mit Hilfe einer positiv geladenen Konduktorkugel aufgeladen, bis das Elektroskop einen mittelstarken Ausschlag anzeigt (**Bild 1a**). Anschließend wird der Abstand der Platten vergrößert. Das Elektroskop zeigt einen deutlich höheren Ausschlag an (**Bild 1b**).

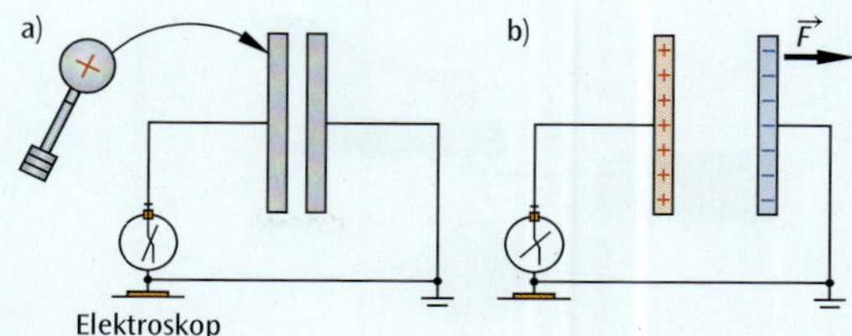

Bild 1: Versuch zur Spannungsdefinition a) Kondensator wird aufgeladen b) Plattenabstand wird vergrößert (Achtung: nur die geerdete Platte berühren!)

Erklärung: Beim Auseinanderziehen der Platten wird mechanische Arbeit verrichtet. Diese Arbeit ist dann als Energie in den Ladungen gespeichert. Getrennte Ladungen streben danach sich auszugleichen. Dieses Ausgleichsbestreben getrennter Ladungen nennt man elektrische Spannung.

Elektrische Spannung U ist die zur Trennung aufgewendete Verschiebungsarbeit W pro Ladung Q.

$$U = \frac{W}{Q}$$

Die Einheit ist Volt[1]. $[U] = 1\ \frac{\text{J}}{\text{C}} = 1\ \text{V}$

Daraus folgt für die Einheiten Joule und Watt: $1\ \text{J} = 1\ \text{V As}$ und $1\ \text{W} = 1\ \frac{\text{J}}{\text{s}} = 1\ \text{VA}$.

Spannungsquellen

In einer Spannungsquelle werden elektrische Ladungen voneinander getrennt. Es entsteht ein Pluspol mit einem Elektronenmangel und ein Minuspol mit einem Elektronenüberschuss. Zwischen den beiden Polen liegt eine Spannung an, sie wird auch als Potentialdifferenz bezeichnet.

Beispiele für Spannungsquellen sind Batterien, Akkumulatoren und Solarzellen (**Bild 2**). Die Spannung aus der Steckdose ist auf die Generatoren der Elektrizitätswerke zurückzuführen.

Tabelle 1: Beispiele elektrischer Spannungen

Betriebsmittel	Spannung
Monozelle	1,5 V
Autobatterie	12 V
Wechselstromnetz	230 V
Drehstromnetz	400 V
Blitz	100 kV
Überlandleitung	bis 10^3 MV

Potenzial und Spannung

Die elektrische Spannung kann auch über das elektrische Potenzial definiert werden. Dabei gibt das elektrische Potenzial die Spannung eines Punktes zu einem festgelegten Bezugspunkt an (meist ist es der Minuspol („Masse“ bzw. „Erde“). Eine genauere Ausführung erfolgt in Abschnitt ???.

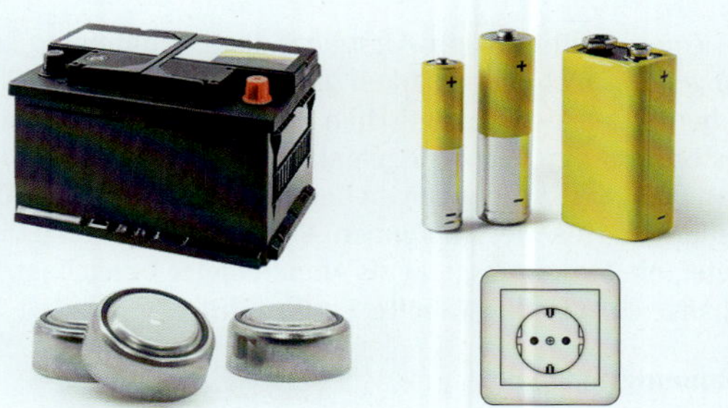

Bild 2: Spannungsquellen

6.1.3 Stromkreis

Ein einfacher Stromkreis besteht mindesten aus einer Spannungsquelle, einem Verbraucher (z. B. Glühlampe) und leitenden Drahtverbindungen zwischen den beiden Bauteilen, den Hin- und Rückleitungen. Optional kann noch ein Schalter zwischen Spannungsquelle und Verbraucher eingebaut werden (**Bild 1a** auf der folgenden Seite).

Zur schematischen Darstellung eines Stromkreises gibt es genormte Symbole, sogenannte Schaltzeichen. Damit lassen sich Stromkreise einfach und übersichtlich zeichnen (**Bild 1b** auf der folgenden Seite). Einige wichtige Schaltzeichen sind in **Tabelle 1** auf der folgenden Seite aufgeführt.

[1] Alessandro Volta (1745–1827), italienischer Physiker

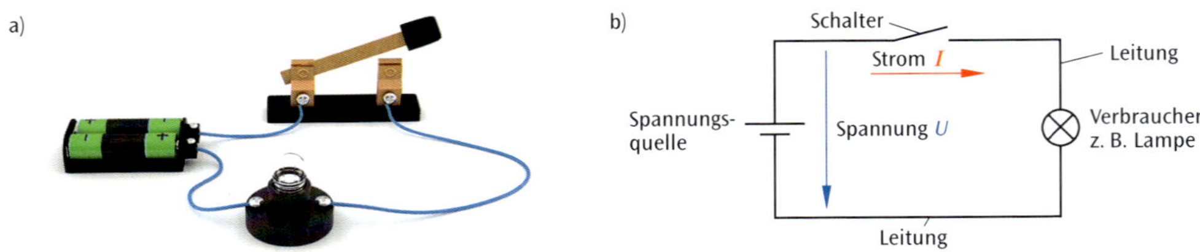

Bild 1: Stromkreis a) praktisch b) schematisch

Tabelle 1: Schaltzeichen

Spannungsquelle	Glühlampe	Leitung	Widerstand	Spannungsmesser	Strommesser
—|├—	—⊗—	———	—▭—	—(V)—	—(A)—

Ungleichnamige Ladungen ziehen sich stets an. Ist der Stromkreis geschlossen, so können sich die Leitungselektronen aufgrund dieser Anziehungskräfte vom Minuspol zum Pluspol der Spannungsquelle bewegen (**Bild 2**). Es fließt ein elektrischer Strom. Die physikalische Stromrichtung ist von Minus nach Plus. Sie beschreibt die Elektronenbewegung im Stromkreis.

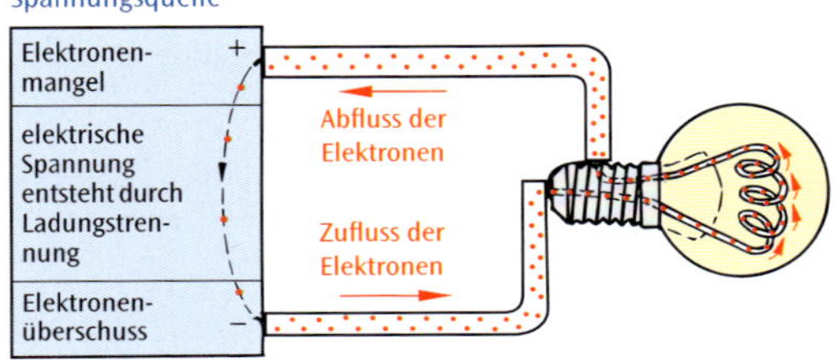

Bild 2: Elektronenbewegung im Stromkreis

Noch bevor diese Erkenntnisse über die Elektronen bekannt waren, legte man die Stromrichtung von Plus nach Minus fest. Da die Bewegungsrichtung der Elektronen auf die Zusammenhänge im Stromkreis keinen Einfluss hat, wurde diese Stromrichtung in der Technik beibehalten. Man bezeichnet die Stromrichtung von Plus nach Minus auch als technische Stromrichtung.

6.2 Messung von Spannung und Stromstärke

Mit einem Multifunktions-Messgerät (kurz: Mulitmeter) können sowohl Spannungen als auch Stromstärken gemessen werden (**Bild 3**). Die Funktionsweise beruht auf der magnetischen Wirkung des elektrischen Stroms. Aufgrund dessen wird ein Zeiger ausgelenkt. Es lassen sich verschiedene Messbereiche einstellen, die Spannungen im Bereich von mV bis zu 1000 V und Stromstärken von µA bis 10 A messen können. Ein Spannungsmessgerät wird auch als Voltmeter, ein Strommessgerät als Amperemeter bezeichnet. Die entsprechenden Schaltzeichen sind in **Tabelle 1** aufgeführt.

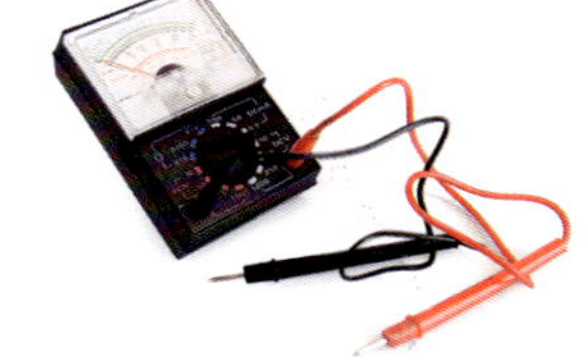

Bild 3: Multimeter

Spannungsmessung

Spannung bedeutet immer eine Potenzialdifferenz. Das Voltmeter zeigt die Potenzialdifferenz zwischen zwei Punkten als Spannung an. Aus diesem Grund wird das Voltmeter an zwei Punkten mit unterschiedlichem Potenzial angeschlossen, also parallel zur Spannungsquelle bzw. zum Verbraucher (**Bild 4**). Die Spannung hat eine Richtung, die mit einem Bezugspfeil dargestellt wird. Sie zeigt stets vom höheren zum niedrigen Potenzial.

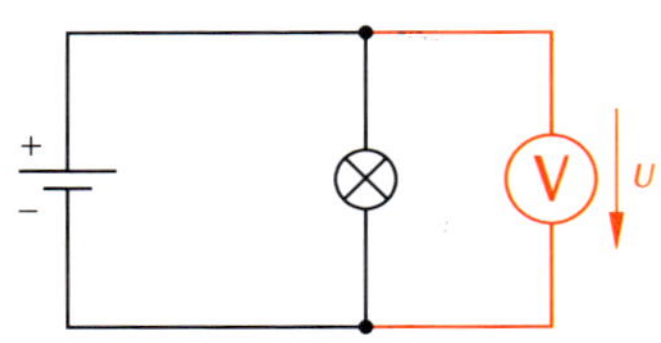

Bild 4: Spannungsmessung

Strommessung

Zum Messen der Stromstärke muss der zu messende Gesamtstrom durch das Amperemeter fließen. Dafür trennt man an beliebiger Stelle die Leitung und schaltet das Amperemeter in Reihe (**Bild 1**). Im unverzweigten Stromkreis ist die Stromstärke überall gleich groß, weshalb das Strommessgerät sowohl im Hin- als auch im Rückleiter gemessen werden kann. Im Gegensatz zum Wechselstromkreis muss beim Gleichstromkreis auf die Polarität der Anschlüsse geachtet werden.

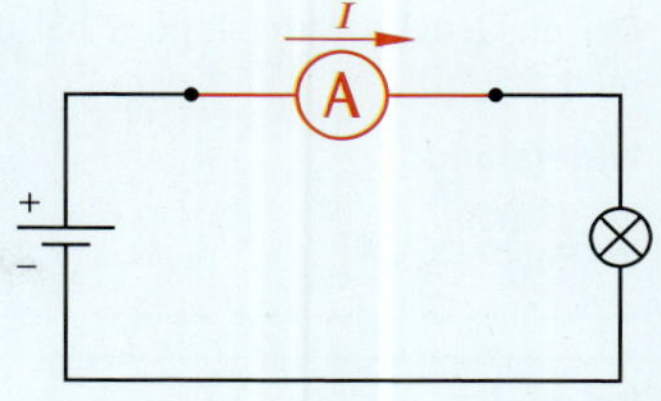

Bild 1: Strommessung

6.3 Wirkungen des elektrischen Stroms

Elektrischen Strom erkennt man nur an seinen Wirkungen. Sehen kann man ihn nicht. In **Tabelle 1** sind die unterschiedlichen Stromwirkungen zusammengefasst.

Tabelle 2: Stromwirkungen

Art	Beispiel	Anwendungen
Wärmewirkung und Lichtwirkung: • Leiter werden erwärmt • Erwärmungen können den Leiter zum Glühen bringen • Wärmestrahlung und Licht wird ausgesendet	 Wolfram-Glühfaden	Wärmewirkung: Elektroherde, Bügeleisen, Tauchsieder, Wasserkocher, Lötkolben Lichtwirkung: Glühlampe, Glimmlampe, Leuchtröhren, Leuchtdioden
Magnetische Wirkung: • Elektrische Ströme sind immer von Magnetfeldern umgeben • Zwei parallele Leiter können sich je nach Stromrichtung anziehen oder abstoßen		Elektromagnete, Elektromotoren, Messgeräte, Klingeln, Lautsprecher, Türöffner,
Chemische Wirkung: • Elektrischer Strom zerlegt leitende Flüssigkeiten (Elektrolyte) in seine Bestandteile	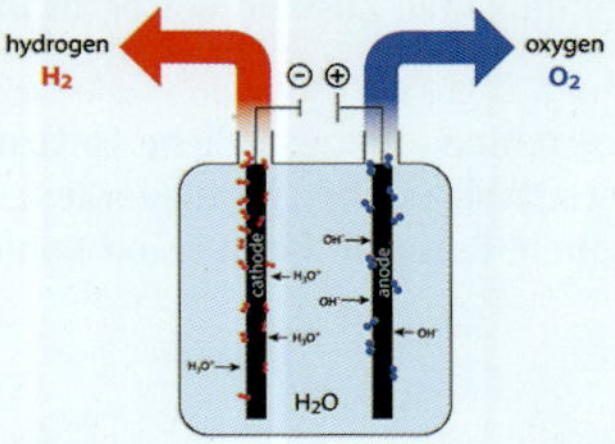 hydrogen H_2 ⊖ ⊕ oxygen O_2 cathode anode H_2O	Elektrolyse, Galvanisierung, Metallgewinnung, Akkumulatoren,

6.4 Elektrischer Widerstand

6.4.1 Widerstand und Leitwert

In einem metallischen Leiter können sich freie Elektronen nicht ungehindert hindurchbewegen. Aufgrund von schwingenden Atomrümpfen wird die Bewegung der Elektronen in einem Leiter ausgebremst (**Bild 2a** auf der folgenden Seite). Der elektrische Strom trifft in einem Leiter auf einen elektrischen Widerstand. Ob ein Leiter einen Strom gut leitet oder nicht hängt vom Leitwert ab. Dabei hat ein kleiner Widerstand einen großen Leitwert zur Folge und umgekehrt (**Bild 1** auf der folgenden Seite).

Der elektrische Widerstand R hat die Einheit Ohm[1] Ω und ist der Kehrwert des Leitwertes G mit der Einheit Siemens[2] S.

Widerstand:

$$R = \frac{1}{G} \qquad [R] = \frac{1}{S} = \Omega$$

Leitwert:

$$G = \frac{1}{R} \qquad [G] = \frac{1}{\Omega} = S$$

Beispiel:

Geben Sie zu den folgenden Widerständen die zugehörigen Leitwerte an und umgekehrt.

R in Ω	2	5		50	
G in S			0,1		0,01

Lösung:

$$G = \frac{1}{R} = \frac{1}{2\,\Omega} = 0{,}5\,S \text{ und } R = \frac{1}{G} = \frac{1}{0{,}1\,S} = 10\,\Omega$$

R in Ω	2	**5**	**10**	50	**100**
G in S	**0,5**	0,2	0,1	**0,02**	0,01

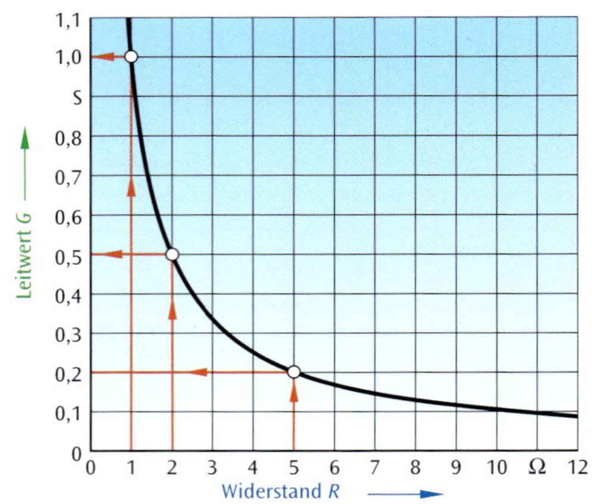

Bild 1: Zusammenhang zwischen Widerstand und Leitwert

6.4.2 Temperaturabhängigkeit des elektrischen Widerstands

Glühlampen brennen meist beim Einschalten durch, da zu Beginn ein sehr hoher Einschaltstrom fließen kann, der erst mit der Zeit wegen der Erwärmung des Wolframfadens abnimmt. Der elektrische Widerstand von Wolfram steigt mit der Temperatur an.

Erklärung:

Schwingende Atomrümpfe hindern Elektronen an der Bewegung durch den Leiter. Wird die Temperatur erhöht, dann schwingen die Atome noch stärker um ihren Platz und der Widerstand für die Elektronen wird größer (**Bild 2b**). Solche Leiter nennt man Kaltleiter, sie leiten im kalten Zustand besser als im heißen. Wolfram ist ein Kaltleiter.

Bei Heißleitern lösen sich mit zunehmender Temperatur zusätzliche Elektronen aus dem Atomverbund und tragen zur Leitfähigkeit bei. Heißleiter leiten deshalb im heißen Zustand besser als im kalten. Beispiele hierfür sind Kohle und Halbleiter.

a) bei niedriger Temperatur

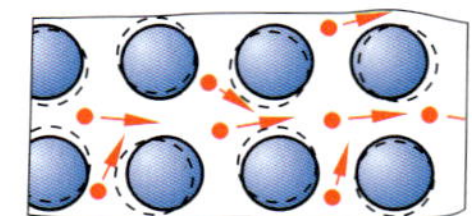

b) bei Hoher Temperatur

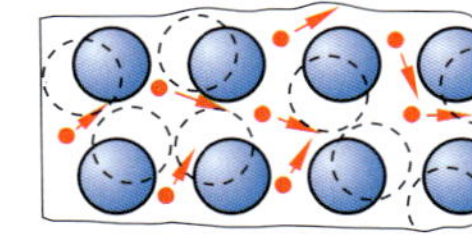

Bild 2: Elektronenfluss bei verschiedenen Temperaturen

6.4.3 Ohmsches Gesetz

Versuch: Der Zusammenhang zwischen der angelegten Spannung U und der im Stromkreis fließenden Stromstärke I wird untersucht.

In einem Stromkreis befinden sich eine Spannungsquelle, deren Spannung veränderbar ist, ein Konstantandraht als Verbraucher sowie ein Spannungs- und Strommessgerät.

Die Spannung wird in 0,4 V Schritten erhöht und die zugehörige Stromstärke gemessen. Die Messwerte in **Tabelle 1** auf der folgenden Seite werden in ein Spannungs-Strom-Diagramm (**Bild 1** auf der folgenden Seite) übertragen.

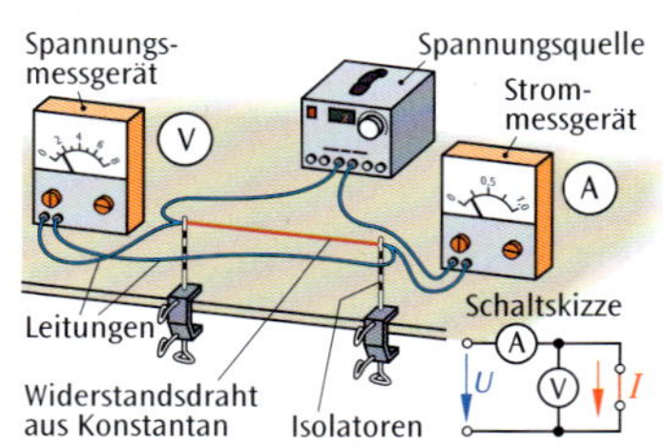

Bild 3: Versuchsaufbau

[1] Georg Simon Ohm (1787–1854), deutscher Physiker
[2] Werner von Siemens (1816–1892), deutscher Erfinder

Konstantan ist eine Metalllegierung, die eine sehr geringe Temperaturabhängigkeit des spezifischen Widerstandes aufweist. Somit kann der Zusammenhang zwischen Spannung und Strom unabhängig von der Temperaturentwicklung im Draht untersucht werden.

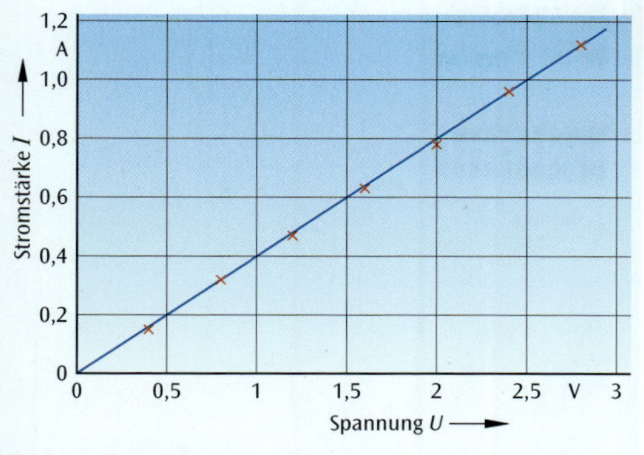

Bild 1: Spannungs-Strom-Diagramm

Tabelle 1: Messwerte

U in V	I in A	$\frac{U}{I}$ in $\frac{\text{V}}{\text{A}}$	$\frac{I}{U}$ in $\frac{\text{A}}{\text{V}}$
0	0	–	–
0,4	0,15	2,67	0,375
0,8	0,32	2,5	0,4
1,2	0,47	2,55	0,39
1,6	0,63	2,54	0,39
2,0	0,78	2,56	0,39
2,4	0,96	2,5	0,4
2,8	1,12	2,5	0,4
		Widerstand R	Leitwert G

Auswertung des Versuchs:

Die Messwertepaare liegen nahezu fast alle auf einer Ursprungsgerade, das bedeutet, dass die anliegende Spannung U und die im Leiter herrschende Stromstärke I direkt proportional sind $U \sim I$. Dieser Zusammenhang wird als Ohmsches Gesetz bezeichnet.

Das **Ohmsche Gesetz** beschreibt den Zusammenhang zwischen der Spannung U und der Stromstärke I. Der Quotient $\frac{U}{I}$ gibt den Widerstand R an, der Kehrwert $\frac{I}{U}$ ist der Leitwert G.

Widerstand *R*

$R = \frac{U}{I}$

$[R] = \frac{\text{V}}{\text{A}} = \Omega$

Leitwert *G*

$G = \frac{I}{U}$

$[G] = \frac{\text{A}}{\text{V}} = \frac{1}{\Omega} = \text{S}$

Merkhilfe „URI"

$U = R \cdot I$

$I = \frac{U}{R}$

Die Steigung im Spannungs-Strom-Diagramm (**Bild 2**) entspricht dem Leitwert $G = 0,39$ S.

Je größer die Steigung, desto größer der Leitwert G und desto kleiner der Widerstand R.

Simulation Gleichstromkreis

Der QR-Code führt zu einer Simulation eines Gleichstromkreises, der einen ähnlichen Versuchsaufbau wie **Bild 3** auf der vorigen Seite zeigt. Hier können Spannung und Widerstand variiert und die zugehörigen Diagramme angezeigt werden.

6.4.4 Leiterwiderstand

Die Bewegung der Elektronen durch einen Leiter wird ständig durch schwingende Atomrümpfe des Leiters abgebremst. Die Elektronen verspüren einen elektrischen Leiterwiderstand. Geometrische Größen wie die Länge l und der Querschnitt A eines Leiters sowie unterschiedliche Materialien haben einen Einfluss auf den Leiterwiderstand. Die Zusammenhänge zwischen diesen Einflussgrößen und dem Leiterwiderstand können in nachfolgender Simulation untersucht werden.

Simulation Leiterwiderstand

(a) Untersuchen Sie mithilfe der Simulation wie der Leiterwiderstand R_{LtgHin} und $R_{\text{LtgRück}}$ von der Länge l und dem Querschnitt A abhängt.

(b) Bestimmen Sie für verschiedene Leitermaterialien den Quotienten $\frac{R_{\text{LtgHin}} \cdot A}{l}$ und seinen Kehrwert. Was fällt Ihnen auf?

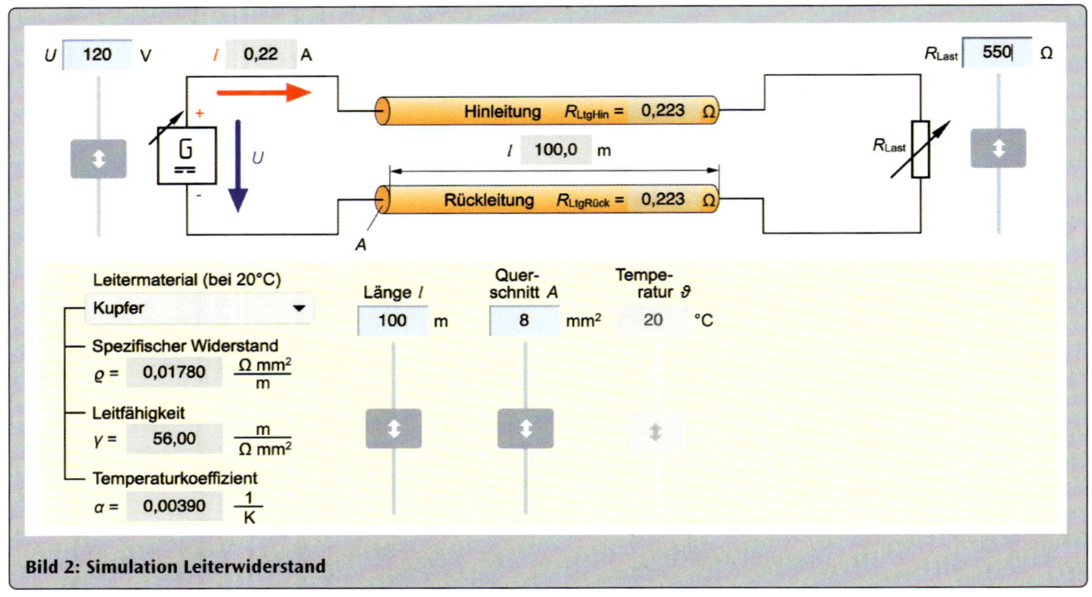

Bild 2: Simulation Leiterwiderstand

Auswertung der Simulation:

(a) Der Leiterwiderstand R_{LtgHin} bzw. $R_{LtgRück}$ (im Nachfolgenden mit R bezeichnet) nimmt mit zunehmender Länge l zu und mit zunehmender Querschnittsfläche A ab. Somit ist $R \sim l$ und $R \sim \frac{1}{A}$.

(b) Für Kupfer ist der Quotient $\frac{R_{LtgHin} \cdot A}{l} = \frac{0{,}223\ \Omega \cdot 8\ \text{mm}^2}{100\ \text{m}} = 0{,}0178\ \frac{\Omega \cdot \text{mm}^2}{\text{m}}$. Dies entspricht dem spezifischen Widerstand ϱ[1] von Kupfer. Der Kehrwert gibt die Leitfähigkeit γ[2] an mit $\gamma = 56\ \frac{\text{m}}{\Omega \cdot \text{mm}^2}$.

Leiterwiderstand *R*

$$R = \varrho \cdot \frac{l}{A}$$

ϱ: spezifischer Widerstand (materialabhängig) in $\frac{\Omega \cdot \text{mm}^2}{\text{m}}$

l: Länge des Leiters in m

A: Querschnitt des Leiters in mm^2

Leitfähigkeit γ

$$\gamma = \frac{1}{\varrho} = \frac{l}{R \cdot A}$$

Die Einheit von γ ist $\frac{\text{m}}{\Omega \cdot \text{mm}^2}$. In der Elektrotechnik wird die Einheit $\frac{\text{S}}{\text{m}}$ (Siemens pro Meter) bzw. $\frac{\text{MS}}{\text{m}}$ (Megasiemens pro Meter) verwendet.

Tabelle 1: Spezifischer Leiterwiderstand ϱ und Leitfähigkeit γ verschiedener Materialien (bei 20 °C)

Material	**ϱ in $\frac{\Omega \cdot \text{mm}^2}{\text{m}}$**	**γ in $\frac{\text{MS}}{\text{m}}$**
Kupfer	0,0178	56
Aluminium	0,02780	36
Silber	0,01670	60
Gold	0,022	45,7
Konstantan	0,5	2,0
Platin	0,106	9,4
Manganin	0,43	2,33
Graphit	12	$8{,}3 \cdot 10^{-2}$
Silizium	$2 \cdot 10^{8}$	$5 \cdot 10^{-9}$
Glas	$\sim 10^{17}$	$\sim 10^{17}$

Leiter wie Kupfer oder Silber haben einen geringen Leiterwiderstand, wohingegen Halbleiter (z.B. Silizium) und Isolatoren (z.B. Glas) einen sehr hohen Leiterwiderstand haben (**Tabelle 1**).

[1] griechischer Kleinbuchstabe rho
[2] griechischer Kleinbuchstabe gamma

6.5 Grundschaltungen

6.5.1 Reihenschaltung

Bei einer Reihenschaltung werden die einzelnen Verbraucher, z. B. Glühlampen, hintereinander geschalten. Es liegt ein unverzweigter Stromkreis vor indem überall derselbe Strom fließt.

Simulation Lichterkette

Die Simulation zeigt eine Lichterkette mit 16 in Reihe geschalteten Lämpchen.

(a) Variieren Sie die Netzspannung und beobachten Sie die anliegende Spannung an den einzelnen Lämpchen.

(b) Ersetzen Sie Lämpchen E2 durch einen Draht bzw. unterbrechen Sie den Leiterkreis. Was fällt Ihnen auf?

Bild 1: Lichterkette

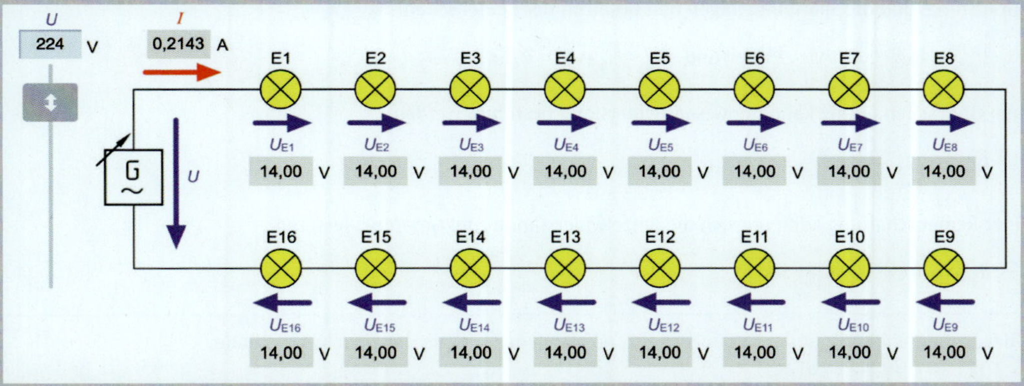

Versuch:

In einer Reihenschaltung mit mehreren Glühlampen werden die abfallenden Spannungen an jedem Verbraucher gemessen und mit der anliegenden Netzspannung verglichen (**Bild 2**).

Auswertung:

Die anliegenden Teilspannungen sind zusammengerechnet so groß wie die anliegende Gesamtspannung.

Wird der Stromkreis in **Bild 2** an beliebiger Stelle unterbrochen, dann leuchten beide Glühlampen nicht mehr.

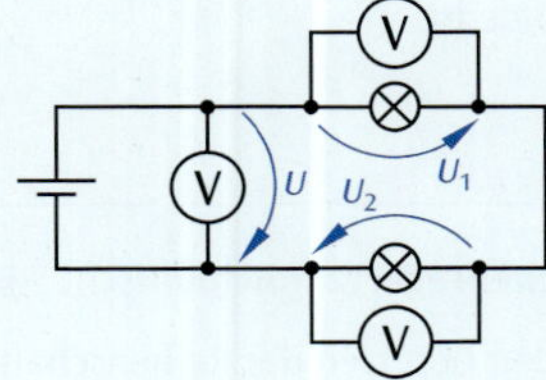

Bild 2: Reihenschaltung

Bei der Reihenschaltung ergibt die Summe der Teilspannungen $U_1, U_2, \ldots, U_n$ die angelegte Gesamtspannung U_{ges}.

$$U_{ges} = U_1 + U_2 + \ldots + U_n$$

Die Stromstärke ist im ganzen Stromkreis gleich groß:

$$I_{ges} = I_1 = I_2 = \ldots = I_n$$

Reihenschaltung von Widerständen

Versuch/Simulation:

Zwei Widerstände $R_1 = 20\,\Omega$ und $R_2 = 80\,\Omega$ werden in Reihe geschaltet. Es liegt eine Gesamtspannung von 230 V an.

Gemessen werden die Teilspannungen an den Widerständen und die Stromstärke im Stromkreis.

Tabelle 2: Messwerte

U_{ges}	U_1	U_2
230 V	46 V	184 V
I_{ges}	I_1	I_2
2,3 A	2,3 A	2,3 A
Berechnung mit $R = \frac{U}{I}$		
R_{ges}	R_1	R_2
100 Ω	20 Ω	80 Ω

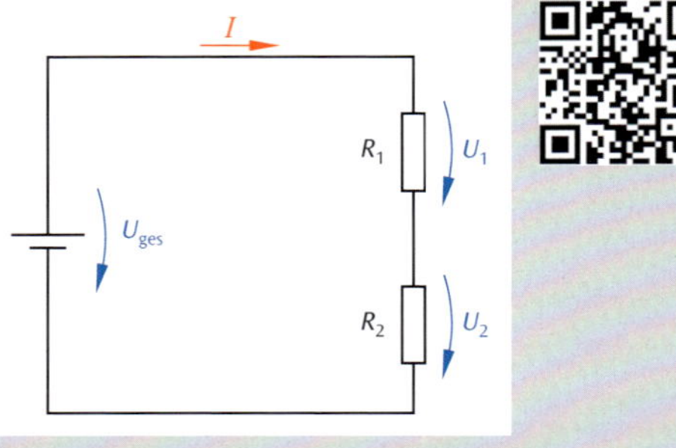

Bild 1: Versuch Reihenschaltung mit Simulationslink

Auswertung:

Die Stromstärke und die Spannung folgen den Gesetzen der Reihenschaltung,

$$U_{ges} = 46\text{ V} + 184\text{ V} = 230\text{ V} \quad \text{und} \quad I_{ges} = I_1 = I_2 = 2{,}3\text{ A}.$$

Mit dem Ohm'schen Gesetz kann der Gesamtwiderstand bestimmt werden:

$$R_{ges} = \frac{U_{ges}}{I_{ges}} = \frac{230\text{ V}}{2{,}3\text{ A}} = 100\,\Omega.$$

Bei einer Reihenschaltung addieren sich die Einzelwiderstände zum Gesamtwiderstand

$$R_{ges} = 20\,\Omega + 80\,\Omega = 100\,\Omega.$$

Bei der Reihenschaltung ist der Gesamtwiderstand gleich der Summe der Einzelwiderstände.

$$R_{ges} = R_1 + R_2 + \ldots + R_n$$

Aus dem Ohm'schen Gesetz folgt, dass das Verhältnis der Teilspannungen gleich dem Verhältnis der Einzelwiderstände ist.

$$\frac{U_1}{U_2} = \frac{R_1}{R_2}$$

Maschenregel (2. Kirchhoffsche[1] Regel)

Aus den Gesetzen der Reihenschaltung kann die Maschenregel abgeleitet werden:

In einem unverzweigten Leiterkreis (Masche) ist die Summe der Erzeugerspannungen gleich der Summe der Verbraucherspannungen (**Bild 2**).

Oder:

In einer Masche ist die Summe der Erzeugerspannungen und der Verbraucherspannungen gleich 0.

$$U_0 - U_1 - U_2 - U_3 = 0$$

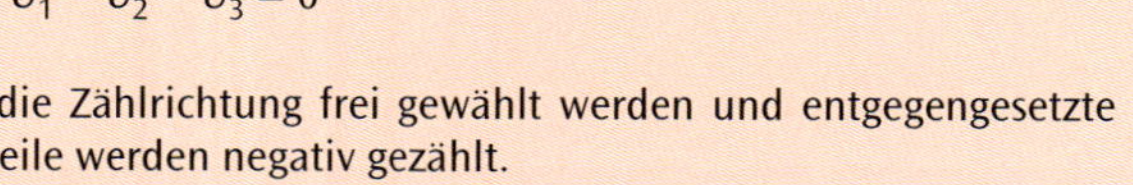

Dabei kann die Zählrichtung frei gewählt werden und entgegengesetzte Spannungspfeile werden negativ gezählt.

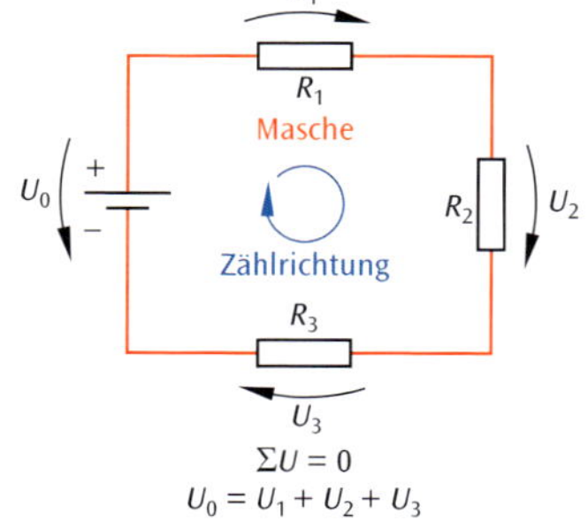

Bild 2: Maschenregel

[1] Gustav Robert Kirchhoff (1824-1887), deutscher Physiker

Anwendung der Reihenschaltung

In der Elektrotechnik wird häufig mit einer festen Betriebsspannung gearbeitet, z. B. 12 V. Nicht alle Bauteile sind jedoch für diese Spannung ausgelegt, wie beispielsweise eine rote Leuchtdiode mit den Kenndaten 2,3 V/20 mA. Um die Betriebsspannung von 12 V trotzdem zu verwenden, wird ein Vorwiderstand R_V benutzt (**Bild 1**).

Bild 1: Vorwiderstand an Diode

Erklärung:

Schaltet man den Vorwiderstand und die Leuchtdiode in Reihe, dann teilt sich die Betriebsspannung von 12 V an Vorwiderstand und Leuchtdiode auf. Nach der Maschenregel gilt

$$12\ \text{V} = U_V + 2{,}3\ \text{V} \quad \Leftrightarrow \quad U_V = 9{,}7\ \text{V}$$

Mit Hilfe des Ohm´schen Gesetztes und der maximal zulässigen Stromstärke der Diode erhält man den benötigen Vorwiderstand.

$$R_V = \frac{U_V}{I} = \frac{9{,}7\ \text{V}}{0{,}02\ \text{A}} = 485\ \Omega$$

Simulation Vorwiderstand

Verändern Sie den Vorwiderstand so, dass die Lampe nicht durchbrennt. Stellen Sie anschließend auch unterschiedliche Netzspannungen ein, z. B. 20 V, 40 V oder 60 V.

6.5.2 Parallelschaltung

Die meisten elektrischen Haushaltsgeräte sind für eine Betriebsspannung von 230 V ausgelegt, die auch an unserem Leitungsnetz anliegt. Um eine Aufteilung der Spannung zu verhindern, dürfen die Steckdosen nicht in Reihe an das Leitungsnetz angeschlossen werden, sondern müssen parallel geschalten werden.

Bei der Parallelschaltung misst man an allen Widerständen dieselbe Spannung, da alle Anschlüsse der Widerstände an der Spannungsquelle anliegen (**Bild 2**). Die Maschenregel bestätigt diesen Sachverhalt.

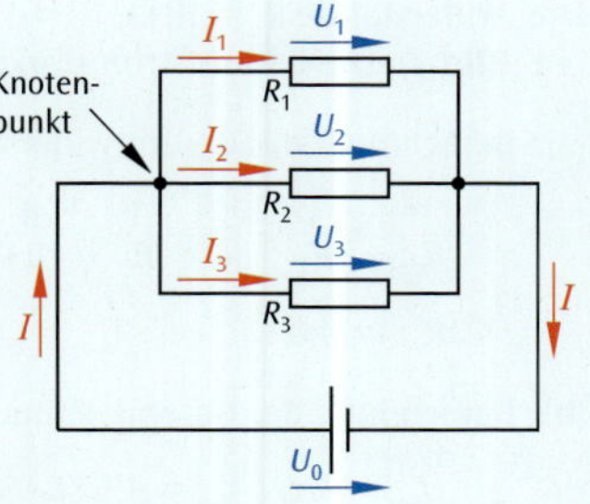

Bild 2: Parallelschaltung von Widerständen

Bei der Parallelschaltung liegt überall die gleiche Spannung an.

$$U_{ges} = U_0 = U_1 = U_2 = U_3 = \ldots$$

Während die Gesamtspannung überall gleich ist, teilt sich bei einer Parallelschaltung der Strom am Knotenpunkt in Teilströme auf. An einem Knotenpunkt verzweigt sich ein Stromkreis und es gilt die sogenannte Knotenpunktregel (1. Kirchhoffsche Gesetz):

Knotenpunktregel (1. Kirchhoffsche Regel)

An jedem Knotenpunkt ist die Summe der zufließenden Ströme gleich der Summe der abfließenden Ströme.

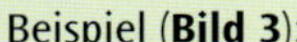

Beispiel (**Bild 3**):

Zufließende Ströme: I_1, I_2

Abfließende Ströme: I_3, I_4, I_5

$$I_1 + I_2 = I_3 + I_4 + I_5$$

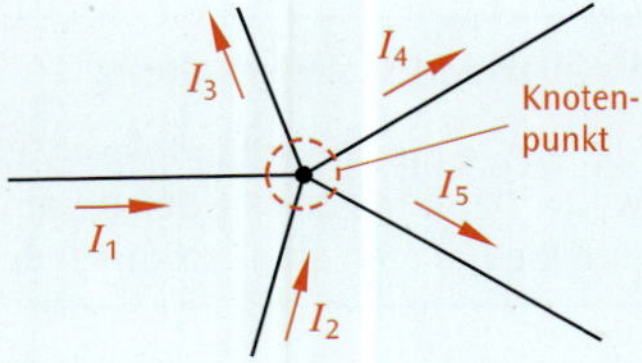

Bild 3: Knotenpunktregel

Daraus lässt sich auch eine Aussage über den Gesamtstrom im Stromkreis formulieren:

Bei der **Parallelschaltung** addieren sich die Teilströme I_1, I_2, I_3 zum Gesamtstrom I_{ges}.

$$I_{ges} = I_1 + I_2 + I_3 + \ldots$$

Dividiert man die Gleichung für den Gesamtstrom durch die Spannung U, so ergibt sich

$$\frac{I_{ges}}{U} = \frac{I_1}{U} + \frac{I_2}{U} + \frac{I_3}{U} + \ldots$$

Der Quotient $\frac{I}{U}$ wird als Leitwert G bezeichnet bzw. als der Kehrwert des Widerstandes $\frac{1}{R}$ (vgl. Abschnitt 6.4.3).

Gesamtwiderstand:

$$\frac{1}{R_{ges}} = \frac{1}{R_1} + \frac{1}{R_2} + \frac{1}{R_3} + \ldots$$

Für zwei Widerstände:

$$\frac{1}{R_{ges}} = \frac{1}{R_1} + \frac{1}{R_2} \quad \Leftrightarrow \quad R_{ges} = \frac{R_1 \cdot R_2}{R_1 + R_2}$$

Gesamtleitwert:

$$G_{ges} = G_1 + G_2 + G_3 + \ldots$$

Wie groß ein abfließender Teilstrom ist, hängt vom Widerstand ab. Der größere Strom fließt durch den kleineren Widerstand und umgekehrt. Mit Hilfe des Ohm'schen Gesetzes lassen sich Zusammenhänge zwischen den Teilströmen und den Widerstandswerten herleiten.

Für zwei parallele Widerstände gilt $U_1 = R_1 \cdot I_1$ und $U_2 = R_2 \cdot I_2$. Bei einer Parallelschaltung sind beide Spannungen gleich $U_1 = U_2$. Daraus ergibt sich die nebenstehende Verhältnisgleichung.

Die Teilströme verhalten sich umgekehrt wie die Einzelwiderstände.

$$\frac{I_1}{I_2} = \frac{R_2}{R_1}$$

Beispiel:

Drei Widerstände $R_1 = 10\ \Omega$, $R_2 = 15\ \Omega$ und $R_3 = 20\ \Omega$ sind parallel geschalten (**Bild 1**). Die Gesamtstromstärke beträgt $I_{ges} = 5$ A.

(a) Berechnung des Gesamtwiderstandes:

$$\frac{1}{R_{ges}} = \frac{1}{R_1} + \frac{1}{R_2} + \frac{1}{R_3} = \frac{1}{10\ \Omega} + \frac{1}{15\ \Omega} + \frac{1}{20\ \Omega} = 0{,}217\ \frac{1}{\Omega}$$

$$R_{ges} = 4{,}6\ \Omega$$

(b) Berechnung der Gesamtspannung:

$$U_{ges} = R_{ges} \cdot I_{ges} = 4{,}6\ \Omega \cdot 5\ \text{A} = 23\ \text{V}$$

(c) Berechnung der Teilströme:

$$I_1 = \frac{U_{ges}}{R_1} = \frac{23\ \text{V}}{10\ \Omega} = 2{,}3\ \text{A}, \qquad I_2 = \frac{U_{ges}}{R_2} = \frac{23\ \Omega}{15\ \Omega} = 1{,}53\ \text{A},$$

$$I_3 = \frac{U_{ges}}{R_3} = \frac{23\ \text{V}}{20\ \Omega} = 1{,}15\ \text{A}$$

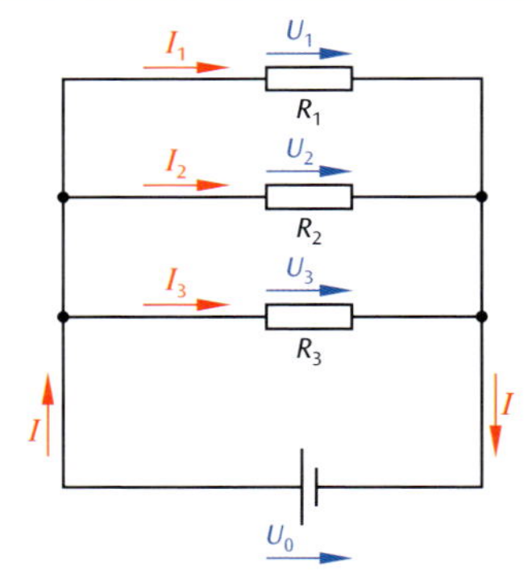

Bild 1: Beispiel Parallelschaltung

Simulation Parallelschaltung

Stellen Sie die Widerstandswerte aus dem oberen Beispiel ein und überprüfen Sie die berechneten Werte. Dafür müssen Sie den Gesamtstrom, die Ersatzleitwerte und den Ersatzwiderstand einblenden und die Halogenlampe E1 durch den Widerstand ersetzen.

6.5.3 Gemischte Schaltungen

Kommen Reihen- und Parallelschaltung gleichzeitig in einem Stromkreis vor, dann spricht man von einer gemischten Schaltung bwz. Gruppenschaltung. Der Ersatzwiderstand wird durch schrittweises Zusammenfassen der in Reihe oder parallel geschaltenen Einzelwiderstände berechnet.

Gemischte Reihenschaltung

In einer Reihenschaltung befindet sich zusätzlich eine Parallelschaltung mit den Widerständen R_1 und R_2 (**Bild 1**). Zunächst wird der Ersatzwiderstand R_{12} der Parallelschaltung bestimmt und anschließend der Gesamtwiderstand R_{123} der (Reihen-)Schaltung bestimmt.

1. Berechnung des Ersatzwiderstandes R_{12}

   In einer Parallelschaltung mit zwei Widerständen gilt:

$$R_{12} = \frac{R_1 \cdot R_2}{R_1 + R_2} = \frac{2\,\Omega \cdot 7\,\Omega}{2\,\Omega + 7\,\Omega} = 1{,}56\,\Omega$$

   Das Schaltbild kann nun mit den in Reihe geschaltenen Widerständen R_{12} und R_3 vereinfacht dargestellt werden (**Bild 2**).

2. Berechnung des Gesamtwiderstandes R_{123}

   In einer Reihenschaltung addieren sich die Widerstände zu einem Gesamtwiderstand:

$$R_{123} = R_{12} + R_3 = 1{,}56\,\Omega + 5\,\Omega = 6{,}56\,\Omega$$

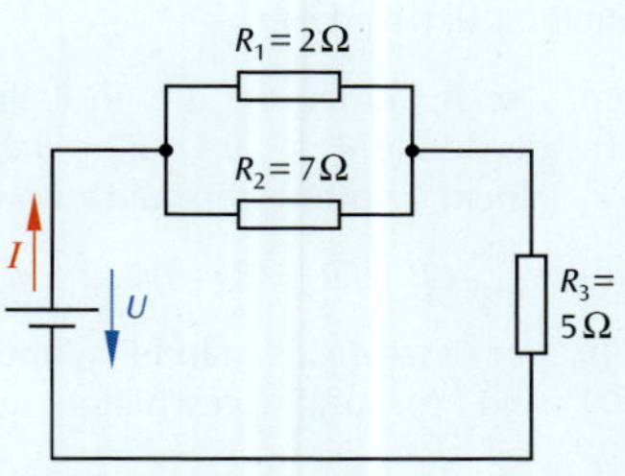

Bild 1: Gemischte Reihenschaltung

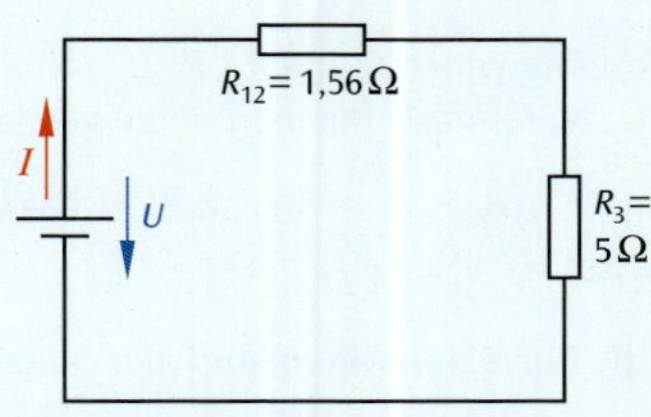

Bild 2: Ersatzschaltbild

Gemischte Parallelschaltung

Eine gemischte Parallelschaltung kann in einer Abzweigung eine Reihenschaltung enthalten (**Bild 3**). Es wird wieder von innen nach außen vorgegangen.

1. Berechnung des Ersatzwiderstandes R_{12}

   In einer Reihenschaltung addieren sich die Widerstände zu einem Gesamtwiderstand:

$$R_{12} = R_1 + R_2 = 2\,\Omega + 3\,\Omega = 5\,\Omega$$

   Bild 4 zeigt das Ersatzschaltbild mit den parallel geschaltenen Widerständen R_{12} und R_3.

2. Berechnung des Gesamtwiderstandes R_{123}

   In einer Parallelschaltung mit zwei Widerständen gilt:

$$R_{123} = \frac{R_{12} \cdot R_3}{R_{12} + R_3} = \frac{5\,\Omega \cdot 10\,\Omega}{5\,\Omega + 10\,\Omega} = 3{,}33\,\Omega$$

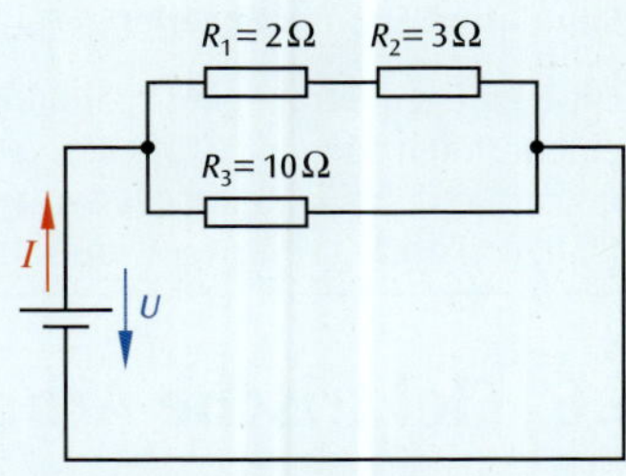

Bild 3: Gemischte Parallelschaltung

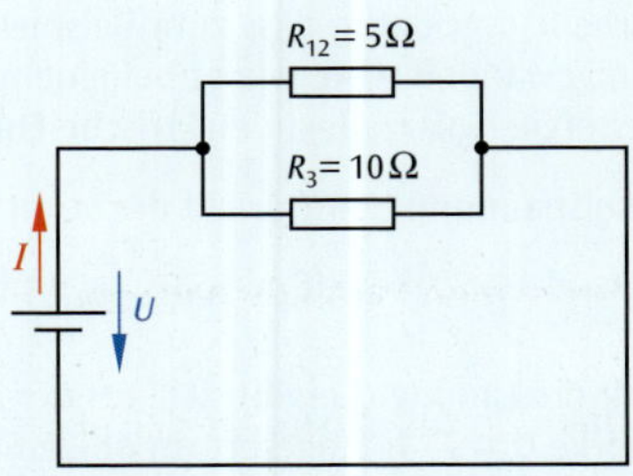

Bild 4: Ersatzschaltbild

Netzwerke

Sie bestehen aus mehreren ineinander verschachtelten Reihen- und Parallelschaltungen.

Beispiel:

Gesucht ist der Esatzwiderstand des in **Bild 1** dargestellten Netzwerkes.

(a) Zuerst werden die drei in Reihe geschalteten Widerstände $R_2 = 10\ \Omega$, $R_3 = 6\ \Omega$ und $R_4 = 4\ \Omega$ zu einem Gesamtwiderstand zusammengefasst.

$$R_{234} = R_2 + R_3 + R_4 = 10\ \Omega + 6\ \Omega + 4\ \Omega = 20\ \Omega$$

(b) Der Gesamtwiderstand R_{234} und der Widerstand R_5 sind nun parallel geschaltet.

$$\frac{1}{R_{2345}} = \frac{1}{R_{234}} + \frac{1}{R_5} = \frac{1}{20\ \Omega} + \frac{1}{20\ \Omega} = \frac{1}{10}\ \frac{1}{\Omega}$$

$$R_{2345} = 10\ \Omega$$

(c) Die Widerstände R_1, R_{2345} und R_6 sind nach diesen Vereinfachungen in Reihe geschaltet.

$$R_{123456} = R_1 + R_{2345} + R_6 = 10\ \Omega + 10\ \Omega + 5\ \Omega$$

$$= 25\ \Omega$$

(d) Der Ersatzwiderstand der Netzwerkschaltung beträgt 25 Ω.

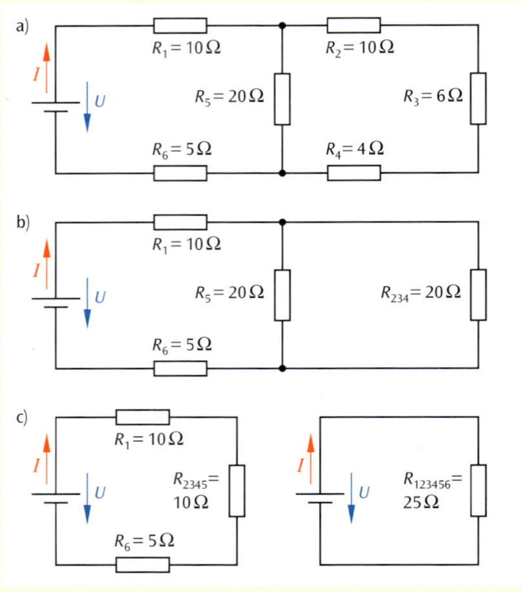

Bild 1: Netzwerk

Simulation Spannungsteiler

Oft benötigen Geräte eine Spannung, die von Null bis zur maximalen Spannung einstellbar ist. Mit einem Potenziometer (stufenlos veränderbarer Widerstand) kann die Ausgangsspannung von Null bis zur Betriebsspannung des Gerätes geregelt werden. Beim unbelasteten Spannungsteiler liegt eine Reihenschaltung von zwei Widerständen vor, die durch Belastung zur gemischten Schaltung wird.

6.6 Elektrische Arbeit und Leistung

6.6.1 Elektrische Arbeit

Beim Trennen von Ladungen in einer Spannungsquelle wird die elektrische Arbeit W verrichtet (Abschnitt 6.1.2). Diese Arbeit sorgt dafür, dass zum Beispiel je nach Art der Spannungsquelle mechanische Energie in elektrische Energie E_{el} umgewandelt wird, wie es bei einem Generator der Fall ist. Es kann aber auch chemische Energie (Batterie) oder Lichtenergie (Solarzelle) in elektrische Energie umgewandelt werden.

Die Spannung U entspricht der verrichteten Arbeit pro Ladung:

$$U = \frac{W}{Q} \quad \Leftrightarrow \quad W = U \cdot Q$$

Für die Ladung Q ergibt sich aus der Definition der Stromstärke $Q = I \cdot t$. Eingesetzt in obige Gleichung folgt für die elektrische Arbeit die nebenstehende Definition.

Am gebräuchlichsten ist in der Praxis die Einheit kWh.

$$1\ \text{kWh} \triangleq 1000\ \text{Wh} \triangleq 360\,000\ \text{Ws} \triangleq 3\,600\,000\ \text{J}$$

Mit dem Ohm'schen Gesetz $U = R \cdot I$ können weitere Berechnungsformeln für die elektrische Arbeit abgeleitet werden.

Die **elektrische Arbeit** W ist das Produkt aus Spannung U, Stromstärke I und Zeit t.

$$W = U \cdot I \cdot t$$

Einheit:

$$[W] = 1\ \text{VAs} = 1\ \text{Ws} = 1\ \text{J}$$

Weitere Formeln:

$$W = R \cdot I^2 \cdot t \quad \text{bzw.} \quad W = \frac{U^2 \cdot t}{R}$$

Beispiel:

Eine Lampe ist 1,5 Stunden lang an einer Spannung von $U = 230$ V angeschlossen. Es fließt durchgehend ein Strom von $I = 0{,}5$ A.

Die elektrische Arbeit beträgt:

$$W = U \cdot I \cdot t = 230\ \text{V} \cdot 0{,}5\ \text{A} \cdot 1{,}5\ \text{h} = 172{,}5\ \text{Wh}$$

Das entspricht 0,173 kWh.

Stromkosten

Elektrische Arbeit wird direkt mit sogenannten Elektrizitätszählern, auch Stromzähler genannt, gemessen (**Bild 1**). Jeder Haushalt besitzt so einen Stromzähler.

Bild 1: Stromzähler

Die Kosten für die elektrische Arbeit ergeben sich aus der vom Zähler angezeigten verbrauchten elektrischen Arbeit und dem Strompreis für eine kWh.

Stromkosten = elektrische Arbeit · Strompreis

Zu den Stromkosten kommt noch die Grundgebühr (abhängig vom Stromanbieter) hinzu.

Beispiel:

Ein Haushalt verbraucht im Jahr 2020 1041 kWh. **Bild 2** zeigt die Verteilung der el. Arbeit. Der Stromanbieter verlangt einen jährlichen Grundpreis von 106,80 € und 25,2 Cent pro kWh (zzgl. Umsatzsteuer von 19 %).

Kosten für die verbrauchte elektrische Arbeit:

1041 kWh · 25,2 Cent/kWh = 262,33 €

Gesamtstromkosten Netto:

262,33 € + 106,80 € = 369,13 €

Gesamtstromkosten Brutto:

369,13 € · 1,19 = 439,27 €

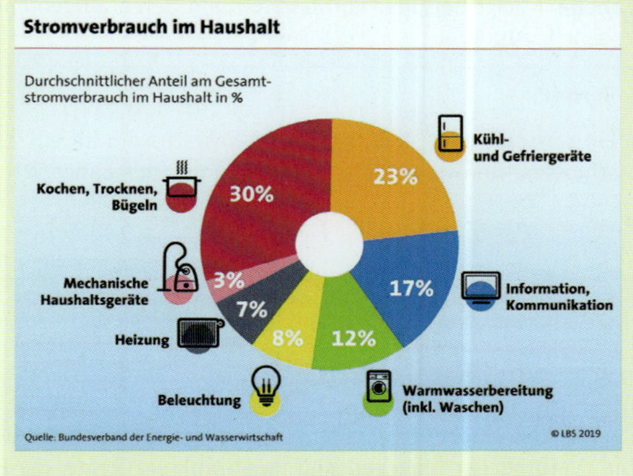

Bild 2: Anteile am Gesamtstromverbrauch im Haushalt

6.6.2 Elektrische Leistung

Ein Energielabel gibt Auskunft über die Energieeffizienz eines Gerätes. Das Label dient der Unterstützung des Verbrauchers beim Kauf und ist für viele elektronische Geräte Pflicht. Bei einer Heizungsanlage (**Bild 3**) wird die Wärmenennleistung in Kilowatt (kW), also die Wärmemenge pro Zeiteinheit, die die Heizung im Betrieb abgibt, angegeben. Neben der abgegebenen Leistung ist die maximale Geräuschentwicklung in Dezibel (dB) angegeben. Je kleiner dieser Wert ist, desto geräuschärmer ist das Gerät.

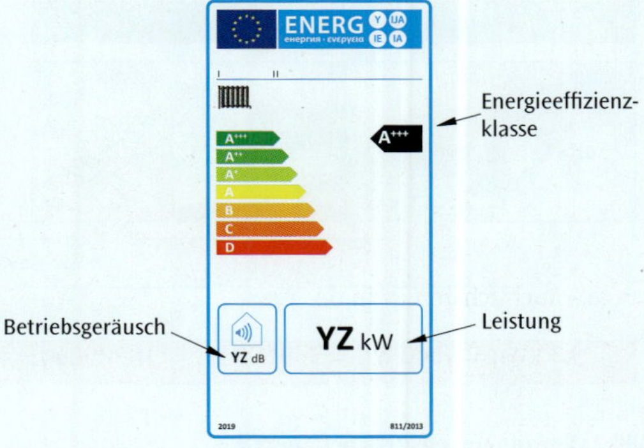

Bild 3: Energielabel einer Heizungsanlage

Genau wie die mechanische Leistung (Abschnitt 3.5.1) ist auch die elektrische Leistung P als Arbeit W pro Zeit t definiert. Die SI-Einheit ist das Watt (W). Größere Leistungswerte werden oft in Kilowatt (kW) bzw. Megawatt (MW) angegeben.

Beispiel Heizungsanlage: 10 kW ≙ 10 000 W

Ersetzt man die Arbeit durch die elektrische Arbeit $W = U \cdot I \cdot t$ (Abschnitt 6.6.1), dann kann die Leistung auch als Produkt von Spannung U und Strom I bestimmt werden.

Elektrische Leistung:

$$P = \frac{W}{t}$$

$$[P] = \frac{\text{Ws}}{\text{s}} = \text{W}$$

1 kW ≙ 1000 W, 1 MW ≙ 1 000 000 W

Alternativ:

$$P = U \cdot I$$

$$[P] = 1\,\text{V} \cdot \text{A} = 1\,\text{W}$$

Bei einem an Gleichspannung betriebenen Verbraucher ist die Leistung P umso größer, je größer die angelegte Spannung U und der fließende Strom I sind.

Durch eine gleichzeitige Strom- und Spannungsmessung im Stromkreis kann die elektrische Leistung mit Hilfe der Forme $P = U \cdot I$ bestimmt werden (**Bild 1**). Leistungsmessgeräte, welche die Leistung direkt anzeigen, bedienen sich am gleichen Messprinzip und führen die Multiplikation im Gerät aus.

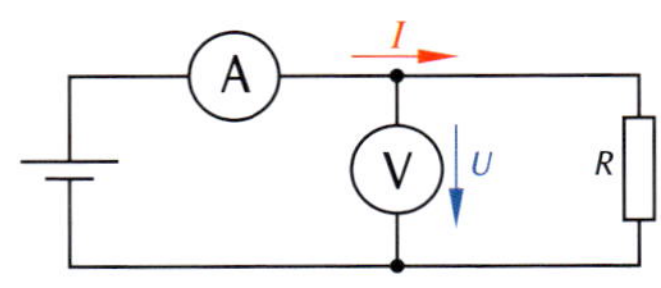

Bild 1: Leistungsmessung

Für die Leistungsberechnung von Widerständen reicht es auch aus neben dem Widerstandswert entweder die Stromstärke oder die Spannung zu kennen. Mithilfe des Ohm'schen Gesetzes $U = R \cdot I$ kann die Leistung mit den nebenstehenden Formeln bestimmt werden.

Elektrische Leistung:

$$P = R \cdot I^2 \quad \text{oder} \quad P = \frac{U^2}{R}$$

Tabelle 1 zeigt Beispiele von Geräten und deren aufgenommene bzw. abgegebene Leistung.

Beispiel:

Ein Wasserkocher (Nennleistung 2100 Watt) wird an ein 230-V-Netz angeschlossen. Die Stromstärke in der Zuleitung berechnet sich mit

$$P = U \cdot I \quad \Leftrightarrow \quad I = \frac{P}{U} = \frac{2100\,\text{W}}{230\,\text{V}} = 9{,}13\,\text{A}$$

Tabelle 3: Leistung von Geräten	
Glühlampe	25 W – 100 W
LED	4 W – 15 W
Fernseher 55"	60 W – 240 W
Kühlschrank	70 W – 180 W
Bohrmaschine	300 W – 1000 W
Windenergieanlage	3 MW – 9 MW

6.6.3 Wirkungsgrad

Energie kann nicht verbraucht, sondern nur umgewandelt werden. Solche Umwandler nennt man „Erzeuger" (**Bild 1**). Die „Verbraucher" dagegen sind im Stromkreis Geräte, die Energie geliefert bekommen und sie dann in eine andere Energieform umwandeln (z. B. Elektromotoren oder Lampen). Elektrisch betriebene Geräte sind Energiewandler.

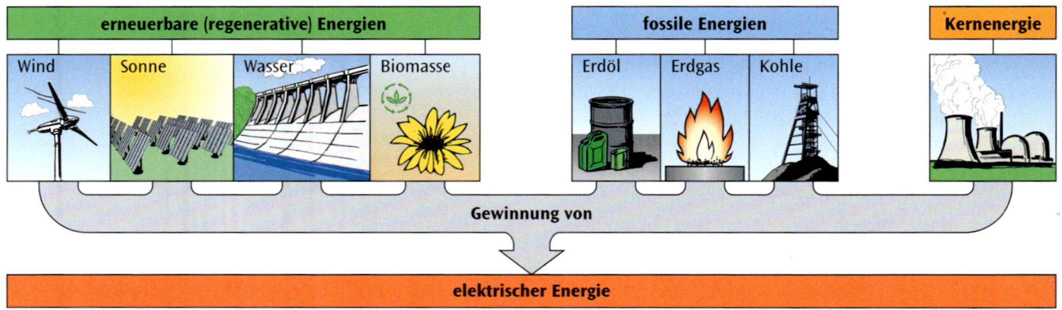

Bild 2: Gewinnung elektrischer Energie

Verlustleistung

In allen elektrischen Geräten entstehen neben der gewünschten Energie unerwünschte Nebenwirkungen. So erwärmt der elektrische Strom die Drähte bei Motorwicklungen oder die Reibung in den Lagern wird in Wärme umgesetzt.

Den Teil der aufgenommenen Leistung, der in unerwünschte Nebenwirkungen umgesetzt wird, nennt man Verlustleistung P_V. Die Verlustleistung ergibt sich aus der Differenz von aufgenommener (zugeführter) Leistung P_{zu} und abgegebener Leistung P_{ab} (**Bild 1**):

$P_{zu} = 1000\ \text{W}$

$P_{ab} = 750\ \text{W}$

$$P_V = P_{zu} - P_{ab} = 1000\ \text{W} - 750\ \text{W} = 250\ \text{W}$$

Das Verhältnis aus der nutzbaren abgegebenen Leistung P_{ab} und der aufgenommenen Leistung P_{zu} wird als Wirkungsgrad η[1] bezeichnet. Der Wirkungsgrad kann auch als Verhältnis der nutzbaren abgegebenen Arbeit W_{ab} und der zugeführten elektrischen Arbeit W_{zu} definiert werden.

Glühlampen haben einen niedrigen Wirkungsgrad, da ca. 95 % der elektrischen Energie in Wärme umgewandelt wird und dadurch die Lichtausbeute meist nur 5 % beträgt (**Tabelle 1**).

Gesamtwirkungsgrad

Werden mehrere Energiewandler mit unterschiedlichen Wirkungsgraden hintereinandergeschaltet, so berechnet sich der Gesamtwirkungsgrad η_{ges} durch Multiplikation der einzelnen Wirkungsgrade.

Gesamtwirkungsgrad:

$$\eta_{ges} = \eta_1 \cdot \eta_2 \cdot \ldots \cdot \eta_n$$

Verlustleistung P_V

$$P_V = P_{zu} - P_{ab}$$

P_{zu} Leistungsaufnahme

P_{ab} Leistungsabgabe

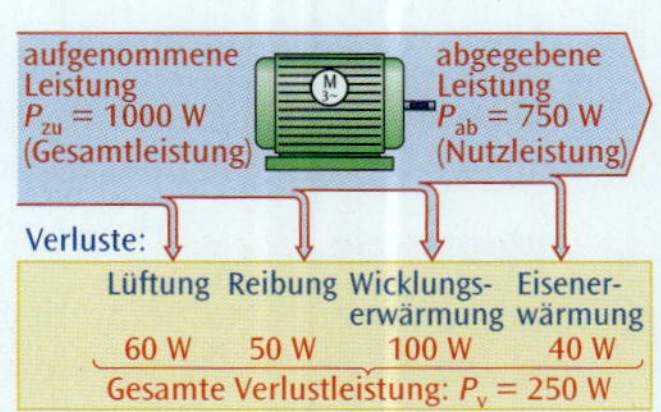

Bild 1: Verlustleistung

Wirkungsgrad

$$\eta = \frac{P_{ab}}{P_{zu}} \quad \text{oder} \quad \eta = \frac{W_{ab}}{W_{zu}}$$

Tabelle 4: Wirkungsgrad	
Glühlampe	0,05 bis 0,1
LED	0,3 bis 0,4
Wasserkocher	0,8 bis 0,95
Elektromotor	0,9 bis 0,95
Antrieb E-Auto	0,9 bis 0,95
Windturbine	0,4 bis 0,5

[1] griechischer Kleinbuchstabe eta

6.7 Aufgaben zur Elektrizitätslehre

6.7.1 Aufgaben zu elektrischer Stromstärke, Ladung und Spannung

1. **Einheitenumrechnung**

   (a) Rechnen Sie ein Coulomb in Amperestunden und in Miliamperestunden um.

   (b) Rechnen Sie 750 mAh in C um.

2. **Akku**

   Auf dem Akku einer Digitalkamera steht der Aufdruck „1150 mAh". Erklären Sie die Bedeutung dieses Wertes ohne Verwendung von Formeln oder Formelzeichen.

3. **Autobatterie**

   Die Ladung einer Autobatterie beträgt 36 Ah und liefert eine Spannung von 12 V. Wie lange könnte man damit das Standlicht (10 W Halogenlampe) betreiben?

4. **Stirnlampe**

   Die Brenndauer einer Stirnlampe (Betrieb mit drei 600 mAh-Akkus) wird vom Hersteller mit 18 Stunden angegeben.

   Geben Sie die beiden für den Betrieb möglichen Schaltungsarten an und berechnen Sie jeweils den Stromfluss durch die Lampe.

5. **Pulsierender Strom**

   Bild 1 zeigt den zeitlichen Verlauf eines pulsierenden Gleichstroms.

   (a) Berechnen Sie die innerhalb von 1,5 s transportierte Ladungsmenge sowie

   (b) die durchschnittliche Stromstärke.

Bild 2: Aufgabe 5

6. **Elementarladung**

   Berechnen Sie:

   (a) … die in 1 C enthaltene Elementarladung.

   (b) … die Anzahl von Elektronen pro Sekunde, die einen Stromfluss von 100 mA bzw. 10 pA entsprechen.

   (c) … die Stromstärke in einer Leitung, die pro Sekunde eine Billion Elektronen transportiert.

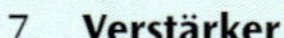

7. **Verstärker**

   Berechnen Sie, wie viele Elektronen pro Sekunde durch einen Verstärker mit der Stromstärke 15 fA fließen.

8. **Einfacher Stromkreis**

   (a) Aus welchen Teilen besteht ein einfacher Stromkreis?

   (b) Zeichnen Sie den Schaltplan eines einfachen Stromkreises.

   (c) Muss der Schalter zum Schließen des Stromkreises in den Hin- oder den Rückleiter eingebaut werden?

   (d) Geben Sie die Bedeutung folgender Schaltzeichen an.

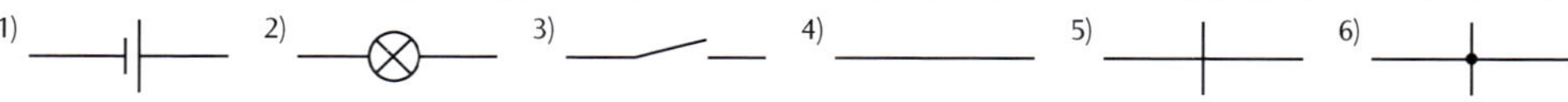

6.7.2 Aufgaben zu Widerstand und Ohm'schen Gesetz

1. **Widerstand und Leitwert**
   (a) Berechnen Sie den Leitwert eines Widerstandes mit $R = 0{,}25\ \Omega$.
   (b) Berechnen Sie den Widerstand eines Manganindrahtes (spezifischer Widerstand $0{,}43\ \frac{\Omega \cdot \text{mm}^2}{\text{m}}$) von 5 m Länge und $0{,}1\ \text{mm}^2$ Querschnitt.
   (c) Ein Manganindraht hat einen Querschnitt von $0{,}5\ \text{mm}^2$. Der Leiterwiderstand soll 100 Ω betragen. Welche Länge muss der Draht haben?
   (d) Der Leitwert eines Elektrolyten beträgt 13,5 S. Wie groß ist sein Widerstand in mΩ?
2. **Richtig oder falsch?**
   (a) Je größer die Spannung, desto größer die Stromstärke.
   (b) Je kleiner der Widerstand, desto kleiner die Stromstärke.
   (c) Je größer die Stromstärke, desto kleiner der Leitwert.
3. **Einheitenumrechnung**
   Geben Sie den spezifischen Widerstand von …
   (a) $\varrho = 1\ \frac{\Omega \cdot \text{mm}^2}{\text{m}}$ in der Einheit $\Omega \cdot \text{cm}$ an.
   (b) $\varrho = 1\ \Omega \cdot \text{cm}$ in der Einheit $\frac{\Omega \cdot \text{mm}^2}{\text{m}}$ an.
4. **Tauchsieder**
   Ein Tauchsieder wird an eine Spannungsquelle mit 230 V angeschlossen. Es fließt ein Strom von 450 mA. Berechnen Sie den Widerstand der Heizwicklung.
5. **Widerstandskennlinie**
   Bild 1 zeigt die Spannungs-Strom-Kennlinie von drei verschiedenen Widerständen. Bestimmen Sie die Widerstandswerte der Widerstände R_1, R_2 und R_3.
6. **Messgeräte im Stromkreis und Ohm'sches Gesetz**
   (a) Warum zeigt ein Strommessgerät vor und nach dem Verbraucher dieselbe Stromstärke an?
   (b) An welcher Stelle im Stromkreis muss der Spannungsmesser angebracht werden (**Bild 2**)?
   (c) Warum ist der Begriff „Verbraucher" streng genommen nicht korrekt?
   (d) Berechnen Sie den Widerstand in Ω, wenn der Spannungserzeuger 12 V liefert.
   (e) Der Widerstand im Stromkreis wird durch einen Widerstand mit 1 kΩ ersetzt. Berechnen Sie den Stromfluss in mA.
   (f) Der Erzeuger wird durch einen einstellbaren Erzeuger ausgetauscht. Welche Spannung muss eingestellt werden, damit ein Strom von 20 mA bei einem Widerstand von 1,2 kΩ fließt?

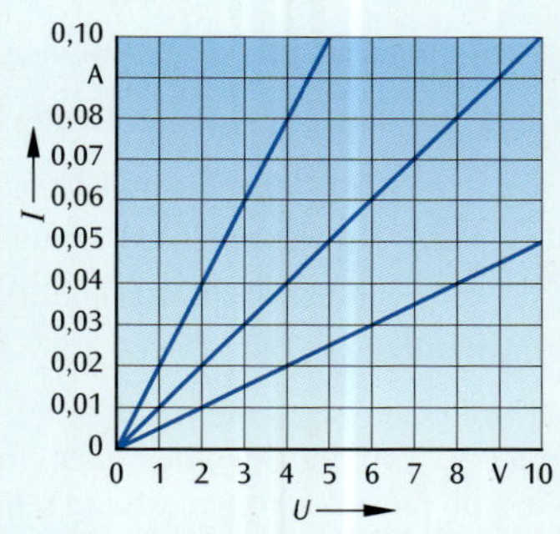

Bild 1: Aufgabe 5

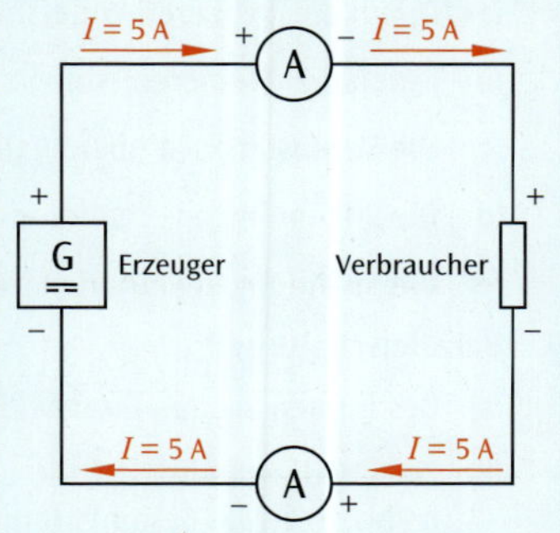

Bild 2: Aufgabe 6

6.7.3 Aufgaben zu Grundschaltungen und gemischten Schaltungen

1. **Reihenschaltung**

(a) Zwei Widerstände $R_1 = 30\ \Omega$ und $R_2 = 70\ \Omega$ sind in Reihe an die Spannung 10 V geschaltet. Berechnen Sie die Teilspannungen U_1 und U_2 an den Widerständen sowie die Stromstärke I.

(b) Ein Widerstand mit $R_1 = 120\ \Omega$ ist in Reihe geschaltet mit einem weiteren Widerstand R_2. Sie sind an eine Spannung von 5 V angeschlossen. Es fließt ein Strom von 10 mA. Berechnen Sie den Widerstandswert von R_2.

2. **Heizlüfter**

Der 50-W-Lüftermotor eines Heizlüfters hat einen elektrischen Widerstand von 1200 Ω und kann mit zwei Drehzahlen betrieben werden. Bei der großen Drehzahl liegt der Motor an 230 V (**Bild 1**). Bei der kleinen Drehzahl wird die Spannung $U_1 = 125$ V am Motor mit dem Widerstand R_1 durch einen Vorwiderstand R_2 herabgesetzt. Berechnen Sie die Größe des Vorwiderstands R_2 für den Betrieb bei kleiner Drehzahl.

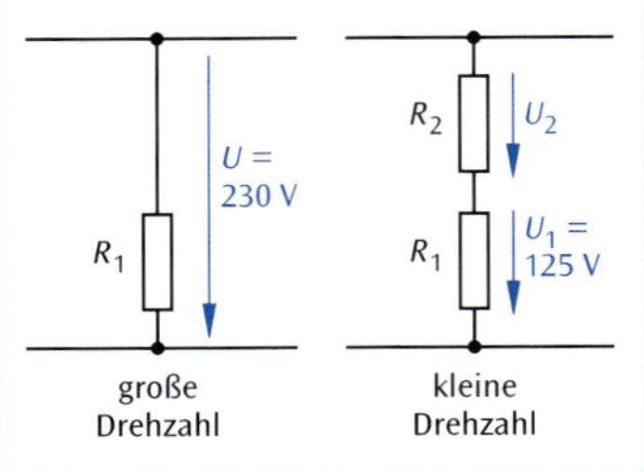

Bild 1: Aufgabe 2

3. **Leuchtdioden**

LEDs (Light Emitting Diode = Leuchtdiode) haben einen Widerstand von ca. 100 Ω und dürfen nur mit einer Stromstärke von etwa 20 mA Strom belastet werden.

(a) Darf eine solche LED direkt an eine Auto-Starterbatterie mit 12 V Spannung angeschlossen werden? Begründen Sie.

(b) Berechnen Sie die Spannung U_R und den Vorwiderstand R_V (**Bild 2**).

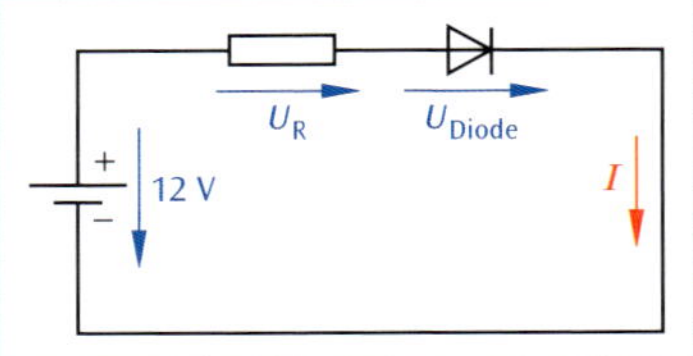

(c) Im Auto soll eine LED-Lichterkette angebracht werden.

1. Berechnen Sie, welche Spannung an einer einzelnen LED anliegen darf?
2. Aus wie vielen LEDs muss die Lichterkette mindestens bestehen?
3. Geben Sie an wie die LEDs geschaltet sein müssen.

Bild 2: Aufgabe 3

4. **Lötkolben**

Ein Lötkolben ist an die Netzspannung von 230 V angeschlossen. Es fließt ein Strom von 200 mA. Während einer Lötpause wird der Lötkolben über einen Vorwiderstand betrieben, sodass am Lötkolben nur noch 180 V anliegen. Wie groß muss der Vorwiderstand sein?

5. **Richtig oder falsch?**

Es liegt eine Reihenschaltung mit mehreren unterschiedlichen Widerständen vor. Welche Aussagen sind richtig?

(a) Durch den größeren Widerstand fließt der größere Strom.

(b) Durch den kleineren Widerstand fließt der größere Strom.

(c) Die Stromstärke ist überall gleich groß.

(d) Die Spannungen verhalten sich wie die Widerstände.

(e) Die Spannungen verhalten sich umgekehrt wie die Widerstände.

6. **Parallelschaltung**

(a) Bestimmen Sie den Ersatzwiderstand der zwei parallel geschalteten Widerstände $R_1 = 12\ \Omega$ und $R_2 = 18\ \Omega$.

(b) Zwei Widerstände $R_1 = 120\ \Omega$ und $R_2 = 200\ \Omega$ sind parallel an die Spannung $U = 40$ V angeschlossen. Berechnen Sie die Gesamtstromstärke I und die Teilströme I_1 und I_2.

(c) Drei Widerstände $R_1 = 50\ \Omega$, $R_2 = 20\ \Omega$ und R_3 sind parallel geschaltet. Der Ersatzwiderstand beträgt $R = 5\ \Omega$. Berechnen Sie den Widerstandswert R_3.

(d) Fünf gleiche Leitwerte mit je 8 S sind parallel geschaltet. Berechnen Sie den Ersatzleitwert und Ersatzwiderstand.

7. **Parallelschaltung**

Drei Widerstände R_1, R_2 und R_3 sind parallel an die Spannung $U = 240$ V angeschlossen (**Bild 1**). Berechnen Sie

(a) den Teilstrom I_3 durch den Widerstand R_3.

(b) die Widerstandswerte c.

(c) den Ersatzwiderstand R in der Schaltung.

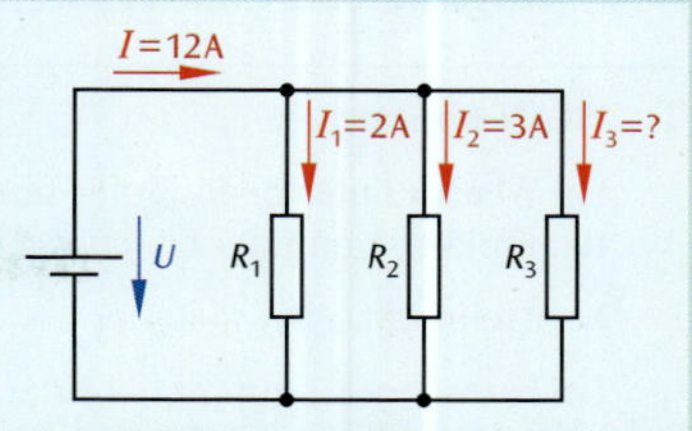

Bild 1: Aufgabe 7

8. **Ersatzwiderstand**

Bestimmen Sie den Ersatzwiderstand zwischen den Klemmen A und B (**Bild 2**). Die Widerstandswerte sind alle gleich groß und betragen 2 Ω.

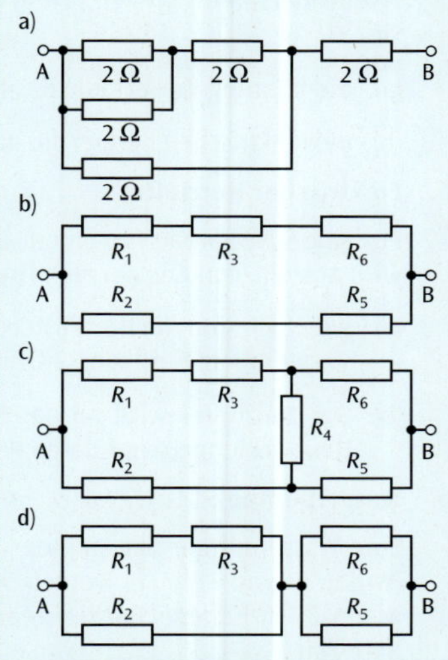

Bild 2: Aufgabe 8

9. **Gruppenschaltung**

Drei Widerstände R_1, R_2 und R_3 sind nach dem Schaltplan von **Bild 3** geschaltet. Es liegt eine Spannung von $U = 60$ V an und es fließt ein Gesamtstrom von 1,5 A. Berechnen Sie

(a) den Ersatzwiderstand R.

(b) die Teilspannungen U_1, U_2, U_3.

(c) die Teilströme I_1, I_2, I_3.

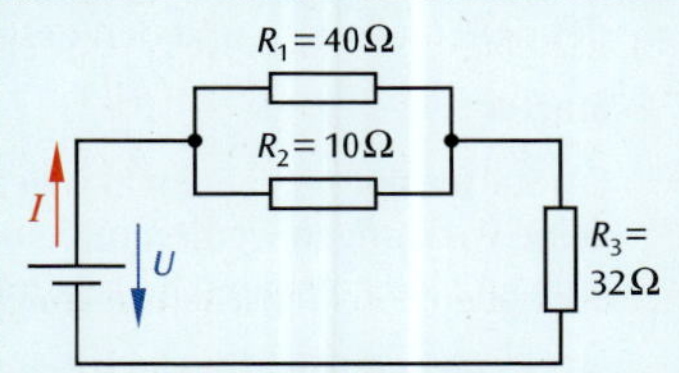

Bild 3: Aufgabe 9

10. **Stromleitungen**

Vögel setzen sich auf Stromleitungen, die unter Spannung stehen (**Bild 4**).

(a) Erklären Sie, warum die Vögel keinen Stromschlag erleiden.

(b) Manchmal werden Störche tot unter Hochspannungsleitungen aufgefunden. Was könnte die Ursache sein, dass sie nicht überlebten?

11. **Richtig oder falsch?**

Fünf gleiche Widerstände werden parallel geschaltet.

(a) Gesamtstrom entspricht 1/5 der Einzelströme.

(b) Ersatzwiderstand entspricht dem 5-fachen der Einzelwiderstände.

(c) Spannung entspricht 1/5 der Gesamtspannung.

(d) Ersatzwiderstand entspricht 1/5 der Einzelwiderstände.

(e) Ersatzwiderstand entspricht der Summe der Einzelwiderstände.

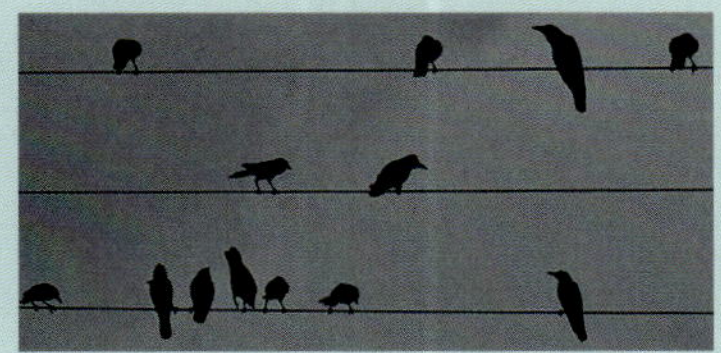

Bild 4: Aufgabe 10

6.7.4 Aufgaben zu elektrischer Arbeit, Leistung und Wirkungsgrad

1. **WLAN-Router**

   Ein WLAN-Router benötigt für seinen Betrieb eine elektrische Leistung von 20 W. Wie hoch sind die Energiekosten im Jahr, wenn der Energieversorger einen Tarif von 29 Cent pro kWh verlangt.

2. **Fernsehgerät**

   Ein Fernsehgerät nimmt bei einer Netzspannung von 230 V einen Strom von 0,3 A auf. Berechnen Sie die Kosten, wenn das Fernsehgerät 8 Stunden in Betrieb ist und der Energieversorger 0,28 €/kWh berechnet.

3. **Elektrische Leistung Reihenschaltung**

   Zwei Widerstände $R_1 = 20\ \Omega$ und $R_2 = 40\ \Omega$ sind in Reihe an eine Spannung von 24 V angeschlossen. Berechnen Sie

   (a) die Leistung in Watt, die das Netzgerät bereitstellen muss.

   (b) die elektrische Energie, die das Netzgerät verbraucht, wenn das System 3 Stunden versorgt wird.

4. **Elektrischer Heizlüfter**

   Für eine Silvesterparty in einem Gartenhäuschen soll ein Heizlüfter verwendet werden. Aus Sicherheitsgründen wird anstelle von Gas ein elektrischer Heizlüfter mit 2,5 kW verwendet.

   (a) Wie hoch sind die Heizkosten, wenn das Gerät von 19 Uhr bis 2 Uhr eingeschaltet bleibt und der Energieversorger einen Tarif von 32 Cent/kWh angibt?

   (b) Der Heizlüfter wird an das Stromnetz mit 230 V angeschlossen. Berechnen Sie die Stromstärke in den Heizwicklungen und deren Widerstandswert.

5. **Wasserpumpe**

   Eine Wasserpumpe hat eine elektrische Anschlussleistung von 25 kW (Wirkungsgrad 71 %). Es werden 500 m^3 Wasser (Dichte $\varrho = 998$ kg/m^3) in ein 25 m höheres Becken gepumpt. Berechnen Sie die dazu benötigte Zeit.

6. **Wirkungsgrad**

   Berechnen Sie für die Anlage in **Bild 1** den Wirkungsgrad des Motors η_{Mot}, des Generators η_{Gen} und den Gesamtwirkungs-grad η_{ges}.

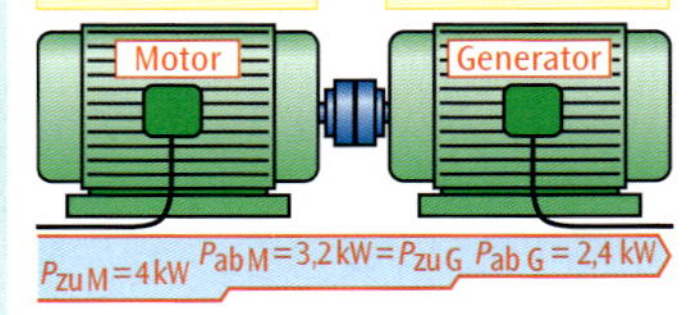

Bild 1: Aufgabe 6

7. **Starter**

   Ein Startermotor in einem Pkw liegt an 12 V Gleichspannung an (**Bild 2**). Seine Wicklungen werden mit einem Strom von 222 A durchflossen. Er gibt 1,12 kW mechanische Leistung an den Antriebszahnkranz weiter.

   (a) Berechnen Sie die elektrische Leistung, die dem Starter zugeführt wird.

   (b) Bestimmen Sie den Wirkungsgrad.

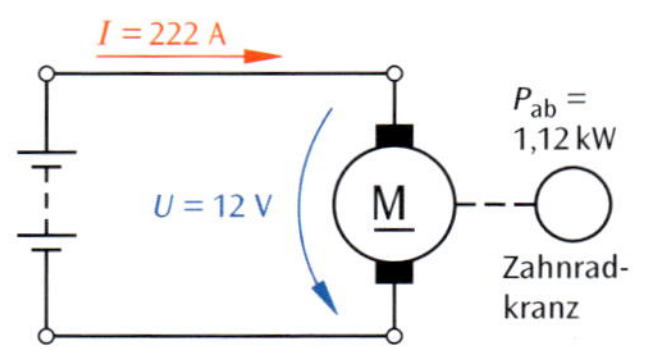

Bild 2: Aufgabe 7

7 Elektrisches Feld

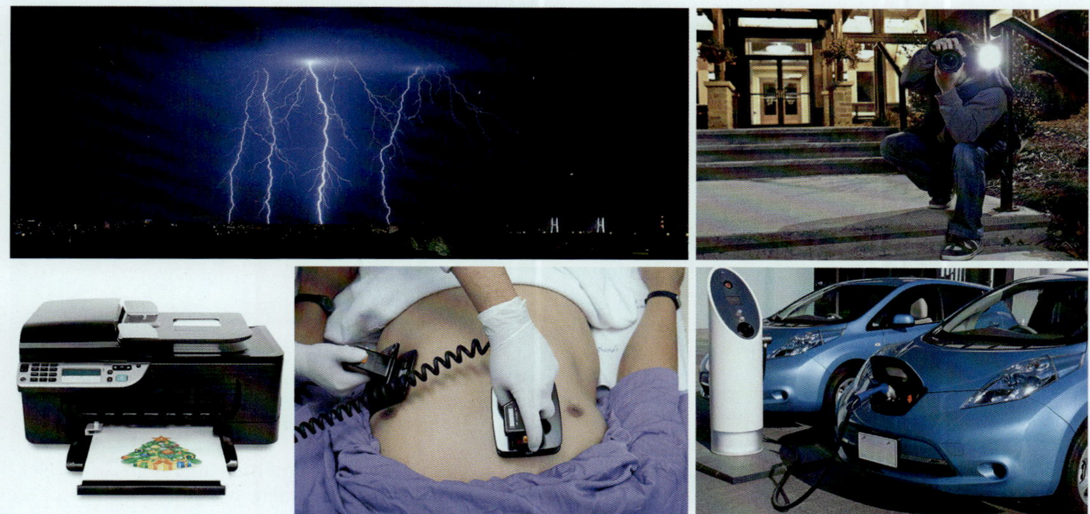

7.1 Grundbegriffe der Elektrostatik

Da stehen einem die Haare zu Berge ...

Der amerikanische Ingenieur und Physiker Robert Jemison Van de Graaff (1901 bis 1967) stellte 1933 den nach ihm benannten Generator zur Erzeugung von Hochspannung vor. Das Modell war 12 m hoch und in der Lage, eine Spannung von fünf Millionen Volt (5 MV) zu erzeugen.

Für Unterrichts- und Demonstrationszwecke werden kleinere Bandgeneratoren (bis ca. 80 kV) eingesetzt, deren Funktionsweise dem Original ähnelt (**Bild 1**):

Ein Gummiband (①) wird über zwei Kunststoffrollen (② und ③) geführt, die von einem Elektromotor (⑦) angetrieben werden. Durch den Kontakt mit dem Gummiband lädt sich die obere Rolle positiv auf. (Der Effekt ähnelt dem beim Ausziehen eines Pullovers, wenn dieser an trockenen, frisch gewaschenen Haaren reibt.) Dadurch werden der metallischen Hohlkugel (④) über einen Metallkamm (⑤) fortlaufend Elektronen entzogen und über den unteren Metallkamm (⑥) in die Erde abgeführt. Versuchsbeispiele zum Bandgenerator finden sich ab S. 196.

In diesem Abschnitt werden die aus der Mittelstufe bekannten Grundbegriffe der Elektrostatik (Ladung, Influenz und Polarisation) wiederholt und der Umgang mit ihnen gefestigt.

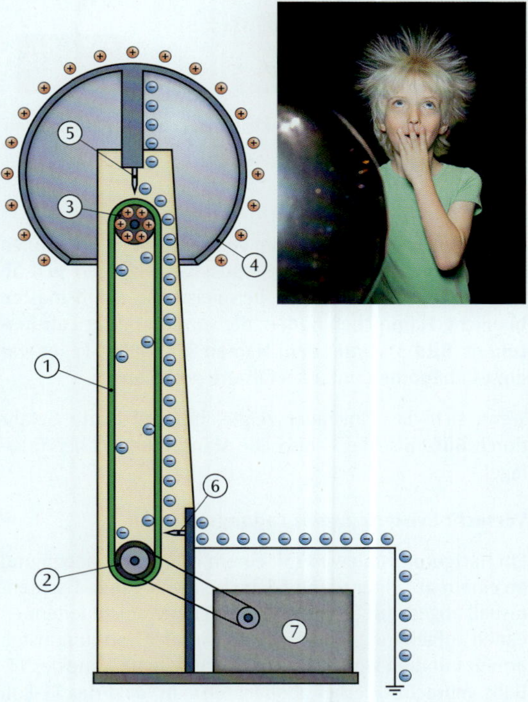

Bild 1: Bandgenerator in Aktion: Die Konduktorkugel und damit das Mädchen laden sich binnen kurzer Zeit stark positiv auf.

Faraday'scher Käfig[1)]

Das Innere der Konduktorkugel eines Bandgenerators verbleibt feldfrei, da es sich um einen Faraday'schen Käfig (**Bild 1** auf folgender Seite) handelt. Somit können sich immer mehr positive Ladungen auf der Kugeloberfläche

[1)] Michael Faraday (1791–1867), engl. Physiker

sammeln. Wenn die Ladung zu groß wird, findet ein Ladungsausgleich mit der Umgebung in Form eines Blitzes statt.

Genau genommen werden keine positiven Ladungen transportiert, sondern negative Ladungsträger, nämlich Elektronen. Als positive Ladung wird das Fehlen von Elektronen bezeichnet. Der Kugeloberfläche eines Bandgenerators werden also fortwährend Elektronen entzogen und über die Erde abgeführt.

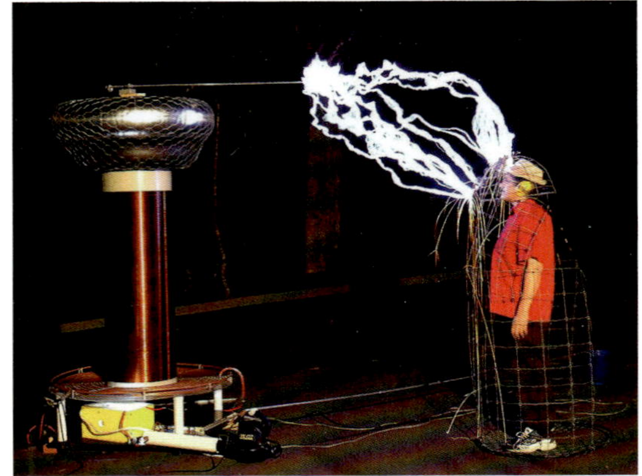

Bild 1: Faraday'scher Käfig: Schlägt der Blitz in den Metallkäfig ein, dann fließt die Ladung über die Außenfläche in den Boden, und der Insasse bleibt unversehrt. – Alltagsbezug: Auto oder Flugzeug im Gewitter

Spitzenwirkung des elektrischen Feldes

Die Konduktorkugel des Bandgenerators (oder der Pluspol einer Hochspannungsquelle; Minuspol erden!) wird mit einem Nagel verbunden und eine Kerzenflamme in die Nähe gebracht. Dabei kann man beobachten, dass die Kerzenflamme vom Nagel abgestoßen wird (**Bild 2a**).

Erklärung (**Bild 2b**): Mikroskopisch kleine Ladungsträger verteilen sich auf der Oberfläche des Nagels. An der Spitze sitzen sie so dicht und die gegenseitigen Abstoßungskräfte werden so groß, dass einige von ihnen die Oberfläche verlassen können. Der dadurch entstehende sogenannte elektrostatische Wind ist so stark, dass die Gasmoleküle der Kerzenflamme weggedrückt werden.

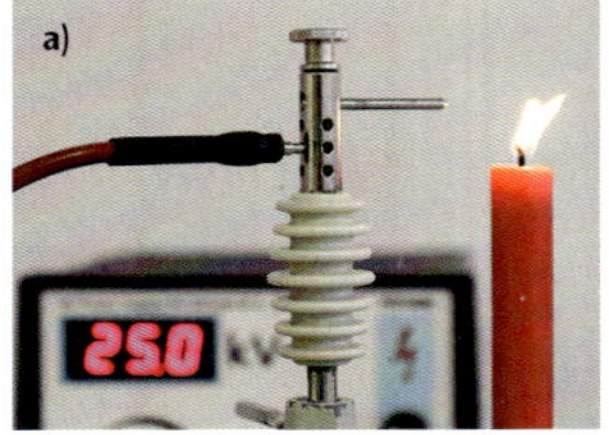

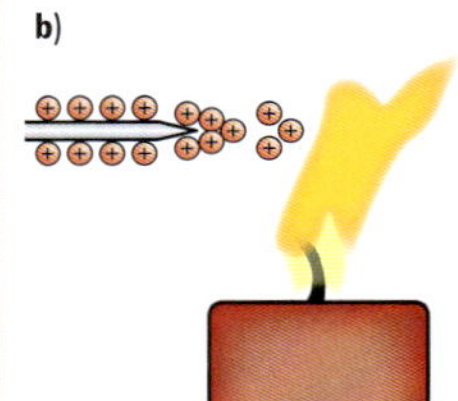

Bild 2: Spitzenwirkung des elektrischen Feldes (Erläuterungen im Text)

Bild 3: Elmsfeuer am Observatorium auf dem Hohen Sonnblick (3106 m) in Österreich

Elmsfeuer

Spitzenentladung kommt in verschiedenen Situationen vor: Bei hohen elektrischen Feldstärken können sich an spitzen Gegenständen wie beispielsweise Schiffsmasten bläuliche Flämmchen bilden, die von ionisierter Luft herrühren (**Bild 3**). Unter dem Namen Sankt-Elms-Feuer war dieses Phänomen unter Seefahrern gefürchtet.

Wenn sich das Elmsfeuer zeigte, bestand akute Gefahr durch Blitzeinschlag – also alle Mann raus aus der Takelage!

Versuch: Existenz zweier Ladungsarten

Ein Hartgummistab wird mit einem *Wolltuch* gerieben und an einem mit einer Graphit-Schicht überzogenen Tischtennisball abgestreift (der TT-Ball ist an einem nicht leitenden Faden aufgehängt). Anschließend wird der Hartgummistab erneut mit dem Wolltuch gerieben und in die Nähe des TT-Balls gebracht. Hierbei beobachtet man, dass der TT-Ball vom Hartgummistab abgestoßen wird (**Bild 4a**).

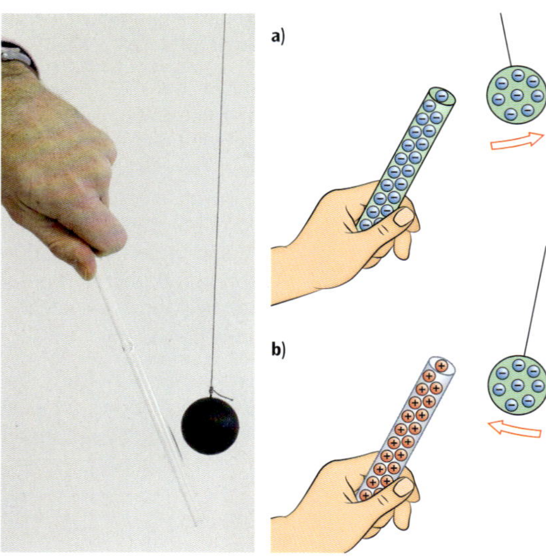

Bild 4: Versuche mit dem Reibzeug: a) Abstoßung gleichnamiger Ladungen, b) Anziehung ungleichnamiger Ladungen (Erläuterungen im Text)

Nun wird ein mit einem *Seidentuch* geriebener Glasstab in die Nähe des aufgehängten TT-Balls gebracht. Hierbei beobachtet man eine Anziehung zwischen TT-Ball und Glasstab (**Bild 4b** und Hauptbild).

Erklärung: Der am Wolltuch geriebene Hartgummistab lädt sich negativ auf, d.h. Elektronen des Wolltuchs wandern durch das Reiben auf den Hartgummistab (**Bild 1a**). Wird der Hartgummistab am TT-Ball abgestreift, wandern die negativen Ladungen auf die Oberfläche des Balls, da Graphit ein elektrisch leitendes Material ist. Wird der Hartgummistab erneut am Wolltuch gerieben und dem Ball genähert, stehen sich folglich gleichnamige Ladungen gegenüber, die sich gegenseitig abstoßen (**Bild 4a** auf der vorherigen Seite).

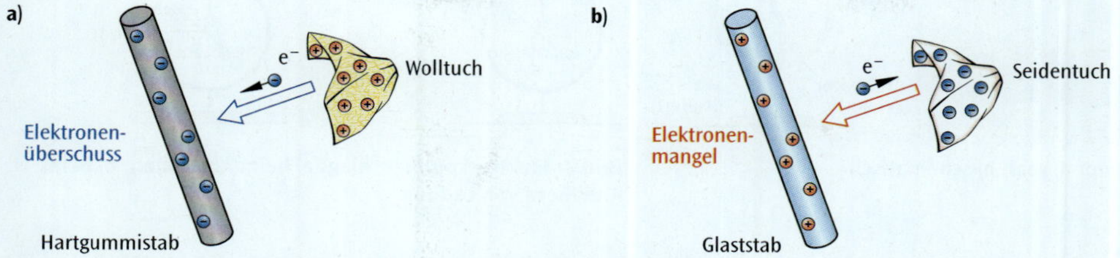

Bild 1: a) Hartgummi lädt sich durch Reiben negativ, b) Glas lädt sich durch Reibung positiv auf

Wird der Glasstab am Seidentuch gerieben, wandern dagegen Elektronen des Glases durch das Reiben zum Seidentuch, und der Glasstab lädt sich positiv auf (**Bild 1b**). Bei Annäherung an den TT-Ball stehen sich nun ungleichnamige Ladungen gegenüber, und es kommt zur Anziehung (**Bild 4b** auf der vorherigen Seite).

Grundgesetz der Elektrostatik: Gleichnamige Ladungen stoßen sich ab, ungleichnamige Ladungen ziehen sich an.

Kontaktelektrische Spannungsreihe

Welche Ladungsvorzeichen Stoffe nach gegenseitigem Kontakt (Reibung) aufnehmen, kann einer Spannungsreihe entnommen werden. Stoffe mit hoher Elektronenaffinität[1] werden dort mit einem Minus, Stoffe mit geringer Affinität mit einem Plus gekennzeichnet. Der näher am Minuszeichen stehende Stoff lädt sich beim Reiben durch Aufnahme von Elektronen negativ auf (**Bild 2**).

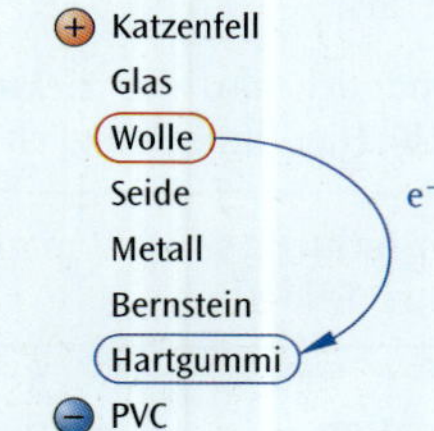

Bild 2: Kontaktelektrische Spannungsreihe

Polaritätsanzeiger Glimmlampe

Das Vorzeichen einer Ladung kann mit einer **Glimm**lampe (nicht: **Glüh**lampe!) ermittelt werden (**Bild 3**).

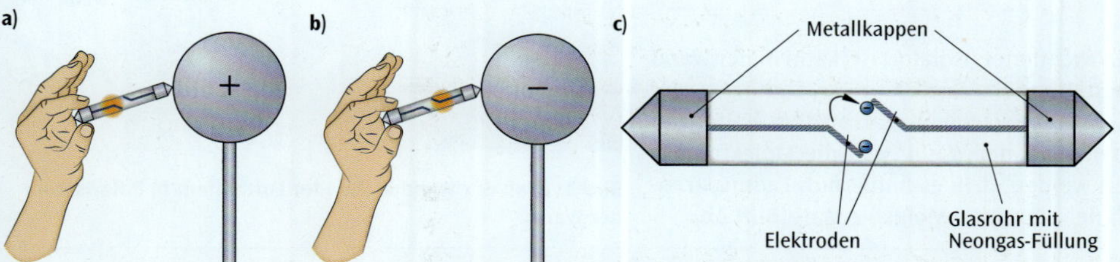

Bild 3: a) und b) Bei einer Glimmlampe blitzt diejenige Elektrode auf, die Elektronen abgibt, c) Aufbau einer Glimmlampe

Ladungsmessgerät Elektroskop

Zur quantitativen Bestimmung von Ladung kann ein Elektroskop[2] (**Bild 1** auf der folgenden Seite) dienen. Wird ein geriebener Hartgummistab am Elektroskop-Teller **abgestreift**, dann wandern Ladungen des Stabes sowohl auf die Halterung des Zeigers als auch auf den Zeiger selbst. Weil gleichnamige Ladungen sich abstoßen, schlägt das Elektroskop aus (**Bild 2a** auf der folgenden Seite).

Die Größe des Ausschlags ist ein Maß für die Ladung und kann auf einer Skala abgelesen werden. Elektroskope mit Skala werden auch als Elektrometer bezeichnet.

[1] Affinität: Anziehung

[2] die Endung *-skopein* kommt aus dem Griechischen und bedeutet „betrachten“

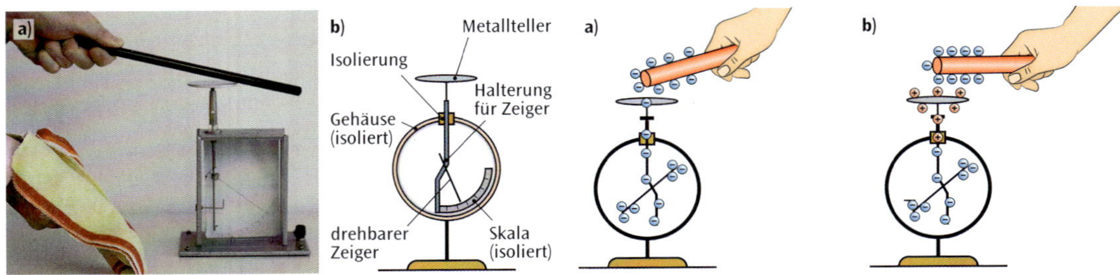

Bild 1: Elektroskop: a) real, b) schematisch

Bild 2: Elektroskop-Ausschlag: a) beim Abstreifen, b) beim Annähern von Ladung

Influenz

Ein Elektroskop schlägt nicht nur aus, wenn Ladung am Elektroskop-Teller **abgestreift** wird (**Bild 2a**), sondern auch, wenn man sich mit einer Ladung dem Teller nur **nähert**. Wie ist das zu erklären?

Zu Beginn des Experiments sind sowohl Zeiger als auch Halterung elektrisch neutral, d. h. sie enthalten genauso viele positive wie negative Ladungsträger. Weil Zeiger und Halterung aus Metall und somit elektrisch leitend sind, können sich die Elektronen des Metalls frei bewegen.

Bringt man eine negative Ladung **in die Nähe**, dann werden die Elektronen des Metalltellers weggedrückt in den unteren Teil des Elektroskops (**Bild 2b**). Zeiger und Halterung sind wieder gleichnamig geladen, und das Elektroskop schlägt aus.

Während sich also das Elektroskop bei Berührung auflädt (**Bild 2a**), bleibt es bei Annäherung elektrisch neutral (**Bild 2b**). Hier findet lediglich eine Ladungs**trennung** statt, die als Influenz bezeichnet wird.

> Unter **Influenz** versteht man Ladungstrennung infolge der Anwesenheit einer Ladung (genauer: eines äußeren elektrischen Feldes).

Polarisation

Ein kräftig mit einem Wollschal geriebener Luftballon (noch besser klappt der Versuch bei Verwendung eines Modellierballons) bleibt an der Wand haften (**Bild 3a**). Warum?

Da die Wand ein Nichtleiter (Isolator) ist, kann in der Wand keine Influenz stattfinden. Dort sind die Ladungsträger (Elektronen) nicht frei verschiebbar. Trotzdem haftet der geladene Luftballon an der Wand, weil die Moleküle der Wand polarisiert werden, d. h. es findet nun Ladungstrennung innerhalb der einzelnen Moleküle statt (**Bild 3b**).

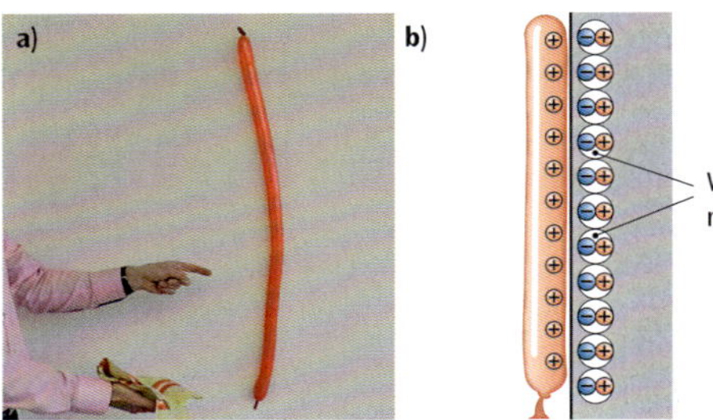

Bild 3: a) an der Wand klebender Luftballon, b) Polarisation der Wand

> Unter **Polarisation** versteht man Ladungstrennung innerhalb einzelner Atome oder Moleküle infolge der Anwesenheit einer Ladung (eines äußeren elektrischen Feldes).

Anwendung: Xerografie (Fotokopieren)

Die wohl bekannteste Anwendung der Elektrostatik ist das von Chester Carlson bereits im Jahr 1937 erfundene Verfahren zum Fotokopieren von Papier. Das Verfahren kommt heute auch in Laserdruckern zum Einsatz. Der Fachbegriff hierfür lautet Xerografie[1]. Einen Modellversuch zeigt **Bild 1** auf der folgenden Seite.

[1] aus dem Griechischen: *xeros* (trocken) und *graphein* (schreiben)

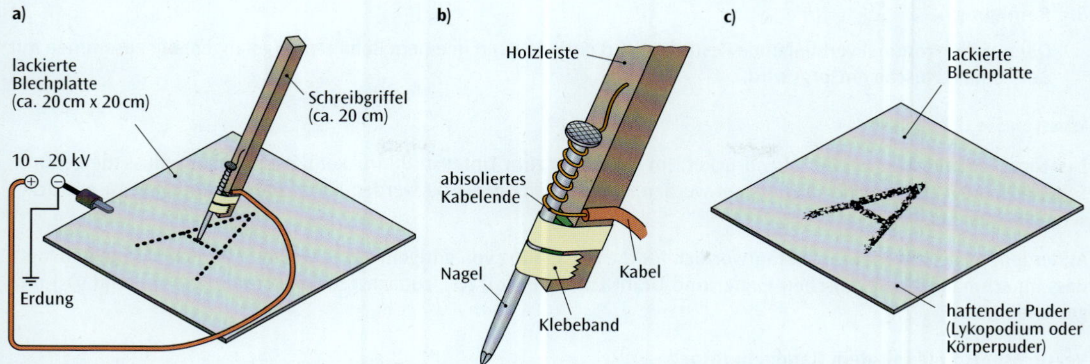

Bild 1: Modellversuch zur Xerografie: Mit dem unter Hochspannung stehenden Stift (vergrößert in Bild b) werden Bereiche eines schwarz lackierten Bleches aufgeladen (a). Bläst man etwas Puder über das Blech, bleibt der Puder an den geladenen Bereichen haften (c), und die Geheimschrift wird sichtbar. Achtung: Den Nagel nicht direkt anfassen!

Erklärung: Wird mit dem unter Hochspannung stehenden Nagel das Blech berührt, dann wird ein kleiner Bereich um den Berührpunkt herum elektrisch geladen (der Lack auf dem Blech ist ein Isolator – sonst würde sich das gesamte Blech aufladen!).

Auf das Blech wird dann ein Puder aufgetragen. An den aufgeladenen Stellen bleiben einzelne Puderteilchen haften, da die Moleküle des Puders polarisiert werden. Das Experiment ähnelt dem mit dem geladenen Luftballon an der Wand (vgl. **Bild 3** auf der vorherigen Seite), nur dass diesmal die ungeladene Wand (Puder) am geladenen Luftballon (beschriebene Stellen auf dem Blech) haftet.

Funktionsweise eines Laserdruckers (oder Kopiergeräts)

Herzstück eines Laserdruckers ist eine metallische Drucktrommel, auf die eine 10 bis 50 μm dünne Halbleiterschicht aufgebracht ist, über die beim Ausdrucken das Papier gezogen wird. Der Halbleiter (Fotoleiter) verhält sich im Dunkeln wie ein Isolator und wird bei Lichteinfall elektrisch leitend.

Der Druck einer Seite erfolgt in sechs Prozessschritten, wobei die ersten vier in **Bild 2** dargestellt sind.

1. **Aufladung** des Fotoleiters

   Ein unter Hochspannung stehender Draht (Coronadraht) wird nahe der Trommel geführt und lädt die Oberfläche der Trommel gleichmäßig auf.

2. **Belichtung**

   Mit einem Laser werden all diejenigen Stellen des Fotoleiters belichtet, die am Ende weiß bleiben sollen. Da der Fotoleiter bei Lichteinfall elektrisch leitend wird, werden diese Stellen entladen. Bei kurzzeitiger Belichtung entladen sich die Stellen nur teilweise, und der Druck von Graustufen ist möglich.

3. **Entwicklung**

   Nun werden positiv geladene Toner-Partikel auf die Trommel geschüttet, welche an den geladenen Stellen der Trommel haften. Es entsteht dort eine sichtbare (spiegelverkehrte) Kopie des Bildes.

4. **Transfer**

   Jetzt wird das Papier mit dem Fotoleiter in Kontakt gebracht und gleichzeitig die Papierrückseite mit negativen Ladungen besprüht. Dabei muss das Papier stärker negativ aufgeladen werden als der Fotoleiter, damit die Toner-Partikel auf dem Papier haften können.

5. **Fixierung**

   Das Papier wird zwischen zwei heiße Walzen geführt. Druck und Hitze sorgen dafür, dass der Toner ins Papier eingeschmolzen wird und nicht mehr verwischen kann.

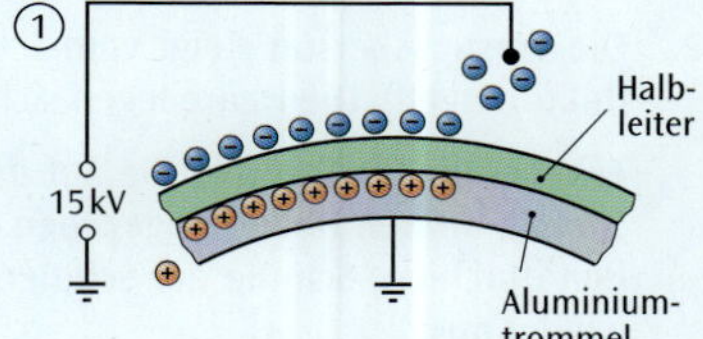

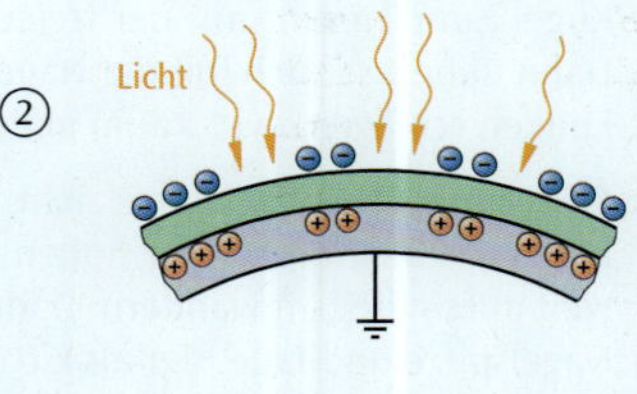

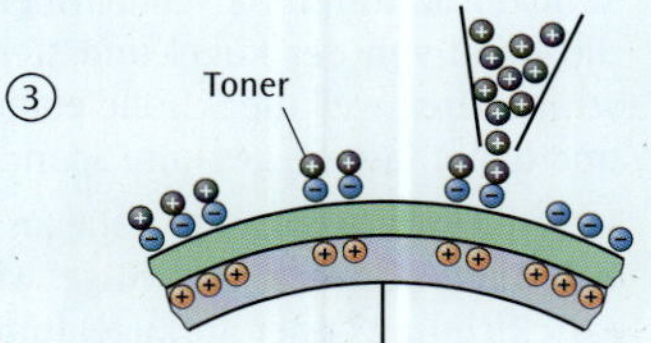

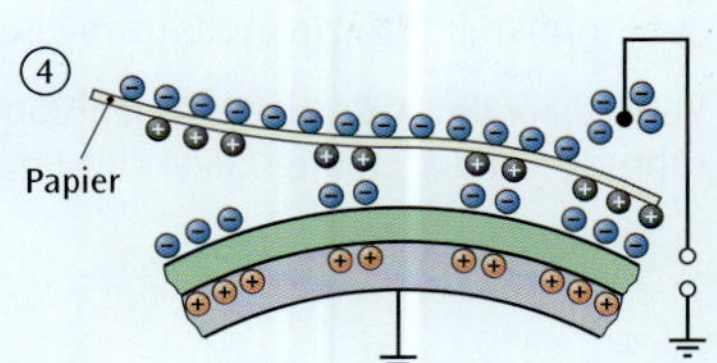

Bild 2: Die ersten vier Prozessschritte beim Laserdruck (schematisch)

6. **Reinigung**

   Der auf der Trommel verbleibende Resttoner wird entladen und in einem Behälter aufgefangen, der zusammen mit der Tonerkartusche entsorgt wird.

Wussten Sie ...?

Laserdrucker sind sogenannte *Seiten*drucker: Im Gegensatz zum Tintenstrahldrucker (*Zeilen*drucker) muss die gesamte Seite in den Druckerspeicher übertragen werden, ehe die Seite gedruckt werden kann. Daher benötigen Laserdrucker sehr viel Speicher.

Außerdem ist der Coronadraht verantwortlich für die Entstehung von giftigem Ozon, weil es sich nicht vermeiden lässt, dass im schmalen Spalt zwischen Papier und Draht Luftsauerstoff (O_2) zunächst ionisiert und dann in Ozon (O_3) umgewandelt wird.

Versuchsbeispiele mit dem Bandgenerator[1)]

Vorbereitung: Eine mutige Schülerin oder ein mutiger Schüler mit langen, frisch gewaschenen Haaren steckt sich einen Nagel in die Hosentasche. Die Erdungskugel wird geerdet und in etwa 2 m Abstand zum Bandgenerator aufgestellt.

Vorschlag einer Choreografie (**Bild 1**)

1. Die Versuchsperson stellt sich auf einen Schemel und legt die Hand auf den Bandgenerator. Der Assistent schaltet den Bandgenerator ein und wartet.

   Erklärung: Die Ladung auf der Konduktorkugel verteilt sich auf den Körper der Versuchsperson und damit auch auf die Haare. Weil gleichnamige Ladungen sich abstoßen, richten sich die Haare auf.

2. Die Versuchsperson steigt vom Schemel ab (Hand verbleibt auf der Konduktorkugel!). Die Haare legen sich wieder.

   Erklärung: Die Ladung, die auf der Versuchsperson sitzt, wird durch die Schuhe an den Boden abgegeben. Genauer: Elektronen aus der Erde fließen durch die Schuhe der Schülerin und gleichen den Elektronenmangel wieder aus.

3. Die Versuchsperson steigt wieder auf den Schemel (Hand verbleibt auf der Kugel!) und nimmt mit der freien Hand den Nagel aus der Hosentasche. Dann nähert sie sich mit der Nagelspitze langsam (!) der Erdungskugel, bis Funken schlagen (evtl. Raum abdunkeln). Erdungskugel nicht berühren!

   Erklärung: Die Nagelspitze zieht Elektronen aus der Erde. Die Elektronen können dabei infolge der hohen Spannung (bis 80 kV) einige Zentimeter weit durch die Luft wandern. Dadurch kommt es zum Stromfluss zwischen Nagelspitze und Erde, der als Lichtbogen sichtbar wird.

4. **Selbstentladung:** Die Versuchsperson steckt den Nagel wieder ein, nimmt die Hand von der Kugel und steigt vom Schemel ab. Diese Methode ist schmerzfrei, weil die Schuhe einen hohen elektrischen Widerstand haben und daher fast die gesamte Spannung an der Schuhsohle abfällt.

5. Jetzt die Erdungskugel so nahe an die Generatorkugel schieben, bis dauerhaft Blitze schlagen. Den Nagel wieder aus der Tasche nehmen und **langsam** Richtung Generatorkugel führen, bis das Blitzzucken aufhört.

   Erklärung: Elektronen wandern aus der Nagelspitze und schließen den Stromkreis (Prinzip des Blitzableiters).

Versuchsende: Abschließend den Bandgenerator ausschalten und durch Berührung mit der Erdungskugel vollständig entladen.

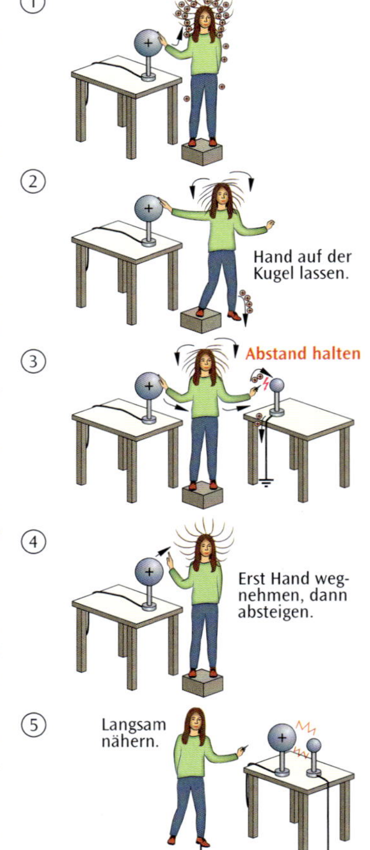

Bild 1: Versuche mit dem Bandgenerator

1) Wer den Show-Effekt liebt, kann sich auf YouTube weitere Anregungen holen, z. B. unter dem Suchbegriff „Should a Person Touch 200,000 Volts? A Van de Graaff generator experiment!“

Wie misst man Ladungen und Ströme?

Zur Messung sehr kleiner Ströme und Ladungen (< 1 µA bzw. < 1 µC) reicht die Empfindlichkeit der aus der Mittelstufe bekannten Drehspulinstrumente nicht mehr aus und man verwendet Messverstärker. Wegen ihres komplexen Aufbaus werden wir sie als Blackbox ansehen. Einen quantitativen Zusammenhang zwischen Stromstärke und Ladung liefert der folgende Versuch.

Versuch: Pingpong

Zwei gegenüber stehende Metallplatten werden an eine Hochspannungsquelle angeschlossen (eine derartige Versuchsanordnung nennt man Plattenkondensator, vgl. Abschnitt 4.8). Zwischen den Platten befindet sich ein mit Graphit überzogener Tischtennisball, der an einem nicht leitenden Faden hängt (**Bild 1a**).

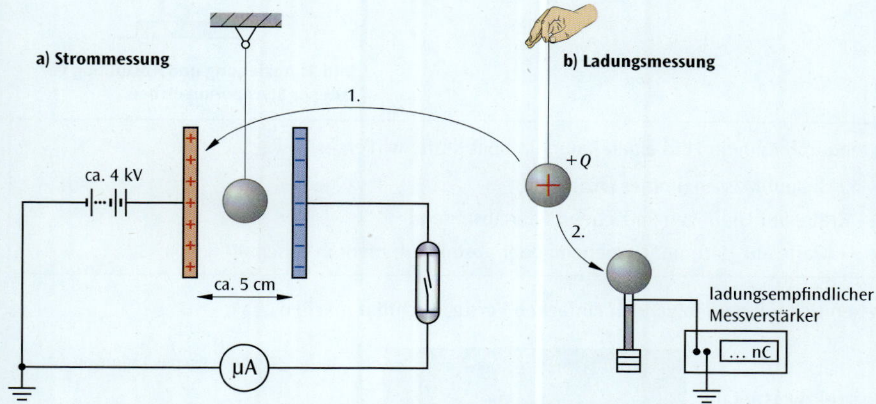

Bild 1: a) Beim Hochdrehen der Spannung beginnt der Ball zu schwingen; beim Kontakt mit der rechten Platte blitzt die Glimmlampe kurz auf, und das Amperemeter schlägt aus. b) Der Ball wird an die positiv geladene Platte getupft (1.) und die Ladung mit einem Messverstärker gemessen (2.).

Beim Hochdrehen der Spannung beginnt der Ball zu schwingen, und das Amperemeter schlägt aus. Die Schwingung kommt erst zum Erliegen, wenn die Spannung wieder reduziert wird.

Messbeispiel: Bei einer Pendelfrequenz von 5 Hz (fünf Berührungen des Balls mit der linken Kondensatorplatte pro Sekunde) zeigt das Amperemeter einen Wert von 0,074 µA an. Eine direkte Messung der Ladung auf dem Ball (**Bild 1b**) liefert einen Wert von 7,3 nC.

Erklärung: Beim Hochdrehen der Plattenspannung werden auf der Balloberfläche Ladungen influenziert. Da der Ball im Experiment nie exakt mittig zwischen den Platten hängen kann, wird eine Seite des Balls von einer der Platten stärker angezogen als von der anderen Platte. Der Ball bewegt sich zu dieser Platte. Dort angelangt, lädt der Ball sich auf. Weil gleichnamige Ladungen sich abstoßen, schwingt der Ball zur gegenüberliegenden Platte, entlädt sich dort und nimmt gleichzeitig Ladung mit dem Vorzeichen dieser Platte auf, und der Vorgang wiederholt sich.

Pro Berührung mit der linken Platte transportiert der Ball die Ladung $2 \cdot Q = 14{,}6$ nC. Dabei verstreicht die Zeit $\Delta t = \frac{1}{5}\,\text{s} = 0{,}2\,\text{s}$. Dies entspricht einem Stromfluss von

$$I = \frac{2 \cdot Q}{\Delta t} = \frac{14{,}6\,\text{nAs}}{0{,}2\,\text{s}} = 73\,\text{nA} = 0{,}073\,\mu\text{A},$$

in guter Übereinstimmung mit dem gemessenen Wert von 0,074 µA.

7.2 Elektrische Feldlinien

Geladene Styroporkügelchen werden in die Nähe der Konduktorkugel eines Bandgenerators gebracht (**Bild 1**). Was wird passieren?

Sie wissen bereits (vgl. S. 191), dass die Konduktorkugel positiv geladen ist. Wenn nun das Styroporkügelchen ebenfalls positiv geladen ist, wird es abgestoßen. Ist es hingegen negativ geladen, wird es von der Konduktorkugel angezogen, und zwar umso stärker, je näher es an die Konduktorkugel kommt.

Man sagt: Die Konduktorkugel erzeugt ein elektrisches Feld, entlang dessen Feldlinien (oder in deren Gegenrichtung bei gleichnamigen Ladungen) sich das Styroporkügelchen bewegt.

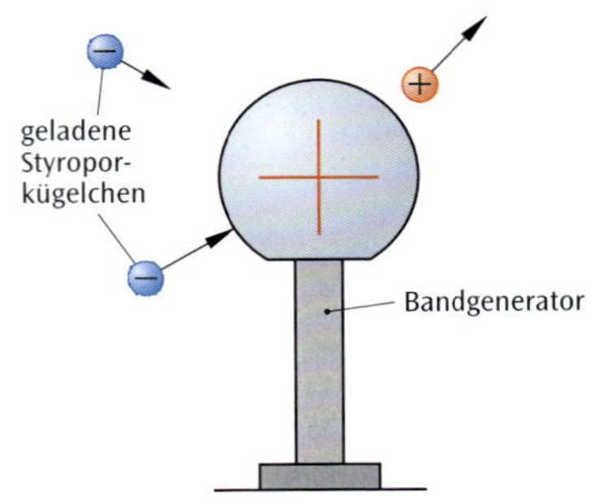

Bild 1: Anziehung und Abstoßung geladener Styroporkügelchen

In der Physik versteht man unter einem **Feld** einen Raum, in dem Kräfte wirken.

- Gravitationsfeld ⤳ Kräfte auf Massen (immer anziehend)
- elektrisches Feld ⤳ Kräfte auf Ladungen (anziehend oder abstoßend)
- magnetisches Feld ⤳ Kräfte auf „Ströme" (anziehend oder abstoßend; mehr in Abschnitt 8.5)

Elektrische Feldlinien lassen sich mit dem folgenden einfachen Versuch sichtbar machen.

Grießkornversuch

In einer Plexiglasscheibe sind zwei metallische Kreise eingelassen. Auf der Scheibe steht ein Glasschälchen, das mit einer 2 bis 3 mm dicken Schicht Rizinusöl bedeckt ist, auf der ein Teelöffel voll Grieß verteilt wird.

Legt man jetzt Hochspannung an die beiden metallischen Kreise, dann kann man beobachten, wie die Grießkörner sich entlang bestimmter Linien anordnen (**Bild 2a**).

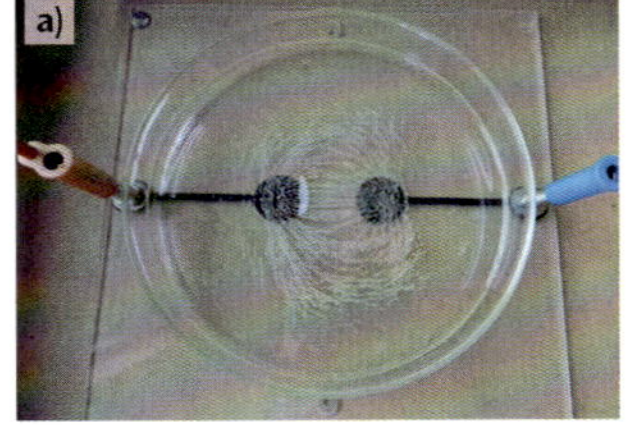

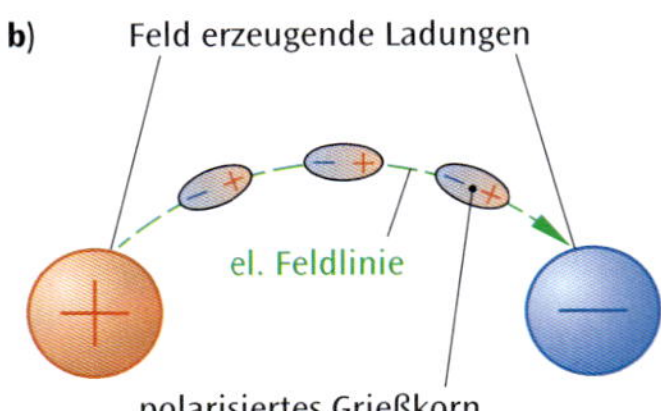

Bild 2: a) Grießkornversuch, b) Ausrichten der Grießkörner

Erklärung: Da Grieß ein Nichtleiter ist, werden die in einem Körnchen enthaltenen Ladungen polarisiert und bilden Ketten entlang elektrischer Feldlinien (**Bild 2b**). Man sagt: Das Grießkorn wird zum Dipol (Zwei-Pol), der sich im elektrischen Feld ausrichtet.

Das Experiment kann mit unterschiedlichen Ladungsanordnungen wiederholt werden, und man erhält die in **Bild 1** auf der folgenden Seite dargestellten Feldlinienbilder.

Hervorzuheben ist das Feld eines geladenen Plattenkondensators: Es ist im Raum zwischen den Platten homogen, im Außenraum dagegen gleich null (**Bild 1a** auf der folgenden Seite).

Homogenes elektrisches Feld:

- parallele Feldlinien
- Feldliniendichte überall gleich groß

a)

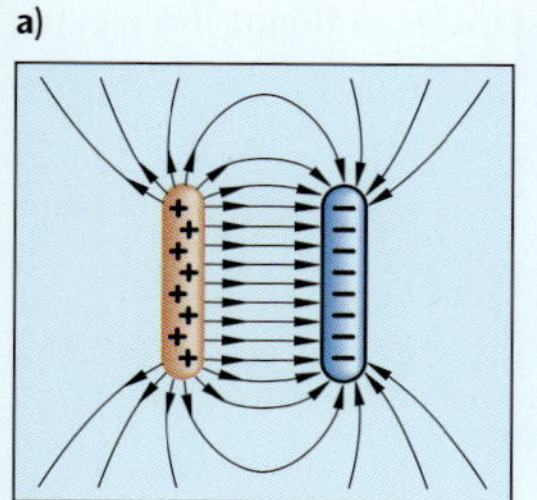

b)

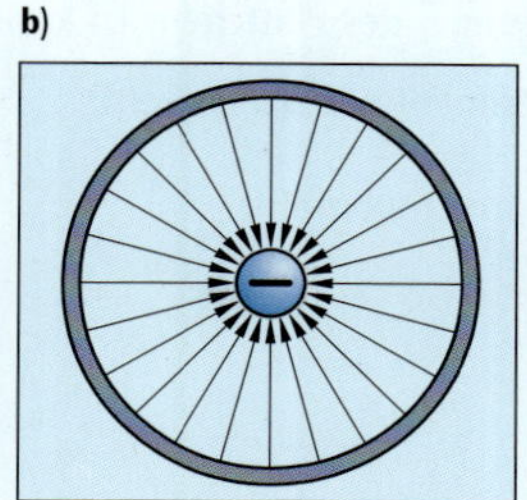

c)

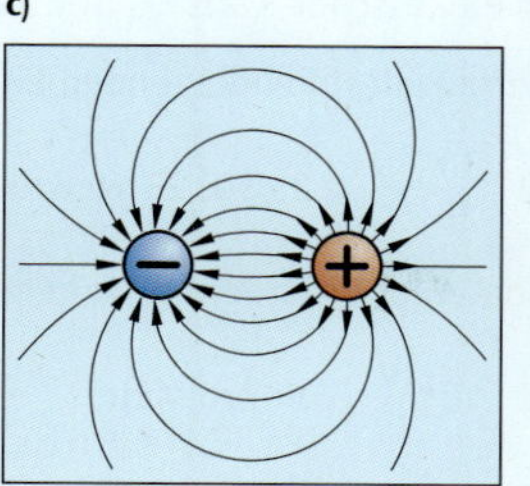

d)

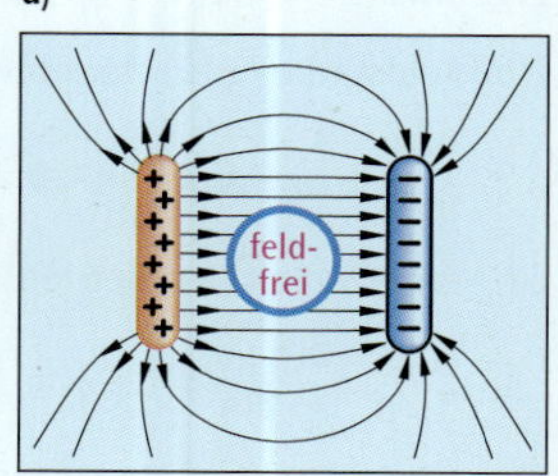

Bild 1: Feldlinienbilder ausgewählter Ladungsanordnungen: a) homogenes Feld des Plattenkondensators, b) radialsymmetrisches Feld einer geladenen Kugel (der Außenring wird geerdet, um die Feldlinien zu begradigen), c) Dipolfeld, d) Feldabschirmung innerhalb eines Metallrings (Faraday'scher Käfig)

Definition und Eigenschaften elektrischer Feldlinien

- Elektrische Feldlinien beginnen auf positiven und enden auf negativen Ladungen.
- Die Dichte der Feldlinien ist ein Maß für die Stärke des Feldes.
- Feldlinien überkreuzen sich nicht.
- Elektrische Feldlinien stehen senkrecht auf Leiteroberflächen.

Positive Ladungen sind also **Quellen**, negative Ladungen **Senken** des elektrischen Feldes.

7.3 Elektrische Feldstärke

Versuch: Wie definiert man elektrische Feldstärke (Bild 2)?

Zwischen die horizontal angeordneten Platten eines Plattenkondensators (①) wird ein dünnes Metallplättchen („Löffel", ②) gebracht. Das Plättchen ist an einem Isolierstiel befestigt und auf einen Kraftsensor (③) gesteckt.

Der Kondensator wird jetzt mit Hochspannung geladen (④). Dann wird der Löffel an einer zweiten Hochspannungsquelle geladen (⑤) und in das elektrische Feld des Kondensators gebracht. Nach Ablesen der Kraft am Sensor (③) wird die Ladung auf dem Löffel mit einem Messverstärker bestimmt (⑥).

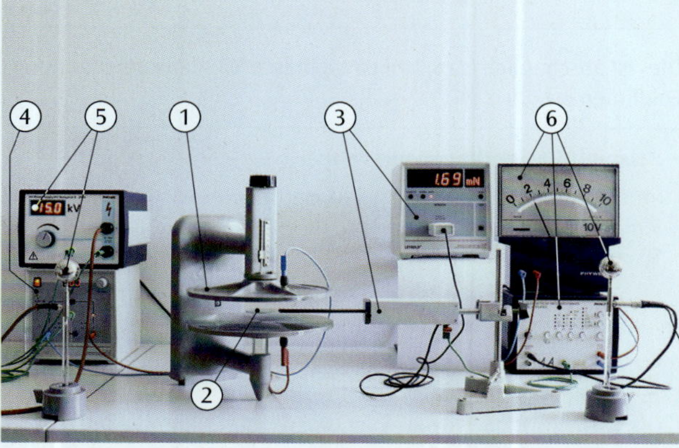

Bild 2: Versuchsanordnung zum Wiegen von Ladung (Erläuterungen im Text); Experimentierhinweis: Kraftsensor erden!

Von welchen Größen hängt der Wert am Kraftsensor ab?

1. Bei festem Plattenabstand und fester Plattenspannung gilt:
   - Je größer die Plättchenladung, desto größer die Kraftwirkung.
2. Bei fester Ladung auf dem Plättchen gilt:
   - Je größer die Kondensatorspannung, desto größer die Kraft auf das Plättchen.
   - Je kleiner der Plattenabstand, desto größer die Kraft auf das Plättchen.

Messbeispiel: 10 kV Plattenspannung bei 5 cm Plattenabstand liefert die Werte gemäß **Tabelle 1**.

Tabelle 1: Messwerte zum Experiment in Bild 2

Plättchenladung q in nC	0	10	15	20	30
Kraftwirkung F_{el} in mN	0	1,7	3,0	3,8	6,0
Quotient $\frac{F_{el}}{q}$ in $\frac{mN}{nC}$	–	0,17	0,20	0,19	0,20

Ergebnis: Der Quotient $\frac{F_{el}}{q}$ aus elektrischer Kraft $\vec{F}_{el}$ und Ladung q des Plättchens ist konstant. Man nennt ihn elektrische Feldstärke $\vec{E}$. Für deren Betrag gilt im vorliegenden Experiment näherungsweise

$$E = \frac{F_{el}}{q} \approx 0{,}2\,\frac{\text{mN}}{\text{nC}} = 0{,}2 \cdot \frac{10^{-3}\text{N}}{10^{-9}\text{C}} = 2 \cdot 10^5\,\frac{\text{N}}{\text{C}} \text{ (Newton pro Coulomb).}$$

Ein Vergleich mit den Betriebsdaten des Kondensators liefert:

$$\frac{U}{d} = \frac{10\text{ kV}}{5\text{ cm}} = 2\,\frac{\text{kV}}{\text{cm}} = 2 \cdot 10^5\,\frac{\text{V}}{\text{m}} \text{ (Volt pro Meter).}$$

Das ist kein Zufall, weil diese Beziehung die elektrische Spannung definiert! Die Einheitenumrechnung zeigt nämlich

$$1\text{ V} = 1\,\frac{\text{J}}{\text{C}} \overset{:\text{m}}{\Longrightarrow} 1\,\frac{\text{V}}{\text{m}} = 1\,\frac{\text{J}}{\text{Cm}} = 1\,\frac{\overbrace{\text{Nm}}^{\text{J}}}{\text{Cm}} = 1\,\frac{\text{N}}{\text{C}},$$

also gilt tatsächlich die Identität $1\,\frac{\text{V}}{\text{m}} = 1\,\frac{\text{N}}{\text{C}}$! Ein tieferes Verständnis für die Zusammenhänge zwischen mechanischen und elektrischen Größen liefert Abschnitt 4.7.

Definition der elektrischen Feldstärke $\vec{E}$:

$$E = \frac{F_{el}}{q} = \frac{\text{elektrische Kraft}}{\text{Probeladung}}; \quad [E] = 1\,\frac{\text{N}}{\text{C}} = 1\,\frac{\text{V}}{\text{m}}$$

Die Richtung von $\vec{E}$ ist die Kraftrichtung $\vec{F}_{el}$ auf eine **positive** Probeladung. Mit „Probeladung" (q) wird eine Ladung bezeichnet, die klein ist im Vergleich zu Feld erzeugenden Ladungen (Q).

Elektrische Feldstärke zwischen den Platten eines geladenen Kondensators:

$$E = \frac{U}{d} = \frac{\text{Spannung}}{\text{Plattenabstand}}.$$

Dies ist anschaulich klar, weil eine größere Kondensatorspannung und/oder ein kleinerer Plattenabstand die Dichte der Feldlinien erhöht.

Beispiel: Rasierklingenversuch

Im elektrischen Feld eines geladenen Plattenkondensators hängt eine mit 3 nC aufgeladene Rasierklinge an einem sehr dünnen Perlonfaden von 50 cm Länge (**Bild 1**).

- Ermitteln Sie die elektrische Feldstärke, wenn die Rasierklinge 0,5 g wiegt und die seitliche Auslenkung 1,4 cm beträgt.
- Geben Sie damit eine mögliche Kombination aus Kondensatorspannung und Plattenabstand an.

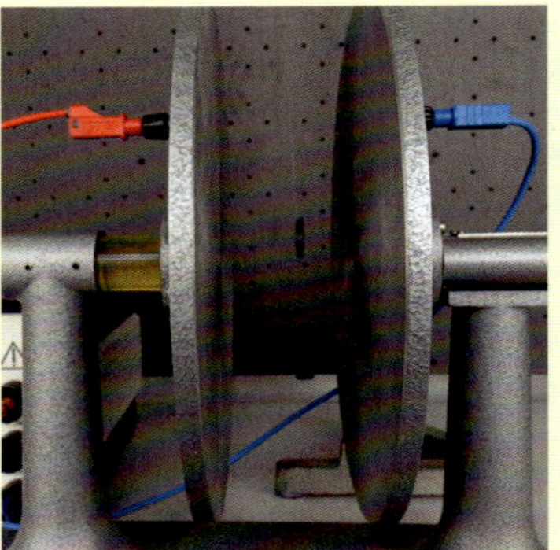

Bild 1: Rasierklingenversuch zur Bestimmung elektrischer Feldstärken

Die Lösung erfolgt mittels Kräfteplan (**Bild 1** auf der folgenden Seite): Die Resultierende aus Gewichtskraft $\vec{F}_G$ und elektrischer Feldkraft $\vec{F}_{el}$ muss in Richtung des Fadens wirken. Daraus ergibt sich eine Bedingung für die elektrische Kraft, die dann in eine Feldstärke umgerechnet wird:

$$\left.\begin{aligned} \sin\alpha &= \frac{\Delta x}{l} \\ \tan\alpha &= \frac{F_{el}}{F_G} \end{aligned}\right\} \overset{\alpha\text{ klein}}{\Longrightarrow} \frac{\Delta x}{l} \approx \frac{F_{el}}{F_G} \Rightarrow F_{el} \approx m \cdot g \cdot \frac{\Delta x}{l}$$

Die Näherung $\tan\alpha \approx \sin\alpha$ wird als Kleinwinkelnäherung[1)] bezeichnet. Dass α wirklich sehr klein ist, zeigt der Einsatz des Taschenrechners:

$$\alpha = \sin^{-1}\left(\frac{\Delta x}{l}\right) = \sin^{-1}\left(\frac{1{,}4\text{ cm}}{50\text{ cm}}\right) \approx 1{,}6°.$$

[1)] als Faustformel gilt: Kleinwinkelnäherung bis $\alpha \approx 10°$, da $\sin(10°) = 0{,}173\,648\ldots$ und $\tan(10°) = 0{,}176\,326\ldots$, was eine Abweichung von weniger als 2 % bedeutet

Einsetzen der Messwerte ergibt eine elektrische Feldkraft von

$$F_{el} = 0{,}5 \cdot 10^{-3}\,\text{kg} \cdot 9{,}81\,\frac{\text{m}}{\text{s}^2} \cdot \frac{1{,}4\,\text{cm}}{50\,\text{cm}} \approx 137\,\mu\text{N}$$

und daraus

$$E = \frac{F_{el}}{q} = \frac{137 \cdot 10^{-6}\,\text{N}}{3 \cdot 10^{-9}\,\text{C}} \approx 0{,}5\,\frac{\text{kV}}{\text{cm}},$$

was beispielsweise 4 kV Plattenspannung bei einem Plattenabstand von 8 cm entspricht, denn

$$\frac{U}{d} = \frac{4\,\text{kV}}{8\,\text{cm}} = 0{,}5\,\frac{\text{kV}}{\text{cm}}.$$

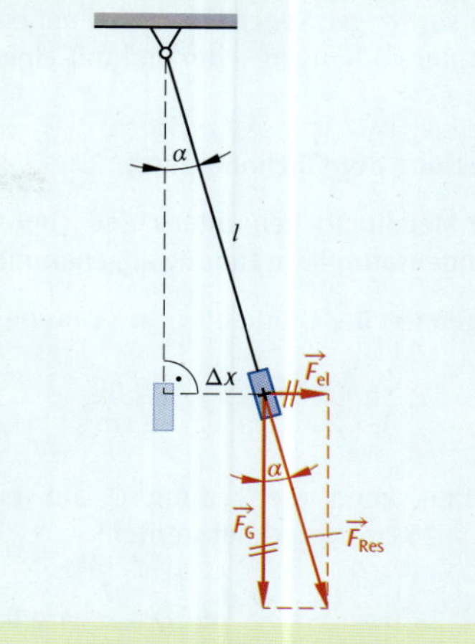

Bild 1: Kräfteplan zum Rasierklingenversuch

7.4 Grundgleichung der Elektrostatik

Flächenladung als Feldursache

Bild 2 zeigt schematisch zwei geladene Plattenkondensatoren. Was meinen Sie: Welches elektrische Feld wird das stärkere sein und warum?

Um die Frage beantworten zu können, muss die Plattenladung Q ins Verhältnis zur Fläche A gesetzt werden, auf der die Ladung verteilt ist. Man spricht dann von der Flächenladungsdichte oder kurz Flächenladung[1)] D. Welcher Zusammenhang zwischen Flächenladung D und elektrischer Feldstärke E besteht, zeigt der nachfolgende Versuch.

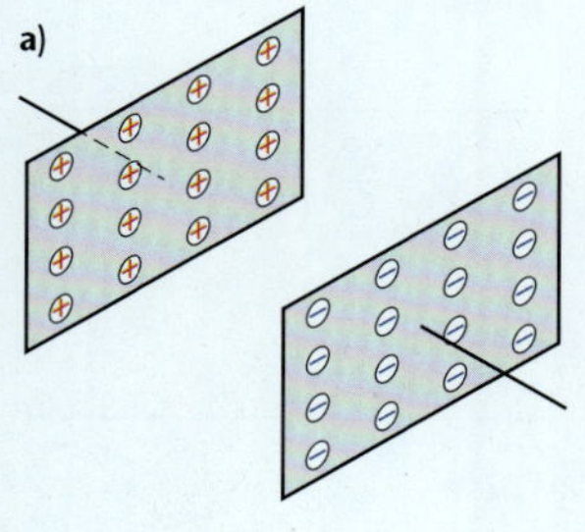

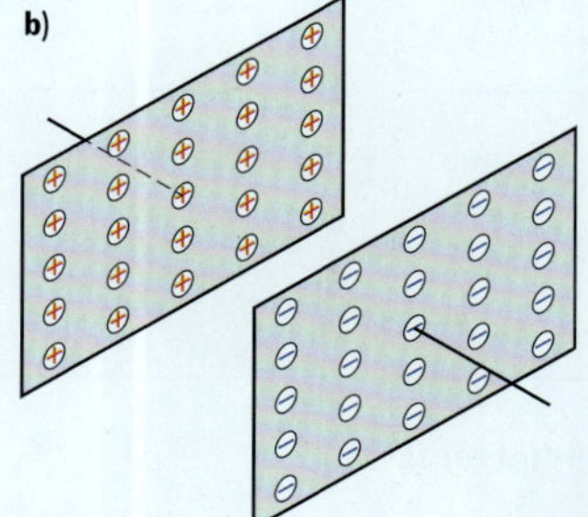

Bild 2: Welches Feld ist stärker: a) oder b)?

Versuch zur Grundgleichung des elektrischen Feldes

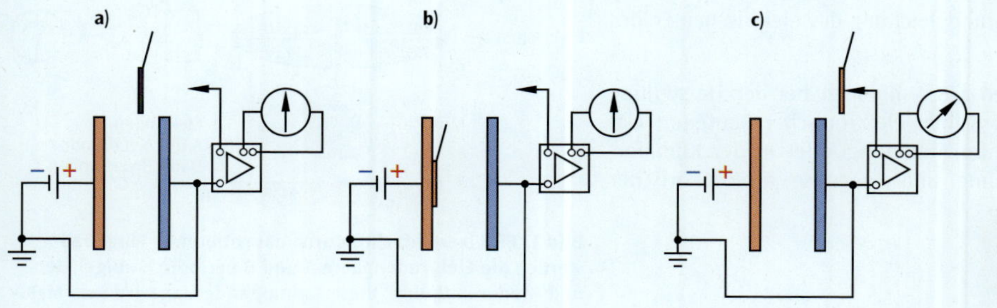

Bild 3: Versuch zur Grundgleichung des elektrischen Feldes (schematisch)

1) alternative Bezeichnung: elektrische Verschiebungsdichte; im Englischen ist das Formelzeichen σ (sigma für surface, Oberfläche) gebräuchlich

Mit einer Hochspannungsquelle (max. 10 kV) wird ein Plattenkondensator (Plattenabstand d) aufgeladen (**Bild 3a** auf der vorherigen Seite). Dann wird mit einem isolierten Metallplättchen (Fläche A_P) die Ladung Q_P abgenommen (**Bild 3b** auf der vorherigen Seite) und mit einem ladungsempfindlichen Messverstärker gemessen (**Bild 3c** auf der vorherigen Seite).

Messung der Flächenladung

Mit Metallplättchen unterschiedlicher Größen wird von der positiv geladenen Kondensatorplatte Ladung abgenommen und gemessen (**Tabelle 1**).

Ergebnis: Der Quotient $\frac{Q_P}{A_P}$ aus Ladung und Fläche ist konstant, denn

$$\frac{Q_P}{A_P} \approx \frac{15\text{ nC}}{48\text{ cm}^2} \approx \frac{29\text{ nC}}{96\text{ cm}^2} \approx \frac{8{,}0\text{ nC}}{(3{,}0\text{ cm})^2 \cdot \pi} \approx 0{,}30\,\frac{\text{nC}}{\text{cm}^2} = \sigma.$$

Tabelle 1: Plättchenladung für verschiedene Flächen (gemittelt über 10 Messungen); Kondensatordaten: U = 10 kV bei d = 3,0 cm

Fläche A_P	Q_P in nC
6,0 cm × 8,0 cm	15
12 cm × 8,0 cm	29
∅ = 6,0 cm	8,0

Daraus kann die Ladung Q auf einer kreisförmigen Kondensatorplatte (∅ = 25 cm) berechnet werden:

$$\sigma = \frac{Q_P}{A_P} = \frac{Q}{A} \quad \Rightarrow \quad Q = \sigma \cdot A = 0{,}30\,\frac{\text{nC}}{\text{cm}^2} \cdot (12{,}5\text{ cm})^2 \cdot \pi \approx 150\text{ nC}.$$

Mit anderen Worten: Das Metallplättchen nimmt dieselbe Flächenladung auf wie der Kondensator (nicht: dieselbe Ladung!).

Variation der Feldstärke

Bei konstantem Plattenabstand (2,0 cm) wird die Kondensatorspannung variiert und jeweils Ladung mit dem 48 cm²-Plättchen abgenommen (**Tabelle 2**).

Tabelle 2: Variation der Feldstärke bei 2,0 cm Plattenabstand; Flächenladung gemessen mit dem 48 cm²-Plättchen (gemittelt über 5 Messungen)

U in kV	Q_P in nC
0,0	0
2,0	19
4,0	43
6,0	65
8,0	83
10	100

Ergebnis (vgl. auch Übungsaufgabe 1 auf S. 229): Die Flächenladungsdichte σ ist proportional zur elektrischen Feldstärke E. Der Proportionalitätsfaktor ist eine Naturkonstante mit dem Wert

$$\varepsilon_0 = 8{,}8542 \cdot 10^{-12}\,\frac{\text{As}}{\text{Vm}}$$

und heißt elektrische Feldkonstante.

Die Flächenladungsdichte $\sigma = \frac{Q}{A}$ $\left(\text{Einheit: } \frac{\text{C}}{\text{m}^2}\right)$ ist der elektrischen Feldstärke E $\left(\text{Einheit: } \frac{\text{V}}{\text{m}} = \frac{\text{N}}{\text{C}}\right)$ proportional.

- **Grundgleichung des elektrischen Feldes:** $\sigma = \varepsilon_0 \cdot E$
- **elektrische Feldkonstante:** $\varepsilon_0 = 8{,}8542 \cdot 10^{-12}\,\frac{\text{As}}{\text{Vm}}$

Technische Anwendung: Elektrofeldmeter (EFM)

Mit einem EFM (wegen des Aufbaus auch Feldmühle genannt, vgl. **Bild 1**) können elektrische Feldstärken gemessen werden. Das Gerät misst dabei (im Prinzip) die auf seiner Oberfläche (A_i) influenzierte Ladung (Q_i) und errechnet über die Grundgleichung des elektrischen Feldes die Feldstärke.

Feldmühlen werden z. B. eingesetzt bei der Herstellung oder Verpackung sensibler elektronischer Bauteile (Feststellen unerwünschter Aufladung) oder in der Klimaforschung (Aufzeichnung und Prognose atmosphärischer Störungen).

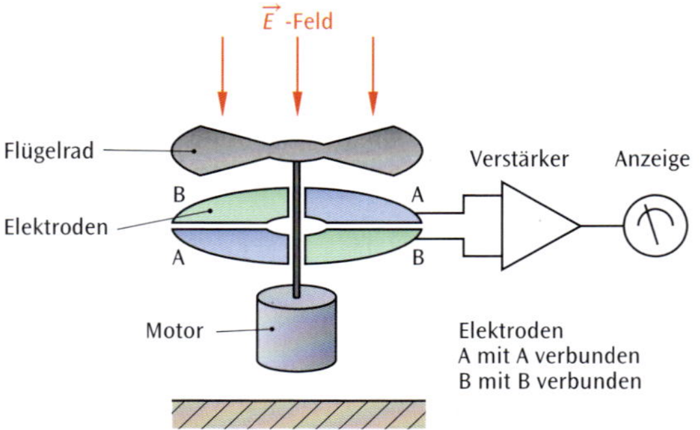

Bild 1: EFM (vereinfacht): durch das rotierende Flügelrad werden die Elektrodenpaare A und B periodisch aufgeladen und wieder entladen; diese Ladungsänderung wird vom Messverstärker aufgezeichnet

Beispiel: Blitzschlag

Eine Gewitterzelle, bestehend aus mächtigen, bis zu 12 km hohen Cumulonimben (**Bild 1**), kann sich über ein Gebiet von 10 km Durchmesser bei einer Wolkenuntergrenze von nur 1 km über der Erdoberfläche erstrecken.

Als Modell für die Gewitterzelle ist ein Kondensator eine mehr oder weniger gute Näherung.

1. Bei einem Blitzschlag entladen sich Spannungen von einigen Millionen Volt über die Erde. Können Sie diesen Wert mithilfe der eingangs erwähnten Cumulonimben (vgl. auch den Info-Text unten) bestätigen?
2. Berechnen Sie die Flächenladungsdichte der Wolkenunterseite unmittelbar vor einer Blitzentladung.
3. Die Dauer einer Blitzentladung beträgt je nach Art des Blitzes etwa 20 ms. Welcher durchschnittliche Strom fließt hierbei? Welche weiteren Annahmen liegen Ihrer Rechnung zugrunde?

Bild 1: Cumulonimbus (ambossförmige Quellwolke)

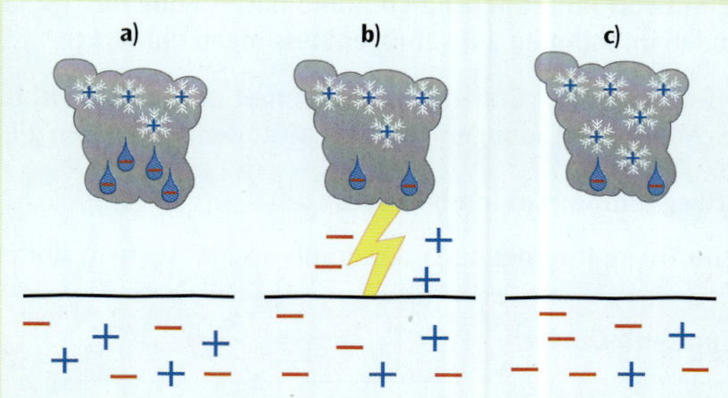

Bild 2: Blitzschlag bedeutet teilweise Entladung der Wolkenunterseite

Info: Gewitter

Eine Wolke besteht – stark vereinfacht – aus Eiskristallen und Wassertröpfchen, die ständig aneinander reiben und sich dadurch aufladen (Reibungselektrizität).

Aufwinde innerhalb der Wolke können bewirken, dass sich die positiv geladenen leichten Eiskristalle im oberen Teil und die negativ geladenen schwereren Wassertröpfchen im unteren Teil der Wolke sammeln (**Bild 2a**). In einer Gewitterwolke ist die Ladungstrennung so weit fortgeschritten, dass ein teilweiser Ladungsausgleich mit der Erde stattfindet, der als Blitz sichtbar wird (**Bild 2b**). Bei schönem Wetter können elektrische Feldstärken (0,1 bis 0,5 $\frac{\text{kV}}{\text{m}}$) gemessen werden, weil die Erde geringfügig negativ geladen ist (**Bild 2c**). Gewitter-Feldstärken dagegen betragen etwa 3 bis 20 $\frac{\text{kV}}{\text{m}}$, örtlich sogar bis 100 $\frac{\text{kV}}{\text{m}}$!

Lösung:

Wir nehmen an, dass die Schönwetter-Feldstärke vernachlässigbar klein ist.

1. Unter der Voraussetzung, dass das Feld der Stärke $E = 20\,\frac{\text{kV}}{\text{m}}$ zwischen Wolkenuntergrenze und Erde (Abstand $d = 1\,\text{km}$) homogen ist, beträgt die Spannung

$$U = E \cdot d = 20 \cdot 10^3\,\frac{\text{V}}{\text{m}} \cdot 10^3\,\text{m} = 20\,\text{Mio V}.$$

2. Annahme: Die Wolkenunterseite entspricht der einen Platte des Kondensators, die Erde der anderen Platte. Aus der Grundgleichung des elektrischen Feldes folgt

$$\sigma = \varepsilon_0 \cdot E \approx 9 \cdot 10^{-12}\,\frac{\text{C}}{\text{Vm}} \cdot 20 \cdot 10^3\,\frac{\text{V}}{\text{m}} = 180 \cdot 10^{-9}\,\frac{\text{C}}{\text{m}^2} \approx 0{,}2\,\frac{\mu\text{C}}{\text{m}^2}.$$

3. Die Wolkenunterseite (Annahme: kreisförmig mit $r = 5$ km) trägt die Gesamtladung $-Q$. Für deren Betrag gilt

$$Q = \sigma \cdot A \approx 0{,}2\,\frac{\mu\text{C}}{\text{m}^2} \cdot (5000\,\text{m})^2 \cdot \pi \approx 16\,\text{C}$$

und damit für die durchschnittliche Stromstärke

$$\bar{I} = \frac{Q}{\Delta t} \approx \frac{16\,\text{C}}{0{,}02\,\text{s}} \approx 800\,\text{A}.$$

Weitere Annahmen: Vollständige Entladung der Wolkenunterseite (in der Realität nicht der Fall) über nur einen einzigen Blitz (sehr unwahrscheinlich) ...

7.5 Coulomb'sches Kraftgesetz

Wiederholung: Gravitationsgesetz

Aus der Mechanik kennen Sie bereits das Gravitationsgesetz: Zwei Massen m_1 und m_2 ziehen sich mit einer Kraft an, die entlang der Verbindungslinie wirkt und deren Betrag dem Produkt $m_1 \cdot m_2$ der Massen proportional sowie umgekehrt proportional zum (Schwerpunkt-)Abstandsquadrat ist (**Bild 1**):

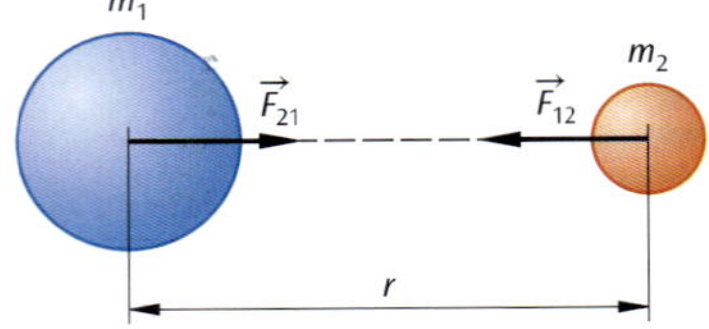

Bild 1: Anziehung zweier Massen

Gravitationsgesetz: $F_{21} = F_{12} = G^* \cdot \frac{m_1 \cdot m_2}{r^2}$.

Dabei ist $G^* = 6{,}673 \cdot 10^{-11} \frac{\text{m}^3}{\text{kg} \cdot \text{s}^2}$ die Gravitationskonstante.

Gibt es ein ähnliches Gesetz für die Anziehung oder Abstoßung zweier Ladungen?

Die Antwort lautet Ja, und Coulomb hat es Ende des 18. Jahrhunderts mit einer mechanischen Drehwaage (Torsionspendel) im Rahmen aufwändiger Messungen entdeckt.

Im Gegensatz zur Gravitation (die immer anziehend wirkt) kann die Coulomb-Kraft sowohl anziehend (zwischen ungleichnamigen Ladungen) als auch abstoßend (zwischen gleichnamigen Ladungen) wirken.

Vorwegnahme: Coulomb-Gesetz

Wenn Sie im Internet nach „Coulomb-Gesetz" suchen, stoßen Sie unweigerlich auf die Beziehung

Coulomb-Gesetz: $F_{21} = F_{12} = \frac{1}{4\pi\varepsilon_0} \cdot \frac{q_1 \cdot q_2}{r^2}$,

ein brauchbarer Suchtreffer liefert auch das passende Bild zur Formel (z. B. **Bild 2**).[1)]

Doch woher kommt der merkwürdige Vorfaktor?

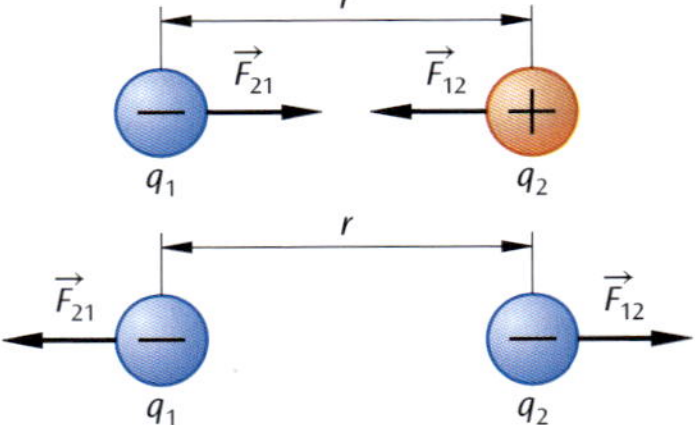

Bild 2: Anziehung (oben) oder Abstoßung (unten) zweier Ladungen q_1 und q_2

Herleitung des Coulomb-Gesetzes

Der Faktor ε_0 ist klar – das ist die elektrische Feldkonstante. Eine Einheitenrechnung erklärt auch den Kehrwert. Bleibt noch der Faktor 4π (im Nenner) zu klären.

Dazu führen wir die folgenden Überlegungen durch.

Schritt 1 (Bild 3a): Wir betrachten zunächst nur die Ladung $+q_1$. Sie erzeugt das (radialsymmetrische) elektrische Feld $\vec{E}_1$, in dessen Wirkungsbereich sich die Ladung $+q_2$ befindet.

Schritt 2 (Bild 3b): Die Ladung q_1 wird gedanklich auf eine Kugel verteilt, deren Oberfläche bis an die Ladung $+q_2$ heranreicht (Kugel mit dem Radius r). Die Flächenladungsdichte auf der Oberfläche $A = 4\pi r^2$ der Kugel beträgt $\sigma_1 = \frac{q_1}{A} = \frac{q_1}{4\pi r^2}$. Damit hat die elektrische Feldstärke den Wert $E_1 = \frac{1}{\varepsilon_0} \sigma_1$ (Grundgleichung des elektrischen Feldes!).

a)

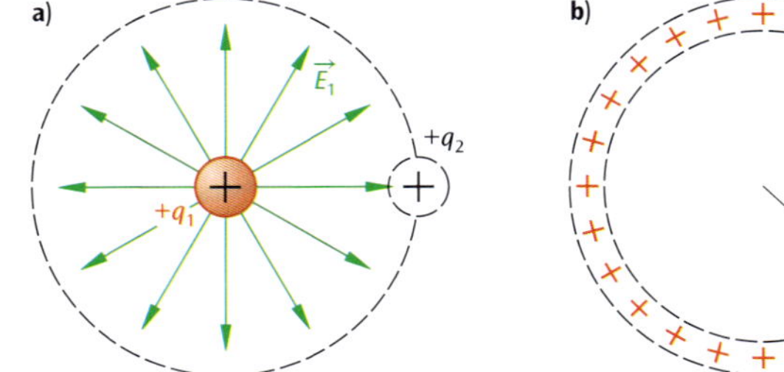

b)

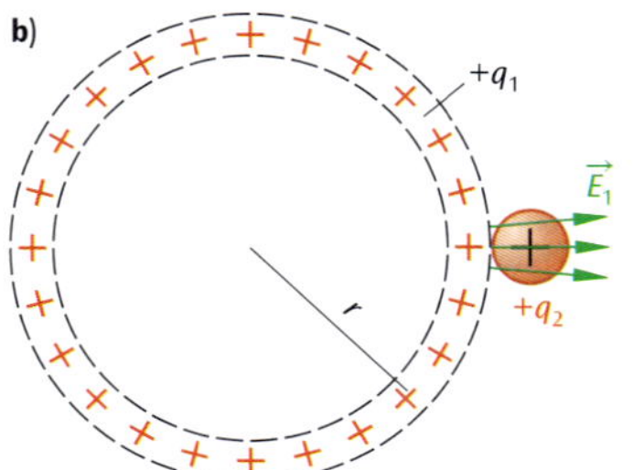

c)

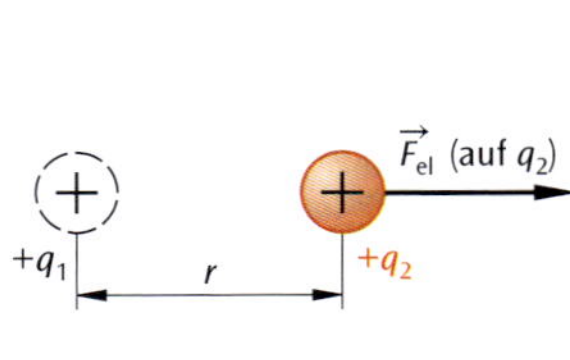

Bild 3: Zur Herleitung des Coulomb-Gesetzes (Erläuterungen im Text)

1) Die Indizes lesen sich folgendermaßen: $\vec{F}_{21}$ („F-zwei-eins") ist die Kraft, die die zweite Ladung auf die erste ausübt; analoge Lesart für $\vec{F}_{12}$.

Schritt 3 (Bild 3c auf der vorherigen Seite)**:** Die Feldstärke E_1, die von der Ladung q_1 ausgeht, bewirkt auf die Ladung q_2 die elektrische Kraft $F_{el} = q_2 \cdot E_1$ (Definition der elektrischen Feldstärke), so dass gilt:

$$F_{el} = q_2 \cdot E_1 = q_2 \cdot \frac{1}{\varepsilon_0} D_1 = q_2 \cdot \frac{1}{\varepsilon_0} \cdot \frac{q_1}{4\pi r^2} = \frac{1}{4\pi \varepsilon_0} \cdot \frac{q_1 q_2}{r^2}$$

Coulomb-Gesetz

Zwischen zwei (punktförmigen) Ladungen wirkt eine Kraft,

- die in Richtung der Verbindungslinie wirkt,
- deren Betrag proportional zum Produkt der Ladungen ($F \sim q_1$, $F \sim q_2$)
- und umgekehrt proportional zum Abstandsquadrat ist $\left(F \sim \frac{1}{r^2}\right)$.

Als Formel: $F = \frac{1}{4\pi \varepsilon_0} \cdot \frac{q_1 \cdot q_2}{r^2}$.

Die Coulomb-Kraft kann anziehend oder abstoßend wirken. Die Abstandsabhängigkeit der Coulomb-Kraft zeigt **Bild 1**.

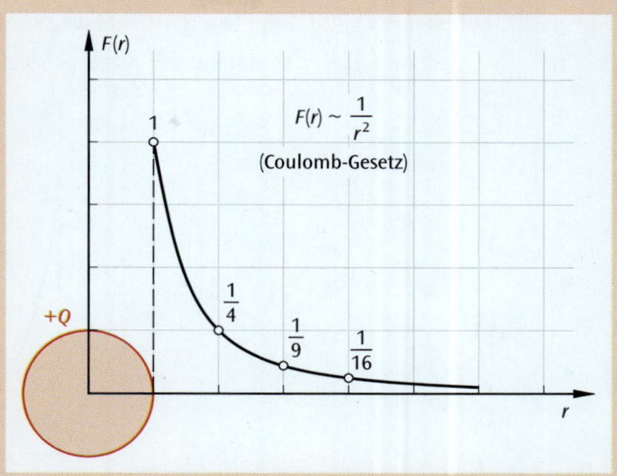

Bild 1: Abstandsabhängigkeit der Coulomb-Kraft

Experimentelle Bestätigung des Coulomb-Gesetzes (Bild 2)

An einer Hochspannungsquelle werden zwei Metallkugeln gleichnamig aufgeladen (①) und die Abstoßungskraft abhängig vom gegenseitigen Abstand mit einem Kraftsensor (②) gemessen. Im Anschluss lässt man die Ladungen auf den Kugeln über einen ladungsempfindlichen Messverstärker abfließen (③). Das Experiment wird mit unterschiedlichen Ladungen wiederholt. Ladungshalbierung erfolgt durch Berühren einer der beiden Kugeln mit einer dritten, ungeladenen Kugel gleicher Größe (≙ Oberfläche!).

Eine Messreihe können Sie im Rahmen der Aufgabe 1 zu diesem Abschnitt auf S. 230 auswerten!

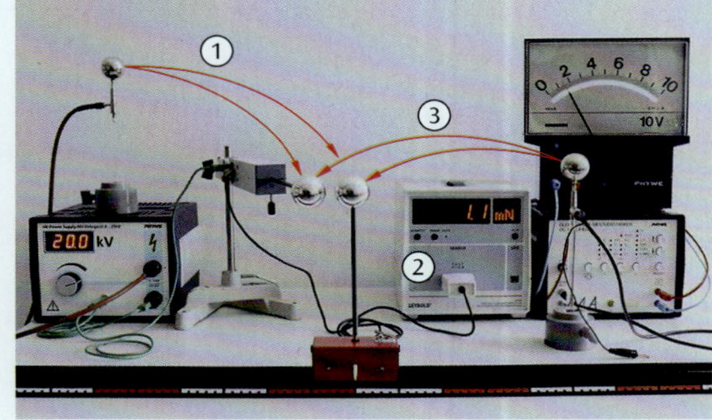

Bild 2: Versuchsaufbau zur Bestätigung des Coulomb-Gesetzes; Experimentierhinweis: Kraftsensor erden!

7.6 Feldstärke des radialsymmetrischen Feldes

Feldstärke einer geladenen Kugel

Im Gegensatz zum Kondensatorfeld (**Bild 3a**) ist das elektrische Feld einer geladenen Kugel (mit Ladung Q) nicht homogen. Vielmehr nimmt die Feldliniendichte mit zunehmendem Abstand von der Kugeloberfläche stark ab (**Bild 3b**).

Wir denken uns eine Probeladung q im Abstand r (Mittelpunkt-Abstand) und verwenden das Coulomb-Gesetz, um die Feldstärke zu berechnen:

$$F_{el} = \frac{1}{4\pi \varepsilon_0} \cdot \frac{Q \cdot q}{r^2} \quad \Rightarrow$$

$$E = \frac{F_{el}}{q} = \left(\frac{1}{4\pi \varepsilon_0} \cdot \frac{Q \cdot q}{r^2}\right) : q = \frac{Q}{4\pi \varepsilon_0} \cdot \frac{1}{r^2}.$$

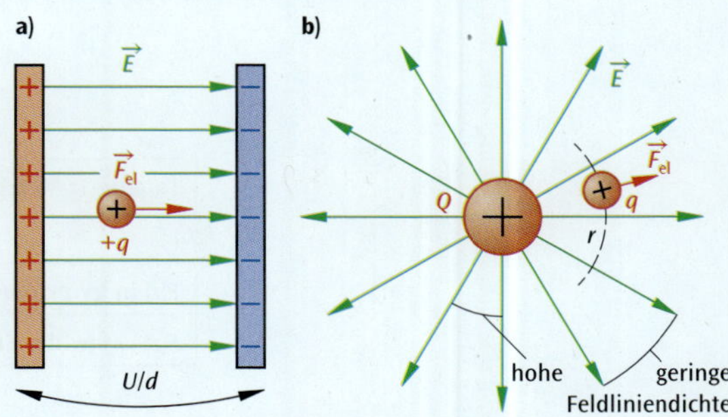

Bild 3: Elektrische Feldstärke: a) des homogenen, b) des radialsymmetrischen Feldes; in beiden Fällen gibt der Quotient $\frac{F_{el}}{q}$ die Stärke von $\vec{E}$ an

Feldstärke des radialsymmetrischen Feldes

Die Feldstärke einer geladenen Kugel (Ladung Q) geht mit $\frac{1}{r^2}$ (**Bild 1**):

$$E(r) = \frac{Q}{4\pi\,\varepsilon_0} \cdot \frac{1}{r^2} \sim \frac{1}{r^2}.$$

- positiv geladene Kugel: $\vec{E}$ zeigt von der Kugel weg
- negativ geladene Kugel: $\vec{E}$ endet auf der Kugel

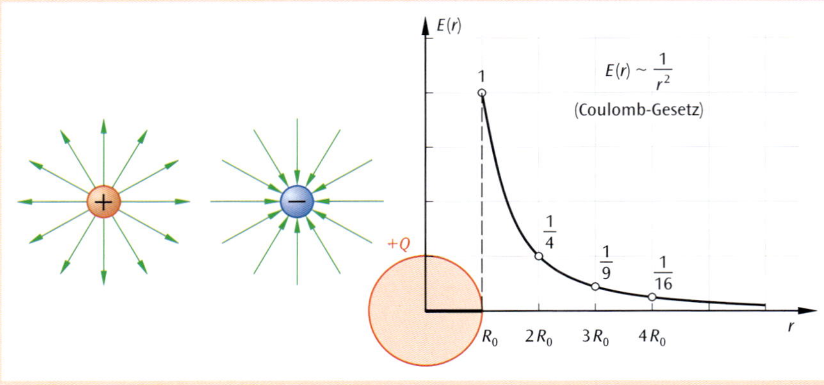

Bild 1: Feldstärke einer geladenen Kugel abhängig vom Abstand (R_0 ist Kugelradius)

Diese Merkregel ist nichts anderes als eine alternative Formulierung des Coulomb'schen Kraftgesetzes (vgl. Abschnitt 7.5) und tauchte bereits bei dessen Herleitung (S. 204) auf!

Experimenteller Nachweis mit dem Elektrofeldmeter (EFM)

Eine Konduktorkugel wird an einer Hochspannungsquelle geladen und im Abstand r von der Kugelmitte die elektrische Feldstärke mit einem EFM gemessen (**Bild 2**). – Zur Funktionsweise des EFM vgl. Abschnitt 4.4.

Messbeispiel: Für $U = 4{,}0$ kV (an die Kugel angelegte Spannung) und $R_0 = 6{,}1$ cm (Kugelradius) werden die Werte gemäß **Tabelle 1** gemessen.

Ergebnis: Das Produkt $E(r) \cdot r^2$ ist annähernd konstant, also gilt $E(r) \sim \frac{1}{r^2}$. Dies weist zumindest die Abstandsabhängigkeit nach.

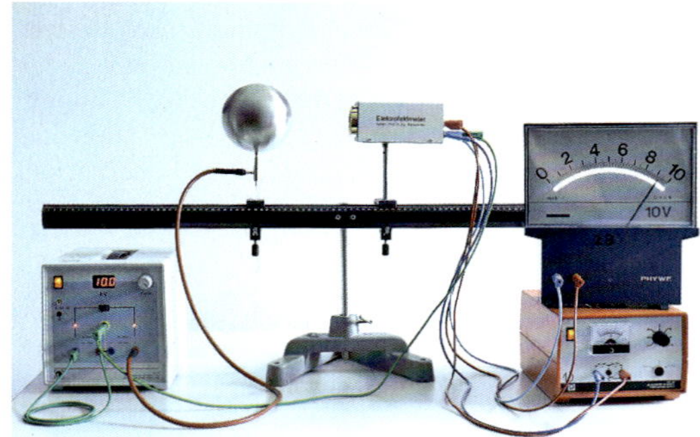

Bild 2: Feldstärkemessung mit dem EFM

Tabelle 1: Messbeispiel zum Versuch mit dem EFM (R_0 ist Kugelradius)

r	$5\,R_0$	$4\,R_0$	$3\,R_0$	$2\,R_0$
$E(r)$ in kV pro m	14	21	38	81
$E(r) \cdot r^2$ (willk. Einh.)	$14 \cdot 25 = 350$	$21 \cdot 16 = 336$	$38 \cdot 9 = 342$	$81 \cdot 4 = 324$

Beispiel: Elektrischer Dipol

Ermitteln Sie zeichnerisch den resultierenden Feldvektor $\vec{E} = \vec{E}_1 + \vec{E}_2$ im Punkt P (**Bild 1**), falls beide Ladungsbeträge identisch sind ($Q_1 = +Q$ und $Q_2 = -Q$).

Lösung:

Es geht mathematisch darum, den resultierenden Feldvektor $\vec{E}_{res} = \vec{E}_1 + \vec{E}_2$ zu konstruieren. Man spricht vom **Superpositionsprinzip**[1]. Es sind die folgenden Überlegungen notwendig:

- die positive Probeladung wird von der linken Feldladung (⊕) abgestoßen $\rightharpoondown \vec{E}_1$
- die positive Probeladung wird von der rechten Feldladung (⊖) angezogen $\rightharpoondown \vec{E}_2$
- die Abstände legen den Betrag der Feldstärke fest (Coulomb-Gesetz, $E \sim \frac{1}{r}^2$)

Die Abstände r_1 und r_2 ergeben sich durch Kästchenzählen aus dem Satz des Pythagoras:

$$r_1^2 = 1^2 + 3^2 = 10 \quad \text{und} \quad r_2^2 = 3^2 + 3^2 = 18.$$

Daraus folgt $E_1 = \frac{1}{10} = 0{,}1$ (abstoßend) und $E_2 = \frac{1}{18} = 0{,}0555\ldots$ (anziehend), d. h., E_1 ist 1,8-mal so stark wie E_2.

Wählt man in der Zeichnung (**Bild 2**) den Maßstab $E_2 \mathrel{\hat{=}} 1{,}0$ cm, dann gilt $E_1 \mathrel{\hat{=}} 1{,}8$ cm. Durch Vektoraddition ergibt sich der resultierende Feldvektor $\vec{E}_{res}$ (vgl. **Bild 2**). Betrag und Richtung können zeichnerisch (oder rechnerisch, vgl. analytische Geometrie im Mathematikunterricht) ermittelt werden.

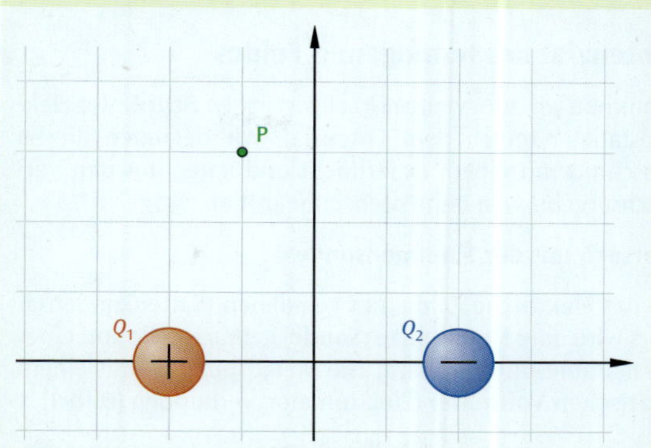

Bild 1: Gesucht ist der Feldvektor $\vec{E}_{res}$ in P

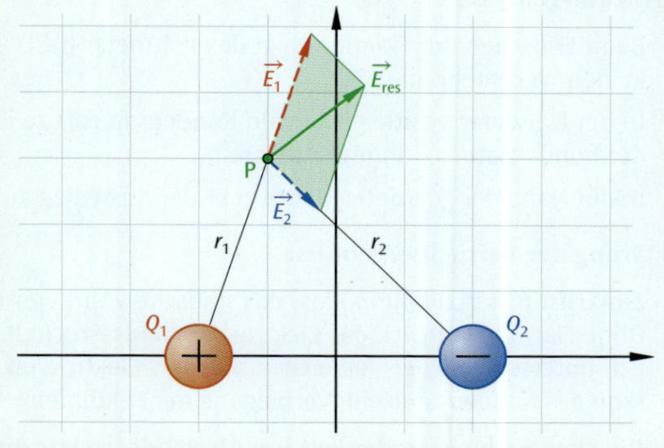

Bild 2: Konstruktion des resultierenden Feldvektors in P (Erläuterungen im Text)

Zahlenbeispiel

Wenn $Q_1 = +100$ nC (und damit $Q_2 = -100$ nC) betragen und ein Kästchen in **Bild 1** einem Dezimeter (10 cm) entspricht, dann gilt für den Betrag von $\vec{E}_2$:

$$E_2 = \frac{100\ \text{nC}}{4\pi \cdot 8{,}8542 \cdot 10^{-12}\ \frac{\text{As}}{\text{Vm}}} \cdot \frac{1}{\underbrace{18\ \text{dm}^2}_{0{,}18\ \text{m}^2!}} = 5{,}0\ \frac{\text{kV}}{\text{m}}.$$

Mithilfe von **Bild 2** und dem verwendeten Maßstab ($5{,}0\ \frac{\text{kV}}{\text{m}} \mathrel{\hat{=}} 1{,}0$ cm) können sowohl E_2 als auch E_{res} (Betrag **und** Richtung!) ermittelt werden.

Mit dem **Superpositionsprinzip** und dem **Coulomb-Gesetz** ist es möglich, elektrische Feldstärken in jedem Punkt des Raumes bei beliebiger Ladungsverteilung zu ermitteln.

Feldlinienbilder können somit mehr oder weniger aufwändig mit geeigneter Computersoftware (**Bild 3**) erzeugt werden.

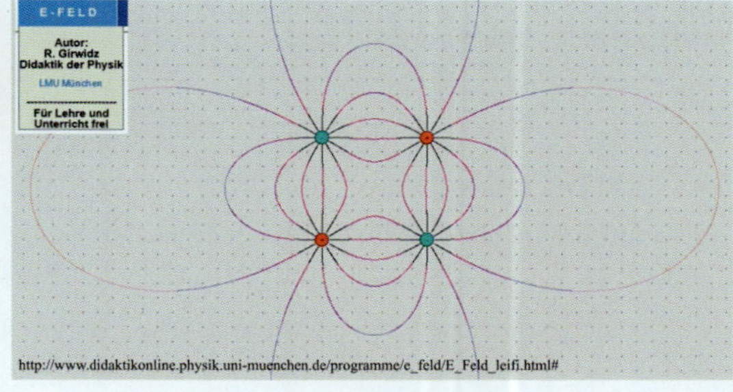

Bild 3: Feldlinienbild (Simulation) eines Quadrupols

[1] Superposition: Überlagerung (mathematisch durch Vektoraddition)

7.7 Elektrische Spannung und Potenzial

Potenzial des homogenen Feldes

Kommen wir zum vielleicht schwierigsten Begriff der Elektrostatik, nämlich dem Potenzial. Wir beginnen diesen Abschnitt mit einem Experiment und leiten aus den Versuchsergebnissen den Potenzialbegriff ab.

Versuch mit der Flammensonde

In das elektrische Feld eines geladenen Plattenkondensators wird eine Metallspitze (**Sonde**) gebracht, die von einer Gasflamme umspült wird. Die Metallspitze ist mit einem **statischen Voltmeter** (Elektrometer) verbunden (**Bild 1**).

Die Sonde wird zwischen den Platten hin- und hergeschoben und der Ausschlag des Voltmeters notiert.

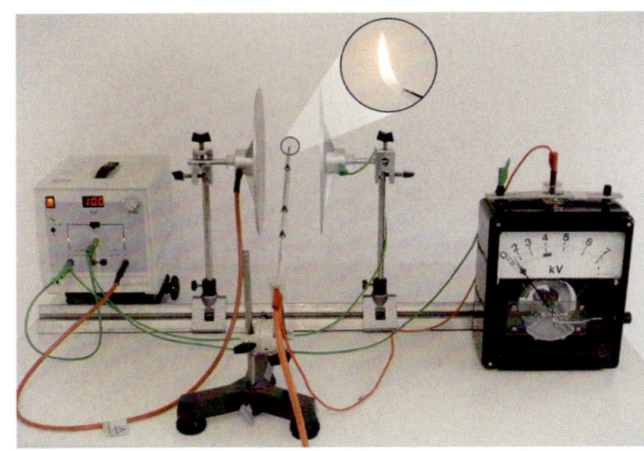

Bild 1: Versuchsanordnung zur Potenzialmessung im homogenen Feld eines geladenen Plattenkondensators mit der Flammensonde

Versuchsergebnisse

- Beim Erlöschen der Flamme zeigt das Voltmeter (fast) keinen Wert mehr an.
- In der Nähe der positiv geladenen Kondensatorplatte ist der Ausschlag am Voltmeter am größten und stimmt mit der Kondensatorspannung U_0 überein.
- In der Nähe der geerdeten Platte geht der Ausschlag auf null zurück.

Erklärung der Versuchsergebnisse

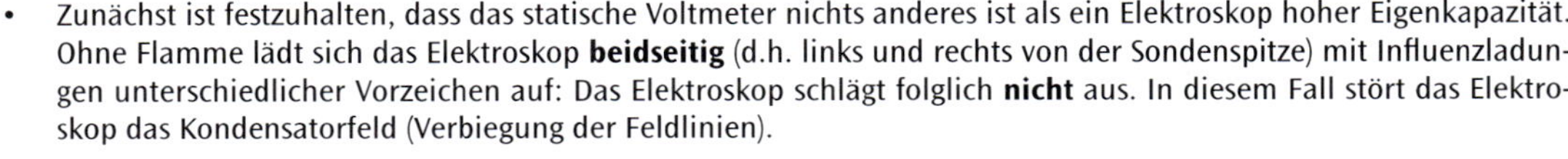

- Zunächst ist festzuhalten, dass das statische Voltmeter nichts anderes ist als ein Elektroskop hoher Eigenkapazität. Ohne Flamme lädt sich das Elektroskop **beidseitig** (d.h. links und rechts von der Sondenspitze) mit Influenzladungen unterschiedlicher Vorzeichen auf: Das Elektroskop schlägt folglich **nicht** aus. In diesem Fall stört das Elektroskop das Kondensatorfeld (Verbiegung der Feldlinien).

  Die Flamme ionisiert die Luft um die Sonde, sodass Influenzladungen **eines Vorzeichens** abgeführt werden, und zwar so lange, bis die Sonde das Kondensatorfeld nicht mehr stört. Das Elektroskop schlägt folglich aus.
- Maximalausschlag des Elektroskops in der Nähe der linken Kondensatorplatte, da dort die maximale Spannung (und zwar die am Kondensator liegende) gemessen wird.
- Minimalausschlag des Elektroskops in der Nähe der rechten Kondensatorplatte, da diese ebenso wie das Gehäuse des Elektroskops geerdet ist.
- Der lineare Rückgang der vom Elektroskop angezeigten Spannung kann mit der elektrischen Verschiebungsarbeit einer Probeladung erklärt werden (vgl. die Rechnungen weiter unten).

Ohne zunächst auf den Begriff an sich einzugehen, stellen wir folgendes fest (heuristische Definition):

Potenzial des homogenen Feldes

Im homogenen Feld nimmt das Potenzial φ linear mit der Entfernung zur positiv geladenen Platte ab. Die Potenzialwerte ergeben sich demnach aus einer Geradengleichung (**Bild 2**) zu

$$\varphi(x) = U_0 - \frac{U_0}{d} \cdot x.$$

- Erde: Potenzial null
- positiv geladene Platte: maximales Potenzial

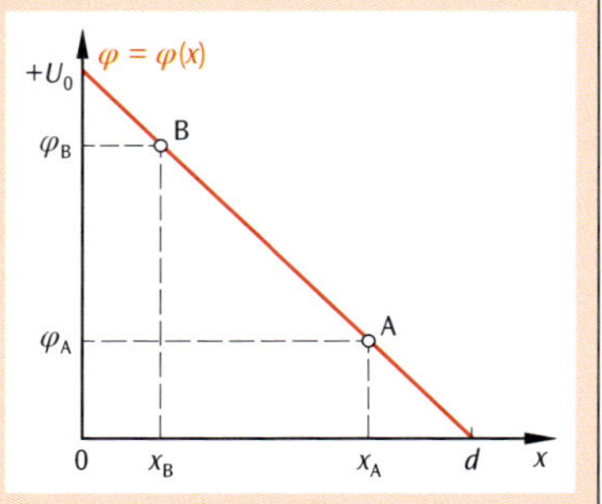

Bild 2: Potenzialverlauf im homogenen Feld

Doch was versteht man eigentlich unter Potenzial?

Elektrische Verschiebungsarbeit und Potenzial

Um die Beziehung im roten Kasten auf der vorherigen Seite theoretisch herzuleiten, muss auf die Definition der Spannung (elektrische Verschiebungsarbeit pro Ladung) zurückgegriffen werden. Wir drehen den Kondensator gedanklich um 90° (**Bild 1**) und fragen, welche Arbeit W_{el} gegen die elektrische Feldkraft $\vec{F}_{el}$ verrichtet werden muss, um eine Probeladung $+q$ von der geerdeten Platte auf die Position x zu verschieben:

$$\varphi = \frac{W_{el}}{q} \quad \text{mit} \quad W_{el} = F_{el} \cdot x \quad \text{(Kraft mal Weg)}$$

$$\Rightarrow \varphi = \frac{F_{el} \cdot x}{q} \quad \text{mit} \quad F_{el} = q \cdot E \quad \text{(Feldstärke-Definition)}$$

$$\Rightarrow \varphi = \frac{q \cdot E \cdot x}{q} \quad \text{mit} \quad E = \frac{U_0}{d} \quad \text{(Feldstärke des Kondensators)}$$

$$\Rightarrow \varphi = \frac{U_0}{d} \cdot x \sim x \quad \text{(linear)}$$

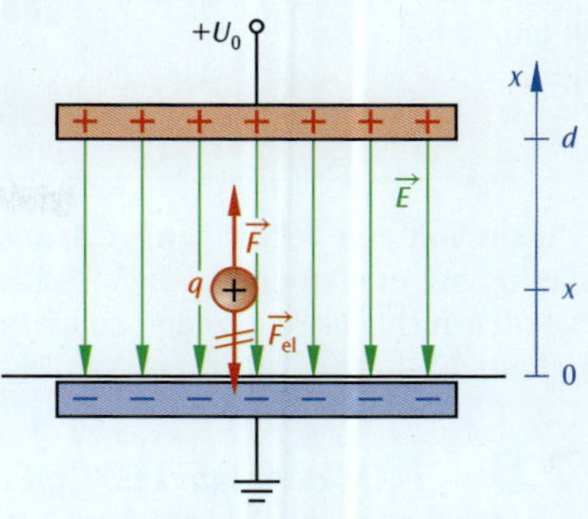

Bild 1: Zum Verschieben einer Probeladung muss elektrische Feldarbeit verrichtet werden (Analogie: Hubarbeit im Gravitationsfeld)

Berücksichtigt man noch, dass gegenüber **Bild 1** auf der vorherigen Seite der Nullpunkt verschoben und die Richtung der x-Achse vertauscht wurde, dann stimmt diese Beziehung mit der formalen Definition überein!

Formale Definition des Potenzials

Unter dem elektrischen **Potenzial** φ versteht man die Arbeit pro Ladung, die benötigt wird, um eine positive Probeladung aus dem Unendlichen (Erde) an einen bestimmten Raumpunkt des elektrischen Feldes zu verschieben, als Formel:

$$\varphi = \frac{W_{el}}{q}; \quad [\varphi] = 1\,\frac{\text{J}}{\text{C}} = 1\text{ V} \quad \text{(Volt).}$$

Die **Spannung** zwischen zwei Punkten entspricht der Potenzialdifferenz zwischen diesen Punkten:

$$U_{12} = \varphi_2 - \varphi_1; \quad [U] = [\varphi] = 1\text{ V.}$$

Äquipotenziallinien

Unter Äquipoteniallinien[1)] versteht man die Menge aller Punkte, die auf gleichem Potenzial liegen. Aus **Bild 2** folgt, dass diese Linien stets senkrecht auf den elektrischen Feldlinien stehen. Zum Beispiel gilt:

$$\varphi_A = 4\text{ kV}; \quad \varphi_{A'} = \varphi_A = 4\text{ kV}$$

$$\varphi_B = 9\text{ kV}$$

$$U_{AB} = \varphi_B - \varphi_A = 5\text{ kV}$$

$$U_{BA} = -U_{AB} = -5\text{ kV}, \quad \text{usw.}$$

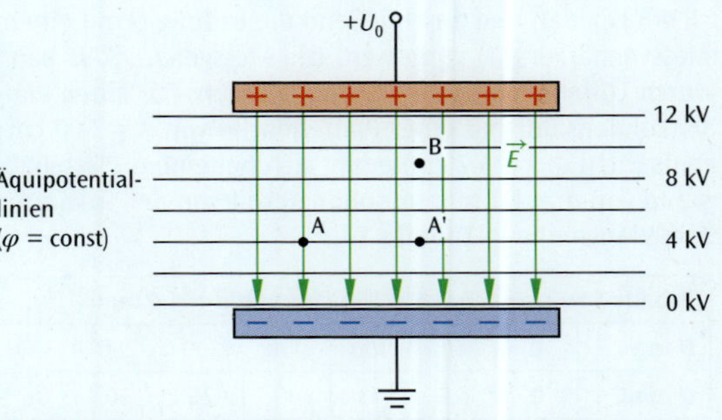

Bild 2: Äquipotenziallinien des homogenen Feldes

Beachte:

- Potenzial **in einem Punkt** ⇝ $\varphi(x)$ (bzw. $\varphi(r)$ im radialsymmetrischen Feld)
- Spannung **zwischen zwei Punkten** ⇝ U_{12}

Ausblick: Das Elektronvolt

Aus der Definition $\varphi = \frac{W_{el}}{q}$ des Potenzials folgt durch Umformung $W_{el} = q \cdot \varphi$. Das heißt: Beim Durchlaufen der Spannung U nimmt die Probeladung q eine Energie von $W_{el} = q \cdot U$ auf. Wenn q die Elementarladung $e = 1{,}6022 \cdot 10^{-19}$ C ist, dann ist $1e \cdot 1$ V die Energie, die ein einzelnes Elektron beim Durchlaufen der Spannung 1 V aufnimmt (oder abgibt). Dies motiviert die nachfolgende Definition.

1) äqui: gleich (z. B. äquidistant: gleiche Abstände, äquivalent: gleichwertig, ...)

Ein Elektronvolt (eV) ist diejenige Energie, die ein Elektron aufnimmt oder abgibt, wenn es die Spannung 1 V durchlaufen hat.

$$1\ \text{eV} = 1e \cdot 1\ \text{V} = 1{,}6022 \cdot 10^{-19}\ \text{C} \cdot 1\ \text{V} = 1{,}6022 \cdot 10^{-19}\ \text{J}.$$

Da ein Volt eine relativ geringe Spannung ist, sind Vielfache wie keV (Kiloelektrovolt) oder MeV (Megaelektrovolt) geläufig, bei modernen Teilchenbeschleunigern sogar GeV (Giga-) oder TeV (Teraelektrovolt). Derart hohe Spannungen werden nicht direkt erzeugt, sondern in mehreren Stufen erreicht. Mehr zum Thema Teilchenbeschleuniger im Abschnitt 7.9.

7.8 Kondensatoren

Wozu Kondensatoren?

Kondensatoren sind Ladungsspeicher. Wo immer Ladung kurzzeitig gespeichert und auf Abruf bereit stehen muss, kommt der Kondensator zum Einsatz.

In ihren kleinsten Ausführungen werden Kondensatoren in Computern eingesetzt, um die lückenlose Versorgung aller Bauteile sicherzustellen und auch geringste Lastunterschiede auszugleichen.

In Blitzgeräten für Kameras werden Kondensatoren bereits seit Jahrzehnten eingesetzt. Als Teil der Fahrradbeleuchtung sorgen Kondensatoren dafür, dass beim Warten an der Ampel nicht sofort das Licht ausgeht. Auch Defibrillatoren sind kein seltener Anblick mehr, seit immer mehr öffentliche Gebäude (wohl auch Ihre Schule?!) damit ausgestattet sind.

In ihrer technologisch ausgereiftesten Form (den Super Caps oder Ultra Caps[1)]) werden Kondensatoren derzeit in Elektroautos zur Energierückgewinnung (Rekuperation) beim Bremsen eingesetzt.

Der Hauptnachteil eines Kondensators gegenüber einer Batterie oder eines Akkus besteht darin, dass elektrische Energie nicht dauerhaft gespeichert werden kann.

7.8.1 Kapazität als Ladungsspeicherfähigkeit

Versuch: Wie viel Ladung fasst ein Kondensator?

Die obere Platte eines Kondensators (**Bild 1**) mit kreisförmigen Plattenflächen (①, untere Platte geerdet) wird mit der unter Spannung U stehenden Konduktorkugel (②, Vorsicht!) geladen und anschließend die Ladung Q mit einem Messverstärker (③) gemessen. Die Messgenauigkeit kann durch Löffeln von Ladung erhöht werden. Für einen Plattenkondensator mit einer Plattenfläche von $A = 500\ \text{cm}^2$ (entspricht $\varnothing = 25{,}2$ cm) ergibt sich bei einem Plattenabstand von $d = 4{,}0$ mm in Abhängigkeit von der Spannung U die Messreihe in **Tabelle 1**.

Tabelle 1: $Q = Q(U)$ bei $A = 500\ \text{cm}^2$ und $d = 4{,}0$ mm

U in V	0	50	100	150	200	250	300
Q in nC	0	6,5	13	19	25	30	36
$\frac{Q}{U}$ in $\frac{\text{nC}}{\text{V}}$	–	0,13	0,13	0,13	0,13	0,12	0,12

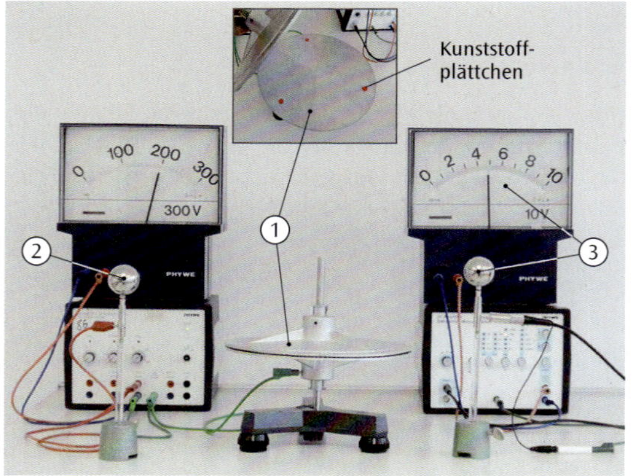

Bild 1: Versuchsanordnung zur Bestimmung der Kapazität eines Plattenkondensators

[1)] Cap steht für die englische Bezeichnung Capacitor (Kondensator)

Versuchsergebnis: Der Quotient aus aufgenommener Ladung Q und Spannung U ist konstant (dritte Zeile in **Tabelle 1** auf der vorigen Seite). Er heißt Kapazität C (engl. **capacity**) des Kondensators (engl. **capacitor**). Einheit der Kapazität ist das Farad[1]:

$$C = \frac{\text{Ladung}}{\text{Spannung}} = \frac{Q}{U};$$

$$1\,\frac{\text{Coulomb}}{\text{Volt}} = 1\,\frac{\text{C}}{\text{V}} = 1\text{ F}\quad\text{(Farad)}$$

Anders ausgedrückt: Die $Q(U)$-Kennlinie eines Kondensators ist eine Gerade (**Bild 1**). Ihre Steigung ist ein Maß für die Kapazität des Kondensators. Aus **Bild 1** liest man ab:

$$C = \frac{\Delta Q}{\Delta U} = \frac{37{,}5\text{ nC}}{300\text{ V}}$$

$$= 0{,}125\,\frac{\text{nC}}{\text{V}} = 0{,}13\text{ nF}\quad\text{(Nanofarad)},$$

in guter Übereinstimmung mit der dritten Zeile in **Tabelle 1** auf der vorigen Seite.

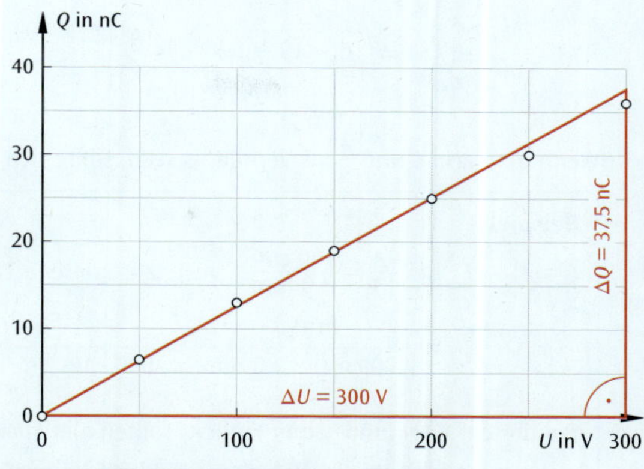

Bild 1: Grafische Auswertung von Tabelle 1

Kapazität eines Kondensators (≙ Steigung im $Q(U)$-Diagramm):

$$C = \frac{\text{Ladung}}{\text{Spannung}} = \frac{Q}{U};\quad \text{Einheit: } 1\,\frac{\text{C}}{\text{V}} = 1\text{ F}\quad\text{(Farad)}.$$

In Worten: Ein Farad ist die Kapazität eines Kondensators, der in der Lage ist, pro Volt angelegter Spannung die Ladungsmenge 1 C (ein Coulomb) aufzunehmen.

7.8.2 Kapazität eines Plattenkondensators

Wovon hängt die Kapazität eines Plattenkondensators ab?

Eine Erhöhung der Spannung U führt zwar zur Erhöhung der Ladungsmenge Q, die Kapazität ändert sich dadurch aber nicht! Wie bekommt man also bei einer bestimmten Spannung (z. B. 200 V) mehr Ladung auf den Kondensator?

- **Variation der Plattenfläche**

  Im Experiment aus **Bild 1** wird bei gleich bleibender Spannung (U = 200 V) und gleich bleibendem Plattenabstand (d = 4,0 mm) die Plattenfläche variiert (erste und zweite Zeile in **Tabelle 1**).

  Tabelle 1: Variation der Plattenfläche in Bild 1 bei U = 200 V und d = 4,0 mm

A in cm²	500	250	125
Q in nC	25	12	6,5
$C = \frac{Q}{U}$ in pF	125	60	33,25
$\frac{C}{A}$ in $\frac{\text{pF}}{\text{cm}^2}$	0,25	0,24	0,27

  Ergebnis: Die Kapazität (dritte Zeile in **Tabelle 1** auf voriger Seite) ist **direkt proportional zur Plattenfläche** (Quotientengleichheit; vierte Zeile in **Tabelle 1** auf voriger Seite): $C \sim A$ bei d = const.

  Dies ist anschaulich klar, weil größere Kondensatorplatten mehr Ladung aufnehmen können.

- **Variation des Plattenabstandes**

  Die Abstände können mit Abstandsplättchen genau eingestellt werden. Bei 200 V und 500 cm² wird der Plattenabstand variiert (**Tabelle 2**).

  Tabelle 2: Variation des Plattenabstandes in Bild 1 auf voriger Seite bei U = 200 V und A = 500 cm²

d in mm	4,0	3,0	2,0	8,0
Q in nC	25	30	43	13
$C = \frac{Q}{U}$ in pF	125	150	215	65
$C \cdot d$ in pF · mm	500	450	430	520

  Ergebnis: Die Kapazität (dritte Zeile in **Tabelle 2**) ist **indirekt proportional zum Plattenabstand** (Produktgleichheit; vierte Zeile in **Tabelle 2**): $C \sim \frac{1}{d}$ bei A = const.

  Dies ist anschaulich klar, weil eine Verringerung des Plattenabstandes zu einer Verdichtung der elektrischen Feldlinien führt. Die Messwerte in **Tabelle 2** streuen relativ stark wegen der Randeffekte bei großen Plattenabständen.

[1] nach Michael Faraday, vgl. S. 192

- **Welchen Wert hat „die" Proportionalitätskonstante?**

Zusammenführung der aus **Tabelle 1** und **Tabelle 2** auf der vorigen Seite gewonnenen Proportionalitäten führt zu

$$\left.\begin{matrix} C \sim A \\ C \sim \frac{1}{d} \end{matrix}\right\} \Rightarrow C \sim A \cdot \frac{1}{d} \Rightarrow C \sim \frac{A}{d}$$

Wenn man also C und $\frac{A}{d}$ ins Verhältnis setzt, sollte sich erneut ein konstanter Wert ergeben.

Beispiel

$C = 215\text{ pF}$ bei $\frac{A}{d} = \frac{500\text{ cm}^2}{2{,}0\text{ mm}}$ (vorletzte Spalte in **Tabelle 2** auf der vorigen Seite):

$$\frac{C}{A/d} = \frac{215\text{ pF}}{(500\text{ cm}^2) : (2{,}0\text{ mm})} = \frac{215 \cdot 10^{-12}\,\frac{\text{As}}{\text{V}}}{(500 \cdot 10^{-4}\text{ m}^2) : (0{,}0020\text{ m})} = 8{,}6 \cdot 10^{-12}\,\frac{\text{As}}{\text{Vm}}.$$

Bei diesem Wert (und seiner Einheit) sollten alle Alarmglocken schrillen: Es handelt sich höchstwahrscheinlich um die elektrische Feldkonstante (S. 202) $\varepsilon_0 = 8{,}8542 \cdot 10^{-12}\,\frac{\text{As}}{\text{Vm}}$, sodass vermutlich (!) die Beziehung $C = \varepsilon_0 \cdot \frac{A}{d}$ für den Plattenkondensator gilt.

Herleitung über Grundgleichung des elektrischen Feldes

Wird der Kondensator mit der Spannung U aufgeladen, dann nehmen seine Platten die Ladung Q auf. Daraus folgt, dass die Flächenladungsdichte $\sigma = \frac{Q}{A}$ (Definition der Flächenladung) verantwortlich für die elektrische Feldstärke $E = \frac{U}{d}$ zwischen den Kondensatorplatten ist (**Bild 1**). Aus der Grundgleichung des elektrischen Feldes (S. 202) folgt

$$\sigma = \varepsilon_0 \cdot E \quad \text{mit} \quad \sigma = \frac{Q}{A} \quad \text{und} \quad E = \frac{U}{d}$$

$$\Rightarrow \frac{Q}{A} = \varepsilon_0 \cdot \frac{U}{d} \overset{\cdot A}{\Rightarrow} Q = \underbrace{\varepsilon_0 \cdot \frac{A}{d}}_{=C} \cdot U \sim U.$$

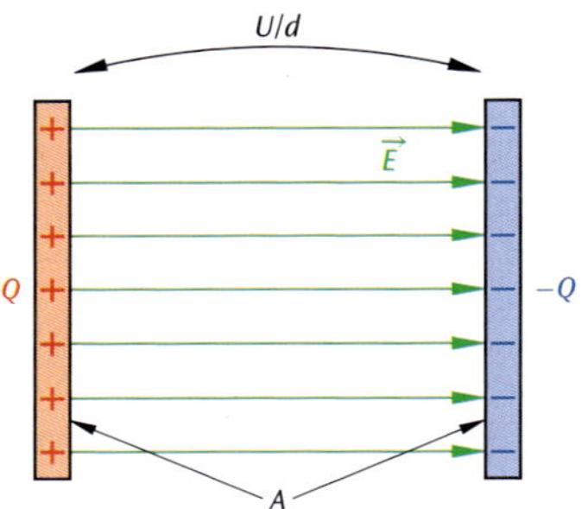

Bild 1: Zur Herleitung der Formel für die Kapazität eines Plattenkondensators

Daraus folgt: der Quotient $C = \frac{Q}{U}$ ist **nicht** von der Betriebsspannung abhängig – in Übereinstimmung mit dem Experiment (**Tabelle 1** auf voriger Seite)! Auf der rechten Seite der Gleichung steht die elektrische Feldkonstante (ε_0), multipliziert mit einem Geometrie-Faktor $\left(\frac{A}{d}\right)$ des Kondensators.

- **Variation des Dielektrikums**

Wie bekommt man bei vorgegebener Geometrie (Plattenfläche A, Abstand d) **noch mehr Ladung** auf die Kondensatorplatten?

Wir füllen hierzu den Raum zwischen den Kondensatorplatten aus **Bild 1** auf S. 210 mit einem Isolator (Papier, Kunststoff, Plexiglas, ...) aus und messen erneut die Kapazität. Im Zusammenhang mit Kondensatoren wird der Isolator auch als Dielektrikum[1] bezeichnet.

Ergebnis: Ein Dielektrikum zwischen den Platten erhöht die Kapazität eines Kondensators um einen vom Material abhängigen Faktor ε_r (**Tabelle 1**).

Tabelle 1: Variation des Dielektrikums in Bild 1 auf S. 210 bei $U = 200$ V, $A = 500$ cm 2 und $d = 4{,}0$ mm

Material	Luft	Plexiglas	Kunststoff
Q in nC	25	62	51
$C = \frac{Q}{U}$ in pF	125	310	266
$\frac{C}{C_{\text{Luft}}}$	1	2,5	2,1

[1] Betonung: Dielektrikum

Elektrische Permittivität

Der Faktor ε_r heißt Dielektrizitätszahl oder relative Permittivität[1] des Dielektrikums. Relativ bedeutet relativ zum Vakuum, d. h., es wird $\varepsilon_{r,\text{Vak}} = 1$ gesetzt.

Dielektrizitätszahlen einiger Materialien zeigt **Tabelle 1**. Daraus wird ersichtlich, dass Luft und Vakuum sich hinsichtlich ihrer Permittivität praktisch nicht unterscheiden. Die hohe Permittivität von (destilliertem!) Wasser kann mit seiner besonderen Dipoleigenschaft (vgl. Chemieunterricht) erklärt werden. Spezielle Keramiken wie Bariumtitanat ($BaTiO_3$) eignen sich wegen ihrer hohen Permittivität als Werkstoffe für Kondensatoren.

Tabelle 1: Elektrische Permittivität ε_r einiger Stoffe

Stoff	ε_r
Vakuum	1 (definiert)
Luft	1,000 59
Papier	1…4
Glas	6…8
Wasser	≈ 80
Bariumtitanat	$10^3 \ldots 10^4$

Modellvorstellung: Ausrichtung der Dipole im Dielektrikum

Wie kommt es, dass ein Dielektrikum im Kondensator dessen Kapazität erhöht?

Ohne Dielektrikum fließt auf die Platten zunächst die Ladung Q_{ohne} (**Bild 1a**).

Wird nun ein Dielektrikum zwischen die Platten gebracht, dann werden auf der Oberfläche des Dielektrikums Ladungen influenziert, die ein Gegenfeld $\vec{E}_{\text{infl}}$ erzeugen (**Bild 1b**). Um dieses Gegenfeld auszugleichen, muss die Spannungsquelle Ladungen auf die Kondensatorplatten nachpumpen. Das heißt: Bei gleicher Spannung erhöht sich die Ladung auf den Kondensatorplatten, und damit eben die Kapazität des Kondensators.

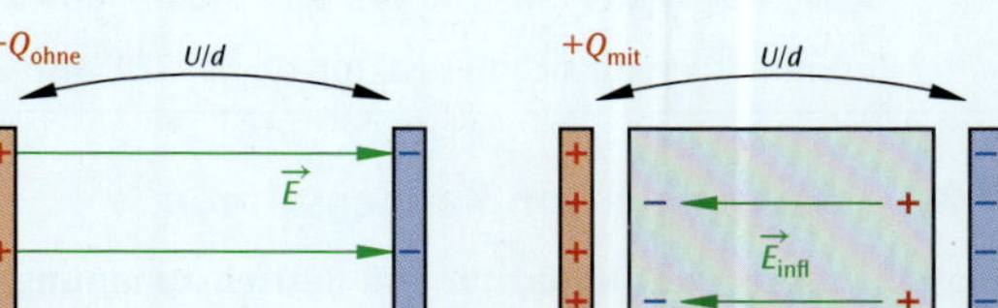

Bild 1: Verhalten eines Kondensators a) ohne und b) mit Dielektrikum (Erläuterungen im Text)

Die **Kapazität eines Plattenkondensators** $\left(C = \frac{Q}{U}\right)$ kann aus dessen Geometrie (A, d) und dem Dielektrikum (Dielektrizitätszahl, relative Permittivität ε_r) berechnet werden:

$$C = \varepsilon_r \cdot \varepsilon_0 \cdot \frac{A}{d},$$

wobei $\varepsilon_r \approx 1$ für Luft und $\varepsilon_0 = 8{,}8542 \cdot 10^{-12}\,\frac{\text{As}}{\text{Vm}}$.

Beispiel: Plattenkondensator ohne und mit Dielektrikum

Ein Plattenkondensator mit kreisförmigen Platten (Abstand 2,0 mm) soll beim Anlegen von Hochspannung (10 kV) die Ladung 100 nC aufnehmen.

1. Berechnen Sie den nötigen Plattendurchmesser.

Begründen Sie **ohne weitere Rechnung**:

2. Bei welchem Plattendurchmesser würde der Kondensator die Ladung 25 nC aufnehmen?
3. Anstelle des Plattendurchmessers lässt sich (viel einfacher!) der Plattenabstand ändern. Wie groß müsste dieser sein, damit 25 nC pro Platte aufgenommen werden?
4. Anstelle von Luft wird ein 0,2 mm dickes Papier ($\varepsilon_r \approx 2$) zwischen die Kondensatorplatten gelegt. Um welchen Faktor ändert sich die Kapazität?

Lösung

1. Aus Ladung Q und Spannung U ergibt sich die Kapazität $C = \frac{Q}{U}$ (Definition der Kapazität). Andererseits kann die Kapazität des Kondensators aus dessen Geometrie berechnet werden $\left(C = \varepsilon_0 \cdot \frac{A}{d},\ \text{da } \varepsilon_r \approx 1\right)$, wobei $A = r^2\pi$ gilt (Kreisfläche). Zusammen ergibt sich:

$$\frac{Q}{U} = \varepsilon_0 \cdot \frac{r^2\pi}{d} \quad \Rightarrow \quad r = \sqrt{\frac{Q \cdot d}{\varepsilon_0 \cdot \pi \cdot U}},$$

[1] Permittivität: Durchlässigkeit; hier: Durchlässigkeit für elektrische Feldlinien

für den Durchmesser also

$$2r = 2 \cdot \sqrt{\frac{100 \cdot 10^{-9}\,\text{As} \cdot 0{,}0020\,\text{m}}{8{,}8542 \cdot 10^{-12}\,\frac{\text{As}}{\text{Vm}} \cdot \pi \cdot 10 \cdot 10^{3}\,\text{V}}} = 5{,}4\,\text{cm}.$$

2. 25 nC bei 10kV bedeutet $\frac{1}{4}$ der Ladung bei gleicher Spannung, also $\frac{1}{4}$ der Kapazität. Wegen $C \sim A$ muss die Plattenfläche auf $\frac{1}{4}$ verringert werden, wegen $A \sim r^2$ demnach der Plattenradius (und damit der Durchmesser) halbiert werden.
3. Wegen $C \sim \frac{1}{d}$ muss der Plattenabstand vervierfacht werden.
4. Wir gehen wieder von der Ausgangssituation (100 nC bei 10 kV) aus. Verwendung von Papier als Dielektrikum führt zu zweierlei:
   - $\frac{1}{10}$ des Plattenabstandes (0,2 mm anstelle von 2 mm) führt zu 10-facher Kapazität.
   - $\varepsilon_r = 2$ (Papier) anstelle von $\varepsilon_r = 1$ (Luft) führt zur Verdopplung der Kapazität.

   Zusammen ergibt sich der Faktor $10 \cdot 2 = 20$, also 20-fache Kapazität.

7.8.3 Bauformen von Kondensatoren

Klassifizierung nach Kapazität und Betriebsspannung

Für technische Anwendungen werden Kondensatoren benötigt, die bei geringer Größe möglichst hohe Kapazitätswerte erreichen.

Um dann noch möglichst viel Ladung aufnehmen zu können, sollte außerdem die Betriebsspannung möglichst hoch sein. Hier liegt das Grundproblem: Bei Verringerung des Plattenabstandes sinkt automatisch die Durchschlagfestigkeit, sodass es sinnvoll ist, eine Klassifizierung von Kondensatoren nach Kapazität und Betriebsspannung vorzunehmen (**Bild 1**). Alle möglichen Bauformen von Kondensatoren zu besprechen, würde den Rahmen dieses Buches sprengen. Wir beschränken uns daher auf einige wichtige Kondensatortypen.

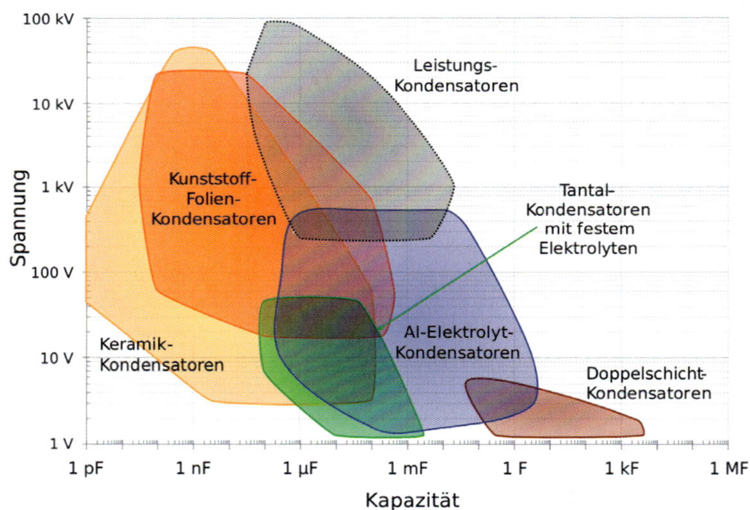

Bild 1: Klassifizierung technischer Kondensatoren nach Kapazität und Betriebsspannung. Beachten Sie die logarithmische Darstellung: Zwischen einem Kondensator ganz rechts und ganz links liegt der Faktor eine Billiarde!

Beispiel: Drehkondensator

In Empfängerschwingkreisen älterer Radiogeräte werden Drehkondensatoren (kurz: Drehkos) zur manuellen Einstellung der Rundfunksender eingesetzt.

Beim Drehko können (im Prinzip) die Plattenflächen und damit die Kapazität stufenlos bis zu einem Maximalwert eingestellt werden (**Bild 2**).

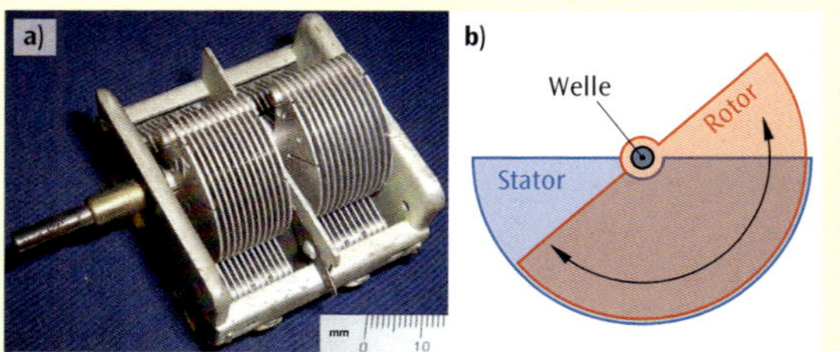

Bild 2: Drehkondensator: a) Real; b) Schematisch: Mit dem beweglichen Rotor kann der Überlapp der Elektrodenflächen eingestellt werden

Beispiel: Elektrolytkondensator

Ein Elektrolytkondensator (kurz Elko; **Bild 1a**) besteht im Prinzip aus einer dünnen Metallfolie (z. B. Aluminium) und einer Elekrolytflüssigkeit[1]. Eine nicht leitende Oxidschicht auf der Metallfolie stellt das Dielektrikum dar. Ein spezielles saugfähiges Kondensatorpapier (Dicke um 50 µm), der sog. Separator, verhindert den mechanischen Kontakt zwischen zwei Lagen der Metallfolie, die zur Vergrößerung der Kapazität aufgewickelt wird (**Bild 3**).

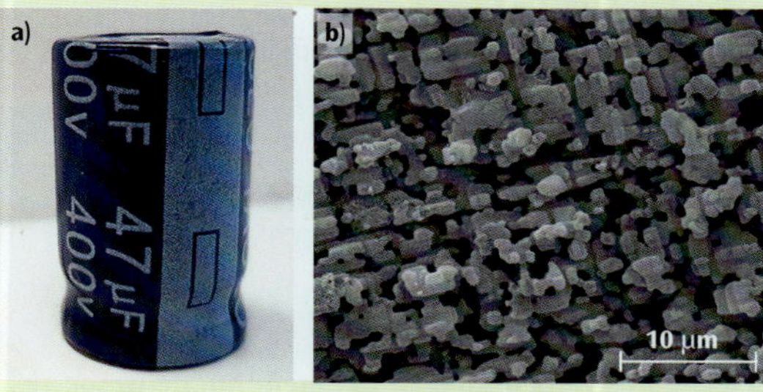

Bild 1: a) Elektrolytkondensator 400 V, 100 µF, b) elektronenmikroskopische Aufnahme der aufgerauten Anodenfolie

Die großen Kapazitätswerte von Elkos werden durch elektrochemisches Aufrauen (Ätzen) der Metalloberflächen (**Bild 1b**) erreicht (eine raue Aluminiumfolie hat gegenüber einer glatten eine sehr viel größere effektive Oberfläche). Durch Verwendung mehrerer Lagen Papier lässt sich die Durchschlagfestigkeit des Kondensators erhöhen.

Beispiel: Doppelschichtkondensator

Doppelschichtkondensatoren gehören zur Familie der Superkondensatoren (Ultra Caps) mit Kapazitäten im kF-Bereich. Wegen ihrer hohen Energiedichte und ihrer Fähigkeit, diese Energie schnell zur Verfügung stellen zu können, werden sie mittlerweile sogar in Kraftfahrzeugen (z. B. in Elektrobussen) eingesetzt. Im Grunde handelt es sich um eine Weiterentwicklung der Elektrolytkondensatoren.

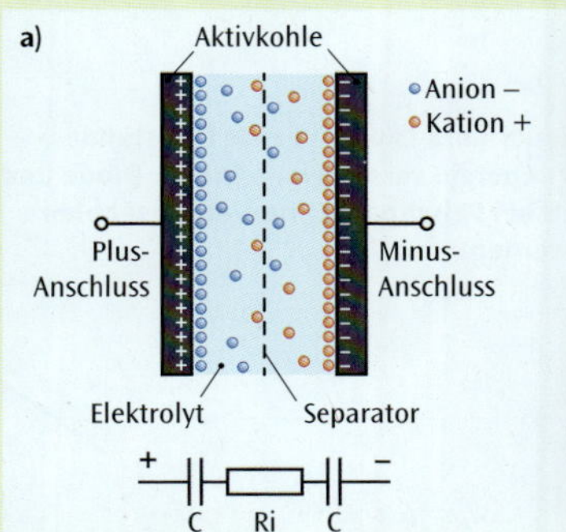

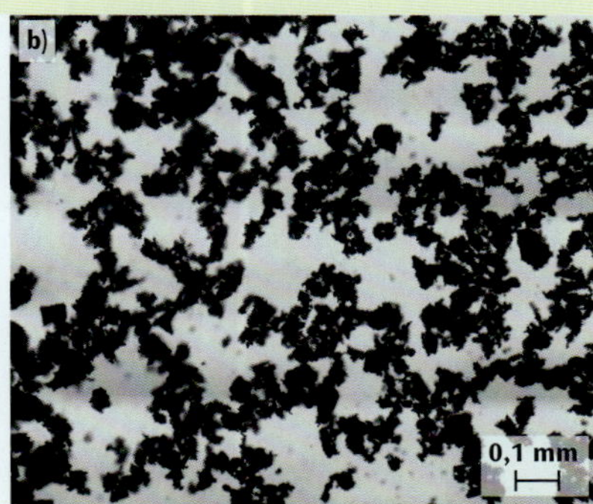

Bild 2: a) Doppelschichtkondensator mit Ersatzschaltbild (unten), b) Aktivkohle-Granulat unter dem Mikroskop: ein einzelnes Körnchen hat einen Durchmesser von ca. 0,1 mm bei einer Oberfläche von mehreren Quadratmetern!

In Super Caps bestehen die Elektroden aus einer Aktivkohleschicht mit extrem großer Oberfläche (**Bild 2**). Im Elektrolyten sind positive und negative Ionen (Kationen und Anionen) gelöst, die beim Anlegen der Betriebsspannung durch den ionendurchlässigen Separator wandern können. Die dadurch entstehende Doppelschicht (positive Kohle- und Anionenschicht des Elektrolyten, separiert durch negative Kohle- und Kationenschicht) entspricht einer Reihenschaltung aus zwei Kondensatoren und einem Ohm'schen Widerstand (Innenwiderstand des Kondensators).

Bild 3: Eine weitere Möglichkeit der Miniaturisierung von Kondensatoren ist der Wickel

Kurzfassung: Technische Kondensatoren

- **Anode, Katode** (Oberbegriff: Elektrode)

  Damit werden die beiden Anschlüsse von Kondensatoren bezeichnet. Dies können radiale oder axiale Drähte sein. Im Elko bestehen die Elektroden aus einer aufgerauten Metalloberfläche (+) sowie der Elektrolytkatode (–), im Super Cap sind es Schichten aus Aktivkohle-Granulat.

[1] Es gibt auch feste Elektrolyte, vgl. **Bild 1** auf der vorherigen Seite.

- **Separator**

  Trennt die Elektroden und verhindert deren mechanischen Kontakt. Am preiswertesten ist Kondensatorpapier, in Super Caps werden Glasfasergewebe eingesetzt.

- **Elektrolyt**

  Fest oder flüssig („Nass-" oder „Trockenkondensator"). In Super Caps meist wasserhaltig mit gelösten Chemikalien (dissoziierte Kationen und Anionen).

7.8.4 Energie eines geladenen Kondensators

Versuch: Wie viel Energie ist in einem Kondensator gespeichert?

Ein handelsüblicher Gold Cap[1] (2,3 V, 22 F) wird an einer Spannungsquelle geladen und wahlweise über eine oder fünf LEDs (Leuchtdiode, engl. *light emitting diode*) entladen (**Bild 1**).

Beobachtung: Der aufgeladene Gold Cap kann eine Diode stundenlang am Leuchten halten. Die Leuchtdauer wird drastisch reduziert, wenn gleichzeitig fünf Dioden parallel geschaltet sind.

Info: LED (Bild 3): Bei einer LED handelt es sich um ein Halbleiterelement, das den Strom nur in einer Richtung durchlässt.

- Durchlassrichtung: Kathode (kurzes Bein) an Minuspol;
- Sperrrichtung: Anode (langes Bein) an Minuspol.

Eine detaillierte Erklärung der Funktionsweise übersteigt die Lerninhalte der 12. Jahrgangsstufe.

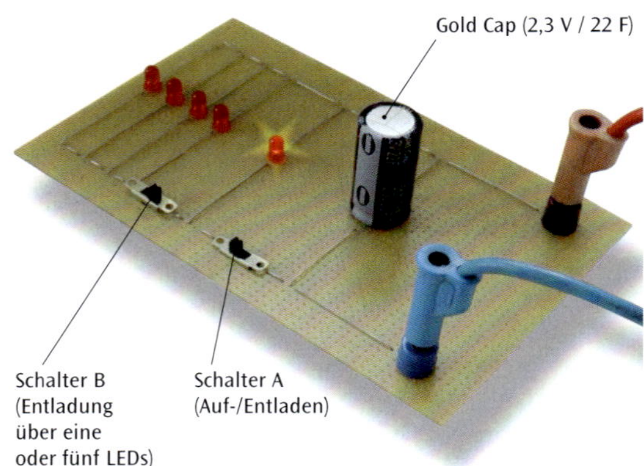

Bild 1: Ein aufgeladener Gold Cap kann eine LED stundenlang mit elektrischer Energie versorgen. Achtung: Diode und Kondensator können bei Falschpolung und/oder zu hoher Spannung zerstört werden!

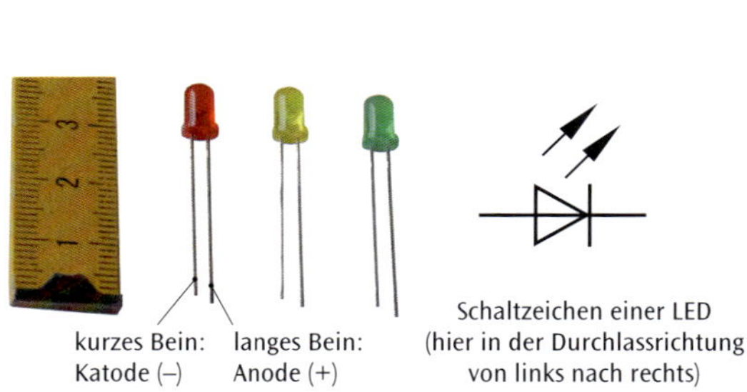

Bild 2: Dioden (links) mit Schaltzeichen (rechts)

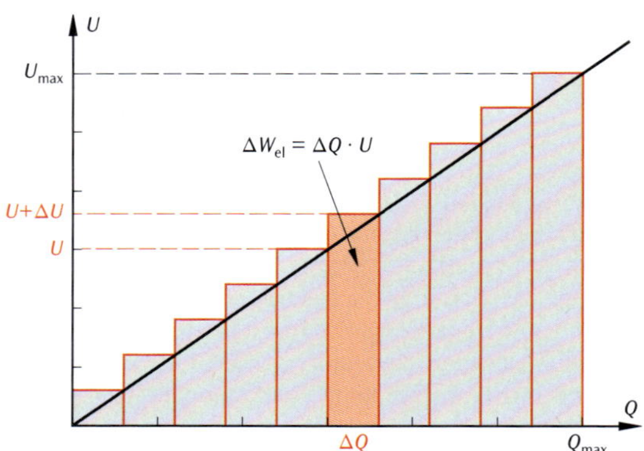

Bild 3: Energieinhalt des Kondensators als Fläche unter dem *U*(*Q*)-Diagramm

Kapazität und elektrische Energie: Wie kommt es, dass der geladene Gold Cap die Diode (typischerweise um 2 V bei 10 bis 20 mA) so lange am Leuchten hält?

Zur Lösung des Problems kehren wir zum Aufladevorgang des Kondensators an der Spannungsquelle zurück: Bei jeder kleinen Ladungsänderung ΔQ auf einer Kondensatorplatte steigt die Spannung zwischen den Platten vom Wert U auf den Wert $U + \Delta U$ an. Dabei muss jedes Mal die (elektrische Verschiebungs-) Arbeit $\Delta W_{el} = \Delta Q \cdot U$ verrichtet werden.

[1] Der Name hat nichts mit dem seltenen Metall zu tun (tatsächlich ist kein Gold enthalten!), sondern ist im übertragenen Sinne gemeint und ist Markenbezeichnung der Firma Panasonic.

Der gesamte Energieinhalt des Kondensators ergibt sich durch Summation aller Rechtecksflächen in **Bild 3** auf der vorherigen Seite. Bei kontinuierlichem Spannungsanstieg mit der Ladung gehen die Rechtecke in ein Dreieck über, und man erhält[1)]

$$W_{ges} = \frac{1}{2} \cdot Q_{max} \cdot U_{max} = \frac{1}{2} \cdot \underbrace{C \cdot U_{max}}_{Q_{max}} \cdot U_{max} = \frac{1}{2} C \cdot U_{max}^2 .$$

Energieinhalt eines Kondensators

$$W_{el} = \frac{1}{2} C \cdot U^2 \quad (C\text{: Kapazität; } U\text{: Betriebsspannung})$$

Einheit: $1\ \text{F} \cdot 1\ \text{V}^2 = 1\ \frac{\text{As}}{\text{V}} \cdot \text{V}^2 = 1\ \text{VAs} = 1\ \text{J}$

Info: Kondensator vs. Akku

Während beim Entladen eines Kondensators wegen $Q = C \cdot U \sim U$ (und damit auch $U \sim Q$) ein Absinken der Ladung zu einem proportionalen Absinken der Spannung führt, sorgt beim Akku ein elektrochemischer Prozess dafür, dass die Akku-Spannung nahezu bis zur vollständigen Entladung aufrecht erhalten bleibt, sodass für einen Akku näherungsweise $W_{el} = Q \cdot U$ (Rechtecksfläche in **Bild 1**) gilt (der Faktor $\frac{1}{2}$ entfällt also). Auf den erwähnten elektrochemischen Prozess wird im Chemieunterricht näher eingegangen.

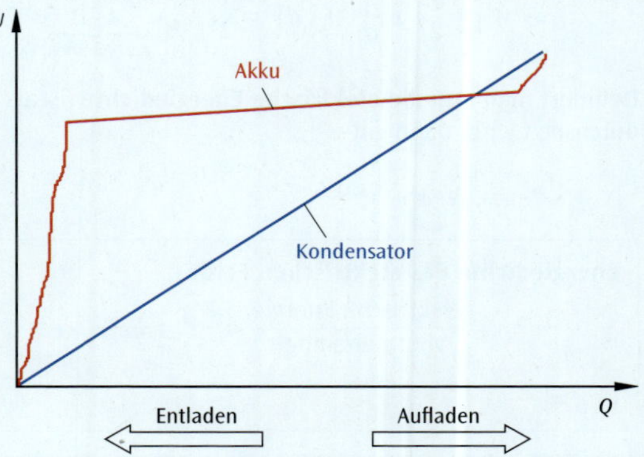

Bild 1: Auf- und Entladen von Kondensator und Akku im Vergleich (vereinfachte Darstellung)

Beispiel: Leuchtdiode

Eine rote Standard-Leuchtdiode (2,0 V, $I_{max} = 20$ mA) wird über einen Gold Cap (22 F) entladen. Wie lange leuchtet die Diode ungefähr, wenn sie bei halber Spannung erlischt?

Lösung: Der Kondensator speichert bei der Spannung $U_1 = 2{,}0$ V die elektrische Energie

$$W_1 = \frac{1}{2} C \cdot U_1^2 = \frac{1}{2} \cdot 22\ \frac{\text{As}}{\text{V}} \cdot (2{,}0\ \text{V})^2 = 44\ \text{VAs} = 44\ \text{J},$$

bei der halben Spannung wegen $W_{el} \sim U^2$ jedoch nur noch $\frac{1}{4}$ der Energie, also

$$W_2 = \frac{1}{4} \cdot 44\ \text{J} = 11\ \text{J}.$$

Wenn man davon ausgeht, dass die Energie gleichmäßig über die Zeit in Strahlungsenergie (Licht) umgesetzt wird, dann gilt näherungsweise ($\overline{U}$ und $\overline{I}$ sind Mittelwerte von Spannung und Stromstärke)

$$W_1 - W_2 = \overline{U} \cdot \overline{I} \cdot \Delta t \quad \Rightarrow \quad \Delta t = \frac{(44 - 11)\ \text{J}}{1{,}5\ \text{V} \cdot 15\ \text{mA}} \approx 24\ \text{min},$$

also eine knappe halbe Stunde Leuchtdauer.

Der Gold Cap könnte nach unserem Rechenmodell die Diode also für einen ganzen Tag mit elektrischer Energie versorgen, die fünf LEDs in **Bild 1** auf der vorigen Seite gleichzeitig (Parallelschaltung) also knapp fünf Stunden.

[1)] Beachten Sie das mechanische Analogon Spannenergie einer Feder $W_{Spann} = \frac{1}{2} D \cdot s^2$ – die Dehnungsstrecke kann also auch als Spannung interpretiert werden!

7.8.5 Energie des elektrischen Feldes

Elektrische Felder benötigen im Gegensatz zum Schall keinen Träger, in dem sie sich ausbreiten können: Ein elektrisches Feld durchsetzt auch das Vakuum – wie sonst kommt die Sonnenenergie (genauer: elektromagnetische Strahlungsenergie) bis zu uns auf die Erde? Zur Herleitung einer Beziehung für die elektrische Energie eines $\vec{E}$-Feldes gehen wir von einem geladenen Plattenkondensator aus (**Bild 1**), für den bekanntlich die Beziehung $W_{el} = \frac{1}{2}C \cdot U^2$ gilt, und formen diesen Ausdruck weiter um:

$$W_{el} = \frac{1}{2}C \cdot U^2 \quad \text{mit} \quad C = \varepsilon_r \varepsilon_0 \frac{A}{d} \quad \text{und} \quad U = E \cdot d$$

$$\Rightarrow W_{el} = \frac{1}{2}\varepsilon_r \varepsilon_0 \frac{A}{d} \cdot (E \cdot d)^2 = \frac{1}{2}\varepsilon_r \varepsilon_0 \cdot \underbrace{A \cdot d}_{=V \text{ (Volumen)}} \cdot E^2$$

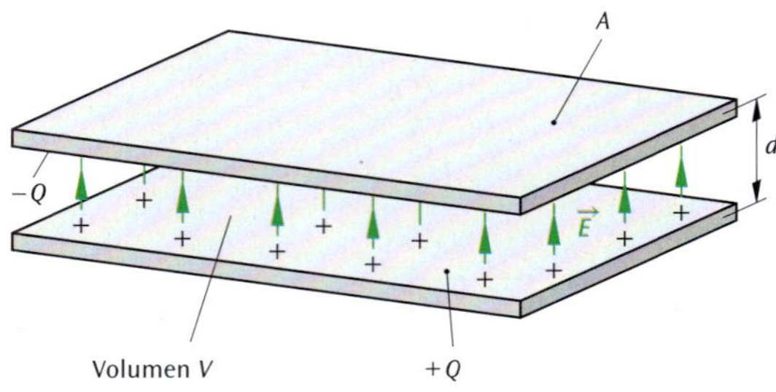

Bild 1: Zur Herleitung des Energieinhalts des elektrischen Feldes (Erläuterungen im Text)

Definiert man nun die **elektrische Energiedichte** ϱ_{el} als Quotient aus Energieinhalt W_{el} und Volumen V, das vom Feld durchsetzt wird, dann gilt

$$\varrho_{el} = \frac{1}{2}\varepsilon_r \varepsilon_0 \cdot E^2 \sim E^2$$

Energiedichte des elektrischen Feldes:

$$\varrho_{el} = \frac{\text{elektrische Energie}}{\text{Volumeneinheit}} = \frac{W_{el}}{V} = \frac{1}{2}\varepsilon_r \varepsilon_0 \cdot E^2.$$

$$[\varrho_{el}] = \frac{\text{J}}{\text{m}^3}$$

Beispiel:

In einer Gewitterzelle herrschen Feldstärken von etwa $10\,\frac{\text{kV}}{\text{m}}$ (Durchschnittswert).

Die Energiedichte des elektrischen Feldes beträgt damit

$$\varrho_{el} = \frac{1}{2}\varepsilon_0 \cdot E^2 \approx \frac{1}{2} \cdot 9 \cdot 10^{-12}\,\frac{\text{As}}{\text{Vm}} \cdot \left(10^4\,\frac{\text{V}}{\text{m}}\right)^2 = 4{,}5 \cdot 10^{-4}\,\frac{\text{VAs}}{\text{m}^3} = 0{,}45 \cdot 10^{-3}\,\frac{\text{J}}{\text{m}^3},$$

also etwa 0,5 J pro dm^3. Das klingt nach herzlich wenig, aber bedenken Sie die teilweise großen Abmessungen einer Gewitterzelle!

7.8.6 Kondensatorschaltungen

Wiederholung: Schaltung von Widerständen

Bei Widerstandsschaltungen (seriell und/oder parallel) berechnet sich der Ersatzwiderstand (Gesamtwiderstand R_{ges}) mit:

$$R_{ges} = R_1 + R_2 \quad \text{bei Reihenschaltung (**Bild 2a**)}$$

$$\frac{1}{R_{ges}} = \frac{1}{R_1} + \frac{1}{R_2} \quad \text{bei Parallelschaltung (**Bild 2b**)}$$

Kurz: Reihenschaltung erhöht den Gesamtwiderstand, Parallelschaltung senkt ihn!

Die Herleitung der Beziehungen erfolgt über die Kirchhoff'schen Regeln (Maschen- und Knotenregel, vgl. **Bild 2**) und das Ohm'sche Gesetz $\left(R = \frac{U}{I} = \text{const}\right)$.

Ähnliche Beziehungen gelten für Reihen- und Parallelschaltung von Kondensatoren.

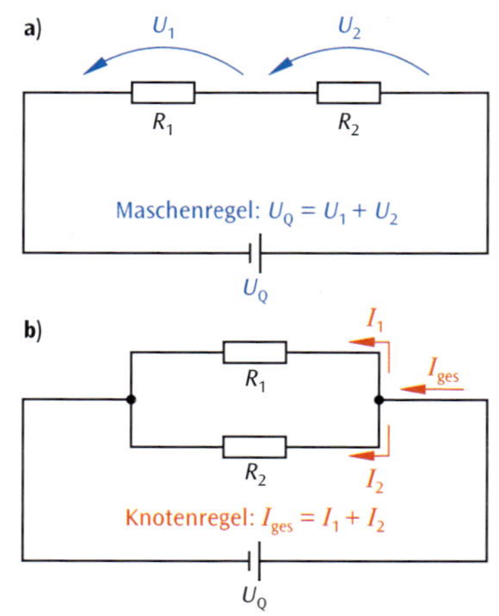

Bild 2: Reihenschaltung (a) und Parallelschaltung (b) zweier Widerstände (U_Q ist Quellenspannung)

Parallelschaltung von Kondensatoren (Bild 1)

Beim Anschließen der Spannungsquelle werden beide Kondensatoren geladen. Der Kondensator mit der größeren Kapazität nimmt dabei die größere Ladungsmenge auf.

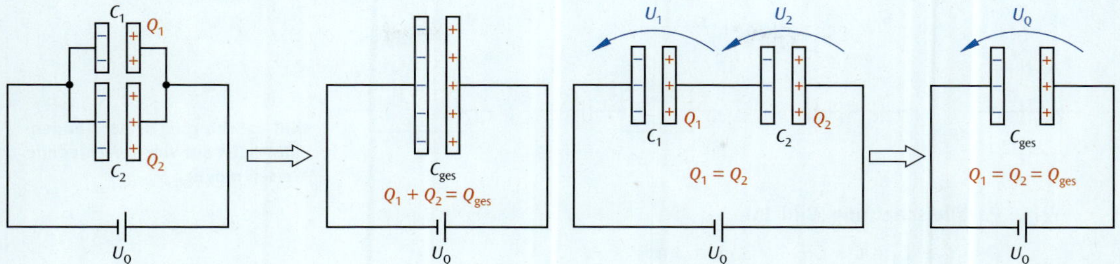

Bild 1: Parallelschaltung zweier Kondensatoren; anschaulich: Addition der Plattenflächen!

Bild 2: Reihenschaltung zweier Kondensatoren; anschaulich: Addition der Plattenabstände!

Der Parallelblock kann durch einen einzigen Kondensator ersetzt werden, der die Summe der Einzelladungen trägt:

$$Q_{ges} = Q_1 + Q_2 \quad | \text{ Knotenregel}$$

$$C_{ges} \cdot U_Q = C_1 \cdot U_1 + C_2 \cdot U_2 \quad | \text{ aus der Definition } Q = CU \text{ der Kapazität}$$

$$C_{ges} \cdot U_Q = C_1 \cdot U_Q + C_2 \cdot U_Q \quad | \text{ weil } U_Q = U_1 = U_2 \text{ (Parallelschaltung!)}$$

$$\overset{:U_Q}{\Rightarrow} C_{ges} = C_1 + C_2$$

Reihenschaltung (Serienschaltung) von Kondensatoren (Bild 2 auf der vorherigen Seite)

Wird die Spannungsquelle angeschlossen, dann laden sich beide Kondensatoren auf. Der Ladevorgang ist abgeschlossen, wenn zwischen den Kondensatoren keine Ströme mehr fließen. Daraus folgt, dass jeder Kondensator dieselbe Ladungsmenge aufnimmt. Aus der Maschenregel folgt:

$$U_Q = U_1 + U_2 \quad | \text{ Maschenregel}$$

$$\frac{Q_{ges}}{C_{ges}} = U_1 + U_2 \quad | \text{ aus der Definition } Q = CU \text{ der Kapazität}$$

$$\frac{Q_{ges}}{C_{ges}} = \frac{Q_{ges}}{C_1} + \frac{Q_{ges}}{C_2} \quad | \text{ weil } Q_{ges} = Q_1 = Q_2 \text{ (Ladevorgang abgeschlossen!)}$$

$$\overset{:Q_{ges}}{\Rightarrow} \frac{1}{C_{ges}} = \frac{1}{C_1} + \frac{1}{C_2}$$

Ersatzkapazität bei Schaltung zweier Kondensatoren

- Parallelschaltung: $C_{ges} = C_1 + C_2$ (Addition der Einzelkapazitäten)
- Reihenschaltung: $\frac{1}{C_{ges}} = \frac{1}{C_1} + \frac{1}{C_2}$ (Addition der Kehrwerte)

Beispiel: Welche Ersatzkapazitäten sind möglich bei drei gleichen Kondensatoren (Kapazität je 1 mF)?

Lösung: Vier Schaltungen sind möglich, wenn alle drei Kondensatoren verbaut werden sollen (**Bild 1**).

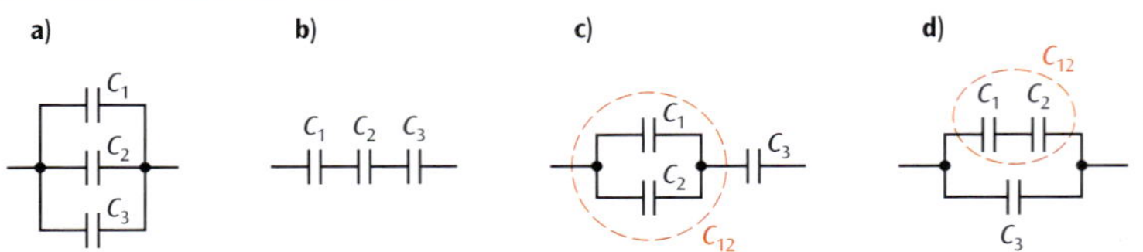

Bild 1: Schaltung dreier Kondensatoren ist auf vier verschiedene Weisen möglich

- **reine Parallelschaltung (Bild 1a)**

  $C_{ges} = C_1 + C_2 + C_3 = C + C + C = 3 \cdot C = 3\text{ mF}$

- **reine Reihenschaltung (Bild 1b)**

  $\frac{1}{C_{ges}} = \frac{1}{C_1} + \frac{1}{C_2} + \frac{1}{C_3} = \frac{1}{C} + \frac{1}{C} + \frac{1}{C} = \frac{3}{C} \quad \Rightarrow \quad C_{ges} = \frac{1}{3}C = 333\ \mu\text{F}$ (g. Z. unterdrückt)

- **zwei Kondensatoren parallel und in Reihe zum dritten (Bild 1c)**

  Der Parallelblock hat die Kapazität $C_{12} = C_1 + C_2 = 2 \cdot C = 2\text{ mF}$. Er ist in Reihe zum dritten Kondensator geschaltet, also

  $\frac{1}{C_{ges}} = \frac{1}{C_3} + \frac{1}{C_{12}} = \frac{1}{C} + \frac{1}{2C} = \frac{2}{2C} + \frac{1}{2C} = \frac{3}{2C} \quad \Rightarrow \quad C_{ges} = \frac{2}{3}C = 667\ \mu\text{F}.$

- **zwei Kondensatoren in Reihe und parallel zum dritten (Bild 1d)**

  Die in Reihe geschalteten Kondensatoren haben die Kapazität $C_{12} = \frac{1}{2}C = 500\ \mu\text{F}$.

  Sie sind parallel zum dritten Kondensator geschaltet, also $C_{ges} = C_3 + C_{12} = 1{,}5\text{ mF}$.

7.9 Teilchenbewegung im elektrischen Feld

7.9.1 Erzeugung freier Elektronen

In einem Atom stehen die negativ geladenen Elektronen mit dem positiv geladenen Kern in wechselseitiger Anziehung. Bei Metallen befinden sich die Elektronen zwar in einem sogenannten freien Elektronengas, sie werden aber stets durch Rückkopplungskräfte zu den positiven Atomrümpfen gezogen. Elektronen können aus diesem Atomverbund gelöst werden, wenn ihnen genügend Energie zugeführt wird. Dadurch werden die Elektronen zu frei beweglichen, unabhängigen Teilchen. Die Erzeugung freier Elektronen kann auf verschiedene Arten erfolgen (**Tabelle 1**).

Tabelle 1: Erzeugung freier Elektronen

Verfahren	Erklärung	
Photoeffekt	Licht mit genügend hoher Energie (z.B. kurzwelliges UV-Licht) kann Elektronen aus Metallen herauslösen. Anwendung: Solarzelle, Lichtschranken, Photomultiplier, Photoelektronen-Spektroskopie zur Untersuchung von Festkörpern	kurzwelliges Licht

Feldemission	Sehr starke elektrische Felder vermindern die Anziehungskräfte zwischen Atomrümpfen und Elektronen, sodass einzelne Elektronen austreten können. Anwendung: Feldemissionsmikroskop (Bild rechts), Gasentladungsröhre	Kathodenspitze, Schirm, +, –
Glühemission	Ein Metalldraht im Vakuum wird durch eine angelegte Heizspannung erhitzt. Dadurch nimmt die kinetische Energie der Elektronen zu und sie können aus dem Metall heraustreten. Die anliegende Anodenspannung erzeugt ein elektrisches Feld, das die Elektronen zur positiven Anode hin beschleunigt. Anwendung: Erzeugung freier Elektronen für Teilchenbeschleuniger	Heizspannung, evakuierte Glasröhre, U_H, Elektronen, Glühkathode, Anode, – +, Anodenspannung U_A

Bis auf die Feldemission beruht das Prinzip auf Stoßvorgängen. Bei der Glühemission stoßen die Nachbarteilchen aufgrund der thermischen Energiezufuhr zusammen. Beim Photoeffekt gibt es eine Wechselwirkung mit den Lichtteilchen (Photonen) und den Elektronen. Weiterhin können Atome auch durch Stoßionisation mit schnellen Elektronen oder anderen Teilchen ihre Elektronen abgeben.

Die Erzeugung freier Elektronen ist die Basis für sogenannte Elektronenkanonen, ein energiereicher, gebündelter Elektronenstrahl, der in vielen Bereichen der Physik und Medizin Anwendung findet.

7.9.2 Geladene Teilchen im elektrischen Längsfeld

Ein Linearbeschleuniger ist ein Teilchenbeschleuniger, der Elektronen, Positronen, Ionen oder andere geladene Teilchen mit Hilfe von elektrischen Feldern geradlinig beschleunigt. **Bild 1** zeigt das 3 km lange Stanford Linear Accelerator Center (kurz: SLAC) in Kalifornien. Es wird für Forschungszwecke im Bereich der Teilchen- und Atomphysik genutzt.

Aufgrund des vergleichsweisen einfachen Aufbaus werden Linearbeschleuniger auch oft als Vorbeschleuniger für andere Beschleunigertypen verwendet. In der Medizin werden beschleunigte Elektronen unter anderem zur Erzeugung von Röntgenstrahlung in der Strahlentherapie eingesetzt.

Bild 1: Linearbeschleuniger SLAC in Kalifornien

Der Beschleunigungskondensator

Ein freies Elektron wird beispielsweise durch Glühemission erzeugt und fliegt mit einer Geschwindigkeit in das homogene Feld eines Plattenkondensators hinein (**Bild 2**). Auf das Elektron wirkt die elektrische Kraft $\vec{F}_{el}$, die das Teilchen nach unten beschleunigt. Die Gewichtskraft $\vec{F}_G$ ist vernachlässigbar klein und wird außer Acht gelassen.

Die Bewegung des Elektrons im Kondensator ist vergleichbar mit der Bewegung eines Köpers im Gravitationsfeld der Erde während eines senkrechten Wurfs nach unten.

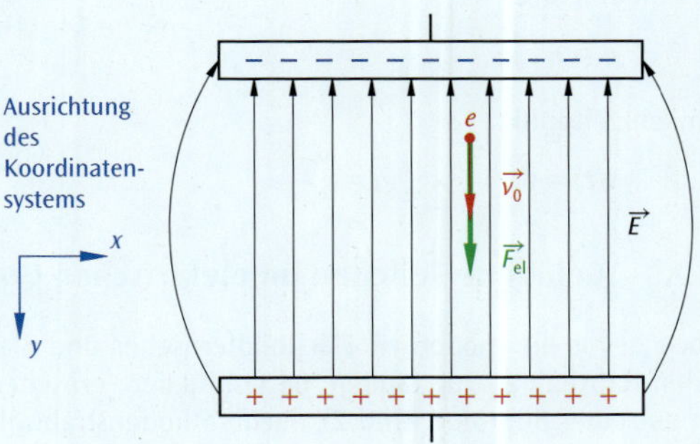

Bild 2: Elektron im elektrischen Längsfeld

Bewegungsgesetze:

$$y(t) = v_0 \cdot t + \frac{1}{2} \cdot a \cdot t^2 \quad \text{und}$$

$$y(t) = v_0 + a \cdot t$$

Beschleunigende Kraft ist die elektrische Kraft:

$$\vec{F}_{el} = \vec{F}_a$$

$$E \cdot q = m \cdot a$$

$$a = E \cdot \frac{q}{m}$$

Um die Geschwindigkeit des Elektrons zu berechnen, benötigt man noch die Zeit t. Eine alternative, zeitunabhängige Berechnung der Geschwindigkeit ermöglicht der Energieerhaltungssatz. Bewegt sich das Elektron von einer Platte zur anderen, dann wird die potentielle Energie in kinetische Energie umgewandelt.

Unter Beachtung der Anfangsgeschwindigkeit v_0 lautet der Energieerhaltungssatz:

$$W_{\text{kin }0} + W_{\text{pot}} = W_{\text{kin}}$$

$$\frac{1}{2} \cdot m \cdot v_0^2 + q \cdot U = \frac{1}{2} \cdot m \cdot v^2$$

$$v = \sqrt{v_0^2 + \frac{2 \cdot q \cdot U}{m}}$$

Beispiel: Beschleunigungskondensator

Ein Elektron fliegt mit einer Geschwindigkeit von $v_0 = 2{,}5 \cdot 10^7\ \frac{\text{m}}{\text{s}}$, entgegengesetzt zu den Feldlinien, in einen Plattenkondensator hinein. Die anliegende Spannung beträgt $U = 1{,}5$ kV. Welche Endgeschwindigkeit und Energie hat das Elektron nach Durchlaufen des Kondensators?

Lösung:

Da der Plattenabstand nicht gegeben ist, führt der Energieerhaltungssatz zur Lösung.

Endgeschwindigkeit:

$$v = \sqrt{v_0^2 + \frac{2 \cdot q \cdot U}{m}} = \sqrt{\left(2{,}5 \cdot 10^7\ \frac{\text{m}}{\text{s}}\right)^2 + \frac{2 \cdot 1{,}602 \cdot 10^{-19}\ \text{C} \cdot 1{,}5 \cdot 10^3\ \text{V}}{9{,}1 \cdot 10^{-31}\ \text{kg}}} = 3{,}4 \cdot 10^7\ \frac{\text{m}}{\text{s}}$$

Energie:

$$W_{\text{kin}} = \frac{1}{2} \cdot m \cdot v^2 = \frac{1}{2} \cdot 9{,}1 \cdot 10^{-31}\ \text{kg} \cdot \left(3{,}4 \cdot 10^7\ \frac{\text{m}}{\text{s}}\right)^2 = 5{,}3 \cdot 10^{-16}\ \text{J} \mathrel{\hat{=}} 3{,}3\ \text{keV}$$

Fliegt ein Elektron in Richtung der Feldlinien in den Kondensator hinein, dann wird es durch die elektrische Kraft abgebremst (**Bild 1**). Seine Bewegung ist vergleichbar mit der Bewegung eines Körpers im Gravitationsfeld der Erde während eines senkrechten Wurfs nach oben.

Nach einer gewissen Zeit t erreicht das Elektron den Umkehrpunkt, an dem die Geschwindigkeit Null ist, und wird anschließend wieder in die entgegengesetzte Richtung (zur positiven Platte) beschleunigt.

Bewegungsgesetze:

$$y(t) = v_0 \cdot t - \frac{1}{2} \cdot a \cdot t^2 \quad \text{und}$$

$$y(t) = v_0 - a \cdot t$$

Beschleunigung:

$$a = E \cdot \frac{q}{m}$$

Umkehrzeitpunkt:

$$v(t) = 0 \quad \Leftrightarrow \quad t = \frac{v_0}{a}$$

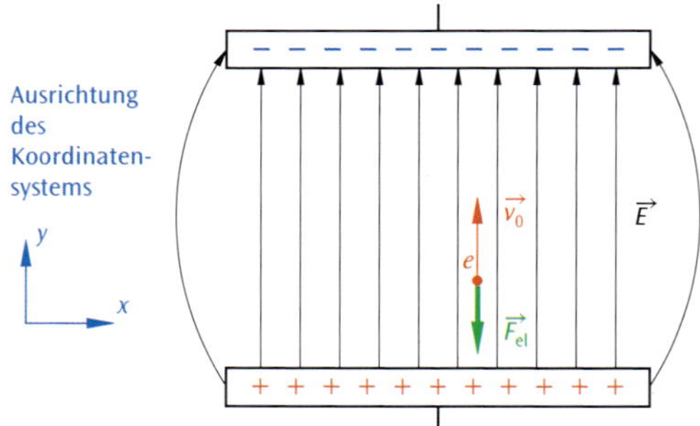

Bild 1: Elektron im elektrischen Längsfeld, Bewegung in Richtung der Feldlinien

7.9.3 Geladene Teilchen im elektrischen Querfeld

Noch bevor die modernen Flachbildfernseher und Flachbildschirme fast in jeden Haushalt Einzug fanden, bestand jeder Fernseher und Computermonitor aus einer Bildröhre (**Bild 2**), auch Kathodenstrahlröhre oder, nach seinem Erfinder, Braunsche[1)] Röhre genannt. Seine Funktionsweise beruht auf einer Kombination aus einem Beschleunigungskondensator (Abschnitt 7.9.2) und einem Ablenkkondensator.

Bild 2: Röhrenfernseher 80er Jahre

1) Ferdinand Braun, Erfinder der Kathodenstrahlröhre 1897

Der Ablenkkondensator

Ein geladenes Teilchen (z. B. ein Elektron) fliegt mit einer Geschwindigkeit $\vec{v}_0$ in einen Kondensator senkrecht zu den Feldlinien hinein (**Bild 1**). Im Kondensator wirkt auf das Teilchen die elektrische Kraft nach unten. Seine Bewegung ist vergleichbar mit der Bewegung eines Körpers im Gravitationsfeld der Erde während eines waagrechten Wurfs.

Analog zum waagrechten Wurf im Gravitationsfeld liegt hier eine Überlagerung zweier Bewegungsarten vor:

- x-Richtung: gleichförmige Bewegung

$$x(t) = v_0 \cdot t$$
$$v_x = v_0$$

- y-Richtung: gleichmäßig beschleunigte Be-wegung

$$y(t) = \frac{1}{2} \cdot a \cdot t^2 \quad \text{mit} \quad a = E \cdot \frac{q}{m}$$
$$v_y(t) = a \cdot t$$

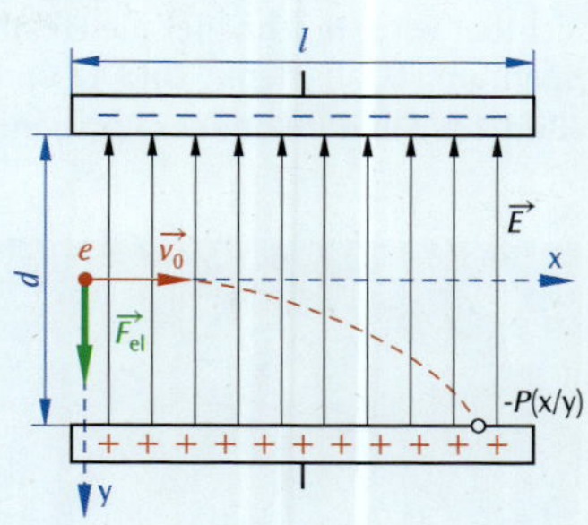

Bild 1: Elektron im elektrischen Querfeld

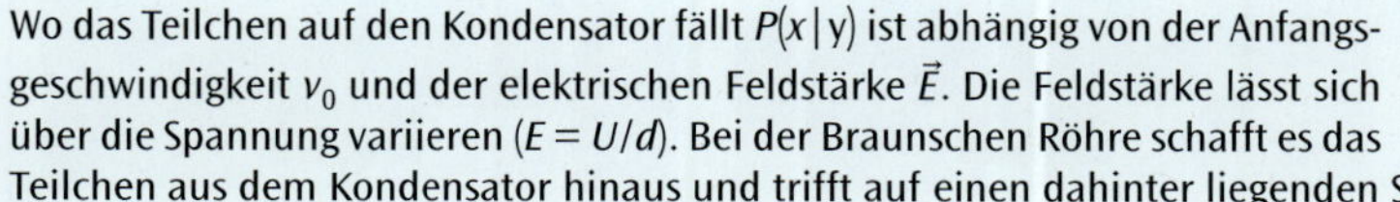

Wo das Teilchen auf den Kondensator fällt $P(x \mid y)$ ist abhängig von der Anfangsgeschwindigkeit v_0 und der elektrischen Feldstärke $\vec{E}$. Die Feldstärke lässt sich über die Spannung variieren ($E = U/d$). Bei der Braunschen Röhre schafft es das Teilchen aus dem Kondensator hinaus und trifft auf einen dahinter liegenden Schirm auf.

Tabelle 1: Formeln für ein geladenes Teilchen im elektrischen Querfeld

Benötigte Zeit im Kondensator	Ablenkung y_1 in -Richtung	Bahnkurve $y(x)$	Bahngeschwindigkeit $v(t)$
$t_K = \frac{l}{v_0}$	$y_1 = y(t_K) = \frac{1}{2} \cdot a \cdot t_K^2$ $y_1 = \frac{1}{2} \cdot \frac{E \cdot q}{m} \cdot \left(\frac{l}{v_0}\right)^2$	$y(x) = \frac{1}{2} \cdot \frac{E \cdot q}{m} \cdot \left(\frac{x}{v_0}\right)^2$	$v(t) = \sqrt{v_x^2 + v_y^2}$ $v(t) = \sqrt{v_0^2 + \left(\frac{E \cdot q}{m} \cdot t\right)^2}$

Der Ablenkkondensator mit Auffangschirm

Nach Durchlaufen des Kondensators ist das Teilchen um die Strecke y_1 abgelenkt und bewegt sich geradlinig auf den Schirm zu (**Bild 2**). Da zwischen Kondensator und Schirm kein elektrisches Feld vorhanden ist, behält das Teilchen die konstante Geschwindigkeit v_1 nach Verlassen des Kondensators bei.

$$v_1 = v(t_K) = \sqrt{v_0^2 + \left(\frac{E \cdot q}{m} \cdot \frac{l}{v_0}\right)^2}$$

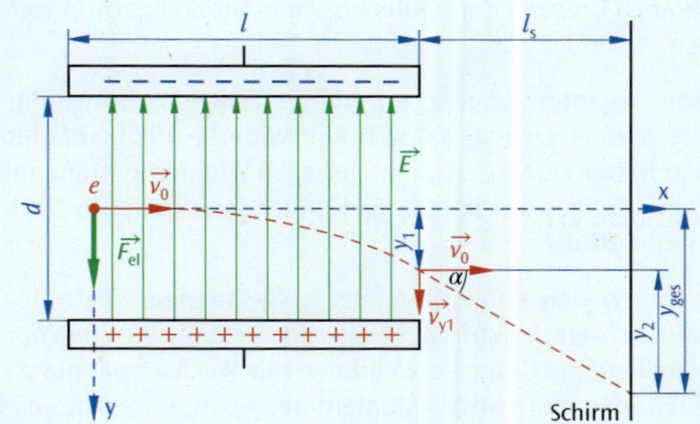

Bild 2: Ablenkkondensator mit Schirm

Der Geschwindigkeitsvektor v_1 steht tangential auf der Bahnkurve im Kondensator und zeigt nach dem Kondensator genau in Richtung der geradlinigen Bahn. Ist der Austrittswinkel α bekannt, dann kann die Strecke y_2 über die Winkelbeziehung im rechtwinkligen Dreieck berechnet werden.

Mit $\tan(\alpha) = \frac{v_{y1}}{v_0} = \frac{E \cdot q \cdot l}{m \cdot v_0^2}$ und $\tan(\alpha) = \frac{y_2}{l_s}$ folgt:

$$y_2 = \frac{E \cdot q \cdot l}{m \cdot v_0^2} \cdot l_s$$

Die vertikale Position y_{ges} auf dem Schirm ergibt sich aus der Summe von y_1 und y_2.

Beispiel: Elektronenablenkröhre

Die freien Elektronen werden zunächst mit Hilfe der Glühemission erzeugt und anschließend durch Anlegen einer Beschleunigungsspannung U_B (Anodenspannung) beschleunigt. Die Elektronen streifen beim Durchlaufen des Kondensators einen in den Strahlengang schräg gestellten, beschichteten Leuchtschirm, wodurch der Elektronenstrahl sichtbar wird. Je schneller die Elektronen sind, desto weniger stark werden sie im Kondensator mit der anliegenden Spannung U_y abgelenkt (**Bild 1a** und **b**). Eine Umpolung führt zur Spiegelung des Elektronenstrahls an der Mittellinie (**Bild 1c**). Mit der Kondensatorspannung U_y kann die Ablenkung ebenfalls variiert werden.

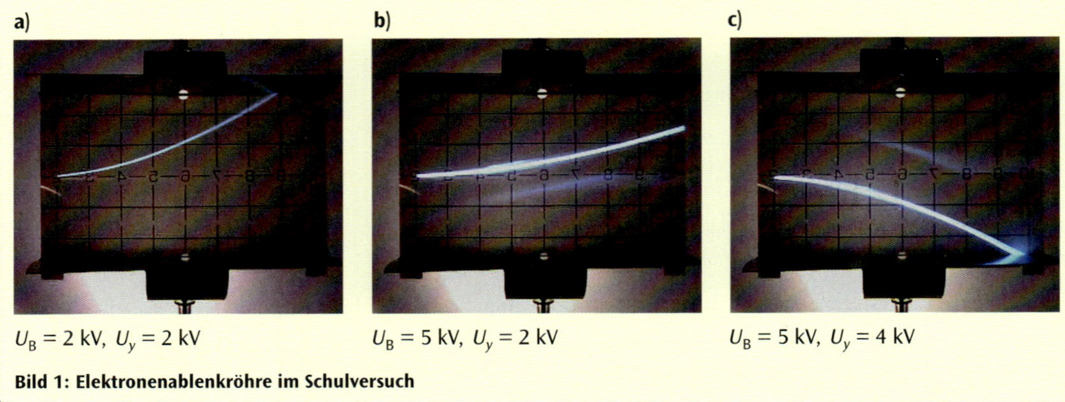

a) $U_B = 2$ kV, $U_y = 2$ kV

b) $U_B = 5$ kV, $U_y = 2$ kV

c) $U_B = 5$ kV, $U_y = 4$ kV

Bild 1: Elektronenablenkröhre im Schulversuch

7.9.4 Anwendungen

Wideröe-Beschleuniger

Mit einem Beschleunigungskondensator können nicht beliebig hohe Teilchenenergien und Geschwindigkeiten, die im Zusammenhang mit der angelegten Spannung stehen, erreicht werden. Es müssen sowohl Grenzen der Spannung als auch Grenzen der bautechnischen Größe beachtet werden.

Eine elegantere Lösung, um höhere Teilchengeschwindigkeiten zu erreichen, hat sich Rolf Wideröe 1928 einfallen lassen. Der Linearbeschleuniger nach Wideröe besteht aus immer länger werdenden Elektroden, sogenannten Driftröhren (**Bild 2**).

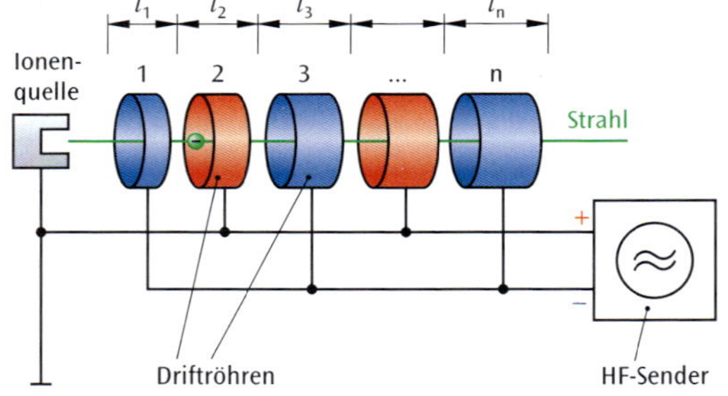

Bild 2: Aufbau eines Linearbeschleunigers nach Wideröe

Zwischen den entgegengesetzt aufgeladenen Elektroden baut sich ein elektrisches Feld auf, welches das Teilchen beschleunigt. Unter Verwendung von Wechselspannung (Hochfrequenz-Sender) mit konstanter Frequenz werden die Elektroden im richtigen Moment umgepolt, sodass das elektrische Feld stets beschleunigend wirkt. Die Geschwindigkeit und die damit verbundene kinetische Energie der Teilchen nehmen zu. Innerhalb einer Driftröhre wirken keine Kräfte mehr auf die Teilchen, sie bewegen sich dort mit konstanter Geschwindigkeit.

Mit diesem Aufbau können Geschwindigkeiten von bis zu 5 % der Lichtgeschwindigkeit erreicht werden.

Milikan-Versuch

Robert Andrews Milikan hat mit seinem Öltröpfchen-Versuch erstmalig die Quantelung der Ladung aufgezeigt, das bedeutet Ladung kommt in der Natur stets als ganzzahliges Vielfaches der Elementarladung e vor. 1923 hat er unter anderem für die Ermittlung der Elementarladung den Nobelpreis für Physik bekommen.

Versuchsaufbau (**Bild 1**):

Mit einem Zerstäuber werden feinste Öltröpfchen unterschiedlicher Größe in eine Kammer geblasen. Durch Reibungselektrizität laden sich diese beim Herabsinken elektrisch auf. Durch einen kleinen Spalt gelangen die Öltröpfchen in das homogene Feld eines Plattenkondensators. Mit einem Mikroskop können die Öltröpfchen beobachtet werden.

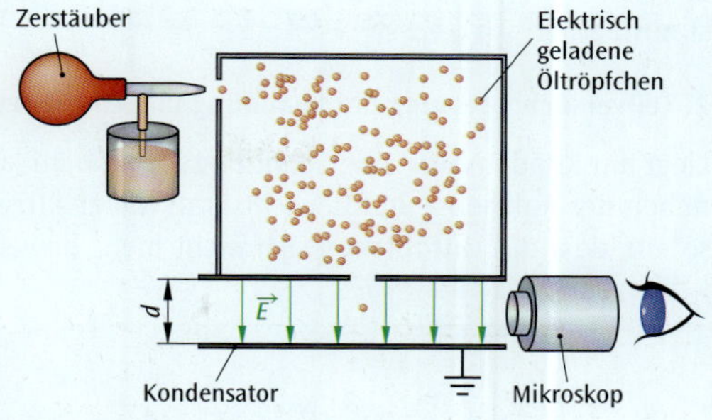

Bild 1: Aufbau Milikan-Versuch

Versuchsdurchführung:

Ziel ist es, die Ladung q einzelner Tröpfchen zu bestimmen. Da aber der Radius der Tröpfchen nicht genau bestimmt werden kann, ist der Versuch in zwei Teilversuche aufgeteilt. Hier wird auf die Schwebemethode eingegangen.

Im ersten Teilversuch (**Bild 2a**) stellt sich ein Kräftegleichgewicht zwischen der Reibungs-, Auftriebs- und Gewichtskraft ein: $F_G = F_R + F_A$. Dadurch sinkt das Öltröpfchen mit konstanter Geschwindigkeit nach unten. Mit Hilfe der Skala und einer Zeitmessung kann die Geschwindigkeit und damit der Radius bestimmt werden.

Nun schaltet man im zweiten Teilversuch die Kondensatorspannung ein und regelt diese so, dass das Öltröpfchen sich im Schwebezustand befindet. Die elektrische Kraft $\vec{F}_{el}$ wird nun durch die Gewichts- und Auftriebskraft ausgeglichen (**Bild 2b**). Mit dem Kräfteansatz $F_{el} = F_G - F_A = F_R$ lässt sich die Ladung mit Hilfe einer Spannungsmessung berechnen.

a) ohne E-Feld b) mit E-Feld

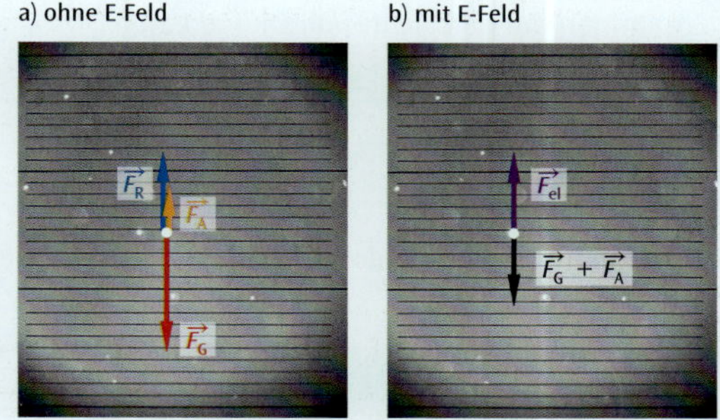

Bild 2: Mikroskopansicht Milikan-Versuch mit Kräfteskizze

Beispiel: Herleitung der Formeln zum Milikan-Versuch

1. Teilversuch: Messung der zurückgelegten Strecke und der dafür benötigten Zeit, um Geschwindigkeit und Radius zu bestimmen

Die Reibungskraft $\vec{F}_R$ auf einen kugelförmigen Körper mit dem Radius r in einer Umgebung mit der Viskosität η ist von der Geschwindigkeit abhängig und berechnet sich nach dem Gesetz von Stoke mit

$$F_R = 6\pi \cdot r \cdot \eta \cdot v$$

Beim Herabsinken der Öltröpfchen stellt sich nach kurzer Zeit ein Kräftegleichgewicht zwischen der Auftriebskraft $\vec{F}_A$, der Reibungskraft $\vec{F}_R$ und der Gewichtskraft $\vec{F}_G$ ein:

$$F_G = F_R + F_A \qquad (1)$$

Da die Masse unbekannt ist, wird die Gewichtskraft durch $F_G = m \cdot g = V \cdot \varrho_{Öl} \cdot g$ ersetzt, sowie die Auftriebskraft in Luft durch $F_A = V \cdot \varrho_{Luft} \cdot g$. Für das Volumen wird von einer Kugelform ausgegangen: $V = \frac{4}{3} \cdot \pi \cdot r^3$. Eingesetzt in (1) und aufgelöst nach r erhält man:

$$\frac{4}{3} \cdot \pi \cdot r^3 \cdot \varrho_{Öl} \cdot g = \frac{4}{3} \cdot \pi \cdot r^3 \cdot \varrho_{Luft} \cdot g + 6 \cdot \pi \cdot r \cdot \eta \cdot v$$

$$\frac{4}{3} \cdot \pi \cdot r^3 \cdot \varrho_{Öl} \cdot g - \frac{4}{3} \cdot \pi \cdot r^3 \cdot \varrho_{Luft} \cdot g - 6 \cdot \pi \cdot r \cdot \eta \cdot v = 0$$

$$\frac{4}{3} \cdot \pi \cdot r^3 \cdot g \cdot (\varrho_{Öl} - \varrho_{Luft}) - 6 \cdot \pi \cdot r \cdot \eta \cdot v = 0 \qquad |\, r \text{ ausklammern}$$

$$r \cdot \left(\frac{4}{3} \cdot \pi \cdot r^2 \cdot g \cdot (\varrho_{Öl} - \varrho_{Luft}) - 6 \cdot \pi \cdot \eta \cdot v\right) = 0 \qquad |\, \text{Satz vom Nullprodukt } (r_1 = 0)$$

$$\frac{4}{3} \cdot \pi \cdot r^2 \cdot g \cdot (\varrho_{Öl} - \varrho_{Luft}) - 6 \cdot \pi \cdot \eta \cdot v = 0$$

$$r = \pm\sqrt{\frac{6 \cdot \pi \cdot \eta \cdot v}{\frac{4}{3} \cdot \pi \cdot g \cdot (\varrho_{Öl} - \varrho_{Luft})}}$$

Die Geschwindigkeit v wird mit Hilfe der Zeitmessung t und Ablesen der Strecke s auf der Mikroskopskala bestimmt durch $v = \frac{s}{t}$.

2. Teilversuch: Messung der Spannung im Schwebezustand und Bestimmung der Ladung

Liegt am Kondensator eine Spannung an, so baut sich ein elektrisches Feld auf, so dass auf das Öltröpfchen neben der Auftriebs- und Gewichtskraft die elektrische Kraft $\vec{F}_{el}$ wirkt. Stellt man die Kondensatorspannung so ein, dass das Öltröpfchen sich nicht mehr bewegt, also im Schwebezustand ist, dann herrscht folgendes Kräftegleichgewicht:

$$F_{el} = F_G - F_A$$

$$q \cdot \frac{U}{d} = \frac{4}{3} \cdot \pi \cdot r^3 \cdot g \cdot (\varrho_{Öl} - \varrho_{Luft})$$

$$q = \frac{\frac{4}{3} \cdot \pi \cdot r^3 \cdot g \cdot (\varrho_{Öl} - \varrho_{Luft}) \cdot d}{U}$$

Zusammen mit der Dichte von Öl und Luft ($\varrho_{Öl}$ je nach Versuchsaufbau, $\varrho_{Luft} = 1{,}29\ \frac{kg}{m^3}$), dem Plattenabstand d, dem berechneten Wert für den Radius aus Teilversuch 1 und der gemessenen Spannung U kann die Ladung berechnet werden.

Analoges Oszilloskop

Die Funktionsweise des analogen Oszilloskops (**Bild 1**) beruht auf der Braunschen Röhre. Der schematische Aufbau ist in **Bild 2** dargestellt.

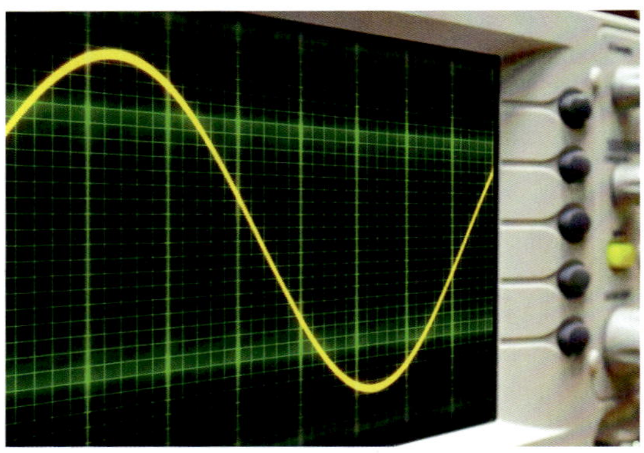

Bild 1: Oszilloskop

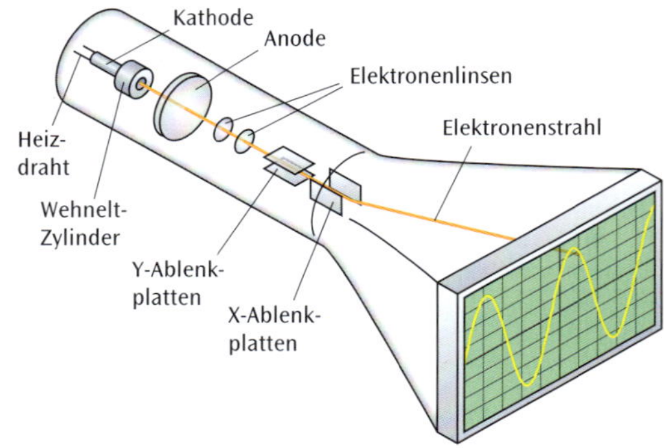

Bild 2: Schematischer Aufbau eines Oszilloskops

Die Funktionsweise:

Eine Elektronenkanone, bestehend aus einer Glühwendel (Heizdraht) und einem Beschleunigungskondensator sorgt dafür, dass die Elektronen aus dem Metall herausgelöst und beschleunigt werden. Der integrierte Wehneltzylinder ist wie die Kathode negativ geladen und hat die Aufgabe den Elektronenstrahl zu bündeln, er ist Teil des Beschleunigungskondensators. Dieser ist in diesem Falle kein Plattenkondensator. Das Gegenstück, die positiv geladene Anode, ist eine kreisförmige Platte mit einem Loch, durch welches die Elektronen hindurchfliegen können. Die nachfolgenden Elektronenlinsen fokussieren nochmals den Elektronenstrahl. Anschließend fliegen die Elektronen in zwei aufeinander folgende Ablenkkondendatoren. Der erste Ablenkkondensator hat horizontal ausgerichtete Platten, die Ablenkung erfolgt in y-Richtung. Beim zweiten sorgen vertikal angeordnete Platten für eine Ablenkung in x-Richtung.

Der Schirm:

Der Bildschirm des Oszilloskops ist mit einem speziellen phosphoreszierenden Material beschichtet. Beim Auftreffen der Elektronen auf dem Schirm wechselwirken sie mit der Phosphorschicht und regen diese zum Leuchten an. Mit beiden Ablenkkondensatoren zusammen kann jeder Punkt auf dem Schirm erreicht werden. Durch die Stärke des elektrischen Feldes im Wehneltzylinder kann die Helligkeit des Leuchten auf dem Schirm beeinflusst werden.

Die Glasröhre:

Die gesamte Anordnung befindet sich in einer vakuumierten Glasröhre. Das verhindert, dass die Elektronen auf dem Weg zum Schirm mit Luftmolekülen zusammenstoßen, abgebremst und gegebenenfalls abgelenkt werden.

Analoge und Digitale Oszilloskope:

Die LCD-Technologie (liquid crystal display) hat nicht nur die Braunsche Röhre aus den Fernsehern verbannt, sondern auch Oszilloskope „digitalisiert". Das digitale Speicheroszilloskop (kurz DSO) bringt mehr Vorteile, wie größere und mehrfarbige Bildschirme, Energieeffizienz, präzisere Messdaten und umfangreichere Funktionen zur Signalverarbeitung, mit sich.

7.10 Aufgaben zum elektrischen Feld

7.10.1 Aufgaben zu den Grundbegriffen der Elektrostatik

1. **Elektroskop**

   Erklären Sie, warum es mit einem Elektroskop nicht möglich ist, die Polarität einer Ladung zu bestimmen.

2. **Konduktorkugel**

   Der mit einem Seidentuch geriebene Glasstab wird in die Nähe einer isoliert aufgestellten Metallkugel gebracht. Erklären Sie, was in der jeweiligen Abbildung (**Bild 1a** bis **c**) in der Metallkugel passiert.

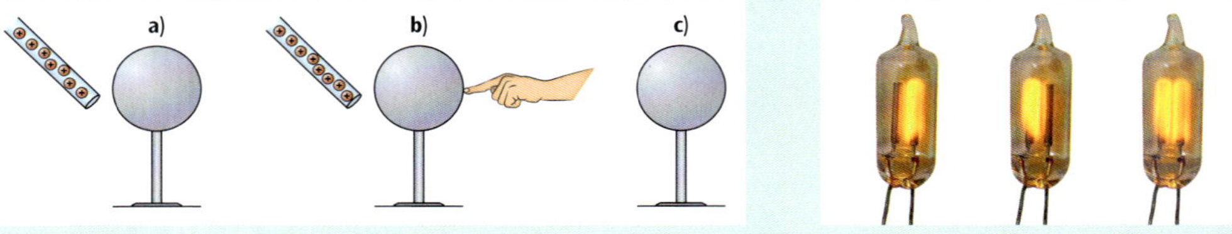

Bild 1: Zu Aufgabe 2

Bild 2: Zu Aufgabe 4

3. **Luftballon**

   Michael meint, dass ein geladener Luftballon an der Heizung nicht haftet, weil diese aus Metall besteht und mit der Erde verbunden ist. Was ist richtig an Michaels Argumentation, was ist falsch?

4. **Glimmlampen**

   Wie erklären Sie sich das unterschiedliche Leuchtverhalten der Glimmlampen in **Bild 2**?

7.10.2 Aufgaben zu elektrischen Feldlinien und Feldstärke

1. **Elektrische Feldlinien**

   (a) Eine geladene Metallkugel befindet sich in einigen Zentimetern Abstand vor einer geerdeten Metallplatte. Zeichnen Sie das Feldlinienbild.

   (b) In **Bild 2** sehen Sie ein Feldlinienbild. Geben Sie mögliche Ladungsvorzeichen an. Begründen Sie Ihre Entscheidung und gehen Sie kurz auf die Größe der Ladungen ein.

Bild 3: Zu Aufgabe 1b

2. **Kräfte auf Ladungen**

   (a) Welche Kräfte wirken auf die Ladungen +10 nC bzw. −10 nC in einem Feld der Stärke 10 $\frac{\text{kN}}{\text{C}}$?

   (b) Wie groß ist eine Ladung, die im gleichen Feld eine Kraft von 10 µN erfährt?

3. **Holundermarkkügelchen**

   Im elektrischen Feld eines geladenen Plattenkondensators (10 kV bei 5 cm Plattenabstand) schwebt ein geladenes Holundermarkkügelchen (**Bild 4**).

   Berechnen Sie die für den Schwebezustand erforderliche spezifische Ladung (Quotient aus Ladung und Masse des Kügelchens).

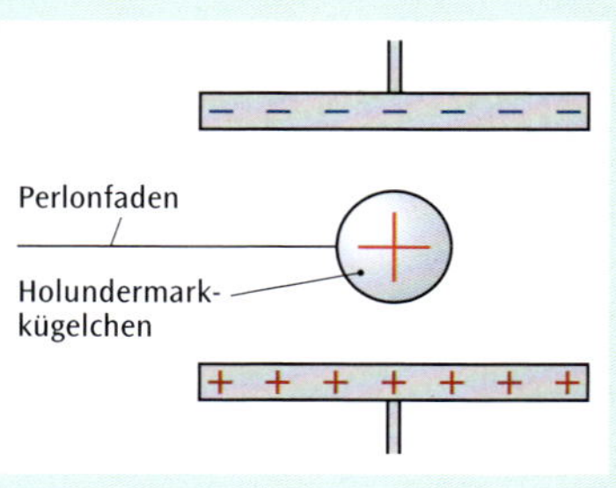

Bild 4: Zu Aufgabe 3

4. **Rasierklingenversuch**

Bei dieser Aufgabe müssen sinnvolle Annahmen getroffen werden (zur Durchführung des Versuchs vgl. S. 200). Das Kondensatorfeld wird hier erzeugt durch 4 kV bei 8 cm Plattenabstand.

Die Ladungsaufnahme der Rasierklinge (**Bild 1**) beträgt ca. 0,9 nC pro kV angelegter Spannung, die Klinge wird an der einen Kondensatorplatte aufgeladen und dann mittig ins Kondensatorfeld gehängt.

Bild 1: Maße der Rasierklinge (mm): 43,0 × 22,0 × 0,06; Material: rostgeschützter Stahl

(a) Wie lang muss die Aufhängung sein, damit die Rasierklinge gut sichtbar (0,5cm) zur Seite ausschlägt?

Versuchen Sie, den Ausgang der nachfolgenden Experimente vorherzusagen. Begründen Sie Ihre Vermutung.

(b) In der Situation der Aufgabe a) wird die Kondensatorspannung verdoppelt.

(c) **Vor** dem Aufladen der Klinge wird die Plattenspannung auf 20 kV erhöht.

7.10.3 Aufgaben zum elektrischen Feld

1. **Versuch zur elektrischen Grundgleichung**

(a) Beschreiben Sie mit eigenen Worten, wie Sie vorgehen würden, um die elektrische Feldkonstante experimentell zu ermitteln.

(b) Stellen Sie die Abhängigkeit der Flächenladungsdichte von der elektrischen Feldstärke für die in **Tabelle 2** (S. 202) aufgenommenen Messwerte in geeigneter Weise grafisch dar und bestimmen Sie damit einen Wert für die elektrische Feldkonstante.

(c) Bestimmen Sie die prozentuale Abweichung vom Literaturwert und diskutieren Sie mögliche Ursachen.

2. **Kondensator**

An zwei Kondensatorplatten (Plattenabstand 5,0 cm, Plattendurchmesser jeweils 23,9 cm) wird eine Spannung von 10 kV gelegt.

Berechnen Sie die Feldstärke im Inneren des Kondensators sowie die Ladungsdichte auf den Kondensatorplatten. Welche Ladung trägt jede Platte?

3. **Pingpong**

Bei dem auf S. 197 beschriebenen Pingpong-Versuch waren die Platten kreisförmig (∅ = 16,0 cm). Berechnen Sie, welchen Durchmesser der Tischtennisball im Messbeispiel hatte.

7.10.4 Aufgaben zum Coulomb'schen Kraftgesetz

1. **Experimentelle Bestätigung des Coulomb-Gesetzes** (**Bild 1**)

   (a) Skizzieren Sie schematisch den Versuchsaufbau nach **Bild 2** auf S. 205 mit Nennung der erforderlichen Geräte. Tragen Sie in Ihre Abbildung alle Messgrößen ein.

   (b) Stellen Sie die F-$\frac{1}{r^2}$-Abhängigkeit durch Ablesen von mindestens fünf Wertepaaren in **Bild 1** in geeigneter Weise grafisch dar (Linearisierung!).

   (c) Ermitteln Sie mithilfe Ihrer Linearisierung die elektrische Feldkonstante (Erinnerung: $Q_1 = 32\,\text{nC}$, $Q_2 = 38\,\text{nC}$).

   (d) Beschreiben Sie ein Verfahren zur Halbierung der Ladung auf nur einer oder beiden Kugeln. Wie müsste sich dabei die Abstoßungskraft ändern?

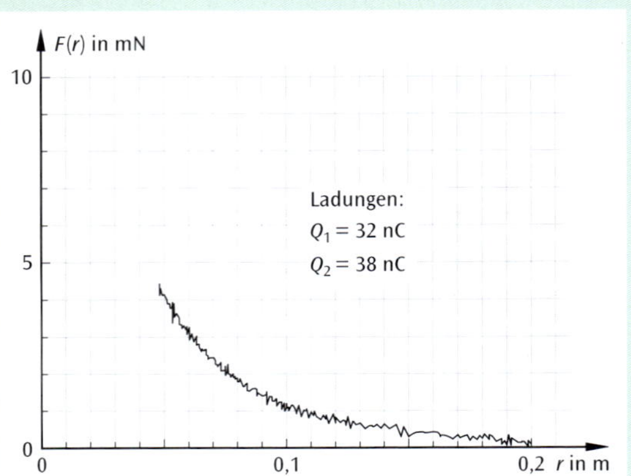

Bild 1: Zu Aufgabe 1

2. **Anziehung zweier Kugeln**

   Die Oberflächen zweier Metallkugeln mit je 40 mm Durchmesser sind 10 mm voneinander entfernt. Die Kugeln tragen die Ladungen $q_1 = 10$ nC und $q_2 = -20$ nC. Mit welcher Kraft ziehen sich die Kugeln an? Rechnen Sie auch die Einheit nach!

3. **Abstoßung zweier Kugeln**

   Zwei identisch geladene Kugeln üben in der gegenseitigen Entfernung von 10 cm (Schwerpunkt-Abstand) eine Kraft von 0,30 mN aufeinander aus.

   (a) Berechnen Sie die Größe der Ladungen.

   (b) Begründen Sie **ohne weitere Rechnung**, wie groß die Abstoßungskraft in einer gegenseitigen Entfernung von 20 cm bzw. 50 cm ist.

4. **Vergleich von Gravitations- und Coulomb-Kraft**

   Zwei gleiche Massen $m_1 = m_2 = m$ tragen die Ladungen $q_1 = q_2 = q > 0$. Sie stoßen sich also mit der Coulomb-Kraft ab und ziehen sich infolge der Gravitation gegenseitig an.

   (a) Berechnen Sie das Verhältnis aus Gravitations- und elektrischer Kraft bei $m = 1$ g und $q = 1$ pC.

   (b) Berechnen Sie das entsprechende Verhältnis für die beiden Protonen im Helium-Atom.

   Daten: $m \approx 1{,}7 \cdot 10^{-27}$ kg (Protonenmasse), $e = 1{,}6022 \cdot 10^{-19}$ As (Elementarladung), ca. $2 \cdot 10^{-15}$ m Protonenradius

   Welchen Schluss ziehen Sie aus dieser Berechnung?

5. **Kugelkonduktor**

   Eine kleine Kugel (Masse 3,0 g) mit leitender Oberfläche hängt an einem Isolierfaden von 4,0 m Länge. Sie trägt die Ladung 10 nC.

   Wird ein Kugelkonduktor mit gleicher Ladung an ihre Stelle gebracht, dann wird das Kügelchen um die Strecke Δx seitlich ausgelenkt (**Bild 1**). Berechnen Sie Δx (Kleinwinkelnäherung!).

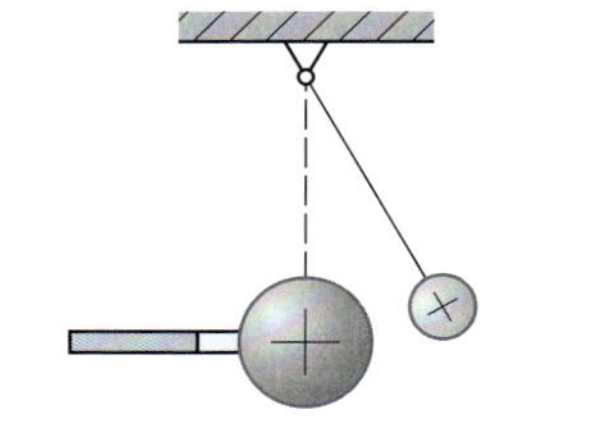

Bild 2: Zu Aufgabe 5

6. **Magische Tischtennisbälle**

   Zwei identische mit Graphit überzogene Tischtennisbälle ($\varnothing = 40$ mm, $m = 2{,}0$ g) sind über je eine $L = 98$ cm lange Perlonschnur in einem gemeinsamen Punkt aufgehängt (**Bild 1**). Auf die Kugeln wird jeweils die Ladung $Q > 0$ gebracht. Dabei stoßen sich die Kugeln ab und kommen in der gegenseitigen Entfernung $e > d$ zur Ruhe.

   (a) Leiten Sie eine allgemeine Beziehung zwischen den Größen in **Bild 1** her, aus der sich die Ladung Q berechnen lässt (Kleinwinkelnäherung!).

   (b) Berechnen Sie die erforderliche Ladung Q, sodass sich die Kugeln sich gerade nicht mehr berühren.

7. **Quadrupol**

   Bild 2 zeigt zwei entgegengesetzt gerichtete Dipole, d. h. vier Ladungen gleichen Betrags, die an den Eckpunkten eines Quadrats sitzen.

   Finden Sie einen mathematischen Ausdruck für den Betrag derjenigen Kraft, die jeweils drei der Ladungen auf die vierte ausüben.

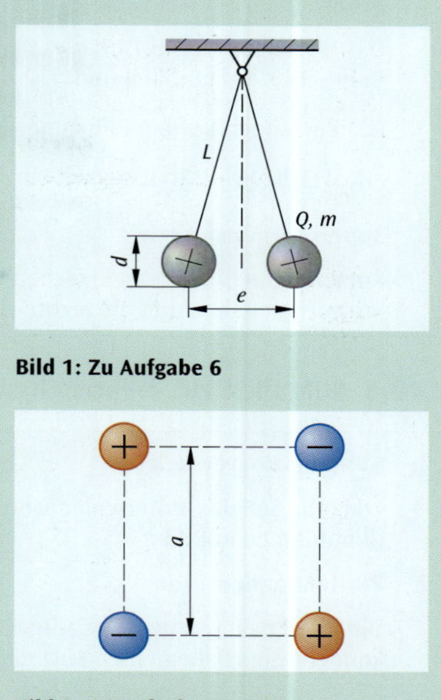

Bild 1: Zu Aufgabe 6

Bild 2: Zu Aufgabe 7

7.10.5 Aufgaben zur Feldstärke des radialsymmetrischen Feldes

1. **Bandgenerator**

   Die Kugel eines Bandgenerators ($\varnothing = 20$ cm) trägt die Ladung 100 nC.

   (a) Wie viele Elektronen wurden von der Kugel abgesaugt?

   (b) Berechnen Sie die Feldstärke im Abstand 70 cm von der Kugeloberfläche.

   (c) In welchem Abstand von der Kugeloberfläche beträgt die Feldstärke nur noch ein Viertel dieses Wertes? Begründung ohne Rechnung!

2. **Feldmessung**

   Die Feldstärke in der Umgebung einer geladenen Kugel soll ohne EFM gemessen werden. Dazu wird die Auslenkung einer Probeladung gemessen (vgl. **Bild 3**).

   Beschreiben Sie das vollständige Messverfahren! Gehen Sie dabei darauf ein, welche weiteren Messgeräte nötig sind und wie aus den Messwerten auf die Feldstärke der Kugel geschlossen werden kann.

3. **Feldstärke als Vektor**

   Übertragen Sie **Bild 4** maßstäblich in Ihr Heft und tragen Sie in den Punkten A, B und C Pfeile ein, die möglichst real die Feldstärken in diesen Punkten wiedergeben. Begründen Sie Ihre Entscheidung!

4. **Verbot**

   Ihr Physiklehrer hat in einem Experiment eine Metallkugel an einer Hochspannungsquelle aufgeladen und Ihnen verboten, sich der Kugel auf weniger als einen Meter zu nähern. Beschreiben Sie eine Möglichkeit, wie Sie trotzdem die Ladung auf der Kugel ermitteln können.

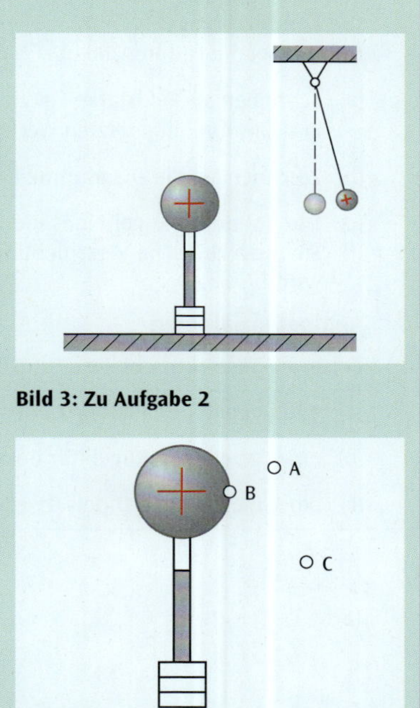

Bild 3: Zu Aufgabe 2

Bild 4: Zu Aufgabe 3

5. **Atome**

   Das Wasserstoff-Atom ist das einfachste Atom. Es besteht aus lediglich einem Proton und einem Elektron. Im Bohr'schen Atommodell umkreist das Elektron das Proton im Abstand $5{,}29 \cdot 10^{-11}$ m (sog. Bohr-Radius).

   (a) Berechnen Sie den Betrag der elektrischen Feldstärke, die das Proton am Ort des Elektrons erzeugt.

   (b) Welche Feldstärke erzeugt ein α-Teilchen am selben Ort?

6. **Superpositionsprinzip**

   Konstruieren Sie den elektrischen Feldvektor im Punkt P für den Fall, dass auf S. 207 die Ladungen gleiche Vorzeichen haben und die rechte Ladung doppelt so groß ist wie die linke.

7.10.6 Aufgaben zur elektrischen Spannung und Potenzial

1. **Kondensatorversuch**

   Erklären Sie das unterschiedliche Verhalten der Glimmlampe in **Bild 1**.

2. **Plattenkondensator**

   Die Platten eines mit 10 kV aufgeladenen Plattenkondensators haben einen Abstand von 5,0 cm.

   (a) Zeichnen Sie den Potenzial- und den Feldstärkeverlauf $\varphi = \varphi(x)$ und $E = E(x)$ im Inneren des Kondensators, wenn der Minuspol/der Pluspol der Spannungsquelle geerdet ($\varphi = 0$) ist.

   (b) Schreiben Sie $\varphi = \varphi(x)$ mit eingesetzten Zahlenwerten.

3. **Geladene Kugel**

   Die Konduktorkugel ($\varnothing$ = 18 cm) eines Bandgenerators trägt die Ladung 200 nC.

   (a) Schreiben Sie Feldstärke $E = E(r)$ und Potenzial $\varphi = \varphi(r)$ mit eingesetzten Werten.

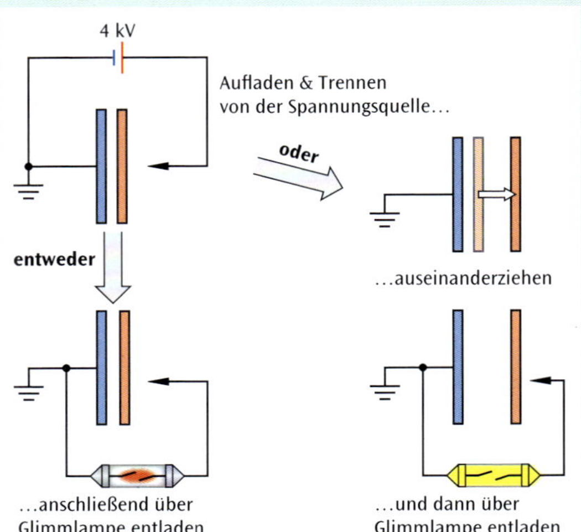

Bild 1: Zu Aufgabe 1

   (b) Zeichnen Sie die Diagramme $E = E(r)$ und $\varphi = \varphi(r)$.

   (c) Die Konduktorkugel eines identischen Bandgenerators wird ebenfalls mit 200 nC aufgeladen. Berechnen Sie die elektrische Verschiebungsarbeit, wenn der Oberflächenabstand von 2,0 m auf (fast) 0 cm verringert wird.

4. **Äquipotenziallinien**

   Zeichnen Sie elektrische Feld- und Äquipotenziallinienbilder

   (a) eines geladenen Plattenkondensators,

   (b) einer geladenen Kugel (für beide Ladungsvorzeichen!),

   (c) eines elektrischen Dipols (zwei ungleichnamige Punktladungen).

5. **Superpositionsprinzip**

Die beiden in **Bild 1** dargestellten Konduktorkugeln (∅ jeweils 12 cm) sind jeweils mit 3000 V aufgeladen.

(a) Bestimmen Sie die Spannung U_{AB} und das Potenzial φ_C.

(b) Beschreiben Sie eine Möglichkeit, die Werte experimentell zu überprüfen.

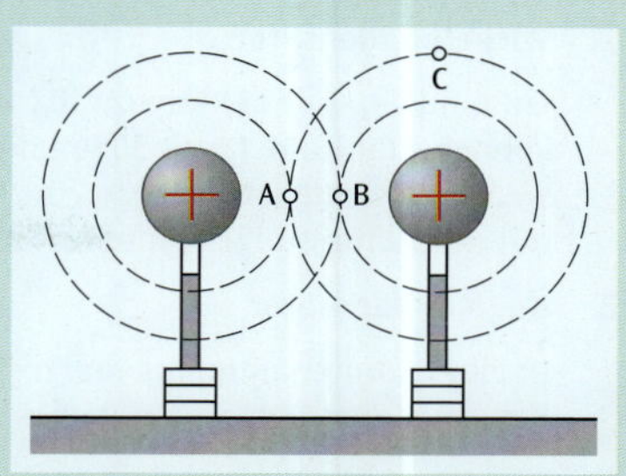

Bild 1: Zu Aufgabe 5

7.10.7 Aufgaben zu Kondensatoren

Aufgabenschwerpunkt Kapazität

1. **Verständnisfragen zur Kapazität**

Wahr oder falsch? Beachten Sie, dass evtl. mehrere Antworten richtig sind.

(a) Die Ladung eines angeschlossenen Kondensators kann erhöht werden...

- ☐ ... durch Erhöhen der Spannung,
- ☐ ... durch Vergrößern der Kondensatorplatten,
- ☐ ... durch Vergrößern des Plattenabstandes,
- ☐ ... durch Einbringen eines Isolators zwischen die Platten.

(b) Die Kapazität eines Kondensators erhöht sich...

- ☐ ... beim Erhöhen der Spannung,
- ☐ ... beim Vergrößern der Kondensatorplatten,
- ☐ ... beim Vergrößern des Plattenabstandes,
- ☐ ... beim Einbringen eines Isolators zwischen die Platten.

(c) Ein luftgefüllter Plattenkondensator ist an eine Spannungsquelle angeschlossen. Der Raum zwischen den Platten wird nun mit destilliertem Wasser gefüllt. Was geschieht mit der Ladung auf den Kondensatorplatten?

- ☐ Nichts, sie bleibt unverändert.
- ☐ Sie verringert sich.
- ☐ Sie vergrößert sich.

(d) Der (mit Wasser gefüllte) Kondensator wird nun von der Spannungsquelle getrennt und das Wasser entfernt. Was passiert?

- ☐ Nichts, Ladung und Spannung am Kondensator bleiben unverändert.
- ☐ Die Plattenladung verringert sich.
- ☐ Die Plattenladung vergrößert sich.
- ☐ Die Plattenspannung verringert sich.
- ☐ Die Plattenspannung vergrößert sich.

2. **Wickelkondensator**

Ein Gold Cap mit der Kapazität 1 F soll durch einen einfachen Wickelkondensator (**Bild 1**) mit 50 µm dickem Papier ($\varepsilon_r = 4$) ersetzt werden. Welche Gesamtfläche müssten die Metallbeläge haben? Vergleichen Sie mit den Abmessungen eines Fußballfeldes!

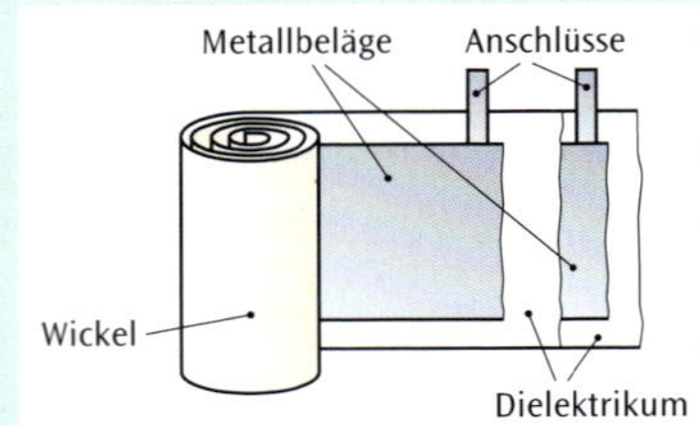

Bild 1: Wickelkondensator

3. **Kugelkondensator**

In einer Formelsammlung findet sich die Beziehung $C = 4\pi\varepsilon_0 R$ für die Kapazität einer Kugel vom Radius R.

(a) Zeigen Sie durch Einheitenrechnung, dass die Beziehung stimmen könnte.

(b) Beschreiben Sie, wie Sie die angegebene Beziehung experimentell überprüfen könnten.

4. **Experiment: Plattenkondensator**

In einem Experiment soll die Abhängigkeit der Kapazität eines Plattenkondensators vom Plattenabstand untersucht werden.

Hierfür wird der Kondensator (Plattenfläche 500 cm^2) jeweils mit 200 V aufgeladen und die auf die Platten geflossene Ladung Q gemessen (**Tabelle 1**).

Tabelle 1: Messreihe zu Aufgabe 4

***d* in mm**	8,0	4,0	3,0	2,0
***Q* in nC**	13	25	30	43

(a) Begründen Sie durch geeignete Linearisierung der Messreihe (grafisch!), wie die Kapazität vom Plattenabstand abhängt.

(b) Beschreiben Sie, wie Sie mithilfe des vorliegenden Diagramms die elektrische Feldkonstante ermitteln können, und geben Sie den experimentellen Wert an.

Aufgabenschwerpunkt Energieinhalt

1. **Alternative Formel für den Energieinhalt des Kondensators**

(a) Zeigen Sie die Gültigkeit der Beziehung $W_{el} = \frac{Q^2}{2C}$ für die elektrische Feldenergie eines Kondensators der Kapazität C und Ladungsaufnahme Q.

(b) Ein Kondensator wird mit der Ladung Q aufgeladen. Wie viel mal mehr Energie wird benötigt, um die Ladungsmenge zu verdoppeln?

2. **Plattenkondensator**

Ein Plattenkondensator (Plattenfläche 20 cm × 20 cm, Plattenabstand 20 mm) wird mit 10 kV aufgeladen. Zwischen den (horizontalen) Platten liegt eine Keramikplatte (Dielektrizitätszahl 10), die den Kondensator vollständig ausfüllt.

(a) Begründen Sie ohne Rechnung, ob beim Entfernen der Keramikplatte dem elektrischen Feld Energie zugeführt oder entzogen wird. Was geschieht mit dieser Energie?

(b) Berechnen Sie den Betrag dieser Energie.

3. **Fotoblitz**

Die in einem Kondensator bei 3,6 V (typische Akkuspannung für Digitalkameras) gespeicherte Energie soll einen Fotoblitz von 100 W Leistung und 0,1 ms Blitzdauer versorgen. Berechnen Sie die erforderliche Kapazität.

4. **Unterbrechungsfreie Stromversorgung (USV)**

In den Rechenzentren großer Unternehmen (**Bild 1**) ist eine USV für die Server unerlässlich, da diese Stromunterbrechungen nur von wenigen Millisekunden tolerieren. Kommt es zu ernsthaften Störungen im Stromnetz, besteht die Gefahr von Datenverlust.Da die vom öffentlichen Stromnetz unabhängige Stromversorgung (z. B. ein dieselbetriebener Generator) erst nach einigen Sekunden wirksam wird, muss die benötigte elektrische Energie in einem aufgeladenen Kondensator bereitgestellt werden.

Bild 1: Serverraum eines Rechenzentrums

Berechnen Sie die erforderliche Kapazität des Speicherkondensators, wenn dieser einen Rechner mit der Leistungsaufnahme 1050 W versorgen muss und eine Umschaltzeit von 5 s überbrückt werden muss.

5. **Pulsmethode zur Bestimmung von Wärmekapazitäten**

In einem Experiment wird ein 1 mF-Kondensator mit 5 kV aufgeladen. Mit einem ferngesteuerten Schalter ist es möglich, den Kondensator schlagartig über einen Tauchsieder zu entladen (gefährlich!!), sodass die elektrische Feldenergie in innere Wärme des Wassers übergeht. Dabei erwärmen sich 500 ml Wasser kontinuierlich von 21,0 °C auf 26,6 °C.

Berechnen Sie daraus die spezifische Wärmekapazität von Wasser.

Aufgabenschwerpunkt Kondensatorschaltungen

1. **Schaltung zweier Kondensatoren**

Zwei Kondensatoren, von denen einer doppelt so hohe Kapazität hat wie der andere ($C_1 = C$, $C_2 = 2C$), werden an eine Gleichspannungsquelle (Spannung U_Q) angeschlossen.

Leiten Sie Ausdrücke für die Ersatzkapazität und die auf jeder Platte sitzende Ladung her, wenn die Kondensatoren

(a) parallel,

(b) in Reihe geschaltet sind.

2. **Kondensator mit Materie**

Ein luftgefüllter Kondensator (Plattenfläche A, Plattenabstand d), wird mit einem Dielektrikum ($\varepsilon_r = 2$) gefüllt.

Spielt es eine Rolle, ob die linke Hälfte (**Bild 2a**) oder die obere Hälfte (**Bild 2b**) des Kondensators mit dem Dielektrikum gefüllt ist? Begründung durch Rechnung!

Tipp: Eine der Schaltungen kann als Reihenschaltung, die andere als Parallelschaltung aufgefasst werden.

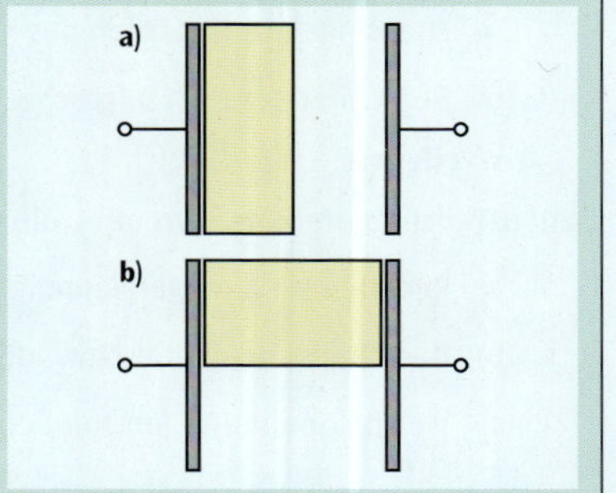

Bild 2: Zu Aufgabe 2

3. **Einfluss der Abstandsplättchen**

Beim experimentellen Nachweis der Kondensatorgesetze $\left(C \sim A \text{ und } C \sim \frac{1}{d}\right)$ gemäß **Bild 1**, S. 210 wurden zum Einstellen des Abstandes drei Abstandsplättchen mit kreisförmigem Querschnitt verwendet ($\varepsilon_r \approx 2$, $\varnothing \approx 5$ mm).

Diese verändern bei genauer Betrachtung die Kapazität des Kondensators. Berechnen Sie, bei wie viel Prozent dieser Fehler liegt.

Kondensatordaten: $A = 125\ \text{cm}^2$ und $d = 10$ mm (kleiner Aufbaukondensator bei 1 cm Plattenabstand)

7.10.8 Aufgaben zu Teilchenbewegung im elektrischen Feld

1. **Elektron im Längsfeld**
   (a) In einem Plattenkondensator mit der elektrischen Feldstärke 90 $\frac{\text{kN}}{\text{C}}$ befindet sich ein ruhendes Elektron.
   (b) Berechnen Sie die elektrische Kraft, die auf das Elektron im elektrischen Feld wirkt.
   (c) Berechnen Sie die Gewichtskraft des Elektrons und vergleichen Sie mit der in (a) berechneten Kraft.
   (d) Welche Beschleunigung erfährt das Elektron im elektrischen Feld? Die Gewichtskraft kann vernachlässigt werden.
2. **Kupfer-Ion im Beschleunigungskondensator**
   Ein Kupfer-Ion wird im Plattenkondensator mit der anliegenden Spannung $U = 5$ kV beschleunigt. Berechnen Sie seine Endgeschwindigkeit nach Durchlaufen des Kondensators, wenn das Teilchen anfangs in Ruhe war.
   Daten Kupfer-Ion: Ladung e, Masse $1{,}04 \cdot 10^{-25}$ kg
3. **Beschleunigungsspannung**
   Berechnen Sie die Beschleunigungsspannung, die ein Elektron in einem Kondensator durchlaufen muss, um aus der Ruhe heraus eine Geschwindigkeit von 300 $\frac{\text{km}}{\text{s}}$ zu erreichen.
4. **Wideröe-Beschleuniger**
   In einem Linearbeschleuniger nach Wideröe können Teilchengeschwindigkeiten von bis zu 5 % der Lichtgeschwindigkeit erreicht werden.
   (a) Welche Spannung muss an einem Beschleunigungskondensator anliegen, um Protonen auf diese Geschwindigkeit zu beschleunigen?
   (b) Berechnen Sie die kinetische Energie des Protons nach der Beschleunigung. Geben Sie die Energie in Elektronenvolt (eV) an.
5. **Protonen mit Anfangsgeschwindigkeit**
   Ein Proton fliegt mit einer Geschwindigkeit von $v_0 = 10^5$ $\frac{\text{m}}{\text{s}}$ in ein elektrisches Feld eines Plattenkondensators in Richtung der Feldlinien ein. Die Spannung am Kondensator beträgt 2,5 kV.
   (a) Stellen Sie den Energieerhaltungssatz auf und leiten Sie eine Formel für die Endgeschwindigkeit des Teilchens nach Durchlaufen des Kondensators her.
   (b) Berechnen Sie die Endgeschwindigkeit des Protons am Ende des Kondensators.
6. **α-Teilchen**
   Ein α-Teilchen (Helium-Kern mit Ladung $2e$ und Masse $6{,}64 \cdot 10^{-27}$ kg) hat die Energie 5 MeV.
   (a) Rechnen Sie die Energiemenge in Joule um.
   (b) Berechnen Sie die Geschwindigkeit des α-Teilchens.
   (c) Welche Spannung am Kondensator müsste das Teilchen durchlaufen, um diese Geschwindigkeit zu erreichen?
7. **Bremskondensator**
   Ein Elektron fliegt mit einer Geschwindigkeit von $v_0 = 10\,000$ $\frac{\text{km}}{\text{s}}$ in ein elektrisches Feld eines Plattenkondensators in Richtung der Feldlinien ein.
   (a) Skizzieren Sie den Sachverhalt und die wirkenden Kräfte auf das Elektron. Beschreiben Sie die Bewegung des Elektrons.
   (b) Bei welcher Spannung kommt das Elektron auf der gegenüberliegenden Kondensatorplatte zum Stillstand?
   (c) Am Kondensator liegt nun die Spannung $U = 200$ V an. Schafft es das Elektron die gegenüberliegende Platte zu erreichen? Begründen Sie. Wenn ja, mit welcher Geschwindigkeit?
   (d) Berechnen Sie die Flugzeit im Kondensator, wenn der Abstand der Platten 2 cm beträgt.

8. **Ionenantrieb**

Die Weltraumsonde NASA Deep Space 1 (1998) war die erste Raumsonde mit einem Ionenantrieb. Die Funktionsweise beruht auf dem Rückstoßprinzip. Einfach positiv geladene Xenon Ionen ($m = 2{,}18 \cdot 10^{-25}$ kg) werden zwischen zwei gitterförmigen Platten ($U = 1280$ V, $d = 5$ cm) beschleunigt und erzeugen beim Verlassen einen Rückstoß, der die Raumsonde beschleunigt. Die Masse der Raumsonde beträgt 486 kg.

(a) Mit welcher Geschwindigkeit verlassen die Xenon-Ionen die Raumsonde?

(b) Der Schub beträgt maximal 90 mN. Wie viele Xenon-Teilchen müssen dazu gleichzeitig beschleunigt werden?

(c) Wie lange dauert es um die Raumsonde mit dem Ionenantrieb von 0 auf 100 $\frac{\text{km}}{\text{h}}$ zu beschleunigen?

9. **Ablenkkondensator**

Bild 1 zeigt ein Elektron und seine Flugbahn in einem Ablenkkondensator.

($U = 500$ V, $l = 20$ cm, $d = 2$ cm, $v_0 = 100\,000\ \frac{\text{km}}{\text{s}}$)

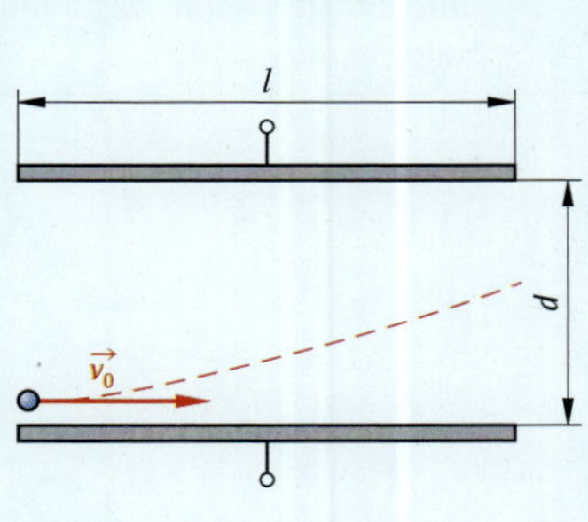

Bild 1: Aufgabe 9

(a) Übernehmen Sie die Skizze in Ihr Heft und zeichnen Sie die elektrischen Feldlinien und die entsprechende Polung des Kondensators ein.

(b) Beschreiben Sie die Bewegung des Elektrons im Kondensator in x- und y-Richtung.

(c) Wie lange befindet sich das Elektron im Kondensator?

(d) Um welche Strecke wird das Elektron während dieser Zeit in y-Richtung abgelenkt?

(e) Wie groß müsste die Spannung sein, damit das Elektron den Kondensator gerade so nicht mehr verlassen kann? Gehen Sie davon aus, dass das Elektron an der unteren Platte in das Feld eintritt.

(f) Beschreiben Sie die Bewegung des Elektrons nach Verlassen des Kondensators und zeichnen Sie die Flugbahn ein.

10. **Braunsche Röhre**

Die Anzeige eines quadratischen Bildschirms mit der Bildschirmdiagonale von 56,57 cm besteht aus einem Beschleunigungskondensator B mit der Spannung U_B und einem Ablenkkondensator A mit der Spannung U_A (**Bild 2**). Der Abstand der beiden Kondensatoren beträgt 1 cm voneinander.

Weitere Kenndaten:

$d_B = 3{,}5$ cm, $U_B = 0{,}5$ kV, $l = 5$ cm, $l_S = 25$ cm

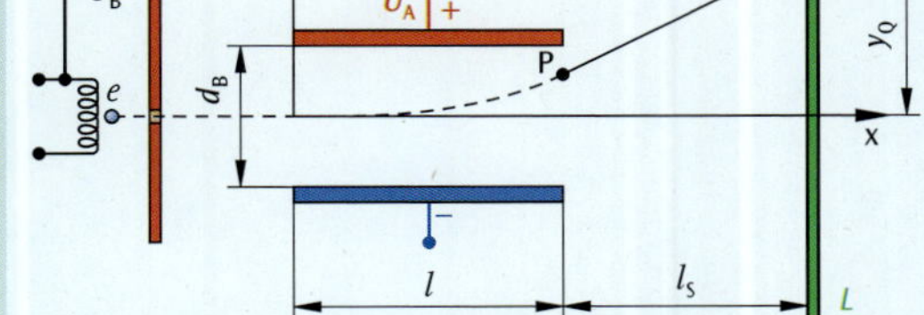

Bild 2: Aufgabe 10

(a) Beschreiben Sie die Bewegung des Elektrons vom Austreten der Glühkathode ($v_0 \approx 0\ \frac{\text{m}}{\text{s}}$)bis zum Auftreffen auf dem Leuchtschirm L.

(b) Mit welcher Geschwindigkeit treten die Elektronen aus dem Beschleunigungskondensator aus?

(c) Wie groß muss die Spannung U_B am Beschleunigungskondensator B sein, damit der Elektronenstrahl durch den Punkt $P(5\,|\,1{,}5)$ geht?

(d) Bestimmen Sie die Koordinaten des Punktes $Q(x_Q\,|\,y_Q)$ auf dem Leuchtschirm.

(e) Berechnen Sie die Zeit, die ein Elektron vom Austritt aus dem Beschleunigungskondensator bis zum Leuchtschirm benötigt.

(f) Wie groß darf die Spannung $U_{B,\,max}$ höchstens sein, damit die Elektronen nicht auf die Kondensatorplatte treffen?

(g) Kann die gesamte Höhe des Bildschirms beleuchtet werden? Begründen Sie.

11. **Kupfer-Ionen im Ablenkkondensator**

Ein einwertiges und zweiwertiges Kupfer-Ion fliegen mittig in einen Ablenkkondensator mit der Geschwindigkeit $v = 2{,}5\ \frac{\text{km}}{\text{s}}$ hinein (**Bild 1**). Die Masse eines Kupfer-Ions beträgt $m = 1{,}05 \cdot 10^{-25}$ kg. Die Abmaße des Kondensators betragen 1 cm × 2 cm × 3 cm.

(a) Welches Kupfer-Ion wird stärker abgelenkt? Begründen Sie.

(b) Wie muss der Kondensator gepolt sein, damit die Kupfer-Ionen nach unten abgelenkt werden?

(c) In welchem Bereich muss die Spannung eingestellt werden, damit eines der Kupfer-Ionen abgelenkt wird und den Kondensator durchfliegen kann, das andere es jedoch nicht aus dem Kondensator herausschafft?

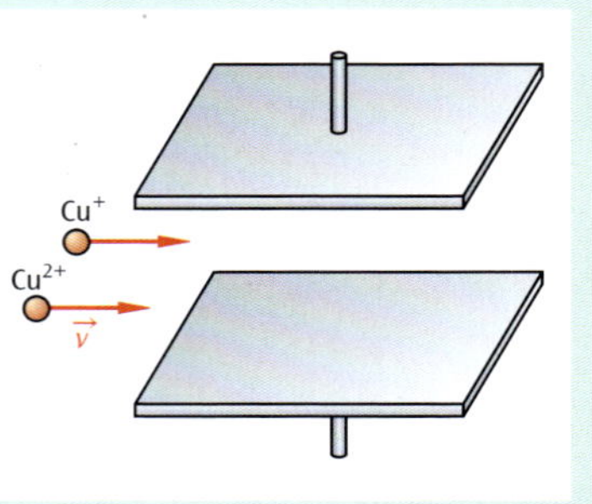

Bild 1: Aufgabe 11

8 Magnetfeld

8.1 Grundlagen: Permanentmagnetismus

Dieser Abschnitt ist als Wiederholung und Ergänzung der Kenntnisse aus der Mittelstufe gedacht. Vieles wird Ihnen bekannt vorkommen. Beginnen wir mit einem Magnetfeld, dem sich niemand entziehen kann: Dem Erdmagnetfeld.

Wohin zeigt der Kompass?

☐ nach Norden,

☐ nach Süden,

☐ beides ist falsch.

Die meisten Menschen werden antworten: „Natürlich nach Norden!“ – Doch so einfach ist es nicht. Um an dieser Stelle nicht unnötig Verwirrung zu stiften, geben wir die richtige Antwort erst weiter unten (im Merksatz) und rufen uns die Grundlagen des Magnetismus in Erinnerung.

a)

b

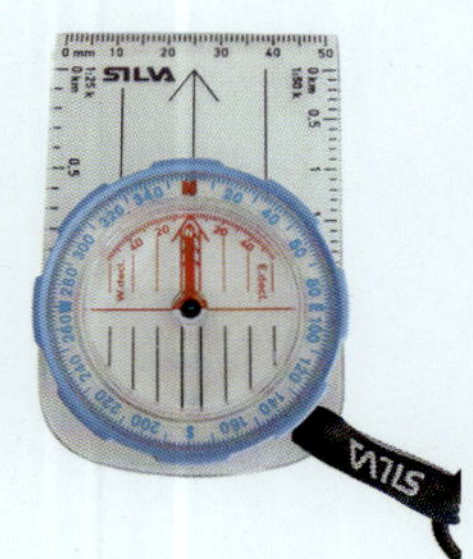

Bild 1: a) einfacher selbst gebauter Kompass; b) füssigkeitsgedämpfter Kompass mit Deklinationsausgleich (drehbarer blauer Außenring)

Kompass als Magnet

Wie Sie aus der Mittelstufe wissen, ist ein Kompass nichts anderes als ein kleiner Magnet. Vielleicht haben Sie schon im Kindergarten Ihren eigenen Kompass gebaut. Dazu streicht man mit einem Magneten[1] mehrmals in gleicher Richtung eine aufgebogene Büroklammer entlang, steckt sie durch einen Korken und lässt sie in einer Schüssel Wasser schwimmen (**Bild 1a** auf der vorherigen Seite).

Dabei beobachtet man, dass die Büroklammer immer in dieselbe Richtung zeigt, egal wie die Schüssel gedreht wird. Bei hochwertigen Kompassen ist die Kompassnadel flüssigkeitsgedämpft und es gibt einen drehbaren Außenring zum Ausgleich der magnetischen Deklination (**Bild 1b** auf der vorherigen Seite).

Erde als Magnet

Wer einen Kompass zur Hand nimmt und der Richtung der Kompassnadel folgt, der landet – **nicht** am Nordpol! Er oder sie wird (je nach Ausgangspunkt) den Nordpol um einige 100 km verfehlen. Um dies zu verstehen, muss man wissen, dass die Erde vier Pole hat, nämlich zwei **geografische** Pole und zwei **magnetische** Pole (**Bild 1**).

Deklination

Die geografischen Pole definieren sich als oberes und unteres Ende der Erdrotationsachse und haben **nichts** mit den magnetischen Polen zu tun! Beispielsweise hat auch ein mit Drall geschossener Fußball einen (geografischen) Nord- und einen Südpol, obwohl ein Fußball natürlich kein Magnet ist.

Nun kommt der Zufall ins Spiel: Neben der geografischen Achse hat die Erde noch eine magnetische Achse, die um etwa 11° gegen die Rotationsachse geneigt ist (**Bild 1**).[2]

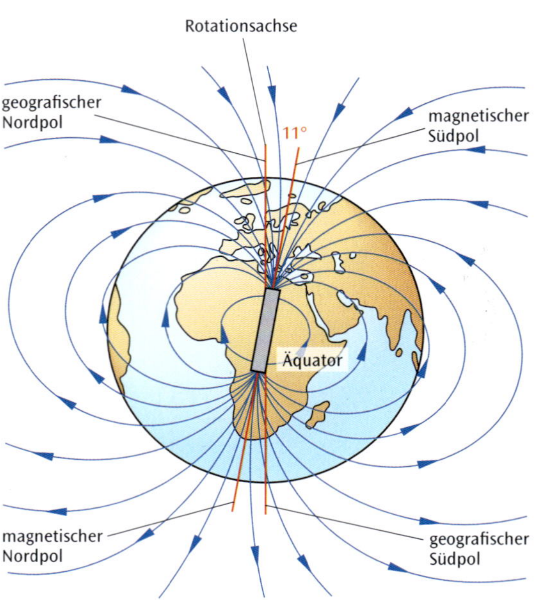

Bild 1: Erdmagnetfeld sowie geografische und magnetische Achse der Erde

Da das Erdmagnetfeld Schwankungen unterworfen ist (zum Beispiel kam es vor rund 40 000 Jahren sogar zu einer vollständigen Umpolung des Erdmagnetfeldes!), die geografische Achse langfristig jedoch einigermaßen stabil ist, orientiert man sich bei der Erstellung von Landkarten an den geografischen Polen der Erde und trägt die Deklination (Winkel zwischen geografisch Nord und magnetisch Nord der Nadel, **Bild 2**) auf der Karte ein. Bei der regelmäßigen Aktualisierung von Landkarten werden dann nicht nur Veränderungen der Landschaft, sondern auch der Deklination berücksichtigt!

Inklination

Mit einem Kompass, dessen Nadel sich in einer vertikalen Ebene drehen kann, lässt sich die Inklination (Abweichung der Kompassnadel von der Horizontalen) messen. Sie beträgt in Deutschland etwa 70° (**Bild 3**), geht am Äquator gegen 0° und an den (magnetischen!) Polen gegen ±90°, wie Sie **Bild 1** entnehmen können.

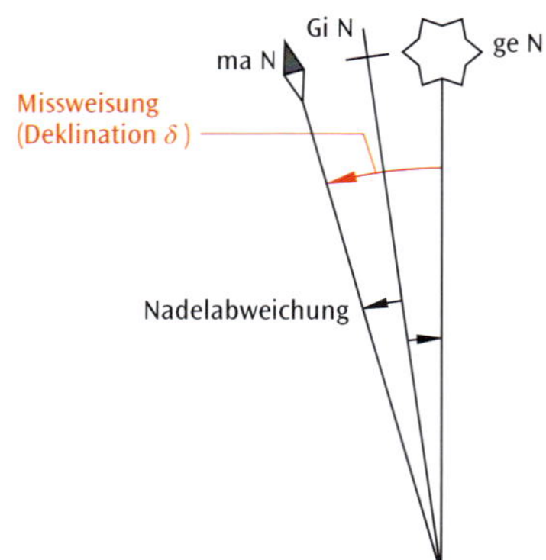

Bild 2: Deklination

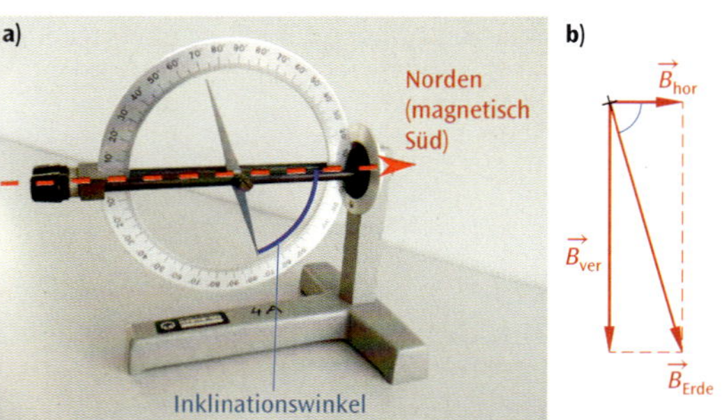

Bild 3: a) In Nord-Süd-Richtung aufgestellt, zeigt ein Inklinatorium die magnetische Inklination des Erdmagnetfeldes an; b) Zerlegung des Erdmagnetfeldvektors $\vec{B}_{Erde}$ in Horizontal- und Vertikalkomponente

[1] Wohl gemerkt: Mit einem **Magneten**, und nicht, wie in manchen Abenteuerfilmen (z. B. „Auf Messers Schneide – Rivalen am Abgrund") gezeigt wird, an einem Seidentuch!

[2] Über das Zustandekommen des Erdmagnetfeldes gibt es unterschiedliche Theorien. Die einfachste geht von einem sog. Geodynamo aus. Dies wollen wir an dieser Stelle nicht weiter vertiefen.

Isogonenkarte

Auskunft über die Deklination an verschiedenen Orten der Erde gibt eine Isogonenkarte (**Bild 1**). Auf einer solchen Karte werden Orte gleicher magnetischer Deklination miteinander verbunden. Wenn Sie beispielsweise im Norden Kanadas eine Trekking-Tour fernab der Zivilisation planen, sollten Sie ein paar Euro mehr für einen Kompass mit Deklinationsausgleich ausgeben und den auf Ihrer Karte eingetragenen Deklinationswinkel (inkl. Vorzeichen) unbedingt beachten!

Bei hochwertigen Kompassen für polare Regionen wird die Kompassnadel auf einer Seite beschwert, um ein Verkanten der Nadel mit dem Gehäuse infolge der Inklination zu verhindern!

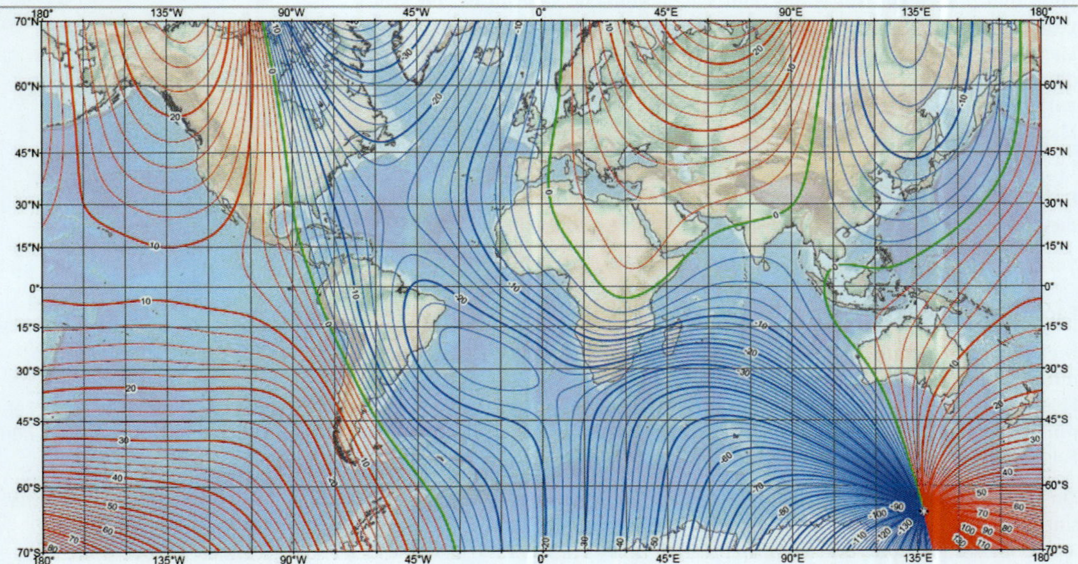

Bild 1: Isogonenkarte der Erde (Stand 2010): Auf den durchgezogenen Linien liegen die Orte mit gleicher magnetischer Deklination.

Permanent- und Elektromagnetismus

Bei Elektromagneten wird der Magnetismus durch elektrische Ströme hervorgerufen und geht beim Abschalten des Stromes weitgehend wieder verloren. Permanentmagnete dagegen haben die Eigenschaft, dauerhaft Kräfte auf sog. ferromagnetische Stoffe (Eisen, Nickel und Kobalt) auszuüben.

Modellvorstellung vom (Ferro-)Magnetismus

Wenn man einen Magneten einige Male immer in derselben Richtung an einer Nadel abstreift (**Bild 2**), dann wird die Nadel selbst zum Magneten. Auf mikroskopischer Ebene ist dieser Effekt mit dem Elementarmagnete-Modell erklärbar: Jeder ferromagnetische Stoff enthält kleinste Bereiche, die sich wie Magnete verhalten. Diese Bereiche werden **Weiss'sche Bezirke** genannt.

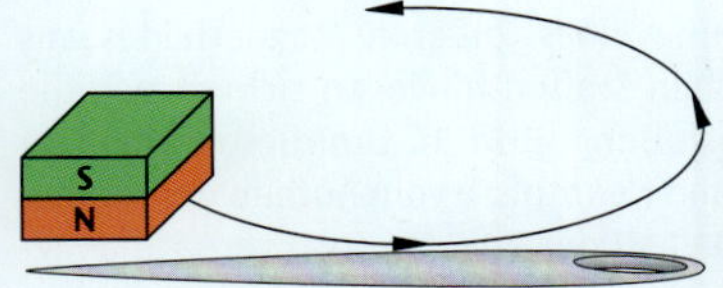

Bild 2: Magnetisieren einer Nadel: Nach Abstreifen in der angegebenen Richtung hat die Nadel rechts ihren Südpol (ungleichnamige Pole ziehen sich an).

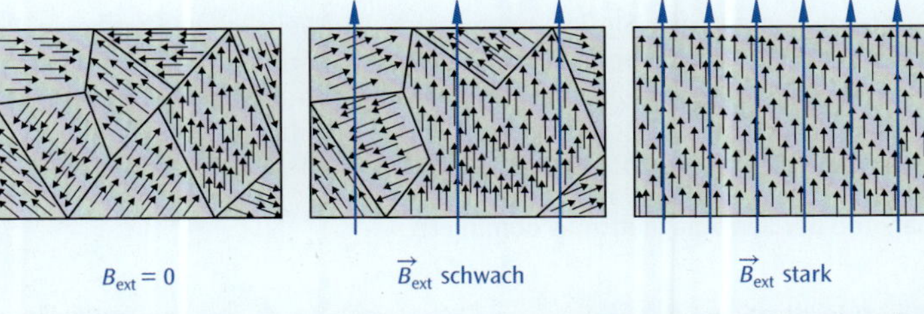

Bild 3: Ausrichten Weiss'scher Bezirke mit zunehmendem äußeren Magnetfeld $\vec{B}_{ext}$

Im unmagnetischen Zustand sind die Weiss'schen Bezirke ungeordnet (**Bild 3** links), d. h. die Elementarmagnete zeigen wahllos in unterschiedliche Richtungen. Nähert man sich dem Stoff mit einem Magneten, dann beginnen sich die

Weiss'schen Bezirke auszurichten (**Bild 3** auf der vorigen Seite Mitte), bis es zur sog. **Sättigungsmagnetisierung** kommt. In diesem Zustand sind alle Weiss'schen Bezirke ausgerichtet (**Bild 3** auf der vorigen Seite rechts), und der Werkstoff kann nicht mehr weiter magnetisiert werden.

Magnetische Influenz

Superstarke Magnete bestehen aus der Legierung Neodym-Eisen-Bor ($Nd_2Fe_{14}B$), die Magnete werden kurz als Neodym-Magnete bezeichnet. Die Bezeichnung ist etwas irreführend, weil der Magnet zu etwa zwei Dritteln aus Eisen und nur einem Drittel aus dem Seltenerdmetall Neodym besteht. Die Legierung hat die Eigenschaft, dass sie sich sehr stark magnetisieren und der Magnetismus sich praktisch nicht zerstören lässt (nur Hitze über 80 °C mögen die Magnete nicht). Neodym-Magnete kommen in Elektromotoren, Windkraftanlagen, hochwertigen Lautsprechern oder Festplatten zur Anwendung. Ihr Magnetismus ist so stark, dass bereits kleine Magneten große Anziehungskräfte ausüben können.

Der Magnetismus der beiden Neodym-Würfel in **Bild 1** durchdringt eine 5 mm dicke Holzplatte und hält dann noch die Geldstücke zusammen.

Vorsicht: Quetschgefahr beim Zusammenfügen der Magnetwürfel!

Bild 1: Magnetische Influenz: Die Münzen werden selbst zu Magneten.

Ferrofluid

Die Materialforschung bringt die verrücktesten Dinge hervor. Wer denkt, dass nur feste Stoffe magnetisch sein können, der irrt. Auch Knetmasse und sogar Flüssigkeiten können magnetische Eigenschaften haben. In **Bild 2** sehen Sie die Verformung der Oberfläche eines Ferrofluids infolge des unter dem Glas platzierten Supermagneten. Die Stacheln geben die Richtung der magnetischen Feldlinien an.

Ein Ferrofluid enthält Ferromagneten von der Größe weniger Nanometer, die in einer Trägerflüssigkeit suspendiert sind[1].

Bild 2: Ferrofluid (magnetische Flüssigkeit): Die Stacheln sind die Feldlinien des unter dem Glasplatzierten Nd-Magneten.

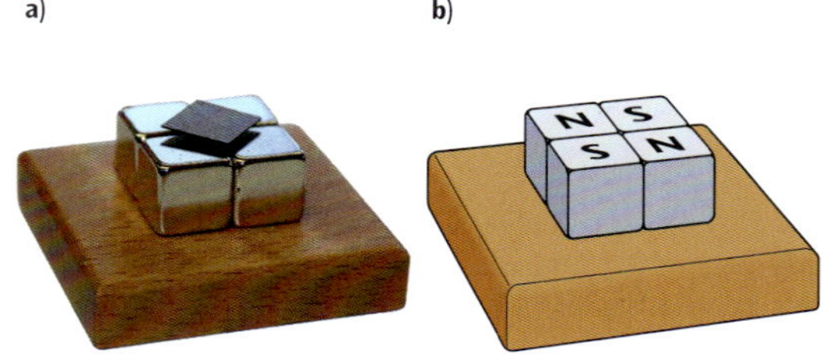

Bild 3: a) Dialev (diamagnetisches Levitron): hier schwebt ein diamagnetisches Graphen-Plättchen (Betonung: Graphen) über vier Nd-Magneten, b) die Anordnung der magnetischen Pole sorgt für ein stabiles Gleichgewicht

Diamagnetismus

Bei ferromagnetischen Stoffen richten sich die Weiss'schen Bezirke **in** Richtung eines äußeren Magnetfeldes aus (**Bild 3** auf der vorigen Seite), und es kommt zur Anziehung. Bei diamagnetischen Stoffen hingegen richten sich die Weiss-Bezirke **entgegen** einem äußeren Magnetfeld aus, und es kommt zur Abstoßung (**Bild 3**). Um diesen Effekt zu verstehen, wird die Lenz'sche Regel (vgl. den Abschnitt über Induktion) benötigt und Kenntnisse vom Aufbau der Atome. Zwar hat jedes Material diamagnetische Eigenschaften. In Eisen, Nickel und Kobalt ist der Effekt jedoch vernachlässigbar, und der Ferromagnetismus dominiert.

[1] In der Chemie versteht man unter einer Suspension\index{Suspension} ein Gemisch aus einer Flüssigkeit und fein verteilten Feststoff-Partikeln. Die wohl bekanntesten Suspensionen sind Blut oder Hefe-Weizenbier.

8.2 Magnetische Feldlinien

Die geläufigsten Ausführungen des Permanentmagneten sind der Stabmagnet und der Hufeisenmagnet (**Bild 1**).

Die Farbgebung der Pole orientiert sich am Verhalten eines frei drehbar aufgehängten Stabmagneten, der sich stets entlang des Erdmagnetfeldes ausrichtet. Der Nordpol (N) eines Magneten wird rot gefärbt, der Südpol (S) grün. Magnetfelder können mithilfe kleiner Kompassnadeln oder Eisenfeilspänen sichtbar gemacht werden (**Bild 1**). Dabei fällt auf, dass das Magnetfeld im Inneren eines Hufeisenmagneten homogen ist.

Die **Richtung magnetischer Feldlinien** zeigt von Nord nach Süd (**außerhalb von Magneten**). Daraus folgt, dass ein Kompass **außerhalb eines Magneten** nach Süden zeigt!

Der Zusatz außerhalb von Magneten ist wichtig, weil magnetische Feldlinien im Gegensatz zu elektrischen Feldlinien geschlossen sind und Wirbel bilden!

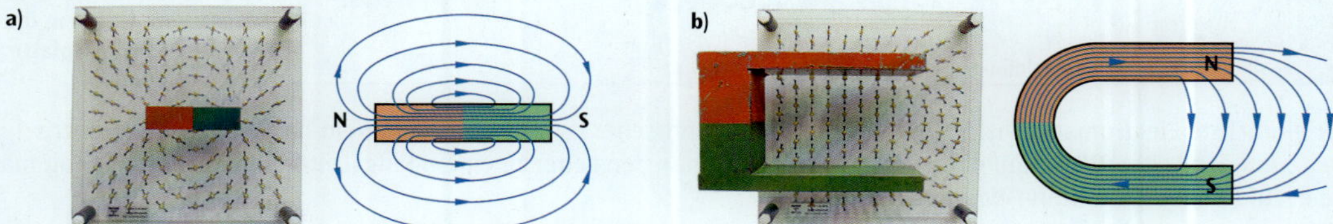

Bild 1: Magnetische Feldlinien: a) Stabmagnet, b) Hufeisenmagnet

8.3 Grundlagen: Elektromagnetismus

Entdeckung des Elektromagnetismus

Der dänische Physiker und Chemiker Hans Christian Oersted entdeckte 1820 durch Zufall den Elektromagnetismus: Während einer Vorlesung beobachtete er das Ausschlagen einer Kompassnadel in der Nähe eines stromdurchflossenen Drahtes (**Bild 2**).

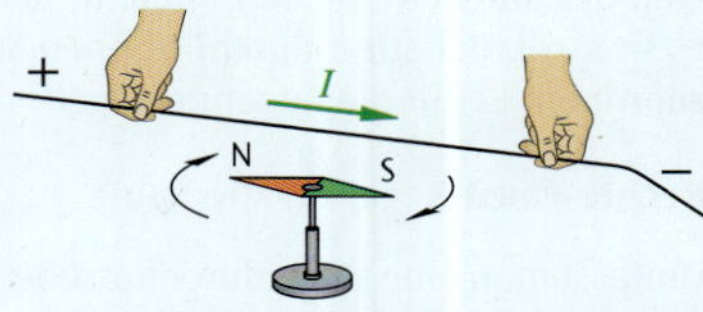

Bild 2: Oersted entdeckt 1820 durch Zufall den Elektromagnetismus

Oersted-Versuch

Oersted führte weitere Versuche durch und beobachtete, dass die Richtung, in die eine Kompassnadel ausschlägt, abhängig ist von der Stromrichtung und von der Position der Nadel in Bezug auf den stromdurchflossenen Draht. Oersted folgerte, dass der stromdurchflossene Draht ein magnetisches Feld erzeugt und die Kompassnadeln sich entlang der Feldlinien ausrichten (**Bild 3**).

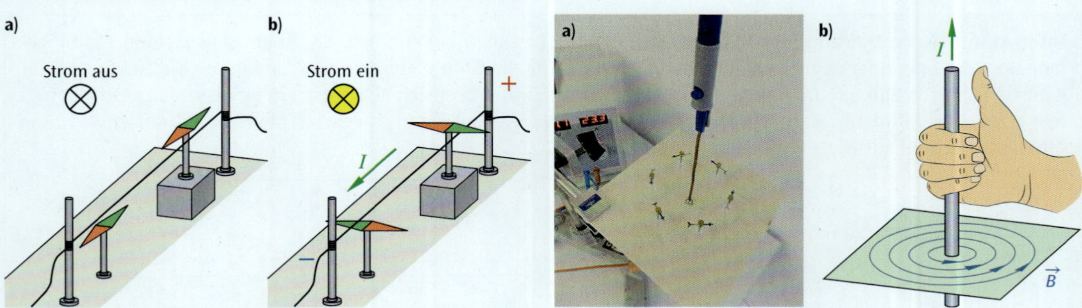

Bild 3: Oersted-Versuch: a) Kompassnadeln richten sich entlang des Erdmagnetfeldes aus; b) fließt Strom durch den Draht, dann schlagen die Kompassnadeln aus

Bild 4: a) Magnetfeld eines geraden stromdurchflossenen Leiters, b) Rechte-Faust-Regel

Rechte-Faust-Regel

Die Richtung der magnetischen Feldlinien ergibt sich aus der Rechte-Faust-Regel (**Bild 4**): Umfasst man einen stromdurchflossenen Leiter so mit der rechten Hand, dass der Daumen in Stromrichtung (I technisch, d. h. von $\oplus \rightarrow \ominus$) zeigt, dann geben die gekrümmten Finger die Richtung der magnetischen Feldlinien ($\vec{B}$) an. Das ist zugleich die Richtung, in die ein Kompass ausschlägt.

Magnetische Feldlinien sind geschlossen.

Erinnerung: **Elektrische Feldlinien** beginnen auf positiven und enden auf negativen Ladungen.

Magnetische Feldlinien einiger Elektromagneten

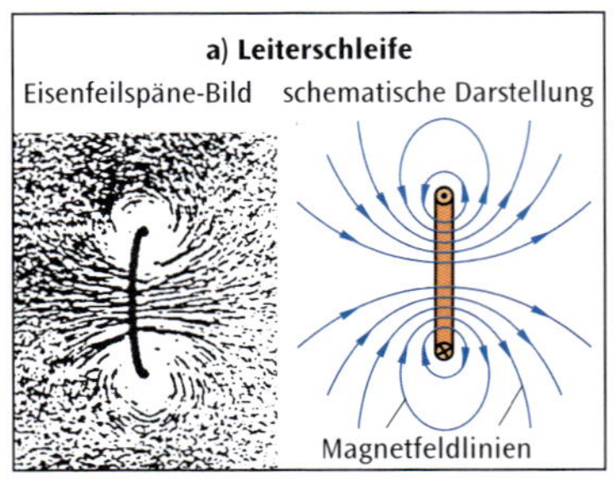

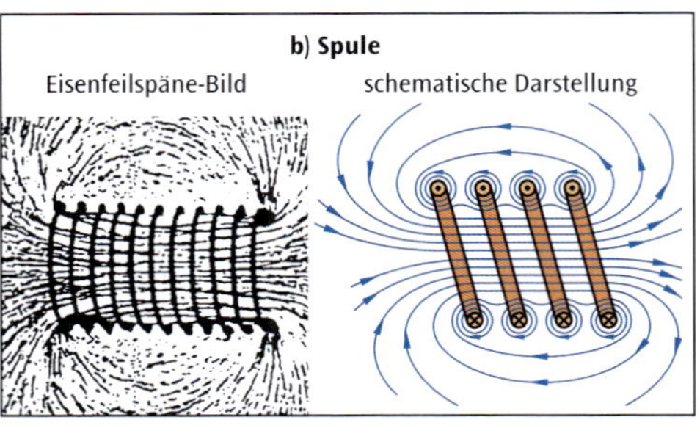

Bild 1: Magnetische Feldlinien a) einer Leiterschleife und b) einer Spule, sichtbar gemacht mit Eisenfeilspänen, die auf eine Plexiglasplatte gestreut wurden

Der einfachste Elektromagnet ist ein gerader stromdurchflossener Leiter. Sein Magnetfeld hat die Form konzentrischer Kreise um den Leiter (**Bild 4** auf der vorigen Seite). Biegt man den Leiter zu einem Ring (Leiterschleife), dann erhält man die in **Bild 1a**) dargestellten Feldlinien.

Eine Spule kann man sich aus vielen Ringen zusammengesetzt denken, die alle gleichsinnig vom Strom durchflossen werden. Innerhalb einer Spule verlaufen die Feldlinien nahezu parallel und sind viel dichter als im Außenbereich (**Bild 1b**).

Weil das Magnetfeld einer Spule in deren Außenbereich dem eines Stabmagneten (**Bild 1a** auf S. 243) sehr ähnelt, ist es sinnvoll, der stromdurchflossenen Spule einen Nord- und einen Südpol zuzuordnen. Es gilt die folgende Regel:

Rechte-Faust-Regel für die Spule

Umfasst man eine stromdurchflossene Spule so mit der rechten Hand, dass die gekrümmten Finger in Stromrichtung (I technisch, d.h. von $\oplus \rightarrow \ominus$) zeigen, dann weist der Daumen zum Nordpol der Spule (**Bild 2**).

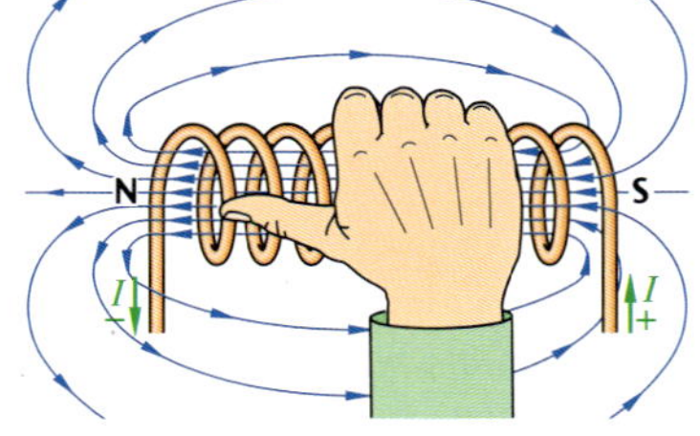

Bild 2: Rechte-Faust-Regel für die Spule

Legt man jetzt noch einen Eisenkern in die Spule, dann richten sich dessen Weiß'sche Bezirke aus (**Bild 3** auf S. 241), und die stromdurchflossene Spule ist zu dem geworden, was gemeinhin als Elektromagnet bezeichnet wird. Dessen Magnetismus lässt sich durch die Stromstärke sehr einfach regeln.

Info: Atomistische Deutung des Magnetismus: Atome bestehen bekanntlich aus einem sehr kleinen positiv geladenen Kern und einer negativ geladenen Elektronenhülle. Im Bohr'schen Atommodell kreisen die Elektronen auf ganz bestimmten Bahnen um den Kern. Ein kreisendes Elektron lässt sich als Ringstrom auffassen, der ein Magnetfeld erzeugt (vgl. **Bild 1a**). Man sagt: Das kreisende Elektron erzeugt ein magnetisches Moment $\vec{\mu}_m$, dessen Richtung durch die Rechte-Faust-Regel festgelegt ist (**Bild 3a**).

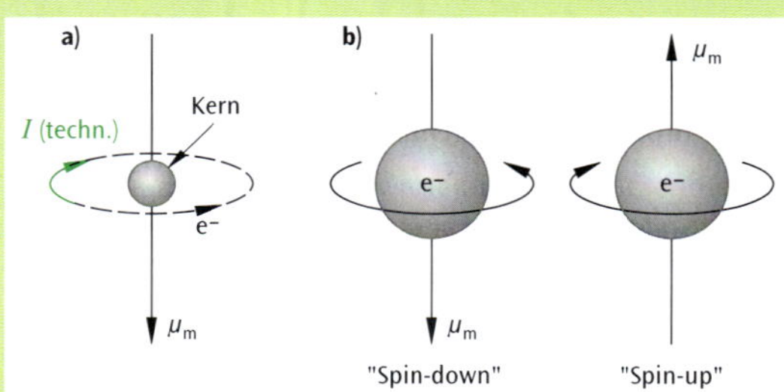

Bild 3: Magnetisches Moment μ_m eines Elektrons a) beim Umkreisen des Atomkerns, b) bei Eigenrotation (Spin)

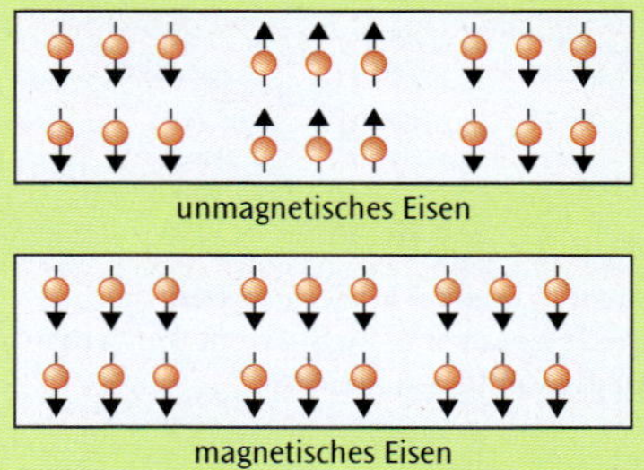

Bild 4: Magnetische Momente in unmagnetischem und magnetischem Eisen (die Dreiergruppen symbolisieren die Weiss'schen Bezirke)

Eine unmagnetische Eisenstange kann man sich demnach vorstellen als eine Ansammlung von Atomen mit magnetischen Momenten, die statistisch in alle Raumrichtungen verteilt sind (**Bild 4** auf der vorigen Seite oben). Dabei kommt es lokal zu Gruppierungen von magnetischen Momenten in einer Richtung. Diese Gruppierungen sind die bereits auf S. 241 erwähnten Weiss'schen Bezirke. Bringt man die unmagnetische Eisenstange in ein Magnetfeld, dann kommt es zur Ausrichtung der magnetischen Momente der einzelnen Elektronen, und die Eisenstange wird selber zum Magneten (**Bild 4** auf der vorigen Seite unten).

Eine technische Anwendung ist die Magnetresonanztomographie (MRT). Hierbei können aus der Reaktion von Kernspins auf ein starkes Magnetfeld Rückschlüsse auf die Gewebezusammensetzung gezogen werden.

8.4 Kraft auf einen stromdurchflossenen Leiter

Elektromotorisches Prinzip

Ein Metallstäbchen mit je einer Stromzuführung an jedem Ende (Leiterschaukel) wird in das Magnetfeld eines Hufeisenmagneten gehängt (**Bild 1**). Wird der Schalter geschlossen (**Bild 1a**), dann kann man beobachten, wie das Metallstäbchen aus dem Magnetfeld gedrückt wird (**Bild 1b**).

Vertauscht man die Pole des Magneten oder kehrt man die Stromrichtung um, dann wird das Stäbchen in das Magnetfeld hineingezogen.

Anwendung: Der Versuch stellt das elektromotorische Prinzip dar – in jedem Elektromotor wird Strom in Verbindung mit Magneten in Bewegung umgesetzt![1]

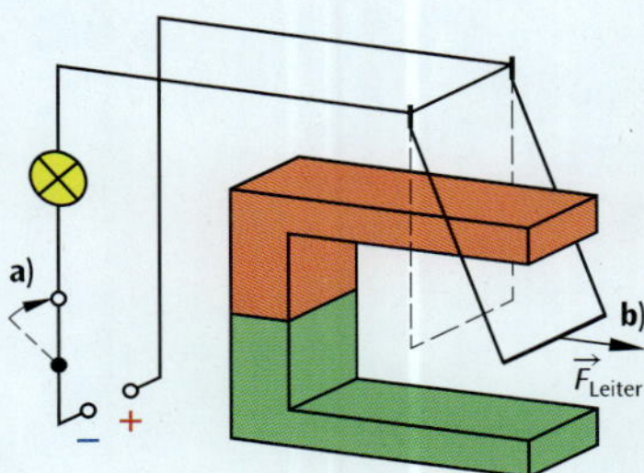

Bild 1: Grundversuch mit der Leiterschaukel: Schließt man den Schalter (a), dann wird das Metallstäbchen aus dem Hufeisenmagneten gedrängt (b).

UVW-Regel

Der Versuch zeigt: Auf einen stromdurchflossenen Leiter im Magnetfeld wirkt eine Kraft. Sie wird als Lorentz-Kraft $\vec{F}_L$ bezeichnet.[2] Ihre Richtung ergibt sich aus der UVW-Regel (auch „Drei-Finger-Regel" genannt) der rechten Hand (**Bild 2a**): Ursache ist der Stromfluss, Wirkung die Lorentz-Kraft, und das Magnetfeld fungiert als Vermittler dieser Kraft. Bei richtiger Haltung Ihrer rechten Hand können Sie mit der UVW-Regel den Ausgang des Versuchs in **Bild 1** vorhersagen (vgl. **Bild 2b**).

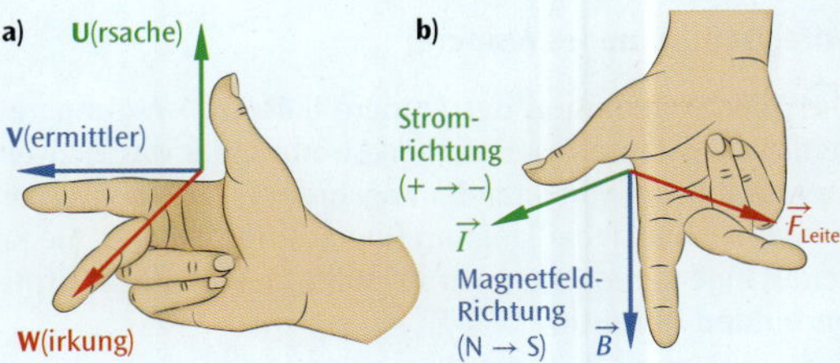

Bild 2: a) UVW-Regel der rechten Hand; b) so müssen Sie Ihre Hand halten, um den Versuchsausgang in Bild 1 vorherzusagen

Auf einen stromdurchflossenen Leiter im Magnetfeld wirkt die **Kraft** $\vec{F}_{Leiter} \perp \vec{I}$ und $\vec{F}_{Leiter} \perp \vec{B}$. Ihre Richtung ergibt sich aus der UVW-Regel der rechten Hand (für den Betrag vgl. S. 248).

Stehende Welle auf einem Draht

Ein ca. 1 m langer Konstantandraht (∅ = 0,5 mm) wird an beiden Enden fest eingespannt und an eine Wechselspannungsquelle (bis 24 V bei 10 A) angeschlossen. Dann wird ein Hufeisenmagnet so unter der Drahtmitte platziert, dass die magnetischen Feldlinien senkrecht zum Draht verlaufen.

Nun wird der Raum abgedunkelt und die Stromstärke langsam erhöht.

Beobachtungen (Bild 1 auf der folgenden Seite):

1. Der Draht dehnt sich etwas aus und fängt zu schwingen an (die Schwingung kann man sogar hören!). Dabei glüht der Draht (abhängig von seiner Länge) an vier gleich weit auseinander liegenden Stellen.
2. Wird der Magnet entfernt, hört die Schwingung auf, und der Draht hängt leicht durch.
3. Ist die Spannung zu groß, reißt der Draht. Abstand halten!

[1] Die Umkehrung nennt sich Generatorprinzip und wird im nächsten Kapitel behandelt.
[2] Nach ihrem Entdecker Hendrik Antoon Lorentz (1853 bis 1928), einem niederländischen Mathematiker und Physiker.

Wie lassen sich die Beobachtungen erklären?

Der Strom durch den Draht erhitzt diesen, daher dehnt er sich aus.

Der Magnet bewirkt wegen der UVW-Regel eine Kraft quer zur Drahtrichtung. Weil es sich um Wechselstrom handelt, wechselt auch die Kraft ständig ihre Richtung und regt den Draht damit zum Schwingen an. Da der Draht an seinen Enden fest eingespannt ist, bilden sich dort Schwingungsknoten (Analogie: schwingende Gitarrensaite). Außerdem bilden sich im durchgeführten Versuch zwei weitere Schwingungsknoten und somit zwischen diesen Knoten sog. Schwingungsbäuche. Da der Draht an den Schwingungsknoten nicht schwingen kann, erhitzt er sich dort am stärksten (an den Bäuchen wird er wegen der hohen Schwingungsfrequenz von der Luft gekühlt); er fängt sogar an zu glühen.

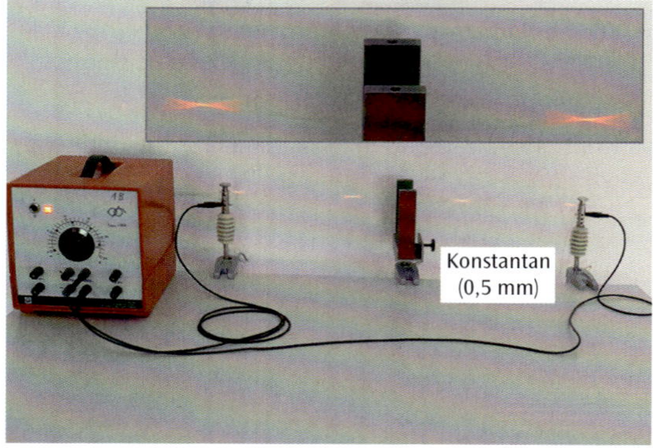

Bild 1: Wechselstrom ruft eine stehende Welle auf einem Draht hervor

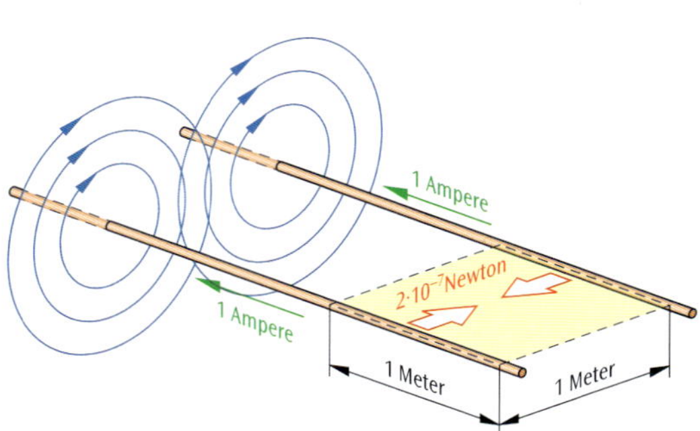

Bild 2: Definition des Ampere (bis 2019); die Wirbel deuten die magnetischen Feldlinien an

Ist die Hitzewirkung (Stromstärke) zu groß, reißt der Draht.

(Alte) Definition des Ampere

Die „Noch"-Definition des Ampere lautet: „1 A (Ampere) ist die Stärke eines zeitlich konstanten elektrischen Stromes, der durch zwei im Vakuum parallel im Abstand 1 m voneinander angeordnete, geradlinige, unendlich lange Leiter von vernachlässigbar kleinem Querschnitt fließend, die Kraft 0,2 μN pro Meter Leiterlänge hervorrufen würde" (**Bild 2**). **Was steckt hinter dieser obskur anmutenden Definition?**

Kraft zwischen zwei stromdurchflossenen Leitern

Wir realisieren ein Experiment, das zur Ampere-Definition passt: Zwei etwa 1 m lange Kupferbänder werden nebeneinander aufgehängt und wahlweise gegensinnig (**Bild 3a**) oder gleichsinnig (**Bild 3b**) vom Strom durchflossen.

Im ersten Fall beobachtet man eine gegenseitige Abstoßung, im zweiten Fall gegenseitige Anziehung der Leiter.

Der beobachtete Effekt wird noch bis 2019 genutzt, um die Stärke des elektrischen Stromes festzulegen. Dann wird diese Ampere-Definition ersetzt durch eine neue (vgl. S. 248).

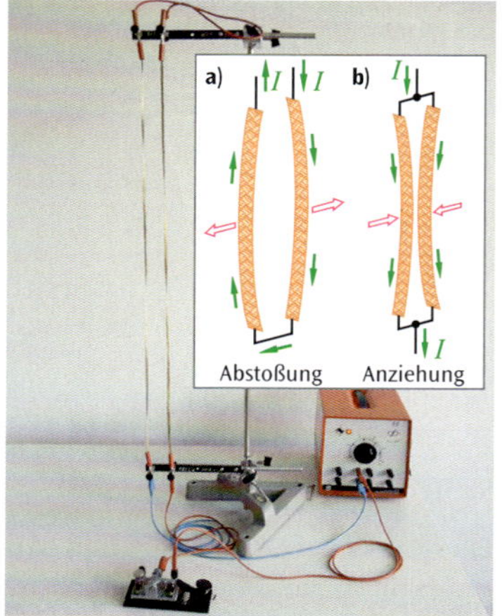

Bild 3: Kraftwirkung zwischen stromdurchflossenen Leitern

Woher kommt die Abstoßung bei gegensinniger Stromrichtung?

Die Antwort erfolgt in drei Schritten (**Bild 1** auf der folgenden Seite):

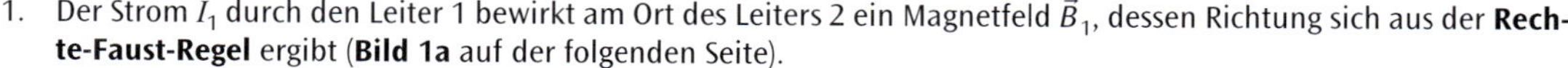

1. Der Strom I_1 durch den Leiter 1 bewirkt am Ort des Leiters 2 ein Magnetfeld $\vec{B}_1$, dessen Richtung sich aus der **Rechte-Faust-Regel** ergibt (**Bild 1a** auf der folgenden Seite).
2. Der Strom I_2 erfährt infolge des Magnetfeldes $\vec{B}_1$ eine Kraft $\vec{F}_2$, deren Richtung sich aus der **UVW-Regel** ergibt (**Bild 1b** auf der folgenden Seite).
3. Analog: Der Strom I_2 bewirkt ein Feld $\vec{B}_2$ am Ort 2 und damit die Kraft $\vec{F}_1$ (**Bild 1c** auf der folgenden Seite). Die Kräfte $\vec{F}_1$ und $\vec{F}_2$ wirken also **abstoßend** (**Bild 1d** auf der folgenden Seite).

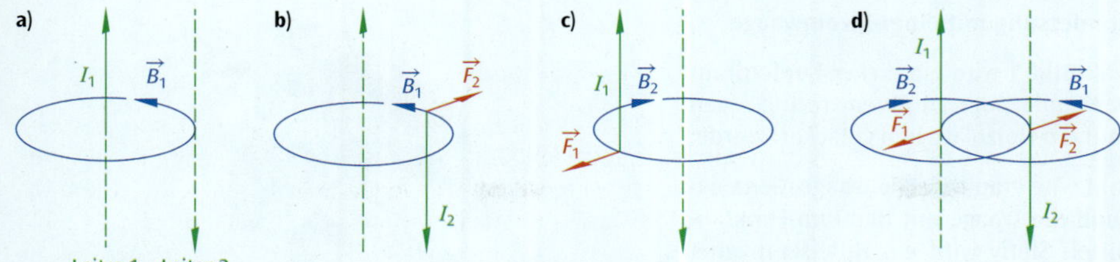

Bild 1: Zustandekommen der Abstoßung der beiden gegensinnig vom Strom durchflossenen Leiter aus Bild 3 auf der vorigen Seite (Erläuterungen im Text)

8.5 Magnetische Flussdichte

Wie wird die Stärke eines Magnetfeldes definiert?

Wir führen einen Vergleich mit dem elektrischen Feld (Abschnitt 4.3) durch. Dort war es sinnvoll, die elektrische Feldstärke $\vec{E}$ als Kraft $\vec{F}_{el}$ auf eine Probeladung q zu definieren (vgl. **Tabelle 1**).

Im magnetischen Feld $\vec{B}$ wirken Kräfte auf Ströme, wenn diese senkrecht vom Magnetfeld durchsetzt werden.[1] Bereits aus der „alten" Ampere-Definition (vgl. **Bild 2** auf der vorhergehenden Seite) folgt, dass für die Größe der magnetischen Kraft nicht nur die Stromstärke relevant ist, sondern auch die Länge l des Leiters. Also müsste es sinnvoll sein, für die Stärke des magnetischen Feldes den Quotienten Kraft (in Newton) pro Stromstärke (in Ampere) und Leiterlänge (in Meter) heranzuziehen (**Tabelle 1**). Als Formelzeichen wird das bereits bekannte $\vec{B}$ verwendet. Es steht für die magnetische Flussdichte. Die ausführliche Bezeichnung für $\vec{B}$ lautet $\underbrace{\text{magnetische Kraft}}_{F_{mag}}\underbrace{\text{fluss}}_{:I}\underbrace{\text{dichte}}_{:l}$.

Tabelle 1: Vergleich: elektrische Feldstärke und magnetische Flussdichte

el. Feld	magn. Feld
$\vec{E}$ (Feldstärke)	$\vec{B}$ (Flussdichte)
$E = \frac{F_{el}}{q}$	$B = \frac{F_{mag}}{I \cdot l}$
Kraft pro Ladung	Kraft pro Strom und Leiterlänge

Einheit der magnetischen Flussdichte:

$$[B] = 1\,\frac{\text{N}}{\text{Am}} = 1\,\text{T} \quad (\text{Tesla}^{2)}).$$

Wegen der Energiebeziehung 1 Nm = 1 J = 1 VAs (Definition des Volt) gilt auch

$$1\,\text{T} = 1\,\frac{\text{N}}{\text{Am}} = 1\,\frac{\text{Nm}}{\text{Am}^2} = 1\,\frac{\text{J}}{\text{Am}^2} = 1\,\frac{\text{VAs}}{\text{Am}^2} = 1\,\frac{\text{Vs}}{\text{m}^2}.$$

Diese Einheit werden wir benötigen, um (Induktions-)Spannungen zu berechnen.

Definition der magnetischen Flussdichte $\vec{B}$

$$B = \frac{F_{mag}}{I \cdot l} = \frac{\text{magnetische Kraft}}{\text{Strom} \times \text{Leiterlänge}} \quad (\text{falls } \vec{B} \perp \vec{I}); \quad [B] = 1\,\frac{\text{N}}{\text{Am}} = 1\,\frac{\text{Vs}}{\text{m}^2} = 1\,\text{T} \quad (\text{Tesla}).$$

In Worten: Ein Magnetfeld hat dann die Flussdichte 1 T (Tesla), wenn es auf einen Strom von 1 A (Ampere) die Kraft 1 N (Newton) pro 1 m (Meter) Leiterlänge ausübt.

Dass die Festlegung sinnvoll ist, zeigt das nachfolgende Experiment.

Stromwaage

Um die Flussdichte eines Magneten zu ermitteln, wird die Kraft gemessen, die auf einen Leiter wirkt, der senkrecht zur Stromrichtung vom Feld des Magneten durchsetzt wird. Eine solche Versuchsanordnung wird als Stromwaage bezeichnet – der Strom wird also tatsächlich gewogen!

[1] Auf den Fall „$\vec{B}$ nicht $\perp \vec{I}$" gehen wir später ein.
[2] nach Nikola Tesla (1856 bis 1943), Erfinder, Physiker und Ingenieur

Versuch: Flussdichtemessung mit einer Stromwaage

Im Experiment gemäß **Bild 1** wird ein dicker Kupferdraht definierter Länge verwendet, der zu einem rechteckigen Bügel geformt und auf ein Holzplättchen getackert wurde.

Das Plättchen wird auf eine empfindliche Waage (Genauigkeit 0,01 g) gelegt und die Waage mit der Tara-Funktion auf null gesetzt. Mittels Stativ wird ein Hufeisenmagnet wie in **Bild 1** dargestellt über dem Plättchen positioniert (obere Seite des Bügels ⊥ Feldlinien). Nun wird der Strom durch den Bügel erhöht und die Kraft auf der Waage abgelesen. Dann wird das Experiment mit Bügeln unterschiedlicher Längen wiederholt.

Bild 1: Stromwaage Marke Eigenbau: Mit einem sehr ruhigen Händchen ist es möglich, mittels handelsüblicher Waage einen Strom zu wiegen!

Versuchsergebnisse (solange $\vec{B} \perp \vec{I}$):

1. Bei konstanter Leiterlänge nimmt die Anzeige der Waage proportional zur Stromstärke zu ($F \sim I$ für l = const).
2. Bei konstanter Stromstärke nimmt die Anzeige der Waage proportional zur Leiterlänge zu ($F \sim l$ für I = const).

Messbeispiel: $m = 0{,}42$ g Anzeige der Waage bei $I = 10$ A und $l = 1{,}5$ cm.

Da 100 g etwa 1 N entsprechen, gilt ungefähr 1 g ≙ 0,01 N = 1 cN (Zentinewton). Damit folgt aus der Anzeige der Waage $F_{mag} = 0{,}42$ cN = 4,2 mN und daraus die Flussdichte

$$B = \frac{F_{mag}}{I \cdot l} = \frac{4{,}2 \cdot 10^{-3}\ \text{N}}{10\ \text{A} \cdot 0{,}015\ \text{m}} = 28 \cdot 10^{-3}\ \frac{\text{N}}{\text{Am}} = 28\ \text{mT}$$

des Hufeisenmagneten zwischen den Polen (dort, wo das Feld einigermaßen homogen ist).

Tabelle 1 listet die magnetischen Flussdichten einiger typischer Magneten auf. Das Erdmagnetfeld in Mitteleuropa hat demnach einen Wert von ca. $B_{Erde} = \sqrt{(B_\perp)^2 + (B_\parallel)^2} \approx 48\ \mu\text{T}$. Es nimmt pro Jahr um etwa 30 nT zu.[1] Im Zusammenhang mit dem Erdmagnetfeld wird neben der Einheit Tesla (T) auch das Gauß (Gs) verwendet[2], wobei 1 Gs = 10^{-4} T gilt.

Tabelle 1: Magnetische Flussdichten einiger Magneten

Magnet	Flussdichte
Hufeisenmagnet	einige 10 mT
Neodymmagnet	um 1 T
Spulen für Forschungszwecke	einige T
Erdmagnetfeld (in Mitteleuropa)	$B_\perp = 44\ \mu\text{T}$ $B_\parallel = 20\ \mu\text{T}$

Winkelabhängigkeit der Kraft

Wir verwenden wieder den Begriff Kraft auf einen Leiter synonym für die magnetische Feldkraft $\vec{F}_{mag}$.

Wie groß ist die Kraft auf einen Leiter, wenn das Magnetfeld den stromdurchflossenen Leiter **nicht** senkrecht durchsetzt?

Um der Antwort auf diese Frage experimentell auf die Schliche zu kommen, verwenden wir das homogene Magnetfeld zwischen den Polen eines Hufeisenmagneten und drehen den Magneten so, dass die magnetischen Feldlinien den Winkel $\alpha = \sphericalangle(\vec{B}, \vec{I})$ mit der Stromrichtung einschließen (**Bild 3**).

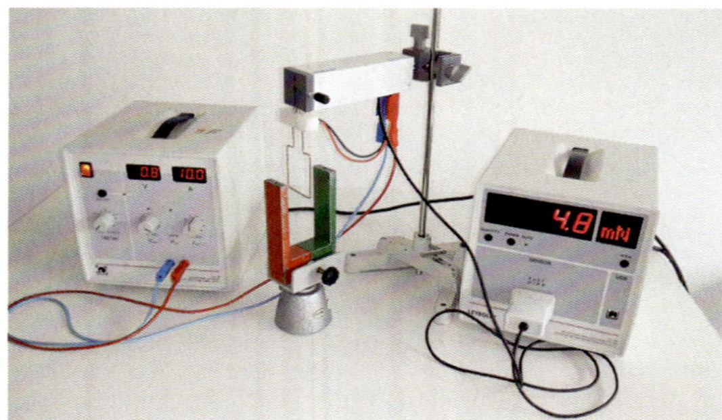

Bild 2: Untersuchung der Winkelabhängigkeit der Lorentz-Kraft mittels Kraftsensor und drehbarem Hufeisenmagnet

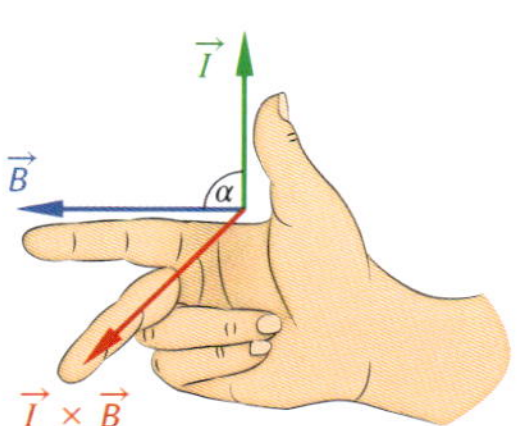

Bild 3: Lorentz-Kraft als Kreuzprodukt

[1] in München; Quelle: Department für Geo- und Umweltwissenschaften der Ludwig-Maximilians-Universität München, http://www.geophysik.uni-muenchen.de/observatory/geomagnetism/yearly-magnetograms/

[2] nach dem deutschen Universalgelehrten Carl Friedrich Gauß (1777 bis 1855), der sich u. a. intensiv mit der Vermessung des Erdmagnetfeldes befasst hat

Versuchsergebnisse: Die Lorentz-Kraft

1. ... ist maximal für $\alpha = 90°$ (also $\vec{B} \perp \vec{I}$),
2. ... verschwindet für $\alpha = 0°$ oder $\alpha = 180°$ (also $\vec{B} \parallel \vec{I}$),
3. ... beträgt etwa die Hälfte ihres Maximalwerts für $\alpha = 30°$.

Kreuzprodukt

Eine mathematische Rechenoperation, die diese Eigenschaften hat, ist das Kreuzprodukt $\vec{I} \times \vec{B}$ (Ursache × Vermittler) der Vektoren $\vec{I}$ und $\vec{B}$ (vgl. **Bild 3** auf der vorigen Seite). Maßgeblich für den Betrag der Kraft ist also die Komponente $\vec{B}_\perp$ senkrecht zum Leiter (vgl. **Bild 1**). Dies erklärt auch das letzte Versuchsergebnis, da $\sin(30°) = 0{,}5 \mathrel{\hat{=}} 50\ \%$.

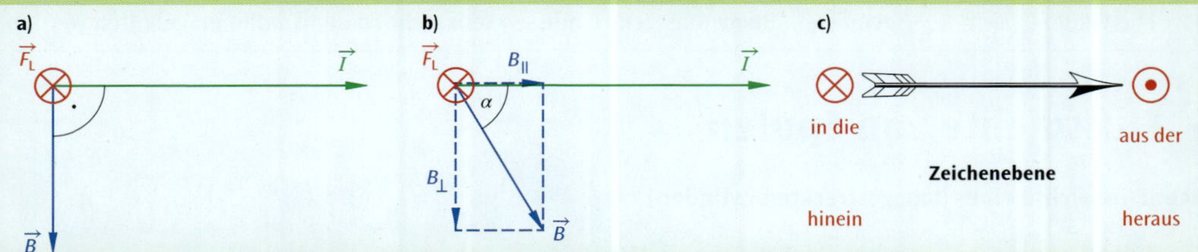

Bild 1: Die Mathematik hinter der Kraft:
a) für $\vec{I} \perp \vec{B}$ zeigt die Kraft in die Zeichenebene hinein und hat den Betrag $F_{\text{Leiter}} = B \cdot I \cdot l$, b) im Fall „$\vec{I}$ nicht $\perp \vec{B}$" muss das Magnetfeld in Parallel- und Vertikalkomponente zerlegt werden, c) Symbolik bei zweidimensionaler Projektion

Bei Kenntnis der Flussdichte $\vec{B}$ eines Magnetfeldes kann der Betrag der Lorentz-Kraft $\vec{F}_L$ wie folgt berechnet werden:

$$\left.\begin{aligned} \vec{F}_{\text{Leiter}} &= l \cdot (\vec{I} \times \vec{B}) \quad \text{(Richtung)} \\ F_{\text{Leiter}} &= l \cdot I \cdot B \cdot \sin(\sphericalangle\, \vec{I}, \vec{B}) \quad \text{(Betrag)} \end{aligned}\right\} \rightsquigarrow \text{Eselsbrücke: „FIBEL-Regel" } (F_{\text{Leiter}} = I B l).$$

Hall-Sonde

Die Vermessung magnetischer Felder über die Definition der Flussdichte („Kraft pro Strom und Leiterlänge") ist zu aufwändig, um in der Praxis Anwendung zu finden. Anstelle einer Stromwaage wird eine sog. Hall-Sonde[1] (**Bild 2a**) verwendet. Dabei handelt es sich um ein kleines stromdurchflossenes Halbleiterplättchen (Hall-Element), zwischen dessen senkrecht zur Stromrichtung liegenden Kontaktflächen eine Spannung auftritt, sobald das Plättchen in ein Magnetfeld gehalten wird (**Bild 3**).

Hall-Elemente finden auch in der Industrie Anwendung, z. B. als berührungslose Sensoren (sog. Hall-Sensor, vgl. **Bild 2b**).

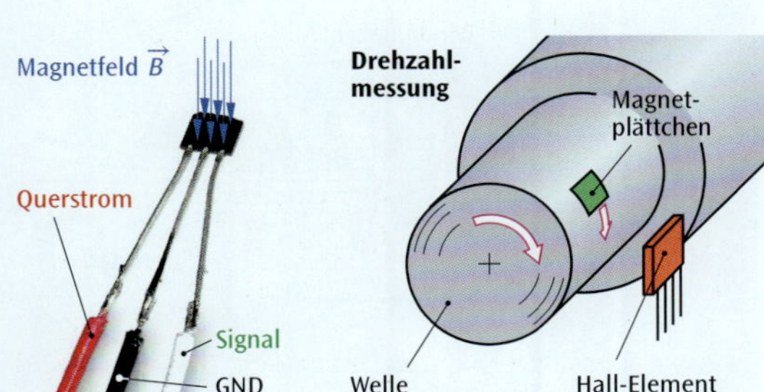

Bild 2: a) Hall-Element: Über die rote Leitung wird Strom zugeführt, über die weiße Leitung das Signal gemessen. Wenn eine gemeinsame geerdete Leitung (GND = ground) verwendet wird, sind im Gegensatz zu Bild 3 nur drei Anschlüsse nötig. b) Hall-Element im Einsatz als Drehzahlmesser.

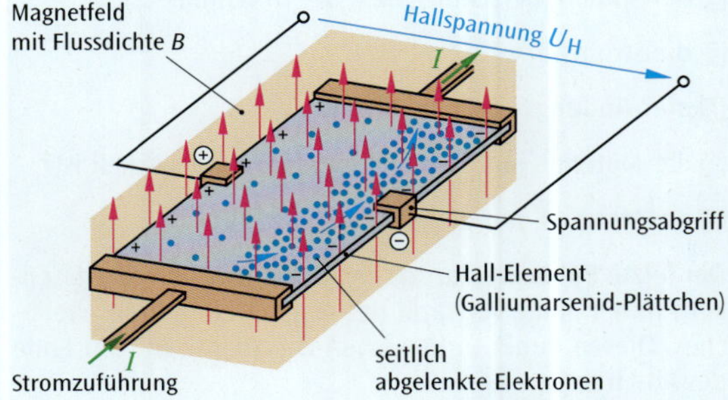

Bild 3: Zum Zustandekommen der Hall-Spannung (Erläuterungen im Text)

[1] nach Edwin Herbert Hall (1855 bis 1938), englischer Physiker

Hall-Effekt

Das Zustandekommen dieser Spannung (sog. Hall-Spannung) wird als Hall-Effekt bezeichnet und kann mit der Lorentz-Kraft erklärt werden: Der Strom durch das Plättchen bedeutet, dass Ladungen (Elektronen) fließen und bei geeigneter Orientierung des Magnetfeldes (⊥ zum Plättchen) gemäß der UVW-Regel (vgl. **Bild 2** auf S. 245) abgelenkt werden. An der einen Kontaktfläche quer zur Stromrichtung entsteht somit ein Elektronenüberschuss, an der anderen Kontaktfläche ein Elektronenmangel, der als elektrische Spannung gemessen werden kann.

Kurz gesagt: Die Hall-Spannung ist ein Maß für die Stärke des Magnetfeldes. Über die Größe des Querstroms kann die Empfindlichkeit der Hall-Sonde geregelt werden.

> Mit einer Hall-Sonde werden Magnetfelder $\left(1\,\mathrm{T} = 1\frac{\mathrm{N}}{\mathrm{Am}}\right)$, mit einer Feldmühle (Elektrofeldmeter, vgl. S. 240) elektrische Felder $\left(1\frac{\mathrm{V}}{\mathrm{m}} = 1\frac{\mathrm{N}}{\mathrm{C}}\right)$ gemessen. Beide Messgeräte müssen senkrecht zu den Feldlinien gehalten werden.

8.6 Flussdichte von Spulen

Versuch: Flussdichte einer (langgestreckten Zylinder-) Spule

Eine langgestreckte Spule mit kreisförmigem Querschnitt (Zylinderspule) erzeugt in ihrem Innern ein homogenes Magnetfeld, dessen Flussdichte gemessen werden soll (**Bild 1**). Mithilfe einer Hall-Sonde stellt man fest:

- Das Spulenfeld ist in deren Mitte am größten (B_{Mitte} = maximal),
- am Rand ungefähr halb so groß $\left(B_{\text{Rand}} = \frac{1}{2}B_{\text{Mitte}}\right)$,
- nimmt mit der Entfernung von der Spule stark ab (auf die Abstandsabhängigkeit gehen wir nicht quantitativ ein).

Um reproduzierbare Messergebnisse zu erhalten, messen wir das Spulenfeld in der Mitte der Spule.

Welche Größen beeinflussen die Stärke eines Spulenfeldes (**Bild 2**):

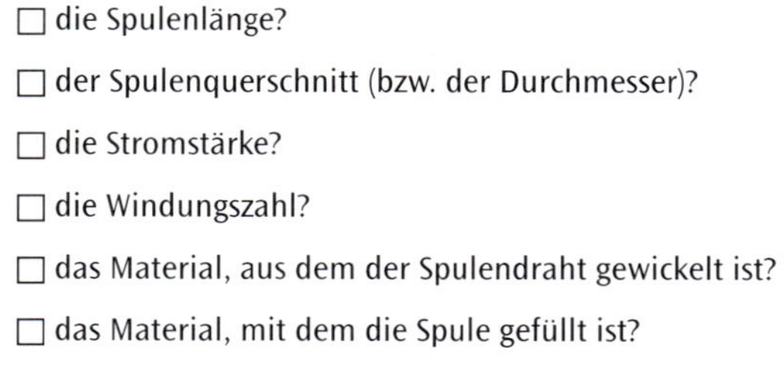

☐ die Spulenlänge?

☐ der Spulenquerschnitt (bzw. der Durchmesser)?

☐ die Stromstärke?

☐ die Windungszahl?

☐ das Material, aus dem der Spulendraht gewickelt ist?

☐ das Material, mit dem die Spule gefüllt ist?

Der letzte Punkt ist klar mit Ja zu beantworten: Ein Eisenkern in der Spule verstärkt das Magnetfeld um ein Vielfaches. Diesen Punkt untersuchen wir quantitativ am Ende des Abschnitts genauer.

Ein einfacher qualitativer Versuch mit verschiedenen Spulen ergibt:

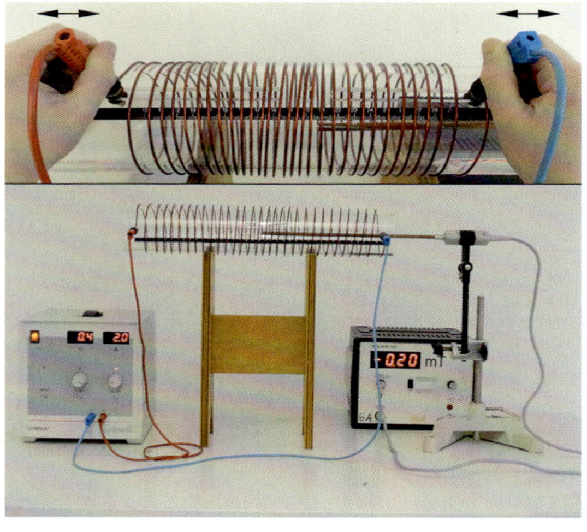

Bild 1: Versuchsanordnung zur Messung des Spulenfeldes: Bei Verwendung einer Ziehharmonikaspule kann die Windungsdichte $n = \frac{N}{l}$ stufenlos geregelt werden, weil N = const gilt

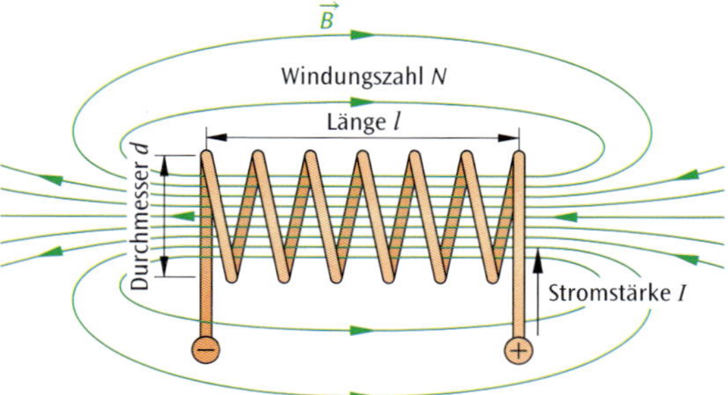

Bild 2: Begriffe bei der Spule (l ist Länge der Spule, nicht Länge des Drahtes!)

Der Spulen**querschnitt** (bzw. Durchmesser) und das Draht**material** haben **keinen** Einfluss auf die Stärke des Magnetfeldes.

Außerdem ist die Windungs**zahl** für sich genommen nicht ausschlaggebend – entscheidend ist die Anzahl der Windungen bezogen auf die Länge der Spule. Man definiert daher die Windungs**dichte** n als Verhältnis aus Windungs**zahl** N und Länge l der Spule.

Windungsdichte einer Spule:

$$\text{Windungsdichte} = \frac{\text{Windungszahl}}{\text{Länge der Spule}} \quad \rightsquigarrow \quad n = \frac{N}{l}; \quad [n] = 1\ \text{m}^{-1}.$$

$n = 1\ \text{m}^{-1}$ würde einer einzigen Windung pro Meter entsprechen.

Beispiel: 100 Windungen auf einer Länge von 40 cm bewirken dasselbe Magnetfeld wie 50 Windungen auf einer Länge von 20 cm, denn $n = \frac{100}{40\ \text{cm}} = \frac{50}{20\ \text{cm}} = 2{,}5\ \text{cm}^{-1} = 250\ \text{m}^{-1}$.

Versuchsergebnisse

Bei der Spule, die in **Bild 1** auf der vorherigen Seite verwendet wird („Ziehharmonikaspule“), können die Anschlüsse seitlich entlang der Plexiglasröhre verschoben werden, ohne die Windungszahl zu ändern. Damit ist eine stufenlose Regulierung der Windungs**dichte** $n = \frac{N}{l}$ bei $N = 30$ Windungen möglich.

Abhängigkeit der Flussdichte vom Spulenstrom: Bei einer Windungsdichte von $n = \frac{30}{40\ \text{cm}} = 0{,}75\ \text{cm}^{-1}$ (also 30 Windungen auf 40 cm) wird die Stromstärke variiert und jeweils die Flussdichte mit einer axialen Hall-Sonde gemessen.

Tabelle 1: $B = B(I)$ bei $n = 0{,}75\ \text{cm}^{-1}$

I in A	0,0	2,0	4,0	6,0	8,0	10
B in mT	0,00	0,27	0,49	0,69	0,92	1,15
$\frac{B}{I}$ in $\frac{\text{mT}}{\text{A}}$	–	0,14	0,12	0,12	0,12	0,12

Ergebnis (**Tabelle 1**): $B \sim I$ bei $n = \text{const}$, d. h. die Flussdichte im Spuleninneren ist proportional zur Stromstärke.

Abhängigkeit der Flussdichte von der Windungsdichte: Bei konstanter Stromstärke $I = 10$ A wird die Spule in 10-cm-Schritten verkürzt und jeweils die Flussdichte gemessen.

Tabelle 2: $B = B(n)$ bei $I = 10$ A

l in cm	40	30	20
B in mT	1,15	1,46	2,12
$n = \frac{N}{l}$ in cm^{-1}	0,75	1,0	1,5
$\frac{B}{n}$ in mT · cm	1,5	1,5	1,4

Ergebnis (**Tabelle 2**): $B \sim n$ bei $I = \text{const}$, d.h. die Flussdichte im Spuleninneren ist proportional zu deren Windungsdichte.

Zusammenführung der Ergebnisse aus **Tabelle 1** und **Tabelle 2** liefert den Quotienten

$$\frac{B/I}{n} = \frac{B/n}{I} \approx \frac{1{,}5\ \text{mT} \cdot \text{cm}}{10\ \text{A}} = 0{,}15\,\frac{\text{mT} \cdot \text{cm}}{\text{A}}.$$

Eine Umwandlung in SI-Einheiten ergibt (mit $1\ \text{T} = 1\,\frac{\text{N}}{\text{Am}}$ und $1\ \text{Nm} = 1\ \text{J} = 1\ \text{VAs}$)

$$\frac{B}{n \cdot I} = 0{,}15 \cdot \frac{10^{-3}\,\frac{\text{N}}{\text{Am}} \cdot 10^{-2}\ \text{m}}{\text{A}} = 1{,}5 \cdot 10^{-6}\,\frac{\text{Nm}}{\text{A}^2\text{m}}$$

$$= 1{,}5 \cdot 10^{-6}\,\frac{\text{J}}{\text{A}^2\text{m}} = 1{,}5 \cdot 10^{-6}\,\frac{\text{VAs}}{\text{A}^2\text{m}} = 1{,}5 \cdot 10^{-6}\,\frac{\text{Vs}}{\text{Am}}.$$

Der Quotient $\frac{B}{n \cdot I}$ ist für jede Spule gleich und hat bei präziseren Messungen den Wert $12{,}57 \cdot 10^{-6}\,\frac{\text{Vs}}{\text{Am}}$. Mit etwas mathematischem Aufwand kann man zeigen, dass dieser Wert eigentlich kein Messwert ist, sondern exakt $4\pi \cdot 10^{-7}$ entspricht. Er heißt magnetische Feldkonstante[1] und wird mit μ_0 abgekürzt (der Index 0 steht für das Vakuum). Damit gelangen wir experimentell zu der nachfolgenden Erkenntnis.

Flussdichte einer langgestreckten Spule

- $B = \mu_0 \cdot n \cdot I$ — in der Spulenmitte $\left(n = \frac{N}{l}\text{: Windungs}\textbf{dichte}, I\text{: Stromstärke}\right)$
- $B_{\text{Rand}} = \frac{1}{2} \cdot B$ — am Rand (**Bild 1** auf der folgenden Seite)
- $\mu_0 = 4\pi \cdot 10^{-7}\,\frac{\text{Vs}}{\text{Am}}$ — (magnetische Feldkonstante)

Keinen Einfluss auf die Flussdichte haben Drahtmaterial und Querschnitt der Spule, solange man von einer langen Spule $\left(\frac{d}{l} > 5\right)$ sprechen kann.

[1] Analogie: elektrische Feldkonstante ε_0 (vgl. S. 202)

Dass die Flussdichte am Rand der Spule nur halb so groß ist wie in der Mitte, ist auch anschaulich klar: Denken Sie sich eine lange Spule und schneiden Sie sie gedanklich in der Mitte auseinander:

Es entstehen zwei Hälften, an deren Enden sich die Flussdichte zu je einer Hälfte aus der Flussdichte der ersten und der zweiten Spulenhälfte zusammensetzt.

Außerhalb einer Spule nimmt das Magnetfeld mit der Entfernung von der Spule stark ab (vgl. **Bild 1**).

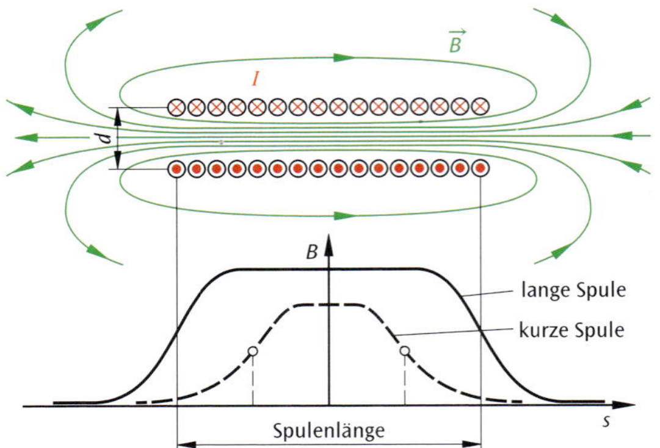

Bild 1: Flussdichte-Verlauf entlang der Spulenachse s für eine lange Spule $\left(\frac{d}{l} > 5\right)$ und eine kurze Spule

Tabelle 1: Permeabilitätszahlen μ_r einiger Stoffe

Stoff	μ_r
Kupfer	0,999 993 6
Vakuum	1 (definiert)
Luft	1,000 000 4
Aluminium	1,000 02
Kobalt	80…200
Eisen	250…680
Nickel	280…2500
Sonderlegierungen	bis knapp 10^6 (!)

Magnetische Permeabilität

Ein Eisenkern in der Spule erhöht deren Flussdichte um den Faktor 300 bis etwa 10 000. Dieser Faktor wird als relative magnetische Permeabilität μ_r bezeichnet.[1] Die Permeabilität des Vakuums ist exakt $\mu_{r,Vak} = 1$ (definiert), die Permeabilität von Luft weicht hiervon erst an der 7. Nachkommastelle ab!

Tabelle 1 können Sie einige Permeabilitätszahlen entnehmen. Man könnte meinen, dass die Angabe der vielen Nachkommastellen bei Kupfer unsinnig sei, aber dem ist nicht so: (Werk-)Stoffe werden hinsichtlich ihrer Reaktion auf Magnetfelder in drei Gruppen eingeteilt:

- **ferromagnetische Stoffe** ($\mu_r \gg 1$)

  Diese Stoffe lassen sich durch äußere Magnetfelder stark magnetisieren (siehe S. 242).

- **paramagnetische Stoffe** (μ_r wenig > 1)

  Sie lassen sich nur schwach magnetisieren.

- **diamagnetische Stoffe** ($\mu_r < 1$)

  Diese Stoffe haben die Eigenschaft, dass sie von Magnetfeldern nicht angezogen, sondern (schwach) abgestoßen werden. Beispiel ist das Graphen-Plättchen in **Bild 3** auf S. 242.

  Supraleiter (bei denen der Ohm'sche Widerstand null beträgt) sind übrigens ideale Diamagneten ($\mu_r = 0$).

Hysterese

Oder: „Warum kann für Eisen kein klar definierter Wert für μ_r angegeben werden?"

Ein unmagnetischer Eisenkern wird in eine Spule gelegt und der Strom durch die Spule erhöht. Wir wissen bereits, dass es dann zur Ausrichtung der Weiss'schen Bezirke kommt (vgl. **Bild 3** auf S. 241), bis hin zu einer Sättigung (sog. Neukurve in **Bild 2**). Damit erreicht auch die magnetische Flussdichte $\vec{B}$ einen Maximalwert. Nun kann der Spulenstrom zwar noch weiter erhöht werden, aber die Flussdichte steigt nicht mehr an.

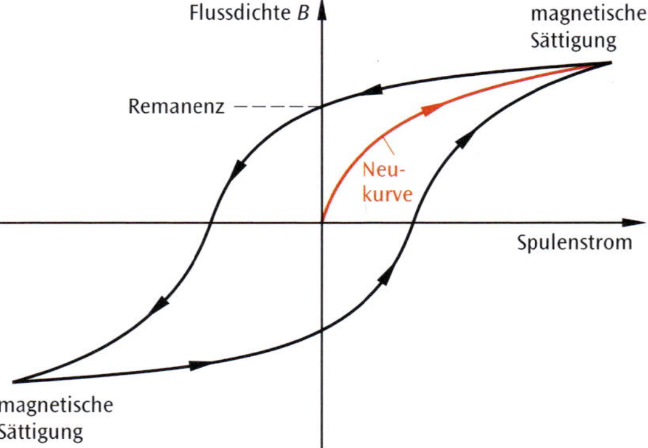

Bild 2: Hysteresekurve eines Ferromagneten

[1] Analogie: elektrische Permittivität ε_r (vgl. S. 240)

Wird jetzt der Spulenstrom auf $I = 0$ gesenkt, behält der Eisenkern einen Restmagnetismus (sog. Remanenz[1]) – der Strom muss umgepolt werden, um den Magnetismus des Eisenkerns erst vollständig zu vernichten und ihn dann in der Gegenrichtung wieder aufzubauen („negativer" Sättigungswert, vgl. **Bild 2** auf der vorigen Seite).

Diese Eigenschaft, dass die Magnetisierung eines (ferromagnetischen) Materials von dessen Vorbehandlung im Magnetfeld abhängt, wird als Hysterese bezeichnet.

Mit einem Eisenkern (allg. einem Ferromagneten) kann zwar das Magnetfeld einer Spule extrem verstärkt werden, es ist jedoch aufgrund der Hysterese nur schwer regulierbar.

Magnetische Flussdichte im Inneren einer stromdurchflossenen Spule:

$$B = \mu_0 \cdot \mu_r \cdot \frac{N}{L} \cdot I$$

Helmholtz-Spulenpaar

Beim Helmholtz-Spulenpaar[2] handelt es sich um zwei dicht gewickelte Spulen mit einer gemeinsamen Achse (**Bild 3a**). Die Besonderheit des Spulenpaares besteht darin, dass sich im Raum zwischen den Spulen ein nahezu perfekt homogenes Magnetfeld erzeugen lässt (**Bild 3b**), das für Experimente leicht zugänglich ist.

Von einem **Helmholtz**-Spulenpaar spricht man, wenn der Abstand zwischen den Spulen gleich dem Spulenradius ist. Für diesen speziellen Fall kann die magnetische Flussdichte zwischen den Spulen mit der Formel

$$B = \left(\frac{4}{5}\right)^{1,5} \cdot \mu_0 \cdot \frac{N \cdot I}{R}$$

berechnet werden, wobei N die Windungszahl **einer** Spule ist.[3]

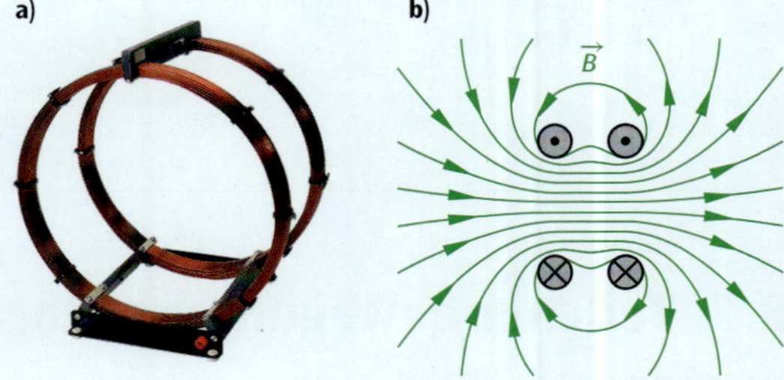

Bild 3: a) Helmholtz-Spulenpaar, b) Feldlinienverlauf der Helmholtz-Spulen: Parallele Feldlinien im Zwischenraum lassen die große Homogenität erkennen

Beispiel:

In der physikalischen Sammlung Ihrer Schule gibt es Helmholtz-Spulen mit 400 mm Durchmesser. Jede Spule ist in 14 Lagen à 11 Windungen gewickelt.

1. Begründen Sie, ob die Spulen gleich- oder gegensinnig vom Strom durchflossen werden müssen, um ein homogenes magnetisches Feld zu erzeugen.
2. Beschreiben Sie ein Verfahren, die angegebene Formel für die Flussdichte der Helmholtz-Spulen experimentell zu überprüfen.
3. Berechnen Sie die maximal mögliche Flussdichte, wenn der Hersteller darauf hinweist, einen Strom von 5 A nicht dauerhaft zu überschreiten.
4. In einem Labor werden Präzisionsexperimente durchgeführt, bei denen selbst das Erdmagnetfeld einen störenden Einfluss hat. Wie würden Sie vorgehen, um in diesem Labor das Erdmagnetfeld „abzuschalten"?

Lösung:

1. Sie müssen **gleich**sinnig vom Strom durchflossen werden, damit sich gemäß Rechte-Faust-Regel die Magnetfelder konstruktiv überlagern können.
2. Man schickt Strom durch die Spulen und misst die Flussdichte mit einer Hall-Sonde. Die Messung wird bei unterschiedlichen Stromstärken wiederholt. In einem Diagramm „B gegen I" müsste sich eine Ursprungsgerade ergeben, deren Steigung identisch mit dem Vorfaktor $0{,}8^{1,5} \cdot \mu_0 \cdot \frac{N}{R}$ ist.

   Alternativ: Der Quotient $\frac{B}{I}$ müsste konstant sein und identisch mit $0{,}8^{1,5} \cdot \mu_0 \cdot \frac{N}{R}$.
3. $B_{max} = 0{,}8^{1,5} \cdot 4\pi \cdot 10^{-7}\,\frac{\text{Vs}}{\text{Am}} \cdot \frac{11 \cdot 14}{0{,}200\text{ m}} \cdot 5\text{ A} = 3{,}5\text{ mT}$

[1] engl. to remain, (ver)bleiben
[2] nach Hermann von Helmholtz (1821 bis 1894), deutscher Universalgelehrter
[3] Auf die Herleitung der Gleichung können wird nicht eingehen, sie übersteigt die Schulmathematik.

4. Benötigt werden **zwei** Spulen**paare** (**Bild 1**):
   - Spulenpaar 1 zur Kompensation der Horizontalkomponente B_{hor} des Erdmagnetfeldes (vgl. auch **Bild 3** auf S. 240). Die Achse dieses Spulenpaares muss in Nord-Richtung (also nach magnetisch Süd) zeigen, aber der Spulenstrom (bei Blick nach Norden) **gegen** den Uhrzeigersinn fließen (Rechte-Faust-Regel), damit $B_1 = -B_{hor}$ wird (**Bild 1** links).
   - Spulenpaar 2 zur Kompensation der Vertikalkomponente B_{vert} des Erdmagnetfeldes. Die Achse dieses Spulenpaares muss senkrecht zur Erdoberfläche zeigen und der Strom (bei Draufsicht von oben) ebenfalls gegen den Uhrzeigersinn fließen, damit $B_2 = -B_{vert}$ wird (**Bild 1** rechts).

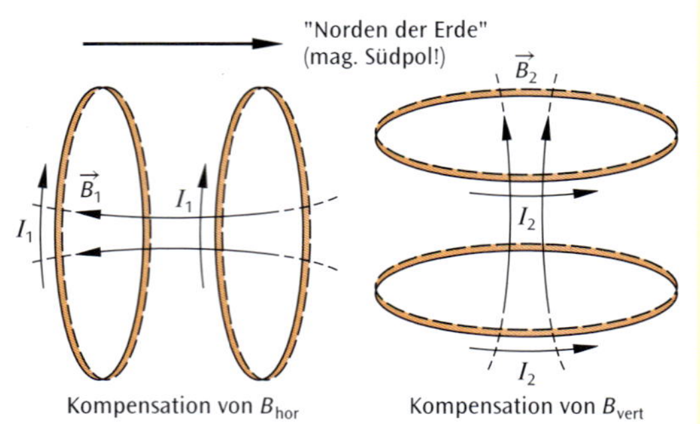

Bild 1: Zwei Spulenpaare (mit unterschiedlichen Stromstärken) sind in der Lage, das Erdmagnetfeld zu kompensieren

8.7 Teilchenbewegung im Magnetfeld

8.7.1 Lorentz-Kraft

In Abschnitt 8.4 wurde gezeigt, dass ein stromdurchflossener Leiter im Magnetfeld eine Kraft erfährt. Ruht ein Leiter im Magnetfeld, dann wirkt keine Kraft auf ihn. Demnach wirkt die im Experiment beobachtbare Kraft F_{Leiter} bzw. F_{mag} nur, wenn ein Strom fließt, das heißt Ladungen sich im Leiter bewegen. Diese makroskopische Kraft ist die Summe aller mikroskopischen Kräfte auf die einzelnen, bewegten Elektronen. Diese Kraft bezeichnet man als Lorentz-Kraft $\vec{F}_L$.

Auf bewegte Ladungen im Magnetfeld wirkt die Lorentz-Kraft $\vec{F}_L$.

Herleitung der Lorentz-Kraft

$F_{Leiter} = B \cdot I \cdot l$	Definition Kraft auf einen stromdurchflossenen Leiter.
$F_{Leiter} = N \cdot F_L$	Multipliziert man die Kraft auf eine einzelnes, geladenes Teilchen F_L mit der Anzahl N der Teilchen, dann erhält man die Kraft auf einen Leiter.
$F_L = \frac{F_{Leiter}}{N} = \frac{B \cdot I \cdot l}{N}$	Umstellen nach F_L und einsetzen von F_{Leiter}.
$F_L = \frac{B \cdot \frac{\Delta Q}{\Delta t} \cdot l}{N}$	Definition der Stromstärke $I = \frac{\Delta Q}{\Delta t}$ einsetzen.
$F_L = \frac{B \cdot \frac{N \cdot q}{\Delta t} \cdot l}{N}$	Die Ladungsmenge ΔQ ist ein Vielfaches der einzelnen Ladungsträger $\Delta Q = N \cdot q$.
$F_L = \frac{B \cdot \frac{N \cdot q}{\Delta t} \cdot \frac{\Delta v}{\Delta t}}{N}$	Die Länge kann mit Hilfe der Geschwindigkeit und der Zeit berechnet werden: $l = \frac{\Delta v}{\Delta t}$
$F_L = B \cdot q \cdot \Delta v$	Anzahl der Teilchen N und die Zeit Δt kürzen.

$F_L = q \cdot v \cdot B$	Lorentz-Kraft mit Ladung q [C], Geschwindigkeit der Ladung v [m/s] und magnetische Flussdichte B [T].

Genau wie bei der Kraft auf einen stromdurchflossenen Leiter, erhält man die Richtung der Lorentz-Kraft durch die Rechte-Hand-Regel (**Bild 1**).

Ursache: Der Daumen zeigt in Richtung der Geschwindigkeit $\vec{v}$.

Vermittlung: Der Zeigefinger zeigt in Richtung des Magnetfeldes $\vec{B}$.

Wirkung: Der Mittelfinger zeigt in Richtung der Lorentz-Kraft $\vec{F}_L$.

Achtung: Bei Elektronen und anderen negativ geladenen Teilchen muss die Rechte-Hand-Regel am Ende umgedreht werden, wegen dem Minus in der Formel.

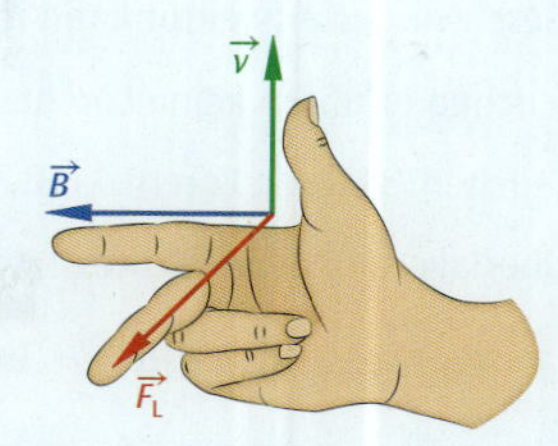

Bild 1: Rechte-Hand-Regel Lorentz-Kraft

8.7.2 Teilchenbahn im Magnetfeld

Ob ein einzelnes Elektron von der Lorentz-Kraft $\vec{F}_L$ abgelenkt wird oder nicht, hängt davon ab, wie es in das Magnetfeld hineinfliegt. Genau genommen gilt die Formel für die Lorentz-Kraft $F_L = q \cdot v \cdot B$ auf der vorherigen Seite nur für den Fall, dass der Geschwindigkeitsvektor $\vec{v}$ senkrecht zu den Magnetfeldlinien $\vec{B}$ steht ($\vec{v} \perp \vec{B}$).

1. Fall: Bewegung geladener Teilchen senkrecht zu den Feldlinien ($\vec{v} \perp \vec{B}$)

Sowohl die positiv als auch die negativ geladenen Teilchen erfahren eine Lorentz-Kraft, die senkrecht auf $\vec{v}$ und $\vec{B}$ steht (**Bild 2**). Die Richtung kann mit Hilfe der Rechten-Hand-Regel bestimmt werden. Bei negativ geladenen Teilchen muss die Richtung der Lorentz-Kraft am Ende umgedreht werden.

In **Bild 2a** und **b** erinnert die Teilchenbahn (gestrichelte Linie) an die Wurfbewegungen oder Ablenkung im Kondensator. Verfolgt man jedoch das Teilchen über eine längere Zeit im Magnetfeld (**Bild 2c**), dann sieht man, dass die Teilchen sich auf einer Kreisbahn bewegen. Da $\vec{F}_L$ zu jedem Zeitpunkt senkrecht auf $\vec{v}$ und $\vec{B}$ steht, wirkt sie in diesem Fall als Zentripetalkraft und zwingt das Teilchen auf eine Kreisbahn.

$$\vec{F}_L = \vec{F}_Z$$

Bild 2: Ablenkung von geladenen Teilchen im Magnetfeld a) Magnetfeld zeigt in die Zeichenebene hinein b) Magnetfeld zeigt aus der Zeichenebene heraus c) Teilchenbahn ist eine Kreisbahn

2. Fall: Bewegung geladener Teilchen parallel zu den Feldlinien ($\vec{v} \parallel \vec{B}$)

Zeigen $\vec{v}$ und $\vec{B}$ in dieselbe oder entgegengesetzte Richtung, dann gibt es keine Ablenkung durch die Lorentz-Kraft (**Bild 3**).

$$\vec{F}_L = 0$$

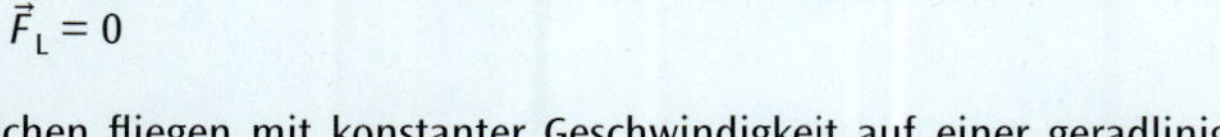

Die Teilchen fliegen mit konstanter Geschwindigkeit auf einer geradlinigen Bahn weiter.

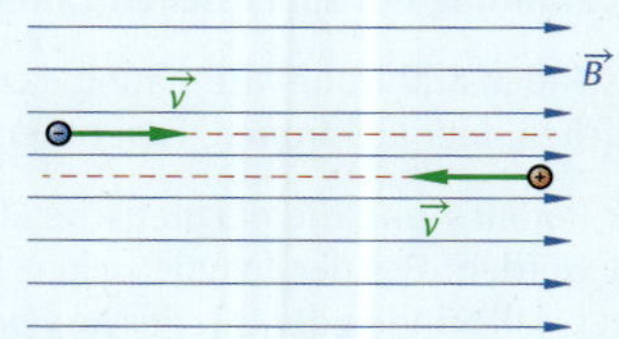

Bild 3: Keine Ablenkung bei $\vec{v} \parallel \vec{B}$

3. Fall: Bewegung geladener Teilchen schräg zu den Feldlinien

Steht der Geschwindigkeitsvektor nicht mehr genau senkrecht zu den Magnetfeldlinien, dann bewegt sich das Teilchen auf einer spiralförmigen Bahn (**Bild 4**).

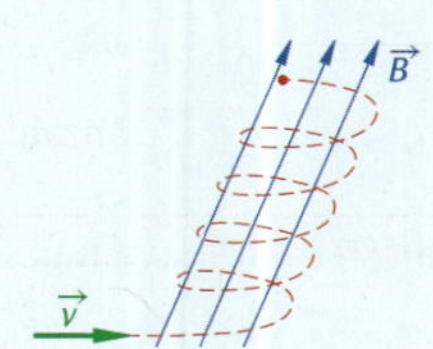

Bild 4: Teilchen auf Spiralbahn

Der Geschwindigkeitsvektor kann in die einzelnen Komponenten zerlegt werden:

$\vec{v}_{||}$: Teilchen erfahren keine Lorentzkraft, bewegen sich mit konstanter Geschwindigkeit weiter.

$\vec{v}_{\perp}$: Teilchen erfahren Lorentzkraft, bewegen sich auf Kreisbahn.

Die Überlagerung dieser Bewegungsarten führt zu einer Spiralbahn.

8.7.3 Fadenstrahlrohr

Mit einem Fadenstrahlrohr kann die Teilchenbahn im Magnetfeld sichtbar gemacht werden. Der Versuchsaufbau besteht aus folgenden Komponenten (**Bild 1**):

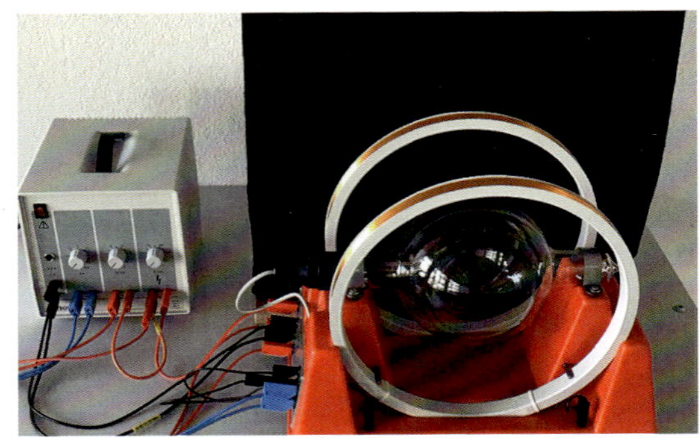

Bild 1: Fadenstrahlrohr

1. **Elektronenkanone:**

   Eine Glühkathode erzeugt bei anliegender Spannung freie Elektronen. Diese werden zur Anode hin beschleunigt und im negativ geladenen Wehnelt-Zylinder zu einem Elektronenstrahl gebündelt.

2. **Glaskolben:**

   Eine mit einem Leuchtgas (meist Wasserstoff) gefüllte und evakuierte Glasröhre. Durch die Wechselwirkung zwischen Elektronen und Wasserstoff-atomen wird die Teilchenbahn sichtbar.

3. **Helmholtz-Spulen:**

   Erzeugen ein homogenes Magnetfeld zwischen den Spulen.

Wird die Beschleunigungsspannung U_B eingeschaltet, so erkennt man einen geraden, blau leuchtenden Elektronenstrahl. Ohne Magnetfeld erfahren die Elektronen keine Ablenkung. Mit stärker werdendem Magnetfeld werden die Elektronen auf eine Kreisbahn gelenkt (**Bild 2**).

Die Lorentz-Kraft bringt die Zentripetalkraft auf:

$$F_L = F_Z$$

$$q \cdot v \cdot B = \frac{m \cdot v^2}{r} \qquad (1)$$

Da es sich hier um Elektronen handelt, kann für $q$die Elementarladung e eingesetzt werden.

$$e \cdot v \cdot B = \frac{m \cdot v^2}{r}$$

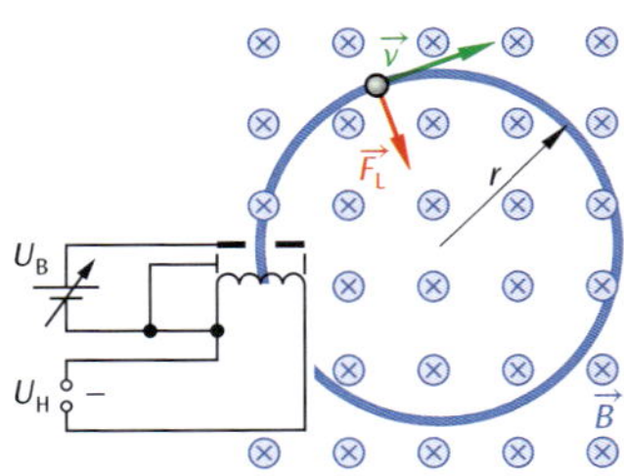

Bild 2: Fadenstrahlrohr schematisch

Bestimmung der spezifischen Ladung $\frac{e}{m}$ von Elektronen

Das Fadenstrahlrohr wird häufig dazu genutzt um die spezifische Ladung von Teilchen, hier Elektronen, experimentell zu ermitteln.

Der Radius r und die magnetische Flussdichte B können experimentell ermittelt werden. Bei der magnetischen Flussdichte bietet sich eine Messung mit einer Hall-Sonde oder mit der App *phyphox* an.

Die Geschwindigkeit der Elektronen gibt die Beschleu-nigungsspannung U_B vor. Nach dem Energieerhaltungssatz folgt für die Geschwindigkeit:

$$e = U_B = \frac{1}{2} \cdot m \cdot v^2$$

$$v = \sqrt{2 \cdot U_B \cdot \frac{e}{m}} \qquad (2)$$

Stellt man (1) nach $\frac{e}{m}$ um und setzt (2) ein, dann erhält man:

$$\frac{e}{m} = \frac{2 \cdot U_B}{B^2 \cdot r^2}$$

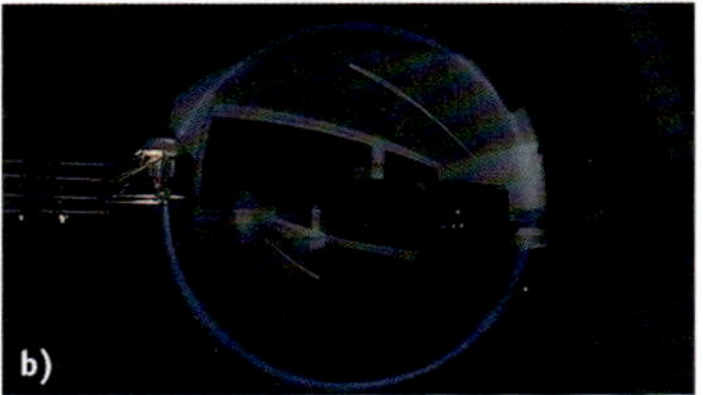

Bild 3: Elektronenbahn a) ohne und b) mit Magnetfeld

8.7.4 Geschwindigkeitsfilter

Eine Elektronenkanone liefert meist Elektronen mit unterschiedlichen Geschwindigkeiten. Um Elektronen oder auch andere Teilchen mit einer bestimmten und gleichen Geschwindigkeit zu bekommen, wird der sogenannte Wien'sche Geschwindigkeitsfilter benutzt.

Eine Kombination aus einem elektrischen und einem magnetischen Feld, sorgt dafür, dass nur Teilchen mit einer bestimmten Geschwindigkeit den „Filter" passieren können. Dabei müssen die Magnetfeldlinien senkrecht zu den elektrischen Feldlinien stehen.

Auf das in **Bild 1** positive Teilchen wirkt dann die elektrische Kraft $\vec{F}_{el}$ nach unten und die Lorentzkraft $\vec{F}_L$ nach oben. Für einen Durchgang ohne Ablenkung muss ein Kräftegleichgewicht herrschen:

$$F_{el} = F_L$$
$$q \cdot E = q \cdot v \cdot B$$
$$v = \frac{E}{B}$$

Der Quotient $\frac{E}{B}$ ist unabhängig von Ladung und Masse und kann somit bei beliebigen Teilchen eingesetzt werden. Ist die Lorentz-Kraft größer als die elektrische Kraft, dann wird das positiv geladene Teilchen nach oben abgelenkt und umgekehrt.

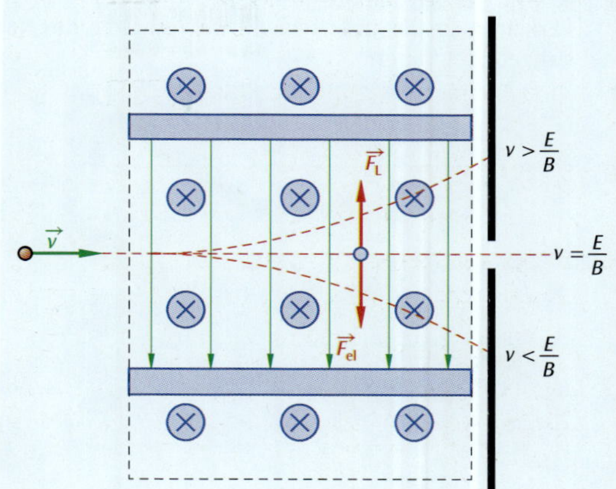

Bild 1: Wien'scher Geschwindigkeitsfilter

8.7.5 Massenspektrometer

Mit einem Massenspektrometer kann die Masse oder spezifische Ladung von Atomen oder Molekülen bestimmt werden. Hierzu wird die Tatsache genutzt, dass geladene Teilchen im Magnetfeld auf eine Kreisbahn abgelenkt werden. Die spezifische Ladung ist dabei abhängig vom Radius.

Spezifische Ladung:

$$\frac{q}{m} = \frac{v}{r \cdot B}$$

Masse:

$$m = \frac{q \cdot r \cdot B}{v}$$

Je größer die Masse, desto größer ist auch der Radius der Kreisbahn, auf der sich die Teilchen bewegen. Eine Teilchen mit kleinerer Masse fliegt auf einer Kreisbahn mit kleinerem Radius. Die Geschwindigkeit der Teilchen sollte dafür bekannt sein. Hierfür wird oft der Wiensche Geschwindigkeitsfilter vorgeschaltet.

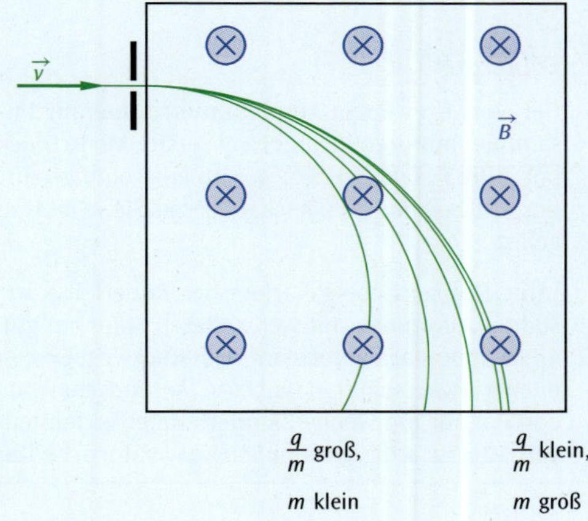

Bild 2: Massenspektrometer

8.8 Aufgaben zum magnetischen Feld

8.8.1 Aufgaben zum Permanentmagnetismus

1. **Nagel**

   Erklären Sie das unterschiedliche Verhalten des Nagels in **Bild 1**, wenn man sich mit dem Stabmagneten wie abgebildet nähert.

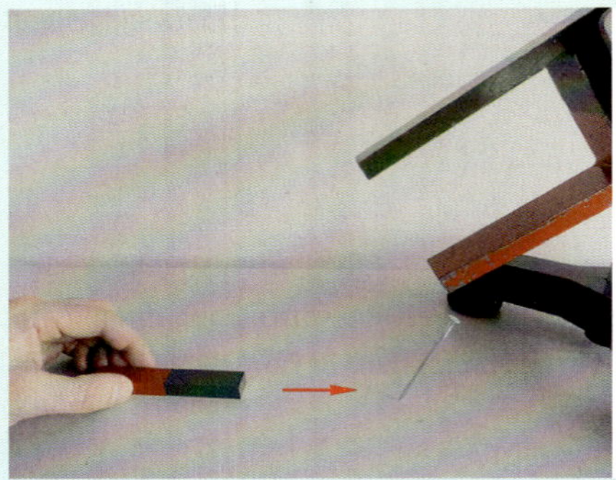
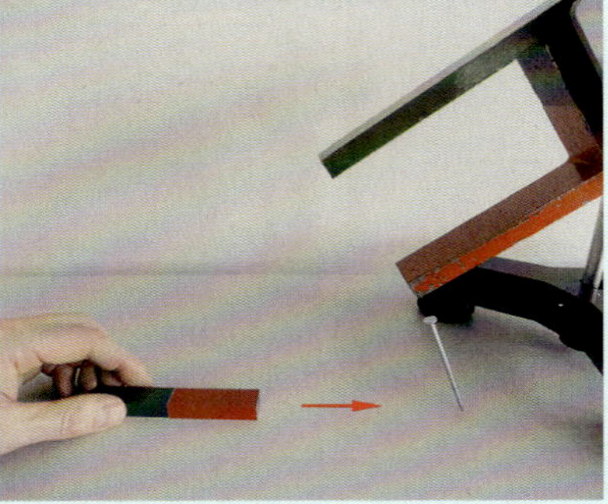

Bild 1: Zu Aufgabe 1

2. **Magnetische Feldlinien**

   Zwei Stabmagnete werden wie **Bild 2a** und **b** nebeneinander gelegt. Zeichnen Sie jeweils ein Feldlinienbild.

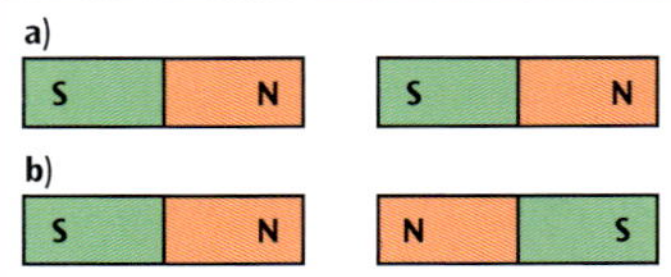

Bild 2: Zu Aufgabe 2

3. **Erdmagnetfeld**

   Der Norweger Roald Amundsen erreichte am 14. Dezember 1911 zusammen mit drei Begleitern als erster Mensch den geografischen Südpol (**Bild 3**). Erklären Sie, warum ein Kompass zur Ermittlung der Position ungeeignet war. Recherchieren Sie, wie Amundsen das Problem gelöst hat.

   Info: Der britische Polarforscher Robert Falcon Scott erreichte den Südpol zusammen mit vier weiteren Männern gut vier Wochen später, die Gruppe starb jedoch auf dem Rückweg. Eine Auswertung der Tagebücher ergab später, dass beide (Amundsens und Scotts) Expeditionen den Pol nur um wenige hundert Meter verfehlten – eine für damalige Verhältnisse außergewöhnliche navigatorische Leistung!

Bild 3: Amundsen, Hanssen, Hassel und Wisting 1911 am Südpol

8.8.2 Aufgaben zum Elektromagnetismus

1. **Blackbox**

   Was verbirgt sich im blau gefärbten Bereich in **Bild 4**? Halten Sie Ihre Überlegungen in Stichpunkten fest.

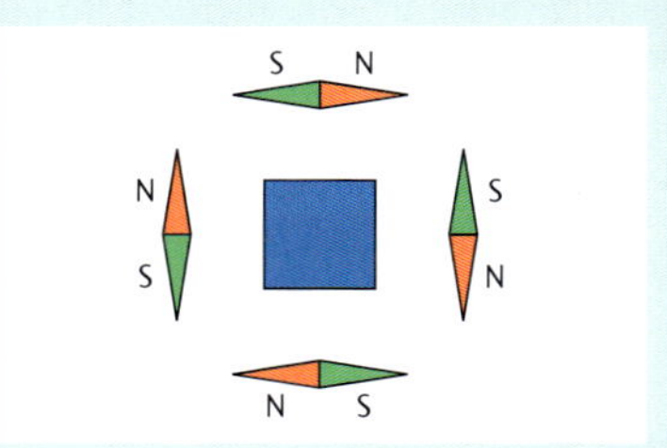

Bild 4: Zu Aufgabe 1

2. **Oersted-Versuch**

   Welchen fachlichen Fehler enthält die Illustration des Oersted-Versuchs gemäß **Bild 1**? Begründung!

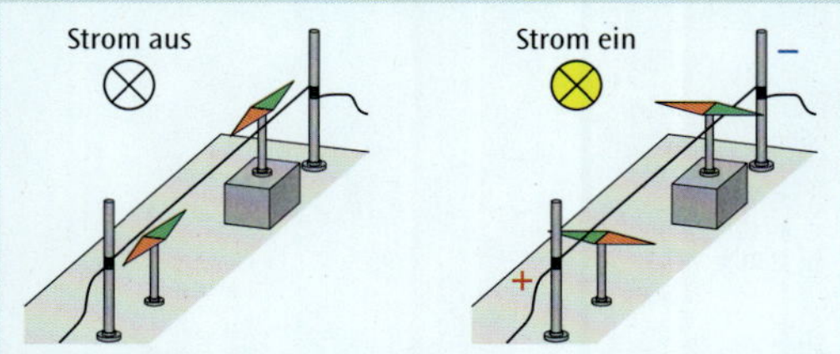

Bild 1: Zu Aufgabe 2

Bild 2: Zu Aufgabe 3

3. **Spule als Magnet**

   Wohin zeigen die Kompasse an den Positionen A, B und C, wenn der Schalter in **Bild 2** geschlossen wird? Begründen Sie Ihre Antwort.

4. **Modell eines Dreheiseninstruments**

   Zwei nicht magnetische Eisenstäbe werden in eine Spule gelegt (**Bild 3**).

   (a) Begründen Sie, was beim Schließen des Schalters passieren wird. Welchen Einfluss hat die Polung der Spannungsquelle?

   (b) Beschreiben Sie, wie sich der Versuch zur Messung von Stromstärken nutzen lässt.

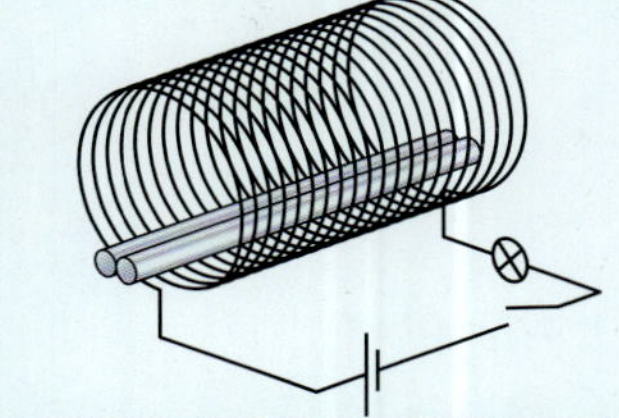

Bild 3: Zu Aufgabe 4

8.8.3 Aufgaben zur Kraft auf einen stromdurchflossenen Leiter

1. Erklären Sie, wie es in **Bild 3** auf S. 246 zur gegenseitigen Anziehung beider Leiter kommt.
2. **Bild 4** zeigt eine sehr elastische Schraubenfeder, deren unteres Ende in eine leitende Salzlösung eintaucht. Am oberen Ende der Feder und in der Salzlösung befindet sich je eine Stromzuführung.

   Erklären Sie, was beim Schließen des Schalters passieren wird.

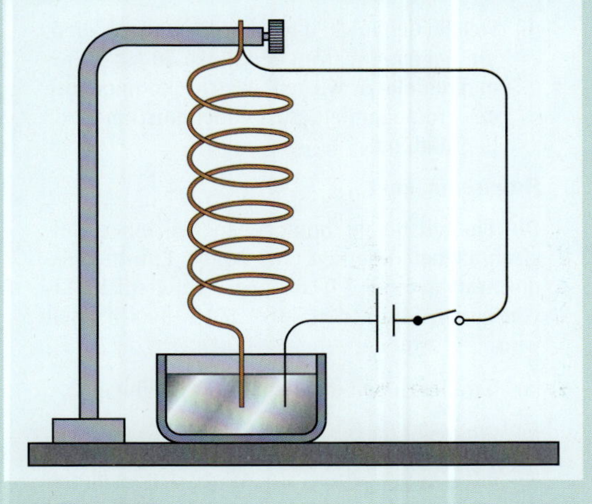

Bild 4: Zu Aufgabe 2

8.8.4 Aufgaben zur magnetischen Flussdichte

1. **Stromwaage analog**

   Bild 1 zeigt schematisch eine Stromwaage, bei der der Strom mit einem Kraftmesser durch Kompensationsmessung gewogen wird. Der Spulenstrom wird dabei konstant gehalten.

   (a) Begründen Sie die Polungen der beiden Spannungsquellen in **Bild 1**.

   (b) Beschreiben Sie ein Experiment, mit dessen Hilfe Sie die in **Bild 2** gezeigten Diagramme aufnehmen könnten.

   (c) Ermitteln Sie die magnetische Flussdichte der verwendeten Spule.

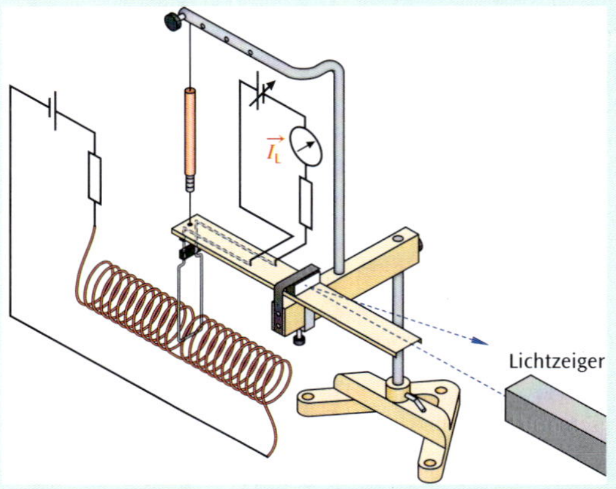

Bild 1: Zu Aufgabe 1

Bild 2: Messergebnisse zu Bild 1

2. **Stromwaage digital**

   Bild 3 zeigt den Ausschnitt einer Stromwaage, bei der 10 A durch den Drahtrahmen fließen.

   (a) Begründen Sie die Polung der Anschlüsse (Lötstellen) und berechnen Sie die Flussdichte im Inneren des Hufeisenmagneten.

   (b) Welche Genauigkeit müsste die Waage haben, um bei einem Strom der Stärke 20 A das Erdmagnetfeld zu wiegen? Welche Komponente des Erdmagnetfeldes ist dabei entscheidend? Begründung!

3. **Hufeisenmagnet**

   Die Flussdichte im homogenen Teil eines Hufeisenmagneten beträgt etwa 20 mT. Ermitteln Sie die Kraft auf ein 3,0 cm langes Leiterstück, das von einem Strom der Stärke 5,0 A durchflossen wird, und zwar

   (a) parallel zu den magnetischen Feldlinien,

   (b) senkrecht dazu,

   (c) unter einem Winkel von 45° zu den Feldlinien.

Bild 3: Zu Aufgabe 2

4. **Leiterschaukel**

   (a) Das senkrecht zu den Feldlinien eines Hufeisenmagneten (20 mT) vom Strom der Stärke 5,0 A durchflossene Leiterstück (Länge 3,0 cm) einer Leiterschaukel wiegt ca. 20 g. Die Stromzuführungen sind jeweils 50cm lang und über Isolatoren an einem Stativ befestigt (vgl. auch **Bild 1** auf S. 245). Berechnen Sie, welche seitliche Auslenkung Sie erwarten (Kleinwinkelnäherung!).

   (b) Nennen Sie zwei Gründe, warum diese Auslenkung im Experiment so nicht beobachtbar sein wird.

5. **Der rollende Stab** (physikalische Modellbildung)

   Bild 1 zeigt einen Hufeisenmagneten (20 mT) mit den Abmessungen 100 × 80 × 20 ($B \times H \times T$, jeweils mm) und 20 mm Wandstärke. Auf das Leitergerippe wird ein 10 cm langes Aluminiumstäbchen (∅ = 4,0 mm) gelegt.

   (a) Erklären Sie, was beim Schließen des Schalters passieren wird.

   (b) Der Stab wird an den linken Rand gelegt. Welche Geschwindigkeit erreicht er maximal beim Verlassen des Magnetfeldes, wenn die Spannungsquelle 10 V liefert?

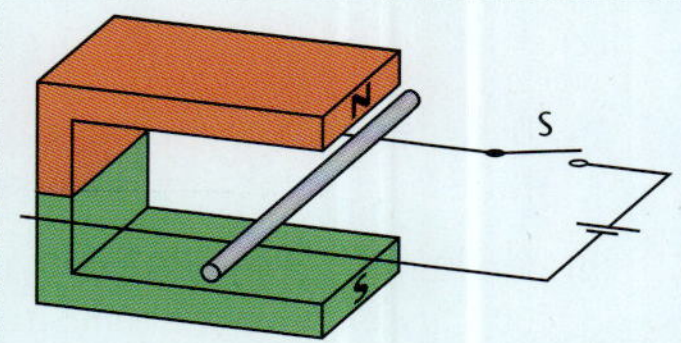

Bild 1: Zu Aufgabe 5

6. **Elektromotorisches Prinzip**

   Bild 2 zeigt eine Spule mit fünf Windungen, die sich im Feld eines Permanentmagneten mit der Flussdichte 0,50 T frei drehen kann. Durch die Spule fließt ein Strom der Stärke 12 A.

   (a) Begründen Sie, in welche Richtung die Spule sich dreht.

   (b) Berechnen Sie das auf die Spule wirkende Drehmoment.

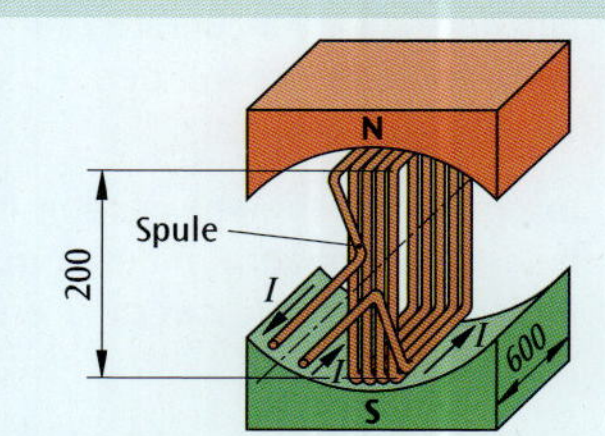

Bild 2: Prinzip des Elektromotors (zu Aufgabe 6)

8.8.5 Aufgaben zur Flussdichte von Spulen

1. **Windungsdichte**

   (a) Die Windungsdichte einer langen Spule beträgt 0,20 cm^{-1}. Geben Sie zwei mögliche technische Realisierungen an.

   (b) Berechnen Sie die Windungsdichte (in m^{-1}) einer 600 mm lange Spule mit 300 Windungen.

2. **Flussdichte als Vektor**

   Über eine 60cm lange Papppröhre (∅ = 10 cm) sind zwei voneinander isolierte Drähte gewickelt. Sie werden jeweils von einem Strom der Stärke 100 mA durchflossen.

   (a) Wie viel Meter Draht sind nötig, wenn die Windungsdichte jeder Spule 2,0 mm^{-1} betragen soll?

   (b) Wenn die Spulen gegensinnig vom Strom durchflossen werden, zeigt eine Hall-Sonde in Spulenmitte den Wert null an. Inwiefern ist dies ein Beleg für den Vektorcharakter der magnetischen Flussdichte?

   (c) Harald behauptet, dass es für den Ausgang dieses Experiments unerheblich ist, ob die Spulen in Reihe oder parallel geschaltet sind, solange sie eben gegensinnig vom Strom durchflossen werden. Was meinen Sie?

   (d) Berechnen Sie die maximal erreichbare Flussdichte bei der angegebenen Stromstärke.

   (e) In die Papppröhre wird nun ein Eisenkern mit $\mu_r = 1000$ gelegt, aber mit der Hall-Sonde das Magnetfeld am Spulenende bei doppelter Stromstärke gemessen.

   Petra behauptet, dass die Hall-Sonde nun den 1000-fachen Wert im Vergleich zur Situation in der vorhergehenden Teilaufgabe anzeigen müsste. Nehmen Sie begründet Stellung zu dieser Behauptung.

3. **Magnetfeld eines geraden Leiters**

In einer Formelsammlung für technische Studiengänge findet sich der folgende Eintrag:

„Das Magnetfeld eines geraden stromdurchflossenen Leiters hat die Form konzentrischer Kreise um den Leiter sowie im Abstand r vom Leiter den Betrag $B = \frac{\mu_0}{2\pi} \cdot \frac{I}{r}$, wenn I die Stromstärke durch den Leiter ist."

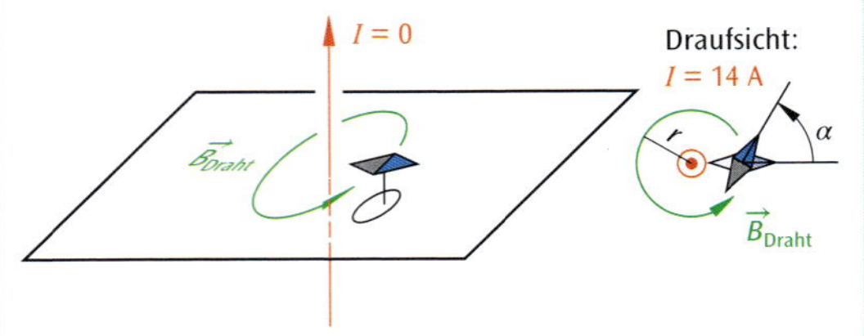

Bild 1: Zu Aufgabe 3

(a) Beschreiben Sie ein Experiment, mit dessen Hilfe Sie den Inhalt des Eintrags in der Formelsammlung bestätigen könnten.

(b) Ein Kompass im Abstand 10 cm vom Draht, der ohne Stromfluss nach rechts zeigte (**Bild 1** links), wird um 60° ausgelenkt, wenn ein Strom der Stärke 14 A durch den Draht fließt (**Bild 1** rechts). Berechnen Sie daraus die Stärke des Erdmagnetfeldes, wenn die Inklination 70° beträgt.

4. **Helmholtz-Spulen**

Ein Hersteller von Geräten für physikalische Experimente hat Helmholtz-Spulenpaare mit den technischen Daten gemäß nebenstehender Tabelle im Sortiment.

Paar 1	**Paar 2**
∅ = 400 mm	∅ = 30 cm
154 Wdg. pro Spule	130 Wdg. pro Spule
max. 5 A	max. 2 A

In einem Experiment werden mit einer Hall-Sonde die Magnetfelder beider Spulenpaare in deren Innerem abhängig vom Spulenstrom gemessen und die Messwerte in ein gemeinsames Diagramm eingetragen (**Bild 2**).

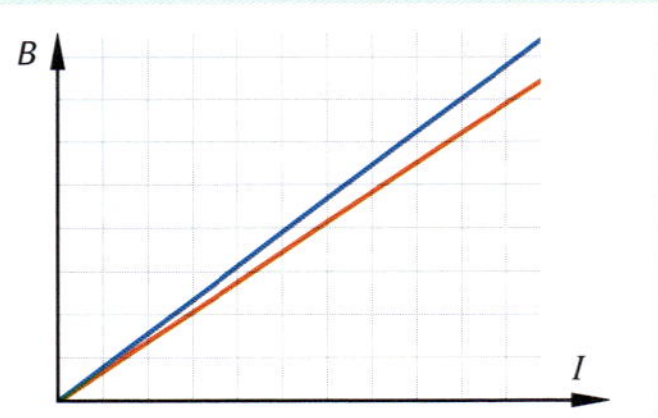

Bild 2: Zu Aufgabe 4

(a) Begründen Sie, welche Linie in **Bild 2** zu welchem Spulenpaar gehört, und ermitteln Sie Werte für je ein Skalenteil (Skt) auf **beiden** Achsen.

(b) Bei zueinander senkrechter Stellung beider Spulenachsen lässt sich das Erdmagnetfeld im Zwischenraum zwischen den Spulen ausschalten. Ermitteln Sie die erforderlichen Stromstärken, wenn das Erdmagnetfeld eine Stärke von 48 μT bei einer Inklination von 70° hat.

8.8.6 Aufgaben zu Teilchenbewegung im Magnetfeld

1. **Teilchen im Magnetfeld**

Übertragen Sie folgende Skizzen in Ihr Heft. Zeichnen Sie die Lorentz-Kraft und die zu erwartende Flugbahn der Teilchen ein.

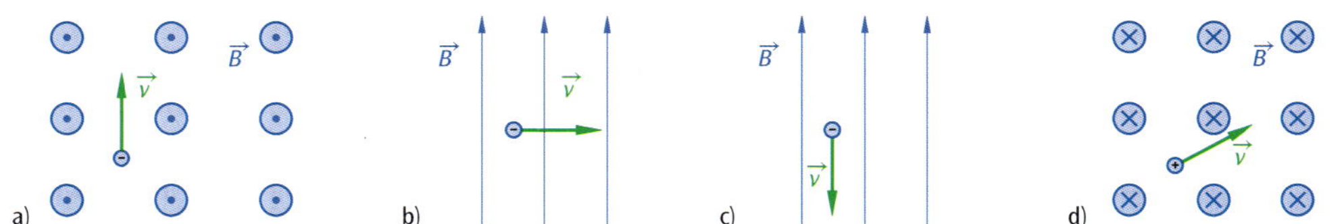

Bild 3: Zu Aufgabe 1

2. **Lorentz-Kraft**

Ein Elektron fliegt mit einer Geschwindigkeit $v = 3500\,\frac{\text{km}}{\text{s}}$ senkrecht zu den magnetischen Feldlinien ($B = 250\,\text{mT}$).

(a) Berechnen Sie die Beschleunigungsspannung U_B, welche an den Platten vorher anliegen muss, damit das Elektron am Ende diese Geschwindigkeit hat.

(b) Fertigen Sie eine Skizze an und zeichnen Sie die Lorentz-Kraft ein.

(c) Berechnen Sie die Lorentz-Kraft.

3. **Spezifische Ladung eines Elektrons**

Das Experiment mit dem Fadenstrahlrohr liefert folgende Messwerte: $r = 4{,}75$ cm, $B = 1{,}12$ mT, $U_B = 250$ V

(a) Bestimmen Sie damit die spezifische Ladung $\frac{e}{m}$ eines Elektrons.

(b) Berechnen Sie die Abweichung vom Literaturwert.

4. **Fadenstrahlrohr**

In einem Fadenstrahlrohr werden Elektronen erzeugt ($v_0 \approx 0$), anschließend in einem elektrischen Längsfeld beschleunigt und danach in einem Magnetfeld auf eine Kreisbahn gelenkt.

(a) Erklären Sie warum der Betrag der Elektronengeschwindigkeit im elektrischen Feld zunimmt und im Magnetfeld gleich bleibt.

(b) Wie groß ist die Geschwindigkeit nach Durchlaufen einer Beschleunigungsspannung von $U_B = 150$ V.

(c) Leiten Sie eine Formel für den Radius der Kreisbahn im Magnetfeld her.

(d) Berechnen Sie den Radius, wenn das Magnetfeld der Helmholtz-Spulen 0,5 mT beträgt.

5. **Geschwindigkeitsfilter**

(a) Skizzieren und erklären Sie den Aufbau eines Geschwindigkeitsfilters.

(b) Zeigen Sie, dass nur Teilchen, deren Geschwindigkeit durch $v = \frac{E}{B}$ berechnet wird, ohne Ablenkung durch den Filter fliegen können.

(c) Die magnetische Flussdichte beträgt 90 mT. Welche elektrische Feldstärke benötigt man um nur Teilchen mit einer Geschwindigkeit von 800 $\frac{\text{m}}{\text{s}}$ herauszufiltern?

(d) Kann der von Ihnen gezeichnete Geschwindigkeitsfilter, sowohl für negative als auch für positive Teilchen verwendet werden? Begründen Sie.

6. **Massenspektrometer**

In der Abbildung ist die Anordnung eines Massenspektrometers zu sehen. Damit sollen Kupfer-Isotope mit den beiden Massen m_1 und m_2 getrennt werden. Zuvor werden die Kupferatome einfach ionisiert und durchlaufen anschließend einen Geschwindigkeitsfilter.

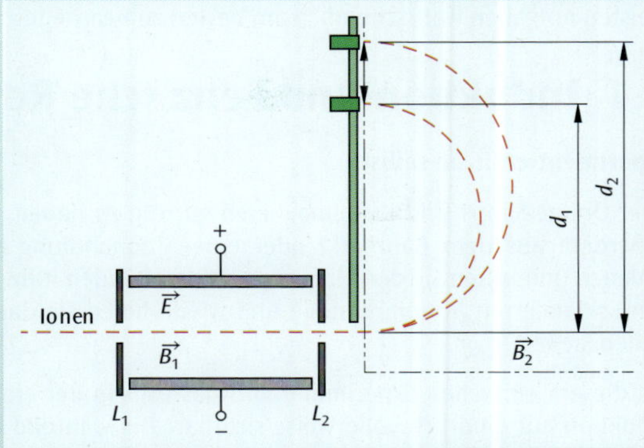

Bild 1: Zu Aufgabe 6

(a) Wie müssen elektrische und magnetische Feldlinien ($\vec{E}$, $\vec{B}_1$) im Geschwindigkeitsfilter verlaufen, damit die Ionen keine Ablenkung erfahren?

(b) Fertigen Sie eine Kräfteskizze für ein Kupfer-Ion im Geschwindigkeitsfilter an.

(c) Die elektrische Feldstärke im Kondensator beträgt 3 $\frac{\text{kV}}{\text{m}}$. Wie groß muss die magnetische Flussdichte sein, damit nur Ionen mit der Geschwindigkeit $v = 60$ $\frac{\text{km}}{\text{s}}$ die Blende L_2 passieren können?

(d) Wie muss das Magnetfeld $\vec{B}_2$ nach dem Geschwindigkeitsfilter verlaufen, damit sich die Ionen auf der eingezeichneten Bahn bewegen?

(e) Die magnetische Flussdichte beträgt $B_2 = 0{,}783$ T. Die Kreisdurchmesser betragen $d_1 = 10$ cm und $d_2 = 10{,}3$ cm. Berechnen Sie die Massen m_1 und m_2 der beiden Kupfer-Isotope.

9 Elektromagnetische Induktion

Das Themengebiet elektromagnetische Induktion ist zwar sehr spannend und besitzt zahlreiche interessante Anwendungen, aber doch relativ komplex und mathematisch anspruchsvoller als das, was Sie bereits kennen. Daher sind die meisten Aufgaben wahrscheinlich am besten zu bearbeiten, nachdem Sie das gesamte Kapitel durchgearbeitet haben.

9.1 Induktion und Lenz'sche Regel

Experimentieren Sie selbst!

Über Online-Shops sind Kugelmagneten günstig zu haben. Besorgen Sie sich außerdem aus dem Baumarkt oder einer Zoohandlung etwa 1 m Plastikschlauch und lassen Sie den Magneten hindurch fallen (**Bild 1**). Umwickeln Sie den Schlauch mit Aluminiumfolie und wiederholen Sie das Experiment. Was stellen Sie fest?

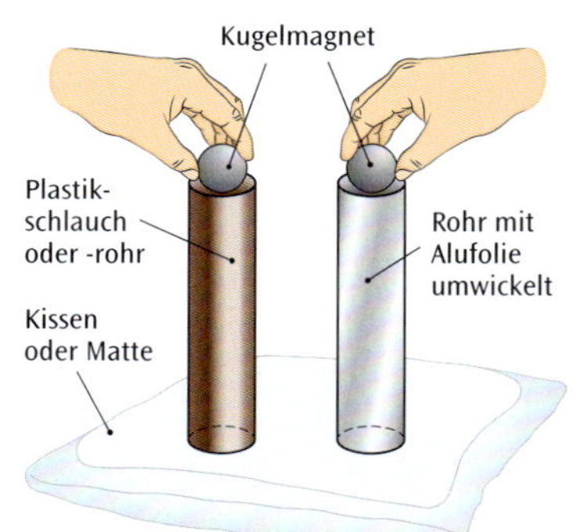

Bild 1: Ein Neodym-Kugelmagnet fällt durch einen Plastikschlauch (die Matte dient als Puffer) – wenn der Schlauch mit Alufolie umwickelt wird, fällt der Magnet langsamer!

Mit diesem einfachen Experiment wird das Prinzip der elektromagnetischen Induktion auf eindrucksvolle Weise sichtbar: Die während der Fallbewegung in der Alufolie induzierten Wirbelströme bremsen den Magneten ab. Was sich im Detail abspielt, lernen Sie auf den folgenden Seiten.

Induktion im ruhenden Leiter

Im Jahr 1831 machte der englische Physiker Michael Faraday eine interessante Entdeckung: Er umwickelte einen Eisenring mit zwei voneinander isolierten Drähten. Wenn nun durch die eine Spule Strom geschickt wurde, dann hatte das einen kurzen Stromstoß in der anderen Spule zur Folge – obwohl zwischen den beiden Spulen keine elektrisch leitende Verbindung bestand (**Bild 1**, folgende Seite)! Der induzierte Strom[1] floss nur kurzzeitig, wenn der Schalter geöffnet oder geschlossen wurde.

[1] lat. inducere, hineinführen

Heute wird diese Entdeckung Faradays als Induktion im ruhenden Leiter bezeichnet, Faradays Versuchsanordnung findet im Transformator (kurz: Trafo) technische Verwendung.

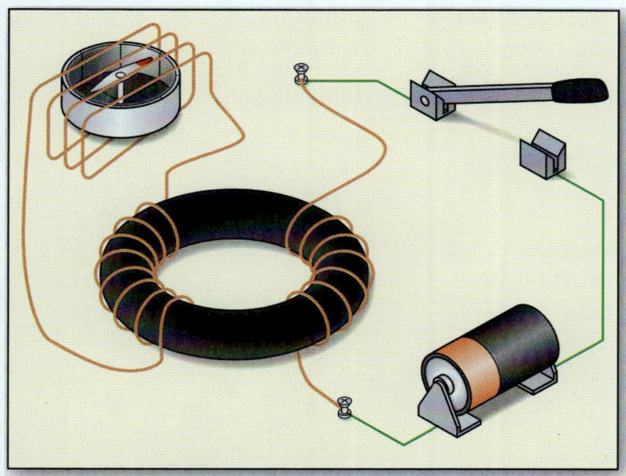

Bild 1: Induktion im ruhenden Leiter (Faraday-Experiment): Beim Schließen des Schalters schlägt der Kompass kurzzeitig in die eine, beim Öffnen kurzzeitig in die andere Richtung aus. Ersetzt man den Schalter durch eine Wechselspannungsquelle, erhält man einen Transformator.

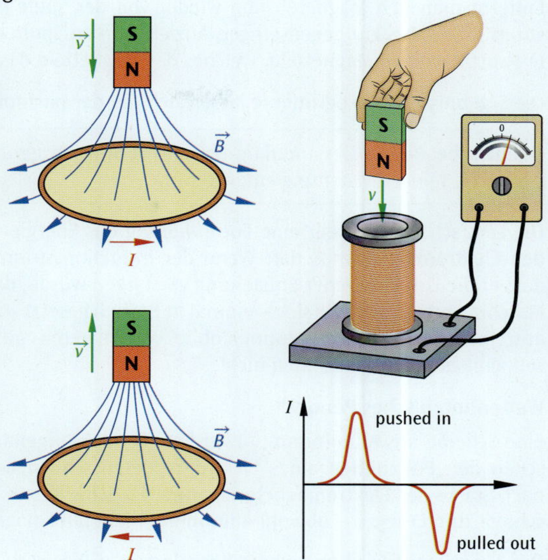

Bild 2: Induktion im bewegten Leiter: Nur während der Stabmagnet relativ zur Spule bewegt wird, wird Spannung induziert.

Induktion im bewegten Leiter

Faraday experimentierte weiter mit bewegten Magneten und Spulen. Er fand heraus, dass Strom durch einen Ring floss, wenn er sich dem Ring mit einem Magneten näherte oder wenn er den Magneten wieder entfernte (**Bild 2**). Diese Erscheinung heißt Induktion im bewegten Leiter und fand schnell Anwendung in Dynamos, den Vorläufern moderner Generatoren.

Faraday'sches Induktionsgesetz

Um seine Ergebnisse zu quantifizieren, führte Faraday eine neue physikalische Größe ein: den magnetischen Fluss (vgl. Abschnitt 9.2). Damit ist die Anzahl der Feldlinien gemeint, die eine Schleife (oder einen Spulenquerschnitt) senkrecht durchsetzen: Da die blauen Linien in **Bild 2** sich an den Polen des Stabmagneten verdichten, durchsetzen bei Annäherung immer mehr Feldlinien die Spule. Entsprechend nimmt beim Wegziehen des Magneten die Anzahl der die Fläche durchsetzenden Feldlinien ab – beides hat eine Induktionsspannung zur Folge![1)]

> **Faraday'sches Induktionsgesetz:** Zur Induktion kommt es immer dann, wenn der magnetische Fluss sich **ändert**.

Regel von Lenz

Auskunft über die Polung der Induktionsspannung gibt die Regel von Lenz[2)], die mit einem einfachen Experiment veranschaulicht werden kann (**Bild 3**):

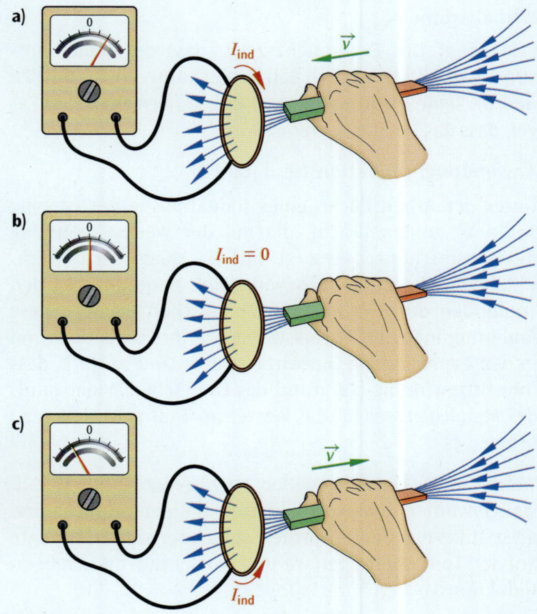

Bild 3: Freihandversuch zur Demonstration der Lenz'schen Regel (Erläuterungen im Text)

Führt man den Nordpol eines Stabmagneten in Richtung einer Spule (**Bild 3a**), dann fließt der Induktionsstrom so, dass es zur Abstoßung von Spule und bewegtem Magneten kommt (I_{ind} erzeugt gemäß Rechte-Faust-Regel ein Gegenmagnetfeld).

---

1) Faraday bezeichnete sie als elektromotorische Kraft, kurz EMF (engl. electromotive force).

2) Emil Lenz (1804 bis 1865), deutsch-baltischer Physiker

Der Induktionsstrom erlischt ($I_{ind} = 0$), wenn der Magnet sich nicht mehr bewegt (**Bild 3b** auf der vorigen Seite).

Entfernt man den Magneten nun wieder von der Spule (**Bild 3c** auf der vorigen Seite), dann fließt der Induktionsstrom so, dass es zur gegenseitigen Anziehung von Spule und bewegtem Magneten kommt (I_{ind} erzeugt gemäß Rechte-Faust-Regel ein Magnetfeld, welches das Magnetfeld des Stabmagneten aufrecht zu erhalten versucht).

Die Ergebnisse der Experimente lassen sich mit der nachfolgenden Formulierung zusammenfassen.

Lenz'sche Regel: Der Induktionsstrom ist stets so gerichtet, dass er der Ursache seiner Entstehung entgegenwirkt.

Die Lenz'sche Regel stellt eine Formulierung des Energieerhaltungssatzes für den Elektromagnetismus dar: Wenn der Induktionsstrom so gerichtet wäre, dass er die Ursache seiner Entstehung verstärken würde, dann hätte man eine Maschine erschaffen, die sich – einmal in Betrieb gesetzt – immer weiter selbst antreibt, kurzum ein Perpetuum Mobile. Wie Sie bereits aus der Mechanik wissen, gibt es solche Maschinen nicht!

Waltenhofen'sches Pendel[1)]

Eine Scheibe aus Aluminium (①) wird als Pendel aufgehängt, so dass es zwischen den Polschuhen eines Elektromagneten schwingen kann (**Bild 1**). Je nach Stärke des Elektromagneten kommt die Schwingung mehr oder weniger schnell zum Erliegen – obwohl Aluminium nicht ferromagnetisch ist!

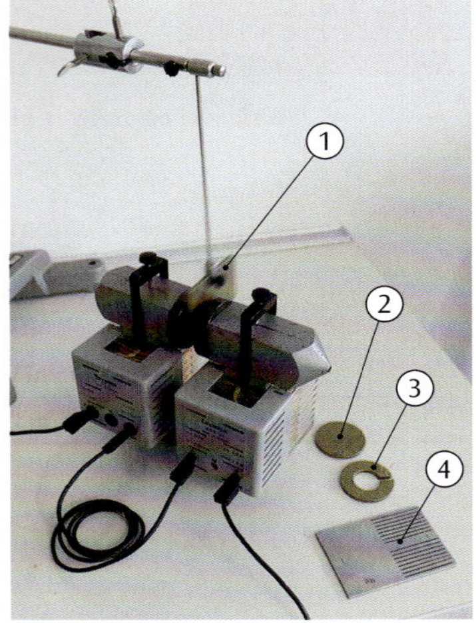

Bild 1: Waltenhofen'sches Pendel

Das Experiment wird mit einem geschlossenen Ring (②), einem geschlitzten Ring (③) und einem Kamm (④) anstelle der Scheibe (①) wiederholt.

Beobachtung: Die Bremswirkung wird umso geringer, je „offener" das Metallplättchen ist..

Wirbelströme

Erklärung: Das Experiment zeigt, dass der Induktionsstrom wirbelförmig durch den Pendelkörper fließt (**Bild 2a** und **b**). Seine Richtung bewirkt wegen der Lenz'schen Regel, dass das Pendel gebremst wird.

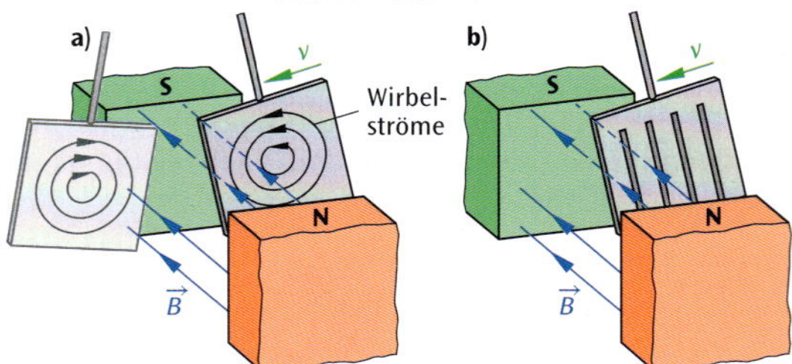

Bild 2: a) Wirbelströme in der geschlossenen Platte, b) der Kamm kann (fast) keine Wirbelströme ausbilden

Anwendung: Induktionsherd (Bild 3)

Unter der Arbeitsfläche eines Induktionsherdes ist eine Spule (①) untergebracht, die mit der Wechselspannung des Netzanschlusses versorgt wird. Das magnetische Wechselfeld (②) dieser Spule bewirkt eine Änderung des den Topfboden durchsetzenden magnetischen Flusses. Diese Änderung induziert Wirbelströme (③) im Topfboden (und in den Topfwänden). Die Wirbelströme sind so stark, dass ihre Hitzewirkung (aufgrund des Ohm'schen Widerstands des Metalls) ausreicht, das Wasser im Topf zum Sieden zu bringen (④).

Während bei konventionellen Kochherden dicke Metallstangen unter dem Kochfeld zum Glühen gebracht und diese Hitze erst durch Wärmeleitung über eine Eisenplatte auf den Topf übertragen werden muss, erwärmt sich beim Induktionskochen *nur der Topf*.

Vorteile:

- Der/die besorgte Hausmann/-frau muss keine Angst mehr haben, dass sein/ihr Kind sich die Finger am heißen Herd verbrennt. Das schont die Nerven.
- Eine hohe Energieausbeute (ca. 90 % gegenüber ca. 55 % beim konventionellen Elektroherd) schont den Geldbeutel.

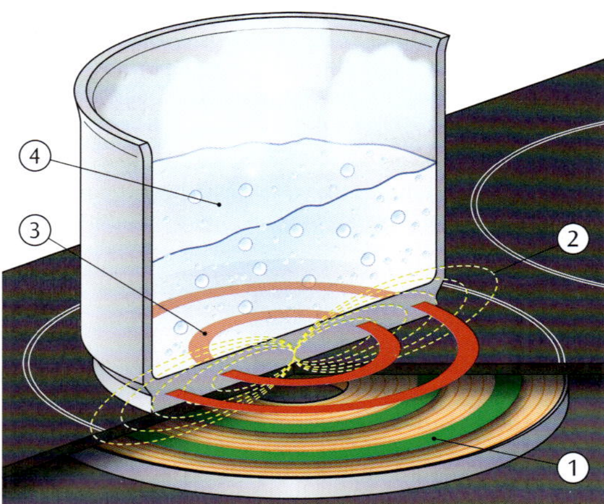

Bild 3: Induktionskochen: Im Topfboden induzierte Wirbelströme sorgen für heiße Speisen (Erläuterungen im Text).

[1)] Adalbert Carl von Waltenhofen (1828 bis 1914), österreichischer Physiker und Elektrotechniker

9.2 Magnetischer Fluss und Induktionsgesetz

Wie groß ist die Induktionsspannung?

Während sich der letzte Abschnitt **qualitativ** mit der Erscheinung „Induktion" befasste, stellen wir nun die Frage nach der **Quantität**.

Ursache des Induktionsstroms ist eine Spannung – die Induktionsspannung. Sie wird bekanntlich in Volt (V) gemessen. Wie die Volt-Zahl zustandekommt, zeigt eine Einheitenbetrachtung, die von der magnetischen Flussdichte als Vermittler der Induktionsspannung ausgeht (vgl. auch S. 245):

$$[B] = 1\,\mathrm{T} = 1\,\frac{\mathrm{N}}{\mathrm{Am}} = 1\,\frac{\mathrm{Nm}}{\mathrm{Am}^2} = 1\,\frac{\mathrm{J}}{\mathrm{Am}^2} = 1\,\frac{\mathrm{VAs}}{\mathrm{Am}^2} = 1\,\frac{\mathrm{Vs}}{\mathrm{m}^2}.$$

Wie kommt man von dieser Einheit auf eine Spannung? – Ganz einfach: Durch Multiplikation mit einer Fläche A (Einheit m^2) und Division durch eine Zeit(spanne) Δt (Einheit s). Dies lässt die folgende Interpretation zu (vgl. auch **Bild 1**):

$$U_{\text{ind}} = \begin{cases} \dfrac{\Delta B \cdot A}{\Delta t} & \text{bei Magnetfeldänderung} \\ \dfrac{B \cdot \Delta A}{\Delta t} & \text{bei Flächenänderung} \end{cases}$$

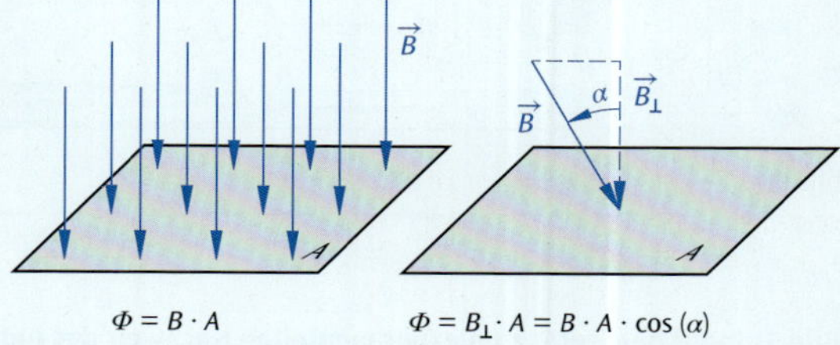

Bild 1: Der magnetische Fluss Φ misst die Anzahl der Feldlinien, die eine Fläche senkrecht durchsetzen

Magnetischer Fluss

Die Gleichung lässt sich kompakter schreiben, wenn man den magnetischen Fluss $\Phi = B_\perp \cdot A$ $\left(\text{Einheit } 1\,\frac{\mathrm{Vs}}{\mathrm{m}^2} \cdot 1\,\mathrm{m}^2 = 1\,\mathrm{Vs}\right)$ einführt (vgl. **Bild 1** auf voriger Seite). Man erhält dann die nachfolgende Berechnungsformel für die Induktionsspannung.

Faraday'sches Induktionsgesetz:[1)]

$$U_{\text{ind}} = \frac{\Delta\Phi}{\Delta t} = \begin{cases} \dfrac{\Delta B}{\Delta t} \cdot A & \text{bei Magnetfeldänderung (Bild 2a)} \\ B \cdot \dfrac{\Delta A}{\Delta t} & \text{bei Flächenänderung (Bild 2b)} \end{cases}$$

In Worten: „Die Induktionsspannung entlang eines geschlossenen Pfades ist identisch mit der **Änderung** des magnetischen Flusses $\Phi = B \cdot A$ durch die Fläche, die von diesem Pfad umschlossen wird."

Aus dem elektrischen Widerstand R des Pfades kann die Stärke des Induktionsstroms berechnet werden $\left(\text{über „Uri", d.h. } I_{\text{ind}} = \frac{U_{\text{ind}}}{R}\right)$.

a)

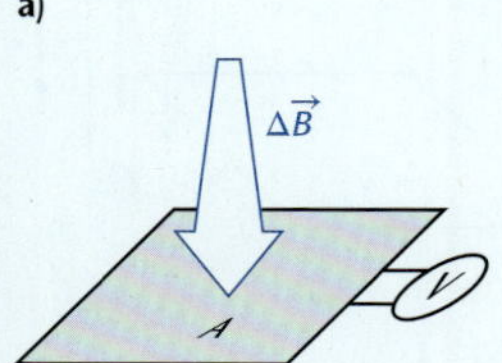

b)

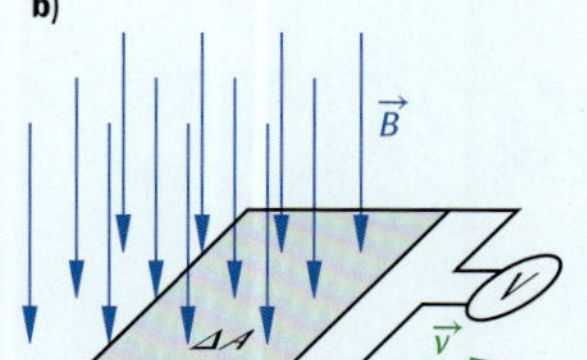

c)

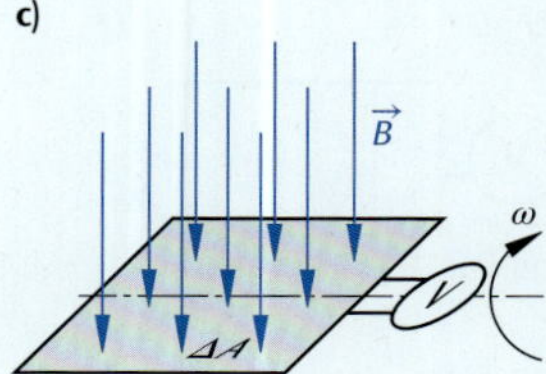

Bild 2: Ursache der Induktionsspannung ist stets eine Änderung des magnetischen Flusses $\Phi = B \cdot A$, realisiert durch a) Änderung des Magnetfeldes und/oder durch eine Änderung der Fläche, die vom Magnetfeld senkrecht durchsetzt wird (b und c). Das Symbol B steht hier also nicht wie in Abschnitt 5.4 für die $\underbrace{\text{magnetische Kraft}}_{F_{mag}}\underbrace{\text{fluss}}_{:I}\underbrace{\text{dichte}}_{:l}$, sondern sinnigerweise für die $\underbrace{\text{magnetische(r) Fluss}}_{\Phi}\underbrace{\text{dichte}}_{:A}$.

[1)] Auf das in der Formelsammlung und in der Literatur auftauchende Minuszeichen gehen wir erst ein, wenn es wirklich relevant wird, nämlich bei der Selbstinduktion (vgl. Abschnitt 6.5)!

9.2.1 Induktion im bewegten Leiter

Versuch mit dem Induktionsgerät

Eine Methode, das Induktionsgesetz in der Form $U_{\text{ind}} = B \cdot \frac{\Delta A}{\Delta t}$ quantitativ zu bestätigen, besteht in der Verwendung eines Schlittens, der mithilfe eines Motors aus dem Feld eines Permanentmagneten gezogen wird (**Bild 1**).

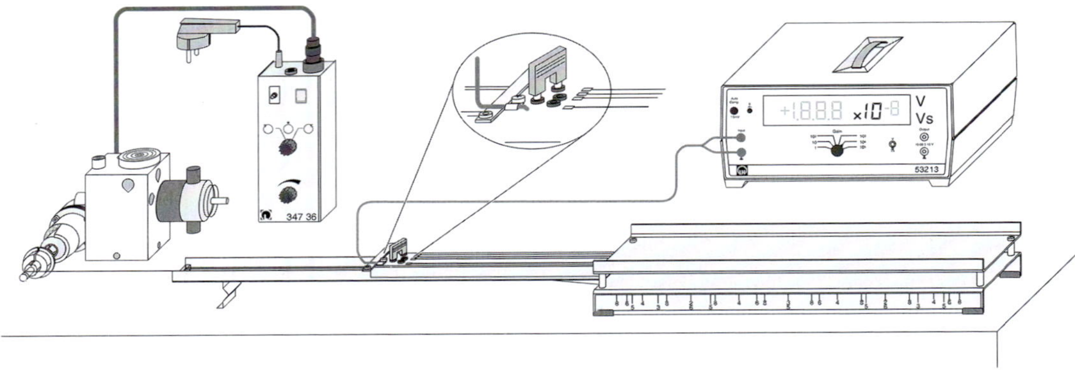

Bild 1: Induktionsgerät zum experimentellen Nachweis des Induktionsgesetzes: Während der Schlitten mithilfe eines Motors aus dem Magnetfeld zwischen den Eisenschienen gezogen wird, kann am Voltmeter eine Spannung abgelesen werden (weitere Informationen im Text).

Auf dem Schlitten befinden sich Leiterbahnen, die je nach Position der Anschlüsse an ein externes Voltmeter verschieden breite Flächen umschließen.

Das Magnetfeld wird von zylinderförmigen Permanentmagneten erzeugt, die zwei gegenüberliegende Eisenschienen aufmagnetisieren. Bei gleichmäßiger Verteilung der Magnete zwischen den Schienen entsteht so ein homogenes Magnetfeld, dessen Stärke über die Anzahl der Magnetpaare gesteuert und mit einer Hall-Sonde vermessen werden kann.

Theorie

Der magnetische Fluss, der die Fläche zwischen den Leiterbahnen durchsetzt, ist das Produkt $\Phi = B \cdot A$ aus magnetischer Flussdichte B und derjenigen Fläche A, die von den Feldlinien (senkrecht) durchsetzt wird. **Ohne** Bewegung des Schlittens findet keine Induktion statt, weil weder die magnetische Flussdichte $\vec{B}$ noch die vom Magnetfeld durchsetzte Fläche A sich ändern.

Während der Bewegung hingegen ändert sich die Fläche entsprechend der Geschwindigkeit, mit der der Schlitten aus dem Magnetfeld gezogen wird (**Bild 2**).

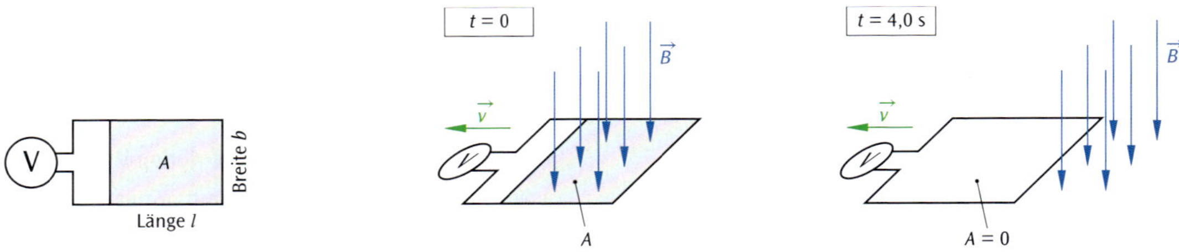

Bild 2: Versuch mit dem Induktionsgerät (schematisch). Die Bezeichnungen beziehen sich auf das im Text beschriebene Zahlenbeispiel.

Beispiel:

Die Leiterbahn mit der Breite 4,0 cm befindet sich zu Beginn des Versuchs mit der Länge 50 cm im Magnetfeld der Stärke 40 mT und wird innerhalb von 4,0 s vollständig aus dem Magnetfeld gezogen. Zu Beginn des Versuchs wird also die Fläche

$$A = l \cdot b = 0{,}50 \text{ m} \cdot 0{,}040 \text{ m} = 0{,}020 \text{ m}^2$$

(oder 200 cm²) vom Magnetfeld durchsetzt (vgl. auch **Bild 2** auf der vorigen Seite). Damit gilt für den magnetischen Fluss

$$\Phi = B \cdot A = \begin{cases} 40 \cdot 10^{-3} \dfrac{\text{Vs}}{\text{m}^2} \cdot 0{,}020 \text{ m}^2 \\ 40 \cdot 10^{-3} \dfrac{\text{Vs}}{\text{m}^2} \cdot 0 \text{ m}^2 \end{cases} = \begin{cases} 0{,}80 \text{ mVs} & \text{zu Beginn} \\ 0 \text{ mVs} & \text{nach 4 s} \end{cases}$$

Anschaulischer ist ein $\Phi(t)$-Diagramm (**Bild 1** oben), aus dem die Fluss**änderung** und damit die Induktionsspannung sofort abgelesen werden können (**Bild 1** unten):

$$U_{\text{ind}} = \frac{\Delta\Phi}{\Delta t} = \frac{0{,}80 \text{ mV} \cdot \text{s}}{4{,}0 \text{ s}} = 0{,}20 \text{ mV (Betrag)}.$$

Die Polung der Spannung ergibt sich aus der Lenz'schen Regel (vgl. Aufg. 3 auf S. 283).

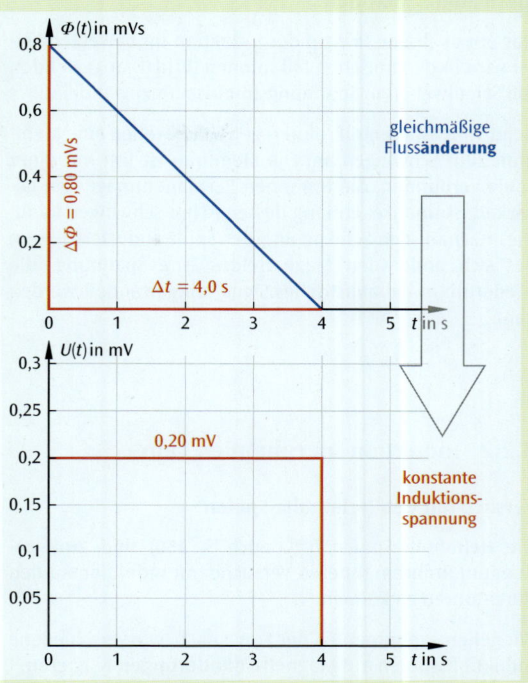

Bild 1: Zusammenhang zwischen magnetischem Fluss Φ und dem Betrag der Induktionsspannung U_{ind}

Experiment

Im Experiment wird natürlich nicht die Flächen**änderung** gemessen, sondern die Geschwindigkeit $\vec{v}$ des Schlittens bei konstanter Drehzahl des Antriebsmotors. Dann gilt für den magnetischen Fluss

$$\Phi = \Phi(t) = B \cdot A(t) = B \cdot \underbrace{l(t) \cdot b}_{A \text{ in } \textbf{Bild 2} \text{ auf der vorigen Seite}}$$

und damit für die Induktionsspannung (Fluss**änderung**)

$$U_{\text{ind}} = \frac{\Delta\Phi}{\Delta t} = \frac{\Delta(B \cdot l(t) \cdot b)}{\Delta t} = B \cdot b \cdot \frac{\Delta l}{\Delta t} = B \cdot b \cdot v.$$

Zu zeigen sind also im Experiment die **Proportionalitäten**

$U_{\text{ind}} \sim B \rightsquigarrow$ Variation der magnetischen Flussdichte ($\triangleq$ Anzahl der Zylindermagnete),

$U_{\text{ind}} \sim b \rightsquigarrow$ Variation der Breite der Leiterbahn,

$U_{\text{ind}} \sim v \rightsquigarrow$ Variation der Geschwindigkeit (vgl. **Bild 2**).

Der Nachweis der **Gleichheit** ist dann erbracht, wenn der Quotient $\dfrac{U_{\text{ind}}}{B \cdot b \cdot v}$ in jedem Versuchsdurchgang den Wert 1 (dimensionslos) liefert!

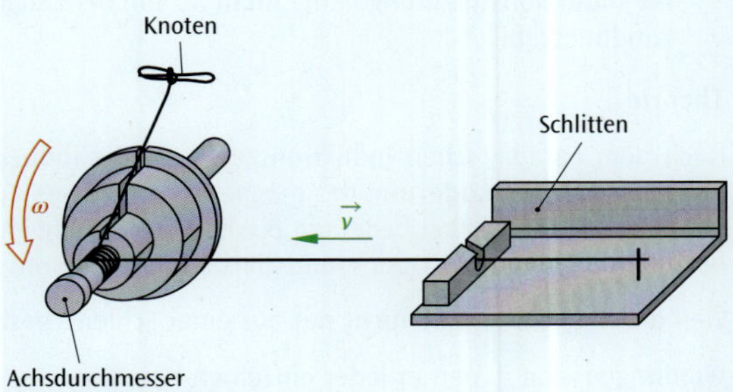

Bild 2: Wahl ganzzahliger Geschwindigkeitsstufen 1 : 2 : 4 durch entsprechende Achsdurchmesser

Anwendung: Mikrofon

Das physikalische Prinzip der Induktion im bewegten Leiter wird in dynamischen Mikrofonen (**Bild 1**) angewendet, um Schallwellen in Spannungsimpulse umzuwandeln:

Beim Tauchspulenmikrofon regen Schallwellen eine Membran zum Schwingen an. Die Membran ist fest mit einer Spule verbunden, die um einen Permanentmagneten gewickelt ist und frei entlang dessen Achse schwingen kann. Die mechanische Schwingung der Spule induziert wegen des sich ändernden Magnetfeldes eine Spannung, die wiederum in ein akustisches Signal umgewandelt werden kann.

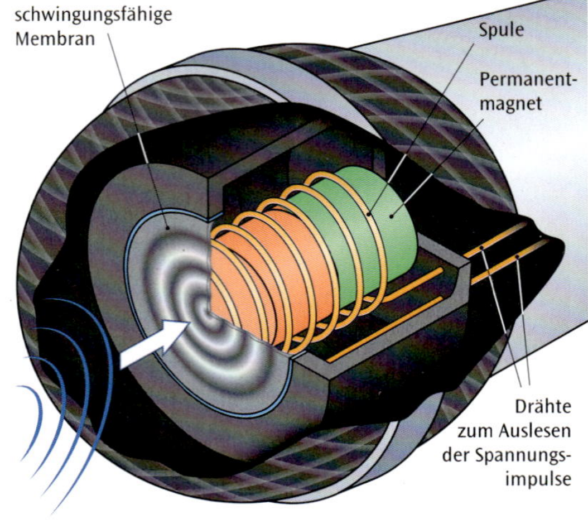

Bild 1: Darstellung eines dynamischen Mikrofons

9.2.2 Induktion im ruhenden Leiter

Versuch mit den Helmholtz-Spulen

Die Helmholtz-Spulen (vgl. auch S. 250) sind groß genug, um in ihrem Inneren Versuche mit Induktionsspulen durchführen zu können.

Wir gehen experimentell der Frage nach, wie verschiedene Induktionsspulen auf Magnetfeld**änderungen** reagieren.

Dazu werden die Helmholtz-Spulen nicht mit konstanter Stromstärke betrieben, sondern sind an ein Dreiecksstromgerät angeschlossen, das eine konstante Strom**änderung** (ansteigende und abfallende Flanke) vorgibt (**Bild 2**).

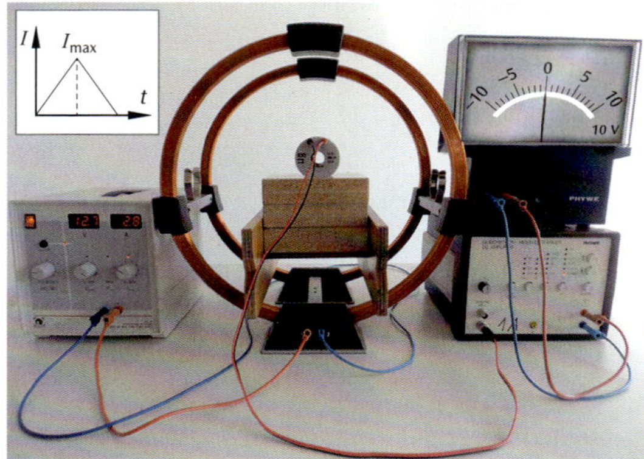

Bild 2: Werden die Helmholtz-Spulen mit einem Dreiecksstrom gespeist, dann reagiert die kleine Spule mit einer Induktionsspannung.

Beobachtungen (qualitativ)

- Wenn die beiden Spulenachsen (Helmholtz- **und** Induktionsspule) parallel sind, ist die Induktionsspannung am größten. Sie verschwindet bei zueinander senkrechten Spulenachsen!
- Die Induktionsspannung hängt von der Strom**änderung** (~ Magnetfeld**änderung**) durch die Helmholtz-Spulen ab.

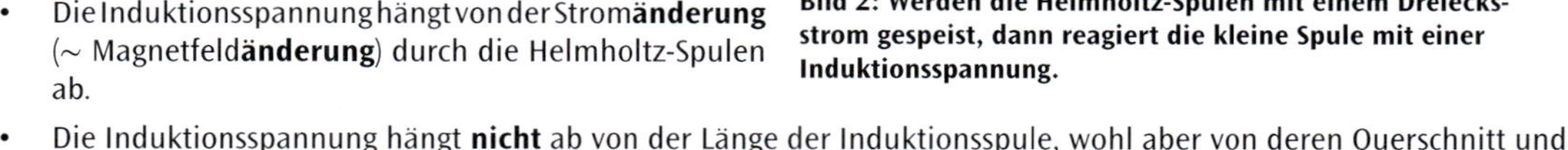

- Die Induktionsspannung hängt **nicht** ab von der Länge der Induktionsspule, wohl aber von deren Querschnitt und Windungszahl!

Theorie

Nach dem Faraday'schen Induktionsgesetz ist die induzierte Spannung U_{ind} abhängig von der **Änderung** des magnetischen Flusses $\Phi = B_H \cdot A_i$ durch die Induktionsspulen. Dabei bedeuten B_H die magnetische Flussdichte der Helmholtz-Spulen und A_i die Querschnittsfläche der Induktionsspule (vgl. **Bild 3**).

Weil die Induktionsspule nicht nur aus einer Schleife besteht, sondern aus N_i Windungen, von denen in jeder einzelnen Windung die Spannung $U_1 = \frac{\Delta\Phi}{\Delta t}$ induziert wird, gilt für die gesamte Induktionsspannung zwischen den Enden der Induktionsspule $U_1 = 1 \cdot \frac{\Delta\Phi}{\Delta t} \quad \Rightarrow \quad U_{ind} = N_i \cdot \frac{\Delta\Phi}{\Delta t}$.

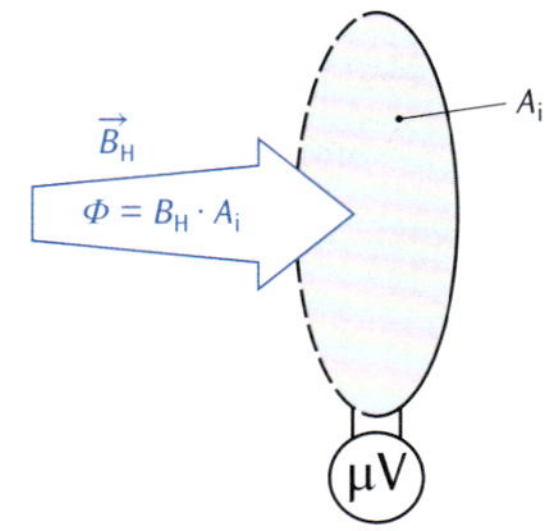

Bild 3: Die zeitlich veränderliche Flussdichte $\vec{B}_H$ der Helmholtz-Spulen führt zur Spannung in der Induktionsspule

Wir fassen zusammen (zeitlich veränderliche Größen sind rot dargestellt):

$$U_{\text{ind}} = N_{\text{i}} \cdot \frac{\Delta \Phi}{\Delta t} = N_{\text{i}} \cdot \frac{A_{\text{i}} \cdot \Delta B_{\text{H}}}{\Delta t}$$
$$= N_{\text{i}} \cdot A_{\text{i}} \cdot \frac{(0{,}8)^{1{,}5} \cdot \mu_0 \cdot \frac{N}{r} \cdot \Delta I}{\Delta t}$$
$$= \underbrace{(0{,}8)^{1{,}5} \cdot \mu_0 \cdot \frac{N}{r}}_{\text{Konstanten}} \cdot \underbrace{N_{\text{i}} \cdot A_{\text{i}} \cdot \frac{\Delta I}{\Delta t}}_{\text{Versuchsparameter}}$$

Erinnerung: Helmholtz-Spulenpaar

$$B = \left(\frac{4}{5}\right)^{1{,}5} \cdot \mu_0 \cdot \frac{N}{r}$$

$N = 154$ und $r = 200$ mm beim Versuch in **Bild 2** auf der vorigen Seite

Versuchsergebnisse

Abhängigkeit der Induktionsspannung ...

- ... von der Stromänderung der Helmholtz-Spulen (**Tabelle 1**):
  Aus der Quotientengleichheit $\frac{U_{\text{ind}}}{\Delta I/\Delta t}$ folgt $U_{\text{ind}} \sim \frac{\Delta I}{\Delta t}$, d. h. die Induktionsspannung ist der Magnetfeldänderung proportional.
- ... von der Windungszahl der Induktionsspule (**Tabelle 2**):
  Aus der Quotientengleichheit $\frac{U_{\text{ind}}}{N_{\text{i}}}$ folgt $U_{\text{ind}} \sim N_{\text{i}}$, d. h. die Induktionsspannung ist der Windungszahl der Induktionsspule proportional.
- ... vom Querschnitt der Induktionsspule (**Tabelle 3**):
  Aus der Quotientengleichheit $\frac{U_{\text{ind}}}{A_{\text{i}}}$ folgt $U_{\text{ind}} \sim A_{\text{i}}$, d. h. die Induktionsspannung ist der Querschnittsfläche der Induktionsspule proportional.

Tabelle 1: U_{ind} bei $N_{\text{i}} = 100$, $\varnothing = 41$ mm

$\frac{\Delta I}{\Delta t}$ in $\frac{\text{A}}{\text{s}}$	0,0	1,0	1,5	2,0
U_{ind} in µV	0	100	158	196
$\frac{U_{\text{ind}}}{\Delta I/\Delta t}$ in $\frac{\text{mVs}}{\text{A}}$	–	100	105	98

Tabelle 2: U_{ind} bei $\frac{\Delta I}{\Delta t} = 2{,}0\,\frac{\text{A}}{\text{s}}$, $\varnothing = 41$ mm

N_{i}	100	200	300
U_{ind} in µV	196	394	596
$\frac{U_{\text{ind}}}{N_{\text{i}}}$ in µV	1,96	1,97	1,99

Tabelle 3: U_{ind} bei $\frac{\Delta I}{\Delta t} = 2{,}0\,\frac{\text{A}}{\text{s}}$, $N_{\text{i}} = 300$

$\varnothing$ in mm	41	33	26
U_{ind} in µV	596	380	236
$A_{\text{i}} = \frac{\pi}{4} d^2$ in mm²	1320	855,3	530,9
$\frac{U_{\text{ind}}}{A_{\text{i}}}$ in $\frac{\mu\text{V}}{\text{mm}^2}$	0,45	0,44	0,44

Vergleich mit der Theorie

Fasst man die experimentellen Proportionalitäten (**Tabelle 1** bis **Tabelle 3**) zu einer einzigen zusammen, dann gilt

$$U_{\text{ind}} \sim N_{\text{i}} \cdot A_{\text{i}} \cdot \frac{\Delta I}{\Delta t}.$$

Ein Vergleich mit der Theorie

$$U_{\text{ind}} = \underbrace{(0{,}8)^{1{,}5} \cdot \mu_0 \cdot \frac{N}{r}}_{\text{Konstante}} \cdot N_{\text{i}} \cdot A_{\text{i}} \cdot \frac{\Delta I}{\Delta t}$$

müsste für die Proportionalitätskonstante den Wert

$$(0{,}8)^{1{,}5} \cdot \mu_0 \cdot \frac{N}{r} = (0{,}8)^{1{,}5} \cdot 4\pi \cdot 10^{-7}\,\frac{\text{Vs}}{\text{Am}} \cdot \frac{154}{0{,}200\ \text{m}} = 0{,}69\,\frac{\text{mVs}}{\text{A}}$$

liefern. Wir nehmen als Referenzwert exemplarisch das erste Wertepaar in **Tabelle 3** und finden

$$\frac{U_{\text{ind}}}{N_{\text{i}} \cdot A_{\text{i}} \cdot \Delta I/\Delta t} = \frac{596\ \mu\text{V}}{300 \cdot 1320 \cdot 10^{-6}\text{m}^2 \cdot 2{,}0\,\frac{\text{A}}{\text{s}}} = 0{,}75\,\frac{\text{mVs}}{\text{A}},$$

was zumindest näherungsweise mit dem Theoriewert übereinstimmt.

Anwendung: Metalldetektor

Metalldetektoren bestehen aus zwei Spulen, von denen eine (die Sendespule) mit Wechselstrom $I_0 = I_0(t)$ betrieben wird und dabei ein magnetisches Wechselfeld mit der Flussdichte $\vec{B}_0 = \vec{B}_0(t)$ aussendet. Durchsetzt dieses Feld ein elektrisch leitfähiges Material, dann werden in ihm Wirbelströme induziert (**Bild 1a**). Diese erzeugen ihrerseits ein magnetisches Wechselfeld $\vec{B}_{ind} = \vec{B}_{ind}(t)$, welches die Empfangsspule durchsetzt und in ihr Ströme $I_{ind} = I_{ind}(t)$ induziert (**Bild 1b**), die wegen der Regel von Lenz den Sendeströmen entgegen gerichtet sind.

Aus den aufgezeichneten Induktionsströmen lassen moderne Metalldetektoren sogar Rückschlüsse auf die Tiefe und die elektrische Leitfähigkeit des im Boden Verborgenen und damit auf das Material selbst zu.

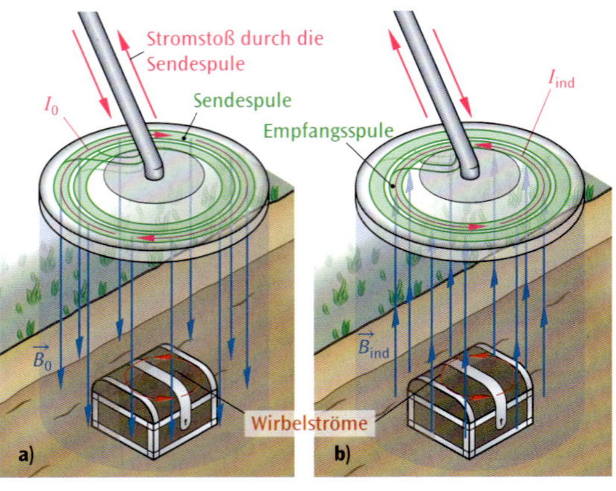

Bild 1: Metalldetektoren arbeiten nach dem Prinzip der Induktion im ruhenden Leiter (Erklärung im Text)

Beachten Sie, dass das zu detektierende Material nicht ferromagnetisch sein muss – elektrische Leitfähigkeit reicht vollkommen aus! Sonst könnte man als Schatzsucher auch mit einem Hufeisenmagneten angeln gehen ...

9.3 Selbstinduktion und magnetische Feldenergie

Versuch: Verzögertes Aufleuchten einer Glühlampe

Zwei gleiche Glühlampen (z. B. 3 V, 40 mA) werden parallel in einen Stromkreis geschaltet, wobei vor der einen Lampe eine Spule L mit vielen Windungen und Eisenkern, vor der anderen Lampe ein Ohm'scher Widerstand R geschaltet ist. Der (Schiebe-)Widerstand wird so eingestellt, dass beide Glühlampen im stationären Betrieb[1] gleich hell leuchten ($R_{Spule} \approx R$).

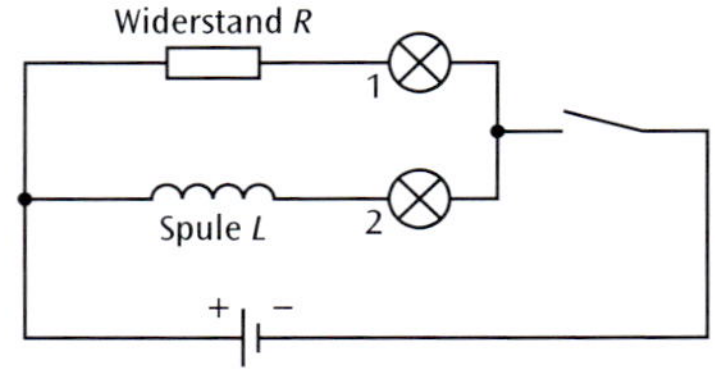

Bild 2: Beim Schließen des Schalters leuchtet Lampe 1 sofort, Lampe 2 dagegen mit deutlicher zeitlicher Verzögerung.

Wird nun in **Bild 2** der Schalter geschlossen, dann leuchtet Lampe 1 sofort, Lampe 2 hingegen erst mit deutlicher zeitlicher Verzögerung.

Warum dauert der Stromanstieg durch Lampe 2 so lange?

Offensichtlich verhindert die Spule, dass der durch sie im stationären Betrieb fließende Strom „sofort da" ist. Beim Schließen des Schalters baut sich nämlich infolge des zunehmenden Stromes ein Magnetfeld in der Spule auf. Dadurch ändert sich der magnetische Fluss in der Spule. Wegen des Induktionsgesetzes wird nun in der Spule selbst Spannung induziert, die einen (Induktions-)Strom zur Folge hat, der wegen der Lenz'schen Regel dem Stromfluss der Spannungsquelle entgegen gerichtet ist und diesen dadurch am Ansteigen hindert.

Die Spule ist also in der Lage, eine Induktionsspannung in sich selbst (!) hervorzurufen. Man spricht von **Selbstinduktion**. Die Selbstinduktion erlischt, sobald das Magnetfeld der Spule seine volle Stärke erreicht hat. Dann fließt der stationäre konstante Strom. Weil der Ohm'sche Widerstand R kein Magnetfeld erzeugt, ist der Strom durch Lampe 1 in **Bild 2** „sofort da".

Wie groß ist die Selbstinduktionsspannung?

Zur Berechnung der durch Selbstinduktion hervorgerufenen Spannung übersetzen wir obige verbale Beschreibung mithilfe des Induktionsgesetzes in die Sprache der Mathematik:[2]

$$\begin{aligned} U_{ind} &= -N \cdot \frac{\Delta \Phi}{\Delta t} \Rightarrow -N \cdot \dot{\Phi} && \left(\text{nicht konstante Flussänderung erfordert die Ableitung } \dot{\Phi} \text{ anstelle } \frac{\Delta \Phi}{\Delta t}\right) \\ &= -N \cdot \dot{B} \cdot A && (\text{weil } \Phi = B \cdot A \text{ und } A \text{ konstant}) \\ &= -N \cdot \mu_0 \cdot \frac{N}{l} \cdot \dot{I} \cdot A && \left(\text{für Zylinderspulen gilt } B = \mu_0 \cdot \frac{N}{l} \cdot I\right) \\ &= -\underbrace{\mu_0 \cdot \frac{N^2}{l} \cdot A}_{=L} \cdot \dot{I} = -L \cdot \dot{I} \end{aligned}$$

[1] „stationär" heißt hier „nach sehr langer Zeit" ($t \to \infty$; im Experiment einige Sekunden)

[2] Die Erklärung des Minuszeichens erfolgt auf S. 277.

Die Größe L heißt Induktivität (oder Selbstinduktivität) der Spule und kann experimentell durch Messung der Induktionsspannung (U_{ind}) bei einer bestimmten Strom*änderung* ($\dot{I}$) ermittelt werden (vgl. auch S. 274), denn es gilt

Induktivität:

$$L = -\frac{U_{ind}}{\dot{I}} \quad \Rightarrow \quad [L] = \frac{1\ \text{V}}{1\ \text{A/s}} = 1\,\frac{\text{Vs}}{\text{A}} = 1\ \text{H} \quad (\text{Henry}^{1)}).$$

1 H (Henry) ist die Induktivität einer Spule, die auf eine Strom*änderung* von 1 $\frac{\text{A}}{\text{s}}$ (Ampere pro Sekunde) mit einer Selbstinduktionsspannung von 1 V (Volt) reagiert.

Selbstinduktionsspannung:

$$U_{ind} = -L \cdot \dot{I}$$

Die Induktivität kann aus ihrer Geometrie und der magnetischen Permeabilität μ ihrer Füllung berechnet werden ($\mu_r \approx 1$ für Luft):

$$L = \mu_r \cdot \mu_0 \cdot \frac{N^2}{l} \cdot A$$

Beispiel: Die Zylinderspule in **Bild 1** auf S. 247 hat 30 Windungen auf 40 cm Länge bei einem Querschnitt von $\varnothing = 80$ mm und damit die Induktivität

$$L = \mu_0 \cdot \frac{N^2}{l} \cdot \frac{\pi}{4} d^2 = 4\pi \cdot 10^{-7}\,\frac{\text{Vs}}{\text{Am}} \cdot \frac{30^2}{0{,}40\ \text{m}} \cdot \frac{\pi}{4} \cdot (0{,}080\ \text{m})^2 = 14\ \mu\text{H}.$$

Die Spule reagiert also auf eine Stromänderung von 1 $\frac{\text{A}}{\text{s}}$ mit einer Selbstinduktionsspannung von gerade einmal 14 µV.

Um hohe Induktivitäten zu erzielen, müssen Spulen wegen $L \sim N^2$ in erster Linie viele Windungen haben. Weicheisenkerne bestehen aus einer speziellen NiFe-Legierung und erhöhen die Permeabilität (μ_r).

Versuch: Selbstinduktion beim Ausschalten

In einem Vorversuch wird gezeigt, dass eine Glimmlampe erst bei einer Spannung von ca. 100 V zündet – genau genommen leuchtet in diesem Fall nur diejenige Elektrode, die mit dem Minuspol der Spannungsquelle verbunden ist (**Bild 1**).

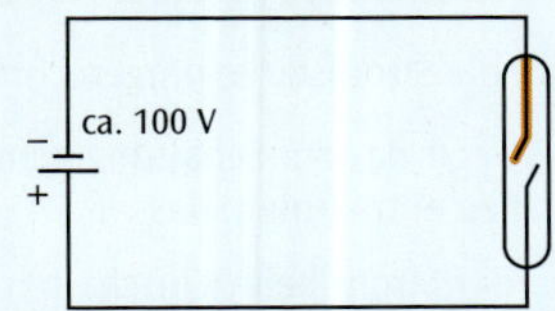

Bild 1: Bei einer Glimmlampe leuchtet die mit dem Minuspol verbundene Elektrode.

Die Glimmlampe wird jetzt parallel zu einer Spule hoher Induktivität ($L = 630$ H) geschaltet, jedoch nur Kleinspannung (es genügen die 9 V einer Blockbatterie) angelegt (**Bild 2a**). Weil die Glimmlampe in diesem Fall einen unendlich großen Widerstand darstellt, fließt der gesamte Strom in der Schaltung durch die Spule. Wird nun der Schalter geöffnet, blitzt die Glimmlampe kurz auf, jedoch an derjenigen Elektrode, die vorher mit dem Pluspol der Spannungsquelle verbunden war (**Bild 2b**)!

Woher kommt die große Induktionsspannung beim Ausschalten?

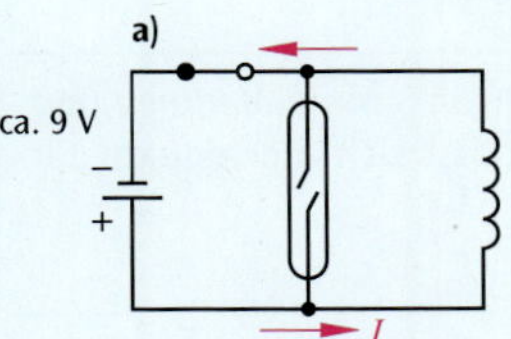

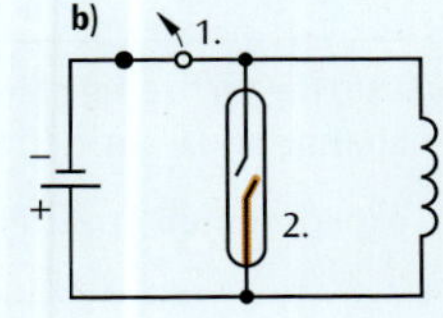

Bild 2: a) 9 V reichen nicht aus, die Glimmlampe zu zünden, also fließt der gesamte Strom durch die Spule. b) Beim Öffnen des Schalters blitzt diejenige Elektrode auf, die zuvor mit dem Pluspol der Spannungsquelle verbunden war!

Beim Ausschalten über einen sehr hohen Widerstand nimmt der Spulenstrom rasch ab, d.h. die Strom*änderung* $\dot{I}$ ist sehr groß. Bei hoher Induktivität der Spule bedeutet dies hohe Induktionsspannungen – diese können die Quellenspannung um ein Vielfaches übersteigen, wie das Experiment gemäß **Bild 2** gezeigt hat. Eine technische Anwendung ist die Zündvorrichtung im Auto (vgl. folgende Seite).

Beispiel: Quellenspannung $U_Q = 9$ V und Ohm'scher Widerstand $R_{Sp} = 230\ \Omega$ der Spule bedeuten im stationären Betrieb (**Bild 2a**) einen Strom der Stärke $I = \frac{U_Q}{R_{Sp}} = \frac{9\text{ V}}{230\text{ V/A}} = 39$ mA. Nimmt man an, dass der Strom innerhalb von $\Delta t = 30$ ms zusammenbricht, bedeutet dies eine ungefähre Strom**änderung** von $\dot{I} \approx \frac{39\text{ mA}}{30\text{ ms}} \approx 1{,}3\ \frac{\text{A}}{\text{s}}$. Hat die verwendete Spule eine Induktivität von $L = 630$ H, dann beträgt die Selbstinduktionsspannung etwa $U_{ind} = L \cdot \dot{I} \approx -630\ \frac{\text{Vs}}{\text{A}} \cdot 1{,}3\ \frac{\text{A}}{\text{s}} \approx 0{,}8\text{ kV} \gg 100$ V, also rund 8-mal so viel wie die Glimmlampe zum Zünden benötigt!

Und wie lässt sich die Polung erklären?

Beim Öffnen des Schalters fehlt der Teil der Schaltung mit der Spannungsquelle, und der im Moment fließende Spulenstrom verringert sich. Dies hat ein Zusammenbrechen des Magnetfeldes und damit des magnetischen Flusses durch die Spule zur Folge. Wegen der Lenz'schen Regel bewirkt der Induktionsstrom ein Fließen des Spulenstroms in gleicher Richtung wie vor dem Öffnen des Schalters. Die Spule fungiert also im Moment des Ausschaltens als Spannungsquelle, die den Strom weiter in die bisherige Richtung treibt. Da der technische Strom *innerhalb einer Spannungsquelle* vom Minus- zum Pluspol fließt, blitzt die Gegenelektrode der Glimmlampe auf (vgl. **Bild 1**).

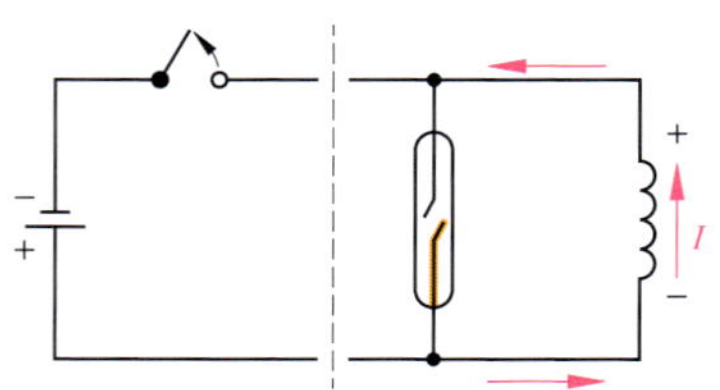

Bild 1: Polung der Induktionsspannung beim Ausschalten: Die Spule wirkt als Spannungsquelle, die den durch sie fließenden Strom weitertreiben möchte (nähere Erläuterungen im Text).

Vergleich von Theorie und Experiment

Die zeitlichen Verläufe von Strom $I = I(t)$ und (Selbstinduktions-)Spannung $U_{ind} = U_{ind}(t)$ können mit einem Zweikanal-Oszilloskop dargestellt werden. Ein- und Ausschaltvorgänge werden dabei mit einem Funktionsgenerator simuliert, der eine Rechteckspannung hoher Frequenz erzeugt. **Bild 2** zeigt eine Schaltskizze, in der auf Kanal 1 („Y_1") der Spannungsabfall an der Spule, auf Kanal 2 („Y_2") der Spannungsabfall am sog. Referenzwiderstand dargestellt wird. Dieser wird benötigt, weil ein Oszilloskop nur Spannungen messen kann. Über das Ohm'sche Gesetz wird der Spannungsabfall auf Y_2 in eine dazu proportionale Stromstärke umgerechnet $\left(I_{Spule} = \frac{U_{Y2}}{R_{Ref}}\right)$.

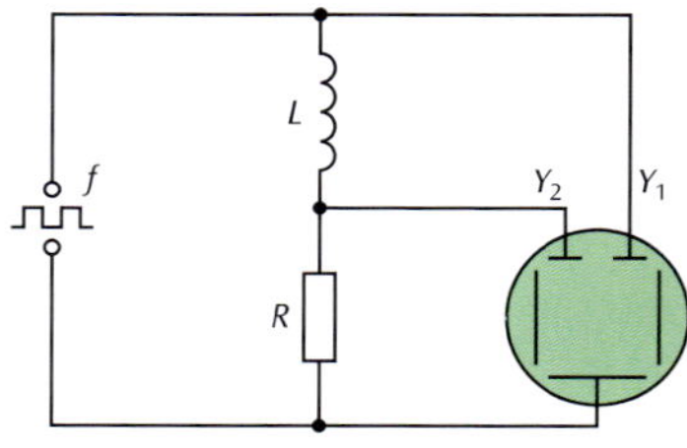

Bild 2: Schaltskizze zur Darstellung von Spannungs- und Stromverlauf mit einem Oszilloskop (Erläuterungen im Text)

Bild 3 zeigt das zur Schaltung gemäß **Bild 2** aufgezeichnete Oszilloskop-Bild. Ihm ist zu entnehmen, dass …

1. … der Strom beim Einschalten verzögert zunimmt ($\dot{I} > 0$) und dabei seinem Maximalwert zustrebt ($\dot{I} \to 0$). Wegen des Induktionsgesetzes geht die Induktionsspannung gegen null ($U_L = -L \cdot \dot{I} \to 0$),
2. … der Strom beim Ausschalten verzögert abnimmt ($\dot{I} < 0$) und dabei seinem Minimalwert null zustrebt ($\dot{I} \to 0$), d. h. auch in diesem Fall geht die Induktionsspannung gegen null – wegen der Vorzeichenumkehr von $\dot{I}$ jedoch mit entgegengesetzter Polung.

Durch gleichzeitige Messung von Strom*änderung* $\dot{I}$ und Spannung U_L an der Spule lässt sich die Induktivität experimentell ermitteln: $L = \frac{U_L}{\dot{I}}$.

Anwendung der Selbstinduktion: Zündvorrichtung im Auto (Bild 1 auf der folgenden Seite)

Vor dem Anlassen des Autos muss der Startknopf gedrückt werden, um die Zündspule mit Strom zu versorgen (dauerhafter Stromfluss würde die Bordbatterie entladen). Dann wird der Anlasser betätigt, wobei die Unterbrecherkontakte geöffnet werden (mittlerweile steuert eine Elektronik, dass mit dem Umdrehen des Zündschlüssels die Spule aufmagnetisiert *und* der Unterbrecher geöffnet wird).

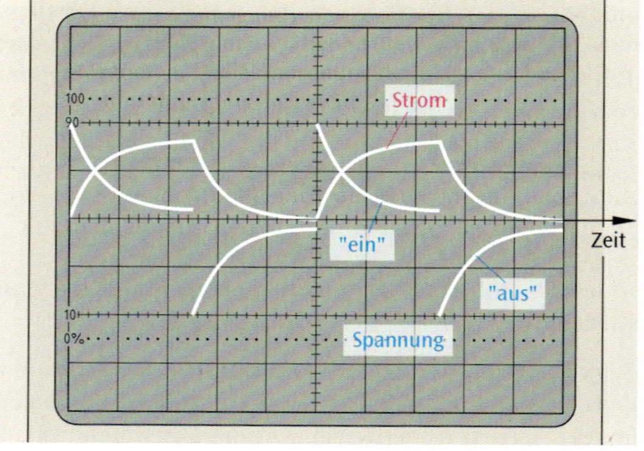

Bild 3: Oszilloskop-Bild beim Ein- und Ausschaltvorgang an einer Spule

[1] Joseph Henry (1797 bis 1878), US-amerikanischer Physiker

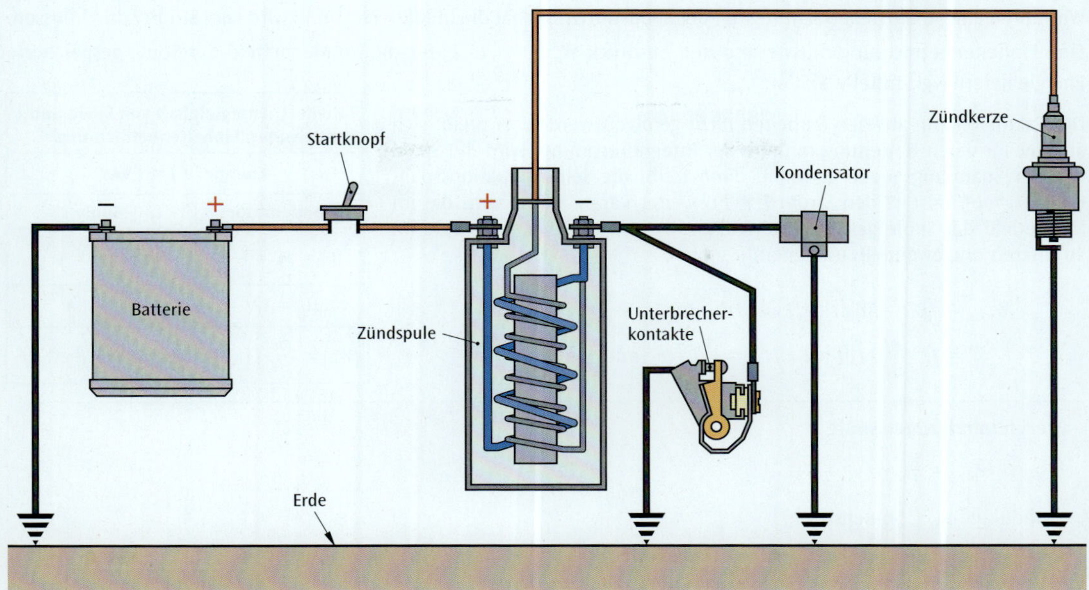

Bild 1: Zündvorrichtung eines (alten) Autos: Startknopf, Kondensator und Unterbrecherkontakte sind mittlerweile von einer speziellen Elektronik verdrängt worden.

Der abrupte Rückgang des Stromes ($\dot{I}$ sehr groß) in der Zündspule induziert eine sehr hohe Spannung, die über der Zündkerze abfällt und dabei den Zündfunken für das Benzin-Luft-Gemisch eines Verbrennungsmotors erzeugt (der Kondensator in **Bild 1** wird als Puffer eingesetzt, damit es nicht zwischen den Unterbrecherkontakten zum Funkenüberschlag kommt).

Energieinhalt des magnetischen Feldes

Eine Spule hoher Induktivität ($L = 630$ H bei $R_{\text{Spule}} = 280\ \Omega$) ist an eine Gleichspannungsquelle ($U_0 = 25$ V) angeschlossen. Wird die Spule mithilfe eines Wechselschalters von der Spannungsquelle getrennt und an einen kleinen Elektromotor (Gleichstrommotor, 1,5 bis 9 V) angeschlossen, dann beginnt sich der Motor (kurzzeitig) zu drehen (**Bild 2**) und hebt dabei ein kleines Gewicht an.

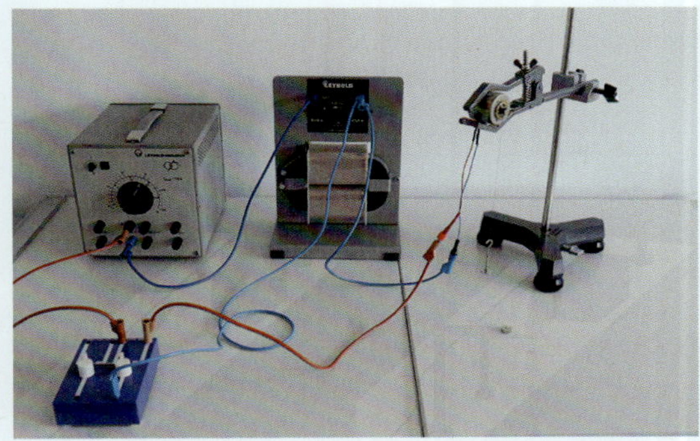

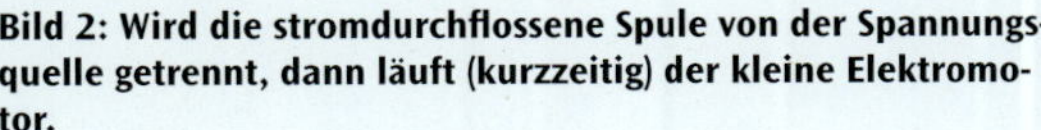

Bild 2: Wird die stromdurchflossene Spule von der Spannungsquelle getrennt, dann läuft (kurzzeitig) der kleine Elektromotor.

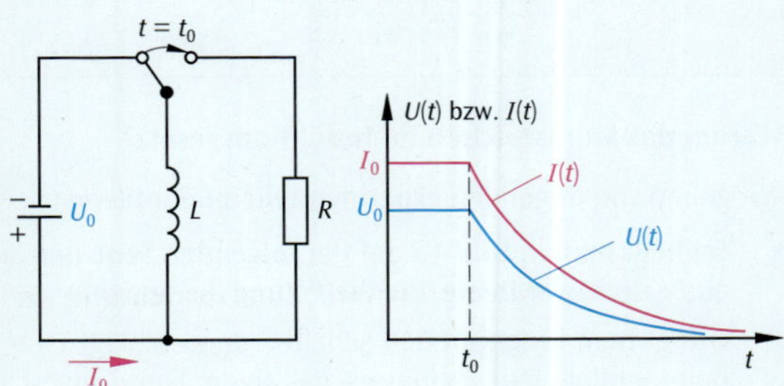

Bild 3: Zur Herleitung des Energieinhalts der Spule: Beim Umlegen des Wechselschalters treibt die Selbstinduktionsspannung den Strom noch eine Weile weiter.

Woher bezieht der Motor seine Energie?

Der Energieinhalt W_{el} eines geladenen Kondensators kann aus der Kapazität C und der Betriebsspannung U berechnet werden $\left(W_{\text{el}} = \frac{1}{2}C \cdot U^2\text{, vgl. Abschnitt 7.8}\right)$.

Wir führen eine Analogiebetrachtung mit der Spule durch. Sie hat die Induktivität L und wird vom Strom I durchflossen. Eine Einheitenbetrachtung müsste also den Ausdruck $W_{mag} = \frac{1}{2} L \cdot I^2$ für die im Magnetfeld der Spule gespeicherte Energie liefern (vgl. **Tabelle 1**).

Der Faktor $\frac{1}{2}$ kann aus den Einheiten nicht gefolgert werden, er ergibt sich aus der formalen Herleitung mithilfe der Integralrechnung: Wird die Spule von der Spannungsquelle getrennt, dann treibt die Selbstinduktionsspannung $U = U(t) = L \cdot \dot{I}$ den Strom $I = I(t)$ weiter voran. Dabei wird die im Magnetfeld der Spule gespeicherte Energie W_{mag} in elektrische Energie im Stromkreis umgewandelt, und es gilt

$$W_{mag} = \int U(t) \cdot I(t)\,dt = \int L \cdot \dot{I} \cdot I\,dt \quad \text{mit} \quad \dot{I} = \frac{dI}{dt}$$
$$= \int L \cdot \frac{dI}{dt} \cdot I\,dt = L \cdot \int I\,dI = \frac{1}{2} L \cdot I^2 \quad \text{mit} \quad I = I_0$$

Tabelle 1: Energieinhalt von Spule und Kondensator (Einheitenbetrachtung)

Energie: 1 J = 1 VAs	
Kondensator	**Spule**
$[C] = 1\,\text{F} = 1\,\frac{\text{As}}{\text{V}}$	$[L] = 1\,\text{H} = 1\,\frac{\text{Vs}}{\text{A}}$
$[U] = 1\,\text{V}$	$[I] = 1\,\text{A}$
$[W_{el}] = 1\,\frac{\text{As}}{\text{V}} \cdot (1\,\text{V})^2$	$[W_{mag}] = 1\,\frac{\text{Vs}}{\text{A}} \cdot (1\,\text{A})^2$

Energieinhalt einer Spule

$$W_{mag} = \frac{1}{2} L \cdot I^2$$

(L: Induktivität; I: Spulenstrom)

Einheit: $[W_{mag}] = 1\,\text{H} \cdot 1\,\text{A}^2 = 1\,\frac{\text{Vs}}{\text{A}} \cdot \text{A}^2 = 1\,\text{VAs} = 1\,\text{J}$

Weiterführung: Energieinhalt des magnetischen Feldes

Denkt man sich das magnetische Feld von einer langen Zylinderspule erzeugt, dann gilt für die Induktivität $L = \mu_r \cdot \mu_0 \cdot \frac{N^2}{l} \cdot A$, und die Stromstärke I kann durch die magnetische Flussdichte $B = \mu_r \cdot \mu_0 \cdot \frac{N}{l} \cdot I$ ausgedrückt werden. Damit gilt für die magnetische Feldenergie

$$W_{mag} = \frac{1}{2} L \cdot I^2 \quad \text{mit} \quad L = \mu_r \cdot \mu_0 \cdot \frac{N^2}{l} \cdot A \quad \text{und} \quad I = \frac{B \cdot l}{\mu_r \cdot \mu_0 \cdot N}$$
$$\Rightarrow W_{mag} = \frac{1}{2} \mu_r \cdot \mu_0 \cdot \frac{N^2}{l} \cdot A \cdot \left(\frac{B \cdot l}{\mu_r \cdot \mu_0 \cdot N}\right)^2 = \frac{1}{2} \cdot \frac{1}{\mu_r \cdot \mu_0} \cdot \underbrace{A \cdot l}_{=V\,\text{(Volumen)}} \cdot B^2$$

Definiert man analog zu S. 218 die *magnetische* Energiedichte ϱ_{mag} (anstelle der elektrischen Energiedichte ϱ_{el}) als Quotient aus Energieinhalt W_{mag} und Volumen V, das vom Feld durchsetzt wird, dann gilt:

Energiedichte des magnetischen Feldes einer langen Zylinderspule (Joule pro m³):

$$\varrho_{mag} = \frac{\text{magnetische Energie}}{\text{Volumeneinheit}} = \frac{1}{2} \frac{1}{\mu_r \mu_0} \cdot B^2$$

Warum das Minuszeichen im Induktionsgesetz?

Wir gehen von folgenden experimentellen Befunden aus:

- Schließt man in **Bild 1a** auf der folgenden Seite den Schalter, dann schlagen beide Voltmeter in dieselbe Richtung aus – und zwar in die, die die Polung der Spannungsquelle („Batterie") vorgibt.
- Öffnet man hingegen den Schalter, dann schlägt zwar das Voltmeter am Widerstand in dieselbe Richtung aus wie beim Schließen des Schalters, das an der Spule angeschlossene Voltmeter schlägt jedoch in die andere Richtung aus (**Bild 1b** auf der folgenden Seite)!

Ein Erklärungsansatz:

- Beim Schließen des Schalters steigt der Strom an ($\dot{I} > 0$), die Selbstinduktionsspannung hemmt jedoch den Stromanstieg ($U_{ind} < 0$), während die an der Spule gemessene Spannung ihre Polung beibehält ($U_L > 0$, **Bild 2a** auf der folgenden Seite).
- Beim Öffnen des Schalters nimmt der Strom ab ($\dot{I} < 0$), die Selbstinduktionsspannung versucht jedoch, den Strom aufrecht zu erhalten ($U_{ind} > 0$), während die an der Spule gemessene Spannung ihre Polung ändert ($U_L < 0$, **Bild 2b** auf der folgenden Seite).

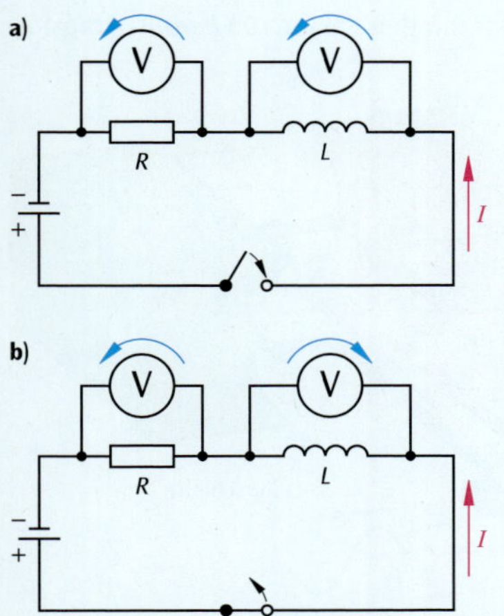

Bild 1: „Vorzeichenrichtige" Spannungsmessung an der Spule ist nur beim Einschalten möglich

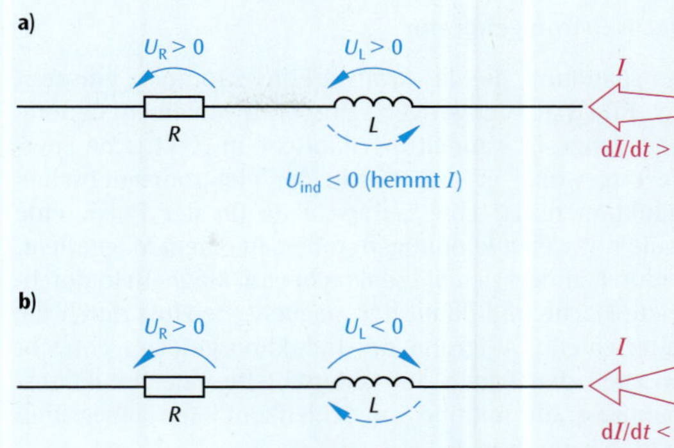

Bild 2: Zur Vorzeichenkonvention von Spulenspannung U_L und Selbstinduktionsspannung U_{ind}

Die an einer Spule abfallende Spannung bei Strom**änderung** ist $U_L = +L \cdot \dot{I}$, die Selbstinduktionsspannung hingegen $U_{ind} = -L \cdot \dot{I}$.

9.4 Wechselspannung

Wozu Wechselspannung?

In den Anfängen der elektrischen Energieerzeugung stellte sich die grundsätzliche Frage, ob das Versorgungsnetz mit Gleich- oder mit Wechselstrom aufgebaut werden sollte. Die Entscheidung fiel auf Wechselstrom, weil er sich für typische Übertragungswege (bis ca. 600 km Länge) verlustärmer transportieren lässt als Gleichstrom.[1]

Die in einem Kraftwerk erzeugte Spannung wird hierfür mit einem Transformator (Trafo) auf 380 kV hochtransformiert, wobei der Strom entsprechend heruntertransformiert wird. Der Wechselstrom durchläuft dann die Freileitung. In ihrer Nähe wird die Spannung dann im Umspannwerk und in Umspannstationen auf die Netzspannung von 230 V heruntertransformiert und gelangt so an die Steckdose (**Bild 3**).

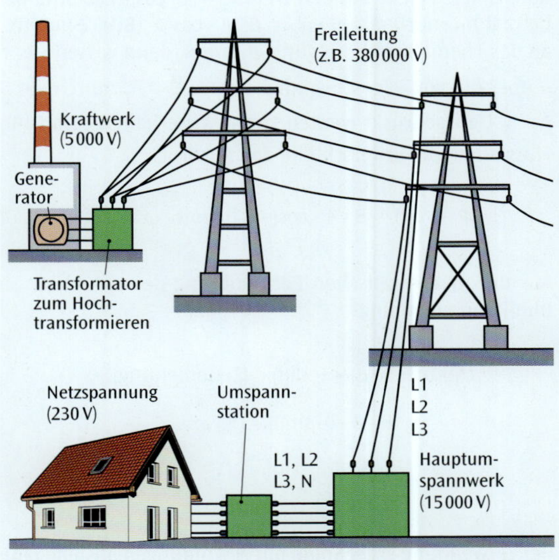

Bild 3: Übertragung elektrischer Energie mittels Hochspannung

Verlustleistung

Die Verlustleistung $P_{Verlust}$ ergibt sich aus dem elektrischen Widerstand R des Übertragungsweges („Kabellänge") und der Stromstärke I zu

$$P_{Verlust} = U \cdot I = \underbrace{R \cdot I}_{=U} \cdot I = R \cdot I^2 \sim I^2$$

d. h. der Verlust steigt quadratisch mit der Stromstärke an. Umgekehrt formuliert:

[1] Daten der Firma Siemens: Für längere Übertragungswege (ab ca. 600 km) ist die HGÜ (Hochspannungsgleichstromübertragung) eine wirtschaftliche Alternative zum Wechselstrom – mehr hierzu erfahren Sie im Technologieunterricht.

Wenn durch das *Hoch*transformieren der Spannung um den Faktor 100 der Strom um den Faktor 100 *herunter*transformiert wird, dann nimmt der Verlust um den Faktor $100^2 = 10\,000$ ab!

Wechselstromgenerator

Die Spannung, die das Kraftwerk ins Stromnetz einspeist (vgl. **Bild 3** auf der vorigen Seite), wird von einem Generator erzeugt. Er wandelt mechanische in elektrische Energie um, wobei er das Prinzip der elektromagnetischen Induktion nutzt: Eine Leiterschleife (in der Praxis eine Spule mit vielen Windungen) rotiert in einem Magnetfeld. Dadurch ändert sich die senkrecht vom Magnetfeld durchsetzte Fläche und damit der magnetische Fluss durch die Leiterschleife. Aufgrund des Induktionsgesetzes entsteht zwischen den Enden der Leiterschleife eine Induktionsspannung, die mithilfe von Schleifkontakten abgegriffen werden kann (**Bild 1**).

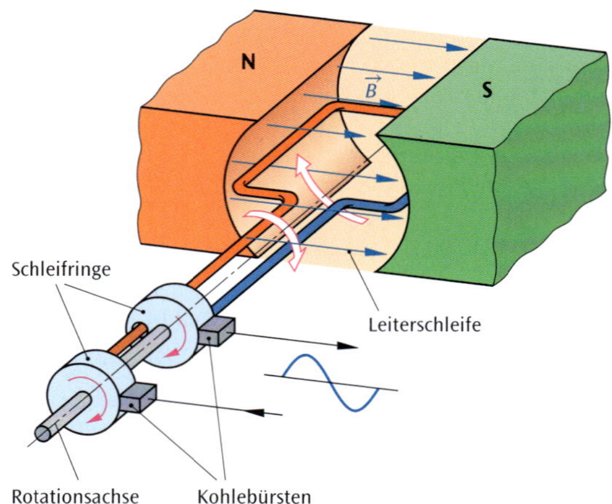

Bild 1: Wechselstromgenerator (Modell): Aufgrund der Lenz'schen Regel liefert die rotierende Schleife in der dargestellten Momentaufnahme einen Pluspol am vorderen Schleifring (rot dargestellt).

Von welchen Faktoren hängt die Größe der Spannung ab?

Angenommen, zum Zeitpunkt $t = 0$ wird die Leiterschleife (Querschnittsfläche A) vollständig von den magnetischen Feldlinien durchsetzt. Dann gilt für den magnetischen Fluss $\Phi = B \cdot A$ (**Bild 2** oben): Sobald sich die Leiterschleife um den Winkel α gedreht hat, nimmt die vom Magnetfeld durchsetzte Fläche auf den Wert $A_\perp = A \cdot \cos(\alpha)$ ab, und der magnetische Fluss beträgt nur noch $\Phi = B \cdot A_\perp = B \cdot A \cdot \cos(\alpha)$ (**Bild 2** unten). Wenn Sie sich noch an das Thema Kreisbewegung erinnern, dann wissen Sie, dass der Drehwinkel α über die Winkelgeschwindigkeit $\omega = \frac{\alpha}{t} = \frac{2\pi}{T}$ durch die Drehzahl $\left(\text{Frequenz } f = \frac{1}{T}\right)$ ausgedrückt werden kann. Wir erhalten somit für den magnetischen Fluss durch die Leiterschleife den Ausdruck

$$\Phi = \Phi(t) = B \cdot A \cdot \cos(\omega \cdot t) \quad \text{mit} \quad \omega = 2\pi f = \frac{2\pi}{T}.$$

Aus der mathematischen Formulierung des Induktionsgesetzes folgt für die Induktionsspannung

$$\begin{aligned} U(t) &= -\frac{\Delta\Phi}{\Delta t} \rightsquigarrow -\dot{\Phi}(t) \quad \text{(Zeitableitung)} \\ &= -B \cdot A \cdot (-\sin(\omega \cdot t)) \cdot \omega \\ &= \underbrace{B \cdot A \cdot \omega}_{=\hat{U}\text{ (Scheitelwert)}} \cdot \sin(\omega \cdot t) = \hat{U} \cdot \sin(\omega t). \end{aligned}$$

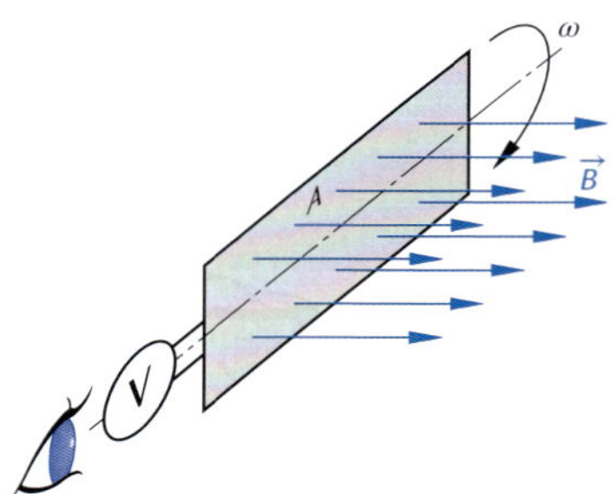

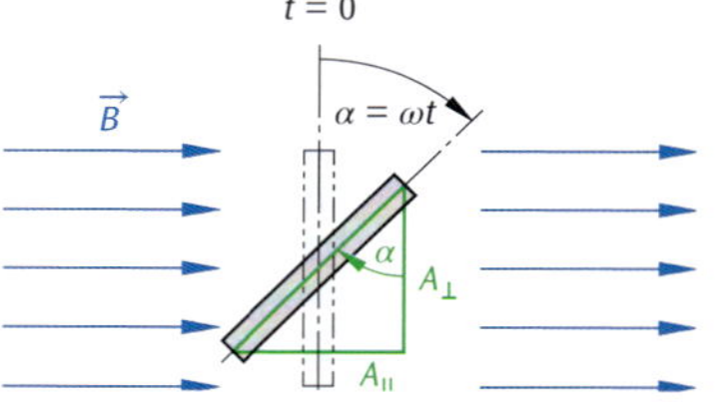

Bild 2: Magnetischer Fluss $\Phi = B \cdot A_\perp = B \cdot A \cdot \cos(\alpha)$ bei Rotation einer Leiterschleife im Magnetfeld

Bei Verwendung einer Spule mit N Windungen anstelle einer Leiterschleife ver-N-facht sich der gewonnene Ausdruck (die Spule wirkt wie eine Reihenschaltung von Spannungsquellen).

> Eine sinusförmige Wechselspannung entsteht bei Rotation einer Spule im Magnetfeld: $U(t) = \hat{U} \cdot \sin(\omega t)$ mit Scheitelspannung $\hat{U} = N \cdot B \cdot A \cdot \omega$.

Zusammenhang zwischen magnetischem Fluss und Wechselspannung

Aus **Bild 1** auf der folgenden Seite entnimmt man: Die Wechselspannung hat dann den Wert null, wenn der magnetische Fluss maximal ist (maximal positiv oder maximal negativ) – dies ist genau dann der Fall, wenn die Feldlinien die Leiterschleife vollständig durchsetzen. Die Wechselspannung ist dann maximal (maximal positiv oder maximal negativ), wenn der magnetische Fluss den Wert null hat – dies ist genau dann der Fall, wenn die Feldlinien die Leiterschleife nicht treffen.

Beispiel: Unsere Netzspannung hat eine Frequenz von $f = 50$ Hz bei einem Scheitelwert von $\hat{U} = U_{eff} \cdot \sqrt{2}$, wobei $U_{eff} = 230$ V der Effektivwert[1] ist.

Technische Generatoren

Im Generatormodell gemäß **Bild 1** auf der folgenden Seite rotiert die Induktionsspule im Feld eines Permanentmagneten. Man spricht in diesem Fall von einem **Außenpol-Generator**.

Technische Wechselstromgeneratoren dagegen sind meist als **Innenpol-Generatoren** ausgeführt, d. h. der Magnet rotiert in einem Gehäuse mit feststehenden Induktionsspulen (**Bild 2**). Der Magnet ist dabei als Elektromagnet ausgeführt und wird aufgrund seiner Bauform als Anker (Doppel-T-Anker) bezeichnet.

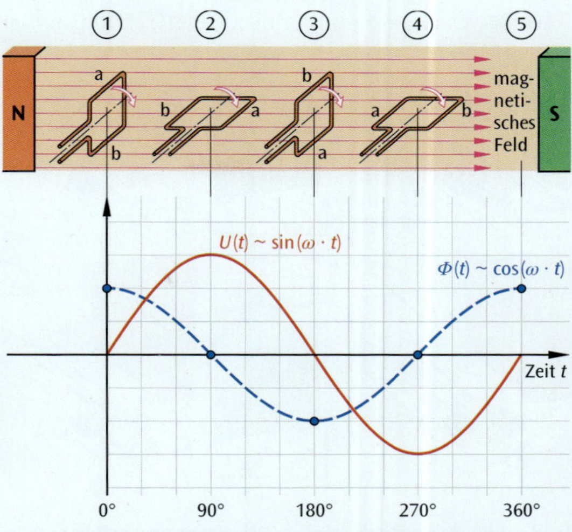

Bild 1: Zusammenhang zwischen magnetischem Fluss $\Phi = \Phi(t)$ und Induktionsspannung $U = U(t)$ bei rotierender Leiterschleife

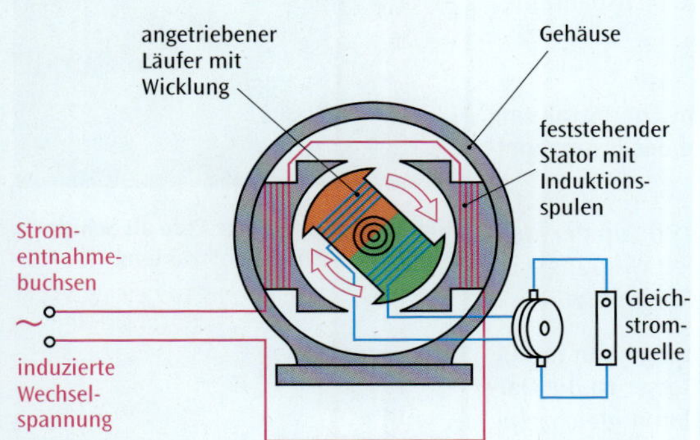

Bild 2: Beim Innenpol-Generator rotiert das Magnetfeld innerhalb der Ständerspulen.

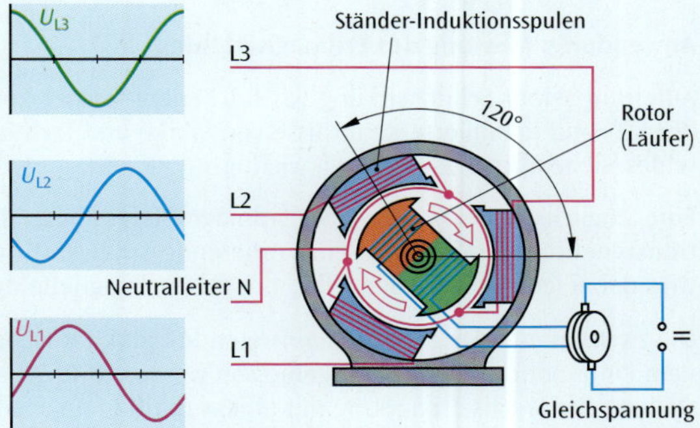

Bild 3: Beim Drehstromgenerator sind die Ständerspulen um je 120° versetzt, was zu um 120° phasenverschobenen Spannungen führt.

Drehstromgeneratoren

Die Generatoren, die Energie ins deutsche Stromnetz einspeisen, sind Drehstromgeneratoren (**Bild 3**): Der Läufer (Doppel-T-Anker) rotiert dabei vor drei um jeweils 120° versetzten Induktionsspulen und induziert in jeder der Spulen eine Sinusspannung mit der gleichen Frequenz wie der rotierende Läufer.

Aufgrund der versetzten Anordnung der Induktionsspulen sind auch die induzierten Spannungen U_{L1}, U_{L2} und U_{L3} um 120° gegeneinander phasenverschoben.

Gleichstromgeneratoren

Bild 1 auf der folgenden Seite zeigt das Prinzip eines Gleichstromgenerators. Entscheidend ist der Kommutator[2] (Polwender), der im richtigen Moment für ein Umpolen der Spannung sorgt. Damit entfällt die negative Halbwelle der Sinuskurve in **Bild 1**, und man erhält eine sog. pulsierende Gleichspannung.

Gleichstromgeneratoren kommen heute nur noch selten zum Einsatz. Wesentlich kostengünstiger sind Gleichrichterschaltungen, bestehend aus Dioden und Kondensatoren – wobei letztere zur Glättung der pulsierenden Gleichspannung eingesetzt werden. Eine detaillierte Behandlung von Gleichrichterschaltungen würde den Rahmen dieses Buches sprengen.

[1] Diese Beziehung zwischen Scheitel- und Effektivwert wird in der 13. Jahrgangsstufe bewiesen.

[2] lat. **commutare**, vertauschen

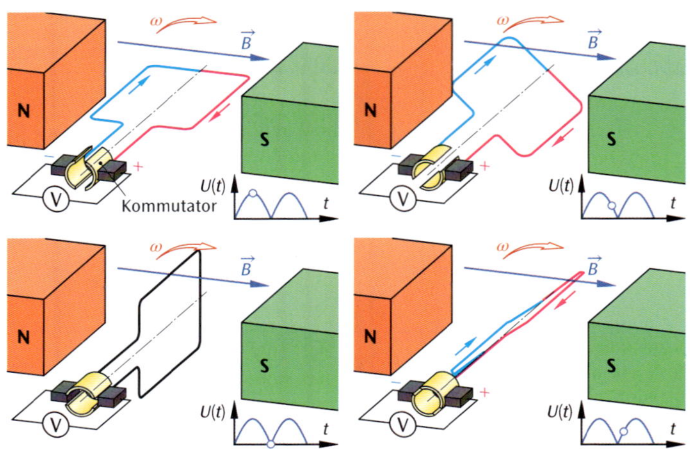

Bild 1: Prinzip des Gleichstromgenerators: Nach jeweils einer halben Drehung des Rotors sorgt der Kommutator dafür, dass die Wechselspannung ihre Polung ändert.

Und wozu dann doch wieder Gleichspannung?

Viele elektrische Geräte des täglichen Lebens (Radio, Fernseher, Laptop, Handy, ...) benötigen zum Betrieb keine Wechselspannung, sondern Gleichspannung.

Anwendung: Messung des Erdmagnetfeldes

Aufgrund seiner Schutzwirkung vor hochenergetischer kosmischer Strahlung (**Bild 2**) sind detaillierte Kenntnisse von Stärke und Richtung des Erdmagnetfeldes (siehe auch S. 240) enorm wichtig.

Bild 2: Magnetfeld der Erde als Schutzschild vor kosmischer Strahlung

Eine Möglichkeit der Messung des Erdmagnetfeldes nutzt das Prinzip der elektromagnetischen Induktion: Eine rotierende Spule mit hoher Windungszahl wird dabei lediglich von den Feldlinien des Erdmagnetfeldes durchsetzt.

Die zwischen den Spulenenden auftretende Induktionsspannung kann mit einem empfindlichen Voltmeter gemessen werden (**Bild 3**). – Besser ist die Darstellung der Wechselspannung mit einem Oszilloskop, weil damit gleichzeitig die Messung der Rotationsfrequenz der Spule (= Frequenz der Wechselspannung) möglich ist.

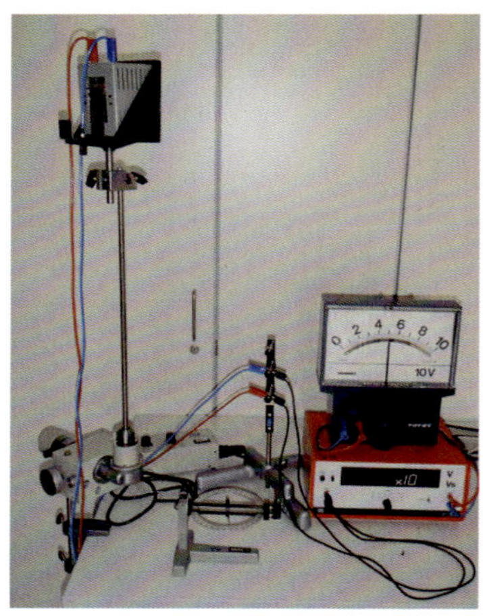

Bild 3: Versuchsanordnung zur Messung des Erdmagnetfeldes (mit dem Inklinatorium wird die magnetische Inklination α gemessen)

Rotiert die Spule wie in **Bild 3** um eine vertikale Achse, dann wird die Änderung des magnetischen Flusses durch die Änderung der Horizontalkomponente B_{hor} des Erdmagnetfeldes hervorgerufen, das die Spule durchsetzt. Über die Messung der magnetischen Inklination mit einem Inklinatorium kann die Flussdichte des Erdmagnetfeldes aus den Versuchsparametern berechnet werden:

$$B_{\text{Erde}} = \frac{B_{\text{hor}}}{\cos(\alpha)} \quad (\alpha \text{ ist der Inklinationswinkel})$$

$$U(t) = \underbrace{N \cdot B_{\text{hor}} \cdot A \cdot 2\pi f}_{=\hat{U}} \cdot \sin(2\pi f \cdot t)$$

$$\Rightarrow B_{\text{hor}} = \frac{\hat{U}}{N \cdot A \cdot 2\pi f} \quad (\text{da } \omega = 2\pi f)$$

Beispiel: $N = 320$ Windungen bei $\varnothing = 13{,}5$ cm Spulendurchmesser und Drehfrequenz $f = 1$ Hz liefert den Messwert $\hat{U} = 0{,}58$ mV bei $\alpha = 70°$ und daraus

$$B_{\text{Erde}} = \frac{\hat{U}}{N \cdot \frac{\pi}{4} d^2 \cdot 2\pi f \cdot \cos(\alpha)} = \frac{0{,}58 \cdot 10^{-3}\,\text{V}}{320 \cdot \frac{\pi}{4} \cdot (0{,}135\,\text{m})^2 \cdot 2\pi \cdot 1\,\text{s}^{-1} \cdot \cos(70°)} = 59\,\mu\text{T}.$$

9.5 Aufgaben zur elektromagnetischen Induktion und Wechselspannung

9.5.1 Aufgaben zur Induktion und Lenz'schen Regel

1. **Induktionsversuche**

   Entscheiden Sie jeweils, ob das angeschlossene Voltmeter ausschlägt oder nicht (**Bild 1**).

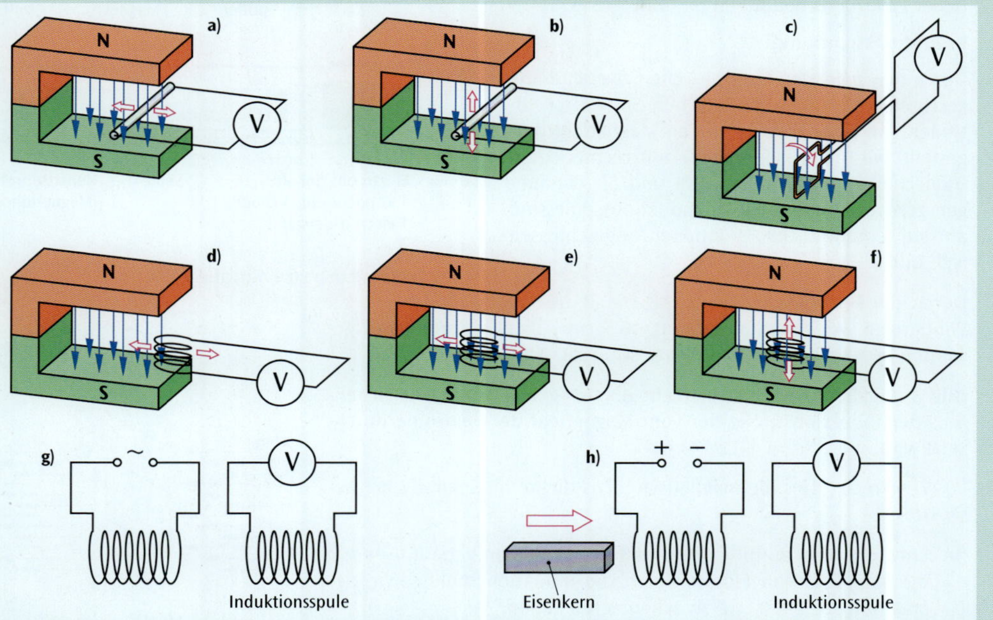

Bild 1: Zu Aufgabe 1

2. **Wagen und Spule**

   Ein Wagen, auf dem ein Stabmagnet liegt, rollt auf eine Spule zu (**Bild 2**).

   (a) Begründen Sie, warum das Amperemeter nur dann ausschlägt, während sich der Wagen auf die Spule zu- oder von ihr wegbewegt.

   (b) Begründen Sie die Stromrichtung während der Eintritts- und der Austrittsphase.

Bild 2: Zu Aufgabe 2

3. **Wirbelstrombremse**

   Die Wirbelstrombremse eines Heimtrainers besteht aus einer Aluminiumscheibe, die immer teilweise vom Magnetfeld eines Permanentmagneten durchsetzt wird (**Bild 3**). Schaltet man einen Gang höher, dann wird der Permanentmagnet näher an die Aluminiumscheibe geführt.

   Erklären Sie physikalisch, warum die Aluminiumscheibe während ihrer Drehung ständig abgebremst wird.

Bild 3: Zu Aufgabe 3

9.5.2 Aufgaben zur Induktion im bewegten Leiter

1. **Schütteltaschenlampe**

   Bild 1 zeigt eine Taschenlampe, die durch Hin- und Herschütteln aufgeladen werden kann.

   Erklären Sie die Funktionsweise einer Schüttellampe, indem Sie kurz auf die Funktion der einzelnen Bauteile in **Bild 1** eingehen. Wozu wird die Diode in der Elektrobox benötigt?

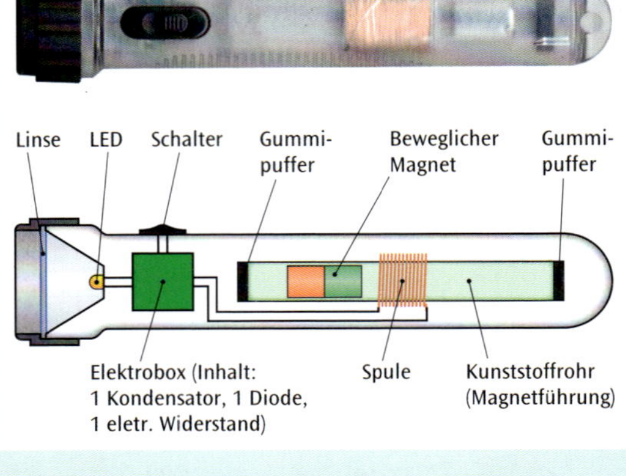

Bild 1: Schüttellampe (zu Aufgabe 1)

2. **Induktionsspannung**

   Durch den schmalen Spalt zwischen zwei in Reihe geschalteten stromdurchflossenen Spulen („Feldspulen", in **Bild 2** ist nur deren Magnetfeld dargestellt) wird eine kleine Spule mit rechteckigem Querschnitt („Induktionsspule") und 50 Windungen gezogen. Die Enden der Induktionsspule sind an ein empfindliches Voltmeter angeschlossen (vgl. **Bild 2**).

   Durch die Feldspule (Länge $2 \cdot 48$ cm, $2 \cdot 16\,000$ Windungen, Wicklungsquerschnitt 46,5 cm^2) fließt während des gesamten Experiments ein konstanter Strom der Stärke 100 mA.

   Bild 3 zeigt (idealisiert) die zeitliche Abhängigkeit desjenigen Flächenteils der Induktionsspule, der vom Magnetfeld der Feldspule durchsetzt wird.

   (a) Zeigen Sie, dass die magnetische Flussdichte im Spalt 4,2 mT beträgt.

   (b) Entwickeln Sie mithilfe von **Bild 3** den zeitlichen Verlauf $\Phi = \Phi(t)$ des magnetischen Flusses durch die Induktionsspule sowie der Spannung $U_{ind} = U_{ind}(t)$ zwischen deren Enden.

   Hinweis: Die 50 Windungen der Induktionsspule wirken wie eine Reihenschaltung von Spannungsquellen.

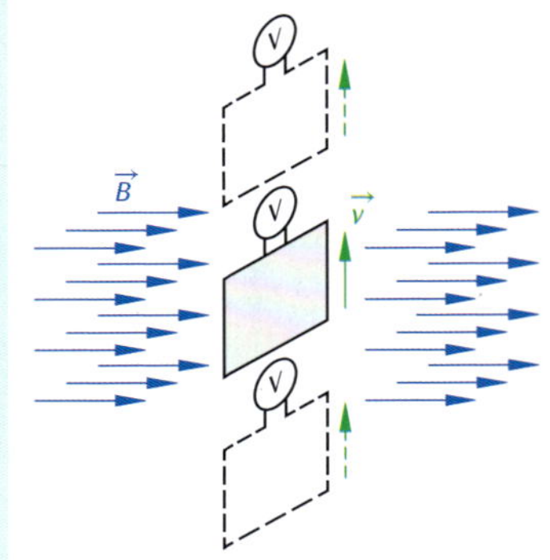

Bild 2: Zu Aufgabe 2

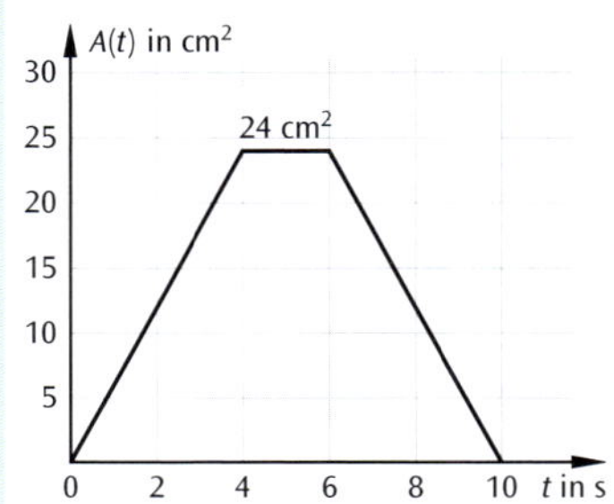

Bild 3: Zu Aufgabe 2

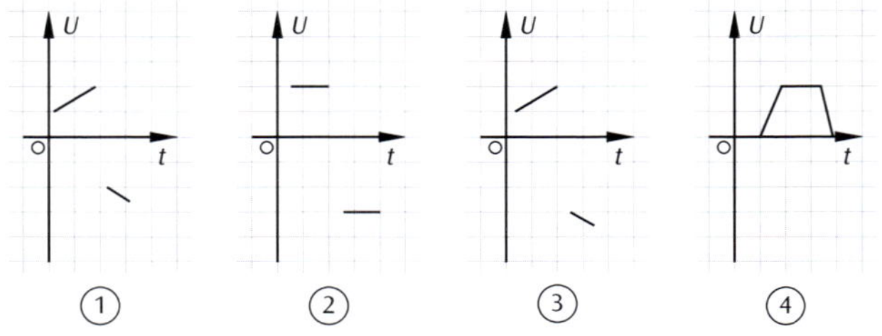

Bild 4: Zu Aufgabe 2c

Nachdem die Induktionsspule das Magnetfeld der Feldspule längst verlassen hat, reißt in der Aufwärtsbewegung die Aufhängung der Induktionsspule. Dabei fällt sie durch den Spalt zwischen den Feldspulen.

(c) Welche der in **Bild 4** gezeigten Diagramme gibt am besten den qualitativen Verlauf der Spannung U zwischen den Enden der fallenden Induktionsspule wieder? Begründen Sie!

3. **Induktionsstrom**

Beim Induktionsgerät handelt es sich bekanntlich um einen mit Leiterbahnen versehenen Schlitten, der mittels Motor aus einem Magnetfeld gezogen wird (vgl. S. 268 f.).

In einem Experiment werden die Leiterbahnen ($l \times b$ = 50 cm × 4,0 cm) über ein niederohmiges Amperemeter anstelle des Voltmeters kurzgeschlossen (**Bild 1**) und mit einer Geschwindigkeit von 10 cm pro Sekunde aus dem Magnetfeld der Stärke 25 mT gezogen.

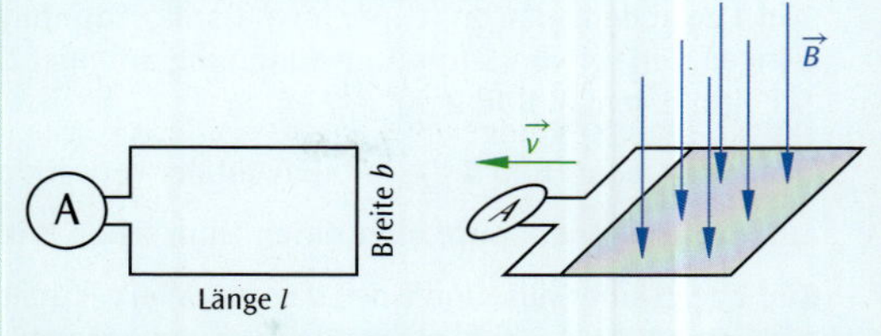

Bild 1: Zu Aufgabe 3

(a) Berechnen Sie den Ohm'schen Widerstand der Leiterbahn, wenn der verwendete Kupferdraht einen Durchmesser von 0,50 mm hat.

(b) Begründen Sie die Richtung des Induktionsstroms und berechnen Sie seine Stärke.

(c) Der Induktionsstrom bewirkt eine Kraft $\vec{F}$, die den Schlitten ständig abbremst. Berechnen Sie den Betrag dieser Kraft.

9.5.3 Aufgaben zur Induktion im ruhenden Leiter

1. **Induktionsschleife**

Ein wichtiges Instrument zur Verkehrssteuerung sind Induktionsschleifen vor Ampelanlagen (**Bild 2**). Erklären Sie deren Funktionsweise.

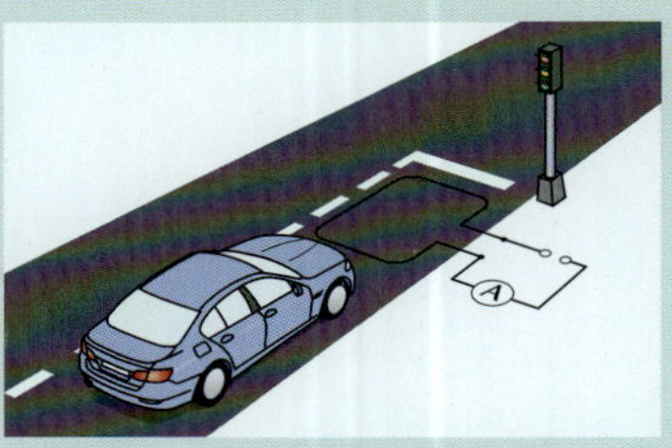

Bild 2: Induktionsschleife vor einer Ampel

2. **Induktionsversuch**

Die Induktionsspule in **Bild 2** auf S. 270 (100 Windungen bei ∅ = 41 mm) wird nicht ins Innere eines Helmholtz-Spulenpaares gelegt, sondern in die Mitte einer Zylinderspule (30 Windungen auf 40 cm), durch die der Strom mit einem zeitlichen Verlauf gemäß **Bild 3** fließt.

Entwickeln Sie ein Diagramm mit Werten, das den zeitlichen Verlauf der Induktionsspannung wiedergibt.

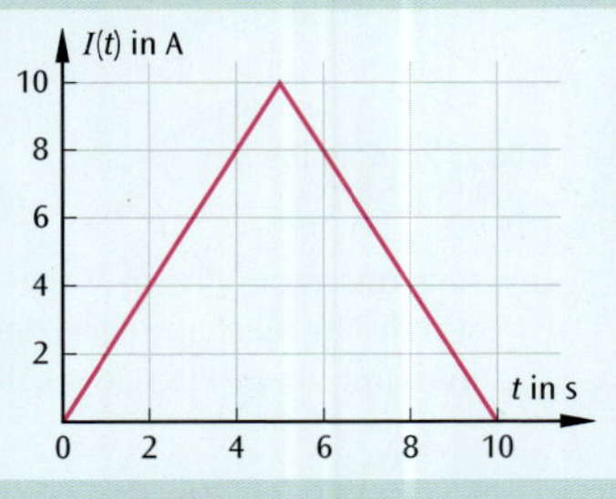

Bild 3: Zu Aufgabe 2

9.5.4 Aufgaben zur Selbstinduktion und magnetischen Feldenergie

1. **Induktivität**

(a) Eine Spule hat eine Induktivität von 630 H. Erklären Sie ohne Verwendung von Formeln oder Formelzeichen, was das bedeutet!

(b) Zeigen Sie, dass die Größe $\mu_r \cdot \mu_0 \cdot \frac{N^2}{l} \cdot A$ die Einheit H (Henry) hat.

2. **Experimentelle Bestimmung der Induktivität**

Bild 1 zeigt den Ausschnitt aus einem Oszilloskop-Bild, das den gleichzeitigen Verlauf von Strom und Spannung an einer Spule wiedergibt (Schaltbild gemäß **Bild 2** auf S. 274).

Ermitteln Sie aus **Bild 1** die Induktivität der verwendeten Spule.

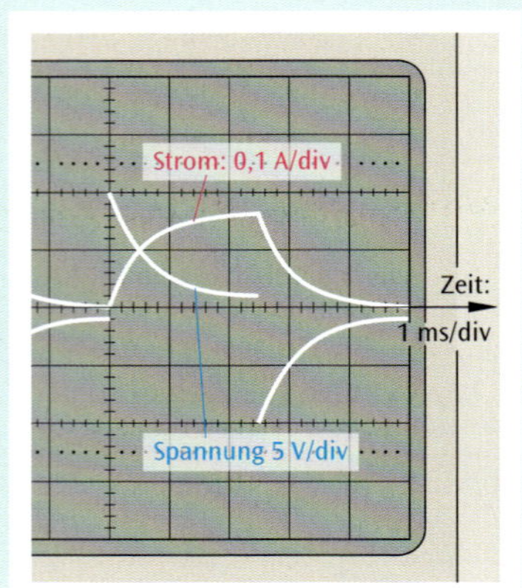

Bild 1: Zu Aufgabe 2 („div" bedeutet division, Skalenteil)

3. **Ausschalten einer Spule über einen Ohm'schen Widerstand**

Bild 2 zeigt eine Spule und einen dazu parallel geschalteten Ohm'schen Widerstand. Beide sind an eine Gleichspannungsquelle angeschlossen, wobei zum Zeitpunkt $t = 1$ s der Schalter geöffnet wird. Die Messgeräte zeigen dann den in **Bild 3** dargestellten Verlauf.

(a) Erklären Sie ohne Verwendung von Formeln, warum der durch das Amperemeter fließende Strom nicht sofort auf null abfällt.

(b) Berechnen Sie den Ohm'schen Widerstand der Spule.

(c) Unmittelbar nach dem Öffnen des Schalters springt die Anzeige am Voltmeter auf den Wert 33 V. Bestimmen Sie daraus und unter Verwendung von **Bild 3** die Induktivität der Spule.

(d) Skizzieren Sie qualitativ die Diagramme $I(t)$ und $U(t)$, wenn anstelle des 100-Ω-Widerstandes in **Bild 2** ein 200-Ω-Widerstand geschaltet wird, und begründen Sie Ihre Entscheidung.

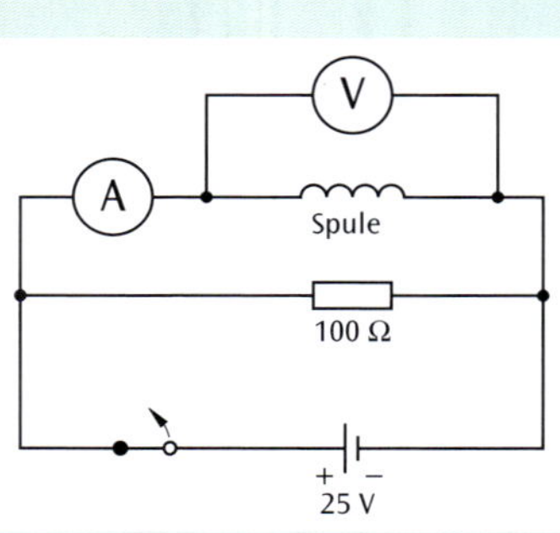

Bild 2: Zu Aufgabe 3

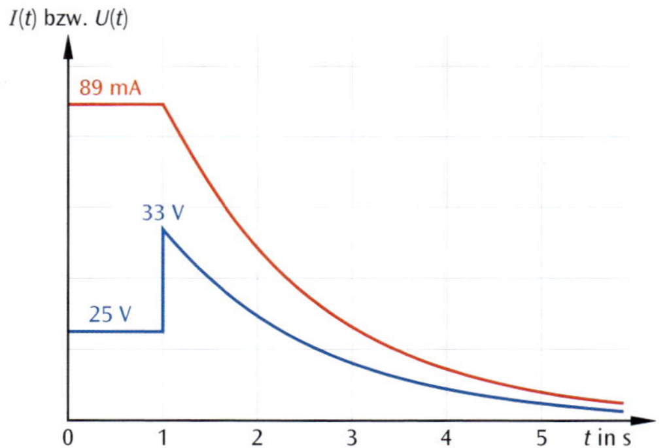

Bild 3: Anzeige von Amperemeter bzw. Voltmeter aus Bild 2 vor und nach dem Öffnen des Schalters

(e) Angenommen, die im Magnetfeld der Spule bei einem Strom von 89 mA gespeicherte Energie könnte vollständig in mechanische Energie umgewandelt werden (z. B. über einen Elektromotor). Wie hoch könnte man mit dieser Energie ein 10-Gramm-Gewicht heben? Rechnen Sie auch die Einheit nach!

9.5.5 Vermischte Aufgaben zu Kap. 9

1. **Ringversuch**

Über das freie Ende des Eisenkerns einer mit Gleichstrom versorgten Spule wird ein Aluminiumring geschoben und als Pendel aufgehängt (**Bild 4**).

(a) Erklären Sie, was beim Schließen und beim Öffnen des Schalters im Ring vor sich geht. Welche Beobachtung erwarten Sie jeweils?

(b) Ist es möglich, mit der dargestellten Versuchsanordnung herauszufinden, ob ein Ehering aus Silber oder aus Gold besteht?

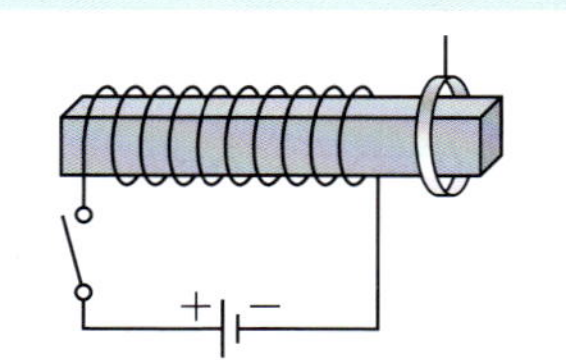

Bild 4: Zu Aufgabe 1

2. **Aus der TIMSS-Studie**[1)]

Eine Spule befindet sich in einem zeitlich veränderlichen Magnetfeld $\vec{B}$, das in der Spule einen Induktionsstrom mit dem in **Bild 1** dargestellten Verlauf verursacht.

Welches der in **Bild 2** gezeigten Diagramme stellt am besten den zeitlichen Verlauf des Magnetfeldes dar? Begründung!

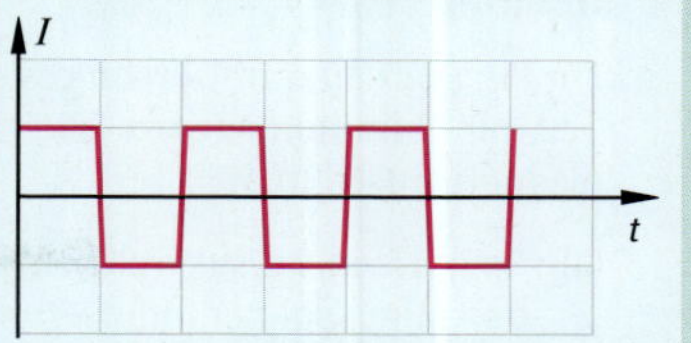

Bild 1: Zu Aufgabe 2

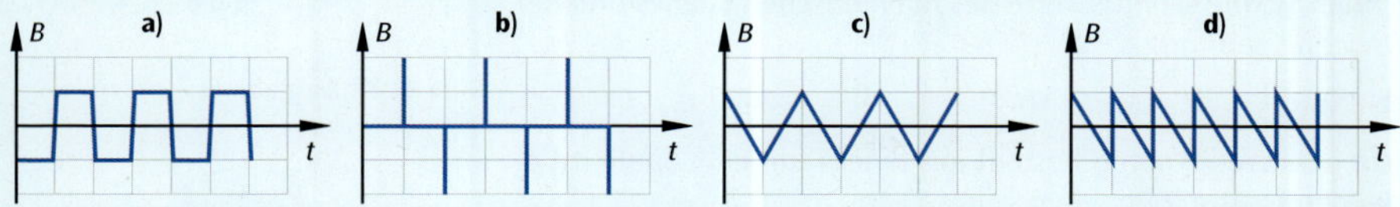

Bild 2: Lösungsvorschläge zu Aufgabe 2

3. **Sägezahnspannung**

Bild 3 zeigt eine Versuchsanordnung, in der neben eine mit Sägezahnspannung betriebene Feldspule eine Induktionsspule gelegt und der Spannungsverlauf an der Induktionsspule aufgezeichnet wird.

(a) Begründen Sie ohne Verwendung von Formeln das Ausschlagen des an die Induktionsspule angeschlossenen Voltmeters.

(b) Skizzieren Sie den zeitlichen Verlauf der Spannung an der Induktionsspule, wenn die Vorlaufdauer 3-mal so groß ist wie die Rücklaufdauer.

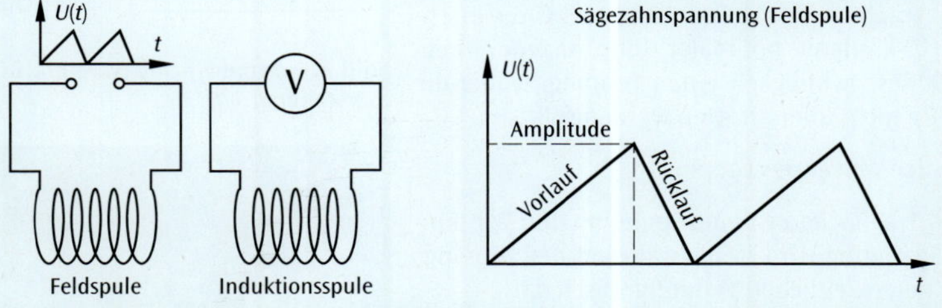

Bild 3: Zu Aufgabe 3

4. **Induktivität**

Bestimmen Sie die Induktivität einer Spule, die auf den in **Bild 4a**) dargestellten Stromverlauf mit dem in **Bild 4b**) gezeigten Spannungsverlauf reagiert.

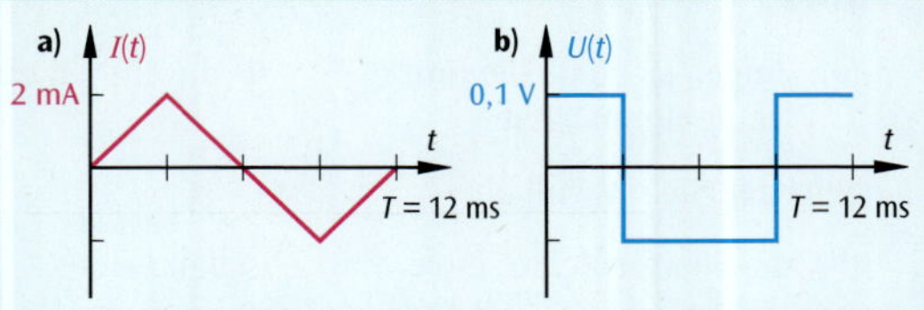

Bild 4: Zu Aufgabe 4

[1)] Trends in International Mathematics and Science Study, eine internationale Studie zur Erfassung des mathematischen und naturwissenschaftlichen Grundverständnisses von Schülerinnen und Schülern

5. **Drehring**

Ein Ring mit 40 mm Durchmesser rotiert wie in **Bild 1** dargestellt mit 120 min^{-1} im homogenen Feld zwischen den Polen eines Permanentmagneten ($B = 30$ mT).

(a) Begründen Sie, an welchem der Anschlüsse A oder B in **Bild 1** Sie den Minuspol der induzierten Spannung erwarten.

(b) Nach welchen Bruchteilen einer Umdrehung ist der Betrag der induzierten Spannung am größten?

(c) Berechnen Sie die Scheitelwerte des magnetischen Flusses und der induzierten Spannung.

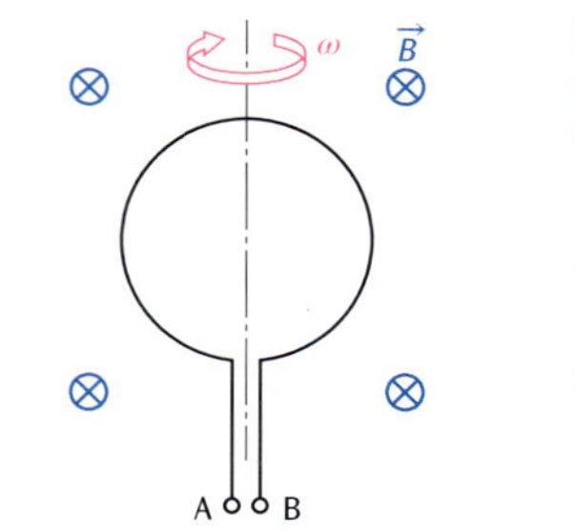

Bild 1: Zu Aufgabe 5

6. **Fahrraddynamo**[1)]

Ein einfacher Fahrraddynamo besteht aus einem um eine Spule rotierenden Magneten (**Bild 2**).

Vereinfachendes Modell: Spule mit 3 cm^2 Querschnitt bei 500 Windungen; Magnet mit der Flussdichte 100 mT; Reibrad mit 2 cm Durchmesser; Fahrgeschwindigkeit 15 km/h.

Schätzen Sie den Scheitelwert der Spannung sinnvoll ab.

Anmerkung: In Wirklichkeit besteht der eine in **Bild 2** dargestellte Magnet aus vier Magnetpaaren, die ringförmig um die Spule angeordnet sind. Die Überlagerung von vier induzierten Wechselspannungen verhindert dadurch ein Flackern des Lichts bei langsamer Fahrt.

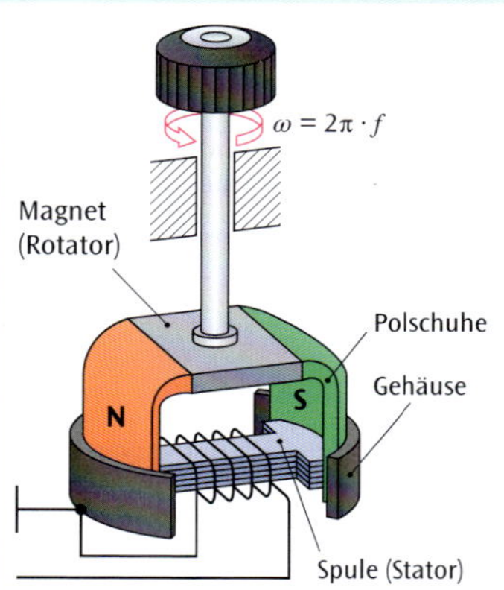

Bild 2: Fahrraddynamo (vereinfachte Darstellung)

7. **Looping eines Düsenjets**

Das Kampfflugzeug F-15E Strike Eagle (**Bild 3**) hat eine Flügelspannweite von 13,05 m und eine Tragflügelfläche von $56{,}48 \text{ m}^2$. Die Marschgeschwindigkeit beträgt 917 km/h auf optimaler Höhe. Angenommen, der Pilot fliegt mit dieser Geschwindigkeit einen Looping, wobei die maximale Belastung von $8g$ nicht überschritten werden soll.

(a) Berechnen Sie den Durchmesser des Loopings.

(b) Angenommen, in den Tragflächen ist eine Spule mit 100 Windungen verlegt. Welche Spannung wird in ihr während des Loopings induziert? Stellen Sie deren zeitlichen Verlauf grafisch dar!

Bild 3: F-15 Strike Eagle der US Air Force

8. **Energiedichte eines Neodymmagneten**

Ein würfelförmiger Neodymmagnet mit 5 mm Kantenlänge erzeugt in seiner unmittelbaren Umgebung eine magnetische Flussdichte von etwa 1 T.

(a) Zeigen Sie, dass die Größe $\frac{1}{2\mu_0} \cdot B^2$ die Einheit einer Energiedichte (Joule pro m^3) hat.

Schätzen Sie sinnvoll ab:

(b) die Energiedichte seines magnetischen Feldes,

(c) die magnetische Feldenergie in einem Raumgebiet 1 mm um den Würfel herum.

[1)] Der Begriff Dynamo ist in diesem Zusammenhang eigentlich nicht ganz korrekt, weil ein Dynamo sein zum Betrieb notwendiges Magnetfeld teilweise selbst erzeugt, indem der gewonnene Strom einen Elektromagneten mit versorgt.

10 Prüfungsaufgaben

In der Prüfung an Berufskollegs zum Erwerb der Fachhochschulreife werden in Technischer Physik vier Aufgaben vorgelegt: zwei zur Mechanik und zwei zur Elektrizitätslehre. Davon muss der Prüfling drei Aufgaben nach freier Wahl bearbeiten. Die Bearbeitungszeit beträgt 200 Minuten. Jede Aufgabe gibt 30 Punkte, sodass insgesamt 90 Punkte erreicht werden können.

Note	1	1,5	2	2,5	3	3,5	4	4,5	5	5,5	6
Punkte	83–90	75–82	67–74	59–66	51–58	42–50	33–41	24–32	15–23	6–14	0–5

Als Hilfsmittel sind zugelassen:

- Wissenschaftlicher Taschenrechner
- Merkhilfe „Mathematik für die Sekundarstufe II an beruflichen Schulen in Baden-Württemberg"
- „Merkhilfe Physik" (in der Technischen Oberschule und den zur Fachhochschulreife führenden Bildungsgängen mit Schwerpunkt Physik)

10.1 Prüfung A

Aufgabe 1 – Schiefe Ebene

1 Für einen Versuch steht folgende Anordnung zur Verfügung.

$\alpha = 17{,}8°$

$g = 9{,}81\ \text{m/s}^2$

$m = 200\ \text{g}$

$D = 7{,}2\ \text{N/cm}$

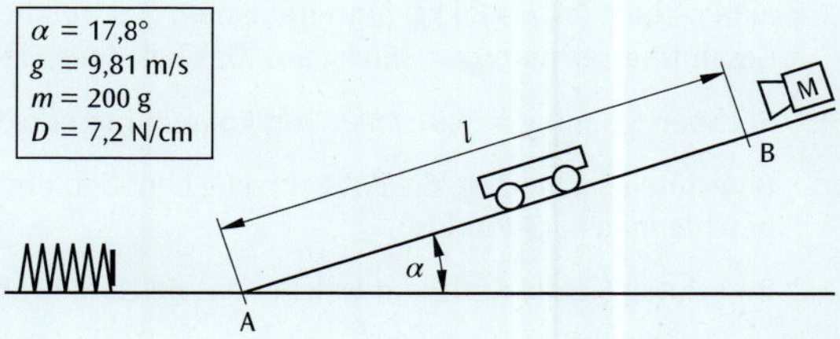

Bild 1:

Durch eine Feder mit der Federkonstanten D wird ein Wagen der Masse D beschleunigt und fährt eine Rampe der Länge l hoch. Mit einem Messgerät M wird die Geschwindigkeit v des Wagens auf der schiefen Ebene in Abhängigkeit der Zeit t gemessen. Der Wagen ist als Massenpunkt zu betrachten. Die Reibung ist zunächst zu vernachlässigen.

1.1 Berechnen Sie, wie weit die Feder zusammengedrückt werden muss, um den Wagen auf die Anfangsgeschwindigkeit $v_0 = 3$ m/s zu beschleunigen. **(2 Punkte)**

1.2 Bestimmen Sie die Beschleunigungsdauer des Wagens, indem Sie den Beschleunigungsvorgang als Teil einer harmonischen Schwingung interpretieren. **(2 Punkte)**

2 Mit einer Anfangsgeschwindigkeit $v_0 = 3$ m/s im Punkt A erreicht der Wagen den Umkehrpunkt B nach einer Zeit Δt_B.

2.1 Berechnen Sie die Hangabtriebskraft F auf der schiefen Ebene und zeigen Sie, dass der Wagen beim Hochfahren mit $|a| = 3\ \text{m/s}^2$ verzögert wird. **(2 Punkte)**

2.2 Berechnen Sie die Länge l der schiefen Ebene. **(2 Punkte)**

2.3 Bestimmen Sie die Zeit, die der Wagen braucht, um die Rampe hoch- und wieder hrunterzufahren (Strecke A–B–A). **(2 Punkte)**

2.4 Zeichnen Sie das zugehörige $v(t)$-Diagramm für den Bewegungsvorgang auf der Rampe. **(3 Punkte)**

Maßstab: t-Achse: 5 cm ≙ 1 s; v-Achse: 1 cm ≙ 1 m/s

3 Bei einer tatsächlichen Versuchsdurchführung erhält man das folgende $v(t)$-Diagramm für die Bewegung auf der Rampe (A–B–A).

3.1 Begründen Sie, wie es zu dem vom idealisierten Schaubild abweichenden Verlauf der Kurve kommt. Gehen Sie dabei auf die unterschiedlichen Steigungen und den früheren Nulldurchgang ein. (**4 Punkte**)

3.2 Bestimmen Sie mithilfe des $v(t)$ -Diagramms die Strecke, die der Wagen nun nach oben zurücklegt. (**2 Punkte**)

3.3 Ermitteln Sie aus dem Diagramm die Beschleunigung a beim Hochfahren. (**2 Punkte**)

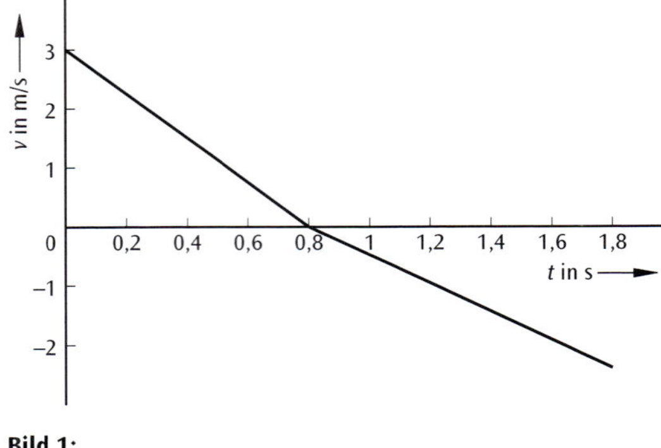

Bild 1:

3.4 Fertigen Sie von dem hochfahrenden Wagen eine vollständige Kräfteskizze an. (**3 Punkte**)

3.5 Bestimmen Sie die auftretende Reibungskraft und den zugehörigen Reibungskoeffizienten f_R. (**3 Punkte**)

3.6 Bestimmen Sie mithilfe einer Energiebetrachtung die Endgeschwindigkeit im Punkt A beim Herunterfahren. (**3 Punkte**)

Aufgabe 2 – Postfahrzeug

1 Ein Postbote (m_{PB} = 80 kg) fährt mit einem Elektrofahrzeug (m_{EF} = 1,5 t) in seinem Bezirk Briefe und Pakete mit der Gesamtmasse von m_{BP} = 350 kg aus. Das beladene Elektrofahrzeug beschleunigt mit a = 1,5 m/s^2.

1.1 Rechnen Sie mit g = 9 ,81 m/s^2. Von Rollreibungseffekten ist abzusehen.

Berechnen Sie die Zeit, die das Fahrzeug benötigt, um aus dem Stand auf eine Geschwindigkeit von v = 50 km/h zu beschleunigen. (**3 Punkte**)

1.2 Berechnen Sie die Kraft, mit welcher das beladene Fahrzeug beschleunigt wird. (**2 Punkte**)

1.3 Ermitteln Sie die Bewegungsenergie des beladenen Fahrzeugs bei der Geschwindigkeit v = 50 km/h. (**2 Punkte**)

1.4 Das Elektrofahrzeug hat ein Energierückgewinnungssystem. Hierbei wird ein Teil der Bewegungsenergie des Fahrzeugs beim Bremsen in elektrische Energie umgewandelt. Diese wird im 360-V-Akku des Fahrzeugs gespeichert. Energieverluste bei der Umwandlung in chemische Energie können vernachlässigt werden.

Auf dem Weg zum Kunden auf waagerechter Straße bremst der Postbote das Elektrofahrzeug von 50 km/h bis zum Stillstand ab. Dabei fließt für 8 Sekunden ein mittlerer Ladestrom von 52 A.

(a) Berechnen Sie den Betrag der zurückgewonnenen elektrischen Energie. (**2 Punkte**)

(b) Berechnen Sie den Wirkungsgrad der Energierückgewinnung. (**2 Punkte**)

2 Wenn sich der Postbote langsam in den Fahrersitz (m_S = 5 kg) setzt, senkt sich dieser um 6 cm bis zur Gleichgewichtslage ab.

Die Federung des Fahrersitzes kann vereinfacht als Stahlfeder betrachtet werden, für die das Hooke'sche Gesetz gilt. Die Masse der Feder kann vernachlässigt werden.

2.1 Zeigen Sie, dass die Federkonstante der Sitzfederung D = 13,1 kN/m beträgt. (**2 Punkte**)

2.2 Der Fahrer fährt mit dem Fahrzeug durch ein Schlagloch. Die Feder des Sitzes ist zum Zeitpunkt t = 0 s insgesamt um 10 cm verkürzt. Der Fahrer beginnt mit seinem Sitz vom unteren Umkehrpunkt aus zu schwingen. (**2 Punkte**)

(a) Begründen Sie, dass diese Schwingung eine harmonische Schwingung ist. (**2 Punkte**)

(b) Berechnen Sie die Frequenz f der Schwingung. (**3 Punkte**)

(c) Geben Sie das $s(t)$ -Gesetz der Schwingung allgemein und mit Zahlenwerten an. (**3 Punkte**)

3 Auf der Ladefläche des Elektrofahrzeugs liegt ein Paket (m_P = 0,5 kg). Zwischen dem Paket und der Ladefläche beträgt die Haftreibungszahl f_{haft} = 0,5. Der Postbote durchfährt mit v = 35 km/h eine horizontale Kurve mit dem Radius r = 12 m. Überprüfen Sie, ob das Paket auf der Ladefläche zu rutschen beginnt. (**2 Punkte**)

4 Nach Auslieferung aller Briefe und Pakete lässt der Postbote sein leeres Fahrzeug ausrollen. Dabei stößt dieses auf waagerechter Fahrbahn total elastisch mit einer Geschwindigkeit von $v = 25$ km/h zentral gegen einen ruhenden, rollbaren Müllcontainer ($m_M = 120$ kg).

4.1 Bestimmen Sie die Geschwindigkeiten des Fahrzeuges und des Müllcontainers direkt nach dem Zusammenstoß. **(2 Punkte)**

4.2 Berechnen Sie die Impulsänderung für den Fahrer beim Zusammenstoß. **(3 Punkte)**

Aufgabe 3 – Teilchen in elektrischen und magnetischen Feldern

1 Elektronen mit der kinetischen Energie von 5 keV werden parallel zu den Platten In einen Kondensator eingeschossen (**Bild 1**).

Die quadratischen Platten haben die Kantenlänge $l = 12$ cm. Der Plattenabstand beträgt $d = 2$ cm. Der Kondensator ist an eine Spannungsquelle angeschlossen.

Beim Durchlaufen des Kondensators werden die Elektronen nach oben abgelenkt Die Gewichtskraft ist zu vernachlässigen.

Elementarladung: $e = 1{,}602 \cdot 10^{-19}$ C;

Masse eines Elektrons: $m_e = 9{,}11 \cdot 10^{-31}$ kg.

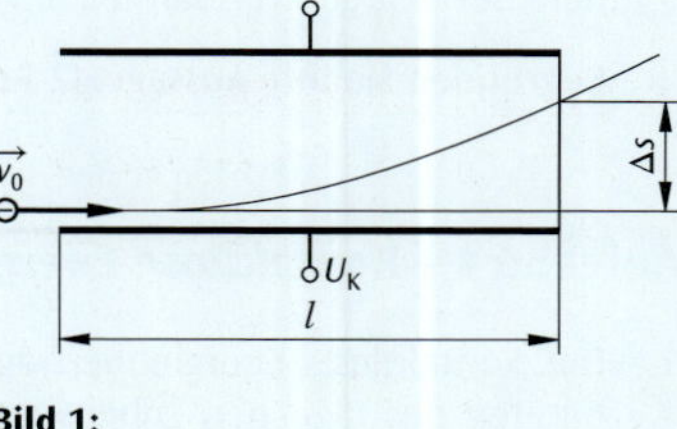

Bild 1:

1.1 Berechnen Sie die Geschwindigkeit v_0, mit der die Elektronen in den Plattenkondensator eintreten und die Zeitdauer Δt, weiche sie zum Durchlaufen des Kondensators benötigen. **(3 Punkte)**

1.2 Zeichnen Sie in **Bild 2** für das elektrische Feld im Innern des Plattenkondensators die Feldlinien ein und geben Sie die Polarität der Platten an. **(2 Punkte)**

1.3 Fertigen Sie in **Bild 2** auf dem Arbeitsblatt für ein Elektron, welches sich im elektrischen Feld zwischen den Platten des Kondensators befindet, eine Kräfteskizze an. **(1 Punkt)**

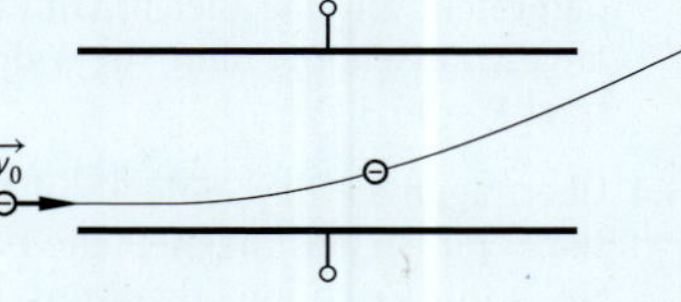

Bild 2:

1.4 Berechnen Sie für die Ablenkung $\Delta s = 1{,}4$ cm die elektrische Feldkraft F_{el} auf ein Elektron im Kondensator. **(3 Punkte)**

1.5 Berechnen Sie die Spannung U_K am Kondensator. **(3 Punkte)**

1.6 Die Spannung am Kondensator beträgt $U_K = 390$ V.

Berechnen Sie die Ladung Q des Kondensators und die in seinem elektrischen Feld gespeicherte Energie W_{el}. **(3 Punkte)**

1.7 Bei angeschlossener Spannungsquelle wird der Plattenabstand von 2 cm auf 4 cm verdoppelt.

Geben Sie begründet an, welchen Betrag jetzt die Ablenkung Δs der Elektronen nach dem Durchlaufen des Kondensators hat. **(4 Punkte)**

1.8 Die Spannungsquelle wird nun entfernt. Danach wird der Plattenabstand des geladenen Kondensators wieder von 4 cm auf 2 cm halbiert.

Untersuchen Sie, ob und gegebenenfalls wie sich dies auf die Ablenkung der Elektronen im Kondensator auswirkt. **(2 Punkte)**

2 Negativ geladene Teilchen werden in einem Fadenstrahlrohr mittels einer Beschleunigungsspannung auf die Geschwindigkeit v beschleunigt. Ein Helmholtzspulenpaar erzeugt ein Magnetfeld, in dem sich die Teilchen auf einer Kreisbahn bewegen. Die waagrechten Striche haben einen Abstand a von jeweils einem Zentimeter (**Bild 3**).

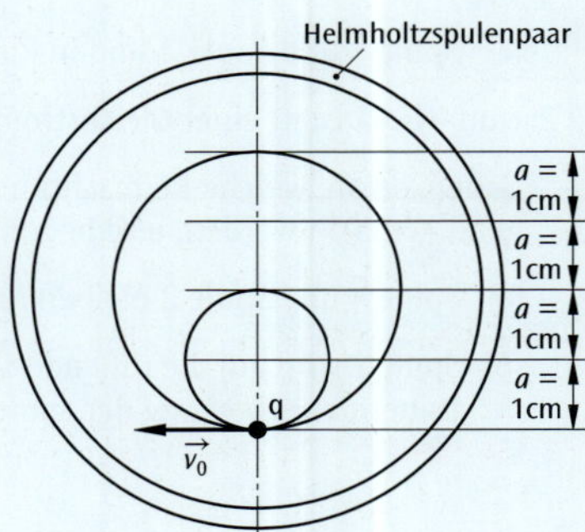

Bild 3:

2.1 Fertigen Sie in **Bild 1** eine Kräfteskizze für das negativ geladene Teilchen. Zeichnen Sie darin auch die Richtung der Magnetfeldlinien und die Richtung des felderzeugenden Stromes in dem Spulenpaar ein. (**3 Punkte**)

2.2 Die magnetische Flussdichte des Feldes beträgt bei der größeren Kreisbahn $B = 1{,}0$ mT, die Geschwindigkeit der Teilchen $v = 3{,}5 \cdot 10^8$ m/s.

Bestimmen Sie aus diesen Daten die spezifische Ladung q/m der Teilchen. Bestätigen Sie, dass es sich um Elektronen handelt. (**4 Punkte**)

2.3 Beschreiben Sie zwei Möglichkeiten, wie man die Elektronen auf die kleinere der beiden Kreisbahnen ($d = 2 \cdot a$) ablenken kann.

Begründen Sie Ihre Aussage. (**2 Punkte**)

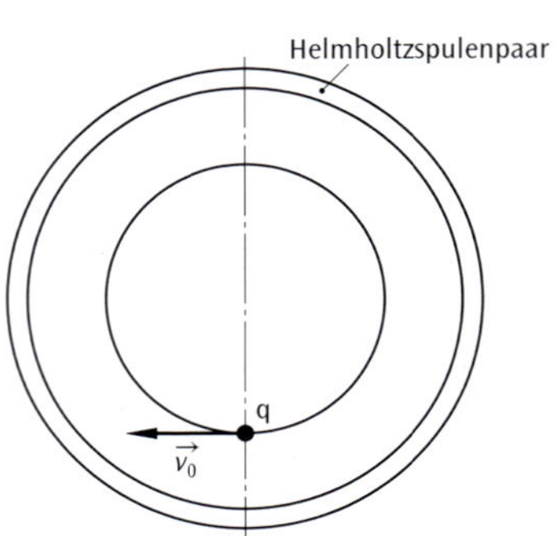

Bild 1:

Aufgabe 4 – Kontaktlose Energieübertragung

1 Die kontaktlose Energieübertragung wird in vielen Geräten des täglichen Lebens genutzt (Handy, Zahnbürste, Staubsauger etc.). Im Internet findet man viele Bauanleitungen zu Versuchen für kontaktlose Energieübertragung. **Bild 1** zeigt schematisch als typisches Beispiel einen Versuchsaufbau.

Die luftgefüllte Spule 1 wird zunächst wie in **Bild 1** dargestellt an eine Gleichspannungsquelle $U = 10$ V angeschlossen. Der ohmsche Widerstand der Spule beträgt $R = 14{,}3\ \Omega$.

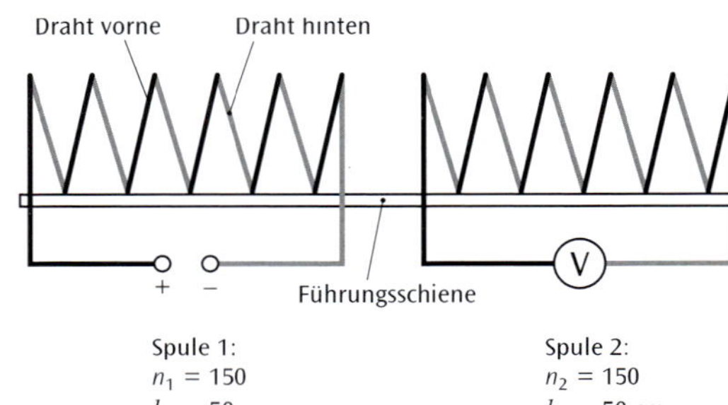

Bild 2:

1.1 Übertragen Sie die Spule 1 auf Ihr Lösungsblatt und skizzieren Sie das magnetische Feldlinienbild, Tragen Sie in Ihre Zeichnung den Nord- und den Südpol ein. (**2 Punkte**)

1.2 Berechnen Sie die Stromstärke I in der Spule 1. (**1 Punkt**)

1.3 Die Stromstärke in der Spule 1 beträgt $I = 0{,}7$ A. Berechnen Sie den Betrag der magnetischen Flussdichte B in der Spule 1. (**1 Punkt**)

2 Durch die luftgefüllte Spule 1 fließt ein konstanter elektrischer Strom. Die ebenfalls luftgefüllte Spule 2 wird mit einem Spannungsmessgerät verbunden.

2.1 Geben Sie an, welche Beobachtungen jeweils während den folgenden Experimenten an dem Spannungsmessgerät gemacht werden, und begründen Sie jeweils Ihre Aussage. (**6 Punkte**)

(a) Spule 2 wird auf die ruhende Spule 1 zubewegt.

(b) Spule 1 und Spule 2 bleiben in Ruhe.

(c) Spule 1 und Spule 2 sind in Ruhe. In die Spule 1 wird ein Eisenkern eingebracht.

2.2 Nun wird anstatt einer Gleichstromquelle eine Wechselstromquelle an Spule 1 angelegt.

Geben Sie an, welche Beobachtungen nun jeweils während den folgenden Experimenten an dem Spannungsmessgerät gemacht werden, und begründen Sie jeweils Ihre Aussage. (**4 Punkte**)

(a) Spule 1 und Spule 2 bleiben in Ruhe.

(b) Spule 2 wird auf die ruhende Spule 1 zubewegt. Die Periodendauer der Wechselspannung ist viel kleiner als die Dauer der Bewegung der Spule.

3 Die Spule 2 wird nun durch eine im Durchmesser deutlich kleinere Spule 3 ersetzt, die mittig in der Spule 1 positioniert wird (**Bild 1**).

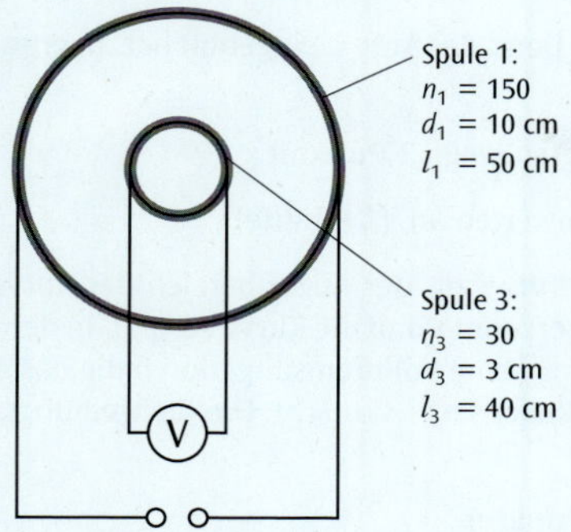

Bild 1:

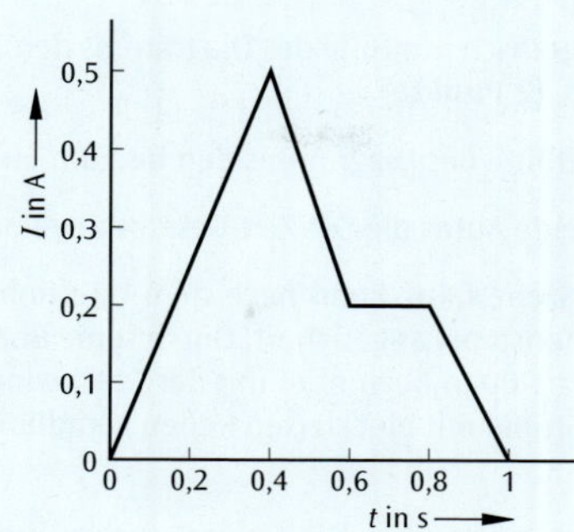

Bild 2:

An Spule 1 wird eine veränderliche Spannung angelegt, sodass die Stromstärke I dem in **Bild 2** dargestellten Verlauf folgt.

3.1 Gliedern Sie das Diagramm in sinnvolle Abschnitte. Berechnen Sie jeweils die Änderungsrate der Stromstärke $\Delta I / \Delta t$. **(4 Punkte)**

3.2 Zeichnen Sie für die in der Spule 3 induzierte Spannung das zugehörige $U_{ind}(t)$-Diagramm. **(4 Punkte)**

Maßstab: t -Achse: 1 cm ≙ 0,2 s und U_{ind}-Achse: 1 cm ≙ 5 μV.

4 In einem neuen Versuch wird in Spule 1 nun die Stromstärke konstant gehalten. Die Spule 3 wird durch eine drehbar gelagerte Leiterschleife ersetzt. Dabei gilt für die senkrecht von den Magnetfeldlinien durchsetzte Fläche der Leiterschleife $A_{LS}(t) = A_0 \cdot \cos(\omega \cdot t)$.

4.1 Leiten Sie eine Gleichung für den zeitlichen Verlauf der in der Leiterschleife induzierten Spannung $U_{ind,LS}(t)$ her. **(4 Punkte)**

4.2 Geben Sie an, ob die Schleife zum Zeitpunkt $t = 0$ s parallel oder orthogonal zu den Feldlinien steht. Begründen Sie Ihre Antwort. **(2 Punkte)**

4.3 Untersuchen Sie, ob zum Zeitpunkt $t = 0$ s die in der Leiterschleife induzierte Spannung maximal wird. Begründen Sie Ihre Antwort. **(2 Punkte)**

10.2 Prüfung B

Aufgabe 1 – James Bond Film

1 Für den neuen James Bond Film sollen vier Szenen mit spektakulären Stunts gedreht werden. Der Regisseur zieht einen Physiker als Experten hinzu, der bei der Planung der Szenen helfen soll. Die ersten drei Szenen werden während eines Überholmanövers mit anschließender gewagter Kurvenfahrt gefilmt. **Bild 1** zeigt die Ausgangssituation der Fahrt zum Zeitpunkt $t = 0$ s.

Bond und seine Begleiterin befinden sich in Auto 1. Die Gesamtmasse von Auto 1 mit Insassen beträgt $m_1 = 1250$ kg. Die Fahrzeuge sollen als Massepunkte betrachtet werden.

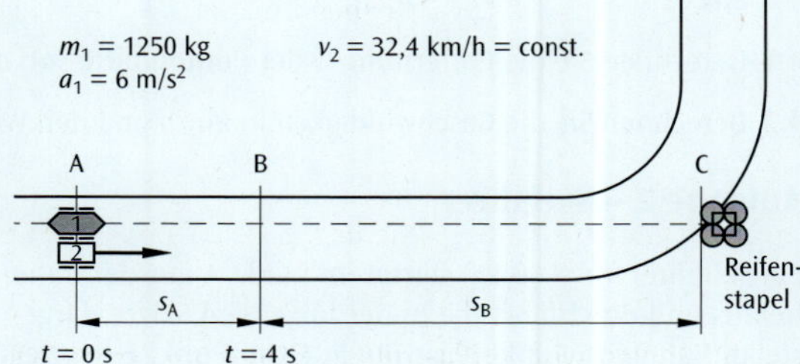

Bild 3:

1.1 Die erste Szene soll 4 s dauern und wird auf der gerade verlaufenden Strecke s_A gedreht. Zum Zeitpunkt $t = 0$ s fährt Auto 2 mit konstanter Geschwindigkeit $v_2 = 32{,}4$ km/h an Bond vorbei. Bond beschleunigt sofort aus der Ruhe heraus gleichmäßig mit $a_1 = 6\ \text{m/s}^2$ und versucht Auto 2 einzuholen.

Zeichnen Sie für die ersten 4 s ein v-t-Diagramm, in dem Sie die Fahrt von Auto 1 und Auto 2 darstellen. (**4 Punkte**)

Maßstab: t-Achse: 1 cm $\hat{=}$ 0,5 s; v-Achse: 1 cm $\hat{=}$ 2 m/s im Bereich von 0 bis 30 m/s.

1.2 Bestimmen Sie grafisch mit Hilfe des Diagramms den Zeitpunkt, an dem Bond das Auto 2 eingeholt hat. Begründen Sie ihr Vorgehen. (**2 Punkte**)

1.3 Ermitteln Sie mithilfe des Diagramms den bis zum Einholen zurückgelegten Weg. (**2 Punkte**)

1.4 Geben Sie für beide Autos die Ort-Zeit-Gesetze allgemein und mit Zahlenwerten an. (**2 Punkte**)

2 In der zweiten Szene fährt Bond nach dem Überholmanöver auf eine Kurve zu. Der Außenbereich der Kurve ist durch einen Reifenstapel abgesichert. Durch seine Begleiterin abgelenkt erkennt Bond die Kurve zu spät. In der Entfernung von $s_B = 200$ m beginnt er mit der Geschwindigkeit $v_B = 144$ km/h eine Vollbremsung, durch die das Auto auf der nassen Straße mit blockierten Reifen geradlinig in Richtung des Reifenstapels rutscht. Die Gleitreibungszahl beträgt $f_{gleit} = 0{,}3$.

2.1 Erstellen Sie eine vollständige Kräfteskizze für das bremsende Auto. (**2 Punkte**)

2.2 Berechnen Sie mithilfe einer Energiebetrachtung die Geschwindigkeit v_C, mit der das Auto im Punkt C auf den Reifenstapel auftrifft. (**4 Punkte**)

2.3 Die Beifahrerin mit der Masse $m_B = 55$ kg wird bei dem Aufprall in der Zeit $\Delta t = 0{,}1$ s von der Geschwindigkeit 20 m/s auf 14 m/s abgebremst. Berechnen Sie die mittlere Bremskraft, die dabei auf die Beifahrerin wirkt. (**2 Punkte**)

3 Die Kurvenfahrt wird nochmals unter anderen Voraussetzungen gedreht. Das Auto 1 erreicht nun bei trockener Straße die Linkskurve mit dem Radius $r = 200$ m (**Bild 1**). Die Haftreibungszahl beträgt $f_{haft} = 0{,}9$.

3.1 Fertigen Sie für das Auto 1 in der Linkskurve eine vollständige Kräfteskizze. Das Auto soll von hinten in Fahrtrichtung betrachtet werden. (**2 Punkte**)

3.2 Berechnen Sie die Höchstgeschwindigkeit v_{max} mit der das Auto die Kurve durchfahren kann. (**3 Punkte**)

4 Nach der Kurve wird die Fahrt mit konstanter Geschwindigkeit von $v = 150$ km/h fortgesetzt. Doch plötzlich endet die an der Kaimauer und Bond schießt ungebremst über die Kaimauer hinaus. Im Wasser befindet sich ein schwimmender Ponton (**Bild 1**). Bond setzt mit seinem Auto genau in der Mitte des Pontons auf.

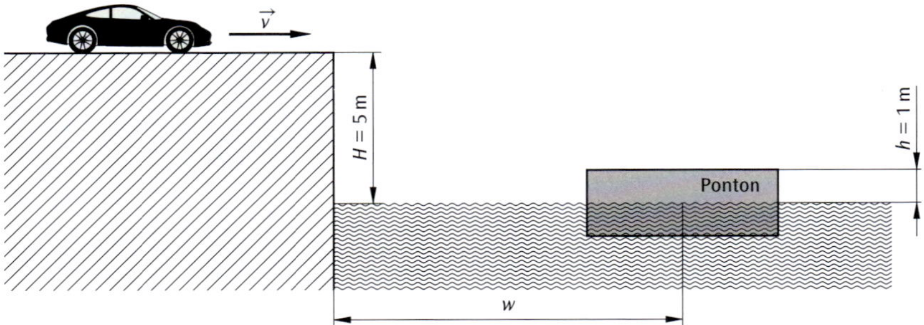

Bild 1:

4.1 Berechnen Sie die Entfernung w der Pontonmitte von der Kaimauer. (**3 Punkte**)

4.2 Berechnen Sie die Geschwindigkeit in km/h und den Winkel, mit der das Auto auf dem Ponton aufsetzt. (**4 Punkte**)

Aufgabe 2 – Skifahrer

Ein Skifahrer ($m = 80$ kg) startet im Punkt A aus der Ruhe heraus und durchfährt die in der folgenden Skizze dargestellte Bahn von Punkt A bis Punkt E. Im Punkt E hebt er ab und landet dann im Punkt F.

Der Skifahrer wird als Massepunkt betrachtet, Reibung und Luftwiderstand sollen vernachlässigt werden.

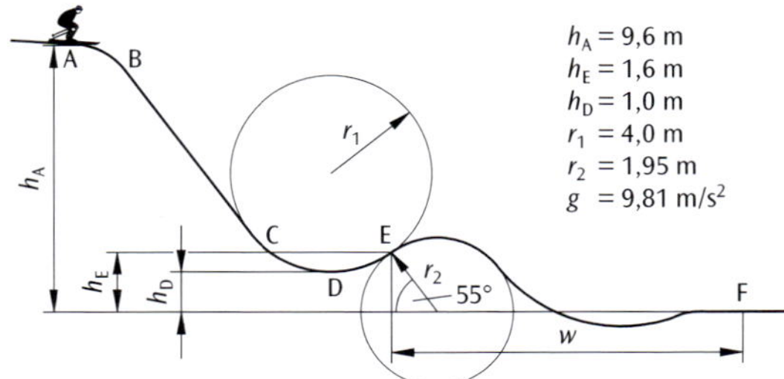

Bild 2:

1 Die erste Mulde beginnt bei Punkt C, hat einen kreisförmigen Verlauf mit Radius r_1 und geht dann im Punkt E in den ebenfalls kreisförmigen Hügel mit Radius r_2 über.

1.1 Geben Sie die Bewegungsarten für die Fahrt von Punkt A bis B, von Punkt B bis C und von Punkt C bis E an. (**3 Punkte**)

1.2 Erstellen Sie für den Skifahrer im Streckenabschnitt BC eine vollständige Kräfteskizze mit geeigneter Kräftezerlegung. (**2 Punkte**)

1.3 Berechnen Sie die Beschleunigung a_{BC} des Skifahrers im Streckenabschnitt BC bei einem Neigungswinkel von $\alpha = 35°$. (**3 Punkte**)

1.4 Erstellen Sie für den Skifahrer im Punkt D eine vollständige Kräfteskizze. (**2 Punkte**)

1.5 Der Skifahrer erreicht im Punkt D die Geschwindigkeit $v_0 = 13$ m/s.

Berechnen Sie den Betrag der Kraft $F_{U,D}$, welche die Fahrbahn im Punkt D auf den Skifahrer ausübt. (**3 Punkte**)

2 Nach dem Abheben in Punkt E führt der Skifahrer einen schiefen Wurf aus und landet im Punkt F wieder auf der Piste.

2.1 Bestimmen Sie die Geschwindigkeit v_E des Skifahrers beim Abheben im Punkt E und den Winkel β zur Horizontalen, unter dem er die Bahn verlässt. (**4 Punkte**)

2.2 Erklären Sie das Überlagerungsprinzip und geben Sie die horizontale und die vertikale Bewegungsart an. (**4 Punkte**)

2.3 Berechnen Sie die Flugweite w, wenn der Absprungwinkel zur Horizontalen $\beta = 35°$ betragt. (**5 Punkte**)

2.4 Zeichnen Sie jeweils ein *v-t*-Diagramm für die horizontale und die vertikale Geschwindigkeitskomponente des Skifahrers im Flug. (**4 Punkte**)

Maßstab: *t*-Achse: 1 cm ≙ 0,2 s, *v*-Achse: 1 cm ≙ 2 m/s

Aufgabe 3 – Weltraummission

In vielen Science-Fiction-Filmen werden Schutzschilde eingesetzt, die ein Raumschiff vor schädlicher Strahlung oder einem Angriff schützen. Uns steht zwar noch nicht die Technik und das Wissen des 23. Jahrhunderts zur Verfügung, einige Schutzschilde sind aber bereits heute zumindest theoretisch realisierbar.

1 Stellen Sie sich vor, Ihr Raumschiff sieht sich plötzlich energiereicher Strahlung ausgesetzt. Das Raumschiff kann in einem Bereich von $r_1 = 999$ m bis $r_2 = 1001$ m von der Raumschiffmitte entfernt ein annähernd homogenes, ringförmiges Magnetfeld der Flussdichte $B = 1{,}1$ mT aufbauen (**Bild 1**). Der übrige Raum bleibt feldfrei. Relativistische Effekte können im Folgenden vernachlässigt werden.

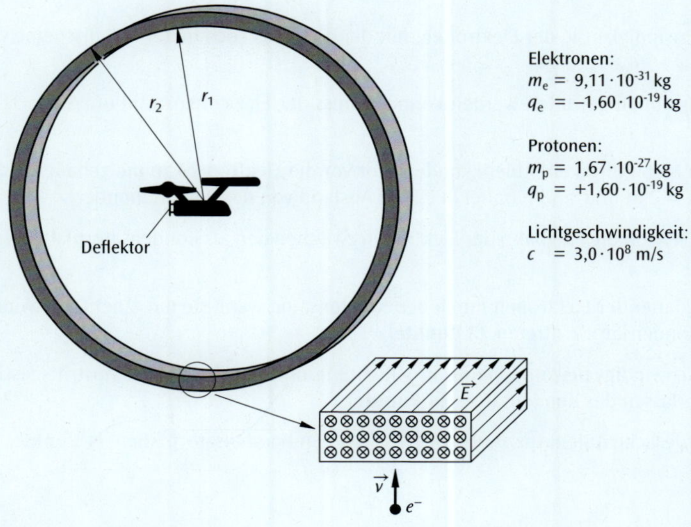

Elektronen:
$m_e = 9{,}11 \cdot 10^{-31}$ kg
$q_e = -1{,}60 \cdot 10^{-19}$ kg

Protonen:
$m_p = 1{,}67 \cdot 10^{-27}$ kg
$q_p = +1{,}60 \cdot 10^{-19}$ kg

Lichtgeschwindigkeit:
$c = 3{,}0 \cdot 10^8$ m/s

Bild 1:

1.1 Die energiereiche Strahlung besteht aus Elektronen, die sich mit 10 % der Lichtgeschwindigkeit bewegen und senkrecht auf das Magnetfeld treffen (Detailansicht **Bild 1** auf der vorigen Seite).

Beschreiben und begründen Sie in Worten den Verlauf der Bahn, die die Elektronen nach dem Eintritt in das Magnetfeld beschreiben. (**2 Punkte**)

1.2 Zeigen Sie durch eine Rechnung, dass die Elektronen den magnetischen Schutzschild nicht durchdringen. (**4 Punkte**)

1.3 Geben Sie den Betrag der Geschwindigkeit v_1 an, mit der die Elektronen das magnetische Feld verlassen. Begründen Sie Ihre Antwort. (**2 Punkte**)

2 In der Strahlung befinden sich neben den Elektronen auch Protonen. Um die energiereichen Protonen abwehren zu können, benötigen Sie an der Vorderseite des Raumschiffs eine Elektronenkanone, die Sie noch konstruieren müssen. Das bewerkstelligen Sie mithilfe der metallischen Scheibe des Deflektors, zwei Metalltüren, einer Eisenstange und drei Spannungsquellen (**Bild 2**).

Bauanleitung:

Bohren Sie in die elektrisch isoliert aufgehängte, kreisrunde Metallscheibe des Deflektors ein zentrales Loch. Hinter dieser durchbohrten Metallscheibe bringen Sie die runde Eisenstange mit einer Länge von $l = 1{,}23$ m und einem Durchmesser von $d = 19{,}5$ mm an. Die Eisenstange glüht, wenn sie von einem elektrischen Strom der Stärke $I = 23{,}2$ kA durchflossen wird. Dabei beträgt der spezifische Widerstand des Eisens $\varrho_{\text{Eisen}} = 0{,}93\ \Omega \cdot \text{mm}^2/\text{m}$.

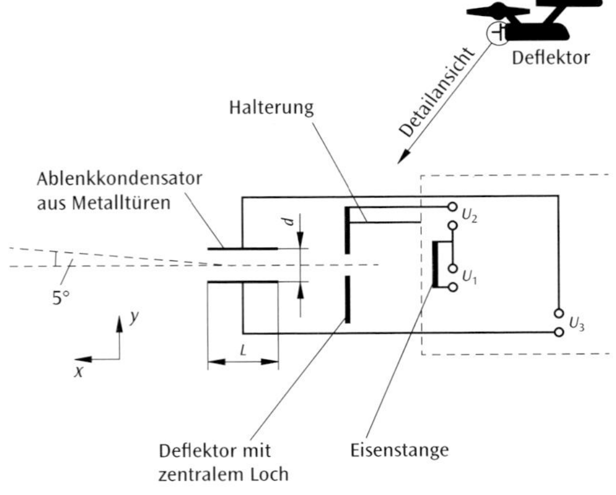

Bild 2:

2.1 Bestimmen Sie den elektrischen Widerstand R der Eisenstange. (**2 Punkte**)

2.2 Berechnen Sie die Spannung U_1, die an der Eisenstange angelegt werden muss, damit sie glüht. (**2 Punkte**)

2.3 Erläutern Sie, warum die Eisenstange zum Glühen gebracht werden muss. (**1 Punkt**)

2.4 Zwischen der glühenden Eisenstange und der Metallscheibe des Deflektors legen Sie die Spannung $U_2 = 10$ kV an.

(a) Geben Sie an, welcher Pol der Spannungsquelle U_2 mit der Eisenstange verbunden werden muss. Begründen Sie. (**2 Punkte**)

(b) Berechnen Sie die Geschwindigkeit v_0 der Elektronen, mit der diese das Loch in der Metallscheibe verlassen. (**3 Punkte**)

2.5 Damit die eindringenden Protonen getroffen werden können, muss der Elektronenstrahl um 5° nach oben abgelenkt werden.

Dazu wird aus zwei ebenen Metalltüren ein Ablenkkondensator vor die Elektronenkanone gebaut (**Bild 2**). Die Türen haben eine Länge von $L = 2$ m und sind parallel in einem Abstand von $d = 0{,}43$ m montiert.

(a) Beschreiben und Sie in Worten die Flugbahn der Elektronen zwischen den als Kondensatorplatten verwendeten Metalltüren. (**2 Punkte**)

(b) Bestimmen Sie die Flugdauer der Elektronen durch den Kondensator, wenn sie mit einer Geschwindigkeit $v_0 = 5{,}93 \cdot 10^7$ m/s in den Kondensator eintreten. (**2 Punkte**)

(c) Bestimmen Sie die Geschwindigkeitskomponente in y-Richtung und den Betrag der Austrittsgeschwindigkeit der Elektronen beim Verlassen des Kondensators. (**4 Punkte**)

(d) Berechnen Sie die erforderliche Ablenkspannung U_3 zwischen den Kondensatorplatien. (**4 Punkte**)

Aufgabe 4 – Induktives Laden

Ladegeräte, die das Prinzip der induktiven Energieübertragung nutzen, sind auf dem Markt beispielsweise für Smartphones verfügbar. Dabei befindet sich eine Sendespule S_1 in der Ladestation, eine Empfängerspule S_2 im Mobilgerät (**Bild 1**).

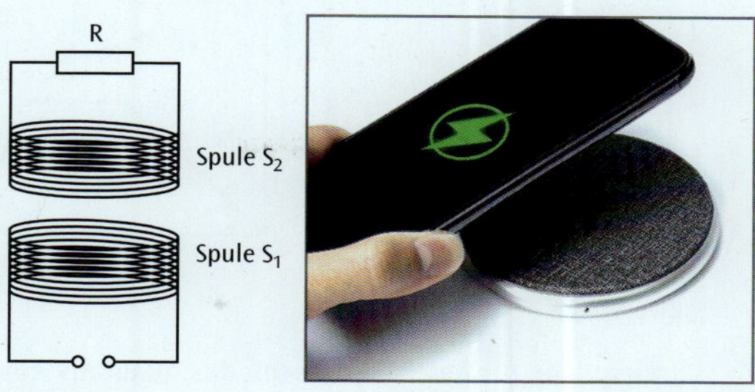

Bild 1:

1 Ein Smartphone-Akku mit einer Betriebsspannung von 3,7 V ist vollständig entladen. Dieser wird nun kontaktlos mit einer Leistung von 7,5 W geladen. Die maximale Ladungsmenge beträgt 3000 mAh.

1.1 Berechnen Sie die theoretische Dauer des Ladevorgangs in Stunden. (**3 Punkte**)

1.2 Der Wirkungsgrad beim Laden beträgt 55 %.

Ermitteln Sie die Kosten für einen vollständigen Ladevorgang bei einem Energiepreis von 0,25 €/kWh. (**3 Punkte**)

2 Für Bastler bietet der Elektronikfachhandel ein großes Angebot an Sende- und Empfängerspulen. Für eine beispielhafte Empfängerspule wird eine Stromstärke von 1,55 A sowie ein Widerstandswert von 330 m angegeben. Als Material für den Spulenkern wird Weicheisen verwendet.

2.1 Berechnen Sie die Leistung der Spule. (**2 Punkte**)

2.2 Erläutern Sie unter Einbeziehung des Modells der Elementarmagnete, warum im Spulenkern Weicheisen Verwendung findet. (**2 Punkte**)

3 Begründen Sie mithilfe des allgemeinen Induktionsgesetzes, warum die Sendespule nicht mit einer Gleichspannung betrieben werden kann. (**4 Punkte**)

4 Zur Untersuchung des Induktionsvorgangs werden zwei einfache Spulen baugleich hergestellt.

Diese haben folgende Daten:

Windungszahl: 10

Höhe der Spule: 1 mm

Füllung: Luft

Durchmesser: 35 mm

Die beiden Spulen werden übereinander gelegt (**Bild 2**). Eine der beiden Spulen wird an eine Stromquelle angeschlossen.

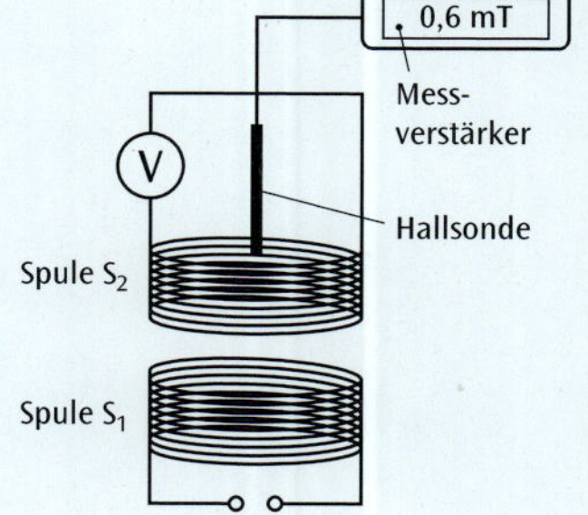

Bild 2:

4.1 Mit einer Hall-Sonde wird die magnetische Flussdichte B in der Spulenmitte gemessen. Diese magnetische Flussdichte wird durch die Erregerspule erzeugt. In Abhängigkeit von der Erregerstromstärke ergeben sich folgende Messwerte:

in A	0,5	1	1,5	2	2,5
B in mT	0,12	0,25	0,38	0,49	0,6

(a) Zeichnen Sie das B-I_{err}-Diagramm der Messdaten.

Maßstab: I_{err}-Achse: 1 cm ≙ 0,5 A; B -Achse: 1 cm ≙ 0,1 mT

Stellen Sie eine Gleichung $B(I_{err})$ auf, die den Zusammenhang zwischen den Messgrößen beschreibt. (**5 Punkte**)

(b) Die Flussdichte B wird nun im Zeitraum von einer Millisekunde linear von 0 auf 0,6 mT erhöht.

Berechnen Sie die Induktionsspannung, die in der Spule S_2 hervorgerufen wird. (**3 Punkte**)

(c) Für die betrachtete Spule S_1 ist das Modell der schlanken, langen Spule nicht anwendbar.

Weisen Sie dies mithilfe einer geeigneten Rechnung unter Berücksichtigung der experimentellen Werte nach. (**3 Punkte**)

4.2 In der Spule S_1 werden mithilfe eines Frequenzgenerators die folgenden Erregerstromstärkeverläufe erzeugt:

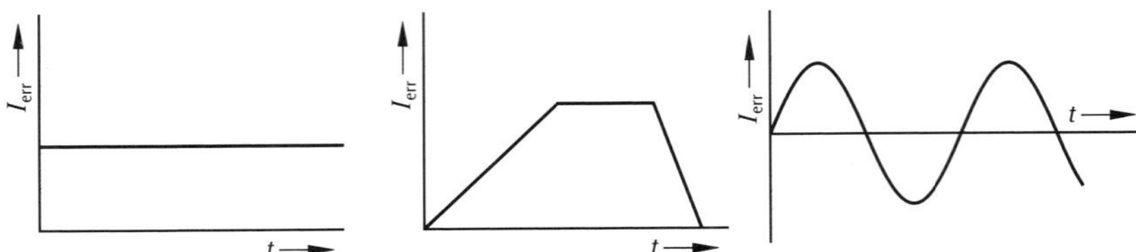

Bild 1:

Skizzieren Sie für jeden Betriebsmodus qualitativ ein Diagramm, das den Verlauf der Induktionsspannung in der Spule S_2 darstellt. **(5 Punkte)**

Lösungen

1 Beschreibung von Bewegungen

Zu Abschnitt 1.5.1 Grundlagen

Lösungen zum Umrechnen von Einheiten

1. 800 µg = **0,800 g**
2. 16 g = **0,016 kg**
3. 3,90 h = 3,90 · 60 min = **234 min**
4. $242 \cdot 10^3$ s = ($242 \cdot 10^3$: 60 : 60 : 24) d = **2,80 d**
5. 186 km^2 = **$186 \cdot 10^6$ m^2**
6. 150 cm^3 = 0,150 l, da 1 l = **1 dm^3**
7. 1,00 a = 365,25 · 24 · 60 · 60 s = **$31{,}6 \cdot 10^6$ s**
8. 180 d = $\frac{180}{365{,}25}$ a = **0,493 a**
9. 60 µm = $60 \cdot 10^{-6}$ m = **$6{,}0 \cdot 10^{-5}$** m
10. 1000 m^3 = **$1{,}000 \cdot 10^{-6}$ km^3**
11. 2000 cm^2 = **0,2000 m^2**
12. $9{,}0 \cdot 10^{-5}$ kg = $9{,}0 \cdot 10^{-2}$ g = **0,090 g**
13. 0,020 A = **20 mA**
14. 20 µg = $20 \cdot 10^{-6}$ kg = **$2{,}0 \cdot 10^{-5}$ kg**
15. 20 cm · $(20\ \text{mm})^2$ = 0,20 m · $(0{,}020\ \text{m})^2$ = **$8{,}0 \cdot 10^{-5}$ m^3**
16. $7{,}41 \cdot 10^{-10}$ m = **0,741 nm**
17. $\frac{4}{3} \cdot (6370\ \text{km})^3 \cdot \pi$ = **$1{,}083 \cdot 10^{21}$ m^3** (Volumen der Erdkugel)
18. $\frac{100\ \text{m}}{9{,}53\ \text{s}} = \frac{0{,}100\ \text{km}}{(9{,}53/3600)\ \text{h}} = \mathbf{37{,}8\ \frac{km}{h}}$
19. 299 792 458 $\frac{\text{m}}{\text{s}}$ · 8,3 min = **$1{,}5 \cdot 10^8$ km** (Abstand zwischen Sonne und Erde)
20. $\frac{42{,}195\ \text{km}}{2\ \text{h}\ 3\ \text{min}\ 38\ \text{s}} = \frac{42\,195\ \text{m}}{7418\ \text{s}} = \mathbf{5{,}688\ \frac{m}{s}}$

Lösungen zum Auflösen von Formeln

1. $s = v \cdot t$ und daraus $\boldsymbol{t = \frac{s}{v}}$
2. $F = D \cdot s$ und daraus $\boldsymbol{s = \frac{F}{D}}$
3. $r^2 = \frac{A}{\pi} \Rightarrow \boldsymbol{r = \sqrt{\frac{A}{\pi}}}$
4. $v^2 = \frac{2 \cdot E}{m} \Rightarrow \boldsymbol{v = \sqrt{\frac{2 \cdot E}{m}}}$
5. $t^2 = \frac{2 \cdot h}{g} \Rightarrow \boldsymbol{t = \sqrt{\frac{2 \cdot h}{g}}}$
6. $v = \sqrt{v_0^2 + 2 \cdot a \cdot s}$; $\boldsymbol{a = \frac{v^2 - v_0^2}{2 \cdot s}}$
7. $\boldsymbol{v = \sqrt{2 \cdot g \cdot h}}$

8. $\sin(\alpha) = \mu \cdot \cos(\alpha) \Rightarrow \underbrace{\frac{\sin(\alpha)}{\cos(\alpha)}}_{= \tan(\alpha)} = \mu \Rightarrow \tan(\alpha) = \mu \Rightarrow \boldsymbol{\alpha = \tan^{-1}(\mu)}$

9. $r^3 = \frac{3 \cdot V}{4 \cdot \pi} \Rightarrow \boldsymbol{r = \sqrt[3]{\frac{3 \cdot V}{4 \cdot \pi}}}$

10. $T_2^2 = \frac{T_1^2}{a_2^3} \cdot a_1^3 = T_1^2 \cdot \frac{a_2^3}{a_1^3} \Rightarrow \boldsymbol{T_2 = T_1 \cdot \sqrt{\left(\frac{a_2}{a_1}\right)^3}}$

$a_2^3 = \frac{T_2^2 \cdot a_1^3}{T_1^2} = a_1^3 \cdot \frac{T_2^2}{T_1^2} \Rightarrow \boldsymbol{a_2 = a_1 \cdot \sqrt[3]{\left(\frac{T_2}{T_1}\right)^2}}$

Lösungen zu Geschwindigkeit und Beschleunigung

1. **Einheitenumrechnung**

(a) $1 \text{ mph} = 1 \frac{\text{mile}}{\text{h}} = 1{,}609 \frac{\text{km}}{\text{h}} = \mathbf{0{,}4469 \frac{m}{s}}$

(b) $1 \text{ kn} = 1 \frac{\text{sm}}{\text{h}} = 1{,}852 \frac{\text{km}}{\text{h}} = \mathbf{0{,}5144 \frac{m}{s}}$

2. **Tachometeruhr**

$130 \frac{\text{km}}{\text{h}} = \frac{1 \text{ km}}{(1/130) \text{ h}} \Rightarrow t = \frac{1}{130} \text{ h} = \frac{60}{130} \text{ min} = \mathbf{\frac{6}{13} \text{ min}}$

Demnach müsste der Aufdruck „130 $\frac{\text{km}}{\text{h}}$“ unter einem Winkel von $360° \cdot \frac{6}{13} = 166°$ gegen die 12-Uhr-Position stehen.

3. **Auto**

$t = 11{,}5$ min, $s =$ **18,4 km**

(a) $v = \frac{s}{t} = \frac{18{,}4 \text{ km}}{(11{,}5/60) \text{ h}} = 96{,}0 \frac{\text{km}}{\text{h}} = \mathbf{26{,}7 \frac{m}{s}}$

(b) $v = \frac{s}{t} \Rightarrow s = v \cdot t = 96{,}0 \frac{\text{km}}{\text{h}} \cdot \left(\frac{4}{60}\right) \text{h} = \mathbf{6{,}4 \text{ km}}$

(c) $v = \frac{s}{t} \Rightarrow t = \frac{s}{v} = \frac{20 \text{ km}}{96 \frac{\text{km}}{\text{h}}} = \frac{5}{24} \text{ h} = \frac{5}{24} \cdot 60 \text{ min} = \mathbf{12{,}5 \text{ min}}$

4. **Flugzeug**

(a) $v = \frac{s}{t} \Rightarrow t = \frac{s}{v} = \frac{6500 \text{ km}}{945 \frac{\text{km}}{\text{h}}} = 6{,}878 \ldots \text{ h} = \mathbf{6 \text{ h } 53 \text{ min}}$

Tipp: Taschenrechner-Taste [° ′ ″] zum Umwandeln in h und min (oder Multiplikation mit 60)

(b) $v_F = 945 \frac{\text{km}}{\text{h}}$, $t_{\text{gegen}} = 7 \text{ h } 15 \text{ min} = 7{,}25 \text{ h}$

Relativgeschwindigkeit bei Gegenwind:

$v_{\text{gegen}} = v_F - v_W = \frac{s}{t_{\text{gegen}}} \Rightarrow v_W = v_F - \frac{s}{t_{\text{gegen}}} = 945 \frac{\text{km}}{\text{h}} - \frac{6500 \text{ km}}{7{,}25 \text{ h}} = \mathbf{48 \frac{km}{h}}$

(c) Relativgeschwindigkeit bei Rückenwind:

$v_{\text{mit}} = v_F + v_W = \frac{s}{t_{\text{mit}}} \Rightarrow t_{\text{mit}} = \frac{s}{v_F + v_W} = \frac{6500 \text{ km}}{(945 + 48{,}45) \text{ km/h}} = \mathbf{6 \text{ h } 33 \text{ min}}$

5. **Bewegung der Erde**

(a) Bahngeschwindigkeit der Erde: Umfang $U = 2 \cdot \pi \cdot R$ der Erdbahn (mit $R = 150 \cdot 10^6$ km) geteilt durch ein Jahr:

$v_{\text{Erde}} = \frac{2 \cdot \pi \cdot 150 \cdot 10^9 \text{ m}}{365{,}25 \cdot 24 \cdot 60 \cdot 60 \text{ s}} \approx \mathbf{30 \frac{km}{s}} \approx \mathbf{110\,000 \frac{km}{h}}$ (!)

(b) Bahngeschwindigkeit von Ecuador: ein Erdumfang pro Tag:

$v_{\text{Ecuador}} = \frac{40\,000\,000 \text{ m}}{24 \cdot 3600 \text{ s}} \approx \mathbf{0{,}46 \frac{km}{s}} \approx \mathbf{1700 \frac{km}{h}}$

(c) Lichtgeschwindigkeit $c = 300\,000\ \frac{\text{m}}{\text{s}}$; Laufzeit des Lichts von der Sonne zur Erde:

$$c = \frac{R}{t} \Rightarrow t = \frac{R}{c} = \frac{150 \cdot 10^6\ \text{km}}{300\,000\ \frac{\text{km}}{\text{s}}} = 500\ \text{s} = \mathbf{8\ min\ 20\ s}$$

Sprechweise: Die Entfernung zwischen Sonne und Erde beträgt ca. 8,3 Lichtminuten.

6. **Pace**

(a) $t = (5 \cdot 60 + 20)\ \text{s} = 320\ \text{s}$ für $s = 1\ \text{km} = 1000\ \text{m}$:

$$v = \frac{1000\ \text{m}}{320\ \text{s}} = 3{,}125\ \frac{\text{m}}{\text{s}} = 11{,}25\ \frac{\text{km}}{\text{h}}$$

(ohne Einhaltung gültiger Ziffern, weil die Werte später noch benötigt werden)

Zeit für 10 km: $t = 5\ \text{min}\ 20\ \text{s} \cdot 10 = 50\ \text{min}\ 200\ \text{s} = \mathbf{53\ min\ 20\ s}$

alternativ:

$$t = \frac{s}{v} = \frac{10\ \text{km}}{11{,}25\ \frac{\text{km}}{\text{h}}} = 0{,}888\ \ldots\ \text{h}\ \ \text{usw.}$$

(b) Dennis Kimetto 2014: $s = 42{,}195\ \text{km}$ in $t = 2:02:57\ \text{h} = 7377\ \text{s}$ (Stand 2017)

$$v = \frac{s}{t} = \frac{42\,195\ \text{m}}{7377\ \text{s}} = 5{,}720\ \frac{\text{m}}{\text{s}} = \mathbf{0{,}3432\ \frac{km}{min}}$$

die Pace ist der Kehrwert:

$$\frac{1}{0{,}3432}\ \frac{\text{min}}{\text{km}} = 2{,}914\ \frac{\text{min}}{\text{km}} = \mathbf{2'55''\ pro\ km}$$

(c) Lösung über die Relativgeschwindigkeit $v_{\text{rel}} = \frac{1000\ \text{m}}{300\ \text{s}} - 3{,}125\ \frac{\text{m}}{\text{s}} = \frac{5}{24}\ \frac{\text{m}}{\text{s}}$:

$$v_{\text{rel}} = \frac{400\ \text{m}}{t} \Rightarrow t = \frac{400\ \text{m}}{v_{\text{rel}}} = \frac{400\ \text{m}}{\frac{5}{24}\ \frac{\text{m}}{\text{s}}} = 1920\ \text{s} = \mathbf{32\ min}$$

In dieser Zeit hat der schnellere Läufer (32 min) : (5 min/km) = 6,4 km = 16 Runden zurückgelegt, der langsamere nur (32 min) : ($5\frac{1}{3}$ min/km) = 6,0 km = 15 Runden.

7. **100-Meter-Sprint**

(a) Die vorliegende Tabelle muss erweitert werden um die Spalten $v = \Delta x/\Delta t$ und $a = \Delta v/\Delta t$; für Usain Bolt gilt dann **Tabelle 1** (analog für seinen Mitstreiter).

Tabelle 1: Geschwindigkeits- und Beschleunigungswerte Usain Bolts (Durchschnittswerte auf den 20-m-Abschnitten)

$\frac{t}{\text{s}}$	$\frac{x}{\text{m}}$	$\frac{\Delta x}{\text{m}}$	$\frac{\Delta t}{\text{s}}$	$\frac{\Delta x/\Delta t}{\text{m/s}}$	$\frac{\Delta v}{\text{m/s}}$	$\frac{\Delta v/\Delta t}{\text{m/s}^2}$
0,146	**0**	**–**	**–**	**0,000**	**–**	**–**
2,89	**20**	**20**	**2,744**	**7,289**	**7,289**	**2,656**
4,64	**40**	**20**	**1,75**	**11,429**	**4,140**	**2,366**
6,31	**60**	**20**	**1,67**	**11,976**	**0,547**	**0,328**
7,92	**80**	**20**	**1,61**	**12,422**	**0,446**	**0,277**
9,58	**100**	**20**	**1,66**	**12,048**	**−0,374**	**−0,225**

(b) Tabellen-Maximum liegt bei $\mathbf{12{,}422\ \frac{m}{s} = 44{,}72\ \frac{km}{h}}$; das reale Maximum könnte sogar noch höher sein; um dies zu prüfen, müsste man jedoch die Streckenabschnitte noch weiter verkürzen

8. **Beschleunigung**

(a) $a = \frac{\Delta v}{\Delta t} = \frac{100\ \text{km/h}}{9{,}8\ \text{s}} = 10\ \frac{\text{km/h}}{\text{s}}$ („Stundenkilometer pro Sekunde")

oder besser $\frac{(100/3{,}6)\ \text{m/s}}{9{,}8\ \text{s}} = \mathbf{2{,}8\ \frac{m}{s^2}}$

(b) $a = \frac{\Delta v}{\Delta t} = \frac{0 - (90/3{,}6)\ \text{m/s}}{4{,}0\ \text{s}} = \mathbf{-\ 6{,}3\ \frac{m}{s^2}}$

(negativer Beschleunigungswert, weil die Geschwindigkeit abnimmt)

(c) $a = \frac{\Delta v}{\Delta t} = \frac{-20 \text{ m/s} - 20 \text{ m/s}}{10 \text{ ms}} = \frac{-40 \text{ m/s}}{0{,}040 \text{ s}} = \mathbf{-10^3 \frac{m}{s^2}}$

Dies ist nur ein Durchschnittswert. In Wirklichkeit nimmt die Beschleunigung umso mehr zu, je mehr der Flummi deformiert wird.

9. **Beschleunigungsvektor**

Konstruktion hier durch Vorwärtsinterpolation (**Bild 1**)

Die Beträge der Geschwindigkeiten erhält man durch die folgende Überlegung: 1 cm wahrer Länge entspricht einer Geschwindigkeit von 12,5 $\frac{\text{cm}}{\text{s}}$ (Faktor 12,5), also:

$v_A \triangleq 10{,}3 \text{ cm} \overset{\cdot 12{,}5}{\curvearrowright} \mathbf{1{,}3 \frac{m}{s}}$

$v_B \triangleq 12{,}5 \text{ cm} \triangleq \mathbf{1{,}6 \frac{m}{s}}$

$v_C \triangleq 16 \text{ cm} \triangleq \mathbf{2{,}0 \frac{m}{s}}$

$a_A \triangleq 5 \text{ cm} \triangleq 62{,}5 \frac{\text{cm}}{\text{s}} \overset{\cdot 12{,}5}{\curvearrowright} \mathbf{7{,}8 \frac{m}{s^2}}$

$a_B = a_C = \mathbf{7{,}8 \frac{m}{s^2}}$

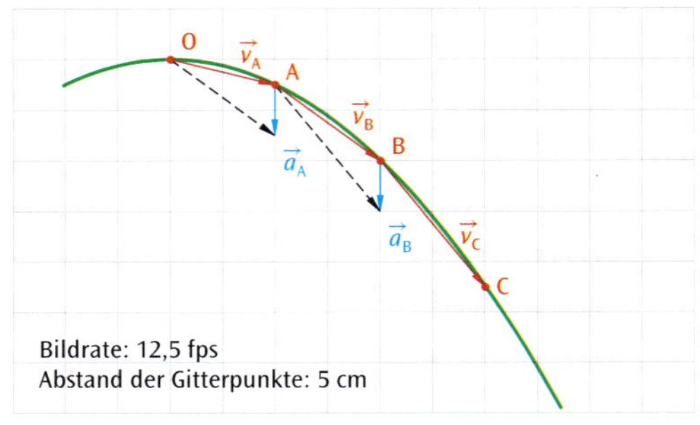

Bild 1: Lösung zu Aufgabe 9

Zu Abschnitt 1.5.2 gleichförmige Bewegung

1. **Autobahnfahrt**

(a) Bewegungsgleichungen:

$x_L(t) = d + v_L \cdot t = 500 \text{ m} + 20 \frac{\text{m}}{\text{s}} \cdot t$

$x_P(t) = v_P \cdot t = \mathbf{30 \frac{m}{s} \cdot \mathit{t}}$

(b) ... auf gleicher Höhe, wenn

$x_L(t) = x_P(t)$

$d + v_L \cdot t = v_P \cdot t \quad | -v_L \cdot t$

$d = (v_P - v_L) \cdot t \quad | : (\ldots)$

$t = \frac{d}{v_P - v_L} = \frac{d}{v_{rel}}$ (Relativgeschwindigkeit)

$t = \frac{500 \text{ m}}{(30 - 20) \frac{\text{m}}{\text{s}}} = \mathbf{50 \text{ s}}$

(c) PKW hat Vorsprung $D = 1000$ m, wenn

$x_P(t) - x_L(t) = D \Leftrightarrow (v_P - v_L) \cdot t - d = D$

$\Rightarrow \quad t = \frac{D + d}{v_{rel}} = \frac{1500 \text{ m}}{10 \frac{\text{m}}{\text{s}}} = 150 \text{ s} = 2 \text{ min } 30 \text{ s} = \mathbf{2' \, 30''}$

Weg des PKW: $s_P = v_P \cdot t = 30 \frac{\text{m}}{\text{s}} \cdot 150 \text{ s} = \mathbf{4{,}5 \text{ km}}$

Weg des LKW: $s_L = v_L \cdot t = 20 \frac{\text{m}}{\text{s}} \cdot 150 \text{ s} = \mathbf{3{,}0 \text{ km}}$

2. **Bootsfahrt**

Aufstellen der Bewegungsgleichungen und dafür sorgen, dass der Differenzbetrag identisch 50 m wird (Indizes 1, 2 stehen für die Boote):

$x_1(t) = 1{,}25 \frac{\text{m}}{\text{s}} \cdot t; \qquad x_2(t) = 2000 \text{ m} - 0{,}75 \frac{\text{m}}{\text{s}} \cdot t$

Bedingung:

$$|x_1(t) - x_2(t)| = 50\text{ m}$$

$$\left|1{,}25\,\frac{\text{m}}{\text{s}} \cdot t - 2000\text{ m} + 0{,}75\,\frac{\text{m}}{\text{s}} \cdot t\right| = 50\text{ m}$$

$$\left|2{,}0\,\frac{\text{m}}{\text{s}} \cdot t - 2000\text{ m}\right| = 50\text{ m}$$

$$2{,}0\,\frac{\text{m}}{\text{s}} \cdot t - 2000\text{ m} = \pm\,\mathbf{50\text{ m}} \quad \text{(Betragsstriche aufgelöst)}$$

Auflösen nach der Zeit liefert

$t = (1000 \pm 25)$ s

$t_1 = 17'\,05'' \Rightarrow x_1 = 1281{,}25$ m und $x_2 = \mathbf{1231{,}25\ m}$ (*nach* der Begegnung)

$t_2 = 16'\,15'' \Rightarrow x_1 = 1218{,}75$ m und $x_2 = \mathbf{1268{,}75\ m}$ (*vor* der Begegnung)

Um die Nachvollziehbarkeit der Berechnungen zu erhöhen, wurde hier nicht auf die Einhaltung gültiger Ziffern geachtet.

3. ***x*(*t*)-Diagramm**

(a) In den ersten vier Sekunden gleichförmige Bewegung „vorwärts“.

In den nächsten fünf Sekunden: Stillstand.

In den letzten vier Sekunden gleichförmige Bewegung „rückwärts“ bis zurück zur Ausgangsposition.

(b) $v_1 = \mathbf{+\,0{,}50\,\frac{m}{s}}$; $v_2 = \mathbf{0}$; $v_3 = \mathbf{-\,0{,}50\,\frac{m}{s}}$

Diagramm: **Bild 1**

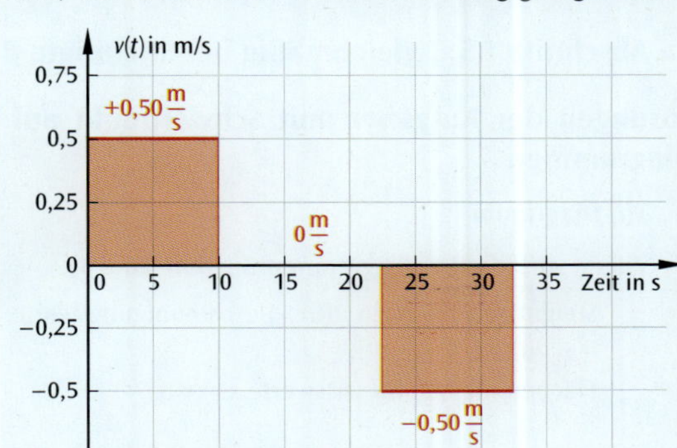

Bild 1: *v*(*t*)-Diagramm zu Aufgabe 3

4. ***v*(*t*)-Diagramm**

(a) Fläche unter dem *v*(*t*)-Diagramm ergibt den zurückgelegten Weg:

$$\begin{aligned} s_{\text{ges}} &= s_1 + s_2 + s_3 \\ &= 2{,}5\,\frac{\text{m}}{\text{s}} \cdot 15\text{ s} \\ &\quad +1{,}0\,\frac{\text{m}}{\text{s}} \cdot 35\text{ s} \\ &\quad +1{,}5\,\frac{\text{m}}{\text{s}} \cdot 20\text{ s} \\ &= 37{,}5\text{ m} + 35\text{ m} + 30\text{ m} \\ &= 102{,}5\text{ m} = \mathbf{0{,}10\,km} \end{aligned}$$

Entfernung Start–Ziel:

$x_{\text{ges}} = x_1 + x_2 + x_3 = 37{,}5\text{ m} + 35\text{ m} - 30\text{ m} = \mathbf{42{,}5\,m}$

(b) *x*(*t*)-Diagramm: **Bild 2**

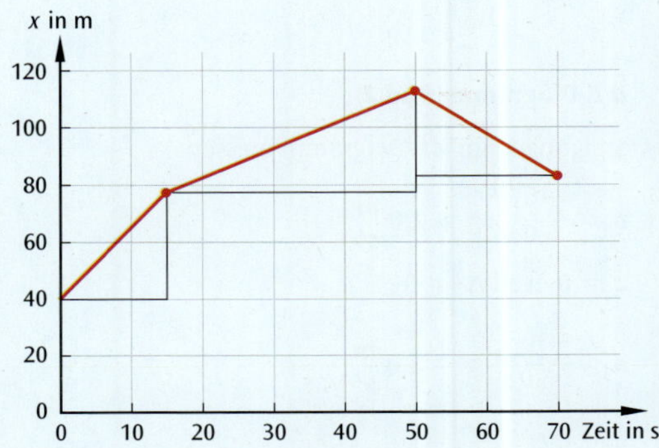

Bild 2: *x*(*t*)-Diagramm zu Aufgabe 4

5. **Überholmanöver**

(a) PKW: $x_P(t) = 35\,\frac{\text{m}}{\text{s}} \cdot t$

LKW: $x_L(t) = 25\,\frac{\text{m}}{\text{s}} \cdot t + 63$ m (halber Tacho)

Der Überholvorgang ist abgeschlossen, wenn gilt:

$$x_P(t) - x_L(t) = \underbrace{5\text{ m} + 17\text{ m}}_{\text{Fahrzeuglängen}} + 45\text{ m}$$

$$(35 - 25)\,\frac{\text{m}}{\text{s}} \cdot t - 63\text{ m} = 67\text{ m}$$

$$\Rightarrow t = \frac{130\text{ m}}{10\,\frac{\text{m}}{\text{s}}} = 13\text{ s}$$

Der PKW hat dabei den Weg $35\,\frac{\text{m}}{\text{s}} \cdot 13\text{ s} = \mathbf{455\ m}$ zurückgelegt.

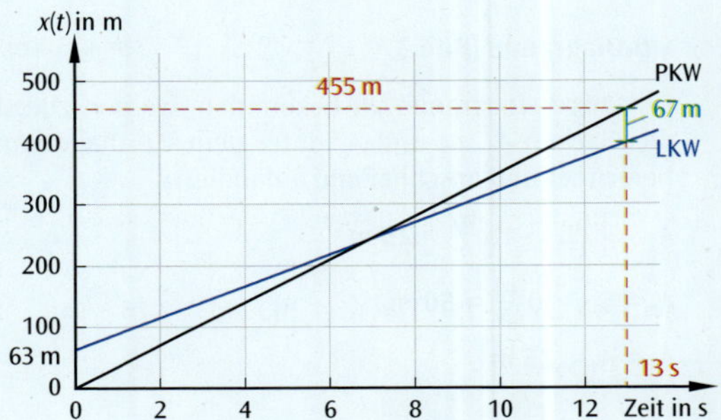

Bild 3: Überholmanöver im *x*(*t*)-Diagramm

(a) Zeit-Ort-Diagramm: **Bild 3** auf der vorigen Seite

(b) Bei $v_P = 100\,\frac{\text{km}}{\text{h}}$ würde der Überholvorgang

$$t = \frac{67\text{ m} + 50\text{ m}}{(100 - 90) : 3{,}6\text{ m/s}} = \mathbf{42{,}12\ s}$$

dauern. In dieser Zeit legt der PKW die Strecke $\frac{100}{3{,}6}\,\frac{\text{m}}{\text{s}} \cdot 42{,}12\text{ s} = \mathbf{1170\ m}$ zurück.

Wenn der Verkehr mit ebenfalls 100 km/h aus der Gegenrichtung kommt, muss dazu noch der doppelte Sicherheitsabstand $2 \cdot 50$ m plus 1170 m Strecke des Gegenverkehrs addiert werden. Die Straße muss demnach auf knapp zweieinhalb Kilometern einsehbar sein!

Der Wert scheint unrealistisch hoch. Man muss jedoch bedenken, dass kaum jemand mit nur 100 km/h überholt und die Sicherheitsabstände exakt einhält. Die Folge sind Unfälle wegen „Schneiden" des LKW und überhöhter Geschwindigkeit.

Zu Abschnitt 1.5.3 gleichmäßig beschleunigte Bewegung

Lösungen der Aufgaben mit Schwerpunkt auf Diagrammen

1. ***v*(*t*)-Diagramm**

Zuerst wird das $v(t)$-Diagramm präpariert (**Bild 1**):

- Steigungen messen für Beschleunigungswerte $a = a(t)$
- Flächen messen für Ortswerte $x = x(t)$

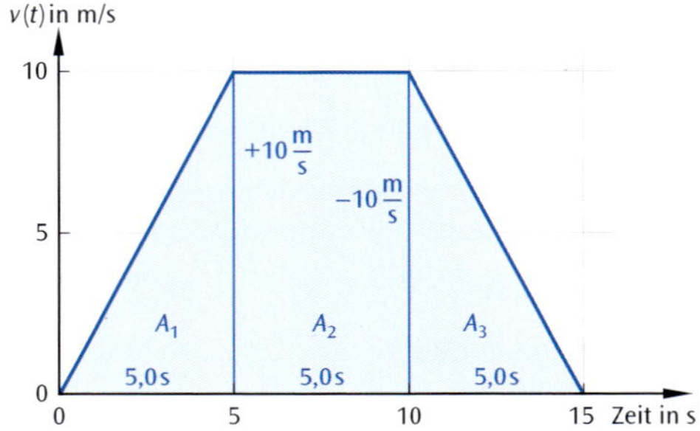

Bild 1: *v*(*t*)-Diagramm

***a*(*t*)-Diagramm (Bild 2)**

Steigungen im $v(t)$-Diagramm messen:

$$a_1 = \frac{+10\,\frac{\text{m}}{\text{s}}}{5{,}0\text{ s}} = \mathbf{+\,2{,}0\ \frac{m}{s^2}}$$

$a_2 = \mathbf{0}$, weil $\Delta v = 0$

$$a_3 = \frac{-10\,\frac{\text{m}}{\text{s}}}{5{,}0\text{ s}} = \mathbf{-\,2{,}0\ \frac{m}{s^2}}$$

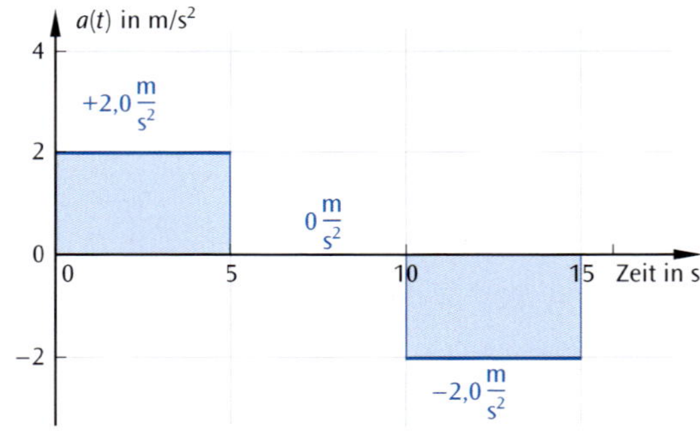

Bild 2: *a*(*t*)-Diagramm

***x*(*t*)-Diagramm (Bild 3)**

Um dieses Diagramm zu bekommen, werden zuerst die Flächen A_1, A_2 und A_3 unter dem $v(t)$-Diagramm berechnet und anschließend aufaddiert:

$$A_1 = \frac{1}{2} \cdot 5\text{ s} \cdot 10\,\frac{\text{m}}{\text{s}} = \mathbf{25\ m}$$

$$A_2 = 5\text{ s} \cdot 10\,\frac{\text{m}}{\text{s}} = \mathbf{50\ m}$$

$$A_3 = A_1 = \mathbf{25\ m}$$

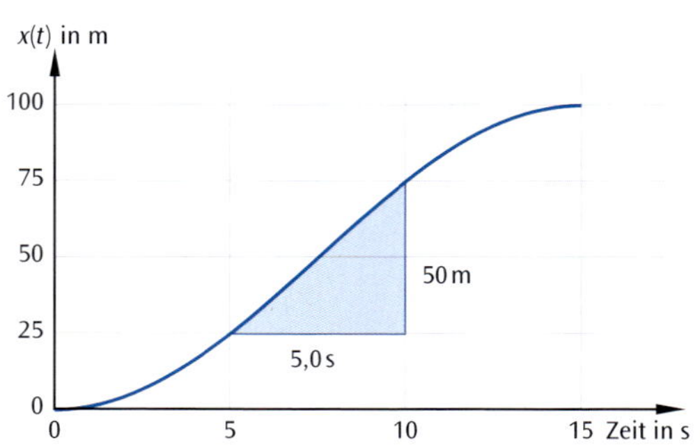

Bild 3: *x*(*t*)-Diagramm

2. **$v(t)$-Diagramm**

(a) Innerhalb der ersten 4,0 s nimmt die Geschwindigkeit gleichmäßig um 1,0 $\frac{m}{s}$ pro Sekunde zu. In den nächsten 8,0 s bleibt die Geschwindigkeit konstant. In den letzten 12 s nimmt die Geschwindigkeit gleichmäßig um 0,40 $\frac{m}{s}$ pro Sekunde ab.

(b) Aus der vorherigen Teilaufgabe folgt:

$$v(4\text{ s}) = 5{,}0\,\frac{m}{s} + 1{,}0\,\frac{m}{s^2} \cdot 4{,}0\text{ s} = \mathbf{9{,}0\,\frac{m}{s}}$$

$$v(12\text{ s}) = \mathbf{9{,}0\,\frac{m}{s}}$$

$$v(24\text{ s}) = 9{,}0\,\frac{m}{s} - 0{,}40\,\frac{m}{s^2} \cdot 12\text{ s} = \mathbf{4{,}2\,\frac{m}{s}}$$

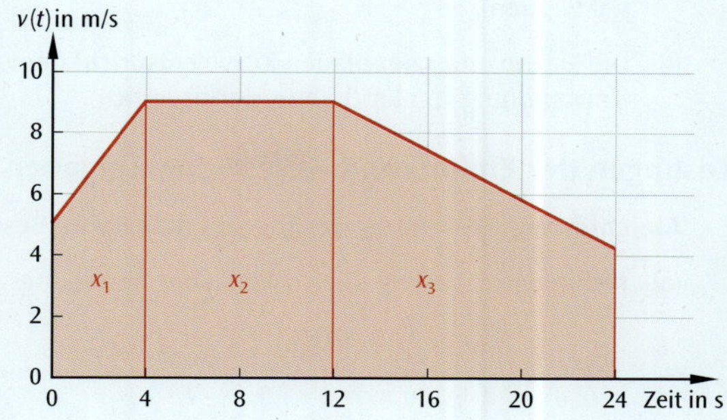

Bild 1: $v(t)$-Diagramm

Die Geschwindigkeitswerte liefern die Eckwerte für das $v(t)$-Diagramm (**Bild 1**).

(c) zurückgelegte Wege in den einzelnen Zeitabschnitten (Flächen unter dem $v(t)$-Diagramm):

$$x_1 = 5{,}0\,\frac{m}{s} \cdot 4{,}0\text{ s} + \frac{1}{2} \cdot 1{,}0\,\frac{m}{s^2} \cdot (4{,}0\text{ s})^2 = \mathbf{28\text{ m}}$$

$$x_2 = 9{,}0\,\frac{m}{s} \cdot 8{,}0\text{ s} = \mathbf{72\text{ m}}$$

$$x_3 = 9{,}0\,\frac{m}{s} \cdot 12\text{ s} - \frac{1}{2} \cdot 0{,}40\,\frac{m}{s^2} \cdot (12\text{ s})^2 = \mathbf{79{,}2\text{ m}}$$

Bewegungsgleichungen (abschnittsweise):

$$x(t) = \begin{cases} \mathbf{5{,}0\,\frac{m}{s} \cdot t + 0{,}50\,\frac{m}{s^2} \cdot t^2} & \textbf{für } 0 \leq t \leq 4{,}0\text{ s} \\ \mathbf{28\text{ m} + 9{,}0\,\frac{m}{s} \cdot (t - 4{,}0\text{ s})} & \textbf{für } 4{,}0\text{ s} \leq t \leq 12\text{ s} \\ \mathbf{100\text{ m} + 9{,}0\,\frac{m}{s} \cdot (t - 12\text{ s}) - 0{,}20\,\frac{m}{s^2} \cdot (t - 12\text{ s})^2} & \textbf{für } 12\text{ s} \leq t \leq 24\text{ s} \end{cases}$$

3. **Auto**

(a) Bremsverzögerung a aus zeitunabhängiger Bewegungsgleichung:

$$\underbrace{v^2}_{=0} - v_0^2 = 2 \cdot a \cdot x \Rightarrow a = -\frac{v_0^2}{2 \cdot x} = -\frac{(108/3{,}6)^2\text{ m}^2/\text{s}^2}{2 \cdot 60\text{ m}} = -7{,}5\,\frac{m}{s^2}$$

Bremsdauer Δt aus der Definition der Beschleunigung:

$$a = \frac{\Delta v}{\Delta t} \Rightarrow \Delta t = \frac{\Delta v}{a} = \frac{-30\,\frac{m}{s}}{-7{,}5\,\frac{m}{s^2}} = \mathbf{4{,}0\text{ s}}$$

(b) Diagramme (**Bild 2b**):

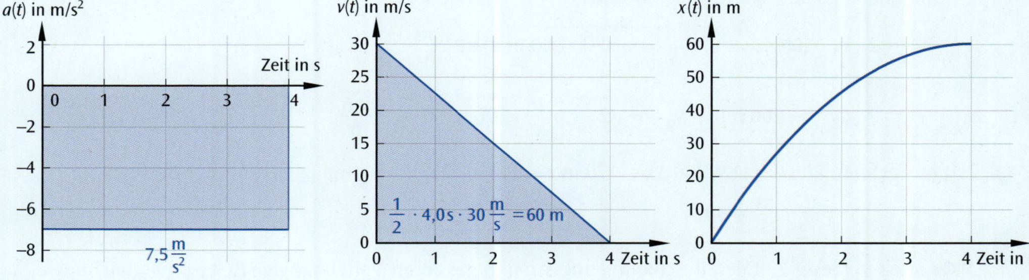

Bild 2: Bewegungsdiagramme

4. **Fahrzyklus WLTC**

(a) $v_{max} = \mathbf{132\,\frac{km}{h}}$ und $a_{max} = \mathbf{1{,}8\,\frac{m}{s^2}}$

(a) Die Steigungswerte der blauen Kurve sind die Werte der roten Kurve (dabei müssen die km/h in m/s umgerechnet werden).

(b) Die Fläche unter der blauen Kurve entspricht dem zurückgelegten Weg, also der Länge der Teststrecke (erneute Umwandlung von km/h in m/s erforderlich).

Lösungen der Einhol- und Begegnungsaufgaben

1. **Gleichförmige Bewegung des Joggers, konstante Beschleunigung des Autos**

(a) rechnerische Lösung (Gleichsetzen der Bewegungsgleichungen):

$$x_J(t) = x_A(t)$$

$$2{,}0\ \frac{\text{m}}{\text{s}} \cdot t + 200\ \text{m} = \frac{1}{2} \cdot 1{,}5\ \frac{\text{m}}{\text{s}^2} \cdot t^2$$

$$0{,}75 \cdot t^2 - 2 \cdot t - 200 = 0 \quad \text{(quadratische Gleichung; Einheiten unterdrückt)}$$

$$t_{1/2} = \frac{2 \pm \sqrt{4 + 600}}{1{,}5} = \left.\begin{matrix} 17{,}72\ \text{s} & \text{für „+"} \\ -15{,}05\ \text{s} & \text{für „–"; nicht sinnvoll!} \end{matrix}\right\}$$

$$\Rightarrow x_J(t_1) = 2{,}0\ \frac{\text{m}}{\text{s}} \cdot 17{,}72\ \text{s} + 200\ \text{m} = \mathbf{235\ m}$$

Lösung: nach ca. 18 s und 35 m vom Startpunkt des Joggers entfernt

graphische Lösung gemäß **Bild 1**

(b) Jogger: $v_J = \text{const} = \mathbf{7{,}2\ \frac{km}{h}}$ (gleichförmig) Auto: $v_A = 1{,}5\ \frac{\text{m}}{\text{s}^2} \cdot 17{,}72\ \text{s} = \mathbf{96\ \frac{km}{h}}$ (gleichförmig beschleunigt)

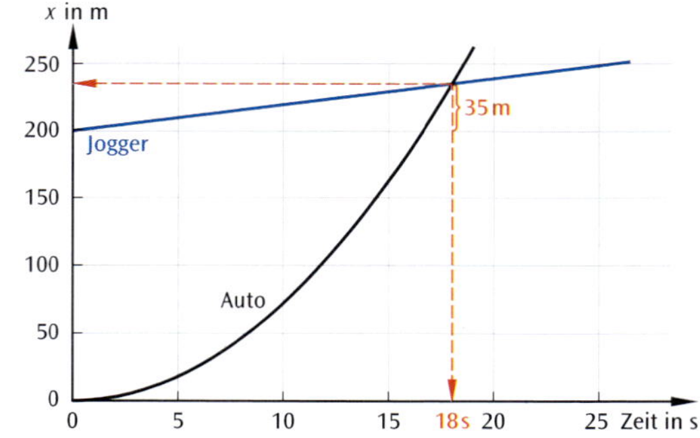

Bild 1: Graphische Lösung

2. (a) Gleichsetzen der Bewegungsgleichugen:

$$x_1(t) = x_2(t)$$

$$\frac{1}{2} \cdot 1{,}5\ \frac{\text{m}}{\text{s}^2} \cdot t^2 = -\frac{1}{2} \cdot 2{,}0\ \frac{\text{m}}{\text{s}^2} \cdot t^2 + 200\ \text{m}$$

$$1{,}75\ \frac{\text{m}}{\text{s}^2} \cdot t^2 = 200\ \text{m} \Rightarrow t = \sqrt{\frac{200\ \text{m}}{1{,}75\ \frac{\text{m}}{\text{s}^2}}} = 10{,}69\ \text{s}$$

$$\Rightarrow x_1(10{,}69\ \text{s}) = \frac{1}{2} \cdot 1{,}5\ \frac{\text{m}}{\text{s}^2} \cdot (10{,}69\ \text{s})^2 = \mathbf{85{,}71\ m}$$

Ergebnis: nach 11 s und 86 m vom Startpunkt des zuerst genannten Autos entfernt

(b) Zeitabhängige Bewegungsgleichungen:

$$v_1(10{,}69\ \text{s}) = 1{,}5\ \frac{\text{m}}{\text{s}^2} \cdot 10{,}69\ \text{s} = \mathbf{58\ \frac{km}{h}}$$

$$v_2(10{,}69\ \text{s}) = -1{,}0\ \frac{\text{m}}{\text{s}^2} \cdot 10{,}69\ \text{s} = \mathbf{-\ 38\ \frac{km}{h}}$$

(c) Zeitunabhängige Bewegungsgleichungen:

$$v_1^2 - \underbrace{v_0^2}_{=0} = 2 \cdot a_1 \cdot 200\ \text{m} \Rightarrow v_1 = \sqrt{2 \cdot 1{,}5\ \frac{\text{m}}{\text{s}^2} \cdot 200\ \text{m}} = \mathbf{88\ \frac{km}{h}}$$

$$v_2^2 - \underbrace{v_0^2}_{=0} = 2 \cdot a_2 \cdot (-200\ \text{m}) \Rightarrow v_2 = -\sqrt{2 \cdot 1{,}0\ \frac{\text{m}}{\text{s}^2} \cdot 200\ \text{m}} = -72\ \frac{\text{km}}{\text{h}}$$

3. (a) Zeit ausrechnen, die der LKW für $\Delta x = 170\ \text{m} - 45\ \text{m} = 125\ \text{m}$ benötigt (gleichförmige Bewegung):

$$v_L = \frac{\Delta x}{\Delta t} \Rightarrow \Delta t = \frac{125\ \text{m}}{25\ \frac{\text{m}}{\text{s}}} = \mathbf{5{,}0\ s}$$

PKW muss in dieser Zeit den Beschleunigungsstreifen passieren (zeitabhängige Bewegungsgleichung):

$$\frac{60}{3{,}6}\ \frac{\text{m}}{\text{s}} \cdot 5{,}0\ \text{s} + \frac{1}{2} \cdot a \cdot (5{,}0\ \text{s})^2 = 170\ \text{m} \Rightarrow a = \mathbf{6{,}9(33)\ \frac{m}{s^2}}$$

(b) Geschwindigkeit des PKW dann:

$$v_{End} = v_0 + a \cdot t = \frac{60}{3{,}6}\ \frac{\text{m}}{\text{s}} + 6{,}933\ \frac{\text{m}}{\text{s}^2} \cdot 5{,}0\ \text{s} = \mathbf{185\ \frac{km}{h}}\ (!)$$

Lösungen der Aufgaben zur Linearisierung

1. **Geschwindigkeit-Ort-Gesetz $v = v(x)$**

Ort x in m	0,00	0,25	0,50	0,75	1,00
Verdunklungszeit Δt in s	—	0,050	0,037	0,030	0,025
$v = \frac{0{,}020\ \text{m}}{\Delta t}$ in $\frac{\text{m}}{\text{s}}$	0,000	0,400	0,541	0,667	0,800
v^2 in $\frac{\text{m}^2}{\text{s}^2}$	0,000	0,160	0,292	0,444	0,640

Erwartet wird der Zusammenhang $v^2 = 2 \cdot a \cdot x$ (zeitunabhängige Bewegungsgleichung). Man trägt also v^2 gegen x auf (**Bild 1**) und erwartet eine Ursprungsgerade mit der Steigung $k = 2 \cdot a$:

$$k = \frac{\Delta(v^2)}{\Delta x} = \frac{0{,}62\ \frac{\text{m}^2}{\text{s}^2}}{1{,}00\ \text{m}} = 0{,}62\ \frac{\text{m}}{\text{s}^2}$$

$$k = 2 \cdot a \Rightarrow a = \frac{k}{2} = \mathbf{0{,}31\ \frac{m}{s^2}}$$

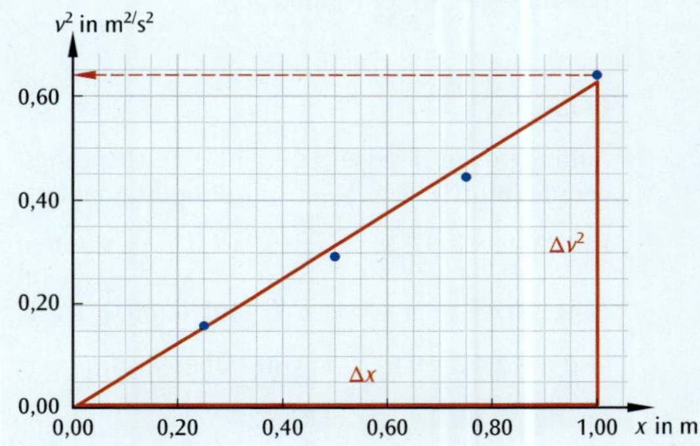

Bild 1: $v^2 \sim x$

2. **Leistung einer Windkraftanlage**

v in $\frac{\text{m}}{\text{s}}$	0,0	1,0	2,0	3,0	4,0	5,0	6,0
P in kW (Kilowatt)	0,0	0,4	3,0	10	25	45	80
v^3 in $\frac{\text{m}^3}{\text{s}^3}$	0,0	1,0	8,0	27	64	125	216

Wenn man P gegen v^3 aufträgt, dann erhält man eine Ursprungsgerade (**Bild 2**), also gilt $P \sim v^3$. Die Steigung im Diagramm beträgt

$$k = \frac{\Delta P}{\Delta(v^3)} = \frac{93\ \text{kW}}{250\ \frac{\text{m}^3}{\text{s}^3}} = 0{,}37\ \frac{\text{kW} \cdot \text{s}^3}{\text{m}^3}.$$

Demnach gilt

$$P(v) = \mathbf{0{,}37\ \frac{kW \cdot s^3}{m^3} \cdot v^3 \sim v^3}.$$

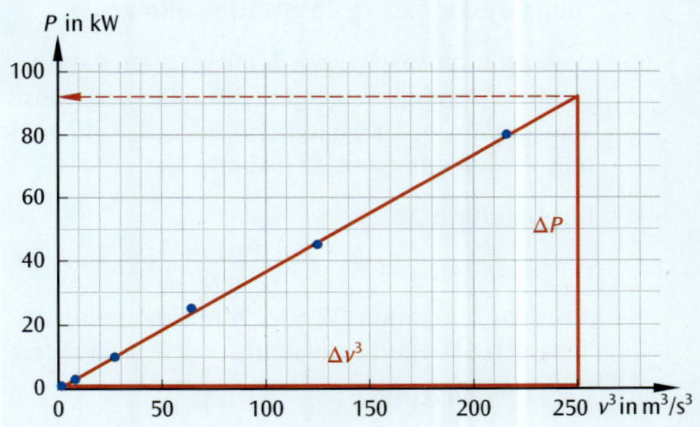

Bild 2: $P \sim v^3$

Zu Abschnitt 1.5.4 Fall- und Wurfbewegungen

Lösungen der Aufgaben zum freien Fall

1. **Messung der Fallbeschleunigung aus Laufzeiten**

(a) Rechnerisch:

Erwartet wird $h = \frac{1}{2} \cdot g \cdot t^2$, also $g = \frac{2 \cdot h}{t^2} = \text{const}$; es lohnt sich, die Einheiten in SI-Einheiten (Meter und Sekunden) umzuwandeln.

Ergebnis: $g = \mathbf{9{,}7\ \frac{m}{s^2}}$ (Mittelwert)

$\frac{h}{\text{m}}$	$\frac{t}{\text{s}}$	$\frac{2 \cdot h}{t^2} / \frac{\text{m}}{\text{s}^2}$
0,70	0,378	9,8
0,60	0,352	9,7
0,50	0,321	9,7
0,40	0,288	9,6
0,30	0,249	9,7
0,20	0,205	9,5

Grafisch:

Auftragen von h gegen t^2 ergibt eine Ursprungsgerade (**Bild 1**), d. h. $h \sim t^2$ mit Proportionalitätskonstante $k = \frac{\Delta h}{\Delta(t^2)} = \frac{0{,}78\ \text{m}}{0{,}16\ \text{s}^2} = 4{,}875\ \frac{\text{m}}{\text{s}^2}$. Aus den Fallgesetzen folgt $h = \frac{1}{2} \cdot g \cdot t^2$ und damit $\frac{1}{2} \cdot g = k$, also $g = 2 \cdot k = 9{,}8\ \frac{\text{m}}{\text{s}^2}$, in guter Übereinstimmung mit dem Tabellenwert $9{,}81\ \frac{\text{m}}{\text{s}^2}$.

Bild 1: $h \sim t^2$

(b) Grund 1: der Restmagnetismus im Haltemagnet bei Abschalten des Stromes bewirkt, dass die Anfangsbeschleunigung niedriger als die Fallbeschleunigung ist

Grund 2: Luftwiderstand der Kugel

2. **Messung der Fallbeschleunigung aus Verdunklungszeiten**

(a) Wegen der zeitunabhängigen Bewegungsgleichung wird $v^2 = 2 \cdot g \cdot h$ erwartet, also $v^2 \sim h$.

Deswegen muss v^2 gegen h aufgetragen werden. Die Geschwindigkeit v ergibt sich näherungsweise als Quotient aus Kugeldurchmesser $d = 40$ mm und Verdunklungszeit Δt (**Tabelle 1**).

Tabelle 1: Hilfstabelle mit Geschwindigkeitsquadraten

$\frac{h}{\text{m}}$	$\frac{\Delta t}{\text{s}}$	$v^2 = \left(\frac{d}{\Delta t}\right)^2$ in m^2/s^2
0,60	0,01073	13,90
0,50	0,01180	11,49
0,40	0,01336	8,96
0,30	0,01609	6,18
0,20	0,01924	4,32

Ergebnis (**Bild 2**):
$v^2 = k \cdot h$ mit $k = \frac{\Delta(v^2)}{\Delta h} = \frac{11{,}4\ \text{m}^2/\text{s}^2}{0{,}50\ \text{m}} = 22{,}8\ \frac{\text{m}}{\text{s}^2}$ aus dem Diagramm. Vergleich mit der zeitunabhängigen Bewegungsgleichung $v^2 = 2 \cdot g \cdot h$ liefert $k = 2 \cdot g$ und damit $g = \frac{1}{2} \cdot k = \mathbf{11\ \frac{m}{s^2}}$.

(b) Durch Quadrieren eines zusammengesetzten Messwerts ($v = \frac{d}{\Delta t}$) entstehen wegen der Fehlerfortpflanzung große Unsicherheiten in der Größe v^2.

Ein großer Kugeldurchmesser führt insbes. bei kleinen Fallhöhen dazu, dass die Annahme gleichförmige Bewegung beim Durchgang durch die Lichtschranke nicht mehr gerechtfertigt ist. Andererseits muss bei einem kleinen Kugeldurchmesser die Zeitmessung genauer sein, um zuverlässige Verdunklungswerte messen zu können.

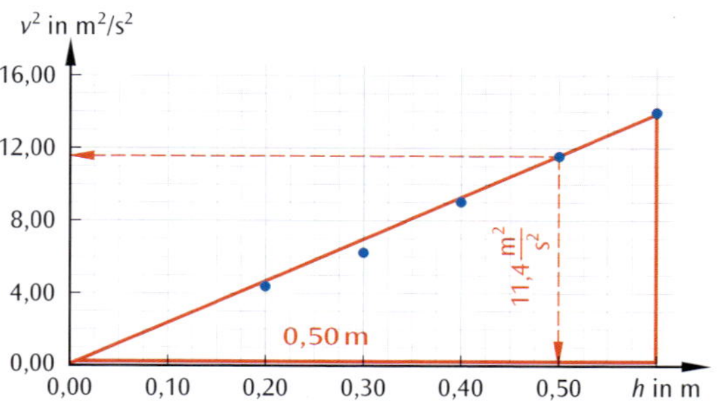

Bild 2: $v^2 \sim h$

(c) Es gilt $v \approx \frac{d}{\Delta t}$, daraus folgt $\Delta t = \frac{d}{v}$ (mit Messwert der Lichtschranke) sowie $v^2 = 2 \cdot g \cdot h$ und daraus $v = \sqrt{2 \cdot g \cdot h}$ (zeitunabhängige Bewegungsgleichung). Verknüpfen der beiden Gleichungen liefert

$$\Delta t = \frac{d}{\sqrt{2 \cdot g \cdot h}} = \frac{0{,}040\ \mathrm{m}}{\sqrt{2 \cdot 9{,}81\ \frac{\mathrm{m}}{\mathrm{s}^2} \cdot 1{,}00\ \mathrm{m}}} = \mathbf{9{,}0\ ms}.$$

3. **Fallgesetze**

Wegen der Orientierung der y-Achse ist die Beschleunigung negativ, also $a = -g = -9{,}81\ \frac{\mathrm{m}}{\mathrm{s}^2}$. Die Fallgesetze schreiben sich also in der Form

$$v(t) = -g \cdot t = \mathbf{-9{,}81\ \frac{m}{s^2} \cdot \mathit{t}},$$

$$y(t) = -\frac{1}{2} \cdot g \cdot t^2 = \mathbf{-4{,}905\ \frac{m}{s^2} \cdot \mathit{t}^2},$$

$$v^2 = -2 \cdot g \cdot y = \mathbf{-19{,}62\ \frac{m}{s^2} \cdot \mathit{y}} \quad \text{(beachte, dass } y \leq 0 \text{ ist!).}$$

4. **Fallschnur**

Die Abstände der Muttern zum Boden müssen gemäß $h \sim t^2$ im Verhältnis 1 : 4 : 9 : 16 stehen. Daher muss die Gesamtlänge der Schnur (10 m) zunächst in 16 gleiche Abschnitte $\Delta x = \frac{1}{16} \cdot 10\ \mathrm{m} = 62{,}5\ \mathrm{cm}$ unterteilt werden. Dann gilt:

erste Mutter: $x_1 = \mathbf{0}$

zweite Mutter: $x_2 = 1 \cdot \Delta x = \mathbf{62{,}5\ cm}$

dritte Mutter: $x_3 = 4 \cdot \Delta x = \mathbf{2{,}50\ m}$ (von der ersten Mutter entfernt!)

vierte Mutter: $x_4 = 9 \cdot \Delta x = \mathbf{5{,}625\ m}$ (von der 1. Mutter)

fünfte Mutter: $x_5 = 16 \cdot \Delta x = \mathbf{10\ m}$ (Ende der Schnur)

5. **Stein**

(a) Zeitabhängige Bewegungsgleichung:

$$h(1\,\mathrm{s}) = \frac{1}{2} \cdot 9{,}81\ \frac{\mathrm{m}}{\mathrm{s}^2} \cdot (1\,\mathrm{s})^2 = \mathbf{4{,}91\ m}$$

(b) Wegen $h \sim t^2$ wird am Ende der 2. Sekunde die vierfache Fallstrecke zurückgelegt, gemessen vom Ende der 1. Sekunde also die dreifache Fallstrecke, also $3 \cdot 4{,}905\ \mathrm{m} = \mathbf{14{,}7\ m}$.

(c) Zeitabhängige Bewegungsgleichung:

$$v(1\,\mathrm{s}) = 9{,}81\ \frac{\mathrm{m}}{\mathrm{s}^2} \cdot 1\ \mathrm{s} = 9{,}81\ \frac{\mathrm{m}}{\mathrm{s}} \quad \text{und} \quad v(2\,\mathrm{s}) = 2 \cdot v(1\,\mathrm{s}) = \mathbf{19{,}6\ \frac{m}{s}}$$

6. **Dachsprung**

(a) Zeitabhängige Bewegungsgleichung:

$$h = \frac{1}{2} \cdot g \cdot t^2 \Rightarrow t = \sqrt{\frac{2 \cdot h}{g}} = \sqrt{\frac{2 \cdot 2{,}5\ \mathrm{m}}{9{,}81\ \frac{\mathrm{m}}{\mathrm{s}^2}}} = \mathbf{0{,}71\ s}$$

Zeitunabhängige Bewegungsgleichung:

$$v^2 = 2 \cdot g \cdot h \Rightarrow v = \sqrt{2 \cdot g \cdot h} = \sqrt{2 \cdot 9{,}81\ \frac{\mathrm{m}}{\mathrm{s}^2} \cdot 2{,}5\ \mathrm{m}} = 7{,}0\ \frac{\mathrm{m}}{\mathrm{s}} = \mathbf{25\ \frac{km}{h}}$$

(b) Wegen $t \sim \sqrt{h}$ und $v \sim \sqrt{h}$ gilt für die doppelte Fallhöhe: $\sqrt{2}$-fache Fallzeit und $\sqrt{2}$-fache Fallgeschwindigkeit (je ca. 1,4-fach).

7. **Verkehrsunfälle**

(a) Zeitunabhängige Bewegungsgleichung:

$$v^2 = 2 \cdot g \cdot h \Rightarrow h = \frac{v^2}{2 \cdot g} = \frac{(50/3{,}6)^2\ \mathrm{m}^2/\mathrm{s}^2}{2 \cdot 9{,}81\ \frac{\mathrm{m}}{\mathrm{s}^2}} = \mathbf{9{,}8\ m}$$

(d) Wegen $h \sim v^2$ entspricht der doppelten Geschwindigkeit die vierfache (!) Fallhöhe.

8. **Fallbeschleunigung auf dem Mond**

(a) Zeitabhängige Bewegungsgleichung:

$$h = \frac{1}{2} \cdot g_M \cdot t^2 \Rightarrow t = \sqrt{\frac{2 \cdot h}{g_M}} = \sqrt{\frac{2 \cdot 1{,}4\ \text{m}}{\frac{1}{6} \cdot 9{,}81\ \frac{\text{m}}{\text{s}^2}}} = 1{,}3\ \text{s}$$

(e) Wegen $t \sim \frac{1}{\sqrt{g}}$ und 6-facher Fallbeschleunigung auf der Erde ändert sich die Fallzeit um den Faktor $\frac{1}{\sqrt{6}}$, der Vorgang läuft also $\sqrt{6}$-mal so schnell ab (und $\sqrt{6} \approx 2{,}4$).

9. **Reichsburg von Kyffhausen**

Aufgrund der großen Fallstrecke muss die Laufzeit des Schalls (Schallgeschwindigkeit $c \approx 340\ \frac{\text{m}}{\text{s}}$) berücksichtigt werden. Die Bewegung zerfällt in zwei Abschnitte: Fallbewegung des Steins und gleichförmige Schallausbreitung bis hin zum Ohr:

$$t_{\text{ges}} = t_{\text{Fall}} + t_{\text{Schall}} = \sqrt{\frac{2 \cdot h}{g}} + \frac{h}{c} = \sqrt{\frac{2 \cdot 176\ \text{m}}{9{,}81\ \frac{\text{m}}{\text{s}^2}}} + \frac{176\ \text{m}}{340\ \frac{\text{m}}{\text{s}}} = \mathbf{6{,}5\ s.}$$

Touristen berichten von einer höheren Aufschlagzeit, weil auf der langen Fallstrecke Luftwiderstand auftritt.

Lösungen der Aufgaben zum senkrechten Wurf

1. **Stroboskopbild**

Zeitabhängige Bewegungsgleichungen:

$v(t) = 4{,}0\ \frac{\text{m}}{\text{s}} - 10\ \frac{\text{m}}{\text{s}^2} \cdot t$

$y(t) = 4{,}0\ \frac{\text{m}}{\text{s}} \cdot t - 5{,}0\ \frac{\text{m}}{\text{s}^2} \cdot t^2$

außerdem $a(t) = -10\ \frac{\text{m}}{\text{s}^2}$ = const nach unten, und zwar in jedem Punkt der Bahn (**Bild 1**)!

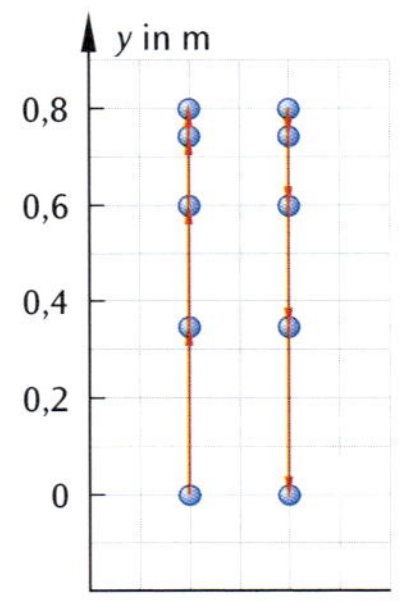

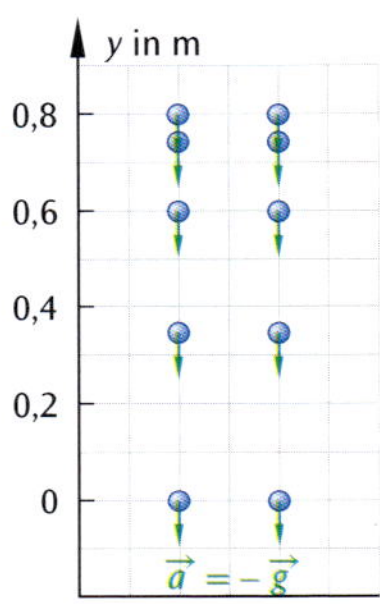

Bild 1: $\vec{v}(t)$ und $\vec{a}(t)$

2. **Basketball**

(a) Die Gesamtzeit ist gleich der Summe aus Steigzeit t_S und Fallzeit t_F, wobei der freie Fall aus $h = 12$ m Höhe (Zeit-Ort-Gesetz) die Fallzeit t_F festlegt:

$$h = \frac{1}{2} \cdot g \cdot t_F^2 \Rightarrow t_F = \sqrt{\frac{2 \cdot h}{g}}.$$

Analog legt die Fallzeit aus $h_1 = (12 - 2{,}5)$ m $= 9{,}5$ m Höhe die Steigzeit t_S fest, d. h.

$$t_{\text{Flug}} = t_S + t_F = \sqrt{\frac{2 \cdot h_1}{g}} + \sqrt{\frac{2 \cdot h}{g}} = \sqrt{\frac{2}{9{,}81\ \frac{\text{m}}{\text{s}^2}}} \cdot \left(\sqrt{9{,}5\ \text{m}} + \sqrt{12\ \text{m}}\right) = \mathbf{3{,}0\ s.}$$

(b) Wieder ist die Flugzeit gleich der Summe aus Steig- und Fallzeit, jedoch muss jeweils mit Anfangsgeschwindigkeit gerechnet werden.

Abbrems- und Beschleunigungszeiten an der Hallendecke werden vernachlässigt, und es wird angenommen, dass der Ball ideal von der Decke reflektiert wird:

- senkrechter Wurf nach unten mit $v_0 = 4{,}0\ \frac{\text{m}}{\text{s}}$ aus der Höhe $h = 12$ m:

  $$v = v_0 + g \cdot t \Rightarrow t = \frac{v - v_0}{g}$$

  mit v aus der zeitunabhängigen Bewegungsgleichung

  $$v^2 - v_0^2 = 2 \cdot g \cdot h \Rightarrow v = \sqrt{v_0^2 + 2 \cdot g \cdot h}$$

  ergibt

  $$t_{\text{Fall}} = \frac{\sqrt{v_0^2 + 2 \cdot g \cdot h} - v_0}{g} = \frac{\sqrt{(4{,}0\ \text{m/s})^2 + 2 \cdot 9{,}81\ \frac{\text{m}}{\text{s}^2} \cdot 12\ \text{m}} - 4{,}0\ \frac{\text{m}}{\text{s}}}{9{,}81\ \frac{\text{m}}{\text{s}^2}} = \mathbf{1{,}209\ s}$$

- analog folgt für die Steigzeit:

$$t_{\text{Steig}} = \frac{\sqrt{(4{,}0\ \text{m/s})^2 + 2 \cdot 9{,}81\ \frac{\text{m}}{\text{s}^2} \cdot 9{,}5\ \text{m}} - 4{,}0\ \frac{\text{m}}{\text{s}}}{9{,}81\ \frac{\text{m}}{\text{s}^2}} = \mathbf{1{,}042\ s}$$

Die gesamte Flugdauer beträgt $t_{\text{ges}} = t_S + t_F = 2{,}3$ s, also rund 0,7 s weniger als wenn der Ball die Decke nur leicht berühren würde.

3. **Vergleich zweier Würfe**

Es gibt eine sehr elegante Lösung des Problems, das sich die Eigenschaft eines der viel zitierten Diagramme dieses Buches (nämlich des Zeit-Ort-Diagramms) zunutze macht: Aufgrund der Symmetrie der Parabel sind die beiden Punkte links und rechts des Scheitelpunktes gesucht, die auf gleicher Höhe in einem zeitlichen Abstand von $\Delta t = 0{,}5$ s liegen (**Bild 1**). Demnach gilt:

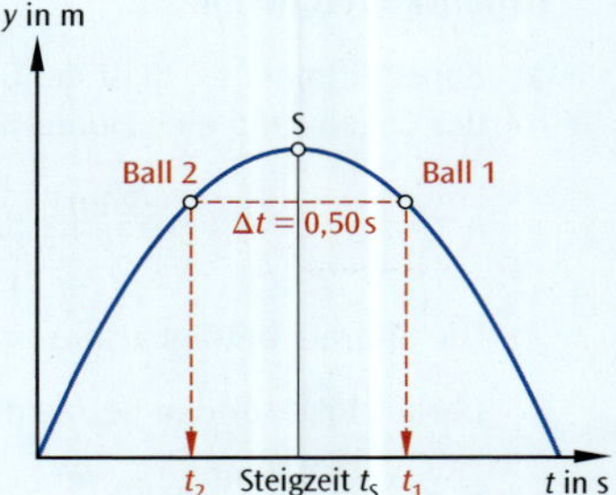

Bild 1: ***y*****(*****t*****)-Diagramm des senkrechten Wurfs (Skizze)**

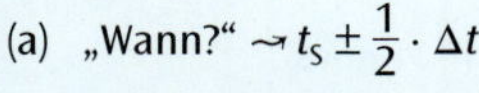

(a) „Wann?“ $\rightsquigarrow t_S \pm \frac{1}{2} \cdot \Delta t$

mit Steigzeit t_S aus $v = 0 \Rightarrow v_0 - g \cdot t_S = 0 \Rightarrow t_S = \frac{v_0}{g}$

Zahlenwerte: $t_{1/2} = \frac{6{,}0\ \frac{\text{m}}{\text{s}}}{9{,}81\ \frac{\text{m}}{\text{s}^2}} \pm \frac{1}{2} \cdot 0{,}50$ s, also 0,36 s bzw. 0,86 s nachdem der erste Ball geworfen wurde

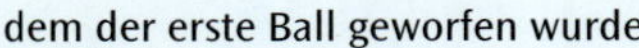

(a) Die gesuchten Geschwindigkeiten sind dieselben wie bei einem freien Fall nach $\frac{1}{2} \cdot \Delta t = 0{,}25$ s, also $v = g \cdot t = 9{,}81\ \frac{\text{m}}{\text{s}^2} \cdot 0{,}25\ \text{s} = 2{,}5\ \frac{\text{m}}{\text{s}}$.

Genauer: **$-2{,}5\ \frac{\text{m}}{\text{s}}$ für Ball 1 und $+2{,}5\ \frac{\text{m}}{\text{s}}$ für Ball 2.**

Alternative Lösung (über Zeit-Ort-Gesetze beider Bälle)

(a) Das Zeit-Ort-Gesetz für den ersten und den zweiten Ball gleichsetzen:

$$y_1(t) = y_2(t)$$
$$v_0 \cdot t - \frac{1}{2} \cdot g \cdot t^2 = v_0 \cdot (t - 0{,}5\ \text{s}) - \frac{1}{2} \cdot g \cdot (t - 0{,}5\ \text{s})^2$$
$$v_0 \cdot t - \frac{1}{2} \cdot g \cdot t^2 = v_0 \cdot t - v_0 \cdot 0{,}5\ \text{s} - \frac{1}{2} \cdot g \cdot t^2 + g \cdot t \cdot 0{,}5\ \text{s} - \frac{1}{2} \cdot g \cdot 0{,}25\ \text{s}^2$$
$$0 = -v_0 \cdot 0{,}5\ \text{s} + g \cdot t \cdot 0{,}5\ \text{s} - \frac{1}{2} \cdot g \cdot 0{,}25\ \text{s}^2$$

Auflösen nach t liefert

$$t = \frac{v_0}{g} + \frac{1}{2} \cdot 0{,}5\ \text{s} = \frac{6{,}0\ \frac{\text{m}}{\text{s}}}{9{,}81\ \frac{\text{m}}{\text{s}^2}} + 0{,}25\ \text{s} = 0{,}8616\ \text{s} = \mathbf{0{,}86\ s}.$$

Dieser Wert ist identisch mit der Steigzeit plus dem halben Vorsprung!

(b) Erster Ball: $v(t) = v_0 - g \cdot t = v_0 - g \cdot \left(\frac{v_0}{g} + 0{,}25\ \text{s}\right) = -g \cdot 0{,}25\ \text{s} = -2{,}5\ \frac{\text{m}}{\text{s}}$ (also in der Abwärtsbewegung)

Zweiter Ball: $v(t) = v_0 - g \cdot (t - 0{,}5\ \text{s}) = +g \cdot 0{,}25\ \text{s} = \mathbf{+2{,}5\ \frac{m}{s}}$ (also in der Aufwärtsbewegung)

Der Vorteil der grafischen Lösung liegt auf der Hand ...

4. ***g*****-Bestimmung mit dem senkrechten Wurf**

Bei Auswertung des Zeit-Geschwindigkeit-Diagramms $v = v(t)$ einer Stroboskop-Aufnahme (Steigung im $v(t)$-Diagramm **Bild 1**, S. 38) ergeben sich Werte um $g \approx 9\ \frac{\text{m}}{\text{s}^2}$. Experimente zum freien Fall mit Lichtschranke oder Kontaktplatte sind also wesentlich zuverlässiger.

Lösungen der Aufgaben zum waagrechten Wurf

1. **Hüpfball**

Die Momentangeschwindigkeit $\vec{v}$ ist Tangente an die Bahnkurve.

Die Horizontalkomponente von $\vec{v}$ ist konstant und identisch mit der Momentangeschwindigkeit im obersten Punkt der Bahnkurve (**Bild 2**).

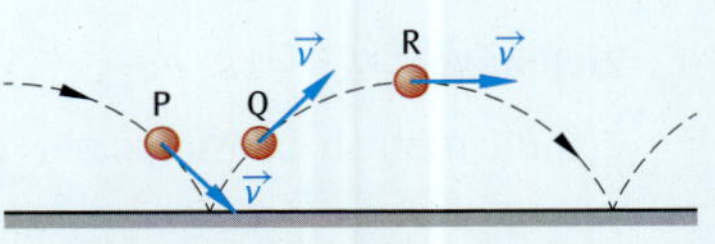

Bild 2: Vektor $\vec{v}$

Die einzige Beschleunigung, die auftritt, ist die Fallbeschleunigung. Sie zeigt zu jedem Zeitpunkt senkrecht nach unten Richtung Erdmittelpunkt. Ihr Betrag ist konstant, nämlich 9,81 $\frac{\text{m}}{\text{s}^2}$, also $\boldsymbol{a} = -\boldsymbol{g}$ (**Bild 1**).

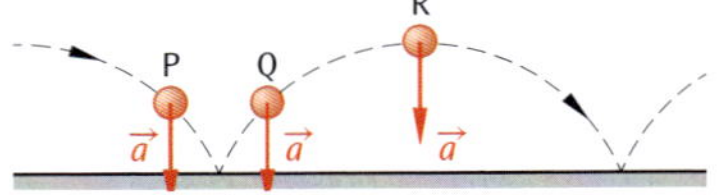

Bild 1: Vektor $\vec{a}$

2. **Stroboskop-Aufnahme**

(a) Zum Zeitpunkt $t = 0$ ist der Gegenstand im Ursprung des Koordinatensystems. Nach 10 Frames ($t = 10 \cdot \Delta t$) hat der Gegenstand eine Höhe von knapp $h \approx 80$ cm durchfallen. Aus dem Fallgesetz folgt

$$h = \frac{1}{2} \cdot g \cdot t^2 \Rightarrow t = \sqrt{\frac{2 \cdot h}{g}} = \sqrt{\frac{2 \cdot 0{,}80 \text{ m}}{9{,}81 \frac{\text{m}}{\text{s}^2}}} = \mathbf{0{,}40 \text{ s}}.$$

Die Bildrate beträgt also $\Delta t = 0{,}04 \text{ s} \Rightarrow \frac{1}{0{,}04} \text{ fps} = 25 \text{ fps}$.

Daraus folgt für den Betrag der Abwurfgeschwindigkeit (horizontal 1,00 m nach 10 Frames):

$$v_0 = \frac{\Delta x}{\Delta t} = \frac{1{,}00 \text{ m}}{0{,}40 \text{ s}} = \mathbf{2{,}5 \frac{m}{s}}.$$

(b) horizontal: $x(t) = 2{,}5 \frac{\text{m}}{\text{s}} \cdot t$ (gleichförmig)

vertikal: $y(t) = \mathbf{-4{,}905 \frac{m}{s^2} \cdot t^2}$ (freier Fall; y-Achse zeigt nach oben!)

3. **Wasserrutsche**

(a) Gleichförmige Horizontalbewegung: $v_0 = \frac{x_R}{t_F}$ mit $x_R = 1{,}5$ m und Fallzeit t_F aus $h = \frac{1}{2} \cdot g \cdot t_F^2 \Rightarrow t_F = \sqrt{\frac{2 \cdot h}{g}}$, also

$$v_0 = x_R \cdot \sqrt{\frac{g}{2 \cdot h}} = 1{,}5 \text{ m} \cdot \sqrt{\frac{9{,}81 \frac{\text{m}}{\text{s}^2}}{2 \cdot 0{,}80 \text{ m}}} = \mathbf{3{,}7 \frac{m}{s}}$$

(b) Betrag (Pythagoras): $v = \sqrt{(v_0)^2 + (v_y)^2}$ mit v_0 wie oben und v_y aus zeitunabhängiger Bewegungsgleichung: $v_y^2 = 2 \cdot g \cdot h \Rightarrow v_y = \sqrt{2 \cdot g \cdot h}$, also

$$v = \sqrt{x_R^2 \cdot \frac{g}{2 \cdot h} + 2 \cdot g \cdot h} = \sqrt{3{,}714^2 \frac{\text{m}^2}{\text{s}^2} + 2 \cdot 9{,}81 \frac{\text{m}}{\text{s}^2} \cdot 0{,}80 \text{ m}} = \mathbf{5{,}4 \frac{m}{s}}$$

Richtung gegen die Horizontale:

$$\tan(\alpha) = \frac{v_y}{v_0} \quad \text{oder} \quad \cos(\alpha) = \frac{v_0}{v} \Rightarrow \alpha = \cos^{-1}\left(\frac{3{,}714}{5{,}431}\right) = \mathbf{47°}$$

4. **Diagramme**

Zuerst sollte man die Flugzeit t_F (Fallzeit aus $h = 1{,}25$ m Höhe) ausrechnen:

$$h = \frac{1}{2} \cdot g \cdot t_F^2 \Rightarrow t_F = \sqrt{\frac{2 \cdot h}{g}} = \sqrt{\frac{2 \cdot 1{,}25 \text{ m}}{10 \frac{\text{m}}{\text{s}^2}}} = \sqrt{0{,}25 \text{ s}^2} = 0{,}5 \text{ s}.$$

In der Tat ist kein Taschenrechner nötig!

Damit gilt:

$x(t) = 2{,}0 \frac{\text{m}}{\text{s}} \cdot t$; $y(t) \approx 5 \frac{\text{m}}{\text{s}^2} \cdot t^2$;

$v_x(t) = \mathbf{2{,}0 \frac{m}{s}} = \text{const}$; $v_y(t) \approx 10 \frac{\text{m}}{\text{s}^2} \cdot t$;

$a_x(t) = \mathbf{0}$; $a_y(t) = \mathbf{10 \frac{m}{s^2}} = \text{const}$.

Die Diagramme fertigt man am besten mit einer Schrittweite von $\Delta t = 0{,}10$ s an ...

5. **Zielübung**

Zu prüfen ist, ob die Wurfparabel (vom ruhenden Beobachter aus gesehen) den Mülleimer schneidet.

Hier: $y = \frac{g}{2 \cdot v_0^2} \cdot x^2$ bei $x = 1{,}20$ m (Vorderkante) bzw. $x = 1{,}70$ m (Hinterkante) und $v_0 = 5{,}0 \frac{\text{m}}{\text{s}}$:

$y(1{,}20\,\text{m}) = \dfrac{9{,}81}{2 \cdot 5^2} \cdot 1{,}20^2\ \text{m} = 28\ \text{cm};$

$y(1{,}70\,\text{m}) = \dfrac{9{,}81}{2 \cdot 5^2} \cdot 1{,}70^2\ \text{m} = 57\ \text{cm}.$

Weil der Mülleimer aber 1,50 m – 80 cm = 70 cm vertikal von der Abwurfstelle entfernt ist, landet der Müll nicht im Mülleimer, sondern dahinter.

6. **Wasserstrahl**

(a) Der Volumenstrom von $\frac{\Delta V}{\Delta t} = 15\ \frac{\text{l}}{\text{min}}$ legt in Verbindung mit dem Innendurchmesser $d = 15$ mm die Austrittsgeschwindigkeit v_0 fest:

$$\frac{\Delta V}{\Delta t} = \frac{r^2 \cdot \pi \cdot \Delta x}{\Delta t} = r^2 \cdot \pi \cdot \underbrace{\frac{\Delta x}{\Delta t}}_{=v_0} \Rightarrow v_0 = \frac{\Delta V/\Delta t}{r^2 \cdot \pi}.$$

Beim Berechnen des Zahlenwertes ist auf SI-Einheiten zu achten:

$$v_0 = \frac{(0{,}015\ \text{m}^3)/(60\ \text{s})}{(0{,}0075\ \text{m})^2 \cdot \pi} = 1{,}41\ \frac{\text{m}}{\text{s}}$$

Reichweite des Wasserstrahls:

$$x_\text{R} = v_0 \cdot t_\text{F} = v_0 \cdot \sqrt{\frac{2 \cdot h}{g}} = 1{,}41\ \frac{\text{m}}{\text{s}} \cdot \sqrt{\frac{2 \cdot 1{,}25\ \text{m}}{9{,}81\ \frac{\text{m}}{\text{s}^2}}} = \mathbf{71\ cm}$$

(b) Halber Durchmesser bedeutet $\frac{1}{4}$ der Querschnittsfläche. Dies bedeutet vierfache Austrittsgeschwindigkeit v_0 und damit vierfache Reichweite des Wasserstrahls.

Die Argumentation gilt unter der Voraussetzung, dass der Volumenstrom (15 l/min) beim Zudrücken des Schlauchendes sich nicht ändert. Dies wird in der Praxis nicht passieren, weil der Druck sonst auf das Vierfache steigen müsste.

Lösungen der Aufgaben zum schiefen Wurf

1. **Parabelflug**

(a) Während des Parabelflugs wirkt nur die Fallbeschleunigung auf alles und jeden im Flugzeug. Das Flugzeug erfährt ebenfalls nur die Fallbeschleunigung. Relativ zum Flugzeug wirkt also keine Beschleunigung, d. h. es herrscht Schwerelosigkeit.

(b) Die Parabelbahn ist mit Ausnahme des freien Falls oder des senkrechten Wurfs die einzige Bahn, entlang der Schwerelosigkeit herrscht, da *nur* auf einer Parabelbahn $a_y = -g$ und $a_x = 0$ gilt.

Weiterführende Information (wird im Lernbereich Gravitation behandelt): Streng genommen ist die Wurfparabel Teil einer Ellipse. Für sehr hohe Anfangsgeschwindigkeiten geht die Ellipse sogar um die Erde herum, und es ergeben sich die bekannten Satellitenbahnen.

2. **Bahnkurve**

(a) Herleitung der Bahngleichung: Wegen des Superpositionsprinzips ist die Horizontalbewegung gleichförmig und die Vertikalbewegung gleichförmig beschleunigt mit der Beschleunigung $a = -g$.

Durch Elimination der Zeit erhält man die Bahngleichung.

(b) Optimaler Abwurfwinkel: Die positive Nullstelle der Bahnkurve wird durch die Parameter v_0 und α ausgedrückt und ihr Maximalwert ermittelt.

3. **Hammerwerfen**

(a) Bahngleichung: $y = 0$ für $x = 75$ m nach v_0 auflösen:

$$y(x) = h_0 + \tan(\alpha) \cdot x - \frac{g}{2 \cdot v_0^2 \cdot \cos^2(\alpha)} \cdot x^2$$

$$\Rightarrow v_0 = \sqrt{\frac{g \cdot x^2}{2 \cdot \cos^2(\alpha) \cdot [\tan(\alpha) \cdot x + h_0 - y]}}$$

$$v_0 = \frac{75\ \text{m}}{\cos(44°)} \cdot \sqrt{\frac{9{,}81\ \frac{\text{m}}{\text{s}^2}}{2 \cdot [\tan(44°) \cdot 75\ \text{m} + 1{,}5\ \text{m}]}} = \mathbf{27\ \frac{m}{s} \approx 97\ \frac{km}{h}}$$

(b) Gesucht ist die positive Nullstelle der Bahngleichung für $v_0 \rightarrow 1{,}05 \cdot v_0$.

Ergebnis (Lösungsformel für quadratische Gleichungen oder CAS): **Steigerung um rund 7 m**

(c) Annahme: Es wird mit $v_0 = 26{,}86\,\frac{\text{m}}{\text{s}}$ (Teilaufgabe zuvor) unter $\alpha = 44°$ aus $h_0 = 2{,}5$ m (extrem unrealistisch!) geworfen. Dann liegt die positive Nullstelle der Bahnkurve bei 76 m, was einem Weitengewinn von 1 m entspricht. **Der Weitengewinn durch Erhöhung der Wurfgeschwindigkeit ist also viel größer!**

4. **Weitsprung**

Die einfachste Lösung besteht darin, nur den senkrechten Wurf zu betrachten und die Vertikalgeschwindigkeit $v_y = 0$ zu setzen (Umkehrpunkt):

$0^2 - v_{0y}^2 = 2 \cdot (-g) \cdot h_{max}$ (zeitunabhängige Bewegungsgleichung)

$$\Rightarrow h_{max} = \frac{v_{0y}^2}{2 \cdot g} = \frac{v_{0x}^2 \cdot \tan^2(\alpha)}{2 \cdot g} = \frac{9^2 \cdot \tan^2(20°)}{2 \cdot 9{,}81}\ \text{m} = \mathbf{55\ cm}.$$

Zu diesem Wert ist noch die Abwurfhöhe h_0 zu addieren, also kommt der Körperschwerpunkt etwa 1,6 bis 1,7 m hoch über dem Boden.

5. **Kugelstoßen**

Lösungsweg (Weltrekord $x_W = 23{,}12$ m; Stand 2017)

- aus der Wurfweite (Nullstelle der Bahnkurve) die Abstoßgeschwindigkeit v_0 berechnen;
- die Wurfdauer t_W ergibt sich dann aus der Horizontalbewegung:

  $x(t) = v_{0x} \cdot t \Leftrightarrow x_W = v_0 \cdot \cos(\alpha) \cdot t_W \Rightarrow \boldsymbol{t_W}$

2 Dynamik, Newton'sche Gesetze

Zu Abschnitt 2.9.1 Newton'sche Gesetze

1. **Umgangssprache und Fachsprache**

(a) Weitere Bedeutungen:

auf Veränderung, Entwicklung gerichtete Kraft, Triebkraft, dynamische Art, dynamisches Wesen

Musik, Tontechnik: Differenzierung der Tonstärke

Synonyme: Antrieb, Energie, Kraft, Tatkraft, Triebfeder, Triebkraft; (bildungssprachlich) Dynamismus, Aktivität, Feuer, Lebendigkeit, Lebhaftigkeit, Pep, Schwung, Vitalität; (bildungssprachlich) Drive, Elan; (umgangssprachlich) Schmiss; (Jargon) Power

(b) Die „Masse" wird reduziert, so dass die „Gewicht"skraft $F_G = m \cdot g$ geringer wird.

2. **Die Änderung des Kraftbegriffs durch Newton**

(a) Die Impetustheorie sagt voraus, dass der Ball senkrecht nach unten fällt, sobald der „Impetus" aufgebraucht ist. Beobachtungen des waagrechten bzw. schiefen Wurfs (Abschnitt 1.4.3 bzw. 1.4.4) zeigen jedoch eine parabelförmige Bahnkurve!

(b) Der Körper erfährt eine Beschleunigung in Richtung der wirkenden Kraft (2. Newton'sches Gesetz), also senkrecht nach unten. Durch den schrägen Abwurf hat er auch eine Geschwindigkeitskomponente senkrecht zur Gewichtskraft, die von dieser nicht beeinflusst und daher beibehalten wird (1. Newton'sches Gesetz).

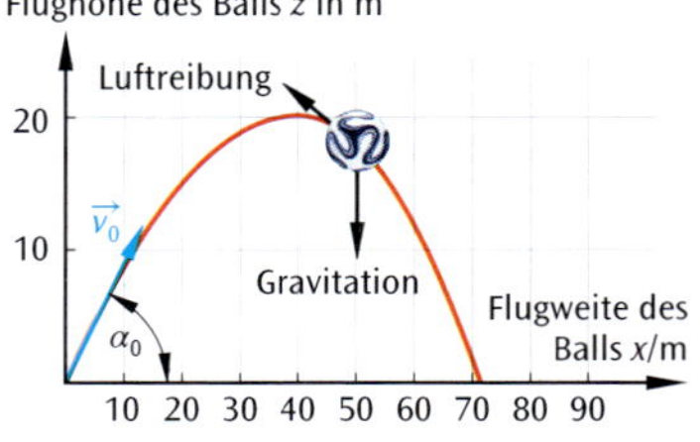

Bild 1: Flugbahn mit Luftwiderstand (Quelle: Prof. Metin Tolan)

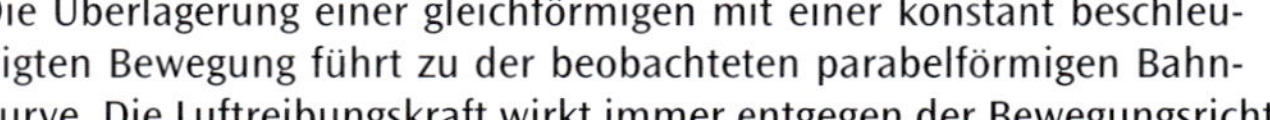

Die Überlagerung einer gleichförmigen mit einer konstant beschleunigten Bewegung führt zu der beobachteten parabelförmigen Bahnkurve. Die Luftreibungskraft wirkt immer entgegen der Bewegungsrichtung und verringert beide Geschwindigkeitskomponenten, die Bahnkurve wird dadurch verzerrt und die Reichweite des Wurfs reduziert, siehe **Bild 1**.

3. **Newtons 2. Gesetz**

(a) $a = \frac{F}{m} = \frac{3{,}5\ \text{N}}{0{,}5\ \text{kg}} = \mathbf{7{,}0\ \frac{m}{s^2}}$

(b) $F = m \cdot \frac{\Delta v}{\Delta t} = 3500\ \text{kg} \cdot \frac{50\ \text{m}}{3{,}6\ \text{s} \cdot 3\ \text{s}} = \mathbf{16\ kN}$

4. **Newtons 1. und 2. Gesetz im Straßenverkehr**

(a) Ungesicherte Ladung ändert bei Geschwindigkeits- und/oder Richtungsänderung des Fahrzeugs ihren Bewegungszustand nicht und kann Beschädigungen, Verletzungen und Unfälle verursachen.

(b) Sicherheitsgurte verhindern die Beibehaltung des Bewegungszustands bei Geschwindigkeitsänderungen (1. Newton'sches Gesetz). Da sie dehnbar sind, verlängern sie zudem die Einwirkungsdauer beschleunigender Kräfte und begrenzen dadurch deren Betrag (2. Newton'sches Gesetz)

Airbags verhindern den Aufprall auf harte oder scharfkantige Autoteile (1. Newton'sches Gesetz) und begrenzen durch ihre Verformbarkeit die maximalen Kräfte (2. Newton'sches Gesetz).

Bei einem Heckaufprall beharrt der Kopf in seinem Bewegungszustand (1. Newton'sches Gesetz), während der Körper ruckartig nach vorn beschleunigt wird. Kopfstützen verhindern dabei eine Überdehnung der Halswirbelsäule.

(c) Die Reibung der Reifen auf der Straße ist bei Glatteis nicht ausreichend, um das Fahrzeug in der Kurve zu halten. Nach dem Beharrungsprinzip bewegt es sich gleichförmig weiter – also geradeaus mit konstanter Geschwindigkeit in den Straßengraben oder an die Leitplanke!

5. **Kräfte beim Aufprall**

Mittlere Kraft: $\overline{F} = m \cdot \frac{\Delta v}{\Delta t} = 1500\ \text{kg} \cdot \frac{100 \cdot 10^3\ \text{m}}{3600 \cdot 0{,}15\ \text{s}^2} = 278\ \text{kN}$

$\frac{\overline{F}}{F_G} = \frac{278\ \text{kN}}{1500 \cdot 9{,}81\ \text{N}} = 19$

Beim Aufprall wirkt das 19-fache der Gewichtskraft.

6. **Kräfte im ICE**

(a) $F = m \cdot a = 670 \cdot 10^3\ \text{kg} \cdot 0{,}53\ \frac{\text{m}}{\text{s}^2} = \mathbf{0{,}36\ MN}$

(b) $t_{\text{min}} = \frac{v}{a_{\text{max}}} = \frac{250\ \text{ms}^2}{3{,}6 \cdot 0{,}53\ \text{ms}} = \mathbf{131\ s = 2{,}2\ min = 2:11\ min}$

(c) Der Zugkraft des Motors wirken die Rollreibung auf der Schiene sowie die Luftreibung entgegen, so dass die Zugkraft des Motors höher sein muss als 355 kN. Die Fahrgäste erhöhen zusätzlich die zu beschleunigende Masse.

(d) Die Gesamtmasse des vollen Zugs beträgt bei 200%iger Auslastung ca. 786 Tonnen (Annahme: 70 kg pro Fahrgast).

Weitere 100 Fahrgäste erhöhen die Masse um weitere 700 kg, also weniger als 1 Promille der Gesamtmasse, was kein Problem darstellen dürfte.

Mögliche andere Gründe sind die begrenzte Leistung der Klimaanlage sowie die Zugänglichkeit der Fluchtwege.

7. **Kraftstoß im Handball**

(a) $F \cdot \Delta t = m \cdot \Delta v = 0{,}450\ \text{kg} \cdot \frac{120 \cdot 10^3\ \text{m}}{3600\ \text{s}} = \mathbf{15\ N \cdot s}$

(b) $t = 0{,}2\ \text{s} \Rightarrow F = m \cdot \frac{\Delta v}{\Delta t} = 0{,}450\ \text{kg} \cdot \frac{120 \cdot 10^3\ \text{m}}{3600\ \text{s} \cdot 0{,}2\ \text{s}} = \mathbf{75\ N}$

(c) Der Sportler kann höhere Kraft oder schnellere Armbewegung trainieren. Wenn er aus der Laufbewegung heraus wirft, nimmt der Ball zusätzlich seine Laufgeschwindigkeit mit.

8. **Kraftstoß beim Turnen**

(a) Ohne horizontale Geschwindigkeitskomponente beträgt der Kraftstoß

$|F \cdot \Delta t| = |m \cdot \Delta v| = m \cdot \sqrt{2 \cdot g \cdot h} = 50\ \text{kg} \cdot \sqrt{2 \cdot 9{,}81\ \frac{\text{m}}{\text{s}^2} \cdot 2{,}15\ \text{m}} = 324{,}7\ \text{N} \cdot \text{s} = \mathbf{0{,}32\ kN \cdot s}$

(b) Weichbodenmatten verformen sich beim Landen, verlängern dadurch den Bremsvorgang und vermindern die maximal wirkende Kraft.

9. **Sprunganalyse beim Turnen**

   Aus dem Diagramm: $F_G = 450$ N, $F \cdot \Delta t = (1100 - 450)$ N $\cdot$ 0,5 s

   $$m = \frac{F_G}{g} = \frac{450\ \text{N} \cdot \text{kg}}{9{,}81\ \text{N}} = \mathbf{46\ kg}$$

   $$F \cdot \Delta t = m \cdot \Delta v \Rightarrow \Delta v = \frac{F \cdot \Delta t}{m} = \frac{650\ \text{N} \cdot 0{,}5\ \text{s}}{46\ \text{kg}} = \mathbf{7{,}1\ \frac{m}{s}}$$

   $$h = \frac{(\Delta v)^2}{2 \cdot g} = \mathbf{2{,}5\ m}$$

10. **Kräfte auf den Regenschirm**

   (a) $h = \dfrac{v^2}{2 \cdot g} = \mathbf{3{,}5\ m}$

   (b) $F_{LR} = F_G = m \cdot g = \varrho \cdot \frac{4}{3} \cdot \pi \cdot r^3 \cdot g = 1{,}0\ \frac{\text{kg}}{\text{dm}^3} \cdot \frac{4}{3} \cdot \pi \cdot (0{,}05\ \text{dm})^3 \cdot 9{,}81\ \frac{\text{N}}{\text{kg}} \approx 5\ \text{mN}$

   $$F = m \cdot \frac{\Delta v}{\Delta t} = 1{,}1\ \text{kg} \cdot \frac{30}{3{,}6}\ \frac{\text{m}}{\text{s}} = \mathbf{9{,}2\ N}$$

   entspricht einer Zusatzmasse von 934 g

11. **Kraftvektoren an der geneigten Ebene**

   (a) Die Hangabtriebskraft beschleunigt den Körper hangabwärts. Die Normalkraft drückt den Körper auf die Unterlage.

   (b) Das Kräfteparallelogramm wird zum Quadrat, wenn der Neigungswinkel $\alpha = 45°$ beträgt.

   Die Steigung m ergibt sich zu $m = \tan 45° = 1 = 100\ \%$.

   (c) Bei der Landung wird die Geschwindigkeitskomponente $v_\perp$ senkrecht zur Oberfläche auf Null abgebremst: $\Delta v = v_\perp$ (**Bild 1**).

   Auf dem geneigten Aufsprunghang ist $\Delta v = v_\perp$ kleiner als in der Ebene (**Bild 2**).

   Daher ist dort auch der Kraftstoß $F \cdot \Delta t = m \cdot \Delta v$ geringer, den der Springer erfährt.

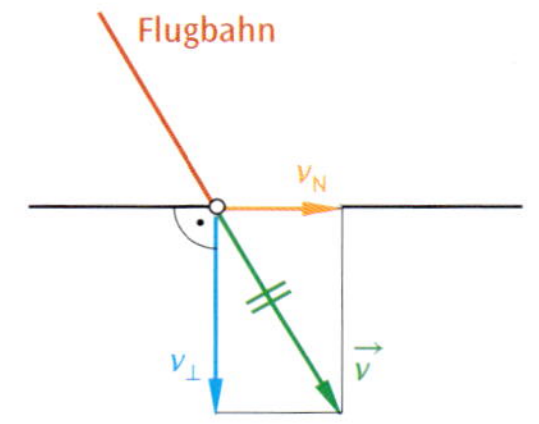

Bild 1: Landung in der Ebene

12. **Bestimmung der Federkonstante**

   Man kann z. B. in der Mitte des Seils ein Gewicht anhängen oder darauf stellen und die Auslenkung s des Seils messen. Daraus berechnet sich die Federkonstante zu $D = \frac{F_G}{s} = \frac{m \cdot g}{s}$.

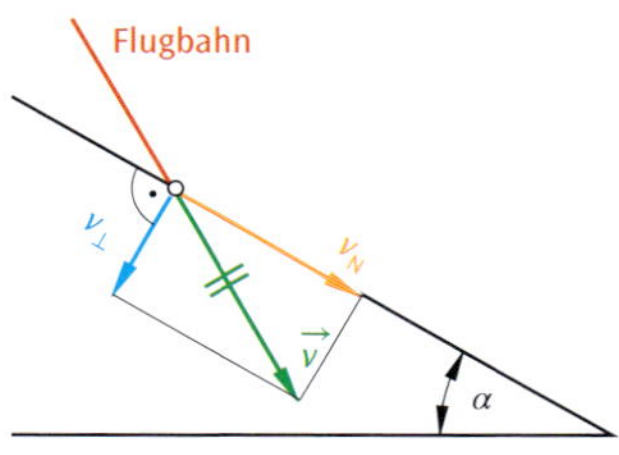

Bild 2: Landung am Aufsprunghügel

Zu Abschnitt 2.9.2 verschiedene Kräfte

Lösungen zu verschiedene Kräfte

1. **Natur und Wirkung von Kräften**

   (a) Natur: Gewichtskraft, Gleitreibung, Luftreibung, elastische Unterlagenkraft

   Wirkung: Hangabtriebskraft = beschleunigende Kraft, Bremskraft

   (b) Hangabtriebskraft (Komponente der Gewichtskraft), Reibungskräfte

2. **Ein Leben ohne Reibung**

   Haftreibung:

   Alle Tische und Regale müssten genau waagrecht justiert werden, damit nichts verrutscht. Nähte und Knoten könnten keinerlei Zugkräften widerstehen. Räder würden immer durchdrehen und Ihr Fuß fände keinen „Halt" auf ebenen Flächen – wir hätten andere Fortbewegungskonzepte!

Gleitreibung:

Möbel ließen sich leichter verrücken, weniger Energieverbrauch bei Gleitvorgängen, höhere Geschwindigkeiten beim Skifahren, ...

3. **Bestimmung der Gleitreibungszahl**

Mögliches Prinzip: Messung der Kraft F, die erforderlich ist, um den Körper mit konstanter Geschwindigkeit über den Tisch zu ziehen (**Bild 1**). Diese ist nach dem 1. Newton'schen Gesetz entgegengesetzt gleich der Reibungskraft F_R: Beide addieren sich zu null. Damit ergibt sich $f = \frac{F}{m \cdot g}$.

Erforderliche Messgeräte: Waage, Kraftmesser

Die Zugkraft kann auch durch die Hangabtriebskraft beim Neigen der Ebene ersetzt werden.

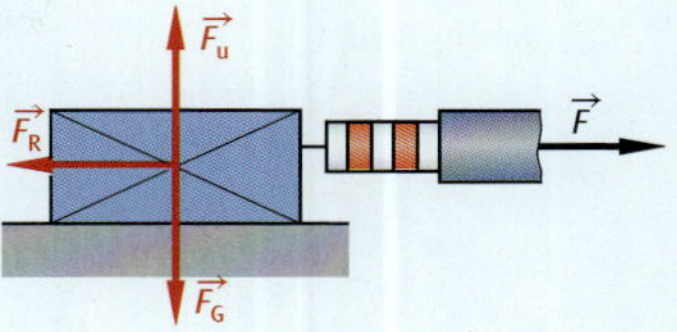

Bild 1: Beim Ziehen mit konstanter Geschwindigkeit muss genau die Reibungskraft aufgewendet werden

4. **Haftreibung**

$F_{Haft,max} = f_{Roll} \cdot m \cdot g = \mathbf{5{,}9\ kN}$, also nur 0,2 % der Gewichtskraft

5. **Rollreibung und Luftreibung**

(a) $F_{Zug} = F + F_{Roll} = m \cdot a + f_R \cdot m \cdot g = 2{,}5 \cdot 10^3\ \text{kg} \cdot \left(\frac{100\ \text{m}}{3{,}6 \cdot 3{,}1\ \text{s}^2} + 0{,}080 \cdot 9{,}81\ \frac{\text{m}}{\text{s}^2}\right) = \mathbf{24\ kN}$

(b) $F_{LR} = \frac{1}{2} \cdot \varrho \cdot A \cdot c_W \cdot v^2 = \frac{1}{2} \cdot 1{,}29\ \frac{\text{kg}}{\text{m}^3} \cdot (1{,}68 \cdot 2{,}27)\ \text{m}^2 \cdot 0{,}24 \cdot v^2)0{,}59\ \frac{\text{kg}}{\text{m}^2} \cdot v^2$

v in km/h	F_{LR} in kN	$F_R = f_{Roll} \cdot m \cdot g$ in kN
50	0,1	2,0
100	0,5	2,0
150	1,0	2,0
200	1,8	2,0
250	2,8	2,0

6. **Reibung zwischen Stahlteilen**

(a) $f_{Haft} = 0{,}15$; $f_{Gleit} = 0{,}12$; $f_{Roll} = \mathbf{0{,}001}$

(b) $F_{Haft,max} = f_{Haft} \cdot F_u = f_{Haft} \cdot \varrho \cdot a^3 \cdot g = \mathbf{39\ N}$

(c) $F_{Gleit} = f_{Gleit} \cdot \varrho \cdot a^3 \cdot g = \mathbf{31\ N}$

(d) Schmieren: **Faktor 2,5**; Kugellager: **Faktor 120**

7. **Schrägaufzug**

(a) $F_{Zug1} = F_H = F_G \cdot \sin\alpha = m \cdot g \cdot \sin\alpha = \mathbf{2{,}8\ N}$

(b) $F_{Zug2} = F_H + F_{Roll} = m \cdot g \cdot \sin\alpha + f_{Roll} \cdot m \cdot g \cdot \cos\alpha = \mathbf{2{,}9\ N}$

(c) $F_{Zug1} = 2{,}0\ \text{N}$; $F_{Zug2} = \mathbf{2{,}1\ N}$

8. **Kräfte beim Absprung**

(a) Die Kraft ist konstant und gegengleich der Gewichtskraft, solange der Sportler auf dem Boden steht. Beim Abdruck vor dem Absprung übt er eine höhere Kraft auf den Boden aus. Die Unterlagenkraft erhöht sich ebenfalls, da sie immer der einwirkenden Kraft gegengleich ist. Während des tatsächlichen Absprungs sinkt sie. Sie wird null, sobald der Sportler vollständig vom Boden abgehoben hat.

(b) $m = \frac{F_G}{g} = \frac{800\ \text{N} \cdot \text{kg}}{9{,}81\ \text{N}} = \mathbf{81{,}5\ kg}$

(c) Gestrichelt: auf Sand. Die maximale Unterlagenkraft ist geringer als auf hartem Untergrund, da beim Abdrücken auch Sand verdrängt (= beschleunigt) wird. Dadurch wird bei gleichem Krafteinsatz die Sprunghöhe geringer als auf hartem Untergrund.

9. **Kräfte im Atomkern**

Die starke Kernkraft wirkt anziehend zwischen Protonen und Neutronen. Sie ist auf sehr kurzen Distanzen stärker als die abstoßende elektrische Kraft und hält so den Atomkern zusammen.

10. **Kräfte beim Curling**

(a) Siehe **Bild 1**

(b) $a = \frac{2 \cdot x}{t^2} = \frac{2 \cdot 20\ \text{m}}{(4{,}0\ \text{s})^2} = 2{,}5\ \frac{\text{m}}{\text{s}^2}$

$v_0 - a \cdot t = 0 \Rightarrow v_0 = a \cdot t = 2{,}5\ \frac{\text{m}}{\text{s}^2} \cdot 4{,}0\ \text{s} = 10\ \frac{\text{m}}{\text{s}} = 36\ \frac{\text{km}}{\text{h}}$

$F_R = m \cdot a = 18\ \text{kg} \cdot 2{,}5\ \frac{\text{m}}{\text{s}^2} = \mathbf{45\ N}$

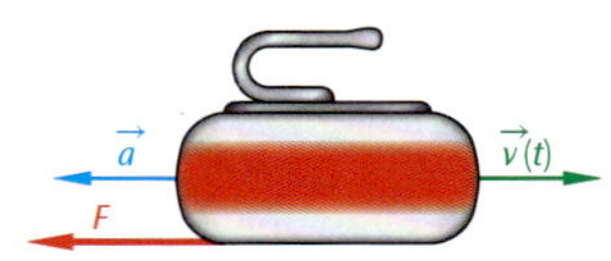

Bild 1: Lösung zu (a)

Zu Abschnitt 2.9.3 Anwendung der Newton'schen Gesetze

1. **Der Aufzug bremst ab**

Abbremsen beim Aufwärtsfahren: man fühlt sich leichter. Kräfteplan siehe **Bild 3**, S. 81.

Abbremsen beim Abwärtsfahren: man fühlt sich schwerer. Kräfteplan siehe **Bild 2**, S. 81.

2. **Höhenmessung mit Aufzug und Waage**

(a) Der Aufzug beschleunigt aufwärts (Phase I), fährt 8 Sekunden lang mit konstanter Geschwindigkeit (Phase II) und bremst dann ab (Phase III).

(b) Phase I: $a_1 = \frac{F_1}{m} = \frac{(m_1 - m) \cdot g}{m} = 0{,}82\ \frac{\text{m}}{\text{s}^2} \Rightarrow h_1 = \frac{1}{2} \cdot a_1 \cdot t_1^2 = \frac{1}{2} \cdot 0{,}82\ \frac{\text{m}}{\text{s}^2} \cdot (3\ \text{s})^2 = \mathbf{3{,}7\ m}$

Geschwindigkeit am Ende von Phase I: $v_1 = a_1 \cdot t_1 = 0{,}82\ \frac{\text{m}}{\text{s}^2} \cdot 3\ \text{s} = \mathbf{2{,}5\ \frac{m}{s}}$

Phase II: $h_2 = v_1 \cdot t_2 = 2{,}5\ \frac{\text{m}}{\text{s}} \cdot 8\ \text{s} = \mathbf{20\ m}$

Phase III: $a_3 = \frac{F_3}{m} = \frac{(m_3 - m) \cdot g}{m} = -0{,}82\ \frac{\text{m}}{\text{s}^2} \Rightarrow h_3 = h_1 = \mathbf{3{,}7\ m}$

Gesamte Höhendifferenz: $h = h_1 + h_2 + h_3 = \mathbf{27{,}4\ m}$

3. **Atwoods Fallmaschine**

(a) siehe Abschnitt 2.7.5

(b) Die beschleunigende Kraft $F = m \cdot g$ bleibt gleich. Die beschleunigte Masse erhöht sich jedoch, wodurch der Betrag der Beschleunigung kleiner wird.

(c) siehe Abschnitt 2.7.5

(d) Beschleunigende Kraft: $F = m \cdot g = 0$. Die Apparatur beharrt in ihrem Bewegungszustand der Ruhe bzw. der gleichförmigen Bewegung (1. Newton'sches Gesetz!)

(e) z. B. Messung der Fallbeschleunigung, Sichern beim Top-Rope-Klettern, Spielgeräte

4. **Bestimmung der Fallbeschleunigung**

(a) Die Massen M und m der Massestücke werden mit einer Waage bestimmt. Die Fallhöhe h wird mit einem Maßstab und die Fallzeit t mit einer Stoppuhr gemessen. Damit ergeben sich die Beschleunigung

$\boldsymbol{a = \frac{2 \cdot h}{t^2}}$ sowie die Fallbeschleunigung $\boldsymbol{g = \frac{2 \cdot M + m}{m} \cdot a}$.

(b) Zu den systematischen Fehlerquellen des Experiments zählen: Haft- und Gleitreibung des Fadens an der Rolle, das Trägheitsmoment der Rolle, die Masse des Fadens. Die Genauigkeit der Massen-, Zeit- und Längenmessung ist ebenfalls begrenzt.

Fehlerreduzierung: höhere Messgenauigkeit, Reibung verringern, Masse des Fadens gering halten, Masse m erhöhen ohne dabei die Messzeit zu sehr zu verkürzen.

(c) $g = \frac{2 \cdot M + m}{m} \cdot \frac{2 \cdot h}{t^2} = \mathbf{8{,}75\ \frac{m}{s^2}}$

(d) Die Fallzeit verlängert sich, wenn m kleiner oder M größer wird. Nachteil: Reibung des Fadens spielt größere Rolle, weil die beschleunigende Kraft geringer wird. Alternativ kann die Fallhöhe vergrößert werden.

(e) Vorteile: die Beschleunigung kann durch die Wahl der Massen so eingestellt werden, dass die zu messenden Zeiten länger sind als im klassichen Fallversuch, was weniger aufwändige Zeitmesssysteme erfordert. Zudem sind die Fallgeschwindigkeiten kleiner, daher spielt Luftreibung eine noch geringere Rolle.

Nachteile: Man benötigt eine aufwändigere Apparatur mit mehr systematischen Fehlerquellen.

5. **Kräfte auf der geneigten Ebene**

(a) $a = g \cdot \sin\alpha = 9{,}81\ \frac{\text{m}}{\text{s}^2} \cdot \sin 12° = \mathbf{2{,}0\ \frac{m}{s^2}}$

$v = \sqrt{2 \cdot a \cdot x} = \sqrt{2 \cdot 2{,}04\ \frac{\text{m}}{\text{s}^2} \cdot 5{,}5\ \text{m}} = 4{,}74\ \frac{\text{m}}{\text{s}} = \mathbf{17\ \frac{km}{h}}$

(b) $a = g \cdot (\sin\alpha - f_{\text{Gleit}} \cdot \cos\alpha) = 9{,}81\ \frac{\text{m}}{\text{s}^2} \cdot (\sin 12° - 0{,}2 \cdot \cos 12°) = \mathbf{0{,}12\ \frac{m}{s^2}}$

(c) $F_{\text{Zug}} = F_{\text{H}} - F_{\text{Gleit}} = m \cdot g \cdot (\sin\alpha - f_{\text{Gleit}} \cdot \cos\alpha) = m \cdot a = 15\ \text{kg} \cdot 0{,}12\ \frac{\text{m}}{\text{s}^2} = \mathbf{1{,}8\ N}$

6. **Bremsen beim Bergabfahren mit Anhänger**

(a) $F_{\text{Brems}} = F_{\text{H}} = m \cdot g \cdot \sin\alpha = 1500\ \text{kg} \cdot 9{,}81\ \frac{\text{N}}{\text{kg}} \cdot \sin(\arctan 0{,}1) = \mathbf{1{,}5\ kN}$

(b) $F_{\text{Brems}} = 2100\ \text{kg} \cdot 9{,}81\ \frac{\text{N}}{\text{kg}} \cdot \sin(\arctan 0{,}1) = \mathbf{2{,}0\ kN}$

(c) Bremsweg in der Ebene

(1) $x_{\text{Brems}} = \frac{v^2}{2 \cdot a} = \frac{80^2\ \text{m}^2 \cdot \text{s}^2}{3{,}6^2 \cdot 2 \cdot 8{,}0\ \text{m} \cdot \text{s}^2} = 31\ \text{m}$

(2) Die maximale Bremsverzögerung wird nur für die Masse des PKWs erreicht. Es steht also die Bremskraft zur Verfügung, um PKW und Anhänger zu bremsen.

Daraus ergibt sich eine effektive Bremsverzögerung von

$a_{\text{ges}} = \frac{F_{\text{Brems}}}{m_{\text{ges}}} = \frac{12\ \text{kN}}{2100\ \text{kg}} = 5{,}7\ \text{m} \cdot \text{s}^{-2}$

und ein Bremsweg von

$x_{\text{Brems\_ges}} = \frac{v^2}{2 \cdot a_{\text{ges}}} = 43\ \text{m}.$

Das ist eine Verlängerung von fast 40 % entsprechend dem Massenzuwachs durch den Anhänger.

(3) $x_{\text{Brems}} = 31$ m, wenn die Bremse des Anhängers dieselbe maximale Bremsverzögerung erreicht wie die des PKW.

7. **Schrägaufzug**

(a) $a = g \cdot \sin\alpha = 9{,}81\ \frac{\text{m}}{\text{s}^2} \cdot \sin 22° = \mathbf{3{,}7\ \frac{m}{s^2}}$

$v = \sqrt{2 \cdot a \cdot x} = \sqrt{2 \cdot 3{,}7\ \frac{\text{m}}{\text{s}^2} \cdot 50\ \text{m}} = \mathbf{69\ \frac{km}{h}}$

(b) $a = g \cdot (\sin\alpha - \mu \cdot \cos\alpha) = 9{,}81\ \frac{\text{N}}{\text{kg}} \cdot (\sin 22° - 0{,}05 \cdot \cos 22°) = \mathbf{3{,}2\ \frac{m}{s^2}}$

$v = \sqrt{2 \cdot a \cdot x} = \sqrt{2 \cdot 3{,}2\ \frac{\text{m}}{\text{s}^2} \cdot 50\ \text{m}} = \mathbf{65\ \frac{km}{h}}$

8. **Bestimmung der Gleitreibungszahl an der geneigten Ebene**

(a) Die Zeitmessung wird beim Durchfahren der ersten Lichtschranke ausgelöst und beim Durchfahren der zweiten Lichtschranke gestoppt, es ergibt sich die Zeit Δt.

Zudem werden die jeweiligen Verdunkelungszeiten t_1 und t_2 der beiden Lichtschranken gemessen, daraus ergeben sich die jeweiligen Momentangeschwindigkeiten $\boldsymbol{v_1 = \frac{\Delta x}{t_1}}$ und $\boldsymbol{v_2 = \frac{\Delta x}{t_2}}$ an den Orten der Lichtschranken, wobei Δx die „Breite" des Skifahrerbeins ist.

(b) $a = \frac{\boldsymbol{v_2 - v_1}}{\boldsymbol{\Delta t}}$

(c) Der Kräfteplan liefert $F_{res} = F_H - F_{Gleit} = m \cdot g \cdot (\sin\alpha - f_{Gleit} \cdot \cos\alpha) = m \cdot a$

Daraus folgt für die Reibungszahl

$$\Rightarrow f_{Gleit} = 0{,}4 - \frac{3\,6}{9{,}81 \cdot \cos(\arctan 0{,}4)} = \mathbf{0{,}0048}$$

9. **Notfallspur**

(a) Bremsbeschleunigung $a = g \cdot \sin\alpha = 9{,}81\ \frac{\text{m}}{\text{s}^2} \cdot \sin 18° = \mathbf{3{,}03\ \frac{m}{s^2}}$

$$\text{Bremsweg } x = \frac{v^2}{2 \cdot a} = \frac{(15\ \text{m})^2 \cdot \text{s}^2}{2 \cdot 3{,}03\ \text{m} \cdot \text{s}^2} = \mathbf{37\ m}$$

(b) $a = \frac{v^2}{2 \cdot x} = \frac{(15\ \text{m})^2}{2 \cdot 12\ \text{m} \cdot \text{s}^2} = 9{,}3\ \frac{\text{m}}{\text{s}^2}$

$F_{res} = F_H + F_{Gleit} = m \cdot g \cdot (\sin\alpha + f_{Gleit} \cdot \cos\alpha) = m \cdot a$

Daraus folgt

$$f_{Gleit} = \frac{-\sin\alpha + \frac{a}{g}}{\cos\alpha} = -\tan\alpha + \frac{a}{g \cdot \cos\alpha}$$

$$f_{Gleit} = -\tan 18° + \frac{9{,}3}{9{,}81 \cdot \cos 18°} = \mathbf{0{,}67}$$

(c) Aufrauung des Fahrbahnbelags

Aufbringen einer Schicht mit hoher Reibungszahl

Ausführung als Wanne und Befüllung mit Rollkies oder Sand: Runde Steine lassen durch ihre leichte Verschiebbarkeit die Räder des Fahrzeugs tief einsinken und bremsen es dadurch rasch ab.

10. **Standseilbahn**

(a) $F_{Zug} = F_H + F_{Haft,max} + F_{res} = m \cdot (g \cdot (\sin\alpha + f_{Haft} \cdot \cos\alpha) + a)$

$$F_{Zug} = 1400\ \text{kg} \cdot \left(9{,}81\ \frac{\text{m}}{\text{s}^2} \cdot (\sin 31° + 0{,}002 \cdot \cos 31°) + \frac{20\ \text{m}}{3{,}6\ \text{s} \cdot 10\ \text{s}}\right) = \mathbf{14{,}7\ kN}$$

(b) Die abwärts fahrende Kabine liefert die Hangabtriebskraft. Ihre Reibung muss allerdings vom Motor aufgebracht werden:

$F_{Motor} = F_{Zug} - F_H = F_{Haft,max} + F_{res} + F_R = \boldsymbol{m \cdot (a + 2 \cdot g \cdot f_{Haft} \cdot \cos\alpha)}$

(c) Die Hangabtriebskraft auf das Seil der bergauffahrenden Kabine sinkt, je näher diese der Bergstation kommt. Gleichzeitig wächst die Hangabtriebskraft auf das länger werdende Seil der bergabfahrenden Kabine. Daher kann die bergauffahrende Kabine nun bei konstanter Motorkraft größere Steigungen bewältigen.

11. **Haft- und Rollreibung eines Spielzeugs**

(a) $F_{Haft,max} = F_H \Rightarrow f_{Haft} \cdot m \cdot g \cdot \cos\alpha = m \cdot g \cdot \sin\alpha \Rightarrow f_{Haft} = \tan\alpha = \tan 10° = \mathbf{0{,}17}$

(b) $F_{Roll} = f_{Roll} \cdot m \cdot g \Rightarrow f_{Roll} = \frac{F_{Roll}}{m \cdot g} = \frac{0{,}02\ \text{N} \cdot \text{kg}}{0{,}032\ \text{kg} \cdot 9{,}81\ \text{N}} = \mathbf{0{,}064}$

(c) $F_{Roll} = f_{Roll} \cdot m \cdot g = \frac{m \cdot |\Delta v|}{\Delta t_2} \Rightarrow v_{max} = f_{Roll} \cdot g \cdot \Delta t_2$

$$v_{max} = 0{,}064 \cdot 9{,}81\ \frac{\text{m}}{\text{s}^2} \cdot 5\ \text{s} = 3{,}1\ \frac{\text{m}}{\text{s}} = \mathbf{11\ \frac{km}{h}}$$

(d) 2. Newton'sches Gesetz: $F_{Antrieb} = F_{Haft,max} + F_{Roll} + m \cdot a$

3. Newton'sches Gesetz: $F_{Antrieb} = F_{Haft,max} + F_{Roll} + m \cdot \frac{v_{max}}{\Delta t_1} = \overline{F}_{Luft}$

Berechnung der Antriebskraft:

$$F_{Antrieb} = m \cdot g \cdot \left(f_{Haft} + f_{Roll} + \frac{\Delta t_2}{\Delta t_1}\right) = 0{,}032\ \text{kg} \cdot 9{,}81\ \frac{\text{N}}{\text{kg}} \cdot \left(0{,}17 + 0{,}064 + 0{,}064 \cdot \frac{5}{3}\right) = 0{,}11\ \text{N}$$

Berechnung der Luftmenge aus dem Ballonvolumen:

$$m_{\text{Luft}} = \rho_{\text{Luft}} \cdot V_{\text{Luft}} = \rho_{\text{Luft}} \cdot \frac{4}{3} \cdot \pi \cdot r^3$$

$$\overline{F}_{\text{Luft}} = m_{\text{Luft}} \cdot a_{\text{Luft}} = m_{\text{Luft}} \cdot \frac{\overline{v}_{\text{Luft}}}{\Delta t_1} \Rightarrow \overline{v}_{\text{Luft}} = \frac{\overline{F}_{\text{Luft}}}{m_{\text{Luft}}} \cdot \Delta t_1 = \frac{3 \cdot F_{\text{Antrieb}}}{4 \cdot \pi \cdot \rho_{\text{Luft}} \cdot r^3} \cdot \Delta t_1$$

$$\overline{v}_{\text{Luft}} = \frac{3 \cdot F_{\text{Antrieb}}}{4 \cdot \pi \cdot \rho_{\text{Luft}} \cdot r^3} \cdot \Delta t_1 = \frac{3 \cdot 0,11\ \text{N} \cdot \text{m}^3}{4 \cdot \pi \cdot 1,29\ \text{kg} \cdot (0,1\ \text{m})^3} \cdot 3\ \text{s} = \mathbf{61\ \frac{m}{s}}$$

Zu Abschnitt 2.9.4 Impuls und Impulserhaltung

1. **Dauer eines Stoßes**

(a) Eine Gleichspannungsquelle erzeugt die Spannung *U*, die während des Stoßkontakts der beiden Metallkugeln, die an leitenden Drähten hängen, einen Strom der Stärke *I* durch den Ohm'schen Widerstand *R* fließen lässt. *R* muss so groß gewählt werden, dass der Ohm'sche Widerstand der beiden Metallkugeln sowie der Leitungen vernachlässigt werden kann.

Durch den Stromfluss wird die Ladungsmenge ΔQ transportiert, die mit Hilfe eines empfindlichen Messverstärkers gemessen wird.

(f) $I = \frac{U}{R} = \frac{\Delta Q}{\Delta t} \Rightarrow \Delta t = \Delta Q \cdot \frac{R}{U} = \frac{1,2 \cdot 10^{-8}\ \text{A} \cdot \text{s} \cdot 500 \cdot 10^3\ \text{V}}{40\ \text{V} \cdot \text{A}} = 1,5 \cdot 10^{-4}\ \text{s} = \mathbf{0,15\ ms}$

2. **Erhaltung des Gesamtimpulses**

Der Gesamtimpuls bleibt vor und nach dem Stoß gleich. Der Impuls des Fußballs sinkt beim Durchgang durch die Scheibe, da er langsamer wird. Es erfolgt ein Impulsübertrag an die Glasscheibe. Die entsprechende Kraft überwindet die zwischenmolekularen Bindungskräfte und beschleunigt die Bruchstücke.

3. **Impulserhaltung im Fußball**

$$p = m \cdot v = \frac{0,410\ \text{kg} \cdot 120}{3,6}\ \frac{\text{m}}{\text{s}} = \mathbf{14\ N \cdot s}$$

4. **Impulserhaltung im Billard (Bild 1)**

$$\frac{\Delta p_1}{p_1} = \frac{p_1 - p'_1}{p_1} = 1 - \cos\alpha$$

$$\alpha = 30°: \frac{\Delta p_1}{p_1} = \mathbf{13\ \%}$$

$$\alpha = 45°: \frac{\Delta p_1}{p_1} = \mathbf{29\ \%}$$

$$\alpha = 60°: \frac{\Delta p_1}{p_1} = \mathbf{50\ \%}$$

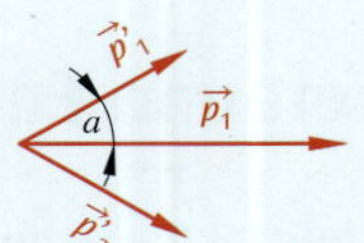

Bild 1: Impulsdiagramm für Stoßwinkel α

5. **Stöße auf der Luftkissenfahrbahn**

Für alle Stöße gilt: $u = \frac{m_1 \cdot v_1 + m_2 \cdot v_2}{m_1 + m_2} = \frac{104 \cdot v_1 + 101 \cdot v_2}{205}$

(a) $u = \mathbf{0,022\ \frac{m}{s}}$ in Richtung von Gleiter 1

(b) $u = \mathbf{1,08\ \frac{m}{s}}$ weiter in dieselbe Richtung

(c) $u = \mathbf{0,44\ \frac{m}{s}}$ in Richtung von Gleiter 1

6. **Kugeln stoßen**

$$v_1 = \frac{m_1 + m_2}{m_1} \cdot u = \frac{14}{4,0} \cdot 6,0\ \frac{\text{m}}{\text{s}} = \mathbf{21\ \frac{m}{s}}$$

7. **Wiegen mit dem Impuls**

$$(2m + m_W) \cdot u = m \cdot v \Rightarrow m_W = m \cdot \left(\frac{v}{u} - 2\right) = 10\ \text{t} \cdot \left(\frac{3}{0,6} - 2\right) = \mathbf{30\ t}$$

8. **Ball an bewegter Wand**

   (a) Der LKW bewegt sich vom Werfer weg.

   Der Impulsbetrag des LKW nimmt zu:

   $p'_2 > p_2$ (**Bild 1**)

a) 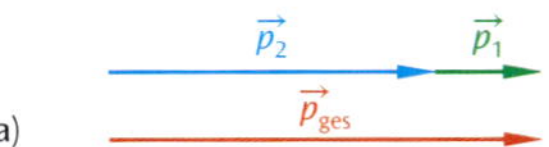

b) 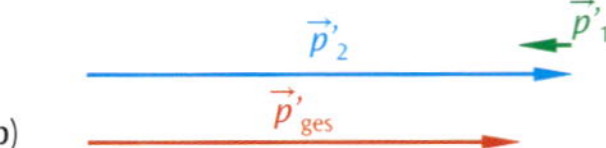

Bild 1: Impulse a) vor dem Stoß, b) nach dem Stoß

   (b) Der LKW bewegt sich auf den Werfer zu.

   Der Impulsbetrag des LKW nimmt ab: $p'_2 < p_2$ (**Bild 2**)

Bild 2: Impulse a) vor dem Stoß, b) nach dem Stoß

9. **Nicht-zentraler Stoß im Straßenverkehr**

   (a) Stoßwinkel: 45°

   (**Bild 3**)

   (b) Stoßwinkel: 63°

   (**Bild 4**)

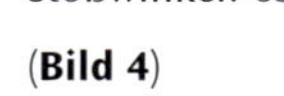

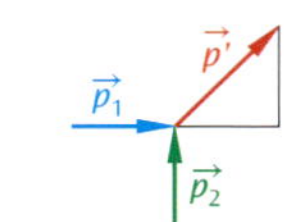

Bild 3: Impulse zu 9 (a)

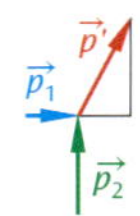

Bild 4: Impulse zu 9 (b)

3 Arbeit und Energie

Zu Abschnitt 3.7.1 Arbeit und Energie

1. **Schlitten ziehen**

   (a) Zu prüfen ist, ob die horizontale Komponente $F_{||}$ der Zugkraft ausreicht, die (Haft-)Reibungskraft $F_{\text{Haft,max}}$ zwischen Schlitten und Unterlage zu überwinden (**Bild 5**):

$$F_{||} = F \cdot \cos(\alpha) = 100\ \text{N} \cdot \cos(30°) = 86{,}6\ \text{N}$$

$$F_{\text{Haft,max}} = f_{\text{Haft}} \cdot m \cdot g = 0{,}4 \cdot 20\ \text{kg} \cdot 10\ \frac{\text{m}}{\text{s}^2} = 80\ \text{N}$$

   Daraus folgt $F_{||} > F_{\text{Haft,max}}$, also „ja“, die Kraft reicht aus.

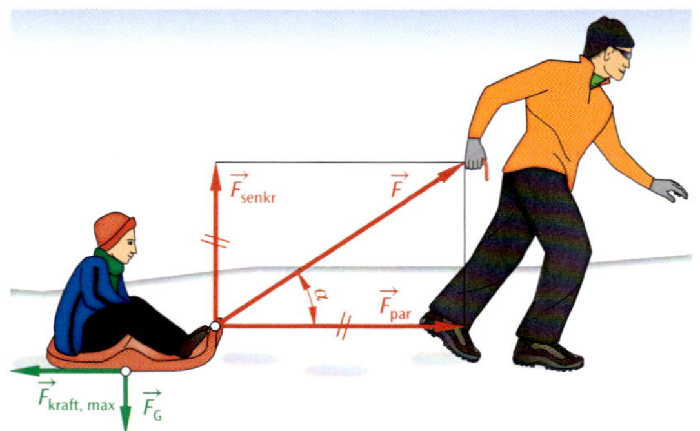

Bild 5: Zerlegung von $\vec{F}$ in $F_{||}$ und Vergleich mit der Haftreibung $\vec{F}_{\text{Haft,max}}$

   (b) Die Beschleunigungsarbeit ist gleich der beschleunigenden Kraft (Resultierende aus $F_{||}$ und Gleitreibungskraft (!) F_{Gleit}) multipliziert mit der Zugstrecke:

$$W_{\text{beschl}} = \underbrace{(F_{||} - F_{\text{Gleit}})}_{F_{\text{Res}}} \cdot s = [F \cdot \cos(\alpha) - f_{\text{Gleit}} \cdot m \cdot g] \cdot s$$

$$W_{\text{beschl}} = [86{,}6\ \text{N} - 0{,}2 \cdot 200\ \text{N}] \cdot 10\ \text{m} = 466\ \text{J} \approx \mathbf{0{,}5\ kJ}.$$

Die Reibungsarbeit entspricht dem Produkt aus Gleitreibungskraft und Zugstrecke:

$W_{Reib} = 0{,}2 \cdot 200\ \text{N} \cdot 10\ \text{m} \approx \mathbf{0{,}4\ kJ}$.

(c) Durch Verrichten von Beschleunigungsarbeit nehmen Schlitten und Kind kinetische Energie auf:

$$W_{beschl} = \Delta E_{kin} \Leftrightarrow 466\ \text{J} = \frac{1}{2} \cdot m \cdot v_{End}^2 \Rightarrow v_{End} = \sqrt{\frac{2 \cdot 466\ \text{J}}{20\ \text{kg}}} \approx \mathbf{25\ \frac{km}{h}}$$

2. **Schnelles Pendel**

Bezeichnet L die Pendellänge und wird das Pendel um 90° ausgelenkt, dann durchfällt die Pendelmasse m die Höhendifferenz $h = L$. Aus dem Energieerhaltungssatz folgt

$$m \cdot g \cdot L = \frac{1}{2} \cdot m \cdot v_{max}^2 \Rightarrow L = \frac{v_{max}^2}{2 \cdot g} = \frac{(100/3{,}6)^2\ \text{m}^2/\text{s}^2}{2 \cdot 9{,}81\ \frac{\text{m}}{\text{s}^2}} = \mathbf{39\ m}.$$

Dieser Wert ist mehr oder weniger theoretischer Natur, weil bei derart hohen Geschwindigkeiten erheblicher Luftwiderstand auftritt. Man müsste eine Pendelmasse nehmen, die bei hohem Gewicht möglichst klein dimensioniert ist, z.B. eine Bleikugel.

Wegen der großen Fliehkräfte muss auch die Aufhängung einiges aushalten, technische Details können dem in der Aufgabe erwähnten Videobeitrag entnommen werden.

3. **Stabhochsprung**

Annahmen: Anlaufgeschwindigkeit $v_{max} = 10\ \frac{\text{m}}{\text{s}}$; 100%-iger Wirkungsgrad der Energieumwandlung „kinetische Energie des Sportlers → Spannenergie des Hochsprungstabes → Höhenenergie des Sportlers“:

$$\frac{1}{2} \cdot m \cdot v_{max}^2 = m \cdot g \cdot h_{max} \Rightarrow h_{max} = \frac{v_{max}^2}{2 \cdot g} = \frac{10^2\ \text{m}^2/\text{s}^2}{2 \cdot 10\ \frac{\text{m}}{\text{s}^2}} \approx 5\ \text{m}.$$

Dazu ist noch die Höhe des Körperschwerpunktes beim Anlaufen zu addieren, so dass sich etwa 6,1 m bis 6,2 m als theoretische Grenze ergeben.

In der letzten Phase des Sprungs können die Athleten noch zusätzlich Höhe gewinnen, indem sie sich am Stab „hochhangeln“.

4. **Compoundbogen**

(a) Einheitenbetrachtung liefert N · m = J, also entspricht der Fläche die im Bogen gespeicherte Spannenergie

Um die Kurve aufzunehmen, wird der Bogen fixiert und die Sehne auf Zug belastet. Die entsprechende Dehnung kann an einem Maßstab abgelesen werden (vgl. auch das physikalische Praktikum).

Kästchenzählen liefert die im Bogen gespeicherte Spannenergie; 60 % davon gehen über in kinetische Energie des Pfeils:

$$0{,}60 \cdot E_{Sp,Bogen} = E_{kin,Pfeil} \Leftrightarrow \underbrace{0{,}60 \cdot 80\ \text{N} \cdot 0{,}34\ \text{m}}_{\approx 16\ \text{J}} = \frac{1}{2} \cdot 0{,}1\ \text{kg} \cdot v^2$$

$$\Rightarrow v = \sqrt{\frac{2 \cdot 16\ \text{kg} \cdot \frac{\text{m}^2}{\text{s}^2}}{0{,}010\ \text{kg}}} \approx 57\ \frac{\text{m}}{\text{s}} \approx \mathbf{200\ \frac{km}{h}}$$

5. **Flummi**

(a) halbe Maximalgeschwindigkeit

⇒ ein Viertel der maximalen kinetischen Energie (wegen $E_{kin} \sim v^2$)

⇒ drei Viertel der maximalen potentiellen Energie (Energieerhaltungssatz)

⇒ drei Viertel der maximalen Höhe, vom Boden aus gerechnet (wegen $E_{pot} \sim h$)

(b) halbe Höhe

⇒ halbe maximale potentielle Energie

⇒ andere Hälfte ist kinetische Energie

und nun:

$$E_{kin} \sim v^2 \Rightarrow v \sim \sqrt{E} \Rightarrow v = \sqrt{\frac{1}{2}} \cdot v_{max} = \frac{v_{max}}{\sqrt{2}} \approx 0{,}71 \cdot v_{max}$$

In Worten: ca. 71 % seiner Maximalgeschwindigkeit in halber Höhe.

(c) Zustand „vor“: unmittelbar vor dem Aufprall

Zustand „nach“: unmittelbar nach dem Aufprall

es gilt:

$$E_{nach} = 0{,}90 \cdot E_{vor}$$

$$\frac{1}{2} \cdot m \cdot v_{nach}^2 = 0{,}90 \cdot \frac{1}{2} \cdot m \cdot v_{vor}^2 \Rightarrow v_{nach} = v_{vor} \cdot \sqrt{0{,}90} \approx 0{,}95 \cdot v_{vor}$$

In Worten: **Tempoverlust ca. 5 %**

6. **Notweg**

(a) Die kinetische Energie des LKW wird durch Reibungsarbeit aufgezehrt:

$$\underbrace{\frac{1}{2} \cdot m \cdot v_0^2}_{E_{kin}} = \underbrace{f \cdot m \cdot g \cdot l_{min}}_{W_{Reib}}$$

$$\Rightarrow l_{min} = \frac{v_0^2}{2 \cdot \mu \cdot g} = \frac{(130/3{,}6)^2 \text{ m}^2/\text{s}^2}{2 \cdot 0{,}7 \cdot 9{,}81 \frac{\text{m}}{\text{s}^2}} \approx \mathbf{95\ m}.$$

Bild 1: Notweg mit Anstieg (Skizze)

(b) Nun wird zusätzlich zur Reibungsarbeit noch Hubarbeit verrichtet (**Bild 1**):

$$\frac{1}{2} \cdot m \cdot v_0^2 = \underbrace{m \cdot g \cdot h}_{W_{Hub}} + f \cdot \underbrace{m \cdot g \cdot \cos(\alpha)}_{F_u} \cdot l_{min}$$

Trigonometrie:

$$\sin(\alpha) = \frac{h}{l_{min}} \Rightarrow h = l_{min} \cdot \sin(\alpha)$$

Einsetzen in Energieerhaltungssatz und Division durch die Masse *m* liefert:

$$\frac{1}{2} \cdot v_0^2 = g \cdot l_{min} \cdot \sin(\alpha) + f \cdot g \cdot l_{min} \cdot \cos(\alpha) \quad | \text{ ausklammern}$$

$$\frac{1}{2} \cdot v_0^2 = g \cdot l_{min} \cdot (\sin(\alpha) + f \cos(\alpha)) \quad | :g \cdot (1 + \mu)$$

$$l_{min} = \frac{v_0^2}{2 \cdot g \cdot (\sin(\alpha) + f \cos(\alpha))}$$

$$= \frac{(130/3{,}6)^2 \text{ m}^2/\text{s}^2}{2 \cdot 9{,}81 \frac{\text{m}}{\text{s}^2} \cdot [\sin(\tan^{-1}(0{,}25)) + 0{,}7 \cdot \cos(\tan^{-1}(0{,}25))]} = \mathbf{72\ m}$$

7. **Rollende Kugel**

(a) Unter Annahme der Energieverteilung von $\frac{5}{7}$ in translatorischer und $\frac{2}{7}$ in rotatorischer Form müsste gelten:

$$\frac{5}{7} \cdot E_{pot,oben} = E_{kin,unten}$$

$$\frac{5}{7} \cdot m \cdot g \cdot h = \frac{1}{2} \cdot m \cdot v_{unten}^2 \Rightarrow v_{unten} = \sqrt{\frac{10}{7} \cdot g \cdot h}$$

$$v_{unten} = \sqrt{\frac{10}{7} \cdot 9{,}81 \frac{\text{m}}{\text{s}^2} \cdot 0{,}40 \text{ m}} = 2{,}37 \frac{\text{m}}{\text{s}}.$$

Vergleich mit der Lichtschrankenmessung liefert

$$v_{exp} = \frac{d}{\Delta t} = \frac{20 \text{ mm}}{8{,}4 \text{ ms}} = \mathbf{2{,}38\ \frac{m}{s}}.$$

Unter Berücksichtigung gültiger Ziffern sind theoretischer und Messwert identisch, was die behauptete Energieverteilung bestätigt.

(b) Ohne Berücksichtigung von Rotationsverlusten gilt (Energieerhaltungssatz)

$$v_{\text{End}} = \sqrt{2 \cdot g \cdot h} = \underbrace{\sqrt{2}}_{\approx 1{,}41} \cdot \sqrt{g \cdot h}\,,$$

mit Berücksichtigung hingegen (vgl. vorhergehende Teilaufgabe)

$$v_{\text{unten}} = \underbrace{\sqrt{\frac{10}{7}}}_{\approx 1{,}20} \cdot \sqrt{g \cdot h}\,.$$

Die beiden Werte weichen also um $\frac{1{,}41 - 1{,}20}{1{,}20} \cdot 100\,\% \approx \mathbf{18\,\%}$ voneinander ab, d. h. die tatsächliche Geschwindigkeit ist um rund ein Sechstel kleiner als ohne Berücksichtigung von Rotationsverlusten.

8. **Ballenförderer**

$n = 8$ Ballen zu je $m = 20$ kg mit $v = 1{,}6\,\frac{\text{m}}{\text{s}}$ bei $P_{\text{auf}} = 1{,}6$ kW und $l = 9{,}0$ m; $\alpha = 30°$

(a) $$P_{\text{ab}} = \frac{\Delta E_{\text{pot}}}{\Delta t} = \frac{n \cdot m \cdot g \cdot \Delta h}{\Delta t} = \frac{n \cdot m \cdot g \cdot \Delta l \cdot \sin(\alpha)}{\Delta t} = n \cdot m \cdot g \cdot \sin(\alpha) \cdot \underbrace{\frac{\Delta l}{\Delta t}}_{=v}$$

$$\eta = \frac{P_{\text{ab}}}{P_{\text{auf}}} = \frac{8 \cdot 20\text{ kg} \cdot 9{,}81\,\frac{\text{m}}{\text{s}^2} \cdot 1{,}6\,\frac{\text{m}}{\text{s}} \cdot \sin(30^\circ)}{1{,}6 \cdot 10^3\,\frac{\text{J}}{\text{s}}} = \mathbf{78\,\%}$$

(b) aus der vorhergehenden Teilaufgabe folgt:

$$\eta = 1 \Leftrightarrow P_{\text{ab}} = P_{\text{auf}} \Leftrightarrow n \cdot m \cdot g \cdot v \cdot \sin(\alpha) = P_{\text{auf}}$$

daraus folgt: $n = \frac{P_{\text{auf}}}{m \cdot g \cdot v \cdot \sin(\alpha)} \approx$ **10 Ballen**

(c) $E_{\text{gesamt}} = P_{\text{auf}} \cdot \Delta t = 1{,}6\text{ kW} \cdot 40 \cdot 8\text{ h} = \mathbf{512\text{ kW} \cdot h}$

Zu Kapitel 3.7.2 Energie- und Impulserhaltung

1. **Newton-Wiege**

(a) Impulsbilanz: $\underbrace{m \cdot v + m \cdot v}_{p_{\text{vor}}} = \underbrace{m \cdot v + m \cdot v}_{p_{\text{nach}}}$ ✓

Energiebilanz: $\underbrace{\frac{1}{2} \cdot m \cdot v^2 + \frac{1}{2} \cdot m \cdot v^2}_{E_{\text{vor}}} = \underbrace{\frac{1}{2} \cdot m \cdot v^2 + \frac{1}{2} \cdot m \cdot v^2}_{E_{\text{nach}}}$ ✓

(b) Impulsbilanz: $\underbrace{m \cdot v + m \cdot v}_{p_{\text{vor}}} = \underbrace{2 \cdot m \cdot v}_{p_{\text{nach}}}$ ✓

Energiebilanz: $\underbrace{\frac{1}{2} \cdot m \cdot v^2 + \frac{1}{2} \cdot m \cdot v^2}_{E_{\text{vor}}} = \underbrace{\frac{1}{2} \cdot m \cdot (2v)^2}_{E_{\text{nach}}}$

$\Rightarrow 1 \cdot m \cdot v^2 = \frac{1}{2} \cdot m \cdot 4 \cdot v^2 \Rightarrow 1 = 2$ ↯

(c) Impulsbilanz: $\underbrace{m \cdot v}_{p_{\text{vor}}} = \underbrace{-\frac{2}{7} \cdot m \cdot v + \frac{3}{7} m \cdot v + \frac{6}{7} \cdot m \cdot v}_{p_{\text{nach}}} \Rightarrow m \cdot v = \frac{7}{7} \cdot m \cdot v$ ✓

Energiebilanz: $\underbrace{12 \cdot m \cdot v^2}_{E_{\text{vor}}} = \underbrace{\frac{1}{2} \cdot m \cdot \frac{4}{49} \cdot v^2 + \frac{1}{2} \cdot m \cdot \frac{9}{49} \cdot v^2 + \frac{1}{2} \cdot m \cdot \frac{36}{49} \cdot v^2}_{E_{\text{nach}}}$

$\Rightarrow 1 = \frac{4}{49} + \frac{9}{49} + \frac{36}{49} \Rightarrow 1 = \frac{49}{49}$ ✓

Beide Erhaltungssätze sind erfüllt!

2. **Stoß gleicher Massen**

vor dem Stoß gilt: $m_1 = m$, $m_2 = m$, $v_1 = +v$, $v_2 = -v$

(a) vollkommen unelastischer Stoß:

$$u = \frac{m \cdot v + m \cdot (-v)}{2 \cdot m} = 0 \quad (\textbf{Bild 1a})$$

Energieverlust 100 %

(b) vollkommen elastischer Stoß (**Bild 1b**):

$$u_1 = \frac{m \cdot v + m \cdot (2 \cdot (-v) - v)}{2 \cdot m} = \frac{1 \cdot m \cdot v - 3 \cdot m \cdot v}{2 \cdot m} = -\frac{2 \cdot m \cdot v}{2 \cdot m} = -v$$

$$u_2 = \frac{m \cdot (-v) + m \cdot (2v - (-v))}{2 \cdot m} = \frac{-1 \cdot m \cdot v + 3 \cdot m \cdot v}{2 \cdot m} = \frac{2 \cdot m \cdot v}{2 \cdot m} = +v$$

Energieverlust: **0 %** (Definition des elastischen Stoßes)

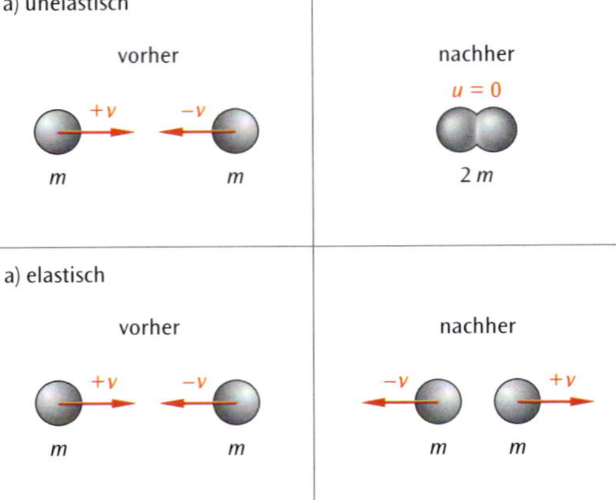

Bild 1: Geschwindigkeiten nach dem Stoß gleicher Massen

3. **Stoß ungleicher Massen**

vor dem Stoß gilt: $m_1 = m$, $m_2 = 2 \cdot m$, $v_1 = +v$, $v_2 = -v$

(a) vollkommen unelastisch (**Bild 1a**):

$$u = \frac{m \cdot v + 2 \cdot m \cdot (-v)}{3 \cdot m} = \frac{1 \cdot m \cdot v - 2 \cdot m \cdot v}{3 \cdot m} = -\frac{1}{3} \cdot v$$

Energieverlust:

$$E_{vor} = \frac{1}{2} \cdot m \cdot (+v)^2 + \frac{1}{2} \cdot 2 \cdot m \cdot (-v)^2 = \frac{1}{2} \cdot m \cdot v^2 + 1 \cdot m \cdot v^2 = \frac{3}{2} \cdot m \cdot v^2$$

$$E_{nach} = \frac{1}{2} \cdot 3 \cdot m \cdot u^2 = \frac{1}{2} \cdot 3 \cdot m \cdot \left(-\frac{1}{3} \cdot v\right)^2 = \frac{3}{2} \cdot \frac{1}{9} \cdot m \cdot v^2 = \frac{1}{6} \cdot m \cdot v^2$$

$$\frac{\Delta E}{E_{vor}} = 1 - \frac{E_{nach}}{E_{vor}} = 1 - \frac{\frac{1}{6} \cdot m \cdot v^2}{\frac{3}{2} \cdot m \cdot v^2} = 1 - \frac{1}{6} \cdot \frac{2}{3} = \frac{8}{9} \mathrel{\hat{=}} \mathbf{89\ \%}$$

(b) vollkommen elastisch (**Bild 1b**):

$$u_1 = \frac{m \cdot v + 2 \cdot m(-2 \cdot v - v)}{3 \cdot m} = \frac{1 \cdot m \cdot v - 6 \cdot m \cdot v}{3 \cdot m} = -\frac{5}{3} \cdot v$$

$$u_2 = \frac{2 \cdot m \cdot (-v) + m \cdot (2 \cdot v + v)}{3 \cdot m} = \frac{-2 \cdot m \cdot v + 3 \cdot m \cdot v}{3 \cdot m} = +\frac{1}{3} \cdot v$$

Energieverlust: **0 %** (elastischer Stoß!)

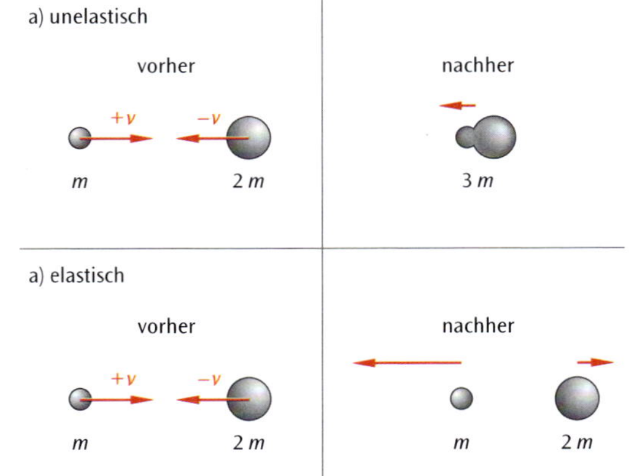

Bild 1: Stoß zweier Massen mit Massenverhältnis 1 : 2

4. **Stoß auf der Luftkissenbahn**

(a) Ablesen aus dem Diagramm ergibt: $v_1 = 1{,}2\,\frac{\text{m}}{\text{s}}$ und $v_2 = 0$ (vor dem Stoß) sowie $u_1 = 0{,}4\,\frac{\text{m}}{\text{s}}$ und $u_2 = 1{,}6\,\frac{\text{m}}{\text{s}}$ (nach dem Stoß).

Aus den Stoßgesetzen folgt

$$u_1 = \frac{m_1 \cdot v_1 + m_2 \cdot (2v_2 - v_1)}{m_1 + m_2} \Leftrightarrow 0{,}4 = \frac{m_1 \cdot 1{,}2 + m_2 \cdot (2 \cdot 0 - 1{,}2)}{m_1 + m_2}$$

Multiplikation mit dem Nenner ergibt

$$0{,}4 \cdot m_1 + 0{,}4 \cdot m_2 = 1{,}2 \cdot m_1 - 1{,}2 \cdot m_2 \Rightarrow 1{,}6 \cdot m_2 = 0{,}8 \cdot m_1 \Rightarrow \frac{m_2}{m_1} = \mathbf{\frac{1}{2}},$$

also ist m_1 doppelt so groß wie m_1

(a) für $m_2 = 100$ g ist $m_1 = 200$ g

Die Kräfte auf die Gleiter ergeben sich aus der Newton-Definition (Masse mal Beschleunigung) und der Definition der Beschleunigung (Geschwindigkeitsänderung pro Zeiteinheit). Da die Kräfte paarweise auftreten (Wechselwirkungsprinzip), gilt für deren Betrag

$$F_{12} = F_{21} = m_1 \cdot \frac{(\Delta v)_1}{\Delta t} = m_2 \cdot \frac{(\Delta v)_2}{\Delta t}$$

$$= 0{,}2\ \text{kg} \cdot \frac{(1{,}2 - 0{,}4)\ \frac{\text{m}}{\text{s}}}{0{,}04\ \text{s}} = 0{,}1\ \text{kg} \cdot \frac{(1{,}6 - 0)\ \frac{\text{m}}{\text{s}}}{0{,}04\ \text{s}} = \mathbf{4\ N}.$$

5. **Ball auf LKW**

Es sind jeweils Grenzübergänge durchzuführen, da $m_1 \rightarrow 0$ (Flummi hat im Vergleich zum LKW vernachlässigbare Masse).

(a) $m_1 = m \approx 0,\ v_1 = +10\ \frac{\text{m}}{\text{s}},\ m_2 = M \rightarrow \infty,\ v_2 = -5\ \frac{\text{m}}{\text{s}}$

Flummi nach dem Stoß:

$$u_1 = \frac{m_1 \cdot v_1 + m_2 \cdot (2 \cdot v_2 - v_1)}{m_1 + m_2} \approx \frac{0 + M \cdot \left(-2 \cdot 5\ \frac{\text{m}}{\text{s}} - 10\ \frac{\text{m}}{\text{s}}\right)}{0 + M} = \mathbf{-20\ \frac{m}{s}}$$

(b) $m_1 = m \approx 0,\ v_1 = +10\ \frac{\text{m}}{\text{s}},\ m_2 = M \rightarrow \infty,\ v_2 = +5\ \frac{\text{m}}{\text{s}}$

Flummi nach dem Stoß:

$$u_1 \approx \frac{0 + M \cdot \left(2 \cdot 5\ \frac{\text{m}}{\text{s}} - 10\ \frac{\text{m}}{\text{s}}\right)}{0 + M} = \mathbf{0\ \frac{m}{s}},$$

das heißt der Flummi „tropft vom LKW ab“

(b) unelastischer Stoß: Knetmasse fährt „mit dem LKW mit“, d. h. $u = -5\ \frac{\text{m}}{\text{s}}$ (Teilaufgabe a) bzw. $u = +5\ \frac{\text{m}}{\text{s}}$ (Teilaufgabe b)

6. **Güterwaggon**

(a) Die Differenz aus Hangabtriebs- und Reibungskraft beschleunigt den ersten Güterwaggon:

$F_H - F_R = m_1 \cdot a$ (Newton II)

mit $F_H = F_G \cdot \sin(\alpha)$ (Kräftezerlegung auf der schiefen Ebene) und $F_R = f \cdot F_u$ (Reibungsgesetz), wobei $F_u = F_N = F_G \cdot \cos(\alpha)$.

Zwischenergebnis: $a = g \cdot (\sin(\alpha) - f \cdot \cos(\alpha)) \approx 0{,}01962\ \frac{\text{m}}{\text{s}^2}$

zeitunabhängige Bewegungsgleichung: $v_{End}^2 - \underbrace{v_0^2}_{=0} = 2 \cdot a \cdot x \Rightarrow v_{End} = \sqrt{2 \cdot a \cdot x}$

Zahlenwert: $v_{End} = \mathbf{1{,}4\ \frac{m}{s}}$ (1,4007)

(b) unelastischer Stoß: $u = \frac{25 \cdot 1{,}4\ \frac{\text{m}}{\text{s}} + 0}{43} = \mathbf{0{,}81\ \frac{m}{s}}$ (0,814 36)

(c) relativer Energieverlust aus $\frac{E_{nach}}{E_{vor}} = \frac{43 \cdot 0{,}81436^2}{25 \cdot 1{,}4007^2} = 0{,}58 \Rightarrow$ **42 % Verlust**

7. **„Hoch-Sprung“** (vgl. auch Abschnitt 2.8.3)

Gedankliche Zerlegung des Bewegungsvorgangs in folgende Abschnitte:

(a) beide Bälle erreichen mit der gleichen Geschwindigkeit v den Boden (**Bild 1b**)

(b) der Basketball wird ideal vom Boden reflektiert und stößt dann mit $-v$ mit dem noch in der Abwärtsbewegung $(+v)$ befindlichen Tennisball zusammen (**Bild 1c**)

(c) da der Tennisball viel weniger Masse hat, erhält er durch den Impulsübertrag eine sehr hohe Geschwindigkeit u_2 (**Bild 1d**)

(d) dadurch erreicht er eine sehr viel größere Höhe H als die Ausgangshöhe $h = 1{,}5$ m (**Bild 1e**)

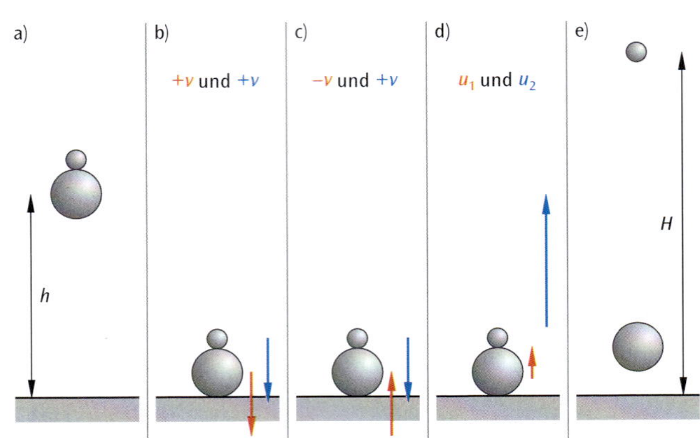

Bild 1: Schrittweise Lösung der Aufgabe 7

Berechnungen:

a → b: Fallgesetze: $v^2 = 2 \cdot g \cdot h \Rightarrow v = \sqrt{2 \cdot g \cdot h}$ für beide Bälle kurz vor dem Aufprall

c → d: elastischer Stoß: $m_1 = m$, $v_1 = -v$, $m_2 = 10 \cdot m$, $v_2 = +v$ (v nach oben positiv); es interessiert nur

$$u_1 = \frac{m \cdot (-v) + 10 \cdot m \cdot (2 \cdot v - (-v))}{11 \cdot m} = +\frac{29}{11}\, v \text{ (nach oben)}$$

d → e: kinetische Energie des Tennisballs wird in potentielle umgewandelt:

$$\frac{1}{2} \cdot 1 \cdot m \cdot u_1^2 = 1 \cdot m \cdot g \cdot H \Rightarrow H = \frac{u_1^2}{2 \cdot g}$$

setzt man die gewonnenen Gleichungen ineinander ein, dann folgt:

$$H = \frac{u_1^2}{2 \cdot g} = \frac{\left(\frac{29}{11} \cdot v\right)^2}{2 \cdot g} = \frac{\left(\frac{29}{11}\right)^2 \cdot 2 \cdot g \cdot h}{2 \cdot g} = \left(\frac{29}{11}\right)^2 \cdot h \approx 7 \cdot h \approx \mathbf{10\ m} \quad \text{(Meter)}$$

8. **Ballistisches Pendel (Bild 2)**

(a) Rechenschritte ähnlich wie im Lehrtext:

- Impulserhaltung beim Eindringen des Diabolos:

  $m \cdot v = (M + m) \cdot u \approx M \cdot u \Rightarrow v = \frac{M}{m} \cdot u$

- Energieumwandlung beim Heben der Kiste:

  $\frac{1}{2} \cdot (M + m) \cdot u^2 = (M + m) \cdot g \cdot h \Rightarrow u = \sqrt{2 \cdot g \cdot h}$

- Pythagoras (vgl. **Bild 2**):

  $(L - h)^2 + (\Delta x)^2 = L^2 \Rightarrow L^2 - 2 \cdot L \cdot h + \underbrace{h^2}_{\approx 0} + (\Delta x)^2 = L^2$

  $\Rightarrow h \approx \frac{(\Delta x)^2}{2 \cdot L}$

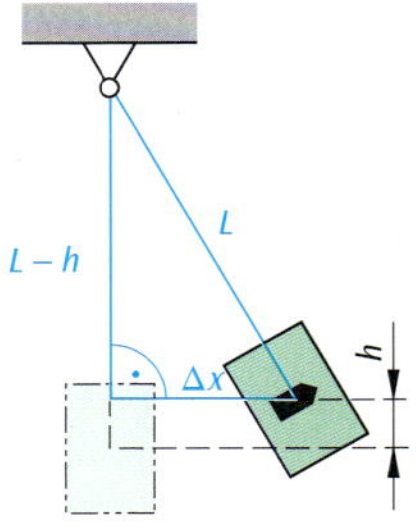

Bild 2: Pythagoras im blauen Dreieck liefert die Hubhöhe

Einsetzen der Beziehungen ineinander liefert

$$v \approx \frac{M}{m} \cdot u = \frac{M}{m} \cdot \sqrt{2 \cdot g \cdot h} \approx \frac{M}{m} \cdot \sqrt{2 \cdot g \cdot \frac{(\Delta x)^2}{2 \cdot L}} = \boldsymbol{\frac{M}{m} \cdot \Delta x \cdot \sqrt{\frac{g}{L}}}$$

(b) Mündungsgeschwindigkeit v und Mündungsenergie E_{kin}:

$$v \approx \frac{248\ \text{g}}{0{,}46\ \text{g}} \cdot 0{,}077\ \text{m} \cdot \sqrt{\frac{9{,}81\ \frac{\text{m}}{\text{s}^2}}{0{,}80\ \text{m}}} = 145{,}37\ \frac{\text{m}}{\text{s}} \approx 500\ \frac{\text{km}}{\text{h}}$$

$$\Rightarrow E_{\text{kin}} = \frac{1}{2} \cdot m \cdot v^2 = \frac{1}{2} \cdot 0{,}46 \cdot 10^{-3}\ \text{kg} \cdot \left(145{,}37\ \frac{\text{m}}{\text{s}}\right)^2 = 4{,}86\ \text{J} \approx 5\ \text{J} < 7{,}5\ \text{J}$$

Es ist keine Waffenbesitzkarte erforderlich.

(c) Da die kinetische Energie der Kiste unmittelbar beim Anschwingen in Lageenergie umgewandelt wird, muss nur die Hubarbeit mit der kinetischen Energie des Diabolos verglichen werden:

$$E_{\text{pot,Kiste}} = (M + m) \cdot g \cdot h \approx (M + m) \cdot g \cdot \frac{(\Delta x)^2}{2 \cdot L}$$

$$E_{\text{pot,Kiste}} = 0{,}24846\ \text{kg} \cdot 9{,}81\ \frac{\text{m}}{\text{s}^2} \cdot \frac{(0{,}077\ \text{m})^2}{2 \cdot 0{,}80\ \text{m}} = 9{,}03\ \text{mJ} \approx 9\ \text{mJ}$$

Der relative Energieverlust beträgt somit $\frac{4{,}86\ \text{J} - 0{,}00903\ \text{J}}{4{,}86\ \text{J}} = 99{,}81\ \%$, also geht fast die gesamte kinetische Energie des Diabolos durch Verformung der Knetmasse verloren, nur knapp 0,2 % werden verwendet, um die Holzkiste anzuheben!

9. **Kugelpendel** (Version der Newton-Wiege)

(a) Die Durchmesser in der Abbildung stehen etwa im Verhältnis 1 : 2, also stehen die Volumina wegen $V \sim d^3$ im Verhältnis $1 : 2^3 = 1 : 8$. Wegen gleicher Dichte (Stahlkugeln) müssten damit auch die Massen im Verhältnis 1 : 8 stehen, nicht im Verhältnis 1 : 2. Die Durchmesser sind also falsch dargestellt.

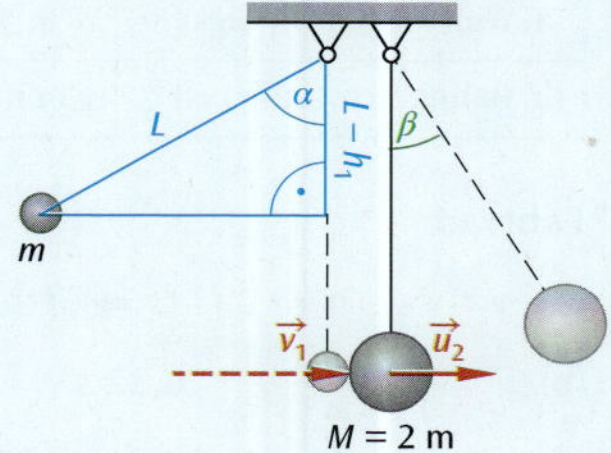

Bild 1: Lösungsskizze zu Aufgabe 9

(b) Masse $m_1 = m$ stößt elastisch mit Masse $m_2 = 2 \cdot m$. Die Geschwindigkeit v_1 muss aus dem Energieerhaltungssatz berechnet werden (vgl. **Bild 1**):

$$\underbrace{m \cdot g \cdot h_1}_{E_{\text{pot,oben}}} = \underbrace{\frac{1}{2} \cdot m \cdot v_1^2}_{E_{\text{kin,unten}}} \Rightarrow v_1 = \sqrt{2 \cdot g \cdot h_1} \qquad \text{(I)}$$

elastischer Stoß:

$$u_2 = \frac{m_2 \cdot v_2 + m_1 \cdot (2 \cdot v_1 - v_2)}{m_1 + m_2} = \frac{2 \cdot m \cdot 0 + m \cdot (2 \cdot v_1 - 0)}{3 \cdot m} = \frac{2}{3} \cdot v_1 \qquad \text{(II)}$$

Energieumwandlung der Masse $2 \cdot m$:

$$\underbrace{\frac{1}{2} \cdot 2 \cdot m \cdot u_2^2}_{E_{\text{kin,unten}}} = \underbrace{2 \cdot m \cdot g \cdot h_2}_{E_{\text{pot,oben}}} \Rightarrow h_2 = \frac{u_2^2}{2 \cdot g} \qquad \text{(III)}$$

mit Trigonometrie folgt

$$\cos(\alpha) = \frac{L - h_1}{L} \Rightarrow h_1 = L \cdot (1 - \cos(\alpha)) \quad \text{(IV);} \quad \text{analog} \quad \cos(\beta) = \frac{L - h_2}{L} \quad \text{(V)}$$

einsetzen von (IV) in (I) liefert $v_1 = \sqrt{2 \cdot g \cdot L \cdot (1 - \cos(\alpha))}$;

einsetzen in (II) liefert $u_2 = \frac{2}{3} \cdot v_1 = \frac{2}{3} \cdot \sqrt{2 \cdot g \cdot L \cdot (1 - \cos(\alpha))}$;

einsetzen in (III) liefert $h_2 = \frac{u_2^2}{2 \cdot g} = \frac{\frac{4}{9} \cdot 2 \cdot g \cdot L \cdot (1 - \cos(\alpha))}{2 \cdot g} = \frac{4}{9} \cdot L \cdot (1 - \cos(\alpha))$;

einsetzen in (V) liefert $\cos(\beta) = \frac{L - h_2}{L} = 1 - \frac{h_2}{L} = 1 - \frac{4}{9} \cdot (1 - \cos(\alpha))$,

und daraus mit $\alpha = 60°$ den Winkel

$$\beta = \cos^{-1}\left[1 - \frac{4}{9} \cdot (1 - \cos(60°))\right] = \cos^{-1}\left(\frac{7}{9}\right) \approx \mathbf{39°}$$

4 Kreisbewegung

Zu Abschnitt 4.5.1 Grundlagen der Kreisbewegung

1. **Uhr**

		Stundenzeiger	**Minutenzeiger**	**Sekundenzeiger**
(a) Umlaufdauer	T in s	$12 \cdot 60 \cdot 60 = \mathbf{43\,200}$	$60 \cdot 60 = \mathbf{3\,600}$	**60**
(b) Frequenz	f in Hz	$\mathbf{2{,}3 \cdot 10^{-5}}$	$\mathbf{2{,}8 \cdot 10^{-4}}$	$\mathbf{1{,}7 \cdot 10^{-2}}$
(c) Winkelgeschwindigkeit	ω in 1/s	$\mathbf{1{,}5 \cdot 10^{-4}}$	$\mathbf{1{,}7 \cdot 10^{-3}}$	$\mathbf{1{,}0 \cdot 10^{-1}}$
(d) Bahngeschwindigkeit	v in m/s	$\mathbf{1{,}6 \cdot 10^{-6}}$	$\mathbf{3{,}0 \cdot 10^{-5}}$	$\mathbf{5{,}2 \cdot 10^{-4}}$

2. **Sonne, Mond und … Erde**

		Erde um die Sonne	**Mond um die Erde**
Umlaufdauer	T in s	$365{,}26 \cdot 24 \cdot 60 \cdot 60 = 3{,}1558 \cdot 10^7$	$27{,}3217 \cdot 24 \cdot 60 \cdot 60 = 2{,}360 \cdot 10^6$
Bahn-Radius	R in m	$1{,}4960 \cdot 10^{11}$	$3{,}844 \cdot 10^8$
(a) Winkelgeschwindigkeit	ω in 1/s	$\mathbf{1{,}9910 \cdot 10^{-7}}$	$\mathbf{5{,}3247 \cdot 10^{-6}}$
(b) Bahngeschwindigkeit	v in m/s	$\mathbf{2{,}9785 \cdot 10^4}$	$\mathbf{2{,}0468 \cdot 10^3}$

3. **Fahrrad**

(a) $v = r \cdot \omega = r \cdot 2\pi \cdot f \;\Rightarrow\; f = \dfrac{v}{r \cdot 2\pi} = \dfrac{v}{d \cdot \pi} = \dfrac{\frac{25\text{ m}}{3{,}6\text{ s}}}{28 \cdot 2{,}54 \cdot 10^{-2}\text{ m} \cdot \pi} = \mathbf{3{,}1\ Hz}$

(b) $T = \dfrac{1}{f} = \dfrac{1}{3{,}1\text{ Hz}} = \mathbf{0{,}32\ s}$

(c) $\omega = 2\pi \cdot f = 2\pi \cdot 3{,}1\text{ Hz} = \mathbf{20\ \frac{1}{s}}$

4. **Stroboskopbild**

(a) Die Stroboskoplampe blitzt mit einer Frequenz von 100 Hz, d. h. pro Sekunde 100 Lichtblitze. Der Motor mit der Scheibe dreht sich mit einer Frequenz von 16 2/3 Hz.

Das Verhältnis der Frequenzen liefert $\dfrac{100\text{ Hz}}{16\frac{2}{3}\text{ Hz}} = 6{,}0$, d. h. bei einer Scheibenumdrehung wird 6-mal geblitzt. Zwischen zwei Blitzen dreht sich die Scheibe um 60°.

Daher scheint die mittlere Anordnung mit 6 Punkten zu stehen (die Punkte sind nicht unterscheidbar).

Bei der äußeren Anordnung mit 7 Punkten müsste sich die Scheibe um 360°/7 = 51,4° zwischen zwei Blitzen drehen, um als stillstehend zu erscheinen. Tatsächlich wird ein Punkt um 60° − 51,4° = 8,6° zu „weit“ bewegt, was den Anschein erweckt, die Punkte würden sich im Uhrzeigersinn drehen.

Analog scheinen sich die inneren Punkte rückläufig gegen den Uhrzeigersinn zu drehen.

(b) $\omega_5 = \dfrac{\Delta\varphi}{\Delta t} = \dfrac{\frac{2\pi}{6} - \frac{2\pi}{5}}{0{,}010\text{ s}} = \mathbf{-21\ \frac{1}{s}}$

$\omega_7 = \dfrac{\Delta\varphi}{\Delta t} = \dfrac{\frac{2\pi}{6} - \frac{2\pi}{7}}{0{,}010\text{ s}} = \mathbf{15\ \frac{1}{s}}$

(c) In Kinofilmen, die mit einer Bildrate von 24 Bildern pro Sekunde aufgenommen wurden, ist die Frequenz der Bilder konstant. Dreht sich das aufgenommene Objekt mit einer anderen Frequenz, so scheinen sich z. B. die Speichen eines Wagens beim Wild-West-Film rückwärts zu drehen, obwohl der Wagen vorwärts fährt.

Noch interessanter ist es, wenn bei einem Propellerflugzeug der Motor gerade anläuft und seine Drehzahl steigert. Dann kann man „beobachten“, dass sich die Propeller mal vorwärts, dann rückwärts und wieder vorwärts usw. drehen. Besonders gut zu sehen (wegen der Schwarzweiß-Aufnahme) ist dies im Hollywood-Klassiker CASABLANCA, der nicht nur deswegen sehenswert ist.

5. **Hubschrauber**

(a) $v = r \cdot \omega = r \cdot 2\pi \cdot f = 5{,}50\ \text{m} \cdot 2\pi \cdot \frac{383}{60\ \text{s}} = \mathbf{221\ \frac{m}{s}} = 794\ \frac{\text{km}}{\text{h}}$

(b) Beim vorlaufenden Blatt addieren sich die Blattspitzengeschwindigkeit und die Höchstgeschwindigkeit des Helikopters:

$v = 794\ \frac{\text{km}}{\text{h}} + 259\ \frac{\text{km}}{\text{h}} = \mathbf{1053\ \frac{km}{h}} < 343\ \frac{\text{m}}{\text{s}} = 1235\ \frac{\text{km}}{\text{h}}.$

Zu Abschnitt 4.5.2 Gesetzmäßigkeiten der Kreisbewegung

1. **Vorsicht – eine Zentrifuiiiii**

(a) $v = r \cdot \omega = r \cdot 2\pi \cdot f = r \cdot 2\pi \cdot \frac{n}{t} = 40 \cdot 10^{-3}\,\text{m} \cdot 2\pi \cdot \frac{60 \cdot 10^3}{60\ \text{s}} = \mathbf{2{,}5 \cdot 10^2\ \frac{m}{s}} \approx 900\ \frac{\text{km}}{\text{h}}$

(b) $a_z = r \cdot \omega^2 = r \cdot \left(2\pi \cdot \frac{n}{t}\right)^2 = 40 \cdot 10^{-3}\ \text{m} \cdot \left(2\pi \cdot \frac{60 \cdot 10^3}{60\ \text{s}}\right)^2 = 1{,}6 \cdot 10^6\ \frac{\text{m}}{\text{s}^2} = \mathbf{1{,}6 \cdot 10^5 \cdot \mathit{g}}$

2. **Flugzeug in der Kurve**

(a) $a_z = \frac{v^2}{r} = 2 \cdot g \;\Rightarrow$

$$r = \frac{v^2}{2 \cdot g} = \frac{\left(\frac{420}{3{,}6}\ \frac{\text{m}}{\text{s}}\right)^2}{2 \cdot 9{,}81\ \frac{\text{m}}{\text{s}^2}} = 6{,}9 \cdot 10^2\ \text{m} = \mathbf{0{,}69\ km}$$

(b) $a_z = \frac{v^2}{r} = \frac{\left(1{,}1 \cdot 3{,}4 \cdot 10^2\ \frac{\text{m}}{\text{s}}\right)^2}{2{,}0 \cdot 10^3\ \text{m}} = 70\ \frac{\text{m}}{\text{s}^2} = \mathbf{7{,}1 \cdot \mathit{g}}$

(c) Bei diesen Beschleunigungswerten besteht die Gefahr, dass das Gehirn nicht ausreichend durchblutet und damit mit Sauerstoff versorgt wird. Die Folge ist eine Beeinträchtigung der Wahrnehmung („Blackout") und im Extremfall Bewusstlosigkeit.

Neben dem Training in der „Astronauten"-Zentrifuge fliegt der Jetpilot im maßgeschneiderten Kompressionsanzug. Dabei wird durch Zufuhr von Druckluft die Blutzirkulation der Beine eingeengt und somit Blut in den Kopf gepresst. (Daneben gibt es noch eine Reihe von weiteren Gesichtspunkten.)

3. **Warum die S-Bahn in den Kurven quietscht**

(a) $v = \frac{\Delta s}{\Delta t} \;\Rightarrow\; \Delta t = \frac{\Delta s}{v} = \frac{120\ \text{m}}{\frac{50\ \text{m}}{3{,}6\ \text{s}}} = \mathbf{8{,}6\ s}$

(b) $\omega = \frac{2\pi}{T} = \frac{2\pi}{4 \cdot 8{,}6\ \text{s}} = \mathbf{0{,}18\ \frac{1}{s}}$

$\Delta s = \frac{1}{4} U = \frac{1}{4} \cdot 2\pi \cdot r \;\Rightarrow\; r = \frac{2 \cdot \Delta s}{\pi} = 76{,}4\ \text{m}$

$a_z = r \cdot \omega^2 = \frac{2 \cdot \Delta s}{\pi} \cdot \omega^2 = \frac{2 \cdot 120\ \text{m}}{\pi} \cdot \left(0{,}18\ \frac{1}{\text{s}}\right)^2 = \mathbf{2{,}5\ \frac{m}{s^2}}$

(c) $\Delta s = \frac{\pi}{2} \cdot r$

$\Delta s_a = \frac{\pi}{2} \cdot \left(r + \frac{1}{2} s_w\right) = \frac{\pi}{2} \cdot \left(76{,}4\ \text{m} + \frac{1}{2} \cdot 1{,}70\ \text{m}\right) = 121{,}34\ \text{m} = \mathbf{121\ m}$

$\Delta s_i = \frac{\pi}{2} \cdot \left(r - \frac{1}{2} s_w\right) = \frac{\pi}{2} \cdot \left(76{,}4\ \text{m} - \frac{1}{2} \cdot 1{,}70\ \text{m}\right) = 118{,}67\ \text{m} = \mathbf{119\ m}$

(d) Kreisbewegung der Räder

$$\omega = 2\pi \cdot f = 2\pi \cdot \frac{n}{t} = 2\pi \cdot \frac{\frac{\Delta s}{U_R}}{t} = 2\pi \cdot \frac{\Delta s}{2\pi \cdot r_R \cdot t} = \frac{\Delta s}{r_R \cdot t}$$

$$\omega_a = \frac{\Delta s_a}{r_R \cdot t} = \frac{121\ \text{m}}{0{,}31\ \text{m} \cdot 8{,}6\ \text{s}} = \mathbf{45\ \frac{1}{s}}$$

$\omega_i = \frac{\Delta s_i}{r_R \cdot t} = \frac{119\ \text{m}}{0{,}31\ \text{m} \cdot 8{,}6\ \text{s}} = \mathbf{44\ \frac{1}{s}}$ (mit ungerundeten Werten gerechnet!)

(e) Die Räder des Autos drehen sich aufgrund der unterschiedlichen Kurvenwege mit unterschiedlichen Winkelgeschwindigkeiten. Da sie nicht starr an einer Achse befestigt sind, bzw. ein Differenzialgetriebe dazwischenliegt, ist das ohne Bedeutung.

Bei der S-Bahn und vielen anderen Eisenbahnwagen kann durch die Kurvenneigung und die konischen Radlaufflächen für eine ganz bestimmte Geschwindigkeit ein Ausgleich hergestellt werden. Weicht die Geschwindigkeit vom Idealwert ab, schleifen die Räder und das quietschende Geräusch entsteht.

4. **Zentripetalbeschleunigung mit dem Smartphone messen**

(a) Die Position des Beschleunigungssensors im Smartphone ist nicht genau bekannt. Da der Plattenspieler sich mit einer bekannten Drehzahl dreht, kann man damit eine Abschätzung vornehmen.

$$a_z = r \cdot \omega^2 = r \cdot \left(2\pi \cdot \frac{n}{t}\right)^2 \Rightarrow$$

$$r = \frac{a_z}{\left(2\pi \cdot \frac{n}{t}\right)^2} = \frac{0,90\ \frac{\text{m}}{\text{s}^2}}{\left(2\pi \cdot \frac{33\frac{1}{3}}{60\ \text{s}}\right)^2} = \mathbf{7{,}4\ cm}$$

Dreht man das Smartphone um 90°, so kann auch die Position des Sensors bezüglich der anderen Ränder ermittelt werden.

Bild 1: Plattenspieler mit Smartphone

(b) da $a_z \sim f^2 \Rightarrow \frac{a_1}{a_2} = \frac{(f_1)^2}{(f_2)^2} = \frac{n_1^2}{n_2^2} = \frac{45^2}{\left(33\frac{1}{3}\right)^2} = \mathbf{1{,}82}$

Aus den Messwerten folgt $\frac{a_1}{a_2} = \frac{1{,}6}{0{,}9} = \mathbf{1{,}78}$ in guter Übereinstimmung.

5. **Messversuch Zentripetalkraft**

(a) Ermitteln Sie grafisch den Zusammenhang zwischen m und F_z.

***m* in g**	50,1	75,5	100,1
F_z in N	1,28	1,93	2,56

Ursprungsgerade (**Bild 2**) $\Rightarrow$ $\boldsymbol{F_z \sim m}$

(b) Ermitteln Sie rechnerisch den Zusammenhang zwischen r und F_z

***r* in cm**	10	15	20	25
F_z in N	0,64	0,96	1,28	1,60
$\frac{F_z}{r}$ in $\frac{\text{N}}{\text{cm}}$	0,064	0,064	0,064	0,064

Quotient $\frac{F_z}{r}$ ist konstant $\Rightarrow$ $\boldsymbol{F_z \sim r}$

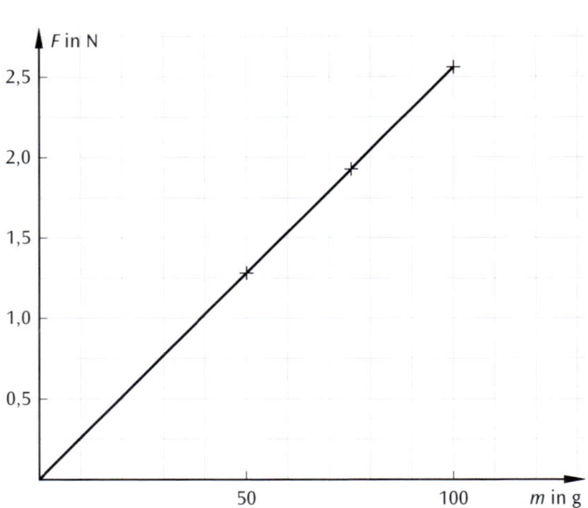

Bild 2: Lösung zu Aufgabe 5a)

(c) Ermitteln Sie rechnerisch und grafisch den Zusammenhang zwischen f und F_z

f in Hz	1,2	1,8	2,5	3,6
f^2 in Hz²	1,44	3,24	6,25	12,96
F_z in N	0,57	1,28	2,47	5,13
$\frac{F_z}{f^2}$ in $\frac{\text{N}}{\text{Hz}^2}$	0,40	0,40	0,40	0,40

Quotient $\frac{F_z}{f^2}$ ist konstant $\Rightarrow\ F_z \sim f^2$

Ursprungsgerade (**Bild 1**) $\Rightarrow\ F_z \sim f^2$

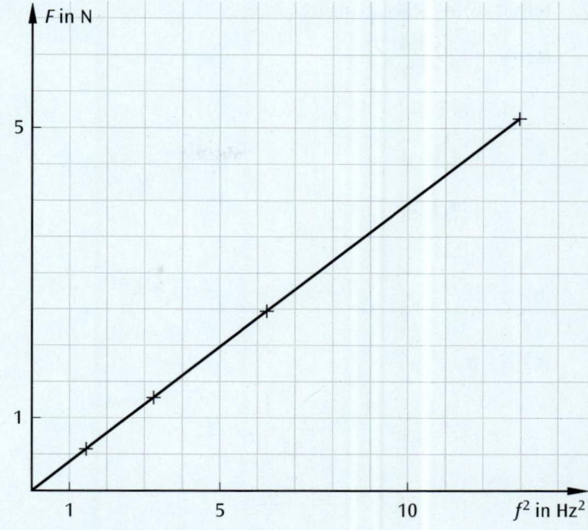

Bild 1: Lösung zu Aufgabe 5c)

(d) und (e)

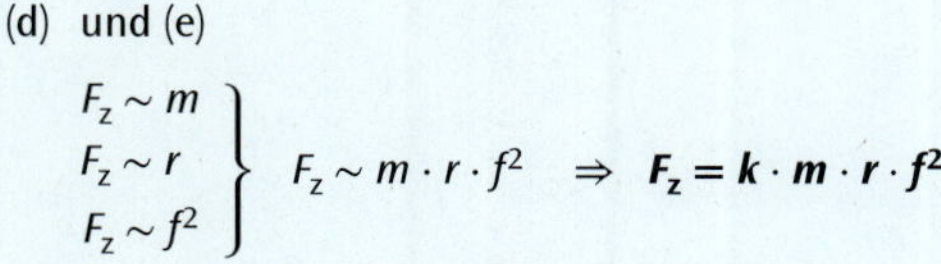

$$\left.\begin{array}{l} F_z \sim m \\ F_z \sim r \\ F_z \sim f^2 \end{array}\right\} \quad F_z \sim m \cdot r \cdot f^2 \quad \Rightarrow \quad \boldsymbol{F_z = k \cdot m \cdot r \cdot f^2}$$

$$k = \frac{F_z}{m \cdot r \cdot f^2} = \frac{2{,}47\ \text{N}}{0{,}0501\ \text{kg} \cdot 0{,}20\ \text{m} \cdot (2{,}5\ \text{Hz})^2} = \mathbf{39{,}4 \approx 4\pi^2}$$

Zu Abschnitt 4.5.3 Kurvenfahrten

1. **Vorsicht – winterliche Fahrbahn**

(a) $F_{res} = F_{Haft}$

$m \cdot a = f_{Haft} \cdot m \cdot g$ mit $v^2 = 2a \cdot s$ folgt $a = \frac{v^2}{2s}$

$\frac{v^2}{2s} = f_{Haft} \cdot g$

Sommerreifen:

$$f_{Haft} = \frac{v^2}{2s \cdot g} = \frac{\left(\frac{80}{3{,}6}\ \frac{\text{m}}{\text{s}}\right)^2}{2 \cdot 112\ \text{m} \cdot 9{,}81\ \frac{\text{m}}{\text{s}^2}} = 0{,}22$$

Winterreifen:

$$f_{Haft} = \frac{\left(\frac{80}{3{,}6}\ \frac{\text{m}}{\text{s}}\right)^2}{2 \cdot 70\ \text{m} \cdot 9{,}81\ \frac{\text{m}}{\text{s}^2}} = 0{,}36$$

(b) In der „Schrecksekunde“ legt das Fahrzeug den Weg

$s_v = v \cdot t = \frac{80}{3{,}6}\ \frac{\text{m}}{\text{s}} \cdot 1\ \text{s} = 22\ \text{m}$ zurück.

Sommerreifen:

$$f_{Haft} = \frac{v^2}{2s \cdot g} = \frac{\left(\frac{80}{3{,}6}\ \frac{\text{m}}{\text{s}}\right)^2}{2 \cdot (112\ \text{m} - 22\ \text{m}) \cdot 9{,}81\ \frac{\text{m}}{\text{s}^2}} = 0{,}28$$

Winterreifen:

$$f_{Haft} = \frac{\left(\frac{80}{3{,}6}\ \frac{\text{m}}{\text{s}}\right)^2}{2 \cdot (70\ \text{m} - 22\ \text{m}) \cdot 9{,}81\ \frac{\text{m}}{\text{s}^2}} = 0{,}52$$

(c) $F_z = F_{Haft}$

$m \cdot \frac{v^2}{r} = f_{Haft} \cdot m \cdot g$

Winterreifen: $v_{max} = \sqrt{f^*_{Haft} \cdot r \cdot g} = \sqrt{0{,}52 \cdot 100\ \text{m} \cdot 9{,}81\ \frac{\text{m}}{\text{s}^2}} = 81\ \frac{\text{km}}{\text{h}}$

Die Kurve kann durchfahren werden.

(d) Für Sommerreifen gilt:

$v_{max} = \sqrt{f_{Haft} \cdot r \cdot g} = \sqrt{0{,}28 \cdot 100\ \text{m} \cdot 9{,}81\ \frac{\text{m}}{\text{s}^2}} = 60\ \frac{\text{km}}{\text{h}}$

(Es ist ohnehin nicht erlaubt, mit Sommerreifen auf winterlichen Straßen zu fahren.)

2. **Fahrt eines Rennrodels**

(a) $v = 127\ \frac{\text{km}}{\text{h}}$

$s = 881\text{ m}$

$a_z = 4{,}1 \cdot g$

$t = 34{,}425\text{ s}$

$\alpha = 72°$

(b) $v = \frac{\Delta s}{\Delta t} = \frac{881\text{ m}}{34{,}425\text{ s}} = 25{,}6\ \frac{\text{m}}{\text{s}} = \mathbf{92{,}1\ \frac{km}{h}}$

(c) $a_z = \frac{v^2}{r}$

$$\Rightarrow\ r = \frac{v^2}{a_z} = \frac{\left(\frac{127}{3{,}6}\ \frac{\text{m}}{\text{s}}\right)^2}{4{,}1 \cdot 9{,}81\ \frac{\text{m}}{\text{s}^2}} = \mathbf{31\ m}$$

(d) $$\tan\alpha = \frac{v^2}{r \cdot g} = \frac{\left(\frac{127}{3{,}6}\ \frac{\text{m}}{\text{s}}\right)^2}{31\text{ m} \cdot 9{,}81\ \frac{\text{m}}{\text{s}^2}} = 4{,}1$$

$\alpha = \tan^{-1}(4{,}1) = \mathbf{76°}$

(a) Im Rahmen der Messgenauigkeit stimmen die Winkel überein.

3. **Fahrrad in der Steilwandkurve**

(a) $l = 2 \cdot s + 2 \cdot r \cdot \pi \ \Rightarrow\ r = \frac{l - 2s}{2\pi} = \frac{400\text{ m} - 2 \cdot 100\text{ m}}{2\pi} = \mathbf{32\ m}$

(b) gemessen: $\alpha = 27°$

offiziell: $\alpha = \mathbf{29°}$

(c) Die Zentripetalkraft ist die Vektorsumme aus Gewichtskraft und Unterlagenkraft.

$\vec{F}_z = \vec{F}_G + \vec{F}_U$

$\tan\alpha = \frac{F_z}{F_G} = \frac{m \cdot v^2}{r \cdot m \cdot g} = \frac{v^2}{r \cdot g}$

(d) $v = \sqrt{\tan\alpha \cdot r \cdot g} = \sqrt{\tan(29°) \cdot 32\text{ m} \cdot 9{,}81\ \frac{\text{m}}{\text{s}^2}} = \mathbf{47\ \frac{km}{h}}$

Bild 1: Winkel

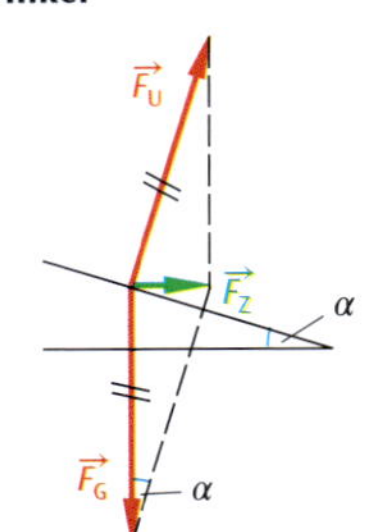

Bild 2: Kräfteplan

Zu Abschnitt 4.5.4 Kreisbewegungen am Himmel

1. **Erste kosmische Geschwindigkeit**

(a) $F_G = F_Z \ \Rightarrow\ m \cdot g = \frac{m v^2}{r_E} \ \Rightarrow\ v = \sqrt{g \cdot r_E} = 7{,}91\ \frac{\text{km}}{\text{s}} = \mathbf{2{,}85 \cdot 10^4\ \frac{km}{h}}$

(b) $v = r \cdot \frac{2\pi}{T} \ \Rightarrow\ T = r_E \cdot \frac{2\pi}{v} = 6371\text{ km} \cdot \frac{2\pi}{7{,}91\ \frac{\text{km}}{\text{s}}} = 5{,}06 \cdot 10^3\text{ s} = \mathbf{84\ min}$

(c) Da $T \sim \frac{1}{v}$ ist, kann T nur kleiner werden, wenn v größer wird. Das ginge nur mit zusätzlichem Antrieb.

2. **Sputnik 1 – ISS**

(a) $F_G = F_Z \ \Rightarrow\ G \cdot \frac{m \cdot M}{(r_E + h)^2} = m \cdot r \cdot \omega^2 = m \cdot r \cdot \frac{4\pi^2}{T^2} \ \Rightarrow$ mit $r = r_E + h$

$$T = \sqrt{\frac{4\pi^2 \cdot (r_E + h)^3}{G \cdot M}} = \sqrt{\frac{4\pi^2 \cdot (6371 \cdot 10^3\text{ m} + 400 \cdot 10^3\text{ m})^3}{6{,}674 \cdot 10^{-11}\ \frac{\text{m}^3}{\text{kg} \cdot \text{s}^2} \cdot 5{,}97 \cdot 10^{24}\text{ kg}}} = 5547{,}6\text{ s} = \mathbf{92{,}46\ min}$$

(b) $F_G = F_Z \Rightarrow G \cdot \frac{m \cdot M}{(r_E + h)^2} = \frac{m v^2}{(r_E + h)} \Rightarrow v = \sqrt{\frac{GM}{r_E + h}} = 7{,}66\,\frac{\text{km}}{\text{s}} = \mathbf{2{,}76 \cdot 10^4\,\frac{km}{h}}$

(c) $F_{Grav} = G \cdot \frac{m \cdot M}{(r_E + h)^2} = 6{,}674 \cdot 10^{-11} \frac{\text{m}^3}{\text{kg} \cdot \text{s}^2} \cdot \frac{85\text{ kg} \cdot 5{,}97 \cdot 10^{24}\text{ kg}}{(6371 \cdot 10^3\text{ m} + 400 \cdot 10^3\text{ m})^2} = \mathbf{739\ N}$

$\frac{F_{Grav}}{F_G} = \frac{F_{Grav}}{m \cdot g} = \frac{739\text{ N}}{85\text{ kg} \cdot 9{,}81\,\frac{\text{m}}{\text{s}^2}} = 0{,}886 = \mathbf{89\ \%}$

(d) Bei einem Körper, der [...] der Schwerkraft ausgesetzt ist, versteht man unter Schwerelosigkeit denjenigen Bewegungszustand, in dem diese Schwerkraft nicht spürbar ist. Gegenstände haben dann kein Gewicht, d. h. sie drücken im Liegen nicht auf ihre Unterlage und fallen beim Loslassen nicht hinab, sondern schweben frei im Raum. Solche Zustände gibt es in guter Annäherung beim freien Fall im Vakuum und beim Parabelflug, allerdings nur für kurze Zeit.

Andauernd in Schwerelosigkeit ist man auf der Umlaufbahn einer Raumstation um die Erde. Obwohl in der Höhe, in der sich eine Raumstation üblicherweise befindet, noch etwa 90 % der Erdschwerkraft wirken, wird diese für die Astronauten nicht spürbar. Da alle Körper gleich schnell fallen, erfährt der Astronaut aus dem Bezugssystem der Erde dieselbe Schwerebeschleunigung wie die Raumstation, sodass für ihn lokal keine effektive Beschleunigung spürbar ist. Aus dem System des Astronauten wirkt die durch die große Umlaufgeschwindigkeit hervorgerufene Zentrifugalkraft der Schwerkraft entgegen.

Allgemein befindet sich ein Körper im schwerelosen Zustand, wenn ihn die Schwerkraft ohne Behinderung durch eine Gegenkraft in eine beschleunigte Bewegung versetzen kann.

(nach Wikipedia: Schwerelosigkeit)

3. **Synchron- oder geostationäre Satelliten**

(a) $F_{Grav} = F_Z$; $T_S = 1\text{ d} \Rightarrow r_S = 42{,}3 \cdot 10^6\text{ m}$;

$h = r_S - r_E = \mathbf{3{,}6 \cdot 10^7\ m} \approx 36\,000\text{ km}$

(b) $v = \mathbf{3{,}1 \cdot 10^3\ \frac{m}{s}}$

(c) Großkreis-Bahnen, d. h. Erdmittelpunkt ist der Mittelpunkt der Satellitenbahn

Andernfalls würde $\vec{F}_{Grav} = \vec{F}_z$ nicht gelten, daher wäre die Bahn nicht stabil.

4. **APOLLO-11**

(a) Kein weiterer Körper umrundet den Mond!

(b) $F_z = F_{Grav} \Rightarrow m \cdot r \cdot \omega^2 = G \cdot \frac{M \cdot m}{r^2} \Rightarrow m \cdot r \cdot \left(\frac{2\pi}{T}\right)^2 = G \cdot \frac{M \cdot m}{r^2}$

Mit $r = r_M + h = 1{,}738 \cdot 10^6\text{ m} + 110 \cdot 10^3\text{ m} = 1{,}848 \cdot 10^6\text{ m}$ folgt

$$T = \sqrt{\frac{4\pi^2 \cdot r^3}{G \cdot M}} = \sqrt{\frac{4\pi^2 \cdot (1{,}848 \cdot 10^6\text{ m})^3}{6{,}67 \cdot 10^{-11}\text{ m}^3 \cdot \text{kg}^{-1} \cdot \text{s}^{-2} \cdot 0{,}0735 \cdot 10^{24}\text{ kg}}} = 7127\text{ s} = \mathbf{1{,}98\ h}$$

(c) $v = \sqrt{G \cdot \frac{M}{r}} = \sqrt{6{,}67 \cdot 10^{-11}\text{ m}^3 \cdot \text{kg}^{-1} \cdot \text{s}^{-2} \cdot \frac{0{,}0735 \cdot 10^{24}\text{ kg}}{1{,}848 \cdot 10^6\text{m}}} = \mathbf{1{,}63 \cdot 10^3\ \frac{m}{s}}$

(d) $F_{Schub} = F_{Grav} = G \cdot \frac{M \cdot m}{r^2} = 6{,}67 \cdot 10^{-11}\text{ m}^3 \cdot \text{kg}^{-1} \cdot \text{s}^{-2} \cdot \frac{0{,}0735 \cdot 10^{24}\text{ kg} \cdot 15{,}1 \cdot 10^3\text{ kg}}{(1{,}738 \cdot 10^6\text{ m})^2} = \mathbf{24{,}5\ kN}$

(e) $F_G = F_{Grav} = m \cdot g \Rightarrow g = \frac{F_{Grav}}{m} = \frac{24{,}5 \cdot 10^3\text{ N}}{15{,}1 \cdot 10^3\text{ kg}} = \mathbf{1{,}62\ \frac{m}{s^2}}$

(f) – die Masse bleibt gleich

– die Fallbeschleunigung auf dem Mond beträgt nur ein Sechstel des Wertes auf der Erdoberfläche, damit beträgt auch die Gravitationskraft auf dem Mond nur ein Sechstel

5. **Masse der Sonne**

$F_{Grav} = F_z \Rightarrow G \cdot \frac{M \cdot m}{r^2} = m \cdot r \cdot \left(\frac{2\pi}{T}\right)^2 \Rightarrow$

$$M = \frac{4\pi^2 \cdot r^3}{G \cdot T^2} = \frac{4\pi^2 \cdot (149{,}6 \cdot 10^9\text{ m})^3}{6{,}67 \cdot 10^{-11}\text{ m}^3 \cdot \text{kg}^{-1} \cdot \text{s}^{-2} \cdot (365{,}26 \cdot 24 \cdot 60 \cdot 60\text{ s})^2} = \mathbf{1{,}99 \cdot 10^{30}\ kg}.$$

5 Mechanische Schwingungen

Zu Abschnitt 5.3 Harmonische Schwingungen

1. **Rücktreibende Kraft und lineares Kraftgesetz**

(a) Allgemein gilt: Wenn der Vektor der rücktreibenden Kraft dieselbe Richtung hat wie der Vektor der Geschwindigkeit, dann nimmt das Tempo zu. Bei entgegengesetzt orientierten Vektoren wirkt die rücktreibende Kraft also bremsend.

Für lineare harmonische Sinusschwingungen gilt damit (**Bild 1**):

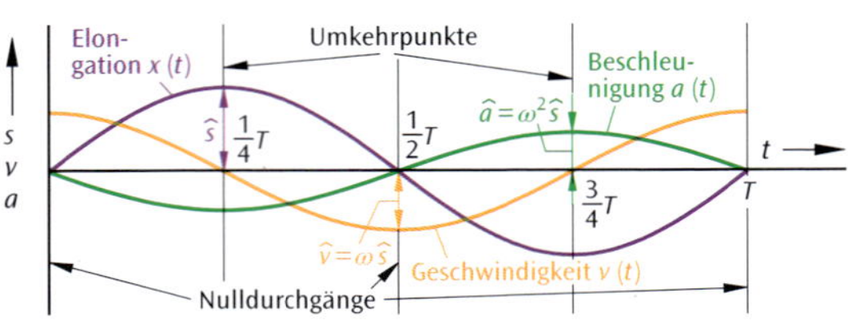

Bild 1: Zu Aufgabe 1a)

$0 < t < T/4$: $v(t) > 0 \wedge F_{\text{rück}}(t) < 0$ ⇒ Tempo sinkt (auf dem Weg zum Umkehrpunkt)

$T/4 < t < T/2$: $v(t) < 0 \wedge F_{\text{rück}}(t) < 0$ ⇒ Tempo steigt (auf dem Weg zum Nulldurchgang)

$T/2 < t < 3T/4$: $v(t) < 0 \wedge F_{\text{rück}}(t) > 0$ ⇒ Tempo sinkt

$3T/4 < t < T$: $v(t) > 0 \wedge F_{\text{rück}}(t) > 0$ ⇒ Tempo steigt

(b) Zur Federkraft $\vec{F}_{\text{Feder}}(t) \sim \vec{s}(t)$ wird zu allen Zeiten, für die $v(t) \neq 0$, die Reibungskraft $\vec{F}_R$ addiert. $\vec{F}_R$ ist nicht proportional zur Auslenkung $s(t)$, so dass für die resultierende Kraft ebenfalls kein lineares Kraftgesetz gilt.

Anmerkung: Bei Reibung zwischen festen Körpern ist $\vec{F}_R$ konstant, beim Feder-Schwere-Pendel dominiert die Luftreibung $F_{LR} \sim v(t)$.

2. **Federpendel**

(a) $D = m \cdot \left(\frac{2 \cdot \pi}{T}\right)^2 = 44{,}8\,\frac{\text{kN}}{\text{m}}$

(b) $T \sim \sqrt{m}$ ⇒ T wird auf $1/\sqrt{5} = 0{,}45$ des ursprünglichen Wertes reduziert.

3. **Dynamische Bestimmung der Federkonstanten**

(a) Rechnerische Auswertung:

$D = 4 \cdot \pi^2 \cdot \frac{m}{T^2}$

m in g	50	100	200	500	700
T in s	0,31	0,44	0,63	0,99	1,18
D in $\text{N} \cdot \text{m}^{-1}$	21	20	20	20	20

Im Rahmen der Messgenauigkeit beträgt $D = 20\,\frac{\text{N}}{\text{m}}$.

Grafische Auswertung:

T^2 über m aufgetragen ergibt im Rahmen der Messgenauigkeit eine Gerade.

D wird aus der Steigung $\frac{\Delta T^2}{\Delta m} = \frac{4 \cdot \pi^2}{D}$ der Geraden ermittelt.

(b) Weitere mögliche Messmethoden:

Die Zeit für 10 Schwingungen stoppen (s. Aufgabe 2)

Über die Verdunkelung einer Lichtschranke mehrfach den Zeitabstand $T/2$ zwischen zwei Nulldurchgängen messen

Bei bekannter Maximalgeschwindigkeit und Amplitude aus der Schwingungsenergie (s. Aufgabe 9)

Statische Messung mit dem Hooke'schen Gesetz

4. **Waage auf der ISS**

(a) 1. Eine Personenwaage misst nicht die Masse, sondern die Gewichtskraft, die von der örtlichen Fallbeschleunigung abhängt.

2. Da die ISS antriebslos um die Erde kreist, herrscht dort Schwerelosigkeit – die Gewichtskraft dient zur Beschleunigung auf der Kreisbahn und die Waage „fällt“ genauso schnell wie der Astronaut, er „beschwert“ sie also nicht.

(b) Das Prinzip ist dasselbe wie beim horizontalen Federpendel: Der Sitz wird aus der Ruhelage ausgelenkt und losgelassen. Die Schraubenfeder bringt die rücktreibende Kraft auf und es kommt zu einer harmonischen Schwingung, deren Periodendauer mit einer Stoppuhr gemessen werden kann. Daraus kann bei bekannter Federkonstante die Masse des Oszillators (= Astronaut und Sitz!) bestimmt werden.

Der Astronaut muss sich am Sitz festschnallen, um nicht aufgrund seiner Trägheit aus dem Sitz zu „fliegen“.

Die Orientierung zur Erde spielt wegen der Schwerelosigkeit dabei keine Rolle.

(a) Annahme: der Oszillator (Astronaut und Sitz) wiegt 100 kg.

$D = 4 \cdot \pi^2 \cdot \frac{m}{T^2} = 16\ \frac{\text{kN}}{\text{m}}$

5. **Sekundenpendel**

(a) $T = 2 \cdot \pi \cdot \sqrt{\frac{l}{g}} \quad \Rightarrow \quad g = 4\pi^2 \cdot \frac{l}{T^2}$

Mit $l = 0{,}991$ m ergibt sich $g = 9{,}78\ \text{m} \cdot \text{s}^{-2}$, mit $l = 0{,}996$ m folgt $g = 9{,}83\ \text{m} \cdot \text{s}^{-2}$.

(b) Der Betrag der Fallbeschleunigung an den Polen ist größer, da diese wegen der Abplattung der Erde näher an deren Massenschwerpunkt liegen.

6. **Nachweis der Erdrotation**

(a) Ein Fadenpendel kann als harmonisch betrachtet werden, wenn gilt: $\hat{\varphi} \leq 10°$ (0,17 rad).

$\hat{s} = l \cdot \hat{\varphi} = 67\ \text{m} \cdot 0{,}17\ \text{rad} = 11\ \text{m}$

(b) $f = \frac{1}{T} = \frac{1}{2 \cdot \pi} \cdot \sqrt{\frac{g}{l}} = \frac{1}{2 \cdot \pi} \cdot \sqrt{\frac{9{,}81\ \text{m}}{67\ \text{m} \cdot \text{s}^2}} = 0{,}0609\ \frac{1}{\text{s}} = 219\ \frac{1}{\text{h}}$

7. **Schnelles Fadenpendel**

Ein Fadenpendel kann als harmonisch betrachtet werden, wenn gilt: $\hat{\varphi} \leq 10°$.

Daraus folgt mit $\hat{s} = \frac{\hat{v}}{\omega}$ und $\omega = \sqrt{\frac{D}{m}} = \sqrt{\frac{g}{l}}$:

$$\hat{\varphi} = \frac{\hat{s}}{l} = \frac{\hat{v}}{\omega \cdot l} = \frac{\hat{v}}{l} \cdot \sqrt{\frac{l}{g}} = \frac{\hat{v}}{\sqrt{l \cdot g}} \quad \Rightarrow \quad l = \frac{\hat{v}^2}{\hat{\varphi}^2 \cdot g} = \frac{(33{,}3\ \text{m})^2 \cdot \text{s}^2}{(0{,}17\ \text{rad})^2 \cdot 9{,}81\ \text{m} \cdot \text{s}^2} = 3{,}7\ \text{km}$$

$$T = 2 \cdot \pi \cdot \sqrt{\frac{l}{g}} = 2 \cdot \pi \cdot \sqrt{\frac{3{,}7 \cdot 10^3\ \text{m} \cdot \text{s}^2}{9{,}81\ \text{m}}} = 122\ \text{s} = 2{,}0\ \text{min}$$

8. **Pendellänge**

(a) Die Schwingungsdauer einer Schaukel wird in guter Näherung nur von der Pendellänge bestimmt. Die Masse spielt keine Rolle. Daher kann mit unterschiedlich langen Schaukeln nicht gleichphasig geschaukelt werden.

(b) Aus $\omega = \sqrt{\frac{D}{m}} = \sqrt{\frac{g}{l}}$ folgt $\omega_1 = 1{,}80\ \frac{\text{rad}}{\text{s}}$ und $\omega_1 = 1{,}98\ \frac{\text{rad}}{\text{s}}$.

Es muss gelten: $\varphi_1(t) = \varphi_2(t) + 2\pi\ \text{rad} \quad \Rightarrow \quad \omega_1 \cdot t = \omega_2 \cdot t + 2\pi\ \text{rad}$

$\Rightarrow \quad t = \frac{2\pi\ \text{rad}}{\omega_1 - \omega_2} = \frac{2\pi\ \text{rad} \cdot \text{s}}{0{,}18\ \text{rad}} = 35\ \text{s}$

9. **Schwingende Lasten**

(a) Aufgrund ihrer Trägheit bewegt sich die Last zunächst gleichförmig weiter und wird vom Tragseil auf eine Kreisbahn beschleunigt. Dabei wird kinetische in potenzielle Energie übergeführt:

$\frac{1}{2} m v^2 = mgh \quad \Rightarrow \quad h = \frac{1}{2} \frac{v^2}{g} = 0{,}051\ \text{m}$

Für den Auslenkwinkel gilt (**Bild 1**):

$\cos\alpha = \frac{a}{l} = \frac{l - h}{l} = 1 - \frac{h}{l}$

$\cos\alpha = 1 - \frac{v^2}{2gl} = \frac{976}{981} = 0{,}9949 \quad \Rightarrow \quad \alpha = 5{,}8°$

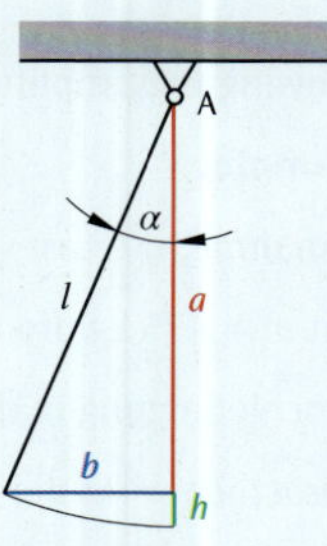

Bild 1: Zu Aufgabe 9a)

(b) Die maximale Kraft auf das Tragseil wirkt im Durchgang durch die Ruhelage:

$F = F_G + F_Z = m \cdot g + m\frac{v^2}{l} = 7{,}9\ \text{kN}$

(c) $f = \frac{1}{T} = \frac{1}{2\pi} \cdot \sqrt{\frac{g}{l}} = \frac{1}{2\pi} \cdot \sqrt{\frac{9{,}81\ \text{m}}{10\ \text{ms}^2}} = 0{,}16\ \text{Hz}$

10. **Wellenkraftwerk**

(a) Mit $\hat{a} = 0{,}58\ \text{m} \cdot \text{s}^{-2}$ und $T = 6{,}0\ \text{s}$ folgt $\hat{a} = \omega \cdot \hat{v} \Rightarrow \hat{v} = \frac{\hat{a} \cdot T}{2 \cdot \pi} = 0{,}55\ \frac{\text{m}}{\text{s}}$, $E = E_{\text{kin,max}} = \frac{1}{2} \cdot m \cdot \hat{v}^2 = 4{,}6\ \text{J}$.

(b) Sogenannte Punktabsorber wandeln die Auf- und Abbewegung einer Boje in elektrische Energie um. Die Boje betreibt z. B. eine Pumpe, die Wasser zu einem Generator pumpt, der aus der mechanischen Energie elektrische Energie erzeugt.

Die Boje schwingt dennoch weiter, weil ihr durch die Meereswellen immer wieder Schwingungsenergie zugeführt wird.

(c) $\hat{a} = \omega^2 \cdot \hat{s} \Rightarrow \hat{s} = \frac{\hat{a} \cdot T^2}{4 \cdot \pi^2} = 0{,}5\ \text{m}$

(d) Annahme: pro Schwingungsperiode wird die gesamte Schwingungsenergie entzogen, damit erhält man pro Boje $P = \frac{E}{t} = \frac{4{,}6\ \text{J}}{6{,}0\ \text{s}} = 0{,}77\ \text{W}$

Mit einem (optimistischen) Wirkungsgrad von 75 % folgt $N_{\text{Bojen}} = \frac{300 \cdot 10^3\ \text{W}}{0{,}75 \cdot 0{,}77\ \text{W}} \approx 520\,000$.

Bei dieser hohen Zahl lohnt es, nach Standorten mit stärkerer Wellenaktivität zu suchen, um pro Boje eine höhere Schwingungsenergie umwandeln zu können.

11. **Bungee-Jumping**

(a) $D = m \cdot \left(\frac{2 \cdot \pi}{T}\right)^2 = 0{,}22\ \frac{\text{kN}}{\text{m}}$

Aus der Energieerhaltung:

$\frac{1}{2} m \hat{v}^2 = \frac{1}{2} D A^2; \quad \hat{v} = \sqrt{\frac{D}{m}} \cdot A = \sqrt{\frac{0{,}22 \cdot 10^3\ \text{N}}{80\ \text{kg} \cdot \text{m}}} \cdot 8{,}0\ \text{m} = 48\ \frac{\text{km}}{\text{h}}$

oder aus den Bewegungsgleichungen:

$\hat{v} = \omega \cdot A = \frac{2\pi}{T} \cdot A = \sqrt{\frac{D}{m}} \cdot A$

(b) Ihr Freund braucht vom oberen bis zum unteren Umkehrpunkt 1,9 Sekunden, das Handy im freien Fall $t = \sqrt{\frac{2 \cdot s}{g}} = \sqrt{\frac{2 \cdot 16\ \text{ms}^2}{9{,}81\ \text{m}}} = 1{,}8\ \text{s}$.

max. Beschleunigung des Freundes: $\hat{a} = \omega^2 \cdot A = \left(\frac{2\pi}{T}\right)^2 \cdot A = \frac{D}{m} \cdot A = 22\ \frac{\text{m}}{\text{s}^2} > 2 \cdot g$

Ihr Freund beschleunigt zunächst schneller als das Handy und hat daher theoretisch die Chance, es wieder aufzufangen. Das Handy überholt ihn kurz vor Erreichen des unteren Umkehrpunkts.

(c) Potenzielle (Lage-)Energie wird beim Absprung zunächst in kinetische Energie umgewandelt. Sobald das Seil durch die Masse des Springers gedehnt wird, geht ein Teil davon in Spannenergie über. Beim Durchgang durch die Ruhelage der Schwingung liegt Spannenergie (wegen der Seildehnung!) und vor allem kinetische Energie vor. Im unteren Umkehrpunkt liegt die gesamte Anfangsenergie in Form von Spannenergie vor, die kinetische Energie ist Null.

Durch Reibungsverluste im Seil sowie die Luftreibungskraft, die geschwindigkeitsabhängig immer jeweils entgegen der Bewegungsrichtung auf den Springer wirkt, nimmt die gesamte mechanische Energie und damit die Schwingungsamplitude mit der Zeit ab.

12. **Stoßdämpfer**

(a) Annahme: die Last verteilt sich gleichmäßig auf die vier Stoßdämpfer.

Mit $m = 475\ \text{kg}$ pro Feder ergibt sich $D = 4\pi^2 \frac{m}{T^2} = 29{,}3\ \frac{\text{kN}}{\text{m}}$.

(b) Beschleunigung in der Schwingung: $\hat{a} = A \cdot \omega^2 = 90\ \text{mm} \cdot \frac{4\pi^2}{(0{,}80\ \text{s})^2} = 5{,}6\ \frac{\text{m}}{\text{s}^2} = 0{,}57 \cdot g$.

Zusätzlich wirkt die Fallbeschleunigung g, je nach Schwingungsrichtung ergibt sich

$a_{\text{min}} = g - \hat{a} = 0{,}43g; \quad a_{\text{max}} = g + \hat{a} = 1{,}57g$

(d) Die Gefahr einer Resonanzkatastrophe besteht bei periodischer Anregung der Eigenschwingung mit passender Frequenz. In diesem Fall (punktuelle, keine kontinuierliche Anregung) mit der Eigenfrequenz oder einem ganzzahligen Bruchteil davon. Also wenn die Temposchwellen im Zeitabstand $\Delta t = n \cdot 0{,}80\ \text{s} = \frac{\Delta s}{v}$; $n \in \mathbb{N}$ getroffen werden. Daraus ergibt sich entsprechend für die zu vermeidenden Geschwindigkeiten:

$$v = \frac{n \cdot \Delta s}{0{,}80\ \text{s}} = \frac{n \cdot 15\ \text{m}}{0{,}80\ \text{s}} \text{ und } v \notin \left\{ 69\frac{\text{km}}{\text{h}};\ 52\frac{\text{km}}{\text{h}};\ 34\frac{\text{km}}{\text{h}};\ 17\frac{\text{km}}{\text{h}} \right\}$$

13. **Schwingungstilger**

(a) Mit $\hat{a} = (2\pi f)^2 \cdot \hat{s}$ folgt: $\hat{a}_{\text{ohne}} = 1{,}2\ \frac{\text{m}}{\text{s}^2} = 0{,}12\,g$, $\hat{a}_{\text{mit}} = 0{,}24\ \frac{\text{m}}{\text{s}^2} = 0{,}02\,g$

(b) Das Schwingungstilgerpendel muss dieselbe Eigenfrequenz haben wie der Turm:

$$f = \frac{1}{2\pi}\sqrt{\frac{g}{l}} \quad \Rightarrow \quad l = \frac{1}{4\pi^2} \cdot \frac{g}{f^2} = 6{,}2\ \text{m}$$

(c) $$\frac{\Delta E}{E} = \frac{E_1 - E_2}{E_1} = 1 - \frac{E_2}{E_1} = 1 - \frac{2DA_2^2}{2DA_1^2} = 1 - \frac{(0{,}15\ \text{m})^2}{(0{,}76\ \text{m})^2} = 96\ \%$$

6 Elektrizitätslehre

Zu Abschnitt 6.7.1 Mechanische Wellen

1. **Einheitenumrechnung**

(a) $1\ \text{C} = 1\ \text{A} \cdot 1\ \text{s} = 1\ \text{A} \cdot \frac{1}{3600}\ \text{h} = \frac{1}{3600}\ \text{Ah} = \frac{1000}{3600}\ \text{mAh} = \frac{5}{18}\ \text{mAh} = 0{,}28\ \text{mAh}$

(b) $750\ \text{mAh} = 0{,}750\ \text{A} \cdot 3600\ \text{s} = 2700\ \text{As} = 2{,}70 \cdot 10^3\ \text{C}$

2. **Akku**

Es könnte 1 h lang ein Strom von 1,15 A fließen, oder realistischer: 10 h lang ein Strom von 115 mA, bis der Akku „leer" (entladen) ist.

3. **Autobatterie**

Es werden keine Formeln benötigt. Aus den Einheiten folgt direkt:

– Stromstärke $I = \frac{10\ \text{VA}}{12\ \text{V}} = \frac{5}{6}\ \text{A} = 0{,}83\ \text{A}$

– Dauer $\Delta t = \frac{36\ \text{Ah}}{\frac{5}{6}\ \text{A}} = 43{,}2\ \text{h} = 1{,}8\ \text{d}$ (Tage)

Weil das Standlicht aus Vorder- und Rücklicht besteht, reicht die Ladung der Batterie nur 0,9 Tage, d. h. nicht ganz einen Tag.

4. **Stirnlampe**

Reihenschaltung der Batterien: Verdreifachung der Spannung bei einfacher Ladung

$$I = \frac{600\ \text{mAh}}{18\ \text{h}} = 33\ \text{mA}$$

Parallelschaltung der Batterien: Verdreifachung der Ladung bei einfacher Spannung

$$I = \frac{1800\ \text{mAh}}{18\ \text{h}} = 100\ \text{mA}$$

5. **Pulsierender Strom**

(a) Ladung ≙ Fläche unter dem Diagramm (Einheiten beachten!):

Ladung, die in einem Impuls transportiert wird: $Q = 0{,}1\ \text{s} \cdot 3\ \text{mA} = 0{,}3\ \text{mC}$ (Analogie aus der Mechanik: zurückgelegter Weg)

In 1,5 s gibt es fünf solcher Impulse, mit denen also $Q_{\text{ges}} = 5 \cdot 0{,}3\ \text{mC} = 1{,}5\ \text{mC}$ transportiert werden.

(b) $\bar{I} = \frac{Q_{\text{ges}}}{t_{\text{ges}}} = \frac{1{,}5\ \text{mAs}}{1{,}5\ \text{s}} = 1{,}0\ \text{mA}$ (Analogie: Durchschnittsgeschwindigkeit)

6. **Elementarladung**

(a) $N = \frac{Q}{1e} = \frac{1\,\text{C}}{1{,}6022 \cdot 10^{-19}\,\text{As}} \approx 6{,}24 \cdot 10^{18} \approx 6$ Trillionen

(b) $I = \frac{\Delta Q}{\Delta t}$ mit $\Delta Q = N \cdot 1e$ und $\Delta t = 1\text{s} \;\Rightarrow\; \frac{N}{\Delta t} = \frac{I}{1e}$

bei 100 mA: $\frac{N}{\Delta t} = 6{,}24 \cdot 10^{17}\,\frac{1}{\text{s}}$

bei 10 pA: $6{,}2 \cdot 10^{7}\,\frac{1}{\text{s}}$ (62 Millionen e^- pro Sekunde!)

(c) $I = \frac{N \cdot 1e}{\Delta t} = \frac{10^{12} \cdot 1{,}6022 \cdot 10^{-19}\,\text{As}}{1\,\text{s}} = 0{,}16\,\mu\text{A}$

(d) $N = \frac{Q}{1e} = \frac{1{,}5 \cdot 10^{-3}\,\text{As}}{1{,}6022 \cdot 10^{-19}\,\text{As}} = 9{,}4 \cdot 10^{15}$ Elektronen

7. **Verstärker**

$$I = \frac{\Delta Q}{\Delta t} = \frac{N \cdot e}{\Delta t} \quad \Leftrightarrow \quad N = \frac{I \cdot \Delta t}{e} = \frac{15 \cdot 10^{-15}\,\text{A} \cdot 1\,\text{s}}{1{,}602 \cdot 10^{-19}\,\text{C}} \approx 93\,633$$

8. **Einfacher Stromkreis**

(a) Ein einfacher Stromkreis besteht aus Stromerzeuger (z. B. Batterie), Hin- und Rückleiter, Verbraucher (z. B. Lampe) und einem Schließer/Öffner.

(b)

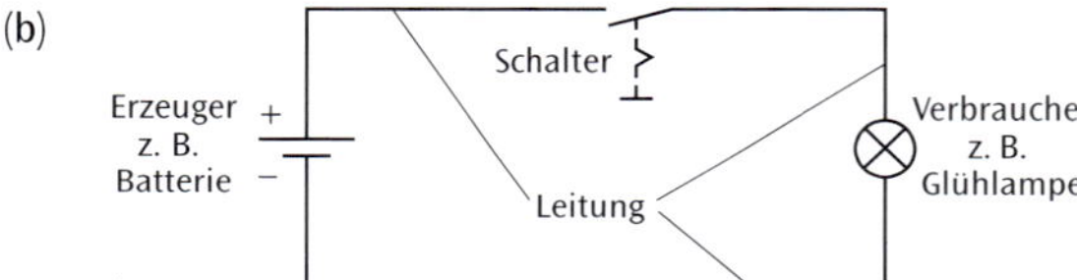

Bild 1: Zu Aufgabe 8b)

(c) Es ist ohne Belang, an welcher Stelle der Schalter zum Schließen oder zum Öffnen des Stromkreises eingebaut wird.

(d) 1. Erzeuger (z. B. Batterie oder Netzgerät), 2. Verbraucher (z. B. Lampe), 3. Schließer, 4. Leiter (Stromleitung), 5. Leiterkreuzung (ohne Abzweigung), 6. Leiterverzweigung

Zu Abschnitt 6.7.2 Widerstand und Ohm'sches Gesetz

1. **Widerstand und Leitwert**

(a) $G = \frac{1}{R} = \frac{1}{0{,}25\,\Omega} = 4 \cdot \frac{1}{\Omega}$

(b) $R = \frac{\varrho \cdot l}{A} = \frac{0{,}43\,\frac{\Omega \cdot \text{mm}^2}{0{,}1\,\text{mm}^2}}{0{,}1\,\text{mm}^2} = 21{,}5\,\Omega$

(c) $l = \frac{R \cdot A}{\varrho} = \frac{100\,\Omega \cdot 0{,}5\,\text{mm}^2}{0{,}43\,\frac{\Omega \cdot \text{mm}^2}{\text{m}}} = 116{,}3\,\text{m}$

(d) $R = \frac{1}{G} = \frac{1}{13{,}5\,\text{S}} = 74\,\text{m}\Omega$

2. **Richtig oder falsch?**

(a) Richtig

(b) Falsch

(c) Falsch

3. **Einheitenumrechnung**

(a) $\varrho = 1\ \frac{\Omega \cdot \text{mm}^2}{\text{m}} = \frac{\Omega \cdot 10^{-2}\ \text{cm}^2}{10^2\ \text{cm}} = 10^{-4}\ \Omega \cdot \text{cm}$

(b) $\varrho = 1\ \Omega \cdot \text{cm} = 10^4\ \frac{\Omega \cdot \text{mm}^2}{\text{m}}$

4. **Tauchsieder**

$R_1 = \frac{U}{I} = \frac{230\ \text{V}}{450 \cdot 10^{-3}\ \text{A}} = 511{,}1\ \Omega$

5. **Widerstandskennlinie**

$R_1 = \frac{U}{I} = \frac{2\ \text{V}}{0{,}4\ \text{A}} = 50\ \Omega, \quad R_2 = \frac{U}{I} = \frac{4\ \text{V}}{0{,}04\ \text{A}} = 100\ \Omega, \quad R_3 = \frac{U}{I} = \frac{6\ \text{V}}{0{,}3\ \text{A}} = 200\ \Omega$

6. **Messgeräte im Stromkreis und Ohm'sches Gesetz**

(a) Der Strom, der durch einen Verbraucher (z. B. LED-Lampe) fließt, ist vor dem Verbraucher genau so groß wie nach dem Verbraucher, da der Strom im Verbraucher nicht vernichtet wird.

(b) Spannungen können nur zwischen zwei Punkten mit unterschiedlichem elektrischem Potential (Spannungsniveau) gemessen werden. Bei der Messung von Gleichspannungen muss man darauf achten, dass die positive Messbuchse des Spannungsmessers mit dem Pluspol der Spannungsquelle verbunden wird. Bei Spannungsmessungen an Verbrauchern muss die positive Messbuchse mit dem Anschluss des Verbrauchers verbunden werden, der näher am Pluspol der Spannungsquelle liegt.

(c) Der Begriff „Verbraucher" in einem Stromkreis ist vom Wortsinn her nicht korrekt, da Strom, wenn er durch den „Verbraucher" fließt, nicht „verbraucht" wird. Strom verursacht im „Verbraucher" z. B. Wärme oder Licht und Wärme oder Magnetfelder, d. h. die elektrische Energie wird nicht „verbraucht", sondern umgewandelt.

(d) Der Widerstand kann mit der Formel für das Ohm'sche Gesetz $I = \frac{U}{R}$ berechnet werden, indem man die Formel nach R umstellt und die gegebenen Werte $U = 12$ V und $I = 5$ A in die Formel einsetzt.

$R = \frac{12\ \text{V}}{5\ \text{A}} = 2{,}4\ \Omega.$

(e) $I = \frac{12\ \text{V}}{1000\ \Omega} = 0{,}012\ \text{A} = 12\ \text{mA}$

(f) $U = R \cdot I = 1200\ \Omega \cdot 0{,}020\ \text{A} = 24\ \text{V}$

Zu Abschnitt 6.7.3 Grundschaltungen und gemischten Schaltungen

1. **Reihenschaltung**

(a) $I = \frac{U}{R_1 + R_2} = \frac{10\ \text{V}}{100\ \Omega} = 0{,}1\ \text{A}$

$U_1 = R_1 \cdot I = 30\ \Omega \cdot 0{,}1\ \text{A} = 3\ \text{V}; \qquad U_2 = R_2 \cdot I = 70\ \Omega \cdot 0{,}1\ \text{A} = 7\ \text{V}$

(b) $R_{\text{ges}} = \frac{U}{I} = \frac{5\ \text{V}}{0{,}01\ \text{A}} = 500\ \Omega; \qquad R_2 = (500 - 120)\ \Omega = 380\ \Omega$

2. **Heizlüfter**

$U_2 = U - U_1 = 230\ \text{V} - 125\ \text{V} = 105\ \text{V}$

$I = \frac{U_1}{R_1} = \frac{125\ \text{V}}{1200\ \Omega} = 0{,}104\ \text{A}$

$R_2 = \frac{U_2}{I} = \frac{105\ \text{V}}{0{,}104\ \text{A}} = 1010\ \Omega$

3. **Leuchtdioden**

(a) Stromstärke $I = \frac{U}{R} = \frac{12\ \text{V}}{100\ \Omega} = 0{,}12\ \text{A} = 120\ \text{mA}$

Die Leuchtdiode darf nicht direkt angeschlossen werden, da der Strom viel zu hoch wäre.

(b) Die LED hat einen Widerstand von 100 Ω und wird von 20 mA Strom durchflossen. Die benötigte Spannung beträgt somit $U = R \cdot I = 100\ \Omega \cdot 0{,}02\ \text{A} = 2\ \text{V}$.

Bei einer Reihenschaltung gilt: $U_G = U_R + U_{Diode} \quad \Rightarrow \quad U_R = U_G - U_{Diode} = 12\text{ V} - 2\text{ V} = 10\text{ V}.$

$$R_V = \frac{U_R}{I_R} = \frac{10\text{ V}}{0{,}02\text{ A}} = 500\ \Omega$$

(c) 1. An einer LED darf maximal 2 V Spannung anliegen (siehe 1.2).

2. Die Teilspannungen summieren sich, deshalb müssen mindestens 6 LEDs angebracht werden.

3. Die LEDs müssen in Reihe geschaltet sein.

4. **Lötkolben**

$230\text{ V} = U_V + 180\text{ V} \quad \Rightarrow \quad U_V = 50\text{ V}$

$$R_V = \frac{U_V}{I} = \frac{50\text{ V}}{0{,}2\text{ A}} = 250\ \Omega$$

5. **Richtig oder falsch?**

(a) falsch

(b) falsch

(c) richtig

(d) richtig

(e) falsch

6. **Parallelschaltung**

(a) $R_{ges} = \frac{R_1 \cdot R_2}{R_1 + R_2} = \frac{12\ \Omega \cdot 18\ \Omega}{30\ \Omega} = 7{,}2\ \Omega$

(b) $I_1 = \frac{U}{R_1} = \frac{40\text{ V}}{120\ \Omega} = \frac{1}{3}\text{ A}; \quad I_2 = \frac{U}{R_2} = \frac{40\text{ V}}{200\ \Omega} = 0{,}2\text{ A}; \quad I_{ges} = I_1 + I_2 = 0{,}53\text{ A}$

(c) $\frac{1}{R_{ges}} = \frac{1}{R_1} + \frac{1}{R_2} + \frac{1}{R_3} \quad \Rightarrow \quad \frac{1}{5\ \Omega} = \frac{1}{50\ \Omega} + \frac{1}{20\ \Omega} + \frac{1}{R_3} \quad \Leftrightarrow \quad R_3 = \frac{1}{\frac{1}{5\ \Omega} - \frac{1}{50\ \Omega} - \frac{1}{20\ \Omega}} = 7{,}69\ \Omega$

(d) $G_{ges} = 8 \cdot G = 64\text{ S}; \; R_{ges} = \frac{1}{G_{ges}} = \frac{1}{64\text{ S}} = 16\text{ m}\Omega$

7. **Parallelschaltung**

(a) $I_{ges} = I_1 + I_2 + I_3 \quad \Rightarrow \quad I_3 = 12\text{ A} - 2\text{ A} - 3\text{ A} = 7\text{ A}$

(b) $R_1 = \frac{U}{I_1} = \frac{240\text{ V}}{2\text{ A}} = 120\ \Omega$

$R_2 = \frac{U}{I_2} = \frac{240\text{ V}}{3\text{ A}} = 80\ \Omega$

$R_3 = \frac{U}{I_3} = \frac{240\text{ V}}{7\text{ A}} = 34{,}29\ \Omega$

(c) $\frac{1}{R_{ges}} = \frac{1}{R_1} + \frac{1}{R_2} + \frac{1}{R_3} \quad \Rightarrow \quad \frac{1}{R_{ges}} = \frac{1}{120\ \Omega} + \frac{1}{80\ \Omega} + \frac{1}{34{,}29} \quad \Leftrightarrow \quad R_{ges} = \frac{1}{\frac{1}{120\ \Omega} - \frac{1}{80\ \Omega} - \frac{1}{34{,}29\ \Omega}} = 20\ \Omega$

8. **Ersatzwiderstand**

(a) $R_{ges} = 3{,}2\ \Omega;$

(b) $R_{ges} = 2{,}4\ \Omega;$

(c) $R_{ges} \approx 0{,}35\ \Omega;$

(d) $R_{ges} \approx 2{,}33\ \Omega;$

9. **Gruppenschaltung**

Drei Widerstände R_1, R_2 und R_3 sind nach dem Schaltplan von **Bild 3** geschaltet. Es liegt eine Spannung von $U = 60$ V an und es fließt ein Gesamtstrom von 1,5 A. Berechnen Sie

(a) $R_{12} = \frac{R_1 \cdot R_2}{R_1 + R_2} = \frac{10\ \Omega \cdot 40\ \Omega}{50\ \Omega} = 8\ \Omega$; $R_{123} = (8 + 32)\ \Omega = 40\ \Omega$

(b) $I_{123} = \frac{60\ \text{V}}{40\ \Omega} = 1{,}5\ \text{A} = I_3 = I_{12}$

$U_3 = R_3 \cdot I = 32\ \Omega \cdot 1{,}5\ \text{A} = 48\ \text{V}$

$U_{12} = U_1 = U_2 = 60\ \text{V} - 48\ \text{V} = 12\ \text{V}$

(c) $I_3 = I_{12} = 1{,}5\ \text{A}$

$I_1 = \frac{U_1}{R_1} = \frac{12\ \text{V}}{40\ \Omega} = 0{,}3\ \text{A}$; $I_2 = I_{12} - I_1 = 1{,}2\ \text{A}$

10. **Stromleitungen**

(a) Die Vögel nehmen das Spannungspotenzial der Leitungen an. Da sie aber keinen Kontakt mit einer anderen Leitung oder mit der Masse Erde haben, kann sich kein Stromkreis schließen und somit kann nichts passieren.

(b) Die Ursache könnte sein, dass sie während des Fluges zwischen die spannungsführenden Drähte kamen und somit der Stromkreis über ihren Körper geschlossen wurde.

11. **Richtig oder falsch?**

(a) falsch

(b) falsch

(c) falsch

(d) richtig

(e) falsch

Zu Abschnitt 6.7.4 Elektrische Arbeit, Leistung und Wirkungsgrad

1. **WLAN-Router**

Energiekosten = 365 Tage/Jahr · 24 h/Tag · 0,02 kW · 0,29 €/kWh=50,81 €/Jahr

2. **Fernsehgerät**

Energiekosten = 8 h · 0,069 kW · 0,28 €/kWh = 15 Cent

3. **Elektrische Leistung Reihenschaltung**

(a) $P = U \cdot I = U \cdot \frac{U}{R_{ges}} = \frac{(24\ \text{V})^2}{(20 + 40)\ \Omega} = 9{,}6\ \text{W}$

$W = P \cdot t = 9{,}6\ \text{W} \cdot 3\ \text{h} = 28{,}8\ \text{Wh}$

4. **Elektrischer Heizlüfter**

(a) Für die elektrische Arbeit gilt: $W = P \cdot t = 2{,}5\ \text{kW} \cdot 7\ \text{h} = 17{,}5\ \text{kWh}$

Kosten = W · Tarif = 17,5 kWh · 0,32 €/kWh = 5,6 €

(b) $I = \frac{P}{U} = \frac{2500\ \text{W}}{230\ \text{V}} = 10{,}87\ \text{A}$; $R = \frac{U}{I} = \frac{230\ \text{V}}{10{,}87\ \text{A}} = 21{,}16\ \Omega$

5. **Wasserpumpe**

(a) $W_{pot} = m \cdot g \cdot h = V \cdot \varrho \cdot g \cdot h = 500\ \text{m}^3 \cdot 998\ \frac{\text{m}}{\text{s}^2} \cdot 25\ \text{m} = 1{,}2 \cdot 10^8\ \text{J (Ws)}$

(b) $t = \frac{W_{pot}}{P_{ab}} = \frac{W_{pot}}{P_{zu} \cdot \eta} = \frac{1{,}2 \cdot 10^8\ \text{Ws}}{25 \cdot 10^3\ \text{W} \cdot 0{,}71} = 6760\ \text{s} \mathrel{\hat{=}} 1{,}9\ \text{h}$

6. **Wirkungsgrad**

$\eta_{Mot} = \frac{P_{ab\ Mot}}{P_{zu\ Mot}} = \frac{3{,}2\ \text{kW}}{4\ \text{kW}} = 0{,}8$; $\eta_{Gen} = \frac{P_{ab\ Gen}}{P_{zu\ Gen}} = \frac{2{,}4\ \text{kW}}{3{,}2\ \text{kW}} = 0{,}75$

$\eta_{ges} = \eta_1 \cdot \eta_2 = \eta_{Mot} \cdot \eta_{Gen} = 0{,}8 \cdot 0{,}75 = 0{,}6$

7. **Starter**

(a) $P_{zu} = U \cdot I = 12\ \text{V} \cdot 222\ \text{A} = 2664\ \text{W} = 2{,}664\ \text{kW}$

(b) $\eta = \frac{P_{ab}}{P_{zu}} = \frac{1{,}12\ \text{kW}}{2{,}664\ \text{kW}} = 0{,}42 \mathrel{\hat{=}} 42\ \%$

7 Elektrisches Feld

Zu Abschnitt 7.10.1 Grundbegriffe der Elektrostatik

1. **Elektroskop**

Das Elektroskop schlägt aus, wenn es positiv geladen wird (gegenseitige Abstoßung positiver Ladungen auf Zeiger und Halterung). Es schlägt jedoch auch aus, wenn es negativ geladen wird (gegenseitige Abstoßung negativer Ladungen).

Analoge Begründung bei Zeigerausschlag infolge von Influenz.

2. **Konduktorkugel (vgl. Bild 1)**

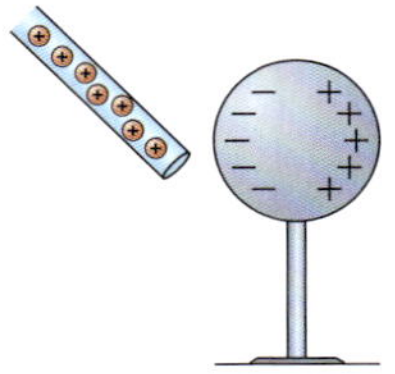

freie Leitungselektronen sammeln sich links, positive Ladungen rechts

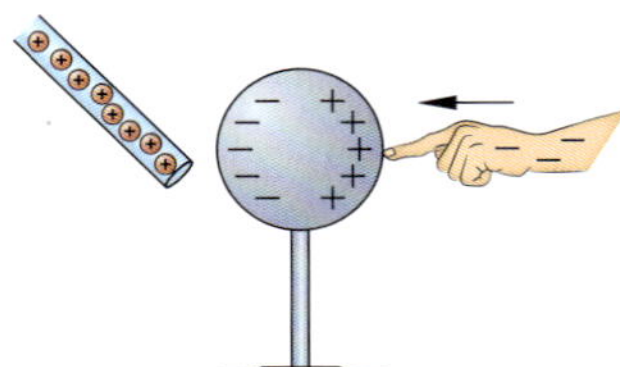

von der Erde fließen Elektronen auf die Kugel und rekombinieren mit dem Elektronenmangel

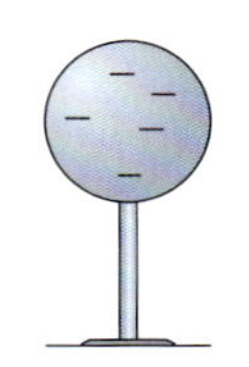

Ergebnis: eine negativ geladene Metallkugel

Bild 1: Zu Aufgabe 2

3. **Luftballon**

richtig: „Heizung besteht aus Metall und ist mit der Erde verbunden", grundsätzlich müssten die Elektronen also vom Luftballon abfließen und der Luftballon herabfallen

falsch: „Luftballon haftet nicht"

Der Luftballon haftet trotzdem, weil Heizkörper i. d. R. lackiert sind (der Lack ist ein Nichtleiter und wird polarisiert)!

4. **Glimmlampen**

linke Glimmlampe: rechte Elektrode ist mit dem Minuspol einer Spannungsquelle verbunden

mittlere Glimmlampe: analog mit linker Elektrode

rechte Glimmlampe: Versorgung mit Wechselspannung; da die Netzfrequenz 50 Hz beträgt, nimmt das menschliche Auge das schnelle abwechselnde Leuchten beider Elektroden als dauerhaftes Leuchten wahr

Zu Abschnitt 7.10.2 Elektrische Feldlinien und Feldstärke

1. **Elektrische Feldlinien**

(a) Die Metallplatte ist geerdet, und auf ihrer Oberfläche werden Ladungen influenziert. Aus Symmetriegründen sieht das elektrische Feld daher so aus, als würde sich *hinter* der Platte eine negative Spiegelladung befinden. Das elektrische Feld ist daher identisch mit der Hälfte eines Dipolfeldes; hinter der Platte ist die Feldstärke gleich null (gestrichelte Linien in **Bild 1**).

(b) Die beiden oberen Ladungen müssen ungleichnamig sein, da es eine Feldlinie gibt, die beide direkt miteinander verbindet. Entsprechendes gilt für die beiden unteren Ladungen.

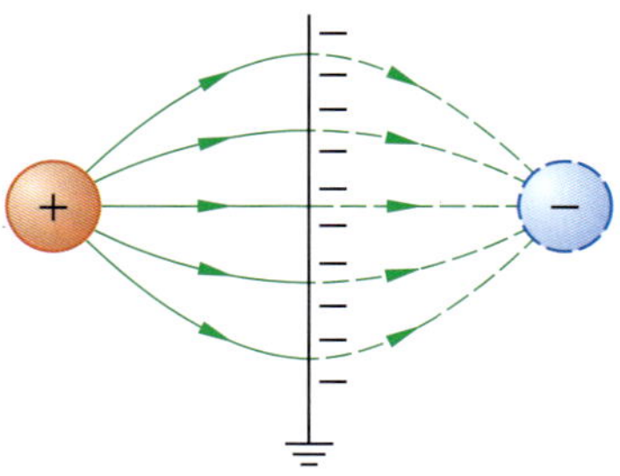

Bild 1: Zu Aufgabe 1

Jedoch müssen die beiden linken und die beiden rechten Ladungen gleichnamig sein, weil es keine Feldlinie gibt, die beide direkt verbindet.

Möglich ist also nur die Anordnung $\begin{pmatrix} \oplus & \ominus \\ \oplus & \ominus \end{pmatrix}$ oder $\begin{pmatrix} \ominus & \oplus \\ \ominus & \oplus \end{pmatrix}$.

Aufgrund der Symmetrie der Feldlinien müssen die Ladungsbeträge alle identisch sein.

2. **Kräfte auf Ladungen**

(a) $E = 10\,\frac{\text{kN}}{\text{C}}$; $q = \pm 10$ nC; $F = q \cdot E = \pm 0{,}10$ mN (Millinewton)

(b) $F_2 = 10$ µN und $q_2 = \frac{F_2}{E} = \frac{10 \cdot 10^{-6}\,\text{N}}{10 \cdot 10^3\,\frac{\text{N}}{\text{C}}} = 1{,}0$ nC (Nanocoulomb)

3. **Holundermarkkügelchen**

elektrische Feldstärke $E = \frac{U}{d} = \frac{10\,\text{kV}}{5\,\text{cm}} = 2 \cdot 10^5\,\frac{\text{N}}{\text{C}}$

Schwebezustand für gleiche Beträge von Gewichts- und elektrischer Feldkraft, also

$$F_G = F_{el} \quad \Leftrightarrow \quad m \cdot g = q \cdot E \quad \Leftrightarrow \quad \frac{q}{m} = \frac{g}{E} = \frac{9{,}81\,\frac{\text{N}}{\text{kg}}}{2 \cdot 10^5\,\frac{\text{N}}{\text{C}}} \approx 5 \cdot 10^{-5}\,\frac{\text{C}}{\text{kg}}$$

4. **Rasierklingenversuch**

(a) Aus **Bild 1** auf S. 201 folgt $\frac{\Delta x}{l} \approx \frac{F_{el}}{F_G}$ (Kleinwinkelnäherung) $\Rightarrow \quad \frac{\Delta x}{l} \approx \frac{q \cdot E}{m \cdot g}$

Kondensator-Feldstärke $E = \frac{U}{d} = 0{,}5\,\frac{\text{kV}}{\text{cm}} = 50\,\frac{\text{kV}}{\text{m}}$

Ladung auf der Rasierklinge: $q = 0{,}9\,\frac{\text{nC}}{\text{kV}} \cdot 4\,\text{kV} = 3{,}6$ nC

Abschätzung der Masse über die Dichte und den Ausfüllgrad (ca. 75 %) der Klinge:

$m = \varrho \cdot V \approx 0{,}75 \cdot \varrho \cdot a \cdot b \cdot c \approx 0{,}75 \cdot 7{,}9\,\frac{\text{g}}{\text{cm}^3} \cdot 4{,}3\,\text{cm} \cdot 2{,}2\,\text{cm} \cdot 0{,}006\,\text{cm} \approx 0{,}34$ g

Kraftansatz nach der Pendellänge umstellen:

$$l \approx \Delta x \cdot \frac{m \cdot g}{q \cdot E} \approx 0{,}5\,\text{cm} \cdot \frac{0{,}34 \cdot 10^{-3}\,\text{kg} \cdot 9{,}81\,\frac{\text{m}}{\text{s}^2}}{3{,}6 \cdot 10^{-9}\,\text{C} \cdot 50 \cdot 10^3\,\frac{\text{V}}{\text{m}}} \approx 9{,}3\,\text{cm}$$

Einheiten folgen aus $\frac{\text{V}}{\text{m}} = \frac{\text{N}}{\text{C}}$ (Feldstärke) und $\text{kg}\,\frac{\text{m}}{\text{s}^2} = \text{N}$ (Kraft)

(b) es gilt $\Delta x = l \cdot \frac{q \cdot E}{m \cdot g} \sim E$ und $E \sim U$ bei festem Plattenabstand

daraus folgt: doppelte Spannung $\Rightarrow$ doppelte Feldstärke $\Rightarrow$ doppelter Ausschlag

(c) Wegen der 5-fachen Spannung (4 kV · 5 = 20 kV) geschieht zweierlei: Die Rasierklinge nimmt die 5-fache Ladung auf *und zugleich* ist die Feldstärke 5-mal so groß.

Und nun: Wegen $\Delta x \sim q \cdot E$ wird die Auslenkung 5 · 5 = 25-mal so groß, würde also 12,5 cm betragen. Dies ist aufgrund des Plattenabstandes nicht möglich (nur 4 cm Platz zwischen Klinge und Platte), also kommt es zum „elektrostatischen Pingpong“ (vgl. S. 197).

Zu Abschnitt 7.10.3 Elektrisches Feld

1. **Versuch zur elektrischen Grundgleichung**

(a) Einen Plattenkondensator aufladen. Mit Metallplättchen (Fläche A_P) die Ladung Q_P von einer Kondensatorplatte abnehmen und messen.

Dann die Spannung U am Kondensator bei konstantem Plattenabstand d erhöhen und die Ladungsmessung wiederholen.

Anschließend die Werte $D = \frac{Q_P}{A_P}$ (Flächenladungsdichte) und $E = \frac{U}{d}$ (elektrische Feldstärke) gegeneinander auftragen und die Steigung ε_0 im Diagramm messen.

(b) $A_P = 48\ \text{cm}^2$ und $d = 2{,}0\ \text{cm}$

Q_P in nC	0	3,8	8,6	13	16,6	20
$D = \frac{Q_i}{A_i}$ in $\frac{\text{nC}}{\text{cm}^2}$	0	0,079	0,179	0,271	0,346	0,417
U in kV	0,0	2,0	4,0	6,0	8,0	10
$E = \frac{U}{d}$ in $\frac{\text{kV}}{\text{cm}}$	0	1,0	2,0	3,0	4,0	5,0

Auftragen von Flächenladung D und Feldstärke E ergibt (näherungsweise) einen linearen Zusammenhang

$\Rightarrow D \sim E$

Proportionalitätskonstante entspricht Steigung; anschließend müssen die Einheiten durch SI-Einheiten ausgedrückt werden; Ergebnis ungefähr

$$0{,}083\,\frac{\frac{\text{nC}}{\text{cm}^2}}{\frac{\text{kV}}{\text{cm}}} = 8{,}3\cdot 10^{-2}\,\frac{\text{nC}\cdot\text{cm}}{\text{cm}^2\cdot\text{kV}} = 8{,}3\cdot 10^{-2}\,\frac{10^{-9}\ \text{C}}{10^{-2}\ \text{m}\cdot 10^3\ \text{V}} = 8{,}3\cdot 10^{-2}\cdot 10^{-9}\cdot 10^{2}\cdot 10^{-3}\,\frac{\text{C}}{\text{Vm}} = 8{,}3\cdot 10^{-12}\,\frac{\text{C}}{\text{Vm}}$$

(c) Abweichung vom Literaturwert: $\frac{8{,}3 - 8{,}8542}{8{,}8542} = -\,6{,}3\ \%$

mögliche Ursachen: Ladungsverluste während des Messvorgangs (z. B. wegen feuchter Umgebungsluft); Feldinhomogenitäten im Kondensator; Randeffekte des elektrischen Feldes

2. **Kondensator**

Ursache der Feldstärke $E = \frac{U}{d} = 2{,}0\ \frac{\text{kV}}{\text{cm}}$ ist die Flächenladungsdichte $D = \frac{Q}{A}$ auf einer Kondensatorplatte (Fläche $A = r^2\cdot\pi$).

Mit der elektrischen Grundgleichung folgt

$$D = \varepsilon_0\cdot E \ \Rightarrow\ D = \varepsilon_0\cdot E = 2{,}0\cdot 10^5\,\frac{\text{V}}{\text{m}}\cdot 8{,}8542\cdot 10^{-12}\,\frac{\text{As}}{\text{Vm}} = \pm\,1{,}8\,\frac{\mu\text{C}}{\text{m}^2}$$

(gegenüberliegende Ladungen haben entgegengesetzte Vorzeichen!) und daraus

$Q = D\cdot A = D\cdot (0{,}239:2)^2\ \text{m}^2\cdot\pi = \pm\,79\ \text{nC}$ auf den Platten.

3. **Pingpong**

Annahme: Der Tischtennisball nimmt die Flächenladung $D = \varepsilon_0\cdot E = \varepsilon_0\cdot\frac{U}{d}$ des Kondensators auf, und diese Flächenladung verteilt sich auf der Oberfläche $A = 4\pi r^2$ der Kugel. Dann gilt

$$\frac{Q_{\text{TT-Ball}}}{4\pi r^2} = \varepsilon_0\cdot\frac{U}{d} \ \Rightarrow\ r = \sqrt{\frac{Q_{\text{TT-Ball}}}{4\pi\varepsilon_0}\cdot\frac{d}{U}} = \sqrt{\frac{7{,}3\cdot 10^{-9}\ \text{As}\cdot 0{,}05\ \text{m}}{4\pi\cdot 8{,}8542\cdot 10^{-12}\,\frac{\text{As}}{\text{Vm}}\cdot 4\cdot 10^3\ \text{V}}},$$

was einem Kugeldurchmesser von ca. 6 cm entspricht.

Zu Abschnitt 7.10.4 Coulomb'sches Kraftgesetz

1. **Experimentelle Bestätigung des Coulomb-Gesetzes**

(a) Skizze, Geräte, Messgrößen:

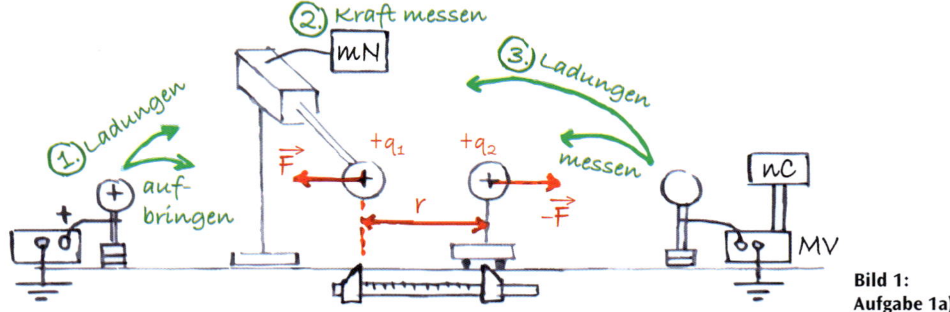

Bild 1: Aufgabe 1a)

Legende: **HV** (High Voltage): Hochspannungsquelle; **mN** (Millinewton): Kraftsensor; Maßstab (gemessen wird von Mittelpunkt zu Mittelpunkt!); **MV**: ladungsempfindlicher („nC“) Messverstärker

(b) Ablesen von Werten aus dem vorgegebenen Diagramm:

r in m	0,05	0,06	0,07	0,08	0,09	0,1
F in mN	4,1	3,2	2,3	1,8	1,3	1,1
$\frac{1}{r^2}$ in m^{-2}	400	278	204	156	123	100

Auftragen von F gegen r^{-2}

Bemerkung: Ein Ablesen von Werten für $r > 0{,}1$ m ist nicht mehr sinnvoll, da die Messungenauigkeit zu groß wird!

Ergebnis: F gegen r^{-2} aufgetragen ist linear (**Bild 1**), also gilt $F \sim \frac{1}{r^2}$.

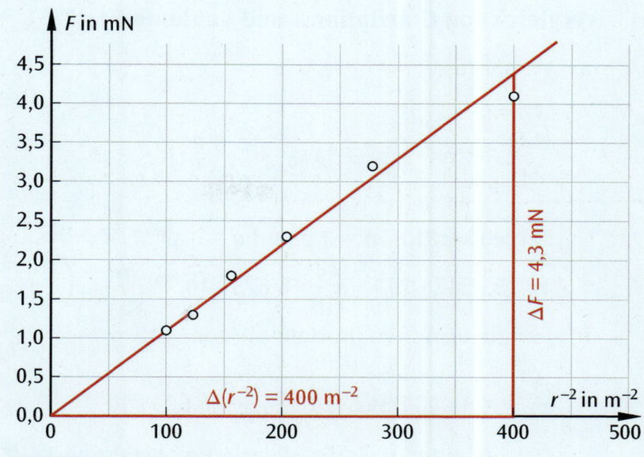

Bild 1: Zu Aufgabe 1b)

(c) Aus der Linearisierung folgt $F \sim \frac{1}{r^2}$ mit der Proportionalitätskonstante

$$k = \frac{\Delta F}{\Delta(r^{-2})} = \frac{4{,}3 \text{ mN}}{400 \text{ m}^{-2}} = 1{,}075 \cdot 10^{-5} \text{ Nm}^2.$$

Gemäß Coulomb-Gesetz gilt

$$F = \underbrace{\frac{Q_1 Q_2}{4\pi\varepsilon_0}}_{=k} \cdot \frac{1}{r^2} \quad\Rightarrow\quad k = \frac{Q_1 Q_2}{4\pi\varepsilon_0} \quad\Rightarrow\quad \varepsilon_0 = \frac{Q_1 Q_2}{4\pi k},$$

mit eingesetzten Werten also

$$\varepsilon_0 = \frac{32 \cdot 10^{-9} \text{ As} \cdot 38 \cdot 10^{-9} \text{ As}}{4\pi \cdot 1{,}075 \cdot 10^{-5} \text{ Nm}^2} = 9{,}0 \cdot 10^{-12} \frac{\text{As}}{\text{Vm}},$$

in guter Übereinstimmung mit dem Literaturwert. Zu guter Letzt noch die obligatorische Einheitenrechnung (beachte 1 J = 1 Nm = 1 VAs):

$$\frac{\text{As} \cdot \text{As}}{\text{Nm}^2} = \frac{\text{As} \cdot \text{As}}{\text{Nm} \cdot \text{m}} = \frac{\text{As} \cdot \text{As}}{\text{J} \cdot \text{m}} = \frac{\text{As} \cdot \text{As}}{\text{VAs} \cdot \text{m}} = \frac{\text{As}}{\text{Vm}} \checkmark$$

(d) Halbierung **einer** Ladung gemäß Text auf S. 205.

Wird nur **eine** Ladung halbiert, dann halbiert sich auch die Abstoßungskraft (wegen $F \sim Q_1$). Werden dagegen **beide** Ladungen halbiert, sinkt die Abstoßungskraft auf $\frac{1}{4}$ ihres Wertes (wegen $F \sim Q_1 \cdot Q_2$).

2. **Anziehung zweier Kugeln**

$$|F| = \frac{|q_1| \cdot |q_2|}{4\pi\varepsilon_0 r^2} = \frac{10 \cdot 10^{-9} \text{ As} \cdot 20 \cdot 10^{-9} \text{ As}}{4\pi \cdot 8{,}8542 \cdot 10^{-12} \frac{\text{As}}{\text{Vm}} \cdot (0{,}050 \text{ m})^2} = 0{,}72 \text{ mN, anziehend}$$

Einheitenrechnung:

$$\frac{\text{Vm}}{\text{As}} \cdot \frac{\text{As} \cdot \text{As}}{\text{m}^2} = \frac{\text{VAs}}{\text{m}} = \frac{\text{J}}{\text{m}} = \frac{\text{Nm}}{\text{m}} = \text{N} \checkmark$$

3. **Abstoßung zweier Kugeln**

(a) Setze $q_1 = q_2 = q$ und löse das Coulomb-Gesetz nach q auf:

$$F = \frac{1}{4\pi\varepsilon_0} \cdot \frac{q^2}{r^2} \quad\Rightarrow\quad q = r \cdot \sqrt{4\pi\varepsilon_0 \cdot F};$$

$$q = 0{,}10 \text{ m} \cdot \sqrt{4\pi \cdot 8{,}8542 \cdot 10^{-12} \frac{\text{As}}{\text{Vm}} \cdot 300 \cdot 10^{-6} \text{ N}} = 18 \text{ nC}.$$

(b) Wegen $F \sim \frac{1}{r^2}$ folgt: $\frac{1}{4}$ bzw. $\frac{1}{25}$ der Kraft.

4. **Vergleich von Gravitations- und Coulomb-Kraft**

(a) Verhältnis:

$$\frac{F_{\text{Grav}}}{F_C} = \frac{G^* \cdot \frac{m^2}{r^2}}{\frac{1}{4\pi\varepsilon_0} \cdot \frac{q^2}{r^2}} = 4\pi\varepsilon_0 \cdot G^* \cdot \left(\frac{m}{q}\right)^2$$

Zahlenwert für $m = 1$ g und $q = 1$ pC:

$$4\pi \cdot 8{,}8542 \cdot 10^{-12} \frac{\text{As}}{\text{Vm}} \cdot 6{,}673 \cdot 10^{-11} \frac{\text{m}^3}{\text{kgs}^2} \cdot \left(\frac{10^{-3}\,\text{kg}}{10^{-12}\,\text{As}}\right)^2 = 0{,}74\,\%$$

(b) Für die Protonen im Helium-Atom gilt:

$$\frac{F_{\text{Grav}}}{F_C} = 4\pi \cdot 8{,}8542 \cdot 10^{-12} \frac{\text{As}}{\text{Vm}} \cdot 6{,}673 \cdot 10^{-11} \frac{\text{m}^3}{\text{kgs}^2} \cdot \left(\frac{1{,}7 \cdot 10^{-27}\,\text{kg}}{1{,}6 \cdot 10^{-19}\,\text{As}}\right)^2 \approx 8 \cdot 10^{-37}.$$

Das bedeutet, dass die elektrische Abstoßungskraft etwa

10^{36} = 1 000 000 000 000 000 000 000 000 000 000 000 000-mal

größer ist als die Anziehungskraft infolge der Gravitation!

Schlussfolgerung: Es muss eine Anziehungskraft zwischen den Protonen wirken, die sehr viel stärker ist als die Coulomb'sche Abstoßungskraft. Diese Kraft nennt man starke Kernkraft. Sie hält den Atomkern zusammen, hat allerdings nur eine extrem kurze Reichweite.

5. **Kugelkonduktor**

Die Resultierende aus Gewichts- und Coulomb-Kraft zeigt in Richtung der Verlängerung des Fadens (**Bild 1**).

$\sin\alpha = \frac{\Delta x}{l}$ im „Aufhängedreieck"

$\tan\alpha \approx \frac{F_C}{F_G}$ im Krafteck mit $r \approx \Delta x$, weil α sehr klein!

Und nun weiter mit Kleinwinkelnäherung:

$\sin\alpha \approx \tan\alpha$

$$\frac{\Delta x}{l} = \frac{\frac{1}{4\pi\varepsilon_0} \cdot \frac{q^2}{r^2}}{m \cdot g} \quad \text{mit} \quad r \approx \Delta x$$

$$\Rightarrow \quad \Delta x = l \cdot \frac{q^2}{4\pi\varepsilon_0 \cdot mg \cdot (\Delta x)^2} \quad \Big| \cdot (\Delta x)^2;\ \sqrt[3]{\ }$$

$$\Rightarrow \quad \Delta x = \sqrt[3]{\frac{q^2 \cdot l}{4\pi\varepsilon_0 \cdot mg}}$$

$$\Delta x = \sqrt[3]{\frac{(10 \cdot 10^{-9}\,\text{As})^2 \cdot 4{,}0\,\text{m}}{4\pi \cdot 8{,}8542 \cdot 10^{-12} \frac{\text{As}}{\text{Vm}} \cdot 3{,}0 \cdot 10^{-3}\,\text{kg} \cdot 9{,}81 \frac{\text{m}}{\text{s}^2}}} = 5{,}0\,\text{cm}$$

Einheit: $\frac{\text{As} \cdot \text{As} \cdot \text{m} \cdot \text{Vm}}{\text{As} \cdot \text{kg} \cdot \frac{\text{m}}{\text{s}^2}} = \frac{\text{VAs} \cdot \text{m}^2}{\text{N}} = \frac{\text{J} \cdot \text{m}^2}{\text{N}} = \frac{\text{Nm} \cdot \text{m}^2}{\text{N}} = \text{m}^3 \quad | \sqrt[3]{\ }$

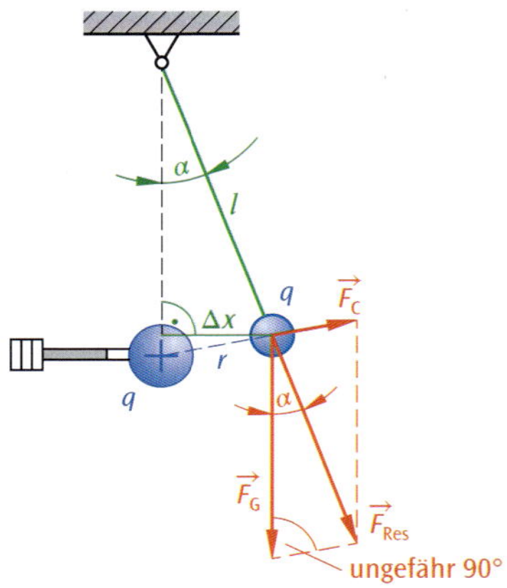

Bild 1: Zu Aufgabe 5

6. **Magische Tischtennisbälle**

Die Resultierende aus Gewichts- und Coulomb-Kraft zeigt in Richtung der Verlängerung des Fadens (**Bild 2**). Die Symmetrie der Anordnung folgt aus der Identität der Massen und Ladungen!

(a) $\sin\alpha = \frac{\frac{e}{2}}{L + \frac{d}{2}} = \frac{e}{2L + d}$

$$\tan\alpha = \frac{F_C}{F_G} = \frac{\frac{1}{4\pi\varepsilon_0} \cdot \frac{Q^2}{e^2}}{mg}$$

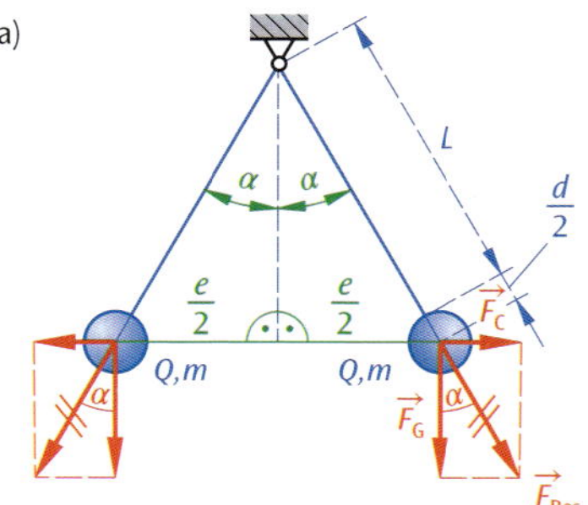

Bild 2: Zu Aufgabe 6

Kleinwinkelnäherung:

$$\sin\alpha \approx \tan\alpha$$

$$\frac{e}{2L+d} = \frac{Q^2}{4\pi\varepsilon_0 \cdot e^2 \cdot mg}$$

$$\Rightarrow \quad Q = \sqrt{4\pi\varepsilon_0 \cdot mg \cdot \frac{e^3}{2L+d}}$$

(b) „gerade nicht berühren“, wenn $\frac{e}{2} = \frac{d}{2}$ bzw. $e = d = 40$ mm, also

$$Q_{\text{min}} = \sqrt{4\pi \cdot 8{,}8542 \cdot 10^{-12}\,\frac{\text{As}}{\text{Vm}} \cdot 2{,}0 \cdot 10^{-3}\,\text{kg} \cdot 9{,}81\,\frac{\text{m}}{\text{s}^2} \cdot \frac{(40 \cdot 10^{-3}\,\text{m})^3}{2 \cdot 0{,}98\,\text{m} + 0{,}040\,\text{m}}} = 8{,}4\,\text{nC}$$

7. **Quadrupol**

Es seien $\pm Q$ die vier Ladungen, gedanklich angeordnet im Uhrzeigersinn (**Bild 1**).

Bild 1: Zu Aufgabe 7

Ladung 4 erfährt von Ladung 1 und 3 jeweils eine Anziehungskraft vom Betrag (!)

$$F_{14} = F_{34} = \frac{1}{4\pi\varepsilon_0}\frac{Q^2}{a^2}.$$

Deren Resultierende hat den Betrag (Pythagoras!)

$$F_{1434} = F_{14} \cdot \sqrt{2} = \frac{Q^2}{4\pi\varepsilon_0 a^2} \cdot \sqrt{2}.$$

Und nun: Ladung 4 erfährt von Ladung 2 eine abstoßende Kraft von

$$F_{24} = \frac{1}{4\pi\varepsilon_0}\frac{Q^2}{(a\sqrt{2})^2} = \frac{Q^2}{4\pi\varepsilon_0 a^2} \cdot \frac{1}{2}$$

(beachte: Diagonale im Quadrat hat die Länge $d = a \cdot \sqrt{2}$). Die Kräfte F_{24} und F_{1434} haben dieselbe Wirklinie, also können deren Beträge substrahiert werden, so dass Ladung 4 von den drei anderen Ladungen eine Kraft vom Betrag

$$F_{\text{Res}} = F_{1434} - F_{24} = \frac{Q^2}{4\pi\varepsilon_0 a^2} \cdot \left(\sqrt{2} - \frac{1}{2}\right)$$

in Richtung der Diagonale des Quadrats erfährt. Aufgrund der Symmetrie der Anordnung gilt das auch für die Ladungen 1 bis 3!

Zu Abschnitt 7.10.5 Feldstärke des radialsymmetrischen Feldes

1. **Bandgenerator**

(a) Anzahl $N = \frac{Q}{1e} = \frac{100 \cdot 10^{-9}\,\text{As}}{1{,}6022 \cdot 10^{-19}\,\text{As}} \approx 624$ Milliarden

(b) Feldstärke $E = \frac{Q}{4\pi\varepsilon_0 r^2} = \frac{100 \cdot 10^{-9}\,\text{As}}{4\pi \cdot 8{,}8542 \cdot 10^{-12}\,\frac{\text{As}}{\text{Vm}} \cdot (0{,}80\,\text{m})^2} = 1{,}4\,\frac{\text{kV}}{\text{m}}$

(c) Wegen $E \sim \frac{1}{r^2}$ sinkt die Feldstärke in doppelter Entfernung von der Kugel**mitte** auf ein Viertel, also 1,5 m von der Kugel**oberfläche** entfernt.

2. **Feldmessung**

Nötig sind eine sehr genaue Waage, ein ladungsempfindlicher Messverstärker und ein Maßstab. Hilfreich, aber nicht unbedingt notwendig, ist eine zweite Hochspannungsquelle zum Aufladen der „Sonde“, welche z. B. ein mit Graphit überzogener Tischtennisball sein kann.

Versuchsdurchführung:

- Aufladen der Konduktorkugel, Aufladen der Sonde
- Sonde in die Nähe der Konduktorkugel hängen und Auslenkung messen (Maßstab)
- Ladung auf der Sonde messen (Messverstärker)
- Gewicht der Sonde messen (Waage)

Aus den gewonnenen Messgrößen kann die Feldstärke berechnet werden, vgl. hierzu das „Rasierklingenexperiment“ auf S. 200!

3. **Feldstärke als Vektor**

   Messen der Abstände der Punkte vom Ladungsmittelpunkt liefert:

   $r_A = 2 \cdot r_B$; $r_C = 3 \cdot r_B$

   Die Längen der Pfeile stehen wegen $E \sim \frac{1}{r^2}$ im Verhältnis 9:4:1. Außerdem zeigen die Pfeile radial nach außen, weil die Kugel positiv geladen ist (**Bild 1**).

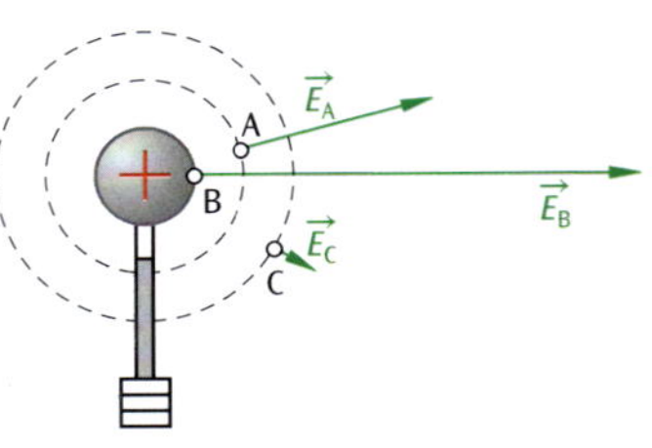

Bild 1: Zu Aufgabe 3

4. **Verbot**

   Man nimmt das Elektrofeldmeter und misst die elektrische Feldstärke E_1 in einem Meter Abstand von der Kugeloberfläche. Dann schätzt man den Kugelradius (Beispiel: 10 cm). Wegen $E \sim \frac{1}{r^2}$ ist die Feldstärke auf der Kugeloberfläche dann $10^2 = 100$-mal so groß wie E_1.

   Über die Beziehung $E_2 = 100 \cdot E_1 = \frac{Q}{4\pi\varepsilon_0} \cdot \frac{1}{r^2}$ kann die Ladung auf der Kugeloberfläche berechnet werden.

5. **Atome**

   (a) $E = 5{,}15 \cdot 10^{11}\,\frac{\text{V}}{\text{m}}$

   (b) α-Teilchen sind zweifach positiv geladene Helium-Kerne. Wegen $E \sim q$ ist die Feldstärke am selben Ort also doppelt so groß.

6. **Superpositionsprinzip** (Lösungshinweis)

   Im Gegensatz zu **Bild 2** auf S. 207 zeigen die Vektoren $\vec{E}_1$ und $\vec{E}_2$ **beide** von den jeweiligen Ladungen weg, wobei E_1 erneut 0,1 beträgt, wegen $E \sim Q$ jedoch $E_2 = 2 \cdot \frac{1}{18} = \frac{1}{9} \approx 0{,}11$.

Zu Abschnitt 7.10.6 Elektrische Spannung und Potenzial

1. **Kondensatorversuch**

   Im ersten Versuch wurde die Glimmlampe über den von der Spannungsquelle getrennten Kondensator entladen.

   Im zweiten Versuch wurde beim Auseinanderziehen der Platten elektrische Verschiebungsarbeit verrichtet, die zur Erhöhung der Energie des elektrischen Feldes führt. Wegen $U \sim W$ erhöht sich dabei die Spannung zwischen den Kondensatorplatten. Daraus folgt, dass die Glimmlampe nun heller aufblitzt.

2. **Plattenkondensator**

   (a) Feldstärke ist konstant (Feld ist homogen!), Potentialverlauf ist linear

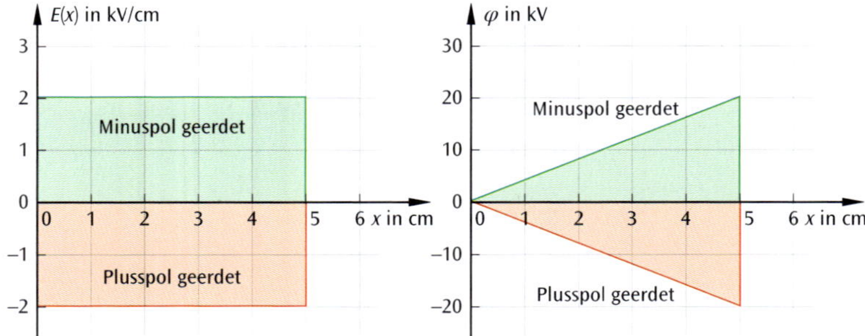

Bild 2: Zu Aufgabe 2

   (b) $\varphi(x) = \pm x \cdot 2{,}0\,\frac{\text{kV}}{\text{cm}}$

   („+“ für „Minuspol geerdet“, „−“ für „Pluspol geerdet“)

3. **Geladene Kugel**

(a) $E(r) = \frac{Q}{4\pi\,\varepsilon_0} \cdot \frac{1}{r^2} = 1798\ \text{Vm} \cdot \frac{1}{r^2}$; $\varphi(r) = \frac{Q}{4\pi\,\varepsilon_0} \cdot \frac{1}{r} = 1798\ \text{Vm} \cdot \frac{1}{r}$

(b) Wegen $R_0 = 9{,}0$ cm, empfiehlt sich zum Zeichnen eine Schrittweite von $\Delta r = 0{,}09$ m (vgl. **Bild 1**).

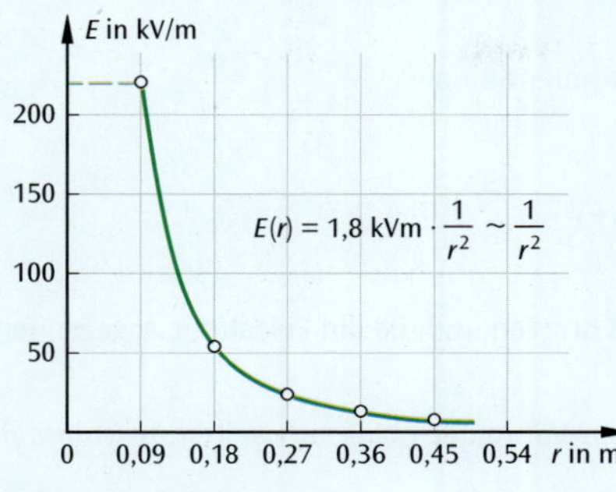

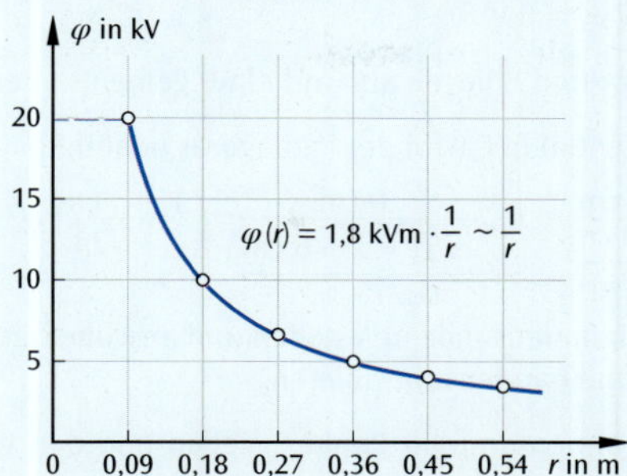

Bild 1: Zu Aufgabe 3

(c) $W_{el} = Q \cdot \Delta\varphi = Q \cdot \frac{Q}{4\pi\,\varepsilon_0} \cdot \left(\frac{1}{r_1} - \frac{1}{r_2}\right) = \frac{Q^2}{4\pi\,\varepsilon_0} \cdot \left(\frac{1}{r_1} - \frac{1}{r_2}\right)$

mit $r_1 = 0{,}18$ m (Kugeln berühren sich) und $r_2 = 2{,}18$ m (Oberflächenabstand 2,0 m)

Ergebnis: $W_{el} = 1{,}8$ mJ (Milli-Joule)

4. **Äquipotentiallinien (Bild 2)**

Begründung für die Äquipotentiallinien: Senkrecht zu den elektrischen Feldlinien wird keine elektrische Verschiebungsarbeit verrichtet!

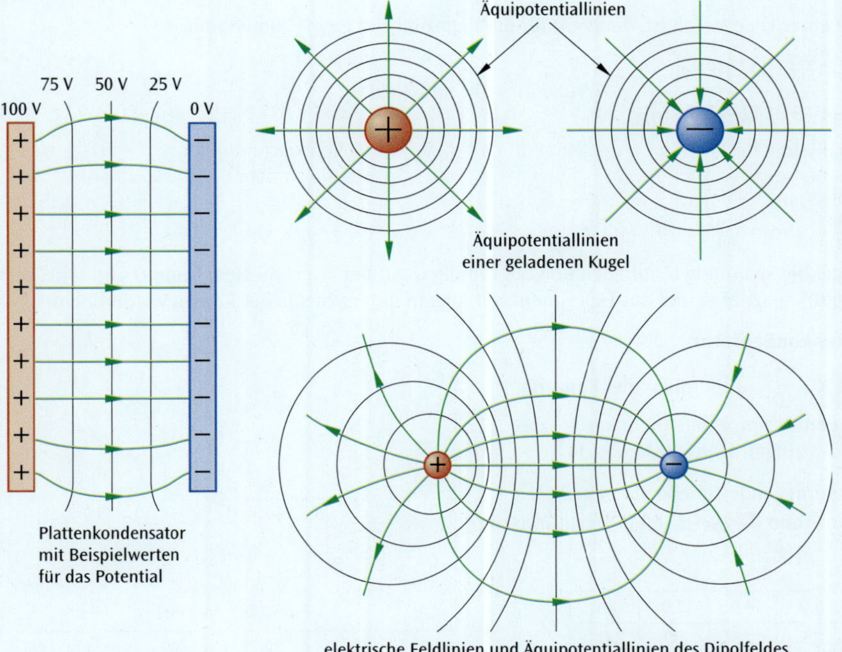

Bild 2: Zu Aufgabe 4

5. **Superpositionsprinzip**

(a) Jede Kugel erzeugt ihr eigenes Potential $\varphi(r) = U_0 \cdot \frac{R_0}{r}$ mit $R_0 = 6{,}0$ cm (Kugelradius). Das resultierende Potential ergibt sich jeweils durch Addition der einzelnen Potentiale.

$$\varphi_A = \underbrace{U_0 \cdot \frac{6\text{ cm}}{12\text{ cm}}}_{\text{linke Kugel}} + \underbrace{U_0 \cdot \frac{6\text{ cm}}{18\text{ cm}}}_{\text{rechte Kugel}} = \left(\frac{1}{2} + \frac{1}{3}\right) U_0 = \frac{5}{6}\, U_0 = 2{,}5\text{ kV}$$

$\varphi_B = \varphi_A$ (folgt aus Symmetriegründen)

$U_{AB} = \varphi_B - \varphi_A = 0\text{ V}$

Die Punkte A und B liegen also auf einer gemeinsamen Äquipotentiallinie!

Für das Potential in C wird der Pythagoras benötigt:

$$\varphi_C = \underbrace{U_0 \cdot \frac{6\text{ cm}}{18\text{ cm}}}_{\text{rechte Kugel}} + \underbrace{U_0 \cdot \frac{6\text{ cm}}{\sqrt{5^2 + 3^2} \cdot 6\text{ cm}}}_{\text{linke Kugel}} = \left(\frac{1}{3} + \frac{1}{\sqrt{34}}\right) U_0 \approx 1{,}5\text{ kV}$$

(b) U_{AB}: eine Flammensonde in A stellen und anschließend in B bringen und die am Voltmeter angezeigten Potentialwerte voneinander subtrahieren

φ_C: die Flammensonde in Punkt C stellen und den Wert am Voltmeter ablesen (zweiten Anschluss des Voltmeters erden!)

Zu Abschnitt 7.10.7 Kondensatoren

Aufgabenschwerpunkt Kapazität

1. **Verständnisfragen zur Kapazität**

   richtig sind:

   (a) 1, 2, 4 (b) 2, 4 (c) 3 (d) 5

2. **Wickelkondensator**

   Wenn A die Fläche **einer** Lage Metall ist, dann gilt für die Kapazität $C = \varepsilon_r \varepsilon_0 \frac{2A}{d}$ und damit

   $$A = \frac{C \cdot d}{2 \cdot \varepsilon_r \cdot \varepsilon_0} = \frac{1\,\frac{\text{As}}{\text{V}} \cdot 50 \cdot 10^{-6}\text{ m}}{2 \cdot 4 \cdot 8{,}8542 \cdot 10^{-12}\,\frac{\text{As}}{\text{Vm}}} = 705\,880\text{ m}^2 = 71\text{ ha} \quad \text{(Hektar)},$$

   also rund 70 Fußballfelder!

3. **Kugelkondensator**

   (a) $[4\pi\varepsilon_0 R] = 1\,\frac{\text{As}}{\text{Vm}} \cdot 1\text{ m} = 1\,\frac{\text{As}}{\text{V}} = 1\text{ F} = [C]$ ✓

   (b) Eine Metallkugel bei Spannung U aufladen und die Ladung Q auf der Kugel messen. Dann Q und U ins Verhältnis setzen (ergibt Kapazität C) und das Experiment mit Kugeln unterschiedlicher Radien wiederholen.

4. **Experiment: Plattenkondensator**

   (a) Erwartet wird $C \sim \frac{1}{d}$, also muss die Kapazität $C = \frac{Q}{U}$ gegen den Reziprokwert (Kehrwert) $\frac{1}{d}$ des Plattenabstandes aufgetragen werden.

   Dazu wird die vorliegende Tabelle um zwei Zeilen (C und $\frac{1}{d}$) ergänzt und die Werte in ein Diagramm übertragen.

***d* in mm**	8,0	4,0	3,0	2,0
***Q* in nC**	13	25	30	43
$C = \frac{Q}{U}$ **in pF**	65	125	150	215
$\frac{1}{d}$ **in** m^{-1}	125	250	333	500

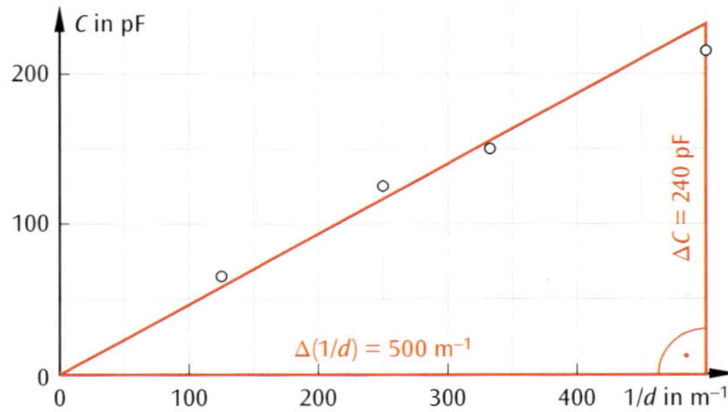

Bild 1: Zu Aufgabe 4

   Ergebnis: C gegen $\frac{1}{d}$ ist linear (**Bild 1**), also gilt $C \sim \frac{1}{d}$.

(b) Wegen $C = \varepsilon_0 \cdot A \cdot \frac{1}{d} = k \cdot \frac{1}{d}$ muss man in **Bild 1** auf der vorherigen Seite die Steigung k messen und dann $k = A \cdot \varepsilon_0$ (mit $A = 500\ \text{cm}^2$) nach ε_0 auflösen:

$$k = \frac{\Delta C}{\Delta\left(\frac{1}{d}\right)} = \frac{240\ \text{pF}}{500\ \text{m}^{-1}} = 0{,}48\ \text{pF} \cdot \text{m}.$$

Und nun:

$$k = \varepsilon_0 \cdot A \;\Rightarrow\; \varepsilon_0 = \frac{k}{A} = \frac{0{,}48 \cdot 10^{-12}\,\frac{\text{As}}{\text{V}} \cdot \text{m}}{500 \cdot 10^{-4}\ \text{m}^2} = 9{,}6 \cdot 10^{-12}\,\frac{\text{As}}{\text{Vm}}$$

Literaturwert: $\varepsilon_0 = 8{,}8542 \cdot 10^{-12}\,\frac{\text{As}}{\text{Vm}}$

Aufgabenschwerpunkt Energieinhalt

1. **Alternative Formel für den Energieinhalt des Kondensators**

(a) Zunächst einmal gilt $W_{\text{el}} = \frac{1}{2}\, C \cdot U^2$. Aus $C = \frac{Q}{U}$ (Definition der Kapazität) folgt $U = \frac{Q}{C}$ und damit

$$W_{\text{el}} = \frac{1}{2}\, C \cdot \left(\frac{Q}{C}\right)^2 = \frac{1}{2}\, C \cdot \frac{Q^2}{C^2} = \frac{Q^2}{2C}\ ✓$$

(b) Wegen $W_{\text{el}} \sim Q^2$ bedeutet doppelte Ladung die 4-fache Energiemenge, also muss noch 3-mal so viel Energie zugeführt werden.

2. **Plattenkondensator**

(a) Wegen $C \sim \varepsilon_r$ ist die Kapazität des Kondensators **mit** Keramikplatte 10-mal so groß wie **ohne** Platte. Weil sich beim Entfernen der Platte die Spannung nicht ändert (Spannungsquelle bleibt angeschlossen!), ist wegen $W_{\text{el}} = \frac{1}{2}\, C U^2 \sim C$ die elektrische Feldenergie 10-mal so groß.

Beim Entfernen der Platte wird dem elektrischen Feld also 90 % der Energie entzogen.

Da die Kondensatorspannung erhalten bleibt, muss wegen $Q \sim C$ Ladung vom Kondensator abfließen. Diese fließt zurück zur Spannungsquelle und damit ins Stromnetz.

(b) $\Delta W_{\text{el}} = W_{\text{mit}} - W_{\text{ohne}} = \frac{1}{2}\,(C_{\text{mit}} - C_{\text{ohne}}) \cdot U^2 = \frac{1}{2}\,(\varepsilon_r - 1) \cdot \varepsilon_0 \cdot \frac{A}{d} \cdot U^2$

Zahlenwert: $\Delta W = \frac{1}{2} \cdot 9 \cdot 8{,}8542 \cdot 10^{-12}\,\frac{\text{As}}{\text{Vm}} \cdot \frac{0{,}2 \cdot 0{,}2\ \text{m}^2}{0{,}02\ \text{m}} \cdot (10 \cdot 10^3\ \text{V})^2 = 8{,}0\ \text{mJ}$ (Millijoule)

3. **Fotoblitz**

Das Blitzlicht benötigt die Energie $E = P \cdot \Delta t = 100\,\frac{\text{J}}{\text{s}} \cdot 0{,}1 \cdot 10^{-3}\ \text{s} = 10^{-2}\ \text{J}$, die der Kondensator bereitstellen muss:

$$\frac{1}{2}\, C \cdot U^2 = E \;\Rightarrow\; C = \frac{2 \cdot E}{U^2} = \frac{2 \cdot 10^{-2}\ \text{VAs}}{(3{,}6\ \text{V})^2} = 1{,}5\ \text{mF}.$$

4. **Unterbrechungsfreie Stromversorgung (USV)**

Der Rechner benötigt während der Umschaltzeit die Energie $E = P \cdot \Delta t = 1050\,\frac{\text{J}}{\text{s}} \cdot 5\ \text{s} = 5{,}25\ \text{kJ}$, die der aufgeladene Kondensator (Netzspannung 230 V) bereit halten muss:

$$E = \frac{1}{2}\, C \cdot U^2 \;\Rightarrow\; C = \frac{2 \cdot E}{U^2} = \frac{2 \cdot 5250\ \text{VAs}}{(230\ \text{V})^2} = 0{,}2\ \text{F}.$$

5. **Pulsmethode zur Bestimmung von Wärmekapazitäten**

Die im elektrischen Feld des Kondensators gespeicherte Energie $W_{\text{el}} = \frac{1}{2}\, C \cdot U^2$ wird in innere Energie $\Delta Q = c \cdot m \cdot \Delta T$ (Achtung: Q steht hier für Wärmeenergie, nicht für Ladung!) umgewandelt:

$$W_{\text{el}} = \Delta Q$$

$$\frac{1}{2}\, C \cdot U^2 = c \cdot m \cdot (T_{\text{warm}} - T_{\text{kalt}})$$

$$\Rightarrow\; c = \frac{C \cdot U^2}{2m \cdot \Delta T} = \frac{10^{-3}\,\frac{\text{As}}{\text{V}} \cdot (5 \cdot 10^3\ \text{V})^2}{2 \cdot 0{,}500\ \text{kg} \cdot 5{,}6\ \text{K}} = 4{,}5\,\frac{\text{kJ}}{\text{kg} \cdot \text{K}}$$

Literaturwert: $c = 4{,}19\,\frac{\text{kJ}}{\text{kg} \cdot \text{K}}$

Aufgabenschwerpunkt Kondensatorschaltungen

1. **Schaltung zweier Kondensatoren**

(a) Parallelschaltung:

$C_{ges} = C_1 + C_2 = C + 2C = 3C$ für die Ersatzkapazität

$U_1 = U_2 = U_Q$ (an jedem Kondensator liegt dieselbe Spannung an) und daraus über die Definition der Kapazität:

$Q_1 = C_1 \cdot U_1 = C \cdot U_Q$ und $Q_2 = 2C \cdot U_Q$ für die Ladungen auf Kondensator 1 und 2

(b) Reihenschaltung:

$$\frac{1}{C_{ges}} = \frac{1}{C_1} + \frac{1}{C_2} = \frac{1}{C} + \frac{1}{2C} = \frac{2}{2C} + \frac{1}{2C} = \frac{3}{2C} \Rightarrow C_{ges} = \frac{2}{3}C$$

$Q_1 = Q_2 = Q_{ges} = C_{ges} \cdot U_Q = \frac{2}{3} C \cdot U_Q$ für die (identischen) Ladungen auf Kondensator 1 und 2

2. **Kondensator mit Materie**

– **Bild 2a** auf S. 235 (Reihenschaltung):

$C_1 = \varepsilon_r \varepsilon_0 \cdot \frac{A}{d/2} = \varepsilon_r \varepsilon_0 \cdot \frac{2A}{d}$ (halbe Dicke **mit** ε_r)

$C_2 = \varepsilon_0 \cdot \frac{A}{d/2} = \varepsilon_0 \cdot \frac{2A}{d}$ (halbe Dicke **ohne** ε_r)

Ersatzkapazität bei Reihenschaltung:

$$\frac{1}{C_{ges}} = \frac{1}{C_1} + \frac{1}{C_2} = \frac{d}{2A\varepsilon_r\varepsilon_0} + \frac{d}{2A\varepsilon_0} = \frac{d}{2A\varepsilon_r\varepsilon_0} + \frac{\varepsilon_r d}{2A\varepsilon_r\varepsilon_0} = \frac{d \cdot (1+\varepsilon_r)}{2A\varepsilon_r\varepsilon_0}$$

und daraus durch Kehrwertbildung

$$C_{ges} = \frac{2A\varepsilon_r\varepsilon_0}{d \cdot (1+\varepsilon_r)}$$

– **Bild 2b** auf S. 235 (Parallelschaltung):

$C_1 = \varepsilon_r \varepsilon_0 \cdot \frac{A/2}{d} = \varepsilon_r \varepsilon_0 \cdot \frac{A}{2d}$ (halbe Fläche **mit** ε_r)

$C_2 = \varepsilon_0 \cdot \frac{A/2}{d} = \varepsilon_0 \cdot \frac{A}{2d}$ (halbe Fläche **ohne** ε_r)

Ersatzkapazität bei Parallelschaltung:

$$C_{ges} = C_1 + C_2 = \varepsilon_r \varepsilon_0 \cdot \frac{A}{2d} + \varepsilon_0 \cdot \frac{A}{2d} = (\varepsilon_r + 1)\,\varepsilon_0 \cdot \frac{A}{2d}$$

Nun geht es darum, die beiden Ausdrücke für $\varepsilon_r = 2$ miteinander zu vergleichen:

$$C_a = \frac{2A\varepsilon_r\varepsilon_0}{d \cdot (1+\varepsilon_r)} \overset{\varepsilon_r=2}{=} \frac{4A\varepsilon_0}{3d} = \frac{4}{3} \cdot \varepsilon_0 \cdot \frac{A}{d}$$

$$C_b = (\varepsilon_r + 1)\,\varepsilon_0 \cdot \frac{A}{2d} \overset{\varepsilon_r=2}{=} \frac{3A\varepsilon_0}{2d} = \frac{3}{2} \cdot \varepsilon_0 \cdot \frac{A}{d}$$

Weil $\frac{3}{2} = 1{,}5 > 1{,}333\ldots = \frac{4}{3}$, liefert das Auffüllen der „oberen Hälfte" (**Bild 2b** auf S. 235) die größere Kapazität.

3. **Einfluss der Abstandsplättchen**

Kondensatorfläche $A_K = 125\ \text{cm}^2$

Plättchenfläche $A_P = 3 \cdot (2{,}5\ \text{mm})^2 \cdot \pi = 58{,}9\ \text{mm}^2 = 0{,}589\ \text{cm}^2$

Wie in Aufgabe 2 erarbeitet, dann hat man es mit einer Parallelschaltung zweier Kondensatoren zu tun:

– luftgefüllter Kondensator der Kapazität $C_1 = \varepsilon_0 \cdot \frac{A_K - A_P}{d}$

– mit $\varepsilon_r = 2$ gefüllter Kondensator der Kapazität $C_2 = \varepsilon_r \varepsilon_0 \cdot \frac{A_P}{d}$

– ergibt die Ersatzkapazität $C_{ges} = C_1 + C_2 = \frac{\varepsilon_0}{d} \cdot (A_K - A_P + \varepsilon_r \cdot A_P)$

Und nun: Mit $\varepsilon_r = 2$ ergibt sich aus der letzten Gleichung der Wert $C_{ges} = \varepsilon_0 \frac{A_K + A_P}{d}$.

Dieser muss verglichen werden mit dem Wert $C_{Exp} = \varepsilon_0 \frac{A_K}{d}$, den man **ohne** Berücksichtigung der Abstandsplättchen erhielt. Der Fehler ist also das Verhältnis, in dem die Plättchenflächen A_P zur gesamten Kondensatorfläche A_K stehen:

$$\frac{A_P}{A_K} = \frac{0{,}589\ \text{cm}^2}{125\ \text{cm}^2} \approx 0{,}5\ \%.$$

Also ist der Fehler so gering, dass er im auf S. 210 beschriebenen Experiment nicht auffällt!

Zu Abschnitt 7.10.8 Teilchenbewegung im elektrischen Feld

1. **Elektron im Längsfeld**

   (a) $F_{el} = E \cdot q = 90 \cdot 10^3\ \frac{\text{N}}{\text{C}} \cdot 1{,}602 \cdot 10^{-19}\ \text{C} = 1{,}44 \cdot 10^{-14}\ \text{N}$

   (b) $F_G = m \cdot g = 9{,}1 \cdot 10^{-31}\ \text{kg} \cdot 9{,}81\ \frac{\text{m}}{\text{s}^2} = 9 \cdot 10^{-30}\ \text{N}$

   Gewichtskraft ist im Vergleich zur elektrischen Kraft sehr viel kleiner und kann vernachlässigt werden.

   (c) $F_{el} = m \cdot a \quad \Leftrightarrow \quad a = \frac{F_{el}}{m} = \frac{1{,}44 \cdot 10^{-14}\ \text{N}}{9{,}1 \cdot 10^{-31}\ \text{kg}} = 1{,}58 \cdot 10^{16}\ \frac{\text{N}}{\text{kg}}$

2. **Kupfer-Ion im Beschleunigungskondensator**

   $$W_{el} = W_{kin} \quad \Leftrightarrow \quad q \cdot U = \frac{1}{2} m \cdot v^2 \quad \Leftrightarrow \quad v = \sqrt{\frac{2 \cdot q \cdot U}{m}} = \sqrt{\frac{2 \cdot 1{,}602 \cdot 10^{-19}\ \text{C} \cdot 5000\ \text{V}}{1{,}04 \cdot 10^{-25}\ \text{kg}}} = 124\ \frac{\text{km}}{\text{s}}$$

3. **Beschleunigungsspannung**

   $$U = \frac{m \cdot v^2}{2 \cdot q} = \frac{9{,}1 \cdot 10^{-31}\ \text{kg} \cdot \left(300000\ \frac{\text{m}}{\text{s}}\right)^2}{2 \cdot 1{,}602 \cdot 10^{-19}\ \text{C}} = 0{,}26\ \text{V}$$

4. **Wideröe-Beschleuniger**

   (a) $v = 0{,}05 \cdot c = 0{,}05 \cdot 3 \cdot 10^8\ \frac{\text{m}}{\text{s}} = 1{,}5 \cdot 10^7\ \frac{\text{m}}{\text{s}}$

   $$U = \frac{m \cdot v^2}{2 \cdot q} = \frac{1{,}67 \cdot 10^{-27}\ \text{kg} \cdot \left(1{,}5 \cdot 10^7\ \frac{\text{m}}{\text{s}}\right)^2}{2 \cdot 1{,}602 \cdot 10^{-19}\ \text{C}} = 1173\ \text{kV}$$

   (b) $W_{kin} = \frac{1}{2} \cdot m \cdot v^2 = \frac{1}{2} \cdot 1{,}67 \cdot 10^{-27}\ \text{kg} \cdot \left(1{,}5 \cdot 10^7\ \frac{\text{m}}{\text{s}}\right)^2 = 1{,}88 \cdot 10^{-13}\ \text{J} \mathrel{\hat{=}} 1173\ \text{keV}$

5. **Protonen mit Anfangsgeschwindigkeit**

   (a) $W_{kin,0} + W_{el} = W_{kin} \quad \Leftrightarrow \quad \frac{1}{2} \cdot m \cdot v_0^2 + q \cdot U = \frac{1}{2} \cdot m \cdot v^2 \quad \Leftrightarrow \quad v = \sqrt{v_0^2 + \frac{2 \cdot q \cdot U}{m}}$

   (b) $v = \sqrt{v_0^2 + \frac{2 \cdot q \cdot U}{m}} = \sqrt{\left(10^5\ \frac{\text{m}}{\text{s}}\right)^2 + \frac{2 \cdot 1{,}602 \cdot 10^{-19}\ \text{C} \cdot 2500\ \text{V}}{1{,}67 \cdot 10^{-27}\ \text{kg}}} = 700\ \frac{\text{km}}{\text{s}}$

6. **α-Teilchen**

   (a) $5\ \text{MeV} \mathrel{\hat{=}} 8 \cdot 10^{-13}\ \text{J}$

   (b) $v = \sqrt{\frac{2 \cdot 8 \cdot 10^{-13}\ \text{J}}{6{,}64 \cdot 10^{-27}\ \text{kg}}} = 15 \cdot 10^6\ \frac{\text{m}}{\text{s}}$

   (c) $U = \frac{m \cdot v^2}{2 \cdot q} = \frac{6{,}64 \cdot 10^{-27}\ \text{kg} \cdot \left(15 \cdot 10^6\ \frac{\text{m}}{\text{s}}\right)^2}{2 \cdot 2 \cdot 1{,}602 \cdot 10^{-19}\ \text{C}} = 2331\ \text{kV}$

7. **Bremskondensator**

   (a) Das Elektron fliegt mit einer Anfangsgeschwindigkeit in den Kondensator hinein. Durch die elektrische Kraft, die entgegen der Bewegungsrichtung wirkt, wird es abgebremst, erreicht irgendwann die Geschwindigkeit 0 und kehrt dann um. Vorausgesetzt die Spannung

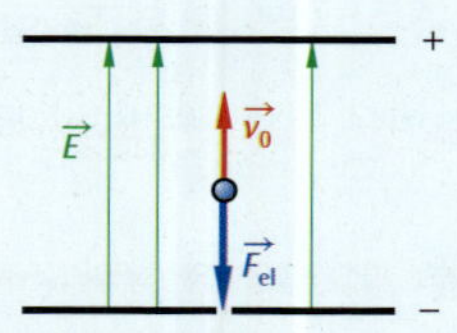

Bild 1: Zu Aufgabe 7

am Kondensator ist groß genug. Vergleichbar mit dem senkrechten Wurf nach oben im Gravitationsfeld. Überlagerung der gleichförmigen (nach oben) und gleichmäßig beschleunigten Bewegung (nach unten).

(b) $W_{\text{kin},0} = W_{\text{el}} \quad \Leftrightarrow \quad \frac{1}{2} \cdot m \cdot v_0^2 = q \cdot U \quad \Leftrightarrow \quad U = \frac{m \cdot v_0^2}{2 \cdot q} = \frac{9{,}1 \cdot 10^{-31}\ \text{kg} \cdot \left(10\,000\,000\ \frac{\text{m}}{\text{s}}\right)^2}{2 \cdot 1{,}602 \cdot 10^{-19}\ \text{C}} = 284\ \text{V}$

(c) $W_{\text{kin},0} = W_{\text{el}} + W_{\text{kin}}$

$W_{\text{kin}\,0} = \frac{1}{2} \cdot m \cdot v_0^2 = \frac{1}{2} \cdot 9{,}1 \cdot 10^{-31}\ \text{kg} \cdot \left(10\,000\,000\ \frac{\text{m}}{\text{s}}\right)^2 = 4{,}55 \cdot 10^{-17}\ \text{J}$

$W_{\text{el}} = q \cdot U = 1{,}602 \cdot 10^{-19}\ \text{C} \cdot 200\ \text{V} = 2{,}3 \cdot 10^{-17}\ \text{J}$

$W_{\text{kin}} = W_{\text{kin},0} - W_{\text{el}} = 1{,}35 \cdot 10^{-17}\ \text{J} \quad \Leftrightarrow \quad v = 5447\ \frac{\text{km}}{\text{s}}$

(d) $a = \frac{F_{\text{el}}}{m} = \frac{q \cdot U}{m \cdot d} = \frac{1{,}602 \cdot 10^{-19}\ \text{C} \cdot 200\ \text{V}}{9{,}1 \cdot 10^{-31}\ \text{kg} \cdot 0{,}02\ \text{m}} = 1{,}76 \cdot 10^{15}\ \frac{\text{m}}{\text{s}^2}$

$v(t) = v_0 - a \cdot t \quad \Leftrightarrow \quad t = \frac{v(t) - v_0}{-a} = \frac{(5447 - 10\,000) \cdot 10^3\ \frac{\text{m}}{\text{s}}}{-1{,}76 \cdot 10^{15}\ \frac{\text{m}}{\text{s}^2}} = 3\ \text{ns}$

8. **Ionenantrieb**

(a) $W_{\text{el}} = W_{\text{kin}} \quad \Leftrightarrow \quad q \cdot U = \frac{1}{2} \cdot m \cdot v^2 \quad \Leftrightarrow \quad v = \sqrt{\frac{2 \cdot q \cdot U}{m}} = \sqrt{\frac{2 \cdot 1{,}602 \cdot 10^{-19}\ \text{C} \cdot 1280\ \text{V}}{2{,}18 \cdot 10^{-25}\ \text{kg}}} = 43{,}4\ \frac{\text{km}}{\text{s}}$

(b) $F_{\text{Schub}} = N \cdot F_{\text{el}} = N \cdot q \cdot E = N \cdot \frac{q \cdot U}{d} \quad \Leftrightarrow \quad N = \frac{F_{\text{Schub}} \cdot d}{q \cdot U} = \frac{90 \cdot 10^{-3}\ \text{N} \cdot 0{,}05\ \text{m}}{1{,}602 \cdot 10^{-19}\ \text{C} \cdot 1280\ \text{V}} = 2{,}2 \cdot 10^{13}$

(c) $v = a \cdot t = \frac{F_{\text{Schub}} \cdot t}{m} \quad \Leftrightarrow \quad t = \frac{v \cdot m}{F_{\text{Schub}}} = \frac{27{,}8\ \frac{\text{m}}{\text{s}} \cdot 486\ \text{kg}}{90 \cdot 10^{-3}\ \text{N}} = 150120\ \text{s} \mathrel{\hat{=}} 41{,}7\ \text{h}$

9. **Ablenkkondensator**

(a)

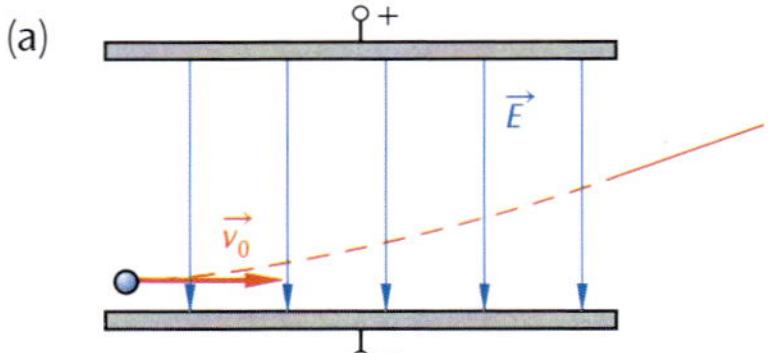

Bild 2: Zu Aufgabe 9

(b) Auf das Elektron wirkt nur eine Kraft in y-Richtung. Wegen der Anfangsgeschwindigkeit befindet sich das Elektron in x-Richtung in einer gleichförmigen Bewegung und in y-Richtung in einer gleichmäßig beschleunigten Bewegung. Die Flugbahn ist parabelförmig.

(c) $t = \frac{l}{v_0} = \frac{0{,}2\ \text{m}}{100\,000\,000\ \frac{\text{m}}{\text{s}}} = 2\ \text{ns}$

(d) $a = \frac{F_{\text{el}}}{m} = \frac{q \cdot U}{m \cdot d} = \frac{1{,}602 \cdot 10^{-19}\ \text{C} \cdot 500\ \text{V}}{9{,}1 \cdot 10^{-31}\ \text{kg} \cdot 0{,}02\ \text{m}} = 4{,}4 \cdot 10^{15}\ \frac{\text{m}}{\text{s}^2}$

$s = \frac{1}{2} \cdot a \cdot t^2 = \frac{1}{2} \cdot 4{,}4 \cdot 10^{15}\ \frac{\text{m}}{\text{s}^2} \cdot (2 \cdot 10^{-9}\ \text{s})^2 = 0{,}0088\ \text{m}$

(e) $s = \frac{1}{2} \cdot a \cdot t^2 = \frac{q \cdot U}{2 \cdot m \cdot d} \cdot t^2 \quad \Leftrightarrow \quad U = \frac{2 \cdot s \cdot m \cdot d}{q \cdot t^2} = \frac{2 \cdot (0{,}02\ \text{m})^2 \cdot 9{,}1 \cdot 10^{-31}\ \text{kg}}{1{,}602 \cdot 10^{-19}\ \text{C} \cdot (2 \cdot 10^{-9}\ \text{s})^2} = 1136\ \text{V}$

(f) Nach Verlassen des Kondensators bewegt sich das Elektron geradlinig mit konstanter Geschwindigkeit weiter. Skizze siehe (a).

10. **Braunsche Röhre**

(a) Die Elektronen werden im Beschleunigungskondensator von 0 auf eine bestimmte Geschwindigkeit (abhängig von U_B) beschleunigt. Anschließend fliegen sie im feldfreien Raum zwischen den beiden Kondensatoren mit konstanter Geschwindigkeit weiter. Beim Einfliegen in den zweiten Kondensator werden die Elektronen durch die elektrische Kraft abgelenkt und bewegen sich auf einer parabelförmigen Bahn bis zum Ende des Kondensators. Dort fliegen Sie wieder im feldfreien Raum bis zum Schirm geradlinig mit konstanter Geschwindigkeit weiter.

(b) $W_{el} = W_{kin} \quad \Leftrightarrow \quad q \cdot U = \frac{1}{2} \cdot m \cdot v_0^2 \quad \Leftrightarrow \quad v_0 = \sqrt{\frac{2 \cdot q \cdot U}{m}} = \sqrt{\frac{2 \cdot 1{,}602 \cdot 10^{-19}\ \text{C} \cdot 500\ \text{V}}{9{,}1 \cdot 10^{-31}\ \text{kg}}} = 13{,}3 \cdot 10^6\ \frac{\text{m}}{\text{s}}$

(c) $t = \frac{l}{v_0} = \frac{0{,}05\ \text{m}}{13{,}3 \cdot 10^6\ \frac{\text{m}}{\text{s}}} = 4\ \text{ns}$

$s = \frac{1}{2} \cdot a \cdot t^2 = \frac{q \cdot U}{2 \cdot m \cdot d} \cdot t^2 \quad \Leftrightarrow \quad U = \frac{2 \cdot s \cdot m \cdot d}{q \cdot t^2} = \frac{2 \cdot 0{,}015\ \text{m} \cdot 9{,}1 \cdot 10^{-31}\ \text{kg} \cdot 0{,}035\ \text{m}}{1{,}602 \cdot 10^{-19}\ \text{C} \cdot (4 \cdot 10^{-9}\ \text{s})^2} = 372\ \text{V}$

(d) $a = \frac{F_{el}}{m} = \frac{q \cdot U}{m \cdot d} = \frac{1{,}602 \cdot 10^{-19}\ \text{C} \cdot 372\ \text{V}}{9{,}1 \cdot 10^{-31}\ \text{kg} \cdot 0{,}035\ \text{m}} = 1{,}9 \cdot 10^{15}\ \frac{\text{m}}{\text{s}^2}$

$v_y = a \cdot t = 1{,}9 \cdot 10^{15}\ \frac{\text{m}}{\text{s}^2} \cdot 4 \cdot 10^{-9}\ \text{s} = 7{,}6 \cdot 10^6\ \frac{\text{m}}{\text{s}}$

$\tan(\alpha) = \frac{v_y}{v_0} \quad \Rightarrow \quad \alpha = 29{,}7°$

$y_{PQ} = \tan(\alpha) \cdot l_s = \tan(29{,}7°) \cdot 0{,}25\ \text{m} = 0{,}14\ \text{m}$

$y_Q = y_P + y_{PQ} = 0{,}155\ \text{m}$

$Q(0{,}3\ \text{m}\,|\,0{,}155\ \text{m})$

(e) $t_1 = \frac{0{,}01\ \text{m}}{13{,}3 \cdot 10^6\ \frac{\text{m}}{\text{s}}} = 0{,}75\ \text{ns},\ t_2 = 4\ \text{ns},$

$v_P = \sqrt{\left(7{,}6 \cdot 10^6\ \frac{\text{m}}{\text{s}}\right)^2 + \left(13{,}3 \cdot 10^6\ \frac{\text{m}}{\text{s}}\right)^2} = 15{,}3 \cdot 10^6\ \frac{\text{m}}{\text{s}}$

$t_3 = \frac{l_{PQ}}{v_P} = \frac{\sqrt{(0{,}25\ \text{m})^2 + (0{,}14\ \text{m})^2}}{15{,}3 \cdot 10^6\ \frac{\text{m}}{\text{s}}} = 19\ \text{ns}$

$t_{ges} = t_1 + t_2 + t_3 = 23{,}75\ \text{ns}$

(f) $s = \frac{1}{2} \cdot a \cdot t^2 = \frac{q \cdot U}{2 \cdot m \cdot d} \cdot t^2 \quad \Leftrightarrow \quad U = \frac{2 \cdot s \cdot m \cdot d}{q \cdot t^2} = \frac{2 \cdot 0{,}0175\ \text{m} \cdot 9{,}1 \cdot 10^{-31}\ \text{kg} \cdot 0{,}035\ \text{m}}{1{,}602 \cdot 10^{-19}\ \text{C} \cdot (4 \cdot 10^{-9}\ \text{s})^2} = 435\ \text{V}$

$U < 435\ \text{V}$

(g) Bildschirmhöhe über Pythagoras: $h = 40\ \text{cm}$

$a = \frac{F_{el}}{m} = \frac{q \cdot U}{m \cdot d} = \frac{1{,}602 \cdot 10^{-19}\ \text{C} \cdot 435\ \text{V}}{9{,}1 \cdot 10^{-31}\ \text{kg} \cdot 0{,}035\ \text{m}} = 2{,}2 \cdot 10^5\ \frac{\text{m}}{\text{s}^2}$

$v_y = a \cdot t = 2{,}2 \cdot 10^{15}\ \frac{\text{m}}{\text{s}^2} \cdot 4 \cdot 10^{-9}\ \text{s} = 8{,}8 \cdot 10^6\ \frac{\text{m}}{\text{s}}$

$\tan(\alpha) = \frac{v_y}{v_0} \quad \Rightarrow \quad \alpha = 33{,}5°$

$y_{PQ} = \tan(\alpha) \cdot l_s = \tan(33{,}5°) \cdot 0{,}25\ \text{m} = 0{,}17\ \text{m}$

Höchster Punkt vom Mittelpunkt des Bildschirms $y = 0{,}17\ \text{m} + 0{,}0175\ \text{m} = 0{,}1875\ \text{m}$

Trifft den ganzen Bildschirm, da $2 \cdot 0{,}1875\ \text{m} = 0{,}375\ \text{m} < 0{,}4\ \text{m}$

11. **Kupfer-Ionen im Ablenkkondensator**

Ein einwertiges und zweiwertiges Kupfer-Ion fliegen mittig in einen Ablenkkondensator mit der Geschwindigkeit $v = 2{,}5\ \frac{\text{km}}{\text{s}}$ hinein (**Bild 2**). Die Masse eines Kupfer-Ions beträgt $m = 1{,}05 \cdot 10^{-25}$ kg. Die Abmaße des Kondensators betragen 1 cm × 2 cm × 3 cm.

(a) Das zweiwertige Kupfer-Ion hat die doppelte Ladung, also wirkt auch eine größere Kraft auf das Teilchen ($F_{el} = q \cdot E$) und es wird stärker abgelenkt.

(b) Obere Platte positiv, untere Platte negativ

(c) $t = \frac{l}{v} = \frac{0{,}01\ \text{m}}{2500\ \frac{\text{m}}{\text{s}}} = 4\ \mu\text{s}$

Benötigte Spannung damit Cu^{2+} nicht aus dem Kondensator herausfliegt:

$$U = \frac{2 \cdot s \cdot m \cdot d}{q \cdot t^2} = \frac{2 \cdot 0{,}015\ \text{m} \cdot 1{,}05 \cdot 10^{-25}\ \text{kg} \cdot 0{,}03\ \text{m}}{2 \cdot 1{,}602 \cdot 10^{-19}\ \text{C} \cdot (4 \cdot 10^{-6}\ \text{s})^2} = 18{,}4\ \text{V}$$

Benötigte Spannung damit Cu^{+} nicht aus dem Kondensator herausfliegt:

$$U = \frac{2 \cdot s \cdot m \cdot d}{q \cdot t^2} = \frac{2 \cdot 0{,}015\ \text{m} \cdot 1{,}05 \cdot 10^{-25}\ \text{kg} \cdot 0{,}03\ \text{m}}{1{,}602 \cdot 10^{-19}\ \text{C} \cdot (4 \cdot 10^{-6}\ \text{s})^2} = 36{,}9\ \text{V}$$

U muss zwischen 18,4 V und 36,9 V liegen, damit Cu^{2+} im Kondensator bleibt und Cu^{+} aus dem Kondensator herausfliegen kann.

8 Magnetfeld

Zu Abschnitt 8.8.1 Permanentmagnetismus

1. **Nagel**

In beiden Fällen wird der Nagel vom Hufeisenmagneten angezogen. Weil ungleichnamige Pole sich anziehen, wird am oberen Ende des Nagels ein Nordpol influenziert, am unteren ein Südpol.

(a) Wenn man sich mit dem Nordende des Stabmagneten der Nagelspitze nähert, kommt es zur Anziehung zwischen Nagelspitze und Stabmagnet, und der Nagel kippt **gegen den Uhrzeigersinn** (**Bild 1a**) um.

(b) Nähert man sich mit dem Südende des Stabmagneten, dann kippt der Nagel **im Uhrzeigersinn** (**Bild 1b**).

a)

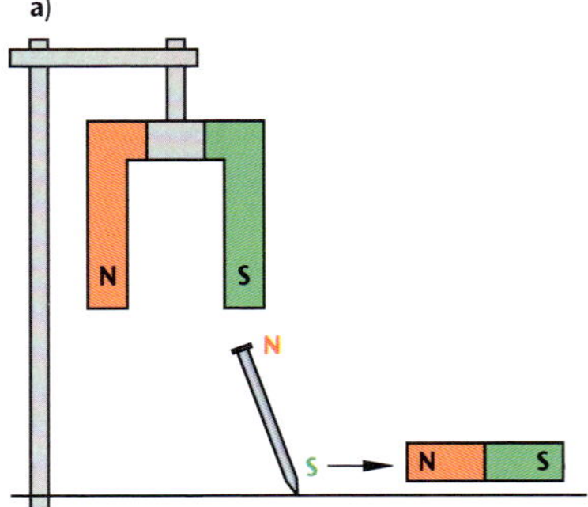

b)

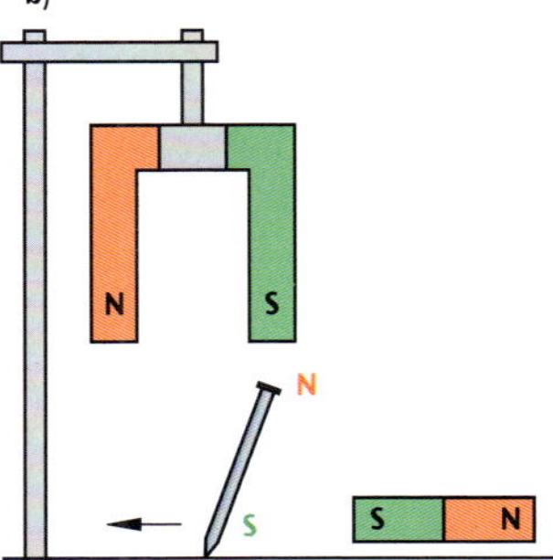

Bild 1: Zu Aufgabe 1

2. **Magnetische Feldlinien**

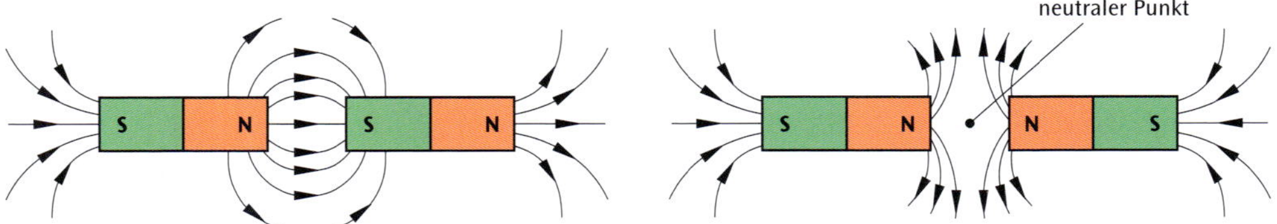

Bild 1: Zu Aufgabe 2

3. **Erdmagnetfeld**

Hätten Amundsen und Scott nur mit dem Kompass navigiert, dann wären sie wegen der magnetischen Deklination allenfalls in der Nähe des magnetischen Pols und nicht am geografischen Südpol gelandet (vgl. **Bild 2** auf S. 240).

Die beiden Forscher verwendeten einen Sextanten zur Positionsbestimmung. Damit konnten sie den Winkel der Sonne gegenüber dem Horizont sehr präzise ermitteln. (Dezember und Januar entsprechen dem antarktischen Sommer und es schien die Mitternachtssonne.)

Zu Abschnitt 8.8.2 Elektromagnetismus

1. **Blackbox**

Im gefärbten Bereich befindet sich ein gerader stromdurchflossener Leiter mit Stromrichtung **in** die Zeichenebene hinein, da die Kompassnadeln im Uhrzeigersinn ausgerichtet sind (vgl. **Bild 4** auf S. 243).

2. **Oersted-Versuch**

Da der Strom im rechten Teilbild nach hinten fließt, erzeugt der Draht ein Magnetfeld im Uhrzeigersinn. Der hinten stehende Kompass (**über** dem Draht) müsste gemäß Rechte-Faust-Regel nach rechts zeigen, der vorne stehende Kompass (**unter** dem Draht) nach links.

Sie zeigen aber beide in die entgegengesetzte Richtung.

3. **Spule als Magnet**

Bei geschlossenem Schalter erzeugt die Spule gemäß Rechte-Faust-Regel ein Magnetfeld, welches das Spuleninnere von links nach rechts durchsetzt (vgl. **Bild 2** auf S. 244). Also zeigen alle drei Kompasse nach rechts!

Alternative Begründung: Ein Kompass (genauer: das Nord-Ende der Nadel) zeigt zum Südpol **außerhalb** (!) des Magneten, **innerhalb** des Magneten zum Nordpol (weil magnetische Feldlinien immer geschlossen sind).

4. **Modell eines Dreheiseninstruments**

(a) Beim Schließen des Schalters wird die Spule zum Magneten, bei der in der Abbildung dargestellten Polung der Spannungsquelle mit Nordpol „hinten“. In den Eisenstäben richten sich die Weiß’schen Bezirke aus, wodurch in beiden Eisenstäben ein Nordpol „hinten“ influenziert wird („vorne“ entsprechend ein Südpol). Weil gleichnamige Pole sich abstoßen, stoßen sich die Eisenstäbe voneinander ab.

Beim Umpolen der Spannungsquelle kommt es ebenfalls zur Abstoßung („gleichnamig“ mit beiden Nordpolen „vorne“).

(b) Der Effekt wird in Dreheiseninstrumenten genutzt, um Stromstärken zu messen: Ein Eisenstab wird fixiert, der andere kann sich in der Spule drehen. Wenn die Drehung über einen Zeiger auf eine Skala übertragen wird, wird die Stromstärke als Zeigerausschlag sichtbar.

Zu Abschnitt 8.8.3 Kraft auf einen stromdurchflossenen Leiter

1. Die Argumentation erfolgt analog zu **Bild 1** auf S. 247 und dessen Beschreibung.

2. Wenn die Schraubenfeder sehr elastisch ist, hängt sie infolge ihres Eigengewichts so stark durch, dass sich benachbarte Windungen nicht berühren. Schickt man nun Strom durch die Schraubenfeder, werden benachbarte Windungen gleichsinnig vom Strom durchflossen, und es kommt zur gegenseitigen Anziehung (Argumentation gemäß vorhergehender Aufgabe bzw. analog zu **Bild 1** auf S. 247).

Das untere Ende der Schraubenfeder wird also aus der Salzlösung herausgezogen und der Stromkreis unterbrochen.

Nun erlischt die Anziehung, und das untere Ende taucht erneut in die Salzlösung ein. – Der Vorgang wiederholt sich periodisch!

Zu Abschnitt 8.8.4 Magnetische Flussdichte

1. **Stromwaage „analog“**

   (a) Die Polung der „linken“ Spannungsquelle legt einen Stromfluss durch die Spule von „links nach rechts“ fest ($\oplus \to \ominus$). Aus dem Wicklungssinn der Spule ergibt sich mit der Rechte-Faust-Regel, dass das Magnetfeld $\vec{B}$ ebenfalls von „links nach rechts“ zeigt.

   Die Polung der „rechten“ Spannungsquelle legt einen Leiterstrom fest, der im Raum zwischen den Spulen „nach vorne“ fließt.

   Mit der UVW-Regel folgt, dass der stromdurchflossene Leiter vom Magnetfeld der Spule „nach unten“ gezogen wird – und genau das ist Sinn der Stromwaage!

   (b) Bei einer Leiterlänge von 4,0 cm wird die Stromstärke I_L schrittweise erhöht und bei jedem Schritt die Kraft am Kraftmesser abgelesen. Hierfür dreht man am Rädchen an der Aufhängung so lange, bis der Lichtzeiger wieder seine ursprüngliche Position erreicht.

   Das beschriebene Verfahren wird bei einer Leiterlänge von 2,0 cm und anschließend bei 1,0 cm wiederholt.

   (c) Ablesen der Steigungen aus dem Diagramm ergibt:

l **in cm**	4,0	2,0	1,0
$\frac{F}{I_L}$ **in** $\frac{\text{mN}}{\text{A}}$	7,0	3,8	1,8

   Erneute Quotientenbildung liefert einen Mittelwert von ca.

$$B = \frac{F}{I_L \cdot l} \approx 1{,}8 \,\frac{\text{mN}}{\text{A cm}} = 1{,}8 \cdot \frac{10^{-3}\,\text{N}}{\text{A} \cdot 10^{-2}\,\text{m}} = 1{,}8 \cdot 10^{-1}\,\frac{\text{N}}{\text{Am}} = 0{,}18\,\text{T}$$

2. **Stromwaage digital**

   (a) Die Waage zeigt einen positiven Wert an, also wird sie auf Druck belastet, d. h. die Kraft ist nach unten gerichtet. Aufgrund der UVW-Regel muss der Strom daher von rechts nach links fließen. Demnach ist die Lötstelle mit der schwarzen Leitung mit dem Pluspol, die mit der roten Leitung mit dem Minuspol der Stromquelle verbunden.

   Der Betrag der Flussdichte $\vec{B}$ folgt aus der Beziehung

   $F_{\text{Leiter}} = B \cdot I \cdot l$ mit $F_{\text{Leiter}} = m \cdot g$,

   wobei $m = 0{,}71 \cdot 10^{-3}$ kg gilt. Daraus folgt

$$B = \frac{0{,}71 \cdot 10^{-3}\,\text{kg} \cdot 9{,}81\,\frac{\text{N}}{\text{kg}}}{10\,\text{A} \cdot 0{,}060\,\text{m}} = 12\,\text{mT}.$$

   (b) Entscheidend ist die Parallelkomponente des Erdmagnetfeldes, da die senkrechte Komponente die Waage weder auf Zug noch auf Druck belastet (Kräfte wirken nur seitlich).

   Unter der Annahme, dass $B_{\parallel} \approx 20\,\mu\text{T}$ beträgt (vgl. **Tabelle 1** auf S. 248), muss die Waage mindestens

$$m = \frac{B_{\parallel} \cdot I \cdot l}{g} = \frac{20 \cdot 10^{-6}\,\frac{\text{N}}{\text{Am}} \cdot 20\,\text{A} \cdot 0{,}060\,\text{m}}{9{,}81\,\frac{\text{N}}{\text{kg}}} = 2{,}5\,\text{mg}$$

   anzeigen können, also eine Genauigkeit im Milligramm-Bereich (besser $\pm 0{,}1$ mg) haben.

3. **Hufeisenmagnet**

   $F = I \cdot B \cdot l \cdot \sin(\alpha)$, und daraus:

   (a) $F = 0$

   (b) $F = 3{,}0\,\text{mN} = F_{max}$

   (a) $F = F_{max} \cdot \frac{1}{2}\sqrt{2} = 2{,}1\,\text{mN}$

4. **Leiterschaukel**

(a) seitliche Auslenkung: $\Delta x = ?$

Bedingung: Resultierende aus Gewichtskraft $F_G = m \cdot g$ und Kraft $F_{Leiter} = B \cdot I \cdot l$ ist Verlängerung der Aufhängung (beachte: L für Länge der Aufhängung; l für Leiterlänge senkrecht zu den Feldlinien)

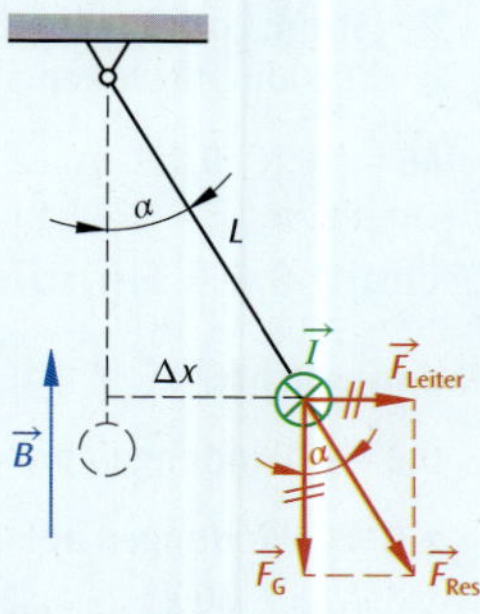

Bild 1: Zu Aufgabe 6

Aus dem Kräfteplan (**Bild 1**) folgt $\sin(\alpha) = \frac{\Delta x}{L}$ sowie $\tan(\alpha) = \frac{F_{Leiter}}{F_G}$. Gleichsetzen (Kleinwinkelnäherung!) und Auflösen nach Δx liefert einen Wert von

$$\Delta x \approx L \cdot \frac{B \cdot I \cdot l}{m \cdot g}$$

$$\Delta x \approx 0{,}50\ \text{m} \cdot \frac{20 \cdot 10^{-3}\ \frac{\text{N}}{\text{Am}} \cdot 5\ \text{A} \cdot 0{,}030\ \text{m}}{0{,}020\ \text{kg} \cdot 9{,}81\ \frac{\text{m}}{\text{s}^2}}$$

$$\Delta x \approx 0{,}76\ \text{cm}$$

(b) Gewicht der Aufhängung (Stromzuführungen) wurde nicht berücksichtigt

Kräftegleichgewicht ist nicht stabil aufgrund von Feldinhomogenitäten

5. **Der rollende Stab** (physikalische Modellbildung)

(a) Beim Schließen des Schalters fließt durch den Stab ein Strom nach „vorne" ($\oplus \rightarrow \ominus$). Wegen der UVW-Regel erfährt der Stab eine Lorentz-Kraft nach rechts – er rollt also nach rechts weg!

(b) Modellannahmen:

- Das Feld des Hufeisenmagneten ist homogen und begrenzt auf den Raum zwischen den Polen.
- Reibung wird vernachlässigt, also wirkt die Kraft F_{Leiter} als beschleunigende Kraft $m \cdot a$ (2. Newton'sches Axiom).

Die nachfolgenden Berechnungen illustrieren die Modellannahmen:

- Berechnung der Masse über die Dichte:

  $$m = \varrho \cdot V = 2{,}71\ \frac{\text{g}}{\text{cm}^3} \cdot \frac{\pi}{4} \cdot (0{,}4\ \text{cm})^2 \cdot 10\ \text{cm} = 3{,}41 \cdot 10^{-3}\ \text{kg}$$

- Berechnung des elektrischen Widerstandes aus dem spezifischen elektrischen Widerstand:

  $$R = \varrho_{el} \cdot \frac{l}{A} = 0{,}0278\ \frac{\Omega \cdot \text{mm}^2}{\text{m}} \cdot \frac{0{,}02\ \text{m}}{\frac{\pi}{4} \cdot (4\ \text{mm})^2} = 44{,}2 \cdot 10^{-6}\ \Omega$$

- Berechnung der Stromstärke aus dem Ohm'schen Gesetz (Leitungswiderstände vernachlässigt):

  $$I = \frac{U}{R} = \frac{10\ \text{V}}{44{,}2 \cdot 10^{-6}\ \Omega} = 226 \cdot 10^3\ \text{A}$$

- Berechnung der Kraft aus der „Fibel-Regel":

  $$F_{Leiter} = B \cdot I \cdot l = 0{,}02\ \text{T} \cdot 226 \cdot 10^3\ \text{A} \cdot 0{,}02\ \text{m} = 90{,}4\ \text{N}$$

- Berechnung der Beschleunigung aus der dynamischen Definition der Kraft:

  $$a = \frac{F_L}{m} = \frac{90{,}4\ \text{N}}{3{,}41 \cdot 10^{-3}\ \text{kg}} = 26{,}5 \cdot 10^3\ \frac{\text{m}}{\text{s}^2}$$

- Berechnung der Endgeschwindigkeit aus der zeitunabhängigen Bewegungsgleichung:

  $$v_{End} = \sqrt{2 \cdot a \cdot x} = \sqrt{2 \cdot 26{,}5 \cdot 10^3\ \frac{\text{m}}{\text{s}^2} \cdot (100\ \text{mm} - 20\ \text{mm})} = 65\ \frac{\text{m}}{\text{s}} \approx 230\ \frac{\text{km}}{\text{h}}$$

6. **Elektromotorisches Prinzip**

(a) Die Spule dreht sich im Uhrzeigersinn (UVW-Regel).

(b) Der Strom in der „unteren" Zuleitung erfährt die Kraft

$$F_{unten} = \underbrace{5}_{\text{Windungszahl}} \cdot 0{,}50\ \frac{\text{N}}{\text{Am}} \cdot 12\ \text{A} \cdot 0{,}600\ \text{m} = 18\ \text{N},$$

der Strom „oben" eine gleich große, aber entgegengesetzt gerichtete Kraft. Beide Kräfte haben den Hebelarm $a = 0{,}100\text{m}$, bewirken also ein (rechtsdrehendes) Drehmoment vom Betrag

$\overset{\frown}{M} = (18\text{ N} \cdot 0{,}100\text{ m}) \cdot 2 = 3{,}6\text{ Nm}$ (Newtonmeter).

Zu Abschnitt 8.8.5 Flussdichte von Spulen

1. **Windungsdichte**

   (a) $0{,}2 = \frac{1}{5}$ Windungen pro cm, also alle 5 cm eine Windung

   z. B. 20 Windungen auf 1m Spulenlänge oder 40 Windungen auf 2 m usw.

   (b) $n = \frac{N}{L} = \frac{300}{0{,}600\text{ m}} = 500\text{ m}^{-1}$

2. **Flussdichte als Vektor**

   (a) Bei zwei Windungen pro mm und 60 cm Spulenlänge ist die Annahme gerechtfertigt, dass eine einzige Windung ungefähr einem Umfang der Pappröhre entspricht.

   Die Anzahl der Windungen ergibt sich aus der Windungsdichte, multipliziert mit der Spulenlänge ($n = \frac{N}{l} \Rightarrow N = n \cdot l$).

   Die gesamte Drahtlänge (L) beträgt also $L = N \cdot d \cdot \pi = 2\text{ mm}^{-1} \cdot 600\text{ mm} \cdot 0{,}10\text{ m} \cdot \pi = 120\pi\text{ m} = 0{,}38\text{ km}$!

   (b) Aus der Anzeige $B_{res} = 0$ der Hall-Sonde kann man schließen: Die eine Spule erzeugt ein Feld mit der Stärke B_1 (Betrag!), die andere ein Feld mit der Stärke $B_2 = B_1$ (aufgrund identischer Ströme).

   Nur bei **vektorieller** Addition (und nicht Addition der Beträge) erhält man als Resultierende null – was mit der Anzeige der Hall-Sonde in Einklang steht!

   (c) Harald hat im Grunde genommen recht. Aber: Die Reihenschaltung ist trotzdem besser (hat eine größere Genauigkeit), weil hierbei gewährleistet ist, dass die Stromstärken auch wirklich identisch sind.

   (d) $B_{max} = 2 \cdot B_1 = 2 \cdot 4\pi \cdot 10^{-7}\,\frac{\text{Vs}}{\text{Am}} \cdot 2000\text{ m}^{-1} \cdot 0{,}1\text{ A} = 0{,}50\text{ mT}$ in Spulenmitte

   Einerseits verstärkt der Eisenkern das Magnetfeld um den Faktor 1000, andererseits halbiert die Messung am Rand der Spule diesen Wert. Bei doppelter Stromstärke müsste sich also trotzdem der von Petra behauptete Faktor 1000 ergeben. Aber: Wegen der Hysterese von Eisen ist keine eindeutige Aussage möglich (man müsste die Hysteresekurve kennen!).

3. **Magnetfeld eines geraden Leiters**

   (a) experimentelle Bestätigung:

   - ... „konzentrische Kreise":

     Einen dicken (Kupfer-)Draht nehmen und durch eine Plexiglasscheibe stecken, so dass der Draht senkrecht darauf steht. Nun Kompassnadeln um den Leiter herum stellen (oder Eisenfeilspäne darauf streuen) und Strom durch den Draht fließen lassen. Dabei müssten sich konzentrische Kreise ergeben (vgl. **Bild 4** auf S. 243).

   - Nachweis von $B \sim I$:

     Mit einer Hall-Sonde bei einem bestimmten Abstand $r = \text{const}$ vom Draht die Flussdichte B abhängig von der Stromstärke I messen (die Hall-Sonde muss senkrecht auf den Feldlinien stehen!). Hierbei müsste der Quotient $\frac{B}{I}$ konstant sein (alternativ: Ursprungsgerade beim Auftragen von B gegen I).

   - Nachweis von $B \sim \frac{1}{r}$:

     Bei $I = \text{const}$ den Abstand r der Hall-Sonde vom Leiter variieren und jeweils B messen. Hierbei müsste das Produkt $B \cdot r$ konstant sein (alternativ: Ursprungsgerade beim Auftragen von B gegen $\frac{1}{r}$).

   - Nachweis des gemeinsamen Vorfaktors:

     Der Ausdruck $\frac{B \cdot r}{I}$ müsste konstant sein und identisch mit $\frac{\mu_0}{2\pi} = \frac{4\pi \cdot 10^{-7}\,\frac{\text{Vs}}{\text{Am}}}{2\pi} = 2 \cdot 10^{-7}\,\frac{\text{Vs}}{\text{Am}}$.

   Anmerkung: Hieraus wird die Ampere-Definition einsichtig.

(b) Der Draht erzeugt am Ort der Kompassnadel das Feld $\vec{B}_{\text{Draht}}$, gemäß Rechte-Faust-Regel in Richtung Westen (in der Draufsicht nach „oben"). Dieses Feld muss (vektoriell) überlagert werden mit der Horizontalkomponente $B_{\parallel}$ des Erdmagnetfeldes.

Die Winkelstellung ($\alpha = 60°$) gegen die Nordrichtung) des Kompasses legt die Richtung der resultierenden Flussdichte $\vec{B}_{\text{res}}$ fest (vgl. **Bild 1**).

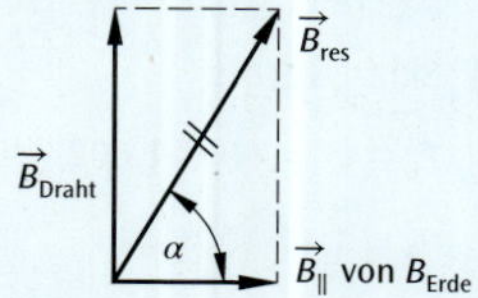

Bild 1: Zu Aufgabe 3

Aus dem Vektordiagramm folgt:

$$\tan(\alpha) = \frac{B_{\text{Draht}}}{B_{\parallel}} = \frac{\frac{\mu_0}{2\pi} \cdot \frac{I}{r}}{B_{\text{Erde}} \cdot \cos(\iota)},$$

wobei $\iota = 70°$ die Inklination ist (vgl. auch **Bild 3** auf S. 253).

Daraus ergibt sich

$$B_{\text{Erde}} = \frac{\mu_0}{2\pi} \cdot \frac{I}{r} \cdot \frac{1}{\cos(\iota) \cdot \tan(\alpha)} = \frac{4\pi \cdot 10^{-7}\,\frac{\text{Vs}}{\text{Am}}}{2\pi} \cdot \frac{14\text{ A}}{0{,}10\text{ m}} \cdot \frac{1}{\cos(70°) \cdot \tan(60°)} = 47\ \mu\text{T}.$$

4. **Helmholtz-Spulen**

(a) Magnetfeld im Inneren eines Helmholtz-Spulenpaares: $B(I) = 0{,}8^{1{,}5} \cdot \mu_0 \cdot \frac{N}{R} \cdot I$

Der Ausdruck $0{,}8^{1{,}5} \cdot \mu_0 \cdot \frac{N}{R}$ ist ein Maß für die Steigung der Gerade im $B(I)$-Diagramm.

für Spulenpaar 1 ist $\frac{N}{R} = \frac{154}{0{,}200\text{ m}} = 770\text{ m}^{-1}$

für Spulenpaar 2 ist $\frac{N}{R} = \frac{130}{0{,}15\text{ m}} = 867\text{ m}^{-1}$

Der Quotient ist für Spulenpaar 2 größer, also ist ihm die Linie mit dem größeren Anstieg zuzuordnen.

Ermittlung der Skalenteile:

Es ist sicherlich sinnvoll, die I-Achse bis maximal 2 A gehen zu lassen, weil Spulenpaar 2 nur diesen Strom verträgt.

Also: 10 Skt ≙ 2 A auf der I-Achse, d. h. 1 Skt ≙ 0,2 A.

Ablesen des Punktes P(9 | 7) auf der blauen Linie mit 9 Skt ≙ 1,8 A auf der I-Achse führt auf die Rechnung

$$B_2(1{,}8\text{ A}) = 0{,}8^{1{,}5} \cdot 4\pi \cdot 10^{-7}\,\frac{\text{Vs}}{\text{Am}} \cdot 866{,}66\ldots\text{ m}^{-1} \cdot 1{,}8\text{ A} = 1{,}4\text{ mT} \mathrel{\hat{=}} 7\text{ Skt}$$

Fazit (Division durch 7): 1 Skt ≙ 0,2 A auf der I-Achse, 1 Skt ≙ 0,2 mT auf der B-Achse

Alternative Lösungen sind ebenfalls möglich, weil die I-Achse nicht notwendigerweise bis 2 A gehen muss ...

(b) Angenommen, Spulenpaar 1 dient zur Kompensation der Horizontalkomponente $B_{\parallel}$ und Spulenpaar 2 zur Kompensation der Vertikalkomponente $B_{\perp}$ des Erdmagnetfeldes. Dann muss gelten (Indizes 1 und 2 für Spulenpaar 1 und 2 und ι (iota) für den Inklinationswinkel, vgl. **Bild 3b** auf S. 253):

$$\overbrace{0{,}8^{1{,}5} \cdot \mu_0 \cdot \frac{N_1}{R_1}}^{B_1} \cdot I_1 = \overbrace{B_{\text{Erde}} \cdot \cos(\iota)}^{B_{\parallel}} \Rightarrow I_1 = 24\text{ mA} \quad \text{und}$$

$$\overbrace{0{,}8^{1{,}5} \cdot \mu_0 \cdot \frac{N_2}{R_2}}^{B_2} \cdot I_2 = \overbrace{B_{\text{Erde}} \cdot \sin(\iota)}^{B_{\perp}} \Rightarrow I_2 = 58\text{ mA}$$

Zu Abschnitt 8.8.6 Teilchenbewegung im Magnetfeld

1. **Teilchen im Magnetfeld**

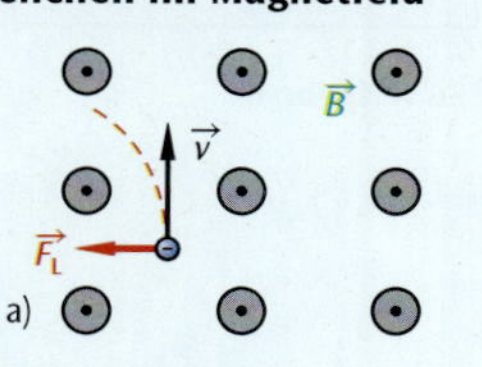

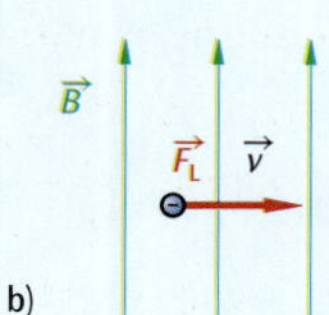

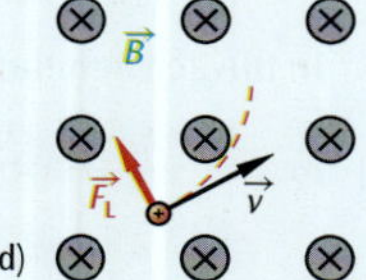

Bild 2: Zu Aufgabe 1

2. **Lorentz-Kraft**

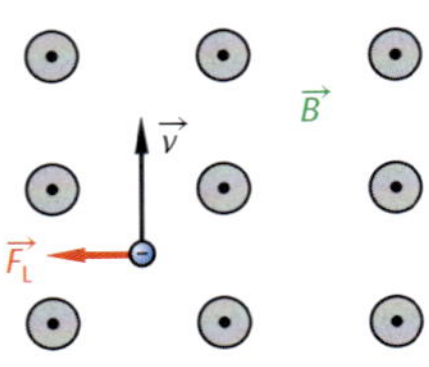

Bild 1: Zu Aufgabe 2

(a) $e \cdot U_B = \frac{1}{2} \cdot m \cdot v^2$

$$U_B = \frac{m \cdot v^2}{2 \cdot e} = \frac{9{,}1 \cdot 10^{-21}\ \text{kg} \cdot \left(3\,500\,000\ \frac{\text{m}}{\text{s}}\right)^2}{2 \cdot 1{,}602 \cdot 10^{-19}\ \text{C}} = 35\ \text{V}$$

(b) Skizze rechts

(c) $F_L = e \cdot v \cdot B = 1{,}602 \cdot 10^{-19}\ \text{C} \cdot 3\,500\,000\ \frac{\text{m}}{\text{s}} \cdot 250 \cdot 10^{-3}\ \text{T}$

$= 1{,}4 \cdot 10^{-13}\ \text{N}$

3. **Spezifische Ladung eines Elektrons**

(a) $\frac{e}{m} = \frac{2 \cdot U_B}{B^2 \cdot r^2} = \frac{2 \cdot 250\ \text{V}}{(1{,}12 \cdot 10^{-3})^2 \cdot 0{,}0475^2\ \text{m}^2} = 1{,}7666 \cdot 10^{11}\ \frac{\text{C}}{\text{kg}}$

(b) Literaturwert: $1{,}7588 \cdot 10^{11}\ \frac{\text{C}}{\text{kg}}$

Abweichung: 0,4 %

4. **Fadenstrahlrohr**

(a) Im elektrischen Längsfeld wirkt die elektrische Kraft konstant parallel zum Geschwindigkeitsvektor und bewirkt eine Geschwindigkeitszunahme. Die Lorentz-Kraft wirkt stets orthogonal zum Geschwindigkeitsvektor und bewirkt eine Änderung der Richtung des Vektors aber nicht des Betrages (hier spricht man auch von einer Beschleunigung).

(b) $v = \sqrt{\frac{2 \cdot e \cdot U_B}{m}} = \sqrt{\frac{2 \cdot 1{,}602 \cdot 10^{-19}\ \text{C} \cdot 150\ \text{V}}{9{,}1 \cdot 10^{-21}\ \text{kg}}} = 7{,}27 \cdot 10^6\ \frac{\text{m}}{\text{s}}$

(c) $F_L = F_Z$

$q \cdot v \cdot B = \frac{m \cdot v^2}{r} \quad \Rightarrow \quad r = \frac{m \cdot v}{q \cdot B}$

(d) $r = \frac{m \cdot v}{q \cdot B} = \frac{9{,}1 \cdot 10^{-31}\ \text{kg} \cdot 7{,}27 \cdot 10^6\ \frac{\text{m}}{\text{s}}}{1{,}602 \cdot 10^{-19}\ \text{C} \cdot 0{,}5 \cdot 10^{-3}\ \text{T}} = 0{,}083\ \text{m}$

5. **Geschwindigkeitsfilter**

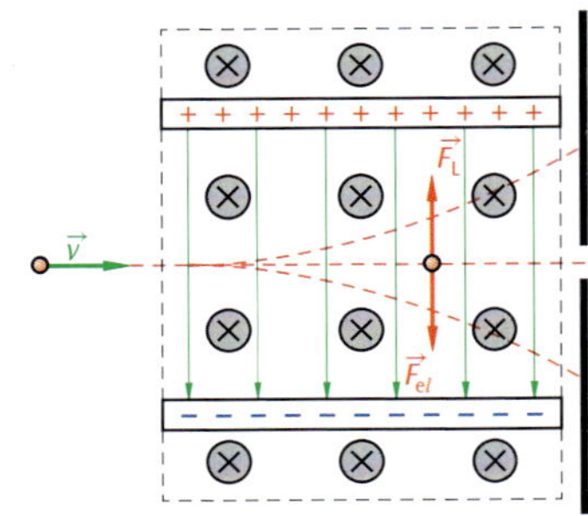

Bild 2: Zu Aufgabe 5

(a) Eine Kombination aus einem elektrischen und einem magnetischen Feld, sorgt dafür, dass nur Teilchen mit einer bestimmten Geschwindigkeit den „Filter“ passieren können. Dabei müssen die Magnetfeldlinien senkrecht zu den elektrischen Feldlinien stehen.

(b) $F_{el} = F_L \quad \Leftrightarrow \quad q \cdot E = q \cdot v \cdot B \quad \Leftrightarrow \quad v = \frac{E}{B}$

(c) $v = \frac{E}{B} \quad \Rightarrow \quad E = v \cdot B = 800\ \frac{\text{m}}{\text{s}} \cdot 90 \cdot 10^{-3}\ \text{T} = 72\ \frac{\text{V}}{\text{m}}$

(d) Ja, da die Gleichung $v = \frac{E}{B}$ unabhänig von der Ladung ist.

6. **Massenspektrometer**

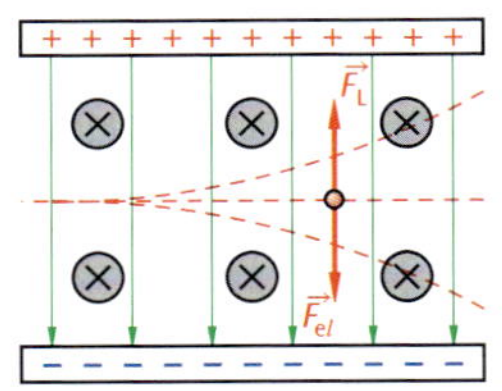

Bild 3: Zu Aufgabe 6

(a) Elektrische Feldlinien: Von + nach – (von oben nach unten)

Magnetfeldlinien: In die Zeichenebene hinein

(b) Skizze rechts

(c) $v = \frac{E}{B} \quad \Leftrightarrow \quad B = \frac{E}{v} = \frac{3000\ \frac{\text{V}}{\text{m}}}{60\,000\ \frac{\text{m}}{\text{s}}} = 0{,}05\ \text{T}$

(d) In die Zeichenebene hinein.

(e) $m_1 = \frac{q \cdot r_1 \cdot B_2}{v} = \frac{1{,}602 \cdot 10^{-19} \cdot 0{,}05\ \text{m} \cdot 0{,}783\ \text{T}}{60\,000\ \frac{\text{m}}{\text{s}}} = 1{,}045 \cdot 10^{-25}\ \text{kg}$

(f) $m_2 = \frac{q \cdot r_2 \cdot B_2}{v} = \frac{1{,}602 \cdot 10^{-19} \cdot 0{,}0515\ \text{m} \cdot 0{,}783\ \text{T}}{60\,000\ \frac{\text{m}}{\text{s}}} = 1{,}077 \cdot 10^{-25}\ \text{kg}$

9 Elektromagnetische Induktion

Zu Abschnitt 9.5.1 Induktion und Lenz'sche Regel

1. **Induktionsversuche**
   (a) ja (Flächenänderung)
   (b) nein (weder Flächen- noch Magnetfeldänderung)
   (c) ja (Flächenänderung)
   (d) ja (Flächenänderung)
   (e) nein (weder Flächen- noch Magnetfeldänderung)
   (f) nein (weder Flächen- noch Magnetfeldänderung)
   (g) ja (Magnetfeldänderung durch Wechselstrom)
   (h) ja (Magnetfeldänderung durch Magnetisierung des Eisenkerns)

2. **Wagen und Spule**
   (a) Nur beim Ein- oder Austritt ändert sich das die Spule durchsetzende Magnetfeld und bewirkt eine Induktionsspannung und damit einen Induktionsstrom.
   (b) Beim Eintritt fließt der Induktionsstrom so, dass er den Permanentmagneten abzustoßen versucht (Lenz'sche Regel), d.h. der induzierte Nordpol der Spule ist links. Aus der Rechte-Faust-Regel folgt, dass der Induktionsstrom von links nach rechts durch das Amperemeter fließt.

   Beim Austritt fließt der Induktionsstrom in die entgegengesetzte Richtung, sonst hätte man ein Perpetuum Mobile erschaffen.

3. **Wirbelstrombremse**

   Der Bereich der Scheibe, der vom Magnetfeld durchsetzt wird, wandert während der Rotation der Scheibe ständig weiter. Das sich bewegende Flächenelement erfährt also eine Abnahme der Feldlinien. Die Folge sind Wirbelströme, die diese Abnahme zu verhindern versuchen, d. h. die Wirbelströme sind so gerichtet, dass sie das von außen wirkende Magnetfeld aufrecht zu erhalten versuchen.

   Aus der Richtung der Lorentz-Kraft (UVW-Regel!) in **Bild 1** folgt, dass die Scheibe gebremst wird.

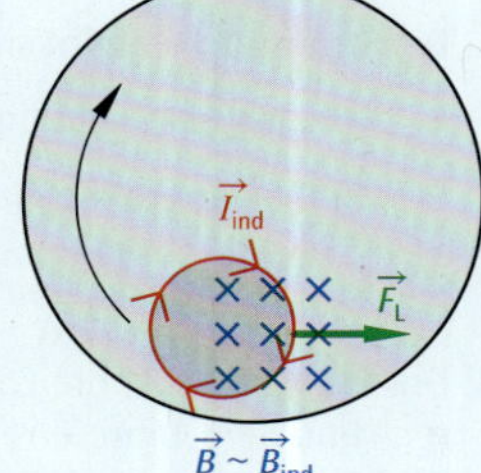

Bild 1: Zu Aufgabe 3

Zu Abschnitt 9.5.2 Induktion im bewegten Leiter

1. **Schütteltaschenlampe**

   Beim Schütteln der Lampe bewegt sich der Magnet durch die Spule. Die magnetische Flussänderung bewirkt eine Induktionsspannung zwischen den Spulenenden. Der dadurch entstehende Induktionsstrom lädt einen Kondensator über einen Widerstand auf. Die Diode wird als Gleichrichter benötigt, da sich der Kondensator ansonsten wieder entladen würde, wenn der Schüttelmagnet die Spule auf der anderen Seite wieder verlässt!

   Beim Betätigen des Schalters wird der Kondensator über die LED entladen, mit der Linse kann der Lichtkegel gebündelt werden.

   Die Gummipuffer sorgen dafür, dass der Magnet nicht infolge der Erschütterung an Magnetismus einbüßt; außerdem schonen sie das Kunststoffrohr.

2. **Induktionsspannung**
   (a) Flussdichte in der Mitte einer langgestreckten Zylinderspule (Feldspule):

   $$B = \mu_0 \cdot n \cdot I = 4\pi \cdot 10^{-7}\,\frac{\text{Vs}}{\text{Am}} \cdot \frac{2 \cdot 16\,000}{2 \cdot 0{,}48\ \text{m}} \cdot 0{,}100\ \text{A} = 4{,}2\ \text{mT}$$

   (b) $\Phi(t) = B \cdot A(t)$ mit gleichem Verlauf wie $A(t)$, aber einem Plateau von 10 µVs anstelle der 24 cm^2 in **Bild 3** auf S. 282.

Die Steigung im $\Phi(t)$-Diagramm, multipliziert mit der Windungszahl der Induktionsspule, liefert die folgenden stückweise konstanten (!) Werte der Induktionsspannung

$$U_{\text{ind}}(t) = \begin{cases} -0{,}13\ \text{mV} & \text{beim Eintritt} \\ 0\ \text{mV} & \text{innerhalb des Spalts} \\ +0{,}13\ \text{mV} & \text{beim Austritt} \end{cases}$$

(c) Die Induktionsspule befindet sich nach dem Reißen der Aufhängung im freien Fall (das Voltmeter ist so hochohmig, dass der Induktionsstrom, der die Fallbewegung verlangsamen könnte, vernachlässigt wird).

Beim Eintritt der Spule in den Spalt steigt die Induktionsspannung sprunghaft auf einen der Momentangeschwindigkeit $v = v(t)$ äquivalenten Wert an und nimmt weiter zu. Diagramm (2) scheidet demnach aus.

Während der Bewegung im Spalt wird keine Spannung induziert, weil der magnetische Fluss sich nicht ändert. Diagramm (4) scheidet also auch aus.

Sobald die Induktionsspule den Spalt verlässt, steigt die Induktionsspannung erneut sprunghaft an, wegen der Lenz'schen Regel jedoch mit umgekehrtem Vorzeichen im Vergleich zum Eintritt. Da die Induktionsspule schneller geworden ist als beim Eintritt, ist auch der Betrag der Induktionsspannung größer als beim Eintritt. Diagramm (1) scheidet ebenfalls aus.

Am realistischsten ist demnach Diagramm (3).

3. **Induktionsstrom**

(a) Aus dem spezifischen elektrischen Widerstand von Kupfer ergibt sich

$$R = \varrho_{\text{el}} \cdot \frac{l}{A} = 0{,}017\ \Omega \cdot \frac{\text{mm}^2}{\text{m}} \cdot \frac{0{,}54\ \text{m} \cdot 2}{\frac{\pi}{4} \cdot 0{,}50^2\ \text{mm}^2} = 94\ \text{m}\Omega.$$

(b) Da der Induktionsstrom der Ursache seiner Entstehung (Abnahme des Magnetfeldes) entgegenwirkt (Lenz'sche Regel), muss er versuchen, das bestehende Magnetfeld aufrecht zu erhalten, also fließt er **im** Uhrzeigersinn (Rechte-Faust-Regel).

Die Stromstärke ergibt sich aus dem Induktionsgesetz und dem Ohm'schen Gesetz:

- 10 cm/s Geschwindigkeit bedeuten eine Flächen**änderung** von 10 cm · 4,0 cm = 40 cm^2 pro Sekunde, d. h. eine magnetische Fluss**änderung** von 25 mT · 40 $\frac{\text{cm}^2}{\text{s}}$ = 100 µV.
- Die Stromstärke beträgt demnach $I = \frac{U}{R} = \frac{100 \cdot 10^{-6}\ \text{V}}{94 \cdot 10^{-3}\ \Omega} = 1{,}1\ \text{mA}$.

(c) Die Bremskraft ist die Lorentz-Kraft auf den rechten Rand der Leiterbahn (die Lorentz-Kräfte auf den „vorderen" und den „hinteren" Rand wirken nach außen, weil diese gegensinnig vom Strom durchflossen werden, vgl. **Bild 2**, S. 267) und hat gemäß „FIBEL-Regel" den Betrag

$$F = B \cdot I \cdot l_{\text{eff}} = 25 \cdot 10^{-3}\ \text{T} \cdot 1{,}1 \cdot 10^{-3}\ \text{A} \cdot 0{,}040\ \text{m} = 1{,}1\ \mu\text{N},$$

was einem Massenäquivalent von 0,1 mg (Milligramm) entspricht.

Zu Abschnitt 9.5.3 Induktion im ruhenden Leiter

1. **Induktionsschleife**

Die unter der Fahrbahn verlegte Leiterschleife wird mit Wechselstrom betrieben und reagiert auf die Anwesenheit (elektrisch leitfähiger) Fahrzeugkarosserien: Das magnetische Wechselfeld der Schleife bewirkt in der Karosserie Wirbelströme, die ihrerseits ein magnetisches Wechselfeld zur Folge haben, welches auf die Induktionsschleife zurückwirkt und den Stromkreis „stören". Ist diese „Störung" groß genug, wird ein elektrisches Signal an die Ampel gegeben.

2. **Induktionsversuch**

Aus dem Induktionsgesetz und der magnetischen Flussdichte im Inneren einer Zylinderspule folgt

$$\begin{aligned} U_{\text{ind}} &= N_{\text{ind}} \cdot \frac{\Delta \Phi}{\Delta t} = N_{\text{ind}} \cdot A_{\text{ind}} \cdot \frac{\Delta B}{\Delta t} = N_{\text{ind}} \cdot A_{\text{ind}} \cdot \mu_0 \cdot n \cdot \frac{\Delta I}{\Delta t} \\ &= 100 \cdot \frac{\pi}{4} \cdot (0{,}041\ \text{m})^2 \cdot 4\pi \cdot 10^{-7}\ \frac{\text{Vs}}{\text{Am}} \cdot \frac{30}{0{,}40} \cdot \left(\pm 2{,}0\ \frac{\text{A}}{\text{s}}\right) = \pm\, 25\ \mu\text{V}. \end{aligned}$$

Die Induktionsspannung ist stückweise konstant!

Zu Abschnitt 9.5.4 Selbstinduktion und magnetische Feldenergie

1. **Induktivität**

(a) Die Spule reagiert auf eine Strom**änderung** von 1 $\frac{\mathrm{A}}{\mathrm{s}}$ (Ampere pro Sekunde) mit einer Selbstinduktionsspannung von 630 V.

(b) Einheitenbetrachtung:

$$\left[\mu_r \cdot \mu_0 \cdot \frac{N^2}{l} \cdot A\right] = 1 \cdot \frac{\mathrm{Vs}}{\mathrm{Am}} \cdot \frac{1^2}{\mathrm{m}} \cdot \mathrm{m}^2 = \frac{\mathrm{Vs}}{\mathrm{A}} = \frac{\mathrm{V}}{\mathrm{A/s}} = \mathrm{H} \quad \text{(Henry)}$$

2. **Experimentelle Bestimmung der Induktivität**

Aus der Definition der Induktivität, $L = \left|\frac{U_{\text{ind}}}{\dot{I}}\right|$, folgt unter Zuhilfenahme des Diagramms

$$U(0) = 2\,\mathrm{div} \cdot 5\frac{\mathrm{V}}{\mathrm{div}} = 10\,\mathrm{V} \quad \text{(Spannungswert für } t = 0\text{)}$$

$$\dot{I}(0) = \left(2{,}8\,\mathrm{div} \cdot 0{,}1\,\frac{\mathrm{A}}{\mathrm{div}}\right) : (1\,\mathrm{ms}) = 280\,\frac{\mathrm{A}}{\mathrm{s}} \quad \text{(Steigung der Tangente bei } t = 0\text{)}$$

$$\Rightarrow \quad L = \frac{10\,\mathrm{V}}{280\,\mathrm{A/s}} = 36\,\mathrm{mH}$$

3. **Ausschalten einer Spule über einen Ohm'schen Widerstand**

(a) Beim Öffnen des Schalters nimmt der Strom durch die Spule ab. Damit geht eine Verringerung des magnetischen Flusses durch die Spule einher. Die dadurch hervorgerufene Induktionsspannung ist so gerichtet, dass sie der Abnahme des Magnetfeldes entgegenwirkt (Lenz'sche Regel), den Spulenstrom also weiter in dieselbe Richtung wie vor dem Öffnen des Schalters treibt.

(b) Aus dem Spulenstrom $I_{\text{Spule}} = 89$ mA und der an der Spule **vor** dem Öffnen des Schalters anliegenden Spannung von $U_0 = 25$ V (Parallelschaltung!) ergibt sich der Ohm'sche Widerstand der Spule zu

$$R_{\text{Spule}} = \frac{U_0}{I_{\text{Spule}}} = \frac{25\,\mathrm{V}}{89 \cdot 10^{-3}\,\mathrm{A}} = 0{,}28\,\mathrm{k\Omega}.$$

(c) Messen der Strom**änderung** unmittelbar nach dem Ausschalten ergibt $\dot{I} \approx \frac{89\,\mathrm{mA}}{1{,}7\,\mathrm{s}} \approx 52\,\frac{\mathrm{mA}}{\mathrm{s}}$ (Steigung der Tangente zum Zeitpunkt des Ausschaltens). Aus der Selbstinduktionsspannung von $U_L = 33$ V unmittelbar nach dem Ausschalten ergibt sich (Definition der Induktivität)

$$L = \frac{U_L}{\dot{I}} = \frac{33\,\mathrm{V}}{52 \cdot 10^{-3}\,\mathrm{A/s}} = 0{,}63\,\mathrm{kH}.$$

(d) Das Plateau von 89 mA bleibt, weil im Spulenkreis keine Änderung vorgenommen wurde. Beim Öffnen des Schalters bewirkt der höhere Widerstand aber eine schnellere Strom**abnahme**, d. h. die Selbstinduktionsspannung und damit der „Sprung" im $U(t)$-Diagramm fällt größer aus (bei gleichem Plateau von 25 V).

(e) Annahme: vollständige Umwandlung der magnetischen Feldenergie $W_{\text{mag}} = \frac{1}{2} L \cdot I^2$ in potentielle Energie $E_{\text{pot}} = m \cdot g \cdot h$ ergibt die Hubhöhe

$$h = \frac{\frac{1}{2} L \cdot I^2}{m \cdot g} = \frac{\frac{1}{2} \cdot 630\,\frac{\mathrm{Vs}}{\mathrm{A}} \cdot (0{,}089\,\mathrm{A})^2}{10 \cdot 10^{-3}\,\mathrm{kg} \cdot 9{,}81\,\frac{\mathrm{N}}{\mathrm{kg}}} = 25\,\frac{\mathrm{VAs}}{\mathrm{N}} = 25\,\frac{\mathrm{J}}{\mathrm{N}} = 25\,\frac{\mathrm{Nm}}{\mathrm{N}} = 25\,\mathrm{m}.$$

Zu Abschnitt 9.5.5 Vermischte Aufgaben zu Kapitel 9

1. **Ringversuch**

(a) Beim **Schließen des Schalters** steigt der Strom durch die Spule. Damit steigt das den Ring durchsetzende Magnetfeld. Die im Ring induzierten Wirbelströme sind so gerichtet, dass sie das Ansteigen des Magnetfeldes zu verhindern versuchen (Lenz'sche Regel), also ein Gegenmagnetfeld induzieren. Damit kommt es zur **Abstoßung** des Rings.

Beim **Öffnen des Schalters** nimmt der Strom durch die Spule ab. Damit nimmt das den Ring durchsetzende Magnetfeld ab. Die im Ring induzierten Wirbelströme sind so gerichtet, dass sie das Abnehmen des Magnetfeldes zu verhindern versuchen (Lenz'sche Regel), also ein Magnetfeld in gleicher Richtung induzieren. Damit kommt es zur **Anziehung** des Rings.

(b) Weil Silber ein besserer elektrischer Leiter als Gold ist, sind die Wirbelströme im Silber-Ring beim Schließen des Schalters und damit die abstoßende Wirkung größer als beim Gold-Ring.

2. **Aus der TIMSS-Studie**

Ein konstanter Induktionsstrom ist nur möglich bei gleichmäßiger Fluss**änderung** (hier: Magnetfeld**änderung**). Weil der Strom $I(t)$ stückweise konstant ist, muss auch die Magnetfeld**änderung** stückweise linear sein, also kommt nur Diagramm c) in Frage.

3. **Sägezahnspannung**

(a) Wegen des zeitlich veränderlichen Stromes durch die Feldspule ändert sich deren Magnetfeld. Diese Magnetfeldänderung führt zur Änderung des die Induktionsspule durchsetzenden magnetischen Flusses, welche daraufhin mit einer Induktionsspannung reagiert.

(b) Da die Vorlauf**geschwindigkeit** ein Maß für die induzierte Spannung ist, ist die Induktionsspannung während des Rücklaufs 3-mal so groß wie während des Vorlaufs – wegen der Lenz'schen Regel zusätzlich mit entgegengesetztem Vorzeichen.

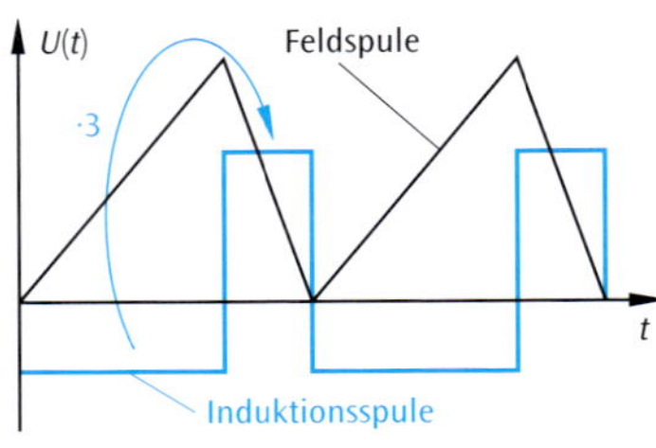

Bild 1: Zu Aufgabe 3

4. **Induktivität**

Da die (Selbst-)Induktionsspannung $U_{\text{ind}} = 0{,}1$ V bei einer Strom**änderung** von $\dot{I} = \dfrac{2\text{ mA}}{3\text{ ms}}$ (Steigung im $I(t)$-Diagramm) beträgt, ergibt sich die Induktivität

$$L = \frac{U_{\text{ind}}}{\dot{I}} = \frac{0{,}1\text{ V}}{(2/3)\text{ A/s}} = 0{,}1 \cdot \frac{3}{2}\text{ H} = 0{,}15\text{ H}.$$

5. **Drehring**

(a) Da das den Ring durchsetzende Magnetfeld in der dargestellten Momentaufnahme abnimmt, reagiert der Ring mit einem Induktionsstrom, der das Magnetfeld aufrecht zu erhalten versucht (Lenz'sche Regel). Gemäß Rechte-Faust-Regel fließt der induzierte Ringstrom im Uhrzeigersinn. Demnach liegt an Anschluss A der Minuspol (beachten Sie, dass **innerhalb** einer Stromquelle – hier der Ring – der technische Strom von $\ominus \to \oplus$ fließt!).

(b) $\Phi(t) \sim \cos(\alpha)$ und damit $U(t) \sim \sin(\alpha)$ (Induktionsgesetz), also ist nach $\frac{1}{4}$ Drehung sowie nach $\frac{3}{4}$ Drehungen die Spannung (betragsmäßig) maximal.

(c) $\hat{\Phi} = B \cdot \frac{\pi}{4} d^2 = 30 \cdot 10^{-3}\text{ T} \cdot \frac{\pi}{4} \cdot (0{,}040\text{ m})^2 = 38\ \mu\text{Vs}$

$\hat{U} = \hat{\Phi} \cdot \omega$ (folgt durch Nachdifferenzieren im Induktionsgesetz)

$\hat{U} = 37{,}60 \cdot 10^{-6}\text{ Vs} \cdot 2\pi \cdot 2\text{ s}^{-1} = 0{,}47\text{ mV}$

6. **Fahrraddynamo**

Aus dem Induktionsgesetz folgt für den Scheitelwert der Induktionsspannung $\hat{U} = N \cdot B \cdot A \cdot \omega$ mit $N = 500$ Windungen, dabei ist $B = 0{,}1$ T, $A = 3 \cdot 10^{-4}\text{ m}^2$ und $\omega = 2\pi f$ bedeutet die Kreisfrequenz der Wechselspannung.

Außerdem ist die Kreisfrequenz der Wechselspannung identisch mit der des Reibrades beim Abrollen auf dem Mantel (falls kein Schlupf auftritt). Dann gilt die Abrollbedingung $v = r \cdot \omega$, wobei $v = (15:3{,}6)\ \frac{\text{m}}{\text{s}}$ die Fahrgeschwindigkeit ist und $r = 0{,}01$ m der Radius des Reibrades.

Einsetzen der Zahlenwerte ergibt $\hat{U} \approx 6$ V, was zum Betreiben eines Lämpchen vollkommen ausreicht.

7. **Looping eines Düsenjets**

(a) Die höchste Belastung auf den Piloten wirkt um untersten Punkt des Loopings, wo er mit seiner Gewichtskraft plus der Fliehkraft (Bezugssystem: Flugzeug) in den Sitz gepresst wird. Bedingung:

$$F_{\text{res}} = m \cdot g + m \cdot \frac{v^2}{r} \stackrel{!}{=} 8m \cdot g \quad\Rightarrow\quad r = \frac{1}{7} \cdot \frac{v^2}{g}$$

Der Zahlenwert für $v = \dfrac{917}{3{,}6}\ \dfrac{\text{m}}{\text{s}}$ liefert den Loopingdurchmesser $2r = 1{,}9$ km.

(b) Ist $B_\perp \approx 20\ \mu$T die Vertikalkomponente des Erdmagnetfeldes, dann beträgt der die Tragflächen (Fläche $A = 56{,}48\text{ m}^2$) durchsetzende magnetische Fluss $\Phi(t) = B_\perp \cdot A \cdot \cos(\omega t)$, wobei sich die Winkelgeschwindigkeit ω aus der Geschwindigkeit $v = 917$ km/h ergibt, mit der das Flugzeug den Looping vom Umfang $u = 2\pi r$ durchfliegt.

$$v = \frac{\overbrace{2\pi r}^{u}}{T} = \omega \cdot r \quad\Rightarrow\quad \omega = \frac{v}{r}$$

Anwendung des Induktionsgesetzes ($N = 100$ Windungen):

$$U(t) = -N \cdot \dot{\Phi}(t) = \underbrace{+N \cdot B_\perp \cdot A \cdot \omega}_{=\hat{U}} \cdot \sin(\omega \cdot t)$$

Zahlenwerte: Scheitelspannung $\hat{U} = 30$ mV bei einer Periodendauer von $T = 23$ s

Der zeitliche Verlauf der Induktionsspannung ist sinusförmig mit Amplitude 30 mV und Periode 23 s!

8. **Energiedichte eines Neodymmagneten**

(a) $\left[\frac{1}{2\mu_0} \cdot B^2\right] = \frac{1}{\text{Vs/Am}} \cdot \left(\frac{\text{Vs}}{\text{m}^2}\right)^2 = \frac{\text{Am}}{\text{Vs}} \cdot \frac{\text{Vs} \cdot \text{Vs}}{\text{m}^4} = \frac{\text{VAs}}{\text{m}^3} = \frac{\text{J}}{\text{m}^3}$, passt!

(b) Energie**dichte**: $\varrho_{\text{mag}} = \frac{1}{2\mu_0} \cdot B^2 = \frac{1}{2 \cdot 4\pi \cdot 10^{-7} \frac{\text{Vs}}{\text{Am}}} \cdot (1\ \text{T})^2 \approx 0{,}4\ \frac{\text{MJ}}{\text{m}^3}$

(c) Da die magnetischen Feldlinien nur aus zwei Seitenflächen austreten bzw. einmünden, ist die Annahme eines Volumens von $V = (5\ \text{mm} \cdot 5\ \text{mm} \cdot 1\ \text{mm}) \cdot 2 = 50 \cdot 10^{-9}\ \text{m}^3$ sinnvoll, was einer Feldenergie von $W_{\text{mag}} = 0{,}4 \cdot 10^6\ \frac{\text{J}}{\text{m}^3} \cdot 50 \cdot 10^{-9}\ \text{m}^3 = 20$ mJ entspricht.

10 Prüfungsaufgaben

Zu Abschnitt 10.1 Lösungsvorschlag – Prüfung A

Aufgabe 1 – Schiefe Ebene

1.1 $E_{\text{spann}} = E_{\text{kin}}$

$$\frac{1}{2} \cdot D \cdot s^2 = \frac{1}{2} \cdot m \cdot v_0^2$$

$$s = \sqrt{\frac{m \cdot v_0^2}{D}} = \sqrt{\frac{0{,}2\ \text{kg} \cdot \left(3\ \frac{\text{m}}{\text{s}}\right)^2}{720\ \frac{\text{N}}{\text{m}}}} = 0{,}05\ \text{m}$$

1.2 Der Beschleunigungsvorgang dauert $\frac{1}{4}$ der gesamten Periodendauer:

$$t = \frac{1}{4} \cdot T = \frac{1}{4} \cdot 2 \cdot \pi \cdot \sqrt{\frac{m}{D}} = \frac{1}{2} \cdot \pi \cdot \sqrt{\frac{0{,}2\ \text{kg}}{720\ \frac{\text{N}}{\text{m}}}} = 0{,}026\ \text{s}$$

2.1 Hangabtriebskraft:

$$\begin{aligned} F_\text{H} &= m \cdot g \cdot \sin(\alpha) \\ &= 0{,}2\ \text{kg} \cdot 9{,}81\ \frac{\text{m}}{\text{s}^2} \cdot \sin(17{,}8°) \\ &= 0{,}6\ \text{N} \end{aligned}$$

Aus $F_\text{H} = m \cdot a$ folgt

$$|a| = \frac{F_\text{H}}{m} = \frac{0{,}6\ \text{N}}{0{,}2\ \text{kg}} = 3\ \frac{\text{m}}{\text{s}^2}$$

2.2 Gleichmäßig verzögerte Bewegung mit Anfangsgeschwindigkeit v_0 und $a = -3\ \frac{\text{m}}{\text{s}^2}$.

$$\Delta t_\text{B} = \frac{\Delta v}{a} = \frac{(0-3)\ \frac{\text{m}}{\text{s}}}{-3\ \frac{\text{m}}{\text{s}^2}} = 1\ \text{s}$$

$$\begin{aligned} l &= \frac{1}{2} \cdot a \cdot t^2 + v_0 \cdot t \\ &= \frac{1}{2} \cdot \left(-3\ \frac{\text{m}}{\text{s}^2}\right) \cdot (1\ \text{s})^2 + 3\ \frac{\text{m}}{\text{s}} \cdot 1\ \text{s} \\ &= 1{,}5\ \text{m} \end{aligned}$$

2.3 $t_{A\text{–}B\text{–}A} = 2 \cdot t_B = 2\ \text{s}$

Zum Hoch- und Herunterfahren wird dieselbe Zeit benötigt.

2.4

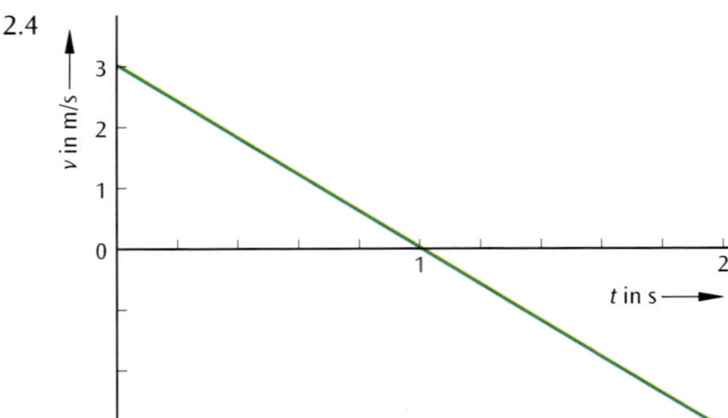

Bild 1:

3.1 Bei diesem Schaubild wurde die Reibung beachtet. Beim Hochfhren beträgt die Verzögerung $3{,}75\ \frac{\text{m}}{\text{s}^2}$, da Hangabtriebskraft und Reibungskraft in die gleiche Richtung zeigen. Der Wagen kommt dadurch früher zum Stillstand (Nulldurchgang bei $t = 0{,}8$ s).

Beim Herunterfahren ist die Beschleunigung bei $a = -2{,}3\ \frac{\text{m}}{\text{s}^2}$. Hangabtriebskraft und Reibungskraft zeigen in entgegengesetzte Richtungen, die resultierende Kraft ist kleiner.

3.2 Die Fläche im t-v-Diagramm entspricht dem zurückgelegten Weg:

$$s = \frac{1}{2} \cdot v \cdot t = \frac{1}{2} \cdot 3\ \frac{\text{m}}{\text{s}} \cdot 0{,}8\ \text{s} = 1{,}2\ \text{m}$$

3.3 $$a = \frac{\Delta v}{\Delta t} = \frac{(0-3)\ \frac{\text{m}}{\text{s}}}{0{,}8\ \text{s}} = -3{,}75\ \frac{\text{m}}{\text{s}^2}$$

3.4

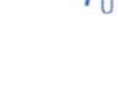

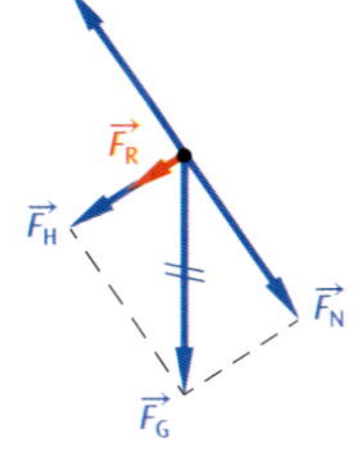

Bild 2:

3.5 $F_{res} = F_H + F_R$

$$F_R = F_{res} + F_H$$

$$f_R \cdot F_G \cdot \cos(\alpha) = m \cdot a - F_G \cdot \sin(\alpha)$$

$$f_R = \frac{m \cdot a - m \cdot g \cdot \sin(\alpha)}{m \cdot g \cdot \cos(\alpha)} = \frac{a - g \cdot \sin(\alpha)}{g \cdot \cos(\alpha)}$$

$$f_R = \frac{3{,}75\ \frac{\text{m}}{\text{s}^2} - 9{,}81\ \frac{\text{m}}{\text{s}^2} \cdot \sin(17{,}8°)}{9{,}81\ \frac{\text{m}}{\text{s}^2} \cdot \cos(17{,}8°)} = 0{,}08$$

3.6 $E_{kin,A} + E_R = E_{pot}$

$$\frac{1}{2} \cdot m \cdot v_A^2 + F_R \cdot s = m \cdot g \cdot h \quad \text{mit} \quad h = \sin(\alpha) \cdot 1{,}2\ \text{m}$$

$$v_A = \sqrt{\frac{2 \cdot (m \cdot g \cdot h - F_R \cdot s)}{m}}$$

$$= \frac{2 \cdot (m \cdot g \cdot \sin(\alpha) \cdot 1{,}2\ \text{m} - f_R \cdot m \cdot g \cdot \cos(\alpha))}{m}$$

$$= \sqrt{\frac{2 \cdot \left(0{,}2\ \text{kg} \cdot 9{,}81\ \frac{\text{m}}{\text{s}^2} \cdot \sin(17{,}8°) \cdot 1{,}2\ \text{m} - 0{,}08 \cdot 0{,}2\ \text{kg} \cdot 9{,}81\ \frac{\text{m}}{\text{s}^2} \cdot \cos(17{,}8°)\right)}{0{,}2\ \text{kg}}}$$

$$= 2{,}39\ \frac{\text{m}}{\text{s}}$$

Aufgabe 2 – Postfahrzeug

1.1 $50\ \frac{\text{km}}{\text{h}} \triangleq 13{,}9\ \frac{\text{m}}{\text{s}}$

$$t = \frac{v}{a} = \frac{13{,}9\ \frac{\text{m}}{\text{s}}}{1{,}5\ \frac{\text{m}}{\text{s}^2}} = 9{,}27\ \text{s}$$

$$s = \frac{1}{2} \cdot \frac{v^2}{a} = \frac{1}{2} \cdot \frac{\left(13{,}9\ \frac{\text{m}}{\text{s}}\right)^2}{1{,}5\ \frac{\text{m}}{\text{s}^2}} = 64{,}4\ \text{m}$$

1.2 $F = m \cdot a \quad \text{mit} \quad m = 80\ \text{kg} + 1500\ \text{kg} + 350\ \text{kg}$

$$= (80 + 1500 + 350)\ \text{kg} \cdot 1{,}5\ \frac{\text{m}}{\text{s}^2} = 2900\ \text{N}$$

1.3 $E_{kin} = \frac{1}{2} \cdot m \cdot v^2 = \frac{1}{2} \cdot (80 + 1500 + 350)\ \text{kg} \cdot \left(13{,}9\ \frac{\text{m}}{\text{s}}\right)^2$

$$= 186\ \text{kJ}$$

1.4.1 $E_{el} = U \cdot I \cdot t = 360\ \text{V} \cdot 52\ \text{A} \cdot 8\ \text{s} = 150\ \text{kJ}$

1.4.2 $\eta = \frac{E_{el}}{E_{kin}} = \frac{150\ \text{kJ}}{186\ \text{kJ}} = 0{,}806$

2.1 $F_F = D \cdot s \quad \Rightarrow \quad D = \frac{F_F}{s} = \frac{F_G}{s} = \frac{m \cdot g}{s}$

$$D = \frac{80\ \text{kg} \cdot 9{,}81\ \frac{\text{m}}{\text{s}^2}}{0{,}06\ \text{m}} = 13{,}1\ \frac{\text{kN}}{\text{m}}$$

2.2.1 Bei einer harmonischen Schwingung ist die Rückstellkraft direkt proportional zur Auslenkung s ($F_{Rück} \sim s$). Hier entspricht die Federkraft $F_F = D \cdot s$ der Rückstellkraft, also $F_F = F_{Rück} \sim s$.

2.2.2 $T = 2 \cdot \pi \cdot \sqrt{\frac{m}{D}} = 2 \cdot \pi \cdot \sqrt{\frac{80\ \text{kg} + 5\ \text{kg}}{13{,}1 \cdot 10^3\ \frac{\text{N}}{\text{m}}}} = 0{,}506\ \text{s}$

$$f = \frac{1}{T} = \frac{1}{0{,}506\ \text{s}} = 1{,}98\ \text{Hz}$$

2.2.3 $s(t) = -\hat{s} \cdot \cos(\omega \cdot t) \quad \text{mit} \quad \omega = \frac{2 \cdot \pi}{T} = \frac{2 \cdot \pi}{0{,}506\ \text{s}} = 12{,}4\ \frac{1}{\text{s}}$

$$s(t) = -4\ \text{cm} \cdot \cos\left(12{,}4\ \frac{1}{\text{s}} \cdot t\right)$$

3 $F_{haft,max} = f_{haft} \cdot m_P \cdot g$

$$= 0{,}5 \cdot 0{,}5\ \text{kg} \cdot 9{,}81\ \frac{\text{m}}{\text{s}^2} = 2{,}45\ \text{N}$$

$$F_Z = m \cdot \frac{v^2}{r} = 0{,}5\ \text{kg} \cdot \frac{\left(9{,}72\ \frac{\text{m}}{\text{s}}\right)^2}{12\ \text{m}} = 3{,}94\ \text{N}$$

Das Paket beginnt zu rutschen, da $F_Z > F_{haft,max}$.

4.1 $u_1 = 2 \cdot \frac{m_1 \cdot v_1 + m_M \cdot v_2}{m_1 + m_2} - v_1$ mit $m_1 = (80 + 1500)$ kg

$= 2 \cdot \frac{1580 \text{ kg} \cdot 6{,}94 \frac{\text{m}}{\text{s}}}{(1580 + 120) \text{ kg}} - 6{,}94 \frac{\text{m}}{\text{s}}$

$= 5{,}96 \frac{\text{m}}{\text{s}}$

$u_2 = 2 \cdot \frac{m_1 \cdot v_1 + m_M \cdot v_2}{m_1 + m_M} - v_2$

$= 2 \cdot \frac{1580 \text{ kg} \cdot 6{,}94 \frac{\text{m}}{\text{s}}}{(1580 + 120) \text{ kg}}$

$= 12{,}9 \frac{\text{m}}{\text{s}}$

4.2 $\Delta p = m \cdot \Delta v = m \cdot (u_1 - v_1)$

$= 80 \text{ kg} \cdot \left(5{,}96 \frac{\text{m}}{\text{s}} - 6{,}94 \frac{\text{m}}{\text{s}}\right)$

$= -78{,}4 \frac{\text{kg m}}{\text{s}}$

Aufgabe 3 – Teilchen in elektrischen und magnetischen Feldern

1.1 $E_{kin} = \frac{1}{2} \cdot m \cdot v_0^2 \quad \Rightarrow \quad v_0 = \sqrt{\frac{2 \cdot E_{kin}}{m}}$

$E_{kin} = 5 \text{ keV} \triangleq 5 \cdot 10^3 \cdot 1{,}602 \cdot 10^{-19} \text{ CV} = 8{,}01 \cdot 10^{-16} \text{ J}$

$v_0 = \sqrt{\frac{2 \cdot 8{,}01 \cdot 10^{-16} \text{ J}}{9{,}11 \cdot 10^{-31} \text{ kg}}} = 41{,}9 \cdot 10^6 \frac{\text{m}}{\text{s}}$

Zeitdauer Δt:

$\Delta t = \frac{l}{v_0} = \frac{0{,}12 \text{ m}}{41{,}9 \cdot 10^6 \frac{\text{m}}{\text{s}}} = 3 \text{ ns}$

1.2

1.3

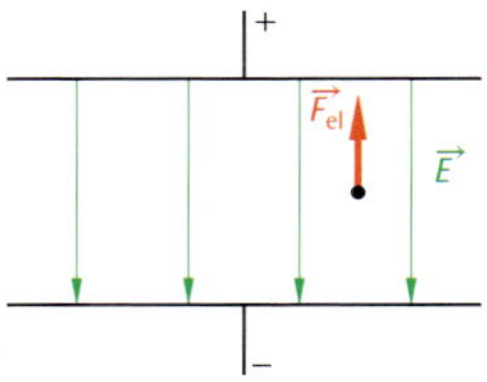

Bild 1:

1.4 $\Delta s = \frac{1}{2} \cdot a \cdot (\Delta t)^2 \quad \Rightarrow \quad a = \frac{2 \cdot \Delta s}{(\Delta t)^2} = \frac{2 \cdot 0{,}014 \text{ m}}{(3 \cdot 10^{-9} \text{ s})^2}$

$a = 3{,}1 \cdot 10^{15} \frac{\text{m}}{\text{s}^2}$

Elektrische Kraft ist die beschleunigende Kraft:

$F_{el} = m \cdot a = 9{,}11 \cdot 10^{-31} \text{ kg} \cdot 3{,}1 \cdot 10^{15} \frac{\text{m}}{\text{s}^2} = 2{,}82 \cdot 10^{-15} \text{ N}$

1.5 $U = E \cdot d = \frac{F_{el}}{q} \cdot d = \frac{2{,}82 \cdot 10^{-15} \text{ N}}{1{,}602 \cdot 10^{-19} \text{ C}} \cdot 0{,}02 \text{ m}$

$U = 352 \text{ V}$

1.6 Kapazität des Kondensators:

$C = \varepsilon_0 \cdot \varepsilon_r \cdot \frac{A}{d} = 8{,}85 \cdot 19^{-12} \frac{\text{C}}{\text{Vm}} \cdot 1 \cdot \frac{(0{,}12 \text{ m})^2}{0{,}02 \text{ m}}$

$C = 6{,}37 \cdot 10^{-12} \text{ F}$

Ladung Q:

$Q = C \cdot U = 6{,}37 \cdot 10^{-12}\ \text{F} \cdot 390\ \text{V}$

$Q = 2\ \text{nC}$

Elektrische Energie E_{el}:

$E_{el} = \frac{1}{2} \cdot C \cdot U^2 = \frac{1}{2} \cdot 6{,}37 \cdot 10^{-12}\ \text{F} \cdot (390\ \text{V})^2$

$E_{el} = 484\ \text{nJ}$

1.7 Wegen $E = \frac{U}{d}$ halbiert sich die elektrische Feldstärke E bei doppeltem Abstand d (U = konst.). Die elektrische Kraft, die auf das Elektron wirkt, halbiert sich ebenfalls ($E = \frac{F_{el}}{q}$).

Eine kleinere Kraft hat eine kleinere Beschleunigung zur Folge. Da die Beschleunigung direkt proportional zur Ablenkung Δs ist (siehe auch 1.4), verringert sich die Ablenkung Δs auf die Hälfte.

$\Rightarrow \quad \Delta s = 0{,}7\ \text{cm}$

1.8 Da die Spannungsquelle abgetrennt wurde, bleibt die Ladung auf den Platten des Kondensators konstant. Die elektrische Feldstärke E bleibt ebenfalls konstant, da $E = \frac{\sigma}{\varepsilon_0} = \frac{Q}{A \cdot \varepsilon_0}$.

Also wirkt auf die Elektronen die gleiche Kraft und somit resu...

2.1

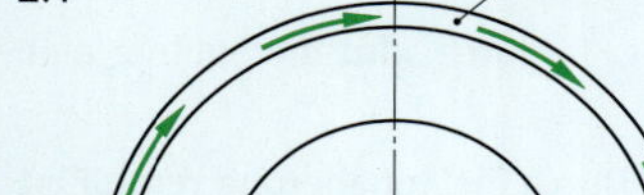
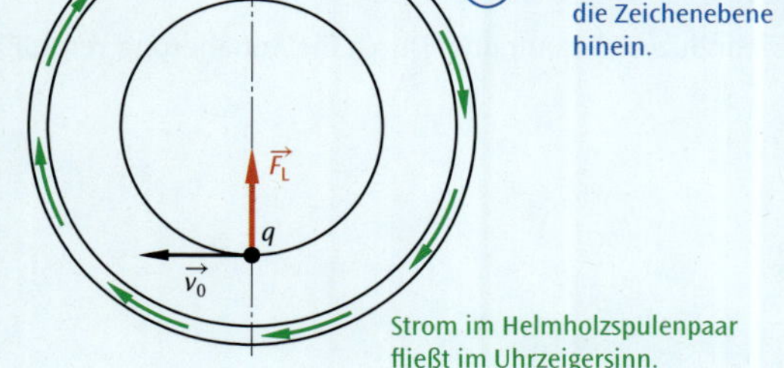

Bild 1:

2.2 $F_L = F_Z$

$q \cdot v \cdot B = m \cdot \frac{v^2}{r}$

$$\frac{q}{m} = \frac{v}{B \cdot r} = \frac{3{,}5 \cdot 10^6\ \frac{\text{m}}{\text{s}}}{1{,}0 \cdot 10^{-3}\ \text{T} \cdot 0{,}02\ \text{m}} = 1{,}75 \cdot 10^{11}\ \frac{\text{C}}{\text{kg}}$$

spezifische Ladung eines Elektrons:

$$\frac{e}{m_e} = \frac{1{,}602 \cdot 10^{-19}\ \text{C}}{9{,}11 \cdot 10^{-31}\ \text{kg}} = 1{,}76 \cdot 10^{11}\ \frac{\text{C}}{\text{kg}}$$

2.3 Aus $F_L = F_Z$ folgt für den Radius

$$r = \frac{m \cdot v}{q \cdot B}$$

Da q und m konstant sind, kann man entweder die magnetische Flussdichte B verdoppeln oder die Geschwindigkeit v halbieren.

Aufgabe 4 – Kontaktlose Energieübertragung

1.1

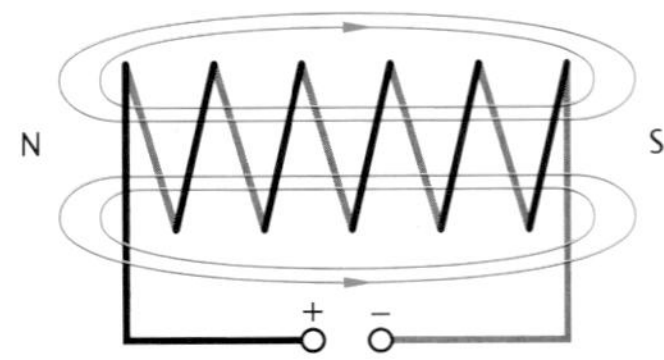

Bild 1:

1.2 $I = \frac{U}{R} = \frac{10\ \text{V}}{14{,}3\ \Omega} = 0{,}699\ \text{A}$

1.3 $B = \mu_0 \cdot I \cdot \frac{n_1}{l_1} = 1{,}257 \cdot 10^{-6}\ \frac{\text{V s}}{\text{A m}} \cdot 0{,}7\ \text{A} \cdot \frac{150}{0{,}5\ \text{m}}$

$B = 0{,}264\ \text{mT}$

2.1 (a) Der magnetische Fluss in Spule 2 ändert sich. Dadurch wird eine Spannung U_{ind} in der Spule 2 induziert.

(b) Hier ändert sich der magnetische Fluss nicht, also wird auch keine Spannung induziert.

$U_{\text{ind}} = 0$

(c) Durch den Eisenkern verändert sich die magnetische Flussdichte in Spule 1. Spule 2 erfährt eine Änderung des magnetischen Flusses. Es wird eine Spannung induziert.

2.2 (a) Durch die Wechselspannung ändert sich das Magnetfeld in Spule 1 ständig. Dadurch wird die Spule 2 eine Spannung induziert, aufgrund der Änderung des magnetischen Flusses.

(b) Je näher die Spule 2 an Spule 1 ist, desto höher ist die induzierte Spannung. Durch die Annäherung vergrößert sich zusätzlich die magnetische Flussdichte.

3.1 $0\ \text{s} \le t \le 0{,}4\ \text{s}$: $\frac{\Delta I}{\Delta t} = \frac{0{,}5\ \text{A}}{0{,}4\ \text{s}} = 1{,}25\ \frac{\text{A}}{\text{s}}$

$0{,}4\ \text{s} \le t \le 0{,}6\ \text{s}$: $\frac{\Delta I}{\Delta t} = \frac{(0{,}2 - 0{,}5)\ \text{A}}{(0{,}6 - 0{,}4)\ \text{s}} = -1{,}5\ \frac{\text{A}}{\text{s}}$

$0{,}6\ \text{s} \le t \le 0{,}8\ \text{s}$: $\frac{\Delta I}{\Delta t} = 0\ \frac{\text{A}}{\text{s}}$

$0{,}8\ \text{s} \le t \le 1\ \text{s}$: $\frac{\Delta I}{\Delta t} = \frac{(0 - 0{,}2)\ \text{A}}{(1 - 0{,}8)\ \text{s}} = -1\ \frac{\text{A}}{\text{s}}$

3.2 $U_{\text{ind}} = -n_3 \cdot A_3 \cdot \frac{\Delta B}{\Delta t} = -n_3 \cdot A_3 \cdot \mu_0 \cdot \frac{n_1}{l_1} \cdot \frac{\Delta I}{\Delta t}$

$0\ \text{s} \le t \le 0{,}4\ \text{s}$: $U_{\text{ind}} = -30 \cdot \pi \cdot (0{,}015\ \text{m})^2 \cdot 0{,}257 \cdot 10^{-6}\ \frac{\text{V s}}{\text{A m}} \cdot \frac{150}{0{,}5\ \text{m}} \cdot 1{,}25\ \frac{\text{A}}{\text{s}}$

$= -10\ \mu\text{V}$

$0{,}4\ \text{s} \le t \le 0{,}6\ \text{s}$: $U_{\text{ind}} = 12\ \mu\text{V}$

$0{,}6\ \text{s} \le t \le 0{,}8\ \text{s}$: $U_{\text{ind}} = 0\ \text{V}$

$0{,}8\ \text{s} \le t \le 1\ \text{s}$: $U_{\text{ind}} = 8\ \mu\text{V}$

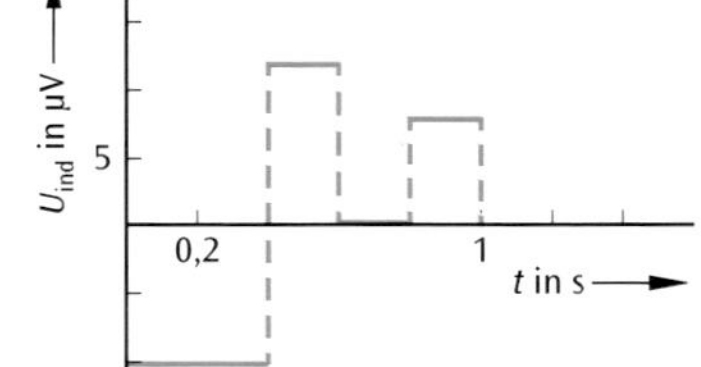

Bild 2:

4.1 $U_{\text{ind,Ls}}(t) = -n_{\text{Ls}} \cdot B_1 \cdot \dot{A}_{\text{Ls}}$

mit $\dot{A}_{\text{Ls}} = -A_0 \cdot \sin(\omega \cdot t) \cdot \omega$

$U_{\text{ind,Ls}}(t) = n_{\text{Ls}} \cdot B_1 \cdot A_0 \cdot \omega \cdot \sin(\omega \cdot t)$

4.2 Die Leiterschleife steht orthogonal zu den Feldlinien, da $A_{\text{Ls}}(0) = A_0$ maximal ist.

4.3 $U_{\text{ind,Ls}}(0) = 0$

Die Spannung ist nicht maximal, sondern 0 V.

Zu Abschnitt 10.2 Lösungsvorschlag – Prüfung B

Aufgabe 1 – James-Bond-Film

1.1

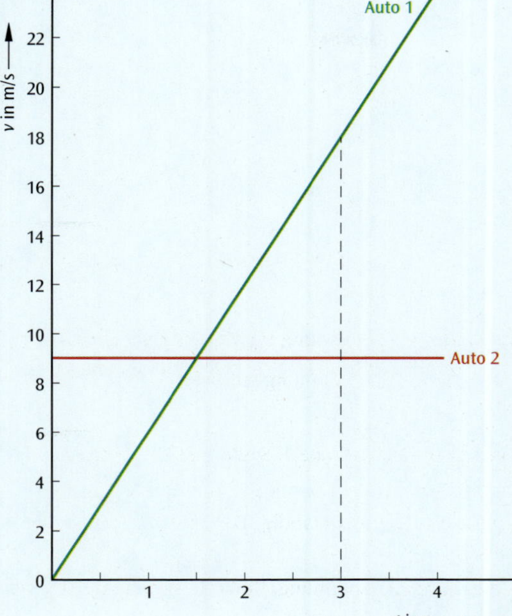

Bild 1:

1.2 Die Fläche unter dem Schaubild entspricht dem zurückgelegten Weg. Nach $t = 3$ s sind die beiden Flächen gleich groß und Bond hat das Auto 2 eingeholt.

1.3 $v_2 = 32{,}4\ \frac{\text{km}}{\text{h}} \mathrel{\hat{=}} 9\ \frac{\text{m}}{\text{s}}$

$s = v_2 \cdot t = 9\ \frac{\text{m}}{\text{s}} \cdot 3\ \text{s} =\ 27\ \text{m}$

1.4 Auto 1: $s(t) = \frac{1}{2} \cdot a_1 \cdot t^2 = \frac{1}{2} \cdot 6\ \frac{\text{m}}{\text{s}^2} \cdot t^2$

Auto 2: $s(t) = v_2 \cdot t = 9\ \frac{\text{m}}{\text{s}} \cdot t$

2.1

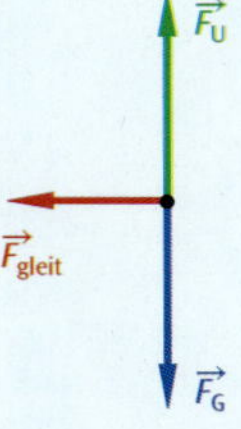

Bild 2:

2.2 $E_{\text{kin,B}} = E_{\text{kin,C}} + W_\text{R}$

$$\frac{1}{2} \cdot m \cdot v_\text{B}^2 = \frac{1}{2} \cdot m \cdot v_\text{C}^2 + \underbrace{F_\text{gleit}}_{f_\text{gleit} \cdot m \cdot g} \cdot s_\text{B}$$

Umstellung nach v_C:

$$v_C = \sqrt{v_B^2 - 2 \cdot f_{gleit} \cdot g \cdot s_B}$$

$$= \sqrt{\left(40\ \frac{m}{s}\right)^2 - 2 \cdot 0{,}3 \cdot 9{,}81\ \frac{m}{s^2} \cdot 200\ m}$$

$$= 20{,}6\ \frac{m}{s}$$

2.3 Verzögerung: $a = \frac{\Delta v}{\Delta t} = \frac{14\ \frac{m}{s} - 20\ \frac{m}{s}}{0{,}1\ s} = -60\ \frac{m}{s^2}$

Bremskraft: $F = m \cdot a = 55\ kg \cdot \left(-60\ \frac{m}{s^2}\right)$

$= -3300\ N$

3.1

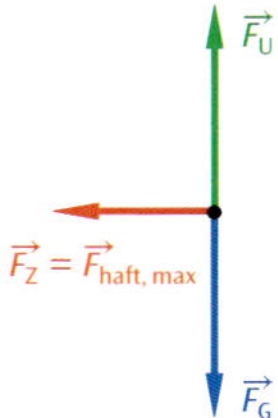

Bild 1:

3.2 $F_Z = F_{haft,max}$

$$m \cdot \frac{v_{max}^2}{r} = f_{haft} \cdot m \cdot g$$

$$v_{max} = \sqrt{f_{haft} \cdot r \cdot g}$$

$$= \sqrt{0{,}9 \cdot 200\ m \cdot 9{,}81\ \frac{m}{s^2}}$$

$$= 42\ \frac{m}{s}$$

4.1 Zeit für den freien Fall:

$$t = \sqrt{\frac{2 \cdot (H - h)}{g}} = \sqrt{\frac{2 \cdot 4\ m}{9{,}81\ \frac{m}{s^2}}}$$

$t = 0{,}903\ s$

Entfernung der Ponronmitte:

$$w = v \cdot t = \frac{150}{3{,}6}\ \frac{m}{s} \cdot 0{,}903\ s$$

$w = 37{,}7\ m$

4.2 $v_x = \frac{150}{3{,}6}\ \frac{m}{s} = 41{,}7\ \frac{m}{s}$

$$v_y = g \cdot t = 9{,}81\ \frac{m}{s^2} \cdot 0{,}903\ s = 8{,}86\ \frac{m}{s}$$

$$v = \sqrt{\left(41{,}7\ \frac{m}{s}\right)^2 + \left(8{,}86\ \frac{m}{s}\right)^2} = 42{,}6\ \frac{m}{s} \triangleq 153\ \frac{km}{h}$$

$$\tan(\alpha) = \frac{v_y}{v_x} = \frac{8{,}86\ \frac{m}{s}}{41{,}7\ \frac{m}{s}} = 0{,}212$$

$$\alpha = \tan^{-1}(0{,}212) = 12°$$

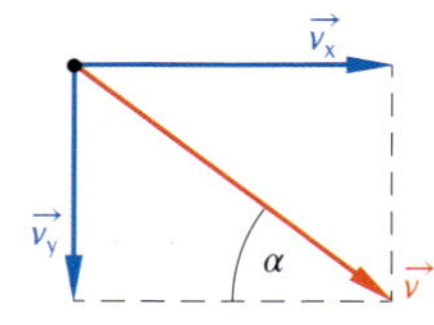

Bild 2:

Aufgabe 2 – Skifahrer

1.1 A → B: Wegen der gekrümmten Bahn ist die Hangabtriebskraft nicht konstant

⇒ ungleichmäßig beschleunigte Bewegung

B → C: Schiefe Ebene ⇒ gleichmäßig beschleunigte Bewegung

C → E: Ungleichförmige Kreisbewegung, da die Geschwindigkeit nicht konstant bleibt

1.2 

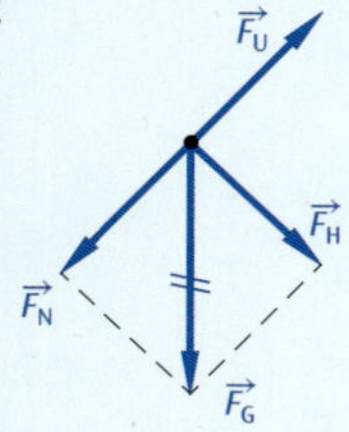

Bild 1:

1.3 $F_{res} = F_H = F_G \cdot \sin(\alpha)$

$m \cdot a_{BC} = m \cdot g \cdot \sin(\alpha)$

$a_{BC} = g \cdot \sin(\alpha) = 9{,}81\ \frac{m}{s^2} \cdot \sin(35°) = 5{,}63\ \frac{m}{s^2}$

1.2

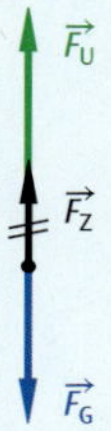

Bild 2:

1.5 $F_Z = F_{U,D} - F_G \quad \Rightarrow \quad F_{U,D} = F_Z + F_G$

$$= m \cdot \frac{v_D^2}{r} + m \cdot g$$

$$= 80\ \text{kg} \cdot \frac{\left(13\ \frac{m}{s}\right)^2}{4\ \text{m}} + 80\ \text{kg} \cdot 9{,}81\ \frac{m}{s^2}$$

$$= 4160\ \text{N}$$

2.1 $E_{pot,A} = E_{kin,E}$

$m \cdot g \cdot (h_A - h_E) = \frac{1}{2} \cdot m \cdot v_E^2$

$v_E = \sqrt{2 \cdot g \cdot (h_A - h_E)}$

$= \sqrt{2 \cdot 9{,}81\ \frac{m}{s^2} \cdot (9{,}6\ \text{m} - 1{,}6\ \text{m})}$

$= 12{,}5\ \frac{m}{s}$

Winkel: $\beta = 90° - 55° = 35°$

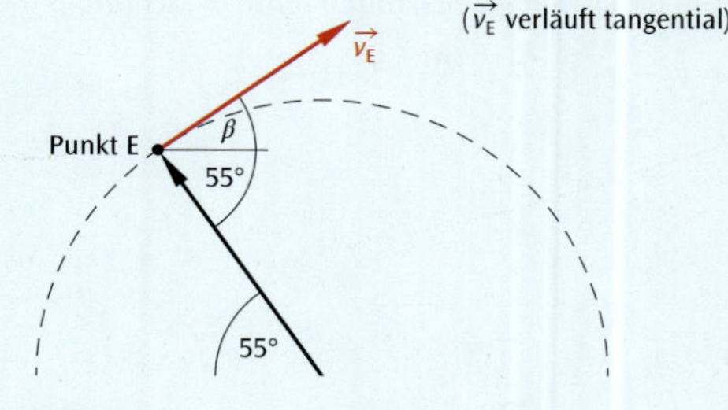

Bild 3:

2.2 Bewegungen können sich ungestört überlagern (Überlagerungsprinzip, Superpositionsprinzip).

Beim schiefen Wurf überlagern sich die gleichförmige Bewegung in *x*-Richtung und die gleichmäßig beschleunigte Bewegung in *y*-Richtung. Die Bewegung in *y*-Richtung ist vergleichbar mit der Bewegung beim senkrechten Wurf nach oben.

2.3 Schiefer Wurf

Geschwindigkeitskomponente

– in x-Richtung: $v_x = v_E \cdot \cos(\beta)$

$$= 12{,}5\ \frac{\text{m}}{\text{s}} \cdot \cos(35°)$$

$$= 10{,}2\ \frac{\text{m}}{\text{s}}$$

– in y-Richtung: $v_y = v_E \cdot \sin(\beta)$

$$= 12{,}5\ \frac{\text{m}}{\text{s}} \cdot \sin(35°)$$

$$= 7{,}17\ \frac{\text{m}}{\text{s}}$$

Steigzeit: $t_{\text{steig}} = \frac{v_y}{g} = \frac{17{,}7\ \frac{\text{m}}{\text{s}}}{9{,}81\ \frac{\text{m}}{\text{s}^2}} = 0{,}73\ \text{s}$

Für die Fallzeit wird die Fallhöhe h_{Fall} benötigt:

$$h_{\text{Fall}} = h_{\text{steig}} + h_E = \frac{v_y^2}{2 \cdot g} + h_E$$

$$= \frac{\left(7{,}17\ \frac{\text{m}}{\text{s}}\right)^2}{2 \cdot 9{,}81\ \frac{\text{m}}{\text{s}^2}} + 1{,}6\ \text{m} = 4{,}22\ \text{m}$$

$$t_{\text{Fall}} = \sqrt{\frac{2 \cdot h_{\text{Fall}}}{g}} = \sqrt{\frac{2 \cdot 4{,}22\ \text{m}}{9{,}81\ \frac{\text{m}}{\text{s}^2}}} = 0{,}93\ \text{s}$$

Wurfweite:

$$w = v_x \cdot (t_{\text{steig}} + t_{\text{Fall}}) = 10{,}2\ \frac{\text{m}}{\text{s}} \cdot (0{,}73\ \text{s} + 0{,}93\ \text{s})$$

$$w = 16{,}93\ \text{m}$$

2.4 v-t-Diagramm

horizontale Geschwindigkeitskomponente (x-Richtung):

$$v_x(t) = 10{,}2\ \frac{\text{m}}{\text{s}}$$

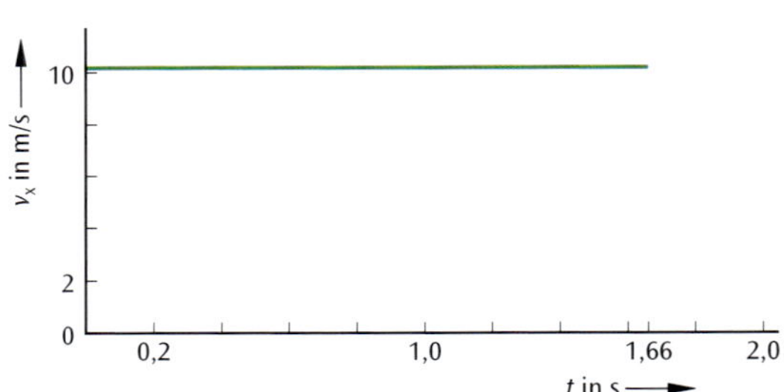

Bild 1:

vertikale Geschwindigkeitskomponente (x-Richtung):

$$v_y(t) = y_y - g \cdot t = 7{,}17\ \frac{\text{m}}{\text{s}} - 9{,}81\ \frac{\text{m}}{\text{s}^2} \cdot t$$

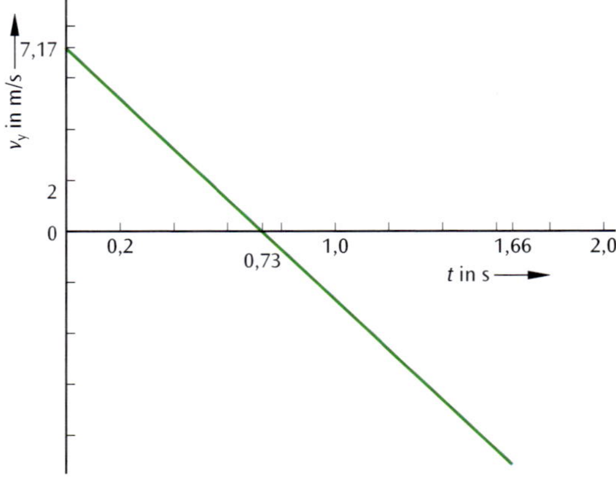

Bild 2:

Aufgabe 3 – Weltraummission

1.1 Auf bewegte Elektronen im Magnetfeld wirkt die Lorentzkraft $\vec{F}_L$.

Die Lorentzkraft wirkt senkrecht zur Bewegungsrichtung $\vec{v}$ und senkrecht zum Magnetfeld $\vec{B}$.

Die Elektronen werden dadurch auf eine Kreisbahn gelenkt.

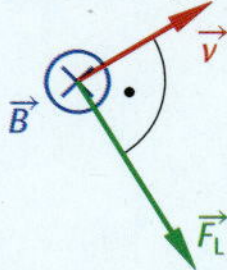

Bild 1:

1.2 Damit die Elektronen den magnetischen Schutzschild nicht durchdringen, muss der Radius der Kreisbahn kleiner sein als die Dicke des Magnetfeldes d.

$d = r_2 - r_1 = 1001\ \text{m} - 999\ \text{m} = 2\ \text{m}$

Radius der Kreisbahn:

$F_Z = F_L$

$\frac{m \cdot v^2}{r} = q \cdot v \cdot B \quad \text{mit} \quad v = 0{,}1 \cdot c \quad \text{und} \quad q = e$

$$r = \frac{m \cdot v}{q \cdot B} = \frac{m \cdot 0{,}1 \cdot c}{e \cdot B} = \frac{9{,}1 \cdot 10^{-31}\ \text{kg} \cdot 0{,}1 \cdot 3 \cdot 10^8\ \frac{\text{m}}{\text{s}}}{1{,}6 \cdot 10^{-19}\ \text{C} \cdot 1{,}1 \cdot 10^{-3}\ \text{T}}$$

$r = 0{,}155\ \text{m} < 2\ \text{m}$

1.3 Die Elektronen treten mit derselben Geschwindigkeit aus wie ein.

$v = 0{,}1 \cdot c = 3 \cdot 10^7\ \frac{\text{m}}{\text{s}}$

Sie werden lediglich abgelenkt und nicht in Bewegungsrichtung beschleunigt.

2.1 $$R_{\text{Leiter}} = \frac{\varrho_{\text{Leiter}} \cdot l}{A} = \frac{0{,}93\ \frac{\Omega\,\text{mm}^2}{\text{m}} \cdot 1{,}23\ \text{m}}{\pi \cdot \left(\frac{19{,}5\ \text{mm}}{2}\right)^2}$$

$R_{\text{Leiter}} = 3{,}83 \cdot 10^{-3}\ \Omega$

2.2 $U_1 = R_{\text{Leiter}} \cdot I = 3{,}83 \cdot 10^{-3}\ \Omega \cdot 23{,}2 \cdot 10^3\ \text{A}$

$U_1 = 88{,}9\ \text{V}$

2.3 Für die Elektronenkanone werden freie Elektronen benötigt. Durch den Glühelektrischen Effekt können Elektronen aus dem glühenden Leiter heraustreten.

2.4.1 Die Eisenstange muss mit dem Minuspol der Spannungsquelle U_2 verbunden werden. Die negativ geladenen Elektronen sollen von der Eisenstange abgestoßen werden und zur positiven Metallscheibe hin beschleunigt werden.

2.4.2 EES:

$E_{\text{kin}} = E_{\text{el}}$

$\frac{1}{2} \cdot m_e \cdot v_0^2 = e \cdot U_2$

$$v_0 = \sqrt{\frac{2 \cdot e \cdot U_2}{m_e}} = \sqrt{\frac{2 \cdot 1{,}6 \cdot 10^{-19}\ \text{C} \cdot 10 \cdot 10^3\ \text{V}}{9{,}1 \cdot 10^{-31}\ \text{kg}}}$$

$v_0 = 5{,}9 \cdot 10^7\ \frac{\text{m}}{\text{s}}$

2.5.1 Auf die bewegten Elektronen wirkt im elektrischen Feld eine konstante elektrische Kraft $\vec{F}_{el}$ in Richtung der positiv geladenen Metallplatte. Wie beim waagrechten Wurf bewegen sich die Elektronen dadurch auf einer Parabelbahn. Die Geschwindigkeitskomponente in x-Richtung bleibt konstant.

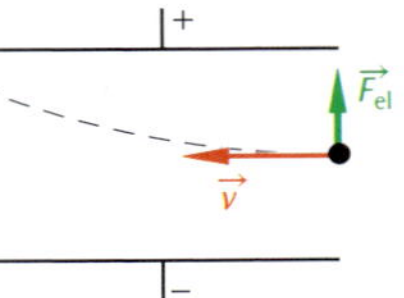

Bild 1:

2.5.2 Waagrechter Wurf, gleichförmige Bewegung in x-Richtung:

$$x(t) = v_0 \cdot t$$

$$L = v_2 \cdot t \quad \Rightarrow \quad t = \frac{L}{v_2} = \frac{2\ \text{m}}{5{,}93 \cdot 10^7\ \frac{\text{m}}{\text{s}}}$$

$$t = 3{,}37 \cdot 10^{-8}\ \text{s}$$

2.5.3 $$\tan(\alpha) = \frac{v_y}{v_x} \quad \Rightarrow \quad v_y = \tan(\alpha) \cdot v_x$$

$$v_y = \tan(5°) \cdot 5{,}93 \cdot 10^7\ \frac{\text{m}}{\text{s}}$$

$$v_y = 5{,}19 \cdot 10^6\ \frac{\text{m}}{\text{s}}$$

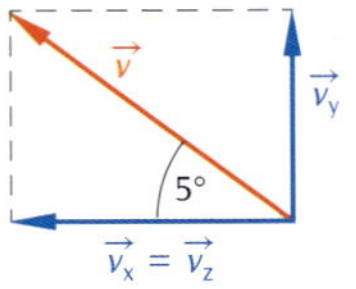

Bild 2:

$$v = \sqrt{v_x^2 + v_y^2} = \sqrt{\left(5{,}93 \cdot 10^7\ \frac{\text{m}}{\text{s}}\right)^2 + \left(5{,}19 \cdot 10^6\ \frac{\text{m}}{\text{s}}\right)^2}$$

$$v = 5{,}95 \cdot 10^7\ \frac{\text{m}}{\text{s}}$$

2.5.4 $$E = \frac{U_3}{d} \quad \Rightarrow \quad U_3 = E \cdot d \quad \text{mit}$$

$$E = \frac{F_{el}}{e} = \frac{m_e \cdot a}{e} \quad \text{und} \quad a = \frac{v_y}{t}$$

$$a = \frac{5{,}19 \cdot 10^6\ \frac{\text{m}}{\text{s}}}{3{,}37 \cdot 10^{-8}\ \text{s}} = 1{,}54 \cdot 10^{14}\ \frac{\text{m}}{\text{s}^2}$$

$$E = \frac{m_e \cdot a}{e} = \frac{9{,}1 \cdot 10^{-31}\ \text{kg} \cdot 1{,}54 \cdot 10^{14}\ \frac{\text{m}}{\text{s}^2}}{1{,}6 \cdot 10^{-19}\ \text{C}} = 875{,}88\ \frac{\text{V}}{\text{m}}$$

$$U_3 = E \cdot d = 875{,}88\ \frac{\text{V}}{\text{m}} \cdot 0{,}43\ \text{m} = 376{,}6\ \text{V}$$

Aufgabe 4 – Induktives Laden

1.1 $$W_{el} = G \cdot U = 3000 \cdot 10^{-3}\ \text{Ah} \cdot 3{,}7\ \text{V} = 11{,}1\ \text{AhV}$$

$$P_{el} = \frac{W_{el}}{t} \quad \Leftrightarrow \quad t = \frac{W_{el}}{P_{el}} = \frac{11{,}1\ \text{AhV}}{7{,}5\ \text{W}} = 1{,}48\ \text{h}$$

1.2 $$W_{el} = W_{ab}$$

$$\eta = \frac{W_{el}}{W_{zu}} \quad \Leftrightarrow \quad W_{zu} = \frac{W_{ab}}{\eta} = \frac{11{,}1\ \text{AhV}}{0{,}55} = 20{,}2\ \text{Wh}$$

$$20{,}2\ \text{Wh} \mathrel{\hat{=}} 0{,}0202\ \text{kWh}$$

$$\text{Kosten: } 0{,}0202\ \text{kWh} \cdot 0{,}25\ \frac{€}{\text{kWh}} = 0{,}505\ \text{Cent}$$

2.1 $$P_{el} = R \cdot I^2 = 330 \cdot 10^{-3}\ \Omega \cdot (1{,}55\ \text{A})^2 = 0{,}79\ \text{W}$$

2.2 Durch das Magnetfeld der Spule richten sich die Elementarmagnete im Weicheisenkern so aus, dass das resultierende Magnetfeld stärker ist.

3 Induktionsgesetz:

$$U_{ind}(t) = n \cdot \dot{\Phi}(t)$$

$$= n \cdot (\underbrace{B \cdot \dot{A}(t)}_{=0} + \underbrace{\dot{B}(t) \cdot A}_{\neq 0})$$

$B \cdot \dot{A}(t) = 0$, da keine Flächenänderung stattfindet.

$\dot{B}(t) \cdot A \neq 0$, wenn das Magnetfeld sich zeitlich ändert. Dies ist nur bei Wechselstrom gegeben, da das Magnetfeld der Erregerspule vom Strom abhängig ist ($B = \mu_0 \cdot \mu_r \cdot I \cdot n/l$). Dadurch wird in der Erregerspule eine Spannung induziert.

4.4.1 $\frac{\Delta B}{\Delta I_{err}} = \frac{0{,}5\ \text{mT}}{2\ \text{A}} = 0{,}25\ \frac{\text{mT}}{\text{A}}$

$B = 0{,}25\ \frac{\text{mT}}{\text{A}} \cdot I_{err}$

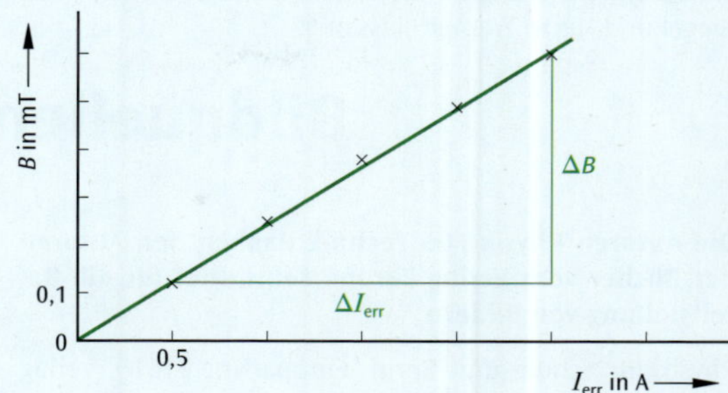

Bild 1:

4.1.2 $U_{ind} = n \cdot \underbrace{A_s}_{\pi \cdot r^2} \cdot \frac{\Delta B}{\Delta t} = 10 \cdot \mu \cdot \left(\frac{35 \cdot 10^{-3}\ \text{m}}{2}\right)^2 \cdot \frac{0{,}6 \cdot 10^{-3}\ \text{T}}{1 \cdot 10^{-3}\ \text{s}}$

$U_{ind} = 5{,}77 \cdot 10^{-3}\ \text{V} \mathrel{\hat{=}} 5{,}77\ \text{mV}$

4.1.3 Das Magnetfeld einer langen schlanken Spule kann näherungsweise mit der Formel

$B = \mu_0 \cdot \mu_r \cdot I \cdot \frac{n}{l}$

berechnet werden. Die errechneten Werte weichen jedoch von der Messtabelle ab.

Beispiel: $I_{err} = 1\ \text{A}$

$$B = 1{,}26 \cdot 10^{-6}\ \frac{\text{Vs}}{\text{Am}} \cdot 1\ \text{A} \cdot \frac{10}{1 \cdot 10^{-3}\ \text{m}} = 12{,}6 \cdot 10^{-3}\ \text{T}$$

$$\mathrel{\hat{=}} 12{,}6\ \text{mT} \neq 0{,}25\ \text{mT}$$

4.2 3a:

Bild 2:

3b:

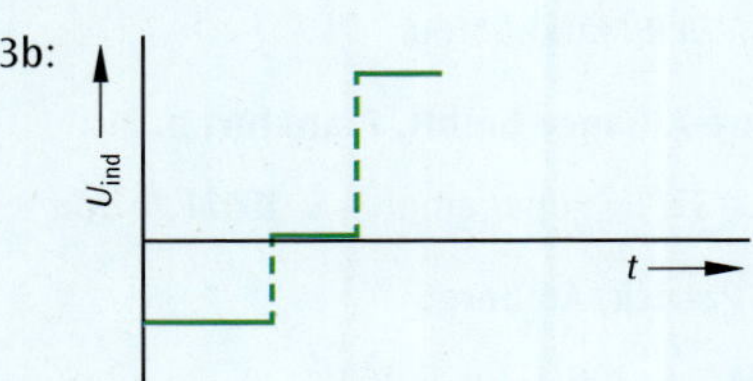

Bild 3:

3c:

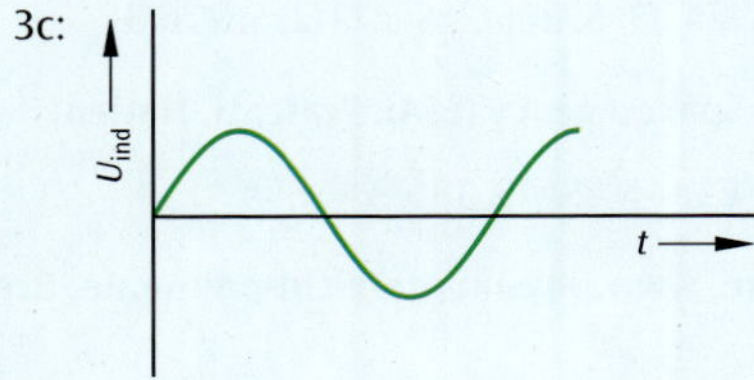

Bild 4:

3b und 3c unter Beachtung der Lenz'schen Regel gezeichnet.

Danksagung

Ein besonderer Dank für die Unterstützung beim Erproben des Sensorsystems und der Videoanalyse gebührt Herrn Jörg Biegel und Herrn Werner Massauer.

Bildquellenverzeichnis

Die Autoren Physik FOS Technik danken den Autoren der Bücher vom Verlag Europa Lehrmittel für die Bereitstellung von Bildern

Physik für Schule und Beruf, Europa-Nr.: 71616, Verlag Europa-Lehrmittel

Technische Physik, Europa-Nr.: 5231X, Verlag Europa-Lehrmittel

Die Autoren und der Verlag danken den folgenden Firmen und Institutionen, die sie bei der Bearbeitung durch Beratung, Bilder und Druckschriften unterstützt haben.

3B Scientific GmbH, Hamburg:

S. 253/2a

Adobe Stock.com, Dublin, Irland:

S. 9/1 © Maksym Yemelyanov, S. 12/1 © Oleksandr Delyk, S. 13/1 © timothyh, S. 16/2 © tatianika, S. 30/3 © Ericus, S. 31/3 © Vadimsadovski, S. 32/1 © Juulijs, S. 56/2 © Stefan Schurr, S. 57/2 © giulia186, S. 59/2 © Alexander Mandl, S. 60/2 © markara, S. 65/1 © goldpix, S. 67/2 © aardenn, S. 67/1 © wyssu, S. 70/1 © Science RF, S. 70/2 © Sergey Nivens, S. 77/2 © nico99, S. 78/3 © vikingur, S. 80/2 © SakisPagonas, S. 82/1 © Karl Lugmayer, S. 84/1 © ARochau, S. 87/1 © fefufoto, S. 88/2 © Andrey Armyagov, S. 92/1 © mankale, S. 94/3 © Leiftryn, S. 95/2 © benjaminnolte, S. 96/1 © benjaminnolte, S. 97/1 © Elenarts, S. 101/3 © Alex Koch, S. 106/2 © McGill, S. 108/1 © arsdigital, S. 111/1 © Stefan Schurr, S. 112/1 © lenblr, S. 124/1 © Halfpoint, S. 131/1 © Lorenzo, S. 131/4 © sergojpg, S. 131/5 © Revilo, S. 133/2 © Riko Best, S. 133/3 © pixelfreund, S. 134/1 © JorgeAlejandro, S. 139/1 © gani_dteurope, S. 139/3 © Malcolm Stewart, S. 139/7 © Hauke-Chr. Dittrich, S. 139/9 © oscar, S. 143/2 © timothyh, S. 145/1 © JorgeAlejandro, S. 145/3 © Dudarev Mikhail, S. 145/4 © Matteo Gabrieli, S. 146/1 © JohanK, S. 146/2 © RFBSIP, S. 150/1 © YURY MARYUNIN, S. 153/1 © MNStudio, S. 160/2 © DOC RABE Media, S. 161/2 © maximilian, S. 167/2 © Kalyakan, S. 170/1 © Andrea Izzotti, S. 170/2 © Patrick Daxenbichler, S. 170/3 © Björn Wylezich, S. 171/2 © vulkanov, S. 171/3 © Gina Sanders, S. 172/3 © alfa27, S. 173/1 © Sergey Sanin, S. 173/3 © trendobjects, S. 176/2 © ARochau, S. 179/2 © foodfoto, S. 182/4 © joachimplehn, S. 188/1 © expressiovisual, S. 192/2 © Thomas, S. 196/1 © ARTYuSTUDIO, S. 196/2 © Blickfang, S. 197/1a © polsen, S. 197/1b © imageegami, S. 197/1c © Apart Foto, S. 197/1d © rufous, S. 197/1e © joel_420, S. 211/1 © hkhtthj, S. 231/3 © Edler von Rabenstein, S. 236/2 © seen0001, S. 237/1 © boscorelli, S. 239/1a © jamenpercy, S. 239/1b © petaran, S. 239/1c © drupilulkin, S. 239/1d imaginis, S. 260/1a © Fabian, S. 260/1b mirkofoto, S. 260/1c Lucky Dragon, S. 260/1d © nikkytok, S. 260/1e erserg, S. 260/1f marcodeepsub, S. 277/3 © Daniel Nimmervoll, S. 282/3 © 1000words

akg images GmbH, Berlin:

S. 140/2 © akg images, S. 141/2 © akg-images / bilwissedition, S. 141/3 © akg-images / Erich Lessing, S. 141/4 © akg-images /Science Source, S. 142/1 © akg-images / Pictures From History, S. 143/1 © akg-images / Pictures From History, S. 150/2 © akg-images / Science Source, S. 150/3 © akg-images / Sputnik, S. 255/3 © akg-images / De Agostini Picture Library

Alamy Limited, Milton Park Abingdon Oxon:

S. 175/3+4 c Science Photo Library/ Alamy Stock Foto

Bundesministerium fur Verkehr, Innovation und Technologie (bmvit), Wien:

S. 149/1

Deutsches Zentrum fur Luft- und Raumfahrt (DLR), Köln:

S. 131/6 © DLR/Markus Steur

dpa Picture-Alliance GmbH, Frankfurt a. M.:

S. 57/1, S. 132/1 © dpa/ empics, S. 151/1 © dpa

Drössler, Patrick, Amberg:

S. 198/2+4, S. 200/1-3, S. 203/1, S. 206/2a, S. 207/2, S. 213/2, S. 214/2, S. 216/1, S. 218/1, S. 239/1a+b, S. 241/2-3, S. 242/3, S. 243, S. 246/1+3, S. 248/1, S. 249/1, S. 250/3, S. 255/1, S. 257/3, S. 266/2, S. 271/2, S. 276/3

European Space Agency (ESA), Frascati, Italien:

S. 151/2 © ESA/ NASA, S. 180/3 © ESA

Evers, Marc, www.physikunterricht-online.de, Bremen:

S. 208/1

Feldberglicht GmbH, Kronberg i.Ts.:

S. 278/1

Forschungszentrum Julich:

S. 32/2

Gary Powers Museum, Francis Gary Powers, Jr. Midlothian, Virginia:

S. 146/4

Gorski, Maximilian:

S. 73/1

Google, Kartendaten c 2018 Google:

S. 186/1

Hegen, Tom:

S. 9/2

LD Didactic, Hürth:

S. 185/2, S. 186/3

Ludwig-Maximilians-Universität München, Girwidz, Raimund, Prof., Dr., München:

S. 215/3

Mietke, Detlef, Berlin:

S. 223/3a

Mezeul, Mike, Dallas:

S. 140/1

Müller, Fritz, Classical Guitars, British Columbia, Canada:

S. 193/1a–b

NASA, Washington, USA:

S. 276/2

Phaeno gGmbH, Wolfsburg:

S. 2b Foto Nina Stiller

Physikalisch-Technische Bundesanstalt (PTB), Braunschweig:

S. 17

Prof. Dr. Metin Tolan:

S. 75/2

Scheer, Hermann, www.bergratz.at, Rauris, Osterreich:

S. 198/3

Shutterstock Inc., New York, USA:

S. 223/2a © matej_z – shutterstock.com

Speedski Austria:

S. 75/1

Staacks, Sebastian, Dr., RWTH Aachen, www.phyphox.org:

S. 174/1

Stadt Nördlingen:

S. 94/4

UCAR/COMET, Boulder, USA:

S. 151/3

Universität Ulm:

S. 126/1

Vogel, Harald, Inning a. Ammersee:

S. 131/3, S. 134/1, S. 147/2, S. 316

Weidenhammer, Petra, Dr., München:

S. 167/1+3, S. 172/1+4, S. 174/3, S. 175/1, S. 180/1, S. 184/1, S. 190/1

Wikimedia.org:

S. 58/1, 128/1, S. 131/2 © Glogger/Wikimedia CC-BY SA 3.0, S. 152 NASA/Wikimedia CC-BY SA 3.0, S. 222 © Eclap/Wikimedia GNU, S. 223/1a © Ulfbastel/Wikimedia CC-BY 3.0, S. 223/2b © Elcap / Wikimedia CC-BY 1.0, S. 223/3b © Zephyris/Wikimedia CC-BY SA 3.0

ZARM Fallturm-Betriebsgesellschaft mbH, Bremen:

S. 37/1

Sachwortverzeichnis